科学出版社普通高等教育案例版医学规划教材

供药学、药物制剂、临床药学、中药学、制药工程、
医药营销等专业使用

案例版

有机化学

第3版

主　编　张　翱

副主编　饶　燏　李发胜　厉廷有　林友文

编　委（以姓氏笔画为序）

于姝燕	内蒙古医科大学	卫星星	长治医学院
马爱青	广东医科大学	韦思平	西南医科大学
厉廷有	南京医科大学	刘　佳	哈尔滨医科大学大庆校区
刘德智	上海健康医学院	李发胜	大连医科大学
邹　燕	海军军医大学	张　翱	上海交通大学
林友文	福建医科大学	饶　燏	清华大学
姚秋丽	遵义医科大学	梁国娟	重庆医科大学
蒋　恒	上海交通大学	蔡　东	锦州医科大学

科学出版社

北　京

郑 重 声 明

为顺应教学改革潮流和改进现有的教学模式,适应目前高等医学院校的教育现状,提高医学教育质量,培养具有创新精神和创新能力的医学人才,科学出版社在充分调研的基础上,首创案例与教学内容相结合的编写形式,组织编写了案例版系列教材。案例教学在医学教育中,是培养高素质、创新型和实用型医学人才的有效途径。

案例版教材版权所有,其内容和引用案例的编写模式受法律保护,一切抄袭、模仿和盗版等侵权行为及不正当竞争行为,将被追究法律责任。

图书在版编目(CIP)数据

有机化学 / 张翱主编. -- 3 版. -- 北京:科学出版社,2025.4. -- (科学出版社普通高等教育案例版医学规划教材). -- ISBN 978-7-03-081606-1

Ⅰ. O62

中国国家版本馆 CIP 数据核字第 2025N3H097 号

责任编辑:胡治国 / 责任校对:郝璐璐
责任印制:张 伟 / 封面设计:陈 敬

科学出版社 出版
北京东黄城根北街 16 号
邮政编码:100717
http://www.sciencep.com
北京中石油彩色印刷有限责任公司印刷
科学出版社发行 各地新华书店经销
*

2010 年 8 月第 一 版 开本:787×1092 1/16
2025 年 4 月第 三 版 印张:29
2025 年 4 月第十八次印刷 字数:857 000

定价:118.00 元
(如有印装质量问题,我社负责调换)

前　言

生物医药是国民经济的支柱行业，也是现代产业的核心领域。药学专业为该行业培养高级人才。有机化学是药学专业的重要专业基础课及核心课程之一。通过有机化学课程的学习，有助于本专业学生掌握药学学科学习、工作及研究等所必需的有机化学基本理论、基本知识和基本概念，并进一步深刻认识和探究生命科学的奥秘。

本教材是科学出版社为药学类专业学习组织编写的系列教材之一，突出高质量、强调系统性是本教材编写特点。本教材从改进内容的表达形式入手，力求适应新世纪高等教育在知识结构和能力培养上的需求，以培养创新型人才为编写目标。本教材是在参考目前国内外"有机化学"教材的基础上，结合药学专业的特点以及全体编委多年的教学实践，对原有教材加以改进编写而成。本教材在不打破现有学科体系，不改变教学核心内容的前提下，在教材中增加学科有关案例，并根据案例提出问题、解答问题，以此突出教学重点。案例教学有利于师生在课堂的互动并激发教师和学生的创新能力。第3版为了进一步突出本教材的特色，对内容和形式作了一些调整，尤其是优化了案例的选择及表述。

本教材与其他同类教材相比，主要有以下几个特点：

（1）本教材以药学和药物制剂专业本科生为重点读者对象，同时兼顾其他专业的需求。教材内容满足：①教育部制定的基本教学要求；②执业药师考试的需求；③硕士研究生入学考试的需求。

（2）本教材为案例版教材，其特色是教材中穿插了形式多样的案例。因此，使用本教材组织教学时，既可以按传统模式讲授，辅以案例作为补充，供学生阅读使用；也可以案例为先进行教学，使课堂讲解内容更加形象、生动。

（3）本教材各章节突出"三基"内容，知识点明确。教材的编写目标为学生易学、教师易教。学生能在尽可能短的时间内掌握所学课程内容。

（4）本教材充实了附录内容。将常见符号和缩写，重要元素的电负性，重要的鉴别反应（包括试剂、现象、可鉴别的化合物等）编入附录内，供学习时参考。

本教材由全国15所院校16名教师编写，各位老师的分工如下：上海交通大学张翱（第一章）、上海健康医学院刘德智（第二章）、福建医科大学林友文（第三章、第十二章），广东医科大学马爱青（第四章）、哈尔滨医科大学大庆校区刘佳（第五章）、内蒙古医科大学于姝燕（第六章）、海军军医大学邹燕（第七章），长治医学院卫星星（第八章），上海交通大学蒋恒（第九章、第十六章），遵义医科大学姚秋丽（第十章、第十一章），锦州医科大学蔡东（第十三章、第十四章），西南医科大学韦思平（第十五章），大连医科大学李发胜（第十七章），重庆医科大学梁国娟（第十八章），清华大学饶燏（第十九章），南京医科大学厉廷有（第二十章）。

由于本教材在编排上不同于以往传统形式，不妥之处在所难免，诚请广大师生和读者提出宝贵意见。

主　编
2024年6月

目　　录

第一章　绪论 ··· 1
　第一节　有机化合物与有机化学 ·· 1
　第二节　有机物的结构 ·· 4
　第三节　有机物的分类 ··· 14
　第四节　酸碱理论 ·· 16
　习题 ·· 20

第二章　烷烃和环烷烃 ··· 21
　第一节　烷烃 ·· 21
　第二节　环烷烃 ··· 42
　习题 ·· 54

第三章　烯烃 ··· 58
　第一节　结构与命名 ··· 58
　第二节　物理性质 ·· 61
　第三节　化学性质 ·· 62
　第四节　制备 ·· 73
　习题 ·· 74

第四章　炔烃和二烯烃 ··· 76
　第一节　炔烃 ·· 76
　第二节　二烯烃 ··· 84
　习题 ·· 95

第五章　芳烃 ··· 97
　第一节　芳烃的分类、命名和物理性质 ·· 97
　第二节　苯的结构 ·· 99
　第三节　单环芳烃的化学性质 ··· 101
　第四节　苯衍生物的亲电取代反应的定位规律 ······································ 106
　第五节　稠环芳烃 ·· 111
　第六节　芳香性 ··· 114
　习题 ··· 117

第六章　立体化学 ··· 119
　第一节　概述 ·· 119
　第二节　含手性中心的手性分子 ·· 123
　第三节　含手性轴的手性分子 ··· 128
　第四节　单环化合物的立体异构 ·· 128
　第五节　手性分子的形成 ··· 131
　习题 ··· 134

第七章　卤代烃 ·· 136
　第一节　分类和命名 ··· 136
　第二节　结构和物理性质 ··· 137
　第三节　化学性质 ·· 138

第四节　亲核取代反应机制 142
　　第五节　消除反应机制 147
　　第六节　不饱和卤代烃 151
　　第七节　卤代烃的制备 154
　　第八节　有机氟化物和多卤代烃 154
　　习题 156

第八章　醇和醚 159
　　第一节　醇 159
　　第二节　醚 171
　　习题 178

第九章　有机化合物的结构测定 180
　　第一节　样品的纯化 181
　　第二节　物理常数的测定 183
　　第三节　化学方法 184
　　第四节　波谱方法 185
　　第五节　质谱 187
　　第六节　紫外-可见光谱 190
　　第七节　红外光谱 193
　　第八节　核磁共振谱 197
　　第九节　多谱联用 204
　　习题 206

第十章　醛和酮 208
　　第一节　结构、分类和命名 208
　　第二节　物理性质 211
　　第三节　化学性质 211
　　第四节　醛、酮的制备 231
　　第五节　α,β-不饱和醛、酮 232
　　习题 235

第十一章　酚和醌 239
　　第一节　酚 239
　　第二节　醌 252
　　习题 255

第十二章　羧酸和取代羧酸 257
　　第一节　羧酸 257
　　第二节　取代羧酸 272
　　习题 277

第十三章　羧酸衍生物 279
　　第一节　结构、命名和物理性质 279
　　第二节　化学性质 281
　　第三节　制备 291
　　第四节　碳酸衍生物 293
　　第五节　原酸衍生物 296
　　第六节　β-二羰基化合物 297
　　习题 303

第十四章 有机含氮化合物 ... 305
第一节 芳香硝基化合物 ... 305
第二节 胺类 ... 309
第三节 重氮化合物和偶氮化合物 ... 322
习题 ... 327

第十五章 杂环化合物 ... 330
第一节 分类和命名 ... 330
第二节 五元杂环化合物 ... 334
第三节 六元杂环化合物 ... 339
第四节 稠杂环化合物 ... 347
习题 ... 353

第十六章 周环反应 ... 356
第一节 周环反应的理论 ... 356
第二节 电环化反应 ... 358
第三节 环加成反应 ... 361
第四节 σ迁移反应 ... 365
第五节 周环反应选择规律 ... 370
习题 ... 371

第十七章 氨基酸、肽、蛋白质和酶化学 ... 373
第一节 氨基酸 ... 373
第二节 肽 ... 380
第三节 蛋白质 ... 388
第四节 酶化学 ... 392
习题 ... 393

第十八章 糖 ... 395
第一节 单糖 ... 395
第二节 低聚糖和多糖 ... 407
第三节 生物活性多糖及糖苷 ... 411
习题 ... 413

第十九章 核酸和辅酶 ... 415
第一节 核酸 ... 415
第二节 辅酶 ... 427
习题 ... 432

第二十章 脂类 ... 434
第一节 油脂、蜡和磷脂 ... 434
第二节 萜类 ... 442
第三节 甾族化合物 ... 446
习题 ... 452

附录一 常见符号和缩写 ... 453
附录二 重要元素的电负性 ... 455
附录三 重要的鉴别反应 ... 456

第一章 绪 论

学习目标
掌握 有机化学和有机化合物的概念。
熟悉 有机化合物的结构类型、分类以及酸碱理论。
了解 有机化学的发展史。

第一节 有机化合物与有机化学

> **视窗 1-1 人类与有机化合物**
>
> 无论是人类最基本的需求——生存，还是人类最高级的渴望——长寿，都离不开有机化合物。人类衣食住行等所需要的生活必需品如糖类、油脂、蛋白质、石油、天然气、天然橡胶等属于天然有机物。塑料、合成纤维、合成橡胶、合成药物等人工合成的有机化合物也广泛应用于人类日常的生活、生产、研究等各个领域。随着社会发展，人类对于人工合成的具有特殊功能的有机化合物的依赖程度正日益增强。大量具有特殊功能的有机化合物的合成，大大提高了人类的生活质量，并改变了人们的生活习惯和生活环境。与此同时，有机化学工业产生的废弃污染物以及某些有机产品、传统生产工艺及装备给环境带来的种种污染，又使有机化学面临满足人类可持续发展要求这一巨大挑战。为解决这些问题，无数有机化学家不懈努力，发展出酶催化、电催化等更加绿色的合成方法，但仍有许多问题亟待解决。

有机化合物（organic compound）简称有机物，是指除一氧化碳、二氧化碳、碳酸盐等少数简单物质以外的含碳化合物。与其他元素不同，碳元素之间可以通过相互成键形成各种链状或环状的有机物。有机物除了含有碳元素外，还可含有氢、氧、氮、磷、硫和卤素等元素，目前有机物的数目已超过几千万种。有机物是生命现象的物质基础，所有的生命体中都含有糖、脂肪、核酸、蛋白质及血红素、叶绿素等有机物，生物体内的新陈代谢和繁殖遗传过程均涉及有机物的相互转变。

与无机化合物（inorganic compound）相比，有机物的特点包括：①均含有碳元素，绝大多数含有氢元素，大多为共价化合物，且普遍存在同分异构现象；②沸点低，熔点低（一般不超过400℃）；③一般易溶于乙醇、丙酮、石油醚、二氯甲烷、乙酸乙酯等有机溶剂，大多数不溶或难溶于水；④稳定性差，易受温度、细菌、空气或光照等影响而发生结构改变；⑤容易燃烧；⑥有机物之间的反应速率较慢，反应比较复杂，副反应多。

有机化学（organic chemistry）是研究有机物的一门化学学科，研究内容包括有机物的组成、结构、性质、合成方法及其应用，是化学极其重要的一个分支。在早期，有机物是指从有机体得到的物质，例如从葡萄汁中分离的酒石酸和从鸦片中分离得到的吗啡。虽然当时已经制得许多有机物，但关于它们的组成与结构等问题却长期没有得到解决。这主要是由于19世纪初，许多化学家相信只有依靠生物体内存在的所谓"生命力"才能够产生有机物，而无法在实验室人工合成有机物。这一思想曾一度牢牢地统治有机化学界，阻碍了有机化学的发展。1806年，瑞典化学家贝采利乌斯为了区别于当时存在的"无机化学"概念，首次提出了"有机化学"这一新概念；1828年，德国化学家维勒在实验室中成功利用无机物氰酸铵人工合成了以往认为只能由蛋白质代谢产生的有机物尿素。这一重大发现虽然并未马上得到维勒的导师贝采利乌斯及其他化学家的重视与认可，但这对当时占有统治地位的"生命力"学说形成了巨大冲击。此后，越来越多的有机物在实验室中被合成。例如，1845年德国化学家科尔贝（H. Kolbe）用木炭、硫磺、氯气及水作为原料，合成了有机物乙酸；1854年和1861年，法国的贝特洛（M. Berthelot）和俄国的布特列罗夫（A. M. Butlerov）分别首次人工合成了在生命过程中具有重要作用的油脂类和糖类化合物。随着越来越多的有机物在与生物体内迥然不同的条件下合成出来，"生命力"学说逐渐被抛弃了。虽然"生命力"学说被证明是错误的，但"有机化学"一词却被沿用至今。

视窗 1-2　　　　　　　　　　　　　　**化学名家**

F. 维勒

维勒（Friedrich Wöhler，1800—1882），德国化学家，主要从事有机合成和无机物研究。维勒于1820年进入马尔堡大学学医，1823年获得外科博士学位。他求学期间常在宿舍进行化学实验。维勒还曾到海德堡大学拜著名化学家格梅林（L. Gmelin，1788—1853）和生理学家蒂德曼（F. Tiedemann，1781—1861）为师。他的第一篇科学论文以"关于硫氰酸汞的性质"为题，发表在《吉尔伯特年鉴》上。该文受到瑞典著名化学家贝采利乌斯（J. J. Berzelius，1779—1848）的重视。维勒毕业后在贝采利乌斯实验室工作一年，随后在法兰克福、柏林等地任教。1828年维勒发表了《论尿素的人工制成》一文，开创了以无机物（氰酸铵）合成有机物（尿素）的新时代，震动了化学界。这一反应被认为是人类第一次合成有机物，对当时流行的"生命力"学说带来巨大冲击。

$$NH_4^+\ ^-OCN \xrightarrow{加热} \underset{尿素（有机物）}{H_2N-\underset{\underset{O}{\|}}{C}-NH_2}$$

氰酸铵（无机物）　　　　尿素（有机物）

维勒还研究了苦杏仁油，从中发现了氢醌、尿酸、可卡因等有机物。他在无机化学领域也有不少贡献。1827年和1828年分别发现了铝和铍两种元素。他对硼、钛、硅的化合物也进行了广泛研究并发现了硅的氢化物。

有机化学发展初期，有机物主要来自动物体和植物体。19世纪中期到20世纪初期，化学界逐渐形成以煤焦油为主要原料的合成工业；20世纪30年代，合成工业原料转向乙炔，随后又转向石油和天然气，合成橡胶、合成塑料和合成纤维等成为合成工业的主要产品。合成染料的发现，促进了染料和制药工业的蓬勃发展，推动了对芳香族化合物和杂环化合物的研究，同时也使药学取得了长足的进步。20世纪初期至30年代，人们先后确定了单糖、氨基酸、核苷酸、牛胆酸、胆固醇和某些萜等天然有机物的结构。30～40年代，确定了维生素、甾族激素和多糖等结构以及一些肽和蛋白质的组成，完成了一些甾族激素和维生素等的合成研究。40～50年代，完成了青霉素（penicillin）等抗生素结构测定及其合成。50年代，合成了催产素（oxytocin）等生物活性小肽，全合成了一些甾族化合物和吗啡（morphine）等生物碱，确定了胰岛素（insulin）的化学结构，发现了蛋白质的螺旋结构和DNA的双螺旋结构。60年代，完成了胰岛素全合成、低聚核苷酸的合成。70～80年代初期，完成了前列腺素（prostaglandin）、维生素B_{12}、昆虫信息素激素及美登木素（maytansine）的全合成。近代，一大批极具挑战性的复杂天然产物，例如岩沙海葵毒素、紫杉醇、vinigrol和palau'amine等也被成功合成，将有机化学这一门古老学科推向了一个新的高度。

视窗 1-3　　　　　　　　　　　**DNA 的双螺旋结构**

1952年，美国生物化学家查戈夫（E. Chargaff，1905—2002）测定了DNA中4种碱基的含量，发现其中腺嘌呤与胸腺嘧啶的含量相等，鸟嘌呤与胞嘧啶的含量相等。这使英国生物学家、物理学家及神经科学家克里克（F. H. C. Crick，1916—2004）和美国生物学家沃森（J. D. Watson，1928—　）立即想到4种碱基之间存在着两两对应的关系，建立了腺嘌呤与胸腺嘧啶配对、鸟嘌呤与胞嘧啶配对的概念。

1953年2月，沃森和克里克看到了富兰克林在1951年11月拍摄的一张十分漂亮DNA晶体X射线衍射照片，这激发了他们的灵感。他们不仅确认了DNA是螺旋结构，而且分析得出了螺旋参数。他们认为，磷酸根在螺旋的外侧构成两条多核苷酸链的骨架，方向相反；碱基在螺旋内侧，两两对应。1953年2月28日，他们用铁皮和铁丝搭建了第一个DNA双螺旋结构的分子模型。这不仅指明了DNA分子的结构，更重要的是揭示了DNA的复制机制。由于腺嘌呤与胸腺嘧啶配对、鸟嘌呤与胞嘧啶配对，这说明两条链的碱基顺序是彼此互补的，只要确定了其中一条链的碱基顺序，另一条链的碱基顺序也就确定了。因此，只需以其中的一条链为模板，即可合成复制出另一条链。人们基于上述认识开创了现代生物学。

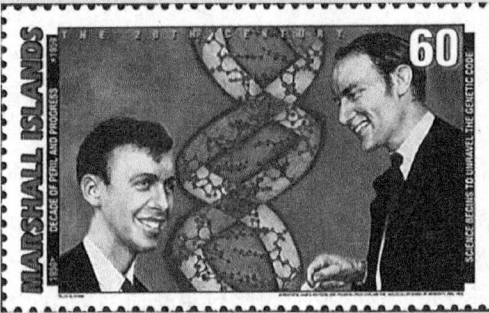

纪念DNA双螺旋结构发现的邮票

值得注意的是，1901～2022年，诺贝尔化学奖共颁发114项，其中涉及有机化学的化学奖高达43项（38%），可见有机化学在化学中的重要性。有机化学反应作为有机化学的核心，在近几十年内也多次获得诺贝尔化学奖。例如，第尔斯-阿尔德反应（1950年）、布朗硼氢化反应（1979年）和维蒂希反应（1979年）等。进入21世纪，不对称合成、过渡金属催化逐渐成为有机化学的研究重点。不对称氢化反应（2001年）、不对称环氧化反应（2001年）、烯烃复分解反应（2005年）和钯催化交叉偶联反应（2010年）相继获得诺贝尔化学奖。2021年，德国化学家本杰明·利斯特（Benjamin List）和美国化学家戴维·麦克米伦（David W. C. MacMillan）因发展了不对称有机小分子催化反应而获得诺贝尔化学奖，充分说明有机化学反应的发展已经进入"绿色、高效、可控"的新高度。

视窗 1-4　　　　　　　　　岩沙海葵毒素的全合成

1971年，Science杂志首次公开报道从美国夏威夷海洋生物软体生物岩沙海葵（Palythoa toxica）中分离得到了岩沙海葵毒素（palytoxin, PTX）。在历经10年研究后，美国夏威夷大学的Moor教授研究团队和日本名古屋大学的Hirata教授研究团队几乎同时报道了PTX的化学结构。PTX的分子式为$C_{129}H_{223}N_3O_{54}$，相对分子质量高达2680.14，是一个复杂的超级长链聚醚类（polyethers）化合物。PTX是一种强烈的血管收缩剂，被认为是已知毒性最强的非蛋白质物质之一。以PTX为代表的海洋聚醚类化合物有望在研制新型心血管药物和抗肿瘤药物中发挥重要作用。

PTX的结构中含有64个手性原子和7个双键，理论上应该至少有不少于2^{71}个立体异构体。此外，分子中有10个含氧环，还会涉及环上的顺反异构，可能的立体异构体会更多。事实上，当时PTX的结构并没有完全确证，因此其全合成难度极大。但是，美国哈佛大学Kishi教授的研究团队从1986年开始，历经8年的努力，终于在1994年完成了PTX的全合成。PTX是目前已完成的化学全合成中相对分子质量最大、手性碳最多的天然产物，不论从反应路线设计还是反应难度上看，其全合成过程堪称攀登有机化学领域的"珠穆朗玛峰"。在PTX的全合成过程中使用和发现了不少新的试剂、新的化学反应及机制等，不仅对有机合成方法而且对有机化学理论的发展都起到了非常大的推动作用。PTX的全合成是近百年来有机化学领域最伟大的成就之一，至今仍让科学家们津津乐道、赞叹不已。

PTX 的结构

岩沙海葵（*Palythoa toxica*）

中国的有机化学家为有机化学的发展同样做出了重要贡献。早在 20 世纪 50 年代，我国化学家黄鸣龙改良了沃尔夫-基斯内尔（Wolff-Kishner）反应，使其能够在相对安全的条件下进行，且产率有所提升，这一反应因此被重新命名为 Wolff-Kishner-黄鸣龙反应，成为第一例以中国化学家命名的重要有机化学反应。1965 年，中国科学家完成了结晶牛胰岛素的人工合成，实现了世界上首例在体外全合成且仍具有完整结构的功能性蛋白质。2015 年，我国药学家屠呦呦因在研制青蒿素等抗疟药方面的卓越贡献而获得诺贝尔生理学或医学奖。进入新世纪后，我国的有机化学发展迅速，取得了令世界瞩目的非凡成就。一大批中国有机化学家活跃在学术界，为有机化学的蓬勃发展作出了重要贡献。

在有机化学的发展过程中，逐步形成了互相渗透且互相促进的天然有机化学、有机合成化学、生物有机化学、金属有机化学、物理有机化学及有机分析化学等学科分支。有机化学已成为药物化学、药剂学、药物分析、染料化学、生物化学以及药理学等学科的重要基础。有机化学的进步还推动了药学与生命科学的蓬勃发展。现代有机化学的发展日新月异，有机物数目和有机反应数量众多，学习有机化学除了要掌握本学科的相关知识外，更重要的是要掌握有机化学家思考问题、分析问题和解决问题的方式和方法，并最终服务于人类社会的进步。

第二节 有机物的结构

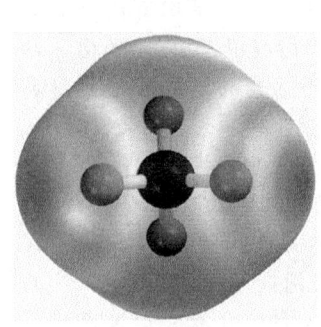

图 1-1 有机物的结构示例

有机物分子结构简称有机结构，是指有机物分子中原子的组成、排列结合的顺序及其方式。19 世纪，化学家创造了采用元素符号加横线"—"的形式表明原子与原子之间按"化学价"结合的结构式（反映结构的球棍模型参见图 1-1）。原子用"—"与其他原子相连显示"1"价，如水中 H 与 O 相连的结构式为 H—O—H；用"="相连显示"2 价"，如二氧化碳中 C 与 O 相连的结构式为 O=C=O；用"≡"相连显示"3 价"，如氰化氢分子中的 C≡N 结构。

在凯库勒原子堆积排列理论基础上，布特列罗夫于 1861 年首先提出了有关有机物的结构理论，认为分子是原子通过复杂化学结合力按一定的顺序连接起来的整体，即分子的化学结构，并提出结构决定性质，性质是结构的表现。用结构可推测性质，也可依据性质和反应来推测结构。因此，可用结构理论去分析或解释有机物的结构，获得它所代表分子的大量信息，例如有机物可能具有什么物理性质（如物态、熔点、沸点、密度、溶解度、颜色等），或者化学性质（与什么试剂反应、生成什么产物、反应速率、收率等）。借助结构理论可以阐释原子如何结合并构成分子，以及不同分子的性质及其变化规律等问题。因此，有机化学已成为认识世界和改造世界的重要手段。

一、碳的原子结构

碳元素是元素周期律中的第 6 号元素，其 6 个电子在原子轨道（atomic orbital，AO）的分布情况为 $1s^22s^22p^2$，第一层（最内层）有 2 个电子在 1s 轨道；第二电子层有 4 个电子，其中 2 个电子在 2s 轨道，2 个未成对电子分别在 $2p_x$ 和 $2p_y$ 轨道，$2p_z$ 轨道为空轨道（图 1-2）。

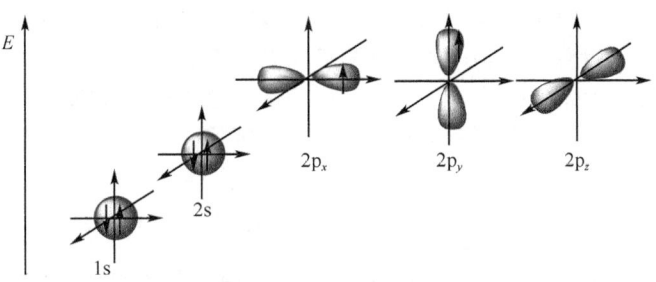

图 1-2　碳元素的原子轨道及其电子构型示意图

碳原子有 4 个价电子，可形成 4 个共价键。碳原子有 sp^3、sp^2 和 sp 三种杂化轨道，可形成单键、双键和三键三种形式。

二、共价键理论

现代共价键（covalent bond）理论可分为价键理论（valence bond theory）和分子轨道理论（molecular orbital theory）。前者认为形成共价键的电子只处于成键的两个原子之间，后者认为形成共价键的电子在整个分子内运动。

（一）八隅律

八隅律（octet rule）是指主族元素原子外层满足 8 个电子达到稳态的一种现象。1916 年，德国图宾根大学教授科塞尔（W. Kossel）提出离子键（ionic bond）的概念。美国加州大学伯克利分校教授路易斯（G. N. Lewis）发展了科塞尔的理论，并于 1923 年提出了共价键的概念（图 1-3）。他们都认为，带正电荷原子核的周围围绕着具有不同能量的电子，这些电子按距离原子核远近和能量高低可以分成按照不同能级壳层运动的电子，并且每一壳层中能容纳的电子数目有一最大值，即第一层可容纳 2 个电子，第二层可容纳 8 个电子，第三层可容纳 8 个电子或 18 个电子等。当原子本身外层电子数目达到最大值（如惰性气体）时，原子最稳定。

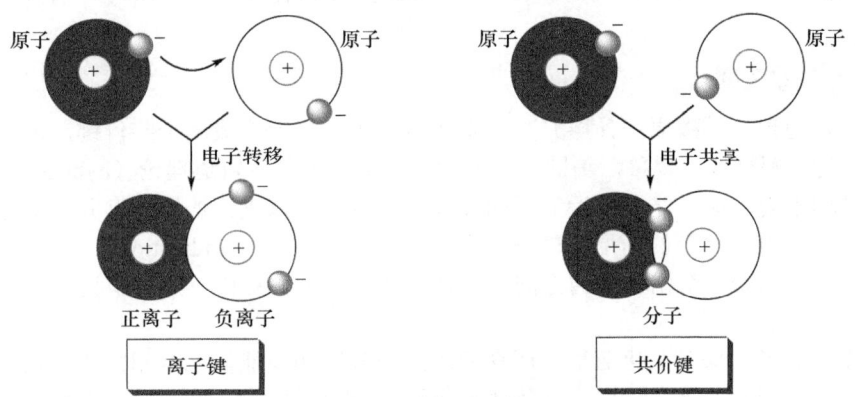

图 1-3　离子键和共价键的形成示意图

离子键是由电子的得失转移而形成的。当原子外层电子数较少时，原子倾向于给出电子，达到新的最外层稳态；当原子的外层有较多的电子时，原子倾向于获得电子，达到新的最外层稳态。

例如，钠原子最外层有 1 个电子，失去 1 个电子使钠原子转变为具有 8 个电子稳态外层的钠离子；氯原子最外层有 7 个电子，获得 1 个电子使氯原子转变为具有 8 个电子稳态外层结构的氯离子。为达到能量最低状态，氯化钠中钠原子将 1 个电子给氯原子，这样钠离子和氯离子最外层均达到稳态，于是钠离子带正电，氯离子带负电。带相反电荷离子间的静电吸引力称为离子键。

共价键是由原子共享电子形成的。当两个原子吸引电子的能力相当时，双方都不能给出电子，两个原子采取共享电子的方式，达到双方最外层电子的稳态。例如，氢原子有 1 个电子，两个氢原子共享一对电子，其外层均有 2 个电子，达到稳态，形成氢分子。又如，氟分子中，氟原子的外层为 7 个电子，离稳态最外层缺 1 个电子，当两个氟原子分别共享对方的一个电子，氟原子转变为稳态结构，形成氟分子。再如，氢原子缺 1 个电子达到稳态，而氮原子缺 3 个电子达到稳态，如果氮原子分别与三个氢原子共享电子，氢原子和氮原子都转变为稳态结构，形成氨分子。

$$H\cdot + \cdot H \longrightarrow H:H \qquad :\ddot{F}\cdot + \cdot\ddot{F}: \longrightarrow :\ddot{F}:\ddot{F}: \qquad 3H\cdot + \cdot\ddot{N}\cdot \longrightarrow H:\underset{H}{\overset{H}{\ddot{N}}}:H$$

在上述结构式中，以圆点表示分子中原子与原子间电子配成对或共价键一对电子等的化学式称为路易斯结构式（Lewis structural formula）。具有重键的分子和多原子离子均可写成路易斯结构式。例如二氧化碳、羟基、甲烷和甲基碳负离子的路易斯结构式分别如下：

$$CO_2 \qquad -OH \qquad CH_4 \qquad CH_3^-$$

$$\ddot{O}::C::\ddot{O} \qquad H:\ddot{O}: \qquad H:\underset{H}{\overset{H}{C}}:H \qquad H:\underset{H}{\overset{H}{\ddot{C}}}:H$$

（二）价键理论的基本要点

价键理论又称电子配对法，是一种获得分子薛定谔方程近似解的处理方法，其核心是电子配对形成定域的化学键，主要描述分子中的共价键和共价结合。价键理论的基本要点为：①共价键的电子对自旋方向相反，即自旋方向相反的未成对电子的两个原子相互接近，则可配对形成稳定的共价键。当 A 原子与 B 原子共用一对电子、两对电子或三对电子时可分别形成共价单键、双键或三键。②共价键的饱和性。原子中未成对的电子数等于原子所能形成的共价键数目。例如，H 原子只有 1 个未成对电子，与另 1 个 H 原子的未成对电子配对后，就不能再与其他 H 原子的电子配对。再如，氨分子中氮原子 3 个未成对电子可与三个 H 原子的未成对电子配对形成三个共价单键，得到 NH_3。③共价键的方向性。成键原子轨道重叠形成共价键，重叠程度越大，共价键越稳定，此为原子轨道最大重叠原理，或称电子云最大重叠原理。当两个成键原子轨道沿键轴方向以"头碰头"的方式重叠成键，称为 σ 键；原子轨道沿键轴方向以"肩并肩"的方式重叠成键，称为 π 键。

（三）杂化轨道理论

根据原子轨道理论，碳原子外层有 2 个未成对电子，只能形成两个共价键，但是有机物中碳原子呈四价。为了解释这一现象，美国化学家鲍林等提出了杂化轨道理论（hybrid orbital theory），即认为成键过程中同一原子能量相近的不同类型原子轨道可以进行线性组合并重新分配能量和确定空间方向，组成数目相等的新原子轨道，此过程称为杂化（hybridization），新原子轨道称为杂化轨道（hybrid orbital）。杂化轨道的方向性更强，成键能力也更强。杂化轨道可分为等性杂化轨道和不等性杂化轨道。

1. 等性杂化轨道 原子杂化后形成所含原轨道成分比例及能量完全相同的杂化轨道的过程为等性杂化（equivalent hybridization）。杂化轨道包括 sp^3 杂化轨道、sp^2 杂化轨道和 sp 杂化轨道。

碳原子中 1 个 s 轨道和 3 个 p 轨道组合杂化形成 4 个 sp^3 杂化轨道。每个 sp^3 杂化轨道含有 1/4 的 s 轨道成分和 3/4 的 p 轨道成分。为了使杂化轨道间的排斥能最小，4 个 sp^3 杂化轨道朝向四面体的顶角，杂化轨道之间的键角均为 109°28′（图 1-4）。

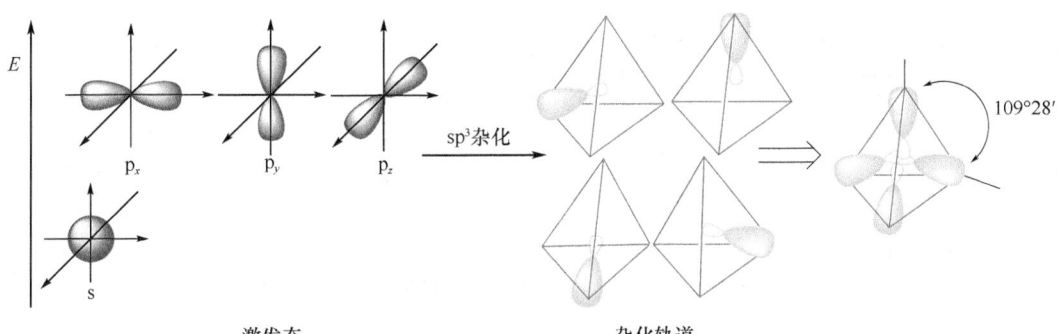

图 1-4 sp³ 杂化轨道的形成示意图

最简单的有机物甲烷分子中的碳原子属于 sp³ 杂化轨道。基态时，碳原子最外层有 4 个电子，其中 2 个电子在 2s 轨道、2 个未成对电子分别在 $2p_x$ 和 $2p_y$ 轨道；激发态下，碳原子 2s 轨道中的 1 个电子激发到空的 $2p_z$ 轨道；杂化态时，碳原子 1 个 2s 轨道和 3 个 2p 轨道组合成的 4 个 sp³ 杂化轨道指向正四面体的四个角，每一个 sp³ 杂化轨道与一个氢的 1s 轨道重叠形成甲烷的 4 个碳氢 σ 键，碳原子在正四面体的中央，而四个氢在四个角上。碳氢 σ 键具有相同的键长（1.01Å），键角都是 109°28′（图 1-5）。

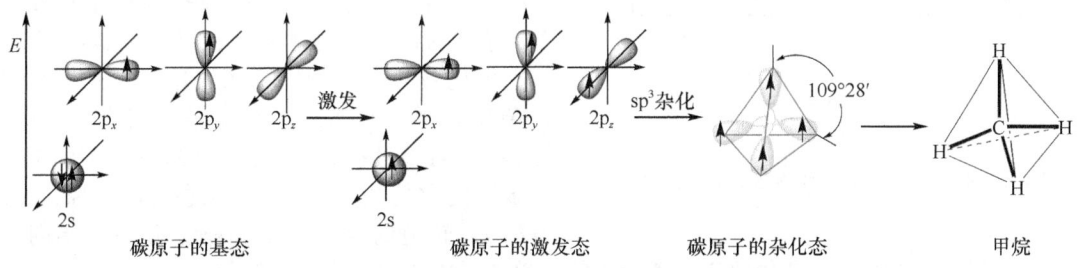

图 1-5 碳原子的 sp³ 杂化过程及甲烷分子示意图

碳原子中 1 个 s 轨道和 2 个 p 轨道组合杂化形成 3 个 sp² 杂化轨道。每个 sp² 杂化轨道含有 1/3 的 s 轨道成分和 2/3 的 p 轨道成分，为了使杂化轨道间的排斥能最小，3 个 sp² 杂化轨道呈正三角形分布，杂化轨道之间的键角为 120°（图 1-6）。

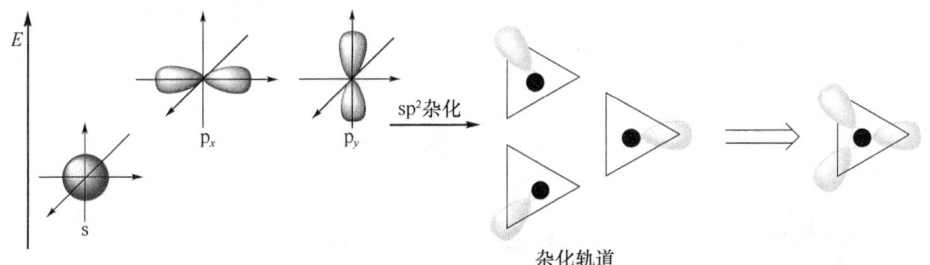

图 1-6 sp² 杂化轨道的形成示意图

三氟化硼分子中的硼原子（第 5 号元素）属于 sp² 杂化轨道。基态时，硼原子外层有 3 个电子，其中 2 个电子在 2s 轨道、1 个未成对电子在 $2p_x$ 轨道；激发态下，硼原子 2s 轨道中的 1 个电子激发到一个空的 $2p_y$ 轨道；杂化态时，硼原子 1 个 2s 轨道和 2 个 2p 轨道组合成的 3 个 sp² 杂化轨道指向正三角形的三个角，硼原子在三角形的中央，每个 sp² 轨道与氟原子的 p 轨道最大重叠形成 3 个硼氟 σ 键，三个氟原子在三个角上，杂化轨道之间的键角是 120°（图 1-7）。

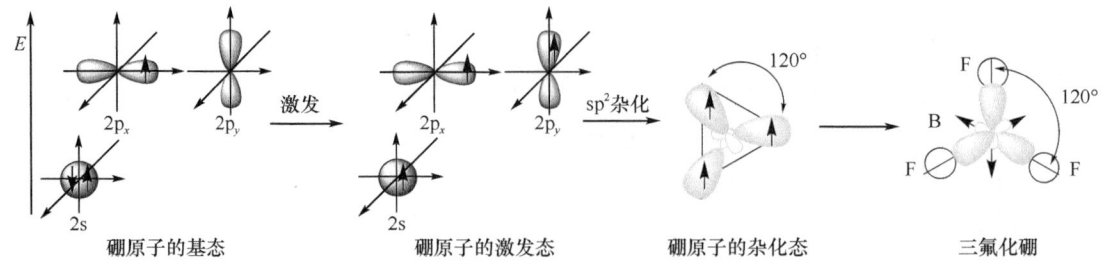

图 1-7　硼原子的 sp^2 杂化过程及三氟化硼分子示意图

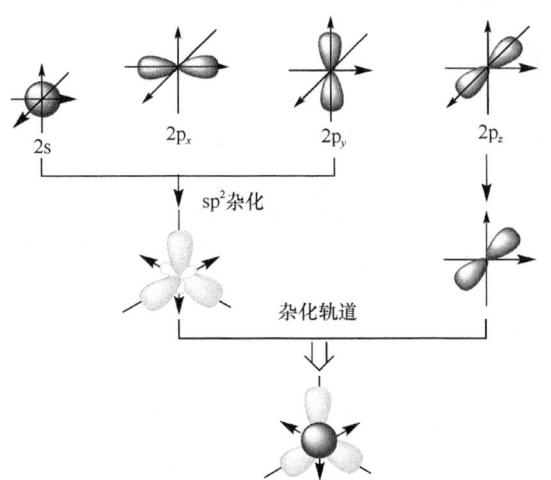

图 1-8　碳原子 sp^2 杂化轨道的形成示意图

与三氟化硼中的硼原子相似，碳原子的 sp^2 杂化过程为：2s 轨道中的 1 个电子激发到 2p 轨道，然后杂化组合得到 3 个能量相同的 sp^2 杂化轨道，未参与杂化的 2p 轨道与 3 个杂化轨道对称轴的平面垂直（图 1-8）。

碳原子中 1 个 s 轨道和 1 个 p 轨道组合杂化形成 2 个 sp 杂化轨道。每个 sp 杂化轨道含有 1/2 的 s 轨道成分和 1/2 的 p 轨道成分，为了使杂化轨道间的排斥能最小，2 个 sp 杂化轨道呈直线型分布，杂化轨道之间的键角为 180°（图 1-9）。

氯化铍分子中的铍原子（第 4 号元素）属于 sp 杂化轨道。基态时，铍原子外层有 2 个电子，在 2s 轨道；激发态下，铍原子 2s 轨道中的 1 个电子激发到空的 $2p_x$ 轨道；杂化态时，铍原子 2s 轨道和 $2p_x$ 轨道组合成的 2 个 sp 杂化轨道指向直线的两端，铍原子的每个 sp 杂化轨道与氯原子的 p 轨道最大重叠形成 2 个铍氯 σ 键，铍原子在直线的中央，两个氯原子在直线两端，键角是 180°（图 1-10）。

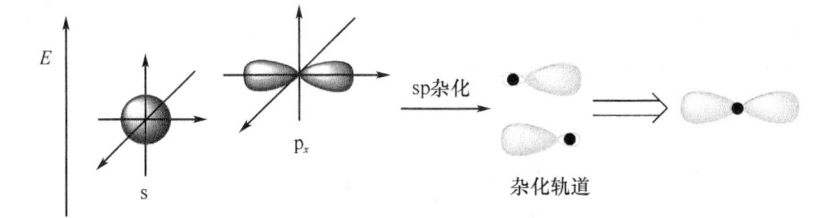

图 1-9　sp 杂化轨道的形成示意图

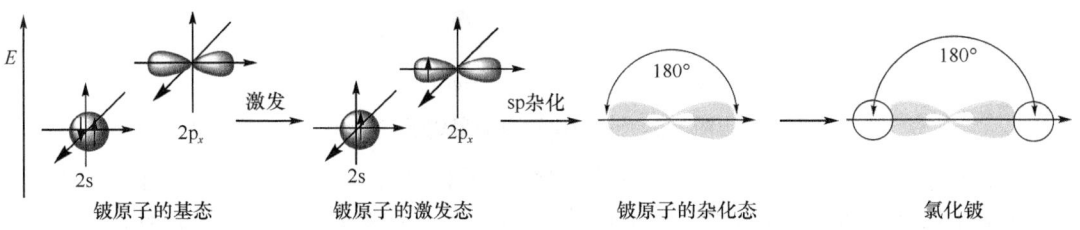

图 1-10　铍原子的 sp 杂化过程及氯化铍分子示意图

与氯化铍中的铍原子相似，碳原子的 sp 杂化过程为：2s 轨道中的 1 个电子激发到 2p 轨道，然后杂化组合得到 2 个能量相同的 sp 杂化轨道，2 个杂化轨道之间的键角为 180°，2 个未参与杂化的 2p 轨道与杂化轨道对称轴的平面相互垂直（图 1-11）。乙炔分子中的碳原子是 sp 杂化。

2. 不等性杂化轨道　原子杂化后形成所含原来轨道成分比例及能量不完全相同的杂化轨道

的过程为不等性杂化（nonequivalent hybridization）。一般来说，已被孤对电子占据的原子轨道参与的杂化是不等性的。例如，氮原子的电子构型为 $1s^22s^22p_x^12p_y^12p_z^1$，外层有 5 个电子，其中 2 个电子在 2s 轨道、3 个未成对电子分别在 $2p_x$、$2p_y$ 和 $2p_z$ 轨道；氮原子的 1 个 2s 轨道与 3 个 2p 轨道杂化形成 4 个 sp^3 杂化轨道，其中 1 个 sp^3 轨道含 2 个电子、3 个 sp^3 轨道各含 1 个未成对电子，后者与氢原子的 1s 轨道重叠，形成四面体结构的氨分子，其 H—N—H 键的键角为 107°，N—H 键的长度是 101pm（图 1-12）。

氨分子可发生孤对电子快速的上下翻转（图 1-13），室温下能垒只有 6kcal/mol。

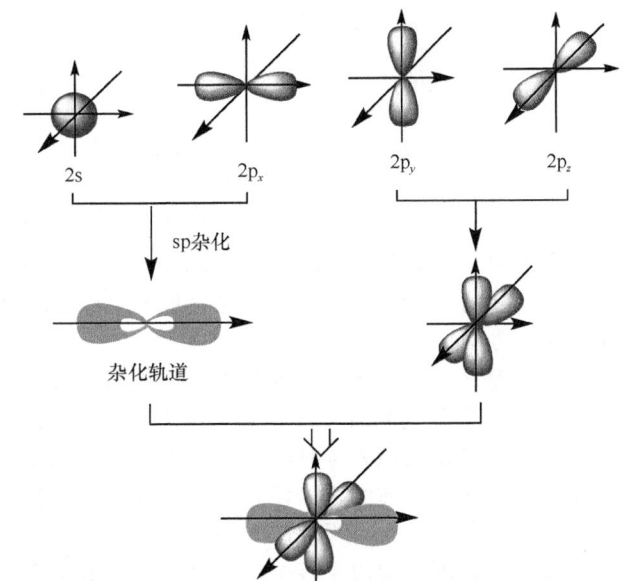

图 1-11　碳原子 sp 杂化轨道示意图

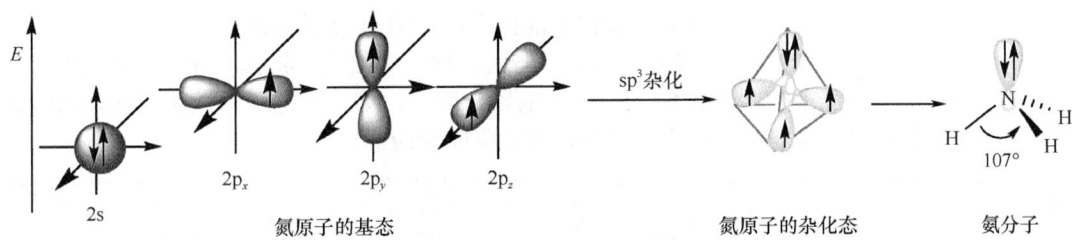

图 1-12　氮原子的 sp^3 杂化过程及氨分子示意图

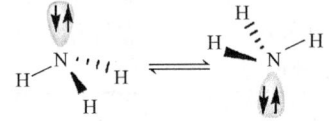

图 1-13　氨分子上下翻转示意图

水分子与氨分子的情况相似。氧原子发生 sp^3 杂化后只能与两个氢原子成键，两个氢原子占据四面体中的两个顶点，孤对电子占据四面体的另外两个顶点，H—O—H 的键角是 105°，O—H 键的长度是 96pm（图 1-14）。

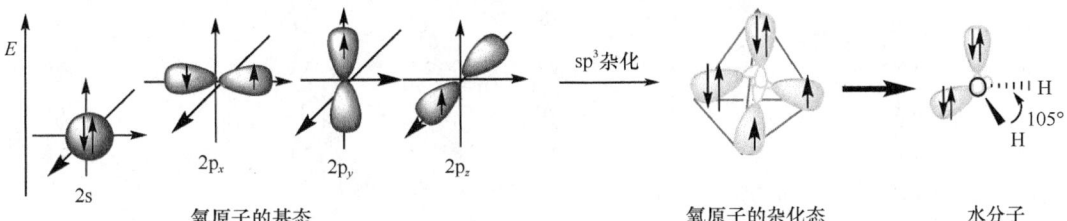

图 1-14　氧原子的 sp^3 杂化过程及水分子示意图

（四）键的极性和分子的极性

键的极性（polarity）是由成键原子的电负性不同所致。在共价键中，当两个成键原子的电负性不同时，两个原子核间正电荷所形成的正电荷重心与电子云所形成的负电荷重心不重合，这样的共价键称为极性共价键（polar covalent bond）。当两个成键原子的电负性相同或相近时，两个原子核间的正电荷重心与负电荷重心几乎重合，这样的共价键称为非极性共价键（nonpolar covalent bond）。两个原子电负性的差别越大，键的极性就越强。极性可用符号 δ^+ 和 δ^- 表示，它们分别表示带部分的正电荷与负电荷（图 1-15）。

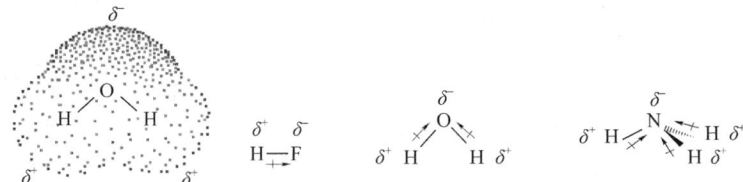

图1-15 水分子及其他分子的极性键示意图

键的极性可用偶极矩（dipole moment，μ）来度量，其定义式为：$\mu=q \cdot d$。式中，q 表示正电荷或负电荷中心上的电荷量，其单位为库仑（C）；d 为正负电荷中心的距离，单位为米（m）；偶极矩的单位为 C·m。

极性键是产生偶极矩的必要条件，而偶极矩又是产生极性分子的必要条件。一般而论，无极性键的分子常常为非极性分子，如 H_2、N_2、O_2、Cl_2 和 Br_2 等双原子分子，其偶极矩为零。有极性键的分子，当偶极矩为零时，其分子无极性，如四氯化碳中碳氯键为极性键，但四氯化碳分子是完全对称的正四面体结构，使它们多个极性键的极性彼此抵消，分子的偶极矩为零；当偶极矩不为零时，其分子一定有极性，如在氯甲烷中，碳氯键的极性没有被抵消，氯甲烷有偶极矩。因此，分子的极性不仅取决于各个键的极性，也取决于键的方向，也就是取决于所有键极性的向量

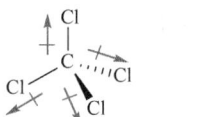

和。$HgCl_2$ 分子的键角 $\angle ClHgCl=180°$，Hg—Cl 键的极性可相互抵消，故 $HgCl_2$ 分子为非极性分子。H_2O 分子的键角 $\angle HOH=104.5°$，O—H 键的极性不能抵消，故 H_2O 分子为极性分子。

键的极性与分子的极性密切相关，将影响分子的物理性质和化学性质，甚至会影响分子的生物学性能。在外界电场作用下，共价键电子云发生变化而改变键极性的现象称为键的极化，也能影响反应的类型，甚至影响反应活性。

案例 1-1

键的极性是由成键原子电负性不同引起的，而原子的电负性是指原子核和非价电子组成的一个实体对价电子的吸引能力，吸引力越大，电负性越大。一般情况下，原子的半径越小或具有的正电荷越多，对价电子的吸引能力越强，即在元素周期表的同一周期中，越往右的原子电负性越大；同一族中，越往下的原子电负性越小，常见原子电负性值如下：

H							
2.2							
Li	Be		B	C	N	O	F
1.0	1.5		2.0	2.5	3.1	3.5	4.0
Na	Mg		Al	Si	P	S	Cl
0.9	1.2		1.5	1.7	2.1	2.4	3.2
K	Ca	Cu	Zn	Ge	As	Se	Br
0.8	1.0	1.9	1.6	2.0	2.2	2.5	3.0
		Ag		Sn			I
		1.9		1.7			2.7

问题 试比较 C—H、N—H、O—H、F—H 键的极性大小并说明原因。

案例分析 C、N、O、F 是同一周期的元素，原子大小按从小到大顺序排列为 F＜O＜N＜C，原子电负性与原子大小呈负相关，则原子的电负性大小为 F＞O＞N＞C，因此与相同原子成键时，键的极性大小顺序为 F—H＞O—H＞N—H＞C—H。

（五）键参数

键参数（bond parameter）包括键长、键角和键能等物理量。键参数可用于表征化学键的性质，阐明有机物的结构；还可用于定性、半定量地确定分子的形状，解释分子的某些性质等。

键长（bond length）或称键距（d）指分子中成键两原子核间的平衡距离，用 l 表示，单位为 pm。键长可采用分子光谱、X 射线衍射或电子衍射等方法测得，也可用量子力学的近似方法计算而得。两原子间形成的共价键键长越短，键就越强。相同的成键原子所组成的单键和多重键的键长依次缩短，键的强度渐增。例如，碳原子之间形成单键、双键和三键的键长分别为 154pm、134pm 和 120pm。

键能（bond energy）即键的解离能，是指形成一个键所放出的能量（或破坏一个键所吸收的能量），单位为 kJ/mol。键能用于衡量原子之间形成的化学键的强弱。键能越大，化学键越牢固，由其组成的分子就越稳定。不同的多原子分子中键能不仅取决于成键原子本身的性质，而且与分子中存在的其他原子的种类有关。

键角（bond angle）是指多原子分子中两个相邻化学键之间的夹角。键角能反映分子的立体形状，键角的大小与成键原子的轨道及其杂化状态有关。例如，采取 sp^3、sp^2 和 sp 杂化的碳原子的键角分别为 $109°28'$、$120°$ 和 $180°$，分别形成四面体、三角形和直线型结构。键角的大小还受分子中其他原子的影响，如甲胺中 $CH_3—N—H$ 的键角为 $113°$，与氨分子中 $H—N—H$ 之间的键角有区别。键角可以用量子力学近似方法计算。对于复杂分子，目前仍然通过光谱、衍射等结构实验测定键角。

三、分子轨道理论的基本要点

分子轨道（molecular orbital，MO）是形成化学键的电子在分子中的空间运动状态。分子轨道理论是由美国化学家马利肯（Mulliken）和德国化学家洪德（Hund）于 1928 年前后提出的用于处理双原子分子及多原子分子结构的一种有效的近似方法。分子轨道理论注意分子的整体性，认为分子中的电子围绕整个分子运动，其基本要点包括：

（1）分子中的电子不再从属于某个原子，而属于整个分子，在整个分子空间范围内运动。在分子轨道中，电子按轨道能量由低到高依次排列，电子在分子轨道中的排布遵守泡利不相容原理（Pauli exclusion principle）、能量最低原理和洪德定则（Hund rule）。

（2）分子中电子的空间运动状态可用波函数 ψ 描述。

（3）分子轨道数目与参与组合的原子轨道数目相等。例如，氢原子 H_A 和氢原子 H_B 结合形成氢分子的过程为：由 H_A 的原子轨道 ϕ_A 和 H_B 的原子轨道 ϕ_B 通过线性组合（linear combination）形成的氢分子轨道 ψ_{MO} 和 ψ_{MO}^* 可近似表示为

$$\psi_{MO}=C_1\phi_A+C_2\phi_B$$
$$\psi_{MO}^*=C_1\phi_A-C_2\phi_B$$

式中，ψ_{MO} 和 ψ_{MO}^* 分别表示成键分子轨道（bonding molecular orbital）和反键分子轨道（antibonding molecular orbital）的波函数；C_1 和 C_2 表示轨道系数；ϕ_A 和 ϕ_B 分别表示原子轨道的波函数。在 ψ_{MO} 分子轨道中，H_A 的原子轨道 ϕ_A 和 H_B 的原子轨道 ϕ_B 的符号相同，两原子核之间的波函数值增大，即两原子核之间的电子云密度增大，使两个原子轨道最大重叠结合形成成键分子轨道即共价键（图 1-16）。

在 ψ_{MO}^* 分子轨道中，H_A 的原子轨道 ϕ_A 和 H_B 的原子轨道 ϕ_B 的符号相反，两原子核之间的波函数值减小或抵消，即两原子核之间的电子云密度减小，使两个原子轨道得不到最大重叠，形成反键分子轨道（图 1-17）。

当氢原子 H_A 和氢原子 H_B 生成 σ 键，其电子从 1s 轨道进入氢分子的成键分子轨道 ψ_{MO}，ψ_{MO} 的能量比氢原子 1s 轨道的能量低，氢分子处于稳定状态。反之，则形成反键 $σ^*$，反键分子轨道

ψ_{MO}^* 的能量比氢原子 1s 轨道的能量高,体系处于不稳定状态,此时氢分子分解(图1-18)。

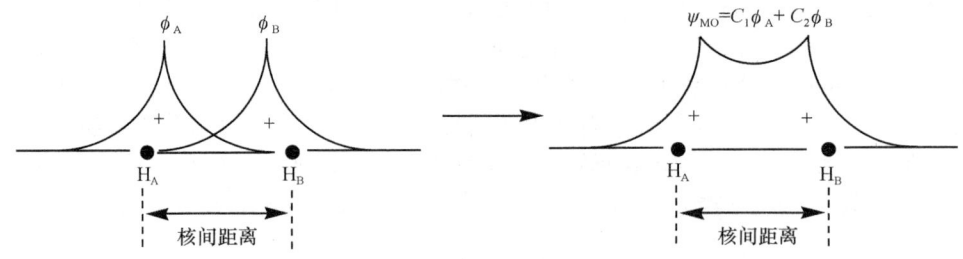

图 1-16　波相相同的波函数形成成键分子轨道示意图

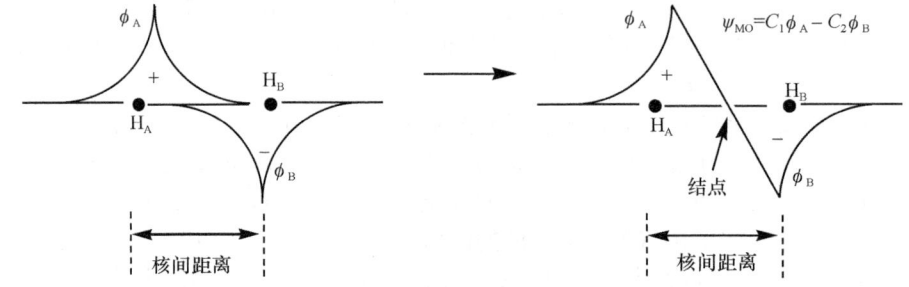

图 1-17　波相不同的波函数形成反键分子轨道示意图

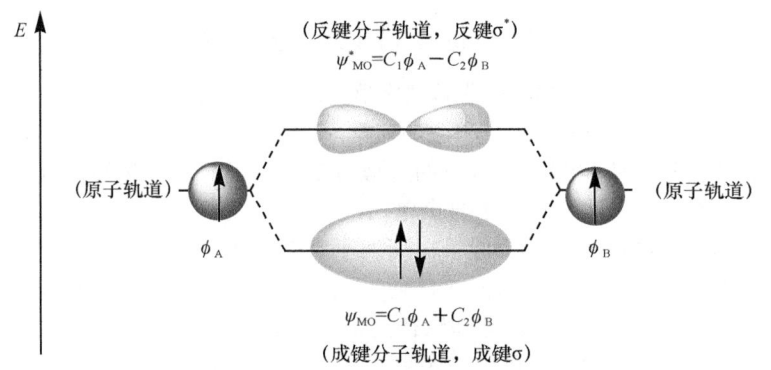

图 1-18　氢分子轨道能级图

(4)线性组合三原则。成键各原子轨道必须满足对称性匹配原则、能量近似原则和轨道最大重叠原则。对称性匹配原则决定原子轨道有无组合成分子轨道的可能性。在符合对称性匹配原则的前提下,能量近似原则和轨道最大重叠原则决定分子轨道的组合效率。

对称性匹配原则是指只有对称性匹配的原子轨道才能组合成分子轨道。对于 s、p 和 d 等原子轨道而言,可根据两个原子核间连线呈对称性匹配的原子轨道,对 x 轴以"头对头"方式(s-s、s-p_x 和 p_x-p_x 等)组成 σ 分子轨道;对 xy 平面以"肩并肩"方式(p_y-p_y、p_z-p_z 等)组成 π 分子轨道(图1-19)。

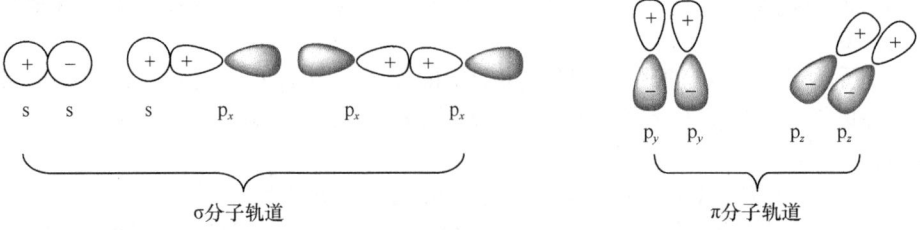

图 1-19　对称性匹配两个原子轨道组成 σ 分子轨道和 π 分子轨道的示意图

对称性匹配的两原子轨道组合成分子轨道时，波瓣符号相同（即++重叠或−−重叠）的两原子轨道组合成成键分子轨道。在对称性匹配的原子轨道中，只有能量相近的原子轨道才能组合成有效的分子轨道，而且能量越相近越好，即能量近似原则。例如，氢的1s轨道、氯的3p轨道、氧的2p轨道和钠的3s轨道的能量分别为-1312kJ/mol、-1251kJ/mol、-1314kJ/mol和-496kJ/mol。前3个轨道能量相近，彼此间均可组合，形成分子（如HCl、H_2O等）；而钠的3s轨道比前3个轨道能量高许多，不能组合（不形成共价键，只为离子键）。对称性匹配的两个原子轨道进行线性组合时，其重叠程度越大，则组合成的分子轨道的能量越低，所形成的化学键越牢固。

电子在分子轨道中的排布也遵守泡利不相容原理、能量最低原理和洪德定则。具体排布时，应先知道分子轨道的能级顺序。目前这个顺序主要借助分子光谱实验来确定。

在分子轨道理论中，用键级（bond order）表示键的牢固程度。一般来说，键级越高，键越稳定；键级为零，表明原子不可能结合成分子。键级的定义如下，键级可以是分数。

$$键级=(成键轨道上的电子数−反键轨道上的电子数)/2$$

四、有机物的同分异构

有机物具有相同分子式但具有不同结构的现象称为同分异构（isomerism）。具有相同化学式而结构不同的化合物互称为同分异构体（isomer）。有机物的同分异构体可以是同类化合物（含有相同的官能团），也可以是不同类的化合物（含不同的官能团）。例如，乙醇和甲醚是化学式为C_2H_6O的同分异构体，两者含不同的官能团，其结构如下：

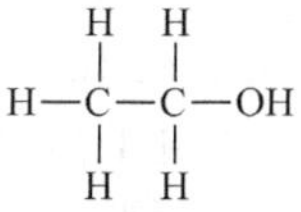

满足八隅律的经典结构式称为路易斯结构式。为了表达方便，常用短线"—"代表联系两原子的一对电子。这种表示分子的价键结构式称为价键式、实线式或蛛网式。为了方便书写，常略去短线或将"—CH_2—"基团合在一起表示，称为简化式或缩写式。键线式是更为简化的表示方法，常用于表示链状或环状化合物。在键线式中省略碳、氢元素的符号，短线的端点表示碳原子、线段表示碳键，己烷、环己烷、苯、乙醇等结构式的常见写法表示见表1-1。

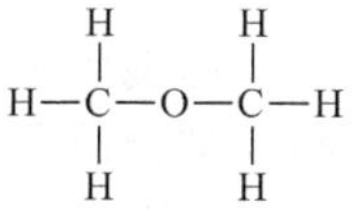

表1-1 有机物构造的表示式

结构类型	己烷	环己烷	苯	乙醇
路易斯结构式	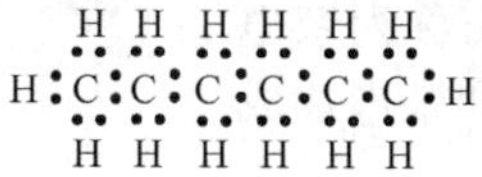 H:C:C:C:C:C:C:H	—	—	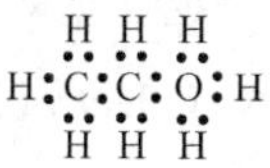 H:C:C:O:H
价键式	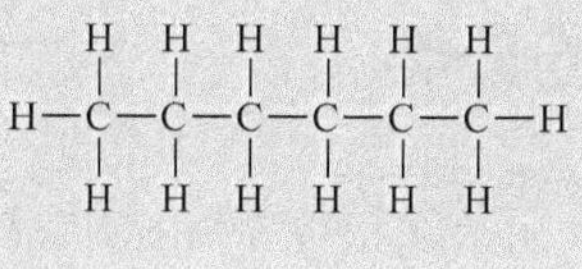 H—C—C—C—C—C—C—H	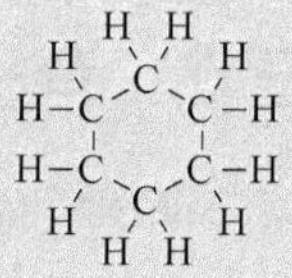 (六元环结构)	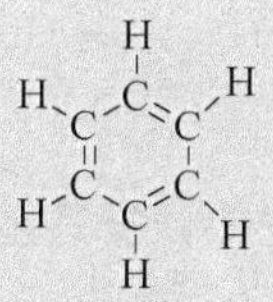 (苯环结构)	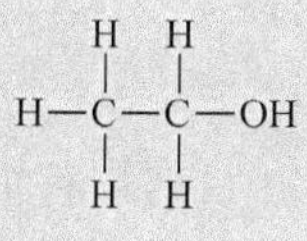 H—C—C—OH
简化式（缩写式）	$CH_3CH_2CH_2CH_2CH_2CH_3$	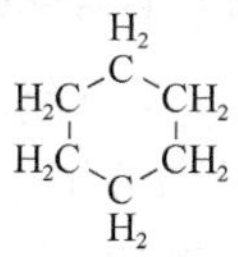 $H_2C(CH_2)_4CH_2$环	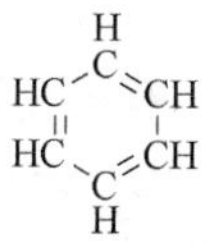 HC=CH−CH=CH−CH=CH环	CH_3CH_2OH
键线式	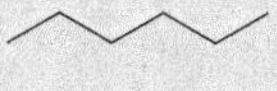 /\/\	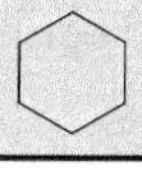 六边形	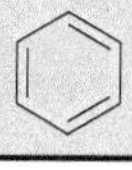 苯环	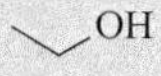 /\OH

通常用凯库勒（Kekule）模型和斯陶特（Stuart）模型表示有机分子中原子的空间排列（图1-20）。凯库勒模型采用大小及颜色不同的圆球表示各种原子。斯陶特模型，又称比例模型或球缺模型，是按分子中各种原子半径、键长与键角的一定比例放大制成，较真实地反映有机分子的立体形象及其各原子间的相对位置。上述立体结构式中，中心碳原子上各个价键在三维空间的结构常用楔线式表示，其中直线"—"表示该键近似在纸平面上；楔形实线"◣"表示该键在纸平面上方；虚线"↘"或"⋯⋯"表示该键在纸平面下方。

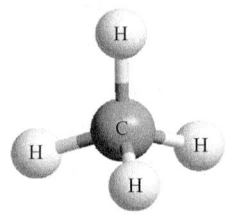   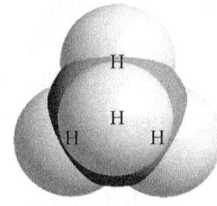   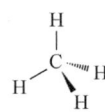

　　　凯库勒模型　　　　　　　斯陶特模型　　　　立体结构式（楔线式）

图1-20　甲烷分子的模型图和立体结构式

五、有机物的反应类型

有机反应是有机物中旧共价键断裂与新共价键形成的过程。依据共价键断裂方式，有机反应可分为均裂和异裂两种类型。

均裂反应（homolytic reaction）是共价键断裂时共享电子对被两个键合原子各分享一个电子而产生游离基或自由基的反应，这种反应属于游离基反应，又称自由基反应（free radical reaction）。

异裂反应（heterolytic reaction）是共价键断裂时共享电子对被键合的某一原子获得，而产生碳正离子（carbocation）或碳负离子（carbanion）中间体的反应。包含异裂过程的反应通常是离子型反应（ionic reaction）。

在上述反应中，产生的碳正离子能与负离子或能供给电子对的路易斯碱等亲核试剂（如OH^-、CN^-、ROH、H_2O、NH_3等）反应，由亲核试剂进攻碳正离子的反应称为亲核反应（nucleophilic reaction）；亲核反应包括亲核取代反应和亲核加成反应。反应中产生的碳负离子能与正离子或能接受电子对的路易斯酸等亲电试剂（如H^+、Cl^+、Br^+、NO_2^+等）反应，由亲电试剂进攻碳负离子发生的反应称为亲电反应（electrophilic reaction）；亲电反应包括亲电取代反应和亲电加成反应。

第三节　有机物的分类

目前，有机物主要依据其基本碳架特征和所含官能团进行分类。

一、按基本碳架特征分类

按基本碳架特征，有机物可分为链状化合物、环状化合物和杂环化合物三类。

链状化合物（acyclic compound）是指分子中的碳原子连接成链，无环状结构，这类化合物又称脂肪族化合物（aliphatic compound）。例如：

　　　　　　　　　　$CH_3CH_2CH_2CH_2CH_2CH_3$　　　　　$CH_3CH_2CH_2OH$
　　　　　　　　　　　　　　正己烷　　　　　　　　　　　正丙醇

环状化合物（cyclic compound）是含有完全由碳原子组成的一个或多个碳环结构的化合物。

它们又可分为脂环族化合物（alicyclic compound）和芳香族化合物（aromatic compound）。前者的性质和脂肪族化合物类似。后者是含有苯环结构的化合物，它们具有特殊性质。以下为环状化合物实例：

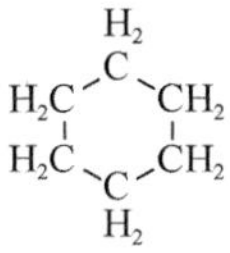

环己烷 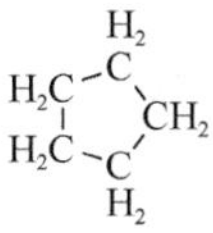　　　环戊烷 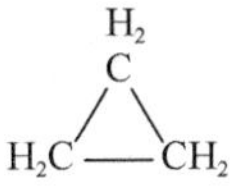　　　环丙烷 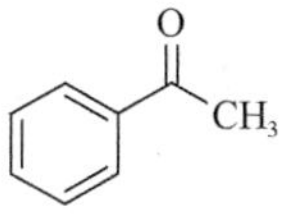　　　苯乙酮 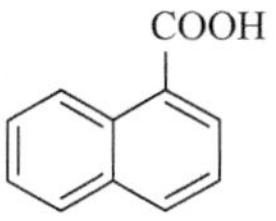　　　1-萘甲酸

杂环化合物（heterocycle compound）是含有由碳原子和其他原子如氧、硫、氮等所组成的环状结构的化合物，例如：

呋喃 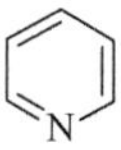　　　吡啶 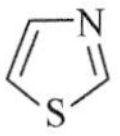　　　噻唑

二、按官能团分类

取代母体分子氢原子的原子或原子团称为官能团（functional group）或功能基。官能团决定化合物的典型性质，含有相同官能团的化合物的理化性质相似。将有机物按照官能团分类，可以识别它们的共性。通常，碳碳双键和碳碳三键也作为官能团。常见有机物的类别及其官能团名称见表1-2。

表1-2　常见化合物的类别及其官能团

类别	官能团	官能团名称	举例
烯烃	$>C=C<$	烯基	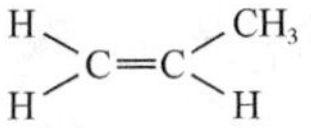 $H_2C=CHCH_3$
炔烃	$-C\equiv C-$	炔基	$H_3C-C\equiv CH$
卤代烃	$-Cl$（Br, I）	卤素	CH_3CH_2Cl
醇	$-OH$	醇羟基	CH_3CH_2OH
酚	$-OH$	酚羟基	C_6H_5OH
醚	$C-O-C$	醚基	$CH_3CH_2OCH_2CH_3$
芳烃	 苯环	芳环	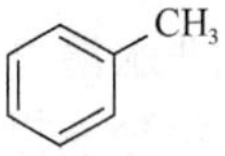 甲苯
醛	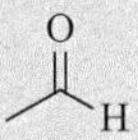 $-CHO$	醛基	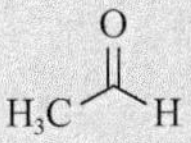 H_3C-CHO
酮	 $>C=O$	酮基	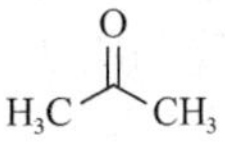 $H_3C-CO-CH_3$
羧酸	$-COOH$	羧基	CH_3COOH
酯	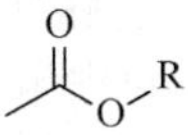 $-COOR$	酯基	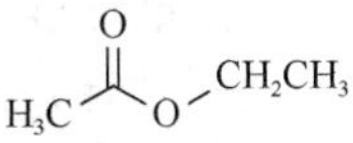 $H_3C-COO-CH_2CH_3$
胺	$-NH_2$	氨基	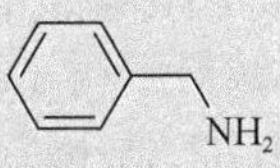 苄胺
硫醇	$-SH$	巯基	CH_3CH_2SH

续表

类别	官能团	官能团名称	举例
磺酸	—SO$_2$—OH	磺酸基	H$_3$C—SO$_2$—OH
酰胺		酰胺基	C$_6$H$_5$—C(=O)—NH$_2$
酰卤		酰卤基	H$_3$C—C(=O)—Cl
腈	—C≡N	氰基	H$_3$C—C≡N
硝基化合物	—NO$_2$	硝基	C$_6$H$_5$—NO$_2$

第四节 酸碱理论

一、阿伦尼乌斯酸碱理论

瑞典化学家阿伦尼乌斯（Arrhenius）基于电离理论提出酸、碱是电解质，在水溶液中，能解离出氢离子的物质是酸，能解离出氢氧根离子的物质是碱。由于水溶液中的 H$^+$ 和 OH$^-$ 的浓度是可以测量的，所以依据这一理论第一次从定量的角度描述酸碱的性质及其在化学反应中的行为。由于发现不同酸碱的电离度不同，有的达到 90% 以上，有的只有 1%，于是又提出强酸和弱酸的概念，并指出强酸和强碱在水溶液中完全电离，弱酸和弱碱则部分电离。阿伦尼乌斯还指出多元酸和多元碱在水溶液中是分步电离的，能电离出多个氢离子的酸是多元酸；能电离出多个氢氧根离子的碱是多元碱。这一理论认为酸碱中和反应是酸电离出来的 H$^+$ 和碱电离出来的 OH$^-$ 之间的反应：

$$H^+ + OH^- \longrightarrow H_2O$$

但是，阿伦尼乌斯酸碱理论也遇到以下难题。无水条件下，也能发生酸碱反应，例如，氯化氢气体和氨气都未电离，但它们之间反应生成氯化铵。又如，将氯化铵溶于液氨中，并未电离出 H$^+$，但该溶液具有酸的特性，能与金属发生反应产生氢气，能使指示剂变色。另外，碳酸钠在水溶液中并不电离出 OH$^-$，但它却是一种碱。针对上述问题，丹麦化学家的布朗斯特（J. N. Brønsted，1879—1947）和英国化学家劳里（T. M. Lowry，1874—1936）认为酸碱可脱离溶剂（水和其他非水溶剂）而独立存在，酸碱是相互依存的，但酸碱不能脱离化学反应而孤立存在。他们于 1923 年分别提出酸碱质子理论。

二、酸碱质子理论

布朗斯特和劳里的酸碱质子理论认为：凡是能够释放出质子的物质，无论是分子、原子或离子，都是酸；凡是能够接受质子的物质，无论是分子、原子或离子，都是碱。例如：

$$\text{HCl} + \text{H}_2\text{O} \longrightarrow \text{H}_3\text{O}^+ + \text{Cl}^-$$
$$\text{酸}_1 \quad \text{碱}_2 \quad \text{酸}_2 \quad \text{碱}_1$$

式中，HCl 和 H$_3$O$^+$ 能够释放出质子，它们是酸；H$_2$O 和 Cl$^-$ 能够接受质子，它们是碱。此反应也可称为质子传递反应，即当一种分子或离子失去质子起着酸作用的同时，另有一种分子或离子接受质子起着碱的作用。因此，酸失去质子所形成的离子或分子称为这个酸的共轭碱（conjugate base），碱得到质子形成的离子或分子称为这个碱的共轭酸（conjugate acid）。酸$_1$ 与碱$_1$ 或酸$_2$ 与碱$_2$ 称为共轭酸碱对。

酸碱质子理论的优点如下：

(1)扩大了酸的范围。能够释放质子的物质,不论在水溶液、非水溶剂、气相或熔融状态中,都是酸。含有 O—H、N—H 和 C—H 的有机物,在存在适当的碱条件下可以给出质子,也可以看作酸。例如:

$$C_6H_5OH + NaOH \longrightarrow C_6H_5ONa + H_2O$$

$$H-C\equiv C-H + NaNH_2 \longrightarrow H-C\equiv C-Na + NH_3$$

(2)扩大了碱的范围。F^-、Cl^-、Br^-、I^-、HSO_4^- 和 SO_4^{2-} 等阴离子及 NH_3、H_2O、醇、酮、醛和醚等具有未共用电子对的分子均可以视为碱。

(3)一种物质的酸碱性是相对的。例如,乙酸在酸性比它弱的水中可表现出酸性,而在酸性比它强的硫酸中则表现出碱性,即:

$$CH_3-C(=O)-O-H + H-\ddot{O}-H \rightleftharpoons CH_3-C(=O)-O^- + H_3O^+$$
$$\text{酸} \qquad \text{碱} \qquad \text{碱} \qquad \text{酸}$$

$$CH_3-C(=O)-O-H + H-O-SO_2OH \rightleftharpoons CH_3-C(^+OH)-OH + {}^-O-SO_2OH$$
$$\text{碱} \qquad \text{酸} \qquad \text{酸} \qquad \text{碱}$$

各种酸的强度可以用在一定溶剂中的电离常数(K_a)表示,如某物质 A—H 在水中的电离:

$$A-H + H-\ddot{O}-H \rightleftharpoons A^- + H_3O^+$$

$$K_a = \frac{[A^-][H_3O^+]}{[HA]}$$

化合物的电离常数 K_a 越大,其 pK_a(=$-\lg K_a$)越小,其酸性越强;反之,酸性越弱。常见化合物在水中的 pK_a 值见表 1-3。

表 1-3 常见化合物在水中的 pK_a 值

化合物	pK_a	化合物	pK_a
HI	-5.2	CH_3CH_2OH	15.9
HBr	-4.7	HOH	15.7
HCl	-5.9	CH_3CH_2SH	10.6
HF	3.18	C_6H_5OH	10.0
HCN	9.22	NH_4^+	38
$HONO_2$	-1.3	CH_3COOH	4.74
$HOSO_2OH$	*-5.2	CF_3COOH	0.2

* 代表失去一个质子。

化合物酸性越强,解离出质子后生成的负离子(共轭碱)越难与质子结合,其碱性越弱。因此,酸与其共轭碱的相互关系是:酸的酸性越强,其共轭碱的碱性越弱;反之,酸的酸性越弱,其共轭碱的碱性越强。从 CH_3CH_2OH、HOH 和 CH_3COOH 的 pK_a 值可推知它们的酸性及其共轭碱的碱性强弱次序如下:

化合物	CH_3COOH		HOH		CH_3CH_2OH
pK_a	4.74		15.7		15.9
酸性次序	CH_3COOH	>	HOH	>	CH_3CH_2OH
共轭碱的碱性次序	CH_3COO^-	<	HO^-	<	$CH_3CH_2O^-$

在酸碱反应中，总是较强的酸和较强的碱反应生成较弱的碱和较弱的酸。因此，可从各化合物的 pK_a 值预测该反应能否进行。例如，以下反应中，反应物 HCl（pK_a 为-5.9）的酸性比生成物 CH_3COOH（pK_a 为 4.74）的酸性强，而其共轭碱的碱性则是 $CH_3COO^- > Cl^-$，故该反应可以发生。

$$HCl + CH_3COO^- \longrightarrow Cl^- + CH_3COOH$$
较强的酸　　　较强的碱　　　较弱的碱　　　较弱的酸

而在下列反应中，反应物 CH_3CH_2OH（pK_a 为 15.9）的酸性比生成物 CH_3COOH（pK_a 为 4.74）的酸性弱，而其共轭碱的碱性则是 $CH_3CH_2O^- > CH_3COO^-$，故该反应不能发生。

$$CH_3CH_2OH + CH_3COO^- \nrightarrow CH_3CH_2O^- + CH_3COOH$$
较弱的酸　　　较弱的碱　　　较强的碱　　　较强的酸

三、路易斯酸碱理论

美国化学家路易斯于 1923 年提出的酸碱理论认为：碱是具有孤对电子的物质，酸是能接受孤对电子的物质。因此，路易斯酸碱理论又称为电子论。例如，三氟化硼的硼原子外层只有 6 个电子，是电子对的受体，三氟化硼就是路易斯酸，而氨的氮原子上有一对未共用的孤对电子，氨为电子的给体，是路易斯碱。

$$H_3N: + BF_3 \rightleftharpoons H_3\overset{+}{N}\overset{-}{B}F_3$$
路易斯碱　路易斯酸　　酸碱配合物

又如，三乙胺和三氯化铝分别是路易斯碱和路易斯酸。

$$(CH_3CH_2)_3N: + AlCl_3 \rightleftharpoons (CH_3CH_2)_3\overset{+}{N}\overset{-}{Al}Cl_3$$
路易斯碱　　路易斯酸　　　酸碱配合物

路易斯酸碱又称广泛酸碱。路易斯酸包括可以接受电子的分子（如 $AlCl_3$、$FeCl_3$、BF_3、$SnCl_2$ 等）、金属离子（如 Ag^+、Li^+、Cu^{2+} 等）以及其他正离子（如 Br^+、NO_2^+、H^+ 等）。带正电荷的物质都有接受电子对的倾向。有机反应中 H^+、$AlCl_3$、BF_3 等为常用路易斯酸。路易斯碱主要包括醇、醚、氨、胺、硫醇、醛和酮等具有未共用电子对的化合物，OH^-、RO^-、SH^-、碳负离子（R^-）等负离子，以及部分烯和芳香化合物。以下的反应都可以看作酸碱反应。

$$(CH_3)_2O: + HBr \rightleftharpoons (CH_3)_2\overset{+}{O}H + Br^-$$
路易斯碱　路易斯酸

$$H_3C-\underset{\overset{\|}{:O:}}{C}-CH_3 + H_2SO_4 \rightleftharpoons H_3C-\underset{\overset{\|}{\overset{+}{O}H}}{C}-CH_3 + HSO_4^-$$
路易斯碱　　路易斯酸

路易斯碱是富电子的，在反应中倾向于和有机物中缺电子的部分结合，因此又称亲核试剂（nucleophile），与此相反，路易斯酸一般是缺电子的，在反应中与有机物中富电子部分结合，又称亲电试剂（electrophile）。路易斯碱的亲核反应和路易斯酸的亲电反应如下：

$$CH_3CH_2-Br + :\ddot{O}H^- \rightleftharpoons CH_3CH_2-OH + Br^-$$
路易斯酸　　路易斯碱

$$\text{C}_6\text{H}_6 + NO_2^+ \longrightarrow \text{C}_6\text{H}_5\text{NO}_2 + H^+$$
路易斯碱　　路易斯酸

四、软硬酸碱理论

软硬酸碱（hard-soft acid-base）理论，即皮尔逊酸碱理论。美国皮尔逊（R. G. Pearson）于

1963 年，以电子对得失作为判定酸和碱的标准，提出定性判断金属离子与配位体形成配合物的趋势及其稳定性的原则，用于解释酸碱反应及其性质。

在软硬酸碱理论中，酸和碱分别被划归为"硬"和"软"两种，前者是指那些具有较高电荷密度、较小半径的粒子（离子、原子、分子），即电荷密度与粒子半径的比值较大，"硬"粒子的极化率较低。后者是指那些具有较低电荷密度和较大半径的粒子，"软"粒子的极化率较高。为此，酸和碱可分为硬酸、硬碱、软酸和软碱等类型（表1-4）。

表 1-4 软硬酸碱分类表

类型	定义	酸碱示例
硬酸	是指正电荷高、体积小、不易变形和失去电子，即对外层电子吸引力强的路易斯酸	H^+、Li^+、Na^+、K^+、Be^{2+}、Mg^{2+}、Ca^{2+}、Mn^{2+}、Al^{3+}、Cr^{3+}、Fe^{3+}、Co^{3+}、Sc^{3+}、La^{3+}、As^{3+}、Ga^{3+}、Si^{4+}、Ti^{4+}、Zr^{4+}、Hf^{4+}、U^{4+}、Sn^{4+}、Ce^{4+}、BF_3、Al_2Cl_6、SO_3、CO_2
交界酸	—	Fe^{2+}、Co^{2+}、Ni^{2+}、Zn^{2+}、Cu^{2+}、Pb^{2+}、Sn^{2+}、Sb^{3+}、Cr^{2+}、Bi^{3+}、NO^+、$C_6H_5^+$、R_3C^+、SO_2、$B(CH_3)_3$
软酸	是指正电荷少或为零、体积大、极化性高、易变形，即对外层电子吸引力弱的路易斯酸	Cu^+、Ag^+、Au^+、Hg^{2+}、Pt^{2+}、Cd^{2+}、Pd^{2+}、Hg_2^{2+}、$GaCl_3$、RO^+、RS^+、PSe^+
硬碱	是指不易失去电子、电负性高、难变形、不易被氧化，即对外层电子吸引力强的路易斯碱	F^-、Cl^-、OH^-、O^{2-}、CH_3COO^-、NO_3^-、SO_4^{2-}、CO_3^{2-}、PO_4^{3-}、ClO_4^-、R_2O、H_2O、NH_3、RNH_2、ROH
交界碱	—	N_3^-、Br^-、NO_2^-、N_2、SO_3^{2-}、$C_6H_5NH_2$、C_5H_5N
软碱	是指易失去电子、电负性低、易极化变形、易被氧化，即对外层电子吸引力弱的路易丝碱	H^-、I^-、SCN^-、CN^-、$S_2O_3^{2-}$、C_2H_4、RS^-、S^{2-}、R^-、R_3P、CO、C_2H_4

注：R 为烷基。

软硬酸碱理论认为：硬酸倾向与硬碱结合，软酸倾向与软碱结合；而交界酸虽能与软、硬碱结合，但其结合倾向小，反应较慢，产物较不稳定。这一原理可预判断形成酸碱结合物的稳定性及反应的可能性。硬酸与硬碱反应较快速，形成较强键；而软酸与软碱反应较快速，形成较强键。这意味着"硬亲硬，软亲软"生成的化合物较稳定。该理论适用于阐明酸碱反应、金属和配位体间的相互作用、配离子形成（配位化学）、共价键和离子键形成等多种化学现象。目前，软硬酸碱理论在化学研究中主要用于讨论金属离子的配合物体系；预测反应方向、配合物稳定性和反应机制；合理解释戈尔德施密特规则（Goldschmidt's rule）。

自然界矿物中，硬金属（如 Ca、Mg、Ba、Al 等）多以氧化物、氟化物、碳酸盐、硫酸盐等形式存在，这是由于 O_2^-、F^-、CO_3^{2-}、SO_4^{2-} 都是硬碱；而软金属 Cu、Ag、Au、Zn、Pb、Hg、Co、Ni 等多以硫化物形式存在，这是因为 S^{2-} 是软碱。S^{2-} 则易与 Hg^{2+}、Cd^{2+} 等形成多硫络离子或硫化物沉淀。

在取代反应中，酸碱取代作用倾向于形成硬-硬、软-软化合物：

$$2HI(g) + F_2(g) \longrightarrow 2HF(g) + I_2(g) \quad \Delta H = -263.6 \text{kJ/mol}$$

式中，g 为气态。H^+ 是硬酸，优先与硬碱 F^- 结合，反应放热。

在有机催化反应中，弗里德尔-克拉夫茨（Friedel-Crafts）反应以无水氯化铝（$AlCl_3$）作催化剂。$AlCl_3$ 是硬酸，与 RCl 中的硬碱 Cl^- 结合而活化：

$$R:Cl + AlCl_3 \longrightarrow R^+ + [AlCl_4]^-$$

软硬酸碱理论也可解释金属催化剂中毒现象。一般零氧化数的金属都是软酸，易与软碱反应而中毒。例如，铁（软酸）催化剂，易与软碱如一氧化碳、硫、磷、砷等发生不可逆反应而引起铁中毒；氧、水等硬碱与铁发生可逆反应，不会引起铁中毒。

习　　题

1. 写出下列各种基团的结构式。
（1）甲基　　　（2）乙基　　　（3）亚甲基　　　（4）异丙基　　　（5）叔丁基
（6）乙烯基　　（7）乙炔基　　（8）烯丙基　　　（9）环己基　　　（10）苯基
（11）苄基　　（12）甲氧基　　（13）羰基　　　（14）苯甲酰基　　（15）二甲氨基

2. 写出下列分子的杂化类型，如为不等性杂化，请指出其中的孤对电子数。
（1）BF_3　　（2）H_2O　　（3）NH_3　　（4）$BeCl_2$

3. 甲烷分子的空间结构是什么？其杂化轨道类型是什么，轨道间的夹角为多少？

4. 写出下列化合物或基团的路易斯结构式。
（1）CH_3CH_2OH　　（2）CH_3Cl　　（3）$C_2H_5OC_2H_5$　　（4）CH_3NH_2
（5）$CH_2=CH_2$

5. 指出下列反应所属反应类型（亲核取代；亲电取代），CN^-是什么试剂？（亲核；亲电）

$$CH_3Br + CN^- \longrightarrow CH_3CN + Br^-$$

6. 写出下列化合物的共轭酸。
（1）CH_3CH_2OH　　（2）CH_3COO^-　　（3）CH_3S^-　　（4）$CH_2=CH_2$
（5）CH_3NH_2

7. 写出下列化合物的共轭碱。
（1）CH_3CH_2OH　　（2）CH_3COOH　　（3）H_2O　　（4）HCl　　（5）H_3O^+

8. 下列化合物哪些是路易斯酸？哪些是路易斯碱？
（1）BF_3　　（2）NH_3　　（3）$AlBr_3$　　（4）$BeCl_2$
（5）Fe^{3+}　　（6）$CH_2=CHCH_2^+$　　（7）CH_3OCH_3　　（8）CN^-

9. 举例说明下列概念有何区别。
（1）键距与分子偶极矩；
（2）共振结构式与共振杂化体；
（3）碳正、负离子与碳自由基；
（4）有机物的离子型反应与无机物的离子型反应。

（上海交通大学　张　翱）

第二章 烷烃和环烷烃

学习目标

掌握 烷烃及环烷烃的构造、构型、构象、优势构象和同分异构的概念、命名法；烷烃的卤代反应和自由基取代反应机制；烷基自由基稳定性规律；不同类型氢原子反应活性规律；3C、4C 环烷烃的开环加成反应，5C、6C 环烷烃的取代反应。

熟悉 烷烃及环烷烃的物理性质，反应热、活化能、过渡态、反应活性中间体、角张力、扭转张力等概念；螺环、桥环的命名；取代环己烷的优势构象；烷基自由基的结构。

了解 烷烃的氧化反应、热裂解反应，拜耳（Baeyer）张力学说，烷烃在医学上的应用。

有机化合物中有一类数量庞大，组成上只含碳、氢两种元素的化合物，称为碳氢化合物，又称烃（hydrocarbon）。烃分子中的氢原子被其他原子或原子团取代后可以衍生出不同类型的有机化合物，因而把烃视为有机化合物的母体。根据烃分子中碳原子的连接方式和连接次序的不同，将烃分为脂肪烃（开链烃）、脂环烃（环烃）和芳香烃等。

烃是古老生物埋藏于地下经历特殊地质作用形成的，主要存在于天然气、石油和煤炭中，是不可再生的宝贵资源，是社会经济发展的重要能源物质，也是化学合成生活用品、医用材料、药品等的基础性原料。在本章将和大家一起探讨烷烃和环烷烃。

第一节 烷 烃

分子中碳原子连接成链状结构的烃称为链烃，因其结构与人体脂肪酸链状结构类似，因而又称脂肪烃，具有这种结构特点的有机化合物统称脂肪族化合物（aliphatic compound）。分子中碳原子间以单键连接，其余价键与氢原子连接的链烃称为饱和链烃，又称烷烃（alkane）。

一、烷烃的通式和同分异构现象

（一）烷烃的通式及同系列

烷烃除了甲烷之外，还有含 2 个碳的乙烷、3 个碳的丙烷等。它们在分子组成和结构上都有其规律。常见烷烃的化学式及物理常数如表 2-1 所示。

表 2-1 直链烷烃的化学式及物理常数（1 个标准大气压下）

化学式	系统名称	英文名称	沸点/℃	熔点/℃	密度/(g/mL)
CH_4	甲烷	methane	−161.7	−182.6	0.42（−164℃）
C_2H_6	乙烷	ethane	−88.6	−183.3	0.55（−89℃）
C_3H_8	丙烷	propane	−42.1	−187.1	0.58（−42℃）
C_4H_{10}	丁烷	butane	−0.5	−138.0	0.60（−5℃）
C_5H_{12}	戊烷	pentane	36.0	−130.0	0.63
C_6H_{14}	己烷	hexane	69.0	−95.0	0.66
C_7H_{16}	庚烷	heptane	98.0	−91.0	0.68
C_8H_{18}	辛烷	octane	126.0	−57.0	0.70
C_9H_{20}	壬烷	nonane	151.0	−51.0	0.72

续表

化学式	系统名称	英文名称	沸点/℃	熔点/℃	密度/(g/mL)*
$C_{10}H_{22}$	癸烷	decane	174.9	-29.7	0.73
$C_{11}H_{24}$	十一烷	undecane	196.3	-26.0	0.74
$C_{12}H_{26}$	十二烷	dodecane	216.3	-9.6	0.75
$C_{13}H_{28}$	十三烷	tridecane	235.4	-5.4	0.76
$C_{14}H_{30}$	十四烷	tetradecane	254.0	6.0	0.76
$C_{15}H_{32}$	十五烷	pentadecane	268.0	10.0	0.77
$C_{16}H_{34}$	十六烷	hexadecane	286.8	18.2	0.77
$C_{17}H_{36}$	十七烷	heptadecane	303.0	23.0	0.78
$C_{18}H_{38}$	十八烷	octadecane	317.0	28.2	0.78
$C_{19}H_{40}$	十九烷	nonadecane	330.6	31.9	0.79
$C_{20}H_{42}$	二十烷	icosane	343.4	36.8	0.79
$C_{30}H_{62}$	三十烷	triacontane	>449.7	65.8	0.78

*除前4行外，其余温度均为20℃。

烷烃分子中碳、氢原子数呈规律地增加，组成上可用通式 C_nH_{2n+2} 表示。符合同一通式、组成上相差一个或几个—CH_2—原子团的一系列化合物称为同系列（homologous series）。同系列中各化合物之间互称同系物（homolog），—CH_2—称为系差。同系物具有相似的结构，其物理性质、化学性质具有相似性。因而，依据某个典型化合物的性质，就可以推测同系列中其他化合物的性质，这是学习有机化学的重要方法，也是化学学科中"结构决定性质"思想的具体体现和应用。

（二）烷烃的构造异构

同系列和同分异构是有机化学中普遍存在的现象，是有机化合物数量庞大的主要原因之一。化学式相同、结构不同的化合物彼此互称同分异构体（isomer），这种现象称为同分异构现象。有机化合物分子中原子的连接次序和键合方式称为构造（constitution）。因构造不同产生的同分异构称为构造异构（constitutional isomerism）。

从丁烷开始，烷烃分子的碳链可以为直链，也可以含支链，彼此构造不同（表2-2）。这种化学式相同、构造不同的化合物之间互称构造异构体（constitutional isomer）。烷烃分子随碳原子数的增多，构造异构体的数目显著增多。例如，己烷有5个异构体，癸烷有75个，二十烷则有366319个。

表 2-2 几种碳链异构体及其物理常数（1个标准大气压下）

化学式	名称	构造式	碳原子类型	沸点/℃	熔点/℃
C_4H_{10}	正丁烷	$CH_3CH_2CH_2CH_3$	1°；2°	-0.5	-138

	异丁烷	CH_3CHCH_3
		     |
		    CH_3
			1°；3°	-12	-159

C_5H_{12}	正戊烷	$CH_3CH_2CH_2CH_2CH_3$	1°；2°	36.1	-129.7

	异戊烷	$CH_3CHCH_2CH_3$
		     |
		    CH_3
			1°；2°；3°	27.9	-159.9

	新戊烷	CH_3
		     |
		CH_3CCH_3
		     |
		    CH_3
			1°；4°	9.4	-16.6

二、碳、氢原子的类型

烷烃构造式中碳原子所处的化学环境不完全相同。依据所连碳原子数目的不同，将碳原子分为伯、仲、叔、季四种类型：只与 1 个碳原子相连的称为一级碳原子（1°C）或伯碳原子（primary carbon）；与 2 个碳原子相连的称为二级碳原子（2°C）或仲碳原子（secondary carbon）；以此类推，与 3 个碳原子相连的称为三级碳原子（3°C）或叔碳原子（tertiary carbon）；与 4 个碳原子相连的称为四级碳原子（4°C）或季碳原子（quaternary carbon）。伯、仲、叔三类碳原子上的氢原子分别称为伯氢（1°H）、仲氢（2°H）和叔氢（3°H），它们相对反应活性（reactivity）不同。

$$\begin{array}{c} \overset{6}{CH_3} \\ \overset{1}{CH_3}-\overset{2}{\underset{\underset{\overset{|}{CH_3}}{\overset{|}{7}}}{C}}-\overset{3}{\underset{\underset{\overset{|}{CH_3}}{8}}{CH}}-\overset{4}{CH_2}-\overset{5}{CH_3} \end{array}$$

伯碳（1°C）：C1、C5、C6、C7、C8
仲碳（2°C）：C4
叔碳（3°C）：C3
季碳（4°C）：C2

练习 2-1

1. 写出含 7 个碳原子，且同时含有伯、仲、叔三类碳原子的烷烃构造式。
2. 有没有不含四类碳原子的烷烃？有没有含季氢原子的烷烃？

三、烷烃的命名

有机化合物种类繁多、数量庞大、结构复杂，要进行学习和研究首先需要进行科学命名，以区分不同化合物。名称不仅要反映分子的组成，还应包含分子的结构信息，也就是要做到一个名称对应一种特定结构化合物，但一种化合物因命名方法的差异可以有几个不同的名称。

视窗 2-1　　化学命名法的由来

1892 年，化学家们齐聚瑞士日内瓦，商讨并制定了系统的有机化合物命名方法，即日内瓦命名法。后来国际纯粹与应用化学联合会（International Union of Pure and Applied Chemistry，IUPAC）经多次修订，称为 IUPAC 命名法。我国有机化合物的命名是由中国化学会（Chinese Chemical Society，CCS）在参照 IUPAC 命名法的基础上，结合我国汉字特点制订而成。本教材遵循 CCS 最新修订的 2017 版《有机化合物命名原则》。

目前，我国有机化合物常用的命名方法有普通命名法（common nomenclature）和系统命名法（systematic nomenclature）。烷烃是有机化合物的母体，其命名是学习其他类型有机化合物命名的基础，也是有机化学学习的重要基础。

（一）普通命名法

普通命名法又称习惯命名法，适用于结构相对简单的化合物。依据直链碳原子数从 1 到 10 用天干"甲、乙、丙、丁、戊、己、庚、辛、壬、癸"加"烷"字表示，如"甲烷""乙烷"等。碳原子数超过 10 个时直接以中文大写数字加"烷"字命名，如"十一烷""十二烷"等。

$$CH_3CH_2CH_2CH_3 \qquad CH_3(CH_2)_{10}CH_3$$
丁烷（butane）　　　十二烷（dodecane）

当烷烃存在同分异构体时，用前缀"正"（normal 或 n-）、"异"（iso 或 -i）、"新"（neo）等加以区分。直链烷烃称为"（正）某烷"（常省略正字）；若碳链一端第二位碳原子上连有一个甲基，再无其他支链的烷烃，依据碳原子总数称为"异某烷"；若碳链一端第二位碳原子上连有两个甲基，再无其他支链的烷烃，依据碳原子总数称为"新某烷"。例如，C_5H_{12} 的三种异构体的名称如下：

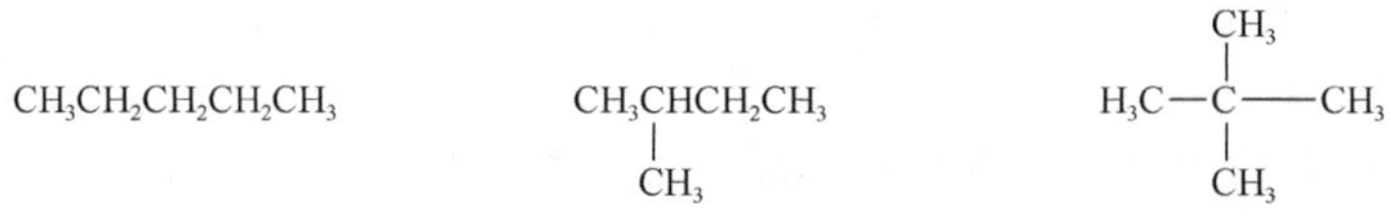

$CH_3CH_2CH_2CH_2CH_3$　　　　　$CH_3CHCH_2CH_3$　　　　　$H_3C-C(CH_3)_2-CH_3$
　　　　　　　　　　　　　　　　　　|
　　　　　　　　　　　　　　　　　CH_3

　　正戊烷　　　　　　　　异戊烷　　　　　　　　新戊烷
　（pentane）　　　　　　（isopentane）　　　　（neopentane）

当普通命名法不再适用时，需使用更具有普适性的系统命名法命名。

练习 2-2

1. 写出异丁烷和新庚烷的构造式。
2. 写出含 6 个碳原子的烷烃所有构造异构体，并分别命名。

（二）系统命名法

六个碳原子的烷烃有五种构造异构体，其中三种可以用普通命名法命名，另外两种则需要用系统命名法命名。系统命名法是中国化学会在 IUPAC 命名法基础上，结合中国汉字特点而制定的命名原则。

1. 烷基的命名　烷烃分子形式上去掉一个一价氢原子后余下的原子团称为烷基（alkyl），常用"R—"表示。简单烷基的命名是将其对应的烷烃名称中的"烷"字改为"基"字。复杂烷基的命名则是将游离价所在碳原子标记为 1 号，给最长碳链编号命名。英文命名则将烷烃名称词尾的"ane"改为后缀"yl"。见表 2-3。当烷基存在异构体时，也可用前缀"正"（n-）（常省略）、"异"（iso-）、"仲"（sec-）、"叔"（$tert$-）等俗名形式加以区分。

表 2-3　常见烷基及名称

烷烃	名称	烷基	中文系统名	中文俗名
CH_4	甲烷（methane）	CH_3-	甲基（methyl）	甲基（methyl）
CH_3-CH_3	乙烷（ethane）	CH_3-CH_2-	乙基（ethyl）	乙基（ethyl）
$CH_3-CH_2-CH_3$	丙烷（propane）	$CH_3-CH_2-CH_2-$	丙基（propyl）	丙基（propyl）
		$CH_3-CH-CH_3$	1-甲基乙基（1-methylethyl）	异丙基（isopropyl）
$CH_3(CH_2)_2CH_3$	丁烷（butane）	$CH_3(CH_2)_2CH_2-$	丁基（butyl）	丁基（butyl）
		$CH_3CHCH_2CH_3$	1-甲基丙基（1-methylpropyl）	仲丁基（sec-butyl）
$CH_3-CH(CH_3)-CH_3$	异丁烷（isobutane）	$CH_3-CH(CH_3)-CH_2-$	2-甲基丙基（2-methylpropyl）	异丁基（isobutyl）
		$(CH_3)_3C-$	1,1-二甲基乙基（1,1-dimethylethyl）	叔丁基（tert-butyl）

从直链烷烃一端去掉伯氢所得到的烷基称为"正某基"；只有第二位上有一个甲基，且从长链的另一端去掉伯氢所得到的烷基称为"异某基"；从直链烷烃上去掉一个仲氢所得的烷基称为"仲某基"；去掉一个叔氢后所得的烷基称"叔某基"。

练习 2-3

命名下列两种烷基。

(1) 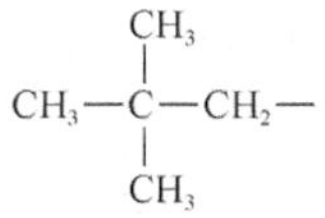 $CH_3-\underset{\underset{CH_3}{|}}{\overset{\overset{CH_3}{|}}{C}}-CH_2-$ (2) $CH_3-\underset{\underset{CH_3}{|}}{\overset{\overset{H}{|}}{C}}-CH_2-CH_2-$

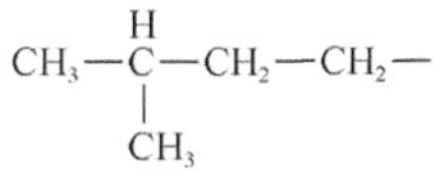

2. 烷烃的命名 对于直链烷烃，系统命名法与普通命名法基本一致，常省略"正"字。其英文名称由词头加上词尾 -ane 组成，如甲烷（methane）、乙烷（ethane），见表 2-3。

含支链的烷烃系统命名以普通命名法为基础，将支链视为取代基，其名称由取代基名称和母体名称构成，一般包含以下步骤：

（1）选主链：选取含碳原子数最多的碳链作主链，依据主链碳原子数称为"某烷"。若有多条等长碳链，选择含取代基最多的碳链为主链（最多原则）。

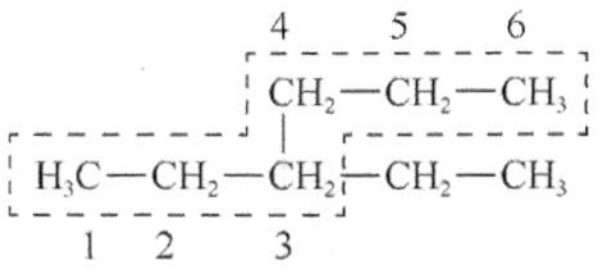

$$\begin{array}{c}\overset{4\quad 5\quad 6}{CH_2-CH_2-CH_3}\\ H_3C-CH_2-CH_2-CH_2-CH_3\\ 1\quad 2\quad 3\end{array}$$ 3-乙基己烷 (3-ethylhexane)

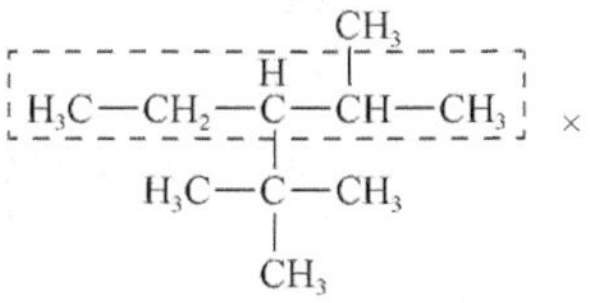

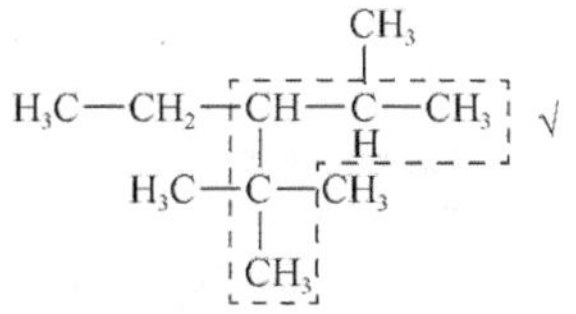

3-乙基-2,2,4-三甲基戊烷
(3-ethyl-2,2,4-trimethylpentane)

（2）编号码：从距取代基最近端开始，用阿拉伯数字给主链碳原子依次编号，确定取代基的位次，当有多个位次组合时，各位次组按数字由小到大排列，从首位数字开始，依次比较，选择最小者数字组，称为最低系列原则。

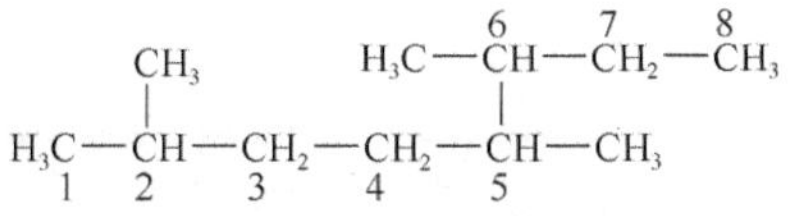

2,5,6-三甲基辛烷（3,4,7-三甲基辛烷×）
(2,5,6-trimethyloctane)

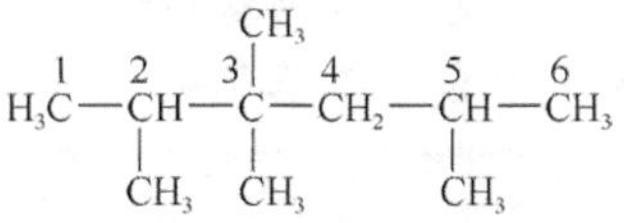

2,3,3,5-四甲基己烷
(2,3,3,5-tetramethylhexane)

若分子中含不同取代基，且最小位次组相同时，给取代基英文名称首字母在字母表中序数小者以小的编号。例如：

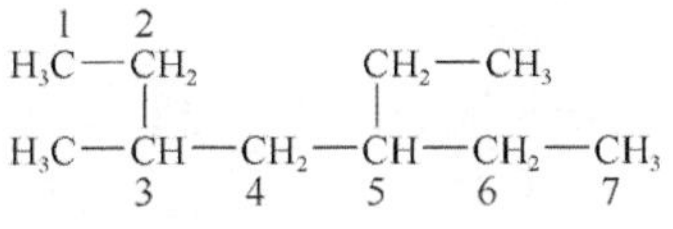

3-甲基-5-乙基庚烷 3-methyl-5-ethylheptane（×）
3-乙基-5-甲基庚烷 3-ethyl-5-methylheptane（√）

（3）写名称：名称书写遵循取代基在前、母体在后的原则。书写顺序为：取代基位次+取代基数目+取代基名称+某烷。相同取代基合并书写，即相同取代基的位次都写出，并以逗号隔开，然后再以二、三……汉字写出取代基数目和名称，数字与汉字之间以短横线连接；不同取代基，按照取代基英文名称首字母先后顺序书写。英文名称中，用 di、tri、tetra 等表示取代基个数直接写在取代基英文名称前面。例如，4-乙基-5-甲基壬烷的英文名称中，乙基英文 ethyl 首字母"e"在甲基 methyl 首字母"m"前，因而书写时，乙基在前，甲基在后。

$$\underset{\text{4-乙基-5-甲基壬烷 \quad 4-ethyl-5-methylnonane}}{\underset{2\ 1}{\underset{|}{\text{H}_2\text{C}-\text{CH}_3}}\ \underset{3}{\underset{|}{\text{H}_2\text{C}}}\ \text{H}_3\text{C}-\text{CH}_2-\overset{4}{\text{CH}}-\overset{5}{\underset{|}{\text{CH}}}-\overset{6}{\text{CH}_2}-\overset{7}{\text{CH}_2}-\overset{8}{\text{CH}_2}-\overset{9}{\text{CH}_3}\ \overset{\text{CH}_3}{}}$$

3-乙基-2,2,4-三甲基戊烷　3-ethyl-2,2,4-trimethylpentane

练习 2-4

1. 本教材中化合物的系统命名法遵循最新命名原则，因而与许多旧版中文有机化学教材在系统命名上存在不同，请查阅资料后对比两种命名方法的差异。

2. 指出 2,2-2 甲基-三乙基戊烷这个名称中的几点错误。

若支链是含有取代基的复杂支链时，将支链与主链相连的碳原子标记为 1 号，选一最长碳链，依次编号，将支链名称作为一整体放在括号中，置于支链位次后；也可用带撇数字表示复杂支链的编号，可省去括号（不提倡）。例如：

3-(1,1-二甲基丙基)辛烷　　　　　　3-1′,1′-二甲基丙基辛烷
[3-(1,1-dimethylpropyl)octane]　　　　(3-1′,1′-dimethylpropyloctane)

练习 2-5

1. 用系统命名法写出下列化合物的中、英文名称。

（1）　　　　（2）

2. 写出下列化合物的构造式，若名称错误请修改正确。
（1）3,3,4-三甲基-5-异丙基辛烷
（2）2,3,4-三甲基-3-乙基己烷

案例 2-1

凡士林是从石油馏分中得到的 $C_{17}\sim C_{21}$ 烷烃混合物。它不溶于水，易溶于乙醚、氯仿、苯、汽油等有机溶剂，常温时介于固体与液体之间，具有良好的化学稳定性和抗氧化性。将其涂抹于皮肤表面能形成一层隔离膜，可防止皮肤表面水分流失，保持皮肤湿润。同时，它还能阻挡空气中的细菌与皮肤接触，降低感染风险。因此，凡士林被广泛用作医药软膏、乳膏和护肤油膏的基质。

问题　下面是凡士林组成之一的结构式和名称，指出该名称中各部分表示的意义。

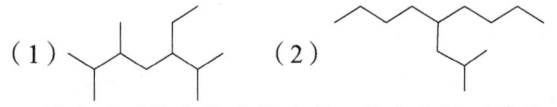

2,3-二甲基-5-(1,2-二甲基丙基)癸烷
[2,3-dimethyl-5-(1,2-dimethylpropyl)decane]

案例分析　这是含复杂支链的烷烃。对支链命名从与主链相连的碳原子开始，依次编号，其名称作为整体放在括号中，置于复杂支链位次后，也可用带撇的数字表示复杂支链的编号。

名称中各部分的含义如下：

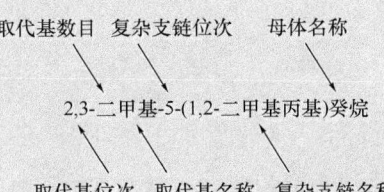

2,3-二甲基-5-(1,2-二甲基丙基)癸烷

四、烷烃的构型

甲烷（CH_4）分子是正四面体构型。碳原子处于正四面体的中心，4 个氢原子占据正四面体的 4 个顶点，这种描述分子中各原子在空间形成的特定位置关系的表示方式称为分子的构型。

价键理论认为甲烷分子的碳原子是 sp^3 杂化，4 个 sp^3 杂化轨道分别沿正四面体的四个顶点方向与 4 个氢原子的 1s 轨道沿键轴实现最大重叠，形成 4 个键长为 0.109nm、键能为 414.9kJ/mol 的碳氢 σ 键，相邻 σ 键的键角为 109°28′，如图 2-1 所示。

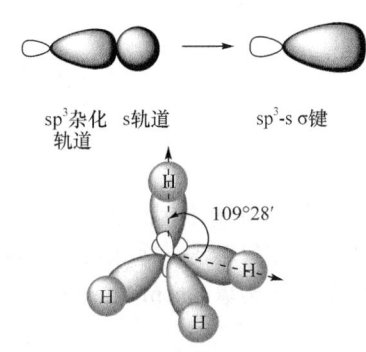

图 2-1　甲烷分子中 σ 键与甲烷分子的形成

练习 2-6

1. 根据甲烷的构型，预测乙烷、丙烷等烷烃的构型。
2. 你认为哪些表示形式能够呈现分子的空间构型？

球棍模型和比例模型可以表达分子的空间构型，但书写不便。化学上常用楔线式（又称透视式或伞形式）表示分子的空间构型，如图 2-2 所示。

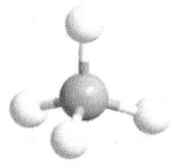  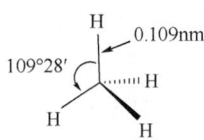

(a) 凯库勒球棍模型　　　　(b) 斯陶特比例模型　　　　(c) 楔线式

图 2-2　甲烷的构型表示

乙烷分子中的两个碳原子的构型与甲烷相似，均以 sp^3 杂化轨道与另一碳原子的 sp^3 杂化轨道和 3 个氢原子的 s 轨道分别沿键轴方向最大重叠，形成 1 个 C—C σ 键和 3 个 C—H σ 键，构型如图 2-3 所示。

  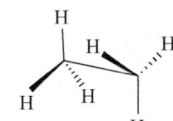

(a) 凯库勒球棍模型　　　　(b) 斯陶特比例模型　　　　(c) 楔线式

图 2-3　乙烷的构型表示

根据价键理论的观点，饱和碳原子均采取 sp^3 杂化轨道成键。烷烃分子中每个碳原子和与之

相连的 4 个原子呈四面体构型分布。因此，直链烷烃的碳链并非直线形式，而是呈折线或锯齿状。

烷烃分子中成键原子的原子轨道重叠程度大，键非常稳定。且 σ 键的电子云沿键轴呈圆柱形对称分布，当成键原子围绕键轴旋转时，不会引起成键电子云分布的变化。因而，烷烃分子中 σ 键可以"自由"转动。

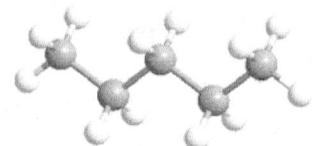

五、烷烃的构象

在乙烷分子中，碳碳单键可以自由转动。假定固定其中一个碳原子，另一个碳原子围绕碳碳单键旋转，则每转动一个角度，乙烷分子中各原子在空间就会形成一个特定排列，这个特定排列称为乙烷的一个构象（conformation）。不同构象之间互称构象异构体。构象异构属于立体异构的一种。

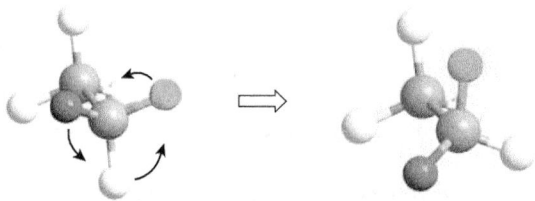

（一）构象表示

常用锯架式（sawhorse formula）和纽曼投影式（Newman projection formula）表示烷烃的空间构象及构象异构体之间的差异。

锯架式是在分子球棍模型基础上，用实线表示分子中各原子或基团在空间的相对位置关系的一种表示形式。具体画法是先画一与水平线成 45° 角的碳碳单键，再分别画出每个碳原子上的三个互成 120° 角的单键，如图 2-4（a）所示。

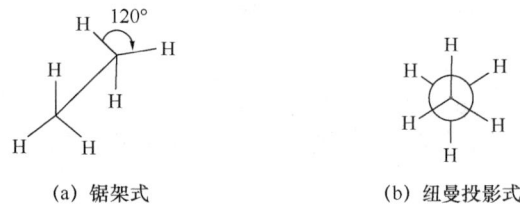

(a) 锯架式　　　　(b) 纽曼投影式

图 2-4　乙烷的锯架式和纽曼投影式

纽曼投影式是表达一个分子中邻近两个碳原子之间的空间排列。它是在分子球棍模型基础上，将视线沿碳碳单键键轴方向观察，距观察者较近的一个碳原子用一圆点表示，从该点分别画三条互成 120° 角的三个单键，用圆圈表示后面的碳原子，从圆圈边缘向外画三条互成 120° 角的三个单键，如图 2-4（b）所示。

（二）乙烷的构象

乙烷是两个甲基通过 σ 键连接而成的烷烃。将乙烷球棍模型中的一个甲基固定不动，使另一个甲基绕 C—C 的 σ 键轴旋转，可使乙烷产生无数个构象。图 2-5 表示的是乙烷的两个典型构象（又称极限构象）。图 2-5（a）所示构象前后 2 个碳原子上 C—H 键分别在同一平面上，处于重叠位置，这种构象称为重叠式构象（eclipsed conformation）；图 2-5（b）所示构象中一个碳原子上的碳氢键处于另一个碳原子上两个碳氢键中间位置，这种构象称为交叉式构象（staggered conformation）。

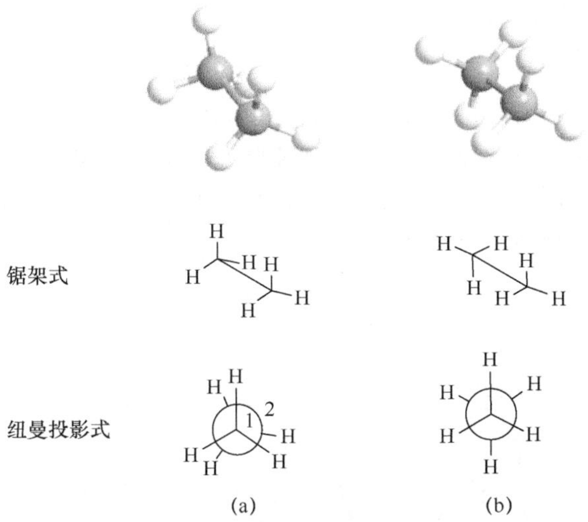

锯架式	(a)	(b)
纽曼投影式		

图 2-5 乙烷的重叠式和交叉式构象

乙烷不同构象的能量不同，如图 2-6 所示。在其交叉式构象中，两个碳原子上所连氢原子相距最远，相互之间的范德瓦耳斯斥力最小，因而分子势能最小，最稳定，这种构象称为优势构象（preferred conformation）。在乙烷重叠式构象中，两个碳原子上所连氢原子相距最近，相互之间的范德瓦耳斯斥力最大，分子势能最高，最不稳定。两者能量差为 12.6kJ/mol，其他构象的势能差和稳定性介于两者之间。尽管乙烷不同构象之间存在势能差，但室温下分子热运动产生的碰撞就足以克服这一能垒（分子间碰撞产生约为 84kJ/mol 的能量），不同构象异构体之间以极快速度相互转变，因而乙烷实质上是交叉式、重叠式等构象异构体的混合体，无法分离，但能量最低的交叉式构象所占比例最高，所以一般情况下常用交叉式表示乙烷。

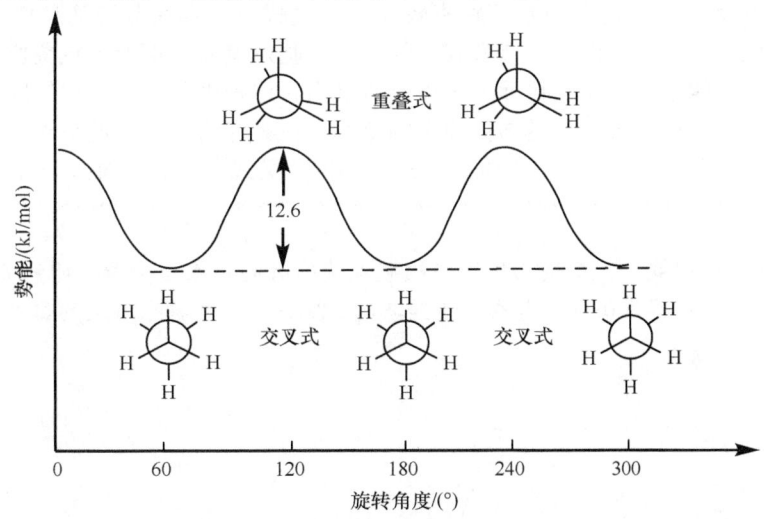

图 2-6 乙烷分子不同构象转化及其势能变化关系

通常情况下，分子以能量最低的稳定构象存在，一旦偏离了稳定形式，分子就具有恢复为稳定形式的趋势或作用力，这种力称为扭转张力（torsion strain）。扭转张力来源于范德瓦耳斯斥力。

练习 2-7

1. 请用锯架式和纽曼投影式画出丙烷的两种典型构象，并指出优势构象。
2. 如何理解烷烃分子中单键可"自由"转动，这种自由并非绝对意义上的自由？

当体系温度逐渐降低时，分子中单键的自由旋转就会受到限制，旋转变得越来越困难，其晶

（三）正丁烷的构象

正丁烷分子中 3 个 C—C σ 键均可旋转。若围绕 C2—C3 σ 键轴旋转，可以得到若干个构象异构体。围绕正丁烷 C2—C3 σ 键键轴旋转时各种典型构象及其势能变化关系如图 2-7 所示。正丁烷的几种典型构象中，能量最高的完全重叠式构象与能量最低的对位交叉式构象之间能量差为 22.6kJ/mol，因而室温下，各构象间也可迅速转化。

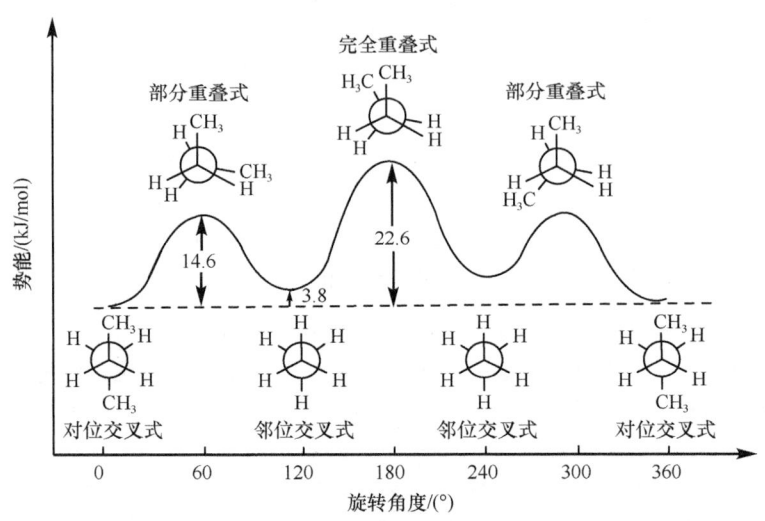

图 2-7　正丁烷分子不同构象转化及其势能变化关系

对位交叉式中，两个体积较大的甲基相距最远，相互间的排斥作用最小，因而能量最低，是优势构象。邻位交叉式中，两个甲基间距离较对位交叉式近，存在范德瓦耳斯（van der Waals）斥力，能量较对位交叉式高，而完全重叠式中的两个甲基及氢原子都处于重叠位置，相互之间的距离最近，它们之间的电子云相互排斥，因而能量最高。这种由两个大体积的原子团所引起的阻碍称为空间位阻。部分重叠式中甲基与氢原子的重叠，使其能量升高，但小于完全重叠式。正丁烷的 4 种极限构象稳定性次序如下：对位交叉式＞邻位交叉式＞部分重叠式＞完全重叠式。

> **案例 2-2**
>
> 用物理化学方法研究 1,2-二溴乙烷围绕碳碳键旋转时的构象与势能之间的关系，可绘制出势能曲线（图 2-8），观察该曲线可获得与 1,2-二溴乙烷各种典型构象有关的信息。
>
>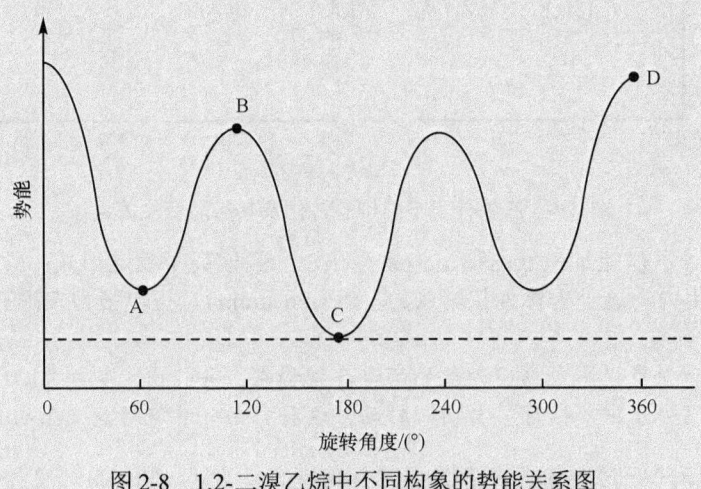
>
> 图 2-8　1,2-二溴乙烷中不同构象的势能关系图

问题

1. 能量曲线中 A、B、C、D 各代表 1,2-二溴乙烷的哪一种构象?
2. 用纽曼投影式表示 1,2-二溴乙烷的几种典型构象,指出优势构象。
3. 如果用两个—OH(羟基)替换两个溴原子形成乙二醇,预测其优势构象。

案例分析 1,2-二溴乙烷的几个典型构象与正丁烷相似,对应的纽曼投影式如下:

邻位交叉式	部分重叠式	对位交叉式	完全重叠式
A	B	C	D

优势构象为对位交叉式。

乙二醇的邻位交叉式构象可以形成分子内氢键,氢键的形成会降低构象的能量,因而,邻位交叉式构象是乙二醇的优势构象,是其主要存在形式。

邻位交叉式　　分子内氢键

其他正烷烃分子的构象随碳原子数的增加变得复杂,但其能量最低的优势构象都与正丁烷的对位交叉式类似。但是在烷烃衍生物中,优势构象并非总是对位交叉式(图2-9),正如氯代乙醇那样。

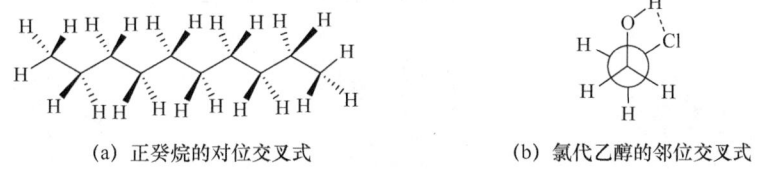

(a) 正癸烷的对位交叉式　　(b) 氯代乙醇的邻位交叉式

图 2-9　正癸烷和氯代乙醇的优势构象

练习 2-8

1. 请用锯架式和纽曼投影式画出 1,2-二氯乙烷的优势构象。

2. 画出 $\underset{H_3C}{\overset{H}{|}}\!\!-\!\!\underset{H}{\overset{H}{|}}\!\!-\!\!CH_2CH_3$ 的锯架式和纽曼投影式,并画出典型构象的转化与势能关系图。

3. 有机化合物的结构一般包含构造、构型和构象三方面信息,请以实例说明三者关系。

分子的构象,不仅影响化合物的物理性质和化学性质,还会影响生命体内生物大分子的结构,进而影响其生物活性和正常功能。

六、物 理 性 质

有机化合物的物理性质(physical property)通常包括熔点(melting point,mp)、沸点(boiling point,bp)、溶解度(solubility)、密度(density)等。同类有机化合物具有某些相似的物理性质,如烷烃熔沸点相对较低、难溶于水、密度均小于水。表2-1列出了一些烷烃的熔沸点和密度数据。根据有机化合物的物理性质及其变化规律,可推测化合物的结构信息,反之,也可由有机化合物的结构信息,预测其物理性质。总之,有机化合物的物理性质取决于它们的结构和分子间作用力(intermolecular force)。

视窗 2-2　　　　　　　　　　分子间作用力

分子间作用力主要有偶极-偶极（dipole-dipole）作用力、范德瓦耳斯力（主要为色散力）、氢键（hydrogen bond）三种形式（图 2-10）。偶极-偶极作用力产生于极性分子之间的静电作用，分子极性越大，偶极-偶极作用力越大；色散力是因分子中电子运动的偏移，使分子的正负电荷中心短暂不重合，产生瞬时偶极。一个分子的瞬时偶极又影响邻近分子的电子分布，诱导出一个相反的偶极，两个瞬时偶极的作用称为色散力，色散力与分子中原子的数目和分子之间的接触面大小有关。一般分子量越大，分子间接触面越大，色散力越大；氢键是分子中高电负性原子（O、N、F 等）上的氢原子与分子内或另一分子中高电负性原子之间的静电作用。三种作用力的强度依次是氢键最大，偶极-偶极作用力次之，色散力最小。

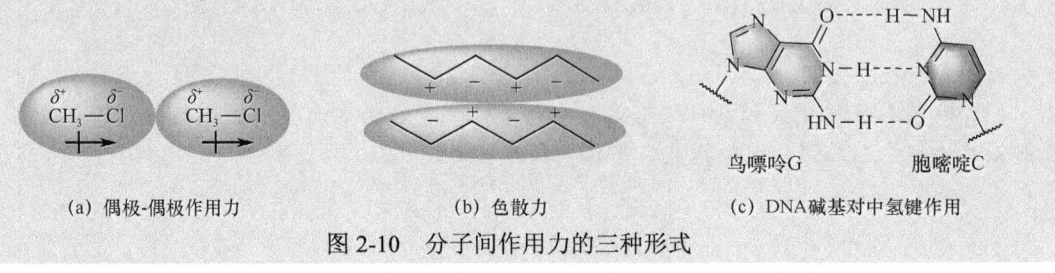

(a) 偶极-偶极作用力　　　(b) 色散力　　　(c) DNA 碱基对中氢键作用

图 2-10　分子间作用力的三种形式

很多药物分子要通过与受体结合才能产生药效，在此过程中上述三种作用力至关重要。

1. 沸点　烷烃的沸点随碳原子数及相对分子质量的增加而升高。常温常压下，$C_1 \sim C_4$ 的直链烷烃为气体，$C_5 \sim C_{16}$ 的直链烷烃为液体，其余为固体。碳原子数相同时，直链烷烃比支链烷烃的沸点高。支链越多，分子越接近球形，表面积越小，色散力减弱，因而沸点越低。戊烷的三种异构体的沸点见表 2-2，正戊烷分子间接触面积最大，沸点最高；新戊烷最接近球形，分子间接触面积最小，沸点最低；异戊烷介于正戊烷和新戊烷之间（图 2-11）。

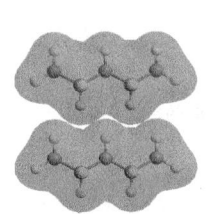 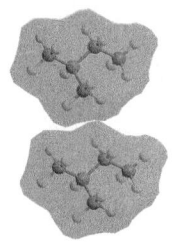 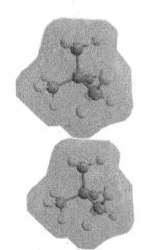

(a) 正戊烷接触面积最大　　(b) 异戊烷接触面积稍小　　(c) 新戊烷接触面积最小

图 2-11　戊烷的同分异构体和分子间接触面积的大小

2. 熔点　含偶数碳原子的直链烷烃随着相对分子质量的增加，熔点升高的幅度比含奇数碳原子的烷烃大一些，分别形成两条熔点曲线，偶数碳的烷烃熔点曲线在上，奇数碳的烷烃熔点曲线在下（图 2-12）。固体物质的熔点除了与分子间的色散力有关，还与分子的对称性有关。分子对称性越高，其在晶体中排列就越紧密，熔点就越高。X 射线衍射结果表明，偶数碳原子的烷烃分子对称性高于奇数碳原子的烷烃。

练习 2-9

预测戊烷三种构造异构体的熔点相对大小，与表 2-2 中数据对照，并给出解释。

3. 溶解度　有机化合物的溶解性遵循"相似相溶"的经验规则。烷烃通常是非极性或弱极性的分子，不溶于水和其他强极性溶剂，易溶于非极性或弱极性的有机溶剂，如四氯化碳、苯及乙醚等。

4. 密度　烷烃的分子间吸引力较弱，分子排列较疏松，单位体积内容纳的分子数少，是密度最小的一类有机化合物。烷烃的密度随碳原子数的增加而缓慢增大（表 2-1），但均小于 1g/mL，比水轻。

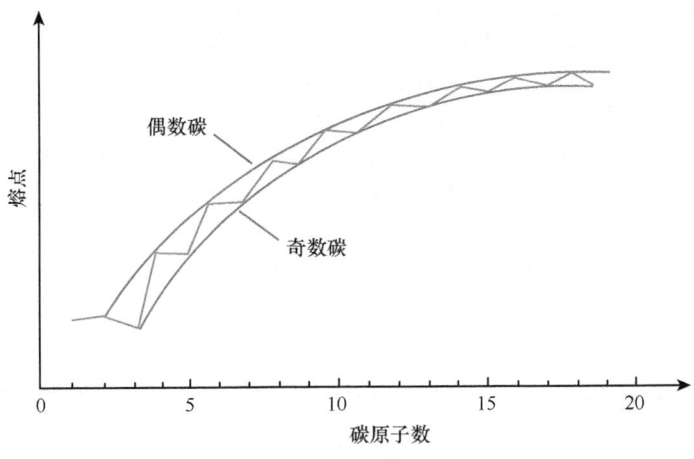

图 2-12　烷烃熔点变化关系示意图

视窗 2-3　　　　药物的药效与分子间作用力

研究表明，许多药物都是通过与体内受体（如细胞表面的特定部位）结合来发挥其生理作用的。这种结合作用力包含范德瓦耳斯力、偶极-偶极作用力和氢键等。具有相似结构和性质的药物与同一个受体结合，往往能发挥相似的生理作用。例如，下面四种非甾体抗炎药都有一个非极性、平面结构的苯环以及极性取代基，因而它们都具有抗炎活性。1875年，水杨酸作为解热镇痛药用于临床，但长时间使用对胃肠道副作用大；1899年，乙酰水杨酸作为更有效、对胃刺激性更小的抗炎药用于临床，但依然有引起胃及十二指肠出血的风险。通过改变取代基及其在环上的相对位置得到了对乙酰氨基酚，并于1955年开展临床研究。因其对胃的刺激极小，成为一种广泛使用的药物。然而，连续大剂量使用会引起肝肾功能损害。之后，科研人员又陆续开发了布洛芬、布替布芬、萘普生等一系列结构相似、功能相近的药物。分子间作用力在创造疗效更佳、副作用更小的临床新药中发挥了重要价值，为科学研发新药提供了一种行之有效的研究方法。

水杨酸　　乙酰水杨酸（阿司匹林）　　对乙酰氨基酚　　布洛芬

七、化 学 性 质

烷烃分子中原子间均以非极性和弱极性的 σ 键连接，化学性质非常稳定。在通常情况下不与强酸、强碱、强氧化剂、强还原剂等反应。例如，与高锰酸钾、重铬酸钾和溴水等都不反应。但烷烃的稳定性是相对的，在高温、高压、光照、添加催化剂等特定条件下，也能发生氧化、热裂解和取代反应。

案例 2-3

醋酸氟轻松软膏是一种抗炎作用强而副作用小的皮质激素。其外用药物软膏剂处方如下：主药醋酸氟轻松 0.25g；皮肤透入剂二甲亚砜 6.7g；辅助乳化剂十八醇 90g；基质白凡士林 100g，液状石蜡 60g；保湿剂甘油 50g；蒸馏水等。该制剂中，基质白凡士林及液状石蜡占绝大部分。它们是饱和烃的混合物，是软膏的赋形剂，同时也是药物载体，对软膏剂的质量、药物的释放以及药物的吸收都有重要影响。

> **问题** 为什么用凡士林及液状石蜡作为外用药物的基质?
>
> **案例分析** 为了提高药物的药效,减少毒副作用,方便用药,药物一般以制剂形式给药。对药物制剂的软膏基质的一般要求是:润滑无刺激性,稠度适宜,易于涂布,性质稳定,不易长菌,不与主药发生配伍变化,不妨碍皮肤的正常功能,有良好的释药性能,易洗除,不污染衣服。饱和烃类物质从物理性质上具有强疏水性,化学性质上具有稳定性,因而饱和烃类是外用软膏基质的较佳选择。

(一) 氧化和燃烧

烷烃在催化剂存在下发生氧化反应,产物主要是羧酸、酮等。例如:二氧化锰催化氧化 20~30 个碳原子的高级烷烃混合物 (石蜡),得到高级脂肪酸,可替代天然油脂来生产肥皂。

$$RCH_2CH_2R' + O_2 \xrightarrow[107\sim110℃]{MnO_2} RCOOH + R'COOH + 其他羧酸$$

燃烧是高温条件下的一种剧烈氧化反应。烷烃在空气中完全燃烧,生成二氧化碳和水,并放出大量的热。因此,烷烃是一类重要能源物质。

$$CH_4 + 2O_2 \xrightarrow{点燃} CO_2 + 2H_2O + 890J/mol$$

在标准状态下 (298K,0.1MPa),1mol 烷烃完全燃烧生成二氧化碳和水放出的热称为燃烧热 (heat of combustion),用 $\Delta H_c^\ominus$ 表示。燃烧热的数值反映了分子的内能大小,可用来作为分析物质稳定性的参数。例如,正丁烷与异丁烷完全燃烧时耗氧量相同,生成的产物也相同,但正丁烷的燃烧热比异丁烷大,说明正丁烷的内能高,稳定性低。烷烃同分异构体的支链越多,燃烧热越小,稳定性越高。

视窗 2-4   **"可燃冰"与全球变暖**

"可燃冰"是天然气 (主要是甲烷) 在低温、高压环境中与水形成的具有笼状结构的晶体,外观似湿润的雪团,可完全燃烧,产生二氧化碳和水,被誉为 21 世纪最理想的绿色清洁能源。1m³ 的"可燃冰"能释放 164m³ 的天然气。"可燃冰"的资源储量是全球已知煤炭、石油和天然气等化石燃料资源储量总和的两倍,可满足人类未来 1000 年的需要。如果被困在可燃冰中的甲烷因海洋变暖、人类贸然开发等因素被释放到大气中,将会加剧全球变暖,给人类带来灭顶之灾。因此,发展成熟可靠的可燃冰开采技术正成为许多国家的重要课题。

我国在南海、珠江口盆地东部海域、青藏高原等区域已探明的可燃冰储量位居世界首位。2017 年,我国首次在南海成功实现了海底可燃冰的开采。发展更加安全、可靠、环保的开采技术和开采方法是我国科研人员需要攻克的难关。

(二) 热裂解反应

化合物在无氧和高温条件下发生的分解反应称为热裂解反应 (pyrolysis reaction)。热裂解反应时烷烃分子中的 C—C 键、C—H 键断裂,生成相对分子质量较小的烷烃、烯烃等混合物。

$$CH_3CH_2CH_2CH_3 \xrightarrow{600℃} CH_4 + CH_2{=}CHCH_3 + CH_3CH_3 + CH_2{=}CH_2 + CH_2{=}CHCH_3 + H_2$$

烷烃热裂解有时还会伴随异构化、环化和芳构化等产物。在石化工业中通常使用催化剂使烷烃在较低温度下裂解。在催化裂解的过程中,加入氢气可以获得饱和烃,这种反应称为催化氢解 (catalytic hydrogenolysis)。烷烃的热裂解反应主要用于生产燃料、相对分子质量小的烷烃、烯烃等化工原料。近年来,烷烃的催化裂解已代替热裂解,提高了石油的利用率和裂解产物 (如汽油) 的质量,为生产乙烯、丙烯和丁二烯等化工原料提供了良好的途径。

(三) 烷烃卤代反应

烷烃分子中的氢原子被卤原子取代的反应称为烷烃的卤代反应 (halogenation reaction)。例如，甲烷在紫外线照射或加热至250～400℃时，可与氯气发生剧烈的氯代反应，生成氯甲烷、二氯甲烷、三氯甲烷（氯仿）、四氯甲烷（四氯化碳）的混合物和氯化氢。通过控制反应条件和原料用量比可以使其中一种氯代烷成为主要产物。例如，反应体系中使用大过量的甲烷时，主要得到氯甲烷；而使用大过量氯气时则主要得到四氯化碳。烷烃最常见的卤代反应是氯代和溴代。

$$CH_4 + Cl_2 \xrightarrow{\text{加热或光照}} CH_3Cl + CH_2Cl_2 + CHCl_3 + CCl_4 + HCl$$
甲烷　　　　　　　　　　氯甲烷　二氯甲烷　三氯甲烷　四氯甲烷

1. 甲烷卤代反应机制　反应机制（reaction mechanism）又称反应历程，它是关于反应物转化为产物详细过程的描述。反应机制是在大量实验事实的基础上，对反应过程作出的理论假设和推测。探究反应机制不仅能让我们认识化学反应的本质、预测反应结果，还能让我们对化学反应进行有效控制并达到利用反应的目的。到目前为止，已经被实验所证实的反应机制尚属少数。随着科学研究的深入和新事实的发现，现有反应机制可能得到进一步补充和完善，也可能需要修正，甚至被否定。

学习和掌握典型有机反应机制是学好有机化学的重要基础。在表示反应机制时，常用弯箭头（⌒）表示一对电子的转移，用鱼钩箭头（⌒）表示单个电子的转移。科学家在研究甲烷氯代反应时发现以下事实：

（1）在室温暗处不发生反应。
（2）室温下光照或加热至250℃以上时反应发生。
（3）光照后撤去光源，反应继续进行。
（4）若有少量氧气（或其他能捕捉自由基的物质）存在时，反应延迟一段时间后才能正常进行。

基于上述事实和反应特点提出了甲烷氯代反应的自由基连锁反应（free radical chain reaction）机制。自由基连锁反应一般包含链引发（chain initiation）、链增长（chain propagation）和链终止（chain termination）三个阶段。如下所示：

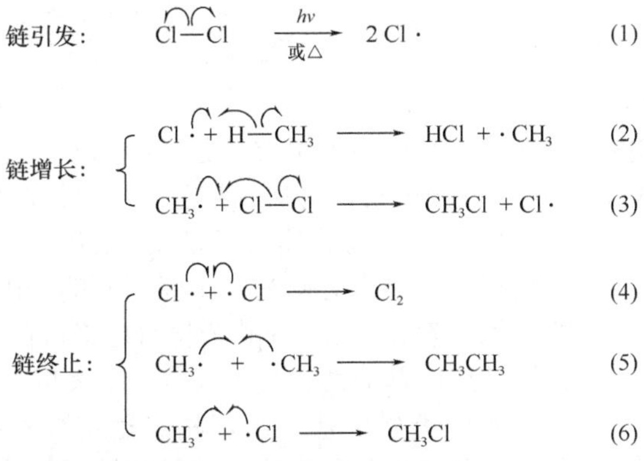

链引发：$Cl—Cl \xrightarrow{h\nu \text{ 或 } \Delta} 2\,Cl\cdot$ 　　　　(1)

链增长：
$$\begin{cases} Cl\cdot + H—CH_3 \longrightarrow HCl + \cdot CH_3 & (2) \\ CH_3\cdot + Cl—Cl \longrightarrow CH_3Cl + Cl\cdot & (3) \end{cases}$$

链终止：
$$\begin{cases} Cl\cdot + \cdot Cl \longrightarrow Cl_2 & (4) \\ CH_3\cdot + \cdot CH_3 \longrightarrow CH_3CH_3 & (5) \\ CH_3\cdot + \cdot Cl \longrightarrow CH_3Cl & (6) \end{cases}$$

链引发阶段，氯气分子在光照或加热条件下吸收能量，共价键发生均裂（homolytic cleavage），生成2个带单电子的高能氯原子（又称氯自由基）。这种带有未成对电子的原子或基团，称为自由基（free radical）或游离基。

链增长阶段，带单电子的氯自由基具有获取1个电子形成稳定的八隅体结构（octet structure）的倾向，反应活性强。当它与反应体系中的甲烷碰撞时，甲烷分子中的C—H键均裂，并与氢原子结合成氯化氢分子，而甲烷分子转化为活泼的甲基自由基。随后甲基自由基夺取氯气分子中的1个氯原子，生成一氯甲烷和1个新的氯自由基。氯自由基又重复（2）、（3）两步，反应不断循环生成氯甲烷。

随着甲烷被迅速消耗，产生的自由基越来越多，自由基相互碰撞结合的机会增加，当反应体系中自由基被消耗殆尽，链反应随即终止。

自由基的产生需要光照或加热，也可以向反应体系中加入易产生自由基的试剂，如过氧化苯甲酰，易产生苯甲酰氧自由基（$C_6H_5CO-OOCC_6H_5 \longrightarrow 2C_6H_5CO \cdot$）从而引发反应，这类试剂称为引发剂（initiator）。当反应体系中有少量氧气存在时，氧气与甲基自由基结合为活性远低于甲基自由基的 $CH_3O-O \cdot$，致使反应速率减小，甚至反应停止。这种能使自由基反应减慢或停止的试剂称为抑制剂（inhibitor）。

练习 2-10

1. 依据甲烷氯代反应机制，尝试写出二氯甲烷形成的反应机制。
2. 请提出溴单质与乙烷在光照条件下生成一溴乙烷的反应机制。

视窗 2-5　　人体内自由基及其抑制机制

自由基非常活泼，化学反应性极强，能引起细胞生物膜上的脂质过氧化，造成细胞损伤。正常情况下，人体内的自由基处于不断产生与清除的动态平衡中，自由基的浓度很低，不仅不会损伤机体，还显示出独特的生理作用。但在病变情况下，机体内由外部环境中的物理因素或化学因素诱发而产生的自由基无法及时清除，或内源性自由基的产生与消除失去平衡，过剩的自由基会对机体造成损伤，导致衰老、细胞死亡、癌变。通常需要阻止或阻碍机体内过量的自由基反应。自由基抑制剂是能抑制或减缓自由基反应的物质，它可降低自由基浓度，减慢或抑制自由基反应的进行。

在食品、药品以及一些日用品中常添加自由基抑制剂，以防止自由基链反应引起的损害。此外，维生素 E 和维生素 C 等常见自由基抑制剂可以在体内与氧自由基反应，形成相对稳定的自由基，终止氧化反应。可能的机制如下：

2. 自由基结构与稳定性　　烷基自由基可视为由烷烃分子中的 C—H 键均裂形成，根据单电子所在碳原子的类型不同，烷基自由基可分为叔自由基、仲自由基、伯自由基和甲基自由基。

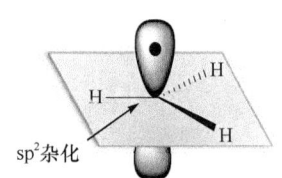

图 2-13　甲基自由基的结构

甲基自由基的碳原子是 sp^2 杂化，碳原子三个 sp^2 杂化轨道沿三角形三个顶点方向与三个氢原子的 s 轨道重叠成键，单电子所在的 p 轨道垂直于三个 sp^2 杂化轨道形成的平面，如图 2-13 所示。其他烷基自由基的结构与甲基自由基类似。

不同类型烷基自由基相对稳定性不同。烷基自由基的稳定性是指烷基自由基与生成它的母体烷烃相比较，两者能量差越大，表示烷基自由基越难生成，即烷基自由基越不稳定；两者能量差越小，表示烷基自由基越易生成，即烷基自由基越稳定。可以借助烷烃分子中 C—H 键的键解离能（dissociation energy, $E_d^{\ominus}$）大小进行定量判断。烷烃分子的 C—H 键解离能越小，说明对应的自由基越容易生成，即生成的自由基越稳定。甲烷需要吸收 439.3 kJ/mol 的能量才能生成甲基自由基，说明甲基自由基难于生成，不稳定；而异丁烷仅需要吸收 389.1 kJ/mol 的能量就能生成叔丁基自由基，说明叔丁基自由基相对容易生成，比较稳定。为了直观比较不同自由基的相对稳定性大小，将下面四种烷烃置于同一水平线上，由图 2-14 中的解离能数据可知烷基自由基的稳定性顺序为：叔自由基＞仲自由基＞伯自由基＞甲基自由基。

除了利用 C—H 键解离能大小来判断烷基自由基的相对稳定性，有机化学中还可运用诱导效应和共轭效应进行定性判断，这些知识将在第三章烯烃中予以介绍。

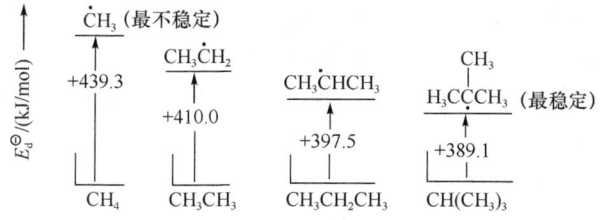

图 2-14　不同类型烷基自由基的相对稳定性

案例 2-4

氟与甲烷的反应是爆炸式的，碘与甲烷则几乎不反应。在卤素与甲烷的自由基链反应中加入碘，可使反应终止。用不同的反应条件对烷烃的卤代反应进行研究的结果如下：

	总反应热/(kJ/mol)	相对反应速率（27℃）	活化能/(kJ/mol)
$CH_4 + F· \longrightarrow CH_3· + HF$	−423	140000	+4.2
$CH_4 + Cl· \longrightarrow CH_3· + HCl$	−104	1300	+16.7
$CH_4 + Br· \longrightarrow CH_3· + HBr$	−34	$9×10^{-8}$	+75.3
$CH_4 + I· \longrightarrow CH_3· + HI$	+55	$2×10^{-9}$	>+141

实验表明，甲烷与不同卤素之间进行卤代反应的反应速率为：$F_2 > Cl_2 > Br_2 > I_2$。

问题　同一反应物与不同试剂间反应速率的差异由什么因素决定？

案例分析　甲烷与不同卤素发生取代反应的速率不同，反应速率由反应机制中第（2）步，即卤素自由基对甲烷的氢攫取（决速步）的活化能大小控制，并决定反应的总速率。

由实验数据可知，第（2）步的活化能由高到低的顺序为：碘代＞溴代＞氯代＞氟代，所以甲烷氟代反应速率最快，碘代最慢。

3. 反应的过渡态理论　分析判断不同反应速率快慢问题属于动力学（dynamics）研究的内容，其中广泛应用的是反应的过渡态（transition state，TS）理论。该理论认为从反应物到产物是一个连续变化的过程，反应物需经历一个势能最高点，与此势能最高点相对应的结构称为过渡态，用"‡"符号表示，过渡态极不稳定，是反应进程中的一个旧键未完全断裂、新键未完全形成的中间状态，无法分离得到。

例如，图 2-15 是反应物 A 和 BC 生成 AB 和 C 的反应势能图。当反应物 A 和 BC 靠近时，A 与 BC 中的 B 组分将要形成新键，此时 BC 之间的旧键逐渐拉伸，即将断开又尚未断开，这种状态迫使反应物势能升高，直到形成过渡态，势能达到最高点，随后 A—B 结合成键，B—C 断开，体系势能下降，释放能量，生成产物。

过渡态与反应物之间的能量差称为反应的活化能（activation energy，E_a）。E_a 可通过实验测得。反应物只有获得足够能量克服这个能垒才能生成产物。E_a 越小，反应速率越快；E_a 越大，反应速率越慢。$\Delta H^\ominus$ 是反应物与产物之间的势能差，即反应热，可由反应物的键能减去生成物键能近似计算得到。

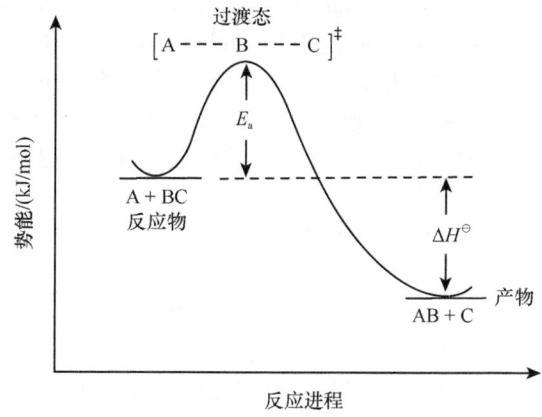

图 2-15　一步反应的反应势能图

图 2-16 是一个两步反应,第一步是 A 和 B 反应经过第一过渡态生成中间体 C,第二步是 C 经过第二过渡态生成最终产物 D。两个过渡态相应的活化能 E_{a1} 大于 E_{a2},说明第一步反应速率慢,第二步反应速率快,反应体系中速率最慢的一步决定整个反应的速率,故最慢的一步反应又称决速步(rate-determining step)。

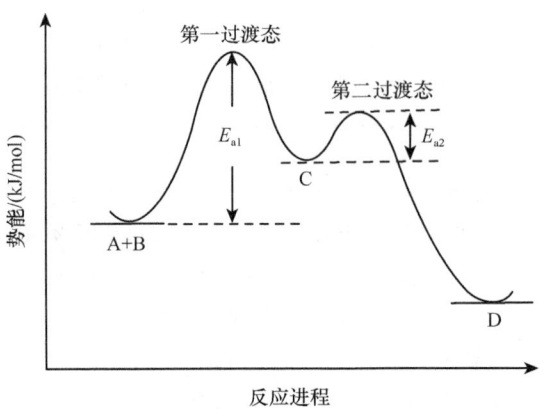

图 2-16　两步放热反应的反应势能图

练习 2-11

1. 反应过渡态和反应中间体有什么不同?反应的活化能和反应热又有什么不同?
2. 下图是某反应的能线图,从图中能得到哪些信息?看看谁获取的信息更多。

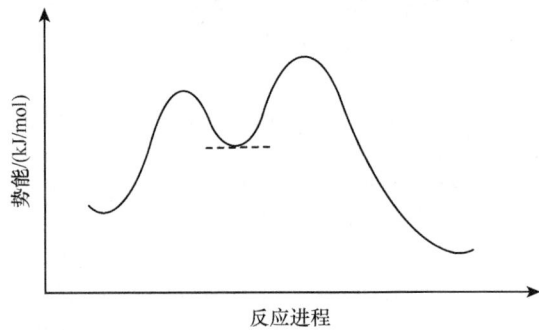

4. 甲烷卤代反应的能量变化　讨论反应放热或吸热问题、判断产物稳定性问题都属于热力学(thermodynamics)研究的内容。甲烷氯代反应的链引发阶段[步骤(1)],氯气需吸收 242.7kJ/mol 的能量均裂为氯原子,氯原子引发甲烷分子发生后续反应。链增长阶段是吸热反应[步骤(2)],虽然反应热仅为 7.5kJ/mol,但分子却需要 16.7kJ/mol 的活化能才能使反应进行;步骤(3)放出 112.9kJ/mol 能量,需要 8.3kJ/mol 的活化能即可。(2)、(3)两步反应共放热 105.4kJ/mol。链终止阶段只涉及自由基与自由基的结合,因而反应都能迅速进行并放出热量。

反应步骤

(1) $Cl-Cl \longrightarrow 2Cl\cdot$　　　　　　　　　　　$\Delta H^{\ominus}$ =+242.7kJ/mol

	$\Delta H^{\ominus}$/(kJ/mol)	E_a/(kJ/mol)
(2) $Cl\cdot + H-CH_3 \longrightarrow HCl + \cdot CH_3$	+7.5	+16.7
(3) $CH_3\cdot + Cl-Cl \longrightarrow CH_3Cl + Cl\cdot$	-112.9	+8.3

由图 2-17 可知,甲烷氯代反应的链增长阶段,由 CH_4 与 $Cl\cdot$ 生成 CH_3Cl 与 $Cl\cdot$ 的反应是一个两步反应,经历两个过渡态。活性中间体甲基自由基既是第(2)步反应的产物,也是第(3)步反应的反应物;从反应热看,第(2)步是吸热反应,其逆反应的 E_a 比正反应小,故为可逆反应,但第(3)步是放热反应,其逆反应的 E_a 比正反应大得多,反应不可逆。从活化能来看,第

（2）步反应的 E_{a1} 比第（3）步反应的 E_{a2} 大，因此第（2）步反应较难，速率慢，是甲烷氯代反应的决速步。

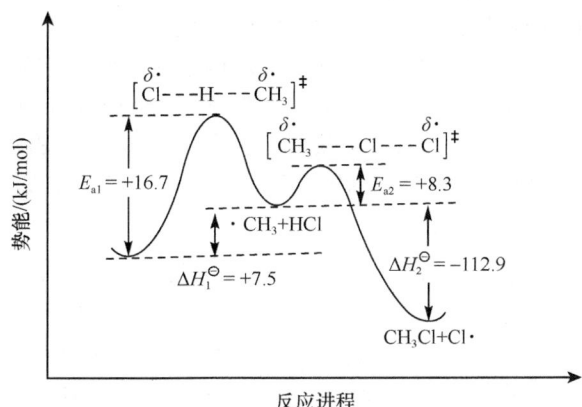

图 2-17　氯自由基与甲烷反应生成氯甲烷的反应势能图

甲烷与其他卤素的反应也可以通过比较速率控制步骤的活化能数据，来推测反应进行的快慢和难易程度。

另外，甲烷卤代反应还伴随反应物构型转化现象，如图 2-18 所示，在链增长的第（2）步中，甲烷由四面体逐渐转化为介于四面体和平面构型之间的过渡态，而后形成平面型的甲基自由基。

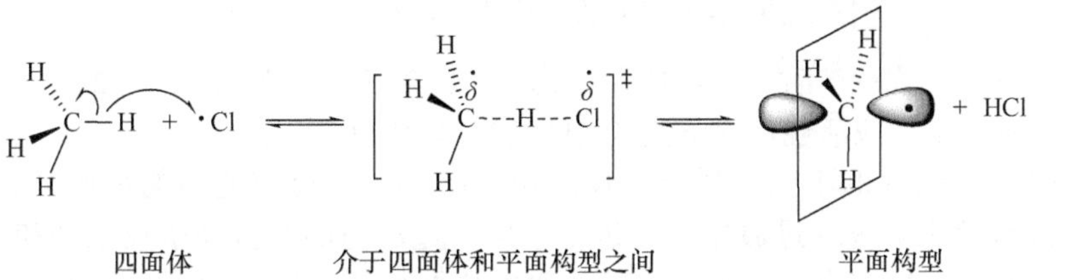

图 2-18　氯自由基与甲烷反应过程中的构型转变

在链增长的第（3）步中，平面型甲基自由基与氯气反应，甲基自由基逐渐转化为介于平面型与四面体之间的过渡态，而后形成四面体型的氯代甲烷（图 2-19）。

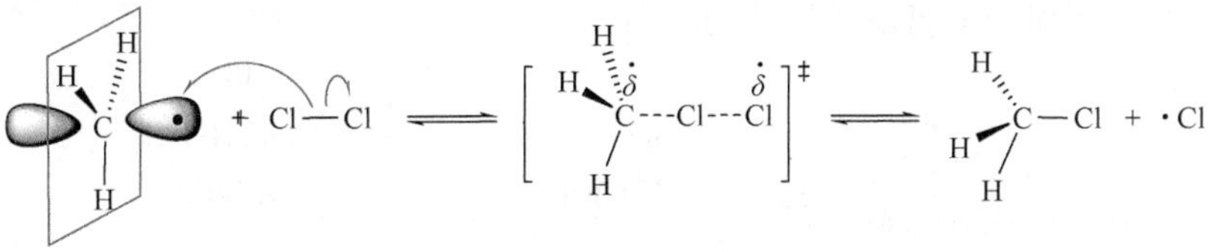

图 2-19　甲基自由基与氯气反应过程中的构型转变

练习 2-12

1. 请思考甲烷氯代反应的决速步能否按下面方式进行，给出解释。

$$CH_4 + Cl\cdot \longrightarrow CH_3Cl + H\cdot$$

2. 请依据数据说明甲烷与不同卤素自由基反应的活性顺序，并给出解释。反应活化能与反应热之间是否存在关系？

$X\cdot + H-CH_3 \longrightarrow CH_3\cdot + HX$	$\Delta H^{\ominus}$/(kJ/mol)	E_a/(kJ/mol)
X=F	−128.9	+4.2
Cl	+7.5	+16.7
Br	+73.2	+75.3
I	+141	>141

（四）其他烷烃的卤代反应

丙烷在光照或受热条件下进行卤代反应，卤原子可以取代末端碳上的伯氢，也可以取代中间碳上的仲氢。丙烷分子中氢原子数量比为 1° H：2° H=3：1，理论上生成对应的一卤代产物的比例也应该是 3：1，但事实并非如此。如图 2-20 所示，丙烷氯代时，产物 1-氯丙烷与 2-氯丙烷的占比分别为 45% 和 55%，实际上伯氢与仲氢被取代的概率分别为 45/3 和 55/1；异丁烷分子中氢原子数量比为 1° H：3° H=9：1，氯代时，产物异丁基氯与叔丁基氯的占比分别为 64% 和 36%，实际上伯氢与叔氢被取代的概率分别为 64/9 和 36/1。因此，三类氢原子氯代反应的活性约为 3° H：2° H：1° H=5：3.7：1。

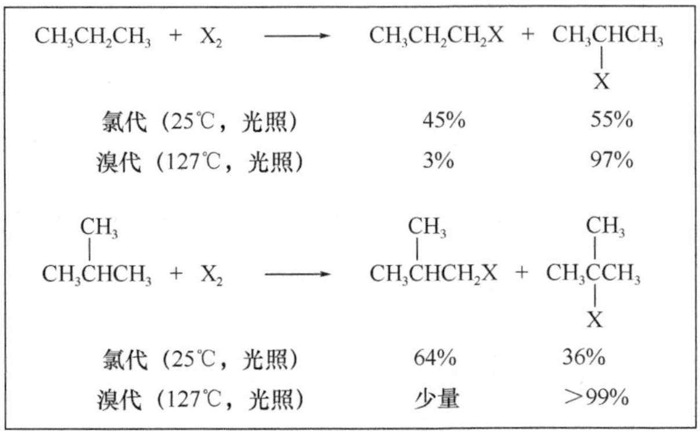

图 2-20 两种烷烃卤代产物占比和反应活性差异

同样，烷烃发生溴代反应时三类氢的活性为 3° H：2° H：1° H=1600：82：1。由此可见，无论氯代还是溴代，氢原子反应活性次序均为 3° H＞2° H＞1° H。

三类氢原子反应活性的不同本质上是反应速率的不同，反应速率的快慢与 E_a 大小有关，而 E_a 的大小可通过过渡态势能、过渡态结构进行预判。过渡态的结构介于反应物和产物之间，能稳定产物的因素也能稳定过渡态，而最稳定的过渡态势能最低，E_a 最小，反应速率最快。如图 2-21 所示，丙烷与氯自由基反应经过 TS1 和 TS2 分别生成正丙基自由基（1°自由基）和异丙基自由基（2°自由基）。异丙基自由基的稳定性高于正丙基自由基，对应的 TS2 稳定性高于 TS1，因而活化能 E_{a2} 小于 E_{a1}，异丙基自由基的生成速率大于正丙基自由基，2-氯丙烷成为主要产物。烷基自由基越稳定，对应烷烃碳原子上氢原子活性则越高。

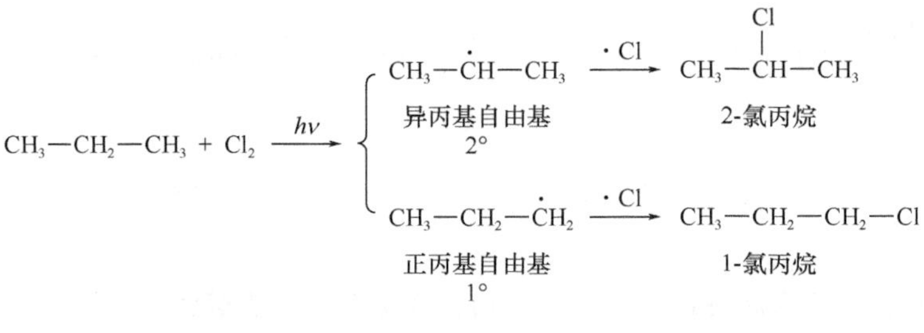

自由基稳定性： $R_3C·＞R_2CH·＞RCH_2·＞CH_3·$
氢原子活性： 3° H＞2° H＞1° H＞甲烷氢

若一个反应可以按相似反应机制同时形成几种产物时，则越稳定的中间体越容易生成，其生成对应产物的反应是主要反应，这种现象称为反应的选择性。生成不同产物的速率差越大，反应的选择性越高。在烷烃卤代反应中，常用自由基的相对稳定性来推断不同类型氢原子的反应活性以及产物的主次。

练习 2-13

1. 在异丁烷氯代反应中，产物相对含量与烷基自由基的稳定性规律 3° H＞2° H＞1° H 是否矛盾？请给出你的解释。

$$\text{CH}_3\text{CHCH}_3 \text{(CH}_3\text{)} + \text{Cl}_2 \xrightarrow{h\nu} \text{CH}_3\text{CHCH}_2\text{Cl (CH}_3\text{)} + \text{CH}_3\text{CCH}_3\text{(CH}_3\text{)(Cl)} + \text{HCl}$$

64%　　　36%

2. 异戊烷氯代反应过程中产生几种中间体？请分别写出中间体的结构式，并指出其自由基类型。

不同卤素与同一烷烃反应时，卤原子对不同类型氢原子选择性不同。图 2-20 显示，丙烷溴代的主要产物 2-溴丙烷含量高达 97%，而异丁烷溴代主要产物叔丁基溴的含量更是高达 99.9%，显然，溴代的选择性大于氯代。要理解这一现象，不妨分析比较图 2-21 和图 2-22。在丙烷溴代反应中，溴单质的活性小，需要吸收较多能量才能达到过渡态，因而活化能较大，反应速率慢。但两种反应取向的活化能差 $\Delta E_a = 12.5\text{kJ/mol}$，根据阿伦尼乌斯公式 $k = A e^{-E_a/(RT)}$（A 为常数，k 为速率常数），12.5kJ/mol 的活化能差必然使丙烷的 2° H 比 1° H 溴代速率大得多。同理，3° H 反应速率也比 2° H 和 1° H 大得多。因此，溴代反应对这三类氢的选择性较高。

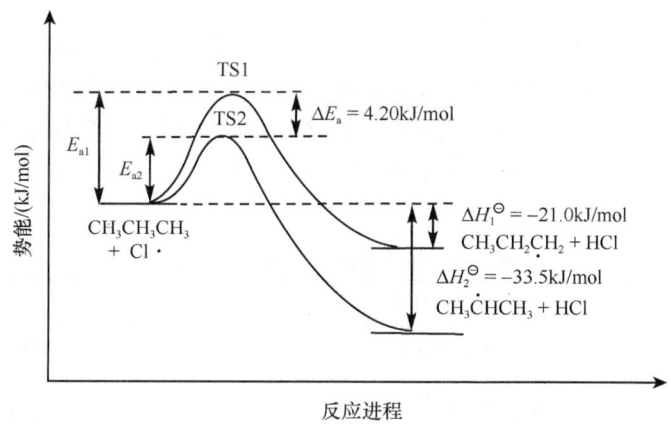

图 2-21　丙烷氯代决速步的反应势能图

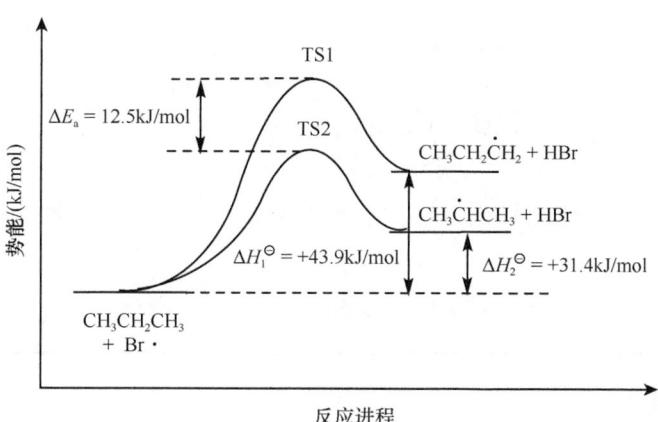

图 2-22　丙烷溴代决速步的反应势能图

在丙烷氯代反应中，氯气的活性高，只需吸收较少能量就能达到过渡态，因而活化能小，反应速率快。虽然两种反应取向的中间体与溴代反应相似，但是氯代反应的活化能之差仅为 $\Delta E_a = 4.2\text{kJ/mol}$，因此丙烷的 2° H 与 1° H 的反应速率较溴代时差异要小。同理，3° H 与 2° H、1° H 反应的速率差也较溴代小得多。因此，氯气对这三类氢的选择性较小。

练习 2-14

1. 分析图 2-20 中的数据，运用所获得的信息判断并完成下面两个反应，选用氯代还是溴代比较合理？为什么？（X=Br 或 Cl）

（1） CH₃CHCH₃ (带CH₃取代) ⟶ CH₃CHCH₂X (带CH₃取代)

（2） 环己基-CH₂CH₃ ⟶ 环己基(接X和乙基)

2. 氯代和溴代反应对氢原子的选择性在温度不高时有效，当温度超过 450℃ 时，反应就失去了选择性，请给出你的解释。

第二节 环烷烃

分子中碳原子间以单键首尾连接成环状的烃称为环烷烃（cycloalkane）。环烷烃的结构、性质与烷烃相似，属于脂环族化合物（alicyclic compound）。

一、环烷烃的分类、命名与异构

（一）环烷烃的分类

根据环烷烃分子中碳环数目不同，分为单环、双环和多环烷烃。单环烷烃通式为 C_nH_{2n}，根据成环碳原子数不同又分为若干类。双环烷烃和多环烷烃根据环间的连接方式不同分为螺环烷烃（spirocyclic alkane）、桥环烷烃（bridged alkane）及集合环烷烃（cycloalkane ring assembly）（表 2-4）。

表 2-4 环烷烃的分类及结构特征

类型		结构特征	实例
单环烷烃	小环	含 3~4 个碳原子	环丙烷
	常见环	含 5~6 个碳原子	环己烷
	中环	含 7~12 个碳原子	
	大环	含 13 个及以上的碳原子	环庚烷
双环烷烃	螺环烷烃	环间共用 1 个碳原子	螺[2.4]庚烷
	桥环烷烃	环间共用 2 个及以上碳原子	二环[4.4.0]癸烷
	集合环烷烃	环之间没有共用碳原子	1,2-二环己基乙烷

（二）环烷烃的命名

1. 单环烷烃 根据环上碳原子数称为环某烷。英文名称则在相应的烷烃名称前加词头"cyclo"。带有简单取代基的环烷烃，命名时以环为母体，并依据与烷烃相同的命名原则将环碳原子编号。取代基复杂的环烷烃，也可将取代基看作母体，碳环视为取代基进行命名。

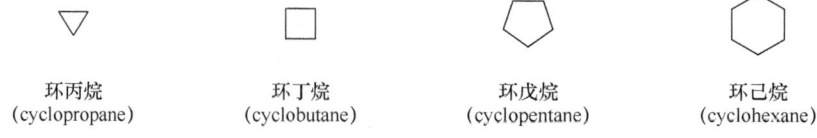

环丙烷 (cyclopropane)　　环丁烷 (cyclobutane)　　环戊烷 (cyclopentane)　　环己烷 (cyclohexane)

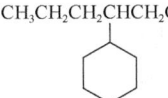

甲基环庚烷　　　　1,3-二乙基环戊烷　　　　1-异丙基-4-甲基环己烷
(methylcycloheptane)　(1,3-diethylcyclopentane)　(1-isopropyl-4-methylcyclohexane)

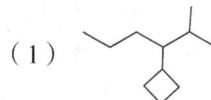

3-环己基己烷　　　　　　1-环己基-3-甲基丁烷
(3-cyclohexylhexane)　　(1-cyclohexyl-3-methylbutane)

练习 2-15

用系统命名法命名下列化合物（包括中英文）。

（1） 　　（2）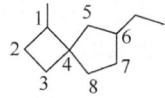

2. 螺环烷烃　环与环之间共用一个碳原子的环烷烃称为螺环烷烃，共用的碳原子称为螺原子。含 1 个螺原子的螺环烷烃称为单螺环烷烃。命名时以"螺"（spiro）字作词头，根据环上碳原子的总数称为螺某烷，在螺与某烷之间用一个方括号，其中用数字标明除螺原子外的每个环上的碳原子数，按照数字由小到大的顺序排列，数字与数字之间用下角圆点隔开。

当螺环烷烃上带有支链时，则从螺原子的邻位碳原子开始，从小环经螺原子再到大环的顺序编号，使环上取代基或基团位次尽可能小。

　　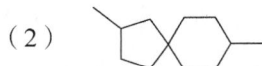

螺[4.5]癸烷　　　　6-乙基-1-甲基螺[3.4]辛烷
(spiro[4.5]decane)　(6-ethyl-1-methylspiro[3.4]octane)

练习 2-16

用系统命名法命名下列化合物（包括中英文）。

（1）　　（2）

3. 桥环烷烃　环与环之间共用两个及以上碳原子的环烷烃称为桥环烷烃。共用碳原子称为"桥头"碳原子（bridgehead carbon），从桥头一端到另一端的碳链称为"桥路"。命名时，以环数作为词头，根据桥环烃中的碳原子总数称为某烷，二者之间加一个方括号，方括号内用数字由多到少标出除桥头碳原子之外各桥路中所含碳原子数，数字间用下角圆点隔开。编号从桥头碳原子开始，沿最长桥路到另一个桥头碳原子，再沿次长桥路回到第一个桥头碳原子，最后编最短桥，并使取代基位次尽可能小。

二环[4.1.0]庚烷　　　　2,7,7-三甲基二环[2.2.1]庚烷
(bicyclo[4.1.0]heptane)　(2,7,7-trimethylbicyclo[2.2.1]heptane)

练习 2-17

用系统命名法命名下列化合物（包括中英文）。

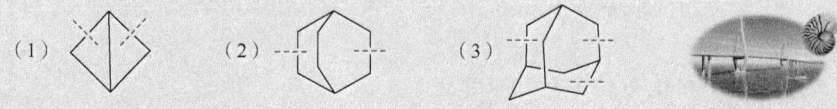

视窗 2-6　　　　　　　　　多环烷烃命名方法

桥环烷烃环数目的确定方法：将桥环通过断键转化为开链化合物，需断裂共价键的最少次数即为环数；下面依次是二环、二环、三环。

（1）　　　　　（2）　　　　　（3）

在螺环烷烃和桥环烷烃命名中可利用"螺小桥大"的直观思维和联想记忆的方法帮助学习这两类有机物的命名。"螺小桥大"中的"螺"和"桥"可分别想象成海螺和跨海大桥，"小"和"大"则分别表示螺环编号从小环开始，而桥环编号从大桥开始；另外，"小"和"大"的第二层含义表示书写时螺环先写小环碳原子数，桥环则先写大桥碳原子数。大跨度联想学习有时能起到事半功倍的效果，同学们在平时学习过程要善于展开跨学科的联想，这将有助于发展创新思维能力。

（三）环烷烃的顺反异构

环烷烃分子中环上碳碳 σ 键受环的束缚，无法像烷烃中那样自由旋转，因此，当环上连有两个或两个以上取代基时，这些取代基在空间上可以有不同的排列方式，形成顺反异构体（*cis-trans isomer*），如 1,4-二甲基环己烷。若将环己烷视为一平面，则二个甲基在环平面同侧时称为顺式，异侧时称为反式，分别在其名称前冠以"顺"（*cis-*）或"反"（*trans-*）字。

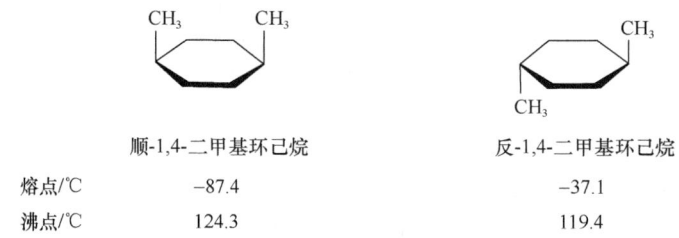

	顺-1,4-二甲基环己烷	反-1,4-二甲基环己烷
熔点/℃	−87.4	−37.1
沸点/℃	124.3	119.4

顺反异构体构造相同，只是原子或基团在空间排列方式不同，像这种因分子中碳碳 σ 键不能自由旋转，分子中的原子或基团在空间形成不同排列产生的同分异构称为顺反异构（*cis-trans isomerism*），彼此互称顺反异构体。顺反异构属于立体异构中的构型异构（configuration isomerism）。

练习 2-18

用中英文分别命名下列化合物（包含构型）。

二、环烷烃的性质

（一）物理性质

环烷烃的物理性质与烷烃相似，均不溶于水。熔沸点随环上碳原子数的增加而逐渐增大，但环烷烃分子因成环后运动受限，分子的对称性增加，分子间接触面增大，因而熔沸点、密度比相同碳原子数的烷烃要高，见表2-5。

表 2-5　一些常见环烷烃的物理常数（1个标准大气压下）

名称	英文名	熔点/℃	沸点/℃	密度/(g/mL)
环丙烷	cyclopropane	-127.6	-32.7	0.72（-79℃）
环丁烷	cyclobutane	-90.7	12.5	0.70（0℃）
环戊烷	cyclopentane	-94.1	49.2	0.75（20℃）
环己烷	cyclohexane	6.5	80.7	0.78（20℃）
环庚烷	cycloheptane	-12.0	118.5	0.81（20℃）
环辛烷	cyclooctane	14.3	151.1	0.83（20℃）

（二）化学性质

环烷烃分子均由 σ 键连接，化学性质与开链烷烃相似：具有一定的稳定性；常温下不与高锰酸钾等氧化剂反应；在高温或光照条件下可发生自由基取代反应。

环烷烃因碳链首尾成环，其结构与开链烷烃存在差异，因而，不同类型环烷烃化学性质有所差异。环丙烷和环丁烷更易于发生类似烯烃的开环加成反应（addition reaction），而环戊烷和环己烷结构更类似于开链烷烃，易于发生取代反应。

1. 环烷烃结构与稳定性　在 1880 年之前，科学家发现了五元和六元环状化合物，却从未发现过比五元环小和比六元环大的化合物，因而，认为这类化合物不存在，或者是极不稳定的物质。1883 年科学家合成出 3C、4C 的小环化合物，并测定了它们与 5C、6C 常见环的相对稳定性。

实验事实证明环的稳定性与环的大小有关，3C、4C 的小环化合物不稳定，5C、6C 的环状化合物较为稳定。为了解释这一现象，弄清各种环状化合物稳定性与结构的关系，德国化学家拜耳（Baeyer，1835—1917）于 1885 年提出了张力学说（strain theory）。该学说假设所有环状化合物都具有平面型结构，烷烃分子中碳原子以 sp^3 杂化轨道形成键角 109°28′ 的结构非常稳定，而环烷烃分子中碳原子需弯曲成环，这导致碳原子的 sp^3 杂化轨道形成的键角与 109°28′ 出现偏差，这种偏差使环烷烃环内部产生角张力（angle strain）。键角偏差越大，角张力越大，分子内能较高，环就越不稳定（图 2-23）。

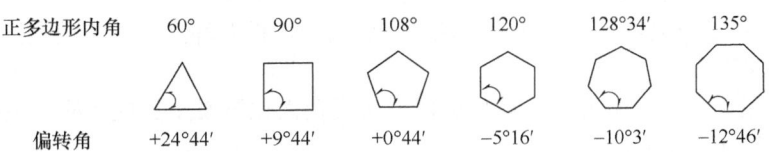

偏转角 =（109°28′-正多边形的内角）/2

图 2-23　环烷烃分子中键角的偏转度

根据 Baeyer 张力学说，可以得出环丙烷最不稳定，其次是环丁烷，环戊烷最稳定，环己烷及其之后的环烷烃稳定性逐渐降低的结论。Baeyer 张力学说很好地解释了 3C、4C 小环不稳定，5C、6C 常见环较为稳定的事实。

练习 2-19

1. 根据 Baeyer 张力学说，将下面环烷烃按照稳定性降低的顺序排列。

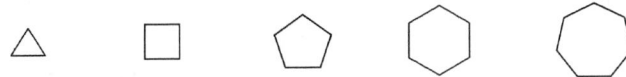

2. 请设计实验，验证你在 1 中的判断。

根据燃烧热 $\Delta H_c^\ominus$ 的大小可以推测有机化合物的相对稳定性。不同环烷烃的化学式不同，不能直接通过燃烧热数值比较它们的相对稳定性，但可以通过计算每个 CH_2 的平均燃烧热进行比较。一些常见环烷烃的燃烧热见表 2-6，数据表明环丙烷、环丁烷每个 CH_2 的平均燃烧热比开链烷烃高，说明它们的分子内能高，不稳定；环己烷每个 CH_2 的平均燃烧热和开链烷烃相同，最稳定；其他环烷烃的稳定性与开链烷烃接近。几种典型环烷烃稳定性顺序如下：

$$\hexagon > \pentagon > \square > \triangle$$

表 2-6　不同环烷烃平均每个 CH_2 单位的燃烧热

	△	□	⬠	⬡	⬢	开链
每个 CH_2 单位的燃烧热/(kJ/mol)	697	686	664	658	662	658

此外，现代物理学研究发现，除三元环及芳香环是平面型结构外，其他环系都不具有真正的平面型结构，这表明 Baeyer 张力学说的理论前提"环都具有平面结构"是错误的。实际上，除了环丙烷之外，其他烷烃均可以通过环内 C—C 键的扭转，采取非平面构象，以减小角张力，增大稳定性。

2. 开环加成反应

（1）加氢：在催化剂作用下，环烷烃可进行催化加氢反应，环烷烃开环生成烷烃，类似烯烃的加成反应，因此又称开环加成。不同环烷烃的开环活性顺序为：环丙烷＞环丁烷＞环戊烷。

$$\triangle + H_2 \xrightarrow[80℃]{Ni} CH_3CH_2CH_3$$

$$\square + H_2 \xrightarrow[200℃]{Ni} CH_3CH_2CH_2CH_3$$

练习 2-20

写出甲基环丙烷催化氢化反应产物。

$$\triangleright + H_2 \xrightarrow[80℃]{Ni}$$

取代环烷烃的催化氢化开环位置主要由产物稳定性决定（若产物为烷烃，则支链越多，烷烃越稳定），例如：甲基环丙烷开环生成异丁烷是主要反应，而开环生成正丁烷是次要反应，因为异丁烷稳定性高于正丁烷。

（2）加卤素及卤化氢：室温下，环丙烷可与卤素及卤化氢发生加成反应，生成卤代烷。环丁烷需要在加热的条件下才能反应。

$$\triangle + Br_2 \xrightarrow{CCl_4} \underset{\underset{Br}{|}}{CH_2}\underset{\underset{Br}{|}}{CH_2}CH_2 \quad \text{1,3-二溴丙烷}$$

$$\triangle + HCl \longrightarrow \underset{\underset{Cl}{|}}{CH_2}\underset{\underset{H}{|}}{CH_2}CH_2 \quad \text{1-氯丙烷}$$

取代环丙烷与氢卤酸作用时，碳环开环的位置在含氢最多与含氢最少的两个环碳原子之间。氢卤酸中的氢原子加在含氢较多的碳原子上，卤原子加在含氢较少的碳原子上（符合烯烃加成的马氏规则，详见第三章烯烃）。

$$\bowtie + HBr \longrightarrow CH_3\underset{\underset{Cl}{|}}{\overset{\overset{CH_3}{|}}{C}}\underset{\underset{H}{|}}{CH_2} \quad \text{（主要产物）}$$

环戊烷和环己烷很难与卤素、卤化氢发生开环加成反应。

3. 取代反应 环戊烷和环己烷结构与开链烷烃更为相似，易发生取代反应。例如，环己烷与液溴在高温或光照条件下能发生溴代反应，生成溴代环己烷及溴化氢。与开链烷烃的卤代反应一样，环烷烃的卤代也属于自由基取代反应。

练习 2-21

1. 写出下面反应的主产物。

（1） [环己烷甲基] + Br₂ $\xrightarrow{h\nu}$ （2） [螺环] + HBr ⟶

2. 某未知化合物 C_7H_{14} 的性质实验表明，其能发生催化加氢反应；室温下不能使高锰酸钾水溶液褪色，但能与溴化氢反应生成 2-溴-2,3-二甲基戊烷。推测该化合物的结构。

3. 参照烷烃卤代自由基反应机制，试着写出环己烷光照溴代反应生成溴代环己烷的反应机制。

三、环烷烃的构象

环烷烃的稳定性除了与环内部角张力大小有关，还与环烷烃的构象有关。虽然环烷烃分子中碳碳单键的旋转因环的存在而受阻，但若两个以上碳碳单键协同转动，则也会产生若干不同构象，且伴有键角的变化。通过对环烷烃构象的分析，能够更好地帮助我们理解不同环烷烃稳定性差异的本质，尤其是环戊烷和环己烷构象分析的成果对甾体、萜类等天然有机化合物和生物有机化合物的研究具有一定的促进作用。

（一）环丙烷、环丁烷和环戊烷的构象

根据现代价键理论的观点，饱和碳原子均以 sp^3 杂化轨道参与成键，且原子轨道沿最大重叠方向重叠形成的共价键最稳定。

1. 环丙烷的构象 环丙烷分子中 3 个碳原子处在同一平面，C—C—C 键角为 60°，角张力大。分子中两个碳原子的 sp^3 杂化轨道无法沿键轴方向进行最大程度重叠，只能在成键碳原子连线之外发生部分重叠，形成弯曲键或称香蕉键（图 2-24）。该键比烷烃中的 σ 键弱，容易受外界电场作用发生断键，因而环丙烷化学性质不稳定。影响环丙烷不稳定的第二个因素是环丙烷分子中碳碳单键不能扭转，只能以重叠式构象存在（图 2-25），因而分子内存在扭转张力。

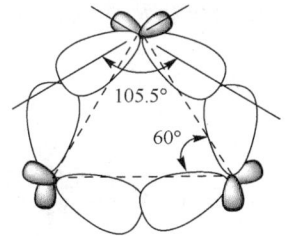
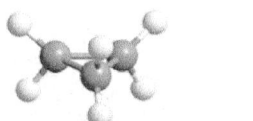

图 2-24 环丙烷分子弯曲键示意图　　图 2-25 环丙烷分子的重叠式构象

练习 2-22

1,2-二甲基环丙烷有顺反两种异构体，哪种稳定性更高？请给出你的解释。

2. 环丁烷和环戊烷的构象 环丁烷的结构与环丙烷类似，原子轨道也是偏离键轴方向在侧面重叠，但弯曲程度小于环丙烷，原子轨道重叠程度有所增大，键的稳定性增强。环上一个碳原子微微翘离其他三个碳原子所在平面（约与平面成 25° 角），形似一只飞舞的蝴蝶，故称蝶式构象

（butterfly conformation）。蝶式构象的角张力和扭转张力相对于环丙烷均有所减小，是优势构象。室温下，两个蝶式构象可快速翻转互变（图2-26）。

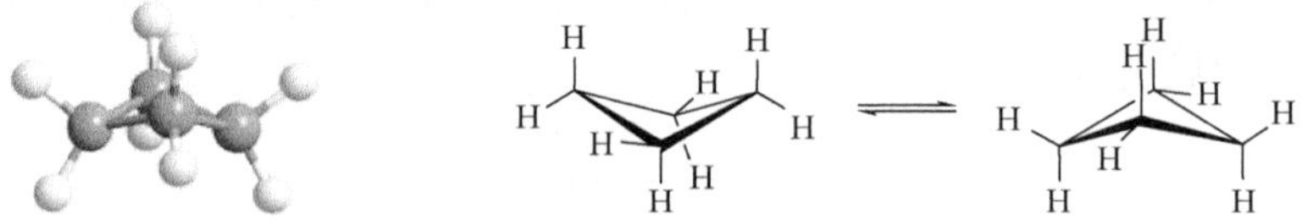

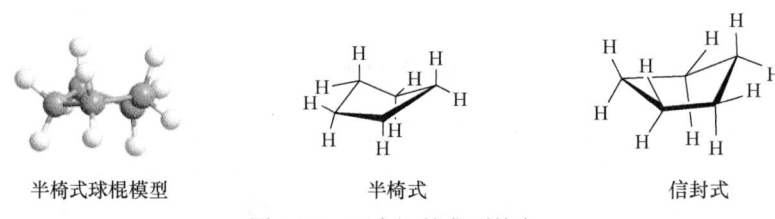

图2-26　环丁烷的优势构象

环戊烷存在两种典型构象，一种是四个碳原子位于同一平面，一个碳原子沿平面向上或向下翻转形成的信封式构象（envelope conformation）；另一种是三个碳原子位于同一平面，其余两个碳原子分别位于平面上、下方的半椅式构象（half-chair conformation）（图2-27）。在这两种典型构象中碳碳单键的键角比环丙烷和环丁烷构象中碳碳单键的键角更接近109°28′，环内角张力较小，环也更稳定。在信封式构象中，离开平面的碳原子上的碳氢键与相连碳原子上的碳氢键接近交叉式构象，扭转张力降低较多，内能相对半椅式构象稍低，是环戊烷的优势构象。

半椅式球棍模型　　半椅式　　信封式

图2-27　环戊烷的典型构象

练习 2-23

环戊烷典型构象除了半椅式和信封式，还有一种五个碳原子在同一平面的平面式构象，请从角张力和扭转张力的角度分析其稳定性。

（二）环己烷的构象

1. 环己烷的典型构象　六元环结构在自然界中最为常见，这类环能够以稳定的椅式构象（chair conformation）存在。在椅式构象中环内碳碳单键键角视为109°28′，无角张力。C2、C3、C5、C6在同一平面上，C1、C4分别处于该平面的上、下方 [图2-28（a）]。沿C2—C3及C5—C6键轴方向观察环己烷椅式构象的纽曼投影式 [图2-28（b）]，所有相连碳上的碳氢键均处于邻位交叉式，没有扭转张力；C1和C3、C2和C3上的任意两个氢原子距离均大于氢原子范德瓦耳斯半径之和（240pm），故也没有范德瓦耳斯斥力。基于以上分析，椅式构象是环己烷的优势构象。

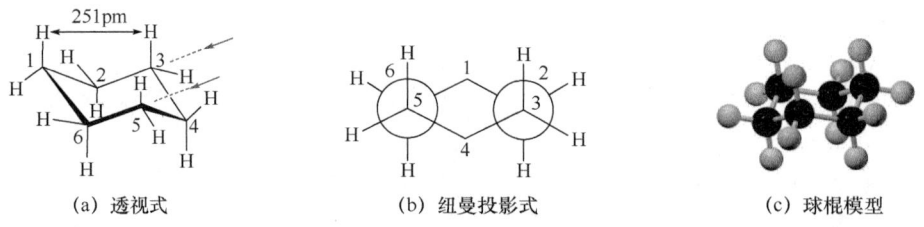

(a) 透视式　　(b) 纽曼投影式　　(c) 球棍模型

图2-28　环己烷的椅式构象

环己烷另一种典型构象是船式构象（boat conformation）。船式构象中C2、C3、C5、C6在同一平面上 [图2-29（a）]，两端C1、C4向上方翘起。沿C2—C3及C5—C6键轴方向观察船式构象的纽曼投影式 [图2-29（b）]，C2、C3及C5、C6上的C—H键均为重叠式构象，因而船式构象虽无角张力，但有扭转张力。此外，相距最近的C1和C4上的两个氢原子距离183pm，远小于两个氢原子的范德瓦耳斯半径，存在范德瓦耳斯斥力，所以船式构象不如椅式构象稳定，其势能比椅式构象高约 28.9kJ/mol（图 2-30）。

(a) 透视式　　(b) 纽曼投影式　　(c) 球棍模型

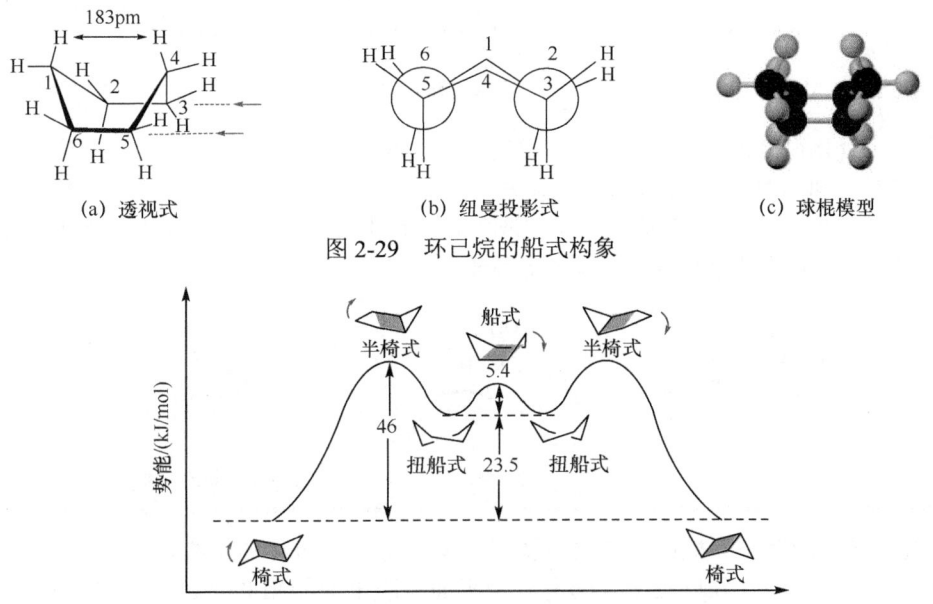

图 2-29　环己烷的船式构象

图 2-30　环己烷分子中各种构象的势能关系图

椅式、船式是环己烷的两个典型构象，实际上随碳碳单键的转动，环己烷存在若干个构象异构体。图 2-30 是环己烷几种典型构象的势能关系图。一种椅式转换为另一种椅式，只需要室温即可跨越 46kJ/mol 的能垒。其中经过一个五个碳原子共面的半椅式构象（half chair conformation），具有较大的扭转张力，是势能最高的构象；然后经过一个所有邻位碳氢键介于交叉式和重叠式的扭船式构象（twist boat conformation），扭转张力相对于船式有所下降。扭船式中 C1、C4 上的氢原子距离加大，范德瓦耳斯张力降低，势能比船式小。

船式　　扭船式

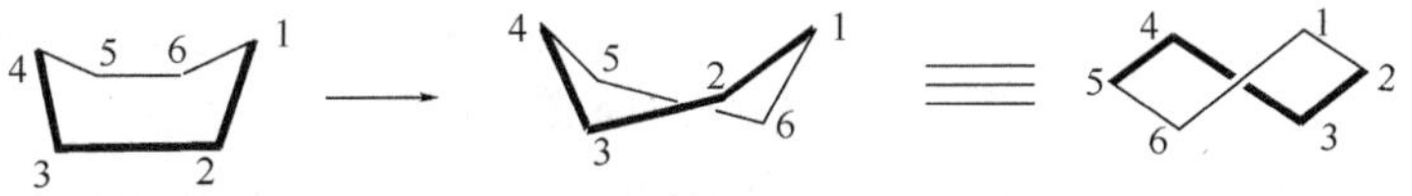

室温下，环己烷各种构象间可以越过能垒互相转换。环己烷的椅式构象最稳定，室温时约 99.9% 环己烷分子以椅式构象存在。

案例 2-5

环戊烷、环己烷的衍生物是生命体内广泛存在的活性物质，如遗传物质 RNA、DNA 中的核糖和脱氧核糖，决定人体血型的半乳糖，生命的重要能量物质葡萄糖等，这些物质在生命体内以特定构象存在，只有这个特定构象才能与适合它们的受体相匹配，从而激活受体，产生生物效应。为了书写的方便，一般用正五边形或正六边形分别表示五元环和六元环，环上的原子或原子团写在环的上下方（具体书写规则可参见糖类化合物章节内容）。

核糖　　脱氧核糖

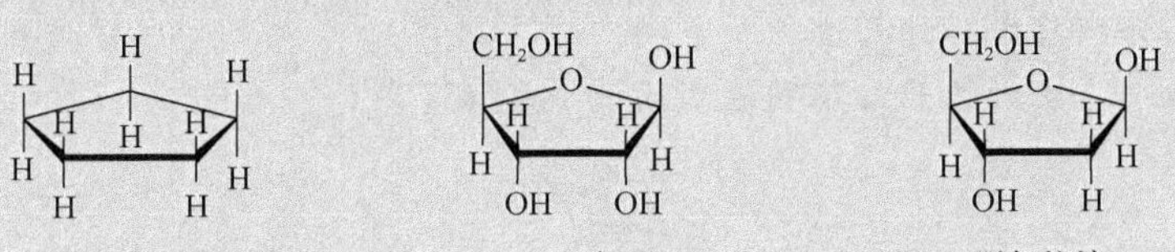

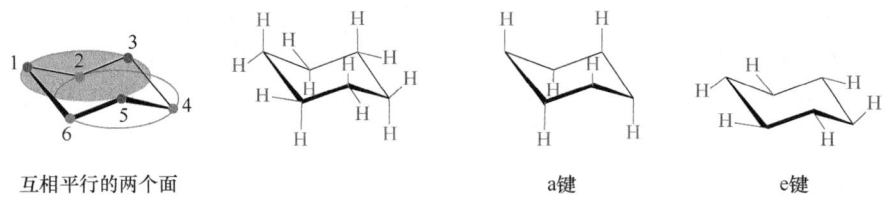

问题 生命体内葡萄糖和半乳糖均以稳定的优势构象存在，请写出两者的优势构象。

案例分析 葡萄糖和半乳糖都具有含氧六元环，类似于环己烷，其优势构象是椅式。因此，先写出两者的六元椅式骨架，然后依据平面形式中的各个原子和基团的上下关系依次书写，再对照环己烷椅式构象中碳原子上的氢原子位置进行位置调整。

葡萄糖椅式构象　　　　半乳糖椅式构象

2. 椅式构象中的竖键和横键 环己烷椅式构象具有非常对称的结构，其中 C1、C3 及 C5 形成一个平面，C2、C4 及 C6 形成平行的另一个平面，两平面相距 0.05nm。12 根 C—H 键分为两组：一组 6 根 C—H 键垂直于环平面，称为直立键（axial bond）或 a 键；另外一组 6 根 C—H 键与环平面成一定角度向上、向下伸出环外，称为平伏键（equatorial bond）或 e 键。环上的每个碳原子都连有一根 a 键和一根 e 键（图 2-31）。

互相平行的两个面　　　　a键　　　　e键

图 2-31　环己烷的 a 键和 e 键

环己烷的椅式构象还可通过环内 C—C 单键的协同转动，从一种椅式构象转变为另一种椅式构象，称为椅式构象的翻环作用（ring inversion）。这种作用常温下可迅速进行，形成动态平衡体系。翻环后，原构象中向上的 a 键转变为向上的 e 键，向下的 e 键转变为向下的 a 键。

视窗 2-7　　　　环己烷椅式构象画法

如何快速准确地画出环己烷椅式构象是学好构象知识的重要技能，你可以与同伴分享自己的独特方法。下面介绍其中一种画法。

第 1 步：先画一个由两边长短不同的线段构成的 45° 角；

大约45°

第 2 步：沿两边端点画两条等长的平行线；

第 3 步：再沿两边端点分别画与对边等长的平行线；

第 4 步：观察六元环中的六个角，角度向上和向下处分别画三根向上的竖键和三根向下的竖键；

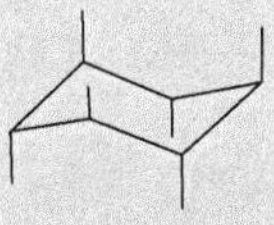

第 5 步：沿环己烷中心画一对称轴，以对称轴为参照，轴左边的横键均向左偏，轴右边的横键向右偏，横键只允许画在六边形的外围，同时要注意每个碳原子上的两根键应一横一竖，一上一下，最后添加氢原子。

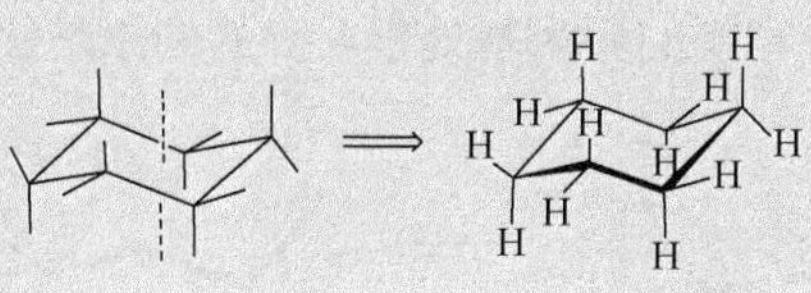

四、取代环己烷的构象

（一）一取代环己烷的构象

一取代环己烷存在取代基占据 e 键和 a 键两种椅式构象，两种构象异构体通过翻环运动实现互相转变并形成平衡混合体，优势构象在平衡混合体中占比更高。

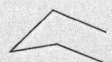

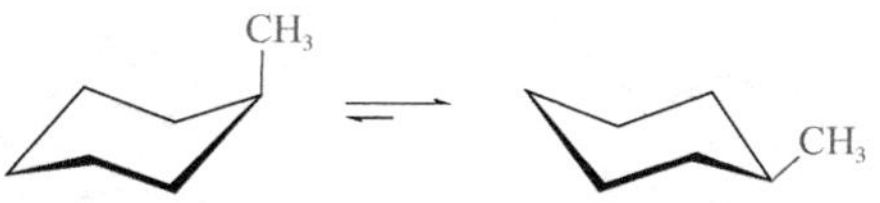

一取代环己烷的两种椅式构象异构体如图 2-32 所示。烷基处于 a 键时，体积较大的烷基与 C3、C5 上的氢原子相互间斥力较大，这种空间拥挤引起的斥力，称为 1,3-二直立键的相互作用。烷基在 e 键时，烷基伸向环外，与邻近氢原子的距离较大，相互斥力小，因而稳定性强。

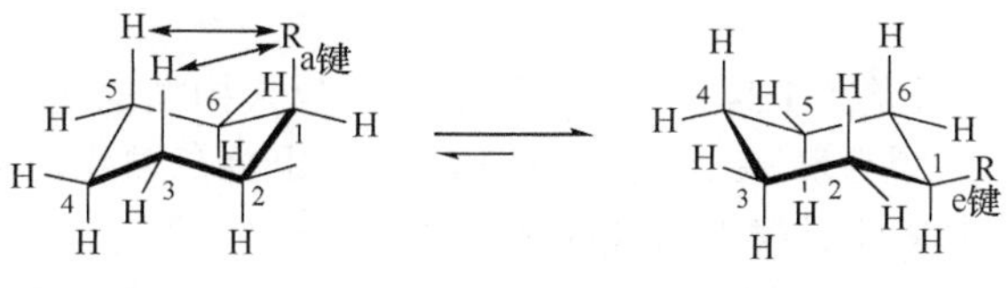

图 2-32　1,3-二直键的相互作用

此外，从纽曼投影式看，烷基位于 a 键时与 C5 呈邻位交叉式构象；烷基位于 e 键时与 C5 呈对位交叉式构象（如图 2-33 所示）。由丁烷构象稳定性规律可知对位交叉式构象稳定性高于邻位交叉式构象。因此，从 1,3-二直键的相互作用和扭转张力来看，烷基位于 e 键的一取代环己烷势能较低，是优势构象。

通过对取代环己烷优势构象的分析，可总结出以下一般规律：①椅式构象为环己烷的优势构象；②环己烷上取代基在 e 键最多的构象是优势构象；③环上有不同取代基时，较大取代基处于 e 键的构象是优势构象。

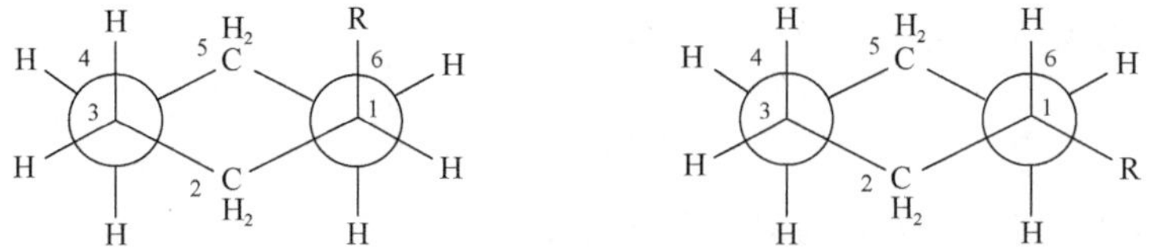

烷基位于a键　　　　烷基位于e键

图 2-33　一取代环己烷的椅式构象

练习 2-24

1. 根据构象稳定性分析，画出甲基环己烷、异丙基环己烷、叔丁基环己烷的优势构象。
2. 写出 1,2-二甲基环己烷的椅式构象，并预测其优势构象。

（二）二取代环己烷的构象

二取代环己烷优势构象的判断，首先应看取代基的相对位置，然后看具体构型是顺式还是反式，再依次加以分析。

1. 1,1-二取代环己烷　两个取代基在同一碳原子上时，较大的取代基处在 e 键的构象是优势构象，例如，1-异丙基-1-甲基环己烷的异丙基处于 e 键的构象是优势构象。

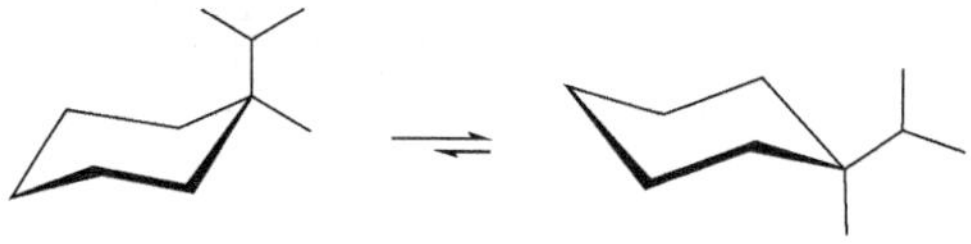

2. 1,2-二取代环己烷　因为存在顺反异构体，所以要先写出顺式和反式的构象异构体，再分析两个取代基在各自构象中的键型组合。例如 1,2-二甲基环己烷，反式构型中两个甲基分别是 aa 组合和 ee 组合，而顺式构型中两个甲基均为 ae 组合。最稳定的 ee 组合在反式构型中，因而反式构型比顺式构型稳定，反式 ee 组合构象是 1,2-二甲基环己烷的优势构象。

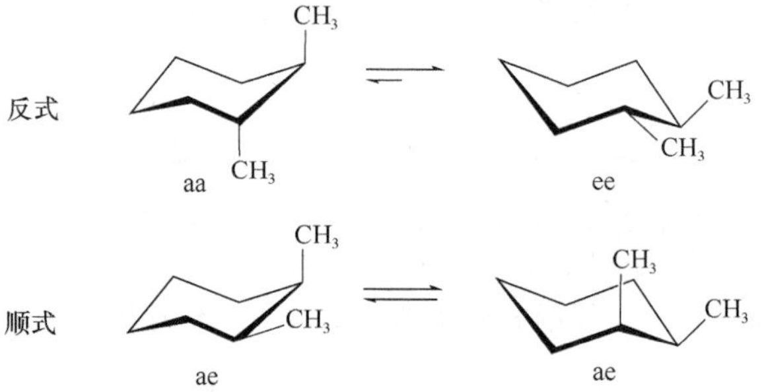

3. 1,3-二取代环己烷　同样在 1,3-二甲基环己烷中，反式构型的两个甲基均为 ae 组合，而顺式构型中两个甲基分别为 aa 组合和 ee 组合。最稳定的 ee 组合在顺式构型中，所以顺式比反式稳定，顺式 ee 组合是 1,3-二甲基环己烷的优势构象。

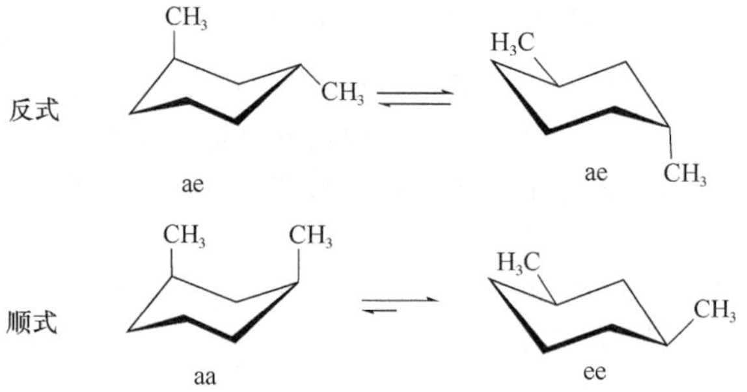

4. 1,4-二取代环己烷 在 1,4-二甲基环己烷中，ee 组合在反式构型中，因此反式比顺式稳定，反式 ee 组合是 1,4-二甲基环己烷的优势构象。

上述关于取代环己烷优势构象的讨论仅从取代基的空间效应和范德瓦耳斯作用力角度进行分析，得出的一般结论是 ee 组合为优势构象，但如果取代基为极性基团，还需要考虑氢键、偶极-偶极作用力等因素的影响。例如，顺-1,3-环己二醇的两个羟基均处于 a 键时，能形成分子内氢键，能量降低，顺-1,3-环己二醇的 aa 组合是优势构象。

练习 2-25

1. 燃烧热数据表明，1-甲基-2-叔丁基环己烷的反式异构体比顺式异构体稳定。给出你的解释。
2. 请写出下面两个三取代环己烷的优势构象。

（三）十氢萘的构象

十氢萘由两个环己烷稠合而成，根据稠合方式的不同，分为顺式和反式两个立体异构体。可用如下平面结构式表示，桥头氢可省略，或用圆点表示氢伸向环的上方，无圆点则表示氢伸向环的下方。

十氢萘分子中的两个环己烷均以稳定的椅式构象稠合，将一个环看作是另一个环的两个取代基，当这两个取代基都位于 e 键时（两个 e 键方向相反），为反式稠合，得到反十氢萘；若一个取代基位于 a 键，另一个处于 e 键时，为顺式稠合，得到顺十氢萘。也可以根据桥头碳上的两个氢原子位置判断顺反异构体，氢原子指向相反为反式，指向相同为顺式。以 ee 键稠合的反式构象稳定性高于以 ae 键稠合的顺式构象。

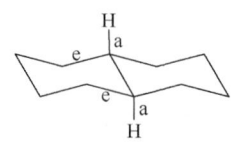
反式十氢萘ee稠合

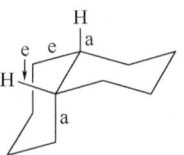
顺式十氢萘ae稠合

顺十氢萘的构象可以像环己烷一样发生翻环运动，翻环不会导致环断裂。反十氢萘的构象若像顺十氢萘那样翻环，则翻环后两个椅式环己烷需以 aa 键骈合，这在空间上不可能存在，因此反十氢萘不能翻环。

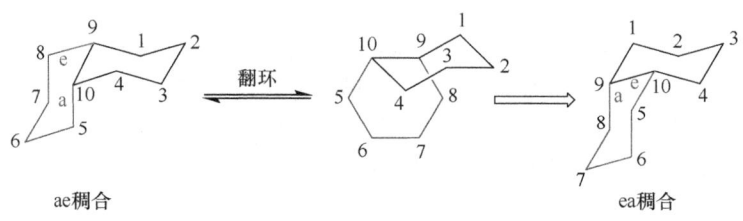

习　　题

1. 选择题。

（1）烷烃分子中碳原子杂化轨道类型是（　　）

A. sp   B. sp^2 C. sp^3 D. d^2sp^3

（2）烷烃分子中碳原子与之相连的四个原子在空间的几何形状是（　　）

A. 四面体   B. 平面四边形   C. 直线形   D. 八面体

（3）异戊烷和新戊烷互为同分异构体的原因是（　　）

A. 具有相似的化学性质   B. 具有相同的物理性质

C. 具有相同的结构   D. 化学式相同但碳链的排列方式不同

（4）下列化合物中既含有季碳原子又含有叔碳原子的是（　　）

A. $CH_3CH(CH_3)_2$ B. $CH_3(CH_2)_2CH_3$ C. $C(CH_3)_4$ D. $(CH_3)_3CCH(CH_3)_2$

（5）下列化合物按沸点降低的顺序排列的是（　　）

①丁烷　　②己烷　　③3-甲基戊烷　　④2-甲基丁烷　　⑤2,3-二甲基丁烷　　⑥环己烷

A. ②＞⑥＞③＞⑤＞④＞①   B. ⑥＞②＞③＞⑤＞④＞①

C. ③＞⑤＞⑥＞①＞②＞④   D. ②＞⑤＞③＞④＞①＞⑥

（6）光照条件下，烷烃卤代反应机制中存在的反应中间体是（　　）

A. 碳正离子   B. 自由基   C. 碳负离子   D. 无中间体

（7）下列烷烃的一氯取代产物中，没有同分异构体的是（　　）

A. 2-甲基丙烷   B. 2-甲基丁烷   C. 丁烷   D. 2,2-二甲基丙烷

（8）下列环烷烃分子中存在顺反异构体的是（　　）

A. △   B. ⬡   C. ⬠   D. ⬠

（9）甲基环丙烷与 5% $KMnO_4$ 水溶液或 Br_2/CCl_4 反应，现象是（　　）

A. $KMnO_4$ 和 Br_2 都褪色   B. $KMnO_4$ 褪色，Br_2 不褪色

C. $KMnO_4$ 和 Br_2 都不褪色   D. $KMnO_4$ 不褪色，Br_2 褪色

（10）反-1-异丙基-3-甲基环己烷的优势构象是（　　）

A. 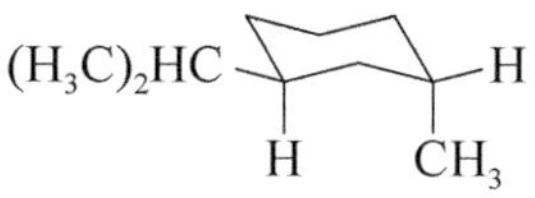 (H₃C)₂HC—[环己烷椅式] —H, H, CH₃

B. 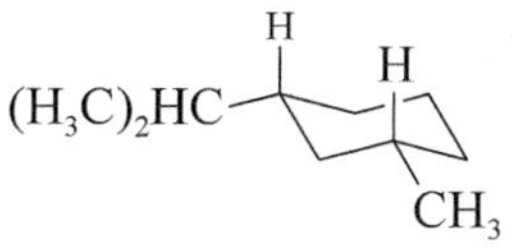 (H₃C)₂HC—[环己烷椅式] —H, H, CH₃

C. 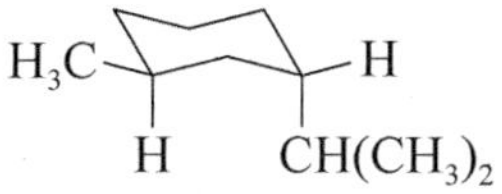 H₃C—[环己烷椅式] —H, H, CH(CH₃)₂

D. 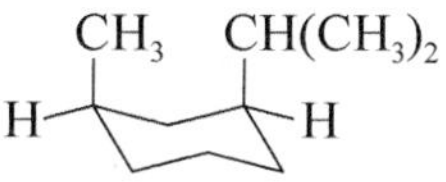 CH₃, CH(CH₃)₂—[环己烷椅式] —H, H

（11）对于烷基取代环己烷构象的叙述，错误的是（　　）
A. 取代环己烷中，取代基处于 e 键的椅式构象总是优势构象
B. 取代环己烷中，大取代基处于 e 键的椅式构象为优势构象
C. 取代基不同，大取代基处于 e 键的椅式构象最不稳定
D. 取代基相同，e 键最多的椅式构象最稳定

（12）关于化学反应的过渡态理论的叙述，错误的是（　　）
A. 过渡态是一种人为假想态，不能分离得到
B. 过渡态的能量与反应物能量之差称为活化能
C. 多步反应中，活化能最小的步骤是决速步骤
D. 反应中间体是反应过程中真实存在的活泼物质

2. 写出下列化合物的构造式，如名称违反系统命名原则，请予以更正。
（1）2,2,3,3-四甲基戊烷　　　　　　（2）3,3-二甲基丁烷
（3）2,3-二甲基-2-乙基丁烷　　　　（4）2,4,5,5-四甲基-4-乙基庚烷
（5）4-乙基-5,5-二甲基辛烷　　　　（6）二环 [3.2.1] 辛烷
（7）异己烷　　　　　　　　　　　（8）6-(3-甲基丁基) 十一烷
（9）7-环丙基螺 [4.5] 癸烷　　　　（10）顺-1-甲基-3-乙基环己烷

3. 写出下列化合物的系统名称。

(1) 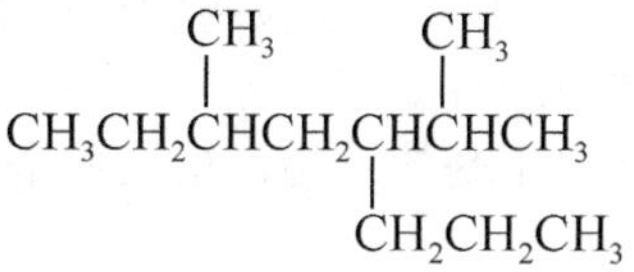 CH₃CH₂CHCH₂CHCH₃ 带 CH₃, CH₃, CH₂CH₃ 支链

(2) CH₃CH₂CH₂CHCHCH₃ 带 CH₃, H₃C-CH, CH₃, CH₂CH₃ 支链

(3) CH₃CH₂CH₂CHCH₂CH₂CH₃ 带 CH₃CHCH₂CH₃ 支链

(4) [带叔丁基、乙基、丙基的支链结构]

(5) CH₃CHCH₂CHCH₃ 与环丁基和 CH₃ 相连

(6) 环戊基-环丙基

(7) 环戊烷带 C₂H₅, H 与 H, C₂H₅

(8) 双环[2.2.1]庚烷带乙基

(9) 环戊烷带 CH₃ 和 CH₂CH₃（顺反）

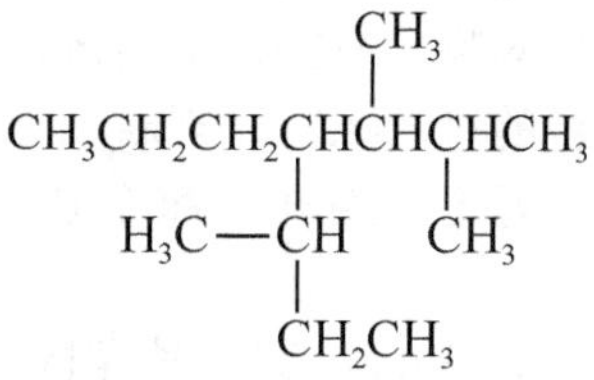

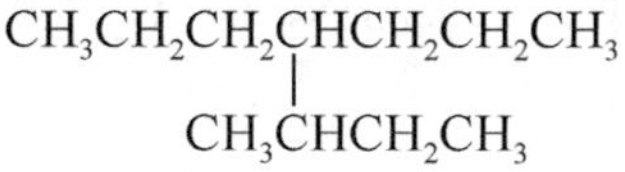

(10) 螺环带 CH₃ 和 C₂H₅

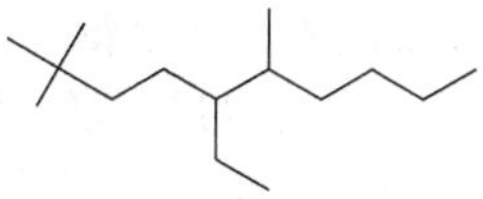

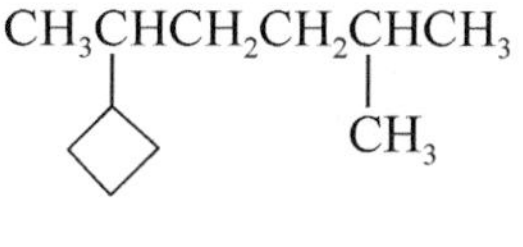

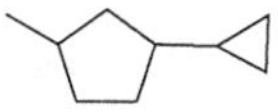

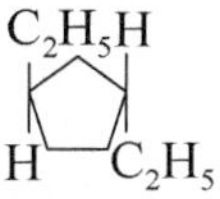

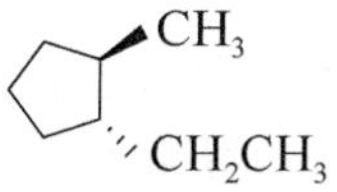

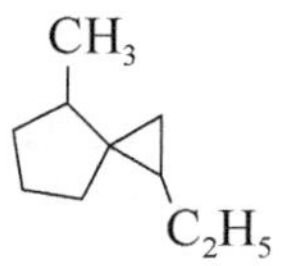

4. 写出下列反应的主要产物。

(1) + Br₂ ⟶

(2) + H₂ $\xrightarrow[\triangle]{Ni}$

(3) CH₃ $\xrightarrow{\dfrac{Cl_2}{FeCl_3}}$

(4) + Br₂ $\xrightarrow{hv}$

(5) + H₂ $\xrightarrow[\triangle]{Ni}$

(6) + HBr ⟶

5. 写出下列化合物的结构式及优势构象。
   (1) 异丙基环己烷
   (2) 1-溴环己烷
   (3) 顺-1-乙基-2-氯环己烷
   (4) 环己基环己烷

6. 写出环己烷在光照的条件下与氯气反应生成氯代环己烷的反应机制，标出链的引发及链增长步骤。

7. 用简单的化学方法区分下列各组物质。
   (1) 环丙烷与丙烷
   (2) 1,2-二甲基环丙烷与环戊烷

8. 下图是某反应的反应势能图，仔细观察该曲线，回答以下问题。

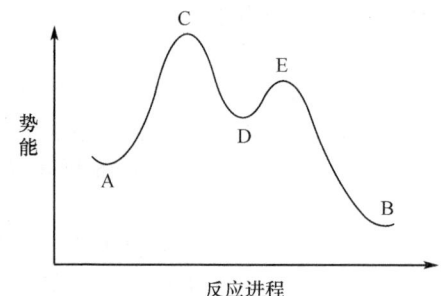

（1）总反应是吸热还是放热？该反应是几步反应？
（2）标出图中反应物、产物、中间体及过渡态所对应的位置，标注各步反应的活化能。
（3）指出决速步的过渡态，并判断 A 到 D、D 到 B 反应的可逆性如何？

9. 写出断裂甲基环己烷分子中每个 C—H 键所形成的烷基自由基的结构，指出哪个最稳定？哪个最不稳定？

10. 化学式为 C_5H_{12} 的烃，其三种异构体在 300℃时分别进行氯代反应。A 得到三种不同的一氯化物，B 只得到一种一氯化物，C 可得到四种不同的一氯化物，试推测 A、B、C 的构造。

11. 下面是一个取代环己烷的纽曼投影式，按要求回答问题。
（1）画出对应的椅式构象并命名；
（2）用楔线式写出其最稳定的构象。

12. 写出异戊烷与液溴光照反应的一卤代产物，并写出各自的决速步骤，判断反应的主要方向和主产物。

13. 在甲烷氯代反应的链增长步骤中，如下图所示，若将甲基自由基中的两个氢原子分别换成甲基和乙基，则一氯代产物有几种？（提示：氯气可以从甲基自由基的两边等概率地进攻）

14. 早在 19 世纪后半叶，科学家普遍认为自由基要么不存在，要么即便存在也因太过于活泼，而无法分离得到。1900 年，密歇根大学的摩西·冈伯格合成得到了稳定的三苯甲基自由基，请写出其化学式，并尝试解释稳定的原因。（提示：需自学烯烃章节中关于共轭效应的内容）

（上海健康医学院　刘德智）

第三章 烯 烃

学习目标

掌握 烯烃的结构和命名，同分异构现象，亲电加成反应（与卤素、卤化氢、次卤酸、硫酸、水、硼烷等的加成反应），氧化反应，催化氢化反应。

熟悉 烯烃亲电加成反应机制，自由基加成反应，α-氢的自由基取代反应，烯烃的制备方法。

了解 烯烃的物理性质，聚合反应。

烯烃（alkene）是分子中含碳碳双键的碳氢化合物，又称不饱和烃（unsaturated hydrocarbon），碳碳双键是烯烃的官能团。根据分子中双键的数目，烯烃可分为单烯烃、二烯烃和多烯烃。根据碳链骨架，烯烃可分为不饱和链烯烃和不饱和环烯烃。许多化学合成原料和天然产物是烯烃，如重要的化工原料乙烯、异丁烯（isobutylene）、α-蒎烯（α-pinene，松节油的主要成分之一）和金合欢烯（farnesene，存在于苹果皮蜡状物中）等。其中乙烯是产量最大的化工产品之一，其产量和相关产品已作为衡量一个国家石油化工生产水平的重要标志之一。

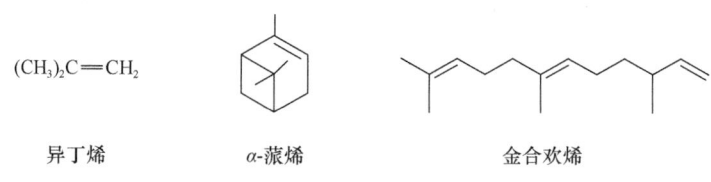

异丁烯　　　α-蒎烯　　　金合欢烯

第一节　结构与命名

一、结　构

链状单烯烃比相应的烷烃少两个氢原子，其通式为 C_nH_{2n}。乙烯（ethylene）为最简单的烯烃。乙烯碳碳双键的键长为134pm，比碳碳单键的键长（154pm）短，双键碳上直接相连的所有原子都处于同一平面。按照杂化轨道理论，碳碳双键碳原子都为 sp^2 杂化，三个杂化轨道的对称轴处于同一平面，呈三角形分布。乙烯的两个碳原子各以一个 sp^2 杂化轨道"头碰头"重叠形成 C—C σ 键，其余四个 sp^2 杂化轨道分别与四个氢原子的 s 轨道形成四个 C—H σ 键，剩余两个未杂化的 p 轨道"肩并肩"地重叠形成 π 键，乙烯的五个 σ 键在同一平面上，π 键与该平面垂直，π 电子云对称分布在该平面的上下方（图 3-1）。

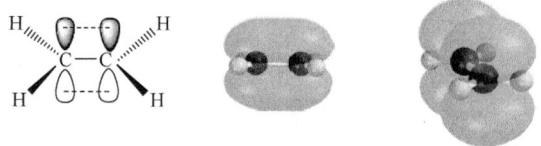

图 3-1　乙烯的结构与 π 键的电子云分布示意图

与 σ 键相比，π 键存在以下特点：① π 键不能单独存在，只能与 σ 键共存；② π 键的成键原子不能沿 C—C 键的键轴自由旋转，这是由于 π 键的刚性所致，即烯烃存在顺反异构体；③ π 键电子云受原子核的约束力比较小，π 键键能（251.7kJ/mol）比 σ 键键能（361kJ/mol）小，因此 π 键易于极化，反应活性高；④ sp^2 杂化轨道与 sp^3 杂化轨道相比，s 成分增加，轨道离核较近，成键时形成的碳碳键键长较短。

乙烯的碳氢键与相邻σ键的键角分别为121.4°和117.2°，与理论值（120°）不完全相等（图3-2），这是由于烯烃分子中sp^2杂化碳原子的碳碳键和碳氢键的不等同性所致。

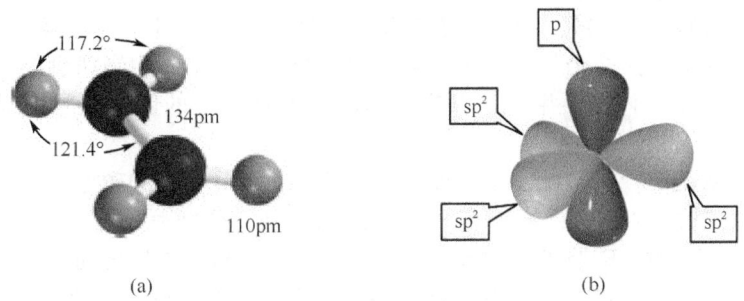

图3-2 （a）乙烯的C—H键的键长与键角；（b）sp^2杂化轨道

二、烯烃的同分异构现象

烯烃的同分异构现象主要包括：碳链异构、官能团位置异构和顺反异构。化学式为C_4H_8的烯烃存在以下同分异构体。

丁-1-烯　　　　　顺-丁-2-烯　　　　　反-丁-2-烯　　　　　2-甲基丙烯

碳链异构是由于碳原子排列顺序不同而引起的异构现象，如2-甲基丙烯和丁-1-烯。在相同碳骨架上由于官能团位置不同而产生的异构现象（如丁-1-烯和丁-2-烯）为官能团位置异构。由于π键的形成，碳碳双键不能自由旋转，而是呈现一定的刚性，这使得与双键碳原子相连的原子或基团被固定在双键的某一侧。如果以碳碳双键为参照物，这四个取代原子或基团在空间就可能出现两种不同的排布方式（如丁-2-烯存在顺-丁-2-烯、反-丁-2-烯两个异构体），这种异构现象称为顺反异构（*cis-trans* isomerism）或几何异构（geometrical isomerism）。顺反异构属于立体异构，顺反异构体具有不同的物理性质和化学性质，室温下两者可以稳定存在。

产生顺反异构必须具备两个条件：①分子中存在着限制化学键自由旋转的因素（如烯烃碳碳双键、脂环结构等）；②每个不能自由旋转的化学键上均连接不同的原子或基团（如以下结构中的a、b、d、e互不相同）。下列烯烃都具有顺反异构体：

因此，3,6-二甲基辛-1-烯和2,4,4-三甲基戊-2-烯无顺反异构体现象，而2-氯戊-2-烯存在顺反异构现象。

3,6-二甲基辛-1-烯　　　　　2,4,4-三甲基戊-2-烯　　　　　2-氯戊-2-烯

三、命　名

（一）普通命名法

简单烯烃的命名与烷烃类似，例如：

$H_2C=CH_2$　　　　　　$CH_3CH=CH_2$

乙烯　　　　　　　　　丙烯

(二) IUPAC 命名法

烯烃系统命名法遵循以下基本原则。

(1) 选择最长的碳链为主链，如果主链包含形成双键的 2 个碳原子，命名步骤如下：

①主链包含形成双键的 2 个碳原子时，侧链视为取代基，根据主链所含的碳原子数称为"某烯"，碳原子数在 10 个以内时，用天干顺序表示，10 个碳以上的用中文数表示，并称为"某碳烯"，如 $C_{11}H_{22}$ 称为十一碳烯。

②从靠近碳碳双键的一端开始给主链编号，用双键中编号较小的碳原子的序号表示双键在主链中的位置，若双键居于主碳链中央，编号时应使取代基的位次最低。

③双键的位次写在表示碳原子数的天干或中文小写数字与"烯"之间，前后均用半字线"-"隔开，按英文名称首字母顺序将取代基位次、数目及名称写在母体名称之前，并用半字线隔开。例如：

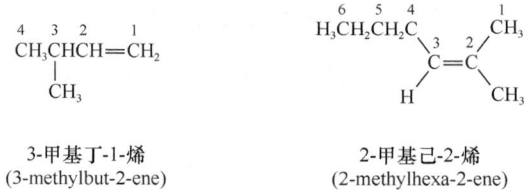

3-甲基丁-1-烯 2-甲基己-2-烯
(3-methylbut-2-ene) (2-methylhexa-2-ene)

(2) 如果主链未同时包含形成双键的 2 个碳原子，则将该化合物命名为"甲亚基或烯基取代的烷烃"，其系统命名方法同烷烃。烯烃去掉一个氢后，剩下的基团称为某烯基，例如：

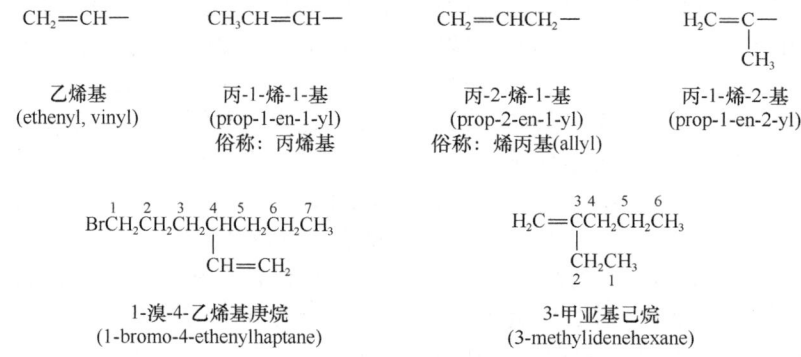

乙烯基　　　　丙-1-烯-1-基　　　　丙-2-烯-1-基　　　　丙-1-烯-2-基
(ethenyl, vinyl)　(prop-1-en-1-yl)　　(prop-2-en-1-yl)　　(prop-1-en-2-yl)
　　　　　　　俗称：丙烯基　　　俗称：烯丙基(allyl)

1-溴-4-乙烯基庚烷　　　　　　　3-甲亚基己烷
(1-bromo-4-ethenylhaptane)　　(3-methylidenehexane)

(3) 当出现选择最长主链的碳原子数目相同时，应选包含双键 2 个碳原子在内的最长的碳链为主链。

3-乙基戊-1-烯　　　　　　　　7-氯-4-丙基庚-3-烯
(3-ethylpent-1-ene)　　　　(7-chlorooo-4-propylhapt-3-ene)

(4) 存在顺反异构时，应在系统命名的名称前，用顺/反注明烯烃的构型。如果两个双键碳原子上无相同取代基，则应采用 Z/E 命名法表示烯烃的构型。

Z/E 命名法的规则是：按顺序规则 (sequence rule)，分别给双键碳上的取代基排序，两个较大的基团在双键同侧的烯烃称为 Z 型，在双键异侧的烯烃称为 E 型。常见官能团的优先次序如下：—H < —D < —CH$_3$ < —CH(CH$_3$)$_2$ < —CH=CH$_2$ < —C≡CH < —C$_6$H$_5$ < —CN < —CHO < —COCH$_3$ < —COOH < —COOCH$_3$ < —NH$_2$ < —NHCOCH$_3$ < —N=O < —NO$_2$ < —OH < —OCH$_2$CH$_3$ < —OCOCH$_3$ < —SH < —SO$_3$H < —Cl < —Br < —I。下例中字体加粗的取代基是排序较优先的取代基。顺/反与 Z/E 命名烯烃构型时并无对应关系，即顺式和反式不一定分别对应 Z 型和 E 型。

(Z)或反-1-溴-1,2-二氯乙烯　　　　(Z)或顺-2,2,5-三甲基己-3-烯　　　　(E)-3-乙基-5-甲基庚-2-烯

第二节　物理性质

烯烃与烷烃的物理性质相似，室温时含有 2～4 个碳原子的烯烃为气体，含有 5～15 个碳原子的烯烃为液体，高级烯烃为固体（表 3-1）。

表 3-1　一些常见烯烃的物理常数（1 个标准大气压下）

名称	英文名	熔点/℃	沸点/℃	密度/(g/mL)
乙烯	ethylene	−169.4	−102.4	0.57（−103℃）
丙烯	propylene	−185.0	−47.7	0.62（−60℃）
丁-1-烯	but-1-ene	−185.3	−6.5	0.70（−74℃）
戊-1-烯	pent-1-ene	−165.2	31	0.64（20℃）
顺-丁-2-烯	*cis*-but-2-ene	−139.0	3.5	0.64（−42℃）
反-丁-2-烯	*trans*-but-2-ene	−105.6	0.9	0.64（−42℃）
异丁烯	2-methylpropene	−140.7	−6.6	0.67（−49℃）
顺-戊-2-烯	*cis*-pent-2-ene	−151.4	37	0.66（20℃）
反-戊-2-烯	*trans*-pent-2-ene	−140.2	36	0.65（20℃）
2-甲基丁-1-烯	2-methylbut-1-ene	−137.6	30.1	0.65（20℃）
2,3-二甲基丁-2-烯	2,3-dimethylbut-2-ene	−74.5	73	0.71（20℃）

案例 3-1

丁-2-烯顺反异构体的主要物理性质如下：顺-丁-2-烯沸点 3.5 ℃，熔点 −139.0 ℃，$\mu=0.33D$；反-丁-2-烯沸点 0.9 ℃，熔点 −105.6 ℃，$\mu=0$。

问题　为什么顺式异构体的沸点较高而熔点却较低？讨论丁-2-烯两个异构体的极性和极性方向。

案例分析　沸点取决于分子间作用力，顺式异构体存在极性，分子间作用力较大，故沸点较高；而熔点主要取决于分子的对称性，反式异构体分子的对称性高，在晶格中排列紧密，因此其熔点大于顺式异构体。

大多数烯烃的极性非常小，通过对单个键极性的研究可判断整个分子偶极的方向。乙烯是非极性分子，当乙烯中的氢原子被甲基或氯原子取代后的化合物的偶极矩如下。当甲基与双键碳相连时，形成有偶极的共价键，其负极指向双键碳原子，正极位于甲基一边。顺-丁-2-烯为有偶极矩的分子，因为键的偶极不能抵消；而对称的反-丁-2-烯分子偶极抵消，分子偶极矩等于零。

乙烯($\mu=0$)　　氯乙烯($\mu=1.4D$)　　丙烯($\mu=0.3D$)　　1-氯丙烯($\mu=1.7D$)

顺-丁-2-烯($\mu=0.33D$)　　反-丁-2-烯($\mu=0$)

第三节 化学性质

> **案例 3-2**
>
> 烯烃可以发生下列化学反应：
>
> $$(CH_3)_2C=CHCH_3 + H_2 \xrightarrow{Pt} (CH_3)_2CHCH_2CH_3$$
>
> $$\underset{H}{\overset{CH_3CH_2}{>}}C=C\underset{H}{\overset{CH_2CH_3}{<}} + HBr \xrightarrow[CHCl_3]{-30℃} CH_3CH_2CH_2\underset{Br}{CH}CH_2CH_3$$
>
> $$\text{环己烯} \xrightarrow[(2)\ H_2O, \Delta]{(1)\ H_2SO_4} \text{环己醇}$$
>
> $$CH_3(CH_2)_5CH=CH_2 \xrightarrow[(2)\ (CH_3)_2S]{(1)\ O_3, CH_3OH} CH_3(CH_2)_5\overset{O}{\overset{\|}{C}}H + H\overset{O}{\overset{\|}{C}}H$$
>
> **问题** 观察以上反应的共同之处，并讨论。
>
> **案例分析** 以上四个反应都均发生在碳碳双键处，碳碳双键是烯烃的官能团，是这类化合物的反应中心。烯烃的典型反应包括加成、聚合、氧化等。
>
> 碳碳双键的 π 电子云分布于平面的上下两侧，受核的束缚力较小，流动性大，容易受到试剂的进攻而被极化断裂，随后与试剂形成两个更强的 σ 键或双键彻底断裂，形成氧化产物。

一、亲电加成

烯烃中的 π 键受亲电试剂的进攻而引发的加成反应，称为亲电加成（electrophilic addition）反应，缺电子的试剂称为亲电试剂（electrophile）。常见的亲电试剂有卤素（Cl_2、Br_2）、无机酸（H_2SO_4、HX、HOX）及有机酸等。

（一）与卤素加成

烯烃与卤素加成，生成邻二卤代物，该反应可用以下通式表示。

$$>C=C< + X_2 \longrightarrow -\underset{X}{\overset{|}{C}}-\underset{X}{\overset{|}{C}}- \quad X=Cl\ 或\ Br$$

烯烃与卤素的加成一般是指烯烃与溴或氯的加成。加成反应在室温下很快完成，常用溶剂包括乙酸、四氯化碳、氯仿、二氯甲烷等。烯烃与氟的加成反应非常剧烈，难控制，同时伴随氢原子被取代产物的生成；而烯烃与碘的加成反应产物邻二碘化物很容易失去碘分子，重新还原成烯烃。

> **案例 3-3**
>
> 将乙烯通入干燥的 5% 溴的四氯化碳溶液，放置几小时甚至几天，红棕色无明显变化；若在体系中加入几滴水，Br_2 溶液的红棕色很快变浅直至褪去。该反应不需要光照，室温下即可进行。该法可用于烯烃的定性和定量分析。
>
> **问题** 说明什么反应导致溶液的颜色变化？解释少量水对反应速率的影响。反应不需要光照或高温，提示反应可能按什么方式进行？为什么不用溴的水溶液进行该加成反应？
>
> **案例分析** 溴的四氯化碳溶液呈红棕色，而邻二溴代物是无色的，反应过程中颜色的变化，说明乙烯与溴发生了加成反应，溶液中的溴在反应中被消耗。少量的水可加速反应，说明极性环境对反应有积极影响。反应不需要加热或光照（引发自由基反应的条件），说明烯烃与

溴的加成反应可能是离子型反应。当直接用溴的水溶液进行反应时，可能发生副反应：

$$CH_2=CH_2 + Br_2 \xrightarrow{H_2O} BrCH_2CH_2Br + BrCH_2CH_2OH$$

将乙烯与 Br_2 在其他介质中反应，得到以下反应结果：

$$CH_2=CH_2 + Br_2 \xrightarrow{H_2O/Cl^-} BrCH_2CH_2Br + BrCH_2CH_2OH + BrCH_2CH_2Cl$$

$$CH_2=CH_2 + Br_2 \xrightarrow{CH_3OH} BrCH_2CH_2Br + BrCH_2CH_2OCH_3$$

实验事实证明，乙烯与溴的反应是分步进行的，反应过程中的正、负离子是分步加成到双键碳原子上的。上述反应中均有 $BrCH_2CH_2Br$ 生成，而其他取代基则是以负离子的形式连接到双键上。所以，反应的第一步是 Br^+ 与双键的加成，第二步是体系中的各种负离子的加成。这样的结果不仅进一步证实了卤素与碳碳双键的加成反应是离子型加成反应，而且水的参与说明正、负溴离子与双键碳的结合不是同步进行的。

因此，最初认为烯烃与溴的加成过程为：

$$\diagdown C=C\diagup + Br^+ \longrightarrow \diagdown \overset{+}{C}-\underset{|}{C}-Br \xrightarrow{Br^-} Br-\underset{|}{C}-\underset{|}{C}-Br$$

由于体系中极性物质的影响，溴分子的非极性共价键被极化，使得一个溴原子带微量正电荷，而另一个带微量负电荷，即 $\overset{\delta+}{Br}-\overset{\delta-}{Br}$。带微量正电荷的溴原子比较活泼，它具有亲电性（electrophilicity）。当极化的溴分子接近烯烃时，溴分子的 δ^+ 端进攻烯键，接受一对 π 电子逐步形成 $C\cdots Br$ 键，同时 $Br\cdots Br$ 键逐步异裂，产生碳正离子和溴负离子，随后，两者再结合，形成新的 $C-Br$ 键。如果体系中存在其他负离子，碳正离子也可与其结合，形成新的 σ 键。由于反应过程中出现了碳正离子，该反应机制也称碳正离子机制（carbocation mechanism）。碳正离子中缺电子的碳原子是 sp^2 杂化，为平面构型。三个 sp^2 杂化轨道和其他三个原子形成 σ 键，有一空 p 轨道垂直于 σ 键骨架平面。如果反应中出现碳正离子中间体，则溴负离子将从平面的上下两个方向进攻碳正离子（图3-3），将得到顺式和反式两种加成产物。

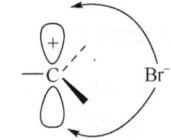

图3-3 溴负离子进攻碳正离子

然而，环戊烯与溴加成的产物为反-1,2-二溴环戊烷。

$$\text{环戊烯} + Br_2 \xrightarrow{CHCl_3} \text{反-1,2-二溴环戊烷(80\%)}$$

由此推测溴负离子从溴正离子进攻方向相反的一侧进攻双键（即发生反式加成）。该反应的立体化学特征，可以用环正离子机制解释：反应的第一步卤素正离子与一个双键碳结合，然后它的孤对电子所占轨道与碳正离子轨道重叠形成环正离子即溴鎓离子（cyclic bromonium ion）。

$$\overset{X:}{\underset{\diagdown}{C}}-\overset{+}{\underset{\diagup}{C}} \Longrightarrow \overset{X^+}{\underset{\diagdown C - C \diagup}{}}$$

溴鎓离子

尽管三元环的张力很大，但环正离子仍比普通的碳正离子更稳定，主要原因是环正离子中卤素和碳原子外层都是八个电子，而在普通碳正离子中，碳原子的外层只有六个电子。环正离子碳原子的一面完全被卤素正离子遮挡，卤素负离子只能从它的反面进攻，从而得到反式加成产物：

$$\text{>C=C<} \xrightarrow{Br_2} \left[\begin{array}{c}Br^+\\ \diagup\ \diagdown\\ \text{>C——C<}\\ \uparrow\\ Br^-\end{array}\right] \longrightarrow \text{>C(Br)—C(Br)<}$$

因为卤素对烯烃的加成反应为亲电反应，烷基的给电子效应使双键的电子云密度增加，同时也使得碳正离子中间体更加稳定，对反应有利，而空间效应对反应速率影响不大。双键碳原子上的烷基数目增加，反应速率加快。与双键相连的苯环可通过共轭效应，起到给电子作用，而且生成的苄基型碳正离子中间体由于有 p-π 共轭效应分散正电荷，稳定性提高，因此苯乙烯的加成速率比乙烯快。而当双键与溴原子相连时，溴的吸电子诱导效应使反应速率大大降低。溴与一些烯烃加成时的相对反应速率（数值见括号标注）为：溴乙烯（＜0.04）、乙烯（1）、丙烯（2）、苯乙烯（3.4）、2-甲基丙烯（10.4）、2,3-二甲基-丁-2-烯（14）。

三元环正离子具有弯曲键且氯原子比溴原子体积小，这使氯原子的孤对电子与碳正离子的 p 轨道重叠形成三元环状氯鎓离子的可能性小。因此，氯与烯烃的加成主要按照碳正离子中间体的机制进行。

烯烃与 Cl_2 的亲电加成反应分两步进行，第一步是 Cl_2 分子发生极化，一端带部分正电荷，另一端带部分负电荷，带部分正电荷的一端进攻 C=C 的 π 电子云，并接受一对 π 电子形成 C—Cl 键，同时 Cl—Cl 键断裂，产生碳正离子和氯负离子；第二步，氯负离子和碳正离子很快结合，生成邻二氯代烷，其反应式如下：

$$CH_2=CH_2 + Cl-Cl \xrightarrow{\text{慢}} \underset{\text{碳正离子}}{\overset{+}{C}H_2CH_2\text{—}Cl} \xrightarrow{Cl^-} \underset{Cl\ \ Cl}{CH_2CH_2}$$

（二）与酸加成

无机酸或强有机酸易与烯烃发生亲电加成反应，弱有机酸或水、醇等则需在酸催化下才能与烯烃发生加成反应。

1. 与卤化氢的加成　在戊烷、二氯甲烷、氯仿等溶剂中，烯烃容易与卤化氢发生加成反应，生成卤代烷。虽然卤化氢本身是极性试剂，但它们和烯烃的加成反应与卤素和烯烃的加成反应类似，也是分步进行的亲电加成反应。卤化氢与烯烃发生加成反应时，卤化氢分子中带正电的质子加到被极化了的双键碳上，形成一个碳正离子中间体，然后卤素负离子与之结合，生成卤代烃。与卤素加成不同，由于氢原子体积很小，卤化氢与烯烃的加成一般得不到稳定的三元环正离子中间体。质子对双键碳的进攻是决定反应速率的步骤，所以卤化氢的酸性对反应速率的影响很大，它们的反应活性顺序为 HI＞HBr＞HCl＞HF。

$$\text{>C=C<} \xrightarrow{H^+} \left[\overset{+}{\text{>C—C(H)<}}\right] \xrightarrow{X^-} \text{—C(X)—C(H)—}$$

卤化氢是非对称的试剂，当它与非对称的烯烃加成时，其加成方向有一定的选择性。

$$CH_3CH_2CH=CH_2 + HBr \xrightarrow{CH_3COOH} CH_3CH_2CH(Br)CH_3 \ (80\%)$$

$$H_3C-\underset{CH_3}{\overset{}{C}}=CH_2 + HBr \xrightarrow{CH_3COOH} H_3C-\underset{CH_3}{\overset{CH_3}{C}}-Br \ (90\%)$$

$$\text{cyclopentenyl-CH}_3 + HCl \xrightarrow{0\,^\circ C} \text{1-chloro-1-methylcyclopentane} \ (100\%)$$

大量实验事实证明，非对称的烯烃与卤化氢加成往往以一种产物为主，这种反应称为区域选择性反应（regioselective reaction）。1870 年，俄国化学家马尔科夫尼科夫（Markovnikov）就注意到这一现象，并总结出一条经验规律：当非对称的烯烃和卤化氢发生亲电加成反应时，氢原子主要加在含氢原子较多的双键碳原子上，卤素则加在含氢原子较少的双键碳原子上。这个经验规律称为马尔科夫尼科夫规则（Markovnikov's rule），简称"马氏规则"。

马氏规则可以从反应机制并结合电子效应给予解释。一个带电体系的稳定性取决于其所带电荷的分布情况，电荷越分散，体系越稳定。由于烷基具有给电子诱导效应与超共轭效应，可以分散碳正离子的正电荷，所以碳正离子的中心碳原子上所连接的烷基越多，碳正离子越稳定。下列碳正离子的稳定性顺序为

$$(CH_3)_3C^+ > (CH_3)_2CH^+ > CH_3CH_2^+ > CH_3^+$$

丙烯与卤化氢（HX）发生加成时可能生成两种碳正离子中间体：

$$CH_3CH=CH_2 \xrightarrow{H^+} CH_3\overset{+}{C}HCH_3 + CH_3CH_2\overset{+}{C}H_2$$

这一步是决定整个反应速率的步骤，在这一步中生成的碳正离子越稳定，反应所需的活化能越低，速率越快，故反应总是倾向于生成稳定的碳正离子中间体。由于乙基的给电子能力与甲基相似，所以丙烯所形成的两个碳正离子中连有两个甲基的碳正离子的稳定性大于只连有一个乙基的碳正离子的稳定性。因此，反应的主要产物是 2-卤代丙烷。

涉及碳正离子中间体的反应会出现重排产物，例如：3-甲基丁-1-烯与氯化氢反应，主要产物是 2-氯-2-甲基丁烷，而不是预期的 2-氯-3-甲基丁烷。该反应的第一步，氢加在含氢较多的双键碳原子上，形成了一个仲碳正离子中间体，如果氯负离子与该仲碳正离子结合则生成 2-氯-3-甲基丁烷，而如果与带正电荷的碳原子相邻碳原子上的氢带着一对电子（H⁻）迁移到该正电荷碳原子上，形成更稳定的叔碳正离子，氯负离子与它结合则产生了重排产物 2-氯-2-甲基丁烷。

$$CH_2=CHCH(CH_3)_2 \xrightarrow[0℃]{HCl} CH_3-\overset{+}{C}H-\overset{H}{\underset{}{C}}(CH_3)_2 \xrightarrow{Cl^-} CH_3CH\overset{Cl}{\underset{}{C}}H(CH_3)_2$$

3-甲基丁-1-烯   2-氯-3-甲基丁烷（40%）

$$\downarrow 重排$$

$$CH_3-CH_2-\overset{+}{C}(CH_3)_2 \xrightarrow{Cl^-} CH_3CH_2\underset{Cl}{\overset{}{C}}(CH_3)_2$$

2-氯-2-甲基丁烷（60%）

双键碳原子上的取代基会对加成方向和反应速率产生影响。上述反应结果虽然不能用马氏规则预期，但是可用电子效应解释，因为负氢离子的迁移可产生更稳定的碳正离子。当双键碳原子上连接有吸电子基时，加成反应的方向是反马氏规则的。

$$F_3C-CH=CH_2 \xrightarrow{HCl} F_3C-CH_2-CH_2Cl$$
主要产物

因为—CF_3 为强吸电子基团，仲碳正离子（$F_3C-CH^+-CH_3$）中它直接与碳正离子相连，稳定性较低；而伯碳正离子（$F_3C-CH_2-{}^+CH_2$）中，—CF_3 离带正电荷的碳原子远，较稳定。在 3,3,3-三氟丙烯与 HCl 的反应中，H^+ 主要加在碳碳双键中含氢较少的碳原子上。

当卤素直接与双键碳相连时，加成方向取决于碳正离子的稳定性，氯原子同时具有吸电子诱导效应和给电子共轭效应，当碳正离子直接与卤素原子相连时，卤素原子的孤对电子所在轨道与碳正离子的 p 轨道共轭，使正电荷分散而体系稳定，故共轭效应决定了加成反应的方向。与此同时，氯原子的吸电子诱导效应使碳碳双键的电子云密度降低，所以氯乙烯的亲电加成反应速率比

乙烯慢，但符合马氏规则。

$$ClCH=CH_2 + H^+ \longrightarrow \begin{array}{c} \ddot{Cl}-CH-CH_3 \xrightarrow{Cl^-} Cl_2CHCH_3 \quad 主要产物 \\ \ddot{Cl}-CH_2-\overset{+}{CH_2} \xrightarrow{Cl^-} ClCH_2CH_2Cl \end{array}$$

有给电子取代基的烯烃比乙烯更活泼，例如，烷基的给电子效应既可增大双键碳上的电子云密度，使反应更易于进行，同时又提高了碳正离子中间体的稳定性，因此当双键碳原子上的氢被烷基取代时，发生亲电加成反应的活性次序为

$$R_2C=CR_2 > R_2C=CHR > RCH=CHR \approx R_2C=CH_2 > RCH=CH_2 > CH_2=CH_2$$

总之，C=C 双键的亲电加成反应总是向着生成更稳定的碳正离子方向进行，反应速率也取决于中间体碳正离子的稳定性。某些碳正离子可通过重排变成更稳定的碳正离子。

视窗 3-1　　马尔科夫尼科夫（V. V. Markovnikov，1838—1904，俄国化学家）

马尔科夫尼科夫

马尔科夫尼科夫生于苏联时命名的高尔基城附近的农村，曾就读于高尔基城的亚历山罗夫贵族学校。1856 年进入喀山大学法学系读书，同时旁听布特列罗夫的有机化学课程，并在布特列罗夫的实验室实习。大学毕业后，他留校做化学实验室的助手，并讲授无机化学和分析化学课程。1865 年，他完成了题目为"论有机化合物的同分异构现象"的硕士论文。之后他先后在拜耳实验室和柯尔贝实验室从事科学研究两年。回国后，在喀山大学任副教授。1869 年获博士学位，博士论文题目为"化合物中原子相互影响的一些材料"。1871～1873 年任诺沃罗历斯克大学教授。1873 年后一直在莫斯科大学任教授。他发展了布特列罗夫的结构理论，其中最重要的成就是以他的名字命名的马氏规则。

2. 与次卤酸加成　氯或溴的单质在稀水溶液中或在碱性稀水溶液中可与烯烃发生加成反应，得到邻氯（溴）醇，反应结果相当于在双键上加了一分子次卤酸：

$$\begin{array}{c}>C=C< \end{array} + X_2 + H_2O \longrightarrow HO-\overset{|}{\underset{|}{C}}-\overset{|}{\underset{|}{C}}-X + HX$$

烯烃在卤素单质的水溶液中可以发生次卤酸加成反应。次卤酸与卤化氢类似是非对称的试剂，当它与非对称的烯烃反应时，反应具有区域选择性和立体选择性。

$$H_2C=CH_2 + Br_2 \xrightarrow{H_2O} HOCH_2CH_2Br \quad (70\%)$$

$$\text{环戊烯} + Cl_2 \xrightarrow{H_2O} \text{反式-2-氯环戊醇} \quad (52\%\sim56\%)$$

$$(CH_3)_2C=CH_2 + Br_2 \xrightarrow{H_2O} (CH_3)_2\underset{OH}{\overset{|}{C}}-CH_2Br \quad (77\%)$$

大量实验证明，反应过程是烯烃首先与卤素正离子形成环卤鎓离子，然后 H_2O 或 OH^- 再与环卤鎓离子反应，得到反式加成产物。

$$\overset{}{\underset{}{}}C=C\overset{}{\underset{}{}} \xrightarrow{X_2} \overset{+}{\underset{H_2\ddot{O}}{\overset{X}{\triangle}}} \longrightarrow \underset{H_2\overset{+}{O}}{\overset{X}{\underset{|}{-C}-\overset{|}{C}-}} \xrightarrow{-H^+} \underset{OH}{\overset{X}{\underset{|}{-C}-\overset{|}{C}-}}$$

卤素与烯烃在水溶液中反应，溶剂水是进攻环卤鎓离子的主要试剂，生成卤代醇和少量邻二卤代烷的混合物。

$$CH_2=CH_2 + Cl_2 + H_2O \longrightarrow \underset{\text{主要产物}}{ClCH_2CH_2OH} + ClCH_2CH_2Cl$$

如果该反应在醇溶液中进行，含有未共用电子对的醇氧原子可进攻环卤鎓离子而生成邻烷氧基卤代烷。

$$CH_3CH=CH_2 + Br_2 \xrightarrow{CH_3OH} CH_3\underset{OCH_3}{\overset{}{C}}H-\underset{Br}{\overset{}{C}}H_2$$

不对称烯烃与次卤酸加成时，按照马氏规则进行，即卤素正离子加在含氢原子较多的双键碳原子上，羟基或其他原子及基团加在含氢原子较少的双键碳原子上。

3. 与硫酸加成 烯烃在 0℃ 可与浓硫酸加成，形成硫酸氢酯，该反应是可逆的，加热有利于逆反应。该反应的第一步是烯烃与质子加成，生成碳正离子，然后碳正离子与硫酸氢根结合，生成硫酸氢酯，在水溶液中加热，硫酸氢酯水解得到醇，这个反应过程被称为烯烃的间接水合，是制备醇的一种方法。

$$CH_2=CH_2 \xrightarrow{H^+} CH_3\overset{+}{C}H_2 \xrightarrow{\bar{O}SO_2OH} CH_3CH_2OSO_2OH \xrightarrow{H_2O} CH_3CH_2OH$$

不对称烯烃与硫酸的反应，与其和 HX 的加成反应相似，遵循马氏规则，即质子加在含氢原子较多的双键碳原子上，或者说加成方向取决于碳正离子中间体的稳定性。由于伯醇在此反应条件下易脱水生成烯，所以除乙烯外，该反应一般不用于制备伯醇。

$$CH_3CH=CH_2 \xrightarrow{H_2SO_4} CH_3\underset{OSO_2OH}{\overset{}{C}}HCH_3 \xrightarrow[\Delta]{H_2O} CH_3\underset{OH}{\overset{}{C}}HCH_3$$

在高温、高压及存在催化剂（硫酸或磷酸）等条件下，烯烃可以直接加水变成醇。这个反应称为烯烃的直接水合（direct hydration）。双键上连有烷基时，反应更容易进行。

$$CH_2=CH_2 + H_2O \xrightarrow[300℃,7MPa]{H_3PO_4} CH_3CH_2OH$$

$$CH_3CH=CH_2 + H_2O \xrightarrow[200℃,2MPa]{H_3PO_4} CH_3\underset{OH}{\overset{}{C}}HCH_3$$

烯烃的水合反应往往得到顺式与反式加成的混合物。反应中常有重排产物，所以该反应只适用于由简单烯烃制备不发生重排的醇。

（三）硼氢化-氧化反应

烯烃与硼烷在醚溶液中反应生成烷基硼烷，烷基硼烷在碱性溶液中与过氧化氢反应生成醇。该类反应被称为硼氢化-氧化反应（hydroboration-oxidation）。这个反应是 20 世纪 50 年代普渡大学的 Herbert C. Brown 教授等发现的，是将烯烃转化为醇的重要方法之一。

$$RCH=CH_2 \xrightarrow{B_2H_6} \underset{\text{一烷基硼烷}}{RCH_2CH_2BH_2} \xrightarrow{RCH=CH_2} \underset{\text{二烷基硼烷}}{(RCH_2CH_2)_2BH} \xrightarrow{RCH=CH_2} \underset{\text{三烷基硼烷}}{(RCH_2CH_2)_3B}$$

$$(RCH_2CH_2)_3B \xrightarrow{H_2O_2/OH^-} 3RCH_2CH_2OH$$

该反应的常用试剂硼烷（B_2H_6）可以由 BF_3 和 $NaBH_4$ 制备。硼烷为无色、有毒气体，易自燃，通常以硼烷-醚配合物的形式溶解在四氢呋喃或乙醚中，硼烷-醚配合物与烯烃反应时迅速解离，与烯烃的反应可定量完成。

$$3NaBH_4 + 4BF_3 \longrightarrow 2B_2H_6 + 3NaBF_4$$

三烷基硼烷用过氧化氢的氢氧化钠水溶液处理，则三烷基硼被氧化，再经水解得到相应的反马氏规则的醇。对于位阻较大的烯烃，硼加到位阻较小的碳原子上。

$$(RCH_2CH_2)_3B \xrightarrow[H_2O]{H_2O_2/NaOH} 3RCH_2CH_2OH + H_3BO_3$$

> **案例 3-4**
>
> 通过硼氢化-氧化反应，可由烯烃制备醇。
>
> $$CH_3(CH_2)_7CH=CH_2 \xrightarrow[(2) H_2O_2, OH^-]{(1) B_2H_6, 二甘醇二甲醚} CH_3(CH_2)_7CH_2CH_2OH$$
>
> $$(CH_3)_2C=CHCH_3 \xrightarrow[(2) H_2O_2, OH^-]{(1) B_2H_6, THF} (CH_3)_2CHCHCH_3 \underset{OH}{|} \quad (98\%)$$
>
> (环戊烯反应) (86%)
>
> **问题** 用硼氢化-氧化反应制备的醇与烯烃水合反应得到的醇在结构上有什么不同？如何解释反应的立体化学特征？
>
> **案例分析** 观察案例中三个反应会发现，通过硼氢化-氧化反应制备的醇，羟基生成在双键中含氢原子较多的碳原子上，也就是说加成取向是反马氏规则的。这是因为硼烷的硼原子外层只有6个电子，且其电负性（2.0）比氢原子的（2.1）小，亲电性强，在反应中首先加到含氢原子较多的双键碳原子上，而氢原子加到含氢较少的双键碳原子上。
>
> 反应经过四中心环状过渡态，由于没有形成开放的碳正离子中间体，该反应为立体专一性的顺式亲电加成。
>
> (反应机理图: 烯烃 + BH_3/THF → 四中心过渡态 → 产物)
>
> 四中心过渡态

二、自由基加成

1933年，莫里斯·卡拉施（Morris S. Kharasch）等人在对溴化氢与烯烃的加成方向进行系统的研究时发现，当反应体系中有过氧化物存在时，将会生成反马氏规则产物。Kharasch 将这种现象称为过氧化物效应（peroxide effect）。

$$CH_2=CHCH_2CH_3 + HBr \xrightarrow{无过氧化物} CH_3\underset{Br}{\underset{|}{C}H}CH_2CH_3$$
2-溴丁烷(90%)

$$CH_2=CHCH_2CH_3 + HBr \xrightarrow{过氧化物} BrCH_2CH_2CH_2CH_3$$
1-溴丁烷(95%)

Kharasch 提出，溴化氢与烯烃的加成可通过两种途径进行：一种是前面讨论过的亲电加成，得到遵循马氏规则的产物；另一种则通过自由基加成（free radical addition）历程进行，得到反马氏规则的产物。

$$\text{链引发} \begin{cases} \text{ROOR} \longrightarrow 2\text{RO} \cdot \\ \text{RO} \cdot + \text{HBr} \longrightarrow \text{ROH} + \text{Br} \cdot \end{cases}$$

$$\text{链增长} \begin{cases} \text{CH}_3\text{CH}_2\text{CH}=\text{CH}_2 + \text{Br} \cdot \longrightarrow \text{CH}_3\text{CH}_2\overset{\cdot}{\text{CH}}\text{CH}_2\text{Br} \quad \Delta H = -38\text{kJ/mol} \\ \text{CH}_3\text{CH}_2\overset{\cdot}{\text{CH}}\text{CH}_2\text{Br} + \text{HBr} \longrightarrow \text{CH}_3\text{CH}_2\text{CH}_2\text{CH}_2\text{Br} + \text{Br} \cdot \end{cases}$$

过氧化物可作为自由基引发剂，使溴化氢产生溴自由基。与亲电加成类似，加成方向取决于自由基中间体的稳定性，越稳定的自由基越容易形成，反应速率越快。对上例来说，溴原子加到双键末端碳原子上生成的仲碳自由基，比溴原子加到仲碳上生成的伯碳自由基更稳定，因此，反应按生成最稳定自由基的方向进行，得到反马氏规则的产物。

HCl 和 HI 的加成不受过氧化物的影响。因为 H—Cl 键能高，难以均裂生成自由基，链引发困难；而碘自由基生成后，易与自身结合成碘分子。

在过氧化物或光作用下，多卤代烷中最弱的碳卤键断裂形成多卤代烷基自由基，再与烯烃发生自由基加成。

$$\text{CH}_3\text{CH}=\text{CH}_2 + \text{BrCCl}_3 \xrightarrow{\text{ROOR}} \text{CH}_3\underset{\underset{\text{Br}}{|}}{\text{CH}}\text{CH}_2\text{CCl}_3$$

三、催化氢化

在催化剂存在下，烯烃与氢气加成生成饱和烃的反应称为催化加氢或催化氢化反应（catalytic hydrogenation）。

$$(\text{CH}_3)_2\text{C}=\text{CHCH}_3 + \text{H}_2 \xrightarrow{\text{Pt}} (\text{CH}_3)_2\text{CHCH}_2\text{CH}_3 \quad (100\%)$$

烯烃的氢化反应活化能很高，尽管反应是放热的，但反应速率慢。当反应体系中加入高度分散的金属细粉［如铂（Pt）、钯（Pd）、铑（Rh）、镍（Ni）等］，反应速率大大提高。工业上常用铁、铬、铜等活性较低的金属作催化剂。这些不溶于有机溶剂的金属催化剂称为异相催化剂或非均相催化剂（heterogeneous catalyst）。在这种催化剂作用下进行的加氢反应称为异相催化氢化（heterogeneous catalytic hydrogenation）。实验室常用的异相催化剂有：氧化铂、氧化钯、雷尼镍（Raney Ni）等，其催化活性顺序为：Pt＞Pd＞Ni。可溶于有机溶剂的催化剂，称为均相催化剂（homogeneous catalyst），应用均相催化剂可避免烯烃发生重排、分解等反应，如 Wilkinson 催化剂［RhCl(PPh₃)₃，三苯基膦氯化铑］。

氢化还原的过程是氢分子被吸附在催化剂表面上，与金属原子配合，形成相对较弱的 H—M σ 键，与此同时，烯烃的 π 键也被打开，形成相对较弱的 C—M σ 键，接着两个氢原子分别转移到双键碳原子上，将它还原成烷烃并脱离催化剂表面（图 3-4）。

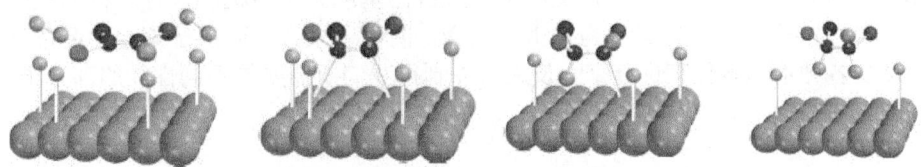

图 3-4　乙烯催化加氢的一般过程

尽管两个氢原子不是同时加成到烯烃分子上的，但催化氢化中，氢的加成多数是顺式加成。

烯烃双键碳上取代基越少，烯烃越容易吸附于催化剂表面上，其催化氢化反应速率越快。即反应速率排序为：乙烯＞一取代烯烃＞二取代烯烃＞三取代烯烃＞四取代烯烃。

加氢反应是定量进行的，可以通过测定氢化过程中所吸收氢的体积推测烯烃中双键的数目，为有机物分子的结构测定提供依据。加氢反应为放热反应，每一个碳碳双键平均放出 125.5kJ/mol 的热量。1mol 烯烃氢化时所放出的热量称为氢化热，通过测定不同烯烃的氢化热，可以比较烯烃的稳定性。几种烯烃的氢化热（kJ/mol）为：乙烯，136；丙烯，125；丁-1-烯，126；顺-丁-2-烯，119；顺-戊-2-烯，117；反-丁-2-烯，115；反-戊-2-烯，114；2-甲基丁-2-烯，112；2,3-二甲基丁-2-烯，110。

分析以上数据和烯烃的结构得知，烯烃顺式异构体的氢化热比反式异构体大，稳定性低。这是因为顺式异构体中两个烷基在空间比较拥挤，存在范德瓦耳斯斥力，其内能大。另外，烷基通过超共轭效应可以增加烯烃的稳定性，所以双键碳原子上所连接的烷基数目越多，氢化热越低。

四、聚合反应

由相对分子质量小的化合物通过加成或缩合反应生成相对分子质量大的化合物的反应，称为聚合反应（polymerization）。例如，2-甲基丙烯在 65% 硫酸中形成碳正离子中间体，该碳正离子作为亲电试剂，进攻另一个 2-甲基丙烯，形成的二聚体的碳正离子分别脱去伯碳或仲碳上的质子后生成戊烯的两个异构体。

$$H_3C\underset{H_3C}{\overset{}{>}}C=CH_2 \xrightarrow{H^+} H_3C\underset{H_3C}{\overset{+}{>}}C-CH_3 \xrightarrow{\underset{H_3C}{\overset{H_3C}{>}}C=CH_2} H_3C-\underset{\underset{CH_3}{|}}{\overset{\overset{CH_3}{|}}{C}}-CH_2-\overset{+}{\underset{CH_3}{\overset{CH_3}{C}}}$$

$$\xrightarrow{-H^+} H_3C-\underset{\underset{CH_3}{|}}{\overset{\overset{CH_3}{|}}{C}}-CH_2-\underset{\underset{CH_3}{|}}{C}=CH_2 \quad + \quad H_3C-\underset{\underset{CH_3}{|}}{\overset{\overset{CH_3}{|}}{C}}-CH=C-CH_3$$

         2,4,4-三甲基戊-1-烯   2,4,4-三甲基戊-2-烯

烯烃分子可以通过自身的加成反应，按照一定方式将相当数量的烯烃单体（monomer）连接成相对分子质量很大的聚合物（polymer）。

$$n\,CH_2=\underset{\underset{R}{|}}{CH} \longrightarrow \left[CH_2-\underset{\underset{R}{|}}{CH} \right]_n$$

     单体   聚合物

烯类单体的聚合大多为链式聚合，反应可通过自由基或离子型机制进行，根据反应过程中形成的活性中间体，链式聚合反应又分为自由基聚合、阴离子聚合、阳离子聚合和配位聚合。工业上，利用烯烃在各种不同条件下进行聚合反应可以制得我们所需要的不同性能的高分子材料。

五、氧化反应

π 键是富电子体系，易被氧化剂氧化。在不同的反应条件下，烯烃可被氧化成不同产物。氧化反应（oxidation reaction）是首先打开 π 键，当反应条件强烈时，σ 键也可能断裂。氧化反应在烯烃合成及结构鉴定上很有价值。

（一）高锰酸钾氧化

将冷、稀的碱性高锰酸钾水溶液滴加到烯烃中，生成 MnO_2 沉淀，紫色褪去，这是鉴别烯烃的常用方法。该反应中，烯烃被顺式氧化成邻二醇，反应具有立体专一性。

$$\ce{>C=C<} \xrightarrow[\text{碱性}]{\text{冷、稀KMnO}_4} \left[\begin{array}{c} \ce{>C-C<} \\ \ce{O\ O} \\ \ce{\underset{O^-K^+}{\overset{O}{Mn}}} \end{array} \right] \longrightarrow \ce{>C(OH)-C(OH)<}$$

环状中间体锰酸酯

该反应一般不易停留在邻二醇阶段，邻二醇继续被氧化成酮、酸或酮酸混合物。若采用高锰酸钾酸性溶液或在加热条件下反应，则双键断裂。

$$\ce{CH3CH2CH=C(CH3)2} \xrightarrow[\text{H}^+]{\text{KMnO}_4} \ce{CH3CH2COOH + O=C(CH3)2}$$

$$\ce{CH2=C(CH3)2} \xrightarrow[\text{H}^+]{\text{KMnO}_4} \ce{CO2 + H2O + O=C(CH3)2}$$

氧化产物的结构与双键碳上的烷基取代基数量有关：无取代的双键碳被氧化成二氧化碳和水，连有一个烷基的双键碳被氧化成羧酸，连有两个烷基的双键碳则被氧化成酮。根据以上反应特征，可以由氧化产物的结构推测出原烯烃的结构。

$$\ce{RCH=CH2} \xrightarrow[\text{H}^+]{\text{KMnO}_4} \ce{RCOOH + HCOOH} \xrightarrow{[O]} \ce{CO2 + H2O}$$

$$\ce{RCH=C(R')(R'')} \xrightarrow[\text{H}^+]{\text{KMnO}_4} \ce{RCOOH + O=C(R')(R'')}$$

（二）臭氧化反应

臭氧是一种很强的亲电试剂，烯烃在惰性溶剂（如 CCl_4）中，低温下与臭氧（含 6%～8% 臭氧的氧气）定量地发生加成反应，生成臭氧化物。该反应称为臭氧化反应（ozonization reaction）。臭氧化物在游离状态下很不稳定，容易发生爆炸。臭氧化物经还原水解，可生成醛、酮或醛酮混合物。在这一步通常加入锌粉或二甲硫醚，以除去过氧化物在水解时形成的过氧化氢，防止醛被进一步氧化成酸。

$$\ce{>C=C<} + \ce{O3} \longrightarrow \ce{>C(-O-O-)C<} \xrightarrow{\text{Zn/H}_2\text{O}} \ce{>C=O + O=C<}$$

与高锰酸钾氧化烯烃的反应类似，臭氧化产物的结构与双键碳取代的情况有关，无取代的双键碳被氧化成甲醛，连有一个烷基的双键碳被氧化成醛，连有两个烷基的双键碳则被氧化成酮。臭氧化反应除了用来制备羰基化合物，还可以通过分析氧化产物的种类和数量来推测原烯烃的结构。

$$\ce{CH3(CH2)5CH=CH2} \xrightarrow[\text{(2) (CH3)2S}]{\text{(1) O}_3, \text{CH}_3\text{OH}} \ce{CH3(CH2)5CHO + HCHO}$$

$$\ce{CH3CH2CH2C(CH3)=CH2} \xrightarrow[\text{(2) H}_2\text{O,Zn}]{\text{(1) O}_3} \ce{CH3CH2CH2C(=O)CH3 + HCHO}$$

> **案例 3-5**
> 臭氧氧化作用极强，反应速率快，有很好的消毒、除臭作用，是一种广谱、高效的消毒剂。
> **问题** 简述臭氧消毒原理，臭氧通过哪些化学反应发挥除臭、净化作用？
> **案例分析** 臭氧除臭是通过其快速分解产生臭味及其他气味的物质，如 R_3N、H_2S、CH_3SH 等，生成无毒无气味的小分子物质。

$$R_3N \xrightarrow{O_3} R_3N-O + O_2$$

$$H_2S \xrightarrow{O_3} H_2O + S + O_2$$

$$CH_3SH \xrightarrow{O_3} CH_3S-SCH_3 \xrightarrow{O_3} CH_3SO_3H + O_2$$

臭氧消毒机是以空气为原料生产臭氧气体，广泛用于室内空气、水体等消毒净化。与其他的消毒方法相比，臭氧消毒具备无有害残留和二次污染，空气消毒浓度分布均匀，无死角，使用方便等优点。

臭氧在水中产生氧化能力极强的单原子氧和羟基，能瞬间分解水中的有机物质、细菌等微生物。臭氧可以对硫化物、胺类、氰化物进行降解从而产生无毒的物质，达到空气、水质净化的目的。

臭氧在蔬菜水果储藏中的应用除了具有杀灭或抑制霉菌生长，防止果蔬腐烂作用之外，臭氧还可以氧化分解果蔬生理代谢作用呼吸出的催熟剂——乙烯气体，起到防止老化及保鲜的作用。

$$CH_2=CH_2 \xrightarrow{O_3} CO_2 + H_2O$$

（三）环氧化反应

烯烃在过氧酸（如过氧乙酸、过氧苯甲酸、三氟过氧乙酸）作用下，生成环氧化物的反应称为环氧化反应（epoxidation reaction）。

$$CH_2=CH(CH_2)_9CH_3 \xrightarrow{CH_3COOH} H_2C-CH(CH_2)_9CH_3$$ (环氧)

环氧化反应为顺式加成，环氧化物仍保持原来的构型，反应是立体专一性的。反式烯烃环氧化得到一对对映体。

环氧化物可进一步发生开环反应，这在有机合成中有十分重要的用途。例如，将环氧化物水解得到反式二醇，与 $KMnO_4$ 氧化法相互补充。

六、α-氢的反应

烯烃与卤素在高温气相中，烯烃双键的 α-位发生自由基取代反应，其反应机制与烷烃卤代反应相似。

$$CH_2=CHCH_3 + Cl_2 \xrightarrow[500\sim 600℃]{气相} CH_2=CHCH_2Cl$$

链引发：

$$Cl_2 \xrightarrow{高温} 2Cl\cdot$$

链增长：

$$Cl\cdot + CH_2=CHCH_3 \longrightarrow CH_2=CH\dot{C}H_2 + HCl$$

$$CH_2=CH\dot{C}H_2 + Cl_2 \longrightarrow CH_2=CHCH_2Cl + Cl\cdot$$

烯丙基自由基 $CH_2=CH\dot{C}H_2$ 有 p-π 共轭效应，共轭的结果使自由基的稳定性提高。另外，取代反应发生在 α-氢上，与 C—H 键的解离能也有关：

	$\overset{\curvearrowright}{C}H_2$—C—H	⋋⋋H	⋌H	$\overset{}{C}H_2$—C—H	H_3C—H	$H_2C=C$—H
C—H解离能/(kJ/mol)	346	381	397	410	435	453

因此，氢原子反应活性大小顺序为：烯丙位氢＞叔氢＞仲氢＞伯氢＞甲基氢＞烯烃双键上的氢，这与相应的自由基稳定性顺序一致。由于双键的影响，烯烃的 α-氢较活泼，在一定条件下可被其他原子或基团取代。

烯烃 α-氢的卤化需在高温、低卤素浓度的条件下进行。若用溴化试剂 N-溴代丁二酰亚胺（N-bromosuccinimide，NBS），则反应可在较温和的条件下进行。该反应机制为自由基链式反应，在少量酸或水的作用下，NBS 首先产生 Br_2，然后溴单质被引发生成溴自由基，从而进行自由基取代反应。NBS 不溶于 CCl_4，该反应在 NBS 固体表面上进行。不对称烯烃的取代反应常得到溴代位置不同的混合物。

$$\text{环己烯} + \text{NBS} \xrightarrow[CCl_4, \triangle]{(C_6H_5COO)_2} \text{3-溴环己烯} + \text{丁二酰亚胺}$$

$$CH_3CH_2CH_2CH=CH_2 \xrightarrow[CCl_4/\triangle]{NBS,(C_6H_5COO)_2} CH_3CH_2\underset{Br}{\overset{|}{C}}HCH=CH_2 + CH_3CH_2CH=CHCH_2Br$$

这是由于反应过程中生成的自由基存在 p-π 共轭，自由基的单电子离域化，从而可能产生两种取代产物。

$$CH_3CH_2\dot{C}HCH=CH_2 \longleftrightarrow CH_3CH_2CH=CH\dot{C}H_2$$

烃基取代芳香化合物也可发生类似的 α-卤代反应；卤化试剂过量时，可得二卤化物。

$$C_6H_5CH_2CH_3 \xrightarrow[CCl_4/\triangle]{NBS,(C_6H_5COO)_2} C_6H_5CHBrCH_3$$

$$\text{环己烯} \xrightarrow[CCl_4/\triangle]{NBS,(C_6H_5COO)_2} \text{3-溴环己烯} \xrightarrow[CCl_4/\triangle]{NBS,(C_6H_5COO)_2} \text{3,6-二溴环己烯}$$

第四节 制 备

在实验室中常通过饱和化合物消除一个小分子（如 H_2O、HX 等）形成碳碳双键的方法来制备烯烃。

$$X-\overset{\alpha}{C}-\overset{\beta}{C}-Y \longrightarrow \ce{>C=C<} + X-Y$$

1. 醇失水 醇与酸（硫酸、磷酸等）共同加热，醇失去水，生成烯烃。

$$(CH_3)_3C-OH \xrightarrow[85℃]{H_2SO_4} (CH_3)_2C=CH_2 + H_2O$$

2. 卤代烷脱卤化氢 卤代烷消除一分子卤化氢，生成烯烃。该反应常用仲卤代烷或叔卤代烷制备烯烃，NaOH 或 KOH 的醇溶液、醇钠、氨基钠等碱性物质可用于催化该反应。

$$CH_3(CH_2)_{15}CH_2CH_2Cl \xrightarrow[DMSO, 25℃]{KOC(CH_3)_3} CH_3(CH_2)_{15}CH=CH_2 \quad (86\%)$$

3. 邻二卤代物脱卤素 邻二卤代物在金属锌或镁作用下，可失去卤素生成烯烃。该反应是共平面的反式消除。

$$X-\underset{|}{\overset{|}{C}}-\underset{|}{\overset{|}{C}}-X + Zn \longrightarrow \!\!\!\!\!\!>\!\!C=C\!\!<\!\!\!\!\! + ZnX_2$$

4. 炔烃催化加氢 通过选择合适的催化剂可以将炔烃的氢化反应控制在生成烯烃这一步。这也是烯烃的常用合成方法之一。

$$R-C\equiv C-R' + H_2 \xrightarrow{催化剂} RCH=CHR'$$

习 题

1. 按 IUPAC 规则命名下列化合物。

（1）$\underset{H_3C}{\overset{H_3CH_2C}{>}}C=C\underset{CH_2CH_2CH_3}{\overset{H}{<}}$ （2）$\underset{Br}{\overset{Cl}{>}}C=C\underset{CH_2CH_3}{\overset{H}{<}}$ （3） [结构式]

2. 完成下列反应。

（1）$(CH_3)_2C=CHCH_2CH_2CH=CH_2 \xrightarrow[CCl_4]{1mol\ Br_2}$ （2）[环己基]$=CH_2 + HBr \xrightarrow{过氧化物}$

（3）[环己烯基]$-CH_3 \xrightarrow[(2)\ H_2O]{(1)\ H_2SO_4}$ （4）$(CH_3CH_2)_2C=CH_2 \xrightarrow{B_2H_6} \xrightarrow{H_2O_2,\ OH^-}$

（5）[1,2-二甲基环己烯] $\xrightarrow{H_2,\ Pt}$ （6）$\underset{CH_3C=CH_2}{\overset{CH_3}{|}} \xrightarrow[\Delta]{KMnO_4,\ H^+}$

3. 异丁烯气体溶解于 63% 的硫酸溶液时能析出一种吸湿性的白色固体。若将此硫酸溶液用水稀释并加热，可得一种沸点为 83℃ 的有机液体，试解释此现象。

4. 将下列两组烯烃按氢化热由小到大的顺序排列。

（1）$CH_3CH_2CH=CH_2$ $\underset{H}{\overset{H_3C}{>}}C=C\underset{CH_3}{\overset{H}{<}}$ $\underset{H}{\overset{H_3C}{>}}C=C\underset{H}{\overset{CH_3}{<}}$

（2）$\underset{\underset{CH_3}{|}}{CH_3CHCH}=CH_2$ $\underset{\underset{CH_3}{|}}{CH_3CH_2C}=CH_2$ $\underset{\underset{CH_3}{|}}{CH_3CH}=CCH_3$

5. 烯烃经臭氧氧化再还原水解后得到下述产物，试写出原烯烃的结构。

（1）CH_3CHO

（2）$HCHO$，CH_3CHO，$OHCCH_2CHO$

6. 试写出经与酸性高锰酸钾反应后得到下列产物的烯烃的结构。

（1）CO_2，CH_3COOH

（2）CH_3COOH，$(CH_3)_2CHCOOH$

7. 以 4 个碳以下的烯烃为原料及必要的无机试剂合成下列化合物。

（1）$CH_3CH_2CH_2OH$

（2）BrCH$_2$CH$_2$CHBrCH$_3$

（3）H$_3$C—C(CH$_3$)(OH)—CH$_3$

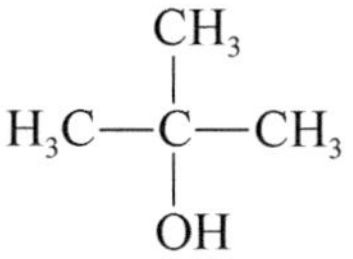

（4）BrH$_2$C—C(CH$_3$)(Br)—CH$_2$Br

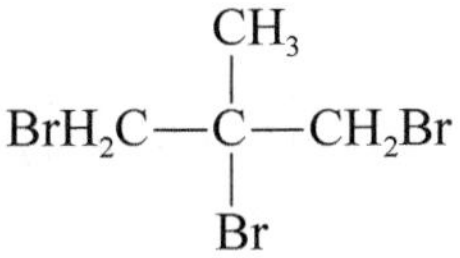

8. 写出下列反应的反应机制。

$$\text{(cyclopentenyl)-CH(CH}_3\text{)}_2 \xrightarrow{HCl} \text{(cyclopentyl)-C(CH}_3\text{)}_2\text{Cl} + \text{(1-chlorocyclopentyl)-CH(CH}_3\text{)}_2$$

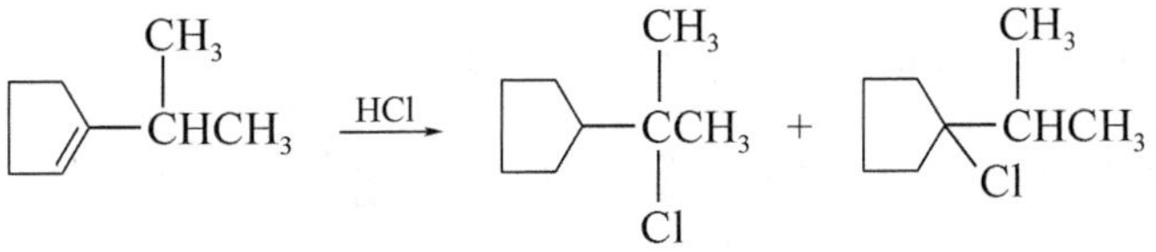

（福建医科大学　林友文）

第四章 炔烃和二烯烃

学习目标

掌握 炔烃的结构特征、化学性质；共轭二烯烃的结构特征、命名规则、共轭效应、共轭加成反应、Diels-Alder 反应。

熟悉 炔烃的命名规则、制备方法；分子轨道理论和共振论对共轭二烯烃分子特性的分析；二烯烃的分类和聚合反应。

了解 炔烃的物理性质、亲核加成反应及聚合反应。

第一节 炔 烃

含有碳碳三键（—C≡C—）的碳氢化合物称为炔烃（alkyne）。链状炔烃的通式是 C_nH_{2n-2}，其不饱和度为 2。炔烃的氢原子被其他原子或基团取代后得到炔的衍生物，含炔键的化合物在自然界中广泛存在，某些含有碳碳三键的天然产物具有生物活性，例如人参炔醇（panaxynol）和人参环氧炔醇（panaxydol）广泛存在于三七（*Panax notoginseng*）、人参（*Panax ginseng*）等传统中药以及胡萝卜和番茄等食用植物中，具有营养神经、保护神经和抗菌等生物活性。一些合成药物中也含有炔基的结构：例如，炔雌醇（ethinylestradiol）是口服雌激素，与孕激素配伍制成女性避孕药；普拉曲沙（pralatrexate）是一类针对 T 细胞淋巴瘤治疗的靶向药，临床上用于治疗易复发、难治的外周 T 细胞淋巴瘤；依法韦仑（efavirenz）为非核苷类逆转录酶抑制剂，用于治疗艾滋病；利格列汀（linagliptin）为二肽基肽酶-4 抑制剂，用于治疗 2 型糖尿病。

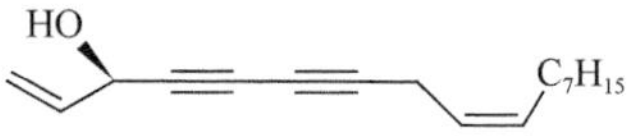

人参炔醇

人参环氧炔醇

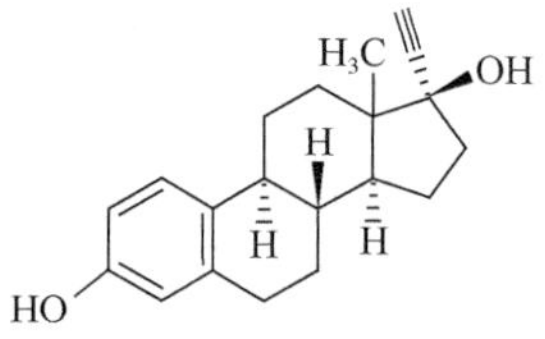

炔雌醇

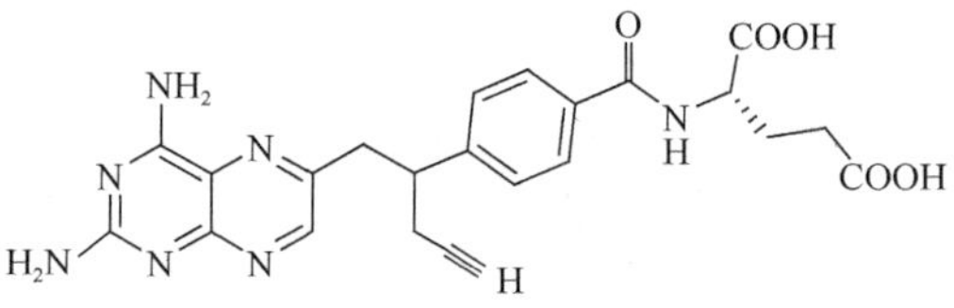

普拉曲沙

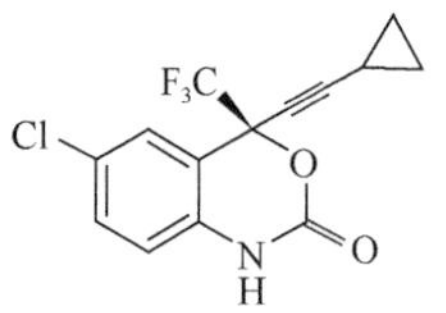

依法韦仑

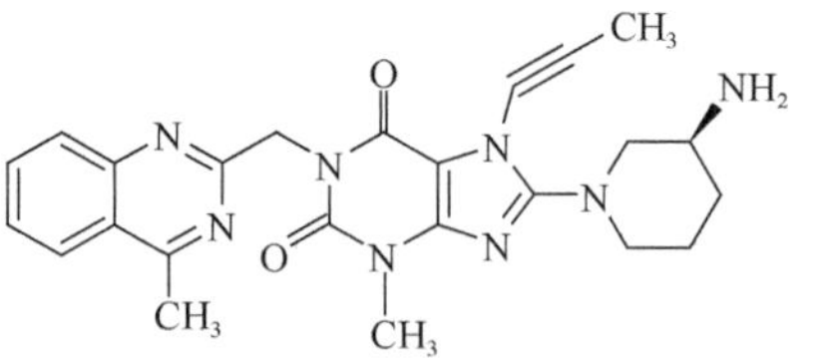

利拉列汀

一、结构、命名和物理性质

（一）结构

最简单的炔烃是乙炔，其化学式为 C_2H_2。乙炔是一个直线型分子，碳原子以 sp 杂化形成两个夹角为 180° 的 sp 杂化轨道，剩余两个未杂化的 p 轨道相互垂直，且与 sp 杂化轨道互相垂直。乙炔的两个碳原子各用一个 sp 杂化轨道"头碰头"重叠形成 C—C σ 键，每个碳原子的另外一个 sp 杂化轨道分别与氢原子的 s 轨道形成 C—H σ 键，三个 σ 键在一条直线上 [图 4-1（a）]。两个碳原子上未杂化的 p 轨道两两"肩并肩"地重叠形成两个相互垂直的 π 键 [图 4-1（b）]，π 电子云对称分布于 C—C σ 键的周围 [图 4-1（c）]。根据三键在烃基中的位置，炔烃分为单取代炔烃（R—C≡C—H）和双取代炔烃（R—C≡C—R′），其中单取代炔烃又称末端炔烃（terminal alkyne），而双取代炔烃又称内炔烃（internal alkyne）。

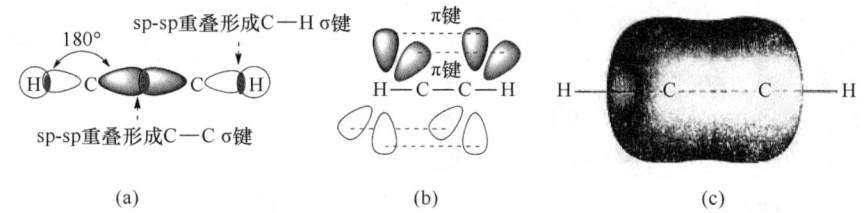

图 4-1　乙炔结构中的 σ 键（a）、两个 π 键（b）和乙炔的 π 电子云（c）

炔烃的官能团是碳碳三键，又称炔键。炔键碳原子是 sp 杂化类型，其轨道的 s 成分大，电子受原子核的吸引力较强，所以炔键键长比碳碳双键和碳碳单键的键长短（图 4-2）。炔烃中碳碳三键由一个强的 σ 键和两个较弱的 π 键组成，该结构导致炔烃具有特殊的物理和化学特征。

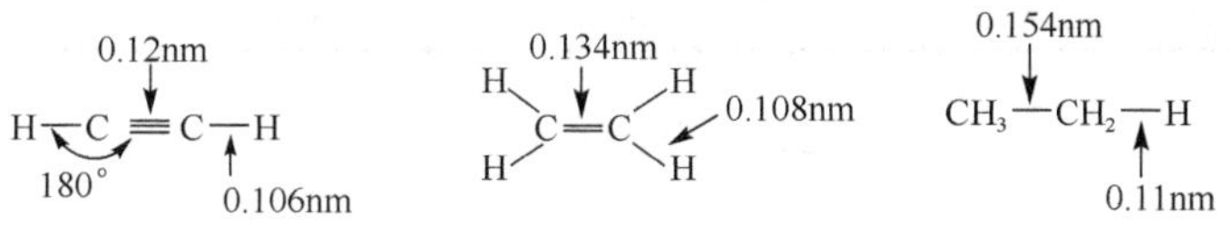

图 4-2　乙炔、乙烯和乙烷的键长比较

（二）命名

按照 IUPAC 命名原则，炔烃的系统命名与烯烃相似：首先选择分子中含碳碳三键的最长碳链为主链，根据主链上碳原子的数目称为某炔，编号时从靠近三键的一端开始，用三键碳原子较小的编码表示三键的位置，得到母体炔烃的名称，然后在母体名称的前面加上取代基的位置和名称。炔烃的英文名称是将相应烯烃中的"ne"改成"yne"。当分子中同时存在双键和三键时，则选出带有双键和三键的最长碳链为主链，编号时应遵循最低系列原则，书写时先烯后炔；当双键和三键的编号具有选择性时，应使双键的编号最小。

(CH₃)₂CHC≡CCH₃　　CH₃CHC≡CCH₃　　CH₃CH=CHC≡CH　　CH₂=CHCH₂CH₂C≡CH
　　　　　　　　　　　　｜
　　　　　　　　　　　CH₂CH₃
4-甲基戊-2-炔　　　4-甲基己-2-炔　　　戊-3-烯-1-炔　　　己-1-烯-5-炔
(4-methylpent-2-yne)　(4-methylhex-2-yne)　(pent-3-en-1-yne)　(hex-1-en-5-yne)

炔烃的习惯命名法是将乙炔作为母体，其他炔烃看作乙炔的烃基衍生物。

HC≡CH　　　CH₃C≡CCH₃　　　CH₃CH₂C≡CH　　　CH₃C≡CCH₂CH₃
乙炔　　　　丁-2-炔　　　　　丁-1-炔　　　　　戊-2-炔
(ethyne)　　(but-2-yne)　　　(but-1-yne)　　　(pent-2-yne)

炔烃分子中去掉一个氢原子即得炔基，英文词尾是-ynyl。

HC≡C—　　　CH₃C≡C—　　　HC≡CCH₂—
乙炔基　　　丙炔基　　　　炔丙基
(ethynyl)　　(1-propynyl)　　(2-propynyl)

(三) 物理性质

炔烃与烷烃和烯烃的物理性质相似（表 4-1）。炔烃的相对密度小于 1，难溶于水，易溶于乙醚、苯等有机溶剂。乙炔、丙炔、丁炔在室温下为气体。炔基基团呈线形，液态和固态时，分子相互靠近，分子间的范德瓦耳斯力较强，所以简单炔烃的沸点、熔点和密度一般比碳原子数相同的烷烃高。炔烃的沸点比相同碳原子数的烯烃高 10～20℃，内炔烃又比相同碳原子数的末端炔烃沸点高。

表 4-1 部分炔烃的物理性质（1 个标准大气压下）

化合物名称	熔点/℃	沸点/℃	密度/(g/mL)
乙炔（ethyne）	−81.8	−83.8（升华）	0.62（−81.8℃）
丙炔（propyne）	−102.6	−23.2	0.71（−50℃）
丁-2-炔（but-2-yne）	−32.3	27.2	0.69（20℃）
戊-1-炔（pent-1-yne）	−106.5	40.2	0.69（20℃）
戊-2-炔（pent-2-yne）	−109.5	56.1	0.71（20℃）
3-甲基丁-1-炔（3-methylbut-1-yne）	−89.7	29.0	0.66（20℃）
己-1-炔（hex-1-yne）	−132.4	71.4	0.72（20℃）
己-2-炔（hex-2-yne）	−89.6	84.5	0.73（20℃）
己-3-炔（hex-3-yne）	−103.2	81.4	0.72（20℃）

二、化学性质

(一) 末端炔烃的酸性

有机化合物 C—H 键的异裂可看作酸性电离。碳原子的杂化方式影响其所形成的碳氢 σ 键的性质。杂化轨道中的 s 成分越大，电子受原子核的吸引越强，碳氢 σ 键的电子云越靠近碳原子、远离氢原子，使 C—H 键易于异裂，释放出质子。sp^3、sp^2、sp 杂化轨道中 s 成分递增，因此末端炔烃的 C—H 键易于异裂，导致其酸性比烯烃和烷烃强，但比水、醇弱。

	CH_3CH_3	$H_2C=CH_2$	NH_3	$HC\equiv CH$	CH_3CH_2OH	H_2O
pK_a	约50	约44	36	25	约15.9	15.7

⟶ 酸性增强

| | $CH_3\overset{-}{C}H_2$ | $H_2C=\overset{-}{C}H$ | H_2N^- | $HC\equiv C^-$ | $CH_3CH_2O^-$ | OH^- |

⟵ 碱性增强

末端炔烃能与 $NaNH_2$ 等强碱作用，但不能与 NaOH 或醇钠反应。在液氨中乙炔或末端炔烃与氨基钠反应，三键碳上的氢原子被钠置换，生成炔钠，这个反应可以看作酸碱中和反应。乙炔或末端炔烃还可以与烷基锂或格氏试剂反应，三键碳上的氢原子被相应的金属置换。

$$R-C\equiv CH + NaNH_2 \xrightarrow{\text{液氨}} R-C\equiv CNa + NH_3$$

$$R-C\equiv CH + n\text{-}C_4H_9Li \longrightarrow R-C\equiv CLi + n\text{-}C_4H_{10}$$
正丁基锂

$$R-C\equiv CH + C_2H_5MgBr \xrightarrow{\text{无水乙醚}} R-C\equiv CMgBr + C_2H_6$$
乙基溴化镁

将乙炔或末端炔烃加入到硝酸银或氯化亚铜的氨溶液中，三键碳上的氢原子立即被银离子或铜离子置换，生成白色的炔化银沉淀或红棕色的炔化亚铜沉淀，这类反应灵敏，现象明显，可用于乙炔或末端炔烃的鉴别。

$$HC\equiv CH + 2Ag(NH_3)_2NO_3 \longrightarrow AgC\equiv CAg\downarrow + 2NH_4NO_3 + 2NH_3$$
乙炔银（白色）

$$HC\equiv CH + 2Cu(NH_3)_2Cl \longrightarrow CuC\equiv CCu\downarrow + 2NH_4Cl + 2NH_3$$
乙炔铜（红棕色）

金属炔化物干燥后易爆炸。向金属炔化物的溶液中加稀硝酸或盐酸，金属炔化物可以被分解。因此，可以用稀硝酸或盐酸处理炔化物的反应液，以避免残留物造成爆炸等事故。

$$AgC\equiv CAg + 2HNO_3 \longrightarrow HC\equiv CH + 2AgNO_3$$
$$CuC\equiv CCu + 2HCl \longrightarrow HC\equiv CH + 2CuCl$$

（二）还原

1. 催化加氢　炔烃在铂、钯、镍等过渡金属催化剂存在下发生催化加氢反应，由于烯烃催化加氢的速率较炔烃快，所以该反应易完全加氢生成烷烃，不能停留在烯烃阶段。

$$CH_3CH_2C\equiv CH \xrightarrow{H_2}{Pt/C} CH_3CH_2CH=CH_2 \xrightarrow{H_2}{Pt/C} CH_3CH_2CH_2CH_3$$

炔烃的催化氢化常使用林德拉催化剂（Lindlar catalyst）。Lindlar 催化剂通过乙酸铅和喹啉处理沉淀在碳酸钙表面的钯制得。采用 Lindlar 催化剂可使炔烃的加氢停留在烯烃阶段，得到顺式加成产物，这是由炔烃立体选择性合成顺式烯烃的方法。

$$CH_3CH_2CH_2C\equiv CCH_2CH_3 \xrightarrow[25℃]{H_2, \text{Lindlar催化剂}} \underset{\text{顺式-庚-3-烯(100\%)}}{\underset{H\quad\quad H}{H_3CH_2CH_2C\diagup\!\!\diagdown CH_2CH_3}}$$

庚-3-炔　　　　　　　　　顺式-庚-3-烯(100%)

2. 碱金属和液氨还原　以金属锂或钠及液氨在低温下还原炔烃，立体选择性地生成反式烯烃。烯烃在此条件下不会继续被还原。

$$CH_3CH_2CH_2C\equiv CCH_2CH_3 \xrightarrow[-78℃]{Na, \text{液氨}} \text{反式-庚-3-烯(86\%)}$$

3. 氢化铝锂还原　用氢化铝锂（$LiAlH_4$）也能还原炔烃得到反式烯烃。

$$CH_3CH_2CH_2C\equiv CCH_2CH_3 \xrightarrow[138℃]{LiAlH_4} \text{反式-庚-3-烯}$$

视窗 4-1　　　　　　　　　Lindlar 催化剂

Lindlar 催化剂是催化剂中毒的一种应用，它是由罗氏公司的化学家林德拉（Lindlar）发明的。Lindlar 催化剂中的 Pb 属于重金属，它可以通过使催化剂中毒来抑制催化剂的活性，使炔烃催化加氢停留在生成烯烃的阶段。

（三）氧化反应

炔烃经臭氧或高锰酸钾氧化，可发生碳碳三键断裂，生成羧酸或 CO_2。通过鉴定生成的羧酸可以推断炔烃的结构。

$$CH_3CH_2CH_2C\equiv CCH_2CH_3 \begin{cases} \xrightarrow[2) H_3O^+]{1) O_3/CCl_4} CH_3CH_2CH_2COOH + CH_3CH_2COOH \\ \xrightarrow[2) H_3O^+]{1) KMnO_4/\Delta} CH_3CH_2CH_2COOH + CH_3CH_2COOH \end{cases}$$

$$RC\equiv CH \xrightarrow[100℃]{KMnO_4, H_2O} RCOOH + CO_2$$

内炔在温和条件下用 KMnO₄ 氧化，可以得到邻二酮类化合物。

$$CH_3(CH_2)_7C \equiv C(CH_2)_7COOH \xrightarrow[H_2O,\ pH\ 7.5]{KMnO_4} CH_3(CH_2)_7\overset{O}{\overset{\|}{C}}-\overset{O}{\overset{\|}{C}}-(CH_2)_7COOH$$
$$(92\% \sim 96\%)$$

（四）硼氢化反应

1. 硼氢化-还原　炔烃与硼烷（B_2H_6）发生硼氢化反应时，生成的烯基硼烷用乙酸处理发生还原反应，生成顺式烯烃。整个反应称为硼氢化-还原反应（hydroboration-reduction）。

$$CH_3CH_2C\equiv CCH_2CH_3 \xrightarrow{B_2H_6}{THF} \left(\underset{C_2H_5}{\overset{C_2H_5}{\underset{H}{>}\!=\!\underset{}{<}}}B\right)_3 \xrightarrow[0°C]{CH_3COOH} \underset{H}{\overset{C_2H_5}{>}}\!=\!\underset{H}{\overset{C_2H_5}{<}}$$

如末端炔烃的硼氢化反应使用位阻较大的二取代硼烷（如二环己基硼烷）为试剂，硼原子进攻位阻较小的三键碳原子，加成方向遵循反马氏规则，并可停留在烯基硼烷阶段。

$$CH_3(CH_2)_5C\equiv CH + \left(\bigcirc\!\!\!-\right)_2BH \xrightarrow{THF} \underset{H}{\overset{CH_3(CH_2)_5}{>}}\!=\!\underset{B(\bigcirc\!\!\!-)_2}{\overset{H}{<}}$$
$$(94\%)$$

2. 硼氢化-氧化　末端炔烃经硼氢化反应得到的烯基硼烷用碱性过氧化氢处理，先生成烯醇，然后经互变异构转变成稳定的醛。该反应称为硼氢化-氧化反应（hydroboration-oxidation），可用于制备醛或酮。

$$\underset{H}{\overset{CH_3(CH_2)_5}{>}}\!=\!\underset{B(\bigcirc\!\!\!-)_2}{\overset{H}{<}} \xrightarrow{H_2O_2,\ OH^-} \left[\underset{H}{\overset{CH_3(CH_2)_5}{>}}\!=\!\underset{OH}{\overset{H}{<}}\right] \xrightarrow{互变异构} CH_3(CH_2)_5CH_2CHO$$
$$\text{烯醇} \qquad\qquad \text{辛醛}(70\%)$$

对称结构的内炔经硼氢化-氧化反应得到单一的酮，该产物与相应炔烃的酸催化加水产物相同；不对称内炔经硼氢化-氧化反应得到多种酮的混合物。

$$CH_3CH_2C\equiv CCH_2CH_3 \xrightarrow{B_2H_6}{THF} \left(\underset{C_2H_5}{\overset{C_2H_5}{\underset{H}{>}\!=\!\underset{}{<}}}B\right)_3 \xrightarrow{H_2O_2}{OH^-} \left[\underset{H}{\overset{C_2H_5}{>}}\!=\!\underset{OH}{\overset{C_2H_5}{<}}\right]$$

$$\xrightarrow{互变异构} CH_3CH_2\overset{O}{\overset{\|}{C}}-CH_2CH_3$$

（五）亲电加成反应

炔烃的碳碳三键由一个强的 σ 键和两个较弱的 π 键组成，属于富电子体系，碳碳三键容易受到亲电试剂的进攻。炔烃能与两分子卤化氢或卤素发生加成反应，先生成烯烃的衍生物，再转变为饱和化合物。

案例 4-1

炔烃和烯烃均能与卤素或卤化氢发生亲电加成反应。烯烃可使溴的四氯化碳溶液立即褪色，炔烃却需要几分钟才能使之褪色。等物质的量的单质溴与戊-1-烯-4-炔反应，主要得到双键加成的产物（下式）。这提示烯烃发生亲电加成的反应活性高于炔烃。

$$HC\equiv C-CH_2-CH=CH_2 + Br_2 \longrightarrow HC\equiv C-CH_2-CHBrCH_2Br$$

问题　炔烃的碳碳三键含有两个较弱的 π 键，为什么其亲电加成反应的活性却低于烯烃？

案例分析　炔烃进行亲电加成反应时第一步生成的是烯基碳正离子中间体，该中间体不如烯烃反应得到的烷基碳正离子稳定，炔烃亲电加成得到的烯基碳正离子中间体的 $\Delta G^{\neq}_{炔烃}$ 比烯烃反应生成烷基碳正离子的 $\Delta G^{\neq}_{烯烃}$ 高，即烯基碳正离子相对较难生成，因此，亲电加成反应时，炔烃不如烯烃活泼。

1. 加卤素 炔烃与两分子氯或溴的单质反应，生成四氯代烷或四溴代烷。例如：

$$CH_3CH_2C\equiv CH + 2Br_2 \longrightarrow CH_3CH_2CBr_2CHBr_2$$

控制卤素用量，炔烃加卤素的反应可停在与一分子的单质反应阶段，得到邻二卤代烯烃。邻二卤代烯烃的两个双键碳原子上分别连有吸电子的卤原子，导致双键上电子云密度降低，碳碳双键的活性减小，所以炔烃与卤素的加成反应可以停留在第一步。该反应机制与卤素和烯烃的加成反应相似，常得到反式加成产物。

$$CH_3CH_2C\equiv CCH_2CH_3 + Br_2 \longrightarrow \underset{(E)\text{-3,4-二溴己-3-烯}}{\overset{CH_3CH_2\quad Br}{\underset{Br\quad CH_2CH_3}{C=C}}}$$

2. 加卤化氢 炔烃与卤化氢的亲电加成反应分步进行。在较剧烈的条件下，两分子卤化氢分步加成，生成两个卤原子在同一个碳原子上的偕二卤代烃，加成反应遵循马氏规则。

$$R-C\equiv CH \xrightarrow{HCl} R-\underset{Cl}{\overset{}{C}}=\underset{H}{\overset{}{CH}} \xrightarrow{HCl} R-\underset{Cl}{\overset{Cl}{C}}-\underset{H}{\overset{H}{CH}}$$

$$H_3C-C\equiv C-CH_3 \xrightarrow{HBr} \underset{(Z)\text{-2-溴代丁-2-烯}}{\overset{H\quad CH_3}{\underset{H_3C\quad Br}{C=C}}} \xrightarrow{HBr} \underset{\underset{(90\%)}{2,2-\text{二溴丁烷}}}{H_3C-\underset{H}{\overset{H}{C}}-\underset{Br}{\overset{Br}{C}}-CH_3}$$

当丁-1-炔与 HBr 反应时，可分别形成碳正离子 $CH_3CH_2\overset{+}{C}H=CH_2$ 和 $CH_3CH_2CH=\overset{+}{C}H$，它们再分别与 Br^- 反应，得到相应的溴代烯烃。由于前一个碳正离子较稳定，所以第一步反应的主要产物为 2-溴丁-1-烯。2-溴丁-1-烯再与 HBr 反应，经较稳定的碳正离子（I），得到偕二卤代烃产物。由于 I 中溴原子的未共用电子对可以离域到带正电荷的碳原子上，分散正电荷，所以可以稳定 I。

$$\underset{2\text{-溴丁-1-烯}}{\overset{Br}{\underset{}{CH_3CH_2C=CH_2}}} \xrightarrow{HBr} \left[\underset{(I)}{\overset{:\ddot{B}r:}{\underset{}{CH_3CH_2\overset{+}{C}-CH_3}}} \leftrightarrow \overset{:\overset{+}{\ddot{B}r}:}{\underset{}{CH_3CH_2C-CH_3}}\right] \xrightarrow{Br^-} \underset{Br}{\overset{Br}{\underset{}{CH_3CH_2C-CH_3}}}$$

$$\underset{}{\overset{Br}{\underset{}{CH_3\overset{+}{C}H-CH_2}}}$$

存在过氧化物时，炔烃与 HBr 加成按自由基加成反应机制进行，加成方向遵循反马氏规则。

$$n\text{-}C_4H_9C\equiv CH \xrightarrow[\text{过氧化物}]{HBr} \underset{\text{主产物}}{n\text{-}C_4H_9CH=CHBr}$$

烃基是给电子基，从电子效应考虑，烃基连在三键碳原子上有利于其发生亲电加成反应。不同类型炔烃与卤化氢反应速率的大小顺序为：$RC\equiv CR' > RC\equiv CH > HC\equiv CH$。不同 HX 与炔烃加成的难易程度是 $HI > HBr > HCl$。HCl 与炔烃的加成反应需要催化剂存在下才能进行。

$$HC\equiv CH + HCl \xrightarrow[100\sim 200\ ℃]{HgCl_2} H_2C=CHCl \quad \underset{(\text{聚氯乙烯的单体})}{\text{氯乙烯}}$$

3. 酸催化加水 在稀硫酸溶液中，汞盐作催化剂，炔烃和水发生加成反应。反应符合马氏规则，加成首先生成烯醇（enol），烯醇很快转变为更稳定的互变异构体——羰基化合物。例如，乙炔经酸催化加水反应生成乙醛，该反应曾用于工业生产乙醛。其他炔烃的酸催化加水产物是酮类化合物，末端炔烃的酸催化加水产物为甲基酮。

$$HC\equiv CH \xrightarrow[HgSO_4]{H_2O,\ H_2SO_4} \left[H-\underset{\text{烯醇}}{\overset{OH}{C}}=CH_2 \right] \xrightarrow{\text{互变异构}} CH_3CHO\ \text{乙醛}$$

结构对称的内炔烃通过酸催化加水反应生成单一的酮，不对称内炔烃则生成两种比例接近的酮的混合物。例如，己-2-炔的加水反应：

$$CH_3CH_2CH_2C\equiv CCH_3 \xrightarrow[HgSO_4]{H_2O,\ H_2SO_4} H_3C\underset{\text{己-3-酮}}{COCH_2CH_3} + H_3C\underset{\text{己-2-酮}}{CH_2CH_2CH_2COCH_3}$$
己-2-炔

（六）亲核加成反应

炔烃除了发生亲电加成反应外，还可以发生亲核加成反应。例如，乙炔在强碱（ROK）存在条件下，可以与醇发生亲核加成反应生成相应的乙烯基烷基醚。反应中烷氧负离子（RO⁻）先进攻三键碳原子，生成碳负离子中间体，碳负离子从醇分子中结合氢离子，得到相应的乙烯基烷基醚，同时产生新的烷氧负离子。

$$RO^- + H-C\equiv C-H \longrightarrow RO-CH=\bar{C}-H \xrightarrow{ROH} RO-CH=CH_2 + RO^-$$

乙炔在催化剂 $CuCl_2$ 和 NH_4Cl 作用下，与氢氰酸反应生成丙烯腈。该反应为早期工业生产丙烯腈并进一步制备氰纶的方法之一。

$$HC\equiv CH + HCN \xrightarrow[NH_4Cl]{CuCl_2} \underset{\text{丙烯腈}}{CH_2=CH-CN} \xrightarrow{\text{聚合反应}} \underset{\text{聚丙烯腈(氰纶)}}{\left[CH_2-\underset{CN}{\overset{H}{C}} \right]_n}$$

（七）炔基负离子在有机合成中的应用

乙炔或末端炔烃三键碳原子上的氢具有酸性，能被强碱（$NaNH_2$、烷基锂试剂、格氏试剂）去质子化，形成炔基碳负离子（alkynyl carbanion）。炔基碳负离子作为亲核试剂，能与卤代烃等发生亲核取代反应，也能与醛、酮发生亲核加成反应，该方法用于炔烃碳链的延长。炔基碳负离子的碱性强，容易使仲卤代烷和叔卤代烷发生消除反应生成烯烃，因此，这种方法只适用伯卤代烷。炔基碳负离子的烷基化反应通常在液氨或干燥的醚类溶剂中进行。

通过选择性地生成单炔基负离子，可制得乙炔的单烷基化产物或双烷基化产物。

$$HC\equiv CH \xrightarrow[(2)\ CH_3CH_2Br]{(1)\ NaNH_2} HC\equiv CCH_2CH_3 \xrightarrow[(2)\ CH_3I]{(1)\ NaNH_2} CH_3C\equiv CCH_2CH_3\ (81\%)$$

炔基负离子与环氧乙烷发生亲核开环反应，经水处理后得到炔醇类化合物。若不对称环氧化合物与炔基负离子反应，炔基负离子一般进攻环氧化合物位阻较小的一端，即进攻环氧环中取代基较少的碳原子。炔基负离子能与羰基化合物发生亲核加成反应，得到炔醇。

$$CH_3CH_2C\equiv CH \xrightarrow[THF]{n\text{-}BuLi} CH_3CH_2C\equiv CLi \xrightarrow{H_2C-CH-CH_3 \text{（环氧）}} CH_3CH_2C\equiv C-CH_2CH(OH)CH_3$$

$$CH_3C\equiv CH \xrightarrow[\text{无水乙醚}]{CH_3CH_2MgBr} CH_3C\equiv CMgBr \xrightarrow[(2)H_3O^+]{(1)\text{环戊酮}} \text{1-(丙炔基)环戊醇}$$

案例 4-2

有机化学家科里（E. J. Corey）突破性地发展了"逆向合成分析"理论和方法，并因此获得了1990年的诺贝尔化学奖。"逆向合成分析"是指运用逻辑，对想要合成的对象进行合理解析，反推出起始原料以及关键反应节点。例如，E. J. Corey 在合成具有抗肿瘤活性的天然产物美登木素时，拟由丙酮和 (Z)-丁-2-烯-1,4-二醇经缩酮反应制备重要的合成中间体 2,2-dimethyl-4,7-dihydro-1,3-dioxepine。

$$\text{2,2-dimethyl-4,7-dihydro-1,3-dioxepine} \xrightarrow{\text{官能团互换}} \underset{H_3C}{\overset{H_3C}{>}}C=O + \text{HO-CH}_2\text{-CH=CH-CH}_2\text{-OH}$$
(Z)-丁-2-烯-1,4-二醇

科里

问题 如何制备 (Z)-丁-2-烯-1,4-二醇？

案例分析 (Z)-丁-2-烯-1,4-二醇是一种具有对称结构的烯基二醇，结构中的双键为顺式，炔烃经 Lindlar 催化剂催化加氢是选择性合成顺式烯烃的重要方法。因此，可以由丁-2-炔-1,4-二醇通过 Lindlar 催化剂催化氢化反应得到 (Z)-丁-2-烯-1,4-二醇。

（八）炔烃的聚合反应

乙炔在催化剂作用下，可选择性地聚合成链状或环状化合物，炔烃一般不聚合成高聚物。

$$2HC\equiv CH \xrightarrow[NH_4Cl]{CuCl} CH_2=CH-C\equiv CH \xrightarrow[CuCl/NH_4Cl]{HC\equiv CH} CH_2=CH-C\equiv C-CH=CH_2$$

$$3HC\equiv CH \xrightarrow{500℃} \text{苯}$$

$$4HC\equiv CH \xrightarrow[50℃,15\sim 20atm]{Ni(CN)_2} \text{环辛四烯}$$

三、制 备

乙炔为重要的基本有机合成原料，用途广泛。将氧化钙（石灰石）和焦炭一起加热到约 2000℃，得到碳化钙。然后，在室温下将碳化钙与水反应生成乙炔和氢氧化钙。

$$\underset{\text{焦炭}}{3C} + CaO \xrightarrow[\text{电炉}]{2000℃} \underset{\text{碳化钙}}{CaC_2} + CO$$

$$CaC_2 + 2H_2O \longrightarrow HC\equiv CH + Ca(OH)_2$$

甲烷在电弧作用下裂解或在高温下部分氧化也可制得乙炔。

$$2CH_4 \xrightarrow{\text{电弧}} HC \equiv CH + 3H_2$$

$$6CH_4 + O_2 \xrightarrow{1500℃} 2HC \equiv CH + 2CO + 10H_2$$

乙炔不稳定，如遇热、撞击或在电火花的引发下能发生猛烈爆炸，运输不便。由于乙炔的丙酮溶液（1 体积丙酮溶解 25 体积的乙炔）较稳定，因此，在 1～1.2MPa 压强下将乙炔压入用丙酮饱和的多孔性物质（如硅藻土、石棉、木屑等）的钢瓶中，可利于储存和运输。

邻二卤代烃或偕二卤代烃在 NaNH$_2$、KOH 或 NaOH 的醇溶液等碱性条件下，失去两分子的卤化氢生成炔烃。该反应需要高温才能脱去第二分子卤化氢。

$$(CH_3)_3CCH_2CHCl_2 \xrightarrow[\triangle]{NaNH_2} (CH_3)_3CC \equiv CNa \xrightarrow{H_2O} (CH_3)_3CC \equiv CH$$

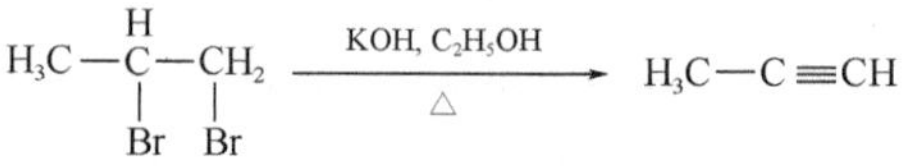

$$H_3C-\underset{\underset{Br}{|}}{\overset{\overset{H}{|}}{C}}-\underset{\underset{Br}{|}}{CH_2} \xrightarrow[\triangle]{KOH, C_2H_5OH} H_3C-C \equiv CH$$

第二节 二 烯 烃

一、分类和命名

（一）分类

含有两个或两个以上碳碳双键的烯烃称为多烯烃（polyene hydrocarbon）。根据分子中双键的数目，多烯烃可分为二烯烃（diene）、三烯烃等。按照双键的排列情况，二烯烃又可分为以下三类。

聚集二烯烃（cumulated diene）又称累积二烯烃或联烯（allene）。因此类结构不稳定，存在聚集二烯结构的化合物不多。聚集二烯烃中两个垂直分布的双键通过共用一个 sp 杂化的碳原子聚集在一起，如丙二烯（propadiene）[图 4-3（a）]。当丙二烯两端碳原子分别连有不同取代基时，虽然分子不含手性碳原子，但整个分子不对称，因此存在对映异构体。例如，2,3-戊二烯存在一对对映异构体 [图 4-3（b）]。

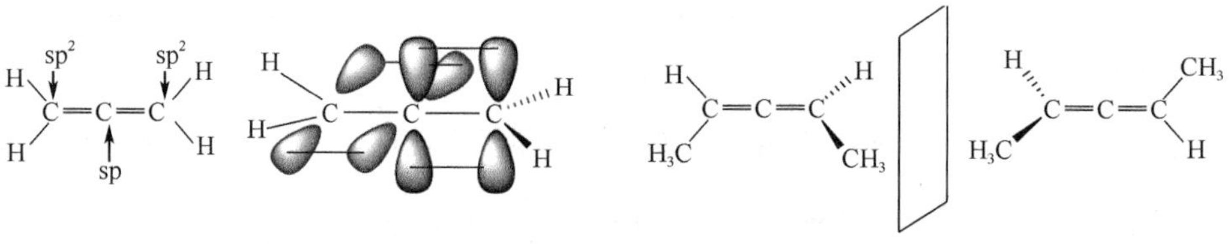

图 4-3 聚集二烯烃的结构

隔离二烯烃（isolated diene）中两个双键被饱和碳原子隔开，如己-1,5-二烯，隔离二烯烃分子中的两个双键相互间影响不大，各自表现出简单烯烃的性质。

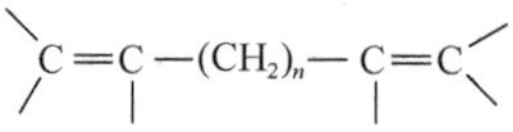

$$\underset{}{\overset{}{C}}=C-(CH_2)_n-C=\underset{}{\overset{}{C}} \qquad n \geqslant 1$$

共轭二烯烃（conjugated diene）中两个双键被一个单键隔开，呈现双键、单键交替排列的形式，如丁-1,3-二烯。共轭二烯烃中两个双键相互影响，其结构和性质较为特殊。本节重点讨论共轭二烯烃。

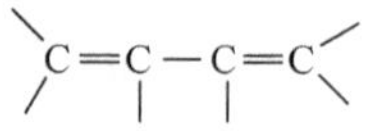

$$\underset{}{\overset{}{C}}=C-C=\underset{}{\overset{}{C}}$$

视窗 4-2　具有生物活性的共轭多烯烃

共轭多烯烃在自然界中较为常见，并且多数具有生物活性。例如，胡萝卜中存在的 α、β、γ-胡萝卜素（carotene），在体内可分解成视黄醛，视黄醛也称维生素 A 醛，是视紫红质的辅基，通过影响视紫红质构象发生变化，启动对大脑的神经脉冲，从而形成视觉。山梨酸（sorbic acid）对酵母、霉菌等许多真菌有抑制作用，作为食品防腐剂被广泛使用。从红曲霉菌（*Monascus rubber*）和土曲霉菌（*Aspergillus terreus*）的发酵液中分离得到的洛伐他汀（lovastatin）为羟甲戊二酰辅酶 A（HMG-CoA）还原酶抑制剂，具有显著降低胆固醇和甘油三酯的作用，于 1987 年被美国食品药品监督管理局（FDA）批准应用于临床。由结节链霉菌（*Streptomyces nodosus*）M4575 产生的多烯类抗生素两性霉素 B（amphotericin B）具有广谱的抗真菌活性，临床主要用于深部真菌感染。

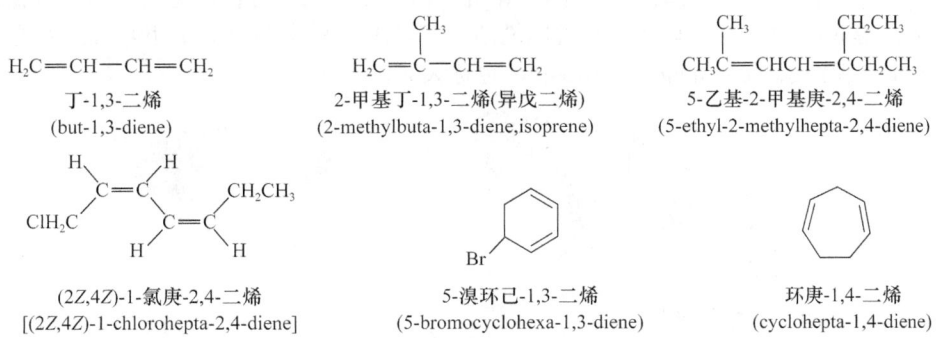

β-胡萝卜素　　　　　　　　　维生素A

洛伐他汀　　山梨酸　　　两性霉素B

（二）命名

二烯烃的系统命名，首先以含有两个双键的最长碳链作为主链，称为某二烯，然后从靠近双键的链端开始编号，标出双键的位置、构型及取代基的位置和名称。

$H_2C=CH-CH=CH_2$　　　　　　　　　　　　　　　　

丁-1,3-二烯　　　　2-甲基丁-1,3-二烯（异戊二烯）　　5-乙基-2-甲基庚-2,4-二烯
(but-1,3-diene)　　(2-methylbuta-1,3-diene, isoprene)　　(5-ethyl-2-methylhepta-2,4-diene)

(2Z,4Z)-1-氯庚-2,4-二烯　　　　5-溴环己-1,3-烯　　　　环庚-1,4-二烯
[(2Z,4Z)-1-chlorohepta-2,4-diene]　(5-bromocyclohexa-1,3-diene)　(cyclohepta-1,4-diene)

丁-1,3-二烯共轭双键间的单键旋转可产生两种构象，命名时用 *s*-顺或 *s*-反来表示，名称中的"*s*"取自"single bond"中的第一个字母。在室温时，*s*-反式构象占优势。

s-顺-丁-1,3-二烯　　　　*s*-反-丁-1,3-二烯
(*s*-*cis*-but-1,3-diene)　　(*s*-*trans*-but-1,3-diene)

二、共轭二烯烃的结构

由于共轭二烯烃中两个碳碳双键间存在着相互影响，故共轭二烯烃表现出一些较为特殊的物理和化学性质：①共轭二烯烃中双键和单键的键长趋于平均化，例如丁-1,3-二烯分子中碳碳双键的键长（0.137nm）比乙烯中双键的键长（0.134nm）略长，而C2—C3单键键长（0.146nm）却比乙烷中碳碳单键的键长（0.154nm）短（图4-4）；②共轭二烯烃有较低的氢化热（$-H^{\ominus}$）。较稳定烯烃的内能也较低，氢化时放出的氢化热也较小。若干烯烃的氢化热数据如下：戊-1-烯、戊-2-烯、戊-1,3-二烯、戊-1,4-二烯的氢化热分别为125.9kJ/mol、115.6kJ/mol、226.4kJ/mol、254.4kJ/mol。隔离二烯烃（戊-1,4-二烯）的氢化热约为单烯烃的两倍，显示两个双键相互影响较小。共轭二烯烃（戊-1,3-二烯）的氢化热低于含同数碳原子的隔离二烯烃，提示共轭二烯烃更稳定；③丁-1,3-二烯与液溴发生加成反应，不但有1,2-加成产物，还有1,4-加成产物。共轭二烯烃的稳定性和反应特性与其结构密切相关。

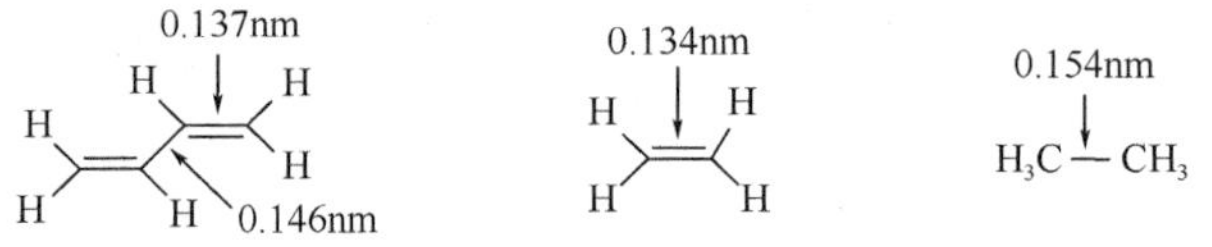

图4-4 丁-1,3-二烯、乙烯和乙烷键长的比较

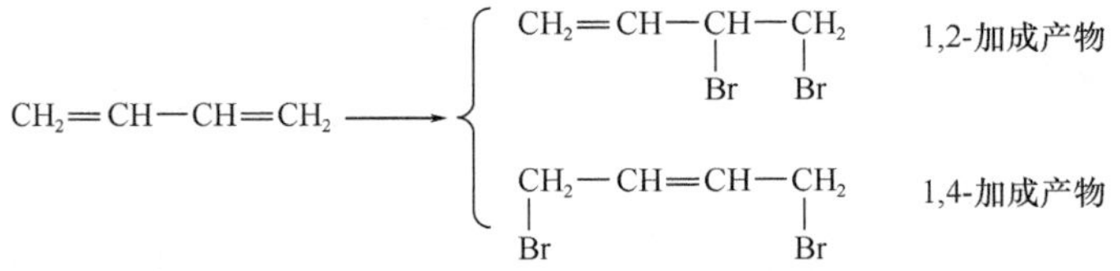

（一）共轭二烯烃的结构特点

丁-1,3-二烯的四个碳原子均是sp^2杂化，其三个C—C σ键和六个C—H σ键组成的分子骨架在同一平面上，每个碳原子各有一个p轨道，它们与上述平面垂直。C1、C2的两个p轨道和C3、C4的两个p轨道分别侧面相互重叠形成两个π键。由于C2、C3的p轨道发生部分重叠，其电子云密度增大，键长缩短，而具有部分双键的性质。丁-1,3-二烯中两个π键不是孤立存在，而是相互结合成π-π共轭体系（conjugation system），也称大π键（图4-5）。

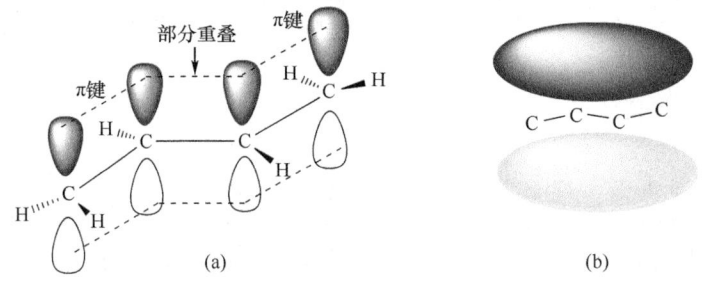

图4-5 （a）丁-1,3-二烯的p电子云；（b）丁-1,3-二烯分子中的大π键

在丁-1,3-二烯中，碳碳双键和碳碳单键发生了键长平均化。丁二烯分子中π电子不再局限于C1、C2和C3、C4之间，而是在整个分子中运动[图4-5（b）]，这种现象称为电子的离域作用（delocalization）。π电子离域导致分子的内能降低，体系稳定。戊-1,3-二烯比非共轭的戊-1,4-二烯的氢化热降低了28kJ/mol，这是π电子离域对稳定性的贡献，称为离域能（delocalization energy）或共轭能（conjugation energy）。它的数值越大，体系能量越低，相应的二烯烃也就越稳定。目前

常用分子轨道理论和共振论对共轭分子的离域现象进行描述。

（二）分子轨道理论对丁-1,3-二烯结构的描述

按照分子轨道理论，丁-1,3-二烯分子中四个碳原子的 p 轨道可以组成四个分子轨道，其中两个成键轨道和两个反键轨道，分别以 π_1、π_2 和 π_3^*、π_4^* 表示（图 4-6）。π_1 没有节点，π_2、π_3^* 和 π_4^* 轨道分别有一个、两个和三个节点，节点表明在该区域电子云密度很小，不起成键作用，节点越多，能级就越高。π_1、π_2 轨道的能级低于原子轨道，为成键轨道，π_3^*、π_4^* 轨道的能级高于原子轨道，为反键轨道。每个轨道可以容纳两个自旋方向相反的电子。丁-1,3-二烯在基态时，四个 π 电子都在成键轨道上，π_3^*、π_4^* 为空轨道。

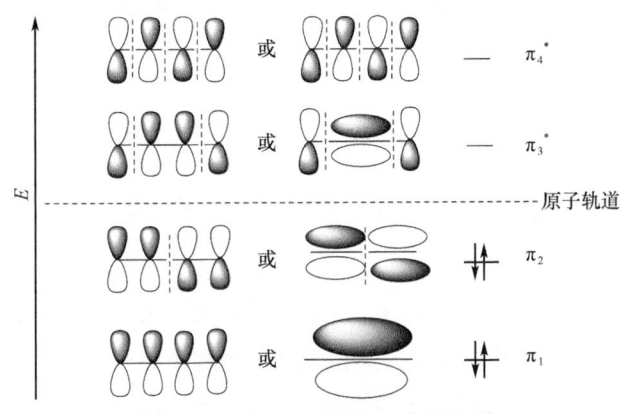

图 4-6　丁-1,3-二烯的 π 分子轨道

（三）共振论对丁-1,3-二烯结构的描述

1. 共振论的基本思想　美国化学家鲍林（Pauling）提出共振论学说的基本思想。当一个分子、离子或自由基按价键规则无法用一个经典结构式表达时，可以用若干个共振的经典结构式来表达，即其真实结构式是由这些可能的经典结构式叠加而成的。这样的经典结构式称为共振式（resonance formula）或极限式，相应的结构可看作共振结构（resonance structure）或极限结构，因此这样的分子、离子或自由基可以认为是这些极限结构的共振杂化体（resonance hybrid）。在共振论中，共振杂化体既不是几个极限结构的混合物，也不是它们互变的平衡体系。这些假想的彼此共振的极限结构不是客观实体，任何一种单独的极限结构都不能全面地表达分子的性质。共振的极限结构与真实结构存在着一定的内在联系，反映其性质特征。共振杂化体的各极限结构之间用"⟷"联系，表示彼此间存在"共振"。

2. 共振极限式的书写　共振极限式的书写必须符合下列原则要求：①所有的极限式都必须符合路易斯结构式的要求。②各极限式中原子在空间的位置相同，它们之间的差异在于电子的排布不同。例如，烯醇式和酮式之间不是共振关系，而是互变异构，因为氢原子在空间的位置不同。③各共振极限式中配对或未配对的电子数目应当是一样的。

$$CH_2=CH-\dot{C}H_2 \longleftrightarrow \dot{C}H_2-CH=CH_2$$
$$CH_2=CH-\dot{C}H_2 \overset{\times}{\longleftrightarrow} \dot{C}H_2-\dot{C}H-\dot{C}H_2$$

3. 判断共振极限式相对稳定性的原则　在共振杂化体中，每一个共振极限式都有各自的贡献，不等价的共振极限式的贡献不同，越稳定的极限结构对杂化体的贡献越大。真实分子的性质在很大程度上依赖于贡献大的共振极限式。从结构上判断共振极限式的相对稳定性有如下原则：

（1）共价键数目多的共振极限式更稳定。

$$CH_2=CH-CH=CH_2 \longleftrightarrow \overset{-}{C}H_2-CH=CH-\overset{+}{C}H_2$$
　　　　　较稳定

（2）满足八隅律的极限式比未满足八隅律的极限式稳定。

$$CH_2=\overset{+}{O}H \longleftrightarrow \overset{+}{C}H_2-\ddot{O}H$$
较稳定

（3）无正负电荷分离的共振极限式比正负电荷分离的共振极限式稳定。

$$\left[CH_3-\overset{\overset{O}{\|}}{C}-\ddot{O}H \longleftrightarrow CH_3-\overset{\overset{O^-}{|}}{\underset{}{C}}=\overset{+}{O}H \right]$$
较稳定

（4）所有原子都满足八隅律但带电荷的极限结构，电负性大的原子带负电荷或电负性小的原子带正电荷的极限结构比较稳定。

$$\overset{-}{C}H_2-\overset{C-H}{\underset{\overset{\|}{O}}{}}\longleftrightarrow CH_2=\overset{C-H}{\underset{\overset{|}{O^-}}{}}$$ 较稳定

（5）由等价极限结构构成的体系具有较大的共振稳定作用，例如烯丙基正离子的等价极限结构：

$$CH_2=CH-\overset{+}{C}H_2 \longleftrightarrow \overset{+}{C}H_2-CH=CH_2$$

（6）参与共振的极限式结构数目越多，共振杂化体越稳定。

共振论以观察大量有机化学实验事实为依据，采用极限式的共振杂化体来描述分子、离子等的电子离域状态，在很多场合下，可得到与事实基本相符的结论。分子轨道理论是以量子力学为基础，有比较充分的定量计算和理论依据，理论上比共振论完善，但表达方式不够直观。分子轨道理论和共振论均用于描述分子结构和性质，且相互补充。

4. 共振论描述丁-1,3-二烯的结构 丁-1,3-二烯分子可以看作下列极限式的共振杂化体。

$$CH_2=CH-CH=CH_2 \longleftrightarrow \overset{-}{C}H_2-CH=CH-\overset{+}{C}H_2 \longleftrightarrow \overset{+}{C}H_2-CH=CH-\overset{-}{C}H_2 \longleftrightarrow CH_2=CH-\overset{-}{C}H-\overset{+}{C}H_2$$
（Ⅰ）　　　　　　　　　　（Ⅱ）　　　　　　　　　　（Ⅲ）　　　　　　　　　　（Ⅳ）

$$\longleftrightarrow CH_2=\overset{-}{C}H-\overset{+}{C}H-\overset{-}{C}H_2 \longleftrightarrow \overset{-}{C}H_2-\overset{+}{C}H-CH=CH_2 \longleftrightarrow \overset{+}{C}H_2-\overset{-}{C}H-CH=CH_2$$
（Ⅴ）　　　　　　　　　　（Ⅵ）　　　　　　　　　　（Ⅶ）

依据共振论，丁-1,3-二烯的极限式Ⅱ与Ⅲ，Ⅳ与Ⅶ，Ⅴ与Ⅵ属于等价极限结构，对共振杂化体的贡献是相等的。极限式Ⅰ的能量最低，最稳定，对共振杂化体的贡献最大。因此，通常用极限式Ⅰ表示丁-1,3-二烯的结构。综合极限式Ⅰ～Ⅶ对杂化体的贡献可以看出，C1—C2、C3—C4之间的键以双键为主，但也含有一定的单键成分，而C2—C3之间的键以单键为主，但具有部分双键的性质，即丁-1,3-二烯的键长平均化。

案例 4-3

克莱森缩合反应是指两分子的酯类化合物或一分子酯和一分子羰基化合物在强碱作用下发生缩合，失去一分子醇生成一分子 β-酮酸酯或 β-二酮的反应。因德国化学家莱纳·路德维希·克莱森（Rainer Ludwig Claisen）对这一反应的研究具有重要贡献，因此，该反应以他的名字来命名。例如，两分子的乙酸乙酯在醇钠作用下再经过水解，可以得到乙酰乙酸乙酯；该反应机理的第一步是醇钠首先拔掉一个乙酸乙酯分子上的羰基 α-氢原子，形成碳负离子中间体（下式）。

$$CH_3\overset{\overset{O}{\|}}{C}-OC_2H_5 \xrightarrow{C_2H_5ONa} \overset{-}{C}H_2\overset{\overset{O}{\|}}{C}-OC_2H_5$$

> **问题** 写出碳负离子中间体的另一共振式极限式，并比较哪种共振极限式更稳定。
>
> **案例分析** 根据共振式的书写规则，共振式的原子排列相同但电子排布不同，在该碳负离子的结构中，碳负离子的电子可以共振到羰基氧原子上，形成氧负离子中间体的共振极限式（下式）。
>
> $$\overset{O}{\underset{}{\text{CH}_2\text{C}-\text{OC}_2\text{H}_5}} \longleftrightarrow \overset{O^-}{\underset{}{\text{H}_2\text{C}=\text{C}-\text{OC}_2\text{H}_5}}$$
>
> 根据共振极限式的相对稳定性原则，电负性大的原子带负电荷的极限式更稳定。氧原子的电负性比碳原子大，因此，氧原子带负电荷的极限共振式更稳定。

三、共轭二烯烃的反应

（一）亲电加成反应

1. 1,2-加成和 1,4-加成反应 共轭二烯烃能与卤素、卤化氢等发生亲电加成反应，生成 1,2-加成产物和 1,4-加成产物。共轭二烯烃的亲电加成反应比烯烃更容易进行，例如，丁-1,3-二烯与液溴反应，加第一分子溴单质的速率要比加第二分子溴单质的速率大得多，所以容易得到二溴化物。在加成产物中不仅有预期的 3,4-二溴丁-1-烯，还有 1,4-二溴丁-2-烯。前者两个溴原子加在共轭二烯烃的一个双键上，即 C1 和 C2 原子上，称为 1,2-加成产物；后者两个溴原子加在共轭体系的两端，即 C1 和 C4 原子上，同时在 C2 和 C3 之间形成新的双键。这种加成方式称为 1,4-加成。在 1,4-加成中，共轭体系作为一个整体参与反应，因此又称为共轭加成（conjugated addition）。丁-1,3-二烯与卤化氢反应也得到 1,2-加成和 1,4-加成两种加成产物。这是共轭二烯烃与亲电试剂发生加成反应的共同特征。下面重点讨论生成 1,4-加成产物的反应机制。

$$H_2C=CH-CH=CH_2 + Br_2 \longrightarrow \begin{cases} CH_2=CH-CH-CH_2 \\ \quad\quad\quad\quad\ \ |\ \ \ \ \ \ | \\ \quad\quad\quad\quad\ Br\ \ \ Br \end{cases} \text{1,2-加成}$$
$$\begin{cases} CH_2-CH=CH-CH_2 \\ \ |\quad\quad\quad\quad\quad\ \ | \\ Br\quad\quad\quad\quad\ \ Br \end{cases} \text{1,4-加成}$$

$$H_2C=CH-CH=CH_2 + HBr \longrightarrow \begin{cases} CH_2=CH-CH-CH_3 \\ \quad\quad\quad\quad\ \ |\\ \quad\quad\quad\quad\ Br \end{cases} \text{1,2-加成}$$
$$\begin{cases} CH_2-CH=CH-CH_3 \\ \ | \\ Br \end{cases} \text{1,4-加成}$$

2. 1,4-加成反应历程 丁-1,3-二烯与溴化氢反应时是分步进行的。首先，质子加到链端的不饱和碳原子上，生成较稳定的活泼中间体烯丙基正离子 I。I 的 C2 上所含有的空 p 轨道与 C3 和 C4 间的双键存在 p-π 共轭效应，与 1 位甲基存在 σ-p 超共轭效应，这些共轭效应使 C2 正电荷分散，所以 I 较稳定。III 为非离域的一级碳正离子，不存在 p-π 共轭效应，σ-p 超共轭效应也比碳正离子 I 弱，因此III较不稳定。丁-1,3-二烯的 1,4-加成第二步反应是溴负离子进攻活泼中间体 I。Br⁻ 既可以进攻 C2，也可以进攻 C4，分别得到 1,2-加成产物和 1,4-加成产物。两种加成产物的比例取决于反应物的性质、溶剂的极性、反应的温度和产物的稳定性等因素。

$$CH_2=CH-CH=CH_2 \xrightarrow{H^+} \begin{cases} \overset{+}{CH_2=CH-CH-CH_3} \ (\text{I}) \\ \ \ 4\quad\ \ 3\quad\ \ 2\quad\ 1 \\ \updownarrow \\ CH_2-\overset{+}{CH}-CH=CH_3\ (\text{II}) \\ \ 4\quad\quad 3\quad\quad 2\quad\ 1 \\ \\ \underset{\times}{\ } CH_2=CH-CH-\overset{+}{CH_2}\ (\text{III}) \\ \quad\ 4\quad\quad 3\quad\quad 2\quad\ 1 \end{cases} \xrightarrow{Br^-} \begin{cases} CH_2=CH-CH-CH_3 \\ \quad\quad\quad\quad\ \ | \\ \quad\quad\quad\quad\ Br \\ \text{1,2-加成} \\ \\ CH_2-CH=CH-CH_3 \\ \ | \\ Br \\ \text{1,4-加成} \end{cases}$$

3. 共轭体系的类型 在不饱和化合物中，由三个或更多个相互平行的 p 轨道参与重叠形成的大 π 键称为共轭体系。在共轭体系中，由于电子离域，体系能量降低，键长平均化，分子趋于稳定的电子效应称为共轭效应（conjugated effect），用 C 表示。按共轭体系划分共轭效应大体上分为三大类：

双键（三键）单键相间的共轭体系称为 π-π 共轭体系。例如：

$$CH_2=CH-CH=CH_2 \quad CH_2=CH-CH=O \quad CH_2=CH-C\equiv N \quad HC\equiv C-C\equiv CH$$

由 p 轨道与双键 π 轨道相互重叠形成的共轭体系称为 p-π 共轭体系。与双键共轭的 p 轨道可以含有两个未共用电子或一个单电子，也可以是空轨道。例如：

$$CH_2=\underset{H}{C}-\ddot{O}H \quad CH_2=CH-\overset{+}{C}H_2 \quad CH_2=CH-\dot{C}H_2 \quad CH_2=CH-\bar{C}H_2$$

当 C—H σ 键处于 π 键（或 p 轨道）相邻位置时，电子离域，这种 C—H 键 σ 电子的离域现象称为超共轭效应（hyperconjugation）。超共轭效应包括 σ-π 超共轭和 σ-p 超共轭两种类型。当 C—H 键和双键相邻时，C—H 键的 σ 轨道能与双键的 π 轨道发生部分重叠，共轭范围扩大，产生导致体系稳定的 σ-π 超共轭效应。由于 σ-π 超共轭作用，烯烃分子的稳定性会随着双键碳原子上的甲基或烷基数目的增加而增大。因此，各种烯烃分子的稳定性如下：

$$R_2C=CR_2 > RC=CHR > RHC=CHR \approx R_2C=CH_2 > RHC=CH_2 > H_2C=CH_2$$

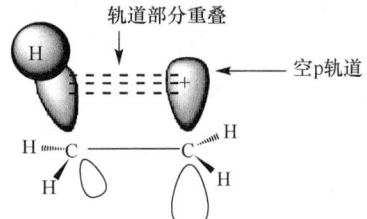

图 4-7 乙基碳正离子中的超共轭作用

由 C—H 键的 σ 轨道与相邻碳正离子或自由基的 p 轨道发生部分重叠而产生电子离域的现象称为 σ-p 超共轭效应（图 4-7）。与碳正离子相邻的 C—H 键 σ 电子可以部分离域到碳正离子的空 p 轨道上而使正电荷得到部分分散，使碳正离子趋于稳定。显然，在碳正离子中，能参与离域的 C—H 键越多，越有利于碳正离子的稳定。因此，碳正离子稳定性呈现如下次序：

$$\underset{3°}{(CH_3)_3\overset{+}{C}} > \underset{2°}{(CH_3)_2\overset{+}{C}H} > \underset{1°}{CH_3\overset{+}{C}H_2} > \overset{+}{C}H_3$$

对于烷基自由基而言，其碳原子 p 轨道上含有一个未成键电子，属于缺电子体系，C—H 键 σ 电子可以部分离域到烷基自由基的 p 轨道上，使得烷基自由基的稳定性顺序与碳正离子的稳定性次序相同。

4. 热力学控制和动力学控制 溴化氢与丁-1,3-二烯发生亲电加成反应，0℃时产物中 1,2-加成和 1,4-加成产物的比例为 70∶30；而 40℃时，两种加成产物的比例为 15∶85。

$$CH_2=CH-CH=CH_2 + HBr \longrightarrow \underset{\underset{1,2\text{-加成产物}}{|\quad\quad|}}{CH_2=CH-CH-CH_2} + \underset{\underset{1,4\text{-加成产物}}{|\quad\quad\quad|}}{CH_2-CH=CH-CH_2}$$
$$ Br\ \ H Br H$$

从共轭二烯烃的反应历程得知，1,2-加成和 1,4-加成反应的第一步相同，均首先生成较稳定的活泼烯丙基碳正离子中间体，两种加成产物的相对数量取决于第二步反应。在低温下反应时，主要产物是过渡态能垒较低的产物，图 4-8（丁-1,3-二烯与溴化氢加成反应的能量图）显示 Br^- 与 C_2 结合的过渡态能垒（E_{a1}）比 Br^- 与 C4 结合的过渡态能垒（E_{a2}）低，所以低温下反应时，以 1,2-加成产物即动力学（速率）控制（kinetic control）的产物为主。当温度升高时，内能较低的产物为主产物，由图 4-8 得知，1,4-加成产物比 1,2-加成产物内能低，更稳定，因此温度升高时，1,4-加成产物即热力学（平衡）控制（thermodynamic control）的产物为主要产物。

1,2-加成产物和 1,4-加成产物可以通过碳正离子相互转变（图 4-9），例如 1,2-加成产物和 1,4-加成产物比例为 70∶30 的混合物于 40℃放置，其产物比例也可以转化为 15∶85。

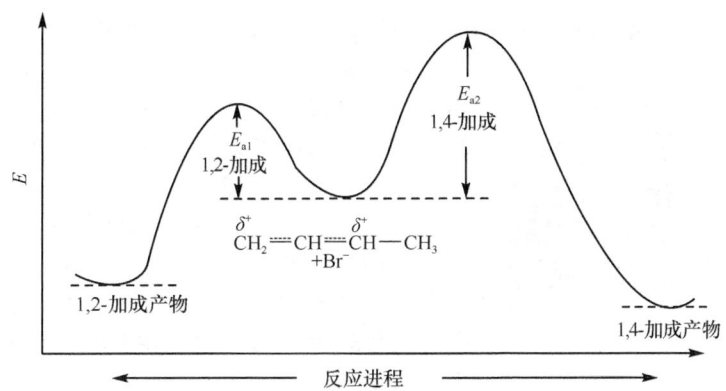

图 4-8　丁-1,3-二烯 1,2-加成和 1,4-加成反应进程中的势能变化示意图

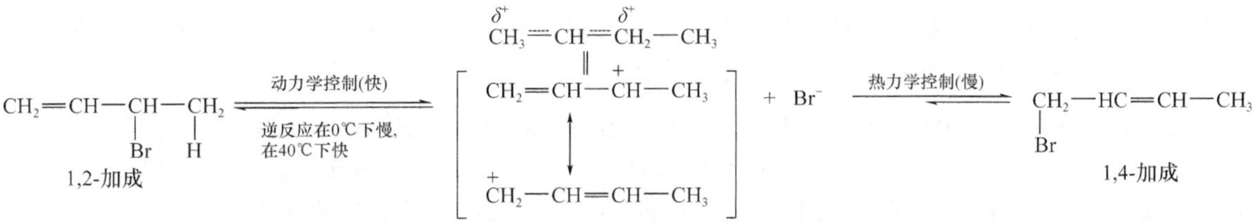

图 4-9　1,2-加成产物和 1,4-加成产物的相互转化

在可以生成多种产物的有机化学反应中，利用反应速率差异的特点来控制产物组成比例的反应称为动力学控制或速率控制反应。利用反应的平衡使具有稳定性质的物质成为主要产物的反应，称为热力学控制或平衡控制反应。通常，通过缩短反应时间或降低反应温度可以得到动力学控制为主的产物，通过延长反应时间或升高反应温度可以获得以热力学控制为主的产物。

（二）Diels-Alder 反应

1928 年，第尔斯（Otto P. H. Diels）和阿尔德（Kurt Alder）发现丁-1,3-二烯与马来酸酐在苯溶液中加热得到六元环状化合物，后来这类反应就被称为 Diels-Alder 反应。Diels-Alder 反应又称双烯合成（diene synthesis），是共轭二烯烃的特征反应之一，是合成六元环状化合物最重要的反应之一。

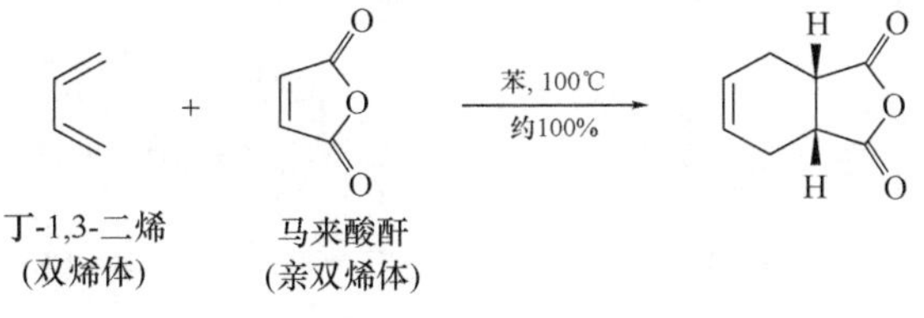

Diels-Alder 反应中的共轭二烯烃简称双烯体，与其反应的烯烃、炔烃等称为亲双烯体。双烯体含有 4 个 π 电子，亲双烯体含有 2 个 π 电子，它们之间的反应通常又称 [4+2] 环加成（cycloaddition）反应。Diels-Alder 反应的过程中没有碳正离子、碳负离子、自由基等活泼中间体产生，双烯体和亲双烯体相互靠近，通过六元环状过渡态，一步反应得到环加成产物，其旧键的断裂和新键的形成是同时进行的，这类反应属于协同反应（concerted reaction）。协同反应的机制参见第十六章。

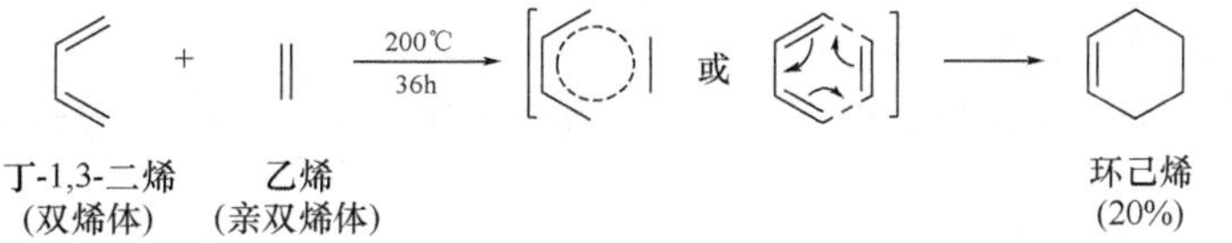

视窗 4-3　　第尔斯和阿尔德共同获得 1950 年诺贝尔化学奖

第尔斯　　阿尔德

第尔斯（Otto P. H. Diels，1876—1954）生于德国汉堡，1899年博士毕业于柏林大学，1906～1915年任教于柏林大学，1916年起任德国基尔大学教授和化学研究所所长，直至1945年退休。

阿尔德（Kurt Alder，1902—1958）生于德国肯尼舒特，1926年获基尔大学博士学位，其导师就是第尔斯。阿尔德毕业后继续和第尔斯一起工作，从事有机合成的研究，1936年成为基尔大学教授，1940年担任科隆大学有机化学教授。

1927～1928 年，第尔斯和阿尔德在有机化学领域开展了系统性的研究，并发现了双烯合成反应。为了纪念他们的成就，人们把该反应命名为 Diels-Alder 反应。Diels-Alder 反应的发现在有机合成和有机理论方面都具有重要的意义，为此第尔斯和阿尔德共同获得了 1950 年的诺贝尔化学奖，以表彰他们对双烯合成研究所作出的巨大贡献。

1. Diels-Alder 反应的反应物活性　　丁-1,3-二烯与乙烯进行 Diels-Alder 反应的条件较剧烈，该反应需加热、加压、长时间反应，但收率仍较低；而丁-1,3-二烯与马来酸酐的反应却容易进行，且收率很高。这说明反应物取代基的电性对 Diels-Alder 反应的活性有显著的影响。

不饱和键上连有吸电子基团（—CHO、—COOH、—COOR、—CN、—NO$_2$ 等）的烯烃、炔烃作为亲双烯体，容易发生 Diels-Alder 反应，而且不饱和碳原子上吸电子基团越多，吸电子能力越强，反应速率越快，其中 α,β-不饱和羰基化合物为最重要的亲双烯体。

$$\text{CH}_2=\text{CH-CH}=\text{CH}_2 + \text{CH}_2=\text{CH-CHO} \xrightarrow[\text{约100\%}]{100℃} \text{环己烯-CHO}$$

分子中连有给电子基团的双烯体也可使反应加快。例如，甲基或甲氧基取代的丁-1,3-二烯衍生物的反应速率大于丁-1,3-二烯，取代基的给电子能力越强，双烯体的反应速率越快（表 4-2）。

表 4-2　某些取代丁二烯与马来酸酐加成的反应速率常数（30℃）

双烯体	速率常数/(10^5k)	双烯体	速率常数/(10^5k)
CH$_2$=C(Cl)—CH=CH$_2$	0.69	CH$_3$—CH=CH—CH=CH$_2$	22.7
CH$_2$=CH—CH=CH$_2$	6.83	CH$_2$=C(CH$_3$)—C(CH$_3$)=CH$_2$	33.6
CH$_2$=C(CH$_3$)—CH=CH$_2$	15.4	CH$_3$—HC=CH—CH=CH$_2$	84.1

2. 双烯体结构对反应的影响　　在发生环加成反应时，共轭二烯烃的两个双键必须是 s-顺式，或至少能够在反应过程中通过单键旋转转变成 s-顺式构型。以下几个双键为刚性的反式结构的化合物则不能发生 Diels-Alder 反应。

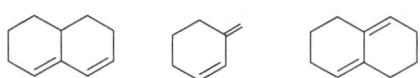

3. Diels-Alder 反应的立体化学

（1）顺式加成：Diels-Alder 反应是立体专一的顺式加成反应，产物的构型取决于双烯体和亲双烯体原有的构型。

第四章 炔烃和二烯烃

反-环己烯-4,5-二甲酸二甲酯

顺-环己烯-4,5-二甲酸二甲酯

（2）区域选择性：当双烯体与亲双烯体上均有取代基时，两个取代基处于邻位或对位的加成产物为优势产物。双烯体和亲双烯体上取代基的性质对优势产物的选择性影响不大。

(70%)　　(30%)

(61%)　　(39%)

（3）内型加成规则：环戊二烯与马来酸酐反应，生成内型（endo）和外型（exo）两种不同加成产物。但一般情况下，动力学控制的内型加成产物优先生成，这一规律被称为内型加成规则。

98.5%　　　1.5%
内型　　　外型

Diels-Alder 反应的应用范围非常广泛，在有机合成中占有很重要的地位。

视窗 4-4　　　　Diels-Alder 反应在药物合成的应用

斑蝥为芫青科昆虫南方大斑蝥或黄黑小斑蝥的干燥全虫。斑蝥作为我国的传统中药，有两千多年的历史，具有攻毒蚀疮，逐瘀散结的中医药疗效。从干燥的斑蝥虫中提取得到的斑蝥素具有抗肿瘤、升高白细胞、增强免疫、抗病毒和抑菌、抗氧化损伤等作用。

斑蝥素

去甲斑蝥素

斑蝥

1929 年，第尔斯和阿尔德首次合成去甲斑蝥素（norcantharidin）——外型-7-氧杂双环 [2.2.1]

庚烷-2,3-二羧酸酐。去甲斑蝥素为斑蝥素的衍生物,作为抗癌药物于1989年在我国投入生产。与斑蝥素相比,去甲斑蝥素明显减轻了对泌尿系统的刺激作用,并提高了抗癌效果。去甲斑蝥素在临床上主要用于治疗原发性肝癌,对胃癌、食管癌、肺癌、乳腺癌、肠癌、皮肤癌等也有一定的疗效。去甲斑蝥素可通过呋喃和马来酸酐为原料,经Diels-Alder反应,再催化氢化来合成。

维生素B_6(吡哆醇)是水溶性维生素,在谷类种子外皮中的含量尤为丰富。维生素B_6临床上用于治疗因放疗引起的恶心、妊娠呕吐等,也可用于癞皮病及其他营养不良的辅助治疗。以5-乙氧基-4-甲基噁唑为原料,经Diels-Alder反应、水解,可得到维生素B_6。整个合成路线短,构思巧妙。

(三)聚合反应

同简单的烯烃一样,共轭二烯烃也能发生聚合反应,生成具有弹性的橡胶材料。丁-1,3-二烯的聚合可以发生在C1和C2位,生成聚乙烯基乙烯;也可以发生在C1和C4位,生成顺-聚丁二烯和反-聚丁二烯的混合聚合物。这些聚合物本身含有不饱和双键,它们还可以在自由基引发剂或辐照下连接在一起,形成交联聚合物。一般来说,交联能增加材料的密度和硬度。

天然橡胶是2-甲基丁-1,3-二烯(异戊二烯)的全顺式聚合物。天然橡胶的黏性大,难以直接应用。通过硫化处理改进了硬度、强度和弹性的橡胶,被广泛应用于汽车轮胎的制造。

按自由基历程聚合制成的聚异戊二烯是顺式和反式聚合物的混合物,由于反式聚异戊二烯的弹性差,所以混合物的性质不如天然橡胶。齐格勒(K. Ziegler)和纳塔(G. Natta)教授发明了催化异戊二烯定向聚合的催化剂[$TiCl_4/Al(Et)_3$],采用该催化剂,可得到顺-聚异戊-1,4-二烯或氯丁橡胶,从而解决了合成橡胶的关键技术问题。K. Ziegler和G. Natta教授因这一卓越成就于1963年获得诺贝尔化学奖。

$$n\,CH_2{=}\underset{Cl}{C}{-}CH{=}CH_2 \xrightarrow{TiCl_4/AlR_3} {\left[CH_2{-}\underset{Cl}{C}{=}\underset{H}{C}{-}CH_2\right]}_n$$

氯丁橡胶

习 题

1. 按系统命名法命名下列化合物。

(1) $CH_3CH(C_2H_5){-}C{\equiv}CCH_3$

(2) $H_3C{-}\underset{H}{\overset{CH_3}{C}}{-}C{\equiv}C{-}\underset{H}{\overset{CH_3}{C}}{-}CH_3$

(3) $HC{\equiv}C{-}CH_2CH{=}CH_2$

(4) $H_3C{-}\underset{H}{C}{=}\underset{H}{C}{-}C{\equiv}CH$ （顺式双键结构）

(5) $CH_2{=}C(C_2H_5){-}CH{=}CH_2$

(6) $\underset{H_3C}{\overset{Cl}{C}}{=}\underset{H}{C}{-}\underset{H}{C}{=}\underset{CH_3}{C}$

(7) 甲基环庚三烯

(8) $H_3CH_2C{-}CH{=}CH{-}CH_2{-}C(CH_3){=}C(CH_3)(C_2H_5)$

2. 用简便的化学方法鉴别下列化合物。

2-甲基丁烷；3-甲基丁-1-烯；3-甲基丁-1-炔

3. 在与亲电试剂（如 Cl_2、HBr 等）的加成反应中，烯烃比炔烃要活泼，但当炔烃与这些亲电试剂作用时，又容易使加成反应停留在烯烃阶段，试解释原因。

4. 完成下列反应方程式。

(1) $2CH_3C{\equiv}CH \xrightarrow[\text{液氨}]{NaNH_2} A \xrightarrow{BrCH_2CH_2Br} B$

(2) $CH_3C{\equiv}CCH_2CH_2CH_2C{\equiv}CH \xrightarrow[\text{液氨}]{Na}$

(3) $CH_3C{\equiv}CH \xrightarrow{CH_3MgBr} A\text{(气体)} + B \xrightarrow{CH_3I} C$

(4) $CH_3C{\equiv}CCH_3 \xrightarrow[\text{Lindlar 催化剂}]{H_2}$

(5) $CH_3C{\equiv}CH \xrightarrow[(2)\,H_2O]{(1)\,\text{丙酮}} A \xrightarrow[\Delta]{H_2SO_4} B$

(6) （环己烯基取代的烯烃）$\xrightarrow{HCl(1\text{分子})}$

(7) $CH_3CBr_2CH_3 \xrightarrow[C_2H_5OH,\,\Delta]{KOH} A \xrightarrow[H_3O^+]{Hg^{2+}} B$

(8) $CH_2{=}CHCH_2C{\equiv}CH \xrightarrow[(2)\,Zn/H_2O]{(1)\,O_3} A + B + C$

5. 请通过适当的反应完成下列转变。

$\underset{H}{\overset{H_3C}{C}}{=}\underset{H}{\overset{CH_3}{C}} \longrightarrow \underset{H}{\overset{H_3C}{C}}{=}\underset{CH_3}{\overset{H}{C}}$

6. 用乙炔和其他必要的试剂合成下列化合物。

(1) CH_3CHO　　(2) $CH_3\overset{O}{\overset{\|}{C}}CH_3$　　(3) $H_3C-\underset{Br}{\overset{Br}{\underset{|}{\overset{|}{C}}}}-CH_3$

(4) $CH_3\overset{O}{\overset{\|}{C}}-CH=CH_2$　　(5) $CH_3CH_2CH_2CH_2CHO$

7. 写出反式戊-2-烯和顺式戊-2-烯混合物转变成纯顺-2-烯的步骤。

8. 某旋光化合物 A（C_8H_{12}），用铂催化加氢后得到无手性的化合物 B（C_8H_{18}），A 用 Lindlar 催化剂催化氢化得到手性化合物 C（C_8H_{14}），但用金属 Na 在液氨中还原得到无手性的化合物 D（C_8H_{14}）。试推测 A、B、C、D 的结构，并写出相应的反应式。

9. 讨论 2-甲基丁-1,3-二烯与 1 分子 HBr 发生 1,4-加成反应的中间体和产物。

10. 画出下列烯丙基碳正离子的共振极限式。

(1) 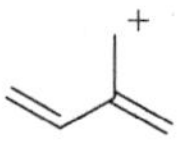　(2) 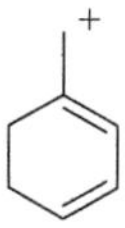　(3)

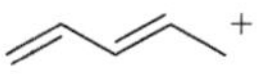

11. 排列下列化合物与马来酐发生 Diels-Alder 反应的活性。

(A) 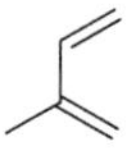　(B) 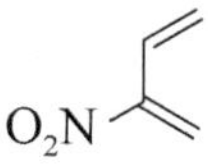　(C) 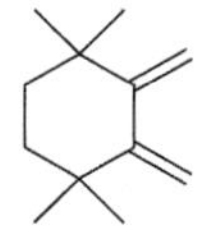　(D)

12. 完成下列反应方程式。

(1) 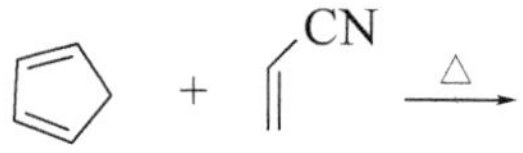 ⬠ + CH₂=CHCN $\xrightarrow{\Delta}$

(2) 丁二烯 + 对苯醌 $\xrightarrow{\Delta}$

(3) 异戊二烯 + 马来酐 $\xrightarrow{\Delta}$

(4) 2 环戊二烯 $\xrightarrow{\Delta}$

(5) 环己二烯 + $CH_3OOCC≡CCOOCH_3$ $\xrightarrow{\Delta}$

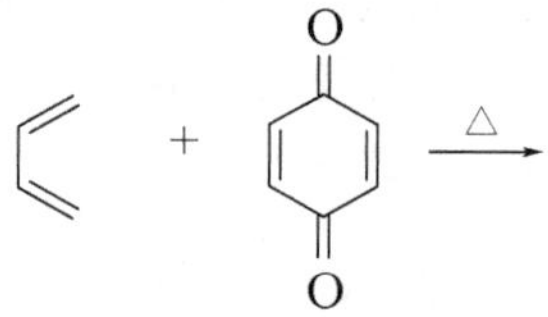

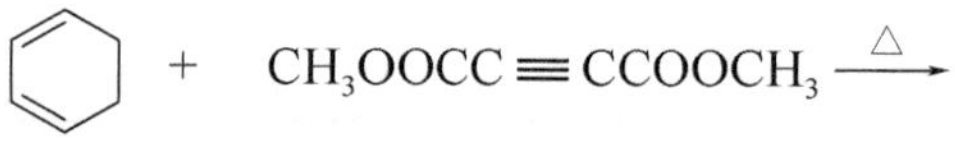

13. 某二烯烃和 1mol Br_2 加成生成 2,5-二溴己-3-烯，此二烯烃经臭氧氧化并经 Zn/H_2O 处理，得到 2mol CH_3CHO 和 1mol OHC—CHO，写出该二烯烃的结构式。

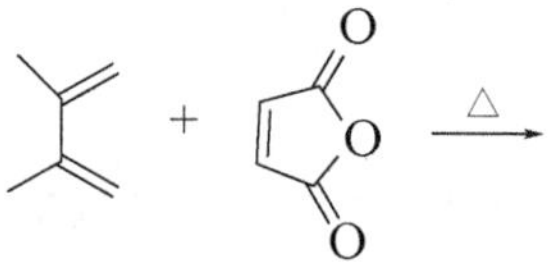

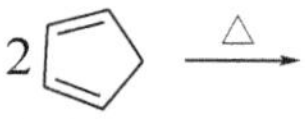

14. 由环己烷如何制备环己-1,3-二烯？

15. 用不超过 4 个碳原子（含 4 个碳原子）的原料合成 $HOOC-CH(COOH)-CH(COOH)-COOH$。

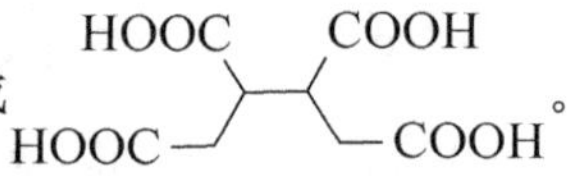

（广东医科大学　马爱青）

第五章 芳烃

学习目标

掌握 芳烃的分类、命名和芳香性的含义；苯分子的结构及其结构的稳定性；常见的亲电取代反应：卤代反应、硝化反应、磺化反应、Friedel-Crafts 烷基化和酰基化反应；苯衍生物的亲电取代反应，取代基对反应速率的影响及其定位效应；烃基苯的自由基取代及氧化反应；萘的结构和性质；休克尔规则。

熟悉 苯的价键理论、共振理论和分子轨道理论，并可利用这三个理论解释苯结构的稳定性；苯的亲电取代反应机制。

了解 蒽、菲的结构和致癌芳烃。

第一节 芳烃的分类、命名和物理性质

一、分　类

在早期研究中，人们发现许多苯的衍生物具有芳香气味，如桂皮醛（cinnamaldehyde）、β-苯乙醇（β-phenylethanol）、枯茗醛（cuminaldehyde）等，因此将此类化合物命名为"芳香化合物"。但随着研究的深入，"芳香"一词已失去原有的含义，"芳香性"（aromaticity）现被用于描述芳香族化合物所具有的高度不饱和，但很稳定，且不易发生加成和氧化反应，而容易发生取代反应的性质。

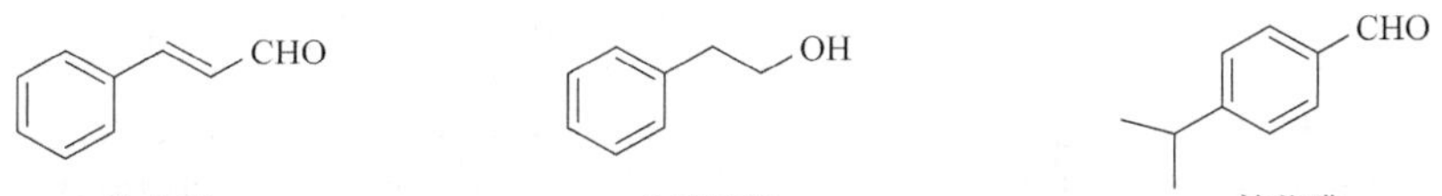

桂皮醛　　　　　β-苯乙醇　　　　　枯茗醛

芳烃是芳香族碳氢化合物的简称，又称芳香烃（aromatic hydrocarbon）。芳烃分为含苯芳烃和不含苯环的芳烃，后者为非苯型芳烃，如䓬（azulene）等。含苯芳烃又可以分为以下两大类。

（一）单环芳烃

只含有一个苯环的芳烃为单环芳烃，如苯、甲苯等。

苯　　　　　甲苯

（二）多环芳烃

分子中含有两个或两个以上苯环的芳烃为多环芳烃，又根据苯环连接的方式不同，可分为以下三类。

1. 多苯代脂烃 脂肪烃分子中两个或两个以上氢原子被苯环取代的化合物，如二苯甲烷、1,2-二苯基乙烷等。

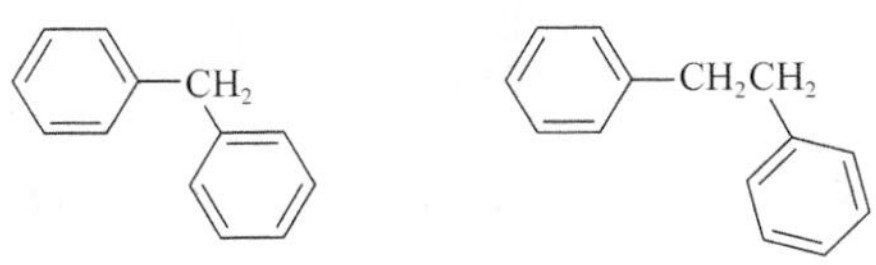

二苯甲烷　　　　　1,2-二苯基乙烷

2. 联苯　分子中两个或两个以上的苯环以单键直接相连接,如联苯、三联苯。

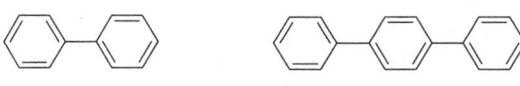

联苯　　　　　　　　　　三联苯

3. 稠环芳烃　由两个或以上苯环共用两个邻位碳原子稠合而成的多环芳烃,包括萘、蒽、菲、苯并芘等。

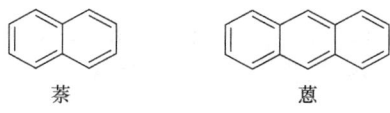

萘　　　　　　蒽

二、苯衍生物的命名

苯型芳烃的系统命名通常选择苯环作为母体,称为某(基)苯,如乙苯(ethyl benzene)、异丙(基)苯(cumene)。当苯环上连接有非环结构的烃基时,通常以苯环为母体命名。当苯环与脂环相连时,一般以环碳原子多者为母体;若苯环与脂环碳原子数相同,则以苯环为母体。当苯环上连接不同的烷基时,烷基名称的排列顺序应符合最低系列原则,使取代基的位置号码尽可能小,如1-乙基-2,4-二甲基苯、1-异丙基-2-甲基-4-丙基苯。

乙苯　　　　　　　　　　异丙苯

1-乙基-2,4-二甲基苯　　　　1-异丙基-2-甲基-4-丙基苯
(1-ethyl-2,4-dimethylbenzene)　　(1-isopropyl-2-methyl-4-propylbenzene)

当苯环上的烃基取代基较复杂时也可以将苯环作为取代基,将烃基作为主链,编号从最靠近主官能团的一端开始。苯环作为取代基时称为"苯基"(phenyl,缩写为Ph)。苯甲基作为取代基时称为"苄基"(benzyl,缩写为Bn)。苯基或取代的苯基统称"芳基"(aryl,缩写为Ar)。如苯(基)乙烯(styrene)、2-苯基戊烷(pentan-2-ylbenzene)。

苯乙烯　　　　　　2-苯基戊烷

二取代苯衍生物的普通命名可使用邻-(*o*-)、间-(*m*-)、对-(*p*-)作为前缀,如邻二甲苯(*o*-xylene)、间二甲苯(*m*-xylene)、对二甲苯(*p*-xylene)。三取代苯的俗名有时也使用"连""偏""均"来表示,如连三甲苯(1,2,3-trimethyl benzene)、均三甲苯(mesitylene)、偏三甲苯(1,2,4-trimethylbenzene)。

邻二甲苯　　　　对二甲苯　　　　间二甲苯

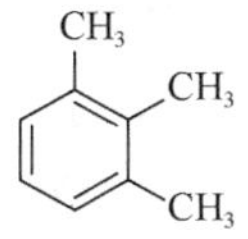

连三甲苯 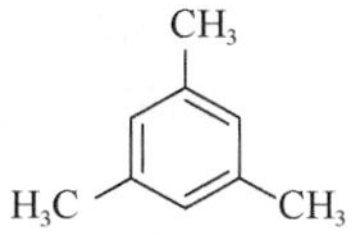　　　　　　均三甲苯 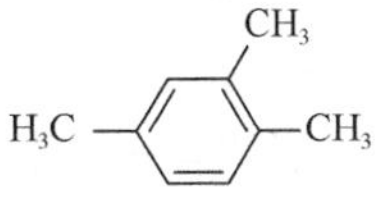　　　　　　偏三甲苯

三、单环芳烃的物理性质

苯为无色、有芳香气味的液体，难溶于水，可溶于醇等有机溶剂，苯在有机反应中可作为溶剂使用。苯具有致癌性，可通过皮肤和呼吸道进入人体。简单芳烃在常温下一般为液体，具有特殊的气味，也具有不同程度的毒性（表 5-1）。

表 5-1　苯及简单芳烃的物理常数（1 个标准大气压下）

化合物	沸点/℃	密度/(g/mL)
苯	80.1	0.88
甲苯	110.6	0.87
邻二甲苯	144.0	0.88
间二甲苯	139.0	0.87
对二甲苯	138.4	0.86
乙苯	136.2	0.87
正丙苯	160.5	0.87
异丙苯	153.0	0.87

第二节　苯的结构

案例 5-1　　　　　　　　　　苯的凯库勒式

1825 年，英国科学家法拉第（Michael Faraday，1791—1867）在研究照明气体时，首次分离得到苯，当时仅确定其碳氢比为 1∶1。1833 年，德国科学家米切利希（Eilhardt Mitscherlich，1794—1863）确定了苯的化学式为 C_6H_6。当时人们通过研究得知苯中的六个 H 完全相同，且具有难氧化、难加成的特点。同时，人们还发现单取代的苯只有一个异构体，二元取代的苯有三个异构体。1865 年，由德国化学家凯库勒（August Kekulé，1829—1896）提出了苯的凯库勒式。在凯库勒式中 6 个碳原子以单、双键交替的方式连接成环，每个碳原子上都连接 1 个氢原子（如右图所示）。

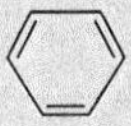

问题　凯库勒提出的苯结构正确吗？

案例分析　凯库勒提出的苯的结构可以解释苯的 6 个氢原子完全相同，因此只有一种单取代物。但是按照这一结构苯的二取代物应该有 4 种异构体，且应该容易发生加成反应和氧化反应，因此凯库勒提出的苯的结构不正确。苯的高碳氢比及特殊的化学性质曾困扰了化学家很多年，在凯库勒提出苯的结构之后的几十年间，多种苯的可能结构被提出、否定，再提出、再否定（图 5-1）。直到现代价键理论建立，苯的结构才确定。

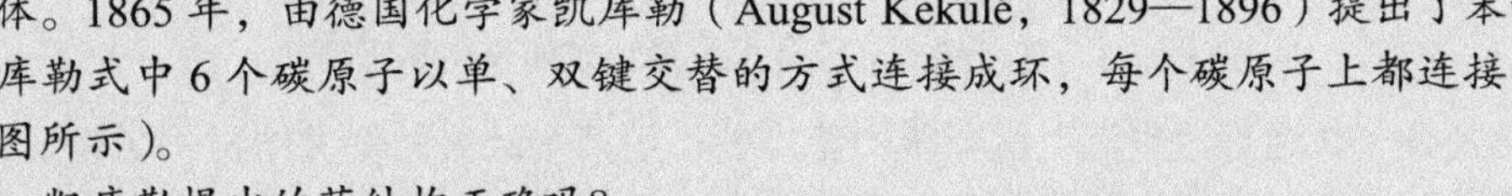

Kekulé
(1865提出)

杜瓦苯(Dewar benzene)
(1866～1867提出)

棱晶烷
Ladenburg prismane
(1869提出)

向心结构式
Armstrong & Baeyer
(1887~1888提出)

余价结构式
Thiele
(1899)

图 5-1　历史上化学家们设想的苯的结构

现在已知苯的 6 个碳原子均为 sp² 杂化，其杂化轨道彼此通过 σ 键连接形成平面六元环，未参与杂化的 p 轨道彼此"肩并肩"重叠形成完全离域的大 π 键 [图 5-2 （b）]，因此苯中的碳碳键并无单、双键之分。其碳碳键的平均键长为 139pm，介于单键（154pm）和双键（134pm）之间。碳氢键的平均键长为 108pm，碳碳键和碳氢键的键角均为 120° [图 5-2 （a）]。

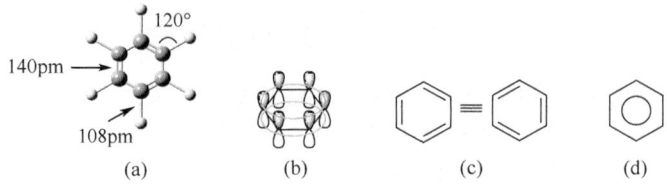

图 5-2　苯分子的结构示意图

（a）苯分子的键长、键角；（b）苯分子的大 π 键；（c）苯分子的凯库勒式书写；（d）苯分子的六边形+圆书写

在苯分子结构的书写中，人们仍习惯使用边长相等的单、双键交错的形式来表示苯，这一形式也被称为凯库勒式，两种不同方式书写的凯库勒式完全等同 [图 5-2 （c）]。也有用正六边形加一个圆圈来表示苯的大 π 键，这种书写方式的缺点是不能显示苯环上 π 电子的数目 [图 5-2 （d）]。

由于苯中 π 电子完全离域，其结构具有特殊的稳定性。从氢化热数据（图 5-3）可以看出，苯的氢化热数值（208kJ/mol）不仅低于假设存在的环己-1,3,5-三烯（360kJ/mol），也低于真实存在的环己-1,3-二烯（232kJ/mol）。

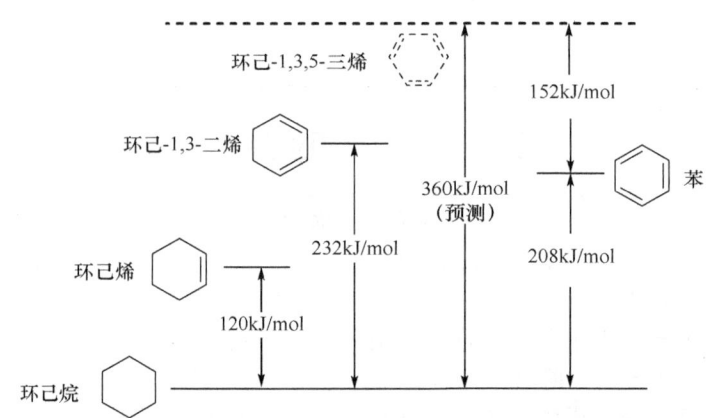

图 5-3　环己烯、环己-1,3-二烯和苯的氢化热比较

共振论及分子轨道理论也可以解释苯的稳定性，用两个经典的价键结构式（极限式）之间的共振来描述苯的结构。它认为苯的真实结构是两个 π 键位置不同的共振式的杂化体（图 5-4），其能量远低于任一共振式所能代表的分子的能量。因此，苯的结构比假设存在的环己-1,3,5-三烯的结构要稳定得多。

图 5-4　苯的共振杂化体

分子轨道理论精确地描述了苯分子中 π 电子的运动状态（图 5-5）。苯的 6 个碳原子的 p 轨道以环状形式组合成 6 个 π 分子轨道，其中 3 个能量较低的为成键轨道（ψ_1、ψ_2 和 ψ_3），3 个能量较高的为反键轨道（ψ_4、ψ_5 和 ψ_6）。ψ_1 没有节面（π 电子密度为零处为节面），能量最低；ψ_2 和 ψ_3 各有一个节面，它们的能量相等，称为简并轨道，能量高于 ψ_1；ψ_4 和 ψ_5 也是简并轨道，各有两个节面，能量更高；ψ_6 有三个节面，能量最高。基态时，6 个 π 电子分别占据 3 个成键轨道，反键轨

道是空的。全充满的 3 个成键轨道叠加，形成环状闭合的 π 电子云，均匀对称地分布在苯环上下。因此，苯分子具有特殊的稳定性。

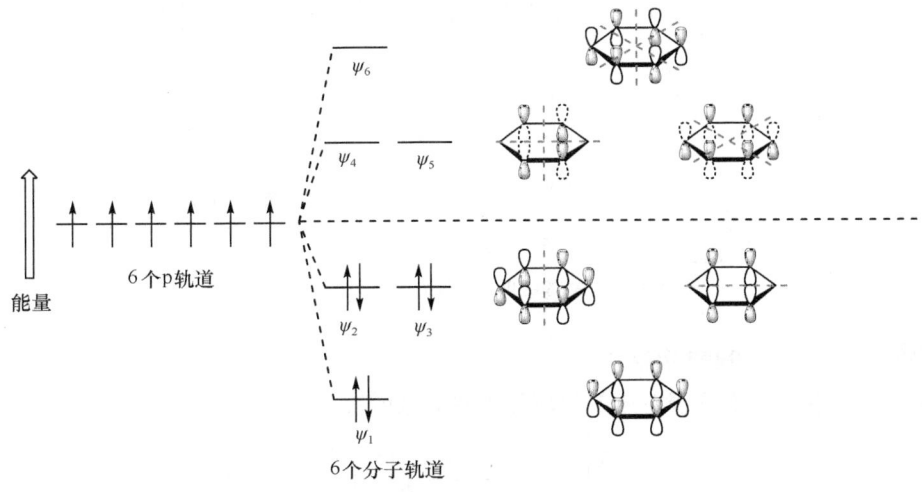

图 5-5　苯的 π 分子轨道能级图

第三节　单环芳烃的化学性质

由于苯的大 π 键具有相当的稳定性，因此苯较难发生加成和氧化反应，而较易发生亲电取代反应（electrophilic substitution reaction）。

一、亲电取代反应

苯与亲电试剂（E^+）反应后苯环上的氢被取代，生成一系列苯的衍生物。常见的亲电取代反应包括卤代（用 Fe 或 FeX_3 作催化剂）、硝化（用浓 H_2SO_4 作催化剂）、磺化（用浓 H_2SO_4 作催化剂）、Friedel-Crafts 烷基化和酰化（用 $AlCl_3$ 作催化剂）等，其中磺化反应为可逆反应。

苯的亲电取代反应是分步进行的（图 5-6）。首先苯与亲电试剂作用时，生成 π 络合物，接着亲电试剂从苯环的 π 体系中得到两个电子，形成电荷部分均一化的环碳正离子（σ络合物）。这一步反应活化能高，是决速步骤。然后反应体系中的负离子作为碱夺取环碳正离子上的质子，形成取代产物。这一步是从不稳定的环碳正离子重新恢复到稳定的大 π 键结构，活化能小、反应速率快。

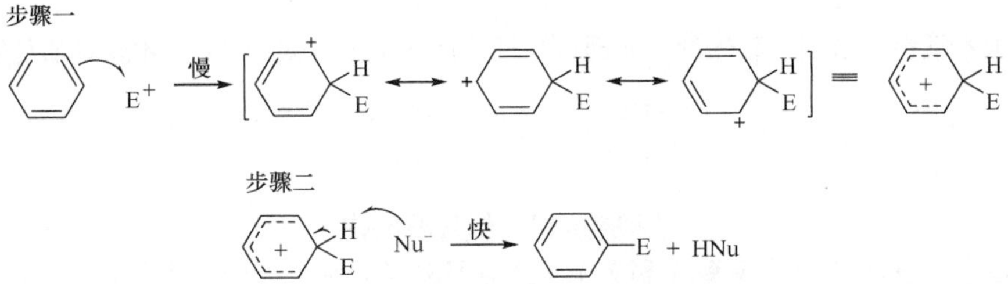

图 5-6　苯的亲电取代反应历程

如果在反应的第二步环碳正离子直接与体系中的负离子结合生成加成产物，由于该产物不具有大 π 键结构，稳定性较差，因此反应活化能较高，且产物较起始物能量高，为吸热反应，不利于反应进行（图 5-7）。

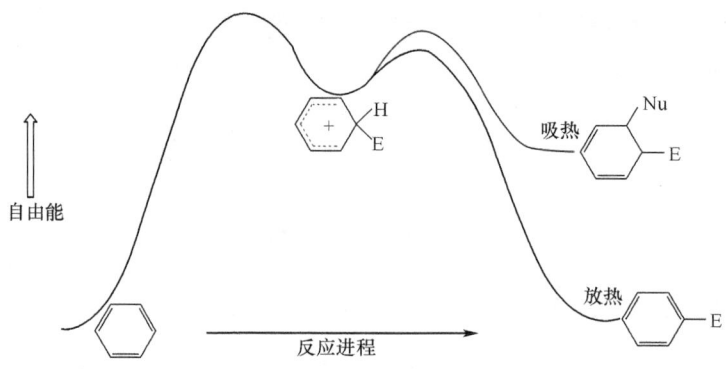

图 5-7 苯亲电取代反应能量变化示意图

（一）卤代反应（halogenation）

Fe 或 FeX₃ 催化苯与氯或溴单质的反应可生成氯苯或溴苯。

$$\text{C}_6\text{H}_6 + \text{Cl}_2 \xrightarrow[55\sim60℃]{\text{Fe 或 FeCl}_3} \text{C}_6\text{H}_5\text{Cl（氯苯）} + \text{HCl}$$

$$\text{C}_6\text{H}_6 + \text{Br}_2 \xrightarrow[\triangle]{\text{Fe 或 FeBr}_3} \text{C}_6\text{H}_5\text{Br（溴苯）} + \text{HBr}$$

苯的卤代反应需要卤化铁的催化，因为苯环上的 π 电子离域于整个苯环，其亲核性比烯烃小，要与强亲电试剂才能发生反应。卤素是较温和的亲电试剂，需要路易斯酸（FeX₃）将其极化，产生强的亲电性卤正离子才能发生反应。在实验室和工业生产中，常常通过在含有氯气或溴单质的反应混合物中直接加入铁粉来分别生成 FeCl₃ 或 FeBr₃。苯与溴的反应机制为

$$\text{Br}-\text{Br} + \text{FeBr}_3 \xrightarrow{\text{慢}} \text{Br}^+ + \text{Br}-\text{FeBr}_3^-$$

$$\text{C}_6\text{H}_6 + \text{Br}^+ \xrightarrow{\text{快}} [\text{C}_6\text{H}_6\text{Br}]^+ + \text{FeBr}_4^-$$

$$[\text{C}_6\text{H}_6\text{Br}]^+ + \text{Br}-\text{FeBr}_3^- \longrightarrow \text{C}_6\text{H}_5\text{Br} + \text{HBr} + \text{FeBr}_3$$

碘单质很不活泼，必须用氧化剂（如硝酸）氧化后产生亲电试剂（I⁺）才能与苯发生取代反应。

$$\text{C}_6\text{H}_6 + \text{I}_2 \xrightarrow{\text{HNO}_3} \text{C}_6\text{H}_5\text{I}$$

视窗 5-1   "大脖子病"与含碘药物

甲状腺素即四碘甲状腺原氨酸（T4）是由甲状腺分泌的激素之一，在调节机体新陈代谢、生长、发育等基本生理过程中起重要的作用。甲状腺素生物合成是发生在生物体内的亲电取代反应，其主要原料是酪氨酸和碘。酪氨酸在人体内可以自行合成，而碘主要由食物供应（如碘盐）。甲状腺腺泡上皮细胞对碘有很强的摄取能力，当碘被摄取而进入细胞后，在碘过氧化物酶的作用下被活化，变成 I⁺（活化碘）。活化碘作为亲电试剂，与酪氨酸发生碘化反应，在苯环上引入碘。

甲状腺素水平低（甲状腺功能减退症）会引起肥胖、嗜睡等症状；甲状腺素水平高（甲状腺功能亢进症）则出现相反的生理特征。碘是甲状腺素生物合成的重要原料，缺碘会导致体内

甲状腺激素合成不足，患地方性甲状腺肿，俗称"大脖子病"，患者会出现呼吸困难等症状，食用海带和加碘盐可以有效预防地方性甲状腺肿的发生，临床上一般采用激素补充疗法治疗地方性甲状腺肿。

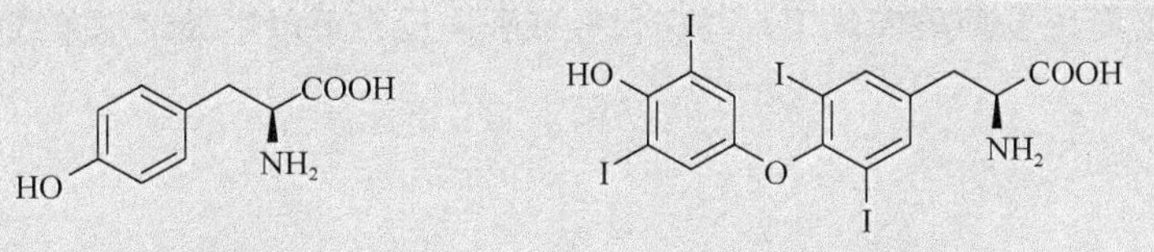

酪氨酸　　　　　　　　甲状腺素

（二）硝化反应（nitration）

在浓硫酸的催化下，苯与浓硝酸反应生成硝基苯。

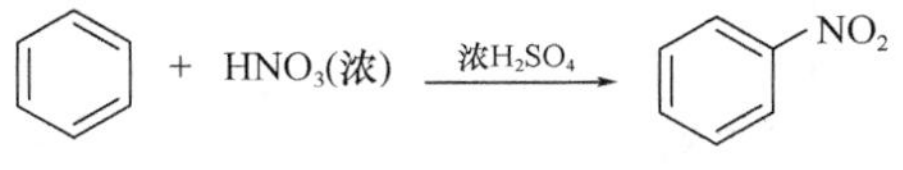

在这个反应中硝酸首先在浓硫酸的作用下脱水生成硝基正离子（$^+NO_2$），然后苯与 $^+NO_2$ 结合再失去质子得到取代产物，其反应机制为

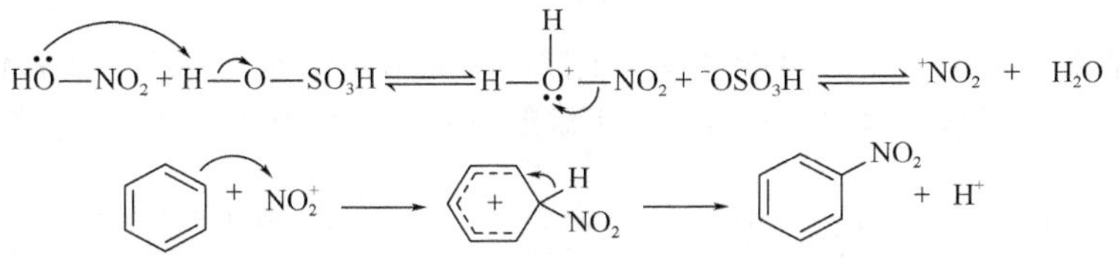

（三）磺化反应（sulfonation）

苯与浓硫酸或发烟硫酸反应可以生成苯磺酸。这一反应是可逆反应，苯磺酸与稀酸共热，可脱去磺酸基转变为苯。其反应式为

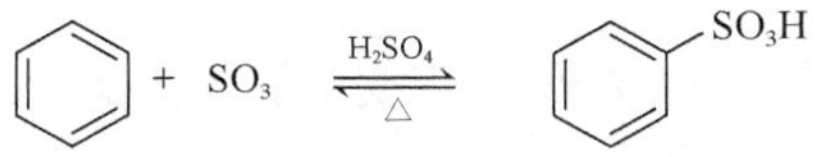

苯磺酸

磺化反应中的亲电试剂是 SO_3（浓硫酸加热后产生，发烟硫酸是硫酸与 SO_3 的混合物），其反应机制为

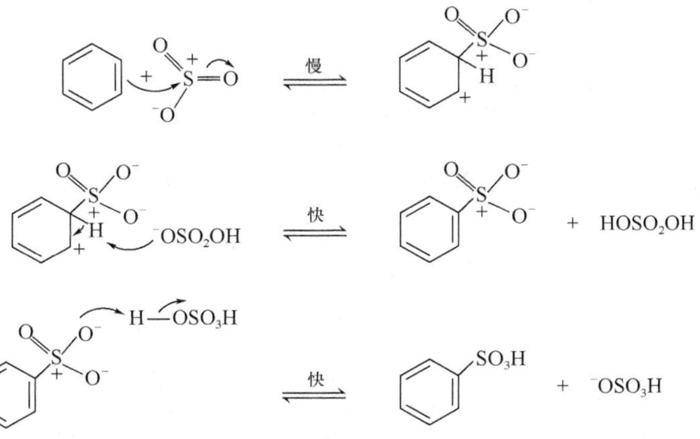

苯磺酸或苯磺酸盐易溶于水。有些难溶于水的含苯药物，常通过磺化反应在苯环上引入磺酸基以增加其水溶性。

（四）Friedel-Crafts 烷基化、酰基化反应

苯环的烷基化反应（alkylation）和酰基化反应（acylation）是由法国化学家弗里德（C. Friedel）和美国化学家克拉夫茨（J. M. Crafts）共同发现的，因此该反应也称 Friedel-Crafts 反应。

苯在无水 $AlCl_3$ 等路易斯酸催化下，与卤代烃或酰卤反应可以生成烷基苯或酰基苯（芳香酮）。

在 Friedel-Crafts 烷基化反应中，卤代烃首先在路易斯酸催化作用下生成碳正离子，然后再与苯环结合。例如，异丙基氯与苯的反应为

由于卤代烃在生成碳正离子后可能会发生重排，因此用卤代烃作为烷基化试剂可能会在苯环上引入与卤代烃中不同的烷基。例如，苯与1-氯丁烷的反应，产物中仲丁基苯的含量高于正丁基苯。

仲丁基苯 (65%)　　正丁基苯 (35%)

除了卤代烃，苯还可以与烯或醇在酸催化下发生烷基化反应。在酸催化下，烯和醇也能形成碳正离子。

在 Friedel-Crafts 酰基化反应中，酰氯在路易斯酸催化作用下生成酰基正离子（RCO^+），然后与苯环结合，引入酰基。

Friedel-Crafts 酰基化反应也可以用酸酐与苯反应。

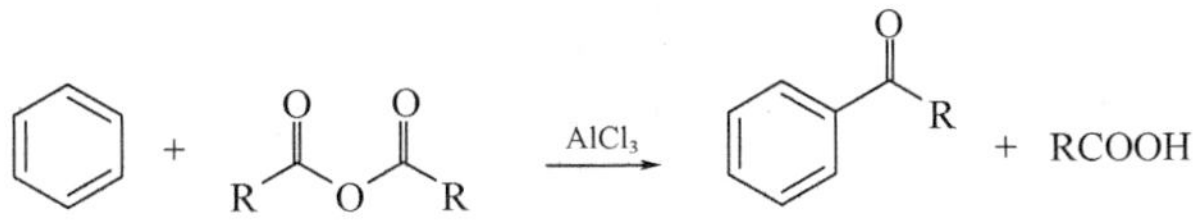

$$\text{C}_6\text{H}_6 + (\text{RCO})_2\text{O} \xrightarrow{\text{AlCl}_3} \text{C}_6\text{H}_5\text{COR} + \text{RCOOH}$$

二、氧化反应

苯对氧化剂相当稳定，常用的氧化剂（如高锰酸钾、重铬酸钾、硫酸和稀硝酸等）即使在高温条件下也不能氧化苯。只有在五氧化二钒高温催化作用下苯才能被氧化成顺丁烯二酸酐。

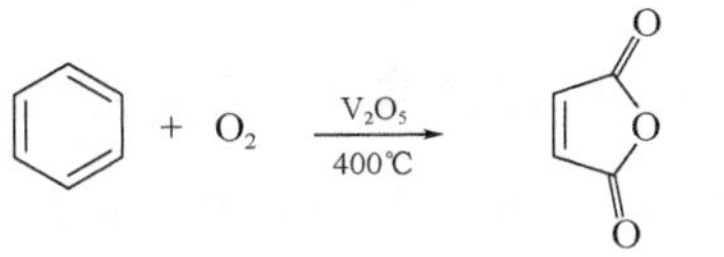

$$\text{C}_6\text{H}_6 + \text{O}_2 \xrightarrow[400\,^\circ\text{C}]{\text{V}_2\text{O}_5} \text{顺丁烯二酸酐}$$

顺丁烯二酸酐 (55%)

三、还原反应

苯在催化氢化作用下可被还原成环己烷：

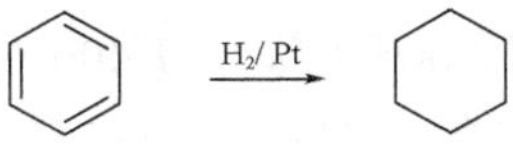

$$\text{C}_6\text{H}_6 \xrightarrow{\text{H}_2/\text{Pt}} \text{环己烷}$$

苯在碱金属（Na、K 或 Li）及液氨与醇的混合液中可被还原成环己-1,4-二烯，这个反应称为伯奇还原（Brich reduction）。

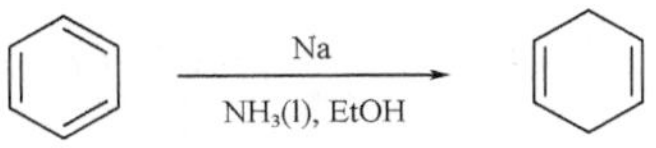

$$\text{C}_6\text{H}_6 \xrightarrow[\text{NH}_3(\text{l}),\ \text{EtOH}]{\text{Na}} \text{环己-1,4-二烯}$$

四、芳烃侧链（烃基）上的反应

（一）烃基苯的自由基取代反应

苯环上的烃基取代基通常称为侧链。当侧链上有氢原子时烃基苯可发生自由基取代反应。

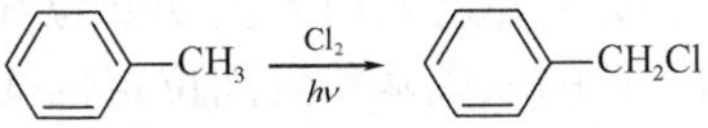

$$\text{C}_6\text{H}_5\text{-CH}_3 \xrightarrow[h\nu]{\text{Cl}_2} \text{C}_6\text{H}_5\text{-CH}_2\text{Cl}$$

虽然 Cl_2 的反应活性比 Br_2 高，但选择性比 Br_2 差。因此，当苯环侧链上有不同的氢原子时与 Cl_2 反应常得到混合物。各种碳自由基的结构稳定性一般排序为苄型≈烯丙型＞烷基自由基。因为在苄基自由基中，苯环上的 π 轨道和未成对电子所在的轨道可形成共轭体系，导致苄自由基稳定性较高（图 5-8），因此与 Br_2 反应时主要得到 α-取代产物。

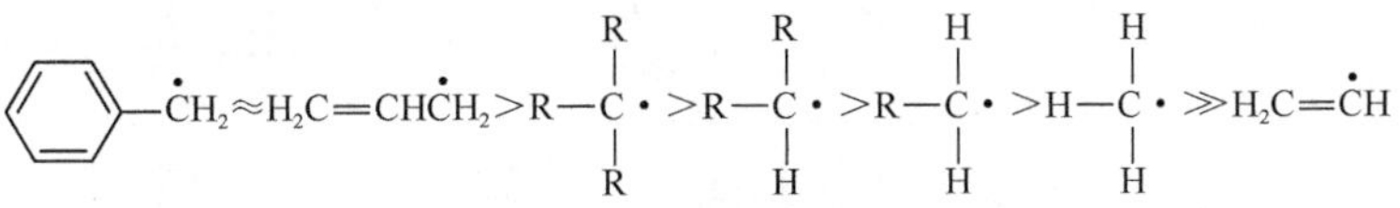

$$\text{C}_6\text{H}_5\dot{\text{C}}\text{H}_2 \approx \text{H}_2\text{C}=\text{CH}\dot{\text{C}}\text{H}_2 > \text{R}_3\dot{\text{C}} > \text{R}_2\dot{\text{C}}\text{H} > \text{R}\dot{\text{C}}\text{H}_2 > \text{H}\dot{\text{C}}\text{H}_2 \gg \text{H}_2\text{C}=\dot{\text{C}}\text{H}$$

图 5-8 自由基稳定性顺序

（二）烃基苯的氧化反应

如果烃基苯中与苯环相连的碳原子上有氢原子，烃基苯可被氧化剂氧化为苯甲酸，如果没有氢原子，则烃基苯不能被氧化。

$$\underset{\substack{}}{\text{PhCH}_2\text{R}} \Bigg\} \xrightarrow[\text{H}_2\text{O, H}_2\text{SO}_4, \triangle]{\text{Na}_2\text{Cr}_2\text{O}_7} \text{PhCOOH}$$

$$\text{PhCR}_3 \xrightarrow[\text{H}_2\text{O, H}_2\text{SO}_4, \triangle]{\text{Na}_2\text{Cr}_2\text{O}_7} \text{不反应}$$

第四节 苯衍生物的亲电取代反应的定位规律

一、单取代苯的亲电取代反应定位规律

甲苯硝化反应的速率是苯的 25 倍，反应产物中邻硝基甲苯占 63%，间硝基甲苯占 3%，对硝基甲苯占 34%。

而三氟甲苯在相同条件下硝化反应速率是苯的 1/40000，反应产物中邻硝基三氟甲苯占 6%，间硝基三氟甲苯占 91%，对硝基三氟甲苯占 3%。

其他常见苯衍生物进行硝化反应的相对速率及反应产物比例如表 5-2 所示。苯环上已有的取代基对苯环硝化反应的速率和产物的相对比例有很大的影响。以苯的反应速率为标准，能使苯环亲电取代反应速率提高的取代基称为活化基团，而使苯环亲电取代反应速率降低的取代基称为钝化基团。已有基团将对后进入基团进入苯环的位置产生制约作用，这种制约作用称为取代基的定位效应（directing effect）。新进入基团主要进入原有基团邻位和对位的取代基称为邻、对位定位基，新进入基团主要进入原有基团间位的取代基称为间位定位基，如表 5-3 所示。

表 5-2　苯衍生物硝化反应的相对速率及产物比例

—R	反应相对速率	o-/%	p-/%	m-/%
—H	1			
—OCH$_3$	2×10^5	74	11	15
—NHCOCH$_3$	—	19	79	2
—CH$_3$	25	58	38	4
—C(CH$_3$)$_3$	15	16	73	11
—Cl	3.3×10^{-2}	30	69	1
—COOCH$_2$CH$_3$	3.7×10^{-3}	24	4	72
—COOH	1×10^{-3}	19	1	80
—NO$_2$	6×10^{-8}	6	<1	93

表 5-3　取代基对苯衍生物取代反应速率的影响及定位效应

对反应速率的影响	基团	定位效应
强活化	—NH_2，—NHR，—NR_2，—OH	邻、对位
中等活化	—NHCOR，—OR，—OCOR	邻、对位
弱活化	—R，—Ar，—CH=CHR	邻、对位
强钝化	—CF_3，—NO_2，—NH_3^+，—NR_3^+	间位
中等钝化	—SO_3H，—CHO，—COOH，—COR，—CN，—COOR，—$CONH_2$	间位
弱钝化	—X	邻、对位

烃基为给电子基团，因此甲苯中苯环的电子云密度较苯高，亲电取代反应速率较快。以甲苯的硝化反应为例，当—NO_2 分别进入—CH_3 的邻、间、对位时形成三种碳正离子（图 5-9），其中邻、对位取代所形成的碳正离子活化能低，因此较易形成。

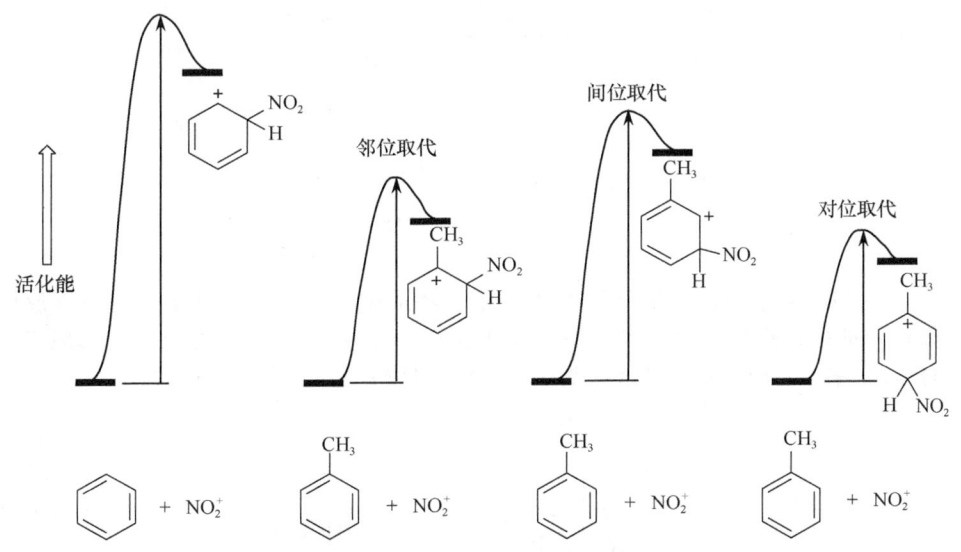

图 5-9　甲苯硝化反应的能量变化

从电子效应的角度看，甲苯中苯环上 6 个碳的电子云密度不是平均分配，与—CH_3 直接连接的碳为 δ^+，邻、对位碳为 δ^-，间位碳为 δ^+（图 5-10）。因此当甲苯与亲电试剂 E^+ 结合时，E^+ 优先与电子云相对密度较高的邻、对位碳反应。

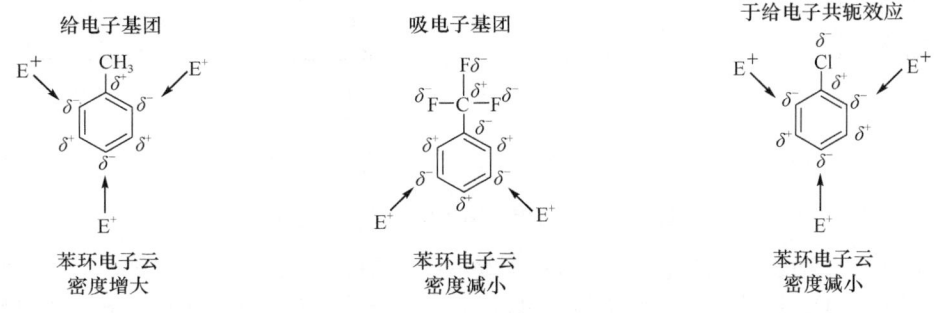

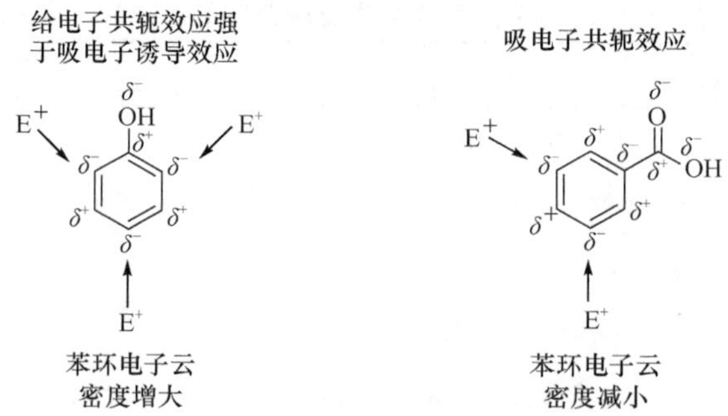

给电子共轭效应强于吸电子诱导效应

吸电子共轭效应

苯环电子云密度增大

苯环电子云密度减小

图 5-10 苯环上取代基的电子效应

由于邻位碳有 2 个，被取代的概率高，因此在空间位阻效应不明显时邻位取代产物较多。而当空间位阻效应较大时，如苯环上连接叔丁基，或亲电试剂为 SO_3，则主要产物为对位取代产物。

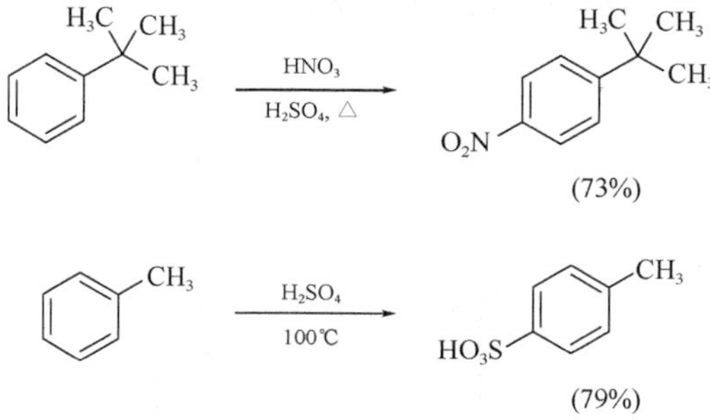

三氟甲基为强吸电子基团，因此三氟甲苯中苯环的电子云密度远低于苯，所以反应速率很慢。以三氟甲苯的硝化反应为例，当 —NO_2 分别进入 —CF_3 的邻、间、对位时也形成三种碳正离子（图 5-11），其中间位取代形成的碳正离子相对活化能较低，因此较易形成。

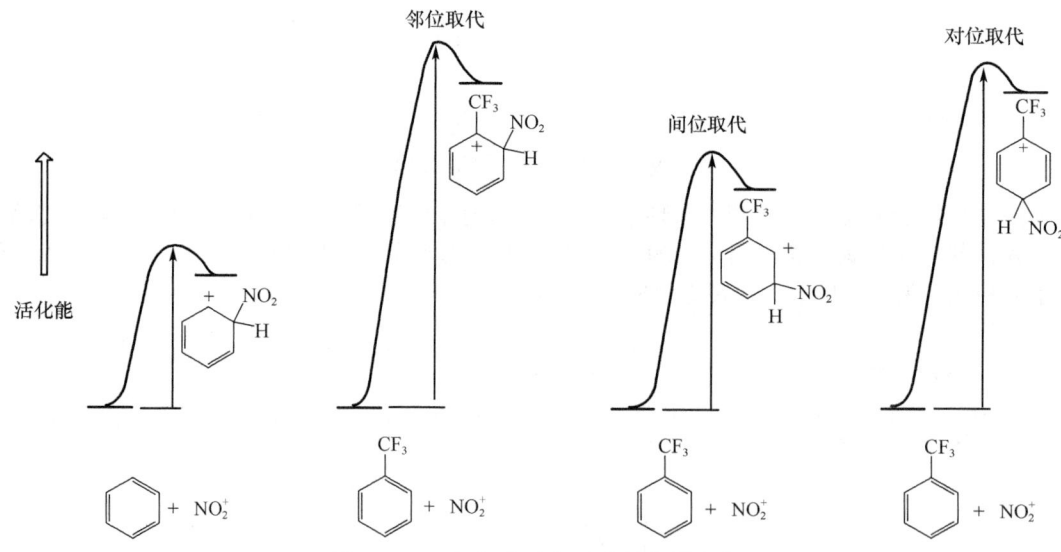

图 5-11 三氟甲苯硝化反应的能量变化

从电子效应的角度看，三氟甲苯中苯环上与 —CF_3 直接连接的碳为 δ^-，邻、对位碳为 δ^+，间位碳为 δ^-（图 5-10）。因此当三氟甲苯与亲电试剂 E^+ 结合时，E^+ 优先与电子云相对密度较高的间位碳反应。—NO_2 与 —CF_3 类似，也是钝化作用的间位定位基。

卤素、O 和 N 既有吸电子诱导效应，又有给电子共轭效应。由于卤素的诱导效应强于共轭效应，因此卤苯中苯环的电子云密度较苯低，反应速率下降。与卤素直接相连的碳为 δ^+，邻、对位碳为 δ^-，间位碳为 δ^+（图 5-10）。O 和 N 的共轭效应强于诱导效应，因此苯酚、苯胺及烷氧基苯、氨基苯中苯环的电子云密度增大，反应速率加快。其中—OH 及—NH_2 对苯环的活化作用非常强，因此苯酚及苯胺与溴的亲电取代反应甚至不需要催化条件，在常温下这两个化合物即可与过量溴水反应生成三溴苯酚及三溴苯胺（如果反应在水相体系进行，由于三溴苯酚和三溴苯胺不溶于水，可以看到反应液变混浊）。

$$R = -OH, -NH_2$$

—COOH、—CHO 等基团中的 C=O 具有吸电子共轭效应，因此与之连接的苯环的电子云密度较苯低，反应速率变慢。C=O 中 O 的电负性强，为 δ^-，C 为 δ^+。与 C=O 直接相连的苯环碳为 δ^-，邻、对位碳为 δ^+，间位碳为 δ^-（图 5-10）。因此，当苯甲酸、苯甲醛等苯衍生物与亲电试剂 E^+ 结合时，E^+ 优先与电子云相对密度较高的间位碳反应。由于—CF_3、—NO_2、—COOH、—CHO、—SO_3H 等基团的钝化作用，苯环发生亲电取代反应的难度增大。因此，这些苯衍生物通常较难发生 Friedel-Crafts 反应。

二、定位规律的应用——多取代苯的合成

亲电取代反应的定位规律对芳香族化合物的合成有重要意义。应用取代基的定位规律，可以预测取代反应的主要产物、并设计合成方案。例如，用苯合成间硝基溴苯，应先硝化再溴代；而合成邻或对硝基溴苯，则应先溴代再硝化。

用甲苯合成邻氯甲苯则可利用磺化反应的可逆性。

三、多取代苯衍生物的亲电取代反应

当含有两个取代基的苯衍生物发生亲电取代反应时，情况会较为复杂。如果一个是强活化基团，另一个是钝化基团或弱活化基团，则第三个取代基进入的位置由强活化基团决定。

如果一个是活化基团，另一个是强钝化基团，则活化基团决定第三个取代基进入的位置。

如果两个取代基的活化或钝化能力差异不大，则第三个基团进入的位置可由任意一个取代基决定，没有主要产物。

当有空间位阻效应存在时，第三个取代基优先进入空间位阻效应较小的位置。

案例 5-2　　美沙拉嗪原料药物的合成

抗溃疡药物美沙拉嗪（mesalazine），又称 5-氨基水杨酸，于 1984 年在瑞士首次上市，目前广泛用于治疗溃疡性结肠炎。该药物通过作用于肠道炎症黏膜，抑制引起炎症的前列腺素合成及炎性介质白三烯的形成，从而对肠壁起显著的抗炎作用。美沙拉嗪的合成是以水杨酸为原料，在苯环上引入硝基，然后再将硝基还原，合成路线如下所示。这一合成的关键是在水杨酸的苯环上特异性地引入硝基。

水杨酸 → 5-硝基水杨酸 → 5-氨基水杨酸

问题　硝基是通过什么反应引入苯环的，其反应机制是什么，引入的硝基为什么进入—OH 对位？

案例分析　苯环上硝基通过硝化反应引入，属于亲电取代反应。硝酸产生亲电试剂 $^+NO_2$ 进攻苯环，形成碳正离子中间体，然后脱去质子，在苯环上引入硝基。硝基进入的位置是由水杨酸上的羟基和羧基共同决定的。羟基为邻对位定位基，羧基为间位定位基，两者定位效应一致。

案例 5-3　　抗氧化剂 BHT 的合成

2,6-二叔丁基-4-甲基苯酚（2,6-ditertbutyl-4-methylphenol），简称 BHT，是广泛使用的抗氧化剂。在食品中添加 BHT 可延缓食物的酸败，在橡胶、乳胶、塑料等合成过程中添加 BHT 可防止这些产品的热、氧老化。BHT 本身不是人类致癌物，但是可能增加其他化合物的致癌性，因此在食品工业中的应用逐渐受到限制。通过浓硫酸催化对甲苯酚与叔丁醇反应，可合成 BHT。

问题 叔丁基为什么会进入—OH 的邻位而不是—CH₃ 的邻位？反应中可能发生的副反应有哪些？

案例分析 这一合成路线是 Friedel-Crafts 烷基化反应，由于—OH 是强活化基团，—CH₃ 是弱活化基团，因此叔丁基进入—OH 的邻位。反应中可能发生的副反应如下：

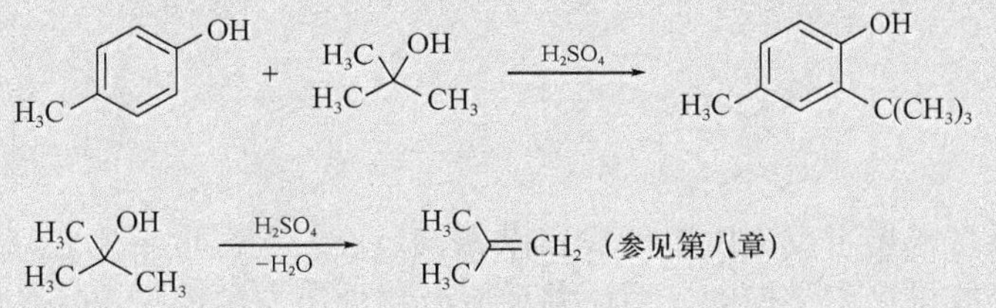

第五节 稠环芳烃

一、萘

（一）结构

两个苯环稠合而成的化合物称为萘（naphthalene）。萘为无色晶体、熔点为 80.5℃，不溶于水，易溶于乙醇、乙醚和苯等有机溶剂，易升华、具有樟木样气味，是樟脑丸的主要组分。萘环上碳原子的编号是固定的，其中 C1、C4、C5、C8 称为 α 位，C2、C3、C6、C7 称为 β 位。单取代萘有 α-取代和 β-取代两种异构体。

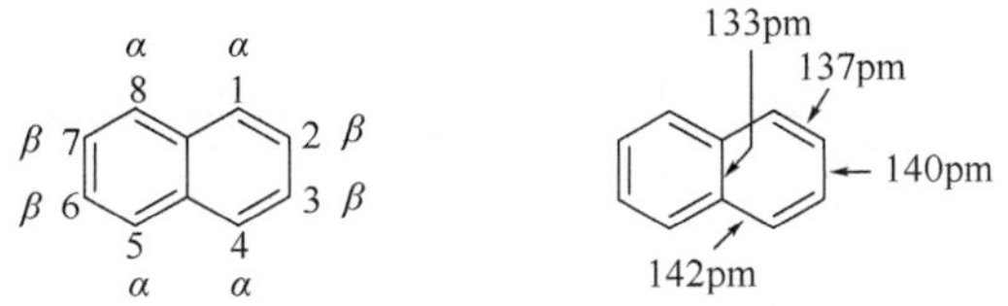

萘是平面分子，10 个碳原子在 sp^2 杂化轨道"头对头"重叠形成 σ 键的同时，其未参与杂化的 p 轨道"肩并肩"重叠形成离域 π 键。与苯不同，萘环上的电子云密度不是完全平均化的，α 位电子云密度较 β 位略高，其分子中有四种键长不同的 C—C 键。萘的共振能为 255kJ/mol，比两个苯环的共振能之和（单个苯环的共振能为 151kJ/mol）要低，因此萘不如苯稳定。

（二）化学反应

1. 亲电取代反应 萘的亲电取代反应活性比苯大。由于萘的 α 位电子云密度稍高，且亲电试剂进攻 α-碳产生的碳正离子共振式中有 2 个稳定的、具有完整苯环的结构，所以在动力学控制下萘的单取代产物主要是 α-取代萘。

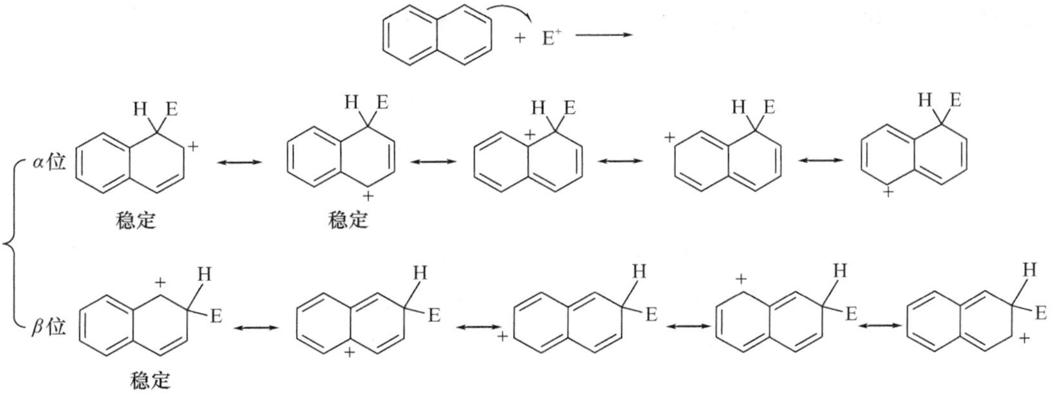

萘的单卤代及硝化反应的主产物均为 α-取代产物。

$$\text{萘} \xrightarrow[\triangle]{Cl_2/FeCl_3} \text{1-氯萘}$$

$$\text{萘} + HNO_3 \xrightarrow{H_2SO_4} \text{1-硝基萘}$$

萘与浓硫酸在较低温度下反应主要生成 α-萘磺酸，在较高温度下反应则主要生成 β-萘磺酸。这是由于低温反应产物受动力学控制，而高温反应产物受热力学控制。α-萘磺酸中 C1—SO_3H 与 C8—H 的距离较近，空间位阻效应大，热力学稳定性差。

$$\alpha\text{-萘磺酸 (96\%)} \underset{80℃}{\overset{H_2SO_4}{\rightleftharpoons}} \text{萘} \underset{160℃}{\overset{H_2SO_4}{\rightleftharpoons}} \beta\text{-萘磺酸 (85\%)}$$

萘的 Friedel-Crafts 酰基化反应既可以发生在 α 位，也可以发生在 β 位，产物与溶剂等反应条件有关，常得到混合产物。

2. 氧化反应　萘比苯更易发生氧化反应，温和氧化生成醌，强氧化生成酸酐。

$$\text{邻苯二甲酸酐} \xleftarrow[450℃]{O_2 + V_2O_5} \text{萘} \xrightarrow[CH_3COOH, 25℃]{CrO_3} \text{1,4-萘醌}$$

3. 还原反应　萘比苯更容易发生加氢还原反应。在不同条件下，萘可以部分加氢得到四氢萘或完全氢化得到十氢萘。

$$\text{四氢萘} \xleftarrow{H_2/Pd/C} \text{萘} \xrightarrow{H_2/Rh/C} \text{十氢萘}$$

（三）一取代萘的定位效应

当萘环上已有取代基为活化基团时，一取代萘的亲电取代反应发生在同一个苯环上；当萘环上已有取代基为钝化基团时，其取代反应发生在另一个苯环上。

$$\text{1-甲氧基萘} \xrightarrow{Cl_2/Fe} \text{1-甲氧基-4-氯萘}$$

$$\text{1-萘甲醛} \xrightarrow{Cl_2/FeCl_3} \text{8-氯-1-萘甲醛} + \text{5-氯-1-萘甲醛}$$

二、其他稠环芳烃

（一）蒽（anthracene）和菲（phenanthrene）

蒽和菲是存在于煤焦油中的稠环芳烃。蒽由三个苯环线形稠合而成，无色片状结晶，有蓝紫色荧光，熔点 218℃，沸点 340℃。菲由三个苯环角形稠合而成，无色片状结晶，溶液具有蓝色荧光，熔点 101℃，沸点 336℃。蒽环和菲环上碳原子的编号也是固定的。

蒽、菲的结构与萘相似，分子为平面，C—C 键不等长，电子云密度不是均匀分布。因此，各碳原子的反应活性有所不同。与苯相比，蒽、菲的化学性质更活泼，可发生加成、氧化、还原等反应，反应主要发生在 C9、C10 位。

（二）致癌芳烃（carcinogenic aromatic hydrocarbon）

不包含任何杂原子及取代基的多环芳烃（polycyclic aromatic hydrocarbons，PAHs）是最早被认识的化学致癌物，主要存在于煤、石油、焦油、沥青和烟草中。用明火直接烤制鱼、肉等食物时也会产生多环芳烃。

萘不致癌，蒽、菲也无致癌性，但其某些衍生物有致癌性，如 9,10-二甲基蒽、1,2,9,10-四甲基菲。四环芳烃中 3,4-苯并菲有中等强度的致癌性，1,2-苯并蒽及䓛（chrysene）的致癌性较弱，它们的许多衍生物是强致癌物，如 2-甲基-3,4-苯并菲、9,10-二甲基-1,2-苯并蒽。五环芳烃及六环芳烃中的多个都具有强致癌性，如 1,2,5,6-二苯并蒽（1,2,5,6-dibenzoanthracene）、3,4,8,9-二苯并芘（3,4,8,9-dibenzopyrene）等。其中 3,4-苯并芘（benzo[a]pyrene）为特强致癌物，该化合物经代谢后生成的氧化产物可与 DNA 进行共价结合，从而导致 DNA 损伤并进一步导致细胞突变及无限增殖。

视窗 5-2　　　　　　　　　　　PAHs 的来源

自然界中的 PAHs 主要来源于人类活动和能源利用过程。化工产品的生产和使用是环境中三环以下 PAHs 的主要来源，石油的生产、使用以及煤、木材等的燃烧是表面水、大气、海洋 PAHs 污染的主要来源。

在烤制食物时会使用 400℃ 以上的热源，食物中的油脂滴落在火上会产生含有 PAHs 的火焰，PAHs 会进而黏附在食物表面。温度越高，产生的 PAHs 就越多。在用木火烤制时，硬质木材如栎木和山核桃木燃烧时很干净，而另一些木材如牧豆树燃烧时会产生大量 PAHs。而用烤箱烤制食品时可以防止热解的油脂回滴，从而大大降低了 PAHs 的含量。

第六节　芳 香 性

除含有苯环的化合物外，还有一些与苯结构或性质类似的化合物也被称为芳香化合物。传统芳香性的概念大致包括：电子离域、分子具有相当的稳定性、键长平均化、环上的氢原子在外加磁场中受到环电流效应影响，因此具有特殊的光谱特征和难加成、难氧化、易取代等化学性质。芳香性的判断方法于 1931 年由德国的物理学家埃里希·休克尔（Erich Hückel）提出，即休克尔规则：由 sp^2 杂化原子组成的平面单环系统（也可以用于部分双环系统），若具有 $4n+2$ 个 π 电子（n 为 ≥ 0 的整数），则有相当的电子稳定性，即芳香性。按照这一规则，具有芳香性的化合物除含有苯环的化合物外，还包括一些非苯型化合物、正离子和负离子。

一、非苯型芳香分子

（一）薁

薁（azulene）又称蓝烃，是天蓝色固体，熔点 99℃，具有抗菌和镇痛等作用。它是由环戊二烯和环庚三烯稠合而成的平面分子，π 电子数为 10，符合休克尔规则，具有芳香性。

（二）轮烯

具有交替单、双键结构的单环多烯烃称为轮烯（annulene）。其中 [18]-轮烯为平面单环结构，π 电子数为 18，符合休克尔规则，具有芳香性。

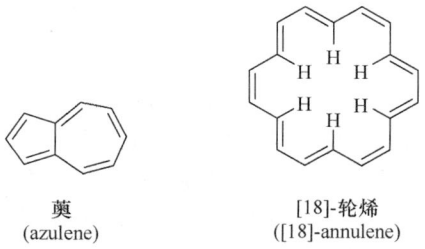

薁　　　　　　　　　　[18]-轮烯
(azulene)　　　　　　　([18]-annulene)

在轮烯家族中 [10]-轮烯（[10]-annulene）的 π 电子数也为 $4n+2$，但由于其不是平面结构，因此不具有芳香性。

　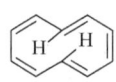　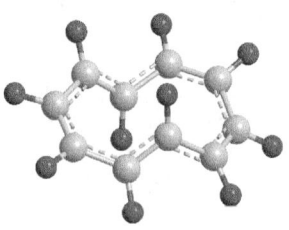

全顺式[10]-轮烯　　顺，反，顺，顺，　　[10]-轮烯的球棒模型
(all cis-[10]-annulene)　反式[10]-轮烯
　　　　　　　　　(cis,trans,cis,cis,trans-
　　　　　　　　　[10]-annulene)

全顺式 [10]-轮烯的内夹角是 144°，角张力过大，很活泼，稳定的 [10]-轮烯是顺，反，顺，顺，反式 [10]-轮烯，此时位于环中心的两个氢原子由于空间位阻效应无法共平面，因此 [10]-轮烯不能形成有效的离域体系。

二、芳香离子

一般的碳正离子和碳负离子均为活泼中间体，只在反应过程中存在，但某些特殊的离子因符合休克尔规则，具有芳香性而拥有较高的稳定性。

（一）环庚三烯正离子（cycloheptatrienyl cation）

环庚三烯正离子的 π 电子数为 6，符合休克尔规则。其可与 Br⁻ 形成稳定的盐，熔点为 203℃。

环庚三烯正离子
(cycloheptatrienyl cation)

（二）环戊二烯负离子（cyclopentadienide anion）

当带有负电荷的碳原子与 sp^3 杂化的饱和碳原子相连时，碳负离子无法与其产生共轭效应，sp^3 杂化将使碳负离子的电子最大程度地远离，这会使体系更稳定。而当带有负电荷的碳原子与不饱和碳原子相连时，sp^2 杂化可以产生共轭效应，碳负离子的孤对电子离域在几个共轭的碳原子上，使负电荷分散，体系更稳定。在环戊二烯负离子中带有负电荷的碳为 sp^2 杂化，五个碳原子共平面使其电子可以离域，π 电子数为 6，符合休克尔规则，也具有芳香性。

环戊二烯负离子
(cyclopentadienide anion)

由于环戊二烯负离子具有稳定性，环戊二烯较易在强碱性条件下转变为负离子。

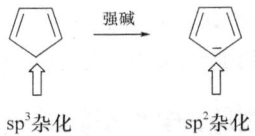

案例 5-4　　　　　　　　　　二茂铁的结构和性质

二茂铁（ferrocene）也称环戊二烯基铁，是具有芳香性的有机金属化合物，包含 2 个环戊二烯环与 1 个铁原子。二茂铁对热稳定，可耐 470℃ 的高温，在强酸、强碱中也具有较高的稳定性。二茂铁具有显著的抗爆和消烟助燃作用，是一种高性能的火箭燃料添加剂。

二茂铁的化学性质稳定，不易发生催化氢化反应，也不能作为共轭双烯发生 Diels-Alder 反应，但可以发生亲电取代反应（如发生 Friedel-Crafts 酰基化及烷基化反应），生成二茂铁的取代衍生物。

问题 根据结构分析为什么环戊二烯能够与铁形成配合物,并分析二茂铁可以发生亲电取代反应的原因。

案例分析 环戊二烯中—CH$_2$上的H具有弱酸性,在金属钠作用下形成环戊二烯负离子。二茂铁中的铁为Fe^{2+},可与2个环戊二烯负离子生成配合物。由于环戊二烯负离子具有芳香性,因此可以发生亲电取代反应。

视窗 5-3　　芳香性概念的发展

自1931年休克尔规则被提出后关于"芳香性"的概念一直在发展中。1959年,Winstein提出了"同芳香性"(homoaromaticity)的概念以用于解释某些共轭体系被打断但仍具有芳香性的化合物的性质。其中环辛四烯溶于浓硫酸形成的环辛三烯正离子是研究最彻底的一个。在该正离子中第8个碳为sp^{3}杂化,为了使其他碳的p轨道能有效重叠形成离域体系,这个碳几乎垂直于其他碳所形成的平面。

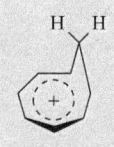
环辛三烯正离子
(octatriene cation)

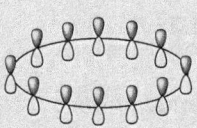
休克尔体系

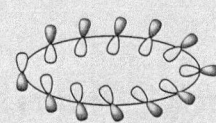
Mobius体系

1964年,Heilbronner预言了Mobius(默比乌斯)体系的芳香性,这一概念来源于拓扑学中的Mobius带。同时他证明Mobius体系在填充4n个π电子时最稳定,即具有Mobius芳香性。

1978年,Aihara提出了"三维芳香性"的概念,1985年富勒烯C$_{60}$被合成,人们开始从三维角度研究芳香性,并推断出当体系含有2×(n+1)^{2}个π电子时,富勒烯最外层电子全部充满,具有芳香性。

此外,关于反芳香性、σ-芳香性、δ-芳香性、γ-芳香性等概念也在芳香性研究的过程中被提出。而对于芳香性的定义在研究过程中也从能量、几何构型、化学性质过渡到抗磁环流及与核无关的化学位移(nucleus-independent chemical shifts, NICS), NICS值小于零表明有芳香性,在零附近为非芳香性。但是也有很多人反对将芳香性定义为一个维度上的性质,认为单方面的定义或标准将是片面的。如 E. D. Bergmann 所说,"分类和理论本身并不是目的,如果它们能激发新的工作,创造新的化合物,它们就是好的;如果不能,就是没有意义的"。从这个意义上说,在追寻芳香性的过程中产生的对化学的新贡献才是这个概念的真正价值。

视窗 5-4　　富勒烯、碳纳米管和石墨烯

在自然界中碳原子有三种同素异形体(同一化学元素形成的性质不同的单质):金刚石、石墨和富勒烯(fullerene)。金刚石中的碳为sp^{3}杂化,彼此连接形成坚固的三维网状结构。石墨中的碳为sp^{2}杂化,彼此连接形成平面网状结构,每两层网状结构之间通过分子间作用力连接。

1985年,多位科学家在氦气流中用激光气化蒸发石墨的实验中获得了碳的第三种同素异形体富勒烯(fullerene)C$_{60}$。此后人们陆续发现了地下矿石及宇宙星云中C$_{60}$及C$_{70}$存在的证据。在C$_{60}$中碳的杂化状态介于sp^{3}与sp^{2}之间,两个六元环之间的C=C键为135pm,具有双键的性质,可被加成;六元环与五元环之间的C=C键为147pm。1996年,美国化学家罗伯特·柯尔(Robert Curl)、理查德·斯莫利(Richard Smalley)和英国化学家哈罗德·克罗托(Harold Kroto)因富勒烯的发现而获得诺贝尔化学奖。

1991年,日本科学家饭岛澄男(S. Iijima)在研究石墨电弧设备产生球状碳分子时发现了富勒烯家族的另一个重要成员——碳纳米管(carbon nanotube, CNT)。在碳纳米管中碳为sp^{2}杂化,管身由六元碳环组成,管径在几纳米到几十纳米之间,长度可达数十到数百微米。碳纳米

管重量轻，具有许多异常的力学、电学和化学性能，被公认为一种性能优异的新型功能材料和结构材料。

2004年，石墨烯（graphene）即单层石墨片被成功剥离，2010年英国科学家安德烈·海姆（Andre Geim）和康斯坦丁·诺沃肖洛夫（Konstantin Novoselov）因在石墨烯方面的开创性研究获得诺贝尔物理学奖。石墨烯可被看作展开的中空碳纳米管。与碳纳米管相比，平面结构的石墨烯可实现大面积连续生长，且在强度、导电、导热等方面具有破纪录的性能。但是由于制备、电学性能、环境风险等问题，石墨烯暂时还没有得到广泛应用。

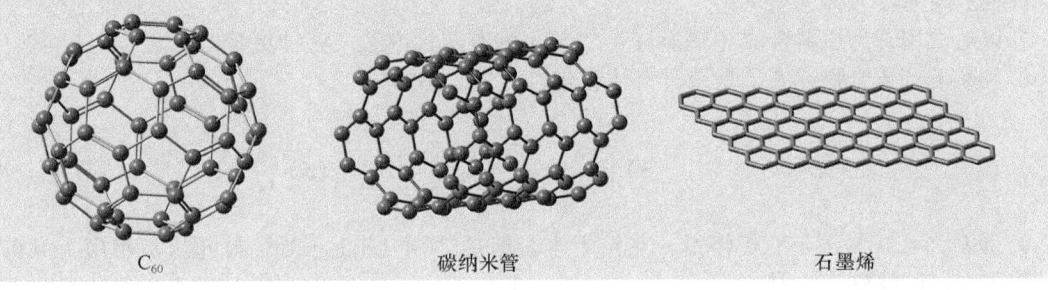

C_{60}　　　　　　　　　碳纳米管　　　　　　　　　石墨烯

习　　题

1. 写出下列化合物的名称。

2. 写出下列化合物的结构式。
（1）(E)-2,3-二甲基-1-苯基-1-己烯　　　　　（2）m-硝基甲苯
（3）对氯苄基氯　　　　　　　　　　　　　（4）3,5-二羟基苯甲酸
（5）1-烯丙基-2-氯-4-溴苯　　　　　　　　（6）间硝基苯磺酸

3. 下列化合物中的哪一个环容易发生硝化反应？

4. 邻二甲苯、间二甲苯、对二甲苯的一氯代产物可能有几个？

5. 写出下列反应的主要产物。

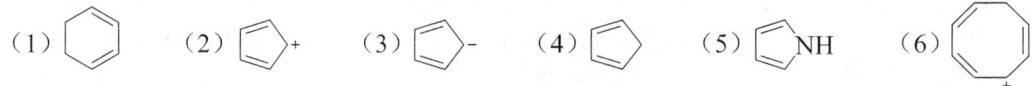

6. 以甲苯为原料合成下列化合物。
（1）邻硝基苯甲酸
（2）间硝基苯甲酸
（3）5-硝基-2-溴苯甲酸

7. 以对二甲苯为原料合成 2-硝基-1,4-二苯甲酸有两种方法，哪种更好？

8. 判断下列化合物或离子是否具有休克尔芳香性。

(1)　　(2)　　(3)　　(4)　　(5)　　(6)

9. 通常卤代烷易溶于有机溶剂，难溶于水，但是 7-溴-1,3,5-三烯恰好相反，难溶于有机溶剂而易溶于水。试解释其原因。

10. 试解释含氧杂环化合物呋喃为什么具有芳香性，容易发生亲电取代反应，不容易发生加成反应。

11. 用化学方法区别下列化合物和离子。
（1）苯、甲苯和环己烯
（2）环戊二烯和环戊二烯负离子

（哈尔滨医科大学大庆校区　刘　佳）

第六章 立体化学

学习目标

掌握 手性与手性分子、旋光度与比旋光度、对映体与非对映体、内消旋体与外消旋体等基本概念；手性分子的判断；费歇尔投影式的书写规则，以及对映异构体的命名（R、S 标记法和 D、L 标记法）。

熟悉 含手性轴的旋光异构体；含手性碳的单环化合物的立体异构；取代环己烷的构象异构。

了解 立体异构的分类及其产生原因；手性在自然界的意义；手性分子的形成和外消旋体的拆分。

立体化学（stereochemistry）研究的是分子中原子或基团在空间的排布以及不同的排布情况对化合物理化性质所产生的影响。有机化合物分子具有三维立体结构，因此要运用立体化学理论开展研究，现已发现许多有机化合物的结构和性质要从其空间结构进行解释。

同分异构现象（isomerism）是指分子式相同而结构式不同的现象，是有机化合物中普遍存在的现象，也是有机化合物种类多、数量大的重要原因。同分异构分为构造异构（也称结构异构）和立体异构。构造异构是指分子中原子或官能团的连接顺序或连接方式不同而产生的异构现象；构造异构包括碳链异构、位置异构、官能团异构和互变异构。立体异构是指分子中原子或官能团的连接顺序或连接方式相同，但在空间的排列方式不同而产生的异构现象；立体异构包括构象异构、顺反异构和对映异构，其中顺反异构和对映异构称为构型异构。构型异构与构象异构的区别是：构型异构体是室温下能稳定存在的不同的化合物，它们之间的转化涉及共价键的断裂；构象异构体是通过碳碳单键的旋转产生的，是同一化合物，不涉及共价键的断裂，这种转变需要的能量较低，室温下即可完成，因此不能分离得到单一的构象异构体。有机化合物的同分异构可归纳如下：

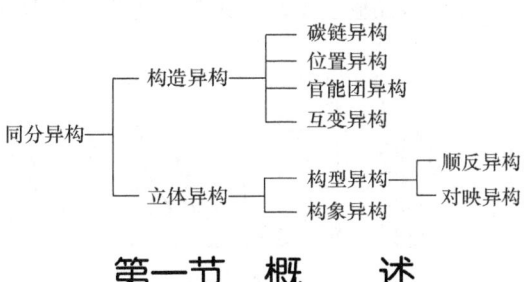

第一节 概　述

对映异构属于构型异构的一种，也称旋光异构或光学异构，是指分子式和构造式（结构式）相同，构型不同，互为实物和镜像的关系，且不能重合的立体异构现象。许多药物以及生物体内的重要物质如氨基酸、糖类等都具有光学活性。不同的对映异构体，除了具有光学特性外，又因其结构上的差异而产生明显不同的生理活性和药理作用。对映异构现象就是本章重点研究的内容。

视窗 6-1　　　　　　　　　　　对映异构现象的发现

1848 年，巴斯德（L. Pasteur，1822—1895）在研究酒石酸钠铵的晶体时，发现无旋光性的酒石酸钠铵是两种互为镜像的不同晶体组成的混合物。他用一只放大镜和一把镊子，细心地把混合物分成两小堆：右旋的晶体和左旋的晶体，如同是分开乱堆在一起的右手套和左手套一样。虽然原先的混合物是没有旋光性的，但是分开的各堆晶体溶于水后都具有了旋光性！同时，两

巴斯德

个溶液的比旋光度值完全相等，但旋光方向相反。就是说，一种晶体的溶液使平面偏振光向右旋转，而另一种晶体的溶液使平面偏振光向左旋转了相同的度数。这两种物质的其他性质都是相同的。

由于旋光度的差异是在溶液中观察到的，巴斯德推断这不是晶体的特性而是分子的特性。他提出，构成晶体的分子是互为镜像的，正像这两种晶体本身一样。他认为，存在着这样的异构体，它们结构的不同仅仅是在于互为镜像关系，性质的不同也仅仅是在于旋转偏振光的方向不同。因此，对映异构现象是由于分子中的原子在空间的不同排列所引起的。巴斯德的这些观点为对映异构现象的研究奠定了理论基础。

一、平面偏振光及比旋光度

光波是一种电磁波，它的振动方向与其前进方向互相垂直。普通光波由不同波长的光束组成，可在与传播方向垂直的各个不同的平面上振动。当普通光通过一个尼科耳（Nicol）棱镜时，只有与棱镜晶轴平行的平面上振动的光才能通过。这种透过 Nicol 棱镜的只在一个平面上振动的光称为平面偏振光（plane-polarized light），简称偏振光，偏振光所在的平面称为偏振面（plane of polarization）。

当偏振光通过某些物质（如蔗糖、乳酸等）的溶液时，偏振光的偏振面会发生旋转。物质能使偏振面旋转的性能称为旋光性（optical activity），具有这种性质的物质称为旋光性物质（optically active compound）。

偏振光通过旋光性物质，振动平面偏转的角度称为旋光度，旋光性物质的旋光度和旋光方向可用旋光仪测定。图 6-1 为一般旋光仪的简图。由光源产生的普通光通过第一个棱镜（起偏镜）变成偏振光，然后通过旋光管，再由第二棱镜（检偏镜）检验偏振光的振动面的旋转方向和旋光度（用 α 表示）。使偏振面向右旋转（顺时针方向）的物质，称为右旋物质，用 (+) 或 d（dextrorotatory）表示；反之，使偏振面向左旋转（逆时针方向）的物质，称为左旋物质，用 (−) 或 l（levorotatory）表示。

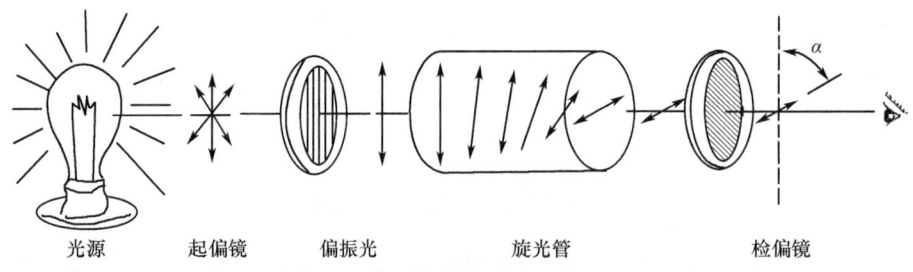

光源　　起偏镜　　偏振光　　旋光管　　检偏镜

图 6-1　旋光仪的构造及工作原理

物质的旋光度不仅与旋光性物质本身有关，而且与溶液的浓度、盛液管的长度、测定时的温度、光的波长以及使用的溶剂等因素有关，所以同一种旋光性物质在不同实验条件下测得的旋光度 α 是不同的。为了比较不同旋光性物质的旋光性，通常用 1dm 长的旋光管，待测物质的浓度为 1g/mL 时所测得的旋光度，称为比旋光度（specific rotatory power），用 $[\alpha]_D^t$ 表示。构造相同的左旋物质和右旋物质，其比旋光度值相等，但旋光方向相反。旋光性化合物的比旋光度与旋光度的关系如下所示：

$$[\alpha]_D^t = \frac{\alpha}{l \times C}$$

式中，[α] 为比旋光度；t 为测定时的温度（℃）；D 为旋光仪使用的光源，通常是钠光 D 线波长 589nm；α 为实验观察的旋光值；l 为旋光管的长度（dm）；C 为表示溶液的浓度（g/mL）（纯液体可用密度）。

比旋光度与物质的熔点、沸点或折射率等一样，也是旋光性化合物的一种特征物理常数。比旋光度可用于鉴别旋光性化合物或者测定旋光性化合物的纯度和含量。

二、分子的手性与旋光性

人的左右手看上去相同，但实际是不同的。左手照镜子恰好是右手，然而左右手不能重叠（图 6-2）。这种互为实物与镜像关系，彼此又不能重合的性质称为手性（chirality）。具有这种特征的分子称为手性分子（chiral molecule），手性分子都具有旋光性，存在旋光异构现象。不具有手性的分子称为非手性分子（achiral molecule），无旋光性。

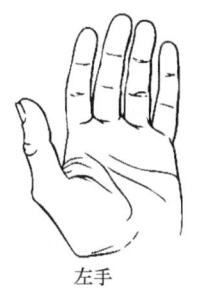 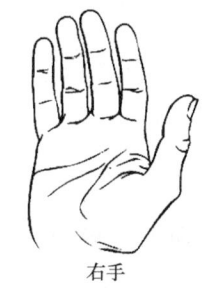 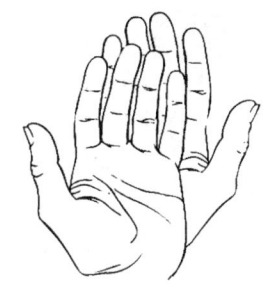
左手　　镜子　　右手

图 6-2　左右手互为实物和镜像关系但相互不能叠合

自然界中有许多手性物，如人的耳朵、鸟的翅膀或者螺丝钉、剪刀等都是手性物。微观世界的分子中同样存在着手性现象，有许多化合物分子具有手性。旋光异构现象与分子的结构有关，产生旋光异构现象的结构依据是分子的手性。图 6-3 是一对互为镜像关系的乳酸分子的立体结构式（透视式：实线代表位于纸平面上的键；虚线代表伸向纸平面后方的键；楔形线代表伸向纸平面前方的键）。这一对乳酸分子的关系像人的左右手，彼此互为实物和镜像，又不能重合。因此，乳酸分子是手性分子，有旋光异构现象。

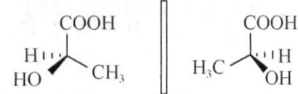

图 6-3　互为实物和镜像的一对乳酸分子

三、分子的对称因素

一个分子若能与它的镜像重叠，则该分子的结构是对称的，没有对映异构现象，也没有旋光性，是非手性分子。反之，如果一个分子与其镜像不能重叠，其结构一定是不对称的，是手性分子，具有旋光性。因此，一个化合物是否能与其镜像重叠，与分子的对称性有关。通过考察分子的对称性能判断它是否能与其镜像重叠，进而推断其是否具有手性。

判断一个分子的对称性，可以将分子进行某种对称操作，如果操作后与原来的立体形象完全重合，则说明该分子具有某种对称因素（symmetry element）。常见的对称因素主要有对称面、对称中心和对称轴。

1. 对称面　如有一假想的平面能将分子分割成互为实物和镜像的两部分，这个平面就是该分子的对称面（symmetric plane）。有对称面的分子能与它的镜像重叠，无手性。例如，2-氯丙烷有一个对称面（图 6-4）。

2. 对称中心　对称中心（symmetric center，符号 i）为一个假想的点，从分子中任一原子或基团出发向该点作一直线，再从该点将直线反方向延长，在等距离处可遇到与起点相同的原子或基团（图 6-5）。

3. 对称轴 当分子环绕通过该分子中心的轴旋转一定的角度，得到的分子形象与原来的完全重合时，此轴为对称轴（symmetric axis，符号 C）。当分子旋转 $360/n$（$n=2,3,4,\cdots$）度之后，经过旋转的分子与未经旋转的分子完全重叠，这个轴就是该分子的 n 重对称轴（符号 C_n）。例如，反-1,2-二甲基环己烷绕轴旋转 180° 后与原来分子的形象一样，由于 360/180=2，所以这是二重旋转对称轴（图 6-6）。

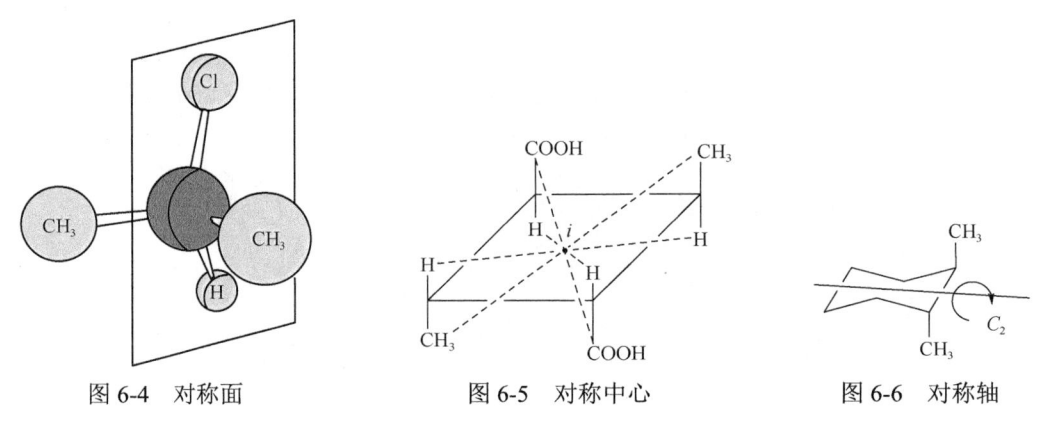

图 6-4　对称面　　　　　图 6-5　对称中心　　　　　图 6-6　对称轴

四、分子的手性因素

手性分子可根据其空间结构是否具有对称因素进行判断，手性分子一定也具有某种手性因素，如手性中心、手性轴或手性面等。

1. 手性中心 如果分子的手性是由于原子和基团围绕某一点的非对称排列而产生的，这个点就是手性中心（chiral center），简言之就是能引起分子具有手性的特定原子称为手性中心，用"*"标示。在乳酸分子中，C2 与四个不同的原子或基团相连，因此 C2 就是一个手性中心，用 C* 表示。手性碳原子（chiral carbon atom）是最常见的手性中心，这种手性中心除了可以是碳原子之外，还可以是氮、磷和硫原子等，当它们与不同的原子或基团相连时也可能产生对映异构现象。手性中心是引起化合物产生手性的原因之一，但是不能将是否含有手性中心作为判断手性分子的唯一依据。

乳酸 [CH₃C*H(OH)COOH] 分子中有一个手性碳原子，存在 2 种不同构型的旋光异构体，即对映体。含有一个手性碳原子的化合物是手性分子，具有一对对映体；含有两个或两个以上的手性碳原子的化合物就不一定具有手性，可能有例外。

2. 手性轴 有些分子虽不含手性中心，但分子中存在一根轴，通过轴的两个平面在轴的两侧连有不同的基团时，也能产生实物与镜像不能重合的对映体，此轴称为手性轴（chiral axis）。例如，1,3-二溴丙二烯分子具有手性轴，是手性分子，有一对对映体存在。

3. 手性面 分子内不含手性原子，但有一个扭曲的面，使分子呈现一种螺旋状的结构，存在左手螺旋和右手螺旋，且互为对映体，因此这类分子具有旋光性。分子中这一扭曲面就是手性面（chiral plane）。例如，六螺苯结构中因存在手性面，而不具有任何对称因素，所以它是手性化合物，有一对左手和右手螺旋的对映体。

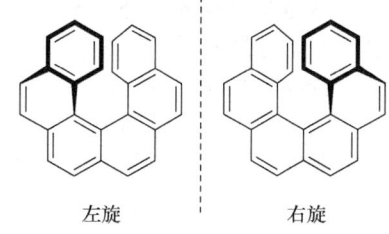

左旋　　　　右旋

第二节　含手性中心的手性分子

一、含一个手性碳原子化合物的对映异构

（一）对映体和外消旋体

一个手性碳原子所连的四个不同原子或基团在空间上具有两种不同的排列方式，即两种构型，互为实物和镜像，但不能重合。这种互为实物和镜像，又不能重合的分子互为对映异构体，简称对映体（enantiomer）。乳酸最初是从酸奶中分离出来的。用不同的微生物可使葡萄糖或乳糖发酵分解产生两种不同的乳酸（图 6-7），一种乳酸使偏振光的振动平面向右旋转，称为右旋乳酸；另一种则使偏振光的振动平面向左旋转，称为左旋乳酸。这两种乳酸彼此呈实物与镜像的关系而且不能重合，这样的一对化合物互为对映体，其中一个是左旋体，另一个是右旋体。

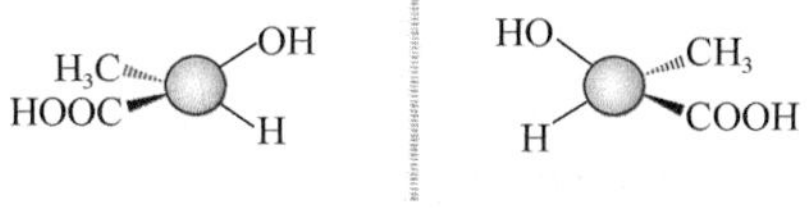

图 6-7　两种乳酸分子

在实验室中，通过还原丙酮酸的羰基也可制备乳酸，由此法得到的产品为等量的左旋乳酸和右旋乳酸的混合物，无旋光性。这种由等量的一对对映体所组成的混合物称为外消旋体（racemate）。由于两种乳酸的旋光度相同，旋光方向相反，旋光性恰好互相抵消，所以外消旋体不显旋光性。外消旋体通常用（±）或 *dl* 表示。外消旋体与旋光异构体的许多化学性质和物理性质相同，而熔点、比旋光度等物理性质则有差异。三种乳酸的一些物理性质见表 6-1。

表 6-1　乳酸的物理性质（1 个标准大气压下）

名称	熔点/℃	$[\alpha]_D^{20}$	pK_a	在水中溶解度
(+)-乳酸	26	+3.8°	3.76	∞
(−)-乳酸	26	−3.8°	3.76	∞
(±)-乳酸	18	0°	3.76	∞

（二）对映异构体的表示方法

费歇尔投影式（Fischer projection）是一种较简便地使用平面投影式表示分子立体结构的方法。将一个化合物的透视式写成费歇尔投影式时，遵循下列要点：①将主链竖起，编号最小的碳原子放在上端；②水平线和垂直线的交叉点代表手性碳原子；③横键表示所连的原子或基团伸向纸平面前方，竖键表示所连原子或基团伸向纸平面的后方。乳酸的一对对映体的费歇尔投影式见图 6-8。

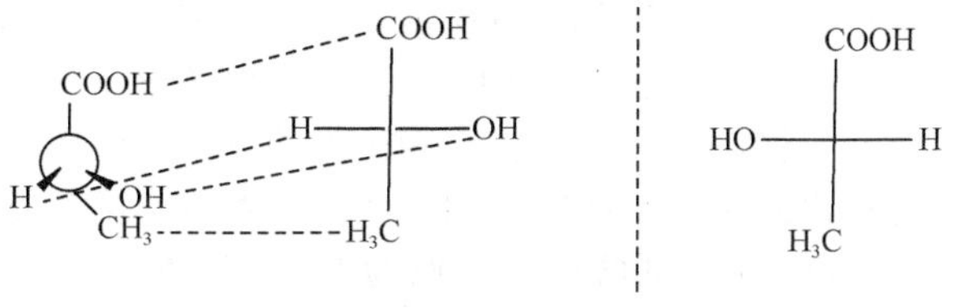

图 6-8　乳酸对映体的费歇尔投影式

费歇尔投影式对处于水平或者垂直方向的原子或基团的位置有着严格的规定，因此费歇尔投影式在进行转换时必须遵循一定的规则，否则其构型就可能发生变化。对于仅含有一个手性碳原子化合物的费歇尔投影式转换时需遵循的基本规则如下，以乳酸分子为例：

（1）费歇尔投影式在纸面上旋转180°所得化合物与原化合物相同，构型不变；旋转90°或270°所得到的化合物为原化合物的对映异构体，构型改变。

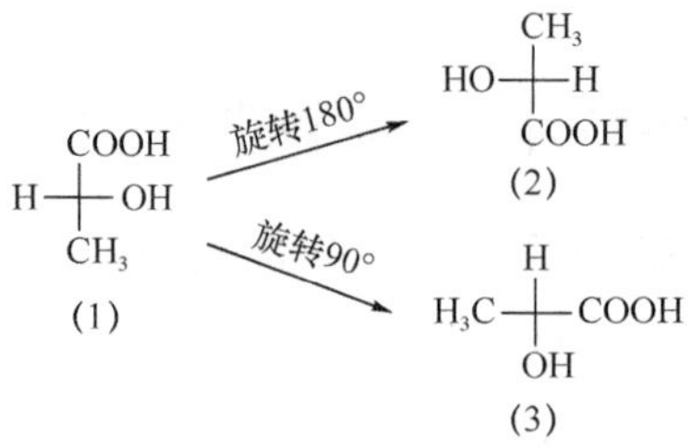

$$\underset{(1)}{\overset{COOH}{\underset{CH_3}{H{-}{-}OH}}} \xrightarrow{\text{旋转}180°} \underset{(2)}{\overset{CH_3}{\underset{COOH}{HO{-}{-}H}}} \quad (2)\text{和}(1)\text{构型相同}$$

$$\xrightarrow{\text{旋转}90°} \underset{(3)}{\overset{H}{\underset{OH}{H_3C{-}{-}COOH}}} \quad (3)\text{和}(1)\text{构型相反}$$

（2）将手性碳原子上的一个取代基固定不变，另外三个基团按顺时针或逆时针方向旋转时，分子的构型不变。

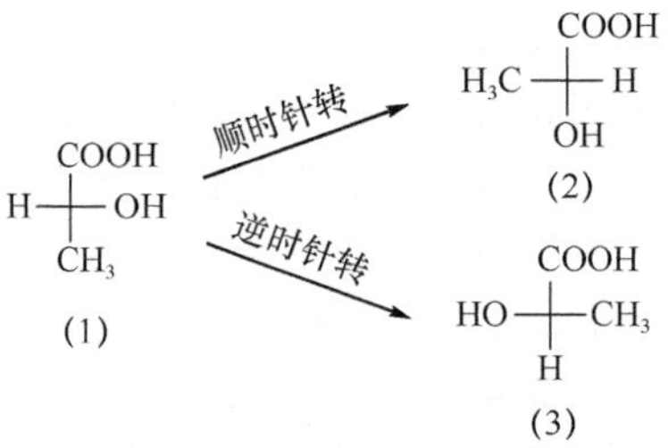

$$\underset{(1)}{\overset{COOH}{\underset{CH_3}{H{-}{-}OH}}} \xrightarrow{\text{顺时针转}} \underset{(2)}{\overset{COOH}{\underset{OH}{H_3C{-}{-}H}}}$$

$$\xrightarrow{\text{逆时针转}} \underset{(3)}{\overset{COOH}{\underset{H}{HO{-}{-}CH_3}}} \quad (1)\text{和}(2)\text{、}(3)\text{构型相同}$$

（3）费歇尔投影式中的手性碳原子上所连原子或基团，两两交换偶数次所得化合物与原化合物相同，构型不变；两两交换奇数次，所得化合物为原化合物的对映异构体，构型改变。

$$\underset{(1)}{\overset{COOH}{\underset{CH_3}{H{-}{-}OH}}} \xrightarrow[\text{交换一次}]{{-}CH_3\text{和}{-}COOH} \underset{(2)}{\overset{CH_3}{\underset{COOH}{H{-}{-}OH}}} \xrightarrow[\text{再交换一次}]{{-}CH_3\text{和}{-}OH} \underset{(3)}{\overset{OH}{\underset{COOH}{H{-}{-}CH_3}}}$$

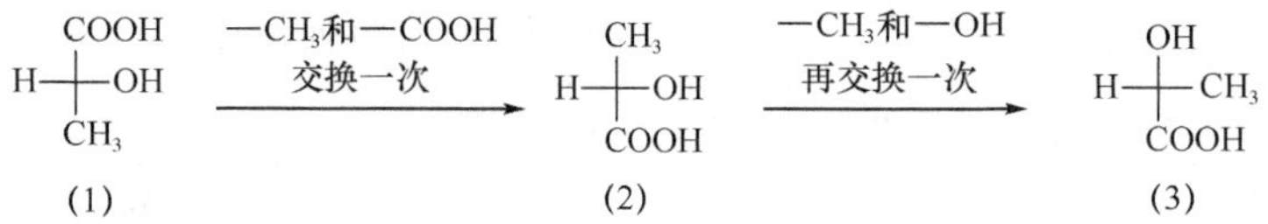

(2)和(1)构型相反
(3)和(1)构型相同

（三）对映异构体构型的标记

1. D、L 标记法 有机化学发展初期，人们还无法确定化合物真实的空间排列情况，于是选定 (+)-甘油醛为标准物，并规定其碳链处于垂直方向，醛基在投影式碳链的上端，人为地规定C2上的羟基处于右侧时为 D 构型；而其对映体，即C2上的羟基处于左侧时为 L 构型。两者结构的费歇尔投影式表示如下：

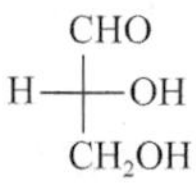

$$\underset{D\text{-}(+)\text{-甘油醛}}{\overset{CHO}{\underset{CH_2OH}{H{-}{-}OH}}} \qquad \underset{L\text{-}(-)\text{-甘油醛}}{\overset{CHO}{\underset{CH_2OH}{HO{-}{-}H}}}$$

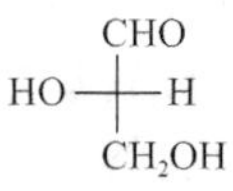

通过一定的化学反应，甘油醛转化成其他旋光性化合物，只要在反应过程中与手性碳直接相连的化学键不断裂，那么所得的化合物的手性碳就与原甘油醛手性碳的构型相同。这种以甘油醛的构型为参考标准而确定其他化合物的构型称为相对构型（relative configuration）。例如，以下各反应分别发生在C1和C3的官能团上，与手性中心（C2）直接相连的键没有发生断裂，即—OH总处于手性碳原子的右边。因而，反应中间体和产物都与 D-(+)-甘油醛具有相同构型。这样，(−)-乳酸的相对构型应与 D-(+)-甘油醛相同，也为 D 构型。它们旋光方向的改变说明了化合物的构型与旋光方向之间没有直接的对应关系。

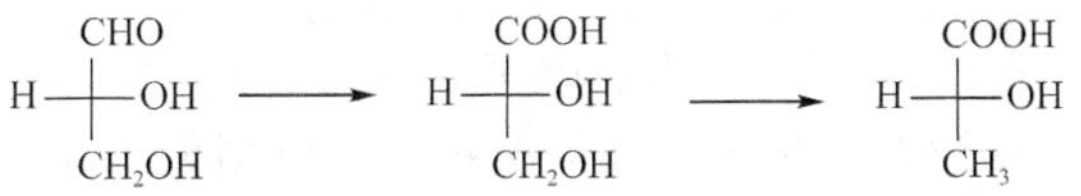

$$\text{D-(+)-甘油醛} \longrightarrow \text{D-(−)-甘油酸} \longrightarrow \text{D-(−)-乳酸}$$

1951 年，荷兰化学家 J. M. Bijvoet 用 X 射线衍射技术测定了 (+)-酒石酸铷钾盐的晶体结构后，确定了原来人为规定的 D-(+)-甘油醛的构型恰巧就是它的真实构型。当然以甘油醛为标准物，所确定的其他化合物的构型，也是它们的真实构型即绝对构型。目前，D、L 标记法常用于糖类和氨基酸的构型命名。

2. R、S 标记法　绝对构型（absolute configuration）是指连接在手性中心的四个原子或基团在空间的真实排列方式。1970 年，国际纯粹与应用化学联合会（IUPAC）推荐使用 R、S 标记法，该法就是根据化合物三维空间立体关系确定的真实的构型，不需要与其他化合物进行比较，可广泛应用于各种类型手性化合物构型的命名。它的规则如下：

（1）按次序规则由大到小排列与手性中心相连的四个原子或基团（a、b、c、d）。例如，它们的优先次序为：a＞b＞c＞d。

（2）将排序中最小的基团 d 放在离眼睛最远的位置，其他三个基团放在离眼睛最近的平面上，然后按大 → 中 → 小，即 a→b→c 的顺序进行观察。若是顺时针方向排列，则其构型为 R；若是逆时针方向排列，则构型为 S。书写名称时，将 R 或 S 写在最前面。

以丁-2-醇为例，手性中心连接的四个基团的先后次序为：—OH＞—C_2H_5＞—CH_3＞—H。

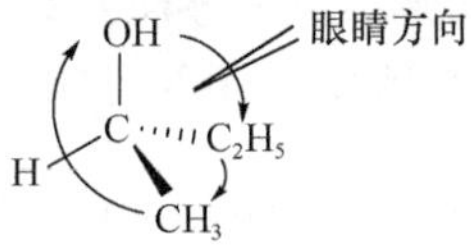

(R)-丁-2-醇 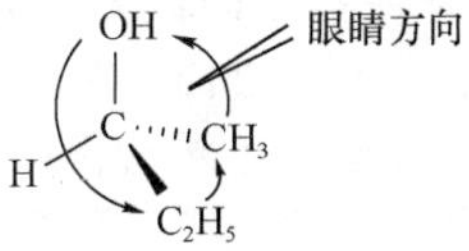　　　　　(S)-丁-2-醇

R、S 标记法也可直接应用于费歇尔投影式。若最低次序的原子或基团位于竖键，其他 3 个原子或基团由高到低的次序按顺时针排列的为 R 构型，逆时针排列的为 S 构型；若最低次序的原子或基团位于横键，其余原子或基团由高到低的次序按顺时针排列为 S 构型，逆时针排列的为 R 构型。例如，乳酸一对对映体的构型如下：

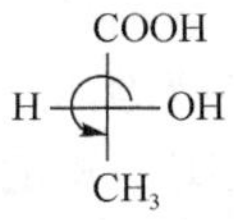

R 构型 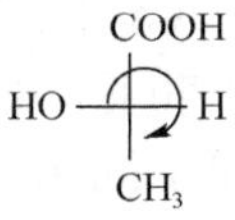　　　　　S 构型

D/L 与 R/S 只表示构型，而 (+)、(−) 表示旋光方向，两者之间没有必然的联系。

（四）原手性和原手性分子

一个非手性的对称分子经一个原子或基团的取代后失去了对称性，变成了一个不对称的具有手性的分子，那么原来的对称分子就称为"原手性分子"或"潜非对称分子"。分子所具有的这种性质称为"原手性"（prochirality）或"潜非对称性"。发生变化的碳原子称为"原手性碳原子"或"潜不对称碳原子"。例如，丁烷是一个对称的分子，为非手性化合物。若丁烷 C2 上的氢原子被羟基取代，则转变成不对称的手性分子丁-2-醇。因此，丁烷就是一个原手性分子，C2 是原手性碳原子。

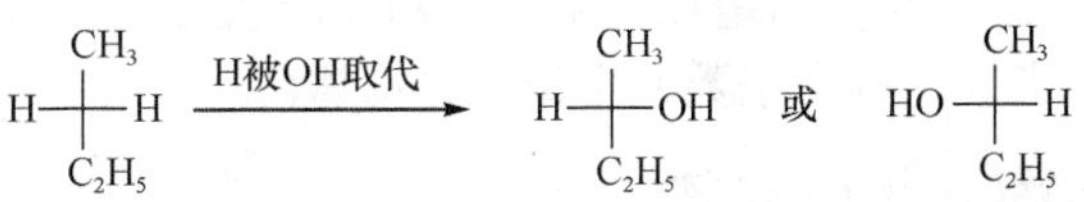

丁烷　$\xrightarrow{\text{H被OH取代}}$　(S)-丁-2-醇　或　(R)-丁-2-醇

案例 6-1 "反应停"事件

20世纪60年代的"反应停"事件是药物导致胎儿畸形的典型重大药物危害事件。1957年，德国某药厂研发了一种治疗早期妊娠反应的新药，该药对有呕吐反应的早期妊娠妇女有很好的止吐作用，因而取名为"反应停"。由于该药止吐效果显著，颇受早孕妇女的欢迎。很快，该药便风靡全世界。特别是在经济比较发达的国家，"反应停"成为畅销药。但是随后不久，这些国家发现了许多没有胳膊和腿的海豹样新生儿。仅在英国，短时间内登记到的这种海豹样新生儿就有8000多个。流行病学研究表明，服用"反应停"可导致海豹样新生儿。

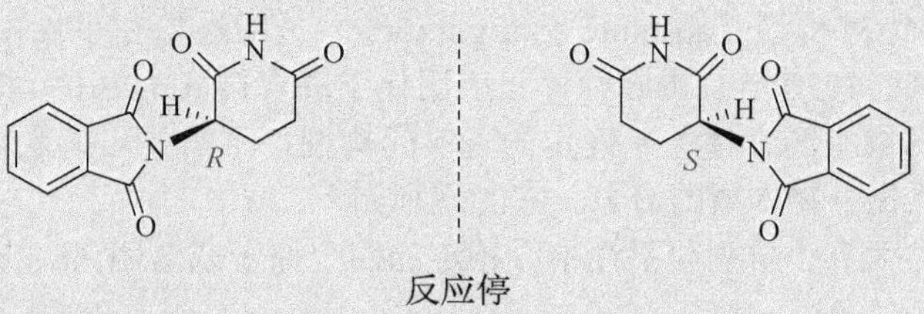

反应停

问题 讨论反应停的一对对映体与其止吐作用和致畸作用的关系。

案例分析 "反应停"是手性化合物，分子中含有一个手性碳原子，有一对对映体。当时上市的"反应停"药物是含有一对对映体的外消旋体。研究发现，"反应停"的右旋体具有镇静作用，而其左旋体对胚胎有很强的致畸作用，即"反应停"的药效作用和毒性作用分别来自两个对映体。"反应停"事件一方面极大地促进了世界各国完善新药的临床前和临床评价体系，提高了临床用药的安全性；另一方面促使化学家和药物学家深入研究开发手性药物，全面研究其对映体的制备、分析、活性及其药物代谢过程等。

二、含两个手性碳原子化合物的对映异构

（一）含两个不同手性碳原子的化合物

分子中手性碳原子数目越多，其对映异构体的数目也就越多。含两个不同手性碳原子的化合物，与它们相连的原子或基团在空间上存在四种不同的排列方式，因此存在四个旋光异构体，彼此构成两对对映异构体。例如2,3,4-三羟基丁醛，分子中含有两个不相同的手性碳原子，存在四个旋光异构体（图6-9），其中Ⅰ和Ⅱ，Ⅲ和Ⅳ两两分别互为实物与镜像的关系，且不能重合，是两对对映体。化合物Ⅰ和Ⅲ或Ⅳ，Ⅱ和Ⅲ或Ⅳ，均不是实物和镜像的关系，称为非对映异构体（diastereomer）。非对映体的旋光性不同，其他物理和化学性质也有所差异。含有两个或多个手性碳原子的非对映异构体，如果只有一个手性碳原子的构型不同，而两个分子其他结构均相同，则它们互为差向异构体（epimer）。

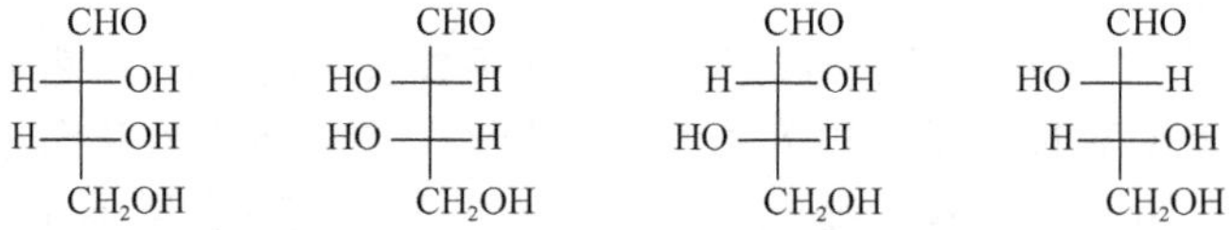

Ⅰ	Ⅱ	Ⅲ	Ⅳ
(2R,3R)	(2S,3S)	(2R,3S)	(2S,3R)

图6-9 2,3,4-三羟基丁醛的四个旋光异构体

随着分子中不同手性碳原子数目的增加，旋光异构体的数目也会增多。含 n 个不同手性碳原子的化合物最多有 2^n（n 代表手性碳原子数）个旋光异构体。

（二）含两个相同手性碳原子的化合物

分子中含有两个相同的手性碳原子的化合物，例如2,3-二羟基丁酸，俗称酒石酸，分子中两

个手性碳原子上都连有—OH、—COOH、—CH(OH)COOH、—H，这些原子和基团在空间上只有三种不同的排列方式，因此有三个旋光异构体（图6-10）。其中，化合物Ⅰ和Ⅱ互为对映体，化合物Ⅲ和Ⅳ是同一化合物。在化合物Ⅲ和Ⅳ中的两个手性碳原子，一个是 S 构型，另一个是 R 构型，它们旋光度相同而方向相反，恰好在分子内抵消，因此分子整体是非手性的，不显旋光性；也可以看作分子中存在一个对称面，分子无手性。像这种分子中含有手性碳而不具有旋光性的化合物称为内消旋体（mesomer），用"i"或"$meso$"表示。化合物Ⅲ和Ⅳ称为内消旋酒石酸，其与左旋酒石酸或右旋酒石酸互为非对映体，因此物理和化学性质有所不同（表6-2）。

$$\begin{array}{cccc}
\text{COOH} & \text{COOH} & \text{COOH} & \text{COOH} \\
\text{H}\!\!-\!\!\text{OH} & \text{HO}\!\!-\!\!\text{H} & \text{H}\!\!-\!\!\text{OH} & \text{HO}\!\!-\!\!\text{H} \\
\text{HO}\!\!-\!\!\text{H} & \text{H}\!\!-\!\!\text{OH} & \text{H}\!\!-\!\!\text{OH} = \text{HO}\!\!-\!\!\text{H} & \text{对称面} \\
\text{COOH} & \text{COOH} & \text{COOH} & \text{COOH} \\
(2R,3R) & (2S,3S) & (2R,3S) & (2S,3R) \\
\text{Ⅰ} & \text{Ⅱ} & \text{Ⅲ} & \text{Ⅳ}
\end{array}$$

图 6-10 酒石酸的三个旋光异构体

表 6-2 酒石酸的物理性质（1个标准大气压下）

	熔点/℃	溶解度/(g/120mL H$_2$O)	$[\alpha]_D^{20}$（20%水溶液）
(−)-酒石酸	170	139.0	−12°
(+)-酒石酸	170	139.0	+12°
内消旋酒石酸	140	125.0	无光活性
(±)-酒石酸	206	20.6	无光活性

内消旋体和外消旋体都没有旋光性，但它们的本质不同。前者是纯的非手性分子，是不可分的；而后者是两种互为对映体的手性分子的等量混合物，外消旋体可以用特殊方法拆分成两种旋光性相反的化合物。

视窗 6-2   **2001 年诺贝尔化学奖**

近年来，化学家们设计合成了许多手性配体及催化剂，发展了众多的不对称催化反应和方法，其中一些不对称催化反应已经实现了手性药物及其重要手性中间体的工业化生产。2001 年，诺贝尔基金会将该年度的诺贝尔化学奖授予了美国 Monsan 公司化学家威廉·诺尔斯（William S. Knowles，1917—2012）、日本名古屋大学教授野依良治（Ryoji Noyori，1938— ）以及美国斯克利普斯（Scripps）研究所的教授巴里·夏普莱斯（K. Barry Sharpless，1941— ），以表彰他们在不对称合成方面所取得的成绩。

威谦·诺尔斯

野依良治

巴里·夏普莱斯

美国有机化学家夏普莱斯的成就是开发了用于烯烃不对称氧化反应的手性催化剂。美国有机化学家诺尔斯的贡献是发现可以使用手性过渡金属络合物对分子进行氢化反应，以获得具有所需特定镜像形态的手性分子。他的研究成果很快便用于生产工业产品，如治疗帕金森病的药物 L-多巴就是使用诺尔斯的研究成果制造出来的。野依良治进一步发展了用于不对称氢化反应的手性催化剂，使用该催化剂能使反应过程更经济，同时大大减少产生的有害废弃物，有利于环境保护。

第三节 含手性轴的手性分子

尽管大多数具有旋光性的化合物都有手性中心，但有一些不含手性中心而存在手性轴的化合物与其镜像也不能重合，这就是含手性轴的旋光异构体，它们也是手性分子，具有一对对映体。

一、丙二烯型化合物的对映异构

丙二烯型化合物属于累积二烯烃，其结构特点是中心碳原子为 sp 杂化，与其相连的两个 π 键所处的平面彼此相互垂直，当丙二烯双键两端的碳原子上各连有两个不同的取代基时，分子具有手性轴，存在对映体。例如，戊-2,3-二烯：

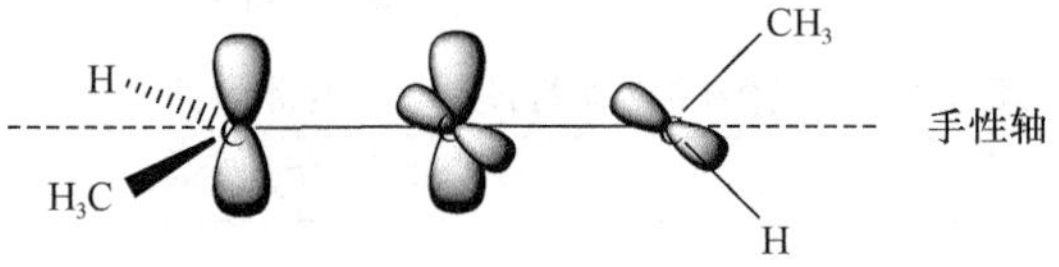

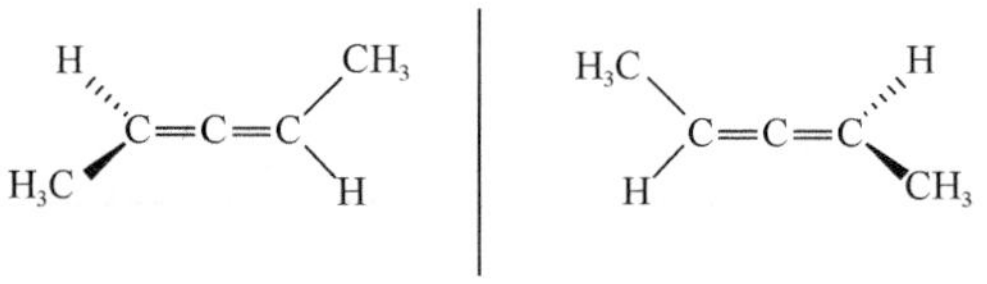

螺环化合物与丙二烯型化合物相似，当两个环上都连有不同的取代基时，分子中存在手性轴，是手性分子，具有旋光性。例如，2,6-二甲基螺[3.3]庚烷：

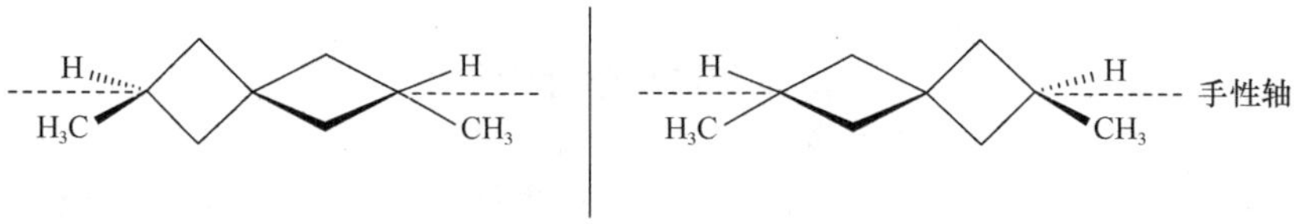

二、联苯型化合物的对映异构

联苯型化合物分子中两个苯环可以通过碳碳单键自由旋转，当联苯分子中两个苯环的邻位引入位阻较大的基团（如—NO_2、—COOH 等）时，两个苯环之间的单键旋转受到阻碍，而且两个苯环不能处在同一个平面时，如果每个苯环的邻位都连接两个不同的基团，整个分子就没有对称因素，就会产生两种构型不同的对映体，彼此不能重合，此时分子具有手性轴，使手性分子具有旋光性。例如，6,6′-二硝基-2,2′-联苯二甲酸：

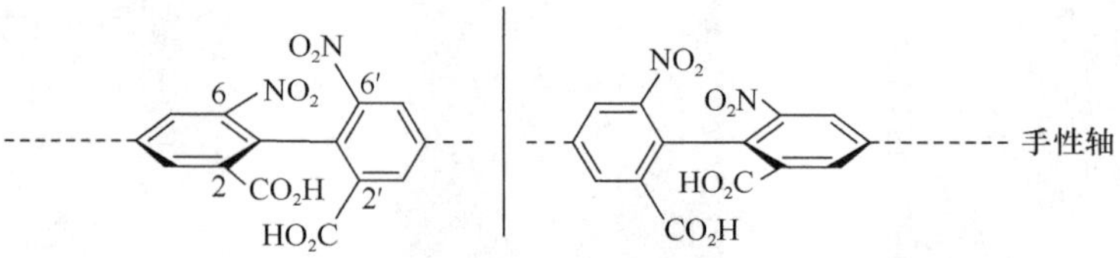

第四节 单环化合物的立体异构

一、含手性碳原子的单环化合物的构型异构

由于环状化合物的结构具有一定的刚性，其立体异构现象比链状化合物更复杂。环状化合物

往往同时存在顺反异构和对映异构现象。如果环烷烃的两个环碳原子各连有不同的取代基，就存在顺反异构现象；如果环上有手性碳原子，则还可能有对映异构体。单环化合物是否具有旋光性，可以通过其平面式（成环碳原子画在同一平面上）的对称性来判别。凡是其平面式有对称中心、对称面等对称因素的单环化合物均无旋光性，反之则有旋光性。

1,2-环丙烷二甲酸分子中含有两个手性碳原子，且存在顺式和反式两种异构体。在顺式异构体有一对称面，为内消旋体，不是手性化合物，没有旋光性；而其反式异构体分子中无对称面，无对称中心，具有手性，存在对映异构体。

1,2-二甲基环己烷的顺反异构体中都含有两个手性碳原子。顺式异构体分子中有对称面，是内消旋体，不具有手性。反式异构体分子中无对称面等对称因素，它与其镜像不能重合，因此为手性分子，存在一对对映体。

1,3-二甲基环己烷与1,2-二甲基环己烷相似，其分子中有两个相同的手性碳原子，有三种旋光异构体。顺式异构体是内消旋化合物，反式异构体存在一对对映体。

以上两例中，如果1、2位或1、3位取代基不同，则无论是顺式还是反式异构体都具有手性，都存在对映异构体，例如，1-溴-3-甲基环己烷中含有两个不同的手性碳，存在的顺、反两种异构体均是手性化合物，有两对对映异构体。

1,4-二甲基环己烷有顺、反两种异构体，两种异构体都有一个通过C1和C4及两个甲基的对称面。因此，两者均为非手性化合物。即使C1和C4上连有不同的取代基，只要取代基无手性，顺、反异构体就是非手性化合物。

二、取代环己烷的构象异构

（一）一元取代环己烷的构象

一元取代环己烷存在两种椅式构象，一种是取代基位于 a 键，另一种是取代基位于 e 键。相比之下，取代基更倾向于连接在碳环的 e 键，且取代基体积越大，这种倾向更明显。例如甲基环己烷，当取代基位于 a 键时，甲基和 C3、C5 位 a 键上的氢原子由于空间拥挤产生了较强的范德瓦耳斯斥力，分子内能较高，不稳定；当甲基位于 e 键时，甲基伸向环外，与 C3、C5 位上的氢原子距离较大，相互斥力小，稳定性强，是优势构象。如果取代基为体积较大的叔丁基，则在 e 键取代的环己烷构象异构体约占 99.9% 以上，叔丁基被称为控制构象的基团。

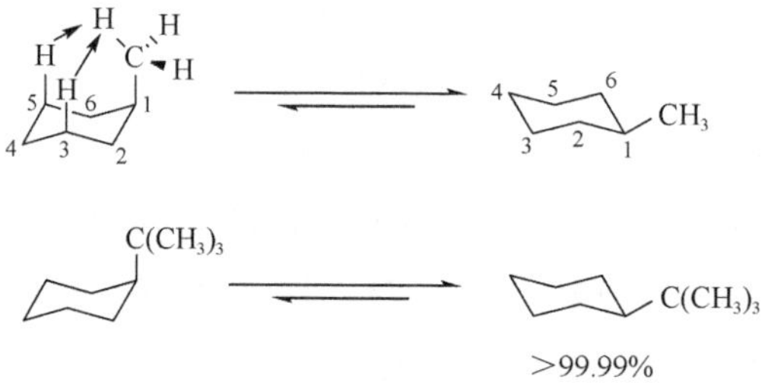

（二）二元取代环己烷的构象

两种互变的构象异构体含量的差别与它们的构象稳定性有关。顺-1,2-二甲基环己烷平衡体系中的两种椅式构象都是一个位于横键的甲基和一个位于竖键的甲基，这种构象简写为 ea/ae 构象，它们具有相同能量，平衡时两者各占 50%。反-1,2-二甲基环己烷平衡体系存在两种椅式构象，一种是两个甲基都位于横键的 ee 构象，另一种是两个甲基都位于竖键的 aa 构象。显然，ee 构象为优势构象。由于反式异构体有能量较低的 ee 构象，而顺式异构体只有 ea 构象，因此反式异构体比顺式异构体更稳定。

ea构象　　　　　　　aa构象　　ee构象（优势构象）

顺-1,2-二甲基环己烷　　　　反-1,2-二甲基环己烷

顺-1,3-二甲基环己烷有 ee 构象和 aa 构象，其中 ee 构象为优势构象；而反-1,3-二甲基环己烷中只有 ea 构象，因此顺式比反式稳定。其他类型二取代、三取代环己烷的稳定构象也可应用上述分析方法进行推测。

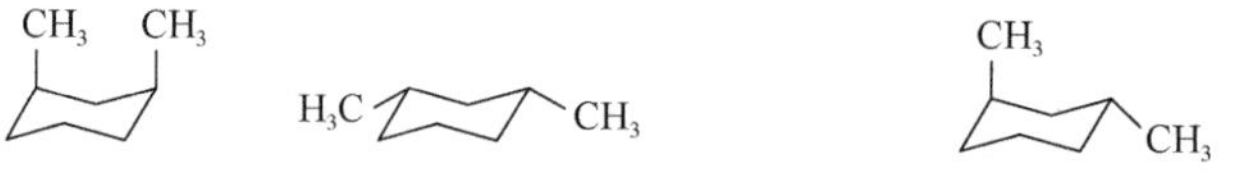

aa构象　　　　ee构象　　　　　　ea构象

顺-1,3-二甲基环己烷　　　　反-1,3-二甲基环己烷

取代环己烷的优势构象遵循以下规律：①椅式构象为稳定的优势构象；②取代环己烷中取代基占横键多的为优势构象；③含不同取代基时，体积大的取代基（如叔丁基）处于横键的构象为优势构象。

视窗 6-3　　　　　　　　　手性药物

蛋白质、多糖、核酸和酶等参与生命活动的重要的生物大分子几乎均具有手性。而神经递质、激素、药物等生物活性小分子对生物大分子（如酶、受体、抗体等）的活性部位具有由这些生物活性分子与生物大分子之间相互作用的亲和力介导的手性识别能力，因此生物活性小分子的立体结构因素与生物活性的关系非常密切。生物大分子或它的活性部位具有一定的立体构型和构象，所以要求和它相互作用的生物活性小分子也具有与其相适应的立体化学条件，才能相互作用，从而产生生物活性。如酶催化生物反应首先是有关分子通过各种键合力吸附到酶表面的手性环境中。一般地，酶通过三个键合中心与手性药物发生作用。假如催化甘油醛的酶的三个键合中心如图6-11排列，分别适合—H、—OH、—CH$_2$OH。因此，这个酶只能识别 R-甘油醛催化其反应；而不能识别 S-甘油醛，不能催化 S-甘油醛的反应。

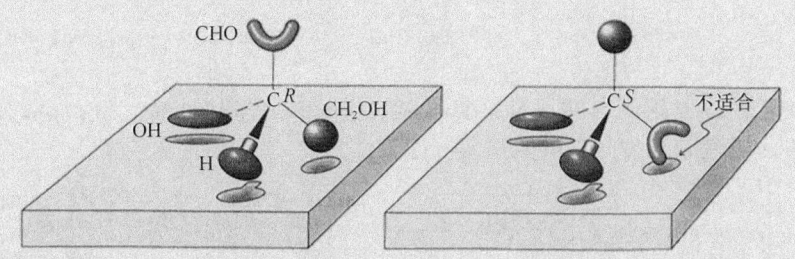

图6-11　有三个特殊键合中心的酶同 R-甘油醛相互作用示意图

手性药物存在一对互为实物与镜像的对映体，其药理作用通过与生物体内大分子之间的严格手性匹配和分子识别来实现。由于与生物大分子相互作用具有立体选择性，所以手性药物对映体的药理活性存在差异。许多情况下，手性药物的一对对映体在生物体内的药理活性、代谢过程、代谢速率及毒性等存在显著的差异。在许多情况下，低活性或无活性的对映体不仅没有药效，还会部分抵消高活性对映体的药效，有时甚至还会产生严重的毒副反应。与使用外消旋手性药物相比，服用单一有效对映体的药物可以减少剂量，降低代谢负担，更好地控制药物动力学，并且减少了由其对映体带来的毒副作用。因此，申请新的外消旋药物，必须提供两个对映体的生理活性和毒理数据，而不得作为相同物质对待。

第五节　手性分子的形成

通过天然产物提取的方法可直接获得天然存在的具有单一光学活性的化合物，如 D-(+)-葡萄糖、L-(+)-酒石酸和 D-(−)-麻黄碱等。但是在大多数情况下，主要通过化学方法得到手性分子，其途径有两种：一种是外消旋体的拆分，另一种是不对称合成。

一、外消旋体的拆分

组成外消旋体的一对对映体往往具有不同的生物活性，因此需要将这两个对映体分开。将外消旋体分离出纯左旋体或纯右旋体的过程称为外消旋体的拆分（resolution）。由于构成外消旋体的一对对映体除了旋光方向相反外，其他物理性质相同，所以用蒸馏、重结晶等物理方法不能把外消旋体的两个对映体分开。通常采用化学法、微生物法、选择吸附法和晶种结晶法等来拆分外消旋体。

（一）化学法

化学法是最常用的外消旋体拆分法之一。首先将一对对映体和一种旋光性化合物结合，使它们转变成非对映体，然后利用非对映体理化性质的差异，采用分步结晶、蒸馏等方法将它们分开，制纯，最后分解去除与它们结合的旋光物质，得到两个纯的对映体。

这种方法最适用于酸或碱的外消旋体的拆分。例如，拆分外消旋酸时，经常选用吗啡、奎宁、马钱子碱等光学活性碱。拆分步骤可用通式表示如下：

$$(\pm)\text{-RCOOH} + 2(+)\text{-R'NH}_2 \longrightarrow \left.\begin{array}{l}(+)\text{-RCOOH}\cdot(+)\text{-R'NH}_2 \\ (-)\text{-RCOOH}\cdot(+)\text{-R'NH}_2\end{array}\right\}\text{非对映体混合物}$$

外消旋体　光学活性碱

重结晶↓

$(+)\text{-RCOOH}\cdot(+)\text{-R'NH}_2 \qquad (-)\text{-RCOOH}\cdot(+)\text{-R'NH}_2$

↓HCl ↓HCl

$(+)\text{-RCOOH} + (+)\text{-R'NH}_2\cdot\text{HCl} \qquad (-)\text{-RCOOH} + (+)\text{-R'NH}_2\cdot\text{HCl}$

右旋体　　　　　　　　　　　　　　　左旋体

拆分外消旋碱时，常用酒石酸、苹果酸和樟脑磺酸等光学活性酸。用 (−)-α-苯基乙胺作拆分剂拆分外消旋的 α-羟基苯乙酸（扁桃酸）实例如下：

$$\text{C}_6\text{H}_5\text{CHCOOH} + \text{H}_2\text{N-C(H)(CH}_3\text{)(C}_6\text{H}_5\text{)} \longrightarrow \left.\begin{array}{l}(+)\text{酸}\cdot(-)\text{铵盐}\\(-)\text{酸}\cdot(-)\text{铵盐}\end{array}\right\} \xrightarrow{\text{分离}} \begin{array}{l}(+)\text{酸}\cdot(-)\text{铵盐}\\+\\(-)\text{酸}\cdot(-)\text{铵盐}\end{array}$$

(±)-α-羟基苯乙酸　　　(−)-α-苯基乙胺　　　非对映异构体

(+)酸·(−)铵盐 $\xrightarrow{\text{HCl}}$ (+)-α-羟基苯乙酸（不溶于水） + (−)-α-苯基乙胺盐酸盐（溶于水）

(−)酸·(−)铵盐 $\xrightarrow{\text{HCl}}$ (−)-α-羟基苯乙酸（不溶于水） + (−)-α-苯基乙胺盐酸盐（溶于水）

（二）微生物法

生物体含有的一些微生物如酶等就是光学活性物质，其对底物具有严格的立体选择性，可用于拆分外消旋体。当酶作用于外消旋体时，由于酶对于两个对映体的反应速率存在明显的差异，所以表现出不同程度的选择性。例如，合成的外消旋丙氨酸经乙酰化后，与猪肾内取得的酶反应，该酶可快速水解右旋乙酰丙氨酸成为右旋丙氨酸，而对于左旋乙酰丙氨酸的水解效率很差。由于右旋丙氨酸和左旋乙酰丙氨酸在乙醇中的溶解度区别很大，因此可以很容易地将两者分开。

（三）选择吸附法

根据色谱法原理，利用具有光学活性的吸附剂如乳糖、蔗糖等，也可以把一对对映体拆分开。一对对映体与光学活性吸附剂可形成两个非对映的吸附物，其稳定性不同，即对映体与吸附剂作用的强弱不同，因此用溶剂洗脱时，可以把它们分别洗脱出来，以达到分离的目的。例如，含光学活性纤维的纸层析、离子交换树脂等都可用于一些手性化合物的拆分。

（四）晶种结晶法

在热的外消旋体过饱和溶液中，加入一种纯旋光异构体作为晶种，则溶液中该旋光异构体含量增加，冷却后会优先结晶析出。滤去结晶后，另一种旋光异构体则成为过剩的异构体，再加入外消旋体过饱和溶液，冷却至一定温度，该异构体也会优先结晶析出。理论上讲，该操作反复进行就可以将一对对映体转变为纯的旋光异构体。例如，在氯霉素的工业制备过程中，就应用了这种拆分法。

二、不对称合成

得到手性分子的另一种方法是进行不对称合成（asymmetric synthesis）。不对称合成是将潜在的手性单元转化为手性单元，产生非等量的对映异构体的过程。通过不对称合成可获得主要的光学异构体，这是一种经济有效的合成方法。不对称合成主要包括手性源法、手性辅助试剂法和不对称催化合成法。

（一）手性源法

手性源法是将手性源的手性中心转移到目标产物中的合成方法。氨基酸、羟基酸、萜烯、糖类、生物碱等天然产物是最常用的手性源。它们来源丰富，光学纯度高。通过这种方法获取手性化合物，无须经过繁复的对映体拆分，利用其原有的手性中心，在分子的适当部位引入新的活性功能团，可以制成许多有用的光学活性化合物。例如，以手性天然产物 L-脯氨酸为原料，经酯化、氨基保护、格氏反应和催化氢解四步反应合成了四种光学活性的 β-氨基醇 [(S)-2-吡咯烷-α,α-二取代甲醇]。

（二）手性辅助试剂法

手性辅助试剂法是利用手性辅助试剂提供手性环境，在合成过程中诱导产生新的手性中心，通常手性辅助试剂不进入产物。常用的手性辅助试剂包括手性羟基酸、手性脯氨醇、手性酰亚胺、手性烯胺、手性腙和手性酰基磺内酰胺等。在反应过程中，手性辅助试剂首先与非手性底物连接，对反应进行不对称诱导，反应结束后，再将手性辅助试剂除去，从而得到光学活性的药物或中间体。

布洛芬（化学名称：4-异丁基-α-甲基苯乙酸）是临床常用的镇痛消炎药。用 (S)-2,10-莰烷磺内酰胺 **1** 为手性辅助试剂，通过对其衍生物 **2** 进行甲基化反应得到 **3**，水解得到 (S)-4-异丁基-α-甲基苯乙酸，ee 值为 95%，手性辅助试剂 **1** 可回收利用（图 6-12）。

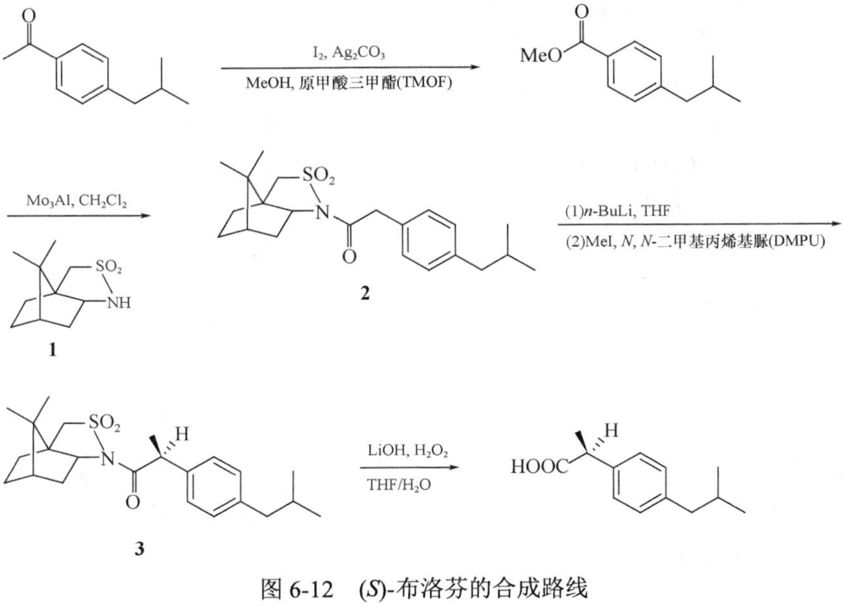

图 6-12 (S)-布洛芬的合成路线

（三）不对称催化合成法

不对称催化合成法是以化学手段获得手性药物及其中间体的一种经济而有效的方法，其优势是使用一个单位的手性催化剂可以得到几千甚至上万单位的手性药物。金属络合物是最主要和最有效的手性催化剂之一。常用的金属络合物手性催化剂是由过渡金属铑（Rh）、钌（Ru）、铟（In）、钴（Co）、铂（Pt）等分别与1,1′-联萘-2,2′-双二苯膦（BINAP）等手性膦配体组成的。生物体在新陈代谢过程中也进行着大量的不对称合成，这些反应大多是在酶的催化下进行的，因此酶也是一种良好的手性催化剂。

目前，不对称催化的研究主要集中在新型手性配体、催化剂以及不对称合成方法学两个方面。新型、高效的手性配体及催化剂的设计合成是不对称催化的关键；由手性科学产生的不对称合成方法学，如不对称放大、手性活化、手性组合化学、手性固载、手性有机小分子催化等概念也将为手性药物的发展提供新的研究方向。

视窗6-4　　　　　　　　　　手性配体

光学活性的1,1′-联-2-萘酚（BINOL）及其衍生物是优异的手性配体，用其制备的手性催化剂对于不对称Diels-Alder环加成、羟醛醇醛缩合、羰基化合物烷基化加成、潜手性酮还原、迈克尔加成以及不对称环氧化等反应，都具有良好的催化活性和对映选择性，显示出广阔的应用前景，尤其是在手性药物的制备方面有很大的潜力。

BINOL-Ti(Ⅳ)络合物催化剂（X=Cl, Br）

习　题

1. 单项选择题。

（1）D-(+)-甘油醛经温和氧化，生成的甘油酸经测定是左旋的，此甘油酸应记为（　　）

A. D-(+)甘油酸　　　B. L-(+)-甘油酸　　　C. D-(−)-甘油酸　　　D. L-(−)-甘油酸

（2）下列化合物中，存在内消旋体的是（　　）

A. 2,3-二溴丁烷　　　B. 1,4-二溴戊烷　　　C. 1,4-二溴丁烷　　　D. 2,3-二溴戊烷

（3）下列化合物中具有旋光异构的是（　　）

A. $CH_3CH_2CHBrCH_3$　　　　　　　　　　B. $CH_3CH_2CHBrCH_2CH_3$

C. $(CH_3)_2CHCHBrCH(CH_3)_2$　　　　　　D. $CH_3CH_2CBr_2CH_3$

（4）下列分子中无手性的是（　　）

A. H_3C＞C＝C＜CH_3 （H，H）

B. 费歇尔投影：COOH / H—OH / HO—H / COOH

C. Ph—C(CH$_3$)(NH$_2$)—COOH

D. 联苯衍生物（2,6-二溴-3′-硝基-2′-羧基联苯）

（5）下列化合物中为R构型的是（　　）

A. 费歇尔投影：CH$_2$CH$_3$ / H—Br / CH$_3$

B. 费歇尔投影：CH$_2$CH$_3$ / H—Cl / HC＝CH$_2$

C. $\begin{array}{c}\text{COOH}\\ \text{Br}\!-\!\!\!\!-\!\!\!-\!\!\text{OH}\\ \text{CH}_3\end{array}$ D. $\begin{array}{c}\text{COOH}\\ \text{H}_2\text{N}\!-\!\!\!\!-\!\!\!-\!\!\text{H}\\ \text{CH}_2\text{OH}\end{array}$

2. 判断下列化合物有无旋光异构体。如有，将各对映体用费歇尔投影式表示，并标明 R、S 构型。

（1）3-溴己烷　　　（2）3-氯-3-甲基戊烷　　　（3）1,2-二溴-2-甲基丁烷

（4）1,3-二氯戊烷　　（5）3-氯-2,2,5-三甲基己烷

3. 在 25℃时，将某激素药物 0.5g 溶解在 100mL 乙醇中，溶液注满 25cm 的旋光管，偏振的钠光测得的旋光度为+2.16°，计算该药物的比旋光度。

4. 用 * 标出下列化合物中的手性中心，并写出旋光异构体的数目。

（1）　　　（2）　　　（3）CH₃CHBrCHBrCH₂Br

5. 指出下列构型相同的乳酸投影式。

（1）$\begin{array}{c}\text{COOH}\\ \text{H}\!-\!\!\!\!-\!\!\!-\!\!\text{OH}\\ \text{CH}_3\end{array}$　（2）$\begin{array}{c}\text{COOH}\\ \text{CH}_3\!-\!\!\!\!-\!\!\!-\!\!\text{H}\\ \text{OH}\end{array}$　（3）$\begin{array}{c}\text{H}\\ \text{HO}\!-\!\!\!\!-\!\!\!-\!\!\text{CH}_3\\ \text{COOH}\end{array}$　（4）$\begin{array}{c}\text{CH}_3\\ \text{HOOC}\!-\!\!\!\!-\!\!\!-\!\!\text{H}\\ \text{OH}\end{array}$

6. 指出下列各组中两个化合物的关系（相同化合物、对映体或非对映体）。

（1）$\begin{array}{c}\text{CH}_3\\ \text{H}\!-\!\!\!\!-\!\!\!-\!\!\text{Br}\\ \text{Cl}\end{array}$ 和 $\begin{array}{c}\text{CH}_3\\ \text{H}\!-\!\!\!\!-\!\!\!-\!\!\text{Cl}\\ \text{Br}\end{array}$　（2）$\begin{array}{c}\text{CH}_3\\ \text{H}\!-\!\!\!\!-\!\!\!-\!\!\text{Br}\\ \text{Cl}\end{array}$ 和 $\begin{array}{c}\text{CH}_3\\ \text{Cl}\!-\!\!\!\!-\!\!\!-\!\!\text{H}\\ \text{Br}\end{array}$　（3）$\begin{array}{c}\text{CH}_3\\ \text{H}\!-\!\!\!\!-\!\!\!-\!\!\text{Br}\\ \text{H}\!-\!\!\!\!-\!\!\!-\!\!\text{Cl}\\ \text{CH}_3\end{array}$ 和 $\begin{array}{c}\text{Cl}\\ \text{H}\!-\!\!\!\!-\!\!\!-\!\!\text{CH}_3\\ \text{H}\!-\!\!\!\!-\!\!\!-\!\!\text{Br}\\ \text{CH}_3\end{array}$

7. 化合物 D（C_4H_9Br），与氢氧化钠醇溶液反应后生成无旋光活性的化合物 E；但 D 与氢氧化钠的水溶液反应后，则生成外消旋体 (±)-F，试写出 D、E、F 的结构式。

8. (S)-1-氯-2-甲基丁烷在光的作用下，与控制量的氯气发生取代反应，生成二氯代产物的混合物，并分离得到 1,4-二氯-2-甲基丁烷（A）和 1,2-二氯-2-甲基丁烷（B）。其中一种产物有旋光性，另一种产物无旋光性，请分别写出各化合物的费歇尔投影式。

9. 有一旋光性化合物 A（C_6H_{10}），能与硝酸银的氨溶液作用生成白色沉淀 B（C_6H_9Ag）。将 A 催化加氢生成 C（C_6H_{14}），C 没有旋光性。试写出 B、C 的构造式和 A 的对映异构体的投影式，并用 R、S 命名法命名。

（内蒙古医科大学　于姝燕）

第七章 卤代烃

学习目标

掌握 卤代烃的命名，结构特点，化学性质，亲核取代反应 S_N1、S_N2 的定义及反应机制，消除反应 E1、E2 的定义及反应机制。

熟悉 诱导效应、给电子基团、吸电子基团的概念，亲核取代反应的立体化学特点。

了解 亲核取代反应卤代烃的结构与反应机制的关系，溶剂对反应机制的影响，离去基团及亲核试剂的性质。

卤代烃是指烃分子中的一个或几个氢原子被卤素取代后生成的化合物，其通式为 RX 或 ArX，X 代表卤素（F、Cl、Br、I）。卤原子是卤代烃的官能团。卤代烃的应用非常广泛，例如，二氯甲烷、三氯甲烷（氯仿）、四氯化碳是常用的有机溶剂，1,1,2-三氯乙烯是干洗剂，有些卤代烃是药物合成的原料或中间体。天然卤代烃主要存在于海洋生物中，人体内的重要卤代烃为甲状腺激素。

本章主要介绍卤代烃的化学性质，深入地讨论亲核取代反应机制和消除反应机制。

第一节 分类和命名

一、分类

根据卤代烃分子中卤原子的种类，可分为氟代烃、氯代烃、溴代烃和碘代烃；根据分子中所含卤原子的数目可分为一卤代烃、二卤代烃、多卤代烃；根据分子中烃基的种类，卤代烃可分为饱和卤代烃（卤代烷）、不饱和卤代烃和芳香卤代烃（aryl halide）。根据分子中卤原子与不饱和键的相对位置，又可将不饱和卤代烃分为三类：卤原子直接与不饱和碳原子相连的称为乙烯型卤代烃（vinylic halide）；卤原子连在不饱和碳邻位的称为烯丙型卤代烃（allylic halide）或苄型卤代烃（benzyl halide）；卤原子与双键相隔两个以上饱和碳原子的称为隔离型卤代烯烃。

$$CH_3CH_2CH_2X \qquad C_6H_5{-}X \qquad C_6H_5CH_2{-}X$$

饱和卤代烃　　　芳香族卤代烃　　　苄型卤代烃

$$RCH{=}CHCH_2X \qquad RCH{=}CHX \qquad RCH{=}CH(CH_2)_nCH_2X \; (n\geq 1)$$

烯丙型卤代烃　　　乙烯型卤代烃　　　隔离型卤代烯烃

根据卤代烃分子中卤原子连接饱和碳原子的类型，卤代烃又可分为伯（1°）卤代烃、仲（2°）卤代烃和叔（3°）卤代烃。

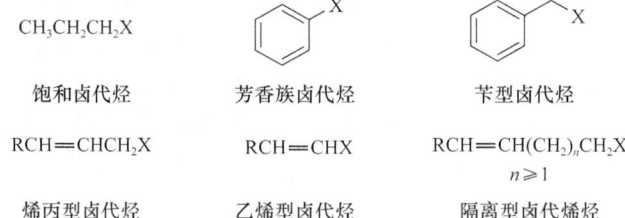

$$R{-}CH_2{-}X \qquad R{-}\underset{R'}{CH}{-}X \qquad R{-}\underset{\underset{R''}{|}}{\overset{\overset{R'}{|}}{C}}{-}X$$

伯卤代烃　　　　仲卤代烃　　　　叔卤代烃
一级卤代烃（1°）　二级卤代烃（2°）　三级卤代烃（3°）

二、命名

简单的卤代烃可采用普通命名法，根据烃基和卤素名称将其命名为"卤（代）某烃"或者"某基卤"。

CH₃Cl	H₃C—CH—CH₂Cl 　　　│ 　　　CH₃	H │ H₃C—C—CH₂CH₃ 　　│ 　　Cl	C₆H₅Br
氯甲烷	氯代异丁烷	(S)-氯代仲丁烷	溴苯

常见的结构简单的卤代烃多采用习惯名称。有些多卤代烃也常用习惯名称，例如，CHCl₃、CHBr₃、CHI₃ 分别称为氯仿、溴仿、碘仿，CCl₄ 称为四氯化碳。

(CH₃)₃CCl	(CH₃)₂CHCl	CH₂=CHCl	C₆H₅CH₂Cl
叔丁基氯	异丙基氯	乙烯基氯	苄基氯

结构复杂的卤代烃采用系统命名法，选择连有卤原子的最长的碳链为主链，卤原子作为取代基，按照英文名称的字母顺序，排列在前的取代基位次最低，依次列出取代基和卤原子。英文命名时卤原子用氟（fluoro）、氯（chloro）、溴（bromo）、碘（iodo）等词头。

2-溴-3-甲基戊烷
(2-bromo-3-methylpentane)

2-氯-4-甲基己烷
(2-chloro-4-methylhexane)

3,3,5-三溴-2-甲基己烷
(3,3,5-tribromo-2-methylhexane)

(S)-2-氯戊烷
[(S)-2-chloropentane]

4-氯-2-戊烯
(4-chloro-2-pentene)

(1R,2S)-1-溴-2-氯环己烷
[(1R,2S)-1-bromo-2-chlorocyclohexane]

第二节　结构和物理性质

一、结　构

大多数卤代烃是极性分子。由于卤原子的电负性比碳原子的电负性强，碳卤键的电子云偏向卤原子，卤原子带部分负电荷，碳原子带部分正电荷。卤代烃的碳卤键为极性键，极性共价键的偶极方向由碳指向卤素。四氯化碳是完全对称的分子，虽然每个 C—Cl 键都有较大的偶极矩，但整个分子的偶极矩等于零。由于碳卤键具有极性，因此卤代烃相对比较活泼。

$$H_3C—Cl \quad \mu = 1.9\ D$$

$$\overset{\delta^+}{—C}—\overset{\delta^-}{X}$$

$$\underset{\beta H}{\overset{\beta}{—C}}—\underset{H\alpha}{\overset{\alpha}{C}}—X$$

通常将与卤原子相连的碳原子称为 α-碳原子，相邻的碳原子称为 β-碳原子，β-碳原子上的氢原子称为 β-氢原子。

二、物　理　性　质

常温常压下，氟甲烷、氟乙烷、氯甲烷、氯乙烷和溴甲烷是气体，多数卤代烃为液体，高级卤代烃为固体。卤代烃的沸点随着分子中碳原子数目的增加而升高。相同碳原子数的一卤代烃中，碘烷的沸点最高，氟烷的沸点最低。纯的一卤代烃无色，许多卤代烃具有强烈的气味。卤代烃的蒸气有毒，应尽量避免吸入。卤代烃的密度一般比水大，随着分子中卤原子数的增加，卤代烃的密度增大。卤代烃难溶于水，易溶于醇、醚、烃等有机溶剂。许多卤代烃本身也是常用的有机溶剂。一些卤代烃的物理数据见表 7-1。

表 7-1　常见卤代烃的沸点和密度（1个标准大气压下）

名称	英文名	结构式	沸点/℃	密度/(g/mL)
氯甲烷	chloromethane	CH_3Cl	−24.2	—
溴甲烷	bromomethane	CH_3Br	3.6	—
碘甲烷	iodomethane	CH_3I	42.4	2.279
氯乙烷	chloroethane	CH_3CH_2Cl	12.3	—
溴乙烷	bromoethane	CH_3CH_2Br	33.4	1.440
碘乙烷	iodoethane	CH_3CH_2I	72.3	1.938
1-氯丙烷	1-chloro-propane	$CH_3CH_2CH_2Cl$	46.8	0.890
1-溴丙烷	1-bromo-propane	$CH_3CH_2CH_2Br$	71.0	1.335
1-碘丙烷	1-iodo-propane	$CH_3CH_2CH_2I$	102.5	1.747
2-氯丙烷	2-chloro-propane	$CH_3CHClCH_3$	34.0	0.862
2-溴丙烷	2-bromo-propane	$CH_3CHBrCH_3$	59.4	1.314
2-碘丙烷	2-iodo-propane	CH_3CHICH_3	89.4	1.703
二氯甲烷	dichloromethane	CH_2Cl_2	40.0	1.336
三氯甲烷	chloroform	$CHCl_3$	61.0	1.489
四氯化碳	tetrachloromethane	CCl_4	77.0	1.595
三碘甲烷	iodororm	CHI_3	218.0	4.008

视窗 7-1　　　　　　　　　有争议的溴甲烷

溴甲烷（bromomethane），又称甲基溴，常温常压下是一种无色无味的气体，具有强烈的熏蒸作用，能高效、广谱地杀灭各种有害生物。它对土壤具有很强的穿透能力，能穿透到未腐烂分解的有机体中，从而达到灭虫、防病、除草的目的。溴甲烷还用于需储存的货物和易腐物品的熏蒸，有时也用作建筑物、船只和飞行器的消毒剂。为了保证使用者的安全，常常在用作熏蒸剂的溴甲烷中加入约2%的催泪剂，用作警报剂。

溴甲烷还是一种强烈的神经毒剂，可对人的皮肤、肺、肾脏和肝脏造成直接的损伤。中毒严重者可能出现心脏衰竭、休克等症状，个别中毒者还会出现双目失明。因此，许多国家严格规定使用人员必须经过培训，且要求有相应的安全设备和达到一定的通风时间，以去除残留的溴甲烷。

卤代烃在铜丝上灼烧时，生成绿色火焰，可用作卤代烃鉴别的简便方法。纯碘代烷是无色的，但遇光易分解，产生游离的I_2。因此，碘代烷放久后会有颜色，应避光保存在棕色瓶中。

第三节　化学性质

卤代烃中带有正电荷的碳原子易受到亲核试剂的进攻，卤原子被取代发生亲核取代反应；另外，卤原子的吸电子诱导效应使相邻碳上碳氢键的极性也增强，其β-氢原子易受碱的进攻，发生消除反应。

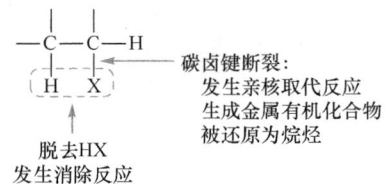

一、亲核取代反应

卤代烃的碳卤键具有极性,容易异裂,与卤原子相连的 α-碳原子带有部分正电荷,易被带有负电荷或未共用电子对的亲核试剂(nucleophile,以 Nu 表示)进攻,卤原子被亲核试剂取代而生成一系列化合物。这种由亲核试剂进攻卤代烃中带部分正电荷的碳原子而引起的取代反应,称为亲核取代反应(nucleophilic substitution reaction),以 S_N 表示,(其中 S 是 substitution 的字首,N 是 nucleophilic 的字首)。

常用的亲核试剂有两种,一种是负离子(用 Nu^- 表示),如 HO^-、RO^-、CN^-、$^-ONO_2$;另一种是带有未共用电子对的中性分子(用 Nu: 表示),如 ROH、H_2O、NH_3 等。在反应中,亲核试剂提供一对电子与卤原子相连的碳原子生成共价键,卤原子则带着碳卤键上的一对电子,以 X^-(卤负离子)的形式离去。在亲核取代反应中,卤代烃通常称为底物(substrate),被取代的原子或基团称为离去基团(leaving group)。卤代烃的亲核取代反应是共价键异裂而发生的反应。反应通式如下:

$$R\text{—}X + Nu^- \longrightarrow R\text{—}Nu + X^-$$

(一)被羟基取代

卤代烃与氢氧化钠(或氢氧化钾)的水溶液共热可生成醇。反应中,卤代烃分子中的卤原子被水分子中的羟基所取代,此反应又称卤代烃的水解,是制备醇的一种方法。

$$R\text{—}X + NaOH \xrightarrow{H_2O} R\text{—}OH + NaX$$

(二)被烷氧基取代

卤代烃与醇钠反应时,$R'O^-$ 取代卤原子,生成醚,这是制备混合醚的方法之一,称为威廉姆逊(Williamson)合成法。

$$R\text{—}X + NaOR' \longrightarrow R\text{—}OR' + NaX$$

卤代烃与硫氢化钠或硫醇钠反应,分别生成硫醇和硫醚。

(三)被氰基取代

卤代烃与氰化钠(或氢化钾)在醇溶液中反应,卤原子被氰基(—CN)取代而生成腈,此反应在有机合成上常用来增长碳链。腈在酸性条件下回流水解,可得到碳链比卤代烃多一个碳原子的羧酸;腈也可以转变为酰胺或胺。

$$R\text{—}X + NaCN \xrightarrow{\text{醇}} R\text{—}CN + NaX$$

$$RCH_2CN \xrightarrow[\Delta]{H^+/H_2O} RCH_2COOH + NH_4^+$$

(四)被氨基取代

氨或胺的氮原子具有较好的亲核性,因此,卤代烃与氨或胺发生反应会生成胺,是制备胺的方法之一。

$$R\text{—}X + NH_3(\text{过量}) \longrightarrow R\text{—}NH_2 + NH_4X$$

$$R\text{—}X + NH_3 \longrightarrow R\text{—}NH_2 + HX$$
$$\downarrow R\text{—}X$$
$$R_4N^+X^-$$

生成的胺是亲核试剂,可以继续反应生成仲胺或叔胺的混合物,因此反应要求氨过量。如果卤代烃过量,则继续反应直至生成季铵盐。

（五）被硝酸根取代

卤代烃与 $AgNO_3$ 的乙醇溶液作用生成硝酸酯和卤化银沉淀。

$$R-X + AgNO_3 \xrightarrow{醇} R-ONO_2 + AgX\downarrow$$

对于不同的卤原子，其反应活性次序为：RI＞RBr＞RCl；对于相同的卤原子，烃基结构不同时，其反应活性次序为：烯丙型或苄型或叔卤代烃＞仲卤代烃＞伯卤代烃＞卤代甲烷。例如，室温下，烯丙型卤代烃、苄型卤代烃及叔卤代烃与 $AgNO_3$ 乙醇溶液作用，立即生成 AgX 沉淀；仲卤代烃反应较慢；伯卤代烃与 $AgNO_3$ 的乙醇溶液作用需要加热才能有 AgX 沉淀生成；乙烯型卤代烃及卤代芳烃加热也不能发生反应。该反应可用于鉴别不同结构的卤代烃。

卤代烯烃的烃基结构不同，反应性能也不一样。主要原因是：隔离型卤代烯烃中，与卤原子相连的碳原子及其邻位碳原子的结构与卤代烷烃相同，其反应活性类似于卤代烷烃。在乙烯型卤代烃及卤代芳烃中，卤素直接连接在 sp^2 杂化的碳原子上，卤原子的孤对电子所占的 p 轨道与双键或苯环的 π 轨道相互作用形成 p-π 共轭，增加了 C—X 键的稳定性，与卤代烷烃比较，乙烯型卤代烃及卤代芳烃的反应活性大大降低，一般不发生亲核取代反应。在烯丙型卤代烃中，卤素连在 sp^3 杂化的碳原子上，其 β 位是 sp^2 杂化的碳原子，该结构使卤原子具有高活性。若亲核试剂进攻烯丙型卤代烃的 α-碳，β 位的 π 轨道参与过渡态，降低反应活化能，有利于亲核取代反应；若卤原子离开卤代烃，生成的碳正离子的 p 轨道与 π 键的 p 轨道平行，形成 p-π 共轭，则稳定性提高，有利于下一步与亲核试剂反应或脱去 β-氢发生消除反应。因此，无论发生亲核取代反应还是消除反应，烯丙型卤代烃的反应活性都较高（详见本章第六节）。

二、消除反应

卤代烃中卤原子的吸电子诱导效应可影响 β-碳原子上的氢原子，使得 β-碳原子上的氢原子具有弱酸性，在氢氧化钾或氢氧化钠的乙醇溶液中加热，卤代烃可脱去卤化氢生成烯烃，此类反应称为卤代烃的消除反应（elimination reaction，缩写为 E）。卤代烃 β-碳原子上的氢原子受碱的进攻容易失去而发生消除反应，所以称为 β-消除反应。消除反应常用于制备烯烃和炔烃。消除反应常在强碱（如氢氧化钾、氢氧化钠、醇钠、氨基钠）和醇类溶剂条件下进行。

$$R-\overset{\beta}{\underset{H}{C}}H-\overset{\alpha}{\underset{X}{C}}H_2 \xrightarrow[\triangle]{KOH/C_2H_5OH} RCH=CH_2 + KX + H_2O$$

$$\underset{Br}{\overset{H}{\bigcirc}} \xrightarrow{KOH, C_2H_5OH} \bigcirc$$

存在 β-氢原子的卤代烃，能在氢氧化钾的醇溶液中发生消除反应。如卤代烃有两个以上含有氢原子的 β-碳，则存在着消除取向的问题。实验证明：消除卤化氢以生成双键碳上含烃基多的烯烃为主，即 β-消除反应以从含氢较少的 β-碳原子上脱去氢原子而生成的烯烃为主。这个经验规律由俄国化学家扎伊采夫（Alexander M. Zaitsev）于 1875 年提出，称为扎伊采夫规则（Zaitsev rule）。这种类型的反应又称区域选择性（regioselectivity）反应。

$$CH_3\overset{\beta}{C}H_2-\overset{\alpha}{\underset{Br}{C}}H-\overset{\beta}{C}H_3 \xrightarrow[\triangle]{KOH/C_2H_5OH} CH_3CH=CHCH_3 + CH_3CH_2CH=CH_2$$
丁-2-烯 (81%)　　丁-1-烯 (19%)

$$CH_3CH_2-\overset{\overset{\beta}{CH_3}}{\underset{\underset{\beta}{Br}}{\overset{|}{\underset{\alpha}{C}}}}-CH_3 \xrightarrow[\triangle]{KOH/C_2H_5OH} CH_3CH=\overset{CH_3}{\underset{|}{C}}CH_3 + CH_3CH_2-\overset{CH_3}{\underset{|}{C}}=CH_2$$
2-甲基-丁-2-烯(71%)　　2-甲基-丁-1-烯(29%)

消除反应的取向取决于生成烯烃的稳定性。不同结构烯烃的稳定性有差异，烯烃双键碳原子上连有的烷基越多越稳定。不同类型烯烃的稳定性如下：

$$R_2C=CR_2 > R_2C=CHR > R_2C=CH_2 \approx RCH=CHR > RCH=CH_2 > CH_2=CH_2$$

因共轭烯烃内能低，稳定性高，共轭烯烃通常为消除反应的主产物。另外，不同结构卤代烃消除反应的活性顺序为：

$$叔卤烃 > 仲卤烃 > 伯卤烃$$

因为在碱性条件下亲核取代反应和消除反应是并存的，所以用卤代烃在碱性条件下制备醇、醚和腈类等化合物，应避免使用易发生消除反应的叔卤代烃为原料。

三、卤代烃与金属的反应

卤代烃可与 Li、Na、K、Mg 等金属作用生成由金属原子与碳原子直接相连的有机金属化合物，用 R—M 表示，M 为金属原子。由于金属的电负性一般比碳原子小，因此形成的碳-金属（C—M）键有极性。通常金属原子带有部分正电荷，碳原子带有部分负电荷，C—M 键易断裂，具有一定的活性。不同有机金属化合物的 C—M 键的性质不相同，例如，有机钾化合物中的 C—M 键属于离子键；有机汞化合物的 C—M 键属于共价键；有机镁化合物中的 C—M 键虽为非离子键，但具有很大的极性。

（一）与金属钠反应

卤代烃与金属钠反应生成有机钠 RNa，RNa 进一步与卤代烃作用生成烷烃，这是合成对称烷烃的常用方法，此偶联反应称为伍尔兹反应（Wurtz reaction）。伍尔兹反应还可以用于不同卤代烃之间的偶联，由于伍尔兹反应的副反应（消除和重排）太多，实际应用很少。但在二取代卤代烃分子内关环应用较多，尤其是合成三元环。

$$2RX + 2Na \longrightarrow R-R + 2NaX$$

（二）与金属镁反应

卤代烃在无水乙醚或四氢呋喃中与金属镁反应生成烃基卤化镁。有机镁化合物又称为格利雅试剂（Grignard regent，简称格氏试剂），是法国化学家格利雅（V. Grignard）发现的，在有机合成中占有重要的地位。

$$R-X + Mg \xrightarrow{无水乙醚} RMgX（格氏试剂）$$

格氏试剂是亲核试剂，常用于与醛、酮反应制备各种醇。格氏试剂也可与卤代烃或与水、醇、氨、氢卤酸等含活性氢的化合物反应生成烃类。

$$\overset{\delta^+}{R}-\overset{\delta^-}{X} + \overset{\delta^-}{R'}-\overset{\delta^+}{MgX} \longrightarrow R'-R + RMgX$$

$$RMgX + HOH(R'OH, HNH_2, HX) \longrightarrow RH + HOMgX (R'OMgX, H_2NMgX, MgX_2)$$

格氏试剂非常活泼，可以与空气中的氧、二氧化碳和含有活泼氢的化合物（如水、醇、酸、胺等）反应。因此，制备格氏试剂时必须用不含水或醇等的干燥纯净溶剂，通常用无水乙醚、四氢呋喃或其他醚类试剂作为溶剂。制备格氏试剂的卤代烃的活性为 RI＞RBr＞RCl，通常选用反应活性适中的溴代烷制备格氏试剂。由于在强碱条件下叔卤代烃易发生消除反应，所以通常选用伯卤代烃制备格氏试剂。卤代烯烃和卤代芳烃在较高温度下也可以制备格氏试剂。格氏试剂与二氧化碳反应生成新的碳碳键，利用这一反应可以制备比原有的卤代烃多一个碳原子的酸。格氏试剂是在有机合成中用途很广泛的一类合成试剂。

$$RMgX + CO_2 \xrightarrow{低温} RCOOMgX \xrightarrow{H^+, H_2O} RCOOH + Mg(OH)X$$

视窗 7-2　　　　　　　　**法国化学家　格利雅**

格利雅（Francois Auguste Victor Grignard，1871—1935），法国化学家，他出身于一个造船师的家庭中。格利雅早年曾在里昂攻读数学，后来转学化学，并于 1910 年在南希大学任教授。

格利雅最主要的科学贡献是发现了增长碳链的有机合成方法"格利雅反应"，该反应是用有机小分子合成大分子的重要方法。如果选择合适的起始反应物，利用格利雅反应可以合成很多不同骨架的有机化合物。格利雅反应中用到的烃基卤化镁被后人称为"格利雅试剂"。1912 年，格利雅与法国化学家保罗·萨巴捷（Paul Sabatier）共同获得了诺贝尔化学奖。

格利雅

（三）与金属锂反应

在石油醚、无水乙醚或四氢呋喃中，金属锂与卤代烃反应可得到烷基锂。烷基锂与格氏试剂类似，与含有活泼氢的化合物发生分解反应，因此，制备烷基锂必须无水操作。制备金属锂所用的卤代烃主要是氯代烷和溴代烷。两分子烷基锂与一分子卤化亚铜反应，生成二烷基铜锂，二烷基铜锂又称有机铜锂试剂，是重要的烷基化试剂。二烷基铜锂能与多种有机化合物反应，用于增长碳链。

$$RBr \xrightarrow[\text{乙醚,}-10\sim20℃]{Li} RLi \xrightarrow[\text{无水乙醚}]{CuX} R_2CuLi + LiX$$

二烷基铜锂

$$(CH_3)_2CuLi + CH_3CH_2CH_2I \longrightarrow CH_3CH_2CH_2CH_3 + CH_3Cu + LiI$$

四、还原反应

利用催化氢化将卤代烃还原为烷烃的反应称为氢解。

$$R\text{—}X + H_2 \longrightarrow R\text{—}H + HX$$

在乙酸等存在下，金属锌可以还原卤代烃。该还原反应中，金属提供电子，酸提供质子。金属氢化物 $LiAlH_4$ 也可以将卤代烃还原为烷烃。

$$\underset{\underset{Br}{|}}{C_2H_5\text{—}CH\text{—}CH_3} \xrightarrow{CH_3COOH/Zn} \underset{\underset{H}{|}}{C_2H_5\text{—}CH\text{—}CH_3}$$

第四节　亲核取代反应机制

研究卤代烃水解反应动力学时发现，一些卤代烃的水解反应速率仅与卤代烃的浓度有关，而另一些卤代烃的水解反应速率不仅与卤代烃的浓度有关，还与碱的浓度有关。这说明不同卤代烃的水解反应可能按不同的反应机制进行。英国化学家克里斯托夫·英果尔德（Christopher Kelk Ingold）和爱德华·休斯（Edward D. Hughes）等系统地研究了这类反应的动力学、立体化学以及影响反应的各种因素，提出了单分子亲核取代反应（unimolecular nucleophilic substitution，用 S_N1 表示，1 代表单分子）机制和双分子亲核取代反应（bimolecular nucleophilic substitution，用 S_N2 表示，2 代表双分子）机制，即控制反应速率的基元反应分别是单分子反应或双分子反应。

一、单分子亲核取代反应机制

实验证明，叔丁基溴在碱性溶液中的水解反应速率仅与叔丁基溴的浓度成正比，而与亲核试剂 OH^- 的浓度无关。该反应在动力学上属于一级反应。

$$(CH_3)_3C-Br + OH^- \longrightarrow (H_3C)_3C-OH + Br^-$$
$$v=k[(CH_3)_3CBr]$$

式中，k 为速率常数。

机制研究认为该反应分两步进行：反应的第一步是叔丁基溴在溶剂中首先解离成叔丁基正离子和溴负离子，该解离过程中随 C—Br 键在溶剂化作用下逐渐伸长，电子云也移向溴原子，体系的能量增大，达到最大值之后，随着 C—Br 键的继续伸长，体系的能量逐渐下降，最终生成了活泼中间体叔丁基正离子和溴负离子。第二步是产生的叔丁基正离子与 OH⁻ 作用生成叔丁醇的反应。

第一步 $(H_3C)_3C-Br \xrightarrow{慢} [(CH_3)_3C\overset{\delta^+}{\cdots\cdots}\overset{\delta^-}{Br}]^{\neq} \longrightarrow (CH_3)_3C^+ + Br^-$
叔丁基正离子

第二步 $(CH_3)_3C^+ + OH^- \xrightarrow{快} [(CH_3)_3C\overset{\delta^+}{\cdots\cdots}\overset{\delta^-}{OH}]^{\neq} \longrightarrow (CH_3)_3C-OH$

生成的碳正离子为活性中间体。它与反应过渡态不同，其能量低，在能量曲线上处于一个极小值。有的中间体可以分离出来，有的中间体可以用物理方法检测；而过渡态是从底物到产物的连续变化过程中的某一状态，不能用实验方法分离出来。该反应第一步的活化能 E_{a1} 大于第二步的活化能 E_{a2}，所以第一步反应较慢，是决定整个反应速率的限速步骤。第一步反应速率只与叔丁基溴的浓度有关，而与 OH⁻ 无关，所以称为单分子亲核取代反应。叔丁基溴水解过程中的能量变化如图 7-1 所示。

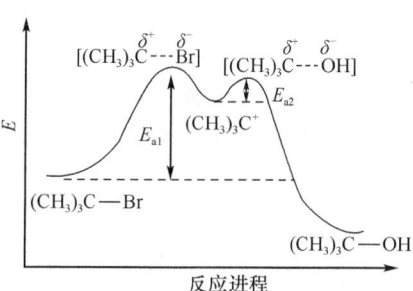

图 7-1 叔丁基溴水解反应能量图

在 S_N1 反应中，生成的中心碳原子是 sp^2 杂化，与中心碳原子相连的 3 个碳碳键在同一平面，空的 p 轨道垂直于该平面。亲核试剂可以从平面两侧机会均等地进攻，得到等量的"构型保持"和"构型翻转"产物，即外消旋体。

$$\underset{H_3C}{\overset{COOH}{\underset{H}{C}}}-Cl \xrightarrow[H_2O]{CH_3COCH_3} H_2O: \underset{H_3C}{\overset{COOH}{C}} :H_2O \longrightarrow \underset{H_3C}{\overset{COOH}{C}}-OH + HO-\underset{CH_3}{\overset{COOH}{C}}-H$$
$\qquad\qquad\qquad\qquad\qquad\qquad\qquad\qquad\qquad\qquad\quad$ S $\qquad\qquad$ R
$\qquad\qquad\qquad\qquad\qquad\qquad\qquad\qquad\qquad\quad$ （构型保持）（构型翻转）

有些伯卤代烃在特定条件下发生 S_N1 反应，会产生重排产物。

$$H_3C-\underset{CH_3}{\overset{CH_3}{C}}-CH_2Cl \xrightarrow{Ag^+/H_2O} H_3C-\underset{OH}{\overset{CH_3}{C}}-CH_2CH_3$$

S_N1 机制的特点如下：①单分子反应，反应速率只与卤代烃浓度有关；②反应分两步进行；③生成碳正离子活性中间体，产物外消旋化，可能伴随有重排产物。

案例 7-1

以溶剂作试剂，底物与溶剂直接发生的反应称为溶剂解反应。通常情况下溶剂解反应速率较慢，因此经常用于研究反应机制。叔丁基溴在乙醇中长时间放置后，可以发生溶剂解反应，从溶液中能检出乙基叔丁基醚（$t\text{-BuOC}_2\text{H}_5$）。

问题 叔丁基溴在乙醇中发生的溶剂解反应为 S_N1 反应，试讨论叔丁基溴转变为乙基叔丁基醚的过程。

案例分析　溶剂解反应也可以是S_N1反应，叔丁基溴在乙醇中溶剂解生成乙基叔丁基醚经过以下步骤：

$$(CH_3)_3C-Br \xrightarrow{\text{慢}} (CH_3)_3C^+ + Br^-$$

$$(CH_3)_3C^+ + C_2H_5\ddot{O}H \xrightarrow{\text{快}} (CH_3)_3C-\overset{+}{O}(H)(C_2H_5) \xrightarrow{C_2H_5\ddot{O}H}{\text{快}} (CH_3)_3C-OC_2H_5 + C_2H_5\overset{+}{O}H_2$$

二、双分子亲核取代反应机制

溴甲烷在碱性溶液中的水解反应速率不仅与卤代烃的浓度成正比，而且与碱的浓度成正比，动力学上属于二级反应。

$$CH_3Br + OH^- \longrightarrow CH_3OH + Br^-$$

$$v = k[CH_3Br][OH^-]$$

式中，k 为速率常数。

溴甲烷的水解反应机制可表示如下：

$$OH^- + H-\overset{H}{\underset{H}{C}}-Br \xrightarrow{\text{慢}} \left[HO\overset{\delta^-}{\cdots}\overset{H\ H}{\underset{H}{C}}\cdots\overset{\delta^-}{Br} \right]^{\ddagger} \xrightarrow{\text{快}} HO-\overset{H}{\underset{H}{C}}-H + Br^-$$

过渡态

在上述反应过程中，亲核试剂 OH^- 从离去基团溴原子的背面，沿着 C—Br 键的轴线接近中心碳原子，这样带负电荷的 OH^- 与溴原子之间的排斥力最小，有利于向中心碳原子进攻。当 OH^- 从背后接近碳原子时，碳氧原子部分键合，而 C—Br 键逐渐伸长和变弱，形成过渡态。此过程中，体系的能量逐渐升高，至过渡态时的能量最高。随着 OH^- 继续接近碳原子，溴原子带着电子远离碳原子，体系能量又逐渐降低。最后，OH^- 和碳原子完全成键，而溴原子带着电子离去，反应完成。体系的能量变化如图 7-2 所示。亲核反应形成过渡态的速率与溴甲烷和碱的浓度都有关，且控制整个反应的速率，所以此反应称为双分子亲核取代反应。S_N2 反应机制的特点为：①双分子反应，反应速率与卤代烃和亲核试剂的浓度成正比；②反应一步完成，旧键的断裂和新键的形成同时进行；③反应过程伴有"构型翻转"。

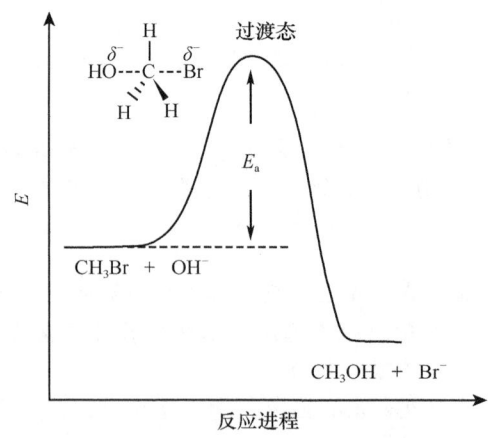

图 7-2　溴甲烷水解（S_N2）反应的能量图

溴甲烷中甲基上 3 个氢原子的伸展方向在反应发生后发生了翻转，即产物甲醇分子中甲基上的 3 个氢原子完全翻转到原溴原子一侧，羟基则在相反的另一侧，即发生构型转化。这个现象又称瓦尔登翻转（Walden inversion）。

视窗 7-3   **瓦尔登翻转（Walden inversion）**

瓦尔登翻转是双分子亲核取代反应中发生的构型转化现象，这种转化的过程好像一把伞遇到暴风而翻转一样。这种现象于 19 世纪末被俄国化学家保罗·瓦尔登（Paul Walden, 1863—1957）发现，其后这种现象被称为"瓦尔登翻转"（图 7-3）。

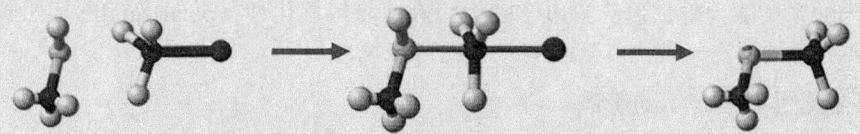

图 7-3 CH_3SH 和 CH_3I 发生 S_N2 反应的瓦尔登翻转球棍模型示意图

1896 年，瓦尔登通过下列反应，成功地实现了氯代琥珀酸对映异构体和苹果酸对映异构体之间的相互转化，通过实例验证了瓦尔登翻转的设想。

选用合适的反应条件可以控制是否发生瓦尔登翻转。例如，当 (−)-α-氯丙酸用强碱性试剂 KOH 水解时发生转化，产生一种构型相反的 (+)-乳酸，但如用弱碱性试剂 Ag_2O 水解，则不发生转化，产生 (−)-乳酸。用强碱性试剂时，OH^- 从离去基因 Cl^- 的背面进攻，于是手性碳原子的构型发生变化得到 (+)-乳酸。

三、影响亲核取代反应的因素

（一）烃基结构的影响

卤代烃中烃基结构对亲核反应机制的影响可以从电子效应和空间效应两个方面考虑。

在 S_N1 机制中，决定反应速率的因素包括碳正离子形成的速率及其稳定性。从电子效应来看，随卤代烃 α-碳原子上烃基取代基数目的增加，一方面，C—X 键极性增大，有利于碳正离子的形成，另一方面，烃基的斥电子诱导效应（+I）使碳正离子带的正电荷更分散，使其稳定性提高；从空间效应来看，叔卤代烃 α-碳原子（sp^3 杂化）上连有三个烷基，基团拥挤，互相排斥，如果形成碳正离子（sp^2 杂化），其平面结构的基团间距离最远，排斥力减少。所以，从电子效应和空间效应两方面考虑，不同的卤代烃按 S_N1 机制反应的相对速率为

叔卤代烃＞仲卤代烃＞伯卤代烃＞卤代甲烷（CH_3X）

在 S_N2 机制中，不同的卤代烃随着 α-碳原子上烃基数目的增加，α-碳原子周围空间阻碍增大，不利于亲核试剂从卤原子背后进攻 α-碳原子，形成过渡态。另外，随 α-碳原子上烃基数目的增多，烷基的 +I 效应增强，使该碳原子上正电荷减少，不利于亲核试剂的进攻。因此，不同的卤代烃按 S_N2 机制反应的相对速率为

卤代甲烷（CH_3X）＞伯卤代烃＞仲卤代烃＞叔卤代烃

一般来说，卤代甲烷和伯卤代烃按 S_N2 机制进行水解反应，而叔卤代烃按 S_N1 机制进行水解反应。仲卤代烃的水解反应机制取决于反应的条件。

（二）亲核试剂的影响

S_N1 反应速率取决于生成碳正离子的第一步，而此步反应并无亲核试剂参与，所以亲核试剂的亲核性强弱对 S_N1 反应速率影响不大。在 S_N2 反应中，亲核性强的试剂有利于 S_N2 反应。通常带有负电荷的试剂比中性试剂的亲核性强。亲核试剂的体积越大，空间阻碍越大，就越不利于进攻中心碳原子，使其 S_N2 反应速率降低。

亲核试剂的亲核能力受试剂的给电子能力即碱性和可极化性（polarizability）影响。亲核性强的试剂不仅要有强的给电子能力，还要有较大的可极化性。

（三）离去基团（卤素）的影响

对于亲核取代反应，无论遵循 S_N1 机制还是 S_N2 机制，都涉及卤原子的离去，因此离去基团的离去难易将影响卤代烃的反应活性。离去基团的离去能力对 S_N1 和 S_N2 两类反应的影响几乎相同，即离去基团的离去能力越强，对反应越有利。离去基团的离去能力与它们的极化度有关，极化度大的离去基团在受到亲核试剂进攻时，易于变形，从而有利于反应的进行。烷基相同而卤原子不同的卤代烃反应的相对速率为

$$RI > RBr > RCl$$

（四）溶剂的影响

溶剂不但能影响亲核取代反应的速率，还会影响反应的类型。溶剂对 S_N1 反应影响较大。在 S_N1 反应中，反应物的碳卤键断裂，由中性分子转化为带正电荷的离子，而极性溶剂对碳卤键的解离和碳正离子的稳定性均有利。例如，叔丁基氯在 50% 乙醇水溶液中的水解反应比在纯乙醇中的反应快 10^5 倍。溶剂对反应机制的影响也很大。例如，苄基氯的水解，若以水为溶剂，反应按 S_N1 机制进行；若以丙酮为溶剂，则按 S_N2 机制进行。

> **案例 7-2**
>
> 芳香醚是含有芳香基团的醚类，分子结构通式为 Ar—O—R。芳香醚一般是中性化合物，具有令人愉快的芳香气味。作为有机中间体，用于合成染料、农药、医药品等，通常由酚与卤代烃反应制取芳香醚，该反应称为威廉姆逊（Williamson）合成法。酚易与碘代烷反应而不易与氯代烷反应，例如：
>
> PhOH + CH₃CHCH₂I (CH₃) —NaOH/Δ→ PhO—CH₂CHCH₃ (CH₃)
>
> PhOH + CH₃CHCH₂Cl (CH₃) —NaOH/Δ→ 不反应
>
> 但碘代烷价格昂贵，不利于工业生产。后来通过研究发现碘化钾可以催化酚与氯代烷的反应，生成芳香醚。
>
> PhOH + CH₃CHCH₂Cl (CH₃) —NaOH/KI/Δ→ PhO—CH₂CHCH₃ (CH₃)

> **问题**
> （1）上述反应中为什么酚易与碘代烷反应而不与氯代烷反应？
> （2）给出碘化钾催化酚与氯代烷反应的机制。
>
> **案例分析**
> （1）在碱性条件下酚与氢氧化钠反应生成酚氧负离子，酚氧负离子作为亲核试剂与卤代烃发生亲核取代反应。但酚氧负离子由于体积大、碱性弱，亲核性没有氢氧根离子强，所以酚与氯代烷反应较难；而作为离去基团，碘比氯的离去能力强，易于被取代。所以，酚更易与碘代烷反应。
> （2）作为亲核试剂，碘负离子的亲核性比氢氧根离子还强，碘原子能取代氯原子，生成碘代烷；作为离去基团，又比氯负离子的离去能力大。所以，碘负离子可作为催化剂催化酚与氯代烷的反应。机制如下：
>
> $$CH_3CHCH_2Cl + I^- \xrightarrow{\Delta} CH_3CHCH_2I + Cl^-$$
> (with CH$_3$ substituent)
>
> $$PhO^- + CH_3CHCH_2I \longrightarrow PhO\text{-}CH_2CHCH_3 + I^-$$
>
> 反应中碘负离子循环利用并不消耗，只需少量即可。

第五节 消除反应机制

卤代烃的消除反应为 β-消除或 1,2-消除。研究卤代烃消除（elimination）反应动力学时，同样发现消除反应是按两种不同的反应机制进行。有些反应速率仅与卤代烃的浓度有关，为单分子消除（unimolecular elimination）反应，用 E1 表示；而有些反应速率不仅与卤代烃浓度有关，还与碱的浓度有关，为双分子消除（bimolecular elimination）反应，用 E2 表示。

一、单分子消除反应机制

单分子消除反应分两步进行。第一步是在溶剂中卤代烃分子的碳卤键发生异裂，生成碳正离子，第二步是碱性试剂 B$^-$ 夺取碳正离子 β-碳原子上的氢原子，与此同时 α-碳原子与 β-碳原子之间形成一个双键。第一步反应速率慢，是决定反应速率的一步，也就是整个反应的速率仅取决于卤代烃的浓度。因此，该反应称为单分子消除反应，用 E1 表示。

E1 反应和 S$_N$1 反应很相似，它们都是先解离成碳正离子，只不过在 E1 反应中，生成的碳正离子不像在 S$_N$1 反应中那样和亲核试剂结合，而是 β-碳原子上的氢原子以质子的形式离去，生成烯烃，反应符合扎伊采夫规则。不同的卤代烃，按 E1 反应的相对速率为

$$\text{叔卤代烃} > \text{仲卤代烃} > \text{伯卤代烃} > \text{卤代甲烷（CH}_3\text{X）}$$

二、双分子消除反应机制

双分子消除（E2）反应机制和 S$_N$2 反应机制相似。双分子消除反应是一步协同反应，碱性试剂 B$^-$ 进攻卤代烃分子的 β-氢原子，使该氢原子以质子的形式与碱性试剂结合而脱去，同时卤原子在溶剂的作用下带着一对电子离去，α-碳原子和 β-碳原子之间形成一个双键，生成烯烃。

E2 反应是一步完成的，旧键的断裂和新键的生成同时发生。反应速率取决于卤代烃和碱性试剂的浓度，这样的反应机制称为双分子消除反应机制，用 E2 表示。

E2 和 S_N2 的反应机制很相似。它们之间的差异是试剂进攻的位置不同，在 S_N2 反应中，亲核试剂进攻碳原子；而在 E2 反应中，试剂进攻 β-氢原子。不同的卤代烃，按 E2 反应的相对速率次序与 E1 相同，即：叔卤代烃＞仲卤代烃＞伯卤代烃＞卤代甲烷。这是因为 C=C 上烃基越多的烯烃越稳定，也越容易生成，叔卤代烃生成的烯烃最稳定，也就最容易生成。

三、双分子消除反应的立体选择性

卤代烃双分子消除反应也遵守扎伊采夫规则。实验表明，大多数情况卤代烃的 E2 反应以反式消除方式进行。因为反式消除方式中，卤原子和氢原子处于较远的位置，这对于碱性试剂进攻 β-氢原子和卤原子离去都有利。

E2 反应的立体选择性要求被消除的 β-氢原子和卤原子必须具备反式共平面的条件，否则不反应。例如：具有多个取代基的卤代环己烷消除反应的机制与它的构象也有关系，优势构象中离去基团与 β-氢原子满足反式共平面关系的，可直接发生消除反应，生成消除产物。

若优势构象中离去基团与 β-氢原子不满足反式共平面关系，则需外界提供能量，发生构象转换，卤原子与满足反式共平面关系的 β-氢原子发生消除，得到相应的产物。

若离去基团与多个 β-氢原子可满足反式共平面关系，则取优势构象发生消除反应。例如，2-溴丁烷的以下两种构象均满足反式共平面关系，但是两个甲基处于对位交叉的构象为优势构象，由这一构象发生反式消除得到的产物是 E-丁-2-烯，另一构象得到的产物是 Z-丁-2-烯。实验证明 2-溴丁烷反式消除的主要产物是 E-2-丁烯。

四、亲核取代反应与消除反应的竞争

卤代烃和亲核试剂作用时，消除反应和亲核取代反应会同时发生，且相互竞争（图 7-4）。亲

核试剂 Y^- 进攻 α-碳原子引起取代反应，进攻 β-氢原子引起消除反应。两种反应产物的比例取决于卤代烃结构、亲核试剂、溶剂、温度等多种因素影响。

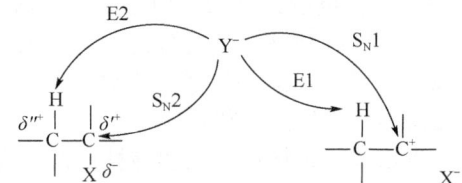

图 7-4　亲核取代反应与消除反应的竞争示意图

（一）卤代烃结构的影响

直链伯卤代烃的 S_N2 反应很容易进行，而消除反应很少发生。例如：

$$CH_3CH_2CH_2Br + C_2H_5O^- \xrightarrow[25℃]{C_2H_5OH} \begin{array}{l} \xrightarrow{S_N2} CH_3CH_2CH_2OCH_2CH_3 \ (91\%) \\ \xrightarrow{E2} CH_3CH=CH_2 \ (9\%) \end{array}$$

仲卤代烃和 β-碳原子上有侧链的伯卤代烃，因空间位阻增加，试剂难以从背面接近碳原子，而易于进攻 β-氢原子，所以不利于 S_N2 反应，而有利于 E2 反应。例如：

$$\underset{\underset{CH_3}{|}}{CH_3CHCH_2Br} + C_2H_5O^- \xrightarrow{C_2H_5OH} \begin{array}{l} \xrightarrow{E2} CH_3-C(CH_3)=CH_2 \ (60\%) \\ \xrightarrow{S_N2} CH_3CH(CH_3)CH_2OCH_2CH_3 \ (40\%) \end{array}$$

叔卤代烃一般倾向于单分子反应机制，但存在强碱性试剂时，主要发生 E2 反应，无强碱存在时，主要发生 S_N1 反应。例如：

$$(CH_3)_3CBr + C_2H_5OH \xrightarrow[25℃]{C_2H_5O^-} (CH_3)_3COC_2H_5 + (CH_3)_2C=CH_2 \quad (E2)$$
$$\qquad\qquad\qquad\qquad\qquad\qquad\quad 3\% \qquad\qquad 97\%$$

$$(CH_3)_3CBr + C_2H_5OH \longrightarrow (CH_3)_3COC_2H_5 + (CH_3)_2C=CH_2 \quad (S_N1)$$
$$\qquad\qquad\qquad\qquad\qquad\qquad\quad 81\% \qquad\qquad 19\%$$

β 位上有活泼氢原子（如苄基型、烯丙基型）的卤代烃与强碱作用，主要发生 E2 反应。

$$C_6H_5CH_2CH_2Br \xrightarrow{C_2H_5ONa/C_2H_5OH} C_6H_5CH=CH_2$$

（二）亲核试剂的影响

碱性是指试剂与质子结合的能力，而亲核性则是指试剂与碳原子结合的能力。亲核试剂一般都具有未共用电子对，表现为碱性。

亲核性强、碱性弱的试剂有利于取代反应；亲核性弱、碱性强的试剂有利于消除反应。例如，$NaNH_2$ 的碱性很强，它与溴乙烷作用主要生成乙烯，而氨的碱性较弱但有亲核性，它与溴乙烷反应主要发生亲核取代反应。

$$CH_3CH_2NH_2 \xleftarrow{NH_3} CH_3CH_2Br \xrightarrow{NaNH_2} H_2C=CH_2$$

伯卤代烃与强亲核试剂作用主要进行 S_N1 反应；叔卤代烃与强碱性试剂作用主要发生 E2 反

应；仲卤代烃介于两者之间，但在强碱存在时，主要发生 E2 反应。

亲核性强的试剂有利于取代反应，而亲核性弱的试剂有利于消除反应。碱性强的试剂有利于消除反应，而碱性弱的试剂有利于取代反应。例如，伯卤烷或仲卤烷在氢氧化钾溶液中水解时，由于 OH^- 既是亲核试剂又是强碱，可以得到取代和消除两种产物。而在氢氧化钾醇溶液中反应时，由于醇溶液中存在比 OH^- 碱性更强的 RO^- 负离子，主要产物是消除产物。当碱性更弱的亲核试剂如 $RCOO^-$、I^- 等与卤代烃反应时，只发生取代反应。

因此，要合成取代产物时，尽量选择亲核性强的弱碱性试剂；需要消除反应时，尽量选择碱性强而亲核性弱的试剂。

（三）溶剂和温度的影响

溶剂的极性对反应的影响较大，增加溶剂的极性有利于 S_N1 和 E1 反应，产物的比例主要取决于卤代烃的烷基结构。极性溶剂对 S_N2 和 E2 反应都不利，溶剂的极性小有利于 E2 反应，这是因为 E2 的过渡态电荷更分散。S_N2 反应在形成过渡态时，由原来电荷比较集中的亲核试剂变成电荷比较分散的过渡态，因此，溶剂极性增大，也不利于 S_N2 反应。

$$HO\overset{\delta^-}{\cdots}H-\overset{R}{CH}=CH_2\overset{\delta^-}{\cdots}X \qquad HO\overset{\delta^-}{\cdots}\overset{R}{CH_2}\overset{\delta^-}{\cdots}X$$

E2过渡态（电荷更分散） $\qquad\qquad\qquad$ S_N2过渡态

一般来讲，极性大的溶剂更有利于取代反应，极性小的溶剂则相对有利于消除反应。由于醇的极性比水小，所以卤代烃在碱性醇溶液中主要发生消除反应，在碱性水溶液中则发生取代反应。

$$CH_3CHCH_3(X) + NaOH \xrightarrow{C_2H_5OH} CH_3CH=CH_2 \text{（主要产物）}$$
$$\xrightarrow{H_2O} CH_3CHCH_3(OH) \text{（主要产物）}$$

一般情况下，升高温度有利于消除反应。这是因为消除反应要涉及 C—H 键的断裂，所需的活化能较高，升高温度对于需要内能更高的过渡态的影响更为有利。以水为溶剂时，有利于取代反应；以醇溶液为溶剂时，则有利于消除反应。

综上所述，卤代烃的消除反应和亲核取代反应会同时发生，且相互竞争。

视窗 7-4   用途广泛的 PVC

聚氯乙烯（polyvinyl chloride，PVC）是一种用氯乙烯聚合而成的高分子材料。1872 年，德国化学家鲍曼（Eugen Baumann）首次发现了聚氯乙烯，但未申请专利。1912 年，德国人弗里德里希·克拉特（Friedrich Klatte）通过日光照射合成了 PVC，并在德国申请了专利，但是在专利保护期内未能开发出合适的产品。1926 年，美国 Goodrich 公司的研究员沃尔多·朗斯伯里·西蒙（Waldo Lonsbury Semon）发现了柔韧性和弹性都很好的聚氯乙烯塑料，并在美国申请了专利。直到 20 世纪 30 年代聚氯乙烯首次应用于减震密封圈，后来用于汽车轮胎，从此逐渐走上商业用途。几十年后聚氯乙烯成为全球销量第二的塑料。

聚氯乙烯可由乙烯和氯经催化发生取代反应制成。由于聚氯乙烯具有防火耐热性质，被广泛用于电线外皮、日用商品、建筑装潢用品、家具、辅助医疗用品等。聚氯乙烯虽具有阻燃的性质，但是高温下会释放出氯化氢、氯气和其他有毒气体。

自 20 世纪 70 年代开始，人们注意到聚氯乙烯工厂的工人易患癌症。推测其主要问题在于，PVC 内存在一些可能渗出或气化的有害添加剂和增塑剂，另外部分添加剂会干扰生物的内分泌，影响生殖机能等，部分添加剂可增加致癌风险。焚化 PVC 垃圾，会产生致癌的二噁英（dioxin）而污染空气。

PVC及其他乙烯基产品（包括汽车内部、淋浴胶帘或铺地板物料等）常用邻苯二甲酸二辛酯（DEHP）为增塑剂，因DEHP易气雾化而进入空气，且DEHP也易溶入油性液体中。人们注意到，儿童若咀嚼软塑玩具，会有添加剂渗出的安全问题。新生儿使用的乙烯基点滴袋也曾发现有释放DEHP的情况。越来越多PVC玩具公司自愿停用DEHP。美国食品药品监督管理局建议制造者考虑在敏感患者（如出生不满一个月的婴儿）的设备中禁用DEHP。目前，欧盟、美国部分地区已禁止使用DEHP。

第六节 不饱和卤代烃

根据卤原子在烯烃的位置，不饱和卤代烃分为乙烯型卤代烃、烯丙型卤代烃和孤立型卤代烯烃。

孤立型卤代烯烃由于卤原子与烯烃的距离较远，分别呈现出简单烯烃和卤代烃的性质。乙烯型卤代烃、烯丙型卤代烃则与相应卤代烃的差异性较大，例如烯丙型卤代烃在室温下与硝酸银溶液作用，立即生成卤化银沉淀，而乙烯型卤代烃与硝酸银溶液加热数天也未发生反应。因此，本节重点讨论乙烯型卤代烃和烯丙型卤代烃。

一、乙烯型卤代烃

卤原子与双键碳原子直接相连的卤代烃称为乙烯型卤代烃（vinylic halide）。例如：

乙烯型卤代烃的偶极矩比相应的卤代烃小，其C—X键键长比卤代烷烃相应的C—X键键长短，其电离能和解离能则比卤代烷烃的高。氯乙烯与氯乙烷的偶极矩、C—X键键长和电离能等数据见表7-2。乙烯型卤代烃的这些特性显然是由于双键和C—X键相互影响的结果，从乙烯型卤代烃的分子结构可得到解释。

表 7-2 氯乙烯与氯乙烷的偶极矩、C—X键键长和电离能等数据的比较

化合物	偶极矩/(C·m)	C—X键键长/nm	电离能/(kJ/mol)	解离能/(kJ/mol)
$CH_2=CH-Cl$	$4.84×10^{-30}$	0.172	993.01	376.8
CH_3CH_2-Cl	$6.84×10^{-30}$	0.177	799.14	334.9

在氯乙烯分子中，氯原子上一个含有未共用电子对的p轨道与双键的两个p轨道相互平行，形成一个三原子四电子的共轭体系，即p-π共轭体系。在这个共轭体系中，氯原子的未共用电子对可以离域到碳碳双键上，使C—Cl键具有部分双键的性质（图7-5）。加之C—Cl键的碳原子为sp^2杂化，轨道中的s成分较氯乙烷中碳原子高，对电子的吸引能力增强，因此，氯乙烯中C—Cl键的偶极矩减小，C—Cl键的键长缩短，键能增大。因此，这类卤代烯烃中C—X键很难断裂，卤原子反应活性差。

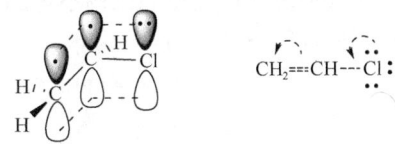

图 7-5 氯乙烯分子中的p-π共轭

由于p-π共轭效应的影响，乙烯型卤代烃中卤原子不易被取代，难以发生经S_N1或S_N2历程的亲核取代反应。例如：

$$CH_3CH_2CH_2Cl + KI \xrightarrow{\text{丙酮}} CH_3CH_2CH_2I + KCl$$

$$CH_3CH=CHCl + KI \xrightarrow{\text{丙酮}} \text{不反应}$$

二、烯丙型卤代烃

（一）结构

烯烃 α-氢原子被卤原子取代的化合物称为烯丙型卤代烃（allylic halide）。例如：

$$CH_2=CH-CH_2Cl \qquad \text{(3-溴-1-环己烯)} \qquad CH_3CH=CHCH_2Cl$$

3-氯丙烯（烯丙基氯）　　　　3-溴-1-环己烯　　　　1-氯丁-2-烯

烯丙型卤代烃分子中的卤素和双键相隔一个饱和碳原子，卤素和双键之间不存在共轭效应。由于卤素的电负性较大，吸电子能力较强，导致 C—X 键被极化，卤素解离后可以生成较稳定的烯丙基碳正离子。烯丙基碳正离子中带正电荷的碳原子是 sp^2 杂化的，它的空 p 轨道和相邻双键碳的两个 p 轨道相互平行，形成一个缺电子的 p-π 共轭体系［图 7-6（a）］。π 电子可以离域到空 p 轨道上，以弥补电荷的不足，使其趋于稳定。分子轨道理论认为，烯丙基碳正离子中的三个 p 轨道可以组成三个分子轨道 π_1、π_2 和 π_3^*［图 7-6（b）］，π_1 为成键轨道，π_2 为非键轨道，π_3^* 为反键轨道。在基态时，两个电子填充在成键轨道上，π_2 为空轨道。在这个共轭体系中，其电子离域的状态也可以用共振式表示［图 7-6（c）］。

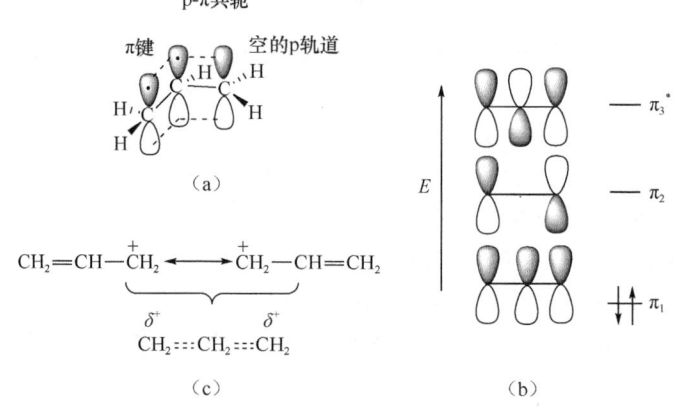

图 7-6　烯丙基碳正离子相关示意图

（a）烯丙基碳正离子的 p-π 共轭示意图；（b）烯丙基碳正离子的分子轨道；（c）烯丙基碳正离子的共振杂化体

（二）反应

由于烯丙基碳正离子的稳定性，烯丙型卤代烃有利于按 S_N1 历程进行反应。烯丙基碳正离子能发生共振，两端碳原子都带有部分正电荷［图 7-6（c）］，当与亲核试剂（如 OH^-）反应时，有两种可能的进攻方式，所以得到的产物有两种：正常的产物和重排的产物。不对称的烯丙型卤代烃在反应时就可能得到比例不等的两种产物的混合物。例如，1-氯丁-2-烯和 3-氯丁-1-烯的水解就生成同样的两种产物。

$$\left.\begin{array}{l} CH_3CH=CHCH_2Cl \\ \text{或} \\ CH_3CHCH=CH_2 \\ \quad\;|\\ \quad Cl \end{array}\right\} \xrightarrow[Na_2CO_3]{H_2O} CH_3\underset{OH}{C}HCH=CH_2 + CH_3CH=CHCH_2OH$$

反应历程如下:

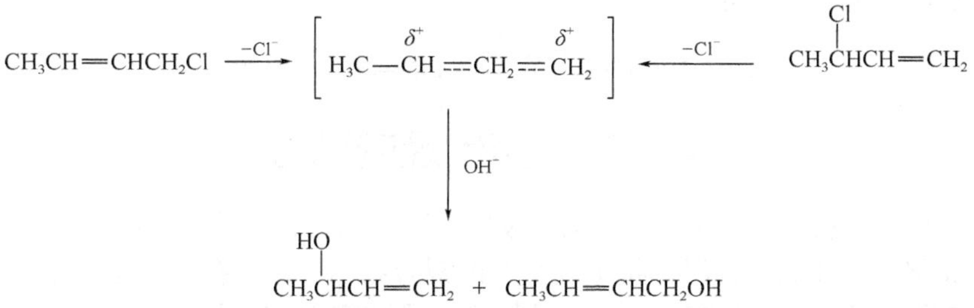

$$CH_3CH=CHCH_2Cl \xrightarrow{-Cl^-} [H_3C-\overset{\delta^+}{CH}=\!=\!CH=\!=\!\overset{\delta^+}{CH_2}] \xleftarrow{-Cl^-} CH_3\underset{Cl}{\overset{|}{CH}}CH=CH_2$$

$$\downarrow OH^-$$

$$CH_3\underset{OH}{\overset{|}{CH}}CH=CH_2 + CH_3CH=CHCH_2OH$$

烯丙型卤代烃在 S_N2 反应中也具有较大的活性,其反应速率要比相应饱和卤代烃快。例如,3-氯丙-1-烯与 I^- 发生 S_N2 反应的速率是 1-氯丙烷的 73 倍。烯丙型卤代烃在 S_N2 反应中具有较高的活性,可能是由于取代反应过渡态中双键碳的 p 轨道与 α-碳的 p 轨道之间相互重叠,从而稳定了这种过渡态。烯丙基氯与 I^- 反应过渡态的轨道模型如图 7-7 所示。

相对速率

$$CH_2=CHCH_2Cl + I^- \xrightarrow[50℃]{\text{丙酮}} CH_2=CHCH_2I + Cl^- \qquad 73$$

$$CH_3CH_2CH_2Cl + I^- \xrightarrow[50℃]{\text{丙酮}} CH_3CH_2CH_2I + Cl^- \qquad 1$$

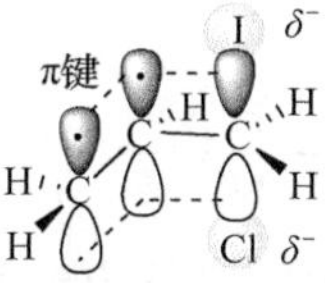

图 7-7 烯丙基氯与 I^- 发生 S_N2 反应时的过渡态

烯丙型卤代烃与金属镁反应能够制备格氏试剂,生成的格氏试剂还可以和烯丙型卤代烃发生偶联反应,所以用它们制备格氏试剂时往往会有偶联产物生成。

$$CH_2=CHCH_2MgBr + CH_2=CHCH_2Br \xrightarrow{\text{无水乙醚}} CH_2=CHCH_2CH=CH_2$$

$$C_6H_{11}-MgBr + CH_2=CHCH_2Br \xrightarrow{\text{无水乙醚}} C_6H_{11}-CH_2CH=CH_2$$

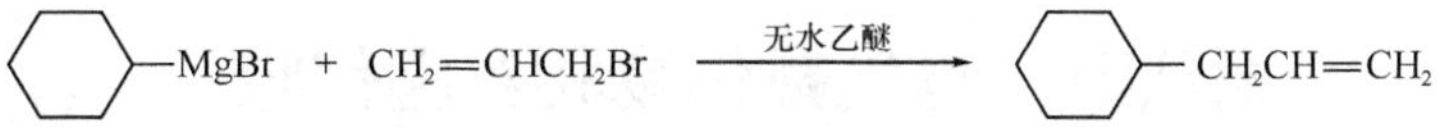

$$CH_2=CHCH_2Cl + Mg \xrightarrow[25℃,1h]{\text{无水乙醚}} CH_2=CHCH_2CH=CH_2$$
$$55\%\sim65\%$$

用烯丙型卤代烃制备格氏试剂时,用过量的镁和乙醚,在剧烈搅拌下将烯丙型卤代烃的乙醚稀溶液缓慢滴入,则能够得到相应的格氏试剂。

$$CH_2=CHCH_2Br + Mg \xrightarrow[0℃]{\text{无水乙醚}} CH_2=CHCH_2MgBr$$

(三) 制备

实验室中常用 N-溴代丁二酰亚胺(NBS)作为试剂,在 CCl_4 中加热制备烯丙型溴化物。该自由基反应还可以用光照或加过氧化物引发。

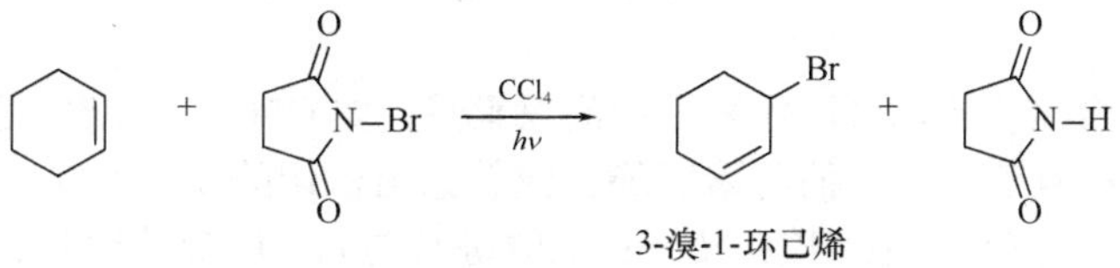

环己烯 + NBS $\xrightarrow[hv]{CCl_4}$ 3-溴-1-环己烯 + 丁二酰亚胺

烯丙基氯作为重要的化工原料，它通常由丙烯在 400～500℃ 下进行气相氯化反应制备。该反应也是按自由基反应历程进行的。

$$CH_2=CHCH_3 + Cl_2 \xrightarrow{400\sim500℃} CH_2=CHCH_2Cl + HCl$$

第七节　卤代烃的制备

卤代烃可以通过直接在烃分子中导入卤素或将分子中其他官能团置换成卤素的方法来制备。

1. 烃类的卤化　烷烃氯化和溴化将生成复杂的混合物。因此，在实验室不采用直接卤化法制备卤代烃。在实验室可以采用 NBS 作溴化剂制备烯丙型或苄型溴代烃。

$$C_6H_5CH_3 \xrightarrow[66\%]{NBS} C_6H_5CH_2Br$$

2. 由醇制备　将醇分子中的羟基用卤素置换可以得到相应的卤代烃。常用的试剂有 HX、PX_3 或 $SOCl_2$ 等。

正丁醇 $\xrightarrow[\triangle]{HBr, H_2SO_4}$ 1-溴丁烷 (90%)

2-戊醇 $\xrightarrow{PBr_3}$ 2-溴戊烷 (67%)

正戊醇 $\xrightarrow[\text{吡啶}]{SOCl_2}$ 1-氯戊烷 (80%)

3. 不饱和烃的加成　烯烃与 HX 通过亲电加成反应制备一卤代烃。例如：

$$CH_3CH=CH_2 \xrightarrow{HX} CH_3CHXCH_3$$

4. 芳烃的亲电取代反应　芳烃直接卤代是合成氯代芳烃及溴代芳烃的常用方法。例如：

$$C_6H_6 \xrightarrow{X_2/FeCl_3} C_6H_5X$$

第八节　有机氟化物和多卤代烃

氟原子具有电负性大、原子半径小的特点，C—F 键具有键长短和解离能高（425kJ/mol）等特点，这些结构特点使得有机氟化合物具有一些特殊性质。

氯氟烃（chlorofluoroncarbon，CFC）是 20 世纪 30 年代初发明并且开始使用的一种人造的含有氯、氟元素的多卤代烃，在人类的生产和生活中用途广泛。氯氟烃的化学性质稳定，低温下会蒸发，是冰箱冷冻机的理想制冷剂。它还可以用作罐装发胶、杀虫剂的气雾剂；可用于电视机、计算机等电器产品的印刷线路板的清洗。氯氟烃的另一大用途是用作塑料泡沫材料的发泡剂，泡沫塑料用于冰箱的隔热层、家用电器减震包装材料等。

氯氟烃在地球表面很稳定，但在距地球表面 15～50km 的高空，受到紫外线的照射，会生成氯离子，一个氯离子可破坏上千到十万个臭氧分子。臭氧层中的臭氧被消耗，臭氧层会变薄，局部区域如南极上空甚至出现臭氧层空洞。另外，氯氟烃也对温室效应的产生有重要影响，是一种温室气体。

在 CFC 后标以化合物代码，可以代表不同的氯氟烃，如 CFC-12 代表二氯二氟甲烷，CFC-113 代表 1,1,2-三氯-1,2,2-三氟乙烷等，而与聚氨酯行业关系最密切的就是 CFC-11，即三氯一氟甲烷。

氟原子的半径与氢原子的半径相似，C—F 键的键长与 C—H 键的键长相似。因此，氟取代烃类化合物中的氢原子后，不会引起原烃类化合物太大的体积效应，即有"伪似作用"。在药物分子中氢原子被氟原子代替，不干扰机体作用，如抗癌药 5-氟尿嘧啶与尿嘧啶相似，能干扰癌细胞 DNA 的合成达到药用目的。另外，C—F 键键能高，其热稳定性和抗氧化性都较好，抗代谢作用也好。氟极强的电负性改变了化合物的电荷效应、酸碱性、偶极矩、分子构型和邻近基团的化学反应等理化性质。氟原子的存在还增加了化合物的脂溶性，使其易透过细胞膜，借此可促进药物的吸收。三氟甲基是已知的最具有亲脂性的基团之一，对药物设计和应用有重要意义。

氟化物在麻醉剂、人造血液及人造组织中都有应用。$C_2F_5C_6H_4R$、$CF_3CBrClF$ 等的物化特性很好，具有挥发性大、吸入容易、无毒、不燃等特点，且麻醉效果远高于一般的麻醉剂。全氟碳烷的溶氧量是水的 20 倍，因此可以作为生物体内氧气运载的载体。这与它们的表面张力低，分子间吸引力小，运动黏度低及分子疏松堆积而有足够空间供氧分子自由进出有关。它们能代替红细胞携氧，没有因血型之分而引起的抗原抗体反应，且有适度挥发性，可随呼吸逐步排除。但它们没有白细胞，不能抵抗病原菌；不含血小板，无凝血功能和免疫能力。因此，它们不能像血液那样长期使用。十氟代萘和三全氟丁基胺 $[N(C_4F_9)_3]$ 等都是较理想的人造血液。含氟碳代物与血液不能互溶，无法直接用于输血及脏器灌流保存，需用无毒的乳化剂配成超细颗粒的乳液后使用。

多卤代烃中卤素连在不同碳原子上时，碳卤键性质与卤代烃相似，当两个或多个卤素连在同一碳原子上时，碳卤键的活性明显降低。

$$CH_3Cl + H_2O \xrightarrow[100℃]{加压} CH_3OH + HCl$$

$$CH_2Cl_2 + H_2O \xrightarrow[165℃]{加压} \xrightarrow{-H_2O} HCHO$$

$$CHCl_3 + H_2O \xrightarrow[225℃]{加压} \xrightarrow{-H_2O} HCOOH$$

$$CCl_4 + H_2O \xrightarrow[250℃]{加压} \xrightarrow{-H_2O} CO_2\uparrow$$

多卤代烃较稳定，它们与硝酸银的醇溶液共热也不会产生卤化银沉淀。单氟代烷不太稳定，当一个碳上连有多个氟原子时稳定性大大提高。例如，六氟乙烷在高温时（400～500℃）也不变化，对强酸、强氧化剂都很稳定。聚四氟乙烯（teflon）是性能非常好的塑料，耐高温（250℃）、耐低温（-269℃）、耐酸碱、耐腐蚀，有较高的机械强度，可用作人造血管等医用材料、实验室电磁搅拌子的外壳和炊具不粘锅的内衬等。

视窗 7-5　　持久性有机污染物之多氯代物

持久性有机污染物（persistent organic pollutants，POPs）指具有长期残留性、生物蓄积性、半挥发性和高毒性，通过各种环境介质（大气、水、生物体等）能够长距离迁移并长期存在于环境中，对人类健康和环境具有严重危害的天然或人工合成的有机污染物。

国际公认的 POPs 具有如下四个重要的特性：

（1）能在环境中持久地存在。POPs 一旦被排放到环境中，它们很难被分解，可以在水体、土壤和底泥等环境中存留数年时间。

（2）能蓄积在食物链中，对有较高营养等级的生物造成影响。由于 POPs 具有低水溶性、高脂溶性特性，POPs 从周围媒介物质中富集到生物体内，并通过食物链的生物放大作用达到中毒浓度。而位于生物链顶端的人类，则这些毒性放大到 7 万倍。

（3）能够经过长距离迁移到达偏远的极地地区。POPs 所具有的半挥发性使得它们能够以蒸气形式存在或吸附在大气颗粒物上，便于在大气环境中做远距离迁移，甚至能到达偏远的极地地区。

（4）在一定的浓度下会对接触该物质的生物造成有害或有毒影响。POPs 大多具有"三致"（致癌、致畸、致突变）效应，对人类和动物的生殖、遗传、免疫、神经、内分泌等系统具有强烈的危害作用。

根据2001年《关于持久性有机污染物的斯德哥尔摩公约》规定需采取国际行动的首批12种（类）POPs包括三大类：①有机氯农药：艾氏剂、氯丹、滴滴涕、狄氏剂、异狄氏剂、七氯、灭蚁灵、毒杀酚和六氯苯；②工业化学品：六氯苯（既是农药，又是工业化学品）、多氯联苯；③非故意生产的副产物：多氯代二苯并-对-二噁英（简称"二噁英"）、多氯代二苯并呋喃。

首批12种（类）POPs均为多氯代物。这与多氯代物的本身特性有关，其为人工生产的毒性较高的化合物，并非天然产物。多氯代物化学稳定性较高且难于降解。其中，前两类POPs是应工业、农业生产需求而有意人工生产合成的，目前大多数国家已采取控制行动，禁止或严格限制使用。第三类POPs无技术上的用途，也没有生产。环境中的污染源主要来自含有这些有毒杂质的工业和农业方面的化学物质，如城市生活垃圾焚烧、含铅汽油、煤炭、塑料、木材和泥炭的燃烧、造纸过程中的氯气漂白、森林火灾等。

对于减少城市生活垃圾焚烧所产生的污染，垃圾分类回收是有效手段之一，需要全民动员、共同参与才能行之有效。

习　　题

1. 命名下列化合物。

2. 写出下列结构式。
（1）(S)-2-氯己烷　　　（2）乙基溴化镁　　　（3）溴化苄
（4）顺-1-溴-3-甲基环己烷（优势构象）　　　（5）(Z)-2-氯-3-甲基戊-2-烯

3. 用化学方法区别下列各组化合物。
（1）叔丁基溴、2-溴丁烷、1-溴丁烷
（2）氯苯、氯化苄、1-苯基-2-氯丁烷
（3）1-氯丁烷、1-溴丁烷、1-碘丁烷

4. 预测下列各组反应哪个快，并说明理由。
（1）$CH_3CH_2I + NaHS \xrightarrow{DMF} CH_3CH_2SH + NaI$
　　　$CH_3CH_2I + NaHS \xrightarrow{CH_3CH_2OH} CH_3CH_2SH + NaI$

（2）$CH_3CH_2CH_2CH_2Cl + CN^- \longrightarrow CH_3CH_2CH_2CH_2CN + Cl^-$
　　　$CH_3CH_2CHCH_2Cl + CN^- \longrightarrow CH_3CH_2CHCH_2CN + Cl^-$
　　　　　　　$|$　　　　　　　　　　　　　　　　　$|$
　　　　　　CH_3　　　　　　　　　　　　　　　CH_3

（3）$(CH_3)_3CBr + H_2O \longrightarrow (CH_3)_3COH + HBr$
　　　$(CH_3)_2CHBr + H_2O \longrightarrow (CH_3)_2CHOH + HBr$

5. 完成下列化合物的转化。
（1）由苯转化为苄醇。

（2）由 3-苯基丙烯转化为 1-苯基丙烯。

6. 完成下列反应。

（1） 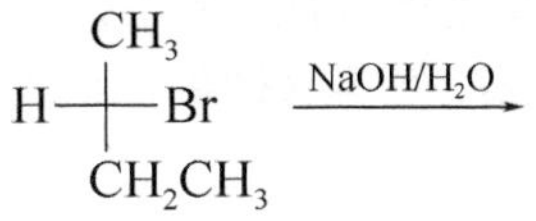 $\underset{\underset{CH_2CH_3}{|}}{\overset{\overset{CH_3}{|}}{H-\underset{|}{C}-Br}}$ $\xrightarrow{NaOH/H_2O}$

（2） [环己基-C(CH₃)(Cl)] $\xrightarrow[\triangle]{KOH/醇}$

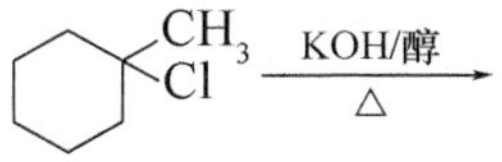

（3） $CH_3CH_2Br\ +\ Mg\ \xrightarrow{无水乙醚}$

（4） 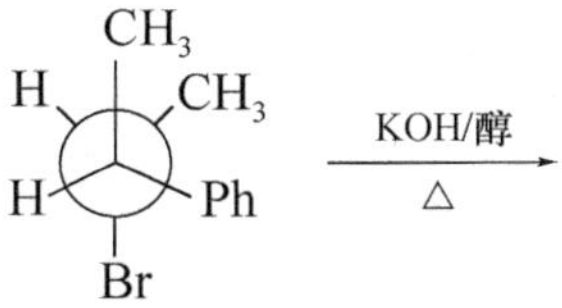 [Newman投影式：前碳上为 H, CH₃, CH₃；后碳上为 H, Ph, Br] $\xrightarrow[\triangle]{KOH/醇}$

（5） $BrCH_2CH_2\underset{\underset{CH_2Br}{|}}{CH}CH_2CH_2Br$ $\xrightarrow{NH_3}$

（6） $CH_3\underset{\underset{Cl}{|}}{C}=CH\underset{\underset{Br}{|}}{CH}CH_3\ +\ NaCN\ \longrightarrow$

（7） 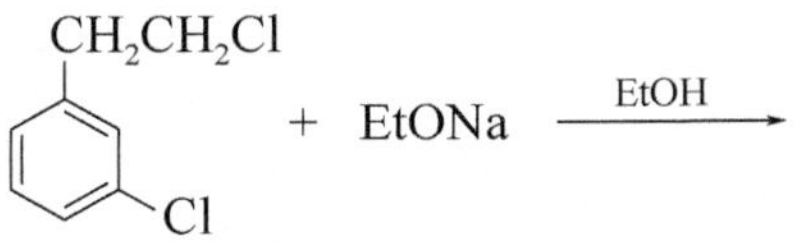 [3-氯苯基-CH₂CH₂Cl] $+\ EtONa\ \xrightarrow{EtOH}$

（8） [对氯苯基-CH(Cl)CH₃] $+\ H_2O\ \xrightarrow{Na_2CO_3}$

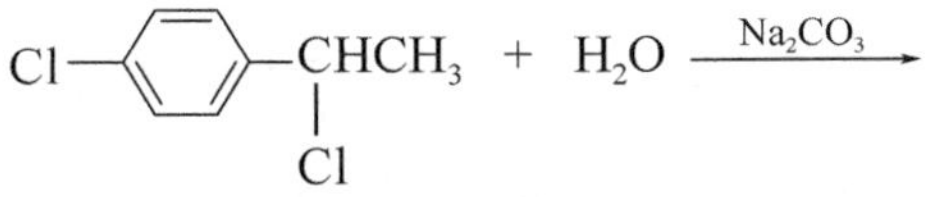

7. 卤代烃与氢氧化钠在水和醇的混合物中进行反应，下列哪些现象属于 S_N2 反应？哪些属于 S_N1 反应？

（1）反应是分步进行的；
（2）产物构型完全转化；
（3）有重排反应；
（4）氢氧化钠浓度增加，反应速率增加；
（5）伯卤代烷比仲卤代烷反应快；
（6）增加乙醇量，反应速率加快。

8. 下列反应是否正确并简述理由。

（1）  [环己烯基-CH₂CH(Br)CH₂CH₃] $\xrightarrow[乙醇]{KOH}$ [环己烯基-CH₂CH=CHCH₃]

（2） $HOCH_2CH_2CH_2Br\ +\ Mg\ \xrightarrow{无水乙醚}\ HOCH_2CH_2CH_2MgBr$

9. 化合物 A 不与溴水反应，在光照下被溴原子单取代得到产物 B，B 在 KOH 的醇溶液中加热得到产物 C，C 能被酸性 $KMnO_4$ 氧化为戊二酸，试写出 A、B、C 的可能结构式及各步反应式。

10. 二烯烃 A 能使溴水褪色，但无顺反异构体。A 与 HBr 作用得到化合物 B，B 具有旋光性，当 B 在 KOH 的乙醇溶液中，可生成 A 的异构体二烯烃 C，C 也能使溴水褪色。试写出 A、B、C 的可能结构式及各步反应式。

（海军军医大学　邹　燕）

第八章 醇和醚

学习目标

掌握 醇和醚的结构特点、命名原则、主要化学性质及反应机制。
熟悉 醇和醚的物理性质及结构与性质的关系，硫醇和硫醚的命名与性质。
了解 醇和醚的制备，冠醚的结构与用途。

第一节 醇

一、结构、分类和命名

（一）结构

脂肪烃分子中的氢原子被羟基（—OH，hydroxyl group）取代的化合物称为醇（alcohol），用 ROH 表示。醇也可以看作水分子中的一个氢原子被烃基取代的化合物。

羟基是醇的官能团。醇羟基的氧原子是 sp^3 杂化，氧原子的两个杂化轨道分别与碳原子和氢原子各形成一个 σ 键，未共用的电子对占据另外两个 sp^3 杂化轨道（图 8-1）。甲醇分子中 C—O—H 的键角为 108.9°（图 8-2）。

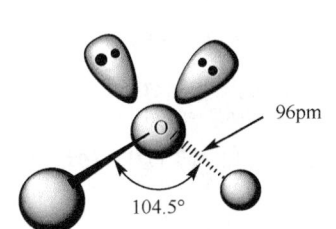
图 8-1 醇分子中 sp^3 杂化的氧原子

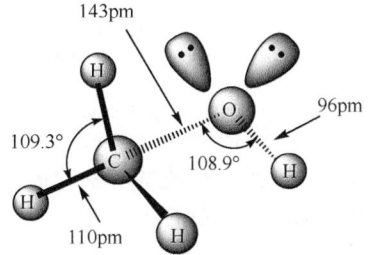
图 8-2 甲醇分子中的键长键角

（二）分类

按分子中醇羟基的数目，醇可分为一元醇和多元醇。烷烃分子中一个氢原子被羟基取代的化合物为一元醇（如丙醇）；烷烃分子中多个氢原子被羟基取代的化合物为多元醇（如丙三醇）。

$$CH_3CH_2CH_2OH \qquad \underset{\underset{OH}{|}}{CH_2}-\underset{\underset{OH}{|}}{CH}-\underset{\underset{OH}{|}}{CH_2}$$

丙醇   丙三醇

根据羟基所连接碳原子的取代状况，可将醇分为一级醇（伯醇或 1° 醇）、二级醇（仲醇或 2° 醇）、三级醇（叔醇或 3° 醇）。

$$RCH_2OH \qquad\qquad RCHR' \qquad\qquad R-\underset{\underset{OH}{|}}{\overset{\overset{R''}{|}}{C}}-R'$$
$$\qquad\qquad\qquad\quad\;\; |$$
$$\qquad\qquad\qquad\; OH$$

伯醇（1°醇）   仲醇（2°醇）   叔醇（3°醇）

根据分子中烃基的饱和程度，醇可分为饱和醇和不饱和醇（如苯甲醇、烯丙醇）。醇类化合物中的羟基通常连接在饱和碳原子上，羟基与双键碳原子直接相连的醇称为烯醇，烯醇不稳定，容易异构化为相应的醛、酮。

$C_6H_5CH_2OH$ $H_2C=CHCH_2OH$

苯甲醇（苄醇）   2-烯丙醇
(benzyl alcohol)   (allyl alcohol)

（三）命名

1. 普通命名法　简单醇常采用普通命名法命名，在烃基名称后面加"醇"字，英文名称是在相应的烃基名称后加 alcohol。

CH_3CH_2OH　　　　　$CH_3CH_2CH_2OH$　　　　　$(CH_3)_2CHOH$

乙醇　　　　　　　　正丙醇　　　　　　　　异丙醇
(ethyl alcohol)　　　(n-propyl alcohol)　　　(isopropyl alcohol)

2. 系统命名法　结构比较复杂的醇采用系统命名法命名。命名时先选择包含连有羟基碳原子的最长碳链作为主链，按主链碳原子数称为某醇。从靠近羟基的一端开始对主链编号，在母体名称前按取代基英文名称顺序依次标出取代基的位次、数目和名称。醇的英文名称用后缀"ol"代替相应烷烃的后缀"ane"中的"e"。不饱和醇的系统命名，则选择同时连有羟基的碳原子和碳碳不饱和键的最长碳链作为主链，编号应使羟基的位号最小，根据主链碳原子数称为"某烯醇"。

$(CH_3)_2CHCH_2CH_2OH$　　　　　$\underset{\underset{CH_2CH_3}{|}}{CH_3CH_2CH_2CHCH_2OH}$　　　　　$\underset{\underset{OH\quad Br}{|\quad\;|}}{CH_3CH_2CHCH_2CHCH_3}$

3-甲基丁-1-醇　　　　　　2-乙基戊-1-醇　　　　　　2-溴庚-4-醇
(3-methbutan-1-ol)　　　(2-ethpentan-1-ol)　　　(2-bromoheptan-4-ol)

2-乙基-5-甲基环己醇　　　　　2-乙基丁-2-烯-1-醇
(2-ethyl-5-methylcyclohexanol)　(2-ethylbut-2-en-1-ol)

多元醇命名时，选择连有最多羟基的最长碳链为主链。二元醇命名用后缀"diol"，三元醇用后缀"triol"，保留烷烃词尾中的 e。

2-乙基丁-1,3-二醇　　　　　2-乙基-4-甲基己-1,3-二醇
(2-ethylbutane-1,3-diol)　(2-ethyl-4-methylhexane-1,3-diol)

羟基与碳原子数目相同多元醇的命名，可以省略羟基位号，如乙二醇、丙三醇（甘油）等。同一个碳原子上连有两个羟基的化合物不稳定，易转变为其脱水产物。

$$\underset{\underset{OH}{|}}{\overset{\overset{OH}{|}}{CH_3CH}} \xrightarrow{-H_2O} CH_3\overset{\overset{O}{\|}}{C}-H$$

二、物理性质

室温下，4个碳原子以下的醇为有特殊气味的无色中性液体，5～11个碳原子的醇为有难闻气味的油状黏稠液体，高级醇为无臭无味的固体（表8-1）。

表 8-1　常见醇的物理常数（1 个标准大气压下）

化合物	熔点/℃	沸点/℃	密度/(g/mL)	溶解度/(g/100mL·H_2O)
甲醇（methanol）	-97.8	64.7	0.810	∞
乙醇（ethanol）	-114.1	78.5	0.789	∞

续表

化合物	熔点/℃	沸点/℃	密度/(g/mL)	溶解度/(g/100mL·H₂O)
正丙醇（1-propanol）	−127.0	97.2	0.805	∞
异丙醇（2-propanol）	−88.5	82.5	0.785	∞
正丁醇（1-butanol）	−89.8	117.7	0.810	7.9
异丁醇（2-methyl-1-propanol）	−108.0	108.0	0.802	8.5
仲丁醇（2-butanol）	−114.0	99.5	0.806	10.0
正戊醇（1-pentanol）	−79.0	137.5	0.815	2.3
正己醇（1-hexanol）	−44.6	157.0	0.815	0.6
环己醇（cyclohexanol）	25.4	161.1	0.962	3.8
乙二醇（1,2-ethanediol）	−13.0	197.3	1.114	∞
丙三醇（1,2,3-propanetriol）	20.0	290.0	1.261	∞

醇的沸点随其相对分子质量的增大而升高，且随碳原子的数目增加，同系列相邻醇的沸点差逐渐变小。支链醇的沸点比相同碳原子数的直链醇的沸点低。醇的沸点比相对分子质量相近的烃高很多，例如，甲醇和乙烷的相对分子质量分别为 32 和 30，但它们的沸点分别为 64.7℃ 和 −88.5℃。这是由于醇分子间氢键缔合作用使液态醇气化为单个气体分子，除要克服分子间的范德瓦耳斯引力外，还要提供破坏氢键的能量。

但随醇的相对分子质量增大，烃基的性质成为影响醇物理性质的主要因素。增大的烃基"阻碍"氢键的形成，导致醇分子间的氢键缔合程度减弱，沸点与相应烃的沸点趋近。3 个碳原子以下的低级醇的亲水性羟基与水分子间的氢键结合力大于疏水性烃基与水之间的排斥力，因此可与水混溶；随着醇分子中烃基的增大，烃基对整个分子的影响增大，醇在水中的溶解度下降。多元醇分子中羟基数目多，所以其熔沸点及在水中的溶解度更大。

> **案例 8-1**
> 丙醇、甲乙醚和丙硫醇化学式相似，但三者的沸点分别是 97.2℃、7.4℃ 和 67.5℃，三者在乙醇中的溶解度差别也很大。
> **问题** 为什么三者化学式相似，但物理性质差别大？
> **案例分析** 醇、硫醇的羟基、巯基上的氢原子可分别与另一分子醇中的氧原子或硫醇中的硫原子的未共用电子对之间形成氢键，使分子缔合。上述化合物中，丙醇易与另一丙醇形成分子间氢键，导致其沸点升高；硫醇分子间也可生成氢键，但其相互作用力较醇弱，所以硫醇的沸点低于相应的醇；醚不形成分子间氢键，所以醚的沸点最低。
> 在乙醇溶液中，丙醇和甲乙醚均可与乙醇形成较强的氢键，导致其溶解性增大；而硫原子电负性小，与醇形成氢键的能力弱，所以硫醇在乙醇中的溶解度相对较差。

三、一元醇的反应

醇的化学反应主要发生在其官能团羟基及其 α-碳上。醇羟基中氧原子的电负性比碳原子的电负性和氢原子的电负性强，因此醇羟基的碳氧键和氧氢键都具有强极性，反应中可能发生氧氢键断裂和碳氧键断裂。醇羟基的氧氢键断裂时，会释放出质子，表现出一定的酸性；而醇羟基的碳氧键断裂时，α-碳原子与卤代烃中的中心碳原子相似，成为正电中心，易受亲核试剂进攻，发生亲核取代反应或在碱作用下发生消除反应。

$$R-\overset{H}{\underset{H}{C}}-\overset{\delta^+}{O}-\overset{\delta^+}{H}$$

（一）醇羟基中氢的反应

醇可以看作水的一个氢原子被烷基取代的产物。因此，醇与水有相似的性质。醇羟基的氢原子有一定的酸性，能与活泼的钠、钾反应，生成醇的金属化合物，同时放出氢气。不同类型的醇与金属钠反应的速率为：伯醇反应最快，仲醇次之，叔醇最慢。该反应比水与钠或钾的反应慢。

$$RCH_2OH + Na \longrightarrow RCH_2ONa + H_2\uparrow$$

生成的醇钠只能存在于醇溶液中，醇钠遇水立即转变为醇和氢氧化钠。这说明醇的酸性比水弱，而其共轭碱（RONa）碱性比 NaOH 强。由于烷基的给电子诱导效应降低了氧氢键的极性，醇羟基的氢比水分子的氢活性弱。

$$RCH_2ONa + H_2O \longrightarrow RCH_2OH + NaOH$$

醇作为弱酸，在水溶液中存在以下平衡：

$$ROH \rightleftharpoons RO^- + H^+$$

各类醇的反应速率取决于其酸性。烷氧负离子越稳定，醇羟基质子的解离越容易，酸性越强。在溶液中，烷氧负离子是溶剂化的，溶剂化作用越大，烷氧负离子的稳定性越强。烷氧负离子（RCH_2O^-、R_2CHO^-、R_3CO^-）随 α-碳连接烷基数目增多，空间位阻增大，溶剂化程度减小；另外，α-碳连接烷基越多，烃基的给电子效应越强，也越不利于烷氧负离子的稳定。因此，不同结构的醇所形成的烷氧负离子的稳定性与其酸性顺序相同，伯醇＞仲醇＞叔醇，它们形成的醇钠的碱性强弱次序为：叔醇钠＞仲醇钠＞伯醇钠。

（二）醇的碳氧键断裂的反应

1. 亲核取代反应

（1）与氢卤酸反应：醇与氢卤酸反应，醇羟基被卤素负离子取代，生成卤代烷。这是酸催化的亲核取代反应，大部分仲醇、叔醇按 S_N1 机制进行反应。羟基是不易离去的基团，但在酸的存在下，醇羟基可被质子化，然后以水的形式离去，生成碳正离子，最后碳正离子与亲核试剂卤负离子结合生成卤代烃。

$$ROH + HX \longrightarrow RX + H_2O$$

$$ROH + H^+ \rightleftharpoons ROH_2^+ \xrightarrow{-H_2O} R^+ \xrightarrow{X^-} RX$$

由于卤离子的亲核能力为 $I^->Br^->Cl^-$，氢卤酸的反应活性是 HI＞HBr＞HCl。该反应中生成活性中间体碳正离子，所以醇的相对反应活性与相应碳正离子的稳定性的顺序相同，叔醇＞仲醇＞伯醇。叔丁醇与氢溴酸在室温下即可反应，而正丙醇与氢溴酸则需要加热才能反应。伯碳正离子不稳定，伯醇与氢卤酸按 S_N2 机制进行反应。

$$(CH_3)_3COH + HBr \xrightarrow{室温} (CH_3)_3CBr + H_2O$$

$$CH_3CH_2CH_2OH + HBr \xrightarrow{\triangle} CH_3CH_2CH_2Br + H_2O$$

无水氯化锌可以催化 HCl 和醇的反应。Cl^- 是弱亲核试剂，而氯化锌是与质子酸类似的路易斯酸，可以与羟基氧结合，削弱 C—O 键，使羟基易于离去。浓盐酸与无水氯化锌配成的溶液称为卢卡斯（Lucas）试剂。六个碳以下的醇可溶于 Lucas 试剂，并发生取代反应，生成相应的氯代烷。由于氯代烷产物难溶于 Lucas 试剂，因此可以观察到产生细小的氯代烷油状液滴，即反应介质发生混浊。由于伯、仲、叔醇与 Lucas 试剂的反应速率明显不同，可根据溶液变混浊的速率确定醇的类别。叔醇与 Lucas 试剂在室温下立即发生反应,溶液变混浊;仲醇一般需数分钟后才有明显的反应现象;而伯醇在室温下放置一小时也无明显反应现象。

$$CH_3CH_2CH_2OH + Zn^{2+} \longrightarrow CH_3CH_2CH_2\overset{+}{O}H \cdot ZnCl^- \longrightarrow CH_3CH_2CH_2Cl + {}^+ZnOH$$

某些醇按 S_N1 机制反应时,产生重排产物。如将异丁醇与氢溴酸在硫酸中加热,产生 20% 异丁基溴与 80% 叔丁基溴。反应过程中,质子化的醇脱去水分子形成伯碳正离子,然后碳正离子邻位碳原子上的氢带着一对电子迁移到伯碳正离子上,重排为更稳定的叔碳正离子,后者与溴离子反应,生成碳骨架重排的取代产物。

$$CH_3CHCH_2OH \underset{}{\overset{H^+}{\rightleftharpoons}} CH_3CHCH_2\overset{+}{O}H_2 \underset{}{\overset{-H_2O}{\rightleftharpoons}} CH_3\overset{H}{\underset{CH_3}{C}}-\overset{+}{C}H_2 \overset{Br^-}{\longrightarrow} CH_3CHCH_2Br \quad (20\%)$$

$$\downarrow 重排$$

$$CH_3\overset{+}{\underset{H}{C}}-CH_2 \overset{Br^-}{\longrightarrow} CH_3\overset{Br}{\underset{CH_3}{C}}CH_3 \quad (80\%)$$

(2)与卤化磷反应:醇与卤化磷反应是制备卤代烃的常用方法。

$$3CH_3CH_2CH_2OH + PBr_3 \longrightarrow 3CH_3CH_2CH_2Br + H_3PO_3$$

醇羟基与三溴化磷作用形成亚磷酸酯,二溴磷氧是较易离去的基团,有助于 Br^- 进攻烷基发生取代反应。反应机制如下:

$$CH_3CH_2CH_2OH + PBr_3 \longrightarrow \underset{亚磷酸酯}{CH_3CH_2CH_2OPBr_2} + HBr$$

$$Br^- + CH_3CH_2CH_2-OPBr_2 \longrightarrow CH_3CH_2CH_2Br + {}^-OPBr_2$$

易发生重排反应的醇及溴代烷和碘代烷可用这种方法制备。醇与五氯化磷反应副产物较多,五氯化磷不常用于制备氯代烃。通常制备碘代烷的方法是,将红磷和碘共热后再与醇反应。

$$CH_3CH_2OH \overset{P+I_2}{\longrightarrow} CH_3CH_2I$$

(3)与亚硫酰氯反应:用亚硫酰氯与醇反应,可直接得到氯代烃,反应中生成二氧化硫和氯化氢两种气体副产物而逸出,反应向生成产物的方向进行。该反应速率快,条件温和,副产物少,产率高,是制备氯代烷的好方法。

$$ROH + SOCl_2 \longrightarrow RCl + SO_2\uparrow + HCl\uparrow$$

醇与亚硫酰氯反应产物的立体构型与反应条件有关。如羟基与手性碳原子相连,通常该反应产物的手性碳原子保持原构型;但如果醇和亚硫酰氯混合液中含弱亲核试剂吡啶,则得到构型翻转的产物。例如:

2. 脱水反应（dehydration） 不同反应条件下，醇可以分别发生分子内脱水反应或分子间脱水反应。

（1）醇分子间脱水成醚：在浓硫酸作用下，伯醇发生分子间脱水，生成醚。该反应遵循 S_N2 机制。醇羟基首先质子化，形成氧正离子，烷基中带部分正电荷的碳原子与另一分子醇羟基的氧结合，同时质子化的羟基以水的形式离去，生成二烷基氧正离子，然后再失去质子得到醚。

$$2ROH \xrightarrow{H_2SO_4(浓)} ROR + H_2O$$

$$ROH \xrightleftharpoons{H^+} R\overset{+}{O}H_2 \xrightarrow[-H_2O]{R\ddot{O}H} R-\overset{+}{\underset{H}{O}}-R \xrightarrow{-H^+} R-O-R$$

二烷基氧正离子

醇脱水反应的产物取决于温度。如由乙醇制备乙醚宜在140℃反应，如果反应温度在170℃，主产物为乙烯，因为 β-碳上的碳氢键在较高温度下容易断裂。仲醇分子间脱水按 S_N1 机制进行，即醇在羟基质子化后先形成稳定的碳正离子，然后与另一分子醇反应，再失去质子得到醚。虽然在酸的作用下，叔醇更易形成碳正离子，但由于烷基的位阻较大，叔醇不易和叔碳正离子靠近，因此，叔碳正离子倾向于失去一个质子，生成相应的烯烃。

$$(CH_3)_2CHOH \xrightleftharpoons{-H_2O/H^+} (CH_3)_2\overset{+}{C}H \xrightleftharpoons{(CH_3)_2CHOH} (CH_3)_2CHOCH(CH_3)_2 \xrightleftharpoons{-H^+} (CH_3)_2CHOCH(CH_3)_2$$

$$(CH_3)_3COH \xrightleftharpoons{-H_2O/H^+} (CH_3)_3\overset{+}{C} \xrightleftharpoons{-H^+} \underset{H_3C}{\overset{H_3C}{\diagup}}C=CH_2$$

醇分子间脱水成醚的方法适合制备两个烃基相同的单醚。两种不同醇的分子间脱水，得到多种醚的混合物，没有应用价值。

（2）醇分子内脱水成烯（消除反应）：醇和脱水剂（硫酸、氧化铝等）共热，发生分子内脱水生成烯烃。由于被消除的氢在 β-碳原子上，这种由醇制备烯烃的反应称为 1,2-消除反应或 β-消除（β-elimination）反应。

$$\underset{H\ \ OH}{H_2C-CH_2} \xrightarrow[170℃]{98\% H_2SO_4} H_2C=CH_2$$

醇失水成烯的反应遵循 E1 机制。在酸存在下，醇羟基质子化，增强碳氧键的极化，碳氧键断裂失去一分子水后，形成碳正离子，然后碳正离子相邻碳上失去一个质子，同时一对电子转移，形成双键。

$$\underset{H\ \ OH}{-\overset{|}{\underset{|}{C}}-\overset{|}{\underset{|}{C}}-} \xrightleftharpoons{H^+} \underset{H\ \ \overset{+}{O}H_2}{-\overset{|}{\underset{|}{C}}-\overset{|}{\underset{|}{C}}-} \xrightarrow{-H_2O} \underset{H}{-\overset{|}{\underset{|}{C}}-\overset{|}{\underset{+}{C}}-} \xrightarrow{-H^+} \diagup C=C \diagdown$$

碳正离子的生成速率决定整个反应的速率，而这一步的速率与碳正离子稳定性有关，碳正离子的稳定性是 3°＞2°＞1°，因此各类醇发生消除反应的活性也是 3°＞2°＞1°。

$$CH_3CH_2OH \xrightarrow[170℃]{98\% H_2SO_4} H_2C=CH_2$$

$$CH_3CH_2-\underset{\underset{}{}}{\overset{OH}{\underset{|}{C}}H}-CH_3 \xrightarrow[80\sim 90℃]{62\% H_2SO_4} CH_3CH=CH-CH_3$$

$$CH_3CH_2-\underset{CH_3}{\overset{OH}{\underset{|}{\overset{|}{C}}}}-CH_3 \xrightarrow[80\sim 90℃]{20\% H_2SO_4} CH_3CH=\underset{CH_3}{\overset{|}{C}}-CH_3$$

仲醇和叔醇易脱水，常用其脱水反应制备烯烃，而伯醇脱水常用于制备醚。当醇羟基有两个不同的 β-氢原子时，醇失水形成烯烃遵循札依采夫规则，主要产物为双键碳上取代基较多的烯烃。例如：

$$\underset{}{\text{H}_3\text{C}-\overset{\text{CH}_3}{\underset{}{\text{CH}}}-\overset{\text{OH}}{\underset{}{\text{CH}}}-\text{CH}_3} \xrightleftharpoons[\triangle]{\text{H}_2\text{SO}_4} \underset{(90\%)}{\text{H}_3\text{C}-\overset{\text{CH}_3}{\underset{}{\text{C}}}=\text{CH}-\text{CH}_3} + \underset{(10\%)}{\text{H}_3\text{C}-\overset{\text{CH}_3}{\underset{}{\text{CH}}}-\text{CH}=\text{CH}_2}$$

如果产物存在顺反异构体，反式异构体通常是主要产物。被消除的 β-氢的碳氢键必须与 α-碳上的 p 轨道平行，才能形成 π 键。碳正离子的构象（2）比构象（1）稳定，因此通过构象（2）生成的产物也多。

$$\text{CH}_3\text{CH}_2\text{CH}\underset{\underset{\text{OH}}{|}}{\text{CH}}\text{CH}_3 \xrightarrow[-\text{H}_2\text{O}]{\text{H}^+} \text{CH}_3\text{CH}_2\text{CH}\overset{+}{\text{CH}}\text{CH}_3$$

(1) CH_3 与 CH_2CH_3 相互排斥强 → 顺戊-2-烯

(2) CH_3 与 CH_2CH_3 相互排斥弱 → 反戊-2-烯

由于反应过程中形成碳正离子中间体，因此当醇羟基的 β-碳原子是叔碳原子或仲碳原子时，可能生成重排产物。以下实例中当醇羟基质子化以水的形式离去后，形成的仲碳正离子根据札依采夫规则重排为更稳定的叔碳正离子，再消除质子得到稳定的烯烃。

$$\underset{\underset{\text{CH}_3}{|}}{\overset{\overset{\text{CH}_3}{|}}{\text{CH}_3\text{C}}}-\underset{\underset{\text{OH}}{|}}{\text{CHCH}_3} \xrightleftharpoons[-\text{H}_2\text{O}]{\text{H}^+} \underset{\text{仲碳正离子}}{\overset{\overset{\text{CH}_3}{|}}{\underset{\underset{\text{CH}_3}{|}}{\text{CH}_3\text{C}}}-\overset{+}{\text{CHCH}_3}} \longrightarrow \underset{\text{叔碳正离子}}{\overset{\overset{\text{CH}_3}{|}}{\underset{\underset{\text{CH}_3}{|}}{\text{H}_3\text{C}\overset{+}{\text{C}}}}-\text{CHCH}_3}$$

$$\downarrow -\text{H}^+ \qquad\qquad\qquad\qquad \downarrow -\text{H}^+$$

$$\underset{\underset{\text{CH}_3}{|}}{\overset{\overset{\text{CH}_3}{|}}{\text{CH}_3\text{CCH}}}=\text{CH}_2 \qquad \underset{\text{主要产物}}{\underset{\underset{\text{CH}_3}{|}}{\overset{\overset{\text{CH}_3}{|}}{\text{CH}_3\text{C}}}=\text{CCH}_3 + \overset{\overset{\text{CH}_3}{|}}{\text{H}_2\text{C}}=\underset{\underset{\text{CH}_3}{|}}{\text{CCHCH}_3}}$$

醇在氧化铝或硅酸盐存在下脱水，不发生重排，例如：

$$\text{CH}_3\text{CH}_2\overset{\overset{\text{CH}_3}{|}}{\text{CH}}\text{CH}_2\text{OH} \xrightarrow[\triangle]{\text{Al}_2\text{O}_3} \text{CH}_3\text{CH}_2\overset{\overset{\text{CH}_3}{|}}{\text{C}}=\text{CH}_2$$

醇在酸性条件下加热，发生分子间亲核取代成醚反应和分子内消除成烯反应的竞争，反应方向取决于醇的结构和反应条件，叔醇易发生消除成烯反应，而伯醇易发生取代成醚反应。另外，高温有利于发生消除反应生成烯，较低温度时醇脱水的主要产物为醚。

3. 生成无机含氧酸酯的反应　醇除与氢卤酸作用外,也可与硝酸、硫酸、磷酸等含氧无机酸反应,得到无机酸酯。硫酸氢甲酯减压蒸馏,得到硫酸二甲酯。硫酸和乙醇作用,可得到硫酸氢乙酯和硫酸二乙酯。硫酸二甲酯和硫酸二乙酯都是常用的烷基化试剂且有毒。

$$CH_3O-H + HO-SO_2OH \rightleftharpoons CH_3OSO_2OH + H_2O$$
硫酸氢甲酯(酸性酯)

$$CH_3OSO_2OH + HOSO_2OCH_3 \rightleftharpoons CH_3OSO_2OCH_3 + H_2SO_4$$
硫酸二甲酯(中性酯)

高级酸性硫酸酯钠盐（如十二烷基磺酸钠）可用作合成洗涤剂。醇与烷基磺酰氯或苯磺酰氯生成烷基磺酸酯或苯磺酸酯。磺酸酯是有机合成中的重要试剂。

$$C_6H_5SO_2Cl + CH_3OH \longrightarrow C_6H_5SO_2OCH_3$$
苯磺酰氯

$$CH_3SO_2Cl + HOCH(CH_3)CH_3 \longrightarrow CH_3SO_2OCH(CH_3)CH_3$$
甲基磺酰氯

通常,醇羟基必须在酸催化下才可被取代,由于磺酸酯中的磺酰氧基是好的离去基团,所以醇转变为磺酸酯后更容易发生亲核取代反应。将醇通过形成磺酸酯再转为卤代烷,产物纯度高。若醇羟基所连碳原子为手性碳原子,磺化反应中其构型不变,磺酰氧基被卤原子取代的反应中其构型翻转,得到构型翻转的产物。

$$\underset{H_3C}{\overset{H}{\underset{|}{C}}}(CH_2CH_3)OH \xrightarrow[\text{吡啶}]{C_6H_5SO_2Cl} \underset{H_3C}{\overset{H}{\underset{|}{C}}}(CH_2CH_3)OSO_2C_6H_5 \xrightarrow[\text{丙酮}]{NaI} \underset{I}{\overset{H}{\underset{|}{C}}}(CH_3)CH_2CH_3$$

醇可以与硝酸成酯。由甘油制得的甘油三硝酸酯是一种用于缓解心绞痛的药物。因其遇热发生爆炸,可作为炸药的主要成分。

$$\begin{array}{c} CH_2OH \\ | \\ CHOH \\ | \\ CH_2OH \end{array} + 3HNO_3 \longrightarrow \begin{array}{c} CH_2ONO_2 \\ | \\ CHONO_2 \\ | \\ CH_2ONO_2 \end{array} + 3H_2O$$
甘油三硝酸酯

磷酸酯常用作萃取剂、增塑剂和杀虫剂。生物体内的许多生物分子中存在磷酸酯结构,如生物能源分子腺苷三磷酸（ATP）、生物遗传信息的携带者核糖核酸（RNA）和脱氧核糖核酸（DNA）等。磷酸的酸性较硫酸、硝酸弱,磷酸不易与醇直接生成酯。通常,通过醇与$POCl_3$作用制备磷酸酯。

$$3C_4H_9OH + Cl_3P=O \xrightarrow{\text{碱}} (C_4H_9O)_3PO + 3HCl$$

视窗 8-1

含氧无机酸酯有很多用途。乙二醇二硝酸酯和甘油三硝酸酯（俗称硝化甘油）都是烈性炸药。硝化甘油还能用于血管舒张、治疗心绞痛和胆绞痛。弗奇戈特（Robert F. Furchgott）、伊格纳罗（Louis J. Ignarro）及穆拉德（Ferid Murad）发现,硝化甘油能治疗心脏病的原因是它能释放出信使分子"NO",并阐明了NO在生命活动中的作用机理,为此荣获了1998年诺贝尔生理学或医学奖。

生命体的核苷酸中有磷酸酯，如甘油磷酸酯，与钙离子反应可用来控制体内钙离子的浓度。如果反应失调，会导致佝偻病。

$$\begin{array}{c}CH_2OH\\|\\CHOH\\|\\CH_2OH\end{array} + HO-\overset{O}{\underset{|}{P}}-OH \longrightarrow \begin{array}{c}CH_2O-\overset{O}{\underset{|}{P}}-OH\\|\\CHOH\quad OH\\|\\CH_2OH\end{array} \xrightarrow{Ca^{2+}} \begin{array}{c}CH_2O-\overset{O}{\underset{|}{P}}-O\\|\\CHOH\quad O-Ca\\|\\CH_2OH\end{array}$$

甘油磷酸酯　　　　甘油磷酸钙

（三）氧化和脱氢

伯醇和仲醇中，与羟基直接相连的碳原子上的氢原子（α-氢原子）受羟基吸电子作用的影响，比较活泼。伯醇和仲醇容易被氧化，失去 α-氢原子。叔醇分子中，没有 α-氢原子，通常不与氧化剂作用。在剧烈氧化条件下（如强酸性），叔醇将发生碳碳键氧化断裂，生成小分子化合物。

1. 强氧化剂氧化　用 $Na_2Cr_2O_7$ 与 40%～50% 硫酸混合液或酸性高锰酸钾作氧化剂，伯醇首先被氧化成醛，再进一步氧化为羧酸，仲醇被氧化生成相应的酮。

$$RCH_2OH \xrightarrow[\text{或}KMnO_4]{Na_2Cr_2O_7/H_2SO_4} RCHO \xrightarrow[\text{或}KMnO_4]{Na_2Cr_2O_7/H_2SO_4} RCOOH$$

$$\underset{\text{丁-2-醇}}{CH_3CH_2\underset{\underset{OH}{|}}{C}HCH_3} \xrightarrow[H_2SO_4]{Na_2Cr_2O_7} \underset{\text{丁-2-酮}}{CH_3CH_2\underset{\underset{O}{\|}}{C}CH_3}$$

叔醇与 $Na_2Cr_2O_7$ 不发生氧化反应；叔醇与酸性高锰酸钾反应，先脱水成烯，然后再发生碳碳键断裂，生成相应的酮。

$$\underset{\underset{CH_3}{|}}{\overset{\overset{CH_3}{|}}{H_3C-C-OH}} \xrightarrow[H^+]{KMnO_4} \left[H_3C-\underset{\underset{CH_3}{|}}{C}=CH_2\right] \xrightarrow[H^+]{KMnO_4} H_3C-\underset{\underset{CH_3}{|}}{C}=O + CO_2$$

2. 选择性氧化剂氧化　铬酐（CrO_3）与吡啶形成的铬酐-双吡啶络合物[$CrO_3 \cdot (C_5H_5N)_2$]是红色晶体，称为沙瑞特（Sarrett）试剂。沙瑞特试剂可氧化伯醇为醛，氧化仲醇为酮，且分子中的双键、三键氧化时不受影响。

$$CH_3(CH_2)_3CH_2OH \xrightarrow[CH_2Cl_2, 25℃]{CrO_3 \cdot (C_5H_5N)_2} CH_3(CH_2)_3CHO$$

$$CH_3CH_2C\equiv CCH_2OH \xrightarrow[CH_2Cl_2, 25℃]{CrO_3 \cdot (C_5H_5N)_2} CH_3CH_2C\equiv CCHO$$

不饱和仲醇也可用 CrO_3 的稀硫酸溶液（Jones 试剂）氧化成相应的酮，分子中的双键不受影响。活性二氧化锰可将烯丙位的伯醇、仲醇羟基氧化为相应的醛、酮，而不饱和键不受影响。沙瑞特试剂、琼斯（Jones）试剂和活性二氧化锰能选择性地氧化不饱和醇中的羟基，而不饱和键则不被氧化，因此这些试剂被称为选择性氧化剂。

$$\text{HO}\underset{}{\underset{}{\bigcirc}}\text{OH} \xrightarrow{CrO_3/H_2SO_4/H_2O} \text{O}\underset{}{\underset{}{\bigcirc}}\text{O}$$

$$H_2C=CHCH_2OH \xrightarrow{MnO_2} H_2C=CHCHO$$

3. 欧芬脑尔（Oppenauer）氧化　仲醇和丙酮在叔丁醇铝或异丙醇铝存在下发生反应，仲醇的两个氢原子转移给丙酮，自身被氧化成酮，丙酮被还原为异丙醇，这种选择性氧化醇的方法为欧芬脑尔氧化法。该反应的特点是氢原子只在醇和酮之间转移，而分子的其他部分不受影响，所以此法比较适用于分子中含碳碳双键或其他对酸不稳定基团醇的氧化。

$$\underset{R}{\overset{R}{\text{CHOH}}} + \underset{CH_3}{\overset{O}{\text{CCH}_3}} \xrightleftharpoons{Al[OC(CH_3)_3]_3} \underset{R}{\overset{R}{\text{C}=O}} + \underset{CH_3}{\overset{OH}{\text{CHCH}_3}}$$

$$\underset{OH}{\text{CH}_3\text{CHCH}=\text{CHCH}_2\underset{CH_3}{\overset{CH_3}{\text{C}}}=\text{CH}_2} \xrightleftharpoons[\text{丙酮-苯}]{Al[OC(CH_3)_3]_3} \underset{O}{\text{CH}_3\overset{O}{\text{C}}\text{CH}=\text{CHCH}_2\underset{CH_3}{\overset{CH_3}{\text{C}}}=\text{CH}_2}$$

4. 催化脱氢反应 伯醇、仲醇的蒸气可在脱氢试剂（铜、铜铬氧化物等）作用下，失去氢原子并生成醛或酮。醇的催化脱氢产物较纯，但该反应需要专门的设备，主要用于工业生产。

$$CH_3CH_2OH \xrightleftharpoons{Cu} CH_3CHO + H_2$$

$$\underset{OH}{H_3C-\overset{}{\text{CH}}-CH_3} \xrightleftharpoons{Cu} \underset{O}{H_3C-\overset{}{\text{C}}-CH_3} + H_2$$

四、邻二醇的特性

相邻碳原子上均存在羟基的化合物称为邻二醇（vicinal diol）。邻二醇中两个羟基相互影响，使其表现出一些特殊的性质。

（一）高碘酸或四乙酸铅氧化

用高碘酸或四乙酸铅 [Pb(OAc)$_4$] 氧化邻二醇，可使连羟基两个碳之间的碳碳单键断裂，连羟基碳转化为相应的醛、酮。

$$\underset{OH\ \ OH}{RCH-CHR'} \xrightarrow[H_2O]{HIO_4 \cdot 2H_2O} RCHO + R'CHO$$

由于该反应能定量地进行，因此根据高碘酸的消耗量，可推知多元醇中所含相邻醇羟基的数目，根据产物可推知原化合物的结构。高碘酸氧化邻二醇的反应是通过环状的高碘酸酯中间体进行的。当相邻的两个羟基因构象异构等原因相距较远，无法形成环状中间体时，高碘酸氧化就难以进行。若用四乙酸铅作氧化剂，可能不需经过环状中间体，则可以氧化某些不能被高碘酸氧化的邻二醇。

除邻二醇外，α-羟基醛或酮、邻二羰基化合物也可被高碘酸或四乙酸铅氧化，发生碳碳键断裂的反应。

（二）片呐醇重排

在酸性试剂作用下，2,3-二甲基丁-2,3-二醇（pinacol）发生重排，生成的酮称为片呐酮（pinacolone），该反应称为片呐醇重排（pinacol rearrangement）。

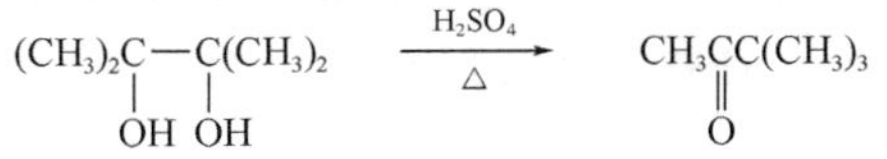

$$(CH_3)_2C-C(CH_3)_2 \xrightarrow[\Delta]{H_2SO_4} CH_3CC(CH_3)_3$$
$$\quad\quad\ |\ \ \ \ \ |\qquad\qquad\qquad\quad\ \|$$
$$\quad\quad OH\ OH\qquad\qquad\qquad\quad\ O$$

片呐醇　　　　　　　　片呐酮

片呐醇重排反应首先发生羟基质子化、失水生成碳正离子，然后发生烷基的迁移，生成的重排中间体中碳原子上的正电荷分散到氧原子上，使碳正离子稳定，最后失去质子，生成片呐酮。从反应机制看出，片呐醇重排是从碳正离子重排为更加稳定的锌盐离子。

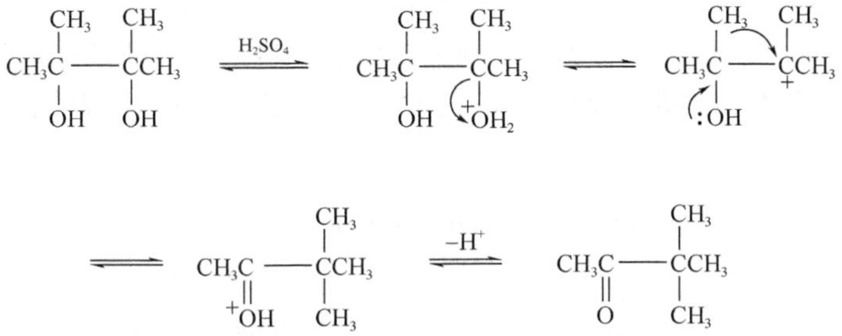

两个羟基都连在叔碳原子上的邻二醇称为片呐醇类化合物，它们都可以发生片呐醇重排反应。当片呐醇类化合物中两个叔碳上的烃基不相同时，常见基团对碳正离子稳定性的贡献是：芳基＞烷基＞氢。

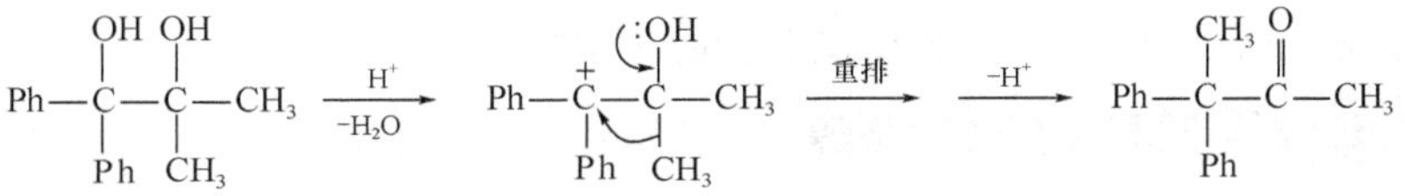

当形成的碳正离子碳上具有两个不同基团时，能提供电子、稳定正电荷的基团优先迁移。基团的迁移能力顺序是：芳基＞烷基＞氢。实际上片呐醇重排反应中，经常会得到两种重排产物，因此最好选用相邻碳上两个基团是相同的片呐醇类化合物。

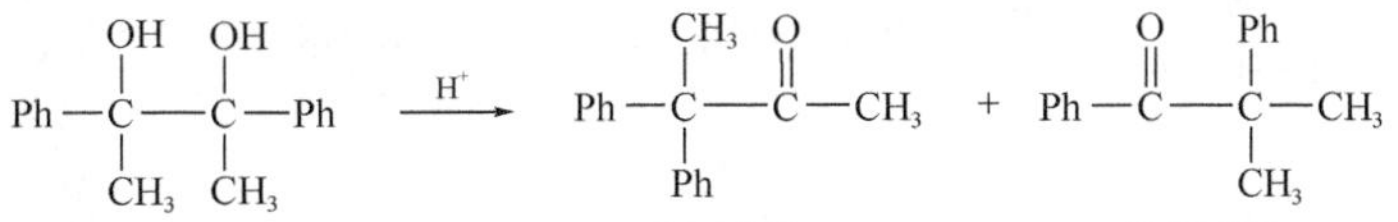

主要产物　　　　　　次要产物

（三）与氢氧化铜反应

邻二醇与新制备的氢氧化铜混合，氢氧化铜沉淀溶解，生成深蓝色溶液。这是邻二醇类化合物特有的反应，可用于鉴别分子中是否有邻二醇类结构。

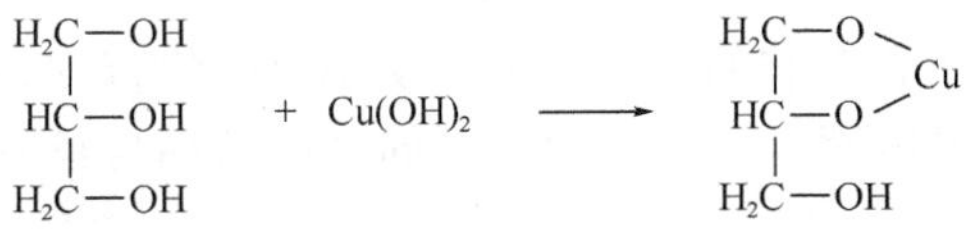

视窗 8-2　　　　　　　　　　木　糖　醇

木糖醇（xylitol）(2R,3R,4S)-1,2,3,4,5-五羟基戊烷又称戊五醇，是木糖代谢的产物。木糖醇的甜度与蔗糖相当，但热量只有蔗糖的60%，可作为蔗糖的替代物。木糖醇主要通过木糖加氢还原制得。

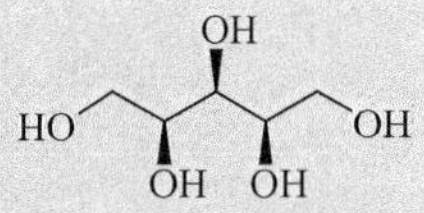

木糖醇

木糖醇代谢时不需要胰岛素，且代谢速度快，不引起血糖升高，所以木糖醇可作为糖尿病患者蔗糖替代品。食用木糖醇不会使血液中的中性脂肪增加，还可以抑制甘油、脂肪酸的合成，因此具有减肥的功效。由于木糖醇不能被细菌分解，利用它取代甜品中的蔗糖可防止蛀牙。木糖醇可用于制取工业用表面活性剂、醇酸树脂、聚氯乙烯树脂增塑剂、绝缘高压电线材料、玻璃纸增塑剂和泡沫塑料的发泡剂、炸药、破乳剂等。

五、制　　备

工业上，通过催化氢化一氧化碳生产甲醇；由烯烃作原料生产其他简单饱和一元醇。实验室，以烯烃和羰基化合物为原料制备醇。

（一）烯烃为原料

酸催化烯烃水合生成醇。通过该方法，由乙烯制备伯醇，由其他烯烃可制备仲醇和叔醇。烯烃还可以通过硼氢化-氧化反应转化为醇。烯烃水合遵循马氏规则，而硼氢化-氧化反应产物是反马氏规则的。

$$R-CH=CH_2 + H_2O \xrightarrow{H^+} R-\underset{OH}{CH}-CH_3$$

$$CH_3CH=CH_2 \xrightarrow[\text{硼氢化}]{B_2H_6} 2(CH_3CH_2CH_2)_3B \xrightarrow[\text{氧化}]{H_2O_2,\ OH^-} 6CH_3CH_2CH_2OH$$

（二）卤代烃为原料

卤代烃在稀碱溶液中发生亲核取代反应得到相应的醇。因为仲卤代烃和叔卤代烃在碱性条件下易发生消除反应，所以一般不采用此法制备仲醇和叔醇。

（三）由格氏试剂与羰基化合物制备醇

格氏试剂与醛或酮加成、水解后，可得到伯醇、仲醇或叔醇。醛与格氏试剂的反应活性较高。甲醛与格氏试剂反应，可制得比所用格氏试剂的烃基增加一个碳原子的伯醇；由其他醛可制得仲醇；由酮可制得叔醇。

$$RMgX + H-\underset{\underset{H}{\|}}{\overset{O}{C}}-H \xrightarrow{\text{醚}} RCH_2OMgX \xrightarrow{H^+,\ H_2O} RCH_2OH + Mg\underset{X}{\overset{OH}{<}}$$

$$RMgX + R'\underset{\|}{\overset{O}{C}}H \xrightarrow{\text{醚}} R-\underset{R'}{\overset{R'}{CH}}-OMgX \xrightarrow{H^+,\ H_2O} R-\underset{}{\overset{R'}{CH}}-OH + Mg\underset{X}{\overset{OH}{<}}$$

$$RMgX + R'\underset{\|}{\overset{O}{C}}R'' \xrightarrow{\text{醚}} R-\underset{R''}{\overset{R'}{C}}-OMgX \xrightarrow{H^+,\ H_2O} R-\underset{R''}{\overset{R'}{C}}-OH + Mg\underset{X}{\overset{OH}{<}}$$

用格氏试剂，可以得到增长碳链的醇，适合于从小分子化合物合成较大的化合物。根据原料来源、成本、产率、反应难易等因素，可以用不同的格氏试剂与醛酮的组合方式制备醇。制备以下醇有两种方法供选择：

$$(CH_3)_2CHCH\underset{OH}{|}CH_3 \Longrightarrow (CH_3)_2CHCH\underset{OMgBr}{|}CH_3 \Longrightarrow \begin{array}{l}(1)CH_3MgBr + (CH_3)_2CHCH_2CHO \\ (2)(CH_3)_2CHCH_2MgBr + CH_3CHO\end{array}$$

第二节 醚

一、结构、分类和命名

（一）醚的结构

两分子醇之间失去一分子水生成醚（ether），醚的通式为 R—O—R(R′)、Ar—O—R 或 Ar—O—Ar。醚可以看作水分子的两个氢原子分别被烃基取代的衍生物，其结构与水相似，C—O—C 键的键角小于 180°，因此醚的两个 C—O 键极性不能互相抵消。醚键是醚的官能团，其氧原子为 sp^3 杂化，其中两个 sp^3 杂化轨道各被一对孤对电子占据。

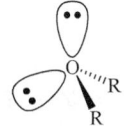

醚分子中sp^3杂化的氧原子

（二）分类

根据醚键氧上的烃基，醚可分为简单醚（R—O—R）、混合醚（R—O—R′）和环醚；醚键连有芳基的醚为芳香醚。

  CH₃CH₂OCH₂CH₃   CH₃OCH₂CH₃

  简单醚   混合醚   环醚   芳香醚

（三）命名

醚（R—O—R′）可按照取代法或者官能团类别法来命名。

1. 取代法 简单醚通常根据烃基的名称，直接称为"某醚"。混合醚命名时，取较长的烃基为母体，烷氧基作为取代基。例如：

 CH₃CH₂OCH₂CH₃ CH₃OCH₂CH₃ CH₃CH₂OCH₂CH₂Cl

 乙醚   甲氧基乙烷   1-氯-2-乙氧基乙烷   甲氧基苯
 (diethyl ether) (methoxyethane) (1-chloro-2-ethoxyethane) (anisole)

2. 官能团类别法 官能团类别法是将类别名称"醚""硫醚"放在基团 R 和 R′ 名称（按字母顺序）的后面，英文命名时基团名称后加空格。也可以命名为相应的母体氢化物"氧烷""硫烷"的衍生物。

  CH₃OCH₂CH₃   CH₃CH₂—O—CH=CH₂   CH₃—S—CH₂CH₂CH₃

  乙基甲基醚   乙基乙烯基醚   甲基丙基硫醚
  (ethyl methyl ether) (ethyl vinyl ether)   (methyl propyl sulfide)
  乙基甲基氧烷   乙基乙烯基氧烷   甲基丙基硫烷
  (ethyl methyl oxidane) (ethyl vinyl oxidane) (methyl propyl sulfane)

3. 环醚的命名 环醚命名时常称为"氧杂环某烃"或采用俗名，三元环醚习惯上也称为"环氧某烷"。

  2-甲基氧杂丙环烷   2-乙基-2-甲基氧杂丙环烷   四氢呋喃
  (2-methyloxirane)   (2-ethyl-2-methyloxirane) (tetrahydrofuran)
  1,2-环氧丙烷   1,2-环氧-2-甲基丁烷   1,4-环氧丁烷

二、物理性质

甲醚和乙甲醚常温下为气体。多数醚是易挥发、易燃的无色液体。醚是极性分子，但醚分子

之间不能形成分子间氢键，其沸点比同分异构的醇低得多，而与相对分子质量相近的烷烃相近。如乙醇、甲醚、丙烷的沸点分别为 78.5℃、-24.8℃、-42.1℃。醚键中的氧原子可与水形成氢键，低级醚与相对分子质量接近的醇的水溶性相近（如乙醚和正丁醇常温下在水中的溶解度都均为 0.08g/mL），高级醚难溶于水。环醚的氧原子突出在外，容易和水形成氢键，因此环醚在水中的溶解度较大，如四氢呋喃（THF）和 1,4-二氧六环能与水互溶。醚易溶解许多有机物，因此常用作溶剂。

视窗 8-3

乙醚极易挥发、易燃，乙醚气体和空气可形成爆炸性混合气体，一个电火花就会引起剧烈爆炸。

乙醚中的氧原子"被包围"在分子中，难以和水形成氢键，所以微溶于水。在室温下，乙醚中可溶有 1%～1.5% 的水；水中可溶解 7.5% 的乙醚。

三、化 学 性 质

醚的性质稳定。通常醚不与碱、氧化剂、还原剂等反应。

（一）氧正离子的形成

醚的氧原子上有未共用电子对，因此醚可以作为路易斯碱与浓硫酸、氯化氢或路易斯酸（如三氟化硼、三氯化铝）反应，形成氧正离子。例如：

$$R\ddot{O}R + H_2SO_4 \rightleftharpoons R_2\overset{+}{O}H + HSO_4^-$$

$$CH_3CH_2OCH_2CH_3 + BF_3 \longrightarrow (CH_3CH_2)_2\overset{+}{O}-\overset{-}{B}F_3$$

（二）醚键的断裂

醚与强酸（如氢碘酸）共热，醚键断裂，生成碘代烷和醇。在过量的酸存在下，所生成的醇也转变成碘代烷。反应中，酸与醚先形成氧正离子，然后生成碘代烷和醇。伯卤代烷发生 S_N2 反应，叔卤代烷发生 S_N1 反应。浓的氢溴酸和盐酸在较高反应温度下也可以使醚进行该反应。

$$CH_3OCH_3 + HI \longrightarrow CH_3I + CH_3OH$$
$$\longrightarrow CH_3I + H_2O$$

反应机制：
$$CH_3\ddot{O}CH_3 + H-I \longrightarrow (CH_3)_2\overset{+}{O}H + I^-$$

$$I^- + H_3C-\underset{H}{\overset{+}{O}}-CH_3 \xrightarrow{S_N2} CH_3I + CH_3OH$$

当混合醚发生这个反应时，亲核试剂倾向于进攻空间位阻较小的醚键碳原子，所以产物之一为含有较小烃基的卤代烃。芳基烷基醚发生这个反应时，由于芳基与氧原子的孤对电子共轭，难于断裂，因此发生烷氧键断裂，生成卤代烃和酚。碳氧键断裂的顺序是：叔烷基＞仲烷基＞伯烷基＞芳基。

$$CH_3OCH_2CH_3 + HI \longrightarrow CH_3I + CH_3CH_2OH$$

$$\text{C}_6\text{H}_5-OCH_3 + HI \longrightarrow \text{C}_6\text{H}_5-OH + CH_3I$$

当醚键碳为叔碳时，这个反应过程中形成碳正离子中间体，主要产物是烯烃。

$$(CH_3)_3COCH_3 + H_2SO_4 \longrightarrow (CH_3)_3C\underset{H}{\overset{+}{O}}CH_3 \xrightarrow{CH_3OH} (CH_3)_3\overset{+}{C} \longrightarrow (CH_3)_2C=CH_2$$

（三）自动氧化

一般情况下，醚是稳定的。但如果醚长时间与空气接触或光照，则缓慢发生自动氧化反应，生成不易挥发的过氧化合物。氧化发生在醚的 α-碳的碳氢键上，生成的过氧化醚进一步转化成结构更复杂的爆炸性强的过氧化物。因此，醚应放在棕色瓶中避光保存，避免暴露在空气中，也可加入对二苯酚等抗氧化剂，以阻止过氧化物的生成。

$$CH_3CH_2OCH_2CH_3 \xrightarrow{O_2} CH_3\underset{\underset{OOH}{|}}{C}HOCH_2CH_3$$
过氧化乙醚

$$n CH_3\underset{\underset{OOH}{|}}{C}HOCH_2CH_3 \xrightarrow{-nCH_3CH_2OH} n CH_3\overset{\overset{OO\cdot}{|}}{\underset{}{C}}H \longrightarrow {\left[\underset{\underset{CH_3}{|}}{\overset{\overset{H}{|}}{C}}-O-O \right]}_n$$
过氧化醚

存放时间较长的乙醚或四氢呋喃在使用之前应进行过氧化物检查。含有过氧化物的醚会使淀粉-碘化钾试纸变蓝或使硫酸亚铁和硫氰化钾混合液（$FeSO_4$-KSCN）变红。除去过氧化物的方法可用 5% 硫酸亚铁或亚硫酸钠水溶液洗涤，破坏醚中的过氧化物。为了防止过氧化物的形成，市售无水乙醚中加有 0.05μg/g 二乙基氨基二硫代甲酸钠作抗氧剂。不同的醚发生自动氧化的难易程度不同。异丙醚和四氢呋喃容易形成过氧化物，但甲基叔丁基醚不容易形成过氧化物。

四、醚的制备

（一）醇分子间脱水

在浓硫酸作用下，由醇的分子间脱水反应可制得结构对称的简单醚。仲醇和叔醇在硫酸作用下易发生消除反应生成烯，不能应用该方法制得相应的醚。

$$2ROH \xrightarrow{H_2SO_4} ROR + H_2O$$

（二）Williamson 合成法

用醇钠和卤代烷在无水条件下反应生成醚的方法称为 Williamson 合成法。

$$RONa + R'X \longrightarrow ROR' + NaX$$
$$ArONa + RX \longrightarrow ArOR + NaX$$

这个方法既可合成简单醚，也可合成混合醚。典型的 Williamson 合成反应是 S_N2 历程，如改变试剂中的烷基结构对反应历程的影响较大。例如：

$$(CH_3)_3CONa + CH_3I \xrightarrow{S_N2} (CH_3)_3COCH_3 + NaI$$
$$(CH_3)_3CBr + CH_3ONa \xrightarrow{E2} (CH_3)_2C=CH_2 + NaBr + CH_3OH$$

前一个反应虽然叔丁氧负离子位阻大，但碘甲烷中碳原子位阻小，所以能顺利地进行 S_N2 反应制得醚。后一个反应中叔丁基溴在强碱性条件下易发生 E2 反应，得到烯。因此，应用该法制备醚，最好用伯卤代烷或仲卤代烷。

五、环氧化合物

（一）结构

环氧化合物（epoxide）是具有含氧三元环的有机化合物，可以看作环氧乙烷的衍生物。

环氧化合物的环氧结构与环丙烷类似，三个原子在一平面上，其环内键角约 60°。环氧化合物的三元环结构存在张力，所以环氧化合物性质活泼，易与多种试剂作用而开环，尤其易与亲核试剂反应，可以合成多种化合物。

（二）开环反应

环氧化合物在酸性或碱性条件下与多种化合物作用，发生亲核取代反应，得到开环产物。

$$CH_3CH-CH_2 + \begin{cases} H_2O \xrightarrow{H^+} CH_3CH-CH_2 \\ \qquad\qquad\qquad\;\; |\quad\;\; | \\ \qquad\qquad\qquad\; OH\;\; OH \\ C_2H_5OH \xrightarrow{H^+} C_2H_5OCH_2CH_2OH \\ \qquad\qquad\qquad\qquad\quad |\\ \qquad\qquad\qquad\qquad\;\, CH_3 \\ HX \longrightarrow CH_3CH-CH_2 \\ \qquad\qquad\qquad\, |\quad\; | \\ \qquad\qquad\qquad\, X\quad OH \\ HCN \longrightarrow CH_3CH-CH_2 \\ \qquad\qquad\qquad\, |\quad\; | \\ \qquad\qquad\qquad\, CN\;\, OH \\ C_6H_5OH \xrightarrow{H^+} C_6H_5OCH-CH_2 \\ \qquad\qquad\qquad\qquad\;\; |\quad\;\; | \\ \qquad\qquad\qquad\qquad CH_3\;\, OH \end{cases}$$

1. 酸催化开环反应

酸催化的开环反应（ring-opening reaction）中，酸使环氧原子质子化，相邻环碳原子带部分正电荷，该碳原子受亲核试剂的进攻，碳氧键断裂。亲核试剂从取代基较多的环氧键碳原子的背面进攻，发生 S_N2 反应，使这个环碳原子的碳氧键断裂。这个环碳原子上的烷基取代基的给电子效应使正电荷分散而稳定，形成过渡态所需的活化能较小。

2. 碱催化开环反应 在碱性条件下，亲核试剂选择进攻取代基较少的碳原子。

$$CH_3CH-CH_2 + \begin{cases} RMgX \longrightarrow CH_3CH-CH_2 \longrightarrow CH_3CH-CH_2 \\ \qquad\qquad\qquad\quad |\qquad\;\; |\qquad\qquad\quad |\qquad\; | \\ \qquad\qquad\qquad\; OMgX\;\, R\qquad\qquad\;\; OH\;\; R \\ NH_3 \longrightarrow CH_3CH-CH_2 \\ \qquad\qquad\qquad |\qquad\; | \\ \qquad\qquad\qquad OH\;\; NH_2 \end{cases}$$

当亲核试剂进攻手性的环碳原子时，由于开环反应是 S_N2 历程，亲核试剂从环氧键碳原子的背面进攻，得到构型翻转的产物。

六、冠 醚

分子中具有多个 $-(CH_2CH_2O)-$ 重复单位的大环醚，因其结构很像王冠，称为冠醚（crown ether）。命名冠醚时，需注明环中碳和氧的原子总数及氧原子数。例如：

15-冠-5
(15-crown-5)

18-冠-6
(18-crown-6)

冠醚的大环结构中有空穴,且氧原子含有未共用电子对,因此冠醚可以和金属离子络合,各种冠醚的空穴大小不同,与空穴大小相当的金属离子才能被络合。例如,15-冠-5(空穴为0.17~0.22nm)能与钠离子(直径为0.18nm)络合;12-冠-4(空穴为0.12~0.15nm)能与锂离子(直径为0.12nm)络合;18-冠-6(空穴为0.26~0.32nm)能与钾离子(直径为0.27nm)络合。利用冠醚可以分离金属离子。这些络合物都有一定的熔点。

> **案例 8-2**
>
> 烃类化合物难溶于高锰酸钾溶液,因此用高锰酸钾氧化环己烯,反应困难。但如果反应体系中加入 18-冠-6,上述反应可迅速进行。
>
> **问题** 在该氧化反应中 18-冠-6 发挥了什么作用?
>
> **案例分析** 利用冠醚可加速某些反应。例如,用高锰酸钾氧化环己烯时,因高锰酸钾溶液与环己烯不互溶,反应难以进行。但如果反应体系中加入 18-冠-6,因为冠醚与高锰酸钾形成的络合物(见下式)可溶于环己烯(有机相),促进了氧化剂高锰酸钾从水相向有机相的转移,使环己烯和高锰酸钾有效接触,反应迅速进行。
>
> [18-冠-6 与 K⁺ 络合物结构示意图,以及环己烯经 KMnO₄/18-冠-6 氧化生成 HOOC(CH₂)₄COOH 的反应式]
>
> 像冠醚将实际参与反应的实体(如高锰酸钾)从一相转移到另一相中,使分别处于互不相溶两种溶剂中的物质发生反应的物质,称为相转移催化剂(phase transfer catalyst,PTC)。冠醚是优良的相转移催化剂,在实验室中广泛应用。但是由于其比较昂贵,并且毒性比较大,其工业应用受到一定限制,而季铵盐相转移催化剂[苄基三乙基氯化铵(TEBA)、四丁基溴化铵(TBAB)、四丁基硫酸氢铵、三辛基甲基氯化铵等]的工业应用较为广泛。

七、硫醇和硫醚

醇分子中的氧原子被硫原子代替的化合物称为硫醇(thiol)。硫醇(R—SH)的官能团是巯基(—SH)。醚分子中的氧原子被硫原子代替的化合物称为硫醚(sulfide),可用通式 R—S—R′ 或 R—S—Ar 表示。

(一)硫醇的命名

硫醇的命名与醇的命名相似,只需将"醇"字改为"硫醇"。当分子中同时含有羟基和巯基时,以醇为母体,把巯基看作取代基。例如:

CH_3CH_2SH　　　　$H_3C-CH(SH)-CH_3$　　　　$HSCH_2CH_2OH$

乙硫醇　　　　　　　2-丙硫醇　　　　　　　2-巯基乙醇
(ethanthiol)　　　　(2-propanthiol)　　　　(2-mercaptoethanol)

(二)硫醇的性质

硫与氧同属周期表ⅥA族元素,因此硫醇与醇的性质相似但有差别。例如,醇与醇易形成分子间氢键;而硫醇较难形成分子间氢键,因此硫醇相对分子质量大于同碳原子数的醇,但沸点反而低于相应的醇,例如,乙硫醇沸点35.0℃,乙醇沸点78.5℃。低级醇有酒味,而低级硫醇有恶臭味，空气中含 $5×10^{10}$ 分之一的硫醇，就可被人嗅出。因此，硫醇作为臭味剂加入煤气中，可帮助发现管道是否漏气。

1. 弱酸性 由于硫原子半径比氧原子半径大，巯基的质子易解离，硫醇的酸性比醇强，例如，乙硫醇的 pK_a 为 10.5，而乙醇的 pK_a 为 16.0。硫醇能与氢氧化钠（或氢氧化钾）作用，生成硫醇盐。硫醇还可与重金属（Hg^{2+}、Pb^{2+}、Cu^{2+}、Ag^+ 等）形成不溶于水的硫醇盐。这个反应不仅可以用来鉴别硫醇，而且可使用硫醇来作为重金属（Pb、Ag、Sb 等）中毒的解毒剂。重金属与生物体中蛋白质（如酶）的巯基盐结合，会使蛋白质失去活性，引起中毒。这些解毒剂能与进入生物体内的汞、砷等重金属离子结合成稳定的盐，然后排出体外，保护酶体系功能不受损害。

$$CH_3CH_2SH + NaOH \longrightarrow CH_3CH_2\bar{S}\overset{+}{N}a + H_2O$$

$$2CH_3CH_2SH + Hg^{2+} \longrightarrow (CH_3CH_2S)_2Hg \downarrow$$

$$\begin{array}{c} H_2C-SH \\ | \\ HC-SH \\ | \\ H_2C-SH \end{array} + Hg^{2+} \longrightarrow \begin{array}{c} H_2C-S \\ | \diagdown \\ HC-SHg \\ | \diagup \\ H_2C-SH \end{array} \downarrow$$

2. 氧化反应 硫醇比醇易氧化，在温和的氧化剂（如 H_2O_2、NaIO 或 O_2）作用下被定量地氧化为二硫化物，这个反应可用来测定巯基化合物的含量。在工业上，利用这个反应所生成非酸性的二硫化物，可以避免硫醇对设备的酸性腐蚀，并可同时除去硫醇的恶臭味。生物体内一些含有巯基的蛋白质可以通过体内的氧化形成含有二硫键的蛋白质。

$$2RSH + H_2O_2 \longrightarrow R-S-S-R + 2H_2O$$

硫醇与强氧化剂（如 HNO_3、$KMnO_4$）作用，可被氧化成磺酸。例如：

$$R-SH \xrightarrow{浓HNO_3} \underset{烷基亚磺酸}{R-\overset{O}{\underset{OH}{S}}} \xrightarrow{浓HNO_3} \underset{烷基磺酸}{R-\overset{O}{\underset{\underset{OH}{O}}{S}}}$$

（三）硫醚的命名

硫醚与醚的命名规则相似，在"醚"字前加"硫"字即可。硫醚的英文名称在两个烃基名称后加"sulfide"。

（四）硫醚的性质

低级硫醚为无色、有特殊气味的液体，沸点比相应的醚高（甲醚沸点为 -23.6℃，甲硫醚沸点为 37.3℃）。硫醚难与水形成氢键，不溶于水。硫醚的化学性质稳定，但可形成高价硫化合物。

1. 锍盐的形成 硫醚中的硫原子上有未共用电子对，可以结合质子生成锍盐（sulfonium salt）。硫醚与酸形成的锍盐不稳定，遇水则发生分解。但与卤代烷作用生成的锍盐比较稳定，易溶于水，能导电，在水中解离成 $\begin{bmatrix} R \\ | \\ R-S-R \end{bmatrix}^+$ 和 X^- 离子。

$$R-\ddot{S}-R + H^+ \longrightarrow R-\underset{+}{\overset{H}{\underset{|}{S}}}-R \xrightarrow{H_2O} R-S-R + H^+$$

2. 氧化反应 常温时，用浓硝酸、三氧化铬或过氧化氢氧化硫醚，可生成亚砜；强氧化剂（如发烟硝酸、高锰酸钾、过氧羧酸）氧化硫醚，可生成砜。

第八章 醇和醚

$$H_3C-S-CH_3 \xrightarrow{H_2O_2 \text{或浓} HNO_3} H_3C-\overset{+}{S}-\overset{-}{O}\ CH_3 \quad \text{二甲基亚砜}$$

$$\xrightarrow{\text{发烟} HNO_3 \text{或} RCO_3H} H_3C-\overset{+}{\underset{CH_3}{S}}\overset{\overset{-}{O}}{\underset{\overset{-}{O}}{\diagdown}} \quad \text{二甲基砜}$$

二甲基亚砜（DMSO）为无色极性液体，沸点 189℃，与水混溶，吸湿性很强，它既能溶解有机物又能溶解无机物，是常用的优良非质子溶剂。二甲基亚砜对皮肤有较强的穿透力，溶于DMSO 的药物可渗入皮肤。

硫醚类药物在代谢过程中可以被氧化成亚砜或砜。有些硫醚类药物的氧化代谢产物的生物活性提高。例如，抗精神失常药物硫利达嗪氧化代谢后生成亚砜类化合物美索达嗪，其抗精神失常活性比硫利达嗪高一倍。非甾体抗炎药硫茚酸经氧化代谢转变为亚砜后才有效。

硫利达嗪 → [O] → 美索达嗪

硫茚酸 → [O] →

视窗 8-4

紫杉醇最早是从太平洋紫杉树皮提取物中分离得到的。百时美施贵宝（Bristol-Myers Squibb）公司将它用作抗癌药，并将它的商标名定为"Taxol"。临床试验表明，紫杉醇具有良好的抗白血病的作用和优异的抗癌活性。

紫杉醇的结构非常复杂。其母核部分含有一个八元环、一个环丁氧烷和两个六元环，其中一个六元环上还有一个侧链。整个分子中含有 11 个手性碳原子。早期，该药的唯一来源是濒危的太平洋紫杉的树皮。因此，全合成紫杉醇对有机化学家来说是一个很大的挑战。1994 年，以斯克利普斯（Scripps）研究所的尼科拉乌（K. C. Nicolaou）和佛罗里达州立大学的霍尔顿（Robert Holton）领导的两个小组同时宣布完成了紫杉醇的全合成。我国有机化学家张生勇院士

用可回收配体通过不对称双羟化反应合成紫杉醇和多烯紫杉醇,率先在中国将手性催化技术用于紫杉醇和多烯紫杉醇的工业生产。2021 年,南方科技大学李闯创课题组通过 21 步高效简洁地完成了紫杉醇的不对称全合成,这是目前国际上最短的紫杉醇全合成路线。

习　　题

1. 命名下列化合物或写出下列化合物结构式。

(1) 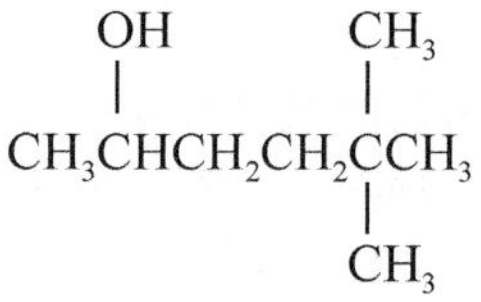 $CH_3CHCH_2CH_2C(CH_3)_2$ 带有 OH 和 CH$_3$ 取代基

(2) $CH_3CH=CHCH_2CH_2OH$

(3) 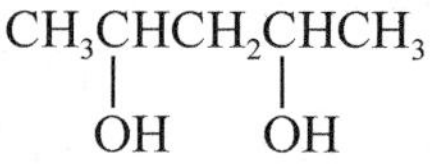 $CH_3CHCH_2CHCH_3$ 带有两个 OH

(4) $C_6H_5OCH(CH_3)_2$

(5) $H_3C-CH-CH_2$（环氧化物）
         \\O/

(6) 四氢呋喃

(7) 丁-3-烯-1-醇　　(8) 环己基甲醇　　(9) 异丙醚　　(10) 苯甲醚

2. 写出醇转化为卤代烷的试剂及反应条件。

(1) $CH_3CH_2CH_2OH \longrightarrow CH_3CH_2CH_2I$

(2) 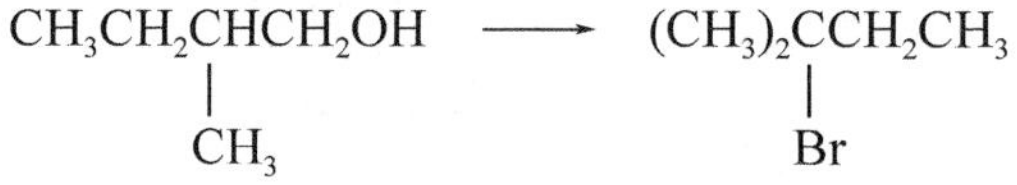 $CH_3CH_2CH(CH_3)CH_2OH \longrightarrow (CH_3)_2CC(CH_3)Br$（重排产物）

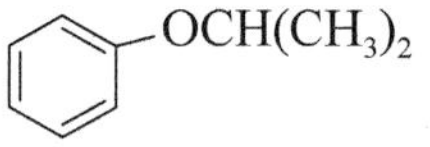

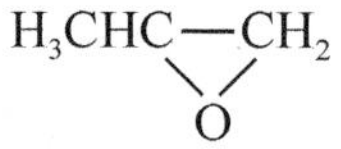

(3) $CH_3CH(OH)CH_3 \longrightarrow CH_3CH(Br)CH_3$

(4) 环戊基-CH$_2$OH $\longrightarrow$ 环戊基-CH$_2$Br

3. 完成下列反应。

(1) 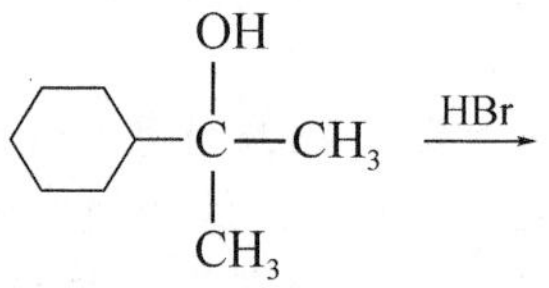 环己基-C(CH$_3$)$_2$OH $\xrightarrow{HBr}$

(2) $CH_3CH(OH)CH(CH_3)CH_3 \xrightarrow{H_2SO_4, \Delta}$

(3) $(R)\text{-}CH_3CH_2CH(OH)CH_3 + SOCl_2 \xrightarrow{\text{吡啶}}$

(4) $C_6H_5CH_2OH \xrightarrow{KMnO_4, H_2O, \Delta}$

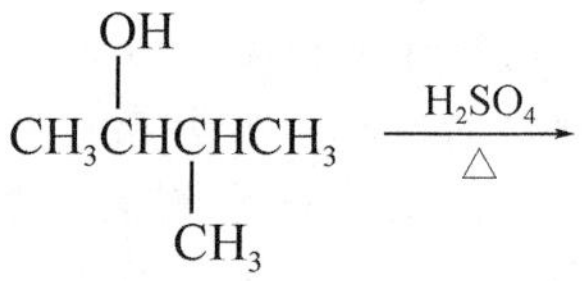

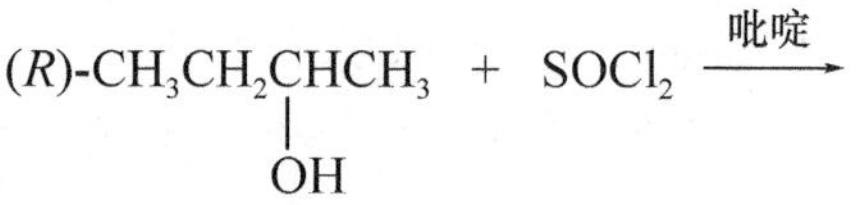

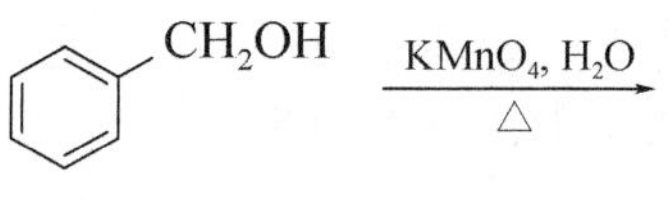

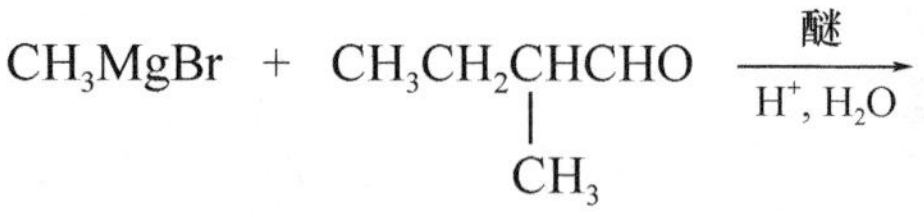

(5) $CH_3MgBr + CH_3CH_2CH(CH_3)CHO \xrightarrow{\text{醚}}{H^+, H_2O}$

(6) $H_3C\text{-}C_6H_4\text{-}OCH_3 + HI \longrightarrow$

4. 用化学方法鉴别下列各组化合物。

(1) 烯丙醇、丙-1-醇、1-氯丙烷;

(2) 丁-2-醇、丁-1-醇、2-甲基丙-2-醇;

(3) α-苯乙醇、β-苯乙醇;

（4）丙-1,3-二醇、丙-1,2-二醇。

5. 用反应机制解释下列现象。

(1) $CH_3CH_2\underset{\underset{CH_3}{|}}{C}HCH_2CH_2OH \xrightarrow{ZnCl_2 \atop HCl} CH_3CH_2\underset{\underset{CH_3}{|}}{\overset{\overset{Cl}{|}}{C}}CH_2CH_3 + CH_3CH_2\underset{\underset{CH_3}{|}}{C}=CHCH_3$

(2) $CH_3CH_2CH=CHCH_2OH \xrightarrow{HBr} CH_3CH_2\underset{\underset{Br}{|}}{C}HCH=CH_2 + CH_3CH_2CH=CHCH_2Br$

6. 用指定原料和不超过四个碳的有机化合物及必要的试剂合成下列化合物。
（1）从丙烯合成 3-甲基丁-1-醇；
（2）从异丙醇合成 2-甲基丁-2-烯；
（3）从甲苯合成 1-苯丙烯。

7. 化合物 A($C_5H_{12}O$) 在酸催化下易失水生成 B，B 用冷的碱性 $KMnO_4$ 处理得 C（$C_5H_{12}O_2$），C 与高碘酸作用得到 CH_3CHO 和 CH_3COCH_3，试推测 A、B、C 的结构。

（长治医学院　卫星星）

第九章　有机化合物的结构测定

学习目标

掌握　紫外光谱进行纯度检查、结构推断及定量测定的方法，红外光谱谱图解析的基本方法，简单化合物氢核磁共振谱和碳核磁共振谱解析的基本方法。

熟悉　元素分析、官能团分析、衍生物制备、化学全合成等研究化合物结构的方法，质谱的分子离子峰、同位素峰的概念，紫外光谱、红外光谱和核磁共振谱的原理，化学位移、峰面积、峰裂分和耦合常数的概念。

了解　判断纯度及样品纯化的方法，熔点、沸点、折射率和比旋光度的概念，波谱方法研究化合物结构的原理和质谱的原理，电子跃迁、吸收谱带、分子振动、特征谱带及指纹区的概念。

化合物的结构研究是人们了解天然或合成来源有机化合物及物质世界的重要手段，也是创新药物研究的基础。药物研究中，活性先导物的确定、结构的优化、合成步骤的实施、体内代谢过程的研究等都涉及有机化合物的结构测定。样品纯化、物理常数测定、结构测定是有机化合物结构研究的三个重要环节。

> **案例 9-1　　　　　　　　　　天然抗癌药紫杉醇的发现与合成**
>
> 　　20 世纪 50 年代，为了寻找安全有效的抗肿瘤新药，科学家将目光投入自然界中的天然产物。1962 年，亚瑟·巴克雷从太平洋紫杉的样本中（图 9-1），提取到对 KB 细胞有毒性的物质，揭开了紫杉提取物用于抗癌治疗的序幕。
>
> 　　**问题**　紫杉提取物为什么能用于抗癌治疗？
>
> 　　**案例分析**　对紫杉提取物的进一步研究，分离得到抗癌活性成分。1970 年，用 X 射线衍射结合 NMR 分析，确定了活性成分——紫杉醇的结构（图 9-2）。药理实验表明，紫杉醇类药物可以抑制肿瘤细胞有丝分裂过程，诱导细胞凋亡，从而发挥抗癌作用。
>
>
>
> 　　图9-1　太平洋紫杉图　　　　　　图9-2　紫杉醇的化学结构
>
> 　　由于紫杉醇在自然界中含量极少，20 世纪 80 年代，其供给问题受到了诸多化学家的关注，人们开始尝试利用纯化学方法大量合成紫杉醇。但紫杉醇分子结构复杂，具有特殊的三环[6+8+6]碳架和桥头双键以及众多的立体中心，经过二十多年的努力，直到 1994 年才由美国的 R. A. Holton 与 K. C. Nicolaou 两个研究组同时完成紫杉醇的全合成，再一次确证了紫杉醇的结构。

第一节 样品的纯化

由于化合物的纯度直接关系到其结构鉴定的结果和活性测定的准确度,所以样品纯化是化合物结构研究的基础工作。

一、纯度的概念

没有绝对的"纯净"。某一化合物的纯度表示所含杂质多寡的量度。通常,被鉴定化合物的纯度应大于95%,即所含杂质量低于5%。对于用于药效学或药物代谢动力学等生物活性实验研究的样品,为了判断杂质的生物活性影响,还应了解所含杂质的种类和性质。

二、纯度的判断

固体样品的纯度可通过以下一项或多项观察和试验综合判断,纯化合物具有以下特点:
（1）往往有确定的晶型和均匀的色泽。
（2）有一定的熔点和较小的熔距。
（3）经几种不同溶剂系统的色谱分析,一般只有一个斑点（峰）。
（4）波谱图中不应出现无法解析的多余信号。

三、纯化的方法

（一）结晶

结晶（crystallization）用于固体样品的纯化。其原理是利用样品与杂质在某溶剂内溶解度的差别而实现彼此分离。通常选用的溶剂（或彼此互溶的混合溶剂）,使被纯化的有机物在高温时溶解度大,低温时溶解度小,而杂质则在高、低温度时溶解度均大。这样,样品的饱和热溶液冷却后,样品以晶体析出,而杂质留在母液中。反复结晶的操作称为重结晶（recrystallization）,重结晶可提高样品的纯度。

（二）蒸馏

蒸馏（distillation）用于液体样品的纯化。其原理是样品在一定温度下转变为它的蒸气,蒸气移出后再经冷凝变为液体。这样可将挥发性样品与不挥发的杂质分开。蒸馏法用于分离具有不同沸点的挥发性混合物的操作称为分馏（fractional distillation）。对于某些沸腾时易分解变质的化合物可利用减压蒸馏降低其沸点。

（三）萃取

萃取（extraction）也是样品纯化的常用方法。一种物质在两种彼此不相混溶的溶剂中的含量取决于该物质在两种溶剂中的分配系数,该系数近似地等于两相中该物质溶解度之比。基于该原理,萃取法可以将一个物质从一种溶剂中抽提到另一种溶剂中,以达到纯化的目的。利用样品的分配系数高而杂质的分配系数低或反之的溶剂体系,分离纯化样品的效果好。

（四）色谱

色谱（chromatography）是通过不同化合物在固定相与流动相之间的分配或吸附差异从而达到分离的一种技术。

依据色谱系统的组成,色谱可分为柱色谱（column chromatography）和平面色谱（planar chromatography）。目前使用最多的是柱色谱,将固定相装在色谱柱（一般为玻璃管或不锈钢管）中,试样随着流动相沿着一个方向移动而被分离。依据流动相种类,可分为气相色谱（gas chromatography,GC）和液相色谱（liquid chromatography,LC）两大类,后者应用范围较广。依据工作原理,柱色谱可分为以下几类,第一类是吸附色谱（absorption chromatography）,其固相为硅胶、氧化铝、纤维素、聚酰胺、大孔树脂等吸附剂，利用固体固定相对流动相中不同成分物理吸附性能的差别达到分离目的。第二类是分配色谱（partition chromatography），利用不同组分在液体固定相与流动相之间分配系数上的差别而使之分离。它按固定相和流动相之间的相对极性又可分为正相色谱与反相色谱。前者固定相的极性高于流动相，常用含水硅胶为固定相而以有机溶剂作为流动相，用于分离极性较弱的组分，极性小的化合物先被洗脱分离出色谱柱；后者固定相的极性低于流动相，常用烷烃键合的硅胶（如 C_{18} 或 C_8 的烷基）为固定相，用水/乙腈或水/甲醇等为流动相，用于分离强极性的水溶性组分，极性大的化合物先被洗脱分离出色谱柱。反相色谱已广泛用于高效液相色谱（high performance liquid chromatography，HPLC）。第三类是离子色谱（ion chromatography），它利用不同 pH 或离子浓度环境下固定相（离子交换树脂）与流动相中组分的可逆性离子交换来分离离子型化合物。第四类是凝胶过滤色谱（gel filtration chromatography），是以化学惰性的具有一定大小孔穴的多孔凝胶为固定相，不同的试样分子随流动相经过时，大分子进不了微孔，很快流出，而小分子因可扩散进入孔内较慢流出。结果各组分按分子大小顺序洗脱，达到分离。交联葡聚糖（sephadex）是常用的凝胶。

平面色谱包括薄层色谱（thin layer chromatography，TLC）和纸色谱（paper chromatography，PC）。薄层色谱是将吸附剂（如硅胶）、少量惰性黏合剂（如硫酸钙）和水混合形成的浆状物均匀地铺于玻璃、金属板或塑料板表面上，在形成薄层的一端点上试样溶液，然后把薄层的下端浸入合适溶剂中，借助毛细管作用使溶剂上升，试样组分随之移动，由于展开溶剂对各组分的解吸能力不同，因此各组分移动距离也不同，从而达到分离目的。展开后的组分可借助显色剂或紫外光照射观察其斑点。薄层色谱设备简单，操作方便，可在一块板上进行多个试样的对照分析，用于定性检查样品纯度。纸色谱法以滤纸作为固定相。由于滤纸纤维素上的羟基结合着水（约6%），所以纸色谱除了纤维素的吸附作用外，也可看成以水为固定相，展开溶剂为流动相的液-液分配。纸色谱用于氨基酸、单糖等的分离鉴定。

案例 9-2　　　　　　　　气相色谱与高效液相色谱

20世纪40年代以来，A. Martin 等建立了一整套色谱的基础理论并研发了气相色谱仪器，由于战后重建及经济发展的需求，气相色谱在当时蓬勃发展的石油化工领域得到广泛应用及发展。石化成分复杂，结构十分相似，且多数成分熔点较低，气相色谱正好符合石化成分分析的要求，成效明显。但20世纪60年代以来，生物技术飞速发展，为了分离蛋白质、核酸等相对分子质量大且高温条件下易分解的生物样品，人们将气相色谱的理论和方法重新引入经典液相色谱。20世纪60年代末，科克兰（Kirkland）等研发了世界上第一台高效液相色谱仪，与传统液相色谱不同的是，高效液相色谱使用粒径更细的固定相填充色谱柱，提高色谱柱的塔板数，以高压驱动流动相，提高分离速度，所以其具有流速快、灵敏度高、用量少等优点，成为现代实验室中的常规分析仪器，在有机化学、生物化学、医学、药物开发与检测和环境监测等方面都有广泛的应用。

问题　如何判断一个混合样品的分离及分析更适合采用气相色谱法还是高效液相色谱法？

案例分析　气相色谱仪和高效液相色谱仪都兼具分离和分析功能。气相色谱法适合能汽化、热稳定性好、相对分子质量较小（<400）且沸点较低的样品，且检测器灵敏度高，样品大多不需要经预处理，可直接进样使用，且分析速度快，操作方便。在使用顶空进样时，还可以用于混合气体的分析检测。高效液相色谱要求样品能制成溶液，不受样品挥发性的限制，更适宜沸点高、热稳定性差的样品分析。与气相色谱相比，高效液相色谱的检测器灵敏度较低，样品的回收更为容易，涉及样品的分离回收过程时，常规高效液相色谱仪便可达到分析及半制备的要求；使用制备型高效液相色谱仪时，可以便捷地制备具有足够纯度的单一物质。

此外，气相色谱中的流动相是惰性的，对样品组分没有作用力，仅起运载作用；而高效液相色谱中的流动相对组分有一定亲和力，可以通过改变流动相的种类和组成提高分离的选择性。随着手性化合物领域的发展，手性色谱柱被引入高效液相色谱，使得该方法可以高效拆分对映体，成为实验室目前最常用的手性拆分方法。

第二节 物理常数的测定

有机分子的物理常数是其基本特性，可以提供该物质是否纯净的信息。有机分子的熔点、沸点、折射率以及比旋光度等物理常数常用于有机化合物的印证和结构分析。物理常数测定是鉴定有机分子的常规工作。

一、熔 点

熔点（melting point，mp）是物质的固相与液相处于平衡状态时的温度。熔点测定常用毛细管加热法和显微镜热板法。通常，结构对称分子的熔点比结构非对称分子高，反式结构分子的熔点比顺式结构分子高。因此，熔点测定也可用于化合物结构鉴别。

当被测物含有杂质时，其液体蒸气压下降，固-液两相蒸气压的平衡温度降低，所以不纯物质的熔点低于纯物质。样品中的杂质越多，熔点就越低，并且熔距拉大（>1℃）。通过重结晶，直至重结晶前后熔点不再升高，可获得纯品。

二、沸 点

沸点（boiling point，bp）是液体蒸气压与外界压力相等时的温度。外界压力为760mmHg*时测定的沸点为标准沸点。由于沸点与外界压力有关，报告沸点时，应注明外界压力，如天然香料 β-紫罗兰酮（β-ionone）的沸点为140℃（18mmHg）。含有非挥发性杂质液体的蒸气压下降，升高温度后才能使其蒸气压与外界压力平衡，结果液体的沸点升高。

三、折 射 率

折射率（refractive index）是液体有机物的物理常数之一。当光束通过两种不同介质的界面时改变方向，即发生折射。如以空气作为标准的第一个介质，在相同温度下同一波长的光对应不同介质的折射角或换算的折射率[n，见式（9-1）]为相应介质的一种物理性质，可用作该介质的鉴定。

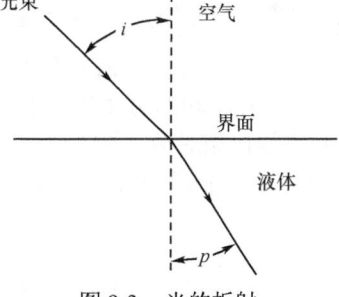

图9-3 光的折射

$$n=\sin i/\sin p \qquad (9-1)$$

式中，i 为入射光（在空气中）与界面垂直线的夹角；p 为折射光（在液体中）与界面垂直线之间的夹角（图9-3），大多数折射率基于钠光（λ=589.3nm）。如正己烷的折射率可记录为 n_D^{20}=1.3742，下角 D 表示钠光 D 线，上角为温度（℃）。

液体样品中的杂质影响其折射率。所以将样品实测值与已知该样品的标准值比较，可鉴别样品，也可判断其纯度。鉴别液体样品用折射率比沸点更可靠。

四、比旋光度

具有不对称结构的化合物能使偏振光的偏振面旋转。偏振面旋转的角度即旋光度 α，旋光度的大小和方向除与分子结构有关外，还取决于样品溶液的浓度 C（g/mL）、溶液的厚度 l（dm）、温度 t（℃）和波长 λ（一般为钠光 D 线，λ=589.3nm）。为了统一标准，通常用比旋光度（specific rotatory power）[α] 作为物理常数。旋光度与比旋光度的关系如下：

$$[\alpha]_\lambda^t=(\alpha/l)\times C$$

---

* 非法定单位，1mmHg=1.333 22×10²Pa。

比旋光度即溶液厚度为 1dm 时，每毫升含 1g 被测物质溶液的旋光度。由于溶剂也影响旋光度，应予注明。比旋光度可用于测定光学活性物质的纯度及其溶液浓度，如用于糖量测定。

第三节　化学方法

在获知样品的物理常数后，可进行结构分析。结构分析方法分为物理方法和化学方法。物理方法主要是将于第四节讨论的波谱方法。化学方法包括全合成和早期确定结构常用的化学降解方法。后者将一个分子打成几个结构较简单的碎片，研究清楚这些碎片结构，再根据经验，推测由这些碎片结合成整个分子的结构。本节主要介绍目前在用的其他几种化学方法。

一、元素分析

元素分析（elemental analysis）分为定性和定量两步，前者分析化合物由哪些元素组成，后者测定化合物中各元素的含量。

（一）原理和方法

多数有机化合物含有碳、氢和氧元素，常见的元素还有氮、硫和卤素等。如将样品和氧化铜在试管中灼烧，碳和氢分别被氧化成为二氧化碳和水，如管壁结有水珠，说明含有氢，产生的气体遇石灰水产生白色沉淀，则证明为二氧化碳，说明含有碳。氧没有简单的定性测试方法。其他元素的测定通常利用钠熔法，即将少量有机化合物与金属钠熔融，使所含的 N、S 和 X（卤素）转变成 CN^-、S^{2-}、CNS^- 及 X^- 等离子，然后按常规无机定性分析方法鉴定。

近代元素定量分析使用微量分析天平和半微量分析天平，分析取样量分别在 1~3mg 和 20~30mg 范围内。一般元素定量分析实验值与理论值相比，允许误差在 ±0.5% 范围内。

（二）实验式的计算

实验式是化合物最简单的化学式，仅表示元素种类和各元素原子间的最小个数比。例如，定性测得某一化合物含碳、氢两种元素，定量分析结果为碳 40.00%、氢 6.66%，其氧的含量则为 100%-46.66%=53.34%。将各元素的百分数用相应元素的相对原子质量去除，可得各元素原子数的比例为 40.00/12.01∶6.66/1.008∶53.34/16.00=3.33∶6.61∶3.33≈1∶2∶1，即该化合物的实验式为 CH_2O。

（三）相对分子质量和化学式

化学式与实验式是倍数关系，有时实验式就是化学式。化学式在测定相对分子质量后才能确定。测定相对分子质量的经典方法是冰点下降法和沸点升高法，目前则常用质谱法测定。上例中如测得相对分子质量为 30，则化学式即实验式为 CH_2O；如相对分子质量为 90，则化学式为 $C_3H_6O_3$。高分辨质谱仪可精确地测出分子的质量数，据此即可确定未知样品最合适的化学式。

二、官能团分析

官能团分析是利用官能团所特有的反应将未知物以官能团分类，如溴-四氯化碳或高锰酸钾常用于检出烯烃的不饱和键；溴水或三氯化铁常用于检出酚类的酚羟基等。各类官能团的特征性反应将分别在本书各章中讨论。

官能团分析除了应用于定性分析外，也可以进行定量分析。例如，羧基的定量分析可根据已知重量的未知物用标准碱溶液中和滴定，来计算该未知物的摩尔质量。

三、衍生物的制备

在经典的化学分析方法中，衍生物的制备常用于试样的鉴定。通常将需鉴定的试样转变为其固态衍生物，与已知衍生物的物理常数比较，可确认该试样。例如，醛酮制成 2,4-二硝基苯腙和缩氨脲等固态衍生物适用于醛、酮的鉴定。液体醛酮转变为固体衍生物后，便于重结晶纯化而精确测定其熔点。对某些同分异构体，可因它们的衍生物的熔点差别而予以鉴别，如表 9-1 所示。

表 9-1　部分醛、酮及其衍生物的沸点、熔点比较

化合物	沸点/℃	衍生物熔点/℃	
		缩氨脲	2,4-二硝基苯腙
正丁醛	75	106	123
异丁醛	64	126	182
2-戊酮	102	112	144
3-戊酮	102	129	156

四、化学全合成

化学全合成是证明有机物结构的重要手段，采用简单易得的原材料，经化学反应可获得某种有用的、结构复杂又难以通过其他途径得到的化合物。当未知天然产物的初步结构被推定后，往往通过全合成做最后的结构确证。典型的例子是镇痛药吗啡（morphine）的结构研究。1803 年从鸦片的醇浸膏中得到吗啡粗制品，1806 年分离得到纯品，1847 年经元素分析确定其化学式为 $C_{17}H_{19}O_{13}N$，直至 1952 年通过全合成才成功确证其结构。另一例子是从蛇根木中分离出降压成分利血平（reserpine）。由于各种鉴定技术和合成手段的进步，利血平从发现成分、推定结构，到人工合成，只花了几年的时间（1952～1956 年）。近几十年来各种波谱技术及新的合成反应和试剂的发展，使得不少具有复杂立体结构的天然产物，如具有抗癌活性的喜树碱（camptothecine）、紫杉醇（taxol），抗疟的青蒿素（artemisinin）以及治疗阿尔茨海默病的石杉碱甲（huperzine A）等均先后被确定结构和成功全合成。

吗啡　　　　　　　　　利血平

由于波谱分析的进步，新技术、新方法的涌现，结构测定已不再困难。但是某些化合物的结构确证除了使用波谱，结合化学反应和全合成方法也有必要。

第四节　波谱方法

一、概　　述

波谱方法具有取样少、速度快、结果准确等优点，现已成为有机结构研究的有力工具。同时，日益发展的波谱新技术、新方法也为生物学、医学、药学等研究领域提供了不可缺少的分析手段。

有机结构鉴定中常用的波谱有质谱、紫外光谱、红外光谱和核磁共振谱四种。质谱是根据化合物分子被不同电离方式离子化后，得到不同质量的离子，按质荷比 m/z 的大小依次排列而得的谱图，后三种谱都是吸收光谱（absorption spectrum），即有机分子选择性吸收了电磁波的能量，使分子从基态跃迁至激发态，这种特征能量的吸收就形成了一定的吸收光谱。在结构分析中这四种谱均有各自的特点和应用，既可单独使用，也可联合应用。

二、波长、频率和波数

波长（l）为电磁波每周传播的距离，单位是 nm、μm、cm 等；频率（n）为电磁波每秒内

振动的周数，单位为周/秒或赫兹（Hz）；波长与频率的乘积为光速 c，c 为 2.998×10^{10} cm/s。波数（$\bar{\nu}$）是指1cm内波的周数，单位为 cm^{-1}，波数与波长呈倒数关系。波长、波数、频率三者均为波的参数，波长主要用于紫外光谱，波数常用于红外光谱，而频率则用于核磁共振谱。表9-2为吸收光谱中按波长由短到长排列而成的电磁波谱。

表 9-2 电磁波与光谱

电磁波	波长（波数或频率）	跃迁类型	光谱
远紫外线	100～200nm	σ电子跃迁	真空紫外光谱
近紫外线	200～400nm	n及π电子跃迁	近紫外光谱
可见光线	400～760nm	n及π电子跃迁	可见光谱
近红外线	0.76～2.5μm	分子中涉及氢原子的振动	近红外光谱
中红外线	（4000～400 cm^{-1}）	分子中原子的振动及分子的转动	中红外光谱
远红外线	（400～100 cm^{-1}）	分子的转动	远红外光谱
无线电波	（10^7～10^8Hz）	自旋核（处于外磁场中）	核磁共振谱

注：$1m=10^2cm=10^6\mu m=10^9nm$。

视窗 9-1　　　　　　　　紫外线防护和遮光剂

众所周知，皮肤暴露于太阳晒下会变黑，这是因为紫外线（ultraviolet, UV）能刺激皮肤特有细胞产生能吸收紫外线的黑色素（melanin）。如果照射皮肤的紫外线超过了黑色素所能吸收的量，则紫外线将灼伤皮肤甚至引起皮肤癌。太阳光中的UV-A（315～400nm）是低能量的紫外线，对生物体的伤害小；UV-B（290～315nm）和UV-C（180～290nm）是高能量紫外线，对细胞危害大，但它们绝大多数可被大气平流层中的臭氧滤去，这是人们关切臭氧层的原因之一。

防晒剂（sunscreen）可用于防备紫外线对皮肤的伤害。氧化锌、对氨基苯甲酸（p-aminobenzoic acid, PABA）和4-二甲氨基苯甲酸-2-乙基己酯（Padimate O）均为常用的防晒剂。研究表明，同时防护UV-A和UV-B是必要的。如Giv Tan F 即 (E)-3-(4-甲氧基苯基)-2-丙烯酸乙基己酯因可同时吸收UV-A和UV-B而能起到较好的紫外线防护作用。防晒系数（sun protection factor, SPF）用于表达某一遮光剂的防护作用，SPF值越高，则防护作用越大。

三、吸收光谱的形成

光是电磁波，具有一定的能量。光子的能量与波长和频率之间的关系为

$$E = h\nu = \frac{hc}{\lambda} \quad (h \text{ 为普朗克常量，其值为 } 6.626\times10^{-34}\text{J}\cdot\text{s}) \tag{9-2}$$

按式（9-2），波长越短，频率越高，则电磁波的能量越大。电子、原子、核等分别处于不停地电子运动、原子振动、核自旋以及分子转动等运动中。各种运动状态均有一定的能级。某一波长的电磁波照射某有机物，如其能量恰好等于特定运动状态的两个能级之差，有机分子就会吸收光子的能量，从低能级跃迁到高能级，因此将某一波长范围内不断变化的电磁波对应其吸收度作图，即可得到吸收光谱。

由于各种能级变化所需的跃迁能量不同，因此可形成不同的吸收光谱，由分子中价电子能级跃迁所产生的近紫外区和可见区吸收光谱，称为紫外吸收光谱和可见吸收光谱。能引起分子振动

能级跃迁的中红外区吸收光谱，称为红外吸收光谱，简称红外光谱。自旋的原子核在外磁场中因吸收无线电波而引起能级跃迁产生的吸收谱称为核磁共振谱。由于不同的吸收光谱能从不同角度反映分子的结构特征，因此上述波谱测定已成为有机结构分析的重要手段。

> **案例 9-3**
>
> X 射线（X-Ray）是波长介于紫外线和 γ 射线之间的电磁波，频率范围为 30PHz～300EHz，对应波长为 1pm～10nm，能量高，具有很强的穿透性。自 1895 年德国科学家伦琴发现 X 射线后，X 射线便被广泛应用于医学领域中的影像诊断。20 世纪 70 年代，X 射线计算机断层扫描（X-ray computed tomography，简称 X-ray CT 或 CT）出现，经五十多年的发展，CT 已先后经历了五代结构性能的发展和改进，目前 CT 可用于全身多个脏器的检查，已成为临床诊断最重要的手段之一。
>
> **问题** CT 的主要原理是什么？
>
> **案例分析** 从基本原理来说，X 射线扫描技术也可以看作一种吸收光谱。当 X 射线与其他物质发生作用时，它会撞击电子，并将能量部分转移到该物质。人体中骨骼具有较高电子数，所以更易吸收 X 射线，而其他软组织则更易被 X 射线穿透。CT 使用 X 射线束对人体某一部位具有一定厚度的层面进行扫描，再由探测器接收透过该层面的 X 射线，经数字转换器及计算机处理后，可以得到关于人体组织、肿瘤和血块等的信息。

第五节 质 谱

质谱（mass spectrum，MS），是按质荷比大小依次排列样品裂解后所得的碎片离子图谱。质谱不属于吸收光谱，其优点是灵敏度极高，一般纳克（nanogram，10^{-9}g）甚至飞克（femtogram，10^{-15}g）级样品就可获得大量的结构信息。质谱几乎是微量天然产物鉴定的唯一手段。质谱除了可测得离子质量提供结构信息外，还可作为检出手段，与其他分析手段联用，例如气相色谱-质谱联用（GC-MS）、液相色谱-质谱联用（LC-MS），都已成为目前分离与检出微量成分的有效手段，尤其适用于医学上对一些生物活性物质的研究。

一、基本原理

图 9-4 为单聚焦质谱仪的示意图。它由离子源、磁分析器、离子收集器和记录仪组成。

在离子源部分，当试样分子引入高真空（10^{-7}～10^{-6}mmHg）电离室，分子（M）受高能量电子束的电子轰击（electron impact，EI），失去一个价电子，形成分子离子 M$^{+\cdot}$（·表示未成对的一个孤电子，+表示正离子）。分子离子 M$^{+\cdot}$还可进一步发生键断裂而产生失去游离基的正离子 A$^+$ 或失去中性分子的游离基型正离子 A$^{+\cdot}$。上述所有正离子经高压电场加速后聚焦为离子束，进入磁分析器（质量分析器）。磁分析器为具有一定半径的圆弧形电磁铁分离管，管内存有垂直于离子速度方向的均匀磁场，受磁场作用，正离子在此扇形磁场中做曲率半径为 R 的圆周运动，R 的大小与磁场强度 H、正离子的质量 m、加速电压 E、离子的电荷数 z 和电子的电荷量 e 的关系为

$$m/z = \frac{R^2 \cdot H^2 \cdot e}{2E} \tag{9-3}$$

由式（9-3）可见，若固定 E 和 R，通过连续改变磁场强度 H 即磁

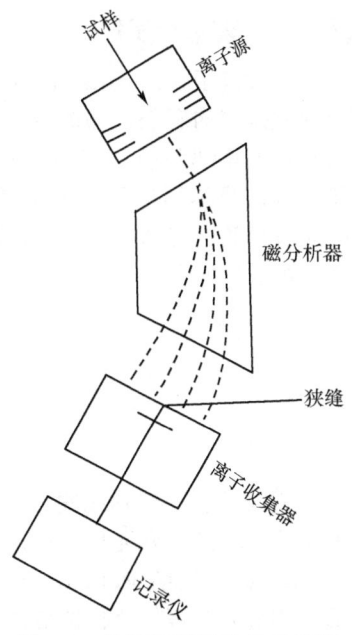

图 9-4 单聚焦质谱仪的示意图

场扫描，可使不同质荷比（m/z）的离子依次满足式（9-3），经 R 固定的狭缝进入离子收集器（或称离子检测器），然后被检出记录，形成质谱图。

离子源作为质谱仪的核心部分，种类较多，常见的有电子轰击源（EI）、化学电离源（CI）、电喷雾电离源（ESI）、大气压化学电离源（APCI）和基质辅助激光解吸电离源（MALDI）等，根据样品种类的特点不同，可选用适合的离子源，从而达到较好的离子化效果。

二、谱图的组成

质谱图是不同质荷比（m/z）的正离子的条形图，其横坐标为质荷比 m/z，纵坐标为离子相对丰度，即以谱中最强离子峰定为基峰（base peak），其高度为 100%，其他峰则以对基峰高度的相对强度即相对丰度（relative abundance）表示。图 9-5 是丁酮（$CH_3COCH_2CH_3$）的质谱图。

图 9-5 丁酮的质谱图

分子离子峰、碎片离子峰和同位素离子峰是质谱中最常见的三种峰。

（一）分子离子峰

样品分子失去一个价电子后所产生的峰称为分子离子（molecular ion）峰，常以 $M^{+\cdot}$ 表示。$M^{+\cdot}$ 一般位于 m/z 的最高端。由于 z 的电荷数常为 +1，分子离子仅比分子少一个电子，因此，在结构分析中，分子离子峰的 m/z 在数值上看作该分子的相对分子质量。一般，含有 π 电子的芳环、杂环或脂环化合物的分子离子峰相对丰度较大。

（二）碎片离子峰

碎片离子（fragment ion）是由分子离子开裂产生的，或由碎片离子进一步开裂生成的。所谓开裂就是键的断裂，即成键电子发生转移。开裂方式可分为单纯开裂和重排开裂。以丁酮的质谱为例说明单纯开裂。$m/z=72$ 为分子离子峰，$m/z=57$ 和 43 为分子离子峰经单纯开裂分别脱去甲基和乙基游离基后的碎片离子峰。$m/z=29$ 则为 $m/z=57$ 进一步脱去 CO 中性分子而得。由于上述键的断裂在羰基与邻接 α-原子之间，所以属于 α-开裂。此外，也有 β-开裂等其他方式。丁酮的裂解方式可表达如下：

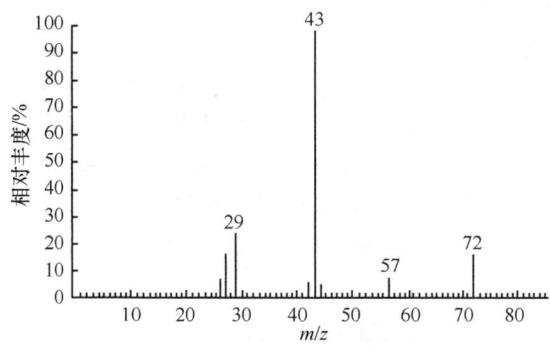

重排开裂一般是在脱去一个中性分子的同时，产生分子的重排。如常见的麦氏（McLafferty）重排往往是经过六元环迁移，涉及两个键的断裂和一个 γ-氢的转移而完成的。戊-1-烯质谱中的碎片 $m/z=42$ 就是经 McLafferty 重排开裂而生成。凡具有 γ-氢原子的醛、酮、羧酸、酯、酰胺、链烯、侧链芳烃等化合物都易发生重排开裂。

（三）同位素离子峰

质谱中还常有同位素离子（isotopic ion）。自然界中，大多数元素都存在相差 1 或 2 个质量单位的同位素。通常，重同位素的相对丰度较小。有机分子的主要元素如 C、H、O、N、S、Cl、Br 等均有重同位素。因此在质谱中除分子离子峰（M）外，还会出现 M+1 和 M+2 的同位素峰，同位素峰的强度与分子中含该元素原子的数目以及该重同位素的天然丰度有关。几种常见元素的同位素（相对丰度，%）如下：$^{34}S/^{32}S$（4.40），$^{37}Cl/^{35}Cl$（32.5），$^{81}Br/^{79}Br$（98.0）。含这几种元素的化合物的 M+2 峰将特别强。如含有一个 Cl 的分子，M：（M+2）的强度比约为 3：1；如含有一个 Br 的分子，M：（M+2）的强度比约为 1：1。图 9-6 为一溴甲烷的质谱。

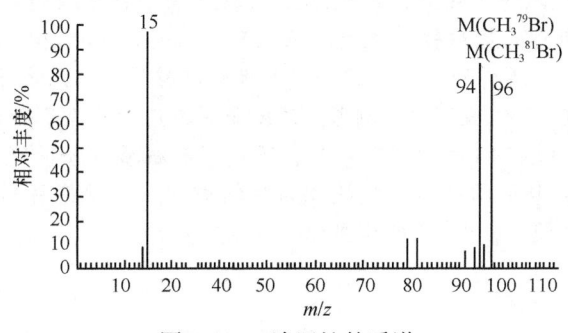

图 9-6　一溴甲烷的质谱

三、质谱的应用

在有机分子结构分析中，质谱除了用于测定相对分子质量以及根据碎片峰的裂解规律推测结构外，还有以下应用。

（一）高分辨质谱测定化学式

表达质谱仪性能的一个指标是分辨能力 R（resolution）。高分辨质谱（HR-MS）仪可精确测出离子的质量数，因此可据此找出其最合适的元素组成式。如在低分辨质谱仪中测得 CO、N_2、C_2H_4、CH_2N 的质量数都是 28，无法区分。但基于相对分子质量：C 为 12.0000，H 为 1.0078，N 为 14.0031，O 为 15.9949，上述四种式子的精确质量应如下：CO 为 27.9949，N_2 为 28.0062，C_2H_4 为 28.0312，CH_2N 为 28.0187。若应用高分辨质谱仪测得某峰的 m/z 为 28.0312，则表明该峰的元素组成式应是 C_2H_4。

（二）色谱与质谱联用

质谱法具有进样少、灵敏度高、定性能力强等特点，但要求分析样品纯；而色谱法则具有分离效率高、定量分析简便的特点，但定性能力较差。因此两者联用将定性和定量有机地结合在一起，同时发挥了色谱法的高分离能力和质谱法的高鉴别能力。

自 20 世纪 60～70 年代起，气相色谱-质谱联用（GC-MS）和液相色谱-质谱联用（LC-MS）技术相继应用于有机成分的分析。待检混合物样品流经色谱柱得到分离后，各组分分子于不同保留时间流出色谱柱，流出色谱柱的分子被下游质谱分析器捕获，再通过离子化等过程得到分子的质谱图。目前，GC-MS 和 LC-MS 已成为医药领域蛋白质、多肽、多糖等生物大分子分析以及药物代谢动力学和生物利用度等方面科研和日常分析的有力工具。LC-MS 具有无可替代的优势。

视窗 9-2　　　　　　　　**质谱应用的新领域——生物质谱**

由于成功破译人类、水稻等生物基因组，进一步阐明基因的功能，即基因怎样控制蛋白质的合成以及蛋白质怎样发挥生理作用成为生命科学的重要任务，而判定生物大分子的身份成为这一研究的重要基础。

在质谱的电离过程中，生物大分子的结构很易被破坏，所以以往质谱主要用于分析分子质量小于 1000Da* 的有机分子。20 世纪 80 年代开始研究质谱对极性大、热不稳定的多肽、蛋白质等生物大分子的应用。美国科学家芬恩（J. B. Fenn）和日本科学家田中耕一（K. Tanaka）殊途同归地发现了两种用于大分子的电离方法。前者将大分子溶液在强静电场下形成高荷电的雾状小液滴，在向质量分析器移动的过程中，通过逆向氮气流的反复脱溶剂和液滴裂分，最后产生单个多重电荷的大分子的离子。根据离子所带正电荷数和测得的表观质量，就可计算得到该大分子的实际质量。这就是目前常用的电喷雾电离（electrospray ionization，ESI）法。后者将大分子样品在基质中有效分散，减少样品分子间的相互作用。蒸发溶剂，使样品和基质成为晶体或半晶体，用一定波长的脉冲激光进行照射，通过激发的基质分子将吸收的能量传递给样品，使大分子离子化。这就是目前所称的基质辅助激光解吸电离（matrix-assisted laser desorption ionization，MALDI）法。由 MALDI 法所得的离子通过一定长度的漂移管，不同离子按 m/z 大小以不同的飞行时间（time of flight，TOF）依次到达检测器。这就是目前用于大分子研究的 MALDI-TOF-MS。

ESI-MS 和 MALDI-TOF-MS 的出现和发展，开创了有机质谱分析研究生物大分子的新领域，从而使有机质谱进入了生命科学领域，发展成为生物质谱。鉴于芬恩和田中耕一在建立生物质谱上的贡献，两人共同被授予 2002 年的诺贝尔化学奖。

（三）串联质谱分析

串联质谱（tandem mass spectrometry，MS/MS）是近年广泛应用的一种质谱分析技术。它的特点是将质谱所得到的分子离子峰作为母离子，诱导其进一步裂解成子离子。通过研究子离子和母离子的关系，可获得分子结构更多的"指纹信息"，从干扰严重的质谱中抽取有用数据。该技术大大提高了质谱检测的选择性，从而能够测定混合物中的痕量物质。当前串联质谱已应用于生物化学（如对多肽、蛋白质、核酸的结构分析）、临床医学（对某些疾病的诊断）、环保、药学等领域的研究。

第六节　紫外-可见光谱

一、基本概念

紫外-可见光谱是分子的电子在两个不同电子能级之间的跃迁所产生的电子光谱。由近紫外区的光（200～400nm）和可见区的光（400～760nm）提供跃迁所需能量而得的吸收光谱，分别称为紫外光谱（ultraviolet spectrum，UVS）和可见光谱（visible spectra，VIS）。目前常用的紫外-可见分光光度仪可分别测定这两个光区的谱图。图 9-7 为视黄醇（retionl）和 β-胡萝卜素（β-carotene）的紫外-可见光谱图。

通常紫外或可见光谱显示若干个吸收峰，其横坐标为波长（单位 nm），每一峰的最大吸收处的波长以 λ_{max} 表示，其纵坐标为吸收度 A（absorbance），吸收度为透光率 T（transmittance）的负对数，即 $A=-\lg T$。样品峰的吸收强度则以在 λ_{max} 处的摩尔吸收系数 ε（molar absorptivity）或 $\lg\varepsilon$ 表示，此值可根据实测的吸收度 A、样品的摩尔浓度 C 和吸收池的厚度 L（单位 cm）按公式 $A=\varepsilon CL$ 求得。图 9-7 中视黄醇的一个最强峰的数据可表示为

$$UV=\lambda_{max}^{甲醇}325nm（\varepsilon=48000 \text{ 或 } \lg\varepsilon=4.68）$$

---

* 非法定单位，1Da 的定义是 ^{12}C 原子质量的 1/12。

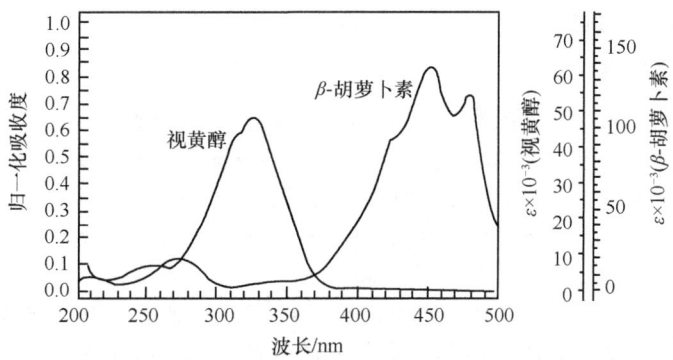

图 9-7 视黄醇（甲醇中）和 β-胡萝卜素（己烷中）的紫外-可见光谱图

紫外光谱有时会出现肩峰，可在该数据后用 sh（shoulder，肩峰）注明。对于相对分子质量不清楚的化合物，可以用 $E_{1cm}^{1\%}$ 表示，即吸收池厚度为 1cm、试样浓度为 1% 时吸收峰在 λ_{max} 处的吸收度。$E_{1cm}^{1\%}$ 常出现在药典中，作为某些药物质量标准之一。

二、常用术语

（一）生色团和助色团

有机分子中能引起紫外吸收的基团称为生色团（chromophore），如 C═C、C═O、C═N、N═N、N═O 等不饱和基团。本身无紫外吸收，但与一定的生色团相连时能增大生色团的吸收波长和强度的基团称为助色团（auxochrome）。助色团通常含具有未共用电子对的杂原子，如 —OH、—NH₂、—Cl 等。以苯酚为例，当生色团苯环连上助色团—OH 后，则 λ_{max} 可从原来 250nm 移至 270nm，ε 则从 230 增至 1450。

（二）红移和蓝移

吸收峰因取代基或溶剂的影响或因加入某种试剂而向长波方向移动称为红移（red shift），反之，在同样原因下而向短波方向移动则称为蓝移（blue shift）。能引起变化的因素通常有共轭效应、超共轭效应、空间位阻效应及溶剂效应等。具有共轭双键的化合物，由于存在 π-π 共轭效应，各能级间的差别较小，电子易被激发，电子跃迁所需能量低，结果吸收峰红移。例如，乙烯的 λ_{max} 为 171nm，丁-1,3-二烯的 λ_{max} 红移至 217nm，强度 ε 也从 15530 增至 21000。

三、电子跃迁和吸收谱带

（一）电子跃迁

紫外光谱涉及 σ 电子、π 电子和 n 电子（未共用电子对或称非键电子），从成键或非键轨道跃迁到反键的 σ* 和 π* 轨道的四种主要跃迁类型所需能量见图 9-8。

一般未成键孤对电子较易被激发。在简单分子中，n→π* 跃迁所需能量最小，吸收出现在较长波段（300nm 附近）。n→σ* 和非共轭的 π→π* 跃迁的吸收带则出现在较短波段，含有带 n 电子杂原子（如 O、N、S、X 等）的饱和分子的 n→σ* 吸收通常近 200nm；简单烯烃双键的 π→π* 跃迁吸收一般低于 200nm，而共轭烯烃 π→π* 跃迁的吸收可红移至近紫外区。由单键的 σ 电子引起的 σ→σ* 跃迁在近紫外区没有吸收。由上可见，处于近紫外区的电子跃迁主要是 n→π* 和共轭的 π→π* 这两类跃迁，也就是紫外光谱适用于分析分子中具有 π

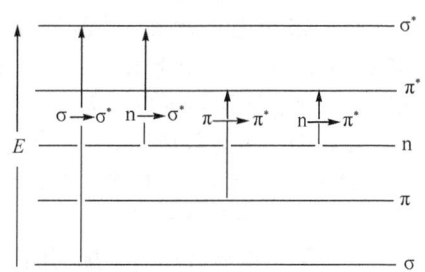

图 9-8 各种电子跃迁所需能量示意图

键的不饱和结构，特别是共轭体系的化合物。通常 n→π* 跃迁处于较长波段，吸收较弱；π→π* 跃迁处于较短波段，吸收较强。

视窗 9-3　　　　　花色素苷类：一类色彩鲜艳的化合物

许多花（如罂粟、牡丹）、水果（如草莓、蓝莓）和蔬菜（如红萝卜、红甘蓝）会呈现色彩鲜艳的红色、紫色、蓝色等，这是因为它们含有高度共轭的花色素苷类（anthocyanins）化合物。

在中性或碱性溶液中，因花色素苷分子中的单环部分与其余部分形成不了共轭关系，所以不吸收可见光，花色素变为无色。但在酸性环境中，吡喃环与其余部分形成共轭关系，由于共轭链的延长，花色素苷就吸收了 480～550nm 波长的光而呈色。因此，当改变红莓果汁的 pH，由于果汁中花色素的平衡状态改变，你会看到它的颜色变化。酸性环境中，花色素苷的吸收波长还取决于取代基（R），不同的取代基决定了花、水果、蔬菜中的花色素苷呈现红、紫或蓝等不同的颜色。

花色素苷(三个环的共轭)
红、蓝或紫色
R=H,OH 或 OCH$_3$
R'=H,OH 或 OCH$_3$

(共轭被破坏)无色

（二）吸收谱带

紫外光照射除了导致有机分子电子跃迁外，还将引起分子内原子或基团振动和转动能级的跃迁，由于后者跃迁所需的能量远小于电子跃迁，多原子分子的紫外光谱常出现以下电子跃迁类型相同的带状吸收峰即吸收谱带（absorption band）。

1. R 带　由 n→π* 跃迁引起，λ_{max} 一般在 270nm 以上，ε_{max} 小于 100，如丙酮的 λ_{max}=275nm（ε=22）、丙烯醛的 λ_{max}=315nm（ε=14）均属于 R 带。

2. K 带　由共轭 π→π* 跃迁引起，λ_{max} 一般小于 260nm，ε_{max} 大于 10000，如苯甲醛的 λ_{max} 240nm（lgε=4.20）属于 K 带。共轭链越长，K 带红移越大。图 9-7 中的 β-胡萝卜素含 11 个共轭双键，故 λ_{max} 红移至可见光区（478nm）。

3. B 带　由芳香环的 π→π* 跃迁引起，λ_{max} 一般在 230～270nm，ε_{max} 为 250～300nm。如苯的 λ_{max} 254nm（ε=250）为 B 带，当苯环连有可形成共轭的取代基后，B 带将移向长波方向，稠芳环的 B 带可移至更长波长处。

4. E 带　由芳香环内乙烯基的 π→π* 跃迁引起，也为芳香族的特征吸收，其 λ_{max} 较 B 带短。E 带可分为 E_1 和 E_2，通常 E 带即指 E_1，一般 λ_{max} 小于 200nm；E_2 带由苯中共轭乙烯链引起。如苯的 λ_{max}=184nm（ε=68000）为 E_1 带；λ_{max}=204nm（ε=68000）为 E_2 带。当有生色团与苯环形成共轭时，E_2 带可显著红移，甚至被衍变成 K 带。

四、应 用

（一）纯度检查

如果一化合物在紫外区和可见区没有吸收峰，而与其共存的杂质有较强吸收，就可借助紫外-可见光谱检出该化合物中的痕量杂质。如要检查甲醇或乙醇中的杂质苯，可观察紫外光谱中有无苯的 B 带吸收（254nm）。如某已知化合物在紫外区或可见区有较强的吸收，则可测得其吸收系数（ε_{max} 或 $E_{1cm}^{1\%}$），与标准值对照，即可求得该化合物的含量（%）。

（二）骨架推定

将未知物与对照品比较紫外光谱，若两者接近一致，可认为具有相同的生色团，从而推定未知物的结构骨架。有时具有相同生色团的不同分子会产生峰形相似但吸收系数不同的紫外光谱，因此在比较 λ_{max} 的同时，还需比较 ε_{max} 或 $E_{1cm}^{1\%}$。

（三）结构推断

根据紫外-可见光谱可推测化合物的类别和骨架，如在 200～800nm 内无吸收峰，表明化合物不存在双键或苯环结构；如在 210～350nm 处有强吸收带，可能含有 2～5 个共轭单位；如在 250～300nm 处有一定精细结构的中等强度吸收带，可能含有苯环；如在 270～350nm 处出现很弱的吸收峰（ε=10～100）而无其他强吸收峰，则说明只含非共轭的、具有 n 电子的生色团，如丙酮的羰基（λ_{max}=279nm，ε_{max}=16）。此外，紫外光谱也可对酮-烯醇互变异构、顺式与反式的立体异构，以及 a 键与 e 键不同取代的构象异构体等进行鉴别。

（四）定量测定

根据朗伯-比尔（Lambert-Beer）定律，将样品配成一定浓度的溶液，选择样品中所含被测物的 λ_{max}，测得吸收度 A，通过公式 $C=A/(e \cdot L)$，即可求得样品中该被测物的含量。在常规分析中，可采用一系列标准溶液在相同条件下测定，绘成标准曲线供使用，也可用被测物的对照品与样品平行测定，进行比较。目前我国药典已广泛利用紫外光谱进行药物定量分析，其优点是取样少，并能测定对紫外有吸收的某些无色物质。又如在医学上测定生物试样如血液时，则将紫外光谱作为检测手段与高效液相色谱（HPLC）联用，其检出量可达到 ng（10^{-9}g）数量级。

第七节 红外光谱

一、基本概念

有机分子中原子的运动包括键的振动和原子沿着键的相对转动。红外光谱（infrared spectrum，IRS）是由分子吸收中红外区（2.5～25μm，即 4000～400cm^{-1}）的光后，引起其原子振动或转动能级的跃迁而得。图 9-9 是甲苯的红外光谱图。

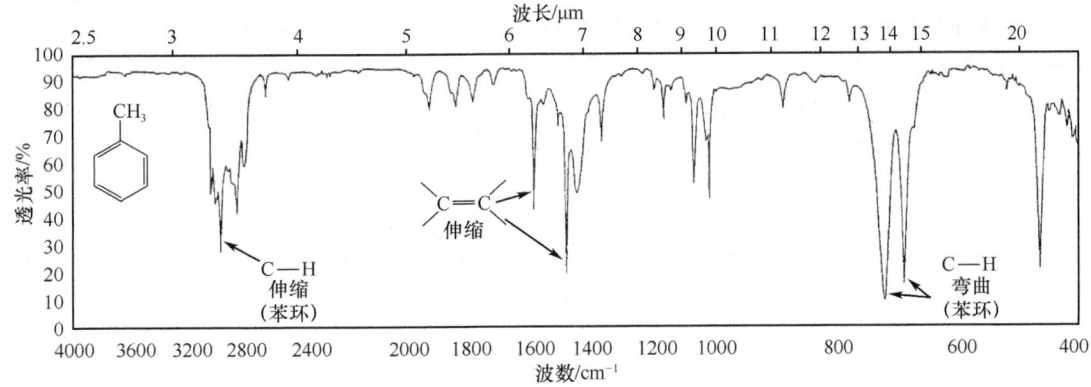

图 9-9 甲苯的红外光谱图

用连续波长的红外光依次照射样品，如某一波长光的能量正好与某一化学键振动能级跃迁所需吸收的能量相同，就会形成一个吸收峰。根据波长数据可推定样品所含的官能团。红外光谱的横坐标多采用波数（cm^{-1}），波数越大，频率越高，能量也就越大。红外光谱的纵坐标为透光率（percent transmittance），以 T（%）表示。因吸收度越大，透光率就越小，所以红外光谱中的吸收峰表现为谷，谷越深则表示吸收越强。

红外光谱的测定方法视样品而定。液体样品可用液膜法，即将样品置于 NaCl 或 KCl 薄片之间进行测定。固体样品最常用的是 KBr 压片法，即将样品与 KBr 粉末混匀后，在真空下加压成片后测定，也可将样品与液状石蜡混匀后测定，称为石蜡糊法。因测定方法不同，同一样品数据会有差异，所以报道红外光谱时应注明方法。样品与标准谱图核对时，也应采用与标准谱图相同的测定方法。图 9-9 甲苯的 C—H 伸缩振动吸收峰的数据可表示为

$$\text{IR}\, \tilde{\nu}_{\max}^{\text{液膜}}\,\text{cm}^{-1}: 3050, 2900$$

二、分子的振动形式

分子中化学键的振动形式包括伸缩振动（stretching vibration，符号为 ν）和弯曲振动（bending vibration，符号为 δ）。对一定的化学键，通常 ν 在高波数段，δ 在低波数段；伸缩振动可分为对称伸缩振动（ν_s）和不对称伸缩振动（ν_{as}）两种，弯曲振动可分为面内弯曲振动和面外弯曲振动两种。

分子振动时偶极矩变化越大，峰的吸收也越强。例如，C=O 因振动时偶极矩变化大，常常是红外光谱中最强的吸收峰，而 C=C 在伸缩振动时偶极矩变化很小，所以峰很弱，甚至不出现。峰的强弱除可用摩尔吸光系数 ε 表示外，通常以 vs（very strong，很强）、s（strong，强）、m（medium，中等）、w（weak，弱）、vw（very weak，很弱）等符号说明。有时还加注峰形，如 br（broad，宽）、sh（sharp，尖）、v（virable，可变）等。

三、主要区段和特征峰

红外光谱具有基团的特征性。常见的化学基团的特征频率常出现在 400~4000cm^{-1} 波数范围的两大区段：特征谱带区和指纹区。

特征谱带区（1300~4000cm^{-1}）一般是由伸缩振动产生的吸收带，出现的吸收峰往往较强并具有一定的基团特征，也称官能团区（functional group region）。例如，2853~2962cm^{-1} 处的吸收峰可认为是由烷基中 C—H 键的伸缩振动引起；1630~1780cm^{-1} 处的强峰应是由 C=O 的伸缩振动引起。不同化合物中同一类型基团吸收峰的波数有差别。例如，当 C=O 与 C、O、N 等不同原子相连时，其谱带就分别出现在 1690~1740cm^{-1}、1735~1750cm^{-1}、1630~1690cm^{-1} 处，根据这一差别可区分醛、酯和酰胺。

指纹区（finger print region）一般在 1300cm^{-1} 以下范围。由于该区各种单键的伸缩振动之间以及与 C—H 的弯曲振动之间相互耦合，吸收带和谱图非常复杂，有些谱峰无法归属其基团，该区谱图的变化犹如人的指纹，主要用于表示整个分子特征，对于用已知物来鉴别未知物非常重要。因此，要确定两种化合物是否为同一物，除特征峰相同外，两者的指纹区谱图也应相同。因制备样品的条件不同以及存在多晶现象，有时同一物质的红外光谱并不完全相同。

表 9-3 是常见基团的红外特征吸收频率。

表 9-3 常见基团的红外特征吸收频率

键	化合物类型	频率范围/cm^{-1}	峰描述
C—H	烷烃	2850~2960/1350~1470	s/s
C—H	烯烃	3020~3080/675~1000	m/s
C—H	芳环	3000~3300/675~870	m/s

续表

键	化合物类型	频率范围/cm^{-1}	峰描述
C—H	炔烃	3300	s
C=C	烯烃	1640~1680	v
C≡C	炔烃	2100~2260	v
C=C	芳环	1500，1600	v
C—O	醇、醚、羧酸、酯	1080~1300	s
C=O	醛、酮、羧酸、酯、酰胺	1630~1780	s
O—H	单体醇、酚	3610~3640	sh, v
	具氢键醇、酚	3200~3600	br, s
	羧酸	2500~3000	br, v
N—H	胺	3300~3500	m
C—N	胺	1180~1360	s
C≡N	腈	2210~2260	v
—NO$_2$	硝基化合物	1515~1560/1345~1385	s/s

四、谱图的解析

（一）碳氢化合物

芳环的碳-碳伸缩振动吸收约在1500cm^{-1}和1600cm^{-1}处，这是芳环骨架的特征吸收频率，常出现1~4个强谱带。碳-碳双键的伸缩振动吸收在1650cm^{-1}处，共轭后可移至约1600cm^{-1}，碳-碳三键的伸缩振动吸收则在2100cm^{-1}处，结构完全对称的分子，此吸收消失。

碳-氢伸缩振动的吸收位置与碳的杂化态有关。sp^{3}碳上的碳-氢伸缩振动吸收在2800~3000cm^{-1}处；sp^{2}碳（烯烃和芳烃）上的碳-氢伸缩振动吸收在3000~3100cm^{-1}处；sp碳（炔烃）上的碳-氢伸缩振动吸收则在3300cm^{-1}处。

碳-氢弯曲振动吸收处于谱的低频率。甲基和亚甲基的碳氢弯曲振动吸收一般在1430~1470cm^{-1}处，1375cm^{-1}处为甲基碳氢弯曲振动的另一特征吸收。异丙基的碳氢弯曲振动吸收在1370cm^{-1}和1385cm^{-1}处，为等强双峰。叔丁基的碳氢弯曲振动吸收在1370cm^{-1}（s）和1395cm^{-1}（w）处。

烯烃的碳-氢弯曲振动（面外）在800~1000cm^{-1}处出现强吸收峰，其具体位置取决于烯烃上的取代情况和烯烃的构型。例如，RCH=CH$_2$ 在910~920cm^{-1}和990~1000cm^{-1}处出现强吸收峰，顺 RCH=CHR 和反 RCH=CHR 分别出现675~730cm^{-1}（m→s）和965~975cm^{-1}（m→s）的吸收峰，R$_2$C=CH$_2$ 和 R$_2$C=CHR 分别出现880~900cm^{-1}（m→s）和790~840cm^{-1}（m→s）的吸收峰。芳环的碳-氢弯曲振动（面外）吸收在675~870cm^{-1}（s）处，其具体振动频率取决于苯环上取代基的数目和位置（表9-4）。

表9-4 不同取代苯的特征红外吸收

取代苯类型	频率（强度）/cm^{-1}
单取代苯	690~710（s）和730~770（vs）
邻位二取代	735~770（vs）
间位二取代	680~725（ms）、750~810（vs）、860~900（m）
对位二取代	800~860（vs）
五取代	860~900（s）

通常脂肪族化合物在高频率区具最强吸收，而在900cm^{-1}以下一般不显吸收。芳香族化合物则在650～900cm^{-1}（δ_{C-H}面外）处具强吸收，芳环还具有3000～3100cm^{-1}（ν_{C-H}）、1500和1600cm^{-1}（$\nu_{C=C}$）以及1000～1100cm^{-1}（δ_{C-H}）等吸收峰。据此，可区分芳香族和脂肪族化合物。利用红外光谱鉴定有机物结构时，除特征吸收峰外，还应注意相互依存又相互印证的相关峰，上述芳环化合物的多种相关峰即为一例。

（二）含氧化合物

具有氢键相互作用的醇（或酚）在3200～3600cm^{-1}处存在较强且较宽的O—H伸缩振动峰，而单体醇则在3610～3640cm^{-1}处出现尖宽峰。不同类型的醇可借助ν_{C-O}的强宽峰出现位置予以鉴别：伯醇约1050cm^{-1}，仲醇约1100cm^{-1}，叔醇约1150cm^{-1}，酚约1230cm^{-1}。

醚、羧酸和酯均具ν_{C-O}吸收，羧酸和酯还有特征的$\nu_{C=O}$吸收，但醚和酯无ν_{O-H}吸收，因此可彼此区别。醚的ν_{C-O}在1060～1300cm^{-1}处呈强宽峰。

醛和酮的$\nu_{C=O}$一般处于1705～1780cm^{-1}，其中醛基上可通过ν_{C-H}在2715～2810cm^{-1}的特征吸收予以鉴别。表9-5为羧酸、酯和酰胺的$\nu_{C=O}$及其相关吸收频率。

表9-5 羧酸、酯和酰胺的$\nu_{C=O}$及其相关吸收频率

化合物类别	羰基伸缩振动频率/cm^{-1}	相关吸收频率/cm^{-1}
R—C(=O)—OH	1700～1725	ν_{O-H} 2400～3400（br） ν_{C-O} 1210～1320
R—C(=O)—OR	1735～1780	ν_{C-O} 1000～1100 和 1200～1250
R—C(=O)—NH$_2$	1630～1680	ν_{N-H} 3200～3400 （伯酰胺有两个N—H峰，仲酰胺只有一个N—H峰）

（三）含氮化合物

伯胺和仲胺的ν_{N-H}吸收峰在红外光谱的3100～3500cm^{-1}处，伯胺显示两个峰，仲胺显示一个峰，叔胺不含N—H，所以在此范围无吸收。腈类在约2250cm^{-1}处出现$\nu_{C≡N}$的尖峰。

（四）解析方法

1. 识别特征吸收峰 确定存在哪些官能团。如$\nu_{C=O}$在1630～1780cm^{-1}处显示最强峰。

2. 寻找相关峰 例如，酚除含有ν_{O-H}（3200～3600cm^{-1}）外，还应有印证酚羟基和苯环存在的ν_{C-O}（～1230cm^{-1}）、ν_{C-H}（>3000cm^{-1}）以及ν_{C-C}（1450～1600cm^{-1}）等相关峰。

3. 确定化合物的类别 如羧酸除$\nu_{C=O}$外，在2400～3400cm^{-1}处应有很宽的ν_{O-H}吸收带，而且往往覆盖ν_{C-H}吸收。

4. 查对指纹区 此区除用于与标准品或标准谱图对照外，还可通过δ_{C-H}来区分不同类别的烯烃或不同取代的苯环。

利用红外光谱确定结构时，应注意样品的纯化，避免因混入杂质、溶剂或反应的副产品而产生错误判断。特别对于未知结构，还应参考其他物理和化学性质的数据。

视窗9-4　　　　红外光谱技术的发展

1. 傅里叶变换红外光谱 红外光谱仪中光的单色化方式历经多次改进。20世纪40年代，第一代红外光谱仪以棱镜作为色散元件；60年代，第二代红外光谱仪改用光栅色散，提高了分辨率；80年代出现了第三代红外光谱仪也就是至今在用的傅里叶变换红外光谱（Fourier transform infrared spectroscopy，FT-IR）。FT-IR是用迈克尔逊（Michelson）干涉仪代替了光栅单色器，其工作原理是利用光的相干性，使从干涉仪输出并经样品吸收的信号被检测器接收，并以干涉图形输入计算机，进行数字处理，最后再生成红外光谱图。FT-IR 的特点是采用连续扫描或快速扫描，使扫描过程的每一瞬间都包括所有频率的全部信息，从而具有分辨率强、灵敏度高、检测时间短、光谱范围宽等优点，有利于对弱谱带的测量和痕量分析，并可与气相色谱联用组成气相色谱-红外光谱仪。

2. 差示光谱 当一个未知成分混入已知样品中，可用差示光谱（difference IR，DIR）将已知组分减去而得到仅剩未知成分的光谱。该方法是先将已知样品和混合样品的光谱经模-数（A/D）转换存入电子计算机，然后将两个光谱按特定比例进行吸光度相减，再经数-模（D/A）转换绘出代表未知成分的差示光谱，通过计算机对信号进行累加、平滑等处理即可得满意的光谱。

3. 光声光谱 光声光谱（photoacoustic spectroscopy，PAS）是吸收光谱中的一项特殊技术。对红外光谱而言，具有强吸收、高分散、制样困难或必须进行无损分析等特点的样品难以用常规方法进行测定。将此类样品置于密闭的充满不吸收红外光气体的光声池中，经调制的交变的红外光束透过池上的光学窗口照射至样品，使之吸收能量转化成热能释放。热传至样品表面再传到气体，由气体压力的变化产生声音，经微音器检测所得的电信号经放大、傅里叶变换处理转变为吸收光谱图。光声光谱还可作不同剖面结构的深度分析，用于复合材料的研究。

第八节 核磁共振谱

1946 年，物理学家 F. Bloch 和 E. M. Purcell 分别证实：处于强磁场中的自旋原子核因磁感应可产生不同的能级，自旋原子核在不同能级间的跃迁将吸收一定能量的射频，这种在外磁场中的原子核对射频的吸收就称为核磁共振（nuclear magnetic resonance，NMR）。不同的化学环境会影响原子核在磁场中对射频的吸收，因此利用核磁共振谱可确定不同的分子结构。

一、核的自旋和共振

原子核自旋是形成核磁共振的必要条件。有机分子的常见元素中，$^1H_1$、$^{13}C_6$、$^{15}N_7$、$^{19}F_9$、$^{31}P_{15}$ 有自旋现象，而 $^{12}C_6$、$^{16}O_8$ 没有自旋现象。由于 C 和 H 是构成有机物的基本元素，所以 ^1H 和 ^{13}C 产生的 ^1H NMR［或称质子磁共振（proton magnetic resonance，PMR）］和 ^{13}C NMR［或称碳磁共振（carbon magnetic resonance，CMR）］最重要。随着氟化学近年来的飞速发展，^{19}F NMR 也常被用于氟有机化学及氟分子探针等领域的研究。此外，^{31}P、^{15}N 等的 NMR 也被用于细胞代谢和核酸的结构研究。

一个自旋核在外磁场 H_0 中，有 $2I+1$ 个自旋取向（I 为自旋量子数）。如自旋量子数 $I=1/2$ 的 ^1H 核和 ^{13}C 核，就有两个取向，一个与外磁场同向，自旋核处于低能级，$E_1=-\mu H_0$；另一个与外磁场反向，自旋核处于高能级，$E_2=+\mu H_0$。μ 为不同原子核的核磁矩。自旋核的这两种取向的能量差为

$$\Delta E=E_2-E_1=\mu H_0-(-\mu H_0)=2\mu H_0 \tag{9-4}$$

式（9-4）表明：自旋核由低能级向高能级跃迁所需的能量 ΔE 与外磁场 H_0 的强度成正比。当对该自旋核照射的电磁波能量（$E=h\nu$）正好等于一定 H_0 下该自旋核跃迁所需的能量，即满足条件：$E=\Delta E$，即

$$2\mu H_0 = h\nu \quad 或 \quad \nu = \frac{2\mu}{h}H_0 \quad （核磁共振产生的条件） \tag{9-5}$$

核吸收能量而跃迁就是所谓的核磁共振现象。对于一定的核，式（9-5）中 μ 和 h（普朗克常量）都是固定值，所以要使 $E=\Delta E$，一种方法是可以固定外磁场强度（H_0），通过改变照射电磁波的频率（ν），当射频 ν 与 H_0 匹配时，便可发生核磁共振，例如在 14092Gs[①] 的外磁场中，^1H 核跃迁需要 60MHz 的射频，在 23500Gs 的外磁场中，^1H 核跃迁则需要 100MHz 的射频；另一种方法

---

①1Gs=10^{-4}T。

是固定射频 ν，然后从低到高改变外磁场强度，当二者相匹配时，也可发生核磁共振，这种方法被称为扫场，现代核磁共振仪器所采用的方法一般均为扫场。

通常在热力学平衡条件下，自旋核在高低两个能级之间的分布遵从玻尔兹曼（Boltzmann）分配定律，即低能态核的数目比高能态稍微多一些。当低能态的原子核在外磁场中吸收能量跃迁至高能态，如果高能态的核不能回到低能态，那么核磁共振的信号将逐渐减弱直至完全消失，此种状态称为饱和状态。而事实上，高能态的核可以以非辐射方式从高能态回到低能态，这一过程称为弛豫。由于各种机制的弛豫存在，核磁共振技术在正常情况下不会出现饱和现象。

由于仪器检测的灵敏度与 H_0 成正比，因此使用的磁场强度就成为核磁共振技术进展的重要标志。频率高的仪器，分辨率高，灵敏度高，谱图清晰简单，易于分析。较早用来产生磁场的磁铁主要是永久磁铁和电磁铁，磁场强度分别能达到 14000Gs 和 23500Gs；现今核磁共振仪多采用超导磁铁，频率一般大于 200MHz，较高可达 600MHz（图 9-10）。

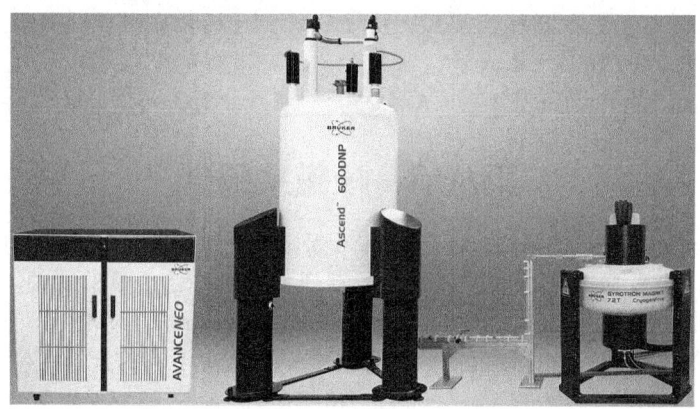

图 9-10 核磁共振仪

> **案例 9-4**
> ^1H 的天然丰度较大，磁性较强，易测定，所以 NMR 研究以前主要是针对质子进行的。^{13}C 的天然丰度较小，只有 ^{12}C 的 1.1%，且信号灵敏度也只有质子的 1/64，所以其总检测灵敏度只有质子的 1/6000，较难测定。直到 20 世纪 70 年代出现了脉冲傅里叶变换技术，随之出现的是脉冲傅里叶变换核磁共振仪，它有效提高了检测的灵敏度和分辨率，使 ^{13}C 的常规测定及核磁共振研究得到发展。
>
> **问题**　通过以上介绍，与 ^1H 相比，在进行 ^{13}C 核磁共振测定时，需要注意什么？
>
> **案例分析**　鉴于 ^{13}C 的丰度较小，检测灵敏度低，可以采用以下方法提高其灵敏度：①提高仪器灵敏度；②提高仪器外磁场强度和射频，例如采用频率较高的核磁共振仪进行测定；③增大样品浓度；④多次扫描累加，这是最常用的方法之一。

二、^1H 核磁共振谱的主要参数

对二甲苯的 ^1H NMR 谱图（图 9-11）中有两个共振信号（a、b），每个信号可通过它们的主要参数分别与化合物的结构相联系。下面分别介绍 ^1H NMR 谱的三个主要参数：化学位移值（δ）、峰面积、峰的裂分度和耦合常数（J）。

（一）化学位移值

在外磁场 H_0 中，有机分子的各个氢核实际受到的磁场强度不都等于 H_0，这是因为当氢核外的电子在对外磁场垂直平面上绕核循环运动时，会产生一个与外磁场方向相反的局部磁场（图 9-12），结果使核实际受到的外磁场强度减小，核外电子对核的这种作用称为屏蔽效应

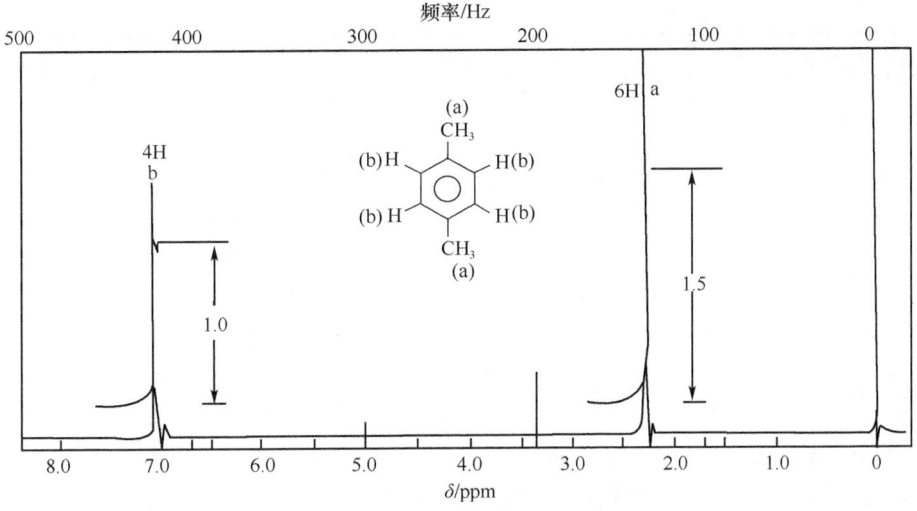

图 9-11 对二甲苯的 ^{1}H NMR 谱图

(shielding effect)。由于处在不同化学环境下的各种氢核核外电子云密度不同,所以屏蔽效应也不同。若核外电子云密度较高,则屏蔽效应就较大,欲达到该跃迁所需能量,必须提高 H_0,以满足共振条件,结果信号出现在较高磁场;反之,信号会出现在相对较低磁场。这种因氢核的不同核外电子云密度而造成信号在谱上处于不同的位置,称为化学位移(chemical shift)。例如图 9-11 中的信号 a 就处于较高场;而 b 则处于较低场。通常将共振信号从谱的左端低磁场移向右端高磁场,称为高场位移,这一效应称为屏蔽效应;反之,共振信号从谱的右端高磁场移向左端低磁场,称为低场位移,这一效应称为去屏蔽效应(deshielding effect)。

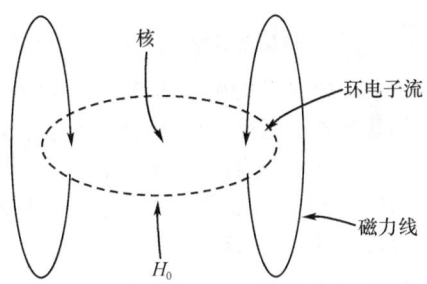

图 9-12 由环电流形成对核的屏蔽作用

分子中核外电子云密度相同的氢核在谱上形成同一信号。氢核共振谱中,采用参比物质四甲基硅烷(tetramethylsilane,TMS)的信号作为标准,将样品中各个氢核信号位置分别与此标准比较,两者的差距即为化学位移的相对值。TMS 中的 12 个 H 只形成一个尖锐的单峰信号,并通常处于最高场。上述化学位移的相对值通常按式(9-6)近似处理,所得的化学位移值以符号 δ 表示:

$$\delta = \frac{\nu(样品) - \nu(参比物)}{\nu(照射频率)} \times 10^6 \text{(ppm)} \tag{9-6}$$

按上述 δ 的定义,在不同照射频率耦合的仪器上测定同一氢核的 δ 相同,因为样品和参比物之间的 $\Delta\nu$ 与仪器所用照射频率大小成正比,如在 60MHz 仪上测得 $\Delta\nu$ 为 60Hz,则 $\delta = \frac{60Hz}{60MHz} \times 10^6 = 1$(ppm),而在 100MHz 仪上测得 $\Delta\nu$ 为 100Hz,则 $\delta = \frac{100Hz}{100MHz} \times 10^6 = 1$(ppm)。仪器的照射频率越高,1 个 δ 所相当的 $\Delta\nu$ 就越大,信号之间距离就越远,即仪器的分辨率越高。

一般氢核的化学位移值 δ 为 1~14ppm(TMS 的 δ=0ppm),见表 9-6。

表 9-6 常见各类氢核的化学位移值(近似范围)

氢核类型	δ/ppm	氢核类型	δ/ppm
1° 烷基 RCH$_3$	0.8~1.0	酮 R—C(=O)—CH$_3$	2.1~2.6

续表

氢核类型	δ/ppm	氢核类型	δ/ppm
2° 烷基 R_2CH_2	1.2~1.4	醛 R—C(=O)—H	9.5~9.6
3° 烷基 R_3CH	1.4~1.7	乙烯型 $R_2C=CH_2$	4.6~5.0
烯丙型 $R_2C=C(R)-CH_3$	1.6~1.9	乙烯型 $R_2C=CHR$	5.2~5.7
苯型 $ArCH_3$	2.2~2.5	芳族 ArH	6.0~9.5
烷基卤 RCH_2X	3.1~3.8	炔族 $RC\equiv CH$	2.5~3.1
醇羟基 ROH	0.5~6.0*	羧酸 R—C(=O)—OH	10~13*
醚、醇 RCH_2—O—R(H)	3.3~4.0	酚羟基 ArOH	4.5~7.7*
氨基 R—NH_2	1.0~5.0*		

*δ 值随样品所含不同溶剂、温度和浓度而变化。

(二) 峰面积

共振信号的峰面积越大,则表示所含氢核数越多。对一个化学式已知的有机物,若测得各峰相对面积之比,则根据分子中所含总氢核数,即可按比例算出各峰面积所代表的相应氢核数。如图 9-11 中两组信号 a 和 b 的峰面积之比为 1.5:1,面积总和为 2.5,根据对二甲苯的化学式为 C_8H_{10},则每一面积单位相当于 10/2.5=4 (H)。据此即可算得各组信号所含氢核数为 a=4×1.5=6 (H);b=4×1=4 (H)。

(三) 峰的裂分度和耦合常数 (J)

化合物的共振信号可表现为单峰 (singlet)、二重峰 (doublet)、三重峰 (triplet)、四重峰 (quartet) 甚至是复杂的多重峰 (multiplet) 等。通常以 s、d、t、q、m 等字母分别表示裂分度。图 9-13 为 1,1,2-三氯乙烷的 ^1H NMR 谱图。

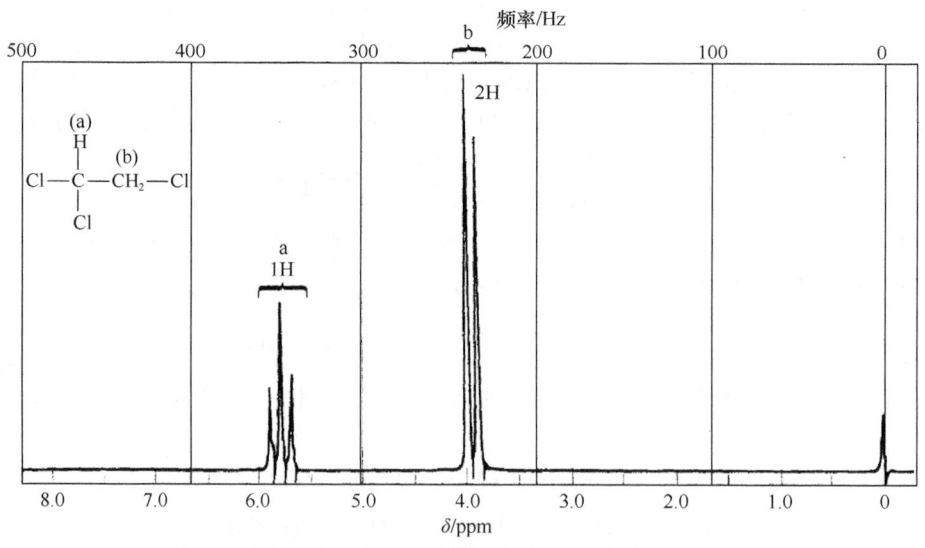

图 9-13 1,1,2-三氯乙烷的 ^1H NMR 谱图

图 9-13 中 δ 约 4.0ppm 的信号 b (含 2 个 H) 裂分成强度比为 1:1 的二重峰;δ 约 5.8ppm 的信号 a (含 1 个 H) 则裂分成强度比为 1:2:1 的三重峰。信号裂分是由于这两组氢核之间存在着

相互干扰即自旋-自旋耦合（spin-spin coupling），简称自旋耦合。信号裂分中各小峰之间的距离称为耦合常数（coupling constant），用符号 J 表示，单位为赫兹（Hz）。J 值大小反映了核之间自旋耦合的有效程度，通常两组相互耦合而引起峰裂分的信号具有相同的 J 值，因此利用信号裂分度和参数 J 可判断各氢核之间的耦合关系，进而确定相关氢核的归属，这对有机化合物的结构鉴定极为有用。对某一化合物，其 J 值为一常数，与所用仪器和外磁场强度无关。

对于简单有机物的 $\Delta \nu / J > 6$ 的谱，^1H NMR 信号的裂分通常有以下规律：

（1）$n+1$ 规律：一个信号的裂分峰数取决于邻接碳上相同质子的数目，如该数为 n，则裂分峰数为 $n+1$。图 9-13 的 1,1,2-三氯乙烷 ^{1}HNMR 谱图中，CH_2（信号 b）因邻接 CH，$n=1$，裂分成 1+1=2 重峰（d 峰）；CH（信号 a）因邻接 CH_2，$n=2$，裂分成 2+1=3 重峰（t 峰）。

（2）相同氢核之间不发生耦合。如当 CH_3— 的邻接碳上不连有 H 时，这三个氢核相同，CH_3 就形成一个单峰（s 峰），如 CH_3—CO—、CH_3—O— 等。

（3）活泼氢核如 CH_3CH_2OH 中 —OH 的氢核，虽邻接 —CH_2—，一般仍为单峰；因邻接 CH_3 而已被四裂分的 —CH_2— 也不因邻接 OH 而再被两裂分。

（4）当一组氢核分别受到邻接两组氢核的耦合作用，如丙烷（$CH_3CH_2CH_3$）中的 —CH_2— 邻接两组相同 —CH_3，n 为 3+3=6，所以 —CH_2— 信号按 $n+1$ 规律裂分成七重峰。但在 $CH_3(a)$—$CH_2(b)$—$CH_2(c)$—I 中，因 a 组与 c 组氢核不相同，所以 b 组氢核的裂分数应为 $(n_a+1)(n_c+1)=(3+1)(2+1)=12$（重峰），但实际往往看到的是一组复杂的多重峰。

（5）裂分小峰的相对强度比与二项式 $(x+1)^n$ 展开的各项系数相同，即 $1 : n/1 : n(n-1)/(2\times 1) : n(n-1)(n-2)/(3\times 2\times 1) : \times\times\times$，$n$ 为邻接氢核数，并大体按峰的中心左右对称。例如：二重峰（$n=1$）为 1∶1；三重峰（$n=2$）为 1∶2∶1；四重峰（$n=3$）为 1∶3∶3∶1；五重峰（$n=4$）为 1∶4∶6∶4∶1，依次类推。

除峰的裂分外，耦合常数的大小也受到分子结构的影响。如 J 值大小与氢核之间相隔化学键的数目有关，一般相隔键数增加，耦合常数也逐渐变小，如在饱和链烃中，$J_{H,H}$ 的绝对值变化很有规律，隔 4 个 σ 键的耦合一般不易观察到。

又如，在取代苯中，邻位（o）、间位（m）和对位（p）氢核之间的不同 J 值对判断多取代苯的结构很有用。利用 J 值还可判断某些立体结构。例如，烯烃双键碳上的氢在空间的位置不同，其 J 值大小也就不同。例如：

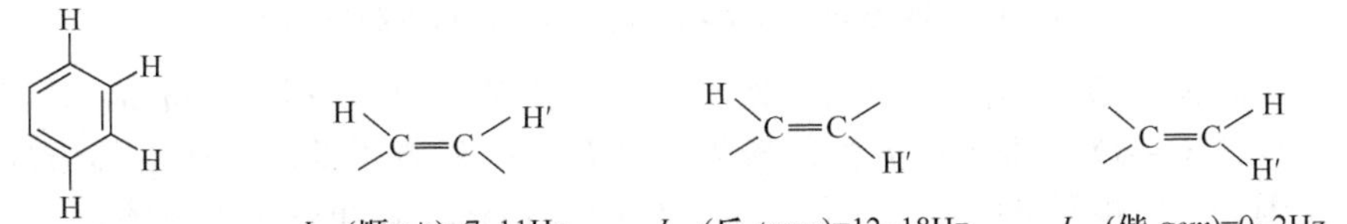

$J_o=6.0\sim 9.4Hz$
$J_m=0.8\sim 3.2Hz$
$J_p=0.2\sim 0.7Hz$

$J_{H,H}$(顺,cis)=7~11Hz $J_{H,H}$(反,$trans$)=12~18Hz $J_{H,H}$(偕,gem)=0~2Hz

三、^{1}H 核磁共振谱的解析

核磁共振谱具有信息量丰富、谱图无多余信号、测定技术多样、样品不被破坏等优点。表 9-6 所列的 δ 仅是指一般情况下的特定氢核的 δ 值。事实上，化学位移与分子的特定结构关系密切。

（一）影响化学位移的因素

1. 诱导效应 吸电子诱导效应使氢核周围的电子云密度下降，屏蔽效应减少，信号向低场位移，δ 值增大。例如 1,1,2-三氯乙烷（图 9-13）中 CH_2（信号 b）因邻接一个 Cl，δ 值增至约 4ppm；而 CH（信号 a）因邻接两个 Cl，诱导效应增强，δ 值升至约 5.8ppm。如氢核与具有一定电负性的原子或基团的距离增大，使诱导效应减弱，则信号 δ 值减小。例如，CH_3Br、CH_3CH_2Br 和 $CH_3CH_2CH_2Br$ 的—CH_3 δ 值分别为 2.68ppm、1.65ppm 和 1.08ppm。

2. 共轭效应 在具有共轭多重键的分子体系中，由于原子间的相互影响而使体系内的 π 电子（或 p 电子）分布发生变化，进而影响氢核的 δ 值，这一现象称为共轭效应。例如，苯酚结构为 p-π 共轭，电子向 β-H 方向转移，β-H 核周围的电子云密度和屏蔽效应增加，因而 δ 值减小（苯上 H 的 δ 值为 7.3ppm）；苯甲醛结构为 π-π 共轭，电子向醛基转移，β-H 的电子云密度和屏蔽效应减少，因而 δ 值增大（下图中箭头代表电子的流向）。

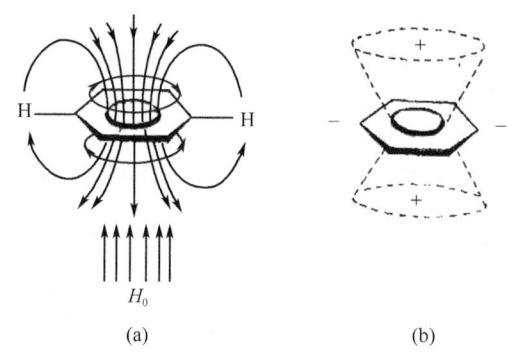

3. 磁各向异性效应 在外磁场 H_0 作用下，芳环大 π 键上的 π 电子可形成电子环流，在芳环中心和环平面上下分别产生与外加磁场方向相反的感应磁场，结果形成一个正屏蔽区 (+)；而芳环侧面周围，感应磁场的方向与外磁场同向，结果形成一个去屏蔽区 (−)（图 9-14）。处于芳环平面上下屏蔽区的氢核要发生共振跃迁，必须加大外磁场强度，其信号将在较高磁场出现，δ 值偏小；而处于芳环平面周围去屏蔽区的氢核，其信号将出现于低场，δ 值偏大。这种感应磁场方向性造成的分子不同部位氢核屏蔽程度的差异，称为磁各向异性效应（magnetic anisotropic effect）。

图 9-14 苯环的感应磁场（a）和正、负屏蔽区（b）

在 π 电子环流去屏蔽区的氢核一般都处于低场，如苯环 H 的 δ 约 7.3ppm，烯烃双键 H δ 约 5.3ppm，醛基 H 除 C=O 的磁各向异性效应外，还有氧的吸电子效应，所以其信号 δ>9.5ppm。炔烃三键上 H 因处于 π 电子环流的屏蔽区，其 δ 值约 2.5ppm，高于烷烃的氢核。

4. 氢键效应 形成氢键的质子比没有形成氢键的质子受到的电子屏蔽效应低，其信号移向低场，氢键越强，δ 值越大。酚羟基和羧基的质子因氢键效应，其 δ 值有时可达 10ppm 以上，1,3-二羰基化合物的烯醇型结构中因存在分子内氢键，其共振信号的 δ 值可高达 15ppm 以上。由于氢键缔合程度易受溶剂、浓度、温度等因素的影响，—OH 核磁共振信号的位置常发生改变。

5. 溶剂效应 为了避免溶剂分子中 H 的干扰，^1H NMR 谱的测定一般使用氘代溶剂（如 $CDCl_3$、CD_3OD、DMSO-d_6 等）。各种溶剂对氢核化学位移的影响（即溶剂效应）不同，活泼质子（如—OH、—NH_2、—SH 等）的溶剂效应更为明显。因此，拟与某一样品对照谱图时应尽可能使用相同溶剂，报道样品氢谱数据时也应标明所用的溶剂。由于氢键、溶剂等因素的影响，活泼质子的 δ 值变化范围较大，往往难以归属其信号，此时可先用一般方法测得谱图，然后在样品管内加几滴重水（D_2O），使 D 与 H 进行交换，再重测谱图，此时信号消失的质子即为活泼 H。

（二）应用实例

已知某有机物的化学式为 C_9H_{12}，试根据以下 ^1H NMR 谱图推断其结构（图 9-15）。

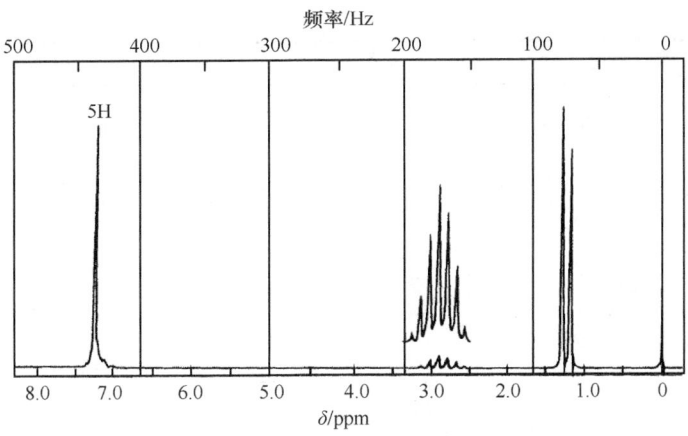

图 9-15 某有机物的 ^{1}H NMR 谱图

解：(1) 除 $\delta=0$ppm 处的 TMS 信号外，从高场至低场，共有三组信号，根据化学式，总计有 12 个氢核，已知 δ 约 7.3ppm 处的单峰为 5H，则剩下的 7 个 H 应分属于另两个相互耦合的信号，从这两个信号的裂分度分析，一个为七重峰，另一个为二重峰，按 $n+1$ 规律，七重峰应含 1 个 H，二重峰应含 6 个 H。

(2) 根据各信号的 δ 值，可知在 δ 约 7.3ppm 处的信号应归属为单取代苯环上的 5 个 H，得到结构片段：苯基；在 δ 约 1.2ppm 处的信号应归属为两个相同的甲基（6H），因受甲基相连的碳上 1 个 H 的耦合作用，甲基裂分成二重峰；而 δ 约 3ppm 的信号应归属为与苯环相连碳上的一个 H，因受苯环影响移向较低场，并因邻接两个 CH_3，被裂分为七重峰。1.2ppm 和 3ppm 处两个信号的耦合常数（$J=8$Hz）相同，进一步确证两者的耦合关系，得到另一结构片段：异丙基。

(3) 将上述两个结构片段（苯基与异丙基）相连，得到该化合物的结构为异丙基苯。

四、^{13}C 核磁共振谱

(一) 基本原理

碳元素的同位素 ^{13}C 可产生 NMR 信号，^{13}C NMR 已成为研究有机结构的又一强有力手段。^{13}C NMR 谱图的主要信息来自碳的化学位移，由于碳的化学位移范围较广（0~220ppm），因此碳信号很少有重叠。另外，^{13}C 核之间的自旋耦合难以看到，因此碳谱相对于氢谱来说较简单。

(二) 常规碳谱

利用宽频的电磁辐射，使所有 ^{1}H 核饱和，消除 ^{13}C 与 ^{1}H 之间的耦合，此时所有的 ^{13}C 信号均以单峰出现，这类谱称为宽带去耦（broad band decoupling，BBD）谱。其优点是对判断 ^{13}C 信号数和化学位移十分方便，但无法区分伯、仲、叔、季等不同类别的碳。为了鉴别不同类别的碳，目前常采用无畸变极化转移增强（distortionless enhancement by polarization transfer，DEPT）技术以区别不同类型的碳。DEPT 法可使不同类型的 ^{13}C 信号在谱图上分别以朝上或向下的单峰呈现，例如 CH_3、CH 信号向上，CH_2 信号向下，季碳信号不出现，从而可区分不同的碳。

(三) ^{13}C 化学位移

表 9-7 列举常见不同类别化合物的 ^{13}C 化学位移值。

表 9-7 常见各类 ^{13}C 的化学位移值（近似范围）

碳的类别	化学位移值（δ）/ppm
烷基 RCH_3，RCH_2R，$RCHR_2$	0~50

碳的类别	化学位移值（δ）/ppm
卤代烷或胺 —C—X（X=Cl, Br, —N—）	10～65
醇或醚 —C—O—	50～90
炔烃 —C≡	60～90
烯烃 C=、芳烃 —C—	100～170
腈 —C≡N	120～130
酰胺、羧酸和酯 —C—N、—C—O—	150～185
醛、酮 —CO—	182～215

五、核磁共振技术的进展

近年来，由于许多 FT-NMR 新技术的应用，特别是从常见的一维核磁共振谱发展到二维核磁共振谱（2D-NMR），使得一些复杂天然有机物的结构分析获得成功。在常用的二维核磁共振谱中，^{1}H-^{1}H 相关谱（^{1}H-^{1}H COSY）的横轴和纵轴均为该化合物的 ^{1}H NMR，从中可以方便地找到相互耦合的两个或两组氢核信号。此外，二维核磁共振还包含了异核相关谱，包括 ^{13}C-^{1}H COSY 和远程 ^{13}C-^{1}H COSY，如目前常用的异核多量子相关谱（HMQC）和异核多键相关谱（HMBC）等。这些二维谱的发展对分析有机化合物的平面和立体结构具有重要的应用价值。

第九节 多谱联用

通常借助一种或两种波谱再结合其物理常数即可鉴定某些简单有机物。而对于结构较为复杂的化合物，往往需要同时利用多种波谱综合解析，即多谱联用。

（一）确定样品的相对分子质量和化学式

根据样品的性质选用不同的电离方法确定样品的相对分子质量。对于低极性的脂溶性化合物，一般用 EI 法即可获得相对分子质量；对于高极性的水溶性化合物，则可选用 ESI 法。

（二）从化学式计算不饱和度

不饱和度通常用双键等效值（double bond equivalent，DBE）来计算，是指分子中 π 键数和环数的和。从已知化学式计算不饱和度的简单方法是，将化学式中的氢数与参比物（即具有相同碳数的饱和链烃）的氢数相比较而得，即

$$\text{不饱和度（DBE）} = \frac{\text{氢数}_{\text{参比物}} - \text{氢数}_{\text{未知物}}}{2}$$

例如，己-1-烯（C_6H_{12}）的不饱和度计算。

含 6 个碳的参比物的化学式应为 C_6H_{14}，则己-1-烯的不饱和度为 (14-12)/2=1，即分子中含有 1 个 π 键。

对于常见的含 O、S 等二价原子的化合物，其参比物的氢数仍按饱和链烃（C_nH_{2n+2}）计算，一价原子 O、S 的加入不改变氢数。样品每加入一个卤素原子（F、Cl、Br、I），则参比物减去一个 H（如 $C_nH_{2n+1}Cl$）；每加入一个三价原子（N、P、As），则参比物增加一个 H（如 $C_nH_{2n+3}N$）。

据此，乙酸乙酯（$C_4H_8O_2$）的不饱合度=(10-8)/2=1（一个羰基）；氯苯（C_6H_5Cl）的不饱合

度=(13-5)/2=4（苯环可看成三个双键加一个环，即一个苯环的不饱和度为4）。

（三）多谱联用的实例

某未知化合物为无色液体，沸点221℃，仅含C、H和O。HR-MS测得其分子离子峰的精确 m/z 为148.0884，其UV谱、IR谱、^{1}H NMR谱见图9-16（a）、（b）和（c），试通过波谱综合解析，推定其结构。

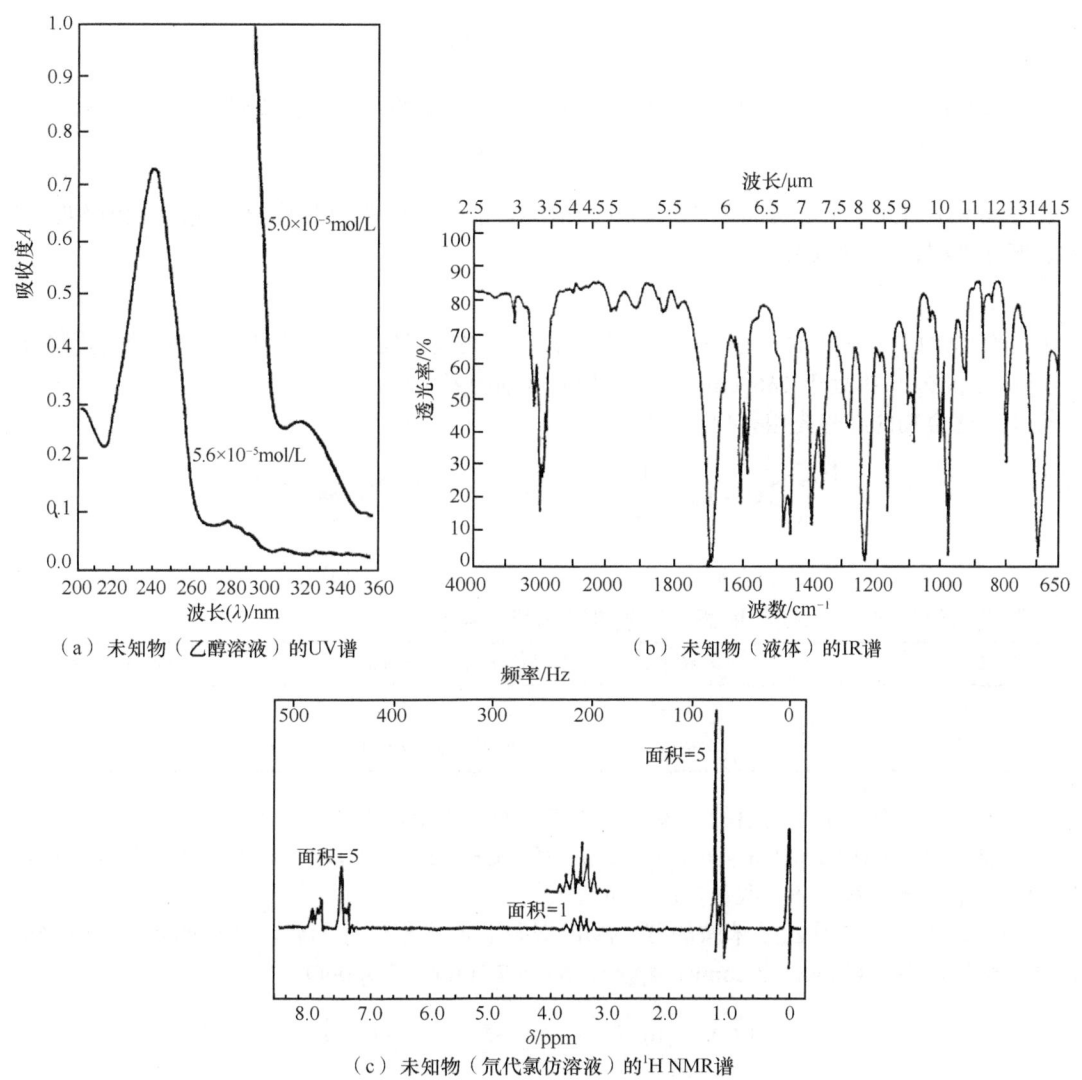

图9-16 某物质的UV谱、IR谱及^{1}H NMR谱

解：（1）根据HR-MS测得的M^+数据，可得该化合物的化学式为$C_{10}H_{12}O$（计算值为148.0888）

（2）按化学式$C_{10}H_{12}O$，不饱合度=(22-12)/2=5，推测该化合物可能为芳香族化合物，含有一个苯环（不饱合度=4）和一个π键（不饱合度=1），但不排除该化合物为非环多烯类化合物的可能。

（3）IR中1690cm^{-1}处的强峰表明存在$\nu_{C=O}$，可能为芳香酮（ArCOR的$\nu_{C=O}$：1700～1650cm^{-1}）；3100cm^{-1}（ν_{C-H}）和1600、1480cm^{-1}（ν苯环骨架）等峰证实该化合物为芳香族化合物。

（4）^{1}H NMR中δ 3.47ppm（1H）的七重峰和δ 1.17ppm（6H）的二重峰彼此耦合，表明存在异丙基—CH(CH$_3$)$_2$片段，δ 7.3～7.9ppm处的5H多重峰，表示有一个苯基片段。

（5）UV 中的 λ_{max}240nm 和 280nm 分别为取代苯 π→π* 跃迁的 E_2 带和 B 带，其 λ_{max} 值的红移提示苯基片段与 C=O 片段相连，使共轭系统有所延长，相当于 K 带，318～320nm 处的极弱吸收为酮的 n→π* 跃迁所形成的 R 带。

（6）根据以上三个结构片段：苯基、羰基和异丙基的合理组合，即得异丙基苯基酮，正好满足不饱合度=5。

$$\text{C}_6\text{H}_5\text{-CO-CH(CH}_3)_2$$

（7）与标准品的物理常数和已知波谱数据对照，两者一致，证实以上推论无误。

习　题

1. 试分别对 1,3,5-戊三烯和苯乙酮紫外光谱中可能出现的吸收带作出预测，写出吸收谱带的名称、跃迁类型、λ_{max} 和 ε 值。

2. 化合物 $CH_3-\overset{O}{\underset{\|}{C}}-OCH_2-C\equiv CH$ 在红外光谱中哪些段有吸收，各因什么类型的振动引起？

3. $\nu_{C=O}$ 和 $\nu_{C=C}$ 都处于 1660cm^{-1} 附近，如何区别两者？为什么？

4. 下列化合物的红外光谱有何不同？

（A）顺-2-丁烯　　　（B）1,1-二取代乙烯

5. 某烃的化学式为 C_9H_{12}，根据下列氢谱数据推测结构。

信号	峰形	δ/ppm	积分线高度比
a	单峰	2.25	3
b	单峰	6.7	1

6. 下列各组化合物中所指出的氢核，何者信号处于低场？为什么？

（1）戊-1-炔（$CH_3CH_2CH_2C\equiv CH$）和戊-1-烯（$CH_3CH_2CH_2CH=CH_2$）的末端炔氢和烯氢；

（2）甲苯和苯乙酮苯环上取代基的邻位芳氢。

7. 对下图中对乙氧基乙酰苯胺的 ^1H NMR 谱图中各信号进行归属，并说明依据。（已知各信号化学位移分别为 1.44ppm，2.2ppm，4ppm，6.8～7.7ppm，7.9ppm）

（$CH_3-CH_2-O-\text{C}_6\text{H}_4-NH-CO-CH_3$）

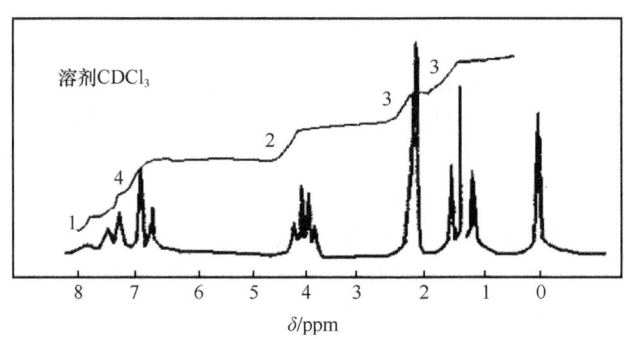

8. 已知某酯的化学式为 $C_{11}H_{14}O_2$，试根据下列谱数据，归属各信号，并推断其结构。
δ（ppm）：7.2（5H, s）, 4.4（2H, t）, 2.8（2H, t）, 2.1（2H, q）, 0.9（3H, t）

9. 下列化合物各有几组不相同的碳核？在宽带去耦碳谱中将出现几个 ^{13}C 信号？
（1）苯　　　　（2）甲苯　　　　（3）萘

10. 根据以下化合物的波谱数据，推导其可能的结构，并指出相应的波谱信号的归属。
（1）$C_9H_{10}O_2$，IR 波数（cm^{-1}）：3000（宽）、1700、1600、1500、1300、1220、910（较宽）、750、702；^1H NMR δ_H（ppm）：2.8～2.9（两组三重峰，有部分重叠，每组2H），7.35（单峰，5H），11.5（单峰，1H）。

（2）$C_3H_2O_2$，IR 波数（cm^{-1}）：3310、3000～2500（宽）、2130、1710；^1H NMR δ_H（ppm）：3.15（1H），10.3（1H）。

11. 马尿酸是由马尿中提取的白色固体，它的质谱给出分子离子峰 $m/z=179$，化学式为 $C_9H_9NO_3$。当马尿酸与 HCl 回流、纯化后得到两个晶体 D 和 E。D 微溶于水，它的 IR 谱在 3200～2300 cm^{-1} 处有一个宽谱带，在 1680 cm^{-1} 处有一个强吸收峰，在 1600 cm^{-1}、1500 cm^{-1}、1400 cm^{-1}、750 cm^{-1} 和 700 cm^{-1} 处有吸收峰。以酚酞作指示剂用标准 NaOH 滴定得中和当量为 121±1。D 不使 Br_2 的 CCl_4 溶液和 $KMnO_4$ 溶液褪色，但与 $NaHCO_3$ 作用放出 CO_2。E 溶于水，用标准 NaOH 滴定时，分子中有酸性和碱性基团，经元素分析含 N，相对分子质量为 75，试推测马尿酸的结构。

（上海交通大学　蒋　恒）

第十章 醛和酮

学习目标

掌握 醛和酮的命名，醛和酮的主要化学性质（亲核加成反应及其机制、α-氢原子的主要反应、氧化反应、还原反应等）。

熟悉 醛、酮的结构和分类；醛和酮的 Witting 反应、Mannich 反应、Perkin 反应、Knoevenagel 反应、Darzen 反应、聚合反应等；不饱和醛、酮的结构和性质；醛、酮的重要制备方法。

了解 醛、酮的物理性质，烯酮的结构和性质。

碳原子以双键和氧原子相连构成的官能团（C=O）称为羰基（carbonyl group）。含有羰基的化合物称为羰基化合物（carbonyl compound），醛和酮均是羰基化合物。羰基的一端与氢原子相连的化合物称为醛（aldehyde），—CHO 称为醛基。羰基两端均与烃基相连的化合物称为酮（ketone），酮中的 —C(=O)— 为酮基，而 R—C(=O)— 称为酰基。

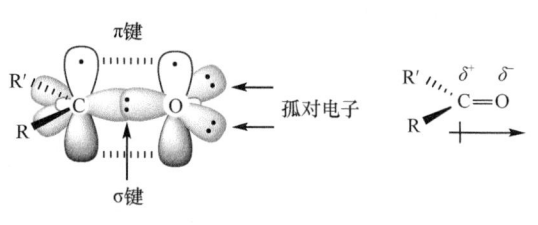

醛　　酮　　醛基　　酮基　　酰基

醛、酮广泛存在于自然界中，有些醛、酮是中药中具有生理活性的有效成分，如樟脑、薄荷酮、麝香酮；有些醛、酮是药物合成的重要原料或中间体，如氯霉素合成的中间体对硝基苯乙酮。

樟脑　　薄荷酮　　麝香酮　　对硝基苯乙酮

第一节 结构、分类和命名

一、羰基的结构

羰基是醛和酮的官能团。羰基碳原子为 sp^2 杂化，形成三个共平面的 σ 键；羰基氧为不等性 sp^2 杂化，其中一个杂化轨道与羰基碳的 sp^2 杂化轨道形成一个 σ 键，羰基碳、氧原子未参与杂化的 p 轨道彼此重叠形成 π 键，π 键垂直于羰基碳原子三个 σ 键所在的平面。氧原子的两对孤对电子分别处于两个 sp^2 杂化轨道[图 10-1（a）]。由于氧的电负性（3.5）比碳的电负性（2.5）大，羰基碳氧双键的电子云偏向于氧原子，氧原子带部分负电荷，而碳原子带部分正电荷[图 10-1（b）]。所以，羰基是一个极性基团，偶极矩一般为 2.3～2.8D。

（a）羰基的结构　　（b）羰基的极性

图 10-1　羰基结构示意图

二、分类和命名

（一）分类

醛和酮可以按羰基是否与芳基直接相连进行分类。羰基不与芳基相连的称为脂肪醛和脂肪酮。羰基直接与芳基相连的称为芳香醛、芳香酮。根据取代基的饱和程度又可分为饱和和不饱和醛、酮。根据分子中羰基的数目可分为一元、二元和多元醛、酮。

（二）命名

1. 普通命名法 简单的醛按照分子中所含碳原子数命名为"某醛"（-aldehyde）。简单的酮依羰基上取代基的英文字母顺序前后列出，加"酮"（ketone）字组成。

HCHO	CH₃CHO	CH₃CH₂CHO	CH₃CH₂COCH₂CH₂CH₃
甲醛	乙醛	丙醛	乙基丙基酮
(formaldehyde)	(acetaldehyde)	(propionaldehyde)	(ethyl propyl ketone)

醛的分子中含有芳环时应该将芳基作为取代基。酮的羰基与苯环连接时，可称为某酰（基）苯。

苯甲醛　　　　　二苯甲酮　　　　　乙酰基苯（苯乙酮）
(benzaldehyde)　(benzophenone, diphenyl ketone)　(acetophenone, methyl phenyl ketone)

早期从自然界获得的天然醛、酮多根据其来源采用俗名命名。

柠檬醛　　　　　茴香醛　　　　　肉桂醛
(citral)　　　　(anisaldehyde)　　(cinnamaldehyde)

2. 系统命名法 选择含有羰基的最长碳链作为主链，编号从靠近羰基的一端开始，由于醛基在链端，位置不必标出，而酮羰基的编号应位次最小，母体称为"某醛"或"某-m-酮"，并按照英文字母次序依次列出取代基的位次及名称。醛的英文名称是将相应烷烃的词尾"e"置换为"al"，酮则将"e"置换为"one"。

2-苯基丙醛　　　3-羟基丁醛　　　4-甲基戊-2-酮　　　4-氯-4-甲基戊-2-酮
(2-phenylpropanal)　(3-hydroxybutanal)　(4-methylpentan-2-one)　(4-chloro-4-methylpentan-2-one)

若不饱和键参与主链时需标明不饱和键的位次。命名为"某-n-烯(炔)醛"或"某-n-烯(炔)-m-酮"（m，n 均表示位次编号）。

当醛基连接在碳环上时，称为"环某烷甲醛"。脂环酮的羰基碳在环内，编号从羰基开始，命名为环某酮，英文名称加词头"cyclo"；若羰基在环外，则将环作为取代基。

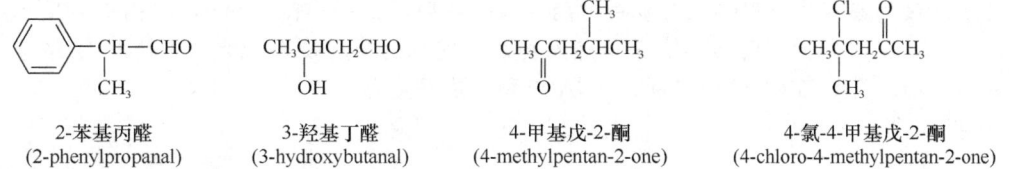

丁-3-烯-2-酮　　　戊-4-烯醛
(but-3-en-2-one)　(pent-4-enal)

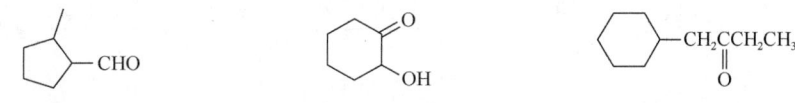

2-甲基环戊烷-1-甲醛　　2-羟基环己-1-酮　　1-环己基丁-2-酮
(2-methylcyclopentane-1-carbaldehyde)　(2-hydroxycyclohexan-1-one)　(1-cyclohexylbutan-2-one)

多元醛、酮应选择含羰基尽可能多的碳链为主链，注明羰基的位置和数目。其英文名称则保留烃的词尾"e"，在其后加表示数目"di""tri"等。如分子中同时有醛基和酮基，则把酮羰基氧作为取代基，命名为"氧亚基（oxo）某醛"。

OHCCH$_2$CHO
丙二醛
(propanedial)

OHCCH$_2$CH$_2$CH$_2$CHO
戊二醛
(pentanedial)

CH$_3$COCH$_2$CH$_2$CH$_2$CHO
5-氧亚基己醛
(5-oxohexanal)

当羰基及其一侧烃基作为取代基时，命名为"某酰基"。

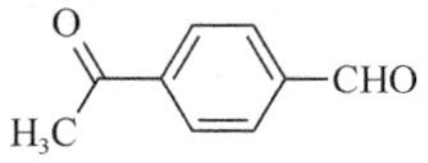

4-乙酰基苯甲醛
(4-acetylbenzaldehyde)

案例 10-1　　　　　　　　　　醛、酮的多面性

醛、酮分子具有丰富多样的性质。它们在医药化工领域有非常广泛的应用：低分子量的醛、酮具有强烈的气味，例如壬醛存在于植物精油中，可用于调制香精；麝香酮是珍稀的香料；35%～40%的甲醛水溶液又称福尔马林，常用于杀菌消毒或生物标本的保存，甲醛还常用于合成酚醛树脂，用于油漆、涂料、人造板材等的生产。另外，它们也对人的健康产生不同的影响：根据世界卫生组织的分类，甲醛、乙醛、丙烯醛以及能够代谢生成乙醛的酒精饮品均属于Ⅰ类致癌物——对人类明确产生致癌性。

问题

（1）为什么许多醛、酮具有浓烈的气味？
（2）甲醛杀菌防腐、致癌的机制是什么？
（3）如何检验甲醛的含量？

案例分析

（1）从结构来看，具有浓烈气味的醛、酮大多相对分子质量在30～300之间，它们自身难以形成分子间氢键，因而沸点不高、易挥发，且它们所含有的羰基是发香基团（C=O、OH、NH、SH、C≡C）之一，能与嗅觉细胞的受体结合，因而显现浓烈的气味。

（2）活泼的醛羰基使甲醛能与蛋白质的亲核性基团（如—NH$_2$、—OH、—SH 等），发生加成反应，使之凝固变性，因而具有杀菌防腐功能。同样的原理使得活泼的醛能与 DNA 共价结合形成加合物，引起 DNA 链间交联、DNA 断裂、基因突变。

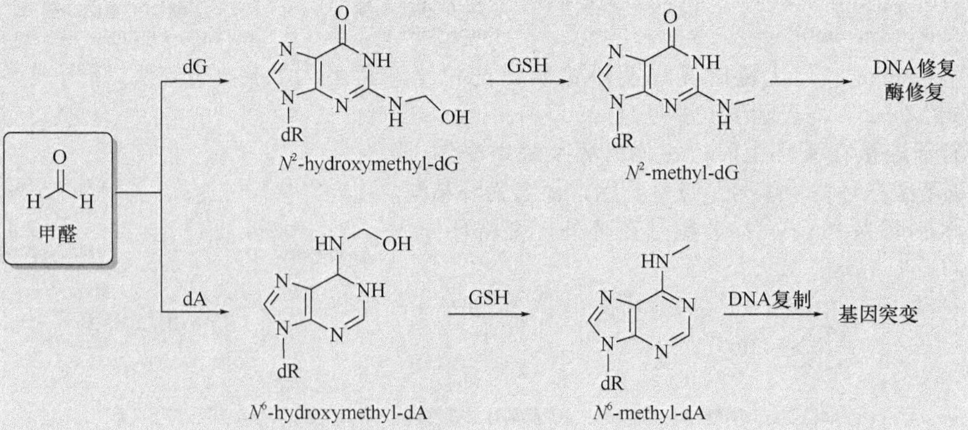

N^2-hydroxymethyl-dG　→(GSH)→　N^2-methyl-dG　→ DNA修复酶修复

甲醛

N^6-hydroxymethyl-dA　→(GSH)→　N^6-methyl-dA　→ DNA复制 → 基因突变

（3）我国颁布了多项检验甲醛含量的检测标准，如亚硫酸钠（Na_2SO_3）滴定法、AHMT（4-氨基-3-肼基-5-巯基-1,2,4-三氮唑，结构式）分光光度法、酚试剂法（结构式）、乙酰丙酮（乙酰丙酮+乙酸铵）分光光度法等。

第二节 物理性质

羰基氧原子可与水生成氢键，这有助于羰基化合物溶于水。小于或等于三个碳原子的低级醛、酮可与水混溶，如杀菌消毒剂福尔马林为35%～40%的甲醛水溶液。随着醛、酮的烃基增大，其疏水作用增强，水溶性降低。由于羰基之间不能形成氢键，因此醛、酮的沸点比相对分子质量相近的醇及羧酸低得多；但由于羰基的极化作用，醛、酮的沸点较相对分子质量相近的烃类化合物高。有些醛、酮具有香味，可作为香料使用。一些常见醛、酮的熔点、沸点和溶解度见表10-1。

表10-1 一些常见醛、酮的名称及物理性质（1个标准大气压下）

化合物	结构式	熔点/℃	沸点/℃	溶解度/(g/100g·H_2O)
甲醛（methanal）	HCHO	−92.0	−19.5	易溶
乙醛（ethanal）	CH_3CHO	−123.5	21.0	16
丙醛（propanal）	CH_3CH_2CHO	−81.0	49.0	7
正丁醛（butanal）	$CH_3(CH_2)_2CHO$	−99.0	74.8	微溶
异丁醛（isobutyraldehyde）	$(CH_3)_2CHCHO$	−65.9	64.0	微溶
正戊醛（pentanal）	$CH_3(CH_2)_3CHO$	−91.5	103.0	微溶
丙烯醛（propenal）	$H_2C=CHCHO$	−88.0	52.5	∞
苯甲醛（phenylmethanal）	C_6H_5CHO	−26.0	179.0	0.3
丙酮（acetone）	CH_3COCH_3	−94.8	56.0	∞
丁酮（butan-2-one）	$CH_3COCH_2CH_3$	−86.0	79.6	26
戊-2-酮（pentan-2-one）	$CH_3CO(CH_2)_2CH_3$	−78.0	101.7	6.3
戊-3-酮（pentan-3-one）	$CH_3CH_2COCH_2CH_3$	−39.0	101.9	5
己-2-酮（hexan-2-one）	$CH_3CO(CH_2)_3CH_3$	−55.5	127.6	微溶
苯乙酮（acetophenone）	$C_6H_5COCH_3$	20.5	202.0	不溶
二苯甲酮（benzophenone）	$C_6H_5COC_6H_5$	48.5	305.4	不溶
环己酮（cyclohexanone）	结构式	−31.0	157.0	2.4

第三节 化学性质

醛、酮的羰基碳原子带部分正电荷，容易受到亲核试剂的进攻而发生加成反应，这是羰基化合物最典型的化学性质；由于受羰基吸电子作用的影响，醛、酮羰基的α-氢比较活泼，具有一定的酸性，可以被碱攫取，也易被卤原子取代；此外，醛、酮还可以发生氧化反应、还原反应和其他反应。

一、亲核加成反应

羰基与烯烃中的 π 键类似，都可以发生加成反应，但由于羰基高度极化，其碳原子易受到亲核试剂（负离子或富含电子的分子，如 HCN、格氏试剂、ROH、H_2O、$NaHSO_3$、NH_3 等）进攻，发生亲核加成反应（nucleophilic addition reaction）：

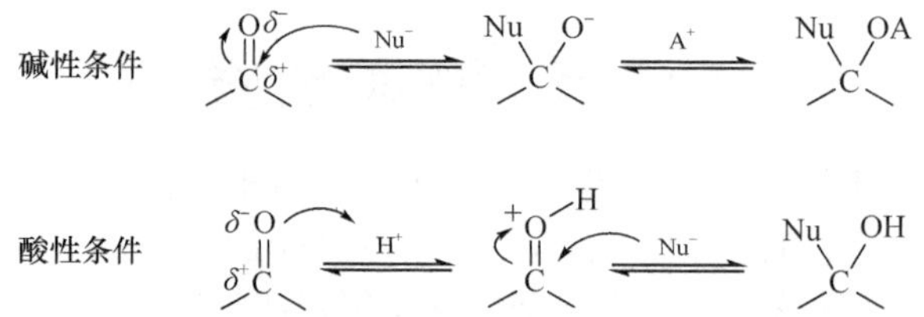

亲核加成反应的难易取决于羰基碳原子的亲电性、亲核试剂的亲核性以及羰基两侧的空间位阻等。醛的亲核加成反应比相应的酮更容易发生，芳香醛、酮的活性比相应的脂肪醛、酮低，不同羰基化合物发生亲核加成反应的活性如下：

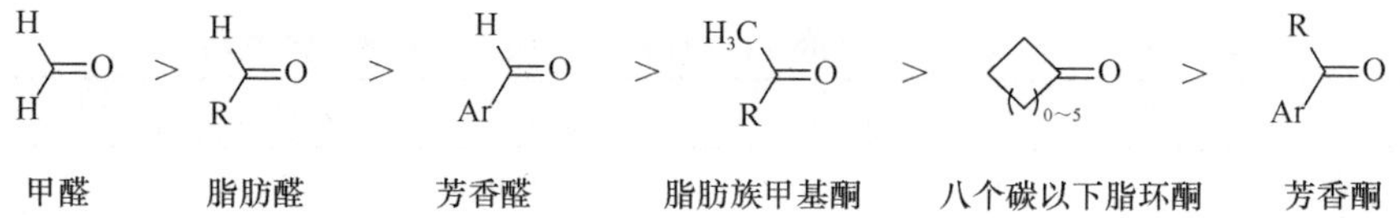

甲醛 > 脂肪醛 > 芳香醛 > 脂肪族甲基酮 > 八个碳以下脂环酮 > 芳香酮

该活性顺序可从电性因素和立体因素两方面解释。

（1）电子效应：吸电子基增强羰基的亲电性，而给电子基正好相反，使加成反应速率减慢。芳基与羰基相连具有给电子共轭效应，加成反应需要破坏共轭体系，因而反应活性低。

（2）位阻效应：取代基越大，分支越多，反应活性越低。

脂肪烃基是给电子基，它既降低羰基碳的正电性，也增大亲核试剂进攻羰基的空间位阻，不利于亲核试剂的进攻。脂环酮较相应的脂肪酮活性高，这是由于羰基外露，位阻相对较小，但随着环增大，脂环酮的反应活性降低。

亲核试剂的亲核性越强，对亲核加成反应越有利。例如，HCN 的亲核性比水的亲核性强，HCN 加成到醛基的速率比水快得多。

（一）与含碳亲核试剂的加成

1. 与氢氰酸的加成反应 醛、脂肪族甲基酮和八个碳以下的环酮可与氢氰酸发生加成反应生成 α-氰醇（α-羟基腈）。该反应机制的第一步，CN^- 缓慢加成到羰基碳上，为决定反应速率的步骤；第二步，生成的氧负离子被 HCN 快速质子化。

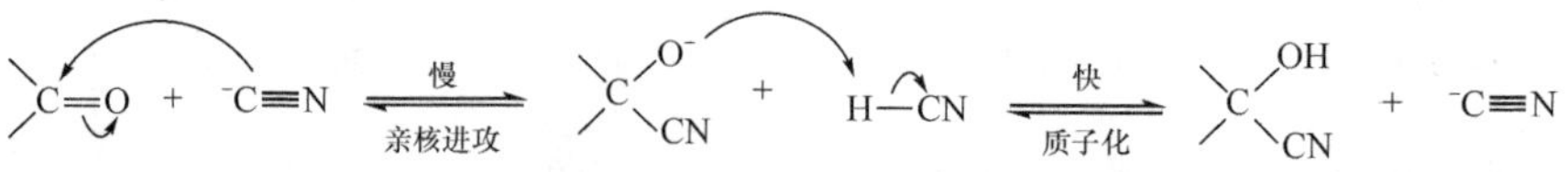

酸、碱对氢氰酸与醛、酮的加成反应影响很大。例如，氢氰酸与丙酮反应，经 3~4 小时只有一半的原料反应。HCN 的 pK_a=9.2，若加入酸，则氢氰酸解离生成 CN^- 的浓度降低，使反应减慢，在大量酸存在下，样品放置几周也不反应。若加入氢氧化钾，则 CN^- 的浓度升高，反应在几分钟内完成。该反应最好在中等碱性的条件下形成亲核性的游离 CN^-，并存在未解离的 HCN，使得氧负离子能被 HCN 快速质子化。

该加成反应是可逆的，位阻较大的酮与 HCN 反应缓慢且生成氰醇的效率较低。

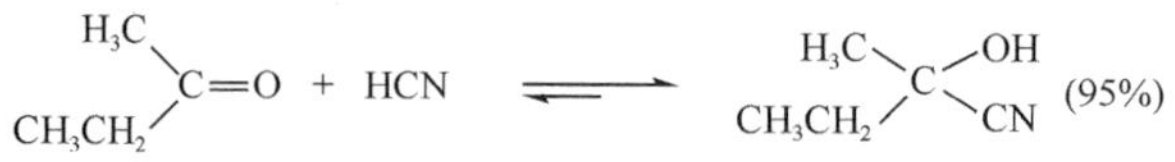

$$(CH_3)_3C-\underset{CH(CH_3)_2}{\underset{|}{C}}=O + HCN \rightleftharpoons (CH_3)_3C-\underset{CH(CH_3)_2}{\underset{|}{C}}(OH)(CN) \quad (<5\%)$$

由于 HCN 易挥发且剧毒，因此通常用 NaCN 或 KCN 代替 HCN，加成后再进行酸化。

氰醇是非常有用的有机合成中间体，其氰基可水解为羧基，也可被还原为胺。例如由苯甲醛制备的扁桃腈和扁桃酸都是重要的化工原料。扁桃腈还是昆虫和植物的化学防卫剂，它可分解并释放出苯甲醛和氰化物。

PhCHO $\xrightarrow[-5\sim5℃]{NaCN}$ $\xrightarrow{HCl}$ PhCH(OH)CN $\xrightarrow[\Delta]{H_3O^+}$ PhCH(OH)COOH

扁桃腈　　　　扁桃酸

2. 与格氏试剂的加成反应　格氏试剂中碳-金属键是强极性键，碳带负电荷，可进攻醛、酮的羰基碳原子发生亲核加成反应。所生成的加成物水解后可转变为不同种类的醇：格氏试剂与甲醛反应得到伯醇，与其他醛反应得到仲醇，与酮反应得到叔醇。这是制备醇的一种重要方法。

$$HCHO + RMgX \xrightarrow{无水醚} H_2C(OMgX)R \xrightarrow{H_3O^+} RCH_2OH \quad 伯醇$$

$$R'CHO + RMgX \xrightarrow{无水醚} R'CH(OMgX)R \xrightarrow{H_3O^+} R'CH(OH)R \quad 仲醇$$

$$R'R''C=O + RMgX \xrightarrow{无水醚} R'R''C(OMgX)R \xrightarrow{H_3O^+} R'R''C(OH)R \quad 叔醇$$

制备格氏试剂的卤代烃可以是烷基型、烯丙型、苄基型、乙烯基型或芳基型卤代烃，但这些卤代烃中不应含活泼氢，否则该活泼氢将使格氏试剂分解。末端炔烃与烷基卤化镁重复反应能生成炔基卤化镁，例如合成孕激素药物孕三烯酮的最后一步是通过乙炔格氏试剂引入乙炔基，再进一步在酸性条件下水解脱去缩酮保护基。

$H_2C=CH-Br \xrightarrow[无水醚]{Mg} H_2C=CH-MgBr \xrightarrow{无水醚}$ [与环己酮类化合物加成] $\xrightarrow{H_3O^+}$ [得到乙烯基叔醇]

$HC\equiv CH \xrightarrow{C_2H_5MgBr} HC\equiv C-MgBr \xrightarrow[THF]{}$ [与甾体酮加成] $\xrightarrow{H_3O^+}$ 孕三烯酮

3. 与金属炔化物的加成反应　金属炔化物（如炔化钠、炔化钾等）能与醛、酮发生加成反应，炔基负离子作为亲核试剂进攻羰基碳生成炔醇负离子，再经酸化生成 α-羟基炔化物。分子中引入的三键可通过加成、氧化等反应制备相应的化合物。

环己酮 $\xrightarrow[NH_3,-35℃]{HC\equiv CNa}$ 1-乙炔基环己醇钠 $\xrightarrow{H_3O^+}$ 1-乙炔基环己醇 $\xrightarrow[H_2SO_4/HgSO_4]{H_2O}$ 1-乙酰基环己醇

案例 10-2 二氧六环三种同分异构体的性质

二氧六环有三种同分异构体：1,2-二氧六环、1,3-二氧六环和 1,4-二氧六环，它们的性质差异很大，1,2-二氧六环加热时可能爆炸，1,3-二氧六环在稀酸中很快水解，1,4-二氧六环性质像醚，且可作为格氏试剂参与反应的优良溶剂。

1,2-二氧六环　　1,3-二氧六环　　1,4-二氧六环

问题　从三种同分异构体的结构特点解释它们性质差异大的原因。

案例分析　1,2-二氧六环的两个氧原子直接相连，属于过氧化物，有机结构中的过氧键对热不稳定，受热可能分解爆炸；1,3-二氧六环结构中，两个氧形成缩甲醛结构，缩醛对酸不稳定，容易水解为醛和醇；1,4-二氧六环两个氧原子相隔较远，彼此影响最小，类似于结构中含有两个醚键，其性质同醚，常用作有机反应的非质子性溶剂。

缩醛　　　　　　　　　　　　　　　　半缩醛

（二）与含氧亲核试剂的加成反应

1. 与醇的加成反应　醛在无水酸性催化剂（如干燥氯化氢、对甲苯磺酸）存在下，先与一分子醇发生亲核加成反应生成半缩醛（hemiacetal）；半缩醛可继续与另一分子醇反应，生成缩醛（acetal）。半缩醛和缩醛又称某醛缩一某醇和某醛缩二某醇。

半缩醛　　　　　　缩醛

苯甲醛缩二乙醇

该反应机制如下：羰基氧和 H^+ 结合形成鎓盐，鎓盐的形成使羰基碳原子的亲电性增加，有利于醇的进攻。质子化的羰基与一分子的醇加成，失去 H^+ 后得到活泼的半缩醛。半缩醛质子化，失水，转变为鎓盐，鎓盐再与一分子醇加成，失去质子，得到缩醛。

酮与醇的加成反应较难发生，反应平衡倾向于反应物一侧。但与二醇（尤其是1,2-乙二醇）反应能生成较稳定的环状缩酮，反应较容易进行。此外，通过除去反应生成的水可使平衡向缩酮方向移动。

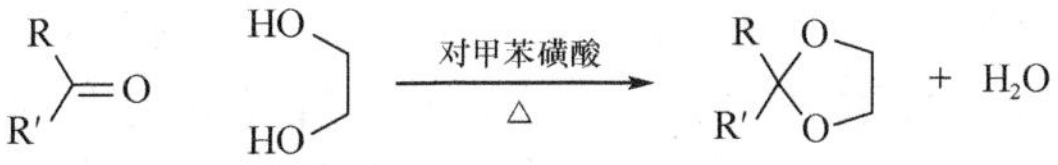

半缩醛通常难以分离，但是 γ- 或 δ- 羟基醛（酮）易形成稳定的五元或六元的环状半缩醛（酮）。在水溶液中，以半缩醛形式存在的糖类化合物占99%以上。

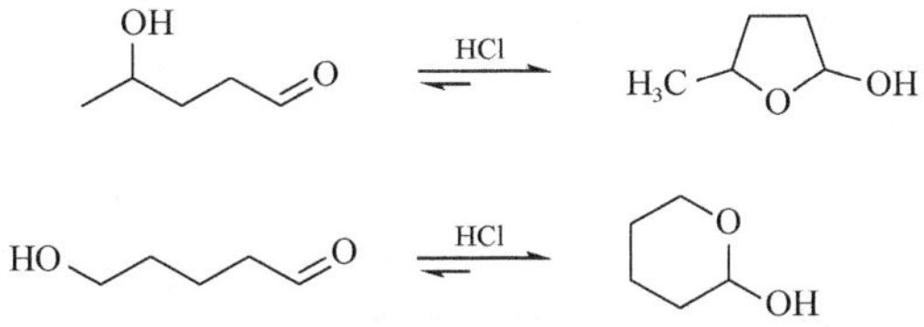

缩醛（酮）对碱及氧化剂稳定，但在稀酸中可水解成原来的醛（酮），在有机合成中常利用这一性质来保护羰基，这一反应也可用于保护邻二羟基或分析多羟基化合物的构型。乙二醇是特别有效的环状缩醛（酮）制备试剂，例如丙烯醛转化为2,3-二羟基丙醛的过程中，就是使用乙二醇的缩合反应来保护醛基。

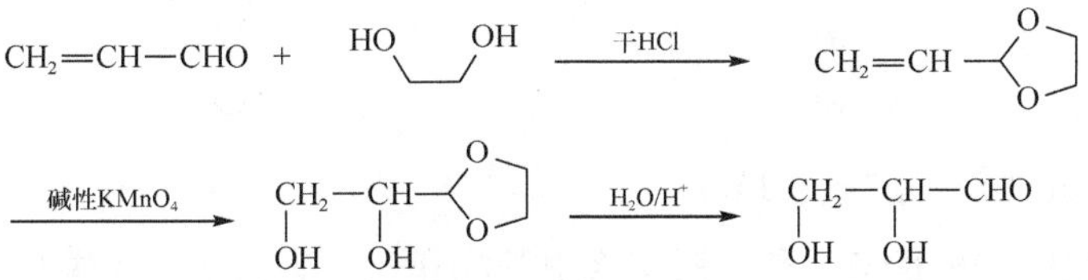

视窗 10-1　　　　　　　　一种药物修饰的方法

药物化学当中前药的概念类似于有机合成中的保护基团。前药在体外没有药理活性，需经体内代谢转变为活性化合物。前药的运用通常可增加水溶性，改善吸收和分布，产生部位特异性，增加稳定性，或降低毒性等。

皮肤是保护机体的屏障。具有抗炎活性的氟新龙（Fluocinolone）可用于治疗炎症、过敏和皮肤瘙痒等皮肤疾病，然而氟新龙含有多个羟基，由于羟基能与皮肤或角蛋白分子的结合位点作用，因而直接外用氟新龙不容易吸收。为了改善其皮肤吸收特性，将氟新龙的两个顺式邻二羟基与丙酮缩合得到丙酮缩合前药氟轻松。还可以进一步将伯羟基乙酰化，得到前药醋酸氟轻松。它们经皮吸收，在酯酶作用下释放出活性药物。

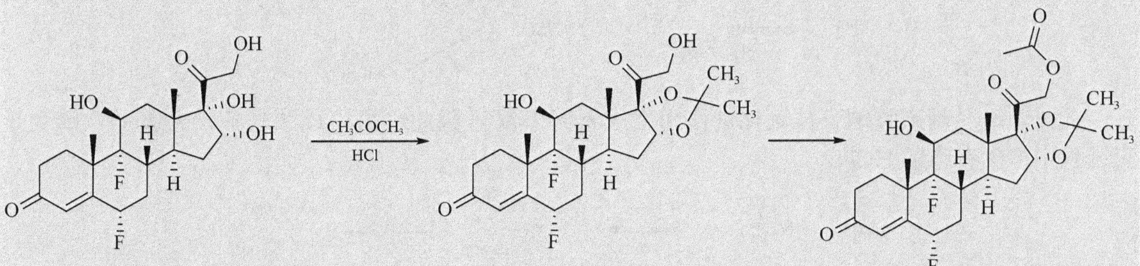

氟新龙　　　　　氟轻松　　　　　醋酸氟轻松

---

2. 与水的加成反应　　醛、酮与水加成为偕二醇（geminal diol），也称羰基水合物。偕二醇通常很容易脱水而生成醛、酮，因而该水合反应可逆。普通醛的平衡常数趋近于1；酮的反应平衡偏向逆反应；对于甲醛和强吸电子基取代的醛，平衡有利于正反应，在水溶液中几乎全部以水合物形式存在，但分离过程中很容易失水。

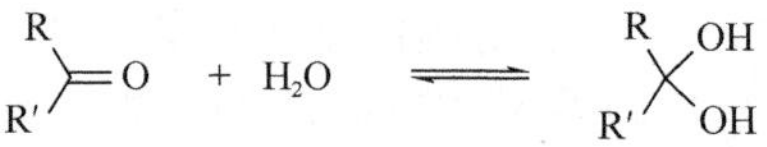

$$\underset{R'}{\overset{R}{>}}C=O + H_2O \rightleftharpoons \underset{R'}{\overset{R}{>}}C\underset{OH}{\overset{OH}{<}}$$

水合氯醛具有镇静和催眠作用，在临床上用于治疗失眠和惊厥，它是三氯乙醛的水合物。环丙酮分子的张力很大，转变成水合物后张力下降，因此，环丙酮在室温时易生成水合物。分析氨基酸和蛋白质的常用显色试剂茚三酮不稳定，其分子中三个带正电荷的羰基相邻，彼此相互排斥，分子势能升高，但当中间的羰基形成水合物以后，电荷间的斥力减小，还能够形成分子内氢键，因此，茚三酮水合平衡偏向水合物一侧。

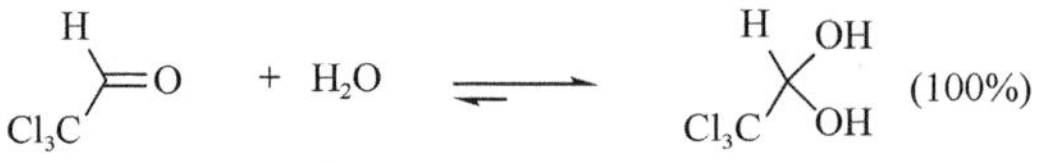

三氯乙醛 + H₂O ⇌ 水合氯醛 (100%)

环丙酮 + H₂O ⇌ 水合环丙酮

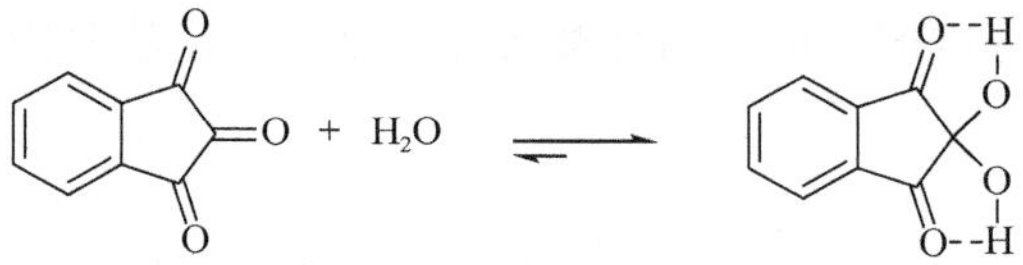

茚三酮 + H₂O ⇌ 水合茚三酮

（三）与含硫亲核试剂的加成反应

1. 与亚硫酸氢钠的加成反应 醛、脂肪族甲基酮和八个碳以下的环酮与饱和亚硫酸氢钠溶液（40%）反应，生成 α-羟基磺酸钠。该加成物溶于水，但在饱和亚硫酸氢钠溶液中以白色晶体析出，所以该反应可用于鉴别这三类化合物。亚硫酸氢根负离子（HSO_3^-）中的硫亲核性强，该反应不需要催化剂。

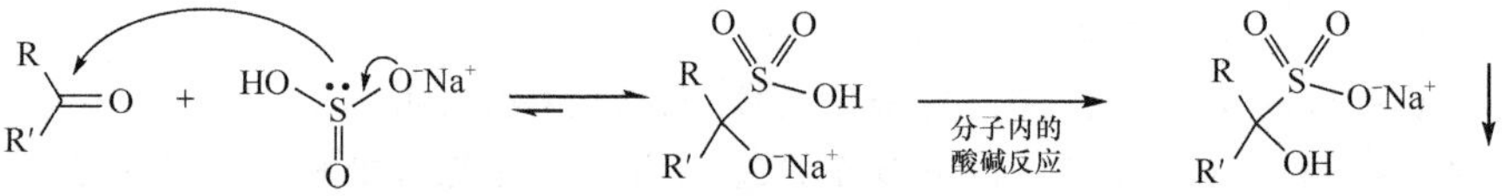

由于加成物 α-羟基磺酸钠在稀酸或稀碱中可分解成原来的醛、酮，该反应也可用于醛及活泼酮的分离和纯化。

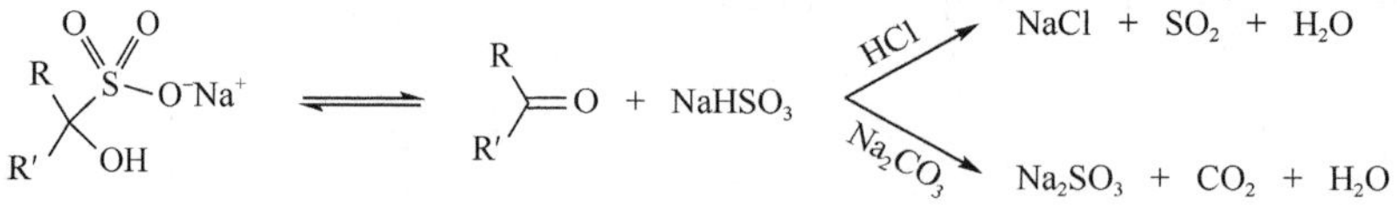

此外，α-羟基磺酸钠可与氰化钠作用生成 α-羟基腈，因此也可用该法制备 α-羟基腈，避免反应过程中产生有毒的 HCN。

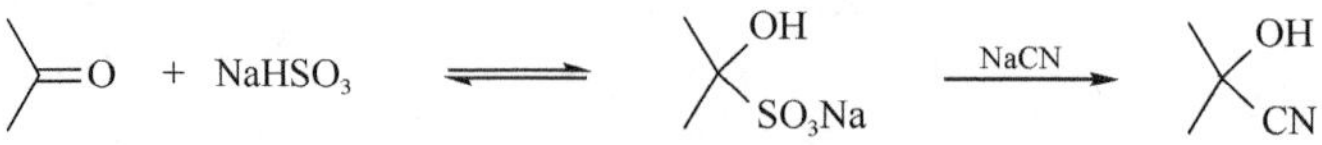

视窗 10-2　　　　　吊　白　块

吊白块的化学名称为甲醛次硫酸氢钠，可由甲醛与亚硫酸钠通过加成再还原制得。因其在高温下分解为有极强还原性的二氧化硫与甲醛，因而可用于合成树脂、橡胶，或用作工业漂白剂，用于还原印染染料、漂白化工产品等。

有的非法厂商向食品（如米粉、鱿鱼、海参、竹笋、豆制品等）中添加吊白块使食品增白，外观色泽鲜丽，延长保存时间，但会破坏食品的营养成分，引起食物中毒，甚至致癌，因此，我国禁止在食品中添加吊白块，生产商必须依据国家安全标准保障产品质量安全。

$$HCHO + NaHSO_3 \xrightarrow{加成} HOCH_2SO_2ONa \xrightarrow{还原} HOCH_2SOONa$$

2. 与硫醇的加成反应 硫醇比相应的醇具有更强的亲核能力，乙二硫醇在室温下即可与醛或酮反应生成缩硫醛（酮）。缩硫醛（酮）需要氯化汞才可以重新水解为原来的醛（酮），因此较少用它作羰基的保护基。但缩硫酮能被雷尼镍催化氢解为亚甲基，因此有机合成中常应用这个反应使羰基间接转变为亚甲基。

$$\underset{R'}{\overset{R}{>}}C=O + \underset{HS}{\overset{HS}{>}}CH_2CH_2 \xrightleftharpoons{H^+} \underset{R'}{\overset{R}{>}}C\underset{S}{\overset{S}{<}}\underset{}{\overset{}{|}} \xrightarrow{H_2,Ni} \underset{R'}{\overset{R}{>}}CH_2 + NiS\downarrow + CH_3CH_3\uparrow$$

（四）与含氮亲核试剂——氨及其衍生物的加成反应

醛、酮可与氨及其衍生物（胺、羟胺、肼、苯肼、2,4-二硝基苯肼、氨基脲等）发生亲核加成反应，得到不稳定的加成产物半缩醛（酮）胺，又称 α-氨基醇，半缩醛（酮）胺再进一步脱水分别得到亚胺（imine）及其衍生物肟、腙、脲腙。

$$\underset{R'}{\overset{R}{>}}C=O + H_2N-G \rightleftharpoons \underset{R'}{\overset{R}{>}}C\underset{OH}{\overset{NHG}{<}} \xrightarrow{-H_2O} \underset{R'}{\overset{R}{>}}C=N-G$$

由于氮原子相对于氧原子具有更强的亲核性，因而有些亚胺的制备无须任何催化剂。催化量的酸能加快决速步骤及脱水步骤的反应速率，但过量的酸会将胺转化为铵盐，从而降低游离胺的浓度，因而，制备亚胺的最佳 pH 范围为 4~5（表 10-2）。

表 10-2 氨及其衍生物与醛、酮缩合产物的名称

试剂		产物	
H_2N-H	氨（ammonia）	$\text{\textbackslash}C=N-H$	亚胺（imine）或席夫碱（Schiff base）
H_2N-R	伯胺（primary amine）	$\text{\textbackslash}C=N-R$	亚胺（imine）或席夫碱（Schiff base）
H_2N-OH	羟胺（hydroxylamine）	$\text{\textbackslash}C=N-OH$	肟（oxime）
H_2N-NH_2	肼（hydrazine）	$\text{\textbackslash}C=N-NH_2$	腙（hydrazone）
$H_2N-NHC_6H_5$	苯肼（phenylhydrazine）	$\text{\textbackslash}C=N-NHC_6H_5$	苯腙（phenylhydrazone）
$H_2N-NH-C_6H_3(NO_2)_2$	2,4-二硝基苯肼（2,4-dinitrophenylhydrazine）	$\text{\textbackslash}C=N-NH-C_6H_3(NO_2)_2$	2,4-二硝基苯腙（2,4-dinitrophenylhydrazone）
$H_2N-NHCONH_2$	氨基脲（semicarbazide）	$\text{\textbackslash}C=N-NHCONH_2$	缩氨脲（semicarbazone）

羰基与仲胺的加成产物不稳定，若 α-碳上有氢，中间体通过碳原子的去质子化消除一分子水生成烯胺（enamine）。

亚胺或烯胺在稀酸中可水解为原来的羰基化合物，因此可利用该反应分离提纯醛、酮。肟、腙等缩合产物比普通的亚胺更耐水解，且具有很好的结晶形式，有准确的熔点，常用于鉴别醛、酮，尤其是 2,4-二硝基苯肼，与羰基化合物反应生成的 2,4-二硝基苯腙为黄色晶体，能灵敏地鉴别醛、酮。因此，氨的衍生物又称羰基试剂（carbonyl reagent）。此外，上述缩合产物在酸中可水解，得到原来的醛、酮。

2,4-二硝基苯肼　　　　　环己酮-2,4-二硝基苯腙

视窗 10-3　　　　　　　　眼睛的可视化过程

眼睛能看到五光十色，这是由醛与胺缩合而成的亚胺通过异构化而实现的。全反式维生素 A 在体内可被异构化酶催化转化为 11-顺维生素 A，后者被酶氧化为顺式维生素 A 醛（即 11-顺视黄醛）。在视网膜中亲脂性的 11-顺视黄醛可与视蛋白的疏水性口袋结合，并通过醛基与视蛋白的氨基脱水缩合反应形成紫红色的亚胺产物，即视紫红质。视紫红质是视杆细胞中的光敏性物质，其共轭结构能吸收各种波长的可见光并十分灵敏地异构化为全反式结构，分子几何形状的巨大变化激发大脑的神经冲动，产生视觉感知。

全反式视紫红质由于链伸长，与视蛋白的结构不匹配，失去了视蛋白疏水性口袋的保护作用，随之被水解为全反式视黄醛及视蛋白，前者可被还原为全反式维生素 A，也可在光作用下在视网膜中被异构化酶异构化为 11-顺视黄醛。由于视黄醛在转变过程中有损耗，当维生素 A 不足时，可引起夜盲症，可补充鱼肝油、胡萝卜等。

因此，全反式维生素 A 通过异构化、氧化生成 11-顺视黄醛，后者与视蛋白相继发生缩合、异构化、水解反应生成全反式视黄醛及视蛋白。各种生命活动总是与分子的化学转化密切关联。

视窗 10-4　　乌洛托品

乌洛托品（urotropine, ）又称六亚甲基四胺（分子式：$C_6H_{12}N_4$），它是由氨和甲醛反应生成类似于金刚烷的多环杂环化合物，白色晶体，280℃升华，可溶于水，易溶于大多数有机溶剂。乌洛托品有广泛的应用，它可作为有机合成原料、分析化学试剂、燃料、防腐剂等。

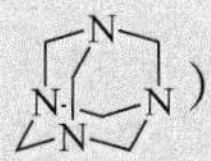

在医学中，乌洛托品可作为尿路抗菌剂，或制成肠溶衣片作为口服抗菌药。乌洛托品可视作前药，它在体内酸性介质中可被水解为铵离子和具有杀菌作用的甲醛，避免了直接使用甲醛给药的不方便性及高浓度甲醛的毒性。

二、α-氢的反应

（一）酮式-烯醇式互变异构

醛、酮 α-氢受羰基吸电子诱导效应的影响，表现出酸性，其 pK_a 值一般为 16～21，其酸性比末端炔氢的酸性还强。因此，强碱能脱去醛、酮的 α-氢，产生的负电荷可离域到羰基氧原子上而增强稳定性。

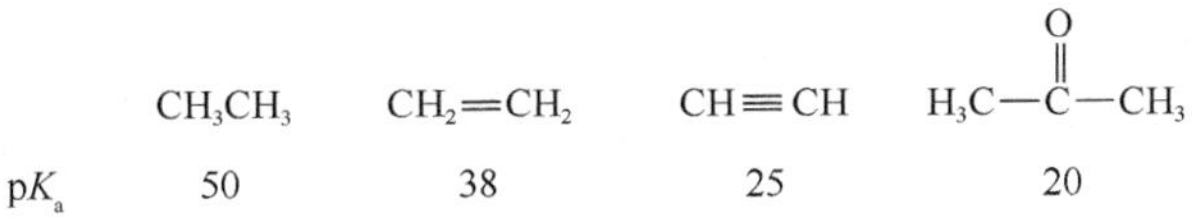

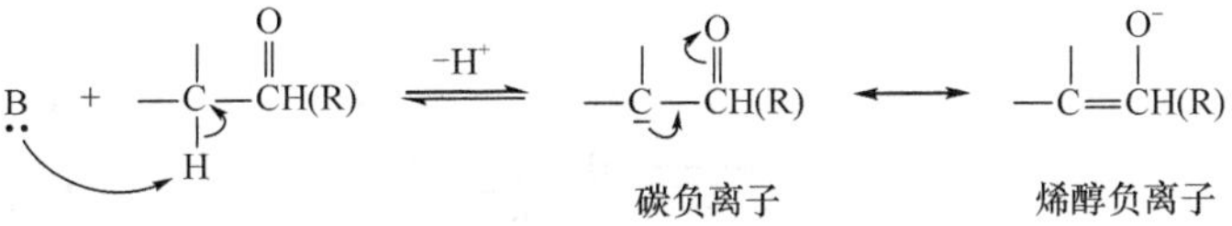

	CH_3CH_3	$CH_2=CH_2$	$CH\equiv CH$	$H_3C-\overset{O}{\underset{\|\|}{C}}-CH_3$
pK_a	50	38	25	20

烯醇负离子的质子化发生在氧负离子上得到烯醇，若质子与 α-碳负离子结合则生成醛、酮。这些异构体分别称为烯醇式和酮式，这种异构现象称为酮式-烯醇式互变异构（keto-enol tautomerism）。酮式-烯醇式互变异构的过程可被酸或碱催化。

碱催化酮式-烯醇式互变异构

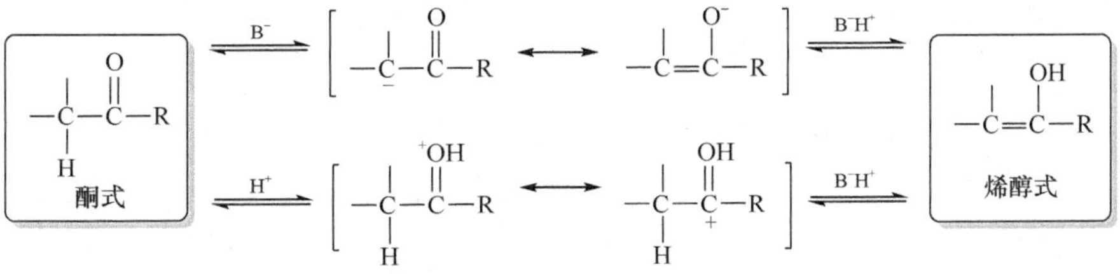

酸催化酮式-烯醇式互变异构

对于一般的醛、酮而言，酮式异构体的能量比烯醇式低 33～50kJ/mol（碳氧双键的键能比碳碳双键的键能大），所以平衡偏向于酮式一边，体系中只有痕量的烯醇。但当烯醇式可以形成共轭体系或有其他稳定烯醇式的因素存在时，平衡体系中烯醇的含量也将增加。

酮式＞99.9%　　　烯醇式＜0.1%

酮式20%　　　烯醇式80%

（二）缩合反应

在酸或碱的作用下，含有 α-氢的醛或酮与另一分子醛或酮的羰基发生亲核加成反应，生成 β-羟基醛或酮，含有 α-氢的 β-羟基醛或酮加热时很容易脱水得到 α,β-不饱和醛或酮，上述反应称为羟醛缩合（aldol condensation）反应。

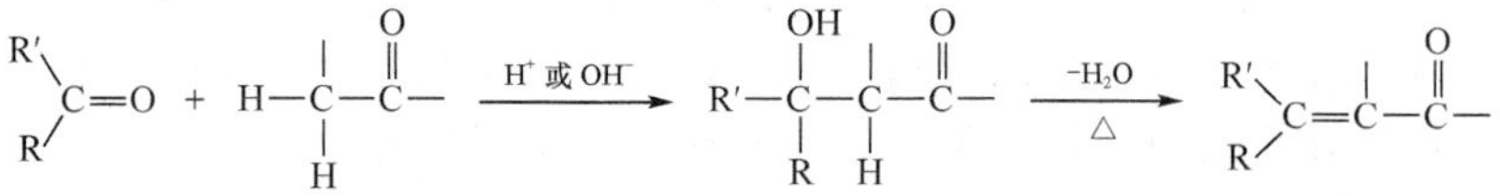

$$\underset{R}{\overset{R'}{\diagup}}C=O + H-\underset{R}{\overset{O}{C}}-\overset{O}{C}- \xrightarrow{H^+ \text{ 或 } OH^-} R'-\underset{R}{\overset{OH}{C}}-\underset{}{\overset{}{C}}-\overset{O}{C}- \xrightarrow[\triangle]{-H_2O} \underset{R}{\overset{R'}{\diagup}}C=\underset{}{C}-\overset{O}{C}-$$

大多数羟醛缩合反应是在碱（氢氧化钾、氢氧化钠、碳酸钠、氢氧化钡、乙醇钠、三级丁醇铝等）催化下进行，该反应的反应机制为：首先 α-氢在碱的作用下解离生成烯醇负离子中间体，后者作为亲核试剂进攻另一分子醛或酮的羰基碳原子，再结合质子得到 β-羟基醛或酮，产物在碱作用下受热脱水生成 α,β-不饱和醛或酮。

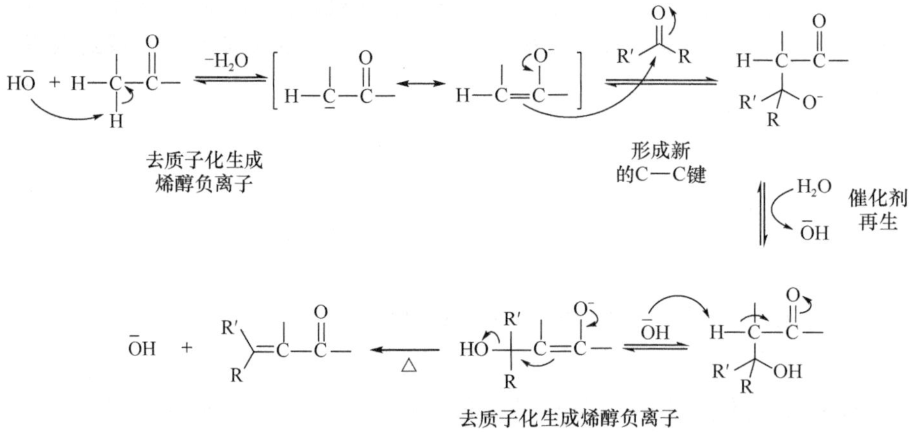

去质子化生成烯醇负离子

形成新的 C—C 键

催化剂再生

去质子化生成烯醇负离子

羟醛缩合有时也用磺酸、硫酸、路易斯酸等酸性催化剂，在强酸催化下往往直接得到脱水产物。如在阳离子交换树脂作用下，丙酮先生成 β-羟基酮，然后脱水生成 α,β-不饱和酮。该反应机制如下：首先羰基氧原子质子化，再脱去 α-氢转变为烯醇式，然后烯醇进攻质子化的羰基，生成质子化的 β-羟基酮，再经质子转移、脱水等生成 α,β-不饱和酮。

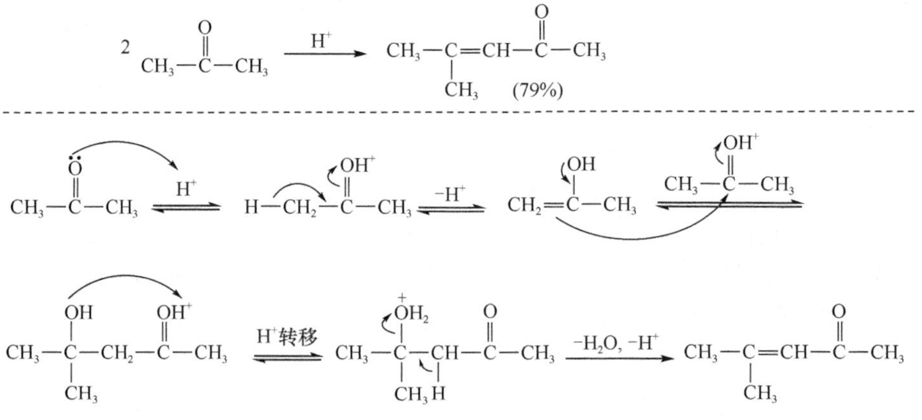

$$2\ CH_3-\overset{O}{\overset{\|}{C}}-CH_3 \xrightarrow{H^+} CH_3-\underset{CH_3}{\overset{}{C}}=CH-\overset{O}{\overset{\|}{C}}-CH_3 \quad (79\%)$$

羟醛缩合反应包括：自身羟醛缩合、交叉羟醛缩合和分子内羟醛缩合。

1. 自身羟醛缩合 含有 α-氢的醛、酮自身缩合得到 β-羟基醛、酮或 α,β-不饱和醛、酮。可通过调控反应条件选择性地合成不同的产物，若制备 α,β-不饱和醛，需要较高的温度；若制备 β-羟基醛，则控制在低温下反应，如正丁醛的缩合反应：

$$CH_3CH_2CH_2CHO + CH_3CH_2CH_2CHO \xrightarrow[80\sim100℃]{NaOH, H_2O} \underset{\underset{CH_2CH_3}{|}}{CH_3CH_2CH_2CH=CCHO} + H_2O$$
86%

$$\xrightarrow[6\sim8℃]{NaOH, H_2O} \underset{\underset{CH_2CH_3}{|}}{CH_3CH_2CH_2\overset{\overset{OH}{|}}{C}H-CHCHO}$$
75%

醛易发生羟醛缩合反应，而酮比醛更稳定，所以许多脂肪酮的羟醛缩合反应在热力学上是吸热反应，其平衡偏向于反应物一侧。例如低温下，丙酮用碱处理只生成少量的产物 4-羟基-4-甲基戊-2-酮（二丙酮醇）。为驱动反应进行，可在索氏提取器（图 10-2）内将生成的加成产物或水不断从反应混合物中分离。将催化剂 $Ba(OH)_2$ 置于提取器的滤纸筒中，丙酮的沸点较低（56℃），烧瓶中的丙酮可蒸发反复回流到提取器中接触到 $Ba(OH)_2$ 而反应生成二丙酮醇，产物沸点很高（164℃），留在套管内，而反应液通过虹吸管流回烧瓶。由于 $Ba(OH)_2$ 不溶于丙酮和产物，不会转移到烧瓶中。反应过程中，二丙酮醇不断离开反应体系，因此能促使反应朝生成产物的方向进行，可使产率达 70%。

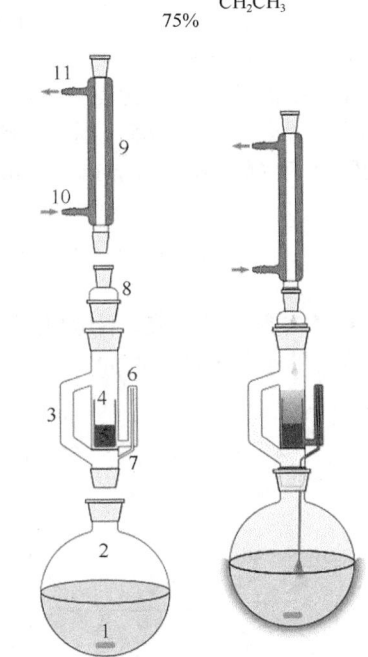

图 10-2 索氏提取器的示意图

1. 搅拌子；2. 烧瓶；3. 蒸气路径；4. 套管；5. 纸筒中的固体；6. 虹吸管；7. 虹吸管出口；8. 转接头；9. 冷凝管；10. 冷却水入口；11. 冷却水出口

$$2 \ H_3C-\overset{\overset{O}{\|}}{C}-CH_3 \xrightarrow{Ba(OH)_2} H_3C-\underset{\underset{CH_3}{|}}{\overset{\overset{OH}{|}}{C}}-CH_2-\overset{\overset{O}{\|}}{C}-CH_3 \quad \text{4-羟基-4-甲基戊-2-酮} \\ \text{（二丙酮醇）}$$

视窗 10-5　　　　　索氏提取器

索氏提取器（简称索提）是德国化学家 F. von Soxhlet 于 1879 年发明的仪器（图 10-2）。最初它用于从固体中提取脂类化合物。通常情况下，如果待提纯的化合物在溶剂中溶解度有限，而杂质不溶于这种溶剂，就可以使用索提进行提取。

样品放入厚滤纸制成的纸筒，整个纸筒置于索提的套管中。索提下方连接装有萃取溶剂的烧瓶，索提上方连接回流冷凝管。溶剂被加热后通过蒸气路径上行并被冷凝回流到套管中浸润固体。套管中逐渐充满热的溶剂，待提纯物逐渐溶解在热溶剂中。当索提的套管接满时，溶剂自动顺着虹吸管流出，重新进入烧瓶进行蒸馏。这个循环反复进行，在每个循环周期中都有一部分待提纯物溶解在溶剂中，许多个循环周期后这些待提纯化合物就集中于烧瓶。

另一种促进酮发生缩合反应的方法是用碱性更强的叔丁醇铝作催化剂，并提高反应温度。

$$2 \ C_6H_5-\overset{\overset{O}{\|}}{C}-CH_3 \xrightarrow[\text{二甲苯, 100℃}]{Al[OC(CH_3)_3]_3} C_6H_5-\underset{\underset{CH_3}{|}}{C}=CH-\overset{\overset{O}{\|}}{C}-C_6H_5$$
77%

2. 交叉羟醛缩合　若两种都含有 α-氢的醛、酮发生交叉的羟醛缩合将得到四种缩合物，由于分离困难，其应用意义不大。如用一个无 α-氢的醛、酮提供羰基，另一个含有 α-氢的脂肪族醛、酮提供烯醇负离子，这样的交叉羟醛缩合反应生成的产物相对单一，具有合成价值。为了避免含有 α-氢的醛、酮发生自身缩合，一般将无 α-氢的醛、酮先与催化剂混合，然后缓慢加入含有 α-氢的醛、酮。

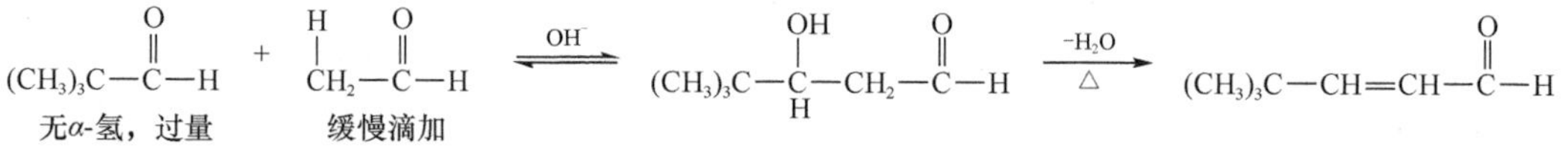

(CH3)3C—C—H
无α-氢，过量
CH2—C—H
缓慢滴加
OH⁻
OH
(CH3)3C—C—CH2—C—H
-H2O
△
(CH3)3C—CH=CH—C—H

若由芳香醛（提供羰基）和含有 α-氢的脂肪族醛、酮（提供负烯醇离子）进行交叉羟醛缩合，能高产率地生成 α,β-不饱和醛、酮，产物中包含羰基的大基团总是与芳基呈反式，此反应称为克莱森-施密特反应（Claisen-Schmidt reaction）。

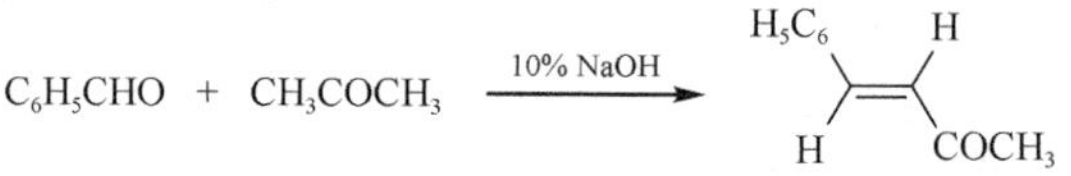

C6H5CHO + CH3COCH3
10% NaOH
H5C6
H
H
COCH3

3. 分子内羟醛缩合 二元醛、酮能发生分子内羟醛缩合反应，生成环状化合物。这是合成 5～7 元环状化合物的主要方法。例如：

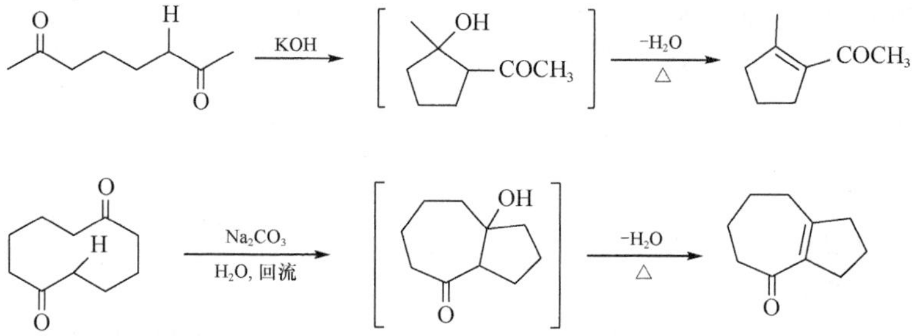

KOH
OH
COCH3
-H2O
△
COCH3
Na2CO3
H2O, 回流
OH
-H2O
△

案例 10-3 **不对称羟醛缩合反应**

自然界中葡萄糖是利用交叉羟醛缩合反应来合成的。首先，含有伯氨基的醛缩酶与 1,3-二羟基丙酮单磷酸酯的羰基缩合为亚胺，亚胺随即互变异构为烯胺，烯胺中亲核性的碳进攻甘油醛-3-磷酸酯的羰基，立体选择性地生成含氮的交叉羟醛缩合产物，后者经水解得到果糖磷酸酯，再经后续转化生成葡萄糖。

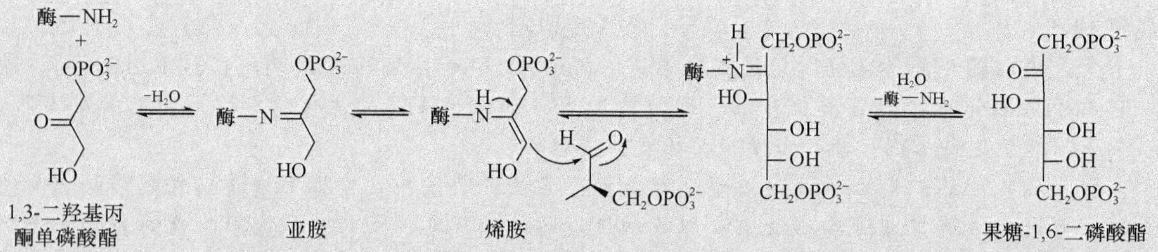

酶—NH2
+
-H2O
酶—N
酶—N
CH2OPO3 2-
H2O
-酶—NH2
1,3-二羟基丙酮单磷酸酯
亚胺
烯胺
果糖-1,6-二磷酸酯

问题 2021 年诺贝尔化学奖授予了德国科学家本杰明·利斯特（Benjamin List）和美国科学家戴维·麦克米伦（David W. C. MacMillan），表彰他们在模仿天然酶催化实现有机小分子不对称催化的贡献。请根据葡萄糖的合成反应写出天然氨基酸 L-脯氨酸催化丙酮与 2-甲基丙醛发生不对称羟醛缩合反应的机理。

案例分析 L-脯氨酸模拟自然界的醛缩酶，能与羰基生成烯胺中间体，随后烯胺与醛发生加成反应，在该步骤中，由于 L-脯氨酸含有手性碳，手性碳上羧基的质子能与醛基的氧形成分子间氢键，因而限定了过渡态的立体结构，使反应几乎单一地生成 R 构型中间体，后者进而水解生成羟醛，脯氨酸又再生，这类催化剂称为“有机小分子催化剂”。

（三）卤代反应和卤仿反应

醛、酮的 α-氢可被卤原子取代，发生卤代反应。卤代反应可被酸或碱催化，常用溶剂有氯仿、水、乙酸、乙醚等。

$$H_3C-CO-CH_3 + Br_2 \xrightarrow{HOAc} H_3C-CO-CH_2-Br + HBr$$

$$C_6H_{11}-CHO + Br_2 \xrightarrow{CHCl_3} C_6H_{10}(Br)-CHO + HBr$$

1. 酸催化卤代反应 在酸催化下，羰基首先发生质子化，再转变为烯醇异构体，接着烯醇中的双键快速与卤素发生亲电加成反应，得到含卤素的氧鎓盐，再脱质子生成卤代产物：

不同 α-氢发生卤代反应的活性次序是：

$$\underset{H}{\overset{H}{\underset{|}{C}}}-\overset{O}{\underset{|}{C}}- > -CH_2-\overset{O}{\underset{|}{C}}- > CH_3-\overset{O}{\underset{|}{C}}-$$

这是因为 α-碳上取代基越多，超共轭效应越大，形成的原子越稳定，因此该 α-氢越容易离去。第一个 α-氢被卤代后，由于卤原子的吸电子效应，羰基的氧原子上电子云密度降低，再质子化形成烯醇要比未卤代时困难。因此，酸催化卤代反应时，小心控制卤素的用量可以使反应停留在单卤代的阶段。

醛类化合物直接卤化，常被氧化成酸，可将醛形成缩醛后再卤化，然后水解保护基得到 α-卤代醛，例如：

$$OHCCH_2(CH_2)_4CH_3 \xrightarrow[HO\text{ }OH]{\text{干 HCl}} \text{（缩醛）}CH_2(CH_2)_4CH_3 \xrightarrow{Br_2} \text{（缩醛）}CH(Br)(CH_2)_4CH_3 \xrightarrow{H_3O^+} OHC-CH(Br)-(CH_2)_4CH_3$$

2. 碱催化卤代反应 碱催化羰基化合物的卤代反应过程首先是 OH^- 夺取质子形成烯醇负离子，再与卤素反应得到 α-卤代物。

$$(R)H-CO-CH_3 + X_2 \xrightarrow{NaOH} (R)H-CO-CX_3$$

$$-\underset{H}{\overset{|}{C}}-\overset{O}{\overset{\|}{C}}- \underset{-H_2O}{\overset{-OH}{\rightleftharpoons}} \left[-\underset{|}{\overset{|}{C}}-\overset{O}{\overset{\|}{C}}- \longleftrightarrow -\underset{|}{\overset{|}{C}}=\overset{O^-}{\overset{|}{C}}- \right] \xrightarrow{X-X} -\underset{X}{\overset{|}{C}}-\overset{O}{\overset{\|}{C}}- + X^-$$

不同 α-氢发生卤代反应的活性次序为:$\underset{H}{\overset{H}{CH_2}}-\overset{O}{\overset{\|}{C}}- > \underset{|}{\overset{H}{CH}}-\overset{O}{\overset{\|}{C}}- > \underset{|}{\overset{|}{C}}-\overset{O}{\overset{\|}{C}}-$,与酸催化的活性次序相反。这是由于卤原子的吸电子效应,剩余 α-氢的酸性比未卤代前增强,更容易继续发生卤代。因此,该反应无法停留在一元取代阶段,而是直到 α-碳原子上的氢原子完全被取代为止。

3. 卤仿反应 乙醛、甲基酮等含有 3 个 α-氢的醛、酮,以及能被次氯酸盐氧化的醇,能与卤素的碱性溶液反应生成三卤甲基取代的醛、酮。由于三卤甲基的吸电子诱导效应,羰基碳的亲电性增强,极易受到 OH^- 的进攻,促使羰基与三卤甲基间的 C—C 键断裂,生成三卤甲烷(又称卤仿)和少一个甲基的羧酸盐。这类反应称为卤仿反应(haloform reaction)。

$$(R)H-\overset{O}{\overset{\|}{C}}-CH_3 + X_2 \xrightarrow{NaOH} (R)H-\overset{O}{\overset{\|}{C}}-CX_3 \xrightarrow{NaOH} (R)H-\overset{O}{\overset{\|}{C}}-ONa + HCX_3 \downarrow$$

$$\uparrow NaXO$$

$$(R)H-\overset{OH}{\overset{|}{C}}H-CH_3$$

卤仿反应如果在碘的碱性溶液中进行,则生成碘仿,该反应称为碘仿反应(iodoform reaction)。碘仿反应进行很快,且碘仿为有特殊臭味的黄色固体,所以可用于乙醛、甲基酮、乙醇、2-羟基仲醇化合物的鉴别反应。碘仿反应还用于从甲基仲醇或甲基酮制备少一个甲基的羧酸。

$$(CH_3)_3CCOCH_3 \xrightarrow{I_2/NaOH} (CH_3)_3CCOONa \xrightarrow{H_3O^+} (CH_3)_3CCOOH$$

(四)外消旋化

当羰基化合物中羰基的 α-位是手性碳原子,并含有 α-氢时,该手性分子可被碱或酸催化,然后通过烯醇中间体发生外消旋化,例如:

$$C_6H_5-\overset{O}{\overset{\|}{C}}-\overset{*}{\underset{CH_3}{\overset{|}{C}}}H-C_2H_5 \rightleftharpoons C_6H_5-\overset{OH}{\overset{|}{C}}=\underset{CH_3}{\overset{|}{C}}-C_2H_5 \rightleftharpoons C_6H_5-\overset{O}{\overset{\|}{C}}-\underset{CH_3}{\overset{|}{C}}H-C_2H_5$$

$$(+ 或 -) \qquad\qquad\qquad\qquad\qquad (\pm)$$

三、氧化反应

(一)醛的氧化

醛很容易被氧化为羧酸。高锰酸钾、重铬酸钾、铬酸、过酸、过氧化氢等是常用的氧化剂。氧化银是一种温和的氧化剂,可以将醛基氧化为羧基,但分子中的双键不受影响。

$$\text{环己烯-CHO} \xrightarrow[THF]{Ag_2O/H_2O} \text{环己烯-COOH}$$

托伦试剂(Tollen reagent)即硝酸银的氨溶液 $[Ag(NH_3)_2^+]$ 和费林试剂(Fehling reagent)常用于鉴别醛类物质。托伦试剂与醛反应时,醛被氧化成羧酸,银离子被还原成银单质,附着在管壁上形成银镜,因此这个反应又称银镜反应,银镜反应在工业上可用于在玻璃表面制备银镜,如保温瓶的内镜。费林试剂是由酒石酸钾钠、硫酸铜和氢氧化钠等配制而成的深蓝色溶液,试剂中的二价双酒石酸盐负离子与铜离子螯合物为氧化剂和此检测中的活化剂。反应中,Cu^{2+} 被还原成为砖红色的氧化亚铜沉淀,蓝色消失,而醛被氧化成羧酸,由此可以用于鉴定含有羰基的化合物是否为醛。其中脂肪醛氧化速率较快,芳香醛较慢。

$$RCHO + 2Ag(NH_3)_2OH \xrightarrow{50\sim60℃} RCOONH_4 + 2Ag\downarrow + 3NH_3 + H_2O$$

$$RCHO + 2Cu^{2+} + 5OH^- \xrightarrow{\triangle} RCOO^- + Cu_2O\downarrow + 3H_2O$$

(二)酮的氧化

酮与托伦试剂和费林试剂等弱氧化剂不发生反应。在 $KMnO_4$、硝酸等强氧化剂的剧烈条件下酮羰基与 α-碳之间发生碳链断裂,生成多种羧酸的混合物。结构对称的环酮可被强氧化剂氧化为二元酸,有制备价值。例如,工业上采用环己酮的氧化反应制备尼龙-66 所需的己二酸。

$$\text{环己酮} \xrightarrow[V_2O_5]{HNO_3} HOOC(CH_2)_4COOH$$

用过酸(如过乙酸、过苯甲酸、三氟过乙酸等)氧化酮,可在羰基一侧插入氧原子生成酯。这类反应称为拜耳-维立格反应(Baeyer-Villiger reaction),常用于由环酮合成内酯。

$$\text{环己酮} + CH_3COOH \xrightarrow[40℃]{CH_3COOC_2H_5} \text{内酯}$$

1-甲基降樟脑 + CH_3COOH $\xrightarrow{CH_3COOH}$ 产物

四、还原反应

(一)羰基还原成醇羟基

1. 催化氢化 在铂、钯、镍等催化剂作用下,醛、酮很容易被还原为相应的一级醇和二级醇,分子中其他的不饱和基团 C=C、C≡C、NO_2、C≡N、C=N 等都可同时被还原。

$$CH_3O-C_6H_4-CHO \xrightarrow[CH_3CH_2OH]{H_2/Pt} CH_3O-C_6H_4-CH_2OH$$

$$CH_3CH=CHCHO \xrightarrow{H_2/Ni} CH_3CH_2CH_2CH_2OH$$

2. 金属氢化物还原 最常用的金属氢化物 $LiAlH_4$ 与 $NaBH_4$ 均可将羰基还原为羟基,但不能还原 C=C 或 C≡C。$LiAlH_4$ 极易水解,反应在无水乙醚或 THF 溶剂中进行。$NaBH_4$ 与水、质子性溶剂作用较慢,用 $NaBH_4$ 的反应可以在醇中进行,但其还原能力比 $LiAlH_4$ 弱。

$$CH_3\overset{O}{\underset{\|}{C}}CH_2C(CH_3)_3 \xrightarrow[(2)\ H_3O^+]{(1)\ NaBH_4,\ CH_3CH_2OH} CH_3\overset{OH}{\underset{|}{C}}HCH_2C(CH_3)_3$$

$$CH_3CH=CHCH_2CHO \xrightarrow[(2)\ H_3O^+]{(1)\ LiAlH_4/乙醚} CH_3CH=CHCH_2CH_2OH$$

金属氢化物还原羰基的本质是氢负离子作为亲核试剂与羰基进行亲核加成形成醇盐;再进行水解而得到醇,乙氧基硼氢化物可继续还原羰基,直至其中所有氢负离子完全消耗,因而 1mol $NaBH_4$ 能还原 4mol 醛或酮为醇,硼试剂最后转化为四乙基硼酸酯 [$B(OCH_2CH_3)_4^-$]。

$$Na^+H_3\bar{B}-H + \underset{R}{\overset{R'}{C}}=O \longrightarrow H-\underset{R}{\overset{R'}{C}}-O-BH_3Na \xrightarrow{CH_3CH_2OH} H-\underset{R}{\overset{R'}{C}}-OH + Na^+H_3\bar{B}-OCH_2CH_3$$

视窗 10-6 羰基加成的立体选择性

丁-2-酮羰基平面为分子的对称平面，在还原反应中，还原剂（H⁻）机会均等地从羰基平面的两侧加成到羰基上得到外消旋的醇，这两个产物为对映体，该平面被称为对映面，羰基碳原子被称为前手性中心。而 2-氯环丁酮有手性中心，此时羰基所在的平面不是分子的对称平面，该平面称为非对映面。对映面和非对映面统称为异位面，其平面两侧的立体环境均不同。为了标定异位面两侧的立体化学属性，可对与羰基碳相连的三个原子按优先次序递减的顺序进行排序，这三者按顺时针方向排序的面称为 Re 面；按逆时针方向排序的面称为 Si 面。

用 $LiAlH_4$ 还原丁-2-酮时，若试剂从羰基平面的 Re 面进攻，可得到 (S)-丁-2-醇；从 Si 面进攻，可得到 (R)-丁-2-醇。试剂从两边进攻的机会均等时，得到外消旋体。

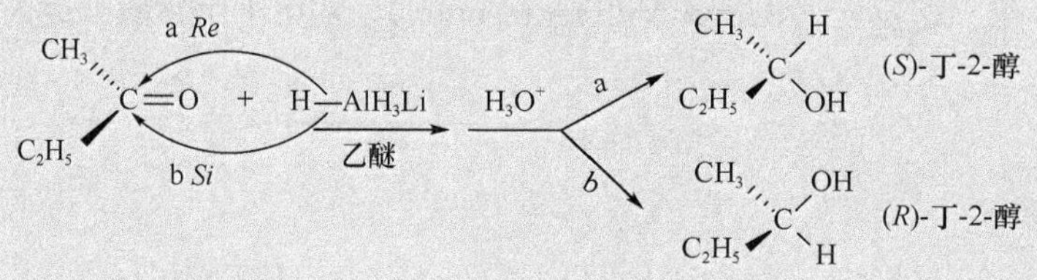

如果羰基平面属于非对映面，还原后的两种异构体量不相等。

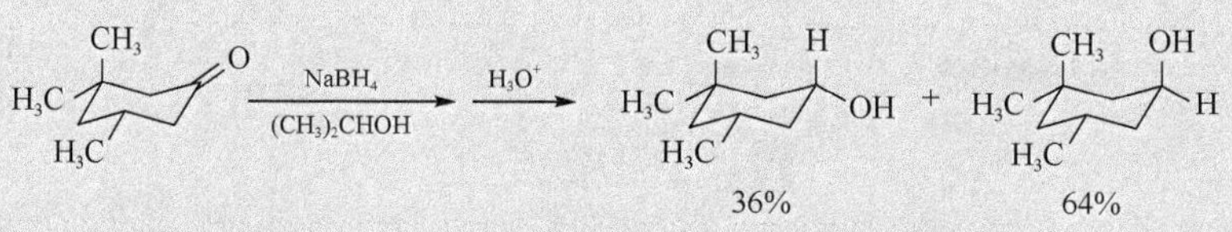

当羰基和一个手性中心连接时，反应符合克拉姆（Cram）规则：手性碳上最大的基团 L 与羰基上另一个烃基 R 重叠，而中、小基团 M、S 在羰基两侧呈邻位交叉，加成试剂倾向于从空间阻碍较小的一侧进攻。如 (S)-3-苯基丁-2-酮与 $LiAlH_4$ 反应结果如下：

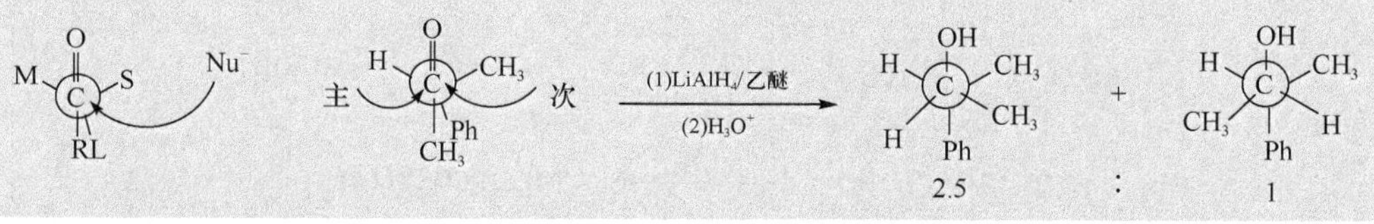

3. Meerwein-Ponndorf 还原 在苯或甲苯溶液中，异丙醇铝还原醛或酮为醇，而自身氧化成丙酮，该反应称为麦尔外因-彭多夫（Meerwein-Ponndorf）还原，为 Oppenauer 醇氧化的逆反应。该反应使用催化量的异丙醇铝即可，反应中新生成的醇铝和异丙醇交换，可再生成异丙醇铝。为了使反应进行完全，一般使用过量的异丙醇（沸点 82℃），并不断蒸去所生成的丙酮（沸点 56℃）。

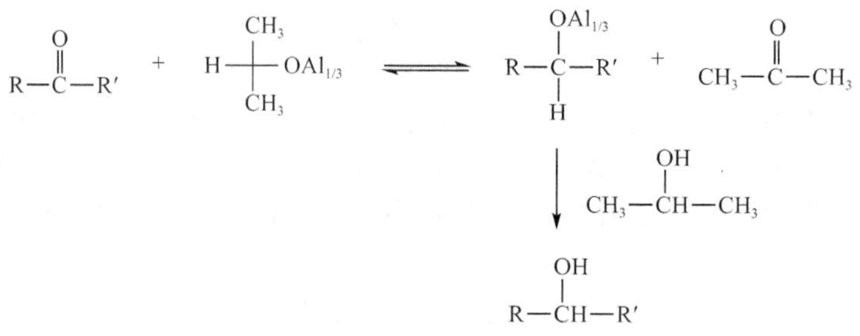

异丙醇铝是选择性很高的醛、酮还原剂，对其他的不饱和键无影响。例如制备氯霉素时，异

丙醇铝可以选择性地还原羰基，而不会影响苯环上的硝基。

$$O_2N-C_6H_4-CO-CH(NHCOCHCl_2)-CH_2OH \xrightarrow[(CH_3)_2CHOH]{[(CH_3)_2CHO]_3Al} O_2N-C_6H_4-CH(OH)-CH(NHCOCHCl_2)-CH_2OH$$

（二）羰基还原成亚甲基

1. Clemmensen 还原　将醛或酮与锌汞齐（Zn-Hg）和浓盐酸一起回流，羰基还原为亚甲基的反应称为克莱门森（Clemmensen）还原。该法适用于对酸稳定的羰基化合物。

$$-\overset{O}{\underset{\|}{C}}- \xrightarrow[\text{浓HCl}]{\text{Zn-Hg}} -CH_2- \ + \ H_2O$$

锌粒与汞盐（$HgCl_2$）在稀盐酸溶液中反应，锌可还原 Hg^{2+} 为 Hg，在锌的表面上形成锌汞齐。此法还原芳酮的效果较好，是合成侧链芳烃的好方法。而芳酮可通过芳烃的 Friedel-Crafts 酰基化反应合成。

$$C_6H_5COCH_2CH_2CH_3 \xrightarrow[\triangle]{Zn-Hg, HCl} C_6H_5CH_2CH_2CH_2CH_3$$

2. Wolff-Kishner-Huang Minglong 还原　将醛或酮与肼和金属钠或钾置于高温（约 200℃）及高压釜或封管中，醛、酮的羰基首先与肼反应成腙，再分解释放氮气而生成亚甲基，该反应称为 Wolff-Kishner 还原法，可还原对酸不稳定而对碱稳定的羰基化合物。

$$\underset{\diagup}{\overset{\diagdown}{}}C=O \xrightarrow[\text{K或Na,}\triangle]{NH_2-NH_2} \underset{\diagup}{\overset{\diagdown}{}}C=N-NH_2 \longrightarrow \underset{\diagup}{\overset{\diagdown}{}}CH_2 + N_2$$

该反应需在高压釜中高温条件下进行，操作不方便。我国化学家黄鸣龙改进了该方法，将醛或酮与肼和氢氧化钾或氢氧化钠在高沸点溶剂（如 $HOCH_2CH_2OCH_2CH_2OH$，沸点 245℃，或二甲基亚砜）中常压回流反应，改进后的方法在工业上便于大规模还原，被称沃尔夫-基斯内尔-黄鸣龙还原法（Wolff-Kishner-Huang Minglong reduction），简称黄鸣龙还原法。

$$PhCOCH_2CH_3 + NH_2NH_2 \xrightarrow[(HOCH_2CH_2)_2O/\triangle]{NaOH} PhCH_2CH_2CH_3$$

$$\text{2,3-二苯基茚酮} + NH_2NH_2 + NaOH \xrightarrow[\triangle]{DMSO} \text{2,3-二苯基茚}$$

Clemmensen 法与 Wolff-Kishner-Huang Minglong 法相互补充，前者在酸性条件下进行，后者在碱性条件下进行。而羰基化合物与硫醇形成缩硫醛与缩硫酮再催化加氢是将羰基还原为亚甲基的另一方法（见本章缩硫酮的生成）。

（三）双分子还原

活泼金属（如 Na、Al、Mg、Fe）在一定条件下（如酸、碱、水、醇等）可将醛还原成一级醇。

$$CH_3(CH_2)_5CHO \xrightarrow{Fe/CH_3COOH} CH_3(CH_2)_5CH_2OH$$

酮与活泼金属在非质子性溶剂中主要发生双分子还原偶联反应生成片呐醇（pinacol），例如，金属钠在液氨内还原二苯甲酮生成四苯乙二醇，金属镁还原环戊酮生成片呐醇。片呐醇在酸作用下可发生片呐醇重排。

$$2\ C_6H_5-\overset{O}{\underset{\|}{C}}-C_6H_5 \xrightarrow{Na} \xrightarrow{H_2O} C_6H_5-\underset{\underset{C_6H_5}{|}}{\overset{\overset{OH}{|}}{C}}-\underset{\underset{C_6H_5}{|}}{\overset{\overset{OH}{|}}{C}}-C_6H_5$$

$$2 \text{ cyclopentanone} \xrightarrow[\text{苯}]{Mg} \xrightarrow{H_2O} \text{(HO)(HO)-bicyclopentyl} \xrightarrow{H^+} \text{spiro ketone}$$

（四）歧化反应

无 α-氢的醛在浓碱作用下一分子被还原成醇，另一分子被氧化为酸的反应，称为坎尼扎罗（Cannizzaro）反应或歧化反应（disproportionation reaction）。例如，苯甲醛在浓氢氧化钠溶液的作用下，得到等量的苯甲醇和苯甲酸钠。甲醛发生该反应则得到甲醇和甲酸钠。

$$2C_6H_5CHO \xrightarrow{\text{浓 NaOH}} C_6H_5CH_2OH + C_6H_5COONa$$

$$2HCHO \xrightarrow{\text{浓 NaOH}} CH_3OH + HCOONa$$

Cannizzaro 反应可能经过下列的反应步骤：OH^- 对羰基进行亲核加成，氧原子带有负电荷，排斥电子的能力大大加强，使碳原子上的氢原子带着一对电子以氢负离子的形式转移到另一分子醛的羰基碳原子上，从而生成等量的羧酸盐和醇。

$$C_6H_5\text{-CHO} \xrightarrow{^-OH} C_6H_5\text{-C(O}^-\text{)(OH)H} \xrightarrow{C_6H_5\text{-CHO}} C_6H_5COOH + C_6H_5CH(O^-)H$$
$$\downarrow$$
$$C_6H_5COO^- + C_6H_5CH_2OH$$

两种不同的无 α-氢的醛在浓碱存在下发生交叉 Cannizzaro 反应，生成多种产物的混合物。但当甲醛与其他无 α-氢的醛发生反应时，由于甲醛的亲电性最强，总是先被 OH^- 进攻，它本身被氧化成甲酸，而另一醛则被还原成醇。例如：

$$HCHO + C_6H_5CHO \xrightarrow{\text{浓 NaOH}} C_6H_5CH_2OH + HCOONa$$

工业上利用甲醛这一性质及与乙醛的羟醛缩合反应来制备季戊四醇：乙醛和甲醛在氢氧化钙或氢氧化钠的作用下，乙醛的三个活泼氢原子和三分子的甲醛逐步发生羟醛缩合反应，得到三羟甲基乙醛，因为在醛的 α-碳上引入羟甲基，因此也称羟甲基化反应。三羟甲基乙醛和甲醛都没有 α-氢，因此在碱的催化作用下，继续发生歧化反应。

$$CH_3CHO \xrightarrow[\text{5\% NaOH}]{3HCHO} HOH_2C-C(CH_2OH)(CH_2OH)-CHO \xrightarrow[\text{40\% NaOH}]{HCHO} HOH_2C-C(CH_2OH)(CH_2OH)-CH_2OH + HCOONa$$

三羟甲基乙醛　　　　季戊四醇

五、其他反应

（一）Wittig 反应

三苯基膦 $[(C_6H_5)_3P]$（triphenyl phosphine）与卤代烃作用生成季磷盐。季磷盐在强碱（如正丁基锂、苯基锂、乙醇钠等）作用下，除去与磷相连碳上的氢原子生成磷叶立德（phosphorus ylide，又称 Wittig 试剂）。磷叶立德中带负电性的碳原子可与醛、酮的羰基发生亲核加成反应生成三苯氧膦和烯烃，这个反应称为维蒂希反应（Wittig reaction）。Wittig 反应是在有机分子中引入双键的重要方法，且反应条件温和，产率也高。

$$(C_6H_5)_3P + \underset{H}{\underset{|}{R'}}\overset{R}{\underset{|}{C}}-X \longrightarrow \left[(C_6H_5)_3\overset{+}{P}-\underset{R'}{\underset{|}{C}}HR\right]X^- \xrightarrow[-HX]{C_6H_5Li} (C_6H_5)_3\overset{+}{P}-\underset{R'}{\underset{|}{\overset{-}{C}R}} \longleftrightarrow (C_6H_5)_3P=\underset{R'}{\overset{R}{C}}$$

季磷盐　　　　　　　磷叶立德

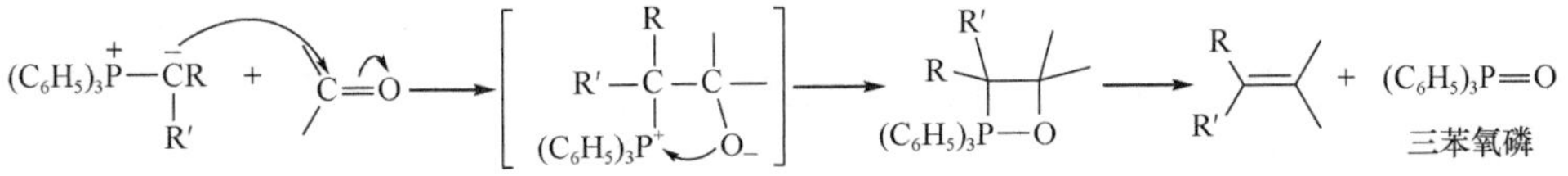

$$(C_6H_5)_3\overset{+}{P}-\overset{-}{C}R R' + \underset{R'}{\overset{R}{C}}=O \longrightarrow \left[\begin{array}{c} R\;\;\;R' \\ R'-C-C-R \\ (C_6H_5)_3\overset{+}{P}\;\;\overset{-}{O} \end{array}\right] \longrightarrow \begin{array}{c} R'\;\;\;R \\ C-C \\ R'\;\;\;\;\;\; \\ (C_6H_5)_3P-O \end{array} \longrightarrow \begin{array}{c} R\;\;\;R' \\ C=C \\ R'\;\;\;R \end{array} + (C_6H_5)_3P=O$$

三苯氧磷

制备 Wittig 试剂所用的卤代烃，可以是甲基卤代烃，伯、仲卤代烃，但不能是叔卤代烃，因其无 α-氢。在卤代烃分子中，可以含有双键、三键、烷氧基等，但不能是乙烯型卤烃。例如：

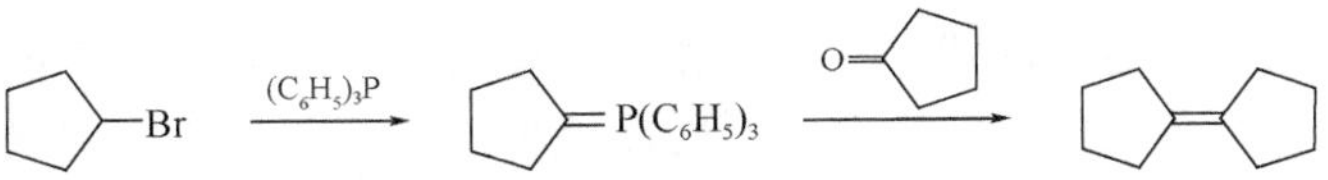

环戊基溴 $\xrightarrow{(C_6H_5)_3P}$ 环戊基=P(C_6H_5)_3 $\xrightarrow{\text{环戊酮}}$ 双环戊基烯

Wittig 反应中羰基化合物的反应活性是醛＞酮，酯不反应，例如：

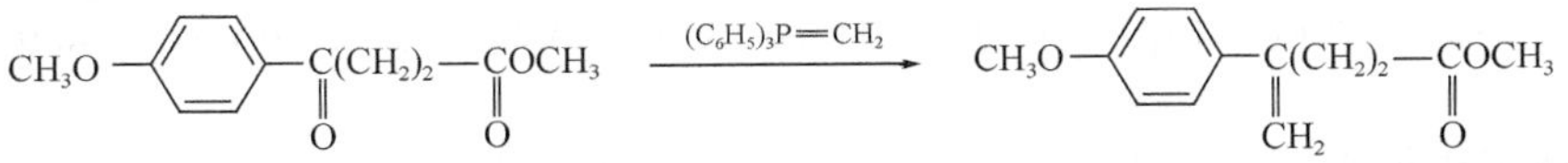

$CH_3O-C_6H_4-\underset{O}{\overset{\|}{C}}(CH_2)_2-\underset{O}{\overset{\|}{C}}OCH_3 \xrightarrow{(C_6H_5)_3P=CH_2} CH_3O-C_6H_4-\underset{CH_2}{C}(CH_2)_2-\underset{O}{\overset{\|}{C}}OCH_3$

（二）Mannich 反应

含有 α-氢的醛、酮与甲醛及胺反应，可以在 α-位引入氨甲基，这个反应称为曼尼希（Mannich）反应，又称胺甲基化反应。利用这个反应，可以从简单的胺制备较复杂的胺。反应可用三聚或多聚甲醛或甲醛溶液在水、醇溶液中进行，胺类一般用仲胺的盐酸盐。反应在酸性条件下进行，生成的产物一般以盐的形式存在。

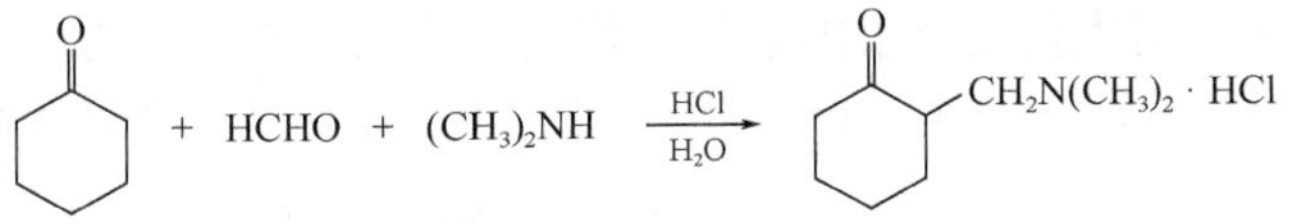

环己酮 + HCHO + $(CH_3)_2NH \xrightarrow[H_2O]{HCl}$ 2-[(二甲氨基)甲基]环己酮·HCl

（三）Perkin 反应

芳香醛和含两个 α-氢的酸酐在相应羧酸盐存在下发生亲核加成反应，然后失去一分子羧酸，生成 β-芳基-α,β-不饱和酸，这一反应称为珀金（Perkin）反应。Perkin 反应常用于制备不饱和酸，产物中芳基与羧基处于反式。例如：

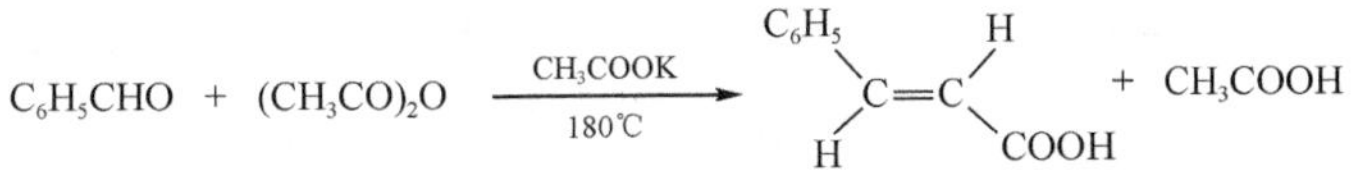

$C_6H_5CHO + (CH_3CO)_2O \xrightarrow[180℃]{CH_3COOK} \begin{array}{c} C_6H_5\;\;\;\;H \\ C=C \\ H\;\;\;\;COOH \end{array} + CH_3COOH$

反式肉桂酸

该反应机制类似于羟醛缩合反应，首先乙酸酐在乙酸钾作用下生成烯醇氧负离子，继而亲核加成到醛基，再脱水消除为双键，最后水解酸酐为羧酸。取代芳香醛的取代基性质对反应有影响。若芳环上有吸电子取代基，缩合反应易进行，反之则困难。如对硝基苯甲醛与乙酸酐缩合生成对硝基肉桂酸，产率为 82%，而对二甲氨基苯甲醛则不发生 Perkin 反应。

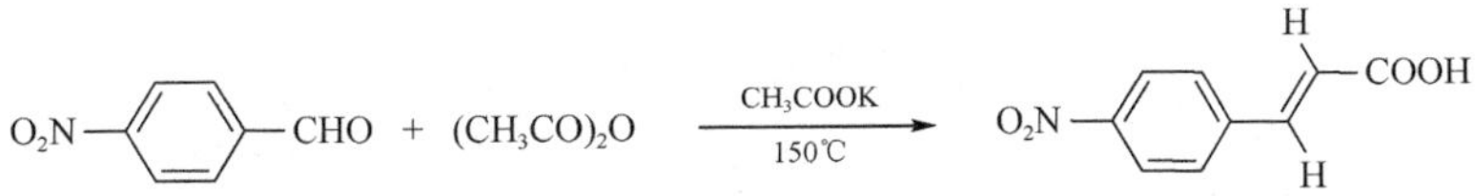

$O_2N-C_6H_4-CHO + (CH_3CO)_2O \xrightarrow[150℃]{CH_3COOK} O_2N-C_6H_4-\begin{array}{c} H\;\;\;\;COOH \\ C=C \\ \;\;\;\;H \end{array}$

对硝基肉桂酸(82%)

（四）Knoevenagel 缩合反应

芳香醛在弱碱（如胺、吡啶等）催化下与具有活泼亚甲基的化合物（如丙二酸、丙二酸二乙酯等）的缩合反应，称为 Knoevenagel 缩合反应。例如，苯甲醛在哌啶及吡啶混合物的催化下与丙二酸二乙酯反应生成 α,β-不饱和酯，再经酯水解、脱羧得到 α,β-不饱和羧酸。该反应机制类似于羟醛缩合，碱夺取丙二酸二乙酯亚甲基上的一个活泼氢原子，得到碳负离子，该离子作为亲核试剂与醛羰基加成、脱水得 α,β-不饱和化合物。

$$\text{PhCHO} + \text{CH}_2(\text{COOC}_2\text{H}_5)_2 \xrightarrow[\Delta]{\text{吡啶/哌啶}} \text{PhCH}=\text{C}(\text{COOC}_2\text{H}_5)_2 \xrightarrow[\text{H}_2\text{O}]{\text{OH}^-} \xrightarrow[\Delta]{\text{H}^+} \text{PhCH}=\text{CHCOOH}$$

由于亚甲基上的氢原子足够活泼,在弱碱作用下就可产生可以进行亲核加成的碳负离子,所用的催化剂是弱碱,可避免醛的自身缩合。脂肪族醛也能进行此反应。酮羰基的反应活性低,一般酮不与丙二酸或丙二酸酯作用。

$$(\text{CH}_3)_2\text{CHCH}_2\text{CHO} + \text{CH}_2(\text{COOC}_2\text{H}_5)_2 \xrightarrow[\text{苯}/\Delta]{\text{吡啶}} (\text{CH}_3)_2\text{CHCH}_2\text{CH}=\text{C}(\text{COOC}_2\text{H}_5)_2 \xrightarrow{\text{OH}^-/\text{H}_2\text{O}} \xrightarrow[\Delta]{\text{H}^+} (\text{CH}_3)_2\text{CHCH}_2\text{CH}=\text{CHCOOH}$$

(五) Darzens 反应

在强碱(如醇钠、氨基钠等)存在下,醛、酮与 α-卤代酸酯反应,生成 α,β-环氧酸酯的反应称为达尔藏反应(Darzens reaction)。例如:

$$\text{环己酮} + \text{ClCH}_2\text{COOC}_2\text{H}_5 \xrightarrow{(\text{CH}_3)_3\text{COK}} \text{环己烷-环氧-CHCOOC}_2\text{H}_5$$

该反应的机制为:α-卤代酸酯在强碱作用下形成碳负离子,后者与醛、酮的羰基发生亲核加成后,得到的氧负离子中间体发生分子内亲核取代反应生成环氧化合物。环氧酸酯水解后酸化,可加热脱羧生成醛、酮。因此,利用 Darzens 反应可制备比原料多一个碳的醛、酮。

[反应机理图]

[环氧酸酯水解脱羧生成环己基甲醛反应式]

(六) 聚合反应

甲醛、乙醛等低级醛可以发生聚合作用,生成链状或环状化合物。聚合反应可以看作是羰基的双键打开,与另一分子的羰基碳原子发生亲核加成。如甲醛、乙醛都可以形成环状三聚体。三聚甲醛和三聚乙醛常温下是固体,一般采用这种形式保存甲醛和乙醛,使用时加少量硫酸将醛蒸出即可。

$$\text{R}-\overset{\text{O}}{\overset{\|}{\text{C}}}-\text{H} \xrightleftharpoons{\text{H}_2\text{SO}_4} \text{三聚环状结构} \quad \begin{array}{l} \text{R=H: 三聚甲醛} \\ \text{R=CH}_3\text{: 三聚乙醛} \end{array}$$

甲醛水溶液浓缩或在储存过程中,容易形成聚合度达 100 左右的多聚甲醛白色沉淀。聚合物在 100℃时迅速分解为甲醛。在碱的作用下,苯酚与甲醛发生聚合生成酚醛树脂。

$$\text{HCHO} + \text{H}_2\text{O} \longrightarrow \text{HO}-\text{CH}_2-\text{OH} \xrightarrow{n\text{HCHO}} \text{HOCH}_2(\text{OCH}_2)_n\text{OH}$$

第四节 醛、酮的制备

一、官能团转化法

（一）醇的氧化

伯醇和仲醇可以被氧化剂氧化为醛、酮，常用的氧化剂有琼斯（Jones）试剂（CrO_3^-/稀硫酸）、沙瑞特（Sarrett）试剂[$CrO_3/(C_5H_5N)_2$]、活性 MnO_2 及异丙醇铝/丙酮（Oppenauer 氧化）等，这些氧化剂只氧化羟基，而不影响结构中的其他不饱和键。

（二）由烯烃和炔烃制备

烯烃被 O_3 氧化后在金属 Zn 存在下水解，得到产率很高的醛或酮。

$$\text{C=C} \xrightarrow{O_3} \text{C}\underset{O-O}{\overset{O}{\text{C}}} \xrightarrow{Zn/H_2O} \text{C=O} + \text{O=C}$$

酸催化下炔烃和水的加成反应可制备酮，末端炔烃可通过硼氢化-氧化得到醛。

$$R-C\equiv CH + H_2O \xrightarrow[H_2SO_4]{HgSO_4} R-\underset{O}{\overset{\|}{C}}-CH_3$$

$$R-C\equiv CH \xrightarrow[\text{醚}]{B_2H_6} \xrightarrow[OH^-]{H_2O_2} R-CH_2CHO$$

（三）二氯代烷水解

二氯代烷在碱性条件下水解再脱一分子水，得到醛或酮。

$$\underset{R'}{\overset{R}{\text{C}}}\underset{Cl}{\overset{Cl}{}} \xrightarrow[H_2O]{OH^-} \underset{R'}{\overset{R}{\text{C}}}=O$$

（四）由芳烃侧链控制氧化

用 MnO_2/H_2SO_4、$CrO_3/(CH_3CO)_2O$ 等氧化剂可将芳烃侧链的 α-位（苄基位）氧化为羰基。含有硝基、氯、溴等吸电子基团的芳环对以上氧化剂稳定，含氨基等给电子基团的芳环易被以上氧化剂氧化。

$$Ph-CH_3 \xrightarrow{MnO_2/H_2SO_4} Ph-CHO$$

$$Ph-CH_2CH_3 \xrightarrow[MgSO_4\cdot H_2O]{MnO_2} Ph-COCH_3$$

$$\underset{Br}{\overset{CH_3}{\text{Ar}}} \xrightarrow[CrO_3/(CH_3CO)_2O]{CH_3COOH, H_2SO_4} \underset{Br}{\overset{CH(OCOCH_3)_2}{\text{Ar}}} \xrightarrow{H_2O} \underset{Br}{\overset{CHO}{\text{Ar}}}$$

（五）由酰氯还原

用降低了活性的钯催化剂（$Pd/BaSO_4$）催化氢化，或用三叔丁基氢化铝锂、三乙氧基氢化铝锂等试剂可选择性地还原酰卤为醛，该反应称为罗森蒙德（Rosenmund）反应。该反应条件下硝基、酯基、酰胺基等不受影响。

$$C_2H_5O\overset{O}{\overset{\|}{C}}(CH_2)_2\overset{O}{\overset{\|}{C}}-Cl \xrightarrow[H_2, \text{二甲苯}]{Pd/BaSO_4} C_2H_5O\overset{O}{\overset{\|}{C}}(CH_2)_2CHO + HCl$$

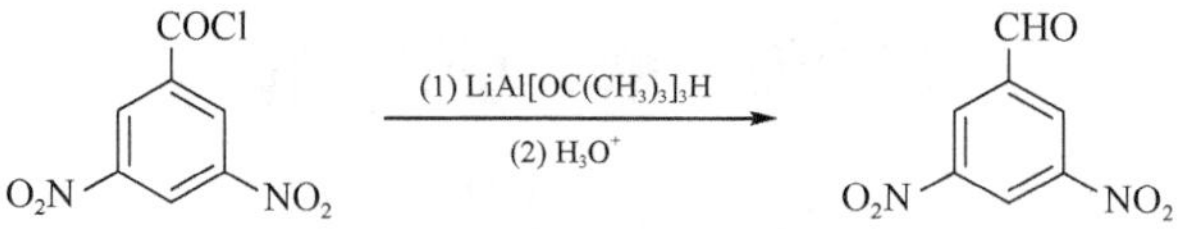

$$\underset{\underset{NO_2}{\underset{|}{\bigcirc}}}{\overset{COCl}{\bigcirc}}\xrightarrow[(2) H_3O^+]{(1)\ LiAl[OC(CH_3)_3]_3H} \underset{O_2N}{\overset{CHO}{\bigcirc}}NO_2$$

二、分子中直接引入羰基

（一）芳烃 Friedel-Crafts 酰基化反应

Friedel-Crafts 酰基化反应是制备芳香酮的优良方法，该反应要求芳环上无强吸电子基团。

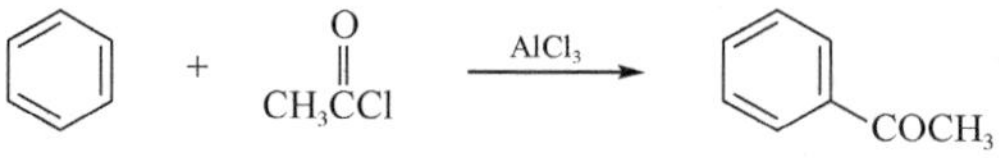

$$\bigcirc + CH_3\overset{O}{\underset{\|}{C}}Cl \xrightarrow{AlCl_3} \bigcirc\text{-}COCH_3$$

（二）Gattermann-Koch 反应

在无水三氯化铝和氯化亚铜催化下，芳烃与氯化氢和一氧化碳混合气体作用生成芳醛的反应称为加特曼-科赫（Gattermann-Koch）反应。该反应是 Friedel-Crafts 酰基化反应的特例。在该反应中，一氧化碳和盐酸生成与甲酰氯相似的中间体，与芳环发生亲电加成反应。烷基苯、酚等易发生副反应，而含有强钝化基团的化合物不发生反应。

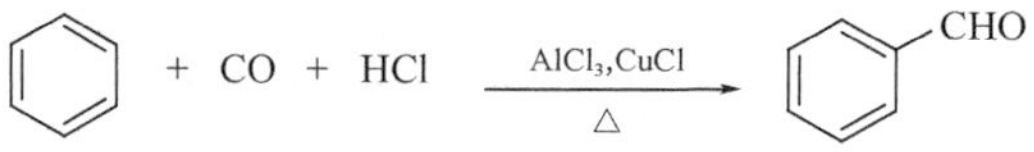

$$\bigcirc + CO + HCl \xrightarrow[\Delta]{AlCl_3, CuCl} \bigcirc\text{-}CHO$$

（三）Reimer-Tiemann 反应

酚和氯仿在碱性溶液中共热，在酚羟基邻位（或对位）引入醛基的方法称为赖默尔-蒂曼（Reimer-Tiemann）反应。

$$\bigcirc\text{-}OH + CHCl_3 \xrightarrow[\Delta]{NaOH/H_2O} \xrightarrow{H^+} \underset{CHO}{\bigcirc\text{-}OH} + \underset{CHO}{\overset{OH}{\bigcirc}}$$

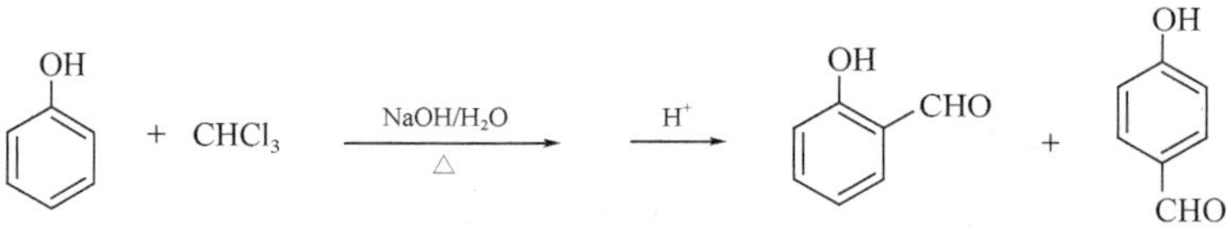

第五节 α,β-不饱和醛、酮

一、结　构

α,β-不饱和醛、酮的结构类似于丁-1,3-二烯，烯键碳原子、羰基碳原子和羰基氧原子均为 sp^2 杂化，未参与杂化的四个 p 轨道形成两个共轭的 π 键。羰基氧上两对孤对电子占据 sp^2 杂化轨道。丙烯醛的分子结构如图 10-3 所示。

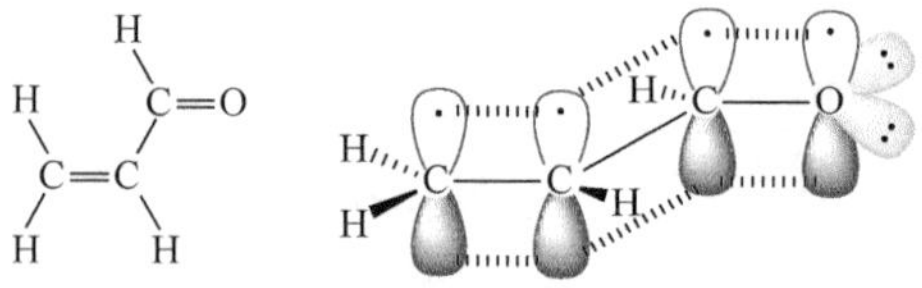

图 10-3　丙烯醛的分子结构

二、反　应

α,β-不饱和醛、酮的分子中同时含有碳碳双键和羰基，两者相互影响，使其既可发生亲核加成反应，也可发生亲电加成反应，加成反应具有 1,2-加成和 1,4-加成两种方式。

（一）亲核加成反应

α,β-不饱和羰基化合物的亲核加成可用以下通式表示，亲核试剂 Nu^- 可进攻羰基碳原子，发生 1,2-加成，也可进攻 β-碳原子，发生 1,4-加成。

$$\overset{4}{-C}=\overset{3}{C}-\overset{2}{\underset{\alpha}{C}}=\overset{1}{O} + Nu^- \begin{array}{c} \xrightarrow{1,2\text{-加成}} -C=C-\overset{Nu}{\underset{|}{C}}-O^- \xrightarrow{A^+} -C=C-\overset{Nu}{\underset{|}{C}}-OA \\ \xrightarrow{1,4\text{-加成}} -\overset{|}{\underset{Nu}{C}}-C=C-O^- \xrightarrow{A^+} -\overset{|}{\underset{Nu}{C}}-C=C-OA \xrightarrow[\text{互变异构}]{A=H:} -\overset{|}{\underset{Nu}{C}}-\overset{|}{\underset{H}{C}}-C=O \end{array}$$

当上式中 A 为 H 时，1,4-加成产物为烯醇，将互变异构为稳定的酮式，加成看似发生在碳碳双键上，但属于 1,4-加成。可与羰基加成的亲核试剂均可以与 α,β-不饱和羰基化合物加成。若亲核试剂为 H_2O、ROH、氨、胺、HCN、$NaHSO_3$ 时，通常发生 1,4-加成，因为 1,4-加成产物是羰基化合物，比 1,2-加成产物（如水合物、半缩醛、缩醛、半缩醛胺等）更稳定；胺的特殊衍生物（如羟胺、脲、肼）发生 1,2-加成生成的亚胺衍生物可以从溶液中沉淀析出，从而驱动反应平衡不断向 1,2-加成产物方向移动。

$$C_6H_5CH=CHCOC_6H_5 + KCN \xrightarrow{CH_3COOH} C_6H_5\underset{CN}{\underset{|}{C}}H-CH_2COC_6H_5$$

$$C_6H_5CH=CHCHO + NaHSO_3 \longrightarrow C_6H_5\underset{SO_3Na}{\underset{|}{C}}H-CH_2CHO$$

若亲核试剂为有机锂、有机钠试剂，主要发生 1,2-加成。

$$C_6H_5CH=CH-\overset{O}{\underset{\|}{C}}-C_6H_5 \xrightarrow[(1,2\text{-加成})]{C_6H_5Li} \xrightarrow{H_3O^+} C_6H_5CH=CH-\overset{OH}{\underset{\underset{C_6H_5}{|}}{\underset{|}{C}}}-C_6H_5$$
$$75\%$$

$$CH_2=CH-\overset{O}{\underset{\|}{C}}-CH_3 \xrightarrow{CH\equiv CNa} \xrightarrow{H_3O^+} CH_2=CH-\overset{OH}{\underset{\underset{CH_3}{|}}{\underset{|}{C}}}-C\equiv CH$$

与格氏试剂加成时，反应的选择性与底物、试剂的位阻有关。醛基比较活泼，位阻小时，与格氏试剂主要发生 1,2-加成。酮的取代基位阻较小时，反应以 1,2-加成为主；位阻大时，反应以 1,4-加成为主。

$$C_6H_5CH=CHCHO \xrightarrow[(1,2\text{-加成})]{C_6H_5MgBr} \xrightarrow{H_3O^+} C_6H_5CH=CH-\overset{OH}{\underset{|}{C}}H-C_6H_5$$
$$100\%$$

$$C_6H_5CH=CH-\overset{O}{\underset{\|}{C}}-C_6H_5 \xrightarrow[(1,4\text{-加成})]{C_6H_5MgBr} \xrightarrow{H_3O^+} C_6H_5\underset{\underset{C_6H_5}{|}}{C}H-CH_2-\overset{O}{\underset{\|}{C}}-C_6H_5$$
$$92\%$$

（二）亲电加成反应

α,β-不饱和醛、酮进行亲电加成时，由于羰基的吸电子作用，不仅降低了碳碳双键的活性，而且影响加成反应的方向。HX、H_2SO_4 参与的反应为 1,4-加成：

$$CH_2=CH-\underset{H}{\overset{O}{\underset{\|}{C}}} + HCl(\text{气}) \xrightarrow{-10\,^\circ\!C} \underset{Cl}{\underset{|}{C}}H_2-\underset{H}{\underset{|}{C}}H-\underset{H}{\overset{O}{\underset{\|}{C}}}$$

α,β-不饱和醛、酮与卤素、次卤酸等不发生共轭加成，只在碳碳双键上发生亲电加成反应。

（三）还原反应

LiAlH$_4$ 可选择性地还原羰基，而不影响碳碳双键。若用 NaBH$_4$ 还原 α,β-不饱和醛、酮，则与羰基共轭的双键也会部分被还原得到混合物。

通过 Pt、Pd、Ni 等金属催化氢化既可以还原碳碳双键也可以还原羰基，但在共轭体系中，控制氢气的用量及反应条件，可以选择性地还原碳碳双键。

$$C_6H_5CH=CHCHO \xrightarrow{H_2,\ Ni} C_6H_5CH_2CH_2CHO \xrightarrow[\text{加温，加压}]{H_2,\ Ni} C_6H_5CH_2CH_2CH_2OH$$

碱金属（Li、K、Na）在液氨中可还原与羰基共轭的碳碳双键。

（四）迈克尔加成

α,β-不饱和醛、酮与烯醇负离子发生的共轭加成反应称为迈克尔加成（Michael addition）。该反应在有机合成中广泛应用。迈克尔加成的机制如下：具有亲核性的烯醇负离子对不饱和羰基化合物（迈克尔受体）的 β-碳加成形成烯醇负离子，后者质子化，得到 1,5-二羰基化合物。

迈克尔加成常用的亲核试剂有：丙二酸二酯、乙酰乙酸乙酯、β-二酮、α-氰基乙酸酯、硝基化合物等。它们的 CH$_2$ 两侧各连有一个吸电子的基团，在碱 [RONa、(C$_2$H$_5$)$_3$N、C$_5$H$_{11}$N（哌啶）、氨基钠等] 催化下易脱去 H$^+$ 而生成碳负离子，后者发生电子离域而稳定。

丙二酸二酯　　乙酰乙酸乙酯　　β-二酮　　α-氰基乙酸乙酯　　硝基化合物

迈克尔受体也可以是 α,β-不饱和酸酯、不饱和腈等。

$$\text{CH}_2=\text{CHCOOEt} + \text{H}_2\text{C}(\text{CN})(\text{COOEt}) \xrightarrow[\text{EtOH}]{\text{NaOEt}} \text{EtOOC}(\text{CN})\text{CH-CH}_2\text{CH}_2\text{COOEt}$$

$$\text{CH}_2=\text{CHCN} + \text{H}_2\text{C}(\text{COCH}_3)_2 \xrightarrow[\text{t-BuOH}]{(\text{CH}_3\text{CH}_2)_3\text{N}} (\text{H}_3\text{COC})_2\text{CH-CH}_2\text{CH}_2\text{CN}$$

（五）插烯规律

在醛、酮的羰基和 α-碳之间插入一个或多个乙烯基（$-\text{[CH=CH]}_n-$），形成 $\text{R-CO-[CH=CH]}_n\text{CH}_3$，则插入乙烯基前后，羰基与甲基的反应活性不变。这种现象称为插烯规律（vinylogy rule）。羰基的吸电子诱导效应通过共轭效应传递，这是电子离域的结果。如根据插烯规律，巴豆醛（$\text{CH}_3\text{CH=CHCHO}$）可发生 1,4-加成，其分子中的 —$\text{CH}_3$ 和 —CHO 的性质与乙醛中相应的官能团相似，巴豆醛也可以发生与乙醛类似的羟醛缩合反应等。

习 题

1. 用系统命名法命名下列化合物。

（1）2,4-二甲基环己基-CH$_2$CH$_2$CHO　　　（2）H$_3$CO-C$_6$H$_4$-CHO

（3）(H$_3$C)$_2$C=CHCH$_2$CH$_2$CHO　　　（4）C$_6$H$_5$COCH$_2$CH$_3$

（5）3-甲基环戊酮　　　（6）CH$_3$COCH(CH$_2$CH$_3$)COCH$_3$

（7）环己烷-1,4-二酮　　　（8）(C$_6$H$_5$)(H$_3$C)C=C(CH$_3$)COCH$_2$CH$_3$

（9）C$_6$H$_5$C(Cl)(CH$_3$)COCH$_3$　　　（10）CH$_3$CH$_2$CH(C$_6$H$_5$)COCH(CH$_3$)$_2$... 即 CH$_3$CH$_2$CH(C$_6$H$_5$)COCH$_2$CH$_2$CH$_3$

2. 给出下列化合物的结构式。
   （1）4-苯基丁-2-酮　　　（2）α-氯代丙醛
   （3）4-甲基戊-2-酮　　　（4）4-溴环戊-2-烯-1-酮
   （5）对羟基苯乙酮　　　（6）丙酮肟
   （7）丁醛苯腙　　　　　（8）乙醛缩氨脲
   （9）环己酮-2,4-二硝基苯腙

3. 用化学方法区别下列各组化合物。
   （1）C$_6$H$_5$CHO，C$_6$H$_5$COCH$_3$，C$_6$H$_5$OH，C$_6$H$_5$CH$_2$OH

(2) $CH_3\overset{O}{\overset{\|}{C}}CH_3$, $CH_3CH_2CH_2OH$, CH_3CH_2CHO, $CH_3\overset{OH}{\overset{|}{C}H}CH_3$

4. 下列化合物中，哪些能发生碘仿反应？哪些能发生自身羟醛缩合反应，哪些能与亚硫酸氢钠加成？哪些能发生 Cannizzaro 反应？哪些能与托伦试剂反应？哪些能与费林试剂反应？

(1) HCHO (2) CH_3CHO (3) CH_3CH_2CHO (4) C_6H_5CHO

(5) $(CH_3)_2CHOH$ (6) $CH_3CH_2COCH_2CH_3$ (7) $C_6H_5COCH_3$

(8) 甲基环己烷 (9) 亚甲基环己烷

5. 完成下列反应式，写出主要产物或试剂。

(1) $CH_3C\equiv CH \xrightarrow{(\quad)} CH_3C\equiv CNa \xrightarrow{(\quad)} C_6H_5\underset{CH_3}{\overset{OH}{\overset{|}{C}}}C\equiv CCH_3 \xrightarrow[H_2]{Pd/BaSO_4}$

(2) $CH_3CH_2CH_2CHO + NaHSO_3(饱和) \longrightarrow \xrightarrow{Na_2CO_3}$

(3) $C_6H_5-CHO + H_2N-NHCNH_2 \xrightarrow{HOAc}$ (with C=O on urea)

(4) $CH_3CH_2\overset{O}{\overset{\|}{C}}CH_3 + $ 2,4-二硝基苯肼 $\xrightarrow{HOAc}$

(5) $CH_2=CHMgBr + $ α-四氢萘酮 $\xrightarrow{THF} \xrightarrow{H_2O}$

(6) 1,2-环己二醇 $+ CH_3\overset{O}{\overset{\|}{C}}CH_3 \xrightarrow{HCl(干燥)}$

(7) $\underset{Ph\quad CH_3}{\overset{H\quad CH_3}{\overset{O}{\|}C}}$ $\xrightarrow{(1) C_2H_5MgBr/乙醚}{(2) H_3O^+}$

(8) $CH_3\overset{O}{\overset{\|}{C}}CH_2CH_2CHO \xrightarrow{NaOH}$

(9) $C_6H_5-CHO + C_6H_5-\overset{O}{\overset{\|}{C}}CH_3 \xrightarrow[20℃]{NaOH/H_2O}$

(10) $CH_3\overset{O}{\overset{\|}{C}}CH_2CH_2\overset{O}{\overset{\|}{C}}CH_3 \xrightarrow[100℃]{NaOH/H_2O}$

(11) 2-甲基环己酮 $+ Br_2(1mol) \xrightarrow{H_2O/HOAc}$

(12) $CH_3CH_2CH(OH)CH_3 + I_2(过量) \xrightarrow{NaOH}$

(13) $(CH_3)_3CCOCH_3 + Br_2(过量) \xrightarrow{NaOH}$

(14) 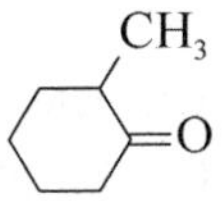 2-甲基环己酮 $+ Br_2(2mol) \xrightarrow{NaOH}$

(15) $CH_3CH_2CH=CHCHO \xrightarrow{LiAlH_4}{乙醚} \xrightarrow{H_2O}$

(16) $CH_3CH=CHCH_2COCH_3 + (CH_3)_2CHOH \xrightarrow{[(CH_3)_2CHO]_3Al}$

(17) $CH_3CH_2COCH(CH_3) \xrightarrow{Mg}{C_6H_6} \xrightarrow{H_2O} \xrightarrow{H_2SO_4}$

(18) 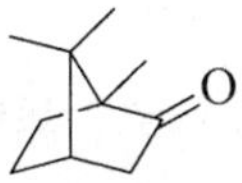 樟脑酮 $\xrightarrow{LiAlH_4}{乙醚} \xrightarrow{H_2O}$

(19) $(CH_3CH_2)_3CCHO + HCHO \xrightarrow{浓NaOH/H_2O}$

(20) 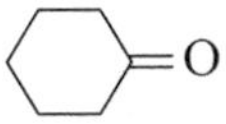 环己酮 $+ 4HCHO \xrightarrow{NaOH/H_2O(稀)}$

(21) $CH_3CH=CHCOCH_2CH_3 \xrightarrow{CH_3Li}{乙醚} \xrightarrow{H_3O^+}$

(22) $CH_3CH=CHCOCH_2CH_3 \xrightarrow{CH_3Li}{乙醚} \xrightarrow{H_3O^+}$

6. 用指定原料合成以下化合物（可选用四个碳以下的有机物及有机、无机试剂）。

（1）以苯为原料合成 $C_6H_5C(CH_3)_2OH$；

（2）以甲苯和三个碳的醇为原料合成 $C_6H_5CH=C(CH_3)-CH_2OH$；

（3）以环己酮和不超过两个碳的有机物为原料合成

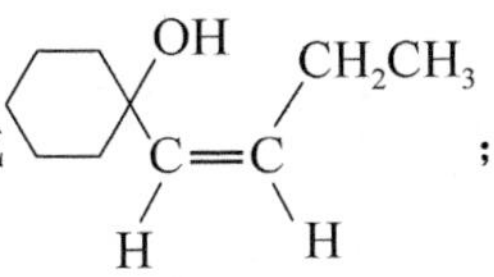

（4）以环己醇和不超过两个碳的有机物为原料合成

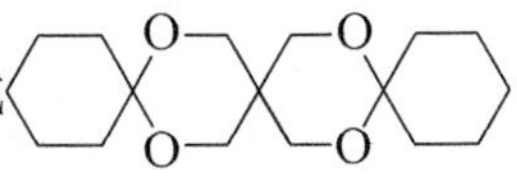

7. 写出下列反应的可能机制。

（1） 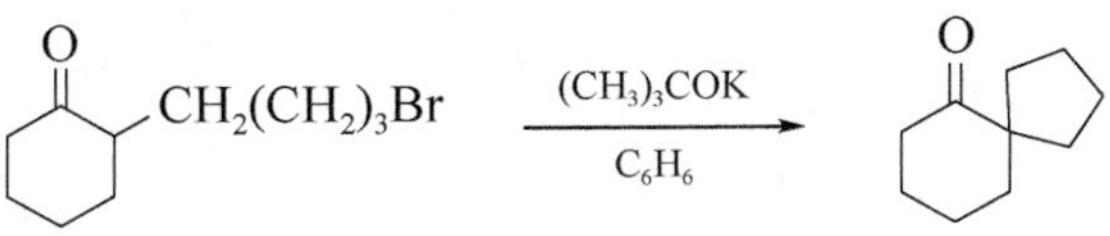 2-(4-溴丁基)环己酮 $\xrightarrow{(CH_3)_3COK}{C_6H_6}$ 螺[5.5]十一烷-1-酮

(2) $CH_3\underset{\underset{O}{\|}}{C}CH_2-CH_2-\underset{\underset{O}{\|}}{C}CH_3 \xrightarrow{H_3O^+}$ 2,5-二甲基呋喃 (H_3C—furan—CH_3)

(3) 1-(1-羟基环戊基)-1-甲基乙醇 $\xrightarrow{H^+}$ 1-(1-甲基环戊基)乙酮 + 2,2-二甲基环己酮

8. 有一化合物 $C_8H_{14}O$（A）可以很快地使溴褪色，也可以和苯肼反应，A 用 $KMnO_4$ 氧化后得到一分子丙酮及另一化合物（B），B 具有酸性，与次碘酸钠反应生成碘仿和一分子酸，酸的结构是 $HOOCCH_2CH_2COOH$，写出 A 可能的构造式。

9. 化学式为 $C_9H_{11}O$ 的化合物（A）与氨基脲反应得到 B，化学式为 $C_{10}H_{13}ON_3$，A 与托伦试剂不反应，但在 I_2 与 NaOH 溶液中反应得到酸（C），剧烈氧化 C 得到苯甲酸。请推测 A、B、C 的构造式，并用反应式表示上述反应。

10. 化合物 $C_6H_{12}O$（A）与 2,4-二硝基苯肼反应，但与 $NaHSO_3$ 不生成加成产物，A 催化氢化得到 $C_6H_{14}O$（B），B 与浓 H_2SO_4 加热得到 C_6H_{12}（C），C 与 O_3 反应后用 Zn/H_2O 处理，得到两个化合物 D 和 E，化学式均为 C_3H_6O，D 可使 $H_2Cr_2O_7$ 溶液变绿，而 E 不能。请写出 A、B、C、D、E 的构造式。

（遵义医科大学　姚秋丽）

第十一章 酚和醌

学习目标

掌握 酚的定义、分类、结构特点，苯环上的取代基对酚酸性的影响；酚的成醚反应、成酯反应、酚芳环上的亲电取代反应及其反应机制。

熟悉 苯酚和甲醛缩合反应的机制；酚的制备方法；醌的定义、分类、结构特点；对苯醌的亲核加成、亲电加成和环加成反应，还原反应以及取代反应；醌的氧化制备法。

了解 酚的物理性质；利用酚的酸性提纯和鉴别酚；$FeCl_3$ 试验、溴化反应鉴别酚，利用苦味酸鉴别有机碱。

酚（phenol）是芳香环上的氢原子被羟基（—OH）取代的芳香族化合物，其结构通式为 ArOH。该羟基称为酚羟基，是酚的官能团。最简单的酚为苯酚。酚类化合物广泛存在于自然界，如煤焦油和石油中存在苯酚和甲基苯酚，植物百里香和香草中存在麝香草酚和香兰素。

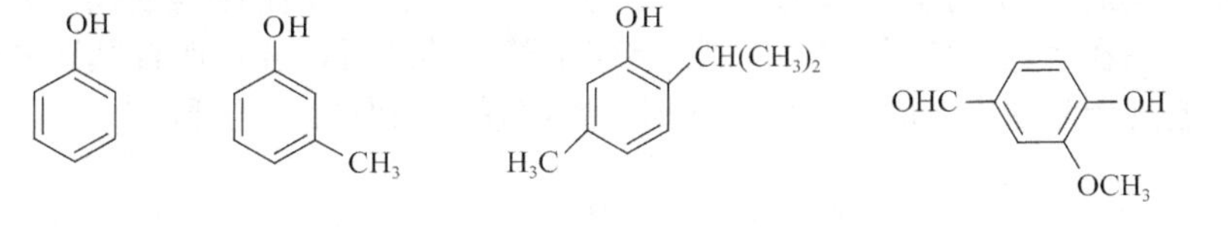

苯酚　　3-甲基苯酚　　2-异丙基-5-甲基苯酚（麝香草酚）　　4-羟基-3-甲氧基苯甲醛（香兰素）

含有共轭环己二烯二酮或环己二烯二亚甲基结构的化合物为醌（quinone）。某些常用中药如大黄、虎杖、丹参、紫草等中含有醌类化合物，如具有明显生物活性的大黄素、茜素等。

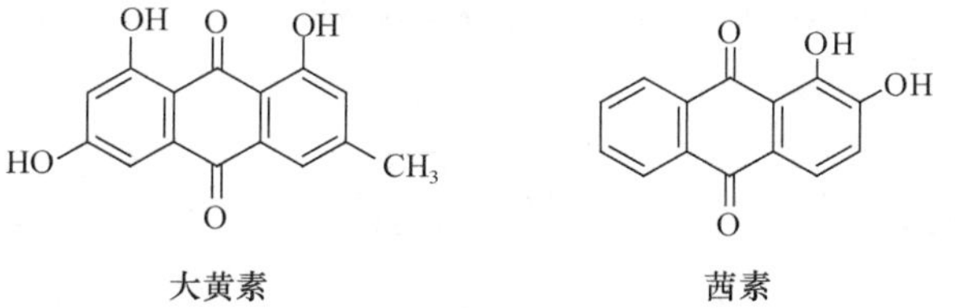

大黄素　　茜素

第一节 酚

视窗 11-1　　　　　　　　酚类消毒防腐剂

苯酚于 1834 年在煤焦油中被发现，具有酸性，又称石炭酸。在历史上使得苯酚声名远扬、受到广泛应用的要归功于英国医生约瑟夫·利斯特（Joseph Lister，1827—1912）。在 19 世纪以前，伤口感染化脓极易导致死亡，患者手术后死因多数是伤口化脓感染。1865 年外科医生利斯特得知用石炭酸处理污水能防止臭味，并能治疗牛的肠虫病，同时，巴斯德"有害微生物导致醋和酒精腐败变质"的研究使他茅塞顿开，他发现用石炭酸处理伤口或喷洒手术器械以及医生的双手，能极大地降低伤口化脓的概率，手术后死亡率大幅度下降。利斯特的探索使得苯酚成为一种强有力的外科消毒剂。外科消毒法的建立挽救了亿万人的生命，利斯特也被誉为现代外科消毒之父。

尽管现代的无菌技术已经取代消毒成为抵抗感染的主要手段，酚类消毒剂仍被广泛使用。其他杀菌剂与苯酚杀菌能力之比被称为苯酚系数，该数值越大，杀菌能力越强。"来苏水"又称甲酚皂溶液，是甲苯酚各异构体的混合物与肥皂溶液的混合液，常用于外科消毒。从煤焦油中分离得到的杂酚油（苯酚和甲酚的混合物）涂在木材上可防腐。五氯酚也用作木材防腐剂，它的钠盐五氯酚钠可用于杀灭钉螺。苯酚的其他衍生物，如百里酚是麝香草的香味成分，有杀菌作用又有清香气味，常用于配制医用漱口水。对氯间二甲苯酚常用于外科器具、衣物或环境的消毒。2,6-二叔丁基对甲酚、叔丁基对苯二酚、没食子酸丙酯等可作为抗氧化剂还原氧自由基、阻断氧化过程，常用作食品防腐剂。

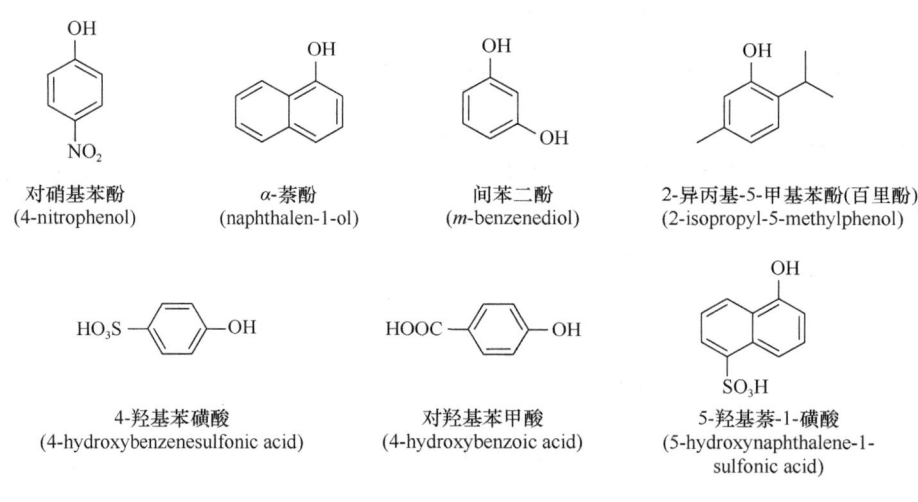

一、分类和命名

酚类根据芳环的类型可分为苯酚、萘酚、蒽酚等。根据酚羟基的数目，酚类又可分为一元酚、二元酚和多元酚。

酚的命名：可以苯酚作为母体，将苯环上连接的其他基团均看作取代基。芳环上含一个羟基的称为酚，两个羟基的称为二酚，三个羟基的称为三酚等，其他基团作为取代基处理。一般情况下，多元酚的命名需在"酚"字前面用中文数字表示羟基的数目，并标明羟基和其他基团所在的位次。当芳环上连有命名更优先的母体官能团时，酚羟基作为取代基处理。

二、结 构

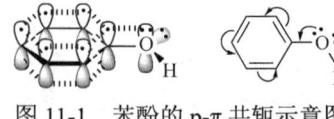

图 11-1 苯酚的 p-π 共轭示意图

苯酚是平面分子，酚羟基的氧原子为 sp^2 杂化，氧原子的两对孤对电子分别占据一个 sp^2 杂化轨道和一个未杂化的 p 轨道。氧原子上 p 轨道的电子云可与苯环的 π 键电子云平行重叠，形成 p-π 共轭体系（图 11-1）。p-π 共轭使氧原子上的电子云向苯环转移，导致 O—H 键之间电子云进一步向氧原子转移，酚羟基的 C—O 键比甲醇的 C—O 键短，O—H 键的极性增大，增大了羟基氢离子离去的能力；另外，苯环上的电子云密度增加，有利于苯环进行亲电取代反应。

三、物理性质

多数酚在室温下为固体。纯净的酚为无色的，但经光照很容易被氧化成醌类化合物而呈粉红至深棕色。多数酚有特殊的气味。与醇相似，酚因能形成分子间氢键，所以沸点比相对分子质量接近的芳香烃高。邻硝基苯酚能形成分子内的氢键,难形成分子间氢键,因此沸点较低。酚也能与水形成氢键,因此在水中有一定的溶解度(表 11-1)。苯酚是酚的代表化合物,易溶于乙醚、乙醇、氯仿和苯等有机溶剂。

表 11-1　常见酚的物理常数(1 个标准大气压下)

名称	熔点/℃	沸点/℃	溶解度/(g/100g·H₂O)(25℃)
苯酚	40.9	181.7	9.3
邻甲苯酚	30.6	191.0	2.5
间甲苯酚	11.5	202.0	2.6
对甲苯酚	35.5	201.8	2.3
邻氯苯酚	9.8	174.9	2.8
间氯苯酚	32.6	214.0	2.8
对氯苯酚	42.7	220.0	2.7
邻硝基苯酚	44.5	216.0	0.2
间硝基苯酚	97.6	194.0（9.3×10³Pa）	1.4
对硝基苯酚	113.5	279.0	1.7
2,4-二硝基苯酚	113.0	158.0	0.8
2,4,6-三硝基苯酚	122.5	195.0	1.4
邻苯二酚	105.0	245.5	43.0

视窗 11-2　　　　　　　　　　辣椒素——镇痛剂

　　辣椒素是辣椒的活性成分,纯品辣椒素十分危险,1mg 样品放在皮肤上都会引起严重的烧伤,它能激活神经细胞引起疼痛感。2021 年诺贝尔生理学或医学奖授予了美国科学家戴维·朱利叶斯(David Julius)以及雅顿·帕塔普蒂安(Ardem Patapoutian),表彰他们"发现了温度和触觉受体"。其中,朱利叶斯团队发现了对辣椒素敏感的基因(TRPV1),该基因编码了一种新的离子通道蛋白,在感受到疼痛的温度下能被激活。该离子通道的发现引领了其他温度敏感受体的研究,揭示了神经系统如何诱发电信号来感知热、冷变化。

　　由于离子通道蛋白参与了灼热、强酸或磨损所引起的疼痛传递,因而辣椒素能"欺骗"神经元向大脑输入疼痛信号而不造成组织损伤。如果长期接触辣椒素,神经化学"过载",会导致对疼痛不敏感。药物 Qutenza 是一种高效辣椒素(8%)的外用贴剂,用于治疗与带状疱疹或糖尿病周围神经病变相关的神经性疼痛,单次治疗可持续缓解疼痛时间长达 3 个月(图 11-2)。

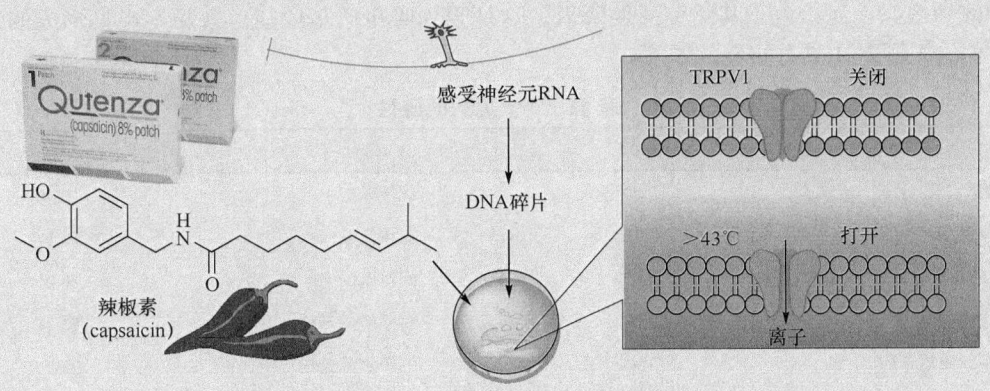

图 11-2　辣椒素受体 TRPV1 的热感知机制图

四、化学反应

酚的化学反应主要表现在 O—H 键的断裂反应以及苯环上的反应：其羟基可发生醇的一些反应，如表现出酸性，能生成醚、酯；酚的芳环易发生亲电取代反应；酚的衍生物还能发生一些特殊的反应。

（一）酚的 O—H 键断裂的反应

案例 11-1

在浑浊的苯酚、水混合液中，滴加 5% NaOH 溶液，浑浊的溶液可转变为透明的澄清溶液。

问题 试讨论以上现象。

案例分析 苯酚在水中溶解度不大，所以苯酚与水的混合物为浑浊溶液；苯酚具有酸性，所以苯酚可与 NaOH 发生中和反应转变为苯酚钠；苯酚钠易溶于水，所以中和后的苯酚水溶液为澄清溶液。

$$C_6H_5\text{—OH} + NaOH \longrightarrow C_6H_5\text{—ONa} + H_2O$$

1. 酸性 苯酚具有弱酸性，从 pK_a 值可知，苯酚的酸性比羧酸、碳酸弱，比水、醇强。

	RCOOH	H_2CO_3	1-萘酚	苯酚	HCO_3^-	H_2O	ROH
pK_a	约5	6.3	9.6	10.0	10.3	15.7	16~19

向酚钠盐的水溶液中通入二氧化碳，可以得到酚。酚能溶于碱，又能被比自身酸性强的酸从碱溶液中反应析出，利用这个性质可从混合物中分离提纯酚。

$$C_6H_5\text{—ONa} + CO_2 + H_2O \longrightarrow C_6H_5\text{—OH} + NaHCO_3$$

苯酚与环己醇（pK_a=15.9）的酸性相差 10^6 倍，其酸性的差异源于它们各自解离后形成的氧负离子的稳定性。环己醇解离后形成的环己基氧负离子的负电荷完全集中在氧原子上，而苯酚解离形成的苯氧负离子的负电荷可通过氧原子与苯环的 p-π 共轭而有效分散。

不同酚的酸性强弱与苯环上取代基的种类和位置密切相关（表 11-2）。一般而言，吸电子基使酚的酸性增强，而给电子基团使酸性降低。这是因为吸电子基团能有效稳定电离形成的苯氧负离子，而给电子基团具有相反的效应。

表 11-2 常见酚的酸性

化合物	pK_a	化合物	pK_a
苯酚	9.99	邻甲苯酚	10.20
邻硝基苯酚	7.22	对甲苯酚	10.17
对硝基苯酚	7.15	间甲苯酚	10.01
间硝基苯酚	8.39	对甲氧基苯酚	10.21
2,4-二硝基苯酚	3.96	间甲氧基苯酚	9.65
2,4,6-三硝基苯酚	0.38		

酚羟基对位和间位的取代基通过电子效应影响酚羟基的酸性，而邻位取代基除电子效应外，还通过空间效应（即邻位效应）影响酚羟基酸性。例如，甲基苯酚的三个异构体的酸性均比苯酚稍弱。这是由于甲基是弱给电子基团，能使苯环上电子云密度增大，不利于苯氧负离子中负电荷的分散。对、邻和间硝基苯酚的酸性分别比苯酚强约 600 倍、590 倍和 40 倍。这是由于当硝基与酚羟基处于邻位或对位时，硝基除了表现出强的吸电子诱导效应外，还能够通过强的吸电子共轭效应使得苯氧负离子的负电荷离域到硝基的氧原子上，使得其酸性大大增强。以对硝基酚氧负离子为例，其共振式表示如下：

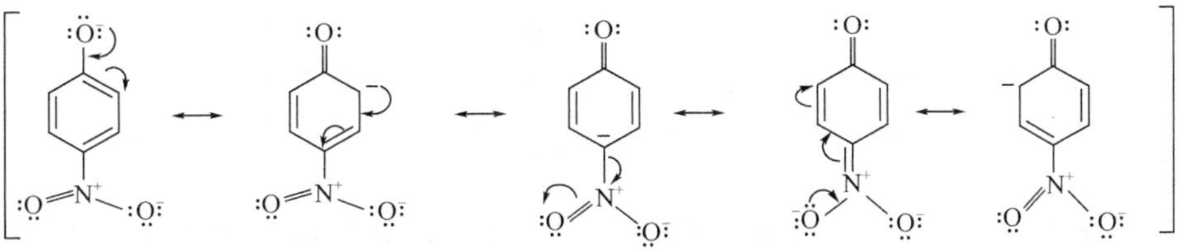

在间硝基酚氧负离子中，氧原子上的负电荷不能通过共轭效应分散，只有硝基的强吸电子诱导效应可分散电荷，因此间硝基酚氧负离子虽然比苯氧负离子稳定，但不如邻、对位异构体稳定。

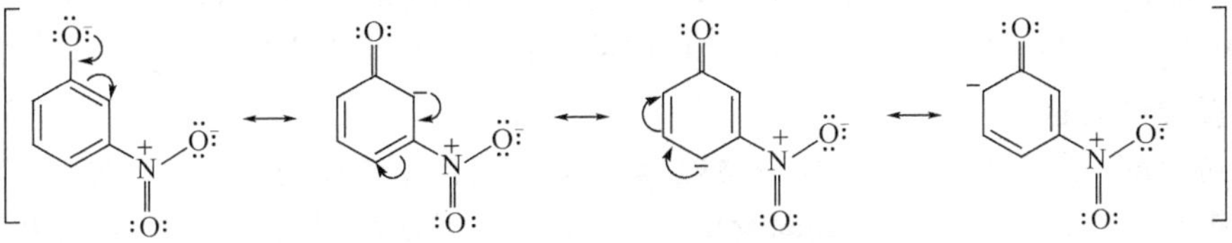

案例 11-2

苯酚的 pK_a=9.99。对甲氧基苯酚的酸性较苯酚弱，而邻、间甲氧基苯酚的酸性强于苯酚。

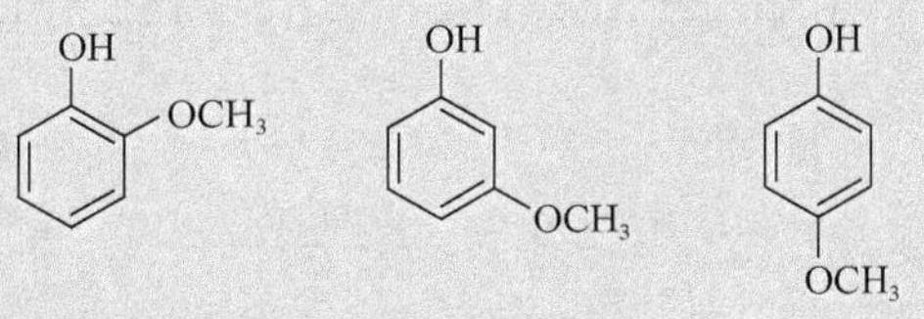

pK_a 9.98	9.65	10.21

问题 为什么不同位置取代的甲氧基苯酚的酸性不同？

案例分析 甲氧基苯酚的酸性与其结构的关系较复杂。对甲氧基苯酚甲氧基的吸电子诱导效应使酚的酸性增强，但甲氧基能通过给电子共轭作用使氧原子上的未共用电子对离域到苯环的对位，使对位上电子云密度增加，这不利于苯氧负离子中氧原子上负电荷的分散；甲氧基的吸电子诱导效应弱于给电子共轭效应，这两种效应总的结果是对甲氧基酚氧负离子的稳定性降低。因此，对甲氧基苯酚的酸性较苯酚弱。

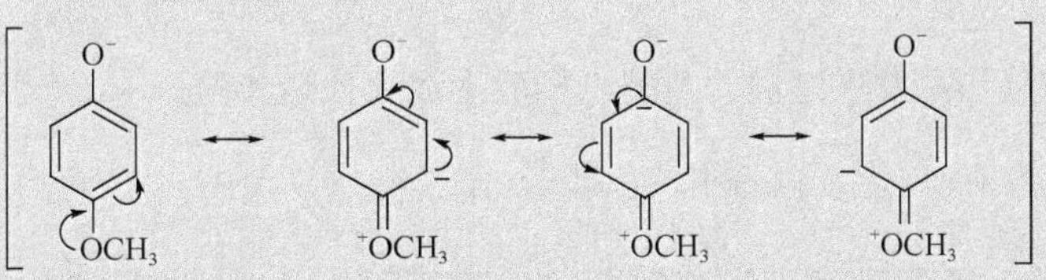

邻甲氧基苯酚的酸性比对位异构体稍强则是"邻位效应"影响的结果。在间甲氧基酚氧负离子中，甲氧基上的未共用电子对不能离域到间位上，但甲氧基的吸电子诱导效应有利于负电荷的分散，因此间甲氧基酚氧负离子比苯氧负离子稳定。

与甲氧基性质类似的还有卤素，不过卤素的吸电子诱导效应强于给电子共轭效应，因此氯代苯酚的酸性比苯酚强。但这三种氯代苯酚的酸性又有一定的差异。由于"邻位效应"的影响，邻氯苯酚的酸性最强；当氯原子处于酚羟基的间位时，只有吸电子诱导效应；当氯原子处于对位时，则给电子共轭效应抵消了部分吸电子诱导效应的影响，因而对氯苯酚的酸性比间氯苯酚稍弱。还有一些其他因素也影响酚的酸性。例如，2,4,6-三新戊基苯酚的酸性极弱（在液氨中与金属钠不发生反应），这可能是因为羟基邻位有体积很大的基团，使氧负离子的溶剂化作用受阻，而使其酸性减弱。

视窗 11-3　　　　　　　　　　异 丙 酚

异丙酚（propofol）的化学结构为 2,6-二异丙基苯酚，1956 年由 A. J. Kolka 等由苯酚和异丙烯直接烷化一步合成。异丙酚是一种浅草黄色的油状液体，可溶于绝大多数有机溶剂，几乎不溶于水。

异丙酚早年作为抗氧化剂，1980 年詹姆斯（James）等在动物实验中发现其具有麻醉效应。目前，异丙酚作为一种烷基酚类新型静脉麻醉药物应用于临床麻醉及 ICU 镇静。异丙酚的药理作用有其独特的优点：起效快，维持时间短，苏醒迅速，无积蓄，副作用小等；但也具有循环抑制，产生与剂量相关的血压下降、心率减慢等缺点。异丙酚脂溶性强，其应用剂型为其脂肪乳剂。异丙酚在肝脏形成双异丙酚和无活性的醌醇结合物，从尿中排出。

2. 成醚反应和 Claisen 重排

（1）成醚反应：苯酚在碱性的水、乙醇或其他有机溶剂中转化为酚盐，再与卤代烃反应，生成酚醚，这种酚醚制备方法称为 Williamson 合成法。该反应通常用伯卤代烃，以避免碱性条件下卤代烃的消除反应。酚盐与卤代烃的反应一般为两相反应，为了提高产率，常常需要加入相转移催化剂（phase transfer catalyst）。

$$ArOH \xrightarrow{NaOH} ArO^-Na^+ + R{-}X \xrightarrow{S_N2} ArOR + NaX$$

酚与硫酸二甲酯在氢氧化钠水溶液中或与重氮甲烷在醚溶液中反应均可制备芳甲醚。

苯甲醚（茴香醚）

芳脂醚与氢卤酸共热，发生醚键的断裂，一般生成卤代烃和酚。

（2）Claisen 重排：烯丙基芳基醚在高温（200℃）下分子内重排为邻烯丙基酚，并进一步重排为对烯丙基酚的反应称为克莱森重排（Claisen rearrangement）。采用 ^{14}C 标记可观察到第一次重排后 γ-碳与苯环相连，碳碳双键发生位移。第二次重排后，α-碳与苯环相连，碳碳双键再一次发生位移。上述实验事实可用六元环过渡态的协同反应机制解释。

当烯丙基芳基醚的两个邻位未被取代时，重排主要得到邻位产物，两个邻位均被取代得到对位产物。对位、邻位均被取代时不发生 Claisen 重排。存在烯丙氧基（$CH_2=CH-CH_2-O-$）与碳碳双键相连结构的醚类化合物均可发生 Claisen 重排。

3. 成酯反应和 Fries 重排　在碱（碳酸钾、吡啶）或酸（硫酸、磷酸）的催化下，酚与酰氯或酸酐反应生成酯。

酚酯与路易斯酸共热发生分子间重排反应，生成邻羟基和对羟基芳酮的混合物，此反应称为弗莱斯重排（Fries rearrangement）。该重排可以不用溶剂直接加热反应，也可以在硝基苯、硝基甲烷等溶剂中进行，以硝基苯作溶剂能加速反应。邻、对位产物的比例取决于酚酯的结构、反应条件和催化剂的种类等，多聚磷酸催化时主要生成对位重排产物，而四氯化钛催化时主要生成邻位重排产物。

反应温度对产物比例的影响较大，一般来讲，低温利于形成对位异构产物（动力学控制），高温利于形成邻位异构产物（热力学控制）。邻位异构产物通过分子内氢键形成螯环分子，因此既不发生分子间作用，也不与水作用，沸点较低，可随水蒸气蒸出。

Fries 重排是在酚的芳环上引入酰基的重要方法。酚的芳环上有间位定位基的酚酯不发生此重排。

（二）酚芳环上的亲电取代反应

羟基使苯环活化，苯酚的邻、对位易发生亲电取代反应。

1. 卤化反应　苯酚和溴水在室温下很容易发生亲电取代反应，生成 2,4,6-三溴苯酚白色沉淀，反应迅速、现象明显且定量进行，常用于酚类化合物的定性和定量分析；在强酸条件下，苯酚与溴单质反应得到二溴代产物；苯酚与溴单质在二硫化碳或四氯化碳中在低温下反应，得到一溴取代产物。

卤代酚是制药工业的重要原料之一。农用除草剂 2,4-D（2,4-二氯苯氧基乙酸）是以 2,4-二氯苯酚作起始原料制成的。2,4-D 的正丁酯与 2,4,5-T（2,4,5-三氯苯氧基乙酸）的混合物可用作除草剂。

2. 磺化反应　苯酚与浓硫酸在 15～25℃很容易发生磺化反应，主产物为邻羟基苯磺酸（动力学控制）；在 80～100℃反应，主产物为对羟基苯磺酸（热力学控制）。以上两种产物进一步磺化，都得到 4-羟基苯-1,3-二磺酸。磺化反应是可逆反应，在稀酸条件下回流，磺酸基可以除去，也可以被其他基团所取代。

3. 硝化反应　稀硝酸在室温下即可硝化苯酚，生成邻硝基苯酚和对硝基苯酚的混合物。邻硝基苯酚可通过分子内氢键形成螯合分子，因此既不发生分子间作用，也不与水作用，沸点较低，水溶性差，可用水蒸气蒸馏法蒸出；而对硝基苯酚可通过分子间氢键形成缔合体，挥发性小，不易随水蒸气蒸出。虽然该反应产率较低，且生成两种异构体，但邻位和对位产物可用水蒸气蒸馏法分离，所以在制备上有应用价值。

2,4,6-三硝基苯酚又称苦味酸（picric acid），味苦，有毒，在水中重结晶得到黄色片状晶体，熔点为123℃。它与有机碱反应生成难溶的盐，熔点精确；苦味酸与稠环芳烃可定量地形成有颜色的化合物，也称π络合物或电荷转移络合物（charge-transfer complex），这种络合物是结晶体，有一定的熔点，所以在有机分析中，苦味酸常用于鉴别有机碱和芳香烃。用浓硝酸直接硝化苯酚制备苦味酸，因反应条件强烈，苯酚易被氧化，工业上是用4-羟基苯-1,3-二磺酸作原料，经硝化制备苦味酸。另一种方法是，先硝化氯苯制得2,4-二硝基氯苯，然后在碱溶液中进行水解（碳酸钠水溶液），生成2,4-二硝基苯酚，再经硝化即得苦味酸。

苯酚用亚硝酸处理生成对亚硝基酚，对亚硝基酚可用稀硝酸氧化生成对硝基苯酚。因此，通过苯酚亚硝化-氧化途径，能制得对硝基苯酚。

4. Friedel-Crafts 反应 在 $AlCl_3$ 催化下，酚可发生 Friedel-Crafts 酰基化反应，但不会生成多酰基化产物。Friedel-Crafts 烷基化反应比酰基化容易进行。

酚芳环的电荷密度较高，因此烷基化、酰基化反应也可以在较弱催化剂作用下进行。

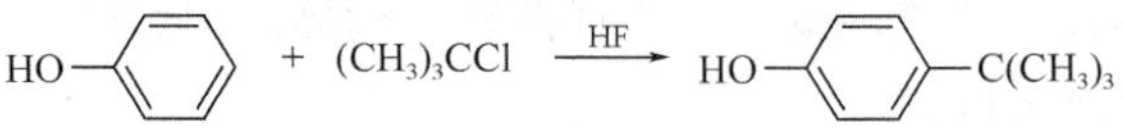

$$HO-C_6H_5 + (CH_3)_3CCl \xrightarrow{HF} HO-C_6H_4-C(CH_3)_3$$

三氟化硼可以催化酚和羧酸的直接酰基化反应，而且主要生成对位产物。

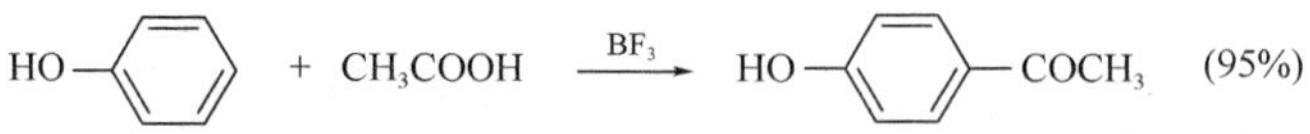

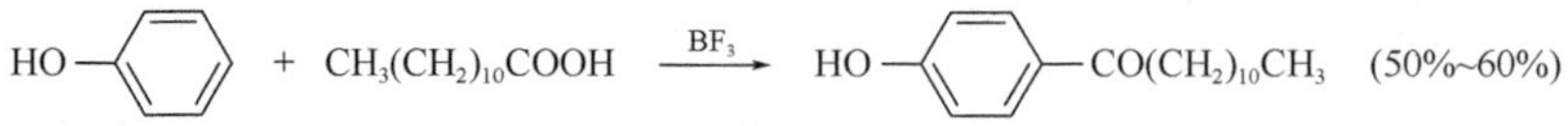

$$HO-C_6H_5 + CH_3COOH \xrightarrow{BF_3} HO-C_6H_4-COCH_3 \quad (95\%)$$

$$HO-C_6H_5 + CH_3(CH_2)_{10}COOH \xrightarrow{BF_3} HO-C_6H_4-CO(CH_2)_{10}CH_3 \quad (50\%\sim60\%)$$

（三）其他反应

1. 显色反应 大多数酚及稳定的烯醇类化合物能与三氯化铁溶液发生显色反应，生成络合物。不同的酚遇三氯化铁显示蓝、紫、绿色等不同的颜色，烯醇类主要生成红褐色和红紫色。此反应为酚的鉴别反应。

2. 氧化反应 酚很容易被各种氧化剂（如重铬酸钾、氧化银等）甚至空气中的氧气所氧化，这是酚类化合物在空气中久置后颜色逐渐加深的原因。酚的氧化产物为醌类化合物。多元酚更容易被氧化。

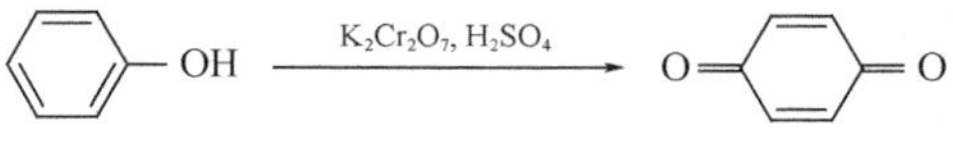

$$C_6H_5OH \xrightarrow{K_2Cr_2O_7, H_2SO_4} \text{对苯醌}$$

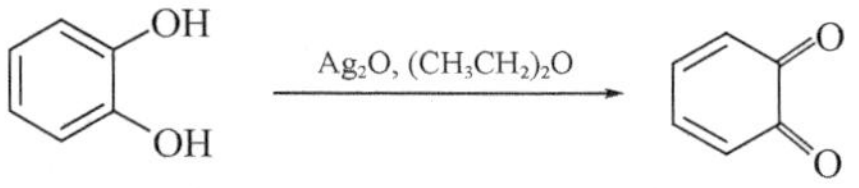

邻苯二酚(儿茶酚) $\xrightarrow{Ag_2O, (CH_3CH_2)_2O}$ 邻苯醌

机体的许多病变过程如动脉粥样硬化、癌症、某些慢性炎症、自身免疫性疾病、衰老，以及食物的变质都涉及缓慢的自由基氧化过程，抗氧化剂如自然界中的维生素 E（α-生育酚）、2,6-二叔丁基-4-甲基苯酚（BHT）、叔丁基羟基苯甲醚（BHA）等对应的氧负离子是非常好的电子供体，能够还原自由基，从而阻断氧化链反应过程，达到保护机体免受自由基损坏或延缓食品变质的目的。

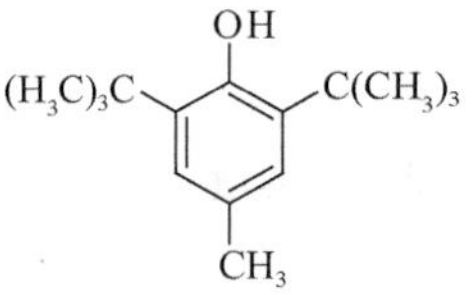

BHT

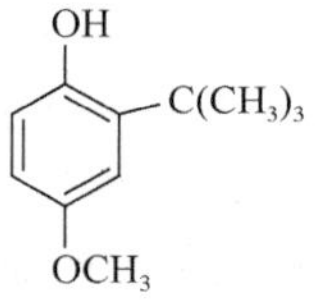

BHA

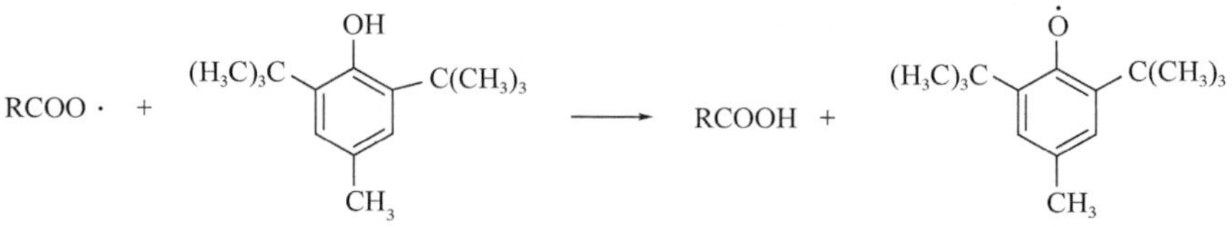

$$RCOO\cdot + \text{2,6-二叔丁基-4-甲基苯酚} \longrightarrow RCOOH + \text{稳定的自由基}$$

3. Reimer-Timann 反应 酚与氯仿在碱性溶液（氢氧化钠、碳酸钾、碳酸钠水溶液）中加热生成邻位及对位羟基苯甲醛的反应称为 Reimer-Timann 反应，一般以邻位取代产物为主。含羟基

的喹啉、吡咯、茚等杂环化合物也能进行此反应。以下反应产生的邻羟基苯甲醛又称水杨醛，为油状液体，沸点为196.5℃。水杨醛是制备香豆素的中间体。它不像苯甲醛那样容易被氧化，与三氯化铁水溶液反应显深红紫色。

$$\text{C}_6\text{H}_5\text{OH} + \text{CHCl}_3 \xrightarrow{10\% \text{ NaOH/H}_2\text{O}} \text{邻羟基苯甲醛} (20\%\sim35\%) + \text{对羟基苯甲醛} (8\%\sim12\%)$$

Reimer-Tiemann 反应的机制：首先氯仿在碱溶液中形成二氯卡宾，二氯卡宾是缺电子的亲电试剂，可与酚盐发生亲电取代反应形成氯代烯烃中间体，该中间体经水解、脱氯、互变异构为2-羟基苯甲醛。该反应收率一般不超过50%，苯环上有吸电子基团时，对反应不利。

$$\text{CHCl}_3 + {}^-\text{OH} \xrightarrow{-\text{H}_2\text{O}} {}^-\text{CCl}_3 \xrightarrow{-\text{Cl}^-} :\text{CCl}_2 \text{ 二氯卡宾}$$

4. Kolbe-Schmidt 反应 干燥的酚钠或酚钾盐与二氧化碳在高温高压下生成羟基苯甲酸的反应称为科尔贝-施密特（Kolbe-Schmidt）反应。这是在酚类化合物的芳环上引入羧基的一种方法。

$$\text{C}_6\text{H}_5\text{ONa} + \text{CO}_2 \xrightarrow[0.5\text{MPa}]{125\sim150℃} \text{邻-ONa,COONa} \xrightarrow{\text{H}^+} \text{邻羟基苯甲酸(水杨酸)}$$

$$\text{C}_6\text{H}_5\text{OK} + \text{K}_2\text{CO}_3 + \text{CO}_2 \xrightarrow[0.5\text{MPa}]{200\sim250℃} \text{KO—C}_6\text{H}_4\text{—COOK} + \text{HCOOK}$$

羧基在芳环的位置取决于酚盐的种类及反应温度，使用钠盐及较低温度时有利于邻位取代产物的生成，而使用钾盐及较高温度时有利于对位取代产物的生成。邻位取代产物在一定条件下可转化为对位取代产物。反应物若为有取代的酚盐，取代基团的性质对反应速率和产率都有影响。通常烷基、甲氧基、氨基及羟基等给电子基团取代时有利于该反应；吸电子基团如硝基、氰基和羧基取代时不利于该反应；磺酸基取代的酚不能发生该反应。

$$\text{邻-OH,COOK} \xrightarrow[240℃]{\text{K}_2\text{CO}_3} \text{KO—C}_6\text{H}_4\text{—COOK}$$

工业上采用 Kolbe-Schmidt 反应生产水杨酸及其衍生物对氨基水杨酸。水杨酸是无色针状晶体，熔点159℃，$pK_a=2.98$，酸性比苯甲酸（$pK_a=4.21$）和对羟基苯甲酸（$pK_a=4.56$）强。由于水杨酸存在分子内氢键作用，其挥发性比对羟基苯甲酸高。水杨酸可制备染料、香料、食物防腐剂或临床用药物。例如，阿司匹林（aspirin）即乙酰水杨酸，是解热镇痛药，萨罗即水杨酸苯酯，是泌尿系统消毒剂，对氨基水杨酸是抗结核药物。3,4-二羟基苯甲酸是中草药四季青的抗菌有效成分之一。

乙酰水杨酸　　水杨酸苯酯　　3,4-二羟基苯甲酸

5. 苯酚与甲醛的缩合　在碱性催化剂（氨、氢氧化钠、碳羧钠）或者酸的作用下，苯氧负离子的邻位、对位碳上带负电荷，类似于烯醇负离子，能与甲醛发生类似羟醛缩合的亲核加成反应，生成羟甲基取代的酚盐。

生成的羟甲基酚盐不稳定，加热时脱水生成活泼的亚甲基醌，由于亚甲基醌是 α,β-不饱和酮，它会与过量的酚盐发生迈克尔加成反应。生成的酚又继续被羟甲基化，整个过程可重复进行，最后得到复杂的酚-甲醛共聚物，称为酚醛树脂（即胶木）。酚醛树脂具有良好的绝缘、耐温、耐老化、耐化学腐蚀等性能，广泛用于制备胶合板、绝缘材料、模塑料、纤维板、层压板。

五、制 备

(一)芳香磺酸的碱熔融法

早期苯酚、萘酚均通过芳香磺酸的碱熔融法制备。将苯磺酸盐与氢氧化钠等强碱在高温、高压下按照加成-消除的方式发生芳香亲核取代反应,得到酚钠盐,然后酸化得到酚。但该反应需要在剧烈条件下进行,这限制了它的应用。

(二)卤代芳烃的水解

卤代苯中的卤原子与苯环发生 p-π 共轭作用,碳卤键牢固,因此卤代苯的水解比卤代烷烃水解困难,需要在剧烈条件和催化剂作用下才能发生。例如,氯代苯在高温、高压条件下,与碱作用后酸化即得到苯酚。当卤原子的邻、对位引入强的吸电子基,如硝基、三氟甲基等,其反应活性大大提高,可在较温和的条件下按亲核取代机制水解生成酚。

(三)异丙苯法

异丙苯在催化剂的作用下,经氧气氧化生成过氧化物,酸化后可得到苯酚和丙酮。20 世纪 60 年代初开始工业上应用该法生产苯酚,目前全球 92% 的苯酚是用该法生产的。

视窗 11-4　　　　　　　苯酚一步氧化法

传统的苯酚合成路线均为多步合成,需要加入酸及多种有机试剂,这不仅浪费大量资源,还造成环境污染等问题。因此,由苯经过选择性氧化直接生产苯酚是一条比较经济和清洁的路线。这个反应路线涉及直接活化 C—H 键的过程,选择合适的氧化剂和催化剂是技术关键。苯酚一步氧化法所用的氧化剂包括氧气、过氧化氢、硝酸、水、亚硝酸、过渡金属氧化物等。苯氧化制备苯酚常用 Fe、Cu、Rh、V、Co、Cr 等过渡金属及金属配合物作为催化剂。

(四)重氮盐的水解法

芳基重氮盐水解获得酚的反应是实验室向苯环上引入羟基的重要方法。如果将芳基重氮盐先转化成羧酸酯,再水解产生酚,虽然比直接水解芳基重氮盐多了一步反应,但产率更高。

第二节 醌

一、结构和名称

醌（quinone）是指具有完全共轭的环二酮结构的化合物。醌类化合物根据其骨架可分为苯醌、萘醌、蒽醌、菲醌等。最简单的苯醌是1,4-苯醌（又称对苯醌）和1,2-苯醌（又称邻苯醌）。醌类化合物普遍用作色素、染料和指示剂等。对苯醌是黄色结晶，邻苯醌是红色结晶。当醌类化合物分子中连有—OH、—OCH₃等助色团时，多显示黄、红、紫等颜色。

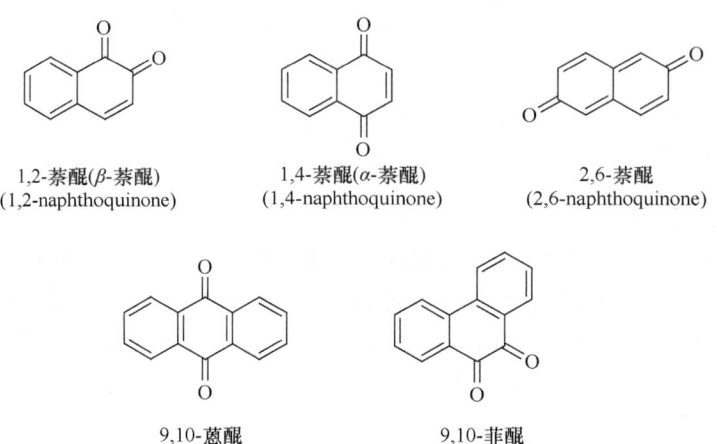

1,2-萘醌(β-萘醌)　　　1,4-萘醌(α-萘醌)　　　2,6-萘醌
(1,2-naphthoquinone)　(1,4-naphthoquinone)　(2,6-naphthoquinone)

9,10-蒽醌　　　　　　9,10-菲醌
(9,10-anthraquinone)　(9,10-phenanthrenequinone)

醌类化合物在自然界分布很广。具有凝血作用的维生素K属于萘醌类化合物，其中维生素K_1存在于多种绿叶蔬菜中，有促进凝血酶原生成的作用，可治疗凝血能力降低的疾病，维生素K_2为细菌代谢的产物，存在于血液中。具有抗菌作用的大黄素是中药大黄的有效成分，属于蒽醌类化合物，辅酶Q_{10}则属于苯醌类化合物。茜素属蒽醌，是一种古老的红色染料，它最早是从茜草中提取得到的，目前可以从煤焦油中得到的蒽为原料合成。

维生素K_1

维生素K_2

辅酶Q_n

视窗 11-5　　　　　　蒽醌染料介绍

蒽醌染料如苏丹蓝、苏丹绿、茜素绿等为含羟基、氨基或磺酸基的蒽醌衍生物，常用作亚硝酸法测定芳香伯胺类药物的内指示剂。它们可在常温下应用于磺胺、局部麻醉药（普鲁卡因、苯唑卡因）或其他含有游离芳香氨基或经代谢产生芳香氨基的药物（酞磺醋胺、酞磺胺噻唑、氯霉素）的测定，具有测定方法简便、迅速、终点变化敏锐等优点。

在蒽醌环1位、4位、5位或8位上引入不同的助色团，可以获得红、紫、蓝、绿、黄等颜色，这使蒽醌成为少有的具有全色谱的染料品种。同时还可以通过变化2位、3位、6位或7位侧链上的取代基而得到不同有序参数的染料。

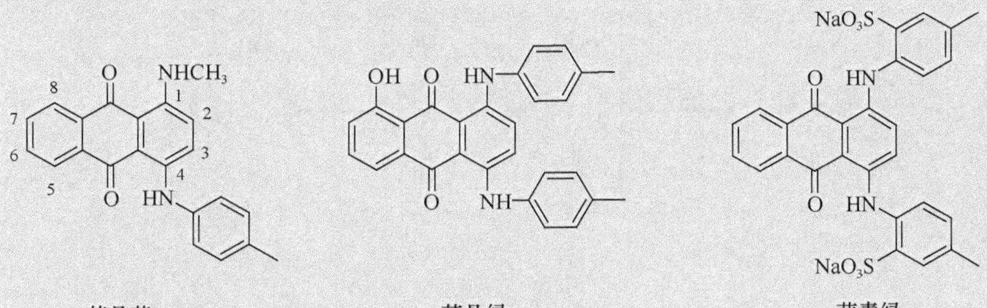

苏丹蓝　　　　　　苏丹绿　　　　　　茜素绿

二、对苯醌的化学性质

对苯醌为 α,β-不饱和酮，其重要化学性质包括各种加成反应和还原反应。

（一）加成反应

1. 羰基的亲核加成反应　醌的羰基能与亲核试剂发生加成反应。如在酸性条件下，对苯醌的羰基可与羟胺反应，生成单肟和二肟，也可分别与胍、氨基硫脲发生反应，生成与两种氮衍生物缩合的产物。艾弗萨尔为铜棕色晶体，熔点188℃（分解），具有强碱性。它对链球菌、肺炎球菌和肠球菌有抑制作用，可用作口腔和咽喉的消毒剂。

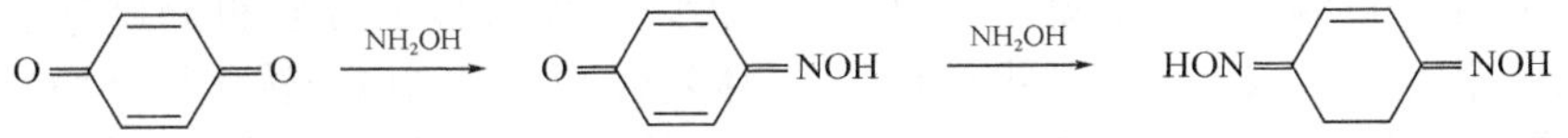

对苯醌单肟　　　　　　对苯醌二肟

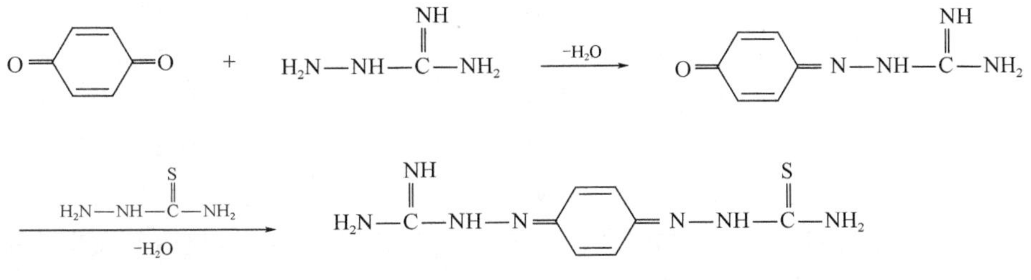

艾弗萨尔(iversal)

2. 碳碳双键的亲电加成　醌的碳碳双键可与卤素等亲电试剂发生加成。例如，对苯醌在乙酸溶液中与溴发生亲电加成反应，生成5,6-二溴环己-2-烯-1,4-二酮和2,3,5,6-四溴环己-1,4-二酮。

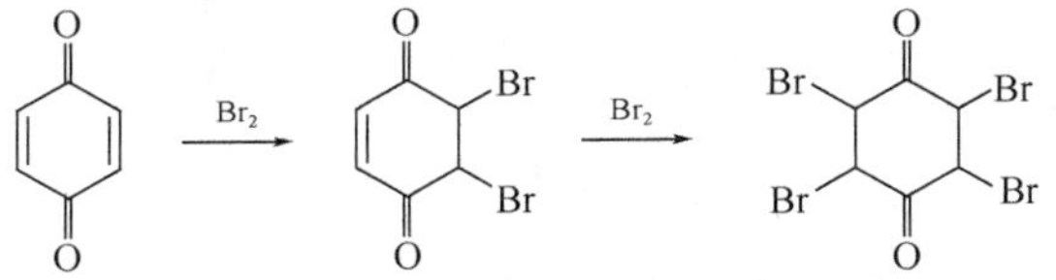

3. 1,4-加成反应　对苯醌中的碳碳双键受两个羰基吸电子诱导效应的影响，是典型的亲双烯体，可与共轭二烯烃发生 Diels-Alder 反应。

对苯醌与 α,β-不饱和羰基化合物一样，也能够与氯化氢、氰化氢等发生共轭加成反应。

（二）还原反应

对苯醌易还原成氢醌，这是氢醌氧化成对苯醌的逆反应。因此对苯醌与氢醌可以组成一个可逆的电化学氧化还原体系。

$$对苯醌 + 2H^+ + 2e^- \rightleftharpoons 氢醌(对苯二酚)$$

氢醌的 π 电子"过剩"，而对苯醌的 π 电子"缺少"，两者按 1∶1 比例通过分子间氢键及 π-π 电子体系的相互作用形成难溶于水的电子供体-受体复合物（又称电子转移复合物），又称醌氢醌（深绿色晶体具有金属光泽）。氢醌也可以形成单电子的自由基物质，常用作抗氧剂或作为阻止自由基聚合反应的阻聚剂。

1,4-苯醌、蒽醌也能被还原，例如，9,10-蒽醌在适当的溶剂中与金属容易发生分步还原，最终形成全被还原的蒽-9,10-酚。

三、制 备

一般可通过氧化酚、氨基苯酚、芳胺或氨基萘酚等化合物制备醌类化合物。邻苯醌和对苯醌可由相应的邻或对位的苯二酚、苯二胺或氨基苯酚氧化制备。

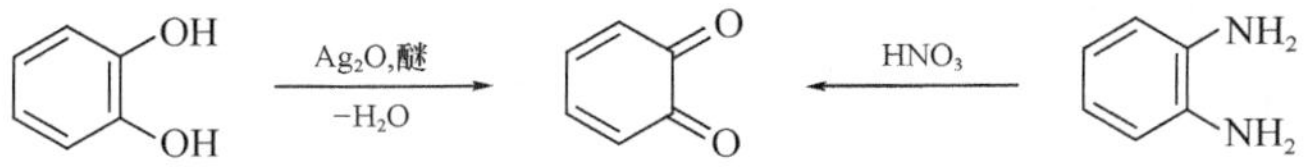

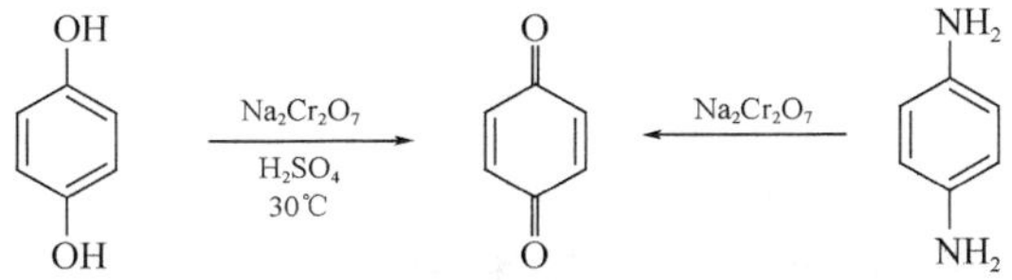

视窗 11-6　　自然界中动物的“化学武器”

一些节肢动物如千足虫、甲虫、白蚁利用苯醌作化学防卫剂。当甲虫对掠夺者（通常是蚂蚁）进行防御时，它从其臀部的腺体准确地发射出热的腐蚀性化学物质——氢醌和过氧化氢。这些物质一进入反应室，即被其中的酶引发，从而将爆炸性的氢醌氧化为醌，同时过氧化氢被还原为氧气和水，这些高达100℃的物质从甲虫的尾部借助270°的旋转能力像机关枪一样精准地喷向敌人，发射频率高达500次/s。

苯酚容易被多种氧化剂氧化成对苯醌，产率随氧化剂不同而异，间苯二酚不能被氧化成醌。氧化萘二酚、萘二胺、氨基萘酚可制备萘醌。α-萘酚也能被氧化成α-萘醌。

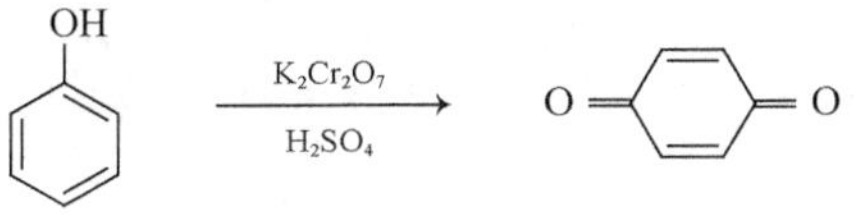

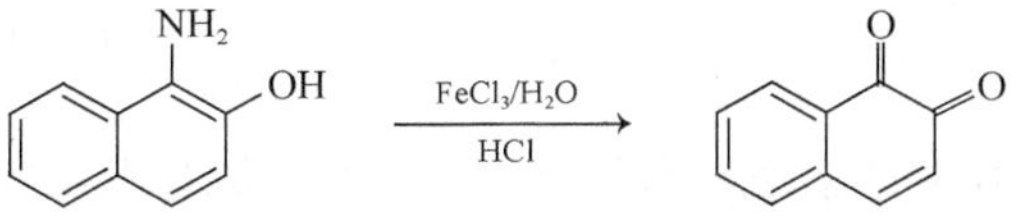

1,2-萘醌(β-萘醌)

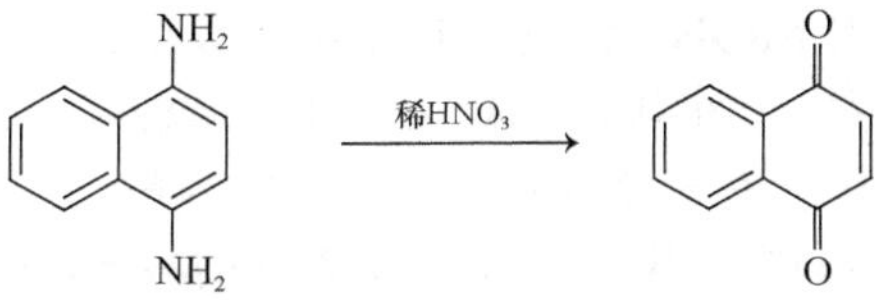

1,4-萘醌(α-萘醌)

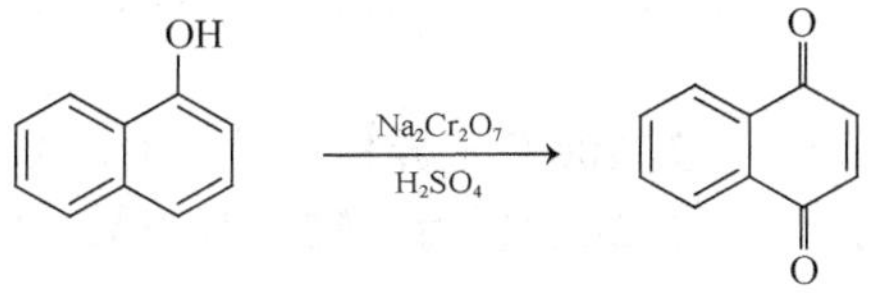

蒽和菲可用氧化剂直接氧化成蒽醌和菲醌。

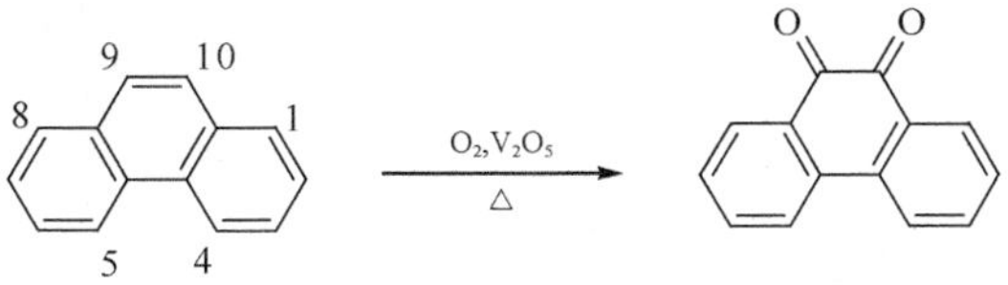

菲-9,10-二酮

习　　题

1. 写出下列化合物的结构式或名称。

（1）3-甲基-2-硝基苯酚

（2）3,4,5-三羟基苯甲酸

(3) 3-羟苯基丁酸乙酯

(4) 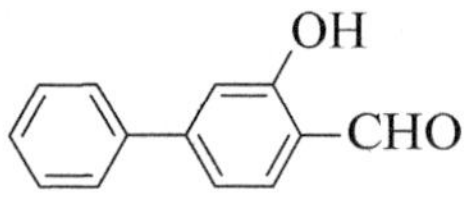 3-羟基-4-甲酰基联苯 (结构: 联苯-OH(3位)-CHO(4位))

(5) 2,4-二甲氧基-...苯酚 (H₃CO 两个, OH)

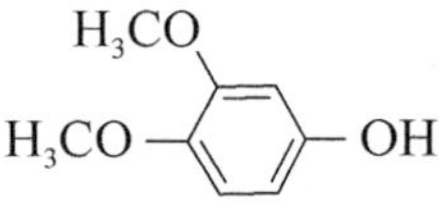

2. 将下列化合物按酸性强弱排序，并简单陈述理由。
(1) 对甲氧基苯酚　　(2) 间甲氧基苯酚　　(3) 对氯苯酚
(4) 对硝基苯酚　　(5) 间硝基苯酚

3. 下列哪些化合物可形成分子内的氢键？

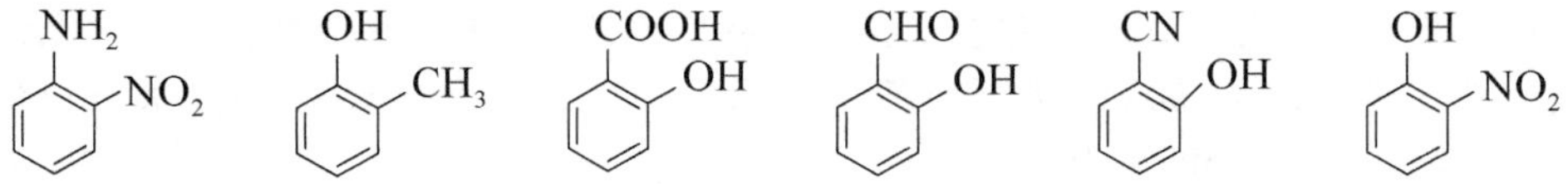

(A) 邻硝基苯胺　(B) 邻甲基苯酚　(C) 邻羟基苯甲酸　(D) 邻羟基苯甲醛　(E) 邻羟基苯甲腈　(F) 邻硝基苯酚

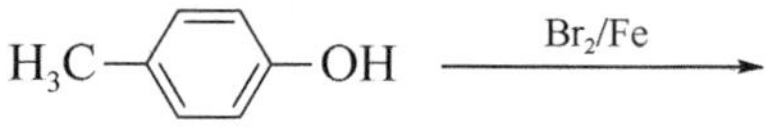

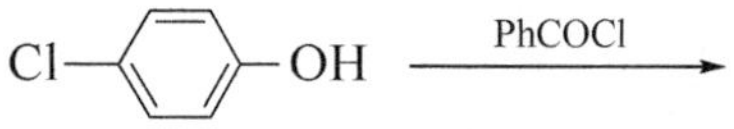

4. 写出下列反应物的主要产物。

(1) 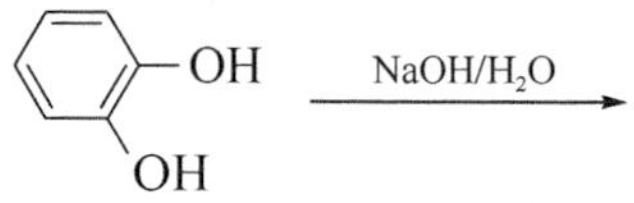 邻苯二酚 $\xrightarrow{\text{NaOH/H}_2\text{O}}$

(2) 对甲基苯酚 $\xrightarrow{\text{Br}_2/\text{Fe}}$

(3) 对氯苯酚 $\xrightarrow{\text{PhCOCl}}$

(4) 对羟基苄醇 $\xrightarrow[\text{CH}_2\text{Cl}_2]{\text{NaOH/DMSO}}$

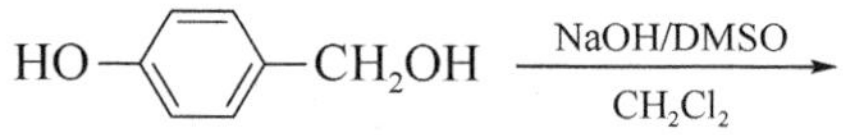

5. 化合物 A（$C_9H_{10}O_2$）能溶于 NaOH 溶液，易与溴水、羟胺、氨基脲反应，与托伦试剂不发生反应，经 LiAlH₄ 还原成化合物 B（$C_9H_{12}O_2$）。A 及 B 均能发生卤仿反应。A 用锌-汞齐在浓盐酸中还原生成化合物 C（$C_9H_{12}O_2$），C 用 NaOH 处理再与 CH₃I 煮沸得到化合物 D（$C_{10}H_{14}O$）。D 用 KMnO₄ 溶液氧化后得到对甲氧基苯甲酸。推测 A、B、C、D 的结构。

6. 请用化学方法证明邻羟基苯甲醇中含有一个酚羟基和一个醇羟基。

7. 未知物 A（$C_9H_{12}O$）不溶于水、不溶于 10% HCl 或碳酸氢钠溶液，但溶于 10% NaOH。A 不能使溴水褪色。A 用苯甲酰氯处理，放出 HCl 转变为化合物 B。推导 A、B 的结构，解释 A 为什么不与溴水反应。

8. 化合物 A 的分子式为 $C_{10}H_{12}O$，当加热到 200℃时异构化得到 B，A 与 FeCl₃ 溶液无显色反应，B 则发生显色反应。A 经过臭氧氧化分解反应后所得产物中有甲醛，B 经同一反应所得产物中有乙醛。试推测 A 和 B 的结构。

（遵义医科大学　姚秋丽）

第十二章 羧酸和取代羧酸

学习目标

掌握 羧酸和取代羧酸的结构和命名，主要化学性质（酸性及其影响因素，转变为羧酸衍生物的反应、脱羧反应、羟基酸的脱水反应等）。

熟悉 羧酸和取代羧酸的分类，羧基中羟基被取代反应的反应机制，羧酸的卤代反应和还原反应，羧酸的制备方法。

了解 羧酸和取代羧酸的物理性质，重要的羧酸和取代羧酸。

羧酸（carboxylic acid）是含羧基（carboxy group）的化合物，其通式为 RCOOH 或 ArCOOH。羧酸羟基中的氢原子被其他原子或原子团取代的产物称为取代羧酸（substituted carboxylic acid）。许多羧酸或取代羧酸是动植物代谢的产物，有些羧酸和取代羧酸具有生物活性。羧酸或取代羧酸与生物医学关系密切，许多药物（如布洛芬、阿司匹林、青霉素 G 钾等）是羧酸、取代羧酸或者它们的衍生物。

布洛芬(抗炎镇痛药)　　阿司匹林(解热镇痛药)　　青霉素G钾(抗菌剂)

第一节 羧 酸

一、分类与命名

羧基是羧酸的官能团。根据与羧基相连烃基的结构，羧酸可分为脂肪酸（fatty acid）和芳香酸（aromatic acid）。脂肪酸又可根据烃基的饱和程度分为饱和脂肪酸（saturated fatty acid）和不饱和脂肪酸（unsaturated fatty acid）。根据分子中含羧基的数目，羧酸分为一元羧酸（monocarboxylic acid）、二元羧酸（dicarboxylic acid）或多元羧酸（polycarboxylic acid）。

天然羧酸和天然取代羧酸常根据来源而确定其俗名。例如，从蚂蚁蒸馏液中分离得到的甲酸称为蚁酸；从食醋中得到的乙酸称为醋酸；从酸牛奶中发现的 α-羟基丙酸称为乳酸；从柳树皮中发现的邻羟基苯甲酸称为水杨酸。

羧酸与醛的系统命名原则相同。一元脂肪酸的系统命名：选取含有羧基的最长碳链为主链；从羧基的碳原子开始依次给主链上的碳原子编号；根据主链碳原子的数目称为"某酸"，按英文名称首字母顺序将取代基的位次、数目以及名称列于"某酸"之前，如果主链中含有不饱和键，则分别称为"烯酸"（-enoic acid）或"炔酸"（-ynoic acid），双键或三键的位次编号分别置于"烯"或"炔"之前。

2,2-二甲基丙酸
(2,2-dimethylpropanoic acid)

2,3-二甲基丁酸
(2,3-dimethylbutanoic acid)

丁-2-烯酸（巴豆酸）
(but-2-enoic acid)

二元羧酸的主链应为含有两个羧基的最长碳链，称为"某二酸"（-dioic acid）。当直链烃直接与 2 个以上的羧基相连时，看作母体烷烃被羧基所取代，可采用如"三甲酸"（-tricarboxylic acid）等后缀加以命名，编号应使所有羧基的位次和最小。

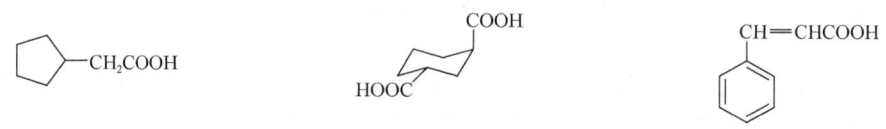

正丙基丙二酸
(propylpropanedioic acid)

戊烷-1,3,5-三甲酸
(pentane-1,3,5-tricarboxylic acid)

羧酸的命名也常用希腊字母对主链碳原子编号，从与羧基相连的碳原子开始，依次用 α、β、γ、δ 等编号，最末端碳原子可以用 ω 表示。芳环和脂环作为取代基。

环戊基乙酸
(cyclopentylethanoic acid)

(1*R*,3*R*)-环己烷-1,3-二甲酸
[(1*R*,3*R*)-cyclohexane-1,3-dicarboxylic acid]

3-苯丙烯酸（肉桂酸）
(3-phenylacrylic acid)

对于较长碳链的烯酸，还常用符号"Δ"来标明烯键的位置，将双键碳原子的位次写在"Δ"的右上角。例如：

$$CH_3(CH_2)_7CH=CH(CH_2)_7COOH \qquad \Delta^9\text{-十八碳烯酸（十八碳-9-烯酸）}$$

根据 IUPAC 命名法，羧酸的英文名称是将相应母体烃名称去掉其词尾 e，加上 oic acid。羧酸分子中除去羧基中的羟基后，所余下的部分称为酰基（acyl），根据相应羧酸命名。

乙酰基(acetyl)　　苯甲酰基(benzoyl)

二、制　备

（一）氧化法

羧酸是许多有机化合物氧化的最终产物。

1. 伯醇或醛的氧化　氧化伯醇或醛可以制备相同碳原子的羧酸。

$$RCH_2OH \xrightarrow{KMnO_4/H^+} R-\overset{O}{\underset{\|}{C}}-H \xrightarrow{KMnO_4/H^+} R-\overset{O}{\underset{\|}{C}}-OH$$

2. 烯烃的氧化　该法适用于由对称烯烃和末端烯烃通过氧化制备羧酸。

$$RHC=CHR \xrightarrow{KMnO_4/H^+} 2\,R-\overset{O}{\underset{\|}{C}}-OH$$

3. 芳烃的氧化　含有 α-氢的烃基苯，在强氧化剂（如高锰酸钾、重铬酸钾、硝酸）的氧化下，苄基位 α-碳原子均被氧化为羧基。

4. 碘仿反应　含甲基酮等结构的化合物，经碘仿反应转变为比原碳链少一个碳原子的羧酸。

（二）格氏试剂合成法

格氏试剂与 CO_2 作用，再经酸水解，得到比原料多一个碳的羧酸，1°、2°、3° 卤代烃及芳基卤代烃都适用此法。

$$RMgX \xrightarrow[\text{乙醚}]{CO_2} RCOOMgX \xrightarrow[H^+]{H_2O} RCOOH$$

$$\text{C}_6\text{H}_5\text{Br} \xrightarrow[\text{无水乙醚}]{\text{Mg}} \text{C}_6\text{H}_5\text{MgBr} \xrightarrow[(2)\text{H}_3\text{O}^+]{(1)\text{CO}_2} \text{C}_6\text{H}_5\text{COOH}$$

此反应在低温下进行，通常将格氏试剂的乙醚溶液在冷却条件下通入 CO_2 或将格氏试剂的乙醚溶液倒入过量的干冰中，干冰既参与反应，又起到冷却作用。

（三）腈的水解

卤代烃与 NaCN 经过亲核取代反应制得腈，经酸水解，腈转变为相应的羧酸。此法制备比原料卤代烃的碳链增加一个碳原子的羧酸，是增长碳链的一种方法。仲卤代烃、叔卤代烃与 NaCN 作用易发生消除反应，因此此法更适用于伯卤代烃。

$$RX \xrightarrow[\text{醇}]{\text{NaCN}} RCN \xrightarrow[\text{H}^+]{\text{H}_2\text{O}} RCOOH$$

$$BrCH_2CH_2Br \xrightarrow[\text{醇}]{\text{NaCN}} NCCH_2CH_2CN \xrightarrow[\text{H}^+]{\text{H}_2\text{O}} HOOCCH_2CH_2COOH$$

三、结构及物理性质

（一）结构

羧酸分子中羧基的碳原子及氧原子均为 sp^2 杂化，其碳原子的三个 sp^2 杂化轨道分别与酰基氧原子、羟基氧原子和烃基碳原子或氢原子形成 σ 键，碳原子未参与杂化的 p 轨道与酰基氧原子的 p 轨道肩并肩重叠，形成碳氧 π 键。羧基是一个平面结构。羧基中羟基氧原子的未共用电子对与 π 键形成 p-π 共轭体系（图 12-1），导致羧基中 C═O 和 C—OH 键长趋于平均化。甲酸的 C═O 键长是 123pm，比醛、酮 C═O 平均键长（120.9pm）略长；C—O 键长是 136pm，比甲醇 C—O 键长（143pm）略短；O—H 键长是 260~270pm，比醇 O—H 键长（96pm）长得多。羧基的两个碳氧键平均化，羟基上氧氢键的极性增大，有利于解离出氢离子而显酸性，羧酸比醇的酸性强。由于 p-π 共轭效应，羧酸羰基碳的正电性大大降低，不利于亲核试剂的进攻，不能与羰基试剂发生亲核加成反应。

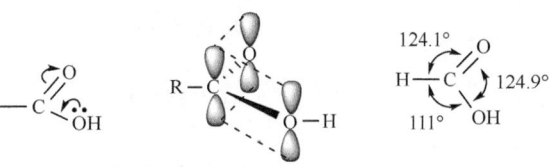

图 12-1　羧基的结构

从羧基的结构看，羧酸的性质可归纳为如下几种反应。

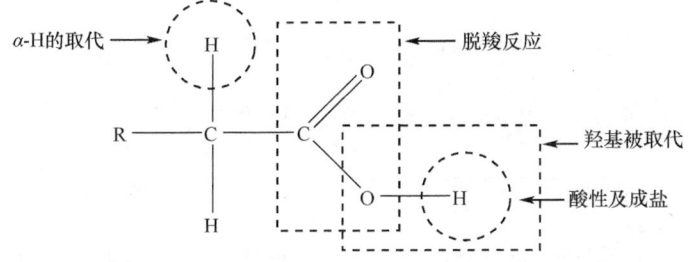

（二）物理性质

常温下，10 个碳以下的直链饱和一元羧酸为液体，其他羧酸为蜡状固体或晶状固体。甲酸、乙酸及丙酸有刺激气味，丁酸至壬酸有腐败气味。固态羧酸无气味。

饱和一元羧酸的沸点随相对分子质量的增加而升高，其沸点比相对分子质量相近的醇的沸点高。例如，甲酸和乙醇的相对分子质量都是 46，沸点分别为 100.7℃和 78.3℃。这是由于羧酸分子间形成的氢键较醇稳定。两分子羧酸能通过氢键互相缔合，形成缔合的二聚体。

$$2RCOOH \rightleftharpoons R-C\begin{matrix}O\cdots H-O\\O-H\cdots O\end{matrix}C-R$$

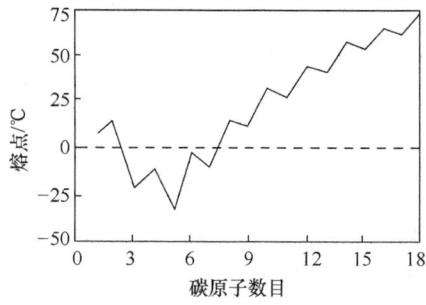

图 12-2 脂肪族饱和一元酸的熔点

直链饱和一元羧酸的熔点显示出特殊的变化规律。熔点先随相对分子质量的增加而降低，含五个碳原子酸的熔点最低，后随相对分子质量的增加而升高；含偶数碳原子羧酸的熔点高于前后相邻含奇数碳原子的同系物（图 12-2）。产生上述现象是因为在晶体中羧酸分子的碳链呈锯齿状排列，这样含偶数碳的羧酸，链端甲基和羧基分处在碳链的两边，而含奇数碳的羧酸，链端甲基和羧基则处在碳链的同一边。因此，前者具有较高的对称性，在晶格中排列得更紧密，分子间的吸引力更大，需要更高的温度才能使它们彼此分开，因而具有较高的熔点。

羧酸可与水形成很强的氢键，所以羧酸比同碳数的醇在水中有更大的溶解度。四个碳以下的羧酸可与水混溶，从戊酸开始，随相对分子质量增加，亲脂性的烃基增大，在水中的溶解度迅速减小。从十二碳酸起不溶于水。芳香酸在水中的溶解度不大。脂肪族一元羧酸可溶于乙醇、乙醚、氯仿等有机溶剂。常见羧酸的物理常数如表 12-1 所示。

表 12-1 羧酸的物理常数（1 个标准大气压下）

名称	结构	沸点/℃	熔点/℃	溶解度	pK_a（25℃）
甲酸（蚁酸） (methanoic acid)	HCOOH	100.5	8.4	与水混溶	3.76
乙酸（醋酸） (ethanoic acid)	CH_3COOH	117.9	16.6	与水混溶	4.76
丙酸 (propanoic acid)	CH_3CH_2COOH	141.1	−20.7	与水混溶	4.87
丁酸（酪酸） (butanoic acid)	$CH_3(CH_2)_2COOH$	165.5	−7.9	与水混溶	4.82
辛酸（羊脂酸） (octanoic acid)	$CH_3(CH_2)_6COOH$	239.7	16.7	约 0.07	4.85
丙烯酸（败脂酸） (acrylic acid)	$CH_2=CHCOOH$	141.0	12.3	与水混溶	4.26
顺-丁-2-烯酸（异巴豆酸） (cis-but-2-enoic acid)	$H_3C\overset{H}{\underset{}{C}}=\overset{H}{\underset{}{C}}COOH$	169.0	15.0	与水混溶	
反-丁-2-烯酸（巴豆酸） (trans-but-2-enoic acid)	$H_3C\overset{H}{\underset{}{C}}=\overset{COOH}{\underset{H}{C}}$	184.7	71.5	9.4	
丁-3-烯酸 (but-3-enoic acid)	$CH_2=CHCH_2COOH$	163.0	−35.0		4.35
3-苯丙烯酸（肉桂酸） (3-phenylacrylic acid)	$C_6H_5CH=CHCOOH$	300.0	133.0	0.05	4.44
乙二酸（草酸） (ethanedioic acid)	HOOC—COOH	189.5（分解）	8.6		1.27* 4.27**
丙二酸（缩苹果酸） (propanedioic acid)	$HOOCCH_2COOH$	135.0（分解）	73.5		2.85* 5.70**
丁二酸（琥珀酸） (butanedioic acid)	$HOOCCH_2CH_2COOH$	188.0	5.8		4.21* 5.64**
顺丁烯二酸（马来酸） (cis-butenedioic acid)	$HOOC\overset{}{\underset{H}{C}}=\overset{COOH}{\underset{H}{C}}$	131.0	79		1.90* 6.50**

续表

名称	结构	沸点/℃	熔点/℃	溶解度	pK_a (25℃)
反丁烯二酸（富马酸）(*trans*-butenedioic acid)	HOOC—CH=CH—COOH		287.0	0.7	3.00* 4.20**
苯甲酸（安息香酸）(benzoic acid)	C_6H_5COOH	249.2	122.4	0.34	4.17
邻甲基苯甲酸 (2-methylbenzoic acid)	o-$CH_3C_6H_4COOH$	259.0	103.7		3.89
间甲基苯甲酸 (3-methylbenzoic acid)	m-$CH_3C_6H_4COOH$	263.0	108.7		4.28
对甲基苯甲酸 (4-methylbenzoic acid)	p-$CH_3C_6H_4COOH$	275.0	179.6	0.1	4.35
邻苯二甲酸（邻酞酸）(*o*-phthalic acid)	邻-C₆H₄(COOH)₂		210.0 （分解）	0.7	2.89* 5.28**
间苯二甲酸（异酞酸）(*m*-phthalic acid)	间-C₆H₄(COOH)₂		347.0	0.01	3.28* 4.60**
对苯二甲酸 (*p*-phthalic acid)	HOOC—C₆H₄—COOH		402.0	0.002	3.54* 4.82**

* pK_{a1}；** pK_{a2}。

四、化学性质

（一）酸性和成盐反应

1. 酸性 在水溶液中，羧酸存在着如下的电离平衡：

$$RCOOH + H_2O \underset{}{\overset{K_a}{\rightleftharpoons}} RCOO^- + H_3O^+$$

K_a 越大或 pK_a 越小，酸性越强。通常，一元羧酸的酸性比无机酸弱，而比碳酸、酚及各类碳氢化合物的酸性强（表 12-2）。在羧酸盐中加入无机酸时，羧酸可游离出来。利用这一性质，不仅可以鉴别羧酸和苯酚，还可以分离提纯有关化合物。

表 12-2　部分化合物的酸性

类别	pK_a	类别	pK_a
RCOOH	4~5	C_6H_5OH	10
HCOOH	3.76	H_2O	15.7
CH_3COOH	4.76	ROH	16~19
CH_3CH_2COOH	4.87	C_2H_2	约 25
C_6H_5COOH	4.20	RH	约 50

羧酸解离生成的羧酸根负离子的两个氧原子的 p 轨道和羰基碳的 p 轨道重叠，从而组成含有四个 π 电子的 O—C—O 三中心的 π 分子轨道，所带的负电荷则平均分配在两个氧原子上（图 12-3）。由于 π 电子的离域，羧酸根负离子是稳定的。

羧酸根负离子和羧酸中羰基的结构不同。X 射线衍射测定表明，甲酸钠中，两个 C—O 键的键长都是 127pm。这表明羧

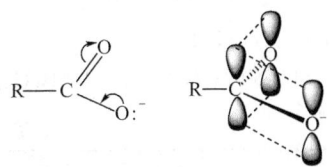

图 12-3　羧酸根负离子的结构

酸根负离子由于 π 电子的离域发生了键长平均化，其结构稳定。羧酸的酸性比醇和酚的酸性强，这是因为在醇解离后生成的烷氧负离子中没有上述稳定化作用。

> **案例 12-1**
>
> 观察以下三组卤代羧酸及其括号中的 pK_a 值。
>
> α-卤代乙酸：FCH_2COOH（2.57），$ClCH_2COOH$（2.87），$BrCH_2COOH$（2.90），ICH_2COOH（3.16），CH_3COOH（4.76）。
>
> α-氯代乙酸：Cl_3CCOOH（0.66），$Cl_2CHCOOH$（1.25），$ClCH_2COOH$（2.87），CH_3COOH（4.76）。
>
> 氯代丁酸：$CH_3CH_2CHClCOOH$（2.84），$CH_3CHClCH_2COOH$（4.06），$CH_2ClCH_2CH_2COOH$（4.52），$CH_3CH_2CH_2COOH$（4.82）。
>
> **问题** 讨论上述卤代羧酸的卤素取代基对其酸性的影响。
>
> **案例分析**
>
> （1）羧酸分子中 α-碳原子上的氢原子被卤素取代，使酸性增强。不同卤素的电负性及吸电子诱导效应次序为：F＞Cl＞Br＞I，在卤代乙酸中氟代乙酸的酸性最强，碘代乙酸的酸性最弱。
>
> （2）取代的卤素越多，吸电子诱导效应就越大，酸性就越强。
>
> （3）取代基的诱导效应随着距离的增加而迅速减弱，取代的卤素离羧基越远，酸性就越弱，通常经过三个原子后，诱导效应影响就很弱了。

羧酸的酸性强弱，与羧基相连基团的性质密切相关。取代基的吸电性有利于分散酸根负离子的负电荷，使酸根负离子稳定，导致羧酸的酸性增强；烃基的给电性不利于酸根负离子负电荷分散，使酸根负离子不稳定，羧酸的酸性减弱。取代基对羧酸酸性的影响与取代基的性质、数目及相对位置有关。

饱和一元羧酸烃基上的氢原子被卤素、氰基、硝基等基团取代后，这些取代基的吸电子诱导效应，通过碳链传递，使羧酸 O—H 键的电子云更靠近氧原子，有利于羧基中氢原子的解离；同时也使形成的羧酸负离子负电荷更分散，稳定性增加，所以酸性增强。

大多数情况下，不饱和羧酸或芳香酸的酸性比饱和羧酸强。与羧酸 α-碳原子直接相连的烃基的不饱和程度越大，羧酸的酸性就越强。

酸性：$HC\equiv CCH_2CO_2H > C_6H_5CH_2CO_2H > CH_2=CHCH_2CO_2H > CH_3CH_2CH_2CO_2H$

pK_a　　　3.32　　　　　　　4.28　　　　　　　4.35　　　　　　　4.88

羧酸 α-碳原子上连的烷基越多，则酸性越弱。

酸性：$HCOOH > CH_3COOH > CH_3CH_2COOH > (CH_3)_2CHCOOH > (CH_3)_3CCOOH$

pK_a　　　3.75　　　　4.76　　　　4.87　　　　　4.88　　　　　5.05

脂肪一元羧酸中甲酸的酸性最强，因为烷基除具有微弱的给电子诱导效应外，还具有超共轭效应，烷基取代不利于酸根负电荷的分散，使其稳定性降低，因而酸性降低。

卤素、不饱和烃基和烷基等取代基的诱导效应是通过 σ 键传递而影响羧基（或羧酸根）的。取代基的诱导效应又有给电性（+I）和吸电性（-I）之分。根据上述各种取代羧酸酸性强弱次序的排列（表 12-3），可确定各取代基诱导效应的强弱。

-I 效应：$O_2N— > NC— > F— > Cl— > Br— > I— > HC\equiv C— > CH_3O— > HO— > C_6H_5— > CH_2=CH— > H—$

+I 效应：$(CH_3)_3C— > (CH_3)_2CH— > CH_3CH_2— > CH_3— > H—$

表 12-3　取代乙酸（y-CH_2COOH）的 pK_a 值

y	pK_a	y	pK_a	y	pK_a
H	4.76	CH_3O—	3.53	Cl—	2.87

续表

y	pK_a	y	pK_a	y	pK_a
CH$_2$=CH—	4.35	HC≡C—	3.32	F—	2.57
C$_6$H$_5$—	4.28	I—	3.16	NC—	2.44
HO—	3.83	Br—	2.90	O$_2$N—	1.08

羧基直接连在芳环上的芳香酸的酸性比饱和一元羧酸强，但比甲酸弱。这是诱导效应和共轭效应共同作用的结果。一方面，苯环的吸电子诱导效应使羧酸更易电离，显示比饱和一元脂肪酸更强的酸性，另一方面，苯环的大π键与羧基的π键形成π-π共轭，使电子云稍向羧基转移，不利于氢离子解离，因此苯甲酸的酸性比甲酸弱。随着羧基与苯环之间距离的增大，其酸性逐渐接近于饱和一元酸。

	HCOOH	C$_6$H$_5$COOH	C$_6$H$_5$CH$_2$COOH	C$_6$H$_5$CH$_2$CH$_2$COOH
pK_a	3.75	4.17	4.31	4.66

诱导效应是通过碳链传递的静电作用，而通过空间电场传递的静电作用称为场效应（field effect）。极性共价键和极性分子周围空间都存在静电场，在这个静电场中的带电体都受其静电力的作用，这是场效应的本质，即取代基在空间产生的电场对远端反应中心的影响。场效应的大小与距离平方成反比，距离越远，作用越小。例如，下列两种羧酸的pK_a值的差异不是由诱导效应引起的，而是由场效应引起的，该场效应与Cl原子和羧基的空间距离有关，距离越近，场效应对羧基氢原子电离的抑制作用越强。

pK_a = 6.07   pK_a = 5.69

案例 12-2

两组类似物的pK_a值如下：

（1） pK_a = 6.04   pK_a = 6.25

（2）

	pK_a
o-Cl	3.08
m-Cl	3.00
p-Cl	3.07

问题 试讨论取代基及其位置对羧酸酸性的影响。

案例分析

（1）Cl距羧基较远，其吸电子诱导效应可忽略不计，场效应的影响起了主导作用。即带部分负电荷的氯与带部分正电荷的羧基氢的静电作用阻碍了酸的电离，导致氯代酸的酸性较弱。

（2）在卤代苯丙炔酸三个异构体中，卤素的作用既有诱导效应，又有场效应。诱导效应与场效应对羧基酸性的影响相反。在邻卤代苯丙炔酸中，卤素原子的吸电子诱导效应使得酸性增强，而C—X键偶极的场效应使酸性减弱。对位或间位的卤素原子和羧基的质子相距较远，不存在场效应，所以邻卤代苯丙炔酸的酸性较相应的间位酸和对位酸的酸性稍弱。

二元羧酸分子的两个羧基分两步解离。

$$\begin{matrix} \text{COOH} \\ (\text{CH}_2)_n \\ \text{COOH} \end{matrix} \xrightleftharpoons{K_{a1}} \text{H}^+ + \begin{matrix} \text{COO}^- \\ (\text{CH}_2)_n \\ \text{COOH} \end{matrix} \xrightleftharpoons{K_{a2}} \text{H}^+ + \begin{matrix} \text{COO}^- \\ (\text{CH}_2)_n \\ \text{COO}^- \end{matrix}$$

解离常数 K_{a1} 常比 K_{a2} 大得多，由于羧基是电负性较大的吸电子基团，具有较强的吸电子诱导效应。这种影响随着两个羧基距离的增大而迅速减弱。在羧基吸电子诱导作用影响下，其中一个羧基容易解离，当第一个羧基解离生成羧基负离子后，负离子的强斥电子诱导效应，使另一个未解离羧基的解离困难；另外，其场效应的影响也使第二个羧基很难再发生电离。两种效应都使第二个羧基的质子不易离去。大多数情况下，场效应和诱导效应同时存在，无法严格区分。丙二酸的羧酸负离子强给电子诱导效应和场效应对另一羧基的影响表示如下：

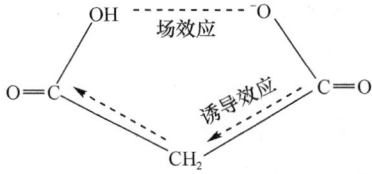

二元羧酸的第二步电离生成带两个负电荷的离子，由于两个负电荷之间存在相互排斥作用，不稳定，难以生成。因此，除草酸外，二元羧酸的 pK_{a2} 值都要比乙酸的 pK_a 值大（表 12-4）。

表 12-4　二元羧酸的酸性

项目	乙二酸	丙二酸	丁二酸	戊二酸	己二酸
pK_{a1}	1.46	2.80	4.17	4.33	4.43
pK_{a2}	4.46	5.85	5.64	5.57	5.52

芳环上的取代基对芳香羧酸的酸性的影响，除诱导效应外，还有共轭效应，不仅与取代基的性质有关，还与取代基在芳环上的位置有关。表 12-5 为几种常见取代苯甲酸的 pK_a 值。

表 12-5　几种取代苯甲酸的 pK_a 值

取代基	邻位	间位	对位
—H	4.17	4.17	4.17
—CH$_3$	3.89	4.28	4.35
—F	3.27	3.86	4.14
—Cl	2.89	3.82	4.03
—Br	2.82	3.81	4.18
—I	2.86	3.85	4.02
—OH	2.98	4.12	4.54
—OCH$_3$	4.09	4.09	4.47
—NO$_2$	2.21	3.46	3.40
—NH$_2$	5.00	5.82	4.92

苯环上取代基对苯甲酸的酸性影响，均是共轭效应、诱导效应和空间效应等的综合结果。

芳环上取代基对芳香酸酸性的影响，除了取代基的结构因素外，还因取代基与羧基的相对位置不同而异。例如，对硝基苯甲酸的硝基有吸电子诱导效应（−I）和吸电子共轭效应（−C），这两种吸电子效应使取代苯甲酸的酸性明显增强（pK_a=3.40）。当对甲氧基苯甲酸的—OCH$_3$ 的吸电子诱导效应（-I）能使羧酸的酸性增强；从共轭效应（p-π 共轭）来说是给电子的（+C），能使羧酸的酸性减弱。两种效应的影响方向相反，但由于共轭效应起主导作用，即+C＞-I，两种效应的综合结果是给电子的，使对甲氧基苯甲酸酸性减弱（pK_a=4.47）。间硝基苯甲酸的酸性比苯甲酸的酸性增强，但比对硝基苯甲酸的酸性稍弱。位于羧基间位的甲氧基也表现为吸电子诱导效应，但其吸电子强度比硝基弱，所以间甲氧基苯甲酸的酸性比苯甲酸的酸性稍强，但比间硝基苯甲酸的酸性要弱。

> **案例 12-3**
>
> 已知邻、间、对硝基苯甲酸的 pK_a 分别为 2.21、3.40、3.46，它们的酸性都比苯甲酸（pK_a 4.17）的酸性强。
>
> **问题** 为什么三种硝基苯甲酸中邻硝基苯甲酸的酸性最强？
>
> **案例分析** 因为硝基苯的结构为下列极限式的叠加，在硝基邻、对位碳的电子云密度较低。当邻、对位有羧基时，硝基对羧基上的电子有吸引作用，促进羧基的解离。
>
> 在苯甲酸分子中羧基与苯环共平面，形成共轭体系，当其邻位有取代基后，因为它占据一定的空间，在一定程度上排挤了羧基，使它偏离苯环平面。这就削弱了苯环与羧基的共轭作用，并减少了 π 键电子云向羧基偏移，从而使羧基氢原子较易解离，同时由于解离后带负电荷的氧原子与硝基中显正电性的氮原子在空间相互作用，而使羧酸负离子更为稳定。因此，邻位异构体的酸性最强。
>
> 邻硝基苯甲酸的酸性比间或对硝基苯甲酸强的另一原因是，硝基的吸电子诱导效应使苯环碳原子的电子云密度相对地降低，有利于羧基氢原子的解离，其邻位氧原子所受到的影响较间位和对位大。间位和对位的诱导效应很微弱，主要看共轭效应，对位共轭效应强而间位共轭效应弱，所以间位的酸性稍低于对位。

邻位取代苯甲酸的酸性除受共轭效应和诱导效应的影响外，还受空间效应的影响。一般来说，除氨基外，甲基、卤素、羟基或硝基等邻位取代苯甲酸的酸性都比间位或对位取代的苯甲酸的酸性强。这种由于取代基位于邻位而表现出来的特殊影响称为邻位效应（vicinal effect）。邻位效应的作用因素是复杂的，其中以电子效应、空间效应的影响较大。

邻位上的取代基所占的空间越大，影响也就越大。另外，电子效应也在起作用，吸电子能力越强的取代基，使酸性增强也就越多。例如：

H$_3$C-○-CH$_3$ COOH	○-C(CH$_3$)$_3$ COOH	○-CH$_3$ COOH	○-Cl COOH	○-NO$_2$ COOH	O$_2$N-○-NO$_2$ COOH
pK_a 3.21	3.46	3.89	2.89	2.21	0.65

2. 成盐反应 羧酸能与氢氧化钠、碳酸钠、碳酸氢钠或金属氧化物等作用生成羧酸盐。

$$CH_3COOH + NaOH \longrightarrow CH_3COONa + H_2O$$

大多数无取代羧酸的 pK_a 为 3.5～5，属于弱酸，但比碳酸的酸性（pK_a=6.38）强。因此，羧酸可以和碳酸盐反应，而苯酚（pK_a=10）不能和碳酸盐反应，可利用这个性质区别羧酸和苯酚。

羧酸盐是离子型化合物，为固体，难挥发，具有盐类的一般性质，其钾盐、钠盐、铵盐可溶于水，难溶于有机溶剂。在羧酸盐中加入强无机酸，可以使盐重新变为羧酸而游离出来。此性质可用于分离、精制羧酸。当羧酸和中性化合物混在一起时，首先将混合物用醚溶解，然后再用碱水溶液提取，这时羧酸成盐而进入水层，中性化合物仍留在醚层。分层后，将水层酸化，便得到游离的羧酸。含羧基的药物制成羧酸盐可增加其在水中的溶解度，便于制成注射剂使用。例如，含有羧基的青霉素和氨苄青霉素水溶性差，将其转变成钾盐或钠盐后水溶性增大，便于制成注射剂临床使用。

羧酸根负离子具有亲核性，可在催化剂作用下与活泼的卤代烷发生亲核反应，生成羧酸酯，是合成酯的一种方法。

$$\underset{C_2H_5}{\underset{|}{C_6H_4}}\text{-}CH_2Cl + CH_3COONa \xrightarrow[\Delta]{CH_3COOH} \underset{C_2H_5}{\underset{|}{C_6H_4}}\text{-}CH_2OCCH_3$$

（二）羧基中羟基的取代反应

羧酸分子中的羟基可以被卤素、羧酸根、烷氧基和氨基取代分别生成酰卤、酸酐、酯和酰胺等羧酸衍生物。

$$\underset{\text{酰卤}}{R-\overset{O}{\overset{\|}{C}}-X} \quad \underset{\text{酸酐}}{R-\overset{O}{\overset{\|}{C}}-O-\overset{O}{\overset{\|}{C}}-R} \quad \underset{\text{酯}}{R-\overset{O}{\overset{\|}{C}}-OR} \quad \underset{\text{酰胺}}{R-\overset{O}{\overset{\|}{C}}-NH_2}$$

1. 酯化反应 羧酸与醇在酸催化下生成酯（ester）和水的反应称为酯化（esterification）反应，该反应常用的催化剂有盐酸、硫酸、苯磺酸等。酯化反应是可逆反应，其逆反应是酯和水作用生成醇和羧酸的反应，称为水解反应。

$$R-\overset{O}{\overset{\|}{C}}-OH + R'OH \underset{\text{水解}}{\overset{\text{酯化}}{\rightleftharpoons}} R-\overset{O}{\overset{\|}{C}}-OR' + H_2O$$

酯化反应的速率慢，它的平衡常数也很小。如乙醇与乙酸作用生成酯的反应，需回流数小时才能达到平衡，其平衡常数为 3.38，若使用等物质的量的乙醇与乙酸反应，平衡时只有 65% 乙酸或乙醇转化成乙酸乙酯，为了提高酯的产率，可增加其中一种原料用量，使平衡向生成物方向移动；若用物质的量比为 1∶10 的乙酸和乙醇反应，反应达到平衡时 97% 的乙酸转化成酯。还可采取不断从反应体系中除去一种生成物的方法使平衡向生成物方向移动，如合成甲酸甲酯时，由于甲酸甲酯的沸点（31.5℃）比甲酸的沸点（100.5℃）、甲醇的沸点（64.7℃）和水的沸点都低，因此可以在酯化反应设备上加精馏柱，将甲酸甲酯不断蒸出，提高酯的产率。

药物合成中常利用酯化反应将药物转变成前药，以改变药物的生物利用度、稳定性等。例如，治疗青光眼的药物塞他洛尔（cetamolol）分子中含有羟基，极性强、脂溶性差，难透过角膜。若将羟基丁酯化，其脂溶性明显增强，透过角膜的能力增强 4～6 倍，进入眼球后，经酶水解再生成塞他洛尔而起效。再如，抗生素氯霉素味极苦，服药不方便，其棕榈酸酯（无味氯霉素）水溶性低，无苦味，但也无抗菌作用。若以无味氯霉素给药，患者的依从性和生物利用度提高，该药经肠黏膜吸收到血液后，被酯酶催化水解，转变成有活性的氯霉素从而发挥其杀菌作用。

随着羧酸和醇的结构以及反应条件的不同，酯化反应可按不同的机制进行。酯化时，酸和醇分子间的失水分别有酰氧键断裂和烷氧键断裂两种方式。

$$\underset{\text{酰氧键断裂}}{R-\overset{O}{\overset{\|}{C}}\!-\!\!\lfloor OH \quad H\!\rfloor\!-\!OR'} \qquad \underset{\text{烷氧键断裂}}{R-\overset{O}{\overset{\|}{C}}\!-\!O\!-\!\lfloor H \quad HO\!\rfloor\!-\!R'}$$

大多数情况下酯化反应是按酰氧键断裂方式进行的，即酯化是由羧酸提供的羟基与醇中羟基上的氢原子作用而生成水。如用含有 ^{18}O 标记的醇与酸作用，生成的酯含 ^{18}O，而生成的水不含有 ^{18}O。

$$C_6H_5-\overset{O}{\overset{\|}{C}}-OH + H^{18}OCH_3 \underset{}{\overset{H^+}{\rightleftharpoons}} C_6H_5-\overset{O}{\overset{\|}{C}}-^{18}OCH_3 + H_2O$$

（1）亲核加成-消除机制：H^+ 首先和羧酸中羰基氧原子形成锌盐（1），（1）和醇分子发生亲核加成反应，形成中间体（2），此步反应决定反应的速率。然后质子转移生成中间体（3），（3）失水生成锌盐（4），（4）再失去 H^+ 形成酯。上述反应中，酰基和氧原子之间的键发生断裂，属于酰氧键断裂方式。反应结果是烃氧基置换了羧基上的羟基，可看作羰基的亲核取代。整个反应经历了亲核加成-消除的过程。绝大多数羧酸与伯醇、仲醇的酯化按这个反应机制进行，但叔醇酯化按照烷氧键断裂方式进行。

羧酸和醇的结构对酯化反应速率影响很大。一般来说，酸或醇分子中烃基体积增大会使酯化反应速率降低。α-碳原子上没有支链的羧酸与伯醇所发生的酯化反应最快。α-碳原子有支链的羧酸，由于空间阻碍作用，酯化反应很慢。

试比较在盐酸催化下，下列羧酸和甲醇酯化的相对速度。

CH_3CO_2H	$C_2H_5CO_2H$	$(CH_3)_2CHCO_2H$	$(CH_3)_3CCO_2H$	$(C_2H_5)_3CCO_2H$
1	0.85	0.33	0.027	0.0016

（2）碳正离子机制：醇的结构对酯化反应速率的影响复杂。叔醇酯化时，首先与质子形成盐，然后发生烷氧键断裂失水生成稳定的碳正离子。碳正离子与羧酸反应又生成锌盐，锌盐再脱去质子生成酯。

案例 12-4

芳香羧酸特别是邻位取代芳香族羧酸（如 2,4,6-三甲基苯甲酸）酯化困难。但如果先将浓硫酸和芳香羧酸混合，然后将混合液倒入相应的醇中，就能顺利地生成酯。

问题 讨论以上现象。

案例分析 空间位阻对芳香族羧酸酯化的影响明显。当苯甲酸邻位有取代基时，由于空间位阻增大，酯化反应不能以正常的亲核加成-消除机制进行，酯化反应速率减慢。如果将羧酸先溶于浓硫酸中，羧酸分子中的羟基质子化脱水，生成酰基正离子，然后按酰基正离子机制发生反应生成酯。例如，2,4,6-三甲基苯甲酸与甲醇的酯化反应按酰基正离子反应机制进行。

2. 酰卤的生成 羧酸与三卤化磷（PX_3）、五卤化磷（PX_5）或亚硫酰氯（$SOCl_2$，氯化亚砜）作用时，羧基中的羟基被卤素原子取代的产物称为酰卤（acyl halide），其中最重要的是酰氯。酰卤具有高度反应活性，在有机合成、制药工业中常用作酰化剂。

$$3 R-COOH + PCl_3 \longrightarrow 3 R-COCl + H_3PO_3$$

$$R-COOH + PCl_5 \longrightarrow R-COCl + POCl_3 + HCl$$

$$R-COOH + SOCl_2 \longrightarrow R-COCl + SO_2\uparrow + HCl\uparrow$$

酰氯很活泼，容易水解，常用蒸馏法纯化精制。通常，用 PCl_3 制备低沸点的酰氯；用 PCl_5 制备高沸点的酰氯；亚硫酰氯是实验室制备酰氯的常用试剂，该法合成酰氯，所得其他产物都是气体，便于分离提纯。羧酸与氯化亚砜的反应与酯化反应类似，经亲核加成-消除机制完成。

3. 酸酐的生成 羧酸与脱水剂（如乙酰氯、五氧化二磷或乙酸酐）共热，两分子羧酸间失去一分子水生成酸酐（anhydride）。

$$R-COOH + HOOC-R \xrightarrow[\triangle]{\text{脱水剂}} R-CO-O-CO-R + H_2O$$

酸酐也可由羧酸盐与酰氯加热制得，可应用这个方法制备混合酸酐。

$$R-COONa + Cl-CO-R' \xrightarrow{\triangle} R-CO-O-CO-R' + NaCl$$

很多二元羧酸可直接加热脱水生成酸酐。如加热丁二酸、戊二酸、邻苯二甲酸等，发生分子内脱水生成五元或六元环状酸酐。

$$\underset{\text{COOH}}{\overset{\text{COOH}}{\bigcirc}} \xrightarrow{180℃} \text{(酸酐)} + H_2O$$

4. 酰胺的生成 在羧酸中通入氨气或加入碳酸铵，可得到羧酸铵盐，铵盐热解失水而生成酰胺（amide）。

$$R-\overset{O}{\underset{}{C}}-OH \xrightarrow{NH_3} R-\overset{O}{\underset{}{C}}-ONH_4 \xrightarrow{\Delta} R-\overset{O}{\underset{}{C}}-NH_2 + H_2O$$

$$R-\overset{O}{\underset{}{C}}-OH \xrightarrow{HNR'_2} R-\overset{O}{\underset{}{C}}-OH \cdot HNR'_2 \xrightarrow{\Delta} R-\overset{O}{\underset{}{C}}-NR'_2 + H_2O$$

（三）α-氢的卤代反应

羧酸的 α-氢原子的活泼性比醛、酮的 α-氢原子低，因此羧酸比醛、酮 α-氢的取代困难。在少量红磷或三卤化磷存在下，卤素（Cl_2 或 Br_2）可取代羧酸的 α-氢原子，生成一元或多元取代的卤代酸，此反应称为赫尔-乌尔哈-泽林斯基（Hell-Volhard-Zelinsky）反应。

$$CH_3CH_2CH_2COOH + Cl_2 \xrightarrow{P} CH_3CH_2\underset{Cl}{CH}COOH + HCl$$

磷和卤素作用生成三卤化磷，三卤化磷与羧酸作用生成酰卤。酰卤的 α-氢比羧酸的 α-氢活泼，更容易形成烯醇而加快反应。烯醇化的酰卤和卤素发生加成转化成卤代酰卤，而且卤代酰卤又和羧酸发生交换反应形成卤代酸和酰卤，酰卤又可进行卤代，使得反应继续下去。

$$2P + 3X_2 \longrightarrow 2PX_3$$

$$RCH_2COOH \xrightarrow{PX_3} RCH_2-\overset{O}{\underset{}{C}}-X \xrightleftharpoons[\text{互变异构}]{} R-CH=\overset{OH}{\underset{}{C}}-X \xrightarrow[-X^-]{X-X}$$

$$R-\overset{\overset{+OH}{|}}{\underset{\underset{X}{|}}{C}}-X \xrightarrow{-H^+} R-\overset{\overset{O}{\|}}{\underset{\underset{X}{|}}{C}}-X \xrightarrow{RCH_2COOH} R-\overset{\overset{O}{\|}}{\underset{\underset{X}{|}}{C}}-OH + RCH_2-\overset{O}{\underset{}{C}}-X$$

控制反应条件，反应可停留在一取代阶段，例如：

$$CH_3CH_2CH_2COOH + Br_2 \xrightarrow[\Delta]{P, Br_2} CH_3CH_2\underset{Br}{CH}COOH + HBr$$
$$(80\%)$$

α-卤代酸很活泼，常用来制备 α-羟基酸和 α-氨基酸。若存在过量的卤素，可进一步发生 α-氢的卤代反应，直至所有的 α-氢都被卤素原子取代。乙酸和氯气在微量碘的催化下，可以得到一氯代、二氯代和三氯代乙酸。三氯乙酸不但可作为农药的原料、蛋白质的沉淀剂，还可用于生化药品（如腺苷三磷酸、细胞色素丙和胎盘酯多糖等）的提取。

$$CH_3COOH \xrightarrow{Cl_2/I_2} ClCH_2COOH \xrightarrow{Cl_2/I_2} Cl_2CHCOOH \xrightarrow{Cl_2/I_2} Cl_3CCOOH$$

（四）脱羧反应

羧酸分子中失去羧基放出二氧化碳的反应称为脱羧（decarboxylation）反应。一般情况下，羧酸中的羧基较为稳定。但将羧酸的钠盐与碱石灰（CaO+NaOH）或固体氢氧化钠加热反应，羧酸能脱去羧基（失去二氧化碳）生成烃。例如，无水乙酸钠和碱石灰混合后强热生成甲烷，是实验室制取甲烷的方法。

$$CH_3COONa \xrightarrow[\triangle]{NaOH(CaO)} CH_4 + Na_2CO_3$$

这个反应对脂肪酸产率低。若脂肪酸的 α-碳上带有吸电子基团时，则脱羧容易，而且产率高。例如，三氯乙酸的钠盐在 50℃水中可脱羧生成氯仿。

$$CCl_3COONa + H_2O \xrightarrow{50℃} CHCl_3 + NaHCO_3$$

三氯乙酸的钠盐在水中完全解离成负离子，由于氯原子的强吸电子作用，碳碳键的电子云偏向于氯取代的碳原子，可脱去二氧化碳形成氯仿。此反应是通过负离子进行的脱羧反应。芳香羧酸较脂肪羧酸易脱羧，2,4,6-三硝基苯甲酸有三个强吸电子的硝基，使得羧基与苯环间的碳碳键更容易断裂。

α-碳原子上连有吸电子基团（如硝基、卤素、酰基、羧基、氰基和不饱和键等）的一元羧酸易发生脱羧。

$$CH_3\overset{O}{\overset{\|}{C}}CH_2COOH \xrightarrow{\triangle} CH_3\overset{O}{\overset{\|}{C}}CH_3 + CO_2\uparrow$$

$$CH_2=CHCH_2COOH \xrightarrow{\triangle} CH_2=CHCH_3 + CO_2\uparrow$$

β-酮酸（或 β-不饱和酸及丙二酸型化合物）很容易脱羧。其机制是羰基（或碳碳双键）和羧基通过氢键相互作用形成六元环过渡态，然后发生电子转移失去二氧化碳，先生成烯醇，再重排得酮。由于反应的过渡态是一个六元环，能量低，因而反应易进行。

生物体内，酶催化的脱酸反应是进行物质代谢的重要反应之一。含奇数碳原子的天然直链烃是由含偶数碳原子的直链羧酸脱羧后生成的，如沼气的生成反应。

$$CH_3COOH \xrightarrow{酶} CH_4 + CO_2\uparrow$$

α-酮酸也易发生脱羧反应，α-酮酸与稀硫酸共热，或被弱氧化剂（托伦试剂）氧化，失去二氧化碳而生成少一个碳的醛或羧酸。在缺氧的情况下，生物体内的丙酮酸脱酸，生成乙醛，然后还原成乙醇。水果开始腐烂或制作发酵饲料时，常常产生酒味就是这个原因。

$$CH_3\overset{O}{\overset{\|}{C}}COOH \xrightarrow[\triangle]{H_2SO_4/H_2O} CH_3\overset{O}{\overset{\|}{C}}-H + CO_2\uparrow$$

$$CH_3\overset{O}{\overset{\|}{C}}COOH \xrightarrow[\triangle]{[Ag(NH_3)_2]^+} CH_3\overset{O}{\overset{\|}{C}}-OH + CO_2\uparrow$$

α-羟基酸在一定条件下发生脱酸反应。

$$R-\underset{\underset{OH}{|}}{\overset{\overset{H}{|}}{C}}-COOH \xrightarrow{\underset{H^+}{KMnO_4}} R-\overset{\overset{O}{\|}}{C}-H + CO_2\uparrow + H_2O$$
$$\downarrow [O]$$
$$RCOOH$$

羧酸的银盐在溴或氯单质存在下脱酸生成卤代烷的反应称为汉斯迪克（Hunsdiecker）反应。此反应可用来合成比羧酸少一个碳的卤代烃。

$$CH_3CH_2CH_2COOAg + Br_2 \xrightarrow[\Delta]{CCl_4} CH_3CH_2CH_2Br + CO_2\uparrow + AgBr$$

（五）二元羧酸的受热反应

1. 乙二酸或丙二酸受热反应 乙二酸或丙二酸受热发生反应时，脱去一个羧基，生成少一个碳的一元羧酸。由于羧基是吸电子基团，两个羧基直接相连的乙二酸受热后很容易脱羧，而两个羧基连在同一个碳原子上的丙二酸也有类似的反应。反应历程同 β-酮酸的脱羧。

$$HOOC-COOH \xrightarrow{\Delta} HCOOH + CO_2\uparrow$$
$$HOOC-CH_2COOH \xrightarrow{\Delta} CH_3COOH + CO_2\uparrow$$

2. 丁二酸或戊二酸受热反应 将丁二酸或戊二酸加热至熔点以上发生分子内失水反应，生成环状酸酐（内酐）。常用的脱水剂有乙酰氯、乙酸酐、五氧化二磷等。邻苯二甲酸加热时也生成环酐。

3. 己二酸和庚二酸受热反应 己二酸和庚二酸与氢氧化钡共热则同时发生失水和脱羧，生成环酮（cyclic ketone）。

庚二酸以上的二元羧酸，在高温时发生分子间的失水作用，形成高分子的酸酐，一般不形成大于六元的环酮。

（六）羧酸的还原

$LiAlH_4$ 或 B_2H_6 等试剂能将羧酸还原成伯醇。$LiAlH_4$ 的还原性具有选择性，它可还原羰基，但不还原碳碳双键。$LiAlH_4$ 还原羧酸分两个阶段进行，先将羧酸还原成醛，醛再与第二分子 $LiAlH_4$ 反应，然后用稀酸水解得到一级醇。

用锂-甲胺还原羧酸，生成的醛与溶剂甲胺作用生成亚胺，亚胺水解得醛。

$$RCOOH \xrightarrow[CH_3NH_2]{Li} RCH=NCH_3 \xrightarrow{H_3O^+} RCHO$$

通常情况下，硼氢化钠不能还原羧酸，但乙硼烷在四氢呋喃中可以将羧酸还原成伯醇。乙硼烷可以在碳碳双键、酮基、氰基、酯基、酰氯基、硝基、砜基等存在时首先还原羧基。

对硝基苯甲酸 $\xrightarrow[(2) H_3O^+]{(1) B_2H_6/THF}$ 对硝基苯甲醇 (79%)

第二节 取代羧酸

羧酸分子中烃基上的氢原子被其他原子或基团取代所生成的化合物称为取代羧酸。取代羧酸按取代基的种类可分为卤代酸（haloacid）、羟基酸、羰基酸（氧代酸）和氨基酸等。羟基酸又可分为醇酸和酚酸；羰基酸又可分为醛酸和酮酸。各类取代酸还可根据取代基的相对位置，分为 α-、β-、γ- 等取代酸。取代羧酸不仅具有羧基和其他官能团的一些典型性质，还有这些官能团之间相互作用和相互影响而产生的一些特殊性质。

一、命　名

取代羧酸的命名是以羧酸作为母体，分子中的卤素、羟基、氨基、羰基等官能团作为取代基。取代基在主链上的位置以阿拉伯数字或希腊字母表示，ω 表示主链末端的取代基的位置。许多天然产物取代酸采用根据来源命名的俗名。脂肪族二元羧酸碳链用希腊字母编号时，各碳原子分别用 α、α′、β、β′、γ、γ′、δ、δ′ 等表示。

CH₂ClCOOH　　　　CH₃-CBr₂-CH₂COOH　　　　对氯苯甲酸　　　　CH₃CHCOOH
　　　　　　　　　　　　　　　　　　　　　　　　　　　　　　　　　　　　|
　　　　　　　　　　　　　　　　　　　　　　　　　　　　　　　　　　　　OH

氯乙酸　　　　　　2,2-二溴丁酸　　　　　对氯苯甲酸　　　　α-羟基丙酸(乳酸)
　　　　　　　　　(β,β-二溴丁酸)

当主链或母环含有羰基时，羰基作为取代基，称为氧亚基（-oxo-）。该类化合物称为某醛酸或某酮酸。

邻羟基苯甲酸　　3,4-二羟基苯甲酸　　2,3-二羟基丁二酸　　2-羟基丁二酸　　3-羟基丙烷-1,2,3-三甲酸
（水杨酸）　　　　（原儿茶酸）　　　　（酒石酸）　　　　　（苹果酸）　　　　（枸橼酸）

H-CO-CH₂COOH　　CH₃COCOOH　　CH₃-CO-CH₂COOH　　C₆H₅-CH₂CH(NH₂)COOH

丙醛酸　　　　　2-氧亚基丙酸　　　3-氧亚基丁酸　　　α-氨基-β-苯基丙酸
(3-氧代丙酸)　　（丙酮酸）　　　　（3-丁酮酸）　　　（苯丙氨酸）
　　　　　　　　　　　　　　　　　（乙酰乙酸）

二、卤 代 酸

（一）化学性质

卤代酸含有羧基和卤素，所以卤代酸兼有羧酸和卤代烃的一般性质（如羧基可以成盐、酯、酰卤、酸酐、酰胺等；卤原子可以被羟基、氨基等取代）。由于卤代酸分子内羧基和卤素的相互影响，卤代酸表现出一些特殊的性质。受卤原子吸电子诱导效应的影响，卤代酸的酸性比相应的羧酸强，其酸性的强弱与卤原子取代的位置、卤原子的种类和数目有关。在稀碱溶液中，卤代酸的卤原子可发生亲核取代反应，也可发生消除反应，反应类型主要取决于卤原子与羧基的相对位置和产物的稳定性。

受羧基的影响，α-卤代酸中的卤原子活性增强，易发生水解反应，生成羟基酸。α-卤代酸的水解比卤代烷容易，可用于制备 α-羟基酸，α-羟基酸再与多种亲核试剂反应生成不同的产物。

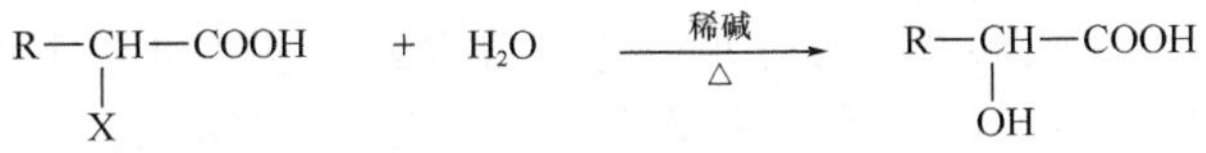
R—CH—COOH
X
+ H2O
稀碱
△
R—CH—COOH
OH

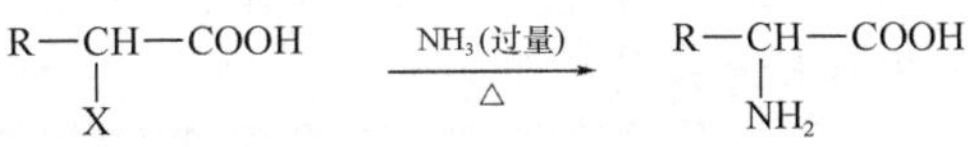
R—CH—COOH
X
NH3(过量)
△
R—CH—COOH
NH2

案例 12-5

在氢氧化钠溶液中，(*S*)-2-溴丙酸转变为构型翻转产物 (*R*)-乳酸，而在存在 Ag_2O 的稀氢氧化钠溶液中 (*S*)-2-溴丙酸转变为构型保持的 (*S*)-乳酸。

问题　两个反应各遵循什么机制？

案例分析　(*S*)-2-溴丙酸在氢氧化钠溶液中发生取代反应，属 S_N2 机制，手性碳的构型翻转，得到 (*R*)-乳酸。反应机制如下：

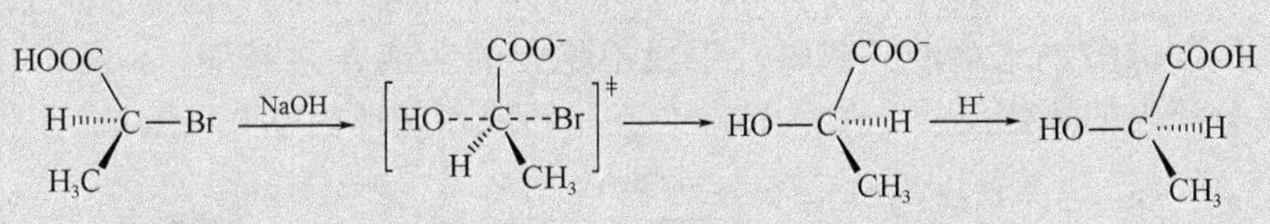
HOOC
H
C
Br
H3C
NaOH
COO⁻
HO
C
Br
H
CH3
‡
COO⁻
HO
C
H
CH3
H⁺
COOH
HO
C
H
CH3

(*S*)-2-溴丙酸　　　　　　　　　　　　(*R*)-乳酸

(*S*)-2-溴丙酸在存在 Ag_2O 的稀氢氧化钠溶液中反应得到构型保持的 (*S*)-乳酸，该反应机制如下：

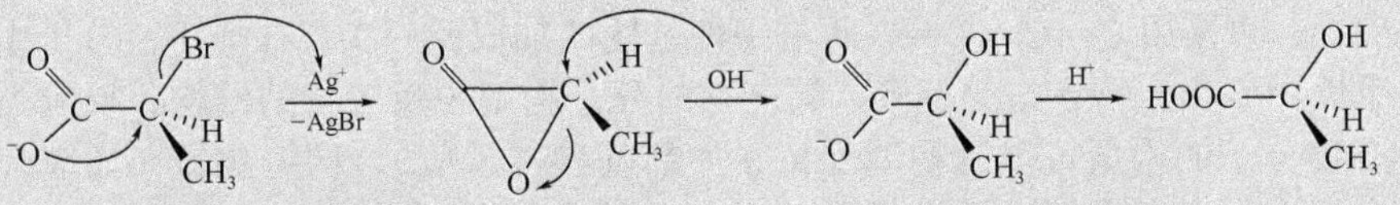
O
C
⁻O
Br
C
H
CH3
Ag⁺
−AgBr
O
C
H
CH3
O
OH⁻
O
C
⁻O
OH
C
H
CH3
H⁺
HOOC
OH
C
H
CH3

反应是分步进行的，第一步是 Ag^+ 接近溴原子，促使溴原子带着一对电子离去，与此同时，邻近的—COO^- 作为亲核性试剂从溴原子的背面进攻中心碳原子，形成环状中间体。第二步是外部试剂—OH 从内酯环的背面进攻，三元环中 C—O 键断裂恢复成原来的—COO^-。在整个过程中，中心碳原子上发生了两次 S_N2 反应，构型两次转化，最终得到保持构型的产物。许多事实表明，亲核取代反应中，若中心碳原子邻近有提供电子的负离子或具有未共用电子对的基团或 C═C 或 Ar 等，先形成一个环状中间体，外加的亲核试剂再从环的背面进攻中心碳原子发生反应。苯基作为邻近基团参与亲核取代反应，按以下机制进行，并生成分子重排的产物。

亲核取代反应中，某些位于适当位置的取代基能够和反应中心部分地或完全地成键形成过渡态或中间体，从而影响反应的进行，这种现象称为邻基参与效应（neighboring group participation effect）。邻基参与的结果导致环状化合物的生成，限制产物的构型或加快反应速率或几种情况同时存在。能发生邻基参与作用的基团通常具有未共用电子对、碳碳双键、大π键等。化合物分子中具有未共用电子对的基团（—OCOR、—COOR、—COAr、—OR、—OH、—NH$_2$、—NHR、—NR$_2$、—NHCOR、—SH、—SR、—Br、—I 及—Cl）位于离去基团的 α 或 γ 位时，化合物在取代反应中保持原来的构型。

如 α-卤代酸可用于制备化学医药工业的重要原料丙二酸。

$$BrCH_2COOH \xrightarrow[-H_2O]{NaOH} BrCH_2COONa \xrightarrow[-NaBr]{NaCN} NC-CH_2COOH \xrightarrow[\triangle]{H_3O^+} HOOCCH_2COOH$$

β-卤代酸在稀碱条件下易失去卤化氢发生消除反应，生成 α,β-不饱和酸，是由于 α-氢原子受到吸电子基团的影响而比较活泼，以及产物中存在较稳定的 π-π 共轭体系。

$$R-\underset{X}{CH}-\underset{H}{CH}COOH \xrightarrow[\triangle]{稀碱} R-CH=CHCOOH$$

γ- 或 δ-卤代酸与碳酸钠水溶液共热时，生成不稳定的 γ- 或 δ-羟基酸，γ- 或 δ-羟基酸中的羧基和羟基立即发生分子内的酯化反应，生成稳定的五元环或六元环内酯（lactone）。

γ-内酯

δ-戊内酯

有机反应中，可采用 C=C、C=O 等潜手性基团的加成反应实现在非手性分子中引入手性中心。而具有手性中心化合物参与的反应，其产物的分子构型与反应物的结构、反应类型和反应机制等有关。产物分子的构型可以是构型保持（如邻基参与反应）、构型翻转（如卤代烷的 S_N2 反应）、消旋化（如 S_N1 反应）等。

（二）制备

卤代酸可由卤素取代羧酸烃基上的氢原子或从卤素衍生物中引入羧基而制得。卤素和羧基的相对位置不同，可采用不同的制备方法。α-卤代酸由羧酸 α-氢原子直接卤代得到；β-卤代酸由 α,β-不饱和酸与卤化氢加成得到。加成时，卤原子总是加到较远的不饱和碳原子上，这是由于羧基（—COOH）吸电子效应使 α-碳原子上的电子云密度降低很多，从而使 α-碳正离子很不稳定。

$$R-CH=CHCOOH + HX \longrightarrow R\underset{X}{CH}CH_2COOH$$

$$CH_2=CHCOOH + HBr \longrightarrow CH_2CH_2COOH \atop \underset{Br}{|}$$

另外，用 β-羟基酸与氢卤酸或卤化磷作用，也可制得 β-卤代酸。

$$RCHCH_2COOH + HBr \longrightarrow RCHCH_2COOH$$
$$\quad\;|\qquad\qquad\qquad\qquad\qquad\;|$$
$$\;OH\qquad\qquad\qquad\qquad\qquad\;Br$$

γ- 或 δ-卤代酸可由相应的二元酸单酯经汉斯迪克（Hunsdiecker）反应制得。

$$CH_3OOC(CH_2)_4COOH \xrightarrow[KOH]{AgNO_3} CH_3OOC(CH_2)_4COOAg \xrightarrow[CCl_4]{Br_2} CH_3OOC(CH_2)_3CH_2Br \xrightarrow{H_3O^+} HOOC(CH_2)_3CH_2Br$$

三、羟 基 酸

羟基酸（hydroxy acid）可分为醇酸和酚酸两类。它们都广泛存在于自然界。

（一）化学性质

醇酸具有醇和酸的典型化学性质，酚酸具有酚和芳香酸的典型反应，由于两个官能团的相互影响而表现一些特殊的性质。

醇酸受热后能发生脱水反应，羧基和羟基的相对位置不同，产物也不同。α-醇酸受热发生两个分子间脱水反应而生成交酯（lactide）。交酯是由一分子醇酸中羟基的氢原子和另一分子醇酸中羧基上的羟基失水而形成的环状的酯。2-羟基丙酸加热脱水可得到丙交酯，丙交酯在 $SnCl_2$ 作用下开环聚合可制得聚乳酸。

视窗 12-1　　　　　聚 乳 酸

聚乳酸（PLA）是一种具有优良的生物相容性和可生物降解的聚合物。聚乳酸在体内水解生成乳酸，乳酸在乳酸脱氢酶的作用下氧化为丙酮酸，后者作为能量物质参与体内的三羧酸循环，最终生成二氧化碳和水。聚乳酸不含肽键，无抗原性及免疫原性，具有生物相容性。1997 年，聚乳酸被 FDA 批准为药用辅料。

由于聚乳酸良好的降解性和生物相容性，在生物医学领域具有广阔的应用前景，聚乳酸在药物控制释放体系、手术缝合线、接骨材料等方面的应用研究日益受到关注。

聚乳酸可用于药品缓释控制材料。单纯的药物在体内的释放特性主要取决于药物的理化性质，往往不能满足治疗对药物平稳、长时间释放的要求。而聚乳酸可以作为药物的载体，根据药物的性质、释放要求及给药途径制成特定的药物剂型，目前常见的聚乳酸制成的缓释药物新剂型有粉剂、植入针剂、微胶囊制剂、膜剂等。

20 世纪 80 年代，聚乳酸开始作为骨科用固定材料。临床实践表明，聚乳酸类材料植入后炎症发病率低，强度高，术后基本不出现感染。此外，聚乳酸还可以作为防粘连膜，为外科手术提供用于隔离和桥接修复材料，以隔离手术创面、加固软组织的薄弱部位，能最大限度地减少组织之间的粘连和有效地修复组织创面。聚乳酸作为手术缝线有较强的拉伸强度，能根据伤口愈合所需要的时间控制聚合物的降解速度，且伤口愈合后能自动降解，无须拆线。

β-醇酸的 α-氢同时受羧基和羟基的影响，比较活泼。因此，受热时容易和相邻碳原子上的羟基失水而生成 α,β-不饱和酸。γ-醇酸和 δ-醇酸易发生分子内脱水生成五元环内酯和六元环内酯。内酯和酯一样，与碱溶液作用能水解而生成原来的醇酸盐。γ-醇酸只有变成盐后才能以稳定的开链结构存在。γ-丁内酯遇热碱溶液时能水解生成 γ-醇酸盐。γ-羟基丁酸钠有麻醉作用，作为麻醉药具有术后患者苏醒快的优点。

$$RCH(OH)CH_2COOH \xrightarrow{\Delta} RCH=CHCOOH + H_2O$$
α,β-不饱和酸

$$RCH(OH)CH_2CH_2COOH \xrightarrow{\Delta} \text{(γ-内酯)} + H_2O$$

γ-丁内酯 + NaOH ⟶ HOCH$_2$CH$_2$CH$_2$COONa

视窗 12-2　　中药中的内酯

一些中药的有效成分中含有内酯的结构。例如，中药白头翁等植物的有效成分白头翁脑和原白头翁脑就是不饱和内酯。天然香精中的部分成分也是内酯，如存在于麝葵子油中的有麝香味的黄葵内酯和茉莉内酯。

原白头翁脑　　白头翁脑　　黄葵内酯　　茉莉内酯

又如抗菌消炎药穿心莲的主要活性成分穿心莲内酯含有 γ-内酯环，利用其与碱溶液作用能水解开环生成穿心莲酸和穿心莲酸能定量反应的性质，可用中和法测定其含量。

（二）制备

1. 卤代酸水解　由卤代酸水解可以得到羟基酸。由于 β-、γ-、δ-等卤代酸水解，副产物较多，因此这种方法只适宜于制取 α-羟基酸。

2. 羟基腈水解　醛或酮与氢氰酸发生加成反应，生成羟基腈，羟基腈再水解得到 α-羟基酸。这是制备 α-羟基酸的常用方法。

PhCHO $\xrightarrow{\text{(1) NaHSO}_3}{\text{(2) NaCN}}$ PhCH(OH)CN $\xrightarrow{H_3O^+}$ PhCH(OH)COOH

3. Reformatsky 反应　α-卤代酸酯与醛或酮的混合物在无水有机溶剂中与锌粉发生反应，产物经水解后生成 β-羟基酸酯，这个反应称为瑞弗尔马斯基（Reformatsky）反应。α-卤代酸酯不能与镁生成格氏试剂，但易与锌形成有机锌化合物。有机锌化合物能与醛、酮发生类似格氏试剂的反应，生成 β-羟基酸酯，但与酯反应缓慢。

$$R-\underset{H(R')}{\overset{|}{C}}=O + BrCH_2COOR \xrightarrow[(2) H_3O^+]{(1) Zn/Et_2O(无水)} R-\underset{OH}{\overset{H(R')}{\underset{|}{C}}}-CH_2COOR$$

其反应机制如下：

$$BrCH_2COOR + Zn \xrightarrow{Et_2O(无水)} BrZnCH_2COOR$$

$$R-\underset{H(R')}{\overset{|}{C}}=O + BrZn-CH_2COOR \longrightarrow R-\underset{OZnBr}{\overset{H(R')}{\underset{|}{C}}}-CH_2COOR \xrightarrow{H_3O^+} R-\underset{OH}{\overset{H(R')}{\underset{|}{C}}}-CH_2COOR$$

这是制备 β-羟基酸酯的一种很好的方法，β-羟基酸酯再经水解得到 β-羟基酸，因此也是合成 β-羟基酸的一种好方法。该法可避免 β-羟基酸或 β-羟基酸酯受热脱水成烯酸或烯酸酯的缺点，产率较高。

$$(CH_3)_2CHCH_2CHO + CH_3\underset{Br}{\overset{|}{C}}HCOOC_2H_5 \xrightarrow[(2) H_2O]{(1) Zn/乙醚} (CH_3)_2CHCH_2\underset{OH}{\overset{|}{C}}H\underset{CH_3}{\overset{|}{C}}HCOOC_2H_5$$

习　题

1. 命名下列化合物。

（1）环己酮-2-甲酸结构 （2）$\underset{Cl}{\overset{COOH}{\underset{|}{\overset{|}{H-C-C-Cl}}}}\underset{COOH}{}$ （3）$\underset{H}{\overset{CH_3}{\underset{|}{\overset{|}{C}}}}=\underset{COOH}{\overset{OH}{\underset{|}{\overset{|}{C}}}}$

2. 按酸性由强到弱顺序排列下列各组化合物。
（1）乙酸，丙二酸，草酸，苯酚，甲酸
（2）乙酸，氯乙酸，乙醇，苯酚，三氟乙酸

3. 完成反应式。

（1）环戊基-C(=O)-^{18}OH + CH_3OH $\xrightarrow[\Delta]{H^+}$

（2）环己烷=CH_2 $\xrightarrow{\underset{过氧化物}{HBr}}$ $\xrightarrow{\underset{无水乙醚}{Mg}}$ $\xrightarrow[(2) H_3O^+]{(1) CO_2}$

（3）2 苯基-COOH + $HOCH_2CH_2OH$ $\xrightarrow[\Delta]{H^+}$

（4）茚满-COOH $\xrightarrow{LiAlH_4}$

(5) $CH_3COOH \xrightarrow[P]{Cl_2} \xrightarrow{CN^-} \xrightarrow[\Delta]{H_3O^+} \xrightarrow[H^+,\Delta]{EtOH}$

4. 设计分离下列化合物的方案：苯甲酸、苯酚、环己酮和环己醇。

5. 由异丙醇合成 α-甲基丙酸。

6. 由异丙醇合成
7. 化合物 $C_6H_{12}O$（A）氧化后得到 $C_6H_{10}O_4$（B）。B 能溶于碱，若与乙酸酐（脱水剂）一起蒸馏则得到化合物（C）。C 能与苯肼作用，用锌汞齐及盐酸处理得到化合物 D。后者的分子式为 C_5H_{10}，写出 A、B、C、D 的构造式。

8. 化合物 A、B、C 分子式同为 $C_4H_6O_4$。A 和 B 都能溶于 NaOH 水溶液，与 Na_2CO_3 作用时放出 CO_2。A 加热时失水成酸酐；B 加热时脱羧生成丙酸，C 不溶于冷的 NaOH 溶液，也不和 Na_2CO_3 作用，但和 NaOH 水溶液共热时，则生成两个化合物 D 和 E，D 具有酸性，E 为中性。在 D 和 E 中加酸和 $KMnO_4$ 再共热时，则都被氧化放出 CO_2。试推出 A、B、C、D、E 的结构。

（福建医科大学　林友文）

第十三章 羧酸衍生物

学习目标

掌握 羧酸衍生物（酰卤、酸酐、酯、酰胺）的结构、命名、制备、化学性质；3-氧代丁酸乙酯（乙酰乙酸乙酯）、丙二酸二乙酯的化学性质及在有机合成中的应用；酮式-烯醇式互变异构；掌握酰基亲核取代反应和酯水解反应机理。

熟悉 羧酸衍生物的物理性质；碳酸衍生物的结构和性质。

了解 医药学中的相关羧酸衍生物；原酸衍生物的结构和性质。

羧酸衍生物可以转变为多种化合物，不仅广泛应用于药物的合成，而且许多药物本身就含有酯和酰胺的结构。例如，常用的局部麻醉药盐酸普鲁卡因是酯类化合物，解热镇痛药扑热息痛属于酰胺类化合物。此外，羧酸衍生物中酯和酰胺在自然界中分布广泛，如动植物的油脂主要是羧酸酯类化合物，是生命中不可缺少的物质。酰卤和酸酐性质较活泼，几乎不存在于自然界中，但它们是有机合成的重要试剂。

第一节 结构、命名和物理性质

一、结 构

羧酸衍生物是指羧酸分子中羧基中的羟基被其他原子或基团取代的化合物。羧酸分子中的—OH被卤原子（—X）、酰氧基（—OCOR）、烷氧基（—OR）、氨基（—NH$_2$、—NHR）取代的化合物，分别称为酰卤（acyl halide）、酸酐（anhydride）、酯（ester）和酰胺（amide）。它们分子中都含有酰基（acyl group）结构。

$$\underset{\text{酰卤}}{R-\overset{O}{\underset{\|}{C}}-X} \quad \underset{\text{酸酐}}{R-\overset{O}{\underset{\|}{C}}-O-\overset{O}{\underset{\|}{C}}-R} \quad \underset{\text{酯}}{R-\overset{O}{\underset{\|}{C}}-OR} \quad \underset{\text{酰胺}}{R-\overset{O}{\underset{\|}{C}}-NH_2}$$

羧酸衍生物的羰基碳原子为sp^{2}杂化，碳原子未参与杂化的p轨道与氧原子的p轨道重叠形成π键，并与相邻原子（卤素、氧、氮）上的孤对电子形成p-π共轭，与羰基碳原子直接相连的三个原子位于同一平面（图13-1）。

在羧酸衍生物结构中，L基团的吸电子诱导效应强弱顺序为：—X＞—OCOR＞—OR＞—NH$_2$。由于卤原子电负性大，产生的吸电子诱导效应强，在该分子中，共轭作用较弱，吸电子诱

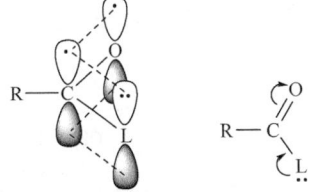

图13-1 羧酸衍生物的分子结构

导效应起主导作用，酰卤分子中的C—X键长（0.179nm）与卤代烷中的C—X（0.178nm）相近。酰胺分子中给电子共轭效应强于吸电子诱导效应，C—N键长（0.138nm）比一般胺的C—N键长（0.147nm）短，具有部分双键属性。

二、命 名

1. 酰氯 由相应酸的酰基和卤素组成。酰氯的英文名称是将相应酸的词尾-ic acid改为-yl halide。例如，苯甲酰氯（benzoyl chloride）是由苯甲酸英文名称 benzoic acid 变化而来。

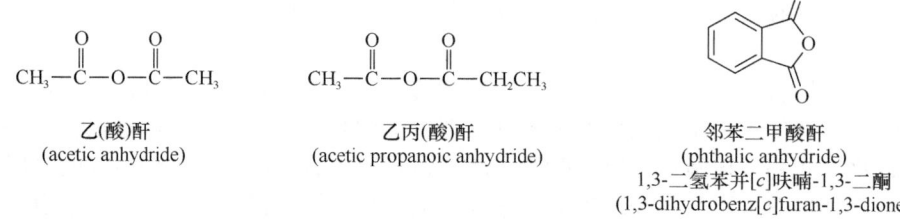

乙酰氯
(acetyl chloride)

苯甲酰溴
(benzoyl bromide)

环己基甲酰氯
(cyclohexanecarbonyl chloride)

2. 酸酐 根据其来源的酸命名。由两个相同羧酸形成的酸酐是简单酸酐，称为"某（酸）酐"；由两个不同的一元羧酸形成的酸酐为混合酸酐，命名时将形成酐的两个酸的名称按字母顺序排列，再以酸酐结尾，称为"某酸某酸酐"。由二元羧酸两个酸基脱水形成的环状酸酐按对称酸酐命名，或按杂环化合物命名。酸酐的英文名称是将相应酸的 acid 改为 anhydride。

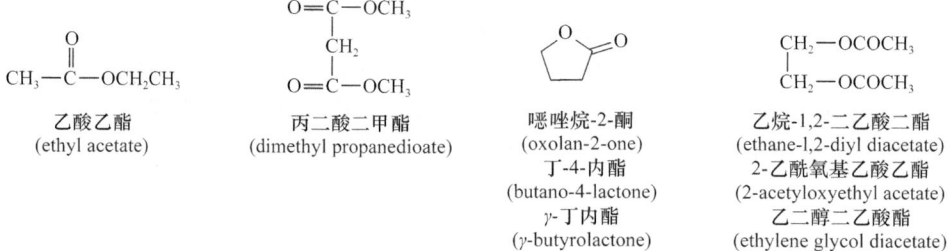

乙(酸)酐
(acetic anhydride)

乙丙(酸)酐
(acetic propanoic anhydride)

邻苯二甲酸酐
(phthalic anhydride)
1,3-二氢苯并[c]呋喃-1,3-二酮
(1,3-dihydrobenz[c]furan-1,3-dione)

3. 酯 根据其组成的酸和醇称为"某酸某酯"。羟基羧酸分子内形成的酯称为内酯（lactone），按杂环来命名，或将羟基酸名称后的"酸"改为"内酯"，并标明形成内酯的羟基位次。多元醇的酯，可命名为"某醇某酸酯"。简单酯的英文名称是将相应酸名称中词尾 -ic acid 改为 ate，并标明烃氧基中烃基的名称。

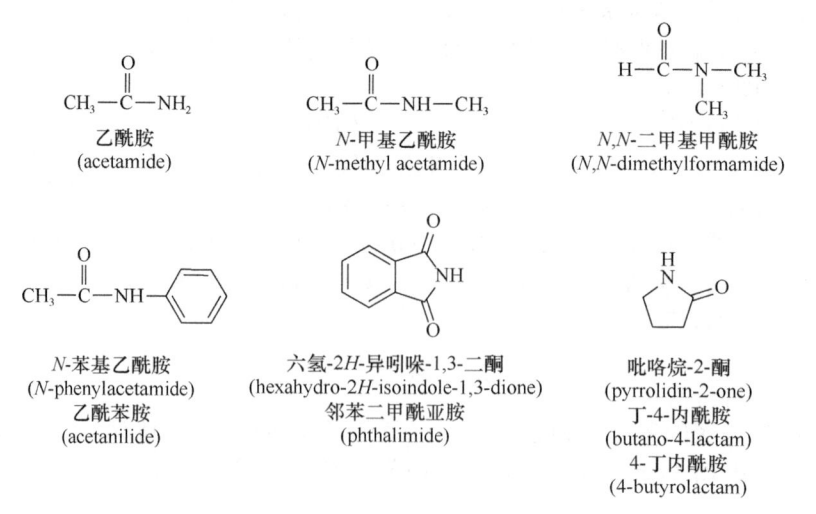

乙酸乙酯
(ethyl acetate)

丙二酸二甲酯
(dimethyl propanedioate)

噁唑烷-2-酮
(oxolan-2-one)
丁-4-内酯
(butano-4-lactone)
γ-丁内酯
(γ-butyrolactone)

乙烷-1,2-二乙酸二酯
(ethane-1,2-diyl diacetate)
2-乙酰氧基乙酸乙酯
(2-acetyloxyethyl acetate)
乙二醇二乙酸酯
(ethylene glycol diacetate)

4. 酰胺 用"酰胺"代替相应羧酸中的"酸"字。若酰胺氮原子上连有取代基，需在取代基名称前加"N-"标注。英文名称是由相应酸去掉 -ic acid 加上 amide。内酰胺的命名与内酯相似。

乙酰胺
(acetamide)

N-甲基乙酰胺
(N-methyl acetamide)

N,N-二甲基甲酰胺
(N,N-dimethylformamide)

N-苯基乙酰胺
(N-phenylacetamide)
乙酰苯胺
(acetanilide)

六氢-2H-异吲哚-1,3-二酮
(hexahydro-2H-isoindole-1,3-dione)
邻苯二甲酰亚胺
(phthalimide)

吡咯烷-2-酮
(pyrrolidin-2-one)
丁-4-内酰胺
(butano-4-lactam)
4-丁内酰胺
(4-butyrolactam)

三、物理性质

低级酰卤和酸酐是无色且有刺激气味的液体，高级酰卤和酸酐是白色固体。低级酯易挥发并具有令人愉快的气味，可用于制造香料。除低级酰胺外，多数酰胺为固体。

酰卤、酸酐和酯由于不存在氢键，沸点比相应的羧酸低。由于酰胺分子间能通过氮上的氢原子相互缔合，酰胺沸点高于相应羧酸。酰胺氮原子上的氢被烃基取代后，通过氢键缔合的程度减小，沸点也随之降低。

多数酯的相对密度小于1，而酰氯、酸酐和酰胺的相对密度几乎都大于1。

羧酸衍生物溶于乙醚、氯仿、丙酮和苯等有机溶剂。低级酰胺（如 N,N-二甲基甲酰胺）与水混溶，是很好的非质子极性溶剂。部分羧酸衍生物的物理常数见表13-1。

表 13-1　部分羧酸衍生物的物理常数（1个标准大气压下）

名称	沸点/℃	密度/（g/cm³）
乙酰氯（acetyl chloride）	52.0	1.105
苯甲酰氯（benzoyl chloride）	197.2	1.207
乙酰溴（acetyl bromide）	76.0	1.520
乙（酸）酐（acetic anhydride）	139.5	1.082
丙（酸）酐（propanoyl propanoate）	167.0	1.010
邻苯二甲酸酐（phthalic anhydride）	295.0	1.530
乙酸甲酯（methyl acetate）	56.8	0.934
乙酸乙酯（ethyl acetate）	77.0	0.902
苯甲酸乙酯（ethyl benzoate）	211.0	1.042
乙酰胺（acetamide）	222.0	1.159
N-甲基乙酰胺（N-methylacetamide）	205.0	0.937
N,N-二甲基甲酰胺（N,N-dimethylformamide）	153.0	0.945

第二节　化学性质

一、亲核取代反应

羧酸衍生物分子中都含有酰基，酰基上连有一个可被取代的卤原子、酰氧基、烷氧基或氨基等基团，从而能发生亲核取代反应，如水解、醇解和氨解等。酰基所连的基团不同，羧酸衍生物的取代反应活性也不同。

1. 水解反应　酰氯、酸酐、酯和酰胺都能水解（hydrolysis），生成相应的羧酸。

$$\begin{array}{l}\text{R-COCl} \xrightarrow{\text{立即反应}} \text{R-COOH} + \text{HCl} \\ (\text{RCO})_2\text{O} \xrightarrow{\Delta} 2\,\text{R-COOH} \\ \text{R-COOR}' \xrightarrow[\Delta]{\text{H}^+ \text{或} \text{OH}^-} \text{R-COOH} + \text{R'OH} \\ \text{R-CONH}_2 \xrightarrow[\text{长时间回流}]{\text{H}^+ \text{或} \text{OH}^-} \text{R-COOH} + \text{NH}_3\uparrow \end{array}$$

（反应活性递减）

酰卤、酸酐极易水解，在多数情况下反应均能趋于完全；而酯、酰胺的水解速率较慢，且反应趋于达到可逆平衡。低级的酰卤极易水解,如乙酰氯遇水剧烈反应并产生大量烟雾状气体 HCl,随着酰卤相对分子质量的增大,在水中的溶解度降低,水解速率逐渐减慢。如果加入对酰氯和水都具有良好溶解性能的溶剂(如二氧六环、四氢呋喃等),可加快高级酰氯的水解速率。酸酐较易水解,反应比酰卤稍温和,但比酯的反应快。酸酐在室温下水解很慢,通常需加热、加酸或碱催化以促进反应。酯水解活性远不如酰卤和酸酐,需要在酸或碱催化下进行。酯在碱性溶液中的水解,又称皂化反应(saponification reaction);酰胺比酯更稳定,在酸性或碱性条件下加热,才能发生缓慢的水解反应。

视窗 13-1　　酶催化下的选择性酯水解反应

光学纯对映体药物可用手性合成或手性拆分法制备。利用酶作为催化剂进行手性合成或外消旋体拆分是当前手性药物研究的热点。酶催化的有机反应多涉及手性合成,具有高度的化学选择性、区域选择性和立体选择性,过程无毒、高效、能耗低,是绿色化学的重要组成部分。

微生物脂肪酶和酯酶广泛应用于催化酯的水解和生成反应,对底物结构有严格的选择性。通过选用合适的酶对外消旋的酯进行选择性水解,可以得到单一构型的目的产物,实现高效拆分。例如:

(S)-萘普生是常用的甾体抗炎药,利用圆柱状假丝酵母脂肪酶可选择性地水解其中的 (S)-异构体,得到 (S)-萘普生,实现拆分消旋体萘普生酯。

紫杉醇是一种高效的抗肿瘤药物,由于在植物中的含量极低,多采用半合成法制备。在其中间体合成中,采用来自洋葱假单孢菌的脂肪酶 PS-30 高选择性地水解外消旋体 A 的乙酰基,得到具有光学活性的酯 B 和醇 C。

2. 醇解反应　酰氯、酸酐、酯和酰胺都可与醇相互作用生成酯,称为羧酸衍生物的醇解 (alcoholysis)。

$$
\begin{array}{c}
\text{R-CO-Cl} \\
\text{(RCO)}_2\text{O} \\
\text{R-CO-OR''} \\
\text{R-CO-NH}_2
\end{array}
\quad\xrightarrow[\text{R'OH}]{\text{醇解}}\quad
\begin{array}{l}
\longrightarrow \text{R-CO-OR'} + \text{HCl} \\
\longrightarrow \text{R-CO-OR'} + \text{R-CO-OH} \\
\xrightarrow{\text{醇交换}} \text{R-CO-OR'} + \text{R''OH} \\
\xrightarrow{\text{不容易发生}} \text{R-CO-OR'} + \text{NH}_3\uparrow
\end{array}
$$

（反应活性递减）

酰氯性质比较活泼，一般难以制备的酯可通过酰氯来合成。例如，酚酯不能直接由羧酸和酚通过酯化反应制备，但用酰氯和酚的反应可顺利进行。由于酸酐比酰卤容易制备和保存，酸酐的醇解反应也常用来制备酯。环酐在不同条件下与醇反应可得到二元酸单酯或双酯。酯与醇在酸或碱存在下，可生成另一种醇和另一种酯，这个反应称为酯交换反应（transesterification reaction）。酯交换反应也是可逆的，在工业生产上常有应用，如由虫蜡制备二十六碳醇。由于氨基是不易离去的基团，而且氨（胺）的亲核性比醇要强，所以酰胺不容易发生醇解反应。

$$\text{C}_6\text{H}_5\text{COCl} + \text{HOC}_6\text{H}_5 \xrightarrow{\text{吡啶}} \text{C}_6\text{H}_5\text{COOC}_6\text{H}_5$$

$$(\text{CH}_3\text{CO})_2\text{O} + \text{HOC}_6\text{H}_5 \xrightarrow{\text{NaOH/H}_2\text{O}} \text{H}_3\text{C-CO-O-C}_6\text{H}_5 + \text{CH}_3\text{COO}^-\text{Na}^+$$

$$\text{(丁二酸酐)} + \text{CH}_3\text{OH} \xrightarrow{\text{回流}} \begin{array}{l}\text{CH}_2\text{COOCH}_3\\ \text{CH}_2\text{COOH}\end{array} \xrightarrow[\text{H}_3\text{O}^+, \Delta]{\text{CH}_3\text{OH}} \begin{array}{l}\text{CH}_2\text{COOCH}_3\\ \text{CH}_2\text{COOCH}_3\end{array}$$

$$\text{C}_{25}\text{H}_{51}\text{COOC}_{26}\text{H}_{53} \underset{\text{虫蜡}}{\xrightleftharpoons{\text{CH}_3\text{OH}}} \text{C}_{25}\text{H}_{51}\text{COOCH}_3 + \text{C}_{26}\text{H}_{53}\text{OH}$$

3. 氨解反应 酰氯、酸酐、酯和酰胺都可与氨（胺）作用生成酰胺，称为氨解（ammonolysis）。

$$
\begin{array}{c}
\text{R-CO-Cl} \\
\text{(RCO)}_2\text{O} \\
\text{R-CO-OR'}
\end{array}
\quad\xrightarrow[\text{NH}_3]{\text{氨解}}\quad
\begin{array}{l}
\longrightarrow \text{R-CO-NH}_2 + \text{NH}_4\text{Cl} \\
\longrightarrow \text{R-CO-NH}_2 + \text{R-CO-O}^-\text{NH}_4^+ \\
\longrightarrow \text{R-CO-NH}_2 + \text{R'OH}
\end{array}
$$

（反应活性递减）

$$\text{R-CO-NH}_2 \xrightarrow[\text{过量}]{\text{R'NH}_2} \text{R-CO-NHR'} + \text{NH}_3\uparrow$$

由于氨（胺）的亲核性比水强，氨（胺）解比水解反应容易进行。在室温下或低于室温下，酰氯与氨（胺）反应是实验室制备酰胺的常用方法。酰氯与氨、伯胺和仲胺反应生成酰胺，为减少反应物胺的消耗，通常在碱性条件下进行，常用的碱为 NaOH、K_2CO_3、吡啶和三乙胺等。酸酐与胺的反应主要使用乙酸酐对伯胺或仲胺进行乙酰化，该反应可在中性条件下进行或用少量酸或碱催化。酯或酰胺与胺的反应较慢，但有时也用于有机合成中。酰胺与氨（胺）的作用是可逆反应，需胺过量才可得到 N-烃基酰胺，因此该反应实际意义不大。

$$\text{H}_3\text{C-CH(CH}_3\text{)-COCl} + 2\text{NH}_3 \longrightarrow \text{H}_3\text{C-CH(CH}_3\text{)-CONH}_2 + \text{NH}_4^+\text{Cl}^-$$

$$(\text{CH}_3\text{CO})_2\text{O} + \text{H}_3\text{C-C}_6\text{H}_4\text{-NHCH}_3 \longrightarrow \text{H}_3\text{C-C}_6\text{H}_4\text{-N(CH}_3\text{)COCH}_3$$

$$\text{H}_3\text{C-CH(OH)-COOC}_2\text{H}_5 + \text{NH}_3 \xrightarrow{25\text{°C}} \text{H}_3\text{C-CH(OH)-CONH}_2$$

4. 亲核取代反应机理 羧酸衍生物的水解、醇解和氨解反应机制属于发生在酰基碳上的亲核取代反应，又称亲核加成-消除反应，总的反应机制可用以下通式表示：

$$\text{R-CO-L} + \text{Nu-H} \longrightarrow \text{R-CO-Nu} + \text{H-L}$$

L=离去基团，即 —X、—OCR'(=O)、—OR、—NH$_2$、—NHR'、—NR'$_2$等；
Nu=进攻的亲核试剂，即H$_2$O(OH$^-$)、R'OH(R'O$^-$)、NH$_3$、R''NH$^-$、R'$_2$N$^-$等。

在碱性条件下，反应体系中存在的强亲核试剂利于反应的完成，整个过程是加成-消除历程。酯的碱性水解是这种机制的典型代表。

$$\text{R-CO-OR'} + :\text{OH}^- \rightleftharpoons \text{R-C(O}^-\text{)(OH)-OR'} \rightleftharpoons$$

$$\text{R-CO-OH} + {^-}\text{OR'} \rightleftharpoons \text{R-CO-O}^- + \text{R'OH}$$

亲核取代反应还可采用酸催化。羰基进攻质子生成一个活化的羰基，然后较弱的亲核试剂进行加成，不稳定的四面体中间体消除离去基团得到产物。例如，酰胺酸性水解历程可表示如下：

$$\text{R-CO-NH}_2 + \text{H}^+ \rightleftharpoons \text{R-C(}^+\text{OH)-NH}_2 \xrightarrow{\text{H}_2\text{O:}} \text{R-C(OH)(OH}_2^+\text{)-NH}_2 \xrightarrow{-\text{H}^+} \text{R-C(OH)(OH)-NH}_2$$

$$\xrightarrow{+\text{H}^+} \text{R-C(OH)(:OH)-NH}_3^+ \xrightarrow{-\text{NH}_3} [\text{R-C}^+\text{(OH)-OH} \leftrightarrow \text{R-C(OH)-OH}] \xrightarrow{-\text{H}^+} \text{R-C(=O)-OH}$$

酰氯和酸酐可不用酸碱催化，同样通过加成-消除机制完成取代反应。

$$\text{R-CO-Cl} + \text{H}_2\text{O:} \rightleftharpoons \text{R-C(O}^-\text{)(OH}_2^+\text{)-Cl} \xrightarrow{-\text{H}^+} \text{R-C(O}^-\text{)(OH)-Cl} \longrightarrow \text{R-CO-OH} + \text{HCl}$$

羧酸衍生物的亲核取代反应一般包括两个步骤：第一步是亲核试剂进攻羰基碳原子，发生亲核加成反应，形成四面体型的中间体，羰基碳原子由 sp^2 杂化变为 sp^3 杂化；第二步是中间体发生消除反应，L 作为离去基团离去，羰基碳原子由 sp^3 杂化变为 sp^2 杂化。酰基亲核取代反应速率受空间效应和电子效应两方面影响，并且与亲核加成和消除两步均有关，但第一步更重要。第一步亲核加成反应时，形成四面体型的中间体，如果羰基碳原子连接的基团体积小，并具有吸电子效应，则有利于亲核试剂的进攻和形成稳定的中间体，反应速率较快。基团吸电子诱导效应的强弱顺序如下：—X＞—OCOR＞—OR＞—NH$_2$。第二步消除反应，其反应速率取决于离去基团的稳定性，稳定性从大到小的顺序为 X$^-$＞RCOO$^-$＞RO$^-$＞NH$_2^-$，因此，羧酸衍生物的反应活性为酰卤＞酸酐＞酯＞酰胺。

但在某些情况下，特别是具有较大的位阻效应时，也存在其他历程的可能。例如，使用 ^{18}O 标记的叔丁基酯进行水解反应，其产物中羧酸含有标记氧原子，这个结果表明反应并非按正常历程进行。质子与酯羰基结合后，若按正常机理，水进攻羰基，应产生 ^{18}O 标记的醇，但受到叔丁基的空间阻力，又由于叔丁基碳正离子的稳定性更高，发生酯的 C—O 键断裂生成叔丁基碳正离子和有标记氧的羧酸，随后叔碳正离子与水结合生成醇。

$$R-\overset{O}{\underset{\|}{C}}-O^{18}-C(CH_3)_3 \xrightarrow{+H^+} R-\overset{OH^+}{\underset{\|}{C}}-O^{18}-C(CH_3)_3 \longrightarrow R-\overset{OH}{\underset{\|}{C}}=O^{18} + \overset{+}{C}H_2(CH_3)_3$$

$$\overset{+}{C}(CH_3)_3 + H_2O \longrightarrow H_2O^+-C(CH_3)_3 \xrightarrow{-H^+} HO-C(CH_3)_3$$

羧酸衍生物与水、醇和氨（胺）的亲核取代反应既可以看作羧酸衍生物的水解、醇解和氨解反应，又可以看作水、醇和氨（胺）分子中的 1 个活泼氢原子被酰基取代的反应。在分子中引入了酰基的反应称为酰化反应（acylating reaction），又称酰基转移反应。在酰化反应中，提供酰基的羧酸衍生物称为酰化剂（acylating agent）。酰卤和酸酐是最常用的酰化剂。

医药工业利用酰化反应降低某些药物的水溶性，提高脂溶性，改善吸收，提高疗效；有时还可以利用酰化反应降低一些药物的毒性；有些酰基本身是药物的致活基团；人体代谢过程中也通过酰化反应实现体内物质的转化。有机合成常利用酰化反应保护芳环上的羟基或氨基，酚、芳胺酰化保护后不被氧化，待反应完成后再水解恢复原来的酚和芳胺。

> **案例 13-1**　　　　　　　　　　**药物设计中的共价抑制剂**
>
> 　　阿司匹林［aspirin, 2-(乙酰氧基)苯甲酸，又称乙酰水杨酸］，是常用的解热镇痛抗炎药，临床上用于缓解感冒发热、头痛、牙痛、神经痛、肌肉痛、关节痛、急性和慢性风湿痛及类风湿痛等。
>
> 　　本品主要对花生四烯酸环氧合酶（cyclooxygenase）有抑制作用，产生解热镇痛和消炎抗风湿作用。
>
> 　　**问题**　共价抑制剂是一类有机小分子，能与特定的靶蛋白相互作用并形成共价键，导致蛋白质构象改变，从而抑制蛋白质的活性。试根据上述所学知识解释阿司匹林在体内的作用机制。
>
> 　　**案例分析**　体内的花生四烯酸（arachidonic acid）经过代谢，会生成前列腺素、血栓素和白三烯等生物活性物质。其中，前列腺素与一系列的炎症、疼痛与发热症状有关，而血栓素能提升血管张力和血小板的凝聚能力。阿司匹林为不可逆的花生四烯酸环氧合酶抑制剂，结构中的乙酰基能使花生四烯酸环氧合酶（PDB3N8Y）上的丝氨酸残基（Ser530）反应，使之乙酰化，从而阻断酶的催化作用，乙酰基难以脱落，酶活性不能恢复，进而抑制了前列腺素的生物合成。

二、与金属有机化合物的反应

羧酸衍生物（除甲酸衍生物）可与有机镁试剂（格氏试剂）作用生成酮，后者可与格氏试剂继续反应得到叔醇。

$$C_6H_5-\overset{O}{\overset{\|}{C}}-OC_2H_5 + C_6H_5MgBr \xrightarrow[\text{回流}]{\text{无水乙醚,苯}} C_6H_5-\overset{OMgBr}{\underset{C_6H_5}{\overset{|}{C}}}-OC_2H_5 \xrightarrow{H_3O^+}$$

$$C_6H_5-\overset{O}{\overset{\|}{C}}-C_6H_5 \xrightarrow[\text{无水乙醚,苯,回流}]{C_6H_5MgBr} C_6H_5-\overset{OMgBr}{\underset{C_6H_5}{\overset{|}{C}}}-C_6H_5 \xrightarrow{H_3O^+} C_6H_5-\overset{OH}{\underset{C_6H_5}{\overset{|}{C}}}-C_6H_5$$

酯容易与格氏试剂反应，由于酮羰基的活性比酯羰基强，反应难以停留在生成酮的阶段，会继续反应得到相应的醇。甲酸酯反应得到对称的仲醇，其他羧酸酯反应可制备有两个相同取代基的叔醇，这是由酯合成叔醇（甲酸酯得到仲醇）的常用方法之一。内酯也能发生类似反应，产物为二醇。

$$(H)R-\overset{O}{\overset{\|}{C}}-OR' \xrightarrow[(2) H_3O^+]{(1) 2R''MgX\text{或}2R''Li} (H)R-\overset{OH}{\underset{R''}{\overset{|}{C}}}-R''$$

$$CH_3CH_2-\overset{O}{\overset{\|}{C}}-OCH_3 \xrightarrow[(2) H_3O^+]{(1) 2CH_3MgBr} CH_3CH_2-\overset{OH}{\underset{CH_3}{\overset{|}{C}}}-CH_3$$

$$\underset{\text{(内酯结构)}}{} \xrightarrow[(2) H_3O^+]{(1) 2C_2H_5MgX} HO(CH_2)_4-\overset{OH}{\underset{C_2H_5}{\overset{|}{C}}}-C_2H_5$$

反应能否停留在酮阶段，取决于反应物的活性、用量和反应条件等因素。例如，酰氯与等物质的量的格氏试剂在低温下反应生成酮：

$$CH_3\overset{O}{\overset{\|}{C}}-Cl + CH_3CH_2CH_2CH_2MgCl \xrightarrow[(2) H_3O^+]{(1) \text{乙醚/FeCl}_3, -70℃} CH_3\overset{O}{\overset{\|}{C}}CH_2CH_2CH_2CH_3$$

又如，空间效应较大的反应物也主要生成酮。

$$\text{(2,4,6-三异丙基苯甲酸对甲苯酯)} \xrightarrow[(2) H_3O^+]{(1) C_2H_5MgBr} \text{(2,4,6-三异丙基苯基乙基酮)}$$

酰胺的氮原子上有活泼氢，要消耗相当物质量的格氏试剂，同时反应活性低，所以在通常条件下很少使用。

有机锂或有机镉试剂反应活性低于格氏试剂，易与酰氯反应生成酮，如二烃基铜锂（R_2CuLi）、二烃基镉（R_2Cd）与酰氯反应可制备多种酮类，收率较高。

$$(CH_3)_3CCOCl + (CH_3)_2CuLi \xrightarrow[-78℃]{\text{乙醚}} \xrightarrow{H_3O^+} (CH_3)_3CCOCH_3$$

$$CH_3OOCCH_2CH_2COCl + (CH_3CH_2CH_2)_2Cd \longrightarrow CH_3OOCCH_2CH_2COCH_2CH_2CH_3$$

三、还原反应

1. 用催化氢化法还原　酰卤、酯及腈可用催化氢化法还原，常用的催化剂为活性镍、铂、铑等。催化氢化一般在较高的温度和压力下进行，要求特殊的设备和技术。分子中的双键及三键会同时被还原。酸酐可被催化氢化为两分子醇或一分子二元醇。酯可以被催化氢解为两分子醇，在工业上常用铜铬氧化物（$CuO \cdot CuCrO_4$）作催化剂，且一般在高温、高压条件下反应。酰胺不易被催化氢化还原。腈较易进行催化加氢反应，主要生成伯胺。

$$C_6H_5COOC_2H_5 + H_2 \xrightarrow[125\text{℃}, 30\text{ MPa}]{CuO \cdot CuCrO_4} C_6H_5CH_2OH + C_2H_5OH$$

$$C_6H_5CH_2CN + H_2 \xrightarrow[\text{液氨, 13 MPa}]{Ni, 120\sim130\text{℃}} C_6H_5CH_2CH_2NH_2$$

酰氯催化氢化还原的产物通常是醇，如果用降低了活性的 Pd/C 为催化剂，可被还原为醛，该反应又称 Rosenmund 还原。在上述反应中，酰氯与加有活性抑制剂（如硫脲、喹啉-硫）的钯催化剂或以硫酸钡为载体的催化剂，在甲苯或二甲苯溶液中，控制通入氢气的量，即可使反应停止在醛的阶段，且产率良好。分子中的双键、硝基、卤素和酯基等基团不受影响。

$$CH_3\overset{O}{\underset{\|}{C}}-O-CH_2CH_2\overset{O}{\underset{\|}{C}}-Cl + H_2 \xrightarrow[S-\text{喹啉}]{Pd/BaSO_4} CH_3\overset{O}{\underset{\|}{C}}-O-CH_2CH_2\overset{O}{\underset{\|}{C}}-H$$

2. 用氢化铝锂还原　氢化铝锂是还原能力极强的化学还原试剂。酰氯、酸酐和酯等均被还原成相应的伯醇；酰胺被还原生成伯胺，N-烃基或 N,N-二烃基酰胺被还原生成相应的仲胺或叔胺，腈则被还原成相应的伯胺。

$$n\text{-}C_{15}H_{31}\overset{O}{\underset{\|}{C}}-Cl \xrightarrow[(2) H_2O]{(1) LiAlH_4/\text{乙醚}} n\text{-}C_{15}H_{31}-CH_2-OH$$

邻苯二甲酸酐 $\xrightarrow[(2) H_2O]{(1) LiAlH_4/\text{乙醚}}$ 邻-$C_6H_4(CH_2OH)_2$

$$CH_3CH=CHCH_2COOC_2H_5 \xrightarrow[(2) H_2O]{(1) LiAlH_4/\text{乙醚}} CH_3CH=CHCH_2OH$$

$$C_6H_{11}\overset{O}{\underset{\|}{C}}-N(CH_3)_2 \xrightarrow[(2) H_2O]{(1) LiAlH_4/\text{乙醚}} C_6H_{11}-CH_2-N(CH_3)_2$$

$$C_6H_5CH_2\overset{O}{\underset{\|}{C}}-NH_2 \xrightarrow[(2) H_2O]{(1) LiAlH_4/\text{乙醚}} C_6H_5CH_2CH_2NH_2$$

$$CH_3CH_2CH_2CN \xrightarrow[(2) H_2O]{(1) LiAlH_4/\text{乙醚}} CH_3CH_2CH_2CH_2NH_2$$

氢化铝锂中的氢原子被烷氧基取代后，还原性能减弱。若烃基位阻较大，则还原性能更弱。利用这种试剂可进行选择性还原。例如，三叔丁氧基氢化铝锂可将酰卤还原成相应的醛，而不是伯醇。

$$O_2N\text{-}C_6H_4\overset{O}{\underset{\|}{C}}-Cl \xrightarrow[(2) H_3O^+]{(1) LiAlH[OC(CH_3)_3]_3} O_2N\text{-}C_6H_4\overset{O}{\underset{\|}{C}}-H$$

3. 用金属钠还原酯

（1）Bouveault-Blanc 还原：酯与金属钠在醇（常用乙醇、丁醇或戊醇等）中加热回流，可被还原成相应的伯醇，此反应称为鲍维特-勃朗克（Bouveault-Blanc）还原反应。用此法双键不受影响。该反应主要用于高级脂肪酸酯的还原，也是工业上生产不饱和醇的主要途径。

$$CH_3(CH_2)_7CH=CH(CH_2)_7COOC_2H_5 \xrightarrow{Na/C_2H_5OH} CH_3(CH_2)_7CH=CH(CH_2)_7CH_2OH$$

（2）酮醇缩合：脂肪酸酯和金属钠在乙醚或甲苯、二甲苯等非质子溶剂中，在氮气保护下（微量氧气的存在会降低产量）剧烈搅拌和回流，发生双分子还原，得到 α-羟基酮（也称酮醇），此反应称为酮醇缩合（acyloin condensation），也称偶姻（acyloin）缩合。例如：

$$2CH_3CH_2CH_2COOC_2H_5 \xrightarrow[N_2, \triangle]{Na/甲苯} CH_3CH_2CH_2\overset{O}{\overset{\|}{C}}-\overset{OH}{\overset{|}{CH}}-CH_2CH_3$$

酮醇缩合的反应机理如下：

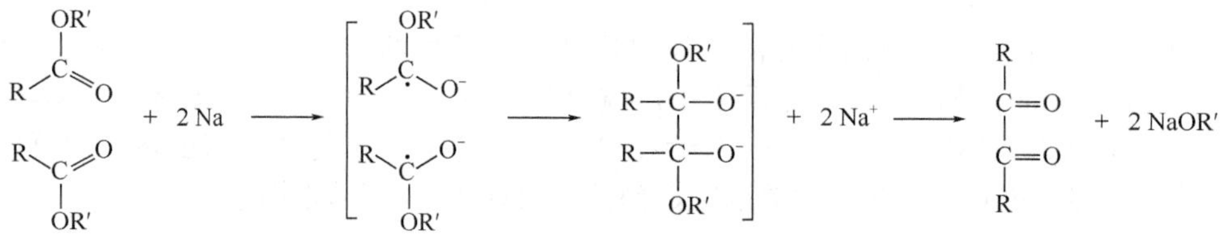

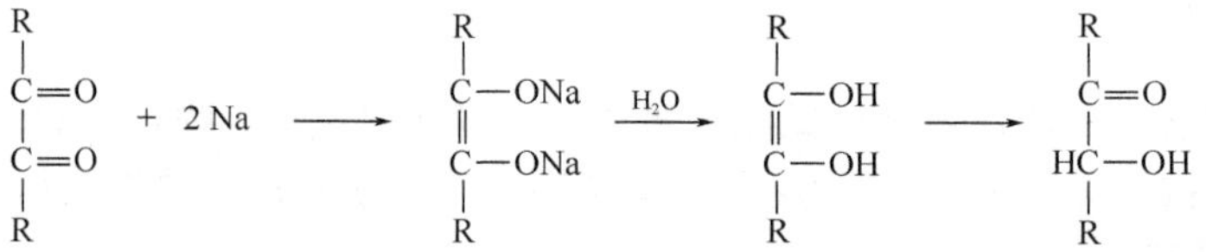

反应中 Na 提供电子使酯生成自由基负离子，两个自由基偶联并失去两个烷氧基变成 1,2-二酮，进一步还原，水解生成 α-羟基酮。二元酸酯发生分子内的偶姻反应适用于制备中、大环酮（醇），产率较高。

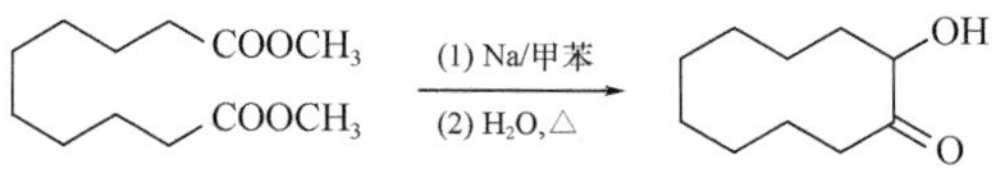

四、酯缩合反应

酯分子中的 α-氢显弱酸性，在醇钠或其他碱性试剂（如氨基钠）作用下生成 α-碳负离子，该碳负离子对另一分子酯羰基进行亲核加成-消除反应生成 β-酮酸酯，称为克莱森（酯）缩合（Claisen condensation）反应。例如，两分子乙酸乙酯在无水乙醇钠作用下生成乙酰乙酸乙酯：

$$CH_3COOC_2H_5 + CH_3COOC_2H_5 \xrightarrow[\text{(2) }H_3O^+]{\text{(1) }C_2H_5ONa} CH_3\overset{O}{\overset{\|}{C}}-CH_2-\overset{O}{\overset{\|}{C}}-OC_2H_5 + C_2H_5OH$$

其反应机理如下：

$$CH_3COOC_2H_5 + C_2H_5O^- \rightleftharpoons {}^-CH_2COOC_2H_5 + C_2H_5OH$$
$$pK_a=26 \qquad\qquad\qquad pK_a=16$$

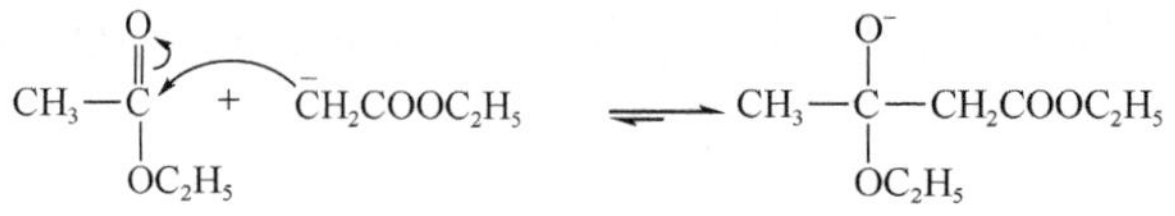

亲核加成

$$CH_3-\underset{OC_2H_5}{\overset{O^-}{C}}-CH_2COOC_2H_5 \rightleftharpoons CH_3-\overset{O}{C}-CH_2-\overset{O}{C}OC_2H_5 + C_2H_5O^- \quad \text{消除}$$
$$pK_a=11$$

由于 β-丁酮酸酯中亚甲基（—CH$_2$—）上的氢原子在酮基和酯基的影响下，酸性较强（pK_a=11），在乙醇钠中，实际得到的不是游离的 β-丁酮酸酯，而是其钠盐，产物还须酸化后才能得到 β-丁酮酸酯。

$$CH_3-\overset{O}{C}-CH_2-\overset{O}{C}OC_2H_5 \xrightarrow{C_2H_5O^-} CH_3-\overset{O}{C}-\bar{C}H-\overset{O}{C}OC_2H_5 + C_2H_5OH$$
$$\downarrow H^+$$
$$CH_3-\overset{O}{C}-CH_2-\overset{O}{C}OC_2H_5$$

克莱森（酯）缩合反应的总结果是一个碳负离子酰基化，生成了一个 β-二羰基化合物，这是合成 β-二羰基化合物的常用方法。

只有一个 α-氢的酯在醇钠作用下很难缩合，原因在于无第二个 α-氢与碱反应生成 β-酮酸钠盐的可能，对于反应的完成极为不利。须使用更强的碱，如氢化钠、三苯甲基钠，酯缩合反应才能进行。

$$2\ CH_3\underset{CH_3}{\overset{}{C}H}-\overset{O}{C}-OC_2H_5 \xrightarrow[(2)\ H^+]{(1)\ NaC(C_6H_5)_3} CH_3\overset{}{C}HC-\underset{CH_3}{\overset{CH_3}{\underset{|}{C}}}-COOC_2H_5$$

适当位置的二元羧酸酯在醇钠存在下可发生分子内酯缩合反应，称为狄克曼（Dieckmann）缩合，常用来合成五元环、六元环的 β-酮酸酯。

$$C_2H_5O\overset{O}{C}(CH_2)_4\overset{O}{C}OC_2H_5 \xrightarrow[(2)\ H_3O^+]{(1)\ C_2H_5ONa} \text{（环戊酮-COOC}_2H_5\text{）}$$

两个相同酯缩合，产物较单一，若两个不同的都具有 α-氢的酯缩合，则会得到复杂产物。但无 α-氢的酯（如甲酸酯、苯甲酸酯、碳酸酯和草酸酯等）与另一个有 α-氢的酯缩合，无 α-氢的酯在反应中提供羰基，在另一酯的 α 位引入相应的酰基，又可得到较为单一的产物。这种缩合称为交叉酯缩合（crossed ester condensation）。例如：

$$C_6H_5\overset{O}{C}OCH_3 + CH_3CH_2\overset{O}{C}OC_2H_5 \xrightarrow[(2)\ H_3O^+]{(1)\ NaOC_2H_5} C_6H_5\overset{O}{C}-\underset{CH_3}{\overset{}{C}H}\overset{O}{C}OC_2H_5$$

在有机合成中，具有 α-氢的酮和酯也可发生类似于克莱森（酯）缩合的反应，因此常利用丙酮或其他甲基酮和酯缩合来合成 β-二酮。在酯和酮共存的情况下，由于酮的酸性一般大于酯，因此在乙醇钠的作用下，酮更易生成碳负离子。例如：

$$CH_3\overset{O}{C}CH_3 + CH_3(CH_2)_4\overset{O}{C}OC_2H_5 \xrightarrow[(2)\ H_3O^+]{(1)\ NaH} CH_3(CH_2)_4\overset{O}{C}-CH_2\overset{O}{C}CH_3$$

酯缩合反应在有机和药物合成上具有重要应用价值，可以合成一些重要的 1,3-特性基团（官能团）化合物，如 β-酮酸酯、1,3-二酮、1,3-二酯等。酯缩合反应也是生物体内重要的生化反应。

五、酰胺的反应

1. 酰胺的酸碱性 酰胺的氨基 N 原子上孤对电子与碳氧双键 p-π 共轭，氮原子上电子云密度降低，碱性减弱，酰胺水溶液一般呈中性。酰亚胺分子中的 N 原子上连两个酰基，从而使 N 原子上的电子云密度大大降低，N 原子上的 H 还显示出弱酸性，能与 NaOH 或 KOH 反应生成酰亚胺的盐。

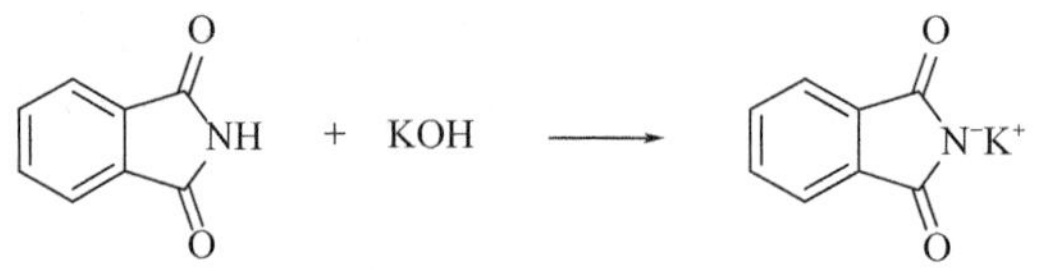

2. 酰胺的加水与脱水反应　　酰胺对热比较稳定，但与强的脱水剂如 P_2O_5、$SOCl_2$ 等一起加热，则可脱水生成腈。这是实验室制备腈的方法之一。

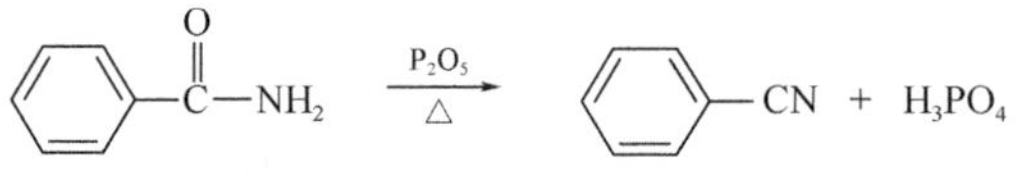

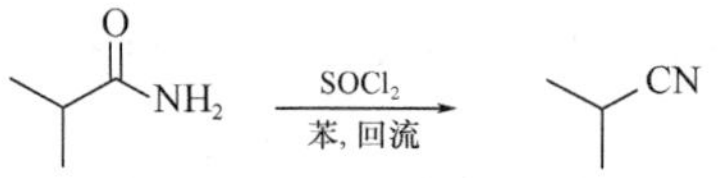

3. 霍夫曼重排反应　　氮原子上无取代的伯酰胺与卤素（氯或溴）在碱（NaOH 或 KOH）溶液中作用时，酰胺失去羰基生成少一个碳原子的伯胺，此反应称为霍夫曼重排（Hofmann rearrangement）。利用该反应可由伯酰胺制备少一个碳原子的伯胺，产率较高，副产物少。

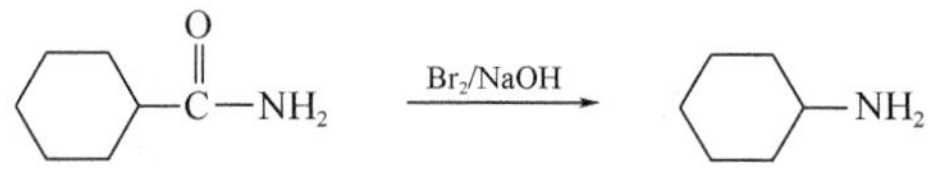

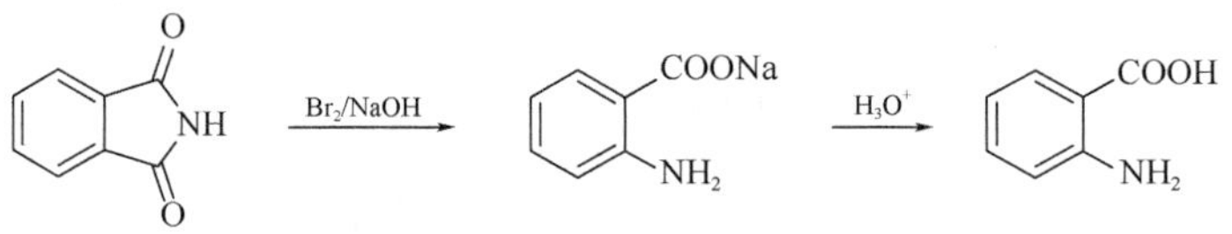

反应机理如下：

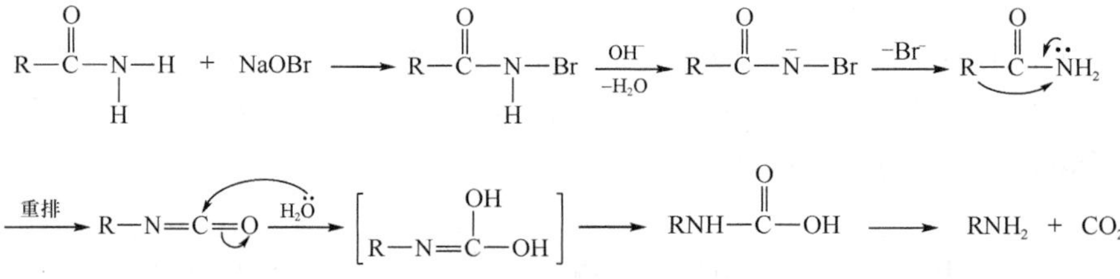

酰胺在强碱性条件下氮原子上的氢原子被卤原子取代生成 N-卤代酰胺，由于受到卤原子和羰基吸电子效应的影响，N-卤代酰胺氮原子上的氢具有明显的酸性，在碱作用下质子离去生成相应的负离子，然后烃基带着一对电子作为亲核试剂进行类似 S_N2 反应，进攻氮原子发生分子内重排，同时卤原子带着一对电子离去，生成异氰酸酯，异氰酸酯含有累积双键，很容易与水和醇等发生反应。与水的加成产物不稳定，很快脱羧生成伯胺。

案例 13-2　　　　　　　药物合成中的霍夫曼重排反应

霍夫曼重排反应作为制备伯胺及其衍生物的一种重要手段，在药物合成和功能材料制备等领域有广泛的应用。

帕珠沙星属于喹诺酮类抗菌药，具有抗菌谱广，特别是对各种耐药性葡萄球菌属都有较好的活性的特点。其合成路线之一，便是采用霍夫曼重排反应，在氯的 NaOH 溶液中（或次氯酸钠溶液），将中间体的酰胺片段转化为伯胺。

另外，脊髓和大脑疾病或损伤引起的肌肉痉挛的药物——巴氯芬、帕金森病治疗药物——卡比多巴、抗菌药物——左旋氧氟沙星和巴洛沙星、降血压药——群多普利等，它们的合成工艺中，也采用了霍夫曼重排反应。

经典碱性下卤素或次卤酸盐的方法常存在副反应多、收率低等缺点，近年来国内外发展了许多新颖的进行霍夫曼重排的试剂和技术，如 N-溴代丁二酰亚胺（NBS）、四乙酸铅、各种高价碘化合物等，特别是高价碘化合物更是因反应条件温和、产物收率高、选择性好等原因，受到广泛的关注。微波辅助、电化学合成以及微化工技术等新型反应过程强化技术的出现，为实现高效绿色的霍夫曼重排反应创造了有利的条件。

问题 结合反应机理，试讨论经典霍夫曼重排反应中副产物产生的原因。

案例分析 霍夫曼重排反应过程中主要存在以下几种副反应：原料酰胺的水解，产物的过度卤化，脲及酰基脲的生成等，这些副反应对工艺参数的选择以及产品收率都产生了重要的影响。虽然酰胺的活性比羧酸差，但是在强碱作用下，酰胺会发生碱性水解。而过量的氧化剂（如次氯酸钠）会造成产物胺进一步卤化生成 N-卤代胺，这些 N-卤代胺随后容易发生降解得到腈等杂质。反应中间产物异氰酸酯除了水解或醇解生成正常的反应产物外，还会分别与产物胺、原料酰胺或 N-代酰胺发生作用生成脲和酰基脲，这些副产物通常在反应溶剂中只有较低的溶解度，容易造成工艺管线或阀门的堵塞，对反应装置的安全稳定运行带来巨大挑战。

第三节 制 备

一、酰卤的制备

羧酸与 PX_3、PX_5（$X=Cl、Br$）、$SOCl_2$ 反应生成酰卤。最常用的试剂是 $SOCl_2$，因为其反应副产物均为气体，很容易从反应体系中逸出，过量的低沸点 $SOCl_2$ 易通过蒸馏除去，产物酰氯不需提纯可直接应用。酰卤是一类具有高度反应活性的化合物，广泛应用于药物制备和有机合成。

$$CH_3COOH + PCl_3 \longrightarrow CH_3COCl + H_3PO_3$$

$$CH_3CH_2COOH + SOCl_2 \longrightarrow CH_3CH_2COCl + SO_2\uparrow + HCl\uparrow$$

$$C_6H_5\text{—}COOH + PCl_5 \longrightarrow C_6H_5\text{—}COCl + POCl_3 + HCl\uparrow$$

二、酸酐的制备

羧酸在脱水剂（如 P_2O_5）作用下或加热，羧基间失水生成酸酐。

$$H_3C-\overset{O}{\underset{}{C}}-OH + HO-\overset{O}{\underset{}{C}}-CH_3 \xrightarrow[\Delta]{P_2O_5} H_3C-\overset{O}{\underset{}{C}}-O-\overset{O}{\underset{}{C}}-CH_3 + H_2O$$

用干燥的羧酸钠盐与酰氯反应，这是实验室制备酸酐尤其是制备混合酸酐的一种重要方法。

$$CH_3COONa + CH_3CH_2COCl \longrightarrow H_3C-\overset{O}{\underset{}{C}}-O-\overset{O}{\underset{}{C}}-CH_2CH_3 + H_2O$$

某些二元羧酸，不需要脱水剂，只要加热即可在分子内脱水生成环状酸酐。

$$\begin{matrix} CH_2COOH \\ | \\ CH_2COOH \end{matrix} \xrightarrow{300℃} \text{(环状丁二酸酐)}$$

三、酯的制备

羧酸与醇在酸催化下的酯化反应是合成酯的重要方法。酰卤、酸酐比羧酸活泼，因此，它们更易与醇或酚反应生成酯。酯的醇解反应可以合成高级脂肪酸酯。羧酸及其盐与卤代烃在强极性溶剂中反应，是一种反应条件缓和、产率较高的酯合成法。

$$CH_3COOH + CH_3CH_2CH_2CH_2OH \underset{回流}{\overset{H_2SO_4}{\rightleftharpoons}} CH_3COOCH_2CH_2CH_2CH_3 + H_2O$$

$$CH_3CH=CHCOCl + HOCH_2C_6H_5 \xrightarrow{Et_3N} CH_3CH=CHCOOCH_2C_6H_5$$

2,4,6-三溴苯酚 + $(CH_3CO)_2O \xrightarrow{NaOH/H_2O}$ 2,4,6-三溴苯基乙酸酯

单月桂酸甘油酯 + $CH_3OH \xrightarrow{H_2SO_4}$ 月桂酸甲酯 + 甘油

$$CH_3COOK + CH_3(CH_2)_6CH_2Br \xrightarrow[CH_3CN]{相转移催化剂} CH_3COOCH_2(CH_2)_6CH_3$$

酮在酸催化下与过氧酸作用生成酯的反应称为拜耳-维立格（Baeyer-Villiger）反应。

$$CH_3CH_2\overset{O}{\overset{\|}{C}}CH_3 \xrightarrow[CH_2Cl_2]{CF_3CO_3H} CH_3CH_2O\overset{O}{\overset{\|}{C}}CH_3$$

反应的结果是在羰基碳与 α-碳之间插入氧原子。常用的过氧酸有过氧乙酸、过氧三氟乙酸、过氧苯甲酸、间氯过氧苯甲酸等。反应机理如下：

$$R-\overset{O}{\overset{\|}{C}}-R' \xrightarrow{H^+} R-\overset{OH^+}{\overset{\|}{C}}-R' \xrightarrow{^-OOCR''} R-\overset{OH}{\underset{R'}{\overset{|}{C}}}-O-O-\overset{O}{\overset{\|}{C}}R'' \longrightarrow$$

$$R-\overset{OH^+}{\overset{\|}{C}}-OR' + {}^-O-\overset{O}{\overset{\|}{C}}R'' \longrightarrow R-\overset{O}{\overset{\|}{C}}-OR' + HO-\overset{O}{\overset{\|}{C}}R''$$

首先，过氧酸对酮羰基进行亲核加成；加成产物中的过氧键断裂，烃基带着孤对电子从碳原子转移到氧原子上，生成质子化的酯和羧酸根负离子；前者失去一个质子得到酯。

不对称酮进行 Baeyer-Villiger 反应时，理论上有生成两种酯的可能，但从上述反应机理可以看出，生成哪一种酯取决于两个烃基迁移能力的大小。烃基的迁移能力一般为：芳基＞叔烃基＞仲烃基＞伯烃基＞甲基。

$$\text{环己基}-\overset{O}{\overset{\|}{C}}CH_3 \xrightarrow[CH_2Cl_2]{C_6H_5CO_3H} \text{环己基}-O-\overset{O}{\overset{\|}{C}}CH_3$$

四、酰胺的生成

氨或胺与羧酸、酰卤、酸酐、酯的直接酰化或在缩合剂存在下进行酰化是合成酰胺的重要方法。

$$CH_3CH_2CH_2COOH \xrightarrow{NH_3} CH_3CH_2CH_2COONH_4 \xrightarrow{185℃} CH_3CH_2CH_2CONH_2 + H_2O$$

酸酐与酰卤作胺的酰化剂时，伯、仲胺均能顺利反应，但脂肪族伯胺与酸酐或酰卤反应，往往生成 N-酰基化及 N,N-二酰基化的混合物，两者的比例与伯胺的中烃基空间位阻和反应条件有关。当结构为 RCH_2NH_2 的伯胺乙酰化时，主要生成 N,N-二乙酰化产物；当结构为 $RR'CHNH_2$ 的伯胺乙酰化时，则生成 N-乙酰化及 N,N-二乙酰化的混合物。结构为 $RR'R''CNH_2$ 的伯胺乙酰化时，仅得到 N-乙酰化产物。

在酸催化下，肟类化合物重排生成 N-取代酰胺的反应称为贝克曼（Beckmann）重排。R 与 R' 可以是烃基或芳基，醛肟在酸性条件下易脱水生成腈，所以，一般不用醛肟制备酰胺。常用的酸性催化剂有浓硫酸、五氧化二磷、氯化亚砜、卤化磷、路易斯酸等。在质子酸催化下反应机理如下：

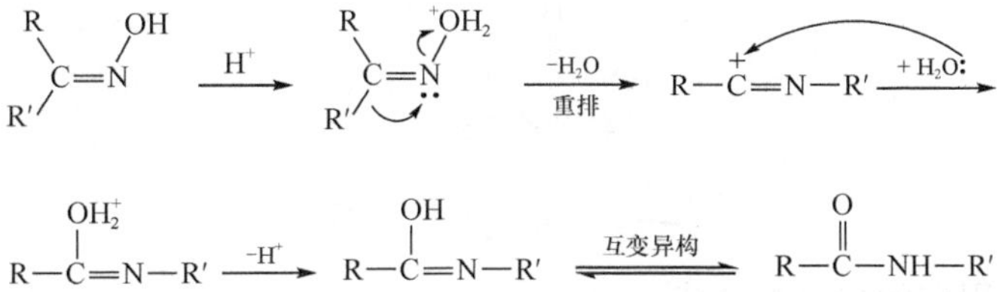

在酸催化下，肟羟基形成易离去基团。在重排过程中，羟基的离去与处于其反位的基团（R'）的迁移同步进行。然后离去基团离去形成的碳正离子立即与反应介质中的亲核试剂（H_2O）作用生成亚胺，经异构化生成 N-取代酰胺。

通常，脂肪芳香混合酮形成肟时，主要生成芳基与羟基处于反式的产物。不对称的二芳酮及脂肪酮往往生成顺式和反式肟的混合物，因此它们重排时生成两种酰胺的混合物。由于重排时基团的离去与基团的迁移是同步进行的，迁移基团在迁移前后的构型保持不变。

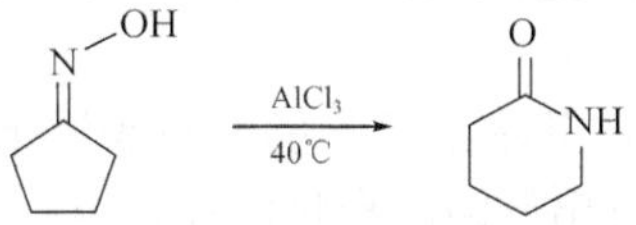

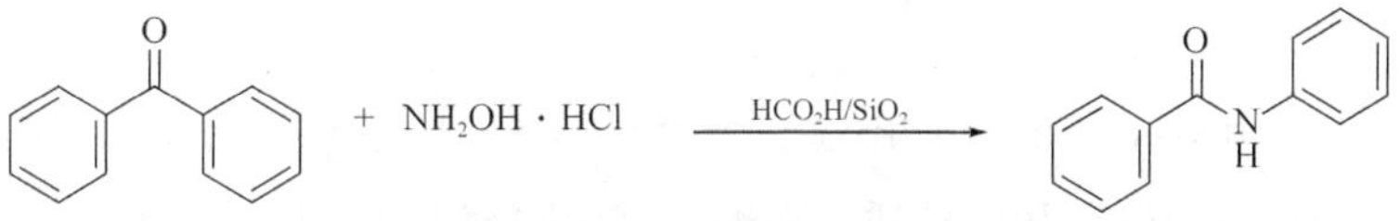

第四节　碳酸衍生物

碳酸（$HO-\overset{O}{\underset{}{C}}-OH$）可看作羟基甲酸或共用一个羰基的二元酸，不稳定，其分子中的一个羟基被取代的碳酸衍生物也不稳定，易分解放出 CO_2，常见的碳酸衍生物是两个羟基都被其他基团取代的中性衍生物。

一、碳 酰 氯

碳酰氯俗称光气（phosgene），在室温时有甜味的气体，沸点为 8.2℃，有剧毒。工业上光气由一氧化碳和氯气在光照下或在活性炭催化下加热至 200℃ 制得。实验室常用四氯化碳和发烟硫酸反应制得。

$$CO + Cl_2 \xrightarrow{200℃} Cl-\overset{\overset{O}{\|}}{C}-Cl$$

$$CCl_4 + 2SO_3 \longrightarrow Cl-\overset{\overset{O}{\|}}{C}-Cl + S_2O_5Cl_2$$

碳酰氯是活泼的酰氯，具有与酰氯一样的化学性质，易发生水解、醇解和氨解反应，是有机合成的重要原料。

$$Cl-\overset{\overset{O}{\|}}{C}-Cl \begin{cases} \xrightarrow{H_2O} Cl-\overset{\overset{O}{\|}}{C}-OH \longrightarrow CO_2 + HCl \\ \xrightarrow{NH_3} H_2N-\overset{\overset{O}{\|}}{C}-NH_2 \\ \xrightarrow{C_2H_5OH} Cl-\overset{\overset{O}{\|}}{C}-OC_2H_5 \xrightarrow{C_2H_5OH} C_2H_5O-\overset{\overset{O}{\|}}{C}-OC_2H_5 \quad 碳酸二乙酯 \\ \qquad\qquad\qquad\downarrow NH_3 \\ \qquad\qquad H_2N-\overset{\overset{O}{\|}}{C}-OC_2H_5 \\ \qquad\qquad\quad 氨基甲酸乙酯 \end{cases}$$

二、碳 酰 胺

碳酸能形成氨基甲酸和脲两种酰胺。

$$H_2N-\overset{\overset{O}{\|}}{C}-OH \qquad H_2N-\overset{\overset{O}{\|}}{C}-NH_2$$
$$\text{氨基甲酸} \qquad\qquad \text{脲（尿素）}$$

氨基甲酸本身不稳定，但可制备获得较稳定的氨基甲酸的盐、酯和酰氯。

脲（urea）又称尿素，是碳酸的二酰胺，脲是哺乳动物体内蛋白质代谢的最终产物，成人每天经尿排泄 25～30g 脲。脲为无色长菱形结晶，熔点为 132～135℃，易溶于水和乙醇，难溶于乙醚。脲具有下列性质。

1. 脲的弱碱性　脲具有弱碱性，其水溶液不能使石蕊试纸变色，只能与强酸作用生成盐。例如，脲的水溶液中加入浓硝酸，可析出硝酸脲白色沉淀。

$$H_2N-\overset{\overset{O}{\|}}{C}-NH_2 + HNO_3 \longrightarrow H_2N-\overset{\overset{O}{\|}}{C}-NH_2 \cdot HNO_3\downarrow$$

2. 脲的水解　脲具有一般酰胺的性质，在酸、碱或脲酶催化下发生水解。

$$H_2N-\overset{\overset{O}{\|}}{C}-NH_2 + H_2O \begin{cases} \xrightarrow{HCl} NH_4Cl + CO_2\uparrow \\ \xrightarrow{NaOH} Na_2CO_3 + NH_3\uparrow \\ \xrightarrow{脲酶} CO_2\uparrow + NH_3\uparrow \end{cases}$$

3. 脲与亚硝酸的反应　脲与亚硝酸反应，定量放出氮气，同时生成二氧化碳和水。

$$H_2N-\overset{\overset{O}{\|}}{C}-NH_2 + HNO_2 \longrightarrow N_2\uparrow + CO_2\uparrow + H_2O$$

通过测定氮气的体积，可测定脲的量。此反应也用于除去反应中的过量亚硝酸。

4. 缩二脲的生成和缩二脲反应　将脲缓慢加热至 150～160℃，两分子脲缩合成缩二脲，并放出氨气。

$$H_2N-\underset{\underset{O}{\|}}{C}-NH_2 + H_2N-\underset{\underset{O}{\|}}{C}-NH_2 \xrightarrow{150\sim160℃} H_2N-\underset{\underset{O}{\|}}{C}-NH-\underset{\underset{O}{\|}}{C}-NH_2 + NH_3\uparrow$$
缩二脲

缩二脲难溶于水，可互变成烯醇型而溶于碱溶液。在缩二脲的碱性溶液中加入少许硫酸铜溶液，溶液显紫红色或紫色，这个反应称为缩二脲反应（biuret reaction）。凡分子中含有两个或两个以上 $-\underset{\underset{O}{\|}}{C}-NH-$ 结构（肽键，peptide linkage）的化合物（如多肽和蛋白质等）都能发生缩二脲反应。

三、胍

脲分子中的氧原子被亚氨基（=NH）取代的化合物称为胍（guanidine），又称亚氨基脲。胍为无色结晶，熔点为 50℃，吸湿性极强，易溶于水。胍是一种有机强碱，与氢氧化钾相当。这是因为胍接收 H^+ 后形成 C—N 键完全平均化，且极为稳定的共轭体系：胍基正离子。因此，胍置于空气中时，吸收二氧化碳生成稳定的碳酸盐。

$$2\ H_2N-\underset{\underset{NH}{\|}}{C}-NH_2 + H_2O + CO_2 \longrightarrow \left[H_2N-\underset{\underset{NH_2}{\|}}{\overset{+}{C}}-NH_2\right]_2 CO_3^{2-}$$

游离的胍易水解，例如胍在氢氧化钡水溶液中加热，极易水解生成脲和氨。因此，胍或胍的衍生物通常以盐的形式保存。

$$H_2N-\underset{\underset{NH}{\|}}{C}-NH_2 + H_2O \xrightarrow[\triangle]{Ba(OH)_2} H_2N-\underset{\underset{O}{\|}}{C}-NH_2 + NH_3\uparrow$$

胍分子去掉一个氨基氢原子后称为胍基，去掉一个氨基后称为脒基。

$$H_2N-\underset{\underset{NH}{\|}}{C}-NH- \qquad H_2N-\underset{\underset{NH}{\|}}{C}-$$
胍基（guanidino）　　　　脒基（guanyl, amidino）

四、1,3-二嗪烷-2,4,6-三酮

1,3-二嗪烷-2,4,6-三酮，又称丙二酰脲（malonyl urea），无色结晶，熔点为 248～252℃，微溶于水。它可以由脲与丙二酸二乙酯在 C_2H_5ONa 存在下反应制得。

$$H_2C\begin{matrix}COOC_2H_5\\COOC_2H_5\end{matrix} + \begin{matrix}H_2N\\H_2N\end{matrix}C=O \xrightarrow{C_2H_5ONa} \text{丙二酰脲} + C_2H_5OH$$

丙二酰脲在水溶液中存在酮型-烯醇型互变异构平衡。烯醇型表现出比乙酸还强的酸性，所以俗称为巴比妥酸（barbituric acid）。

酮型　　　　烯醇型

五、咪唑烷-2,4-二酮

咪唑烷-2,4-二酮，又称乙内酰脲、海因（Hydantoin）。脲与羟乙酸乙酯在碱催化下缩合成乙内酰脲，它在水溶液中存在酮型-烯醇型互变异构而显弱酸性。

$$HOCH_2COOC_2H_5 + H_2N-CO-NH_2 \xrightarrow{OH^-} \text{乙内酰脲} \rightleftharpoons \text{烯醇型}$$

苯妥英钠能治疗癫痫病，它是弱酸和强碱所生成的盐，水溶液呈碱性，能吸收空气中的二氧化碳游离出苯妥英，并从溶液中析出。因此，应密闭保存。

$$\text{苯妥英钠} + CO_2 + H_2O \longrightarrow \text{苯妥英}\downarrow + NaHCO_3$$

视窗 13-2　聚丙烯酰胺

聚丙烯酰胺凝胶（polyacrylamide gel，PAG）是由丙烯酰胺（acrylamide）和交联剂 N,N-亚甲双丙烯酰胺（N,N-methylenbisacrylamide）在引发剂和增塑剂存在下聚合而成的三维网状体。

聚丙烯酰胺凝胶

聚丙烯酰胺膜具有分子筛的功能，可以将天然状态蛋白质和其他生物分子分离开，获得生物活性保持不变的生物分子，因此常用于血浆蛋白的分离，可将血浆蛋白分成20～30个组分。其分离效果显著优于目前普遍采用的滤纸和醋酸纤维薄膜。例如，在免疫化学测定中，聚丙烯酰胺常用作经葡聚糖凝胶柱分离的抗原，抗体的纯度鉴定。在蛋白质、多肽和氨基酸等的分离中的离子交换、凝胶也常用聚丙烯酰胺作支持物。

用不同的单体、浓度、用量和交联剂聚合成不同规格的聚 N-烷基丙烯酰胺称为温敏性（或热敏性）凝胶，它可将药物吸入制得智能药物或温控药物，也可作为酶的包埋和酶的固定化等智能高分子材料。

第五节　原酸衍生物

原酸是羧基中的羰基与水加成所得的化合物，如原碳酸和原甲酸。原酸类化合物不稳定，但其衍生物原酸酯却是稳定的。

$\begin{bmatrix} OH \\ HO-C-OH \\ OH \end{bmatrix}$	$\begin{matrix} OR \\ RO-C-OR \\ OR \end{matrix}$	$\begin{bmatrix} OH \\ H-C-OH \\ OH \end{bmatrix}$	$\begin{matrix} OR \\ H-C-OR \\ OR \end{matrix}$
原碳酸	碳酸原酸酯	原甲酸	原甲酸酯

碳酸原酸酯可由多元氯化物和醇钠作用制得，如三氯硝基甲烷与乙醇钠反应生成原碳酸乙酯。原甲酸酯可由氯仿与醇钠反应制得。

$$CCl_3NO_2 + C_2H_5ONa \longrightarrow C(OC_2H_5)_4 + NaCl + NaNO_2$$

$$CHCl_3 + ROH \xrightarrow{Na} CH(OR)_3$$

原甲酸酯是制备缩醛和缩酮的常用试剂：

$$HC(OC_2H_5)_3 + \underset{}{RC-H(R')} \longrightarrow \underset{OC_2H_5}{\overset{OC_2H_5}{RC-H(R')}} + HCOOC_2H_5$$

第六节 β-二羰基化合物

结构中含有两个羰基且被一个碳原子隔开的化合物称为β-二羰基化合物。这里所说的羰基含义较广，既包括醛和酮的羰基，也包括酯的羰基等。典型的β-二羰基化合物有戊烷-2,4-二酮（又称乙酰丙酮）、3-氧代丁酸乙酯（又称乙酰乙酸乙酯）和丙二酸二乙酯。这类化合物是有机合成的重要试剂，主要的反应类型是亚甲基（—CH_2—）碳上的烷基化（alkylation）、酰基化（acylation）反应。与β-二羰基化合物相似的化合物，如氰基乙酸乙酯，夹在中间的亚甲基上的氢原子受氰基和酯基的吸电子效应影响，也具有相似的化学性质。本节重点介绍β-酮酸酯、丙二酸酯两类化合物。

一、β-二羰基化合物的酸性和酮式-烯醇式互变异构

（一）β-二羰基化合物的酸性

α-氢原子的酸性强弱取决于α-碳原子相连的特性基团的吸电子能力，其吸电子能力越强，α-氢原子解离的能力就越强，α-氢原子的酸性就越强。α-氢原子的酸性还与α-氢原子解离后所生成的碳负离子的稳定性有关，负离子越稳定，平衡越有利于向解离的方向进行。β-二羰基化合物中的亚甲基同时受到两个羰基的影响。由于羰基是强吸电子基团，碳负离子与羰基的p-π共轭使负电荷分散到两个羰基氧上，形成酮式-烯醇式互变异构（keto-enol tautomerization），使α-氢原子有较强的酸性。碳负离子共振式表示为

$$CH_3-\overset{O}{\underset{}{C}}-\overset{-}{CH}-\overset{O}{\underset{}{C}}-CH_3 \longleftrightarrow CH_3-\overset{O^-}{\underset{}{C}}=CH-\overset{O}{\underset{}{C}}-CH_3 \longleftrightarrow CH_3-\overset{O}{\underset{}{C}}-CH=\overset{O^-}{\underset{}{C}}-CH_3$$

简单的羰基化合物丙酮的 pK_a 为 20，而β-二羰基化合物的 pK_a 为 9～13，远比一般羰基化合物的酸性强。连有两个强吸电子基团（如 RCO—、—CN、—NO_2 等）的亚甲基上的氢原子都显示酸性，上述化合物称为活泼亚甲基化合物。一些常见羰基化合物的 pK_a 值见表 13-2。

表 13-2 羰基化合物的 pK_a 值

化合物名称	构造式	pK_a
丙二醛（propanedial）	$HC\overset{O}{\underset{}{\|}}-CH_2-\overset{O}{\underset{}{C}}H$	5
戊烷-2,4-二酮（pentane-2,4-dione）	$CH_3-\overset{O}{\underset{}{C}}-CH_2-\overset{O}{\underset{}{C}}-CH_3$	9

续表

化合物名称	构造式	pK_a
3-氧代丁酸乙酯（ethyl 3-oxobutanoate）	$CH_3-\overset{O}{\underset{\|}{C}}-CH_2-\overset{O}{\underset{\|}{C}}-OC_2H_5$	11
丙二酸二乙酯（diethyl propanedioate）	$C_2H_5O-\overset{O}{\underset{\|}{C}}-CH_2-\overset{O}{\underset{\|}{C}}-OC_2H_5$	13
氰基乙酸乙酯（ethyl 2-cyanoacetate）	$N\equiv C-CH_2-\overset{O}{\underset{\|}{C}}-OC_2H_5$	9
丙酮（acetone）	$CH_3\overset{O}{\underset{\|}{C}}CH_3$	20
乙酸乙酯（ethyl acetate）	$CH_3\overset{O}{\underset{\|}{C}}OC_2H_5$	25

（二）β-二羰基化合物的酮式-烯醇式互变异构

3-氧代丁酸乙酯（又称乙酰乙酸乙酯）可以与亚硫酸钠、氢氰酸及其他羰基试剂发生加成反应，说明分子中存在羰基，但它同时可以使溴的四氯化碳溶液褪色、与金属钠和醇钠反应生成盐，尤其能使三氯化铁溶液显色，说明分子中存在烯醇式结构。事实上，乙酰乙酸乙酯是酮式和烯醇式两种互变异构体组成的动态平衡体系，通常酮式含量为92.5%，烯醇式含量为7.5%。在不同溶剂和不同温度、浓度等条件下，酮式和烯醇式的含量也有变化。例如，乙酰乙酸乙酯在乙醇中的烯醇式含量为10%～13%，而在正己烷中为49%。

$$CH_3-\overset{O}{\underset{\|}{C}}-CH_2-\overset{O}{\underset{\|}{C}}-OC_2H_5 \rightleftharpoons CH_3-\overset{OH}{\underset{\|}{C}}=CH-\overset{O}{\underset{\|}{C}}-OC_2H_5$$
$$92.5\% \qquad\qquad\qquad 7.5\%$$

乙酰乙酸乙酯的烯醇式含量比较高的原因，一是通过分子内氢键（intramolecular hydrogen bond）形成一个稳定的六元环状结构；二是烯醇式羟基氧原子上的孤对电子对与碳碳双键和碳氧双键形成 π-π 共轭体系，电子的离域使其能量降低。

酮式-烯醇式互变异构现象在含羰基的化合物中普遍存在，酮式和烯醇式共存于一个平衡体系中，多数情况下酮式是主要的存在形式。但随着α-氢原子的活泼性增强，氢原子解离后形成的碳负离子的稳定性增大，烯醇式在平衡体系中的含量也随之增加。表13-3列出了一些化合物的烯醇式结构及其含量，从中可以看出结构对形成烯醇式异构体的影响。

表 13-3 一些羰基化合物的烯醇式结构及其含量

化合物名称	互变异构平衡体	烯醇式含量/%
丙酮（acetone）	$CH_3-\overset{O}{\underset{\|}{C}}-CH_3 \rightleftharpoons CH_3-\overset{OH}{\underset{\|}{C}}=CH_2$	0.00025
2-甲基-3-氧代丁酸乙酯（ethyl 2-methyl-3-oxobutanoate）	$CH_3-\overset{O}{\underset{\|}{C}}-\overset{\|}{\underset{CH_3}{CH}}-\overset{O}{\underset{\|}{C}}-OC_2H_5 \rightleftharpoons CH_3-\overset{OH}{\underset{\|}{C}}=\underset{CH_3}{\overset{\|}{C}}-\overset{O}{\underset{\|}{C}}-OC_2H_5$	4

续表

化合物名称	互变异构平衡体	烯醇式含量/%
3-氧代丁酸乙酯 （ethyl 3-oxobutanoate）	$CH_3-\overset{O}{\underset{\|}{C}}-CH_2-\overset{O}{\underset{\|}{C}}-OC_2H_5 \rightleftharpoons CH_3-\overset{OH}{\underset{\|}{C}}=CH-\overset{O}{\underset{\|}{C}}-OC_2H_5$	7
3-氧代-3-苯基丙酸乙酯 （ethyl 3-oxo-3-phenylpropanoate）	$C_6H_5-\overset{O}{\underset{\|}{C}}-CH_2-\overset{O}{\underset{\|}{C}}-OC_2H_5 \rightleftharpoons C_6H_5-\overset{OH}{\underset{\|}{C}}=CH-\overset{O}{\underset{\|}{C}}-OC_2H_5$	21
戊烷-2,4-二酮 （pentane-2,4-dione）	$CH_3-\overset{O}{\underset{\|}{C}}-CH_2-\overset{O}{\underset{\|}{C}}-CH_3 \rightleftharpoons CH_3-\overset{OH}{\underset{\|}{C}}=CH-\overset{O}{\underset{\|}{C}}-CH_3$	80
1-苯基丁烷-1,3-二酮 （1-phenylbutane-1,3-dione）	$C_6H_5-\overset{O}{\underset{\|}{C}}-CH_2-\overset{O}{\underset{\|}{C}}-CH_3 \rightleftharpoons C_6H_5-\overset{OH}{\underset{\|}{C}}=CH-\overset{O}{\underset{\|}{C}}-CH_3$	99

二、乙酰乙酸乙酯在有机合成中的应用

乙酰乙酸乙酯，有香味，熔点为 -45℃，沸点为 181℃，微溶于水，易溶于乙醇、乙醚、氯仿等有机溶剂。实验室可由 C_2H_5ONa 催化乙酸乙酯缩合反应制得。

（一）乙酰乙酸乙酯的酮式分解和酸式分解

乙酰乙酸乙酯与稀碱溶液共热，酯键水解，生成 3-氧代丁酸钠，酸化后变为 3-氧代丁酸，受热脱羧生成丙酮，称为酮式分解。

$$CH_3-\overset{O}{\underset{\|}{C}}-CH_2-\overset{O}{\underset{\|}{C}}-OC_2H_5 \xrightarrow[(2) H^+]{(1) 5\% NaOH} CH_3-\overset{O}{\underset{\|}{C}}-CH_2-\overset{O}{\underset{\|}{C}}-OH \xrightarrow{\triangle} CH_3-\overset{O}{\underset{\|}{C}}-CH_3 + CO_2$$

β-酮酸中度加热就能脱羧放出二氧化碳。反应经过一个六元环过渡态一步完成。

$$CH_3-\overset{O}{\underset{\|}{C}}-CH_2-\overset{O}{\underset{\|}{C}}-OH \longrightarrow \left[\begin{array}{c} CH_3 \\ \end{array} \right] \xrightarrow{\triangle} CH_3-\overset{O}{\underset{\|}{C}}-CH_3 + CO_2$$

丙二酸加热容易以相同过程脱羧。酮式分解也适用于其他 β-酮酯或 β-二酯化合物。即任何 β-酮酯或 β-二酯化合物经在稀碱中水解、酸化，然后加热脱羧的反应都称为酮式分解。例如：

$$CH_3CH_2\overset{O}{\underset{\|}{C}}-\underset{\underset{CH_3}{\|}}{CH}-\overset{O}{\underset{\|}{C}}OC_2H_5 \xrightarrow{5\% NaOH} \xrightarrow[\triangle]{H^+} CH_3CH_2\overset{O}{\underset{\|}{C}}CH_2CH_3 + CO_2$$

$$C_2H_5O\overset{O}{\underset{\|}{C}}-CH_2-\overset{O}{\underset{\|}{C}}OC_2H_5 \xrightarrow{5\% NaOH} \xrightarrow[\triangle]{H^+} CH_3COOH + CO_2$$

乙酰乙酸乙酯在强碱溶液中共热，酯键水解，同时 α,β-碳原子间发生断裂，生成两分子羧酸盐，酸化后得到两分子乙酸，称为酸式分解（acid form decompose）。

$$CH_3-\overset{O}{\underset{\|}{C}}-CH_2-\overset{O}{\underset{\|}{C}}-OC_2H_5 \xrightarrow[(2) H^+]{(1) 40\% NaOH} CH_3-\overset{O}{\underset{\|}{C}}-OH + CH_3-\overset{O}{\underset{\|}{C}}-OH + C_2H_5OH$$

反应过程中氢氧根负离子对比较活泼的羰基发生了亲核加成反应，反应机理如下：

$$\text{CH}_3\text{-}\underset{\underset{\text{OH}^-}{|}}{\overset{\overset{O}{\|}}{\text{C}}}\text{-CH}_2\text{-}\overset{\overset{O}{\|}}{\text{C}}\text{-OC}_2\text{H}_5 \longrightarrow \text{CH}_3\text{-}\underset{\underset{\text{OH}}{|}}{\overset{\overset{O^-}{|}}{\text{C}}}\text{-CH}_2\text{-}\overset{\overset{O}{\|}}{\text{C}}\text{-OC}_2\text{H}_5$$

$$\longrightarrow \text{CH}_3\text{-}\overset{\overset{O}{\|}}{\text{C}}\text{-OH} + \text{CH}_2=\overset{\overset{O^-}{|}}{\text{C}}\text{-OC}_2\text{H}_5$$

$$\longrightarrow \text{CH}_3\text{-}\overset{\overset{O}{\|}}{\text{C}}\text{-O}^- + \text{CH}_3\text{-}\overset{\overset{O}{\|}}{\text{C}}\text{-OC}_2\text{H}_5 \xrightarrow{\text{OH}^-} 2\,\text{CH}_3\text{-}\overset{\overset{O}{\|}}{\text{C}}\text{-O}^- + \text{C}_2\text{H}_5\text{OH}$$

丙二酸二乙酯经酸式分解得到乙酸。酸式分解的过程也适用于其他 β-酮酯或 β-二酯化合物。取代的乙酰乙酸乙酯和取代的丙二酸二乙酯经酸式分解都得到乙酸的衍生物。β-二酮在浓的强碱作用下，也进行酸式分解，除得到羧酸外，还得到酮。例如：

$$\text{C}_2\text{H}_5\text{OC-CH}_2\text{-COC}_2\text{H}_5 \xrightarrow[\text{H}^+]{40\%\ \text{NaOH}} \text{CH}_3\text{COOH} + \text{CO}_2\uparrow + \text{C}_2\text{H}_5\text{OH}$$

$$\text{C}_2\text{H}_5\text{C-CH}_2\text{-CCH}_3 \xrightarrow[\text{H}^+]{40\%\ \text{NaOH}} \text{CH}_3\overset{\overset{O}{\|}}{\text{C}}\text{CH}_2\text{CH}_3 + \text{CH}_3\text{CH}_2\text{COOH}$$

（二）乙酰乙酸乙酯在有机合成中的应用

由于乙酰乙酸乙酯活泼亚甲基上的氢原子具有酸性，在乙醇钠或金属钠的作用下，质子离去生成碳负离子，并进一步与卤代烷或酰卤等发生亲核取代反应，生成烃基或酰基取代的乙酰乙酸乙酯，再经过酮式分解或酸式分解可制备多种结构的酮或取代乙酸。

1. 亚甲基的烷基化反应 在碱性条件下，乙酰乙酸乙酯与卤代烃反应生成一烃基取代产物。一烃基取代的乙酰乙酸乙酯中还有一个活泼氢原子，可继续被烃基取代生成二烃基取代的乙酰乙酸乙酯。

$$\text{CH}_3\text{-}\overset{\overset{O}{\|}}{\text{C}}\text{-}\underset{\underset{\text{H}}{|}}{\text{CH}}\text{-}\overset{\overset{O}{\|}}{\text{C}}\text{-OC}_2\text{H}_5 + \text{RX} \xrightarrow{\text{C}_2\text{H}_5\text{ONa}} \text{CH}_3\text{-}\overset{\overset{O}{\|}}{\text{C}}\text{-}\underset{\underset{\text{R}}{|}}{\text{CH}}\text{-}\overset{\overset{O}{\|}}{\text{C}}\text{-OC}_2\text{H}_5$$

$$\text{CH}_3\text{-}\overset{\overset{O}{\|}}{\text{C}}\text{-}\underset{\underset{\text{R}}{|}}{\text{CH}}\text{-}\overset{\overset{O}{\|}}{\text{C}}\text{-OC}_2\text{H}_5 + \text{RX} \xrightarrow{\text{C}_2\text{H}_5\text{ONa}} \text{CH}_3\text{-}\overset{\overset{O}{\|}}{\text{C}}\text{-}\underset{\underset{\text{R}}{|}}{\overset{\overset{\text{R}}{|}}{\text{C}}}\text{-}\overset{\overset{O}{\|}}{\text{C}}\text{-OC}_2\text{H}_5$$

上述烷基化取代反应使用伯卤代烷产率最高。该反应不能使用叔卤代烷，因为在强碱性反应条件下叔卤代烷主要发生消除反应，仲卤代烷也因伴随消除反应使产率降低。卤代芳香烃和乙烯型卤代烃不活泼难以进行反应。乙酰乙酸乙酯的亚甲基上引入一个烃基后，由于烃基斥电子效应和立体位阻的影响，亚甲基上剩余氢原子的酸性减弱，第二次烷基化变得困难，一般可使用更强的碱（如叔丁醇钾）代替乙醇钠进行反应。如果 α-碳上引入的两个基团不同，通常先引入活性较低和体积较大的基团。

若以 α-卤代酮或 α-卤代酸酯为原料与乙酰乙酸乙酯发生烷基化反应，产物经酮式分解分别得到 γ-二酮和 γ-酮酸。若酸式分解，则分别得到相应的酮酸和二元羧酸。

$$\text{CH}_3\text{COCH}_2\text{COOC}_2\text{H}_5 \xrightarrow[\text{BrCH}_2\text{COR}]{\text{C}_2\text{H}_5\text{ONa}} \underset{\underset{\text{CH}_2\text{COR}}{|}}{\text{CH}_3\text{COCHCOOC}_2\text{H}_5} \xrightarrow{\text{酮式分解}} \text{CH}_3\overset{\overset{O}{\|}}{\text{C}}\text{CH}_2\text{CH}_2\overset{\overset{O}{\|}}{\text{C}}\text{R}$$

$$\uparrow \text{酸式分解}$$
$$\text{RCOCH}_2\text{CH}_2\text{COOH}$$

$$CH_3COCH_2COOC_2H_5 \xrightarrow[BrCH_2COOR]{C_2H_5ONa} CH_3COCHCOOC_2H_5 \xrightarrow{\text{酮式分解}} CH_3CCH_2CH_2COH$$
$$\qquad\qquad\qquad\qquad\qquad\qquad\quad |\qquad\qquad\qquad\qquad\qquad\quad\ \ \|\ \ \ \ \ \ \ \ \ \ \|$$
$$\qquad\qquad\qquad\qquad\qquad\qquad\ CH_2COOR\qquad\qquad\qquad\quad O\ \ \ \ \ O$$
$$\qquad\qquad\qquad\qquad\qquad\qquad\quad\downarrow \text{酸式分解}$$
$$\qquad\qquad\qquad\qquad\qquad\quad HOOCCH_2CH_2COOH$$

2. 亚甲基的酰基化反应　在碱性条件下，乙酰乙酸乙酯的亚甲基与酰卤反应，引入新的酰基，再经水解、脱羧可生成新的 β-二羰基化合物。在酰化反应中，因酰卤可与乙醇（钠）发生反应，最好用氢化钠代替醇钠。

$$CH_3-\underset{O}{\overset{O}{C}}-\underset{H}{\overset{H}{C}}-\underset{O}{\overset{O}{C}}-OC_2H_5 \xrightarrow[RCOX]{NaH} CH_3-\underset{O}{\overset{O}{C}}-\underset{COR}{\overset{H}{C}}-\underset{O}{\overset{O}{C}}-OC_2H_5$$

$$\xrightarrow{5\% NaOH} \xrightarrow[\Delta]{H^+} CH_3-\underset{O}{\overset{O}{C}}-CH_2-\underset{O}{\overset{O}{C}}-R$$

3. 迈克尔加成反应　在碱性条件下，乙酰乙酸乙酯与 α,β-不饱和羰基化合物发生 1,4-加成，称为迈克尔加成反应。反应的结果是碳负离子加到 α,β-不饱和羰基化合物的 β-碳原子上，而 α-碳原子上则加上一个质子。例如：

$$CH_3-\overset{O}{\overset{\|}{C}}-CH_2-\overset{O}{\overset{\|}{C}}-OC_2H_5\ +\ \text{（环己烯酮）}\ \xrightarrow[C_2H_5OH]{C_2H_5ONa}\ \text{（加成产物）}$$

在碱性环境下，β-二羰基化合物首先生成碳负离子。碳负离子先加在 α,β-不饱和羰基化合物的 β-碳原子（1位）上，使4位上的氧原子得到更多的负电荷，氢正离子就加到4位上。然后烯醇式结构又转变为更稳定的酮式，最后结果总是碳碳双键上的加成。反应机理如下：

$$CH_3-\overset{O}{\overset{\|}{C}}-CH_2-\overset{O}{\overset{\|}{C}}-OC_2H_5 \xrightarrow{C_2H_5ONa} CH_3-\overset{O}{\overset{\|}{C}}-\overset{-}{C}H-\overset{O}{\overset{\|}{C}}-OC_2H_5 \xrightarrow{\underset{1}{CH_2}=\underset{2}{CH}-\overset{4}{\underset{3}{C}}-CH_3}$$

$$\begin{array}{c} C_2H_5O-\overset{O}{\overset{\|}{C}} \\ \ \ \ \ \ \ \ \ \ \ \ \ \ \ \diagdown \\ \ \ \ \ \ \ \ \ \ \ \ \ \ \ \ \ CH-CH_2-CH=\overset{O^-}{\overset{|}{C}}-CH_3 \\ \ \ \ \ \ \ \ \ \ \ \ \ \ \ \diagup \\ CH_3-\underset{O}{\underset{\|}{C}} \end{array} \xrightarrow{H^+} \begin{array}{c} C_2H_5O-\overset{O}{\overset{\|}{C}} \\ \ \ \ \ \ \ \ \ \ \ \ \ \ \ \diagdown \\ \ \ \ \ \ \ \ \ \ \ \ \ \ \ \ \ CH-CH_2-CH=\overset{OH}{\overset{|}{C}}-CH_3 \\ \ \ \ \ \ \ \ \ \ \ \ \ \ \ \diagup \\ CH_3-\underset{O}{\underset{\|}{C}} \end{array}$$

$$\rightleftharpoons \begin{array}{c} C_2H_5O-\overset{O}{\overset{\|}{C}} \\ \ \ \ \ \ \ \ \ \ \ \ \ \ \ \diagdown \\ \ \ \ \ \ \ \ \ \ \ \ \ \ \ \ \ CH-CH_2-CH_2-\overset{O}{\overset{\|}{C}}-CH_3 \\ \ \ \ \ \ \ \ \ \ \ \ \ \ \ \diagup \\ CH_3-\underset{O}{\underset{\|}{C}} \end{array}$$

迈克尔加成反应在有机合成上应用很广，各种不同的 α,β-不饱和羰基化合物都可与 β-二羰基化合物的碳负离子进行共轭加成。由此得到的共轭加成产物，经水解和加热脱羧，最后都得到 1,5-二羰基化合物。

乙酰乙酸乙酯在有机合成上的应用十分广泛。但用乙酰乙酸乙酯合成羧酸时，常有酮式分解的副反应发生，使产率降低，因此，在有机合成上乙酰乙酸乙酯更多地用来合成酮，取代乙酸的制备通常采用丙二酸酯合成法。

三、丙二酸二乙酯

丙二酸二乙酯是无色有香味的液体，沸点为199℃，微溶于水，易溶于乙醇、乙醚、氯仿、苯等有机溶剂，是一个在有机合成中应用广泛的试剂，可由2-氯乙酸制备：

$$ClCH_2COOH \xrightarrow[NaOH]{NaCN} NCCH_2COONa \xrightarrow[H_2SO_4]{C_2H_5OH} H_2C\begin{matrix}COOC_2H_5\\COOC_2H_5\end{matrix}$$

与乙酰乙酸乙酯相似，丙二酸二乙酯分子中，亚甲基上的氢原子受到旁边两个酯基的影响而显酸性。在醇钠等碱性环境中，丙二酸二乙酯转变为碳负离子的钠盐，然后与活泼卤代烃反应，生成一烃基或二烃基取代的丙二酸二乙酯，最后水解、酸化、脱羧，制得烃基羧酸。例如：

$$CH_2\begin{matrix}COOC_2H_5\\COOC_2H_5\end{matrix} \xrightarrow{C_2H_5ONa} CH^-\begin{matrix}COOC_2H_5\\COOC_2H_5\end{matrix} \xrightarrow{R-X} R-CH\begin{matrix}COOC_2H_5\\COOC_2H_5\end{matrix} \xrightarrow[(2)\ H^+,\Delta]{(1)\ OH^-/H_2O} RCH_2COOH$$

$$\downarrow C_2H_5ONa$$

$$RR'CHCOOH \xleftarrow[(2)\ H^+,\Delta]{(1)\ OH^-/H_2O} R\underset{R'}{\overset{COOC_2H_5}{\underset{|}{C}}}COOC_2H_5 \xleftarrow{R'-X} R-C^-\begin{matrix}COOC_2H_5\\COOC_2H_5\end{matrix}$$

丙二酸二乙酯的烷基化及其产物的脱羧反应可用来合成 RCH_2COOH 型和 $RR'CHCOOH$ 型的羧酸。若使用二卤代烃和丙二酸酯反应，随反应物的相对用量不同，可以得到二元酸和三、四、五、六元环的环烷酸。例如，1mol 1,2-二溴乙烷与2mol 丙二酸二乙酯、2mol 醇钠作用，可制备二元羧酸。

$$2\ CH_2(COOC_2H_5)_2 + BrCH_2CH_2Br \xrightarrow{2\ C_2H_5ONa} \begin{matrix}CH_2CH(COOC_2H_5)_2\\|\\CH_2CH(COOC_2H_5)_2\end{matrix} \xrightarrow[(2)\ H^+,\Delta]{(1)\ OH^-/H_2O} \begin{matrix}CH_2CH_2COOH\\|\\CH_2CH_2COOH\end{matrix}$$

1mol 1,4-二溴丁烷与1mol 丙二酸二乙酯、2mol 醇钠反应可制备五元环的环烷酸。

若采用 α-卤代酮、卤代酸酯进行上述反应可以合成1,4-二羰基化合物。

丙二酸二乙酯在碱作用下也能与 α,β-不饱和羰基化合物发生迈克尔加成反应，例如：

习　题

1. 用系统命名法命名下列化合物。

（1） 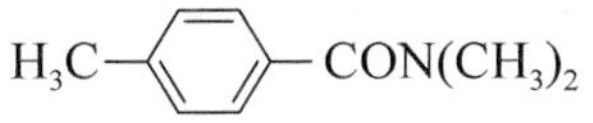 $H_3C-\text{C}_6H_4-CON(CH_3)_2$

（2） $CH_3CH_2CH_2CON(CH_3)CH_2CH_3$

（3） 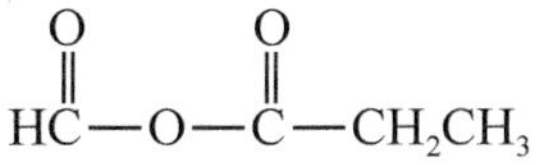 $HC(=O)-O-C(=O)-CH_2CH_3$

（4） $CH_3CH_2COCH_2COOC_2H_5$

（5） $CH_3CH_2CH_2COBr$

（6） 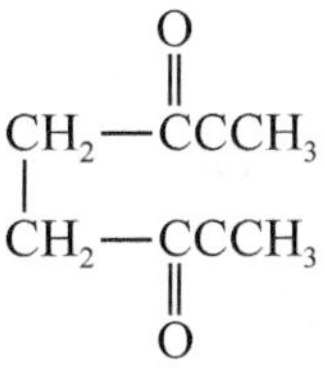 $CH_2(COCH_3)-CH_2(COCH_3)$

（7） 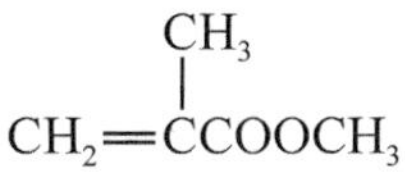 $CH_2=C(CH_3)COOCH_3$

（8） 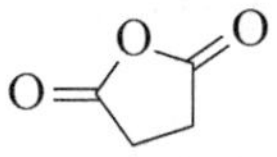 丁二酸酐

（9） 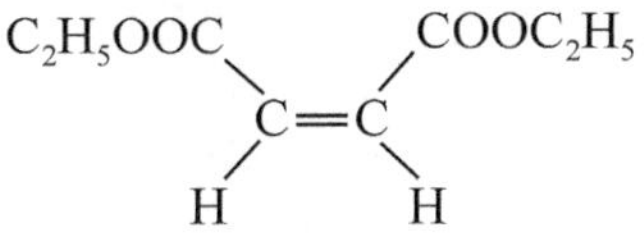 $C_2H_5OOC-CH=CH-COOC_2H_5$ (顺式)

（10） 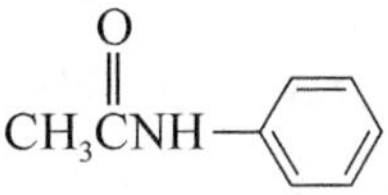 $CH_3CONHC_6H_5$

2. 写出下列化合物的结构式。
（1）2-溴丁酰氯　　　　（2）草酰二溴　　　　　　（3）苯甲酸酐
（4）丙二酸二甲酯　　　（5）邻苯二甲酰亚胺　　　（6）2-(萘-1-基)乙酰溴
（7）N-苄基乙酰胺　　　（8）N-甲基-N-乙基苯甲酰胺
（9）对苯二甲酸　　　　（10）4-甲基苯甲酸甲酯

3. 用化学方法区别下列各组化合物。
（1）乙酰乙酸乙酯、乙酸乙酯、乙酰胺
（2）乙酰水杨酸、水杨酸甲酯、水杨酸
（3）乙酰氯、乙酸酐、乙酰胺

4. 完成下列反应式，写出主要产物或试剂。

(1) 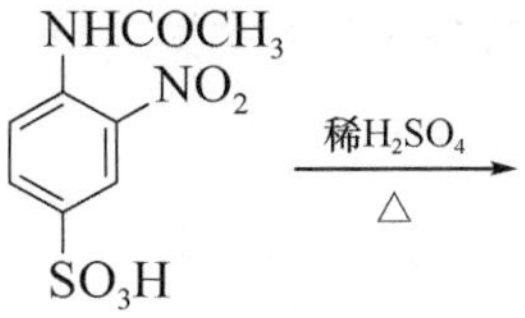 邻硝基-对磺酸基乙酰苯胺 $\xrightarrow{\text{稀}H_2SO_4, \triangle}$

(2) $(CH_3)_2C(COOC_2H_5)_2 \xrightarrow{(1)\ KOH/H_2O}{(2)\ HCl,\ \triangle}$

(3) 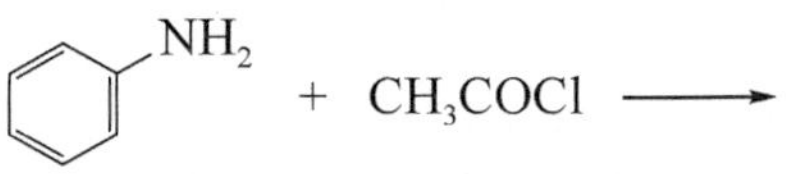 $C_6H_5NH_2 + CH_3COCl \longrightarrow$

(4) 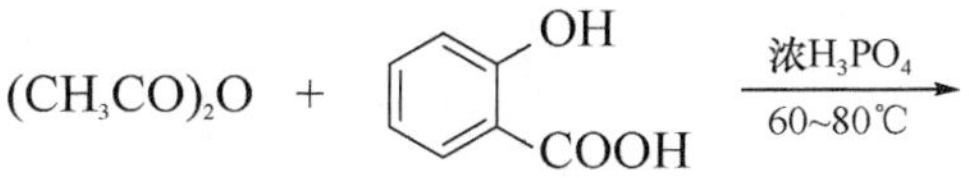 $(CH_3CO)_2O + $ 水杨酸 $\xrightarrow{\text{浓}H_3PO_4}{60\sim80℃}$

(5) 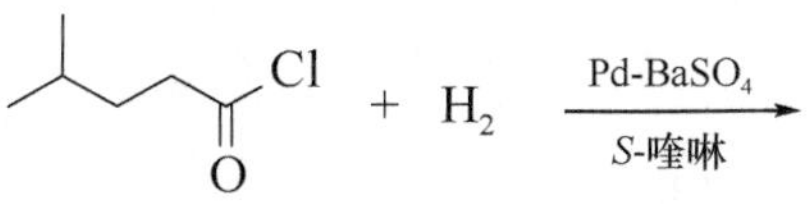 $(CH_3)_2CHCH_2CH_2COCl + H_2 \xrightarrow{Pd-BaSO_4}{S\text{-喹啉}}$

(6) [3-甲基-N-甲基苯胺] + (CH₃CO)₂O ⟶

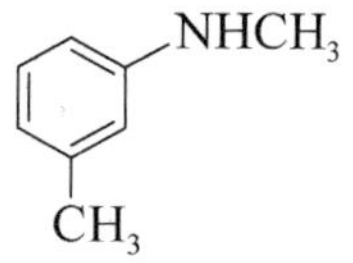

(7) [环戊基]—COOH + CH₃OH $\xrightarrow[\Delta]{H^+}$

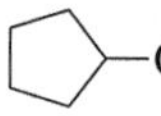

(8) 2 CH₃CH₂COOH $\xrightarrow[\Delta]{P_2O_5}$

(9) CH₃CH₂CH₂COOC₂H₅ $\xrightarrow{LiAlH_4}$ $\xrightarrow{H_2O}$

(10) 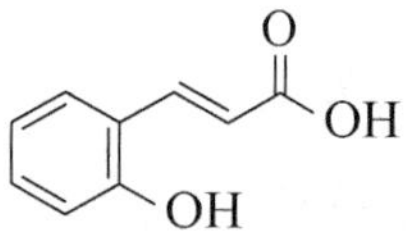 [邻羟基肉桂酸] $\xrightarrow[\Delta]{H^+}$

5. 合成下列化合物。

(1) 由丙二酸二乙酯合成 [环丁基甲酸];

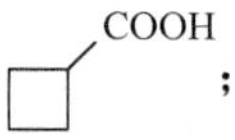

(2) 由乙酰乙酸乙酯合成 [环丁基甲基酮];

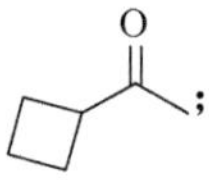

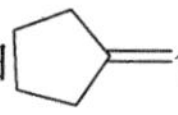

(3) 由 [亚环戊基] 合成 [环戊基-CH₂COOC₂H₅].

6. 写出下列反应可能的机理。

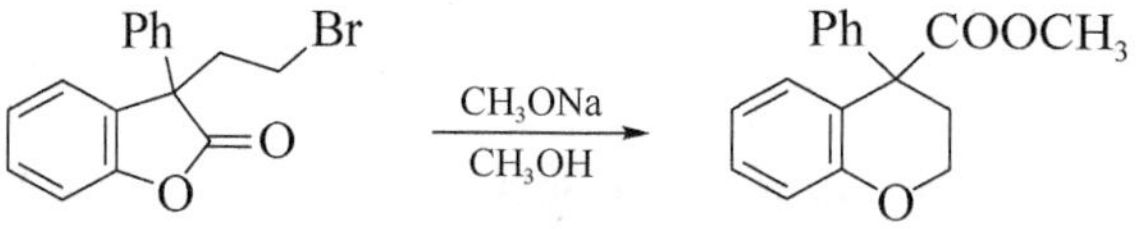

[3-苯基-3-(2-溴乙基)-2-苯并呋喃酮] $\xrightarrow[CH_3OH]{CH_3ONa}$ [4-苯基-4-甲氧羰基色满]

7. 分子式为 $C_4H_6O_2$ 的异构体 A 和 B 都具有水果香味，均不溶于 $NaHCO_3$ 溶液。当 A 和 B 分别与 NaOH 溶液共热后，A 生成一种羧酸盐和乙醛；B 除生成甲醇外，其反应液酸化后蒸馏的馏出液显酸性，并能使溴水褪色。试推测 A 和 B 的结构式。

8. 化合物 A 的分子式为 $C_3H_4OCl_2$，A 与冷水作用生成化合物 B（$C_3H_5O_2Cl$），A 与乙醇反应生成液体化合物 C（$C_5H_9O_2Cl$），A 在水中煮沸生成化合物 D（$C_3H_6O_3$），D 含有手性碳原子，并且可被乙酰化。试推断 A、B、C 和 D 的构造式。

(锦州医科大学 蔡 东)

第十四章　有机含氮化合物

学习目标

掌握　芳香硝基化合物、脂肪胺、芳香胺类化合物、重氮化合物和偶氮化合物的化学性质。
熟悉　胺的制备方法。
了解　芳香硝基化合物、脂肪胺和芳香胺的结构特点和物理性质，重氮化合物和偶氮化合物的结构特点。

有机含氮化合物是广泛存在于自然界的一类重要的化合物。许多有机含氮化合物具有重要的生物活性，与生命活动有密切关系；有的有机含氮化合物具有抗菌、镇痛等药理作用，是重要的药物。有机含氮化合物种类较多，本章主要讨论芳香硝基化合物、胺类化合物、重氮及偶氮类化合物。

第一节　芳香硝基化合物

一、结构和命名

芳环上的氢原子被硝基取代的芳香烃称为芳香硝基化合物（aromatic nitro compound）。根据分子中硝基的数目，此类芳香烃可分为一硝基化合物和多硝基化合物。

芳香硝基化合物中的硝基氮原子为 sp^2 杂化，其 p 轨道与两个氧原子的 p 轨道共轭，导致硝基两个氮氧键键长相等，其结构对称。芳香硝基化合物中，硝基还与苯环发生 p-π 共轭。硝基苯（nitrobenzene）的结构如下：

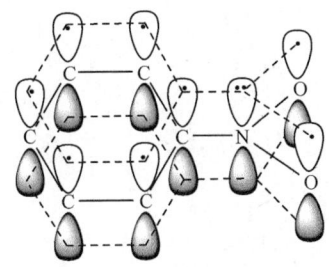

芳香硝基化合物的命名：以芳烃为母体，硝基作为取代基。

1-甲基-3-硝基苯
(1-methyl-3-nitrobenzene)
　　　　
4-氯-1,2-二硝基苯
(4-chloro-1,2-dinitrobenzene)
　　　　
2-硝基苯酚
(2-nitrophenol)

二、物理性质

一元硝基芳香化合物为高沸点的液体，是有机化合物的良好溶剂，其本身及所溶解的化合物能透过皮肤被肌体吸收。二元及多元硝基芳香化合物一般为无色或淡黄色的固体，其性质稳定。某些多硝基化合物（如二甲苯麝香、酮麝香、葵子麝香等）具有类似天然麝香的香气，因而被用作香水、香皂和化妆品的定香剂。

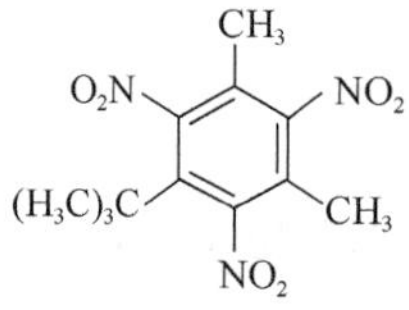

二甲苯麝香 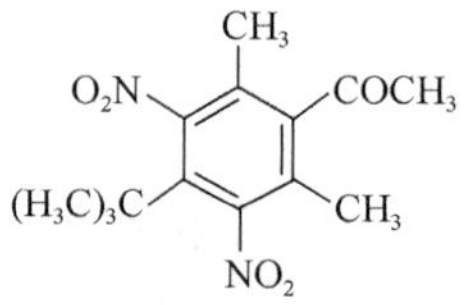　　　　　酮麝香 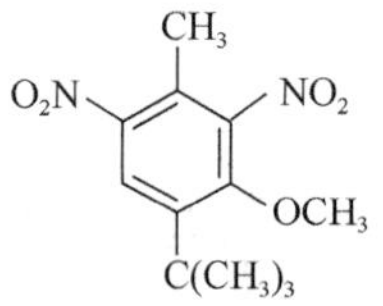　　　　　葵子麝香

视窗 14-1　　药物分子中能有硝基吗？

硝基在药物设计中是众所周知的毒性基团，硝基化合物有致突变性和遗传毒性的倾向。例如，硝基苯已被国际癌症研究机构归类为 2B 类致癌物（可能对人类致癌）。长期暴露于硝基苯环境中，会对中枢神经系统造成严重影响，还会损害视力，导致肝或肾损伤、贫血和刺激肺部。然而，硝基是药物化学中常见且独特的官能团之一，在许多抗肿瘤药、抗生素、抗结核药、抗寄生虫药、镇静药、杀虫剂和除草剂中都可以发现硝基的身影。

药物的毒性与剂量有关，如果有足够的药效，药物当然含有硝基。治疗慢性淋巴细胞白血病新药——维奈托克（venetoclax），为了在药物结构中引入强吸电子基团，最初采用三氟甲基磺酰基，导致药物纳维托克（navitoclax）可以与 Bcl-X_L 蛋白和 Bcl-2 蛋白结合作用，靶点选择性较差，抑制 Bcl-X_L 蛋白可导致血小板减少症等不良反应发生。使用硝基替代三氟甲基磺酰基得到维奈托克，增强了对 Bcl-2 蛋白的选择性抑制作用，不良反应减少。另有其他结构的改变也促成了维奈托克的成功，但硝基苯结构并未妨碍维奈托克卓越的疗效和安全性。

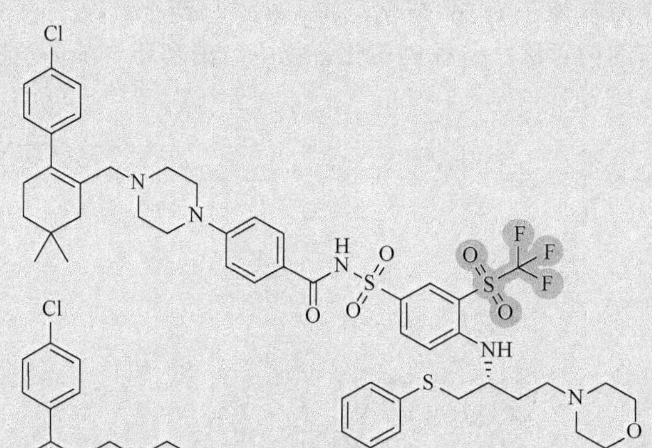

纳维托克

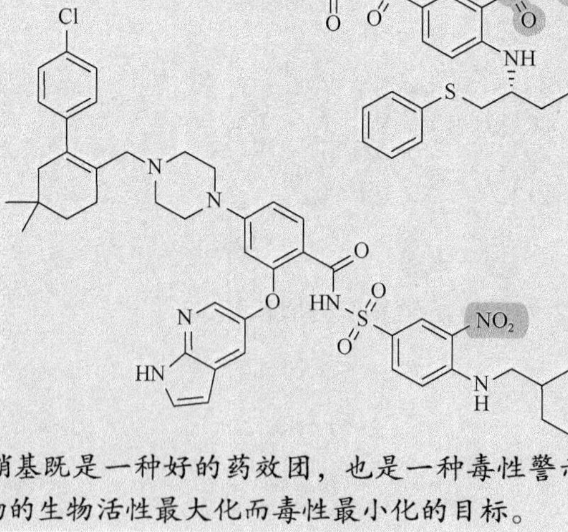

维奈托克

总体而言，硝基既是一种好的药效团，也是一种毒性警示结构。可以通过优化化合物的结构，达到此类药物的生物活性最大化而毒性最小化的目标。

三、化学性质

（一）苯环上的亲核取代反应

在芳香硝基化合物中，由于硝基的强吸电子诱导效应和共轭作用，硝基的邻位碳原子和对位碳原子上的电子云密度明显降低，使邻位、对位碳原子上容易发生亲核取代反应。在通常情况下，氯苯很难发生亲核取代反应，即使将氯苯与氢氧化钠溶液长时间煮沸也没有酚钠生成，但是当氯苯的邻位碳原子或对位碳原子上的氢原子被硝基取代后，容易发生亲核取代反应。

$$\text{C}_6\text{H}_5\text{Cl} \xrightarrow[360℃,加压]{10\% \text{ NaOH}} \xrightarrow{\text{H}^+} \text{C}_6\text{H}_5\text{OH}$$

$$o\text{-ClC}_6\text{H}_4\text{NO}_2 \xrightarrow[135\sim160℃]{\text{NaOH}/\text{H}_2\text{O}} \xrightarrow{\text{H}^+} o\text{-HOC}_6\text{H}_4\text{NO}_2$$

$$2,4,6\text{-(NO}_2)_3\text{C}_6\text{H}_2\text{Cl} \xrightarrow[\text{室温}]{\text{Na}_2\text{CO}_3/\text{H}_2\text{O}} 2,4,6\text{-(NO}_2)_3\text{C}_6\text{H}_2\text{OH}$$

如果硝基在氯原子的间位，硝基只有吸电子诱导效应，硝基所引起的负电荷分散作用相应减少，所以它对卤原子活泼性的影响不显著。

除了卤原子外，芳环上的其他取代基，当其邻位、对位有强吸电子基团时，同样可以被亲核试剂取代。与脂肪族卤代烃反应活性不同，卤代苯上卤素的反应活性次序大致为 F＞Cl＞Br＞I。除了羟基，其他带负电荷或含有孤对电子的亲核试剂如 CH_3O^-、HS^-、NH_3、RNH_2、RR'NH 等也能发生芳环的亲核取代反应。

$$p\text{-CH}_3\text{OC}_6\text{H}_4\text{NO}_2 \xrightarrow[200℃]{\text{NH}_3} p\text{-H}_2\text{NC}_6\text{H}_4\text{NO}_2$$

$$\text{Br-C}_6\text{H}_2(\text{Cl})(\text{NO}_2)_2 \xrightarrow[\text{低温}]{\text{NH}_3} \text{Br-C}_6\text{H}_2(\text{NH}_2)(\text{NO}_2)_2$$

$$\text{Cl-C}_6\text{H}_3(\text{NO}_2)_2 \xrightarrow[\text{CH}_3\text{OH}]{\text{CH}_3\text{ONa}} \text{CH}_3\text{O-C}_6\text{H}_3(\text{NO}_2)_2$$

$$p\text{-ClC}_6\text{H}_4\text{NO}_2 + \text{C}_2\text{H}_5\text{NH}_2 \xrightarrow[50℃]{\text{四氢呋喃}} p\text{-C}_2\text{H}_5\text{HNC}_6\text{H}_4\text{NO}_2$$

此外，硝基还可使处于其邻、对位的酚羟基酸性增加。

（二）硝基的还原

硝基化合物与还原剂（如 Fe、Zn、Sn、SnCl_2 和 Na_2S 等）作用，可以得到胺类化合物。由于催化加氢法在产品质量和产率等诸方面都优于化学还原法，因而工业生产已越来越多采用催化加氢法（以 Ni、Pd/C 等为催化剂）由硝基化合物制备胺。对于在酸性或碱性条件下易水解的化合物，可采用在中性条件中催化加氢法还原硝基。

$$\underset{\text{H}_3\text{C}}{\text{C}_6\text{H}_4}\text{NO}_2 \xrightarrow{\text{Sn/HCl 或 Fe/HCl}} \underset{\text{H}_3\text{C}}{\text{C}_6\text{H}_4}\text{NH}_2$$

$$\underset{\text{NO}_2}{\text{C}_6\text{H}_4}\text{NHCOCH}_3 \xrightarrow{\text{H}_2/\text{Ni}} \underset{\text{NH}_2}{\text{C}_6\text{H}_4}\text{NHCOCH}_3$$

硝基苯还原时，在不同介质中（酸性、中性或碱性）可以得到不同的产物。例如，在酸性条件下，以铁和盐酸为还原剂，硝基苯被还原为苯胺。在酸性溶液的还原反应中，有许多中间体生成。其还原过程如下：

$$\text{PhNO}_2 \xrightarrow{[\text{H}]} \text{PhNO} \xrightarrow{[\text{H}]} \text{PhNHOH} \xrightarrow{[\text{H}]} \text{PhNH}_2$$

在酸性溶液中，亚硝基苯和 N-羟基苯胺这两个中间产物都比硝基苯更易被还原，因此它们不能被分离出来。但在中性介质中还原，很容易停留在 N-羟基苯胺一步。

硝基苯在不同的碱性介质中还原时，可以分别得到二苯乙氮烯氧化物（diphenyldiazene oxide，俗称氧化偶氮苯）、二苯乙氮烯（diphenyldiazene，俗称偶氮苯）和 1,2-二苯肼（1,2-diphenylhydrazine，俗称氢化偶氮苯）等不同还原产物。所有这些还原中间产物，经强烈还原条件进一步还原，最后都可得到苯胺。

$$\text{PhNO}_2 \begin{cases} \xrightarrow{\text{Na}_3\text{AsO}_3/\text{NaOH}} \text{Ph-N}^+(=\text{O}^-)\text{=N-Ph （氧化偶氮苯）} \\ \xrightarrow{\text{Fe/NaOH}} \text{Ph-N=N-Ph （偶氮苯）} \\ \xrightarrow{\text{Zn/NaOH}} \text{Ph-NH-NH-Ph （氢化偶氮苯）} \end{cases} \xrightarrow{\text{Ni/H}_2} \text{PhNH}_2$$

当苯环上含有多个硝基时，采用等量的 Na_2S、$NaHS$、$(NH_4)_2S$ 和 NH_4HS 等硫化物为还原剂，可以选择性将多硝基化合物中的一个硝基还原为氨基，得到硝基苯胺，该方法具有一定的应用意义。

$$\text{1,3-(O}_2\text{N)}_2\text{C}_6\text{H}_4 \xrightarrow{(\text{NH}_4)_2\text{S}} \text{3-O}_2\text{N-C}_6\text{H}_4\text{-NH}_2$$

案例 14-1　　　　　　　　普鲁卡因的制备

普鲁卡因（procaine）是胺类化合物，具有良好的局部麻醉作用，其盐酸盐在临床上是一种常用的麻醉药。

$$\text{H}_2\text{N-C}_6\text{H}_4\text{-COOCH}_2\text{CH}_2\text{N}(\text{C}_2\text{H}_5)_2 \cdot \text{HCl}$$

问题　能否以硝基化合物为原料通过还原反应合成普鲁卡因？

案例分析　硝基还原是药物制备过程中引入氨基的常用方法。局麻药普鲁卡因盐酸盐的合成方法之一，就是以对硝基甲苯为原料，用重铬酸氧化成对硝基苯甲酸，再与二乙胺基乙醇酯化，最后还原硝基而制成。

$$O_2N-\text{C}_6H_4-CH_3 \xrightarrow{Na_2Cr_2O_7/H_2SO_4} O_2N-\text{C}_6H_4-COOH \xrightarrow[\text{二甲苯}]{HOCH_2CH_2N(C_2H_5)_2}$$

$$O_2N-\text{C}_6H_4-COOCH_2CH_2N(C_2H_5)_2 \xrightarrow{HCl/Fe} H_2N-\text{C}_6H_4-COOCH_2CH_2N(C_2H_5)_2$$

$$\xrightarrow[\text{pH 4.5~5.0}]{HCl/Na_2S_2O_4/NaCl} H_2N-\text{C}_6H_4-COOCH_2CH_2N(C_2H_5)_2 \cdot HCl$$

第二节 胺 类

一、分类和命名

胺（amine）是氨（NH₃）的烃基衍生物。NH₃ 分子中的氢原子被一个、二个或三个烃基取代的化合物，分别称为伯胺（一级胺，primary amine）、仲胺（二级胺，secondary amine）或叔胺（三级胺，tertiary amine）。伯、仲、叔醇中羟基分别与伯、仲、叔碳原子连接，而伯胺、仲胺、叔胺是按氮原子所连接的烃基数目分类的。氮原子与四个烃基连接的化合物称为季铵盐（quaternary ammonium salt）或季铵碱（quaternary ammonium base）。在表示基团（如氨基、亚氨基等）时，用"氨"表示；NH₃ 中的氢原子被烃基取代得到的衍生物，用"胺"表示；而表示季铵盐或季铵碱类化合物时，则用"铵"表示。

$$\underset{\text{伯胺}}{RNH_2} \quad \underset{\text{仲胺}}{R_2NH} \quad \underset{\text{叔胺}}{R_3N} \quad \underset{\text{季铵盐}}{R_4N^+X^-} \quad \underset{\text{季铵碱}}{R_4N^+OH^-}$$

氮原子仅与脂肪烃基直接相连的胺为脂肪胺，与芳香环直接相连的胺为芳香胺。例如：

CH₃CH₂N(CH₃)₂　　环己基-NHCH₃　　C₆H₅-CH₂NH₂　　邻甲苯-NH₂　　C₆H₅-NHCH₃
脂肪叔胺　　　脂肪仲胺　　　脂肪伯胺　　　芳香伯胺　　　芳香仲胺

根据分子中氨基的数目，胺可以分为一元胺（monamine）、二元胺（diamine）和多元胺（polyamine）。

有机化合物的 IUPAC 系统命名规定，脂肪族伯胺（primary amine）的命名，通常将后缀"胺"字加到母体氢化物 RH 的名称的后面，烷烃的"烷"字在不致混淆时可省略，其余取代基的名称作为前缀加到母体氢化物前面。英文名称是将母体氢化物 RH 的名称去掉字母"e"（如果存在的话），然后加上 amine。芳香族伯胺采用 IUPAC 系统命名时，苯胺（aniline）为功能母体化合物，苯环上的其他取代基作为前缀。

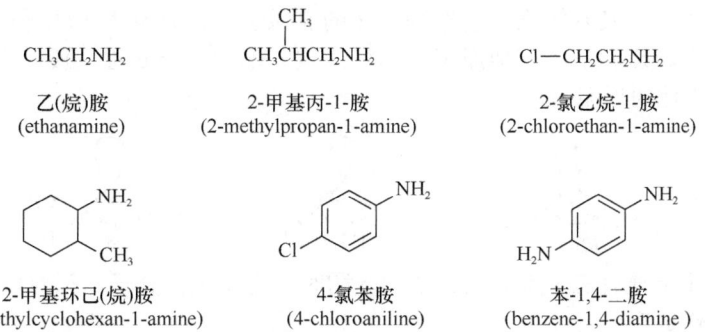

CH₃CH₂NH₂　　(CH₃)₂CHCH₂NH₂　　Cl—CH₂CH₂NH₂
乙(烷)胺　　2-甲基丙-1-胺　　2-氯乙烷-1-胺
(ethanamine)　　(2-methylpropan-1-amine)　　(2-chloroethan-1-amine)

2-甲基环己(烷)胺　　4-氯苯胺　　苯-1,4-二胺
(2-methylcyclohexan-1-amine)　　(4-chloroaniline)　　(benzene-1,4-diamine)

当—NH₂ 不是主特性基团，或不是所有的—NH₂ 都能用后缀表达时，—NH₂ 可用前缀"氨基"（amino）命名。

4-氨基苯甲酸
(4-aminobenzoic acid)

2-(氨基甲基)丙烷-1,3-二胺
[2-(aminomethyl)propane-1,3-diamine]

(S)-4-(2-氨基丙基)苯酚
[(S)-4-(2-aminopropyl)phenol]

对称或不对称的仲胺和叔胺的命名：可将其作为伯胺的 N-取代衍生物，优先选择最长的链作为母体化合物。在不对称仲胺和叔胺的名称中，取代基团按字母顺序排列。目前，在对称仲胺和叔胺的名称中，常以官能团类别命名法（functional class name），即在"胺"字前面加上烃基的名称来命名，在前面用二或三表示胺基的数目。

N-苯基苯胺
(N-phenylaniline)

2-氯-N-(2-氯乙基)乙胺
[2-chloro-N-(2-chloroethyl)ethanamine]

N,N-二乙基乙烷-1-胺
(N,N-diethylethan-1-amine)
三乙胺
(triethylamine)

N-(2-氯乙基)丙-1-胺
[N-(2-chloroethyl)propan-1-amine]

N-甲基苯胺
(N-methylaniline)

N-乙基-N-甲基丙-1-胺
(N-ethyl-N-methylpropan-1-amine)

IUPAC 命名法推荐季铵盐命名是以其中一个烃基代表胺的母体氢化物，其他基团作为前缀，负离子的名称为单独的词作为后缀。英文命名是去掉末端字母"e"，然后添加后缀"ium"，将负离子的名称分开置于其后。目前，常以官能团类别命名法，即在"胺"字前面加上烃基的名称来命名正离子，在前面用二或三表示基的数目，习惯将负离子的名称加连缀字"化"置于之前。季铵碱的命名与季铵盐命名类似。

N,N,N-三甲基甲胺碘化物
(N,N,N-trimethylmethanaminium iodide)
碘化四甲基铵
(tetramethylammonium iodide)

N,N,N-三甲基-1-苯基甲胺氢氧化物
(N,N,N-trimethyl-1-phenylmethanaminium hydroxide)
氢氧化苄基(三甲基)铵
[benzyl(trimethyl)ammonium hydroxide]

二、结　构

脂肪胺与氨类似，具有棱锥形的结构。胺的氮原子成键时发生了轨道杂化，形成四个 sp³ 杂化轨道，其中三个轨道和三个其他原子（如氢或碳）形成三个 σ 键，孤对电子占据另一个 sp³ 杂化轨道，处于棱锥体的顶端。

当胺的氮原子上连有三个不同的原子和基团时，它是手性分子，孤对电子可看作氮原子上连接的第四个"取代基"。

若氮上连有三个不同取代基，理论上应有手性。但对映体之间可以通过平面过渡态相互转化（所需能量约 21kJ/mol），室温下无法分离得到具有光学活性的对映体。手性胺构型转化时经一平面过渡态，此时氮原子为 sp² 杂化，孤对电子处于 p 轨道。

另外，含有四个不同烃基的季铵类化合物与含有手性碳的化合物相似，有一对对映异构体。例如，下列手性季铵正离子可被拆分成对映体，它们是比较稳定的。

苯胺分子中，H—N—H 平面与苯环平面的夹角约为 39.4°，H—N—H 键角约为 114°。氮原子发生了 sp³ 不等性杂化，由于氮原子孤对电子占据的轨道与苯环 π 轨道发生了共轭，该轨道含有较多的 p 轨道成分，氮原子接近于 sp² 杂化的平面构型。

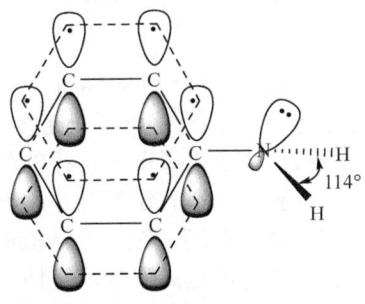

三、物 理 性 质

在常温下，低级脂肪胺为气态或易挥发的液体。由于胺是极性化合物，分子间可通过氢键缔合，但 N—H---N 氢键比 O—H---O 弱，因此胺的沸点比相对分子质量相近的烷烃沸点高，但比相对分子质量相近的醇和酸低。而叔胺由于氮原子上没有氢原子，不能形成分子间氢键，其沸点与相对分子质量相近的烷烃沸点相近。低级脂肪胺能与水形成氢键而易溶于水，但随其烃基碳原子数增多，水溶性降低。有些脂肪胺具有特征性的刺激性气味，如动物腐烂后产生的丁烷-1,4-二胺（腐肉胺）和戊烷-1,5-二胺（尸胺）有恶臭和毒性。高级脂肪胺一般为固体，不溶于水，几乎没有气味。

芳香胺多为高沸点的液体或低熔点的固体，微溶或难溶于水。芳香胺多有特殊气味，毒性较大，有的有较强的致癌作用。例如，苯胺可经呼吸道、消化道和皮肤吸收而引起中毒，苯胺、联苯胺、α-萘胺和 β-萘胺等可致膀胱癌。

部分胺类化合物的物理常数如表 14-1 所示。

表 14-1　部分胺类化合物的物理常数（1 个标准大气压下）

名称	结构式	沸点/℃	熔点/℃	pK_a（25℃）
氨	NH_3	−33.4	−77.7	9.24
甲胺	CH_3NH_2	−6.3	−93.5	10.62
二甲胺	$(CH_3)_2NH$	6.8	−92.2	10.73
三甲胺	$(CH_3)_3N$	2.8	−117.1	9.79
乙胺	$CH_3CH_2NH_2$	16.6	−81.0	10.64
二乙胺	$(CH_3CH_2)_2NH$	55.5	−50.0	10.94
三乙胺	$(CH_3CH_2)_3N$	89.3	−114.7	10.75
正丙胺	$CH_3CH_2CH_2NH_2$	49.0	−83.0	10.68
二丙胺	$(CH_3CH_2CH_2)_2NH$	109.3	−63.0	11.05
三丙胺	$(CH_3CH_2CH_2)_3N$	156.0	−93.5	10.66
苯胺	$C_6H_5NH_2$	184.1	−6.0	4.60
二苯胺	$(C_6H_5)_2NH$	54.0	302.0	1.20

四、化 学 性 质

胺的化学性质主要取决于其特性基团氨基。氨基氮原子上的孤对电子使胺具有碱性和亲核性。另外，氨基也可以通过诱导作用或共轭作用影响烃基部分的化学性质。

（一）碱性和成盐反应

由于伯胺、仲胺、叔胺的氮原子上都有一对孤对电子，因此它们与氨一样具有碱性，易与质子反应成盐。胺在水溶液中的解离平衡如下：

$$R\ddot{N}H_2 + H_2O \rightleftharpoons RNH_3^+ + OH^-$$

由于烃基的给电子效应，胺分子中氮原子上的电子云密度升高，有利于与 H^+ 的结合，因此脂肪胺的碱性通常比氨强。理论上，脂肪胺中氮原子上连接的烷基越多，氮原子上的电子云密度越高，越有利于与质子结合，胺的碱性越强。因而仅就烃基的给电子诱导效应来说，脂肪胺碱性强弱顺序一般为：叔胺＞仲胺＞伯胺＞氨。然而，胺在水溶液中表现出的碱性强弱，不仅取决于电子效应，还取决于胺与质子结合后生成的铵正离子的稳定性。铵正离子与水通过形成氢键而溶剂化，形成的氢键越多，溶剂化程度越高，铵正离子越稳定，胺的碱性越强。仅就溶剂化作用对脂肪胺的碱性的影响来说，其碱性强弱顺序一般为：氨＞伯胺＞仲胺＞叔胺。

另外，胺的碱性与空间因素也有一定关系。氮原子上的烃基数目增多，虽然氮原子上的电子云密度增加，但也使得氮原子周围的空间位阻变大，质子较难接近氮原子。即由于空间效应的影响，烃基增加较多时，碱性反而下降。因而仅就空间效应的影响来说，脂肪胺碱性强弱顺序一般为：氨＞伯胺＞仲胺＞叔胺。

受电子效应、空间效应和溶剂化效应等因素共同影响，在水溶液中，脂肪胺一般以仲胺碱性最强，伯、仲和叔胺的碱性都比氨强。例如，在水溶液中，甲胺、二甲胺和三甲胺的碱性强弱顺序为二甲胺（仲胺）＞甲胺（伯胺）＞三甲胺（叔胺）；乙胺、二乙胺和三乙胺的碱性强弱顺序为二乙胺（仲胺）＞三乙胺（叔胺）＞乙胺（伯胺）。

芳香胺的碱性比氨弱，这是因为苯胺分子中氮原子上的孤对电子与苯环大 π 键共轭，使氮原子上的电子云向芳香环转移，从而降低氮原子与质子的结合能力，氮原子上连的芳香烃基越多，这种共轭效应的作用程度越大，铵正离子的溶剂化程度越小，相应胺的碱性也就越弱。

酰胺碱性较弱，主要原因是其氮原子上的孤对电子与羰基发生共轭效应，氮原子上的电子云密度降低，不易与质子结合。

季铵碱（R_4NOH）是典型的离子化合物，类似于 NaOH 和 KOH，呈强碱性。

综上所述，碱性顺序通常为季铵碱＞脂肪胺＞氨＞芳香胺＞酰胺。

胺与酸形成的盐一般都易溶于水。因此，常利用胺盐易溶于水，而遇强碱又重新析出游离碱的性质分离和纯化胺类化合物。有些胺类药物在制成盐后，可消除胺的难闻气味，性质比较稳定，有利于长期储存，易制成溶于水的剂型，易被体内吸收。因此，胺与酸生成盐的性质在医药行业中有很高的应用价值。例如，我国拥有完全自主知识产权的创新药物——恩沙替尼，在水中溶解度小，通常将它制成盐酸恩沙替尼，其水溶性明显增加。

盐酸恩沙替尼

中草药中生物碱的提取分离，也可利用胺的弱碱性，通过先加入无机酸使其生成盐而溶于水，然后再加碱使其游离出来，结合萃取法，达到与中性成分和酸性成分分离的目的。

（二）烷基化反应

与氨一样，胺类化合物的氮原子上存在一对孤对电子，可作为亲核试剂与卤代烷发生取代反应。例如，伯胺与卤代烃发生亲核取代反应生成仲胺；由于烃基的给电子作用，仲胺中氮原子上的孤对电子亲核能力更强，可继续与卤代烃发生亲核取代反应，生成叔胺；同理，叔胺也可继续与卤代烃发生亲核取代反应，生成季铵盐。因此，该反应往往得到几种产物的混合物。

$$RNH_2 \xrightarrow{R'X} RR'NH \xrightarrow{R'X} R-\underset{R'}{\underset{|}{N}}-R' \xrightarrow{R'X} R-\underset{R'}{\overset{R'}{\underset{|}{\overset{|}{N^+}}}}-R' \ X^-$$

（三）酰化和磺酰化反应

1. 酰化反应 化合物中的氢原子被酰基取代的反应称为酰化反应。常用的酰化试剂有酰氯、酸酐等。伯胺和仲胺分子可发生酰化反应，而叔胺的氮原子上无氢原子，不发生此类反应。

脂肪胺亲核能力强，也可与酯发生亲核取代反应生成酰胺；而芳香胺亲核能力弱，一般需用酰氯或酸酐酰化。

$$CH_3CH_2NH_2 + H_3C-\overset{O}{\underset{\|}{C}}-OC_2H_5 \longrightarrow H_3C-\overset{O}{\underset{\|}{C}}-NHCH_2CH_3 + C_2H_5OH$$

酰胺一般都是有固定熔点的晶体，所以可利用测定酰胺的熔点鉴定各类胺。另外，酰胺在强酸或强碱的水溶液中加热可水解生成原来的胺，因此在有机合成中，为防止胺分子中的氨基被氧化而破坏，可先将氨基酰化保护，完成反应后，再水解酰胺，游离出氨基。例如由苯胺制备对硝基苯胺应用了此方法。

$$\text{C}_6\text{H}_5\text{NH}_2 \xrightarrow{(\text{CH}_3\text{CO})_2\text{O}} \text{C}_6\text{H}_5\text{NHCOCH}_3 \xrightarrow[5\sim10\,℃]{\text{HNO}_3/\text{H}_2\text{SO}_4}$$

$$p\text{-O}_2\text{N-C}_6\text{H}_4\text{-NHCOCH}_3 \xrightarrow{\text{H}_3\text{O}^+} p\text{-O}_2\text{N-C}_6\text{H}_4\text{-NH}_2$$

将酰基引入药物分子，可增加药物的脂溶性，促进药物的吸收，降低药物的毒性，延长其作用时间。例如，对氨基苯酚具有解热镇痛作用，但因毒性大而不宜使用于临床，将其氨基乙酰化后得到的对羟基乙酰苯胺（扑热息痛），毒性降低，疗效增强。扑热息痛在工业上常以苯酚或硝基苯为原料合成。以硝基苯为原料时，中间产物的羟胺基反应活性强，在硫酸作用下即可转化为对氨基苯酚。

$$\text{C}_6\text{H}_5\text{OH} \xrightarrow{\text{HNO}_3/\text{H}_2\text{SO}_4} p\text{-O}_2\text{N-C}_6\text{H}_4\text{-OH} \xrightarrow{\text{HCl/Fe}} p\text{-H}_2\text{N-C}_6\text{H}_4\text{-OH} \xrightarrow{\text{CH}_3\text{COOH}} p\text{-CH}_3\text{CONH-C}_6\text{H}_4\text{-OH}$$

$$\text{C}_6\text{H}_5\text{NO}_2 \xrightarrow{\text{Zn/NH}_4\text{Cl}} \text{C}_6\text{H}_5\text{NHOH} \xrightarrow[\text{重排}]{20\%\ \text{H}_2\text{SO}_4} p\text{-H}_2\text{N-C}_6\text{H}_4\text{-OH} \xrightarrow{\text{CH}_3\text{COOH}} p\text{-CH}_3\text{CONH-C}_6\text{H}_4\text{-OH}$$

泽布替尼（zanubrutinib）是中国自主研发的抗癌药，也是首个在美国食品药品监督管理局获得突破性疗法认定的中国自主研发抗癌新药，其丙烯酰胺结构对药理活性起到重要作用。

[泽布替尼合成反应式：含哌啶的吡唑并嘧啶化合物 + 丙烯酰氯 $\xrightarrow[\text{CH}_2\text{Cl}_2]{(\text{C}_2\text{H}_5)_3\text{N}}$ 泽布替尼]

2. 磺酰化反应 伯胺或仲胺在碱性条件下与苯磺酰氯或对甲苯磺酰氯等磺酰化试剂反应，生成不溶性的磺酰胺。伯胺磺酰化后，氮原子上的氢可与碱成盐，溶于碱性溶液中；仲胺形成的磺酰胺的氮原子上无氢，不与碱成盐，因此不能溶于碱性溶液中；叔胺不能被磺酰化。该类反应被称为兴斯堡（Hinsberg）反应，可用于伯胺、仲胺、叔胺的鉴别和分离。

$$\text{CH}_3\text{CH}_2\text{NH}_2 \xrightarrow{\text{C}_6\text{H}_5\text{SO}_2\text{Cl}} \text{C}_6\text{H}_5\text{SO}_2\text{N(H)CH}_2\text{CH}_3 \underset{\text{HCl}}{\overset{\text{NaOH}}{\rightleftharpoons}} [\text{C}_6\text{H}_5\text{SO}_2\bar{\text{N}}\text{CH}_2\text{CH}_3]\,\text{Na}^+$$

伯胺　　　　　　　　　　　　在水中不溶解　　　　　　盐，可溶于碱性水溶液

$(CH_3CH_2)_2NH$ 仲胺 $\xrightarrow{\text{PhSO}_2\text{Cl}}$ PhSO$_2$N(CH$_2$CH$_3$)$_2$ (在水中不溶解) $\xrightarrow{\text{NaOH}}$ 无新产物

$(CH_3CH_2)_3N$ 叔胺 $\xrightarrow{\text{PhSO}_2\text{Cl}}$ 无新产物

磺酰化是磺胺类药物合成的重要反应。索凡替尼（sulfatinib）是我国自主研发并拥有自主知识产权的抗癌新药，其结构中含有磺酰胺结构。

[反应式：3-氨基苯甲磺酰氯 + H$_2$N-CH$_2$CH$_2$-N(CH$_3$)$_2$ $\xrightarrow{(CH_3CH_2)_3N}$ 中间体 $\xrightarrow{\text{对甲苯磺酸, DMF, 55~65℃}}$ 索凡替尼]

（四）与亚硝酸的反应

亚硝酸不稳定，一般在反应过程中由亚硝酸钠与盐酸或硫酸作用制得。不同的胺与亚硝酸反应的情况不同。

1. 伯胺与亚硝酸反应 芳香族伯胺在强酸溶液中与亚硝酸作用生成重氮盐（diazonium salt）的反应称为重氮化反应（diazotization reaction）。

PhNH$_2$ $\xrightarrow[0\sim5℃]{\text{NaNO}_2/\text{HCl}}$ Ph—N$^+$≡N Cl$^-$ （氯化重氮苯）

干燥的重氮盐不稳定，易爆炸，但其溶液在低温（0~5℃）时比较稳定，所以通常反应中制备的芳香重氮盐不从溶液中分离，直接进行下一步反应。

脂肪族伯胺与亚硝酸作用生成的重氮盐在低温下也会自动分解，定量放出氮气，生成活性很强的碳正离子，并立即发生一系列取代、消除和重排等反应，得到烯烃、醇、卤代烃等混合物，所以脂肪族伯胺与亚硝酸的反应在合成上用途不大。

R—NH$_2$ $\xrightarrow{\text{NaNO}_2/\text{HCl}}$ N$_2$↑+醇+烯烃+卤代烃等化合物

2. 仲胺与亚硝酸反应 仲胺与亚硝酸反应时，在胺的氮原子上发生亚硝基化，生成黄色油状的 N-亚硝基胺（N-nitrosoamine）。例如：

CH$_3$NHCH$_3$ $\xrightarrow{\text{NaNO}_2/\text{HCl}}$ (CH$_3$)$_2$N—NO

$$\text{C}_6\text{H}_5\text{NHCH}_3 \xrightarrow{\text{NaNO}_2/\text{HCl}} \text{C}_6\text{H}_5\text{N(NO)CH}_3$$

N-亚硝基胺化合物有强致癌作用，可引起动物多种器官和组织的癌变。

视窗 14-2　　N-亚硝基化合物

N-亚硝基化合物（N-nitroso compounds，NOCs）简称亚硝胺。N-亚硝胺的前体（亚硝酸盐、氮氧化物、胺等）广泛地存在于肉类和鱼类食品中。烟熏或盐腌的鱼及肉中含有较多的胺类和亚硝酸盐，霉变的食品中也有亚硝胺。在肉食加工过程中，由于肉中的肌红蛋白很容易氧化，肉的颜色变成暗绿色，通常在肉中添加发色剂硝酸盐和亚硝酸盐，而亚硝酸盐能与蛋白质的分解产物发生反应而产生亚硝胺。诸多研究已证明 N-亚硝胺具有间接或直接致癌作用，而具有短脂肪链的 N-亚硝胺通常导致癌症的风险更大。N-亚硝基化合物对哺乳动物的器官致癌具有特异性，如 N-亚硝基哌啶，能诱导哺乳动物的食管、鼻腔、肝和胃形成肿瘤；N-亚硝基二丁胺（又称 N,N-二丁基亚硝酰胺）能诱导哺乳动物的肺、食管、前胃和尿膀胱形成肿瘤。

N-亚硝基哌啶　　　　N-亚硝基二丁胺

N-亚硝胺致癌机理有多种解释，例如，在 N-亚硝胺的亚硝基作用下，DNA 碱基中的氨基可氧化脱氧，妨碍 DNA 的代谢；N-亚硝胺经过羟化酶或细胞色素 P450 酶家族的代谢激活，不产生稳定代谢产物，也可对 DNA 烷基化，由此产生 DNA 损伤而导致癌症。

3. 叔胺与亚硝酸反应

脂肪叔胺和亚硝酸作用，生成不稳定的亚硝酸盐，若用强碱处理，叔胺则重新游离出来。

$$\text{R}_3\text{N} + \text{HNO}_2 \longrightarrow \text{R}_3\text{N} \cdot \text{HNO}_2 \xrightarrow{\text{NaOH}} \text{R}_3\text{N} + \text{NaNO}_2 + \text{H}_2\text{O}$$

芳香叔胺与亚硝酸反应，生成对亚硝基苯胺类化合物，若氨基对位有取代基，亚硝基则进入邻位。

$$(\text{CH}_3)_2\text{N}-\text{C}_6\text{H}_5 + \text{HNO}_2 \longrightarrow (\text{CH}_3)_2\text{N}-\text{C}_6\text{H}_4-\text{NO}$$

$$(\text{CH}_3)_2\text{N}-\text{C}_6\text{H}_4-\text{CH}_3 + \text{HNO}_2 \longrightarrow (\text{CH}_3)_2\text{N}-\text{C}_6\text{H}_3(\text{ON})-\text{CH}_3$$

N,N-二甲基-4-亚硝基苯胺在强酸性条件下是具有醌式结构的橙色盐，在碱性条件下转化为翠绿色的亚硝基胺。

$$(\text{CH}_3)_2\text{N}-\text{C}_6\text{H}_4-\text{NO} \underset{\text{OH}^-}{\overset{\text{H}^+}{\rightleftharpoons}} [(\text{CH}_3)_2\text{N}^+=\text{C}_6\text{H}_4=\text{N}-\text{OH}]\text{Cl}^-$$

翠绿色　　　　　　　　　橙色

N-亚硝胺具有致癌性，有机合成中应用较少。依据胺与亚硝酸反应的产物和现象，也可以鉴别各种类型的胺。

（五）芳香胺芳环上的取代反应

芳香胺中氮原子上的孤对电子参与苯环的共轭而活化苯环，使苯环上易发生亲电取代反应，尤其是在邻位、对位上的氢原子更容易被取代。

1. 卤化反应 苯胺与氯或溴反应可直接生成 2,4,6-三卤苯胺，该反应很难停留在一卤代阶段。常温下苯香胺遇溴水立即反应，定量生成 2,4,6-三溴苯胺白色沉淀。此反应灵敏、迅速，可用于鉴定和定量分析苯胺。

若要制得一元取代物，可先将苯胺乙酰化，降低氨基对苯环的活化作用，且乙酰氨基空间体积较大，溴化反应主要得到对位取代产物。当溴代完毕后再进行水解可得到产率较高的一元取代物。

2. 硝化反应 因为硝酸是较强的氧化剂，而胺又易被氧化，所以苯胺用硝酸硝化时，常伴随氧化反应发生。为了避免副反应发生，可先将芳香胺溶于浓硫酸中，使之成为硫酸氢盐，然后再硝化。因为—NH$_3^+$是芳香环间位定位基，所以可防止芳香胺被氧化，硝化产物主要是间位异构体。

为了避免芳香胺被氧化，还可采用乙酰化的方法先将氨基保护起来，然后再依次硝化、水解，这样得到的主要是对位异构体。若要制备邻硝基化合物，则需将酰化后的芳香胺先进行磺化，然后依次硝化、水解。

对硝基苯胺可通过分子间氢键而缔合，沸点较高，邻硝基苯胺则容易形成分子内氢键，沸点相对较低。利用两种产物沸点的差异，用蒸馏方法可将二者分离。

N,*N*-二取代苯胺的氮原子上没有氢，可直接进行硝化，在稀酸中硝化产物主要为邻对位苯胺，在浓酸中硝化，主要得到间位产物。

3. 磺化反应 苯胺环发生的磺化取代反应，一般不属于亲电取代反应。苯胺首先与浓硫酸反应，生成硫酸氢苯胺，然后加热脱水生成不稳定的 N-磺酸基苯胺，再重排得到对氨基苯磺酸。

$$\underset{}{\text{C}_6\text{H}_5\text{NH}_2} \xrightarrow{\text{H}_2\text{SO}_4} \text{C}_6\text{H}_5\overset{+}{\text{N}}\text{H}_3\text{HSO}_4^- \xrightarrow{180\sim190\text{℃}} \text{C}_6\text{H}_5\text{NHSO}_3\text{H} \xrightarrow{\text{重排}} p\text{-H}_2\text{N-C}_6\text{H}_4\text{-SO}_3\text{H} \rightleftharpoons p\text{-H}_3\overset{+}{\text{N}}\text{-C}_6\text{H}_4\text{-SO}_3^-$$
（内盐）

这是工业上生产对氨基苯磺酸的方法。在对氨基苯磺酸分子内，因同时含有碱性氨基和酸性磺酸基，分子内可生成盐，称为内盐。此盐为白色晶体，难溶于冷水和有机溶剂，是一种重要的染料中间体。

（六）亚胺和烯胺的生成

在酸性条件下，伯胺的氮原子与醛酮羰基发生亲核加成反应，生成含 C=N 双键的亚胺（imine）或称席夫碱（Schiff base）。生成的脂肪亚胺不稳定，易分解；芳香亚胺较为稳定，可以分离获得。亚胺在稀酸中水解，又得到原来的羰基化合物及胺。因此，这也是保护羰基化合物的一种方法。

$$\text{C}_6\text{H}_5\text{NH}_2 + \text{C}_6\text{H}_5\text{CHO} \underset{}{\overset{\text{H}^+}{\rightleftharpoons}} \text{C}_6\text{H}_5\text{NH-CH(OH)-C}_6\text{H}_5 \xrightarrow{-\text{H}_2\text{O}} \text{C}_6\text{H}_5\text{-N=CH-C}_6\text{H}_5$$

当仲胺与含有 α-氢的醛或酮反应，产物的氮上没有可消除的氢原子，羟基与相邻碳上的氢脱水，生成烯胺（enamine）。

$$\text{环己酮} + \text{HN(吡咯烷)} \longrightarrow \text{1-(1-环己烯基)吡咯烷}$$

制备烯胺时，形成烯胺的反应需要在酸（如对甲苯磺酸）催化下进行，要使反应完全，需要将水从反应体系中分离出去，如用甲苯和水共沸将水蒸出等方法。此反应也是一个可逆反应，在稀酸水溶液中，可将烯胺水解，又得到羰基化合物及仲胺。常用哌啶、吡咯烷、吗啉等环状仲胺参与反应。形成烯胺的反应机理如下：

$$\underset{}{-\overset{\text{H}}{\underset{}{\text{C}}}-\overset{\text{H}}{\underset{}{\text{C}}}=\text{O}} \xrightleftharpoons{\text{H}^+} -\overset{\text{H}}{\underset{}{\text{C}}}-\overset{\text{H}}{\underset{}{\text{C}}}-\text{OH}^+ \xrightarrow{\text{HN}\overset{}{\underset{}{}}} -\overset{\text{H}}{\underset{}{\text{C}}}-\overset{\overset{+}{\text{N}}\text{H}}{\underset{}{\text{C}}}-\text{OH} \xrightleftharpoons{-\text{H}^+} -\overset{\text{H}}{\underset{}{\text{C}}}-\overset{\text{N}}{\underset{}{\text{C}}}-\text{OH}$$

$$\xrightleftharpoons{\text{H}^+} -\overset{\text{H}}{\underset{}{\text{C}}}-\overset{\text{N}}{\underset{}{\text{C}}}-\overset{+}{\text{O}}\text{H}_2 \xrightleftharpoons{} -\overset{\text{H}}{\underset{}{\text{C}}}-\overset{+}{\text{C}}=\text{N} \xrightleftharpoons{-\text{H}^+} -\text{C}=\text{C}-\text{N}$$

烯胺有两种共振形式，烯胺分子中氮原子和烯烃碳原子均有亲核性。

$$\text{[共振式]}$$

生成烯胺后，原羰基的 α-碳原子作为亲核部位与活泼卤代烷或酰卤发生烷基化或酰基化反应，以此方法在环酮原羰基的邻位引入酰基或烃基。烯胺的烷基化反应需要很活泼的烃化试剂，否则主要生成 N-烷基化产物。

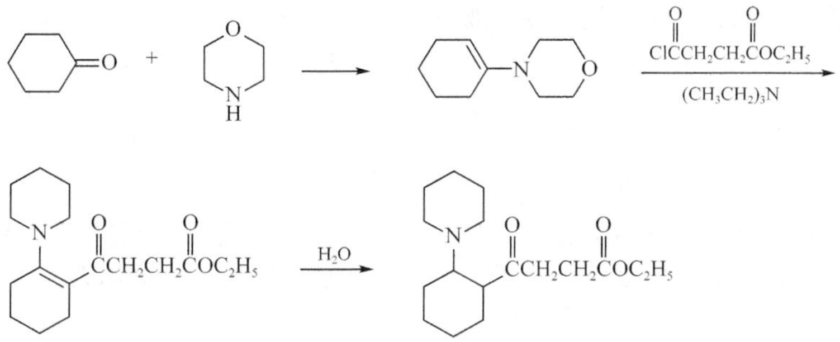

（七）季铵盐和季铵碱

叔胺与卤代烃或具有活泼卤原子的卤代芳香烃作用生成铵盐，称为季铵盐。季铵盐是氨彻底烷基化的产物。

季铵盐的结构和性质与胺有很大的差别。多数季铵盐是白色的晶体，熔点高，具有盐的性质，能溶于水，烃基较大的季铵盐也溶于非极性或弱极性溶剂。

季铵盐是一类重要有机化合物，天然存在的季铵盐化合物在动植物体内起着各种生理作用。例如，胆碱是各种含 2-羟乙基 (三甲基) 氮铵正离子的季铵盐类的总称，是构成细胞膜磷脂质的重要成分；溴化乙酰氧基三甲基乙铵 (溴化乙酰胆碱) 在神经传递系统担当重要角色。

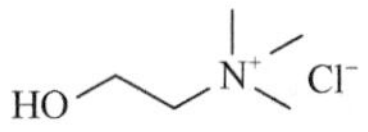

氯化胆碱 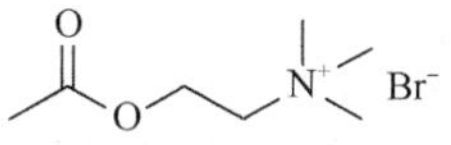　　　　溴化乙酰胆碱

具有长碳链的季铵盐可作为阳离子表面活性剂（cation surfactant），其中新洁尔灭（溴化苄基十二烷基二甲基氮铵）和杜灭芬［溴化十二烷基二甲基-(2-苯氧基乙基) 氮铵］等是具有去污能力的表面活性剂，也具有较强的杀菌消毒作用。

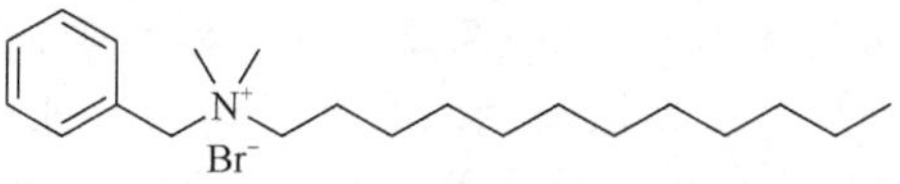

新洁尔灭 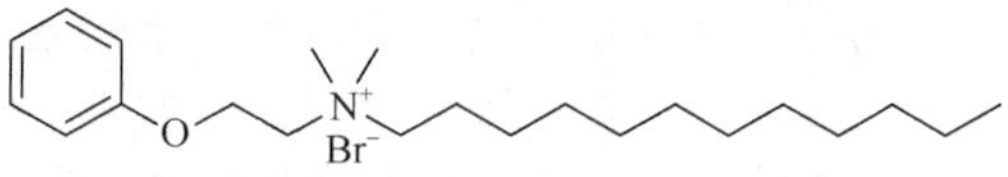　　　　杜灭芬

伯胺、仲胺、叔胺的铵盐与强碱作用，可得到相应的游离胺，但季铵盐与强碱作用则得不到游离胺，而是得到含有季铵碱的平衡混合物。

$$R_4N^+X^- + KOH \rightleftharpoons R_4N^+OH^- + KX$$

实验室中常利用季铵盐与湿的氧化银反应制备季铵碱。反应中生成的卤化银不断沉淀析出，从而使平衡向生成季铵碱的方向移动。

$$(CH_3)_4N^+I^- + Ag_2O \xrightarrow{H_2O} (CH_3)_4N^+OH^- + AgI\downarrow$$

滤去碘化银沉淀，再减压蒸馏滤液，即可得到结晶的季铵碱。季铵碱是强碱，其碱性强度与氢氧化钠或氢氧化钾相当，具有强碱的一般性质，如能吸收空气中的二氧化碳，易潮解，易溶于水等。

季铵碱受热发生分解反应。不含有 β-氢原子的季铵碱分解时，生成醇和叔胺。

$$(CH_3)_4N^+OH^- \xrightarrow{\Delta} (CH_3)_3N + CH_3OH$$

含有 β-氢原子的季铵碱分解时，发生消除反应生成烯烃和叔胺，此反应称为霍夫曼消除（Hofmann elimination）或霍夫曼降解（Hofmann degradation）。

$$(CH_3)_3\overset{+}{N}CH_2CH_2OH^- \xrightarrow{\Delta} (CH_3)_3N + CH_2{=}CH_2 + H_2O$$

上述消除过程中，OH^- 离子是进攻 β-氢原子的碱，而 $(CH_3)_3N$ 作为离去基团离去。

$$\underset{\underset{N(CH_3)_3}{|}}{\overset{\overset{H}{|}}{-C}}\overset{\alpha}{\underset{|}{-C}}- \xrightarrow{OH^-} \rangle C=C\langle + (CH_3)_3N + H_2O$$

当季铵碱分子中有两种或两种以上不同的 β-氢原子可被消除时，反应主要从含氢较多的 β-碳原子上消去氢原子，即主要生成双键碳原子上烷基取代较少的烯烃，这称为霍夫曼规则。

$$\underset{\underset{N(CH_3)_3OH^-}{|}}{CH_3\overset{\beta'}{C}H_2\overset{\alpha}{C}H\overset{\beta}{C}H_3} \xrightarrow{\Delta} \underset{95\%}{CH_3CH_2CH=CH_2} + \underset{5\%}{CH_3CH=CHCH_3} + (CH_3)_3N + H_2O$$

在上述季铵碱的消除反应中，叔胺基是离去基团，其碱性较强，不易离去；而受带正电荷的 $-N^+(CH_3)_3$ 基团的强吸电子诱导效应影响，两种 β-氢原子均显示一定的酸性，β'-氢原子同时也受烷基（$-CH_3$）给电子诱导效应的影响，其酸性比 β-氢原子小，所以 β-氢原子更容易被碱（OH^-）夺取。因此，季铵碱在消除时遵循霍夫曼规则，即反应的取向主要取决于 β-氢原子的酸性，优先脱除酸性较强的 β-氢原子。当 β'-C 上连有吸电子基团（如 $-COR$、$-NO_2$、$-CN$ 和 $-C_6H_5$ 等）时，由于 β'-氢原子的酸性比 β-氢原子更强，消除反应的取向在形式上遵循札依采夫规则。

$$C_6H_5-\overset{\beta'}{C}H_2\overset{\alpha'}{C}H_2-\underset{\underset{CH_3}{|}}{\overset{\overset{CH_3}{|}}{N^+}}-\overset{\alpha}{C}H_2\overset{\beta}{C}H_2OH^- \xrightarrow{150℃} \underset{(93\%)}{C_6H_5-CH=CH_2} + \underset{(0.4\%)}{CH_2=CH_2}$$

案例 14-2　　　　　霍夫曼消除反应在药物设计中的应用

　　早期使用的生物碱类非去极化型肌松药（nondepolarizing muscular relaxant），如氯化筒箭毒碱的结构特点为双季铵盐结构，两个季铵氮原子间相隔 10～12 个原子，季铵氮原子上有较大取代基团。此外，多数还都含有苄基四氢异喹啉的结构。因代谢困难，此类药物毒性较大，限制了其临床使用。药物化学家结合季铵类化合物特征反应之一的霍夫曼消除反应，从加速药物代谢的角度，设计合成了以苯磺顺阿曲库铵（atracurium besilate）为代表的一系列四氢异喹啉类肌松药。这是运用软药原理设计新药的一个成功实例。阿曲库铵具有分子内对称的双季铵盐结构，在其季铵氮原子的 β 位上有吸电子基团取代，使其在体内生理条件下可以发生非酶性霍夫曼消除反应，以及非特异性血浆酯酶催化的酯水解反应。阿曲库铵代谢快，避免了其他肌松药应用中的一大缺陷——蓄积中毒问题。

　　问题　结合季铵类化合物的结构特点，讨论苯磺顺阿曲库铵的可能代谢方式以及储存条件。

　　案例分析　苯磺顺阿曲库铵的两个季铵氮原子间具有双酯结构的链，季铵氮原子 β-位上有吸电子基团取代时，可在体内生理条件下（pH 7.4，37℃）发生类似霍夫曼消除的反应，实现药物的分解。

　　在制备和储存苯磺顺阿曲库铵注射液时，应注意 pH 和温度对稳定性的影响。霍夫曼消除和酯水解均被碱催化，而酯水解也被酸催化，因此 pH 3.5 时最稳定。温度低时反应速率降低，所以制备注射液时应控制 pH 约 3.5 并在 2～8℃ 储存。

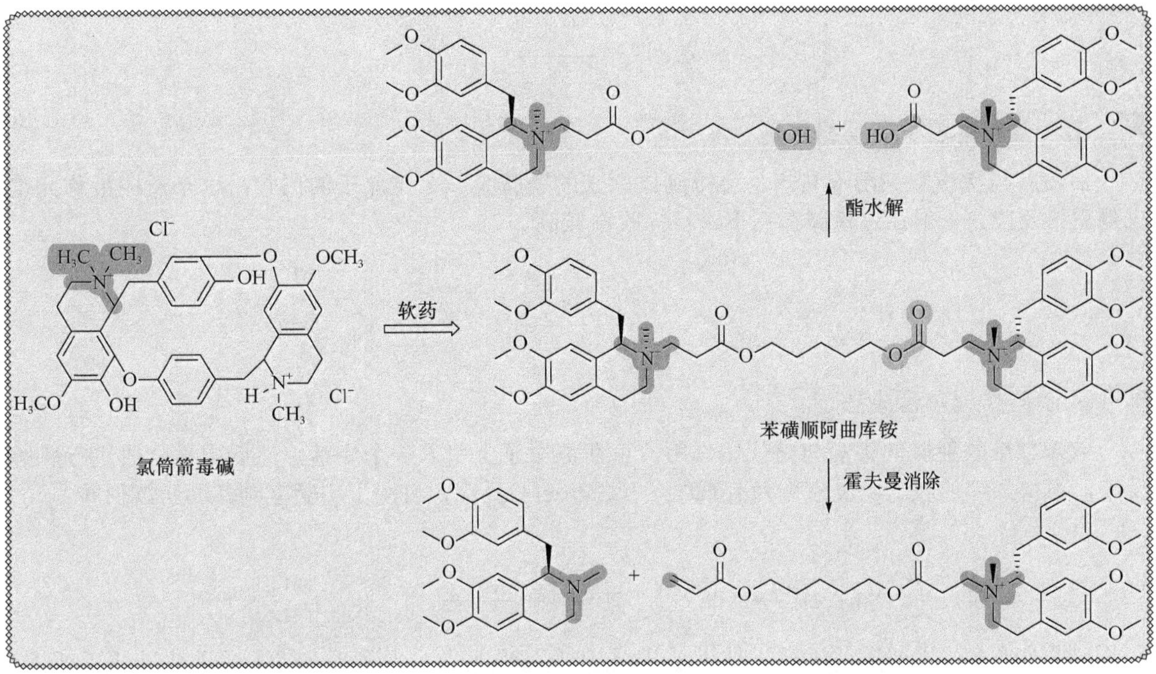

第十四章 有机含氮化合物

[图：氯筒箭毒碱经"软药"设计转化为苯磺顺阿曲库铵，再经酯水解和霍夫曼消除的代谢过程示意图]

五、制　备

（一）氨或胺的烷基化

卤代烃与氨（或胺）作用得到的是伯胺、仲胺、叔胺和季铵盐的混合物，在分离上比较困难，因此这种方法在应用上受到一定的限制。通过控制反应条件（如投料比、反应温度、时间等）可以使某一种胺为主要产物。

芳香族卤代烃中，由于卤素与芳环的共轭作用，卤素的取代需要高温和高压等苛刻的条件。若卤素的邻、对位存在强吸电子基团（如硝基）时，亲核试剂对芳卤烃的亲核取代反应较容易发生。

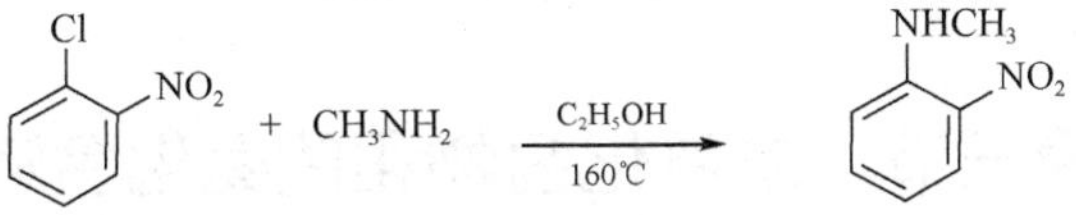

$$\text{邻-氯硝基苯} + CH_3NH_2 \xrightarrow[160℃]{C_2H_5OH} \text{邻-甲氨基硝基苯}$$

（二）硝基化合物的还原

硝基化合物的还原是制备胺类化合物的极为重要的方法。由于芳香族硝基化合物原料易得，因此该法尤其适用于制备芳伯胺。而脂肪族硝基化合物不易制备，所以不适合脂肪胺的制备。

（三）酰胺和腈的还原

腈通过催化加氢或用氢化铝锂还原可得到相应的伯胺；酰胺、N-取代和 N,N-二烃基酰胺用氢化铝锂还原则分别得到伯胺、仲胺和叔胺。工业上由高级脂肪酸经酰胺化、加热脱水得到腈，然后再催化加氢制备具有重要用途的高级脂肪伯胺。

（四）醛和酮的还原氨化

氨或胺可以与醛或酮缩合，所得的亚胺很不稳定，如在氢气及加氢催化剂存在下，通过加压氨或胺会立即被还原为相应的伯胺、仲胺或叔胺，这种方法称为还原胺化（reductive amination）。

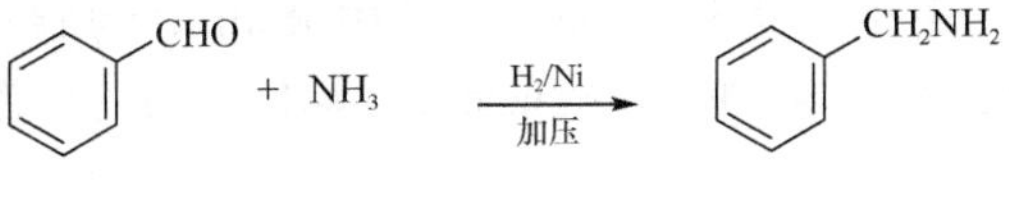

$$PhCHO + NH_3 \xrightarrow[\text{加压}]{H_2/Ni} PhCH_2NH_2$$

$$\text{环己酮} + CH_3NH_2 \xrightarrow[\text{加压}]{H_2/Ni} \text{环己基-NHCH}_3$$

（五）酰胺的霍夫曼重排反应

伯酰胺与次卤酸钠溶液共热，可得到比原来的酰胺少一个碳原子的伯胺，这个反应被称为霍夫曼重排反应。一般在过量碱存在下进行，收率较高。

$$\text{(3-甲酰胺基-5-(吡啶-4-基)吡啶-2(1H)-酮)} \xrightarrow{NaOH/Br_2} \text{(3-氨基-5-(吡啶-4-基)吡啶-2(1H)-酮)}$$

（六）盖布瑞尔合成法

邻苯二甲酰亚胺的钾盐与卤代烃作用，可在氮原子上引入一个烃基，然后用水合肼进行肼解反应，可得到纯伯胺。此反应称为盖布瑞尔（Gabriel）反应，可用于实验室制备脂肪族伯胺。

$$\text{邻苯二甲酰亚胺钾盐} \xrightarrow{RX} \text{N-R邻苯二甲酰亚胺} \xrightarrow{NH_2NH_2} \text{邻苯二甲酰肼} + RNH_2$$

在上述反应中生成的 N-烃基邻苯二甲酰亚胺，需要较强烈的条件才能水解，在碱或酸中水解速率慢，收率较低。因此，目前多用肼解法，产生邻苯二甲酰肼沉淀和伯胺。

（七）曼尼希反应

含有 α-氢的醛或酮可与甲醛及胺反应，在羰基的 α-位引入氨甲基，此反应称为胺甲基化反应，又称曼尼希反应。曼尼希反应中的胺一般为仲胺（如哌啶、二甲胺等），如果用伯胺，则缩合产物可以继续发生反应。

$$\text{环己酮} + HCHO + (CH_3)_2NH \xrightarrow{HCl/H_2O} \text{2-(二甲氨基甲基)环己酮}$$

第三节 重氮化合物和偶氮化合物

一、结 构

重氮化合物（diazonium compound）的结构通式为 R—N⁺≡N X⁻ 或简写成 R—N$_2^+$X⁻，分子中的 R—N≡N 结构，称为重氮正离子（diazonium cation），其中 R 为脂肪烃或芳香烃，X 是无机或有机负离子。采用取代操作法命名时，烃基或芳基名称后加"重氮盐"，再将负离子"X⁻"的名称放到最前端（英文名称中则将负离子"X⁻"名称加空格置于最后）。

氯化苯重氮盐
(benzenediazonium chloride)

硫酸氢苯重氮盐
(benzenediazonium hydrogen sulfate)

重氮化合物中，C—N≡N 是直线形的，重氮基与芳香环中的 π 键发生共轭，形成大 π 键。

偶氮化合物（azo compound）的结构通式为 R—N=N—R′，分子中含有—N=N—结构，称为乙氮烯叉基 [diazenediyl，俗称偶氮基（azo）]，其中 R 和 R′ 为脂肪烃或芳香烃。这类化合物能更系统地以取代操作法命名为母体二氮烯（diazene）氢化物的衍生物。

(3-氯苯基)(4-氯苯基)乙氮烯[(3-chlorophenyl)(4-chlorophenyl)-diazene]
俗称：3,4′-二氯偶氮苯(3,4′-dichloroazobenzene)

若结构中 R 为主要的特性基团时，采用官能团类别命名时，可将—N═N—R′作为取代的乙氮烯基团。

4-(苯基乙氮烯基)苯磺酸[4-(phenyldiazenyl)benzenesulfonic acid]
俗称：4-(苯基偶氮基)苯磺酸[4-(phenylazo)benzenesulfonic acid]

偶氮基上两个氮原子都是 sp^2 杂化，每个氮上都有一对孤对电子占据一个 sp^2 杂化轨道。偶氮苯存在顺反异构体，反式异构体的偶氮基与苯环共平面而形成共轭体系，而顺式异构体中，由于苯环的空间位阻，两个苯环非共平面，与乙氮烯叉基不能形成共轭体系。

(Z)-1,2-二苯基乙氮烯
顺式，熔点71.4℃

(E)-1,2-二苯基乙氮烯
反式，熔点68℃

二、芳香重氮盐的反应

芳香重氮盐化学性质非常活泼，可以发生许多化学反应，在合成上用途十分广泛。其化学反应主要分为两类，一类是放出氮气的取代反应；另一类是不放氮气的还原反应和偶合反应。

案例 14-3　　　　　　　重氮盐生产过程发生的爆燃事故

某化工厂需以 6-溴-2,4-二硝基苯胺为原料制备相应的重氮盐。在制备重氮盐的过程中，工人们首先在重氮化釜中混合硫酸和亚硝酸钠，然后将 6-溴-2,4-二硝基苯胺一次性加入以上混合物中，结果重氮化釜内温度快速升高，引起爆炸，造成人员伤亡和生产设备毁坏的重大事故。

问题　造成该事故的原因是什么？

案例分析　芳香重氮化合物是一种应用非常广泛的反应中间体，利用它可制备多种取代芳香烃和偶氮化合物。成功利用重氮盐的关键是反应应在较低温度下进行（通常在 0～5℃），否则重氮盐易分解，放出大量氮气，发生爆炸。以上案例的爆炸原因，就是生产过程中未有效控制重氮化釜的温度，芳香重氮盐化学性质非常活泼，温度高时极易分解，放出氮气，而引起爆炸。

（一）取代反应（放氮反应）

在不同的条件下，重氮盐中的重氮基可以分别被羟基、氢、卤素和氨基等原子或基团取代，形成相应的取代产物，并放出氮气。

1. 重氮基被羟基取代的反应　酸性条件下，将芳香重氮盐的溶液加热煮沸，重氮盐水解生成酚，放出氮气。此反应可用于从芳香胺合成酚。该反应一般是用硫酸（氢）苯重氮盐在40%～50%硫酸的强酸性条件下进行，这样可以避免反应生成的酚与未反应的重氮盐发生偶合反应，且反应体系中硫酸（氢）根负离子的亲核性较弱，不易生成副产物苯硫酸酯。如果使用重氮化合物的盐酸盐、氢溴酸盐等进行反应，会有氯苯或溴苯副产物生成。

此反应可用于从芳香族伯胺合成酚。也可利用氨基或硝基的定位作用，将不同的原子或基团引入苯环的相应位置。例如，可利用硝基的间位定位作用，以苯为原料来合成间溴苯酚。

2. 重氮基被卤素或氰基取代的反应　在氯化亚铜的盐酸溶液作用下，芳香族重氮盐酸盐分解，放出氮气，同时重氮基被氯原子取代。如溴化苯重氮盐和溴化亚铜、硫酸氢苯重氮盐与氰化亚铜反应，则得到相应的溴化物和氰化物。此反应称为桑德迈尔（Sandmeyer）反应。

在制备溴化物时，可用硫酸代替氢溴酸进行重氮化，因为它对溴化物的产率只有轻微的影响，且价格便宜。但不宜用盐酸代替，否则将得到氯化物和溴化物的混合物。

用铜粉代替氯化亚铜或溴化亚铜，加热重氮盐，也可得到相应的卤化物，此反应称为盖特曼（Gattermann）反应。虽然此反应比 Sandmeyer 反应简单，但除个别反应外，产率一般比 Sandmeyer 反应略低。

重氮盐与碘化钾共热就可得到较高产率的碘代芳香烃。

重氮基被氟原子取代的方法和其他卤原子不一样，一般是先将氟硼酸（或氟硼酸钠）加入重氮盐溶液中，即可生成比较稳定的氟硼酸重氮盐沉淀，然后过滤、干燥后，缓缓加热，使其分解，可得到氟代芳香物，此反应称为席曼（Schiemann）反应。

3. 重氮基被硝基、磺酸基或硫氰基取代的反应 在铜粉催化下，重氮离子的氟硼酸盐可与亚硝酸钠、亚硫酸钠、硫氰酸钾发生反应，分别生成芳香硝基化合物、芳香磺酸化合物和芳香硫氰化合物。

4. 重氮基被氢原子取代的反应 芳香重氮盐在次磷酸（H_3PO_2）的水或乙醇溶液中加热，重氮基可被氢取代形成芳香烃。此反应可以除去苯环上的—NH_2或—NO_2，在合成中很有用。

（二）偶联反应（保留氮的反应）

在弱酸性或弱碱性条件下，重氮盐可与酚、芳香胺等具有强给电子基团的芳香化合物发生亲电取代反应，生成偶氮化合物，该类反应称为偶联反应（coupling reaction）。偶联反应的实质是芳香环上的亲电取代反应。由于重氮盐是较弱的亲电试剂，它只能与苯环上具有强给电子基团的酚、苯胺等发生偶联反应。给电子基团一般为邻、对位定位基，偶联反应因受取代基空间位阻的影响，一般首先发生在对位，若对位被占据，则偶联发生在邻位。

对偶联反应而言，反应介质的酸碱性很重要。重氮盐与酚的反应宜在pH=8～10的弱碱性介质中进行，此时酚以负酚氧离子的形式存在，负氧离子是比羟基更强的亲电取代活化基团，有利于芳香环上的亲电取代。重氮盐与芳香叔胺的偶联反应则宜在中性或pH=5～7的弱酸性介质中进行，因为胺类在中性或弱酸性介质中主要以游离的氨基形式存在。如酸性太强，芳香胺形成了铵盐，带正电荷的基团使芳香环上电子云密度降低，使芳香环钝化，不利于重氮离子的进攻。

（三）还原反应

芳香重氮盐可以被氯化亚锡、亚硫酸钠、亚硫酸氢钠、硫代硫酸钠等还原剂还原为芳基肼。

这也是实验室和工业上制备苯肼的常用方法。

$$\text{C}_6\text{H}_5\text{N}_2^+\text{Cl}^- \xrightarrow[0℃]{\text{Sn/HCl}} \text{C}_6\text{H}_5\text{NHNH}_2$$

若用较强的还原剂，芳香重氮盐将被还原为苯胺。

$$\text{C}_6\text{H}_5\text{N}_2^+\text{Cl}^- \xrightarrow[0℃]{\text{Zn/HCl}} \text{C}_6\text{H}_5\text{NH}_2$$

含有硝基的重氮盐，通常用亚硫酸钠还原使之成为肼的硝基衍生物。

$$\text{O}_2\text{N-C}_6\text{H}_4\text{-N}_2^+\text{HSO}_4^- \xrightarrow[\text{H}_2\text{O}]{\text{Na}_2\text{SO}_3} \text{O}_2\text{N-C}_6\text{H}_4\text{-NHNH}_2$$

视窗 14-3　　偶氮染料

偶氮化合物含有偶氮基（—N=N—），偶氮基是一种重要的生色团，当偶氮基与芳基相连，则形成一个大共轭体系，在可见光区有明显的吸收，所以芳香偶氮化合物一般都具有鲜艳的颜色，又比较稳定，常用作染料。

偶氮染料是纺织产业印染工艺中应用广泛的一类合成染料。目前，市场上使用的偶氮染料达 3000 多种，其中大部分是安全的，但约有 210 多种偶氮染料会在特殊情况下，通过化学反应分解后产生禁用的致癌芳香胺物质，如酸性红 26（Acid Red 26）。另外，某些染料还有致敏和其他毒性，这部分偶氮染料是印染行业禁用的。

（酸性红26 结构式）
代谢过程中释放的物质
还原反应
→ 2,4-二甲基苯胺（致癌芳香胺） + （氨基萘酚磺酸钠）

甲基橙属于偶氮染料，也是一种常用的酸碱指示剂。在 25℃ 时，甲基橙在 pH 小于 3.1 的介质中呈红色，在 pH 大于 4.4 的介质中呈黄色。它通常用于酸碱中和滴定。

（甲基橙结构式）
$\xrightarrow[\text{OH}^-(\text{pH}>4.4)]{\text{H}^+(\text{pH}<3.1)}$
（质子化形式）

1952 年，东北化工局研究室（沈阳化工研究院前身）攻克技术难关，以邻硝基对甲苯胺为原料，制成甲苯胺红染料，被用来粉刷北京天安门，这在我国化学工业发展中具有重要的历史意义。

（邻硝基对甲苯胺重氮盐） + （β-萘酚） $\xrightarrow{\text{pH 8～10}}$ 甲苯胺红

习 题

1. 命名下列化合物。

（1） $CH_3(CH_2)_2NHCH_2CH_3$

（2） 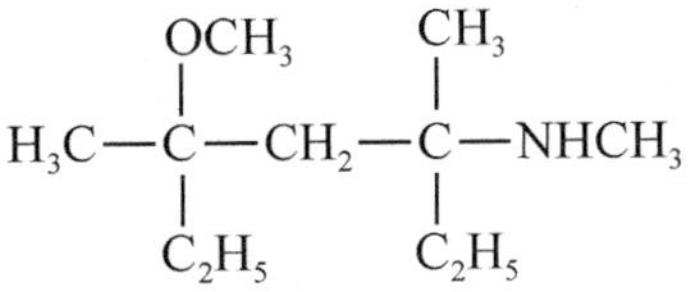
$$H_3C-\underset{\underset{C_2H_5}{|}}{\overset{\overset{OCH_3}{|}}{C}}-CH_2-\underset{\underset{C_2H_5}{|}}{\overset{\overset{CH_3}{|}}{C}}-NHCH_3$$

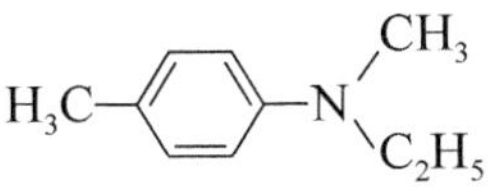

（3） $H_3C-C_6H_4-N(CH_3)(C_2H_5)$（对位）

（4） $C_6H_5-CH_2-N(CH_3)_2$

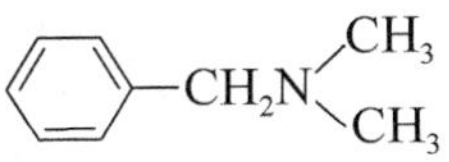

（5） $(CH_3)_3N^+CH_2CH_3\ OH^-$

（6） 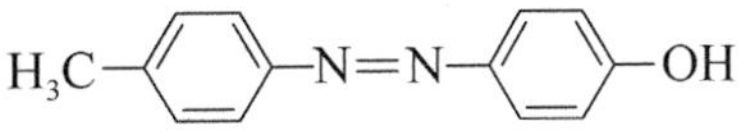 $H_3C-C_6H_4-N=N-C_6H_4-OH$

（7） 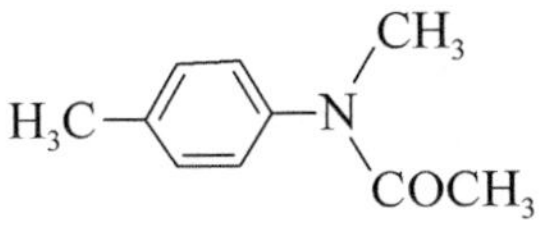 $H_3C-C_6H_4-N(CH_3)(COCH_3)$（对位）

（8） 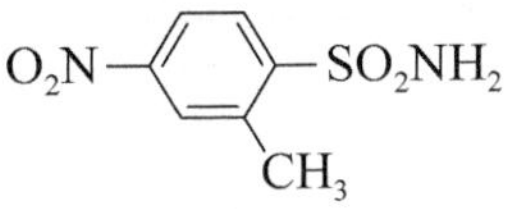 2-甲基-4-硝基苯磺酰胺结构 $O_2N-C_6H_3(CH_3)-SO_2NH_2$

2. 写出下列化合物的结构式。
(1) 1-(3-溴苯基)-N,N-二甲基甲胺
(2) N-乙基-N-甲基丙-1-胺溴化物
(3) 4-(二甲基氨基)苯甲腈
(4) N-甲基-N-(4-硝基苯基)乙酰胺
(5) 2-乙基异吲哚-1,3-二酮 (N-乙基邻苯二甲酰亚胺)
(6) 甲基橙 {4-[[4-(二甲氨基)苯基]乙氮烯基]苯磺酸盐}

3. 比较下列化合物的碱性大小。
(1) 对甲苯胺，乙酰苯胺，对硝基苯胺，N-甲基苯胺
(2) 二甲胺，N,N-二甲基苯胺，乙酰胺，邻苯二甲酰亚胺
(3) 氢氧化三甲乙铵，(4-甲基苯基)甲胺，N-甲基苯胺，苯甲酰胺

4. 用简便的方法鉴别下列各组化合物。
(1) N-乙基苯甲胺，2,4-二甲基苯胺，N,N-二甲基苯胺

(2) 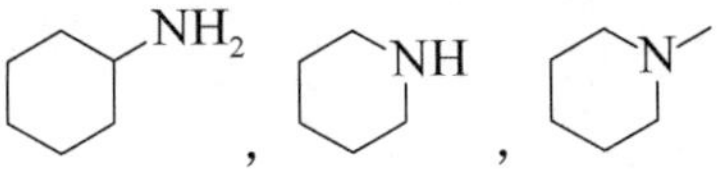 环己胺($C_6H_{11}NH_2$)，哌啶(NH)，N-甲基哌啶

5. 完成下列反应。

(1) 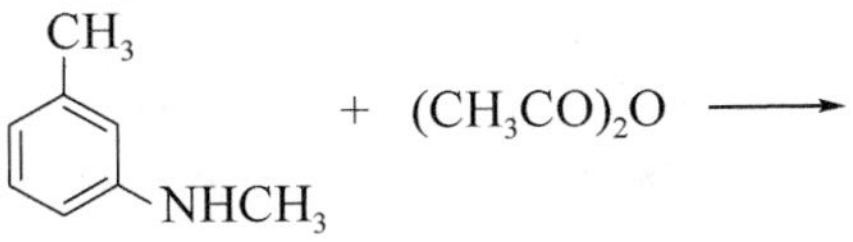 3-甲基-N-甲基苯胺 + $(CH_3CO)_2O \longrightarrow$

(2) 苯胺 $C_6H_5NH_2$ + $CH_3COCl \longrightarrow$

(3) $C_6H_5N_2^+Cl^-$ + $H_2O \xrightarrow{\triangle}$

(4) 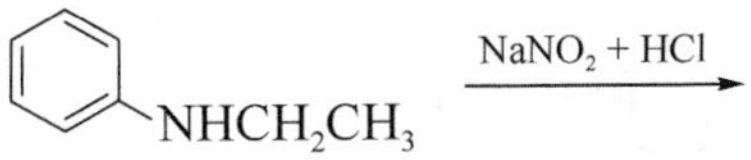 $C_6H_5NHCH_2CH_3 \xrightarrow{NaNO_2 + HCl}$

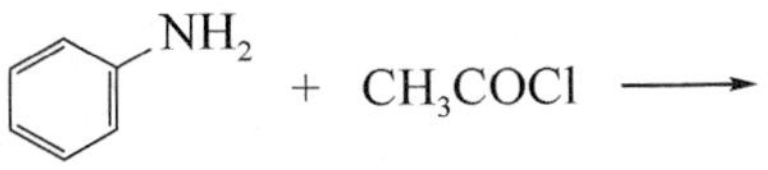

(5) $\text{H}_3\text{C}-\overset{\text{H}}{\underset{|}{\text{N}}}-\text{CH}_3$ + $HNO_2 \longrightarrow$

(6) $\text{Ph}-\text{N}(\text{CH}_2\text{CH}_3)_2$ + $HNO_2 \longrightarrow$

(7) $\text{Ph}-\text{NH}_2$ + $3Br_2 \xrightarrow{H_2O}$

(8) $CH_3CH_2CH_2NH_2$ + 2-bromo-1,3,5-trinitrobenzene $\longrightarrow$

(9) $CH_3CH_2CONH_2 \xrightarrow{Br_2/NaOH}$

(10) $CH_3\overset{O}{\underset{\|}{C}}-Br$ + $NH(CH_3)_2 \longrightarrow$

(11) 2-phenyl-5-methylpyrrolidine $\xrightarrow[\text{(2) Ag}_2\text{O, H}_2\text{O}]{\text{(1) 2CH}_3\text{I}} \text{(3) }\triangle$

(12) 1-fluoro-2,4-dinitrobenzene + $CH_3\underset{NH_2}{\overset{|}{CH}}CONHPh \longrightarrow$

(13) 1-methyl-1-(dimethylamino)cyclopentane $\xrightarrow[\triangle]{H_2O_2}$

(14) $\text{Ph}-\underset{CH_3}{\overset{N-OH}{\|}}C \xrightarrow{PCl_5}$

(15) 2-(aminocarbonyl)benzoic acid $\xrightarrow{Br_2/NaOH}$

6. 按照要求合成下列反应。

(1) 甲苯 $\longrightarrow$ 间溴甲苯

(2) 甲苯 $\longrightarrow$ 2-甲基-4-硝基苯甲腈

(3) 甲苯 $\longrightarrow$ 3,5-二溴苯胺

(4) 苯甲醚 $\longrightarrow$ 2-甲氧基-N-异丙基苯胺

7. 某化合物 A（$C_{14}H_{13}NO$）与盐酸反应可得到化合物 B（$C_7H_6O_2$）和 C（C_7H_9N）的盐酸盐，B 可与碳酸氢钠反应放出二氧化碳，C 与亚硝酸反应得到黄色油状物，C 还可与对甲基苯磺酰氯反应得到不溶于碱的沉淀，试推测化合物 A、B、C 的结构式。

8. 某化合物 A（$C_{14}H_{12}O_3N_2$），不溶于水和稀酸或稀碱。A 水解生成羧酸 B 和化合物 C，C 与对甲苯磺酰氯反应生成不溶于 NaOH 的固体。B 在 Fe+HCl 的溶液中加热回流生成 D，D 和 $NaNO_2+H_2SO_4$ 反应生成 E，E 易溶于水。E 和 C 在弱酸介质中反应生成下列化合物：

$$HOOC-\phenyl-N=N-\phenyl-NHCH_3$$

试推断 A、B、C、D、E 的结构式。

（锦州医科大学　蔡　东）

第十五章 杂环化合物

学习目标

掌握 常见杂环化合物的结构、芳香性和反应活性；吡咯和吡啶的重要化学性质。
熟悉 常见杂环化合物的分类和命名，重要稠杂环化合物的结构、性质。
了解 重要杂环化合物衍生物的结构、性质，喹啉等杂环化合物的合成。

杂环化合物（heterocyclic compound）是一类具有环状结构的有机化合物。杂环化合物的成环原子除碳原子之外，还包括一个或多个杂原子（heteroatom），最常见的杂原子是氮原子、氧原子和硫原子。含有一个环的杂环化合物称为单杂环化合物，最常见和最稳定的是五元和六元杂环。单杂环化合物能够与苯或其他杂环稠合，形成双环、三环或更复杂的稠（合）杂环化合物。某些杂环因具有芳香性被称为芳香杂环（aromatic heterocycle）。严格来说，环状酸酐、内酯、内酰胺、环醚等环状化合物也属于杂环化合物，但是这些化合物的性质与脂肪族化合物相似，因此在相应章节讨论。

杂环化合物广泛存在于自然界中，如叶绿素、血红素、核酸、某些中草药的有效成分生物碱和部分维生素等都含有杂环结构。许多重要的药物（如 β-内酰胺类、呋喃类、吡唑酮类药物）也是杂环化合物，此外某些染料、色素、香料和新型材料也含有杂环结构，杂环化合物也是化学工业的重要原料。本章着重讨论常见的具有芳香性的五元和六元杂环化合物及其稠杂环化合物。

第一节 分类和命名

一、分 类

杂环化合物依据杂环母环结构分类（表 15-1）。根据分子中含有杂环的数目，杂环化合物可分为单杂环和稠杂环两类，其中常见的单杂环又可根据成环原子数分为五元杂环和六元杂环，而稠杂环可分为苯稠杂环和杂环稠杂环。根据杂环中杂原子的数目，杂环化合物可分为单杂原子的杂环化合物和双（多）杂原子的杂环化合物。

根据杂环的 π 电子云密度情况，杂环化合物分为富 π 电子芳杂环化合物（通常为五元芳杂环）和缺 π 电子芳杂环化合物（通常为六元含氮芳杂环）两类，两者性质差异相对较大。

表 15-1 常见杂环化合物的名称、分类和编号

类别	杂环母环				
含一个杂原子的五元杂环	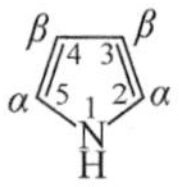 吡咯 (pyrrole) 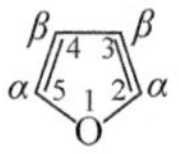	呋喃 (furan) 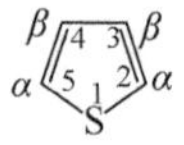	噻吩 (thiophene)		
含两个杂原子的五元杂环	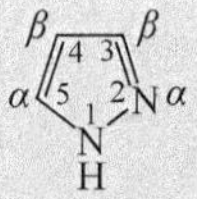 吡唑 (pyrazole) 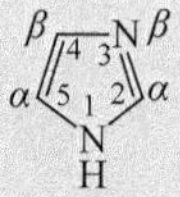	咪唑 (imidazole) 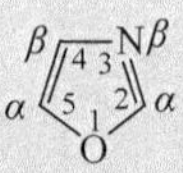	噁唑 (oxazole) 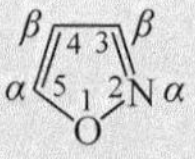	异噁唑 (isoxazole) 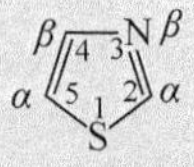	噻唑 (thiazole)

续表

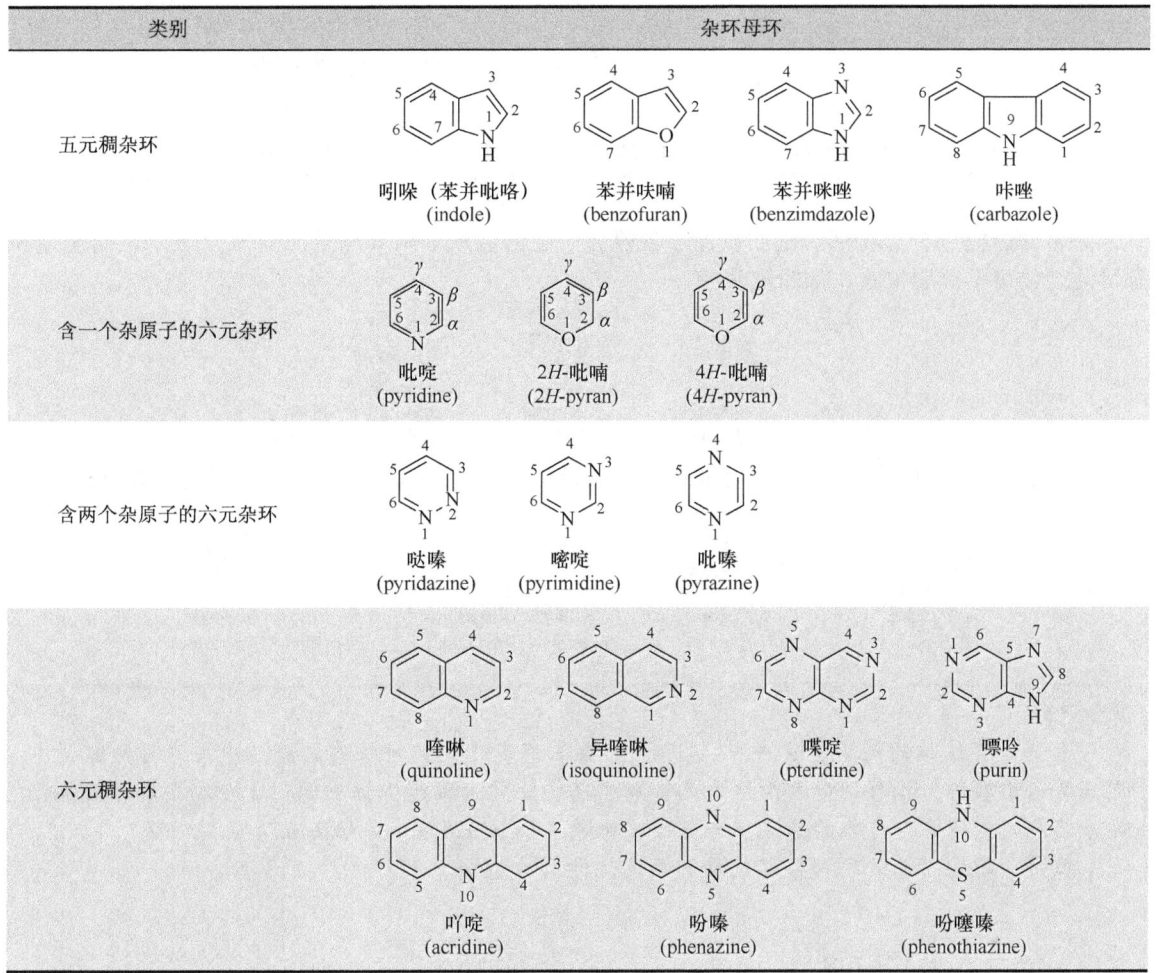

二、命 名

（一）命名规则

杂环化合物的命名多采用"音译法"，即按英文名称的读音，选用同音汉字左边加"口"字旁命名（表 15-1）。

（二）杂环母环的编号规则

单杂环从杂原子开始顺着环用阿拉伯数字或希腊字母编号，多杂原子的单杂环编号还应使杂原子所在位次的编号最小，并按 O、S、—NH—、—N= 的顺序决定优先的杂原子。稠杂环的编号一般与其相对应的稠环芳烃（如萘、蒽、菲等）相同，共用碳原子不编号，杂原子尽可能取较小的编号，遵守杂原子的优先顺序。嘌呤采用习惯编号方法（表 15-1）。取代杂环化合物命名，使连有取代基碳原子的位次尽可能小。大写斜体元素符号 N-、O- 等表示基团连接在这些元素上。

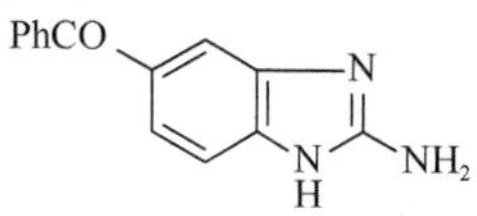

2-氨基-5-苯甲酰基苯并咪唑
(2-amino-5-benzoylbenzimidazole)

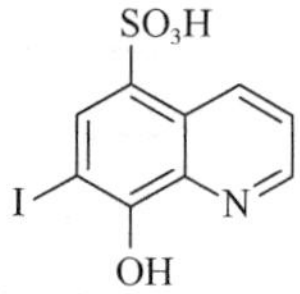

8-羟基-7-碘喹啉-5-磺酸
(8-hydroxy-7-iodoquinoline-5-sulfonic acid)

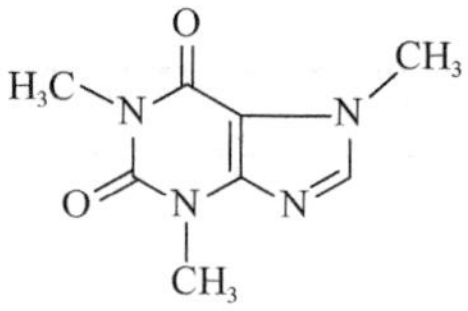

1,3,7-三甲基嘌呤-2,6-二酮
(1,3,7-trimethylpurine-2,6-dione)

杂环化合物部分氢化后，饱和碳原子或氮原子上的氢原子用其编号加斜体 H 表示，而全饱和杂环化合物可不标明位置，如四氢呋喃。

2H-吡咯
(2H-pyrrole)

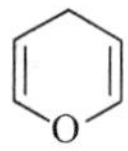

4H-吡喃
(4H-pyran)

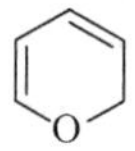

2H-吡喃
(2H-pyran)

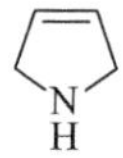

2,5-二氢-1H-吡咯
(2,5-dihydro-1H-pyrrole)

含活泼氢的杂环及其衍生物，可能存在互变异构体，命名时需标明其 H 的位号。例如：

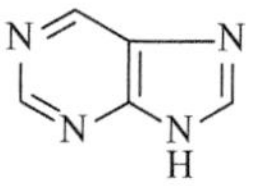

9H-嘌呤
(9H-purine)

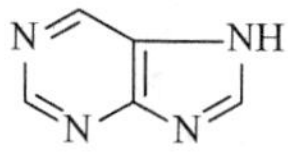

7H-嘌呤
(7H-purine)

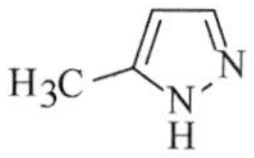

5-甲基-1H-吡唑
(5-methyl-1H-pyrazole)

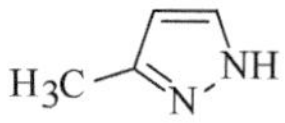

3-甲基-1H-吡唑
(3-methyl-1H-pyrazole)

案例 15-1

含有杂环结构的药物普遍存在，《中国药典》规定正文品种收载的药品中文名称按照《中国药品通用名称》推荐的命名原则命名，有机药物化学名称应根据中国化学会编撰的《有机化学命名原则》命名，母体的选定应与美国《化学文摘》(Chemical Abstract) 系统一致。

问题 给出下面几种含杂环药物的系统化学名称。

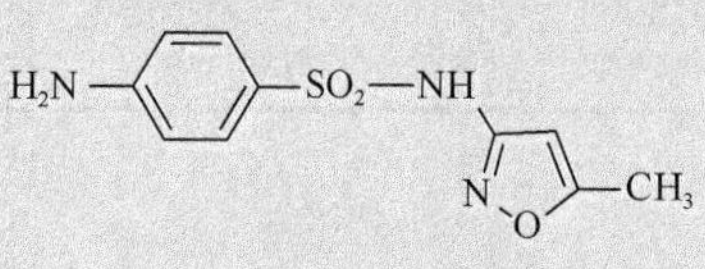

磺胺甲䓬唑（SMZ，新诺明）

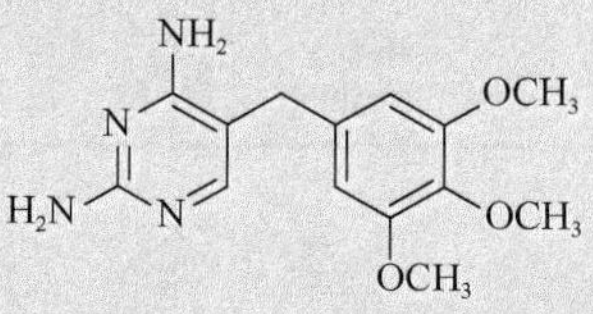

甲氧苄啶（TMP）

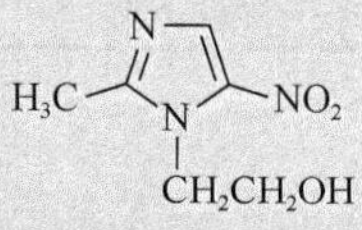

甲硝唑（灭滴灵）

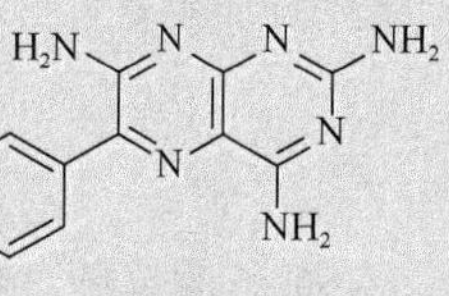

氨苯蝶啶

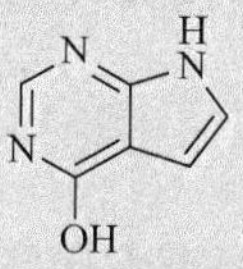

别嘌醇

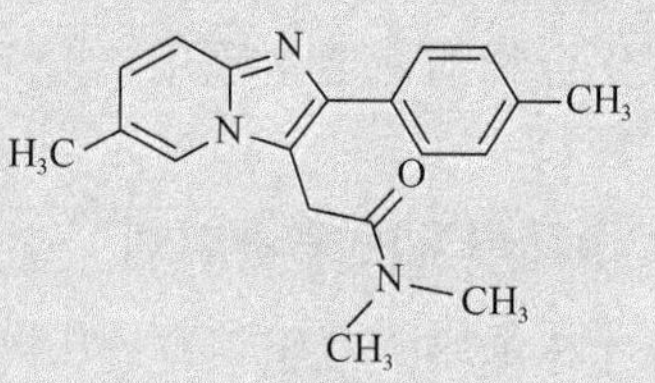

唑吡坦

案例分析 以上含杂环药物的系统化学名称为：

磺胺甲䓬唑：4-氨基-N-(5-甲基-3-异䓬唑基) 苯磺酰胺

甲氧苄啶：5-[(3,4,5-三甲氧基苯基) 甲基]-2,4-嘧啶二胺 甲硝唑：2-甲基-5-硝基-1H-咪唑-1-乙醇

氨苯蝶啶：2,4,7-三氨基-6-苯基蝶啶

别嘌醇：4-羟基-1H-咪唑并 [3,4-d] 嘧啶

唑吡坦：N,N,6-三甲基-2-(4-甲基) 咪唑并 [1,2-a] 吡啶-3-乙酰胺

(三)稠杂环母环的命名

稠杂环可看作由两个单杂环稠合而成。稠杂环的命名是以其中一个环为主体（或基本环），另一个环为拼合体（或附加环），并表示出稠合的位置。表示为：拼合体名+并+［稠合边位置］+主体名。其中，方括号中数字表示拼合体的稠合边，斜体小写字母表示主体的边。例如：

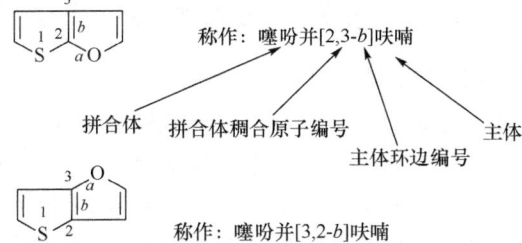

1. 主体和拼合体的确定 碳环与杂环组成的稠杂环，选杂环为主体；由大小不同的两个杂环组成的稠杂环，以大环为主体；大小相同的两个杂环组成的稠杂环，选杂原子多的为主体，如均含一个杂原子，按 N、O、S 的顺序优先确定主体；杂原子数目也相同时，选杂原子种类多的为主体；如果环大小、杂原子个数都相同时，以稠合前杂原子编号较低者为主体。

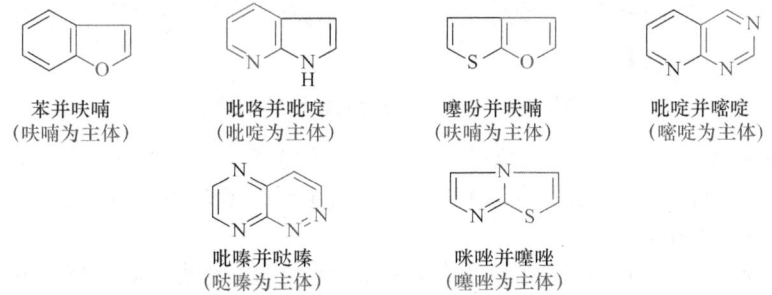

2. 稠合边的表示方法 稠杂环的稠合边（即共用边）由拼合体和主体两组分的位号表示。按原单杂环的编号规则，主体用斜体小写字母 a、b、c…表示各边，拼合体用 1、2、3…标注各原子；稠合边位号尽可能较小。例如：

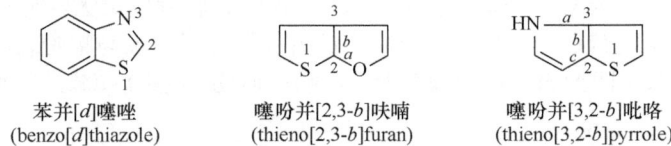

3. 周边编号方法 对整个环系原子的编号称为周边编号或大环编号，共用碳原子一般不编号，但共用杂原子要编号。编号需考虑以下要求：尽可能使所含的杂原子编号最低；按 O、S、NH、N 的顺序，使优先的杂原子位号较低；在共用碳原子需要编号时，用前面相邻的位号加 a、b…表示，且应使公用碳原子位号和所有氢原子的位号尽可能低。例如：

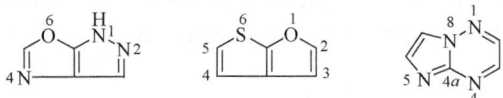

命名实例：

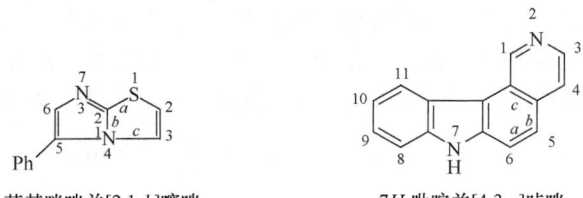

5-苯基咪唑并[2,1-b]噻唑 7H-吡啶并[4,3-c]咔唑

第二节 五元杂环化合物

五元杂环化合物的环内含有一个或多个杂原子，杂原子主要是氮原子、氧原子、硫原子，常见的含有一个杂原子的五元单杂环化合物有吡咯、呋喃和噻吩。

一、含一个杂原子的五元杂环化合物

（一）电子结构、芳香性及物理性质

吡咯、呋喃和噻吩的碳原子与杂原子都以 sp^2 杂化轨道和相邻的原子彼此以 σ 键构成五元环，成环的 5 个原子处于同一平面。每个碳原子及杂原子都剩余一个未参与杂化的 p 轨道，相互侧面重叠形成封闭的大 π 键；每个碳的 p 轨道含一个 p 电子，杂原子的 p 轨道含两个电子，大 π 键含 6 个电子，π 电子数符合 $4n+2$ 规则，所以具有芳香性。吡咯、呋喃的轨道结构模型见图 15-1。

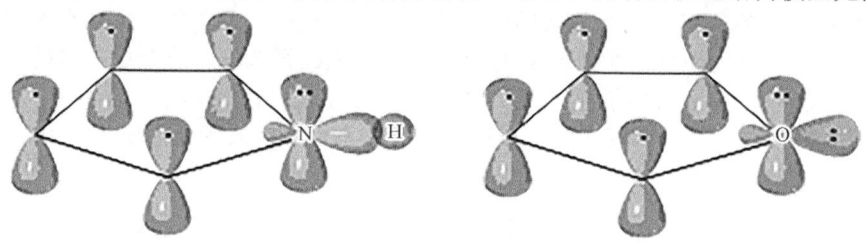

图 15-1　吡咯、呋喃的轨道结构模型

吡咯、呋喃和噻吩分子的 5 个 p 轨道上分布着 6 个电子，杂环上碳原子的电子云密度比苯环上碳原子的电子云密度高，这类杂环称为"多 π"（富电子）芳杂环，多 π 杂环与苯相比易发生亲电取代反应，其稳定性不如苯环。

由于杂环中 π 电子云分布不如苯环均匀，因此杂环的稳定性不如苯环。同时由于 N、O、S 电负性的差异，吡咯、呋喃和噻吩的共轭体系电子云密度平均化程度不同。由于三种杂原子中氧原子的电负性（3.5）最大，因此呋喃环上电子云密度平均化程度最小，π 电子共轭程度最小，芳香性最小；而硫原子的电负性（2.5）最小，且硫原子的半径较大，原子核对共轭 π 电子的吸引力最小，因此噻吩环上电子云密度平均化程度最大，π 电子共轭程度最大，芳香性最大。而氮原子的电负性（3.0）介于氧与硫原子之间，因此吡咯的芳香性介于呋喃与噻吩之间。而吡咯、呋喃和噻吩的芳香性均小于苯，四者的芳香性顺序为：呋喃＜吡咯＜噻吩＜苯，芳香性顺序恰好与杂原子的电负性成反比。

吡咯、呋喃和噻吩杂原子的孤对电子参与共轭，减弱或者失去了与水分子形成氢键的可能性，因此这三类分子均难溶于水。但由于吡咯氮上的氢、呋喃环上的氧能与水形成氢键，而噻吩环上的硫不能与水形成氢键，因此在水中的溶解度略有不同，三个杂环在水中的溶解度为：吡咯（1∶17）＞呋喃（1∶35）＞噻吩（1∶700）。

标准条件下吡咯的沸点（131℃）比噻吩的沸点（84℃）和呋喃的沸点（31℃）高，这是因为吡咯分子间可形成氢键，噻吩和呋喃不能形成分子间氢键。

（二）化学反应

1. 酸碱性及稳定性　吡咯氮原子上的孤对电子参与共轭大 π 键，给电子共轭效应大于吸电子诱导效应，使吡咯环更加富电子，因此吡咯碱性极弱（$K_b=2.5×10^{-14}$），比苯胺（$K_b=3.6×10^{-10}$）还要弱得多，相反，在一定条件下，氮上的氢原子却显示出弱酸性，其 K_a 为 $1×10^{-15}$。吡咯可以看成是一种比苯酚更弱的弱酸，能与固体强碱（如金属钾及氢氧化钾）共热成盐。

吡咯的钾盐活泼，可以与许多试剂反应，生成氮取代产物。

呋喃的氧原子有两对孤对电子，其中一对孤对电子参与形成大π键，氧原子与质子结合生成𨦡盐较为困难，因此呋喃具有极弱的碱性；而噻吩的硫原子不能与质子结合，因此不显碱性。

在强酸介质中，吡咯和呋喃会发生聚合、水解、醇解等反应。吡咯、呋喃均对氧化剂较敏感，它们在空气作用下缓慢开环，转变为丁二酸。

2. 亲电取代反应 吡咯、呋喃和噻吩都属于多电子芳杂环，碳原子上的电子云密度都比苯高，容易发生亲电取代反应，其反应活性为：吡咯＞呋喃＞噻吩＞苯，亲电取代首先发生在 α 位，经历加成-消除过程，若 α 位被占据，则反应发生在 β 位。较弱的亲电试剂可与其发生亲电取代反应，反应条件温和。

（1）卤代反应：吡咯、呋喃和噻吩在室温下均可分别与氯（或溴）激烈反应，得到多卤代产物。如要得到一氯代产物（或一溴代产物），需在低浓度反应物和低温条件下进行反应。

（2）硝化反应：多电子芳杂环的硝化反应需用较温和的非质子型的硝酸乙酰酯（CH_3COONO_2）作为硝化试剂，反应在低温下进行。硝酸乙酰酯有爆炸性，通常通过乙酸酐与硝酸反应临用现制。

（3）磺化反应：吡咯和呋喃的磺化反应需要在温和的条件下进行，常用非质子型的吡啶三氧化硫作为磺化试剂。用硫酸可以直接磺化噻吩，此性质可用于分离煤焦油中共存的苯和噻吩。

$$\underset{S}{\bigcirc} \xrightarrow[\text{室温}]{98\% \text{ H}_2\text{SO}_4} \underset{S}{\bigcirc}\text{-SO}_3\text{H} \quad (69\%\sim76\%)$$

（4）Friedel-Crafts 酰基化反应：五元芳杂环的烷基化反应产生多烷基化产物的混合物，不易分离，无应用价值。但它们的 Friedel-Crafts 酰基化反应主产物为一元取代的酰基产物。吡咯在路易斯酸催化下，酰基化主要发生在 α 位。在无催化剂存在下，吡咯与乙酸酐反应得到 N-酰基化和 α-酰基化产物。在三乙胺、乙酸钠等碱性条件下，主要得到 N-酰基化产物。

$$\underset{\text{H}}{\overset{}{\bigcirc_N}} + (\text{CH}_3\text{CO})_2\text{O} \longrightarrow \begin{cases} \xrightarrow[0\,°\!C]{\text{Et}_2\text{O-BF}_3} \underset{\text{H}}{\overset{}{\bigcirc_N}}\text{-COCH}_3 \quad (75\%\sim92\%) \\ \xrightarrow{\text{NaOAc}} \underset{\text{COCH}_3}{\overset{}{\bigcirc_N}} \end{cases}$$

3. 其他反应　吡咯、呋喃和噻吩均可以催化加氢生成相应的饱和杂环。

$$\underset{O}{\bigcirc} \xrightarrow{\text{H}_2/\text{ Ni 或 Pd}} \underset{O}{\bigcirc}$$

呋喃的环稳定性差，具有明显的共轭二烯烃的性质，可以发生 Diels-Alder 反应。

$$\underset{O}{\bigcirc} + \overset{O}{\underset{O}{\bigcirc}}\!\!O \xrightarrow{\Delta} \text{[加合物]} \xrightarrow[90\%]{[\text{H}]} \text{[还原产物]}$$

去甲斑蝥素

（三）重要的呋喃、噻吩、吡咯衍生物

2-呋喃甲醛俗称糠醛，为无色液体，可由玉米芯等制取得到。糠醛常用于炼油及合成树脂、尼龙、药物和农药等。糠醛具有醛、醚和共轭二烯烃的性质，醛基可被托伦试剂氧化，可与乙酸酐发生珀金（Perkin）反应生成 α,β-不饱和羧酸，也可在强碱作用下发生康尼扎罗（Cannizzaro）反应，生成醇和酸。

$$\underset{O}{\bigcirc}\text{-CHO} \begin{cases} \xrightarrow{[\text{Ag}(\text{NH}_3)_2]^+} \underset{O}{\bigcirc}\text{-COOH} \\ \xrightarrow[(\text{CH}_3\text{CO})_2\text{O}]{\text{CH}_3\text{COONa}} \underset{O}{\bigcirc}\text{-CH=CHCOOH} \\ \xrightarrow{\text{浓 NaOH}} \underset{O}{\bigcirc}\text{-CH}_2\text{OH} + \underset{O}{\bigcirc}\text{-COOH} \end{cases}$$

吡咯衍生物卟吩胆色素在生物体内可转变成卟啉、叶绿素和维生素 B_{12} 等重要生物活性物质。头孢噻吩属于半合成头孢菌素类抗生素，其结构中引入的噻吩环增强了抗菌活性，与许多半合成头孢菌素类抗生素相似，其抗菌活性优于天然头孢菌素。

卟吩胆色素原　　　　　头孢噻吩

视窗 15-1 血红素和叶绿素

血红素与蛋白质结合形成的血红蛋白存在于人和动物的血红细胞中，是高等动物血液输送氧及二氧化碳的主要物质。叶绿素与蛋白质结合形成的叶绿体存在于绿色细胞内，是重要的色素，也是植物进行光合作用所必需的催化剂。天然叶绿素包括蓝绿色的叶绿素 a 和黄绿色的叶绿素 b。血红素和叶绿素 a 的结构如下：

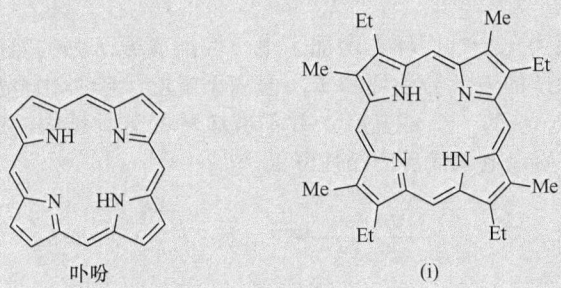

血红素　　　　　　　　　　　　叶绿素 a

R＝MeCH(CH$_2$)$_3$CHMe(CH$_2$)$_3$CHMe(CH$_2$)$_3$CMe＝CHCH$_2$—

叶绿素 a 结构中带星号的甲基换成醛基即为叶绿素 b

血红素和叶绿素的骨架都是由4个吡咯环通过4个次甲基在吡咯的 α 位相连而成的大环卟吩（porphin）。卟吩的成环原子都在一个平面上，交替相连而形成一个共轭体系。在血红素中卟吩以共价键及配位键与亚铁原子形成配合物，而叶绿素是与镁原子形成的配合物。在叶绿素与血红素中，每一个吡咯环 3,4-位均被取代，取代基是甲基、乙烯基、丙酸基等。如把叶绿素与血红素分子中的金属除去，经还原、脱羧，得到同样的卟吩衍生物（i）。

卟吩　　　　　　　　　　　　　(i)

二、含两个杂原子的五元杂环化合物

含有两个或两个以上杂原子，其中一个或多个是氮原子的五元杂环化合物称为唑（azole），包括吡唑、咪唑、噁唑、异噁唑、噻唑等。根据环中杂原子的位置，又可分为 1,2-唑（吡唑）与 1,3-唑（咪唑）。

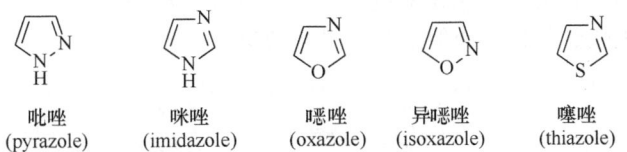

吡唑　　　　咪唑　　　　噁唑　　　异噁唑　　　噻唑
(pyrazole)　(imidazole)　(oxazole)　(isoxazole)　(thiazole)

（一）电子结构与芳香性

唑类是吡咯、呋喃和噻吩环上的2位或3位的碳被氮原子替代的产物，这个氮原子与吡啶的氮原子的杂化类型相同，均为 sp^2 杂化，一对未共用电子对在 sp^2 杂化轨道上，伸向环外（图 15-2），未参与杂化的 p 轨道上有一个电子，这个 p 轨道与环上其他原子的 p 轨道侧面重叠形成六电子的共轭大 π 键。唑类具有芳香性。

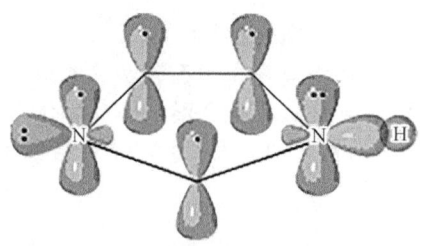

图 15-2　咪唑的轨道结构模型

（二）物理性质

不同唑类化合物的沸点差别较大，吡唑和咪唑存在分子间氢键，沸点较高，而咪唑的线形多聚体比吡唑的二聚体沸点高。唑类化合物结构中 sp^2 杂化氮原子上的电子对，可通过氢键和水分子缔合，与吡咯、呋喃、噻吩相比，它们的水溶解度更大。

吡唑的二聚体　　　　　　　咪唑的线形多聚体

（三）化学性质

1. 酸碱性　唑类化合物的氮原子含有未共用的电子对，可以接受质子，因此碱性比吡咯强，比吡啶或相应脂肪胺弱。含氧唑类（噁唑与异噁唑）碱性较弱，含氮唑类（吡唑和咪唑）碱性较强。

2. 亲电取代反应　唑类化合物因环上增加了电负性比碳原子强的氮原子，所以其亲电取代反应的活性低于含一个杂原子的五元芳杂环和苯，但高于吡啶。唑类化合物对氧化剂不太敏感。由于唑环中显碱性的氮原子（—N═）成盐后，并不破坏环的芳香结构，所以亲电取代反应可在强酸性条件下进行，但成盐后亲电取代反应活性降低。

咪唑和吡唑环具有互变异构现象，室温条件下，其一对互变异构体由于快速互变而难以分离。例如，咪唑的亲电取代反应产物是对处于平衡的互变异构体，总称 4(5)-硝基咪唑。其他氮上的氢未被取代的吡唑类化合物也有类似的互变异构现象。

4-甲基咪唑　　　　　5-甲基咪唑

（四）咪唑、噻唑衍生物

许多天然产物含有咪唑环。例如，胰凝乳蛋白酶、过氧化物歧化酶等功能蛋白质中的组氨酸残基是其活性部位的重要组成部分。在细菌的作用下，组氨酸可发生脱酸反应生成组胺，组胺是人体过敏反应的因素之一。青霉素是含有四氢噻唑环的抗生素。

组胺　　　　　青霉素G

第三节　六元杂环化合物

含氮的六元杂环化合物是最重要的杂环化合物。吡啶、嘧啶等六元杂环化合物及其衍生物不仅广泛存在于天然产物中，也存在于不少合成药物中。

一、吡啶及其衍生物

（一）吡啶的结构及芳香性

吡啶（pyridine）可看成是苯环中的一个CH被氮原子替换的产物，其结构与苯相似，但不是正六边形，吡啶分子中C—C键长139pm（与苯中C—C键长相等），C—N键长137pm，介于一般的C—N单键（147pm）与C=N双键（128pm）之间。吡啶分子中的5个碳原子和1个氮原子都为sp^2杂化，它们彼此以sp^2杂化轨道相互重叠形成以σ键相连的环平面。环上6个原子都有1个垂直于该平面的未杂化的p轨道（各有1个电子），这些p轨道相互平行重叠，形成含6个π电子的环状闭合大π键，其电子数符合4n+2规则，吡啶具有芳香性。氮原子一个未参与成键的sp^2杂化轨道处于吡啶环平面上，被一对孤对电子所占据（图15-3）。

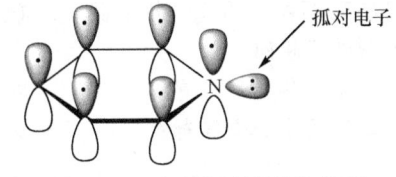

图15-3　吡啶的轨道结构模型

因氮原子的电负性较碳原子的电负性大，吡啶环上π电子云向氮原子偏移，氮原子周围电子云密度较高，带部分负电荷，碳原子带部分正电荷。如苯环上电子云密度为1，则吡啶环上π电子云的概率密度如下：

$$\begin{array}{c} 0.87 \\ 1.01 \\ 0.84 \\ 1.43 \end{array}$$

在吡啶环中，氮原子对π电子云密度的影响类似于硝基苯中的硝基，即吡啶环中碳原子比苯环中碳原子的电子云密度低。所以这类芳杂环又称"缺π"芳杂环，其亲电取代反应和氧化反应较难，亲核取代反应和还原反应较容易。

（二）物理性质

吡啶是从煤焦油中分离出来的具有特殊臭味的无色液体，沸点为115.3℃。吡啶的极性大，且吡啶的氮原子能与水分子形成氢键，所以吡啶在水中的溶解度大。吡啶能与乙醇、乙醚等以任意比例混溶。当吡啶环上有氨基或羟基时，很容易形成分子间氢键，使其溶解度减小。吡啶是一种良好的有机溶剂，能溶解大多数极性或非极性有机化合物。吡啶氮原子能与一些金属离子（如Ag^+、Ni^{2+}、Cu^{2+}）形成配位结合体，如$[Cu(C_5H_5N)_2]Cl_2$，因此吡啶可作为某些无机盐的溶剂。吡啶是平面型分子，氮原子的诱导效应与共轭体系中电子转移的方向一致，而吡啶的氢化产物哌啶只有氮原子的吸电子诱导效应，因此吡啶的偶极矩较哌啶大。

$\mu = 7.41 \times 10^{-30} C \cdot m$　　　　$\mu = 3.90 \times 10^{-30} C \cdot m$

（三）化学性质

> **案例 15-2**
> 　　吡啶衍生物广泛存在于自然界，是许多天然药物、染料的基本组成部分。吡啶及其衍生物大多数存在于煤焦油中。工业上煤焦油的加工过程是先按沸点范围蒸馏分离为各种馏分，然后通过结晶、酸或碱萃取等方法进一步纯化。
> 　　**问题**　试设计利用吡啶的碱性将其与煤焦油中的中性轻油分离的工艺。
> 　　**案例分析**　吡啶及其同系物具有碱性。将煤焦油分馏出的轻油部分用硫酸处理，吡啶和硫酸成盐后溶于水相与轻油分离；而吡啶硫酸盐为强酸弱碱盐，很易与无机碱反应游离出吡啶，最后经蒸馏精制得到较纯的吡啶。

1. 碱性和亲核性　由于吡啶氮原子的未共用电子对能接受质子或给出电子，所以吡啶显碱性和亲核性。吡啶（pK_a=5.19）比氨（pK_a=9.75）、脂肪胺（pK_a=9～11）的碱性弱，其原因是吡啶氮原子上的未共用电子对处于 sp^2 杂化轨道中，而氨和脂肪胺的氮原子为 sp^3 杂化，前者 s 成分较后者多，未共用电子对受核的束缚较强，与 H^+ 的作用较小。与苯胺（pK_a=4.6）相比，吡啶碱性稍强。

吡啶与强酸可以形成稳定的盐，因此某些结晶型盐可以用于吡啶的分离、鉴定及精制。吡啶还可与路易斯酸（如 BF_3、SO_3）成盐，吡啶三氧化硫作为温和的非质子磺化试剂，可用于对硫酸或硝酸不稳定的化合物的磺化。吡啶在许多化学反应中用作催化剂或脱酸剂，其催化作用常常优于一些无机碱。

吡啶氮原子上的未共用电子对具有亲核性，可以和亲电试剂反应生成相应产物，例如：与卤代烷反应生成季铵盐；与酰卤等反应生成 N-酰基吡啶盐，该盐是良好的酰化试剂。

$$\text{Py} + H_3C{-}I \longrightarrow [\text{N-CH}_3\text{-Py}]^+ I^- \quad \text{碘化} N\text{-甲基吡啶}$$

$$\text{Py} + PhCOCl \rightleftharpoons [\text{N-COPh-Py}]^+ Cl^- \quad \text{氯化} N\text{-苯甲酰基吡啶}$$

2. 亲电取代反应　吡啶环上电子云密度比苯低，其亲电取代反应的活性与硝基苯相当。吡啶的亲电取代反应困难，一般需在 200～350℃ 条件下，且产率较低。弱亲电试剂难与吡啶作用，吡啶不发生 Friedel-Crafts 酰基化和烷基化反应。吡啶的亲电取代反应发生在 β 位。若吡啶环上有给电子基团，能增强吡啶环的亲电反应活性。

吡啶 $\xrightarrow[300℃, 24h]{\text{浓}HNO_3, \text{浓}H_2SO_4}$ 3-硝基吡啶 (20%)

吡啶 $\xrightarrow[220℃]{\text{发烟}H_2SO_4, HgSO_4}$ 吡啶-3-磺酸 (70%)

吡啶 $\xrightarrow[300℃]{Br_2, \text{沸石}}$ 3-溴吡啶 (39%)

2,4-二甲基吡啶 $\xrightarrow[100℃, 5h]{\text{浓}H_2SO_4/KNO_3}$ 2,4-二甲基-3-硝基-6-甲基吡啶 (93%)

由于环中存在电负性大的氮原子，与苯相比，吡啶正离子中间体不稳定，其取代反应较难。比较亲电试剂进攻吡啶 α 位、β 位或 γ 位所形成的活性中间体可以看到：当进攻 α 位或 γ 位时，有一个极限式是正电荷在电负性较大的氮原子上，这一结构极不稳定；而进攻 β 位没有特别不稳定的极限式存在，其活性中间体比进攻 α 位或 γ 位的中间体稳定，所以有利于 β 位取代。

吡啶环上的取代基与环上的氮原子共同对亲电取代反应起定位效应，当两者的作用方向一致时，亲电取代反应易进行。

3. 亲核取代反应　由于吡啶中氮原子的吸电子作用，吡啶环上特别是 α 位和 γ 位碳原子的电子云密度降低。因此，$NaNH_2$、RLi 等强亲核试剂能与吡啶在缺电子的 α 位发生芳基亲核取代（nucleophilic aromatic substitution，S_NAr）反应。吡啶与氨基钠反应生成 α-氨基吡啶的反应，称为齐齐巴宾（Chichibabin）反应，如果 α 位已被占据，则得到 γ-氨基吡啶，但产率很低。

如果 α 位或 γ 位存在较好的离去基团（如 Cl^-、Br^-、NO_2^- 等），吡啶可以与氨（或胺）、烷氧化物、水等较弱的亲核试剂发生亲核取代反应。

4. 氧化和还原反应 吡啶环对氧化剂比较稳定。在酸性条件下，吡啶成盐后更难被氧化。当吡啶环上有烃基侧链，总是侧链先氧化，而吡啶环不被破坏。

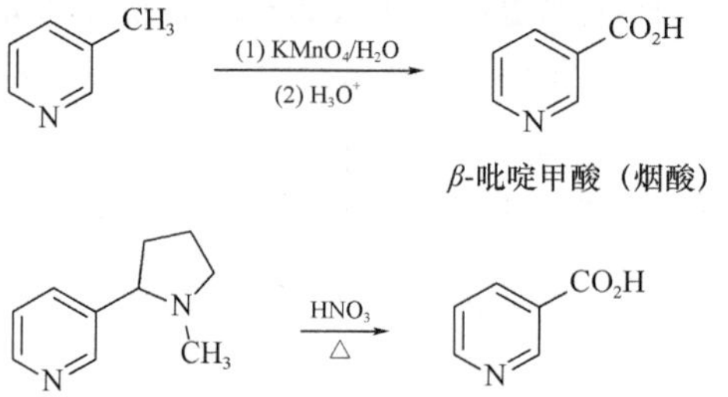

$$\text{3-甲基吡啶} \xrightarrow[\text{(2) } H_3O^+]{\text{(1) } KMnO_4/H_2O} \text{β-吡啶甲酸（烟酸）}$$

$$\text{（尼古丁）} \xrightarrow[\Delta]{HNO_3} \text{烟酸}$$

特殊的氧化条件下，吡啶生成 N-氧化物。吡啶与过氧羧酸或过氧化氢作用，得到有用的合成中间体——吡啶 N-氧化物。吡啶 N-氧化物既容易进行亲电取代反应，又能进行亲核取代反应，取代反应发生在 α 位或 γ 位。吡啶 N-氧化物这一特殊性质用于活化吡啶和起定位作用，合成取代吡啶。吡啶 N-氧化物可用三氯化磷或其他方法还原脱去氧。

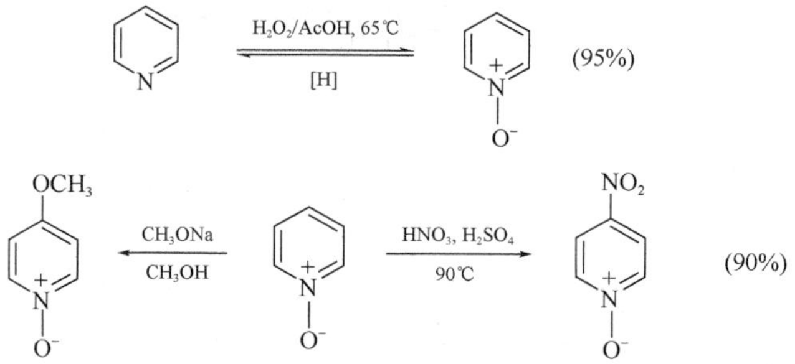

$$\text{吡啶} \underset{[H]}{\overset{H_2O_2/AcOH,\ 65\ ^\circ C}{\rightleftharpoons}} \text{吡啶 N-氧化物} \quad (95\%)$$

$$\text{4-甲氧基吡啶 N-氧化物} \xleftarrow[CH_3OH]{CH_3ONa} \text{吡啶 N-氧化物} \xrightarrow[90\ ^\circ C]{HNO_3,\ H_2SO_4} \text{4-硝基吡啶 N-氧化物} \quad (90\%)$$

吡啶的还原产物六氢吡啶（哌啶，$pK_a=11.2$）为仲胺，其碱性强，很多天然产物中具有此结构。

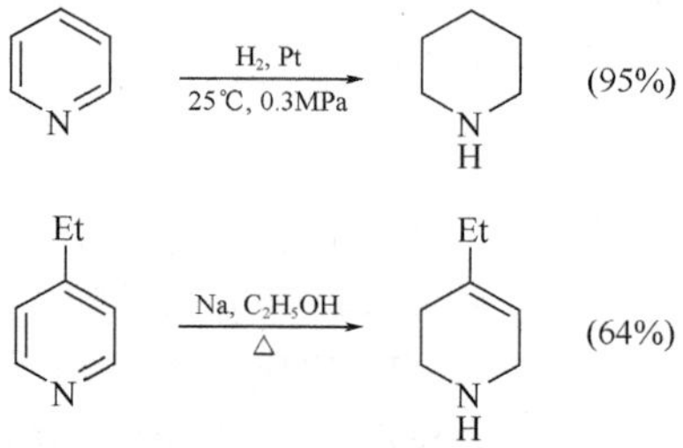

$$\text{吡啶} \xrightarrow[25\ ^\circ C,\ 0.3MPa]{H_2,\ Pt} \text{哌啶} \quad (95\%)$$

$$\text{4-乙基吡啶} \xrightarrow[\Delta]{Na,\ C_2H_5OH} \text{4-乙基-1,2,3,6-四氢吡啶} \quad (64\%)$$

视窗 15-2　　　　　　　天然的吡啶鎓盐：烟酰胺腺嘌呤二核苷酸

烟酰胺腺嘌呤二核苷酸（NAD⁺）为复杂的吡啶鎓衍生物，是重要的生物氧化剂。大多数生物通过葡萄糖或脂肪酸的氧化（失去电子）获得能量，该生物氧化过程需要特殊的氧化还原中介物通过电子转移的串联反应而进行，NAD⁺ 就是这类中介物。在底物的氧化中，NAD⁺ 的吡啶鎓环发生双电子还原，同时发生质子化，转变为 NADH。

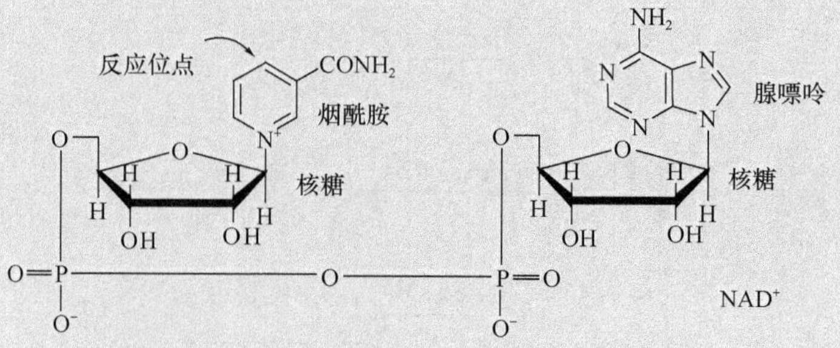

NAD⁺ 的还原

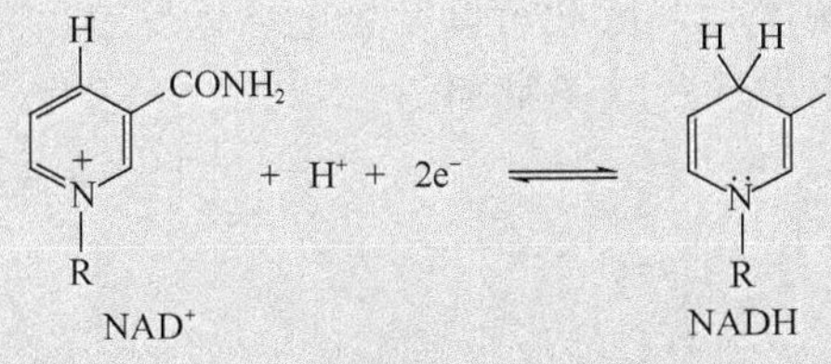

在从醇到醛（包括维生素 A 转化为视黄醛）的许多生物氧化中，NAD⁺ 是电子受体。该反应可看成是负氢离子从醇的 C1 转移到吡啶䎡核上。

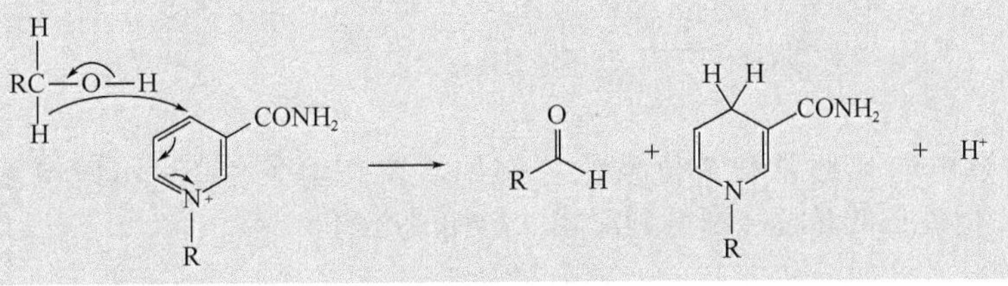

视窗 15-3 尼古丁和致癌物

干烟叶中存在 2%～8% 尼古丁。尼古丁可产生兴奋活性，影响情绪、食欲和识别能力，它又是一种成瘾物。吸烟与心肺疾病以及癌症有联系，这主要是由于香烟的烟雾中存在由尼古丁转变的致癌物质、一氧化碳和其他毒素。尼古丁转化为致癌性物质的机制为：首先，尼古丁的四氢吡咯环发生氮 N-亚硝化反应，然后再经过氧化、开环产生两个 N-亚硝胺的混合物，两者都是强致癌物。

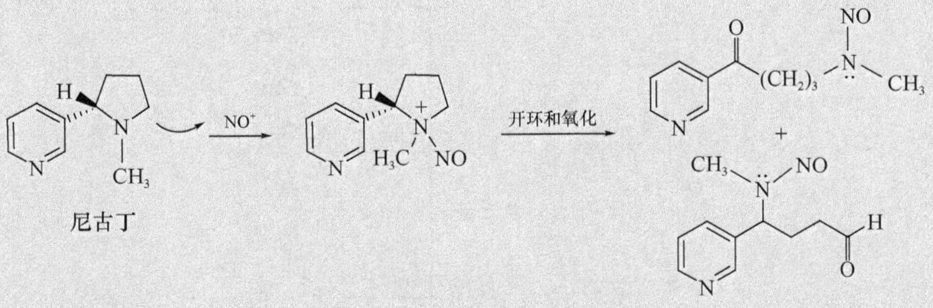

亚硝基的氧质子化后，生成的 N-亚硝胺为活泼的烷基化试剂，能够将氮原子上甲基转移到生物分子（如 DNA）的亲核位点，产生的重氮氢氧化物可分解为碳正离子，后者又对生物分子作用，造成进一步的伤害。

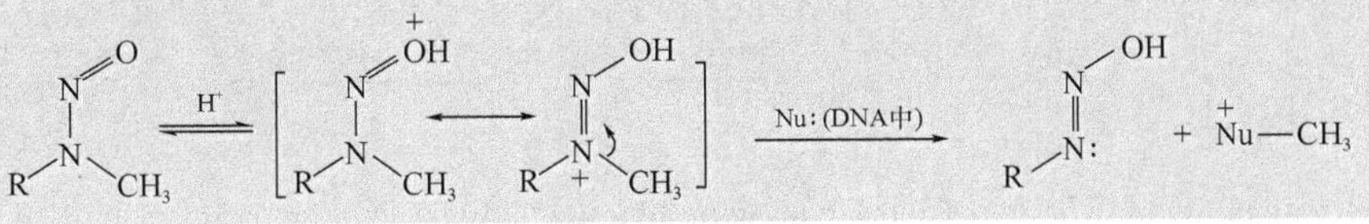

二、含一个氧原子的六元杂环

简单的含氧六元杂环吡喃有 α-吡喃（2H-吡喃）和 γ-吡喃（4H-吡喃）两种异构体（表 15-1）。吡喃属于烯醚化合物，无芳香性，不稳定。自然界存在它的羰基衍生物吡喃酮（pyrone），如苯并 α-吡喃酮（香豆素）或苯并 γ-吡喃酮（色酮）。

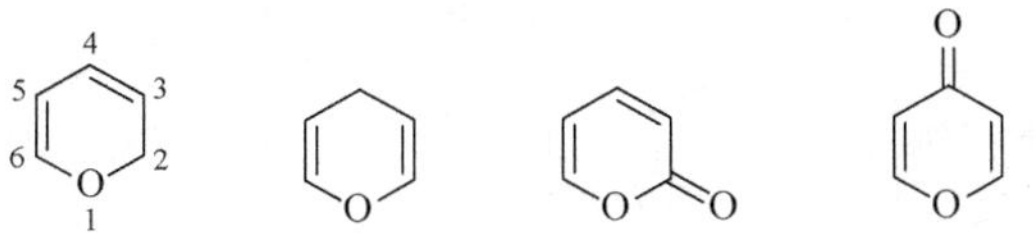

α-吡喃　　γ-吡喃　　α-吡喃酮　　γ-吡喃酮

α-吡喃的性质与氧杂环己二烯类似，因此可以发生电环化反应，开环得到二烯酮，此反应为可逆反应，因此二烯酮类化合物也用来合成 α-吡喃。

α-吡喃酮是不饱和内酯，不稳定，室温放置会缓慢聚合，能够与马来酸酐发生 Diels-Alder 反应。亲核试剂通常与 α-吡喃酮的羰基发生反应。

α-吡喃酮的亲电取代通常在 3 位发生，例如，在高温条件下，α-吡喃酮与 Br_2 反应生成 3-溴-2H-吡喃酮。但是在低温时，则得到反式二溴加成产物。

γ-吡喃酮可视为插烯内酯，是稳定的晶型化合物，在碱性条件下可发生酯水解反应而开环。γ-吡喃酮与 α-吡喃酮在光照条件下可以相互转化。γ-吡喃酮能与无机酸、路易斯酸作用生成𬭩盐。γ-吡喃酮的𬭩盐为芳香体系，比较稳定，能与硫酸二甲酯发生甲基化反应。

γ-吡喃酮与格氏试剂 1∶1 反应后用强酸酸化，可以得到 4-取代的吡喃𬭩盐（pyrylium salt），而如果使用过量的格氏试剂反应，则可得到 4,4-二取代-4H 吡喃。

视窗 15-4　黄酮类化合物

黄酮类化合物（flavonoids）是具有 2-苯基色原酮（flavone）结构的一类天然产物。黄酮类化合物数量种类繁多，广泛存在于多种植物中。黄酮通常与糖结合成苷类，小部分以苷元的形式存在。黄酮类化合物具有许多重要的生理、生化作用，是许多中草药的有效成分。适量摄入黄酮类化合物能降低肿瘤、心血管疾病、脂质过氧化以及骨质疏松等疾病的发病率。

黄酮　　　　异黄酮　　　　黄芩素

黄芩苷　　　　　　　　大豆黄素　　　　　　　　大豆黄素苷

三、含两个氮原子的六元杂环

含有两个氮原子的六元杂环化合物称为二嗪，包括哒嗪、嘧啶和吡嗪三种异构体（表 15-1）。二嗪是许多重要杂环化合物的母核，例如，嘧啶衍生物广泛存在于自然界。

（一）结构和物理性质

二嗪环上的两个氮原子各有一对均位于不等性 sp^2 杂化轨道的未共用电子对。二嗪的理化性质与吡啶相似，但有所差别。二嗪类化合物的氮原子的未共用电子能与水形成氢键缔合，哒嗪与嘧啶分子有一定极性，所以可与水混溶，吡嗪的水溶性相对更差。

（二）化学反应

1. 碱性和亲核性　二嗪类化合物的化学性质与吡啶相似，均具有碱性，在三种二嗪化合物中，哒嗪碱性最强（pK_a=2.3），嘧啶次之（pK_a=1.3），吡嗪最弱（pK_a=0.4），但由于其两个氮原子的相互影响，二嗪的碱性比吡啶弱。嘧啶分子含两个氮原子，但为一元碱。因为当一个氮原子成盐后，另一个氮原子上的电子云密度降低，不显示碱性。二嗪类化合物与卤代烷可发生亲核反应生成单季铵盐。

2. 亲电和亲核取代反应　由于二嗪类化合物两个氮原子的强吸电子作用，环上电子云密度低，亲电取代反应难发生。当哒嗪与某些有机金属试剂反应时，可在哒嗪的 4 位（格氏试剂）或 3 位（烷基锂试剂）发生亲核取代反应，但此类反应应用较少。

当嘧啶环上的 2,4,6 位连有强活化基团（如—OH、—NH_2 等）时，5 位可以进行硝化、磺化、重氮偶合等亲电反应。

二嗪类化合物比吡啶容易发生亲核取代反应，反应发生在电子密度较小的部位（如嘧啶的 2,4,6 位）。2 位、4 位或 6 位卤素取代的嘧啶易与酰胺、胺类、硫化物等发生亲核取代反应，用于制备嘧啶衍生物。

吡嗪连有氨基等给电子基团时，可以作为邻对位定位基并同时活化吡嗪环发生亲电取代反应，如果吡嗪同时含有其他吸电子基团，则不易发生芳基亲电取代。如 2-氨基吡嗪可在 3-位和 5-位发生卤化，而 2-氨基-3-吡嗪羧酸仅在氨基上发生卤化。

3. 氧化和 α-氢的反应 二氮嗪母核稳定，而侧链及苯环可被氧化，生成羧酸及二羧酸。

二嗪类与过酸或 H_2O_2 反应主要生成二嗪的单 N-氧化物，此 N-氧化物既容易发生亲电反应，也容易发生亲核反应。

（三）嘧啶环的合成

许多生物活性物质都含有嘧啶环。嘧啶环的合成主要通过 1,3-二羰基化合物（丙二酸酯、β-酮酸酯、β-二酮等）与 N—C—N 型二胺（尿素、硫脲、胍、脒等）的缩合反应而实现。

巴比妥酸

氰基乙酸酯也能与二胺类化合物反应，生成嘧啶衍生物：

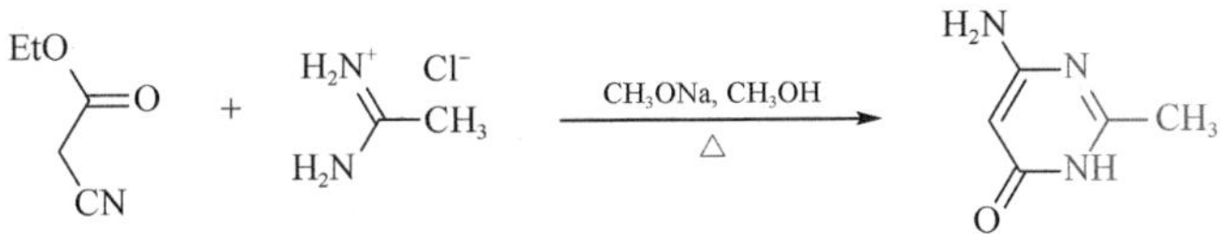

第四节　稠杂环化合物

稠杂环化合物是指苯环与杂环稠合或杂环与杂环稠合在一起的化合物。常见的有吲哚、喹啉、异喹啉及嘌呤等。

一、吲　　哚

（一）吲哚的性质

1. 物理性质　吲哚（indole）具有苯并 [b] 吡咯的结构，存在于煤焦油和茉莉花油中，纯品为无色片状结晶，熔点为 52 ℃，沸点为 253 ℃，可溶于热水、乙醇、乙醚。吲哚具有粪臭味，但其极稀溶液则有花香气味。

2. 芳香性和碱性　吲哚环比吡咯环稳定，因为吡咯与苯稠合后共轭体增大，芳香性增加。吲哚对酸、碱及氧化剂都不敏感。吲哚（pK_a=16.97）的碱性比吡咯弱，酸性比吡咯稍强，这是氮原子上未共用电子对在更大范围内离域的结果。

3. 亲电取代反应　吲哚碳原子的亲电取代反应活性比吡咯低，但比苯并 [b] 呋喃高，其亲电取代反应通常发生在 3-位，若 3-位有取代基，则首先在 2-位发生取代，随后在 6-位发生取代。由于强酸能使吲哚环系发生聚合，需避免在强酸条件下进行反应。

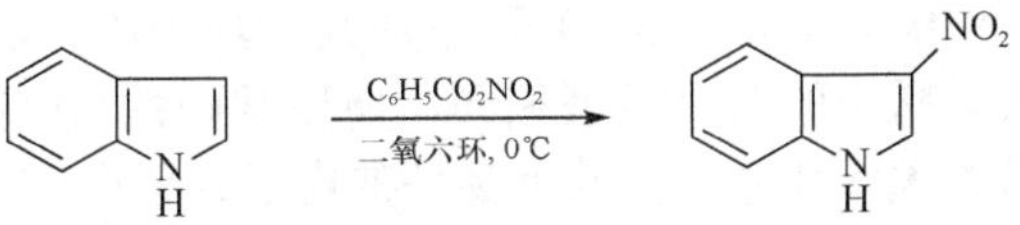

吲哚可被 $SOCl_2$ 或 NaOCl 水溶液氯代得到 3-氯吲哚，可被 N-溴代丁二酰亚胺（NBS）溴代得到 3-溴吲哚。吲哚也可与吡啶-三氧化硫复合物发生磺化反应生成 3-吲哚磺酸。吲哚、甲醛和二甲胺在乙酸溶剂中可发生曼尼希反应生成芦竹碱（gramine），即 3-二甲胺甲基吲哚，它是一种从禾本科植物中分离出的天然吲哚生物碱。

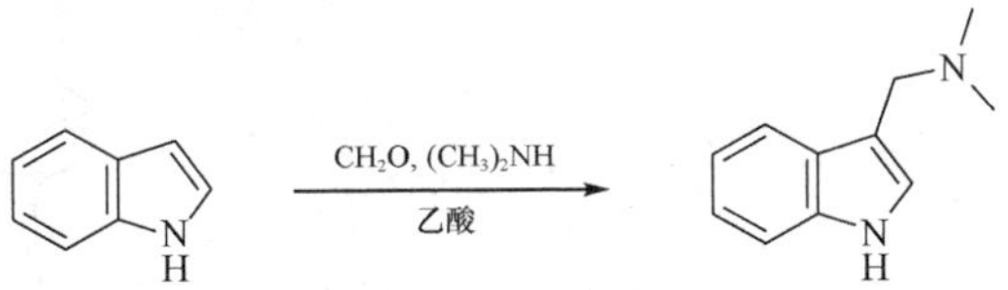

4. 加成反应　与吡咯类似，吲哚也易被氧化，吲哚的 3-位可被过氧化物或空气氧化生成 2,3-二氢吲哚-3-酮。

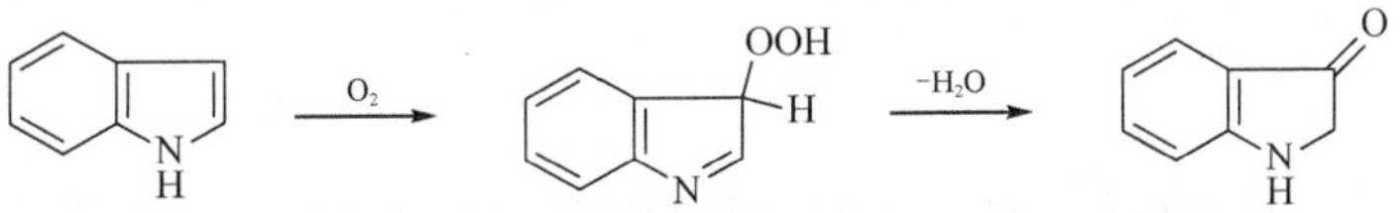

（二）吲哚的合成

吲哚化合物有多种合成方法，其中费舍尔吲哚合成法（Fischer indole synthesis）在医药合成领域及生物碱的合成中有广泛应用。该方法是用醛或酮与等物质的量的苯肼在酸中回流生成苯腙，之后在酸催化下进行重排、消除氨，即可得到吲哚衍生物。要制备吲哚本身，需用丙酮酸的苯腙制备 2-吲哚甲酸，然后脱羧得到吲哚。

吲哚衍生物在自然界分布很广，许多吲哚衍生物具有重要的生物理活性，如天然氨基酸色氨酸，哺乳动物脑中的重要物质 5-羟色胺（5-HT）都是重要的吲哚衍生物。

色氨酸　　　　　　5-羟色胺

二、喹啉和异喹啉

喹啉（quinoline）和异喹啉（isoquinoline）可看成是萘环中的 α-CH 或 β-CH 被氮原子取代的衍生物，其氮原子与吡啶的氮原子的杂化类型相同，所以其碱性与吡啶相似（pK_a 分别为 4.87 和 5.14）。喹啉和异喹啉存在芳香大 π 体系，但其吡啶环的电子云密度低于苯环。

（一）化学反应

喹啉和异喹啉与吡啶和萘的结构和化学性质相似。

1. 亲电取代反应　　喹啉和异喹啉比吡啶容易发生亲电取代反应。喹啉的亲电取代主要发生在苯环的 C5 与 C8 位，异喹啉的亲电取代主要发生在苯环的 C5 位。

2. 亲核取代反应　　喹啉和异喹啉比吡啶容易发生亲核取代反应。亲核取代反应主要发生在喹啉的 C2 位或 C4 位，异喹啉的 C1 位。

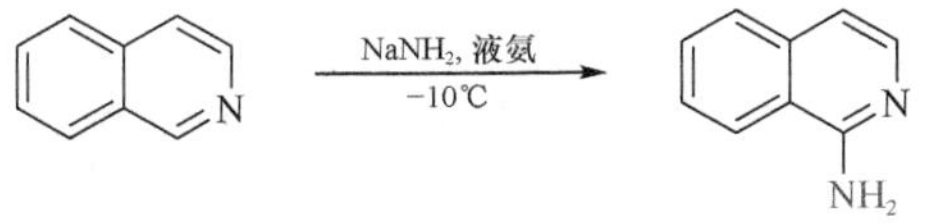

3. 侧链的反应 喹啉的 2-,3-,4-位或异喹啉的 1-,3-,4-位有甲基时，由于杂原子的影响，甲基具有一定的酸性，因此侧链甲基在碱性或酸性条件下可以发生形成 C—C 键的缩合反应，如羟醛（aldol）缩合、克莱森缩合或曼尼希反应等。

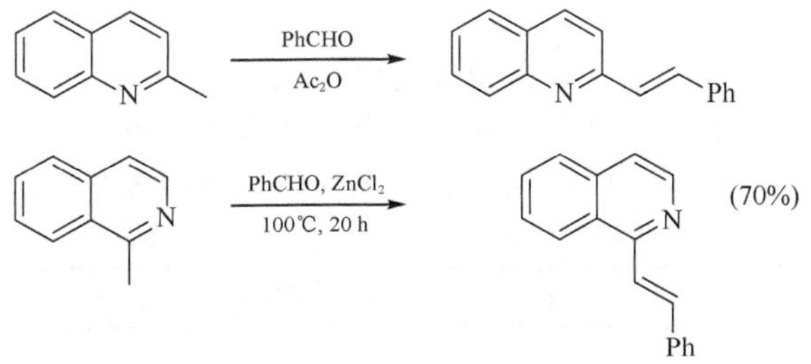

4. 氧化和还原反应 喹啉和异喹啉与大多数氧化剂不反应，但可被高锰酸钾氧化，破坏苯环，也可与过氧酸或 H_2O_2 反应形成 N-氧化物。

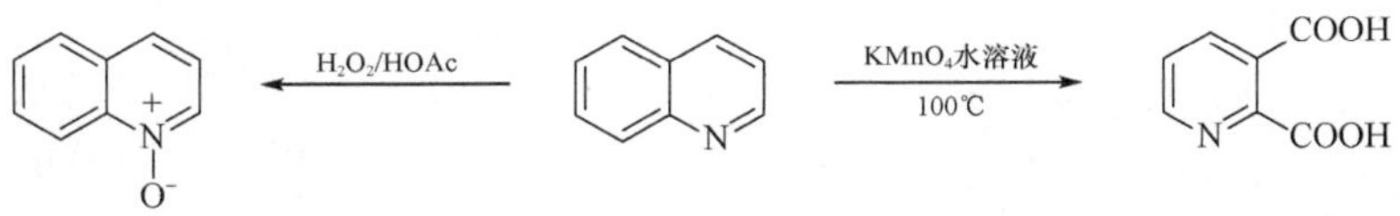

在碱性 $KMnO_4$ 条件下，喹啉的苯环被氧化，得到 2,3-吡啶二羧酸。在酸性 $KMnO_4$ 条件下，喹啉的吡啶环被氧化，得到 N-甲酰基邻氨基苯甲酸。异喹啉在中性 $KMnO_4$ 条件下得到邻苯二甲酸酐，而在碱性 $KMnO_4$ 条件下被氧化为邻苯二甲酸与 3,4-吡啶二羧酸的混合物。

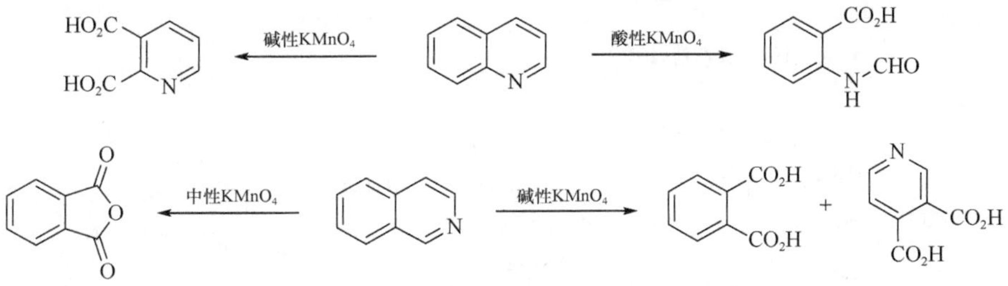

喹啉、异喹啉可被催化氢化或被化学还原剂还原，反应条件不同，产物也不同：

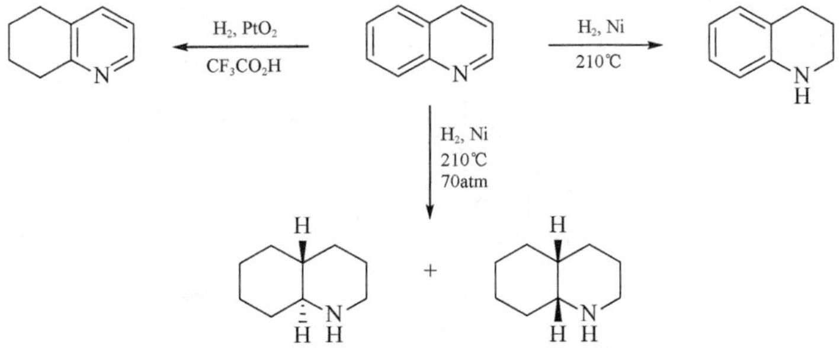

（二）喹啉及其衍生物的合成

用苯胺（或取代芳胺）、甘油、硫酸和硝基苯（相应于所用芳胺）等共热合成喹啉及其衍生物的方法称为斯克劳普（Skraup）合成法。也可采用 α,β-不饱和醛、酮代替甘油与取代的苯胺反应。

[反应式 1: 邻氨基苯酚 + 甘油 + 邻硝基苯酚 $\xrightarrow[\triangle]{H_2SO_4}$ 8-羟基喹啉 (69%)]

[反应式 2: 苯胺 + $H_2C=CHCOCH_3$ $\xrightarrow[\triangle]{FeCl_3, ZnCl_2, PhNO_2}$ 4-甲基喹啉 (73%)]

视窗 15-5　　　　含杂环的生物碱

生物碱是生物体产生的生理活性显著的一类含氮化合物，因主要存在于植物中，故又称植物碱。其结构多为仲胺、叔胺，常含有氮杂环。氮杂环生物碱常根据所含的杂环骨架分类，如四氢吡咯和六氢吡啶环系、吲哚环系、喹啉异喹啉环系以及嘌呤环系生物碱。

分类	生物碱举例
四氢吡咯和六氢吡啶环系	烟碱(尼古丁)
吲哚环系	长春碱(R=CH₃)，长春新碱(R=CHO)　　利血平
喹啉异喹啉环系	奎宁　　氯喹　　R=H, 喜树碱; R=OH, 10-羟基喜树碱 罂粟碱　　吗啡　　小檗碱 dl-延胡索乙素

续表

分类	生物碱举例
嘌呤环系	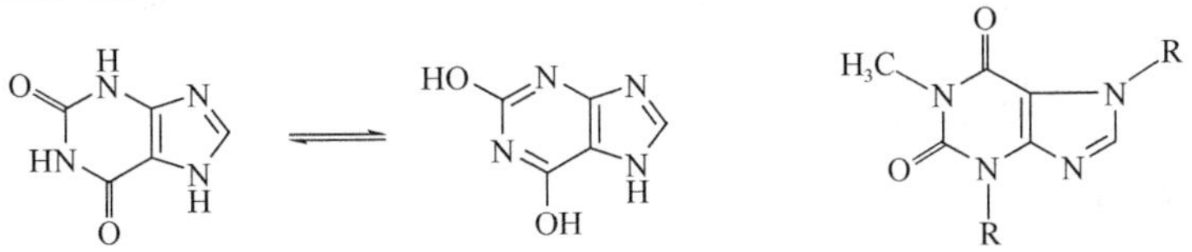 黄嘌呤　　　咖啡因 R=CH₃　茶碱 R=H

三、嘌呤及其衍生物

嘌呤（purine）是由一个嘧啶环和一个咪唑环稠合而成的稠杂环化合物，熔点为216℃，能溶于水，具有弱碱性。嘌呤衍生物在自然界中分布广泛，例如保存遗传信息的核酸中含有嘌呤衍生物，具有兴奋作用的生物碱咖啡因、茶碱、可可碱含有嘌呤结构。尿酸、黄嘌呤、腺嘌呤及鸟嘌呤都是嘌呤的重要衍生物。嘌呤环存在着互变异构现象。嘌呤是 $9H$ 和 $7H$ 两个互变异构平衡体系，平衡偏向于 $9H$ 的形式。嘌呤分子大 π 键的电子数符合 $4n+2$ 规则，因而具有芳香性。由于环中含有多个电负性较强的氮原子，环碳原子的电子云密度减弱，所以嘌呤很难发生亲电取代反应。

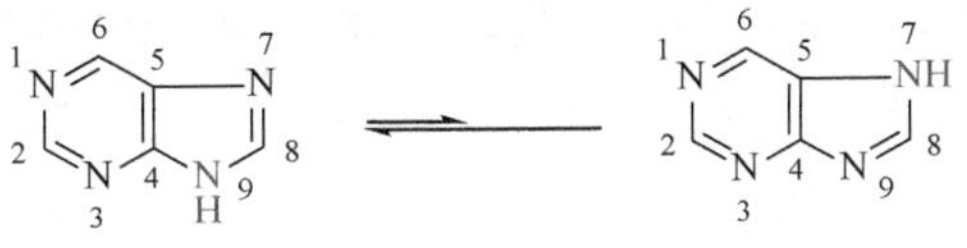

$9H$-嘌呤　　　　　$7H$-嘌呤

嘌呤在液氨中与 KNH_2 发生齐齐巴宾（Chichibabin）反应，生成 6-氨基嘌呤（腺嘌呤）。

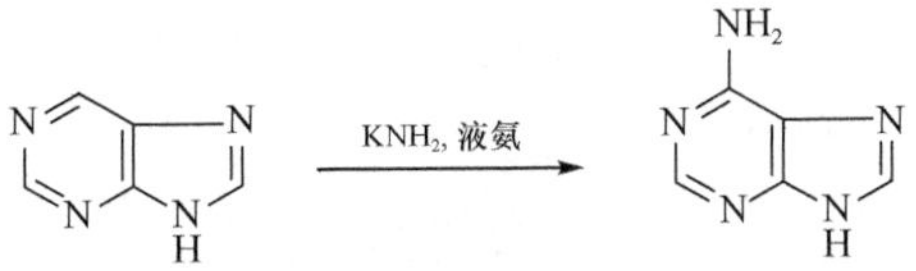

嘌呤易溶于水、醇，难溶于非极性溶剂。嘌呤既有弱碱性又有弱酸性，可以分别与强酸或强碱成盐。由于受到分子中"嘧啶环"部分的吸电子诱导作用的影响，嘌呤的酸性（$pK_a=8.9$）比咪唑（$pK_a=14.5$）强，碱性（$pK_a=2.4$）比嘧啶（$pK_a=1.4$）强，比咪唑（$pK_a=7.0$）弱。

视窗 15-6　　　核酸中的碱基和杂环结构

核酸的基本单位核苷酸由磷酸、戊糖、碱基三部分组成，其中碱基为嘌呤或嘧啶的衍生物。嘌呤和嘧啶的衍生物分别称为嘌呤碱和嘧啶碱，它们的结构如下：

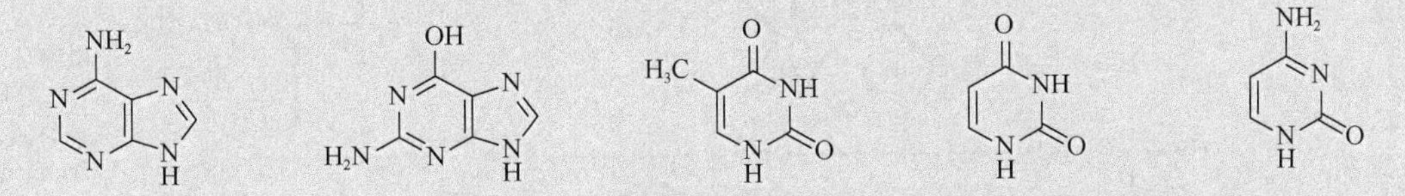

腺嘌呤(A,adenine)　鸟嘌呤(G,guanine)　胸腺嘧啶(T,thymine)　尿嘧啶(U,uracil)　胞嘧啶(C,cytosine)

嘌呤碱　　　　　　　　　　　嘧啶碱

视窗 15-7　　　B 族维生素和杂环

B 族维生素包括维生素 B_1、维生素 B_2、烟酸和烟酰胺、泛酸、维生素 B_6、生物素、叶酸、维生素 B_{12} 等，其结构中大部分含有杂环结构：

名称	构造式	结构特征
维生素 B_1	(结构式) 又称硫胺素(thiamine)	含嘧啶环和噻唑环
维生素 B_2	(结构式) 又称核黄素(riboflavin)	含嘧啶环，或称苯并蝶啶环
烟酸和烟酰胺	(结构式) 烟酸　烟酰胺　统称为"维生素PP"	含吡啶环
维生素 B_6	(结构式) 吡哆醇　吡哆醛　吡哆胺	含吡啶环
生物素	(结构式)	含氢化噻吩并咪唑啉酮和戊酸
叶酸	(结构式) 蝶啶部分　4-氨基苯甲酸部分　谷氨酸部分 叶酸（X=OH, R=H）；氨甲蝶呤（X=NH_2, R=CH_3）	含蝶啶环，由嘧啶环和吡嗪环稠合而成
维生素 B_{12}	(结构式)	含吡咯环，类似于卟吩环系，但其中两个吡咯环之间少一个次甲基

习 题

1. 命名下列化合物。

（1） H_3C-糠-SO_3H 结构 （2） N-甲基-2-乙基吡咯 结构 （3） 2-氯-4-乙基嘧啶 结构

（4） 呋喃并吡啶 结构 （5） 2-甲基-7-羟基吲哚 结构 （6） 6-羟基嘌呤-2-甲酸 结构

2. 写出下列化合物的结构式。
（1）4,5-二甲基糠醛　　（2）腺嘌呤　　（3）4-二甲氨基吡啶
（4）5-苯基-2-甲基吡嗪　（5）色氨酸　　（6）2,4-二氨基-5-对氯苯基-6-乙基吲哚

3. 选择题。
（1）下列化合物碱性最强的是（　　）

　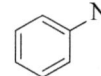　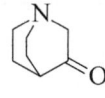　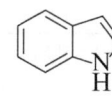

　A　　　　　　B　　　　　　C　　　　　　D

（2）下列杂环化合物中沸点最高的是（　　）
A. 呋喃　　　B. 噻吩　　　C. 吡咯　　　D. 咪唑
（3）下列化合物中芳香性最小的是（　　）
A. 呋喃　　　B. 噻吩　　　C. 吡咯　　　D. 苯
（4）下列化合物中碱性最弱的是（　　）
A. 四氢吡咯　B. 吡咯　　　C. 吡啶　　　D. 苯胺
（5）发生 Friedel-Crafts 烷基化反应活性最低的化合物是（　　）
A. 苯　　　　B. 呋喃　　　C. 吡啶　　　D. 喹啉
（6）不具有杂环结构的药物是（　　）
A. 维生素 PP　B. 磺胺噻唑　C. 麻黄碱　　D. 咖啡因

4. 写出下列各反应的产物。

（1） 2-氨基吡啶 $\xrightarrow[20℃]{Br_2/HOAc}$

（2） 4-氯-2-甲基吡啶 $\xrightarrow[熔融]{CN^-}$

（3） 糠醛 $\xrightarrow{浓NaOH}$

（4） 3-(N-甲基-2-吡咯基)吡啶 $\xrightarrow{Br_2}$

(5) 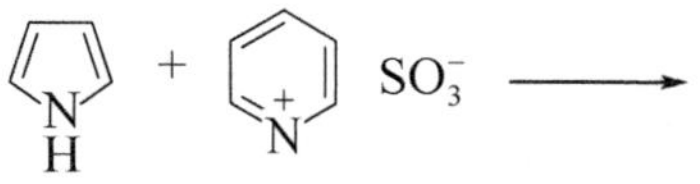 ![pyrrole] + ![pyridinium-SO₃⁻] ⟶

(6) 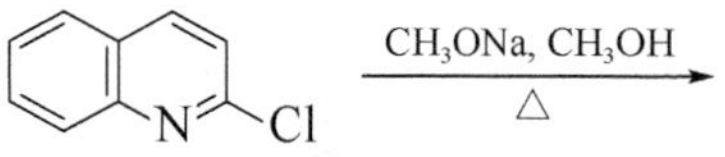 2-chloroquinoline $\xrightarrow[\Delta]{CH_3ONa,\ CH_3OH}$

(7) 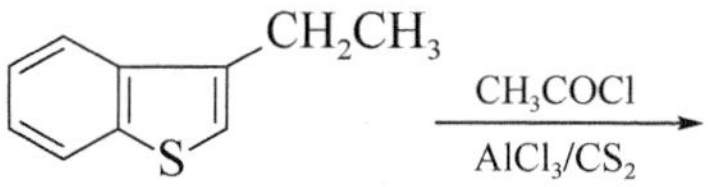 3-ethylbenzothiophene $\xrightarrow[AlCl_3/CS_2]{CH_3COCl}$

(8) 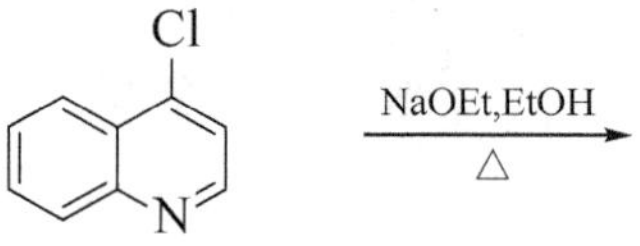 4-chloroquinoline $\xrightarrow[\Delta]{NaOEt,\ EtOH}$

5. 写出下列各步反应产物的结构。

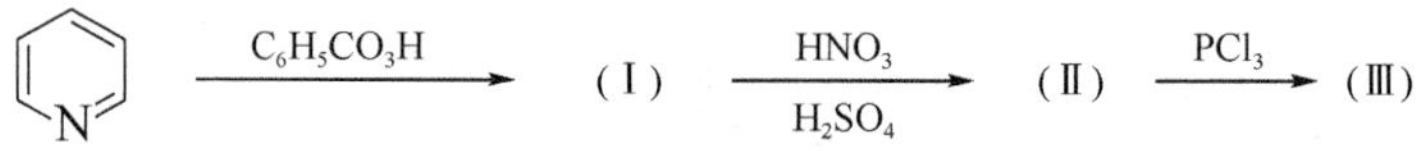

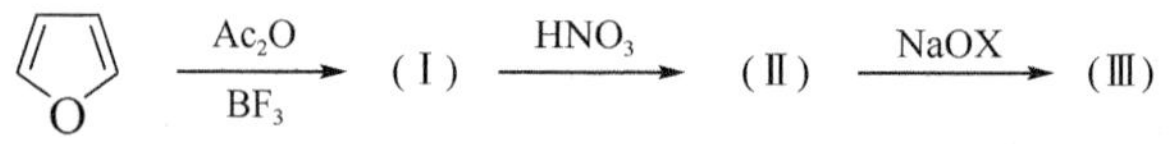

(1) 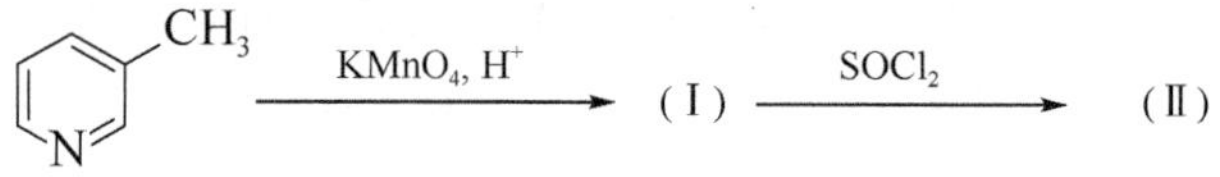 3-甲基吡啶 $\xrightarrow{KMnO_4,\ H^+}$ (Ⅰ) $\xrightarrow{SOCl_2}$ (Ⅱ)

(2) 吡啶 $\xrightarrow{C_6H_5CO_3H}$ (Ⅰ) $\xrightarrow[H_2SO_4]{HNO_3}$ (Ⅱ) $\xrightarrow{PCl_3}$ (Ⅲ)

(3) 呋喃 $\xrightarrow[BF_3]{Ac_2O}$ (Ⅰ) $\xrightarrow{HNO_3}$ (Ⅱ) $\xrightarrow{NaOX}$ (Ⅲ)

(4) 噻吩 + Br_2 $\xrightarrow{AcOH}$ (Ⅰ) $\xrightarrow{HNO_3}$ (Ⅱ)

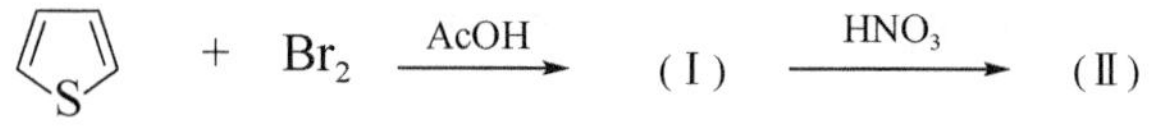

6. 分别比较下列化合物中各氮原子的碱性强弱。

(1) 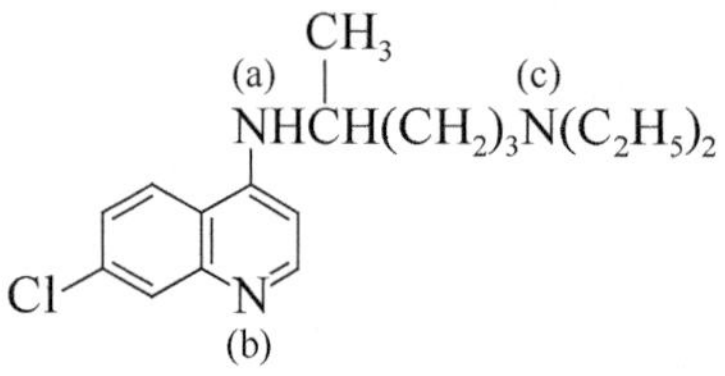 7-氯-4-[(a)NHCH(CH₃)(CH₂)₃(c)N(C₂H₅)₂]喹啉(b)

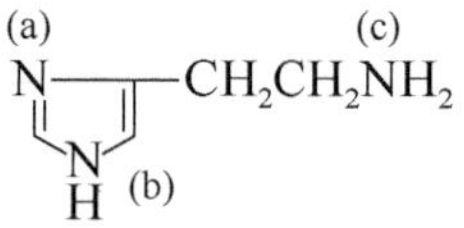

(2) 4-[(c)CH₂CH₂NH₂]咪唑 (a)N, (b)NH

(3) H₃CHNC(=O)-(a) 取代的 3a-甲基-1,8-二甲基-八氢吡咯并[2,3-b]吲哚 (b,c为环氮)

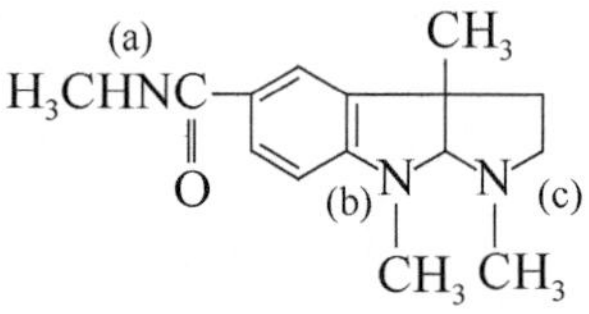

7. 以吡啶为原料合成下列化合物。

(1) 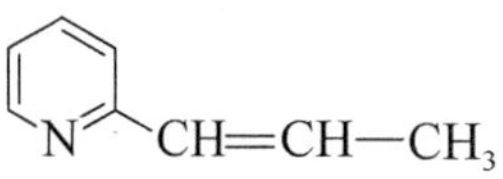 2-(1-丙烯基)吡啶 CH=CH-CH₃

(2) 1,2-二(3-吡啶基)肼

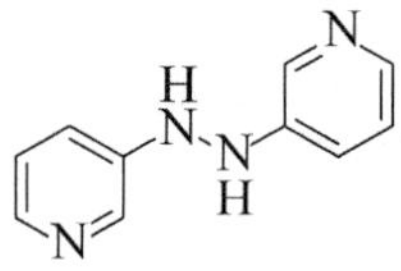

8. 写出下列中间体的结构式。

$$Cl-C_6H_4-NO_2 \xrightarrow[NaOH]{CH_3OH} \underset{(Ⅰ)}{C_7H_7NO_3} \xrightarrow{Fe/HCl} \underset{(Ⅱ)}{C_7H_9NO} \xrightarrow{Ac_2O} \underset{(Ⅲ)}{C_9H_{11}NO_2}$$

$$\xrightarrow{HNO_3} \underset{(Ⅳ)}{C_9H_{10}N_2O_4} \xrightarrow[H_2O]{NaOH} \underset{(Ⅴ)}{C_7H_8N_2O_3} \xrightarrow[PhNO_2]{甘油,H_2SO_4} \underset{(Ⅵ)}{C_{10}H_8N_2O_3}$$

$$\xrightarrow{Fe/HCl} \underset{(Ⅶ)}{C_{10}H_{11}N_2O} \xrightarrow{\underset{CH_3CH(CH_2)_3NEt_2}{Br}} \text{（8-[(4-二乙氨基-1-甲基丁基)氨基]-6-甲氧基喹啉）}$$

9. 杂环化合物（C_6H_6OS）能生成肟，但不与银氨溶液作用，它与 I_2/NaOH 作用后，生成噻吩-2-甲酸，写出该杂环化合物的结构。

10. 为什么呋喃能与顺丁烯二酸酐发生 Diels-Alder 反应，而吡咯和噻吩则不能。

11. 呋喃在溴的甲醇溶液中反应，并未获得 2,5-二溴二氢呋喃，而得到了 2,5-二甲氧基二氢呋喃，试解释原因。

12. 2-氨基吡啶能在比吡啶更加温和的条件下进行硝化或磺化反应，且取代主要发生在 5-位，请说明原因。

13. 含氧杂环衍生物 A 与强酸水溶液加热反应得到化合物 B（$C_6H_{10}O_2$）。B 与苯肼作用呈阳性，与托伦试剂和费林试剂作用呈阴性。B 的 IR 谱在 1715cm^{-1} 处有强吸收；^{1}H NMR 谱中在 δ 为 2.6ppm 及 2.8ppm 处有两个单峰，这两个单峰面积之比为 2∶3。试写出 A、B 的结构。

（西南医科大学　韦思平）

第十六章 周环反应

学习目标

掌握 电环化反应、环加成反应及 σ 迁移反应的选择性规律及立体化学特征。

熟悉 分子轨道对称守恒原理和前线轨道理论；电环化反应、环加成反应及 σ 迁移反应选择性的规律及立体化学特征的理论解释。

了解 周环反应的概念、特点和分类。

周环反应（pericyclic reaction）是两个或两个以上的化学键通过环状过渡态同步断裂或形成的协同反应。这类反应与离子型反应和自由基型反应不同，是通过电子重组经环状过渡态进行的。

周环反应特点如下：①反应中不产生离子或自由基等活性中间体；②反应为原化学键的断裂和新化学键的形成同时进行的多中心一步反应；③反应条件一般只需加热或光照，反应速率极少受溶剂极性和酸、碱催化剂等的影响，也不受自由基引发剂和抑制剂的影响；④反应具有明显的立体化学特异性，受条件影响生成高度立体选择性的产物。

周环反应主要分为电环化反应、环加成反应、σ 迁移反应三类。

第一节 周环反应的理论

周环反应在合成特定构型的环状化合物时，特别是合成结构复杂的天然产物时有重要意义。有机化学家伍德沃德（Robert B. Woodward）及量子化学家霍夫曼（Roald Hoffmann）在总结了大量有机合成经验规律的基础上，运用分子轨道理论、前线轨道理论和能级相关理论分析周环反应，提出了解释周环反应机制的分子轨道对称守恒原理。

一、分子轨道对称守恒原理

分子轨道理论（molecular orbital theory）是一种描述多原子分子中电子所处状态的理论。该理论从分子整体出发，认为原子形成分子后，电子不再属于个别的原子轨道，而是围绕整个分子在多核体系内运动。描述分子中电子在空间运动状态的波函数 Ψ 称为分子轨道（molecular orbital, MO）。

分子轨道可以由分子中原子轨道线性组合（linear combination of atomic orbitals, LCAO）得到，有几个原子轨道就可以组合成几个分子轨道。当对称性匹配的两个原子轨道叠加，两核间电子的概率密度增大，其能量低于两个原子轨道，即由两个原子轨道波函数相加得到的分子轨道一般称为成键轨道（bonding orbital），如 σ 轨道；与之相反，两个原子轨道波函数相减得到的分子轨道称为反键轨道（antibonding orbital），其能量高于两个原子轨道，如 σ^* 轨道。

化学反应是分子轨道重新组合的过程，分子轨道对称守恒原理认为在协同反应中，分子轨道的对称性是守恒的。当反应物和产物的分子轨道对称性相合时反应就易于发生，反应过程中分子轨道的对称性始终不变，即保证用最低的能量形成反应的过渡态。分子轨道的对称性控制反应的进程，反应总是倾向于得到轨道对称性相同的产物。例如：

能量相关理论、前线轨道理论及休克尔-默比乌斯结构理论（芳香过渡态理论）分别从不同角度讨论轨道的对称性。其中前线轨道理论最为简明，易于掌握。本章重点介绍前线轨道理论。

二、前线轨道理论

1952 年，日本化学家福井谦一提出了前线电子（处在前线轨道上的电子）的概念，并由此发展成为前线轨道理论。前线轨道（frontier molecular orbital，FMO）是指已填有电子的能量最高的分子轨道和未填有电子的能量最低的分子轨道。前者称为最高占据分子轨道（highest occupied molecular orbital，HOMO），后者称为最低未占分子轨道（lowest unoccupied molecular orbital，LUMO）。因为 HOMO 和 LUMO 是占有轨道和未占有轨道相互接触的前线，所以称为前线轨道。例如：1,3,5-己三烯分子有六个 π 轨道 Ψ_1、Ψ_2、Ψ_3、Ψ_4、Ψ_5 和 Ψ_6（图 16-1）。根据能量最低原理和泡利不相容原理，1,3,5-己三烯在基态时，Ψ_1、Ψ_2 和 Ψ_3 三个成键轨道是各有两个电子的占有轨道，Ψ_3 是最高占据分子轨道；Ψ_4、Ψ_5 和 Ψ_6 三个反键轨道是没有电子的空轨道，Ψ_4 是最低未占分子轨道。Ψ_3 和 Ψ_4 是基态时 1,3,5-己三烯分子的前线轨道。

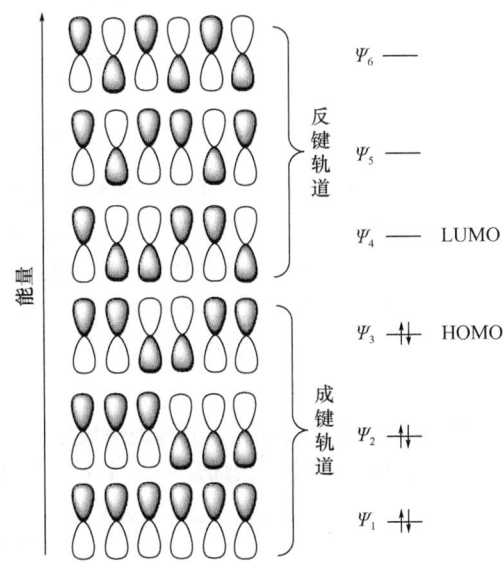

图 16-1　六个 p 原子轨道组合形成的 1,3,5-己三烯的 π 分子轨道

HOMO 电子被束缚得最松弛，最容易激发到能量最低的空轨道中；LUMO 是能量最低的空轨道，最容易接受电子。因此，化学键的生成主要由前线轨道的相互作用决定，起关键作用的电子是前线电子。

视窗 16-1　　伍德沃德、霍夫曼和福井谦一

伍德沃德（Robert B. Woodward，1917—1979），生于美国马萨诸塞州的波士顿，16 岁进入麻省理工学院并获得博士学位，随后进入哈佛大学开展博士后研究工作，并在哈佛大学度过了整个职业生涯。他合成了胆固醇、可的松、士的宁、利血平、叶绿素、四环素和维生素 B_{12} 等许多复杂有机化合物，被称为"现代有机合成之父"。由于在有机合成上的突出成就，伍德沃德于 1965 年获得了诺贝尔化学奖。

霍夫曼（Roald Hoffmann），1937 年出生于波兰，12 岁到美国。1958 年，他在哥伦比亚大学获学士学位，并于 1962 年在哈佛大学获得博士学位。霍夫曼与伍德沃德在哈佛大学工作期间共同提出了"分子轨道对称守恒原理"。后来，霍夫曼任美国康奈尔大学化学教授。

福井谦一（Kenichi Fukui，1918—1998）出生于日本。1982 年之前为日本京都大学教授，之后任京都科技学院院长。由于在"分子轨道对称理论"和"前线轨道理论"方面的突出贡献，福井谦一与霍夫曼共同获得了 1981 年诺贝尔化学奖。

伍德沃德　　　　　霍夫曼　　　　　福井谦一

伍德沃德在进行维生素 B_{12} 的合成研究中，意外地发现周环反应在加热和光照条件下具有不同的立体选择性。这引起了他极大的兴趣和关注，他和霍夫曼携手合作，在借鉴了福井谦一提出的前线轨道理论及总结了大量有机合成经验规律的基础上，把分子轨道理论引入周环反应的机制研究，运用前线轨道理论和能级相关理论来分析周环反应，提出了分子轨道对称守恒原理。

第二节　电环化反应

一、定　义

在光或热的作用下，开链共轭烯烃两端碳原子之间通过形成新的 σ 键环合的反应及其逆反应——环状烯烃转变为链状共轭烯烃的反应，统称为电环化反应（electrocyclic reaction）。例如，1,3,5-己三烯在加热条件下环化成 1,3-环己二烯的反应为电环化反应。该反应在分子内进行，反应中共轭烯烃两端的碳原子之间形成新的 σ 键，环状产物比开链反应物多一个 σ 键、少一个 π 键。

电环化反应微观可逆，正反应和逆反应经过相同的过渡态。环状反应物也可在环化反应相反的方向上进行，导致环状烯烃的一个 σ 键断裂，形成比反应物多一个 π 键的共轭体系。

二、电环化反应的立体选择性

电环化反应具有高度的立体专一性。(2E,4Z)-2,4-己二烯在加热条件下得到顺-3,4-二甲基环丁烯，在光照条件下得到反-3,4-二甲基环丁烯。而 (2E,4E)-2,4-己二烯在相同反应条件下却转化为立体结构相反的产物：加热得到反-3,4-二甲基环丁烯；光照得到顺-3,4-二甲基环丁烯。

反-3,4-二甲基环丁烯　　　(2E,4Z)-2,4-己二烯　　　顺-3,4-二甲基环丁烯

顺-3,4-二甲基环丁烯　　　(2E,4E)-2,4-己二烯　　　反-3,4-二甲基环丁烯

(2E,4Z,6E)-2,4,6-辛三烯的电环化反应，在加热条件下生成顺式产物，在光照条件下生成反式产物。而 (2E,4Z,6Z)-2,4,6-辛三烯的电环化反应，在加热条件下生成反式产物，在光照条件下得到顺式产物。

反-5,6-二甲基-1,3-环己二烯　　　(2E,4Z,6E)-2,4,6-辛三烯　　　顺-5,6-二甲基-1,3-环己二烯

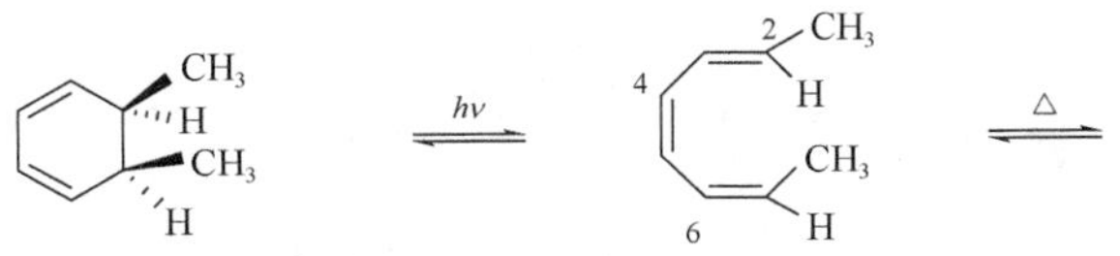

顺-5,6-二甲基-1,3-环己二烯　　(2E,4Z,6Z)-2,4,6-辛三烯　　反-5,6-二甲基-1,3-环己二烯

上述反应表明，对于同一开链共轭多烯，加热或光照条件下电环化反应的立体选择性不同；在加热或光照的条件下，共轭多烯中的双键数目不同，电环化的立体选择性也不同。电环化反应的立体选择性主要由共轭多烯烃中π电子数和反应条件（加热或光照）两个因素决定。

三、电环化反应选择性规律的理论解释

根据前线轨道理论，(2E,4Z)-2,4-己二烯有四个不饱和碳原子，其4个共轭π电子的HOMO为Ψ_2，LUMO为Ψ_3。如果一个分子吸收适当波长的光，基态HOMO的一个电子激发到LUMO（从Ψ_2到Ψ_3）上，分子处于激发态（excited state），此时共轭π电子的HOMO为Ψ_3，LUMO为Ψ_4。在热反应中，反应物处于基态；在光反应中，反应物则处于激发态，如图16-2所示。

电环化反应时共轭多烯烃两端的不饱和碳由sp^2杂化向sp^3杂化转化，此过程中形成新的σ键，为此共轭多烯链末端碳原子与该链上邻位碳之间的σ键必须旋转，以实现p轨道的头碰头重叠。两端烯sp^2碳原子的旋转方式有：顺旋（conrotatory）- 即两个碳碳σ键的键轴向同一个方向旋转，对旋（disrotatory）- 即两个碳碳σ键的键轴向相反方向旋转（图16-3）。

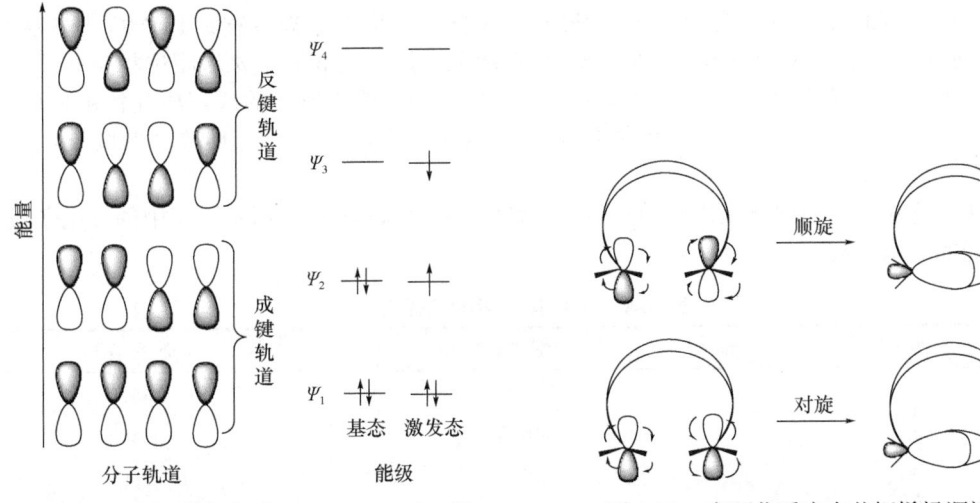

图16-2　基态和激发态时(2E,4Z)-2,4-己二烯的π分子轨道

图16-3　电环化反应中共轭烯烃顺旋或对旋关环示意图

电环化反应常用顺旋或对旋来描述不同的立体化学过程，顺旋产物和对旋产物的立体选择性是不同的。例如，热反应中，(2E,4Z)-2,4-己二烯共轭碳链π分子轨道的HOMO是Ψ_2（图16-2），其共轭碳链两端碳原子p轨道的相位不一致，是反对称的，要使(2E,4Z)-2,4-己二烯分子的C2和C5相同相位的p轨道头碰头重叠形成σ键，必须使C2—C3和C4—C5两个键进行顺旋，才能实现C2和C5上p轨道的同相位重叠成键。如下图所示，(2E,4Z)-2,4-己二烯在热反应中，顺旋p轨道对称性允许。对旋时C2和C5上p轨道异相位重叠（相位相反的p轨道头碰头重叠），进行反键相互作用，即(2E,4Z)-2,4-己二烯在热反应中，对旋后的轨道是对称性禁止的。因此，(2E,4Z)-2,4-己二烯在热反应中，只得到顺旋环合的顺-3,4-二甲基环丁烯。

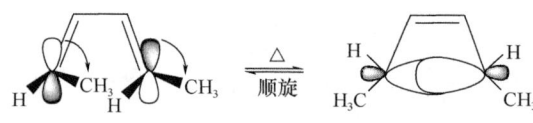

(2E,4Z)-2,4-己二烯　　　　　顺-3,4-二甲基环丁烯

光照条件下，(2E,4Z)-2,4-己二烯共轭碳链 π 分子轨道的 HOMO 是 Ψ_3（图 16-2），共轭碳链两端碳原子（C2 和 C5）p 轨道的相位一致，Ψ_3 是对称的，要使 p 轨道进行相同相位的头碰头重叠形成 σ 键，必须使 C2—C3 和 C4—C5 两个键进行对旋，对旋后的轨道是对称性允许的。因此，(2E,4Z)-2,4-己二烯在光反应中只得到对旋环合的立体选择性产物——反-3,4-二甲基环丁烯。

同样，(2E,4Z,6E)-2,4,6-辛三烯分子共轭碳链的 C2～C7 提供 p 原子轨道，p 原子轨道组合形成六个 π 分子轨道，与 1,3,5-己三烯相同（图 16-1），HOMO 两端碳原子的 p 原子轨道相位相同（对称）。如下图所示，加热时 C2—C3 键和 C6—C7 键对旋，C2 和 C7 上的 p 原子轨道相位相同，可以实现头碰头的重叠形成 σ 键；而顺旋时 C2 和 C7 上的 p 原子轨道相位相反，对称性禁止。所以，加热时只形成顺-5,6-二甲基-1,3-环己二烯产物。

(2E,4Z,6E)-2,4,6-辛三烯　　　　　顺-5,6-二甲基-1,3-环己二烯

(2E,4Z,6E)-2,4,6-辛三烯在光反应中，基态 HOMO 的一个电子被激发到 LUMO 上（从 Ψ_3 到 Ψ_4），分子处于激发态（图 16-1），HOMO 轨道 Ψ_4 两端碳原子的 p 原子轨道相位相反（反对称）。C2—C3 键和 C6—C7 键顺旋，p 原子轨道可以实现相位相同的头碰头的成键相互作用形成 σ 键。而对旋时 C2 和 C7 上的 p 原子轨道相位相反，对称性禁止。所以，光照时只形成反-5,6-二甲基-1,3-环己二烯产物。

根据以上介绍，可将电环化反应的立体选择性规律归纳如表 16-1 所示。表中的 π 电子数指链状共轭烯烃的 π 电子数。

表 16-1　电环化反应的选择规律

π 电子数	反应条件	允许的关环方式
$4n$	热反应	顺旋
	光反应	对旋
$4n+2$	热反应	对旋
	光反应	顺旋

电环化反应时，前线轨道理论关注的是 HOMO 的两端碳 p 轨道的相位，不考虑中间 p 轨道的相位。电环化反应是可逆的，环状化合物与开链共轭烯烃之间可以通过电环化反应相互转化。由于六元环状化合物的稳定性高，而四元环存在角张力和扭转张力，因此电环化反应有利于使开链共轭烯烃转变为六元环状化合物，使四元环状化合物转变为开链化合物。

四、电环化反应实例

电环化反应受分子轨道对称性所控制。图 16-4 的系列反应表明了反应物与反应条件如何决定关环或开环方式及产物。第一个反应的反应物有三个共轭 π 键，为 π 电子数 $4n+2$ 的体系，反应条件为加热，在加热条件下采用对旋关环［图 16-4（a）］，产物为双环顺式结构。第二步是光照条件下的电环化开环反应。根据化学反应的微观可逆原理，电环化关环反应的对称性原则仍然适用于电环化开环反应，这一步的反应物是由三个共轭 π 键参与可逆关环反应的产物，在光照条件下，采用顺旋方式开环 [图 16-4（b）]。第三步是在加热条件下，具有三个共轭 π 键化合物电环化，因此采用对旋关环方式得到反式稠合双环产物 [图 16-4（c）]。

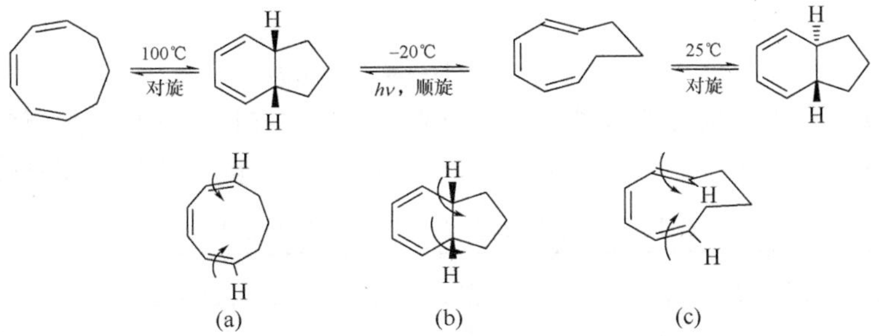

图 16-4 电环化反应产物的立体化学

第三节 环加成反应

一、定义及分类

环加成反应（cycloaddition reaction）是在光或热的条件下，烯烃或共轭烯烃与其他分子的 π 电子体系相互作用，形成稳定的环状化合物的反应。环加成反应在反应过程中没有小分子消除和原 σ 键的断裂，只有新 σ 键（由 π 键电子）的形成。环加成反应是最重要的周环反应，其逆反应称为环消除反应。Diels-Alder 反应是典型的环加成反应。根据反应物中的 π 电子数目可将典型的环加成反应分为 [2+2] 环加成和 [4+2] 环加成。

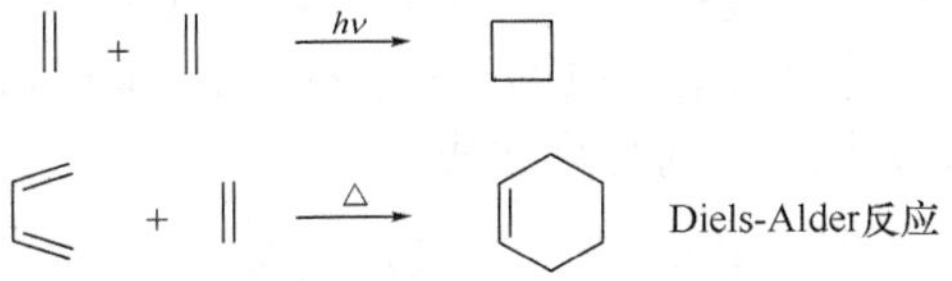

[2+2] 环加成反应参与的电子为两对 π 电子。最简单的环加成反应是两分子乙烯在光的作用下加成形成环丁烷，该反应也称光二聚反应，是制备四元环的好方法。[4+2] 环加成反应参与的电子为一个反应物的共轭双烯的四个 π 电子和另一个反应物的两个 π 电子。Diels-Alder 反应是一类 [4+2] 环加成反应，该反应是重要的协同反应，较容易进行，并可合成六元环、杂环和多环化合物。

二、环加成反应的选择规律

环加成反应具有高度的立体选择性。例如，顺-丁-2-烯在光照下，生成 1,2,3,4-四甲基环丁烷的两种异构体，加热不反应：

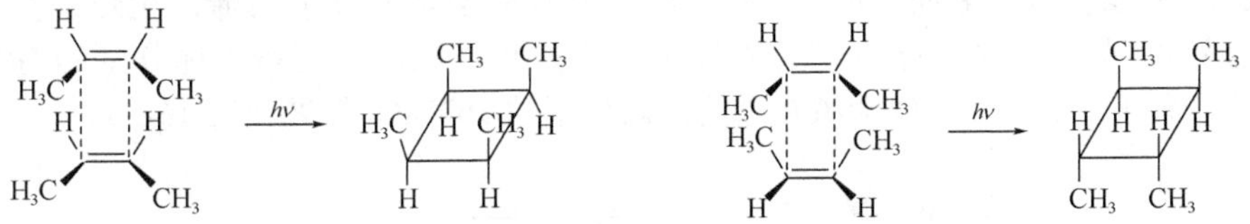

反-丁-2-烯在光照下，也相应地生成 1,2,3,4-四甲基环丁烷的两种异构体，加热不反应：

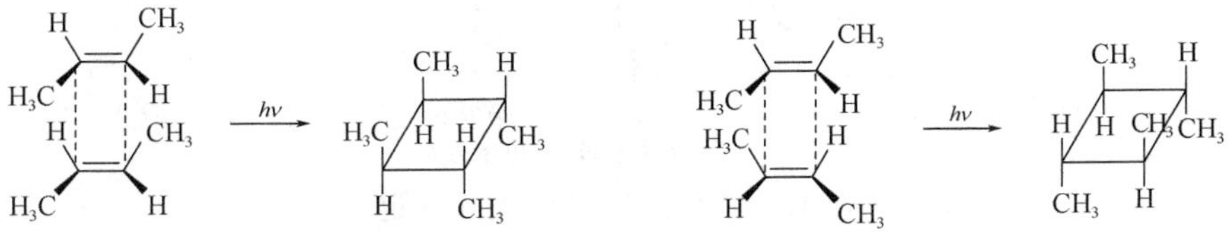

丁-1,3-二烯与乙烯的反应在加热时反应生成环己烯，光照时不反应：

实验事实表明，环加成反应能否进行以及反应的立体选择性，均与参加反应的 π 电子总数及反应条件（加热或光照）有关。其规律可总结成表 16-2，即伍德沃德-霍夫曼规律。

表 16-2　伍德沃德-霍夫曼环加成反应规律

参与反应的 π 电子数	反应条件	同面环加成对称性
$4n$	热反应	禁阻
	光反应	允许
$4n+2$	热反应	允许
	光反应	禁阻

三、环加成反应选择规律的理论解释

根据前线轨道理论可以分析环加成反应。环加成和环分解互为逆反应，遵守同一规律。在前面讨论的电环化反应中，采用顺旋、对旋表示立体选择性，而在环加成反应中，则采用同面、异面表示它的立体选择性。

在环加成反应中，两个 π 体系相互作用时，两个 π 键要同时断开形成两个 σ 键，形成两个 σ 键的轨道重叠方式包括：两个 σ 键在 π 体系的同一侧形成的同面重叠成键（suprafacial bond formation），在 π 体系异侧形成的异面重叠成键（antarafacial bond formation）。同面重叠成键类似于对称加成，而异面重叠成键类似于反对称环加成。

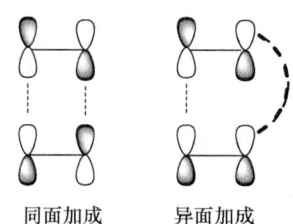
同面加成　　异面加成

形成四元环、五元环和六元环的环加成反应必须通过同面重叠的方式成键。某些四元环、五元环和六元环的环加成反应虽然对称性允许（symmetry-allowed）按异面重叠方式进行，但受产物几何形状的限制，反应不能发生。形成大环的环加成反应中同面或异面重叠成键均有可能发生。

1. [2+2] 环加成反应　最简单的 [2+2] 环加成反应例子是两分子乙烯在光照条件下发生环加成反应，生成环丁烷；在加热条件下，不发生反应。热反应时，基态乙烯分子的 HOMO 为 Ψ_1，LUMO 为 Ψ_2，而在光反应中，处于激发态的乙烯分子的 HOMO 为 Ψ_2（图 16-5）。

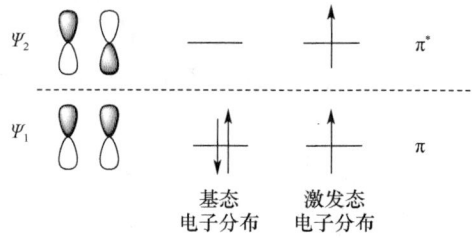

图 16-5　乙烯分子的 π 分子轨道

热反应中（基态），乙烯的 HOMO 与乙烯的 LUMO 相位不同，对称性不匹配，轨道对称性禁阻（symmetry-forbidden），不能成键，即乙烯在加热条件下不反应。而在光照下，一个处于激发态乙烯分子的 HOMO 的相位与另一个未被激发的乙烯分子的 LUMO 相同，对称性匹配，可以重叠成键，即两分子乙烯的环加成反应可以在光照条件下进行（图 16-6）。与乙烯结构相似的其他化合物的轨道对称性和乙烯相同。[2+2] 环加成在同面-同面重叠的情况下，热反应对称性禁阻，光反应对称性允许。

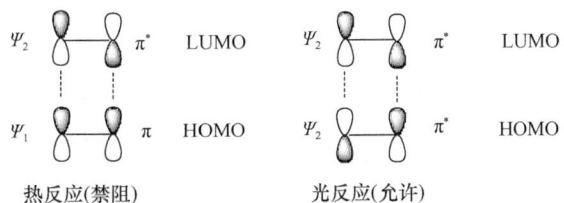

图 16-6　乙烯环加成

2. [4+2] 环加成反应　[4+2] 环加成反应是最常见的环加成反应之一，该反应常常是自发的或只需要微热就可以顺利进行，光照时不反应，如丁-1,3-二烯与乙烯的反应。

丁-1,3-二烯和乙烯之间发生热环加成反应时，分子轨道的重叠有两种可能，一种是丁-1,3-二烯基态的 HOMO（Ψ_2）和乙烯基态的 LUMO（π^*）重叠；另一种是丁-1,3-二烯基态的 LUMO（Ψ_3）和乙烯基态的 HOMO（π）重叠。如图 16-7 所示，以两种方式进行同面-同面重叠成键，分子轨道对称性都允许。

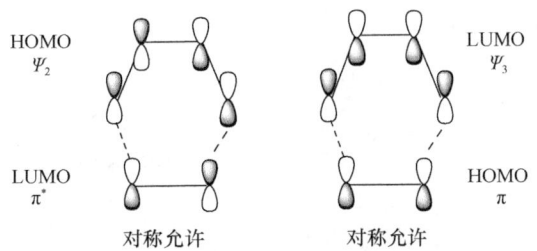

图 16-7　丁-1,3-二烯和乙烯热反应（基态）同面-同面重叠对称性允许

在光照条件下，丁-1,3-二烯基态 HOMO（Ψ_2）的电子激发到 LUMO（Ψ_3），处于激发态的丁-1,3-二烯 HOMO 为 Ψ_3，而 LUMO 为 Ψ_4。乙烯基态 HOMO（π 分子轨道 Ψ_1）的电子激发到基态 LUMO，即 π^* 分子轨道 Ψ_2，激发态乙烯的 HOMO 为 π^* 分子轨道 Ψ_2（图 16-8）。无论是激发态的丁-1,3-二烯 HOMO 与基态乙烯的 LUMO 重叠，还是基态丁-1,3-二烯的 LUMO 与激发态乙烯的 HOMO 重叠，从分子轨道的对称性考虑，光激发的环加成反应同面-同面重叠对称性都禁阻。

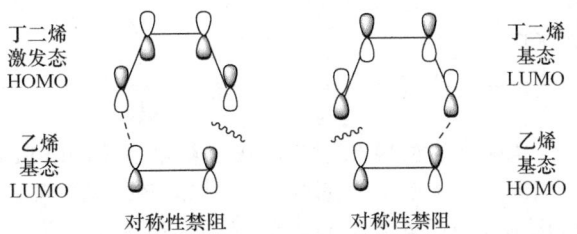

图 16-8　丁-1,3-二烯和乙烯光反应（激发态）同面-同面重叠对称性禁阻

可见，环加成反应作为分子间的加成环化反应，由一个分子的 HOMO 轨道和另一个分子的 LOMO 轨道重叠而成。环加成反应能否进行主要取决于一反应物分子的 HOMO 轨道与另一反应物分子的 LOMO 轨道的对称性，如果两者的对称性匹配，环加成反应允许，反之则禁阻。

四、环化加成反应的实例

Diels-Alder 反应是 [4+2] 环加成反应的代表实例，在有机合成以及药物合成中有着广泛的应用。例如：

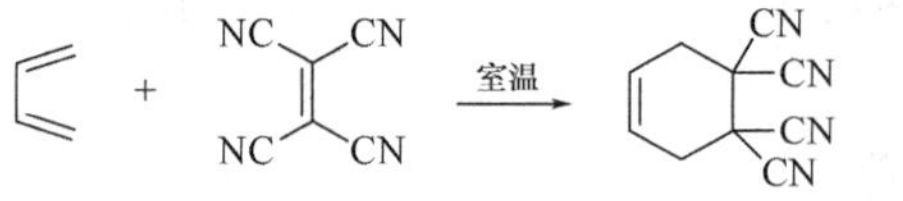

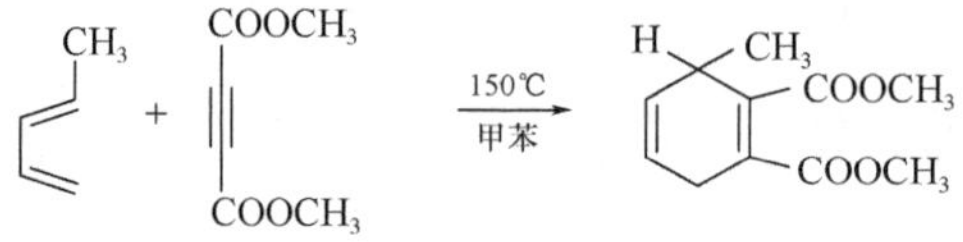

下列含有杂原子的体系也可以发生环加成反应。

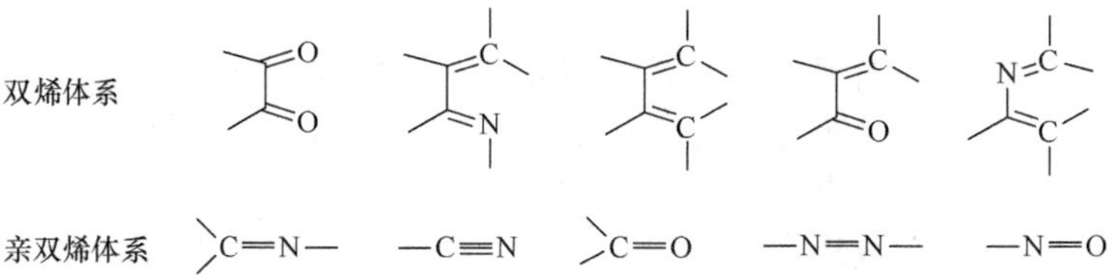

双烯体系

亲双烯体系

双键或三键上有吸电子基团（如—CN 等）的化合物与二烯的加成反应几乎是定量进行的。

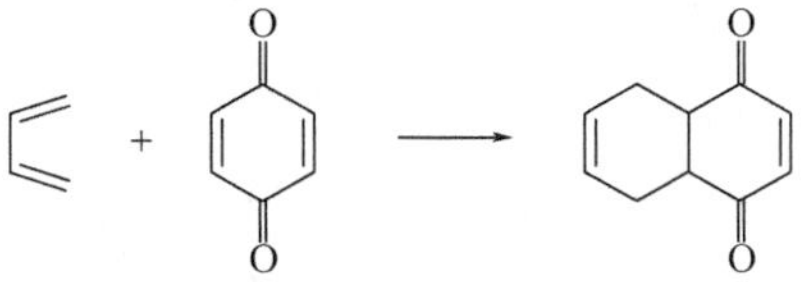

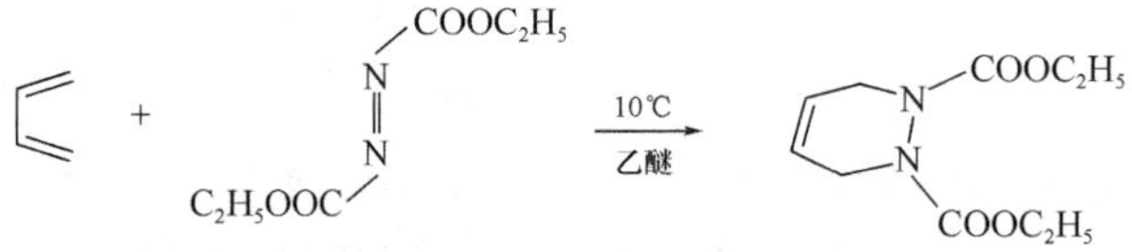

Diels-Alder 反应是可逆的，利用其可逆性可以制得一些用其他方法难以合成的化合物。

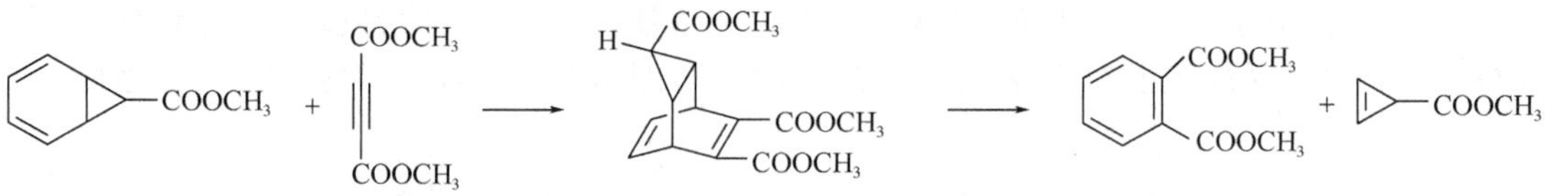

> **案例 16-1**
> 　　1950 年，诺贝尔化学奖颁给了德国化学家奥托·第尔斯（Otto Paul Hermann Diels）和他的学生库尔特·阿尔德（Kurt Alder），以表彰他们在 1928 年发现了著名的"Diels-Alder 双烯合成"。反应有丰富的立体化学呈现，兼有立体选择性和区域选择性等，该反应是可逆反应，正向成环的反应温度较低，逆向开环反应需要较高的温度。
> 　　工业上常用的环戊二烯（CPD）在常温下放置可自发地形成双环戊二烯（DCPD），所以工业上常以其稳定的双环戊二烯形态储存和运输，然而，化学反应中经常需要用到的是环戊二烯的单体。

问题 在形成双环戊二烯的过程中发生了什么反应？采用什么方法可使双环戊二烯重新回到单体状态？

案例分析 CPD 在室温下放置，可发生 Diels-Alder 反应，经 [4+2] 环加成生成 DCPD。而 DCPD 在经过加热分馏后即可生成 CPD，这一过程中发生的是逆 Diels-Alder 反应，得到的 CPD 单体需要在 -20℃下储存或即刻用掉。

第四节 σ 迁移反应

一、定义及分类

在化学反应中，一个 σ 键沿着共轭体系从一端迁移到另一端，同时伴随 π 键转移的协同反应称为 σ 迁移反应（sigmatropic reaction）。该反应是反应物中的一个 σ 键断裂，一个新的 σ 键形成，并且伴随 π 电子重新排列的过程。断裂的 σ 键位于烯丙位的碳上，可以是碳氢、碳碳、碳氧、碳氮或碳硫键之间的 σ 键。σ 迁移反应的表示方法是以反应物中发生迁移的 σ 键作为标准，从这个 σ 键的两端开始分别编号，由于 σ 迁移运动一般是沿着共轭体系进行的，所以，按迁移 σ 键两端所跨越的原子数目不同，可以分为 [*i*,*j*] 迁移和 [1,*j*] 迁移。

[*i*,*j*] 迁移是指 σ 键从 1、1 位迁移到 *i*、*j* 位。*i*、*j* 的编号，分别从底物中被迁移的 σ 键连接的两个原子开始。例如 [3,3] σ 键迁移：

[1,*j*] 迁移是指 σ 键从 1 位迁移到 *j* 位。例如 [1,5] σ 键迁移：

σ 迁移反应中，迁移的原子或基团可以通过同面迁移（suprafacial rearrangement）和异面迁移（antarafacial rearrangement）两种途径转移到新的位置。迁移基团在共轭 π 体系同侧形成新 σ 键为同面迁移；迁移基团在共轭 π 体系的异侧形成新 σ 键为异面迁移。例如：

σ 迁移反应还可按照迁移基团与 σ 键直接相连的原子不同分为氢迁移和碳迁移等。例如氢的 [1,5] 迁移：

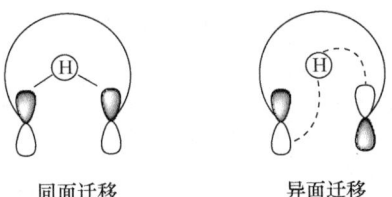

碳的 [1,3] 迁移：

$$\underset{\underset{CH_3}{|}}{\overset{\overset{CH_3}{|}}{CH_3-\underset{1}{C}-\underset{2}{CH}=\underset{3}{CH_2}}} \xrightarrow{\Delta} \underset{H_3C}{\overset{H_3C}{>}}C=CH-\underset{CH_3}{\overset{}{CH_2}}$$

二、σ 迁移反应及其规律

在 σ 迁移反应的环状过渡态中，迁移基团与迁移起点和终点是键合着的，为了便于理解，可以假定反应中发生迁移的 σ 键首先发生均裂，生成一个氢原子（或碳自由基）和一个奇数碳的共轭体系自由基，成键过程则是一个原子（或自由基）轨道和一个共轭体系自由基（π 骨架）轨道之间重叠，即一个组分的 HOMO 和另一个组分的 HOMO 发生重叠。

奇数碳的共轭体系自由基的 HOMO 与 π 骨架碳原子数目有关，需要注意的是迁移基团迁移起点和终点的两个末端碳。图 16-9 是简单的奇数碳的共轭体系自由基的轨道组合。

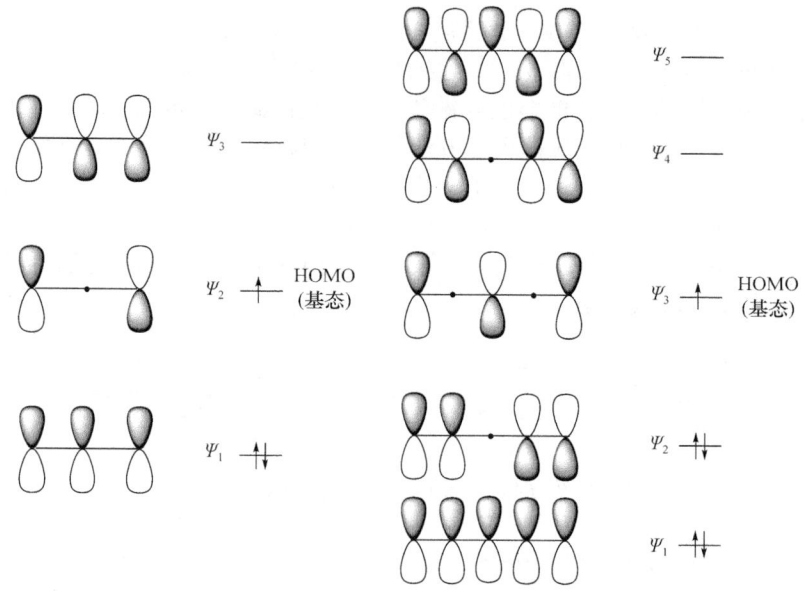

图 16-9 三碳和五碳的共轭体系自由基的轨道组合

1. 氢的 [1,j] 迁移反应 一个氢原子由 π 共轭体系的 C-1 上迁移到 C-j，是经过一个环状过渡状态的协同反应。氢原子的 HOMO 是球形对称的 s 轨道，当它与两端碳的 p 轨道重叠时，能否顺利迁移取决于两端碳轨道的对称性。

$$R_2-\underset{1}{\overset{H}{C}}-\underset{2}{CH}=\underset{3}{CH}---CH_2-CH=\underset{j}{CR_2} \longrightarrow \left[\begin{array}{c}R_2\\C---H\\CH\quad\quad CR_2\\||\quad\quad ||\\CH\quad\quad CH\\---\end{array}\right] \longrightarrow R_2C=\underset{1}{CH}-\underset{2}{CH}---\underset{3}{CH}-\underset{j}{\overset{H}{CR_2}}$$

环状过渡态

在氢的 [1,3] 迁移反应中，涉及四个原子的环状过渡态，即四元环的过渡状态。如图 16-9 左边所示，其成键的 HOMO(Ψ_2) 是反对称的，这样氢的 [1,3] 迁移只能异面迁移才能同相位重叠形成新的 σ 键，异面迁移使四元环过渡态能量很高，不利于协同反应的进行。所以在加热时（基态），氢的 [1,3] 迁移反应不易发生。氢的 [1,3] 迁移反应在光照下（激发态）可以进行，因为光照时 HOMO 的对称性发生变化，氢可以实现同面迁移。在以下反应物中有两个不同的烯丙基氢可以迁移，所以可得到两种产物。

氢的 [1,5] 迁移反应中，如图 16-12 右边所示，其 HOMO(Ψ_3) 是对称的，氢的 [1,5] 迁移是同面迁移，反应易在加热条件下进行。氢的 [1,7] 迁移反应与 [1,3] 迁移反应相似，在光照情况下，其 HOMO 的对称性发生变化，σ 迁移反应与热反应的情况正好相反。

2. 碳的 [i,j] 迁移　受球形 s 轨道控制，氢原子只发生同面迁移。碳原子的 p 轨道有两个不同相位的轨道瓣，因此，碳原子有两种迁移方式。可以用 p 轨道同一个轨道瓣与迁移起点碳和终点碳同时作用，此时迁移碳的构型保持不变。

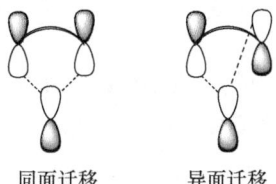

同面迁移　　异面迁移

碳原子也可以用 p 轨道的两个轨道瓣与迁移的起点碳和终点碳同时作用，这时迁移碳的构型发生转变：

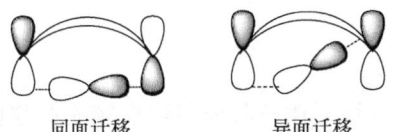

同面迁移　　异面迁移

在加热条件下，对于 [1,3] 碳迁移，用碳原子 p 轨道同一个轨道瓣与迁移起点碳和终点碳同时作用时，与氢原子迁移类似，[1,3] 同面迁移是对称性禁阻的；而使用 p 轨道的两个轨道瓣与迁移的起点碳和终点碳同时作用时，由于碳原子 sp^3 杂化轨道的两个不同半叶的对称性是相反的，[1,3] 同面迁移变成对称性允许的，同时，迁移的碳原子构型发生翻转。[1,5] 与 [1,7] 碳迁移规律同理可得，如在加热条件下，[1,5] 碳迁移中用碳原子 p 轨道同一个轨道瓣与迁移起点碳和终点碳同时作用时，同面迁移是对称性允许的，迁移的碳原子构型不变。

这些预测得到实验证实，6,9-二甲基螺环 [4,4]-1,3-壬二烯通过 [1,5] 碳迁移，立体专一地重排成二甲基二环 [4,3,0]-壬二烯，迁移过程为同面迁移，迁移基团的构型保持不变。C-6 从 C-5 到 C-4 迁移是一个 [1,5] 碳迁移，C-6 构型与 C-9 构型保持不变。

如下的 [1,3] 碳迁移有四元环过渡态，要求进行同面碳迁移。反应体系有两对电子，其 HOMO 是反对称的，因此，迁移碳用 p 轨道的两个轨道瓣与迁移的起点碳和终点碳作用，迁移基团的构型发生转化。

[3,3] 碳迁移反应的典型例子是 Cope 重排。

假定 σ 键断裂形成两个烯丙基自由基，其 HOMO 均为反对称的，3,3 两个碳上 p 轨道最靠近的瓣位相相同，对称性允许，可以重叠成键。

综上所述，σ 迁移反应的对称性规律与其他周环反应的对称性规律的差别是 σ 迁移反应考虑的是环状过渡态中运动的电子对数，而不是 π 键数。σ 迁移反应选择规律概括为表 16-3。

表 16-3　σ 迁移反应选择规律

过渡环状体系的电子数	反应条件	σ 迁移途径
H[1,j]σ 迁移　4n	热反应	异面*
	光反应	同面
H[1,j]σ 迁移　4n+2	热反应	同面
	光反应	异面
C[1,j]σ 迁移　4n	热反应	同面（构型）转化
	光反应	同面（构型）保持
C[1,j]σ 迁移　4n+2	热反应	同面（构型）保持
	光反应	同面（构型）转化

续表

过渡环状体系的电子数	反应条件	σ 迁移途径
[3,3]σ 迁移	热反应	同面-同面
	光反应	异面-异面

* 对形成四元、五元、六元等小环环状过渡态氢异面 σ 迁移禁阻，但对形成大环，σ 迁移允许。

三、σ 迁移反应实例

利用 [3,3] 碳迁移反应、Claisen 重排以及 Cope 重排，可完成许多有机反应。例如，抗肿瘤药物 Clalicheamicin γ 芳香单元的合成中，通过烯丙基芳醚的 [3,3]σ 迁移 Claisen 重排，得到关键中间体酚：

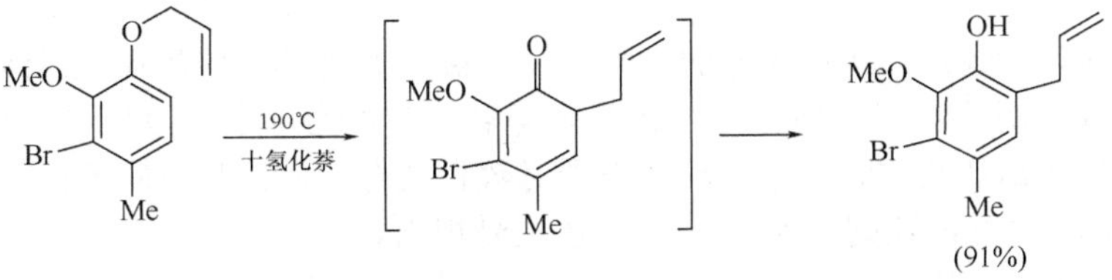

1-氘茚在加热至 200℃时，可得 2-氘茚，它是经过氘的 [1,5] σ 迁移及氢的 [1,5] σ 迁移而得到的。

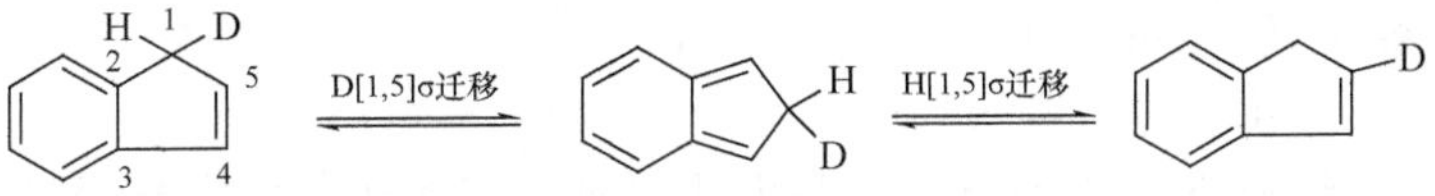

3,4-二甲基-1,5-己二烯有两个手性碳原子经 Cope 重排主要得到 (2*Z*,6*E*)-2,6-辛二烯，只有少量的副产物 (2*E*,6*E*)-2,6-辛二烯，说明反应的过渡态为椅式。

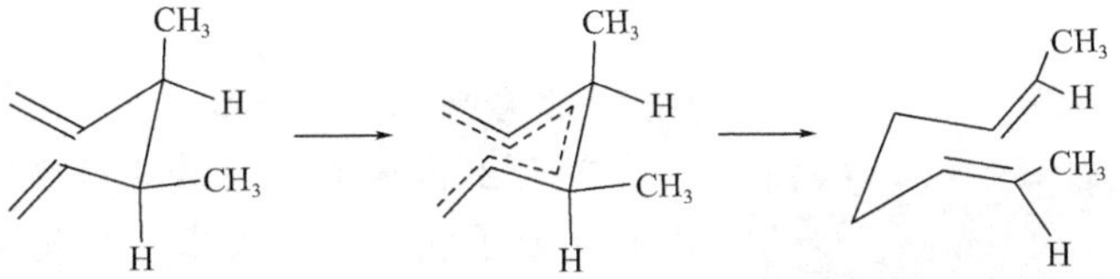

(2*Z*,6*E*)-2,6-辛二烯

案例 16-2

1912 年，德国化学家 Claisen 在加热烯醇类烯丙基醚后，得到不饱和醛或酮，之后又发现芳香族的烯丙基醚也能发生同类型的重排反应，生成邻烯丙基苯酚或进一步重排得到对烯丙基苯酚，人们将上述两种重排反应统称为 Claisen 重排。Claisen 重排被发现后，在有机化学领域发挥了重要作用，自然界中，在植物代谢的莽草酸途径中从分支酸到预苯酸的转换步骤就是一个 Claisen 重排反应。预苯酸是一个重要的前体化合物，生物体内含苯环的天然化合物有一大半是由预苯酸转换而来，Claisen 重排的发现启示着化学家们发现更多的天然产物及更复杂反应的化学本质。

问题 讨论莽草酸途径中分支酸是怎么转换成预苯酸的？

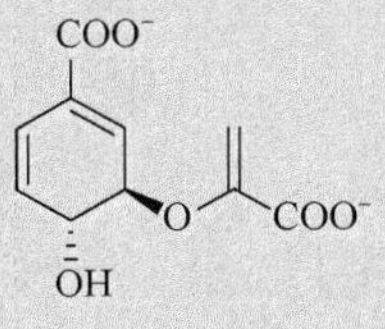

分支酸

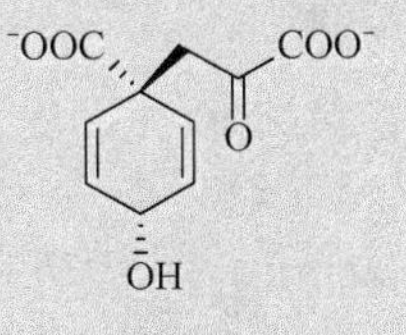

预苯酸

案例分析　在分支酸变位酶催化作用下，发生 [3,3] σ 迁移形成预苯酸。

第五节　周环反应选择规律

各种周环反应均为经过环状过渡态的协同反应。$4n$ 体系周环反应的环状过渡态的运动电子对数为偶数；$4n+2$ 体系周环反应的环状过渡态的运动电子对数为奇数。1974 年，伍德沃德-霍夫曼提出了一个简单的根据环状过渡态中运动的电子对数目（奇、偶）和反应条件（热、光）判断反应进行途径和立体选择性的通则，即伍德沃德-霍夫曼规则。

热反应（基态）：　偶—异—顺
　　　　　　　　　单—同—对
光反应（激发态）：偶—同—对
　　　　　　　　　单—异—顺

"偶—异—顺"即过渡态的运动电子对数为偶数时，在加热条件下异面加成反应、异面 σ 迁移反应和顺旋电环化反应是对称允许的；"单—同—对"即过渡态的运动电子对数为奇数时，在加热条件下同面加成反应、同面 σ 迁移反应和对旋电环化反应是对称允许的。光反应的途径与热反应的途径相反。

视窗 16-2　　　　　**虫荧光素发光**

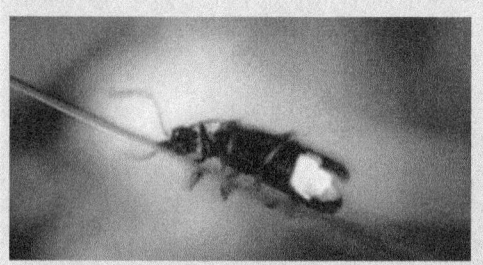

萤火虫体内有一种荧光素酶，能催化虫荧光素、ATP 和分子氧之间的反应，形成不稳定四元环化合物氧合虫荧光素。当四元环开环时，氧合虫荧光素的一个电子受激发处于激发态，激发态的电子通过释放光子回到基态，产生荧光。由于反应所产生的大部分能量都用来发光，只有 2%～10% 的能量转换为热能，所以称萤火虫发出来的光为"冷光"。类似的产生冷光的反应在荧光棒中得以应用。萤火虫是通过 [2+2] 环加成反应的逆反应而发光的物种之一。在整个过程中，虫荧光素既充当了形成四元环的原料分子，又充当了冷光反应的染色分子。

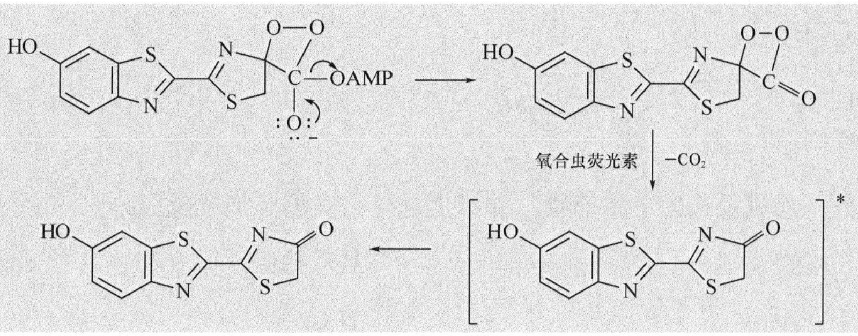

习 题

1. 标明下列周环反应的类型（电环化反应、环加成反应或 σ 迁移反应）。

(1) 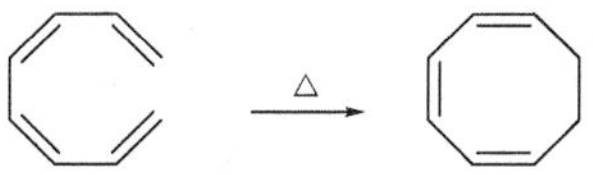 [环辛三烯 →Δ 环辛四烯]

(2) [甲基环戊二烯 →hv 甲基环戊二烯]

(3) [邻二亚甲基环己二烯 + CH₂=CHOCH₃ →Δ 2-甲氧基四氢萘]

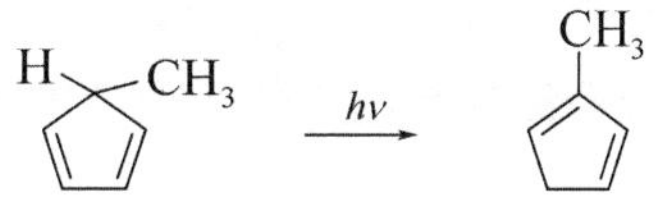

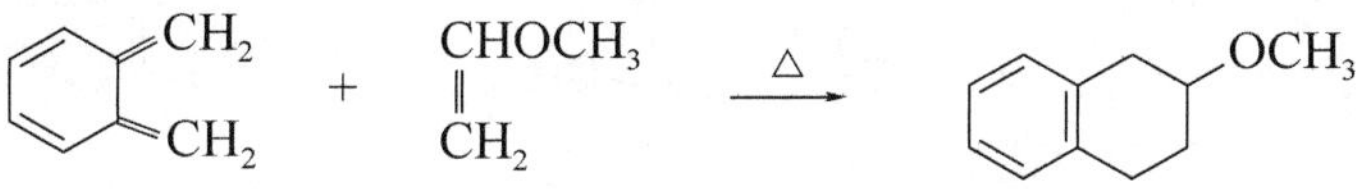

(4) [1-亚乙基-2-亚甲基环己二烯 + 乙炔 →Δ 1-甲基二氢萘]

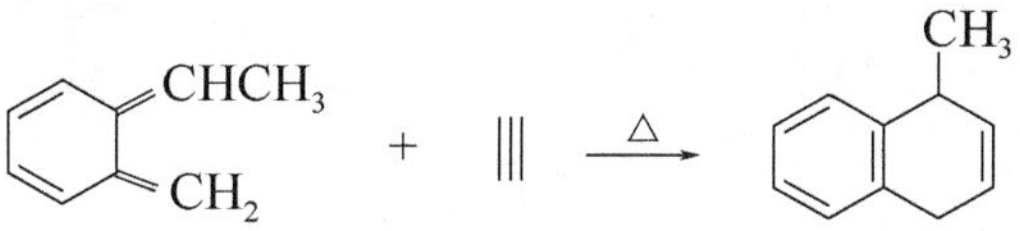

2. 试画出乙烯、丁-1,3-二烯、烯丙基自由基的 π 电子在基态时分子轨道能级图。

3. 顺-3,4-二甲基环丁烯在光照下是对旋开环，因此预测应得 (2Z,4Z)-2,4-己二烯：

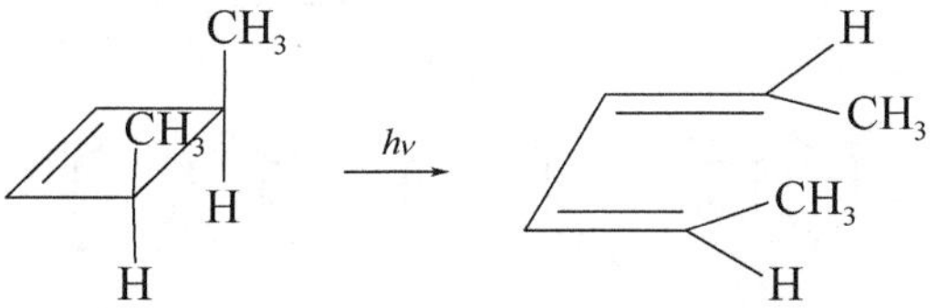

以上判断是否正确？为什么？

4. 给出下列电环化反应产物的结构，并指出反应的途径（对旋、顺旋）。

(1) 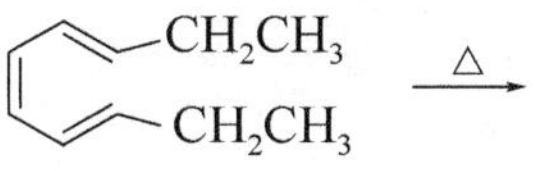 [二乙基环己二烯 →Δ]

(2) [二乙基环己二烯 →hv]

(3) [二乙基环己二烯 →Δ]

(4) [二乙基环己二烯 →hv]

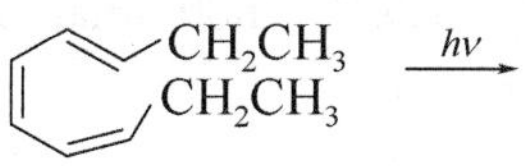

5. 下列反应在什么条件下进行？

(1) 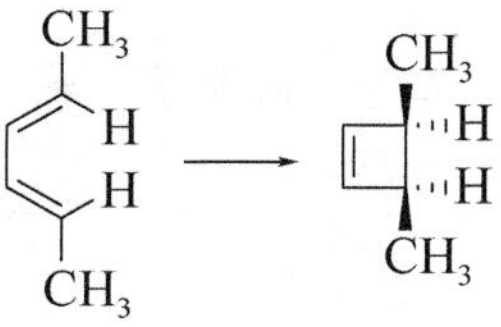 [(2Z,4Z)-2,4-己二烯 → 顺-3,4-二甲基环丁烯]

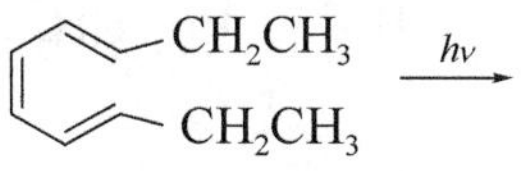

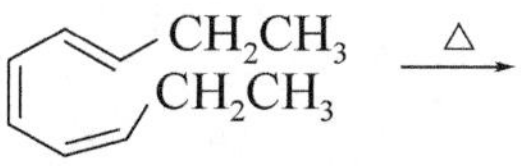

(2) [环辛三烯 → 双环[4.2.0]辛二烯]

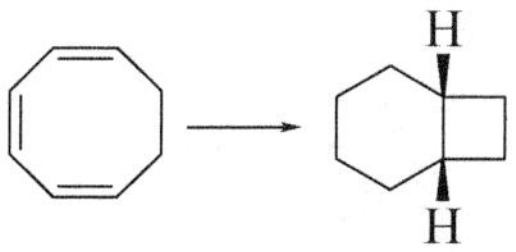

(3) 结构式反应

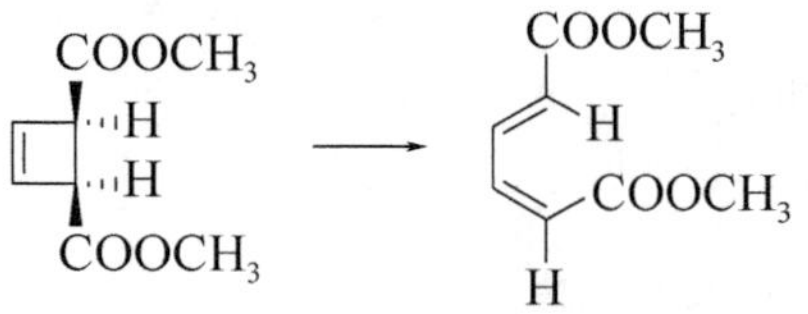

6. 写出下列环加成反应的主要产物，并指出是什么类型环加成反应。

(1) 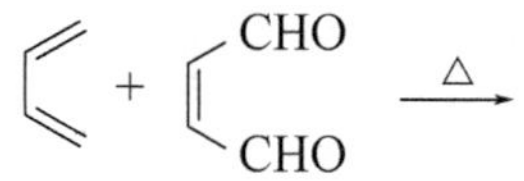 丁二烯 + 顺丁烯二醛 →

(2) 2,3-二甲基丁二烯 + 丙烯腈 →

(3) 乙烯 + 烯酮 $\xrightarrow{h\nu}$

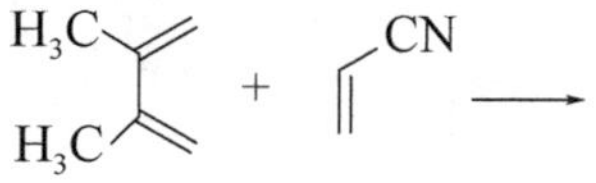

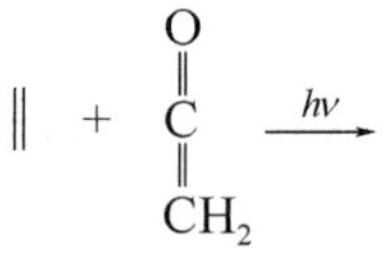

(4) 蒽 + 马来酸酐 $\xrightarrow{\Delta}$

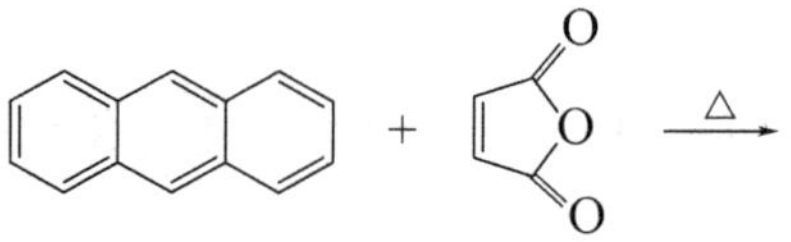

7. 根据下述反应结果指出是什么类型的 σ 迁移反应。

(1) 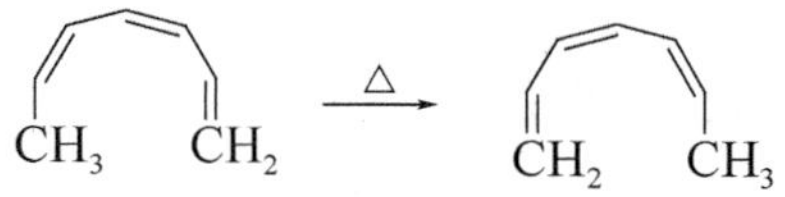 结构式反应

(2) 结构式反应

(3) 结构式反应

(4) 结构式反应

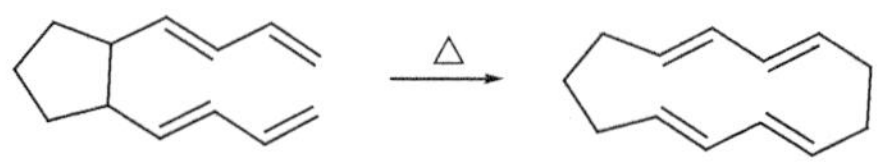

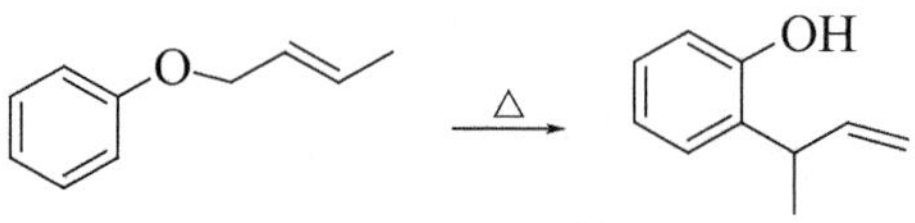

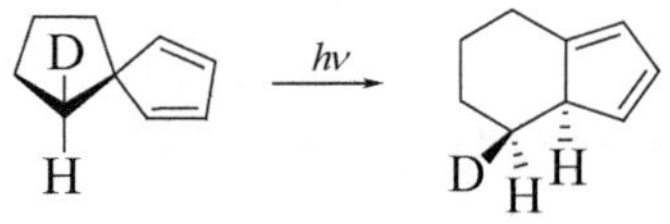

(5) 结构式 $\xrightarrow{h\nu}$ 结构式

(6) 结构式反应

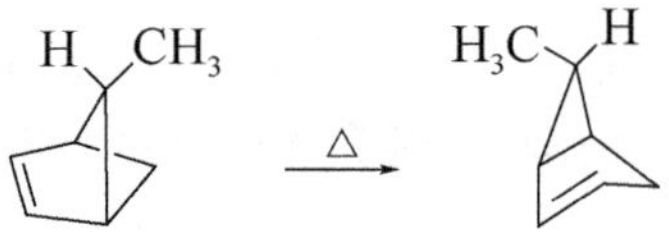

8. 给出下述反应的机制。

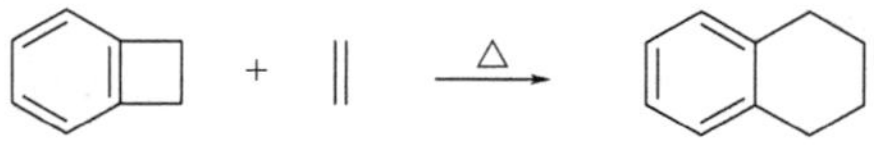

苯并环丁烯 + 乙烯 $\xrightarrow{\Delta}$ 四氢萘

9. 给出下述反应的机制。

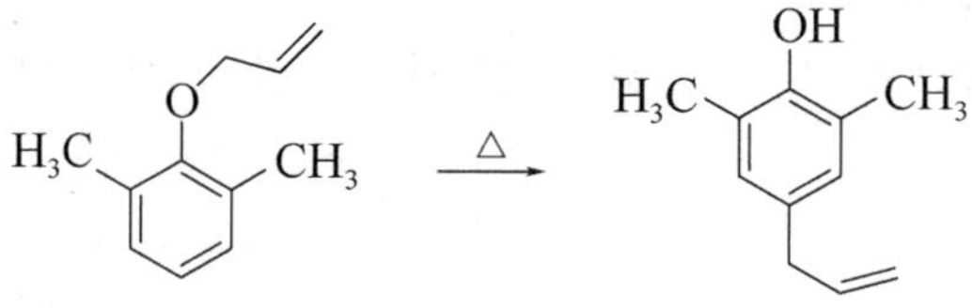

2,6-二甲基苯基烯丙基醚 $\xrightarrow{\Delta}$ 4-烯丙基-2,6-二甲基苯酚

10. 由环戊二烯制备降莰烷（norbornane）。

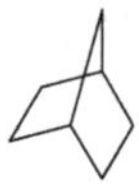

降莰烷

（上海交通大学　蒋　恒）

第十七章 氨基酸、肽、蛋白质和酶化学

学习目标

掌握 组成蛋白质的基本单元——α-氨基酸的结构特点、性质和制备方法，肽的结构和肽链结构测定方法。

熟悉 多肽合成方法和生物活性肽。

了解 蛋白质的结构、性质和酶化学基本知识。

蛋白质是存在于生物体中的一类结构复杂而功能特异的生物大分子，是生命现象的物质基础，具有多种生物学功能。构成皮肤和指甲的角蛋白、体内调节葡萄糖代谢的胰岛素、细胞中催化 DNA 合成的 DNA 聚合酶都是蛋白质。酶几乎参与了所有的生命活动过程，生物体系中的许多化学反应都是在酶催化下进行的。蛋白质和酶在生物的生长、发育、生殖和代谢等生命活动中都起着十分重要的作用。肽除作为蛋白质代谢的中间产物外，也在生物体内承担着重要的生物学功能；有些多肽及其衍生物还是重要的药物。

蛋白质可以被酸、碱或酶催化水解，在水解过程中，蛋白质分子逐渐降解成相对分子质量越来越小的肽段，最终成为氨基酸的混合物。因此，氨基酸是肽和蛋白质的基本组成单位，肽和蛋白质都是由氨基酸以酰胺键连接的生物分子。

肽和蛋白质的生物功能与构成它们的氨基酸种类、数量、排列顺序及其形成的空间结构密切相关。本章主要介绍氨基酸、肽、蛋白质和酶化学的基本知识。有关蛋白质的结构和功能等的详细内容将在生物化学及相关课程中介绍。

第一节 氨 基 酸

一、结构、分类和命名

（一）结构

氨基酸（amino acid）是指分子中既含有氨基又含有羧基的化合物。根据氨基和羧基的相对位置，氨基酸可分为 α-、β-、γ-、…、ω-氨基酸。已经发现自然界存在的氨基酸超过 500 种，但蛋白质水解后得到的氨基酸主要有 20 种，且为 α-氨基酸（脯氨酸为 α-亚氨基酸）。

其结构通式如下：

$$R-CH-COOH$$
$$| $$
$$NH_2$$

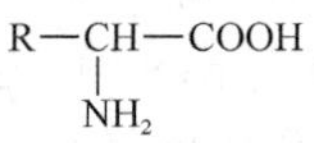

式中，R 代表侧链基团，不同氨基酸的 R 不同，例如，甘氨酸的 R 为 H，丙氨酸的 R 为 CH_3。

氨基酸分子中既有羧基，又有氨基。在固态或在生理 pH 条件下，羧基几乎完全以 $-COO^-$ 形式存在，氨基主要以 $-NH_3^+$ 形式存在，所以 α-氨基酸分子是偶极离子（dipolar ion）或两性离子（amphoteric ion），常以以下内盐的形式存在：

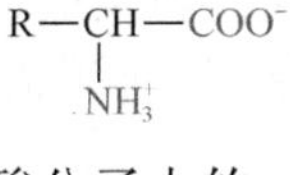

$$R-CH-COO^-$$
$$|$$
$$NH_3^+$$

除甘氨酸外，组成蛋白质的其他氨基酸分子中的 α-碳原子均为手性碳原子，所以这些氨基酸都具有旋光性。其构型标示通常采用 D、L 标记法，即以甘油醛为参考标准，在费歇尔投影式中，

凡氨基酸分子中的 $\alpha\text{-NH}_3^+$ 位置与 L-甘油醛手性碳原子上—OH 的位置相同者为 L 构型，相反者为 D 构型。

$$\begin{array}{c} \text{CHO} \\ \text{HO}\!-\!\!\!-\!\!\!-\!\text{H} \\ \text{CH}_2\text{OH} \end{array} \qquad \begin{array}{c} \text{COO}^- \\ {}^+\text{H}_3\text{N}\!-\!\!\!-\!\!\!-\!\text{H} \\ \text{R} \end{array} \qquad \begin{array}{c} \text{CHO} \\ \text{H}\!-\!\!\!-\!\!\!-\!\text{OH} \\ \text{CH}_2\text{OH} \end{array} \qquad \begin{array}{c} \text{COO}^- \\ \text{H}\!-\!\!\!-\!\!\!-\!\text{NH}_3^+ \\ \text{R} \end{array}$$

L-甘油醛　　　　L-氨基酸　　　　D-甘油醛　　　　D-氨基酸

生物体内的 α-氨基酸绝大多数为 L 型（某些细菌代谢产生极少量 D 型氨基酸）。如用 R、S 标记法，上述 L-氨基酸中除半胱氨酸为 R 构型，其余的 L-氨基酸均为 S 构型。例如：

$$\begin{array}{c} \text{COO}^- \\ {}^+\text{H}_3\text{N}\!-\!\!\!-\!\!\!-\!\text{H} \\ \text{CH}_2\text{SH} \end{array} \qquad \begin{array}{c} \text{COO}^- \\ {}^+\text{H}_3\text{N}\!-\!\!\!-\!\!\!-\!\text{H} \\ \text{CH}_2\text{OH} \end{array}$$

R-半胱氨酸　　　　S-丝氨酸

视窗 17-1　　　　　　　精氨酸与一氧化氮

在 20 世纪 80 年代末期和 90 年代初期，包括 1998 年诺贝尔生理学或医学奖获得者美国科学家 Furchgott、Ignarro 和 Murad 等在内的科学家发现了一种既简单又具有高反应活性并极具毒性的小分子一氧化氮（NO），它是在细胞中通过 L-精氨酸的酶催化氧化合成的。

精氨酸 $\xrightarrow[\text{一氧化氮合成酶}]{O_2}$ N^G-羟基精氨酸（G=胍基）$\xrightarrow{O_2}$

N^G-氧合精氨酸 $\xrightarrow{O_2, H_2O}$ [中间体] $\xrightarrow{-\text{酶}-\text{OH}}$

瓜氨酸 + N=O（一氧化氮）

在体内，NO 起着信使分子的作用，可快速透过生物膜扩散，在心脑血管、神经、免疫调节等方面有重要的生物学作用。例如，NO 在血管中可以维持血管张力的恒定与调控血压稳定，硝酸甘油治疗心绞痛正是由于其在体内转化成 NO，松弛血管。在神经系统中，NO 促进学习、记忆过程，还可调节脑血流。NO 还在免疫系统中起杀伤细菌、病毒、肿瘤细胞的作用。但是 NO 又是极强的神经毒素，其不受控制的释放也可能是中风、神经退行性疾病脑损伤的诱因。此外，NO 也会与氧自由基结合变成毒性相当强的过氧亚硝基，杀死病毒、细胞。

（二）分类

根据氨基酸的烃基，氨基酸可分为脂肪族氨基酸、芳香族氨基酸和杂环氨基酸。苯丙氨酸和酪氨酸分子中含有芳香环，属于芳香族氨基酸；脯氨酸、组氨酸和色氨酸分子中含有杂环，属于杂环氨基酸；其他氨基酸都是脂肪族氨基酸。

根据氨基酸分子中所含氨基和羧基的数目，可将氨基酸分为酸性氨基酸、碱性氨基酸和中性氨基酸。分子中含一个氨基和两个羧基的氨基酸称为酸性氨基酸，如天冬氨酸、谷氨酸；分子中含两个碱性基团（如氨基）和一个羧基的氨基酸称为碱性氨基酸，如赖氨酸、精氨酸、组氨酸等；其他只含一个氨基和一个羧基的氨基酸称为中性氨基酸，如丙氨酸、缬氨酸等。

在医学上常根据氨基酸侧链 R 基的极性及其所带电荷，将氨基酸分为以下四类：① R 基团为非极性或疏水性的氨基酸，它们通常处于蛋白质分子内部；② R 基团具有极性但不带电荷的氨基酸，其侧链中含有羟基、巯基、酰胺基等极性基团，在生理条件下不带电荷，并具有一定的亲水性，往往分布在蛋白质分子的表面；③ R 基团带正电荷的氨基酸（碱性氨基酸），在其侧链中常带有易接受质子的基团（如胍基、氨基、咪唑基等），因此它们在中性和酸性溶液中带正电荷；④ R 基团带负电荷的氨基酸（酸性氨基酸），在其侧链中带有给出质子的羧基，因此它们在中性或碱性溶液中带负电荷。

（三）命名

氨基酸的系统命名法是以羧酸为母体，氨基为取代基。但氨基酸常用俗名，即按其来源或特性来命名。例如，最初从蚕丝和天门冬的幼苗中获得的氨基酸分别称为丝氨酸和天冬氨酸，甘氨酸因其具有甜味而得名。组成蛋白质的 20 种 α-氨基酸，都有国际通用的符号，即常用中文缩写、英文名称缩写符号（通常为前三个字母）和单字符号表示（表 17-1）。例如，甘氨酸的中文缩写为"甘"，英文名称 Glycine 缩写为"Gly"，单字符号为"G"。

表 17-1　构成蛋白质的 20 种氨基酸

名称	中文缩写	英文缩写	单字符号	结构式	pI
中性氨基酸					
甘氨酸（氨基乙酸）Glycine	甘	Gly	G	$H-CH(NH_3^+)-COO^-$	5.97
丙氨酸（α-氨基丙酸）alanine	丙	Ala	A	$CH_3-CH(NH_3^+)-COO^-$	6.00
缬氨酸（α-氨基-β-甲基丁酸）* valine	缬	Val	V	$(CH_3)_2CH-CH(NH_3^+)-COO^-$	5.96
亮氨酸（α-氨基-γ-甲基戊酸）* leucine	亮	Leu	L	$(CH_3)_2CHCH_2-CH(NH_3^+)-COO^-$	5.98
异亮氨酸（α-氨基-β-甲基戊酸）* isoleucine	异亮	Ile	I	$CH_3CH_2-CH(CH_3)-CH(NH_3^+)-COO^-$	6.02
苯丙氨酸（α-氨基-β-苯基丙酸）* phenylalanine	苯丙	Phe	F	$C_6H_5-CH_2-CH(NH_3^+)-COO^-$	5.48
脯氨酸（α-羧基四氢吡咯）proline	脯	Pro	P	（吡咯环结构）—COO⁻	6.30
色氨酸 [α-氨基-β-(3-吲哚基)丙酸]* tryptophan	色	Trp	W	吲哚-$CH_2-CH(NH_3^+)-COO^-$	5.89
丝氨酸（α-氨基-β-羟基丙酸）serine	丝	Ser	S	$HO-CH_2-CH(NH_3^+)-COO^-$	5.68
苏氨酸（α-氨基-β-羟基丁酸）* threonine	苏	Thr	T	$CH_3-CH(OH)-CH(NH_3^+)-COO^-$	5.60
半胱氨酸（α-氨基-β-巯基丙酸）cysteine	半胱	Cys	C	$HS-CH_2-CH(NH_3^+)-COO^-$	5.07

续表

名称	中文缩写	英文缩写	单字符号	结构式	pI
蛋氨酸（α-氨基-γ-甲硫基丁酸）* methionine	蛋	Met	M	$CH_3-S-CH_2-CH_2-\underset{\underset{NH_3^+}{\mid}}{CH}-COO^-$	5.74
酪氨酸（α-氨基-β-对羟苯基丙酸） tyrosine	酪	Tyr	Y	$HO-\text{C}_6\text{H}_4-CH_2-\underset{\underset{NH_3^+}{\mid}}{CH}-COO^-$	5.66
天冬酰胺（α-氨基丁酰胺酸） asparagine	天酰	Asn	N	$H_2N-\underset{\underset{O}{\parallel}}{C}-CH_2-\underset{\underset{NH_3^+}{\mid}}{CH}-COO^-$	5.41
谷氨酰胺（α-氨基戊酰胺酸） glutamine	谷酰	Gln	Q	$H_2N-\underset{\underset{O}{\parallel}}{C}-CH_2CH_2-\underset{\underset{NH_3^+}{\mid}}{CH}-COO^-$	5.65
酸性氨基酸					
天冬氨酸（α-氨基丁氨基二酸） aspartic acid	天	Asp	D	$HOOC-CH_2-\underset{\underset{NH_3^+}{\mid}}{CH}-COO^-$	2.77
谷氨酸（α-氨基戊二酸） glutamic acid	谷	Glu	E	$HOOCCH_2-CH_2-\underset{\underset{NH_3^+}{\mid}}{CH}-COO^-$	3.22
碱性氨基酸					
赖氨酸（α,ε-二氨基己酸）* lysine	赖	Lys	K	$H_2N-CH_2CH_2CH_2-\underset{\underset{NH_3^+}{\mid}}{CH}-COO^-$	9.74
精氨酸（α-氨基-δ-胍基戊酸） arginine	精	Arg	R	$H_2N-\underset{\underset{NH}{\parallel}}{C}-NHCH_2CH_2-\underset{\underset{NH_3^+}{\mid}}{CH}-COO^-$	10.76
组氨酸 [α-氨基-β-(4-咪唑基) 丙酸] histidine	组	His	H	咪唑基$-CH_2-\underset{\underset{NH_3^+}{\mid}}{CH}-COO^-$	7.59

* 必需氨基酸。

在以上氨基酸中，* 注明的八种氨基酸不能由人体合成，必须由食物供给，如果人体缺乏这类氨基酸，就会导致生长缓慢或产生某些疾病，因此，这八种氨基酸称为必需氨基酸（essential amino acid）。此外，精氨酸和组氨酸在婴幼儿和儿童时期因体内合成不足，也需依赖食物补充一部分。

除上述 20 种氨基酸外，还发现大量存在于动植物、细菌体内的非蛋白氨基酸和修饰氨基酸。非蛋白氨基酸大多数是 α-氨基酸，也有些是 β-、γ-、δ-氨基酸或 D 型氨基酸。非蛋白质氨基酸不参与构成蛋白质，但其中有些是蛋白质在体内的代谢中间体或产物。例如，瓜氨酸是精氨酸被酶催化氧化生成的除 NO 外的另一产物，大脑中重要的神经递质 γ-丁氨酸（GABA）是谷氨酸的脱羧产物。

$$H_2N-\underset{\underset{O}{\parallel}}{C}-NH(CH_2)_3\underset{\underset{NH_3^+}{\mid}}{CH}COO^- \qquad H_3N^+CH_2CH_2CH_2COO^-$$
$$\text{瓜氨酸} \qquad\qquad\qquad \gamma\text{-丁氨酸}$$

修饰氨基酸是 20 种氨基酸部分结构修饰的产物，如胱氨酸、羟脯氨酸和 5-羟基赖氨酸等。胱氨酸是由两分子半胱氨酸侧链上的巯基氧化而成的二硫化物，生物体内二硫键的生成对维持蛋白质的结构具有重要作用。

第十七章 氨基酸、肽、蛋白质和酶化学

$$HSCH_2-CH\,COO^- \xrightleftharpoons[\text{还原}]{\text{氧化}} \begin{array}{c} COO^- \quad\quad COO^- \\ H_3\overset{+}{N}-\overset{|}{C}-H \quad H_3\overset{+}{N}-\overset{|}{C}-H \\ | \quad\quad\quad | \\ CH_2-S-S-CH_2 \end{array}$$

　　　半胱氨酸　　　　　　　　　　　胱氨酸

羟脯氨酸和 5-羟基赖氨酸主要存在于骨胶原和弹性蛋白中，是肽链中脯氨酸和赖氨酸分别被羟化酶羟化后的产物。

　　　　羟脯氨酸　　　　　　　　　5-羟基赖氨酸

二、理化性质

（一）物理性质

氨基酸是无色或白色晶体，熔点一般在 200～300℃，熔融时易分解放出 CO_2。氨基酸在水中的溶解度大小不一，但均可溶于强酸、强碱。大多数氨基酸不溶于乙醇，难溶于乙醚、丙酮和氯仿等极性较弱的有机溶剂。

（二）化学性质

氨基酸分子中既有羧基又有氨基，因而它既具有羧酸的性质，也具有胺的性质。此外，氨基与羧基之间相互影响及分子中烃基的某些特殊结构，使之表现出一些特殊性质。

1. 羧基的反应　α-氨基酸分子中的羧基能与碱、氨、五氯化磷、醇和氢化铝锂等反应。例如：

$$C_6H_5CH_2OH + R-\underset{\underset{NH_3}{|}}{CH}-COO^- \longrightarrow C_6H_5CH_2OCOCHNH_2 \\ \quad\quad\quad\quad\quad\quad\quad\quad\quad\quad\quad\quad\quad\quad | \\ \quad\quad\quad\quad\quad\quad\quad\quad\quad\quad\quad\quad\quad\quad R$$

在多肽合成中，常用这个反应来保护羧基。

2. 氨基的反应　α-氨基酸分子中的氨基能与酸、亚硝酸、烃基化试剂、酰基化试剂甲醛和过氧化氢等反应。例如，α-氨基酸（除脯氨酸和羟脯氨酸外）的氨基为伯胺基，与亚硝酸反应，可定量地放出氮气，生成 α-羟基酸。

$$R-\underset{\underset{+NH_3}{|}}{CH}-COO^- + HNO_2 \longrightarrow R-\underset{\underset{OH}{|}}{CH}-COOH + N_2\uparrow + H_2O$$

根据放出氮气的体积测定氨基酸中氨基的含量的方法称为 van Slyke 氨基氮测定法，常用于氨基酸、多肽和蛋白质的定量分析。

3. 氨基酸的两性电离和等电点　氨基酸分子中既含有酸性基团，又含有碱性基团，表现出两性化合物的特性。由于各种氨基酸结构的差别和 —NH_3^+ 给出质子，—COO^- 接受质子能力的差异，氨基酸在水溶液中呈现出不同的酸碱性。酸性氨基酸如谷氨酸的水溶液显酸性；碱性氨基酸如赖氨酸的水溶液显碱性；而中性氨基酸，由于 —NH_3^+ 给出质子的能力大于 —COO^- 接受质子的能力，其水溶液显弱酸性。

氨基酸在水溶液中通常以阳离子、阴离子和两性离子三种结构形式呈动态平衡：

$$H_3O^+ + R-\underset{\underset{NH_2}{|}}{CH}-COO^- \xrightleftharpoons{H_2O} R-\underset{\underset{+NH_3}{|}}{CH}-COO^- \xrightleftharpoons{H_2O} R-\underset{\underset{+NH_3}{|}}{CH}-COOH + OH^-$$

　　　　阴离子　　　　　　　　　　　两性离子　　　　　　　　　阳离子

氨基酸究竟以何种形式，主要取决于溶液的 pH。当调节溶液的 pH 为某一定值时，使该种氨基酸解离成阳离子和阴离子的趋势和程度相等，即主要以两性离子形式存在，此溶液的 pH 称为该氨基酸的等电点（isoelectric point，pI）。在等电点时，氨基酸所带正、负电荷相等，即净电荷为零，整体呈电中性，在外加电场中既不向负极移动，也不向正极移动。若在等电点溶液中加入酸时，溶液的 pH 小于 pI，有利于—COO⁻ 与质子结合，平衡左移，氨基酸主要以阳离子的形式存在，在电场中向负极移动；在等电点溶液中加入碱时，溶液的 pH 大于 pI，有利于—NH₃⁺ 给出质子，平衡右移，氨基酸主要以阴离子的形式存在，在电场中向正极移动。

$$\underset{\substack{\text{阴离子}\\ \text{pH}>\text{pI}}}{\text{R—CH—COO}^-}\quad \underset{\text{H}^+}{\overset{\text{OH}^-}{\rightleftharpoons}}\quad \underset{\substack{\text{两性离子}\\ \text{pH}=\text{pI}}}{\text{R—CH—COO}^-} \quad \underset{\text{OH}^-}{\overset{\text{H}^+}{\rightleftharpoons}}\quad \underset{\substack{\text{阳离子}\\ \text{pH}<\text{pI}}}{\text{R—CH—COOH}}$$

等电点是氨基酸的特定物理常数，由实验测得或通过计算得到。每种氨基酸因结构不同，其等电点也不相同。酸性氨基酸的等电点为 2.7～3.2，碱性氨基酸为 7.6～10.7，中性氨基酸为 5.0～6.5（表 17-1）。等电点时，溶液中的两性离子浓度最高，溶解度较低。在含有多种氨基酸的混合溶液中，将溶液的 pH 调节为某一氨基酸的等电点，可使该氨基酸易析出。

带电粒子在电场中向所带电荷相反方向的电极移动，这种现象称为电泳。电泳技术就是利用不同氨基酸等电点的差别，从氨基酸混合物中分析、分离、纯化各组分。氨基酸溶液置于滤纸条或凝胶条的中心附近，并用缓冲液湿润，将滤纸条或凝胶条的两端与电极相连，当存在电势差时，具有负电荷的氨基酸缓慢向阳极移动；同时，具有正电荷的氨基酸，迁移至阴极端。这样氨基酸混合物就可以分离开来。不同的氨基酸具有不同的移动速率，移动的速率取决于其等电点和缓冲溶液的 pH。图 17-1 显示了赖氨酸、甘氨酸和天冬氨酸混合物在电场下的分离过程。

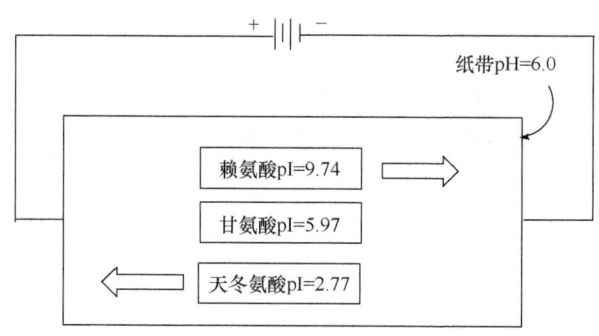

图 17-1 用电泳技术分离氨基酸混合物

4. 脱羧反应 α-氨基酸与 Ba(OH)₂ 共热或在酶的作用下，均可发生脱羧反应，生成相应的胺。

$$\underset{\substack{|\\ ^+\text{NH}_3}}{\text{RCHCOO}^-} \xrightarrow[\triangle]{\text{Ba(OH)}_2} \text{RCH}_2\text{NH}_2 + \text{CO}_2\uparrow$$

例如，组氨酸在脱羧酶的作用下转变为组胺，过量组胺在体内储存可引起刺激反应，如流鼻涕和眼睛痒痛。赖氨酸脱羧后生成毒性很强且有强烈气味的 1,5-戊二胺（尸胺）。氨基酸脱羧后生成的胺呈碱性，若这些化合物不能正常代谢，在体内含量过高将会引起碱中毒。

5. 氨基转移反应 在体内代谢过程中，α-氨基酸在转氨酶的作用下，发生氨基转移，生成α-酮酸。接受氨基的 α-酮戊二酸转变成谷氨酸。例如：

$$\underset{\substack{|\\ ^+\text{NH}_3}}{\text{R—CH—COO}^-} + \underset{\text{HOOCCCH}_2\text{CH}_2\text{COOH}}{\overset{\text{O}}{\|}} \rightleftharpoons \underset{\substack{|\\ ^+\text{NH}_3}}{\text{HOOCCH}_2\text{CH}_2\text{CHCOO}^-} + \underset{\text{RCCOOH}}{\overset{\text{O}}{\|}}$$

6. 显色反应 α-氨基酸与水合茚三酮在水溶液中加热，生成蓝紫色的化合物。该反应可十分灵敏地鉴定 α-氨基酸，也常用于层析色谱法的显色剂。用比色法测定罗曼氏紫的溶液可以分析氨基酸的含量，也可以根据反应中放出的 CO₂ 量，定量分析氨基酸的含量。脯氨酸等亚氨基氨基酸与水合茚三酮反应生成黄色化合物。

$$\text{水合茚三酮} + \text{RCHCOO}^-\text{NH}_3^+ \longrightarrow \text{罗曼氏紫} + \text{RCHO} + \text{CO}_2\uparrow + 3\text{H}_2\text{O}$$

三、氨基酸的来源与合成

氨基酸主要通过水解蛋白质、微生物发酵或有机合成等途径获得。水解蛋白质法是在酸、碱或酶作用下将蛋白质完全水解，再经过适当的方法分离、提纯获得所需的氨基酸。微生物发酵法是利用微生物发酵技术获得富含某些氨基酸的发酵液，再分离、提纯获得这些氨基酸，谷氨酸和赖氨酸主要由微生物发酵法制得。氨基酸的有机合成主要有以下几种方法。

（一）α-卤代酸的氨解

α-卤代酸与氨水（大大过量）反应可得到 α-氨基酸。例如：

$$\text{H}_3\text{CCHBrCOOH} \xrightarrow{\text{NH}_3(\text{大大过量})} \text{H}_3\text{C}-\text{CH}(\text{NH}_3^+)-\text{COO}^-$$

（二）Strecker 合成法

利用醛与氨和氢氰酸反应，得到 α-氨基腈，再经水解得到 α-氨基酸。它是制备 α-氨基酸的一种很有用的合成方法。

$$\text{RCHO} \xrightleftharpoons[(2)\text{NH}_3]{(1)\text{HCN}} \text{R}-\underset{\text{CN}}{\overset{\text{NH}_2}{\text{C}}}-\text{H} \xrightarrow{\text{H}_3\text{O}^+} \text{R}-\underset{\text{COO}^-}{\overset{\text{NH}_3^+}{\text{C}}}-\text{H}$$

例如：

$$\text{C}_6\text{H}_5\text{CH}_2\text{CHO} \xrightarrow[\text{NH}_3]{\text{HCN}} \text{C}_6\text{H}_5\text{CH}_2\text{CHCN}(\text{NH}_2) \xrightarrow[(2)\text{H}_3\text{O}^+]{(1)\text{NaOH}} \text{C}_6\text{H}_5\text{CH}_2\text{CHCOO}^-(\text{NH}_3^+)$$

（三）丙二酸酯合成法

由丙二酸酯合成 α-氨基酸是较重要的合成氨基酸的方法，有多种应用实例。常用溴代丙二酸二酯用 Gabriel 方法合成蛋氨酸、苯丙氨酸、天冬氨酸等。

例如：苯丙氨酸的合成

$$\xrightarrow[(2)\text{PhCH}_2\text{Br}]{(1)\text{C}_2\text{H}_5\text{ONa}} \text{[phthalimide-C(COOC}_2\text{H}_5)_2\text{CH}_2\text{Ph]} \xrightarrow[(2)\text{H}^+,\text{H}_2\text{O}]{(1)\text{OH}^-} \text{H}_3\text{N}^+\text{-CH(CH}_2\text{Ph)-COO}^-$$

苯丙氨酸

采用以上有机合成法得到外消旋氨基酸，经过拆分后得到 D-氨基酸和 L-氨基酸。通常的拆分方法是先将氨基酸保护为酰胺，再用手性的胺（如生物碱）或酸处理，形成两个非对映体，通过分步结晶分开，也可用酶解法或柱色谱法拆分。

（四）不对称合成法

光学纯的氨基酸还可以通过不对称合成，即立体选择性地形成 α-碳立体中心的反应制备。例如，一种由铑或钌等金属和一些具有光学活性的膦配体［如 (R,R)-Degphos］组成的均相催化剂催化 (Z)-2-乙酰氨基-3-苯基丙烯酸的氢化，可选择性地得到 (S)-N-乙酰苯丙氨酸（反应的立体选择性大于 99%），该衍生物水解即产生 (S)-苯丙氨酸（L-苯丙氨酸）。

Z-2-乙酰氨基-3-苯基丙烯酸 $\xrightarrow{\text{H}_2, \text{Rh-}(R,R)\text{-Degphos}}$ (S)-N-乙酰苯丙氨酸

$\xrightarrow[(2)\text{H}_3\text{O}^+]{(1)\text{OH}^-,\text{H}_2\text{O},\Delta}$ (S)-苯丙氨酸

膦配体

因为膦配体具有手性，磷与金属结合，磷原子周围大的取代基使得氢化反应高度选择性地发生在烯烃的一侧，因此只生成单一的对映体。

第二节 肽

一、结构和命名

肽（peptide）是氨基酸分子之间通过脱水形成的酰胺键相连而成的一类化合物，分子中的酰胺键称为肽键（peptide bond）。一分子氨基酸中的羧基与另一分子氨基酸分子的氨基脱水而形成的酰胺称为二肽（dipeptide）。

$$\text{NH}_3^+\text{-CH(R)-CO-O}^- + {}^+\text{H}_3\text{N-CH(R')-COO}^- \xrightarrow{-\text{H}_2\text{O}} \text{NH}_3^+\text{-CH(R)-C(=O)-NH-CH(R')-COO}^-$$

二肽（肽键）

由三个 α-氨基酸缩合而成的肽称为三肽，由 n 个 α-氨基酸缩合而成的称为 n 肽。将十肽及十以下的肽称为寡肽（oligopeptide）或低聚肽，十肽以上的肽称为多肽（polypeptide），其肽链又称多肽链。表示如下：

$$^+\text{NH}_3\text{-CH(R)-C(=O)-[NH-CH(R')-C(=O)]}_n\text{-NH-CH(R'')-COO}^-$$

N端　　　　　　　　　　　　　　　　　　C端

除了环状的多肽外，大多数链状多肽的一端有游离的—NH₃⁺，称为氨基末端或 N 端（N-terminal end）；而另一端有游离的—COO⁻，称为羧基末端或 C 端（C-terminal end）。多肽链中的氨基酸单元称为氨基酸残基（amino acid residue）。写肽键的结构式时，一般将 N 端写在左边，C 端写在右边。

肽的命名是以 C 端的氨基酸为母体，从 N 端开始，依次将每个氨基酸残基的名称写在母体名称之前，并用"酰"字代替某氨基酸的"酸"字，处于 C 端的氨基酸保留原名，称为某氨酰某氨酸。例如：

$$\begin{array}{c}\text{H}_3\text{N}^+\text{CHCH}_2\text{CH}_2\text{CONHCHCONHCH}_2\text{COO}^-\\|\qquad\qquad\qquad\qquad|\\\text{COO}^-\qquad\qquad\qquad\text{CH}_2\text{SH}\end{array}$$

γ-谷氨酰半胱氨酰甘氨酸

肽的命名也可用较简单的缩写表示，即将组成肽链的各种氨基酸的英文缩写、单字符号或中文缩写写到一起，氨基酸之间用"-"连接。例如上述三肽为：γ-Glu-Cys-Gly 或 γ-E-C-G，中文缩写为 γ-谷-半胱-甘。

二、肽键平面

肽键是构成多肽链的基本化学键，肽键与相邻的两个氨基酸 α-碳原子所组成的结构片段（—C_α—CO—NH—C_α—）称为肽单元。肽链就是由许多肽单元连接而成的，它们构成多肽链的主链骨架。根据 X 射线衍射分析，肽和蛋白质中肽键平面如图 17-2 所示。

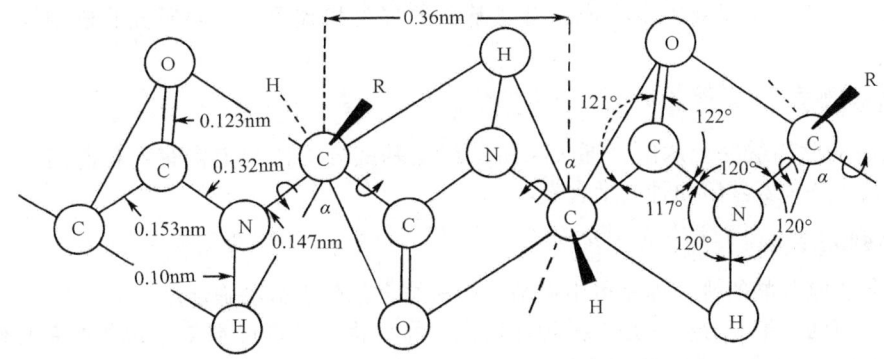

图 17-2 肽键平面示意图

肽单元的空间结构具有以下特征：

（1）肽键中的 C—N 键长为 0.132nm，介于 C_α—N 单键键长（0.147nm）和 C=N 双键键长（0.127nm）之间。这表明肽键中 N 原子与羰基之间形成 p-π 共轭体系，使肽键具有一定程度的双键性质，限制了 C—N 之间的自由旋转。

（2）肽键的 C 及 N 周围的 3 个键角和均为 360°，说明组成肽单元的 6 个原子位于同一平面内，这个平面称为肽键平面。

（3）由于肽键不能自由旋转，肽键平面上各原子可出现顺反异构现象，与 C—N 键相连的两个原子或基团处于反式位置，呈较稳定的反式构型。

肽键平面中除 C—N 键不能旋转外，两侧的 C_α—N 键和 C_α—C 键都是 σ 键，可以自由旋转，因而相邻的肽键平面可围绕 C_α 旋转，使多肽链的主链骨架在空间形成不同的构象。

肽的化学性质在某些方面与氨基酸类似，肽和氨基酸一样也是两性离子，具有等电点；也可发生脱羧反应、与亚硝酸反应和显色反应等。但肽由不同氨基酸残基连接而成，其性质与氨基酸又有明显不同，肽链上各种氨基酸侧链上的 R 基团对肽的性质有较大的影响。肽在水溶液中的酸碱性，主要取决于侧链可解离的 R 基团的数目和性质。

> **案例 17-1 二肽甜味剂——阿斯巴甜**
>
> 阿斯巴甜（Aspartame, Nutra Sweet）也称天冬甜素，化学名称为 L-天冬氨酰-L-苯丙氨酸甲酯，为二肽甲酯。1965 年，美国科学家 James Schlatter 在合成促胃液分泌激素时，发现其具有类似糖的清爽甜味（其甜度约为蔗糖的 200 倍）。该物质为白色粉状或针状晶体，在水中溶解度为 1g/100mL（20℃），pI 为 5.91，含热量为 4kcal/g。因其口感纯正、在体内易分解、安全性高、热量低，广泛应用在食品、饮料、保健品及医药制剂等领域，是目前国际市场上的主导甜味剂。阿斯巴甜主要通过 L-天冬氨酸和 L-苯丙氨酸甲酯缩合制备；D,D 构型、L,D 构型或 D,L 构型的两种氨基酸合成的二肽均没有甜味，甚至有微弱的苦味。
>
> **问题** 写出阿斯巴甜在 pH=5.9 水溶液中的主要存在形式。
>
> **案例分析** 构成阿斯巴甜的天冬氨酸和苯丙氨酸均为 L 构型，其对应的氨基酸的 α-碳为 S 构型；阿斯巴甜 pI=5.91，pH=5.9 的水溶液中阿斯巴甜以内盐的形式存在，所以阿斯巴甜在 pH=5.9 水溶液中的主要存在形式如下：

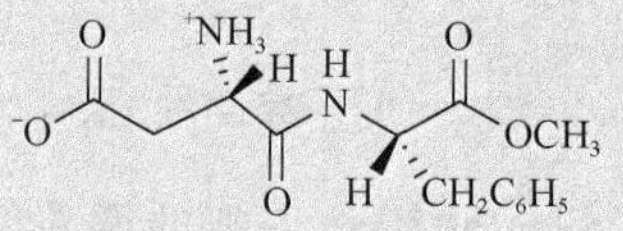

三、肽链结构测定

了解肽的结构，不仅要确定组成肽链氨基酸的种类和数目，还要研究肽链中氨基酸的排列顺序。

（一）组成测定

将纯化后的肽用酸完全水解，通过层析法或氨基酸分析仪测定含有各种游离氨基酸的水解液，可确定其中各种氨基酸的种类及含量。

（二）序列测定

肽链中各种氨基酸的排列顺序可用端基分析法结合部分水解法确定。

1. 端基分析法 端基分析法是以某种标记化合物与肽链中的 N 端或 C 端的氨基酸作用，然后再水解，以确定 N 端或 C 端氨基酸的种类。

（1）N 端分析：N 端氨基酸分析常用的试剂是 2,4-二硝基氟苯（DNFB），该法又称桑格（Sanger）法。DNFB 与 N 端的—NH_3^+ 反应，生成黄色的 N-(2,4-二硝基苯基) 肽，原肽链的肽键均被水解，而 DNFB 与氨基生成的共价键不断裂。因此，含该试剂的氨基酸必然是 N 端氨基酸，该氨基酸可通过层析法检出。由于水解过程中，整个肽链都被破坏，因此，该法在同一个肽链上只能做一次 N 端分析。

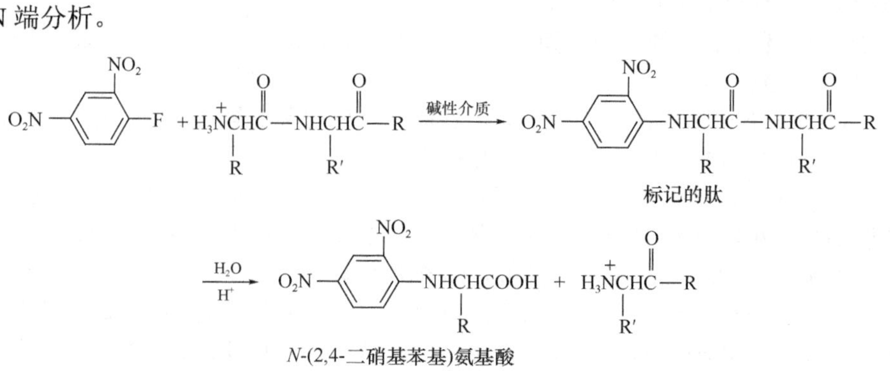

目前 N 端氨基酸分析广泛采用的另一试剂是异硫氰酸苯酯。该试剂与肽链的 N 端氨基酸反

应，生成苯氨基硫甲酰肽（PTC-肽），在有机溶剂中经无水 HCl 处理后，该肽键不被水解，但被结合的 N 端氨基酸则以苯乙内酰硫脲氨基酸（PTH-氨基酸）形式与肽链其他部分断开，再用乙酸乙酯提取，经层析法即可鉴定出 N 端氨基酸。此方法是 1950 年 P. Edman 提出的，故称为 Edman 降解。Edman 降解法是对 Sanger 法的改良。此法的优点是只断裂 N 端已经与试剂结合的氨基酸，而肽链的其余部分不受破坏，所以缩短的肽链又可以作类似的分析。现用于测定蛋白质中氨基酸顺序的自动分析仪就是根据该反应原理工作的。反应式如下：

（2）C 端分析：C 端分析常采用羧肽酶法。羧肽酶能选择性地水解肽链中 C 端氨基酸，并且可以反复用于缩短的肽链，逐个测定新的 C 端氨基酸。水解反应式如下：

端基分析法通常用于分析相对分子质量较小的多肽。对于较长的肽链，水解过程对其分析有干扰，因此还需要结合部分水解法确定肽链的排列顺序。

2. 部分水解法　部分水解法是将复杂的肽链用酸或酶催化部分水解成若干小肽的片段（碎片），然后用端基分析法鉴定，确定各个片段中氨基酸残基的排列顺序。经过组合、排列对比、找出关键性的"重叠顺序"，推断出整个肽链中氨基酸残基的排列顺序。

酸水解肽链选择性较差，每次水解得到的片段可能不同。而某些蛋白酶水解则具有高度专一性，某一种酶只能水解一定类型的肽键。例如，胰蛋白酶只能水解精氨酸和赖氨酸的羧基形成的肽键，糜蛋白酶能水解芳香族氨基酸羧基形成的肽键，嗜热菌蛋白酶能水解亮氨酸、异亮氨酸、缬氨酸氨基肽键等。例如，用不同酶选择性水解牛胰岛素的 A、B 链酶切割位点如下：

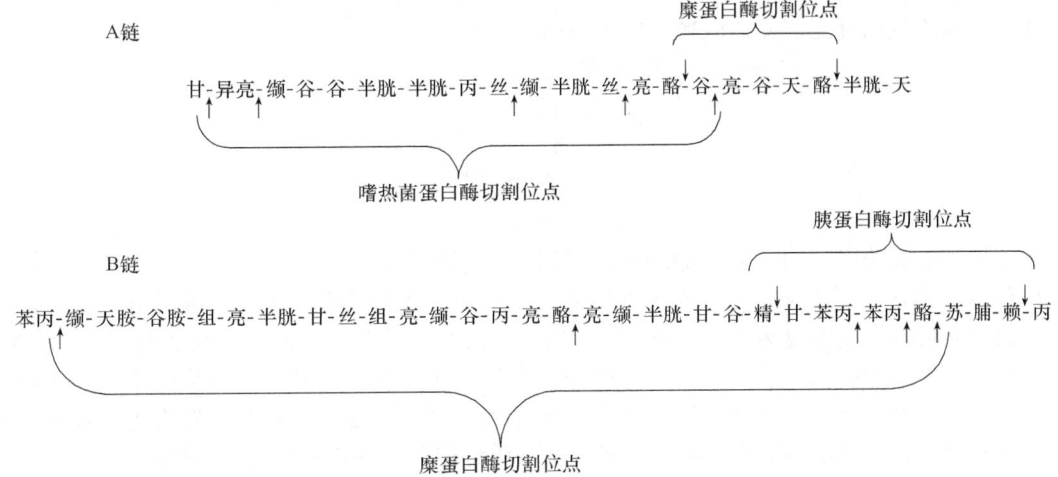

> **案例 17-2**　　　　　　　　　　　　**人工合成结晶牛胰岛素**
>
> 　　胰岛素是一种由胰岛 β 细胞分泌的蛋白质，具有降低血糖和调节体内葡萄糖代谢的功能。1955 年，英国科学家 F. Sanger 用生物降解和标记方法确定了第一个活性蛋白质——牛胰岛素分子的一级结构，为人工合成胰岛素提供了重要的依据。然而在 20 世纪 50 年代，人工合成蛋白质的工作量之大、难度之高是生物化学与有机化学领域中前所未有的，是一座从未有人攀登上的科学高峰。在这种极富挑战的背景下，中国科学家于 1958 年 8 月大胆提出了人工合成牛胰岛素的课题。当时国内缺乏有经验的专家，而且实验所需的合成和分析设备以及多种试剂都无法由国内生产。在这种环境下，1959 年，在国家科学技术委员会的组织领导下，由中国科学院上海生物化学研究所、中国科学院上海有机化学研究所和北京大学化学系等科研院校组成一支统一的研究队伍，开始了用化学方法合成胰岛素的研究。1964 年 8 月，上海生物化学研究所钮经义教授团队成功合成了人工 B 链，同天然的 A 链相连接，得到了半合成的牛胰岛素。1965 年 5 月，北京大学化学系和上海有机化学研究所联合团队成功合成了人工 A 链，同天然的 B 链相连接，也得到了半合成的牛胰岛素。同时，上海生物化学研究所邹承鲁教授团队经过多年的研究，将 AB 链的重组收率提高到 50%，为胰岛素全合成提供了良好的条件。1965 年 9 月，经过 6 年多的努力，中国科学家终于获得了世界上第一个具有生物活性的人工全合成牛胰岛素晶体。结晶牛胰岛素的合成，在我国生物化学和有机化学的发展史上有巨大的意义与影响，标志着人类在探索生命奥秘的征途中迈出了关键性的一步，开辟了人工合成蛋白质的时代。
>
> 　　**问题**　试根据"部分酸水解"所示牛胰岛素的结构，讨论其合成策略和意义。
>
> 　　**案例分析**　合成工作分为三部分：分别合成 A 链（21 肽）和 B 链（30 肽），然后通过硫基的氧化使两条链正确组合。将带保护基的 A 链和 B 链分别用 Na-液氨处理后，再用连四硫酸钠和亚硫酸钠进行 S-磺酸化，初步纯化后，以 1.2∶1.0 的比例混合，以硫基乙酸还原，然后在空气中缓慢氧化。此粗制品在酸性条件下经仲丁醇提取两次后，纯度达到 50%。产物可以在含锌离子的缓冲液中结晶。
>
> 　　人工合成具有生物活性牛胰岛素的研究，体现了中国科学家强烈的民族责任心和高度的国家使命感，他们团结协作，敢作敢为，勇于创新，不惧困难，立志为国争光，取得了巨大的成功，在我国基础研究的发展史上具有重大的意义和深远的影响。

　　下面以血管紧张素 II 为例，说明肽链中氨基酸顺序的测定方法。血管紧张素 II 是八肽激素，它通过调节体内 Na-K 盐的平衡控制高血压。氨基酸分析表明它由 8 个氨基酸（精、天冬、组、异亮、酪、苯丙、脯和缬）组成；端基分析表明 N 端氨基酸是天冬氨酸；用酸部分水解后生成下面的片段：①天冬-精-缬，②精-缬-酪，③异亮-组-脯，④脯-苯丙，⑤缬-酪-异亮。请写出血管紧缩素 II 的序列。

　　解：排列片段以确定重复的区域，然后写出序列：

　　　　　　　　天冬-精-缬
　　　　　　　　　　精-缬-酪
　　　　　　　　　　　　缬-酪-异亮
　　　　　　　　　　　　　　异亮-组-脯
　　　　　　　　　　　　　　　　　脯-苯丙

　　血管紧缩素 II 的序列为：天冬-精-缬-酪-异亮-组-脯-苯丙

　　3. 质谱分析法　近年来，电喷雾电离质谱、基质辅助激光解吸电离质谱等用于生物大分子质谱分析的软电离技术逐渐成熟。质谱分析法因所需样品少，快速，不需要高纯度的肽，灵敏度高、准确性高，是目前较有效的肽和蛋白质序列分析方法。较为成熟的方法为梯状测序法，该方法与 Edman 法类似，利用化学探针或酶解使多肽从 N 端逐一解离出氨基酸残基，形成相互差一个氨基酸残基的系列肽，再经质谱检测，由相邻峰的相对质量差可以确定相应氨基酸残基。

四、多肽合成

（一）液相合成

液相合成实质上是在溶液体系中氨基和羧基之间的脱水缩合并纯化，直至得到目标产物。为了防止无规序列的复杂副产物的产生，多肽合成的基本方式为：保护了氨基的氨基酸与保护了羧基的另一个氨基酸在偶联剂作用下发生反应，同时第一个氨基酸的羧基采用一定的方式活化。

1. 氨基的保护

（1）氯甲酸苄酯（Cbz 保护法）。

$$C_6H_5CH_2O-\overset{O}{\underset{\|}{C}}-Cl + R-\underset{\overset{|}{{}^+NH_3}}{CH}-COO^- \longrightarrow C_6H_5CH_2O\overset{O}{\underset{\|}{C}}NHCHCOOH \xrightarrow[\text{或HBr}]{H_2,\ Pd-C} \underset{\overset{|}{{}^+NH_3}}{R-CH-COO^-} + C_6H_5CH_3 + CO_2$$

（2）叔丁氧羰基（Boc 保护法）。

$$(CH_3)_3CO\overset{O}{\underset{\|}{C}}-X + R-\underset{\overset{|}{{}^+NH_3}}{CH}-COO^- \xrightarrow{\text{碱}} (CH_3)_3CO\overset{O}{\underset{\|}{C}}NHCHCOOH \xrightarrow{CF_3COOH\text{或}HCl} \underset{\overset{|}{{}^+NH_3}}{R-CH-COO^-} + H_2C=C(CH_3)_2 + CO_2$$

2. 保护羧基 羧基的常用保护方法是酯化，如转化为甲酯、乙酯和苄酯等，因为酯比酰胺易水解，所以可用碱水解脱保护，苄酯还可在中性条件下氢化（催化氢化）除去苄基。

$$C_6H_5CH_2OH + R-\underset{\overset{|}{{}^+NH_3}}{CH}-COO^- \longrightarrow C_6H_5CH_2OCOCHNH_2 \xrightarrow{H_2,\ Pd-C} \underset{\overset{|}{{}^+NH_3}}{R-CH-COO^-} + C_6H_5CH_3$$

3. 多肽合成 氨基与羧基脱水缩合生成酰胺时，水中的 OH 来自羧基，但 OH 不是好的离去基团，通过活化羧基可以促进反应发生，同时减少反应中可能的外消旋化现象。活化羧基的常用方法中缩合剂法、活化酯法应用较广。

（1）缩合剂法：二环己基碳二亚胺（DCC）作为缩合剂易与氨基酸的羧基反应形成一个异脲的酯中间体，该中间体易与另一个氨基酸发生亲核取代反应，形成肽键。

$$C_6H_5CH_2O\overset{O}{\underset{\|}{C}}NHCHCOOH + \underset{DCC}{C_6H_{11}-N=C=N-C_6H_{11}} \longrightarrow C_6H_5CH_2O\overset{O}{\underset{\|}{C}}NHCHCOO-\overset{N-C_6H_{11}}{\underset{HN-C_6H_{11}}{C}}$$

$$\xrightarrow[H_2NCHCOOCH_2C_6H_5]{R'} C_6H_5CH_2O\overset{O}{\underset{\|}{C}}NHCH\overset{O}{\underset{\|}{C}}-NH-CHCOOCH_2C_6H_5 + C_6H_{11}-NH-\overset{O}{\underset{\|}{C}}-NH-C_6H_{11}$$

缩合产物中的保护基团除去后，即可得到相应的二肽。

$$C_6H_5CH_2O\overset{O}{\underset{\|}{C}}NHCH\overset{O}{\underset{\|}{C}}-NH-CHCOOCH_2C_6H_5 \xrightarrow{H_2,\ Pd-C} H_3^+N-CH\overset{O}{\underset{\|}{C}}-NH-CHCOO^-$$

（2）活化酯法：该法先将羧基转变为活性高的酯基，然后通过酯的氨解形成肽键。

$$C_6H_5CH_2O\overset{O}{\underset{\|}{C}}NHCHCOOH \xrightarrow{HO-\text{\textlangle}\text{\textrangle}-NO_2} C_6H_5CH_2O\overset{O}{\underset{\|}{C}}NHCHCOO-\text{\textlangle}\text{\textrangle}-NO_2 \xrightarrow{H_2NCHCOOCH_2C_6H_5}$$

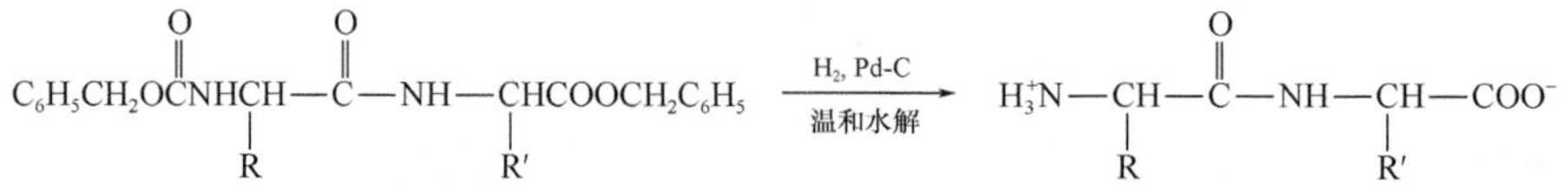

$$C_6H_5CH_2OCNHCH-C-NH-CHCOOCH_2C_6H_5 \xrightarrow[\text{温和水解}]{H_2, Pd-C} H_3\overset{+}{N}-CH-C-NH-CHCOO^-$$
$$\quad\quad\quad\quad\quad\quad R \quad\quad\quad\quad R' \quad\quad\quad\quad\quad\quad\quad\quad\quad\quad\quad R \quad\quad\quad\quad R'$$

在 DCC 存在下，将氨基保护的甘氨酸加到丙氨酸酯中，然后将得到的产物脱保护，得到所需的二肽甘氨酰丙氨酸。二肽只需要一端保护，在 DCC 的作用下继续与另一分子氨基酸作用，合成三肽，如此循环反复，就可以合成肽链更长的多肽。

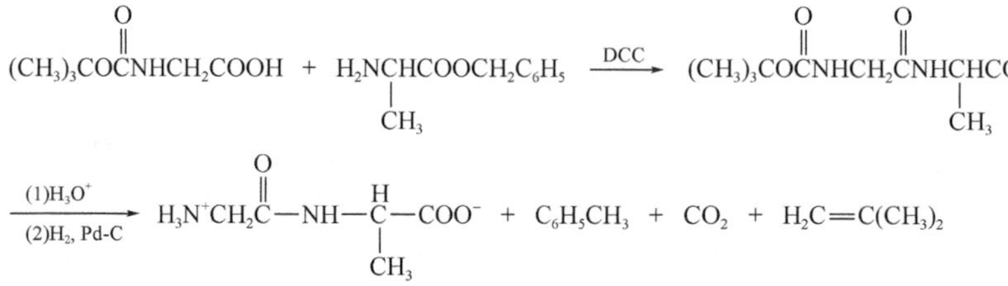

$$(CH_3)_3COCNHCH_2COOH + H_2NCHCOOCH_2C_6H_5 \xrightarrow{DCC} (CH_3)_3COCNHCH_2CNHCHCOOCH_2C_6H_5$$
$$\quad\quad\quad\quad\quad\quad\quad\quad\quad\quad\quad\quad\quad CH_3 \quad\quad\quad\quad\quad\quad\quad\quad\quad\quad\quad\quad\quad\quad\quad CH_3$$

$$\xrightarrow[(2)H_2,\ Pd-C]{(1)H_3O^+} H_3\overset{+}{N}CH_2-C-NH-\overset{H}{\underset{CH_3}{C}}-COO^- + C_6H_5CH_3 + CO_2 + H_2C=C(CH_3)_2$$

（二）固相合成

在液相合成的每一步反应，都需要分离、纯化所得的产物，费时多，且产率递减。20 世纪 60 年代初美国科学家 R. B. Merrifield 发展了固相合成肽（solid-phase peptide synthesis，SPPS）的方法，使肽的合成有了突破。该方法巧妙地应用固定载体（树脂，如氯甲基化的聚苯乙烯小球）来锚定肽链。其基本原理是：将保护好氨基的氨基酸的羧基很容易与树脂上的苯氯甲基形成苯甲酯，共价地"固定"在树脂上。脱去该氨基酸的氨基保护基团后，在 DCC 促进下，第二个有氨基保护基的氨基酸接到第一个氨基酸的氨基上，得到 N 端带有保护基的二肽，去掉保护基后，重复上述步骤，可使肽链按控制顺序从 C 端向 N 端延长，得到所需的多肽。用三氟乙酸或溴化氢处理，将其从树脂上分离下来。每次成肽反应后，通过适当的溶剂洗涤就可除去副产物和过量试剂。

上述合成步骤可用图 17-3 简单表示，式中 P 表示保护基。整个合成过程现在可在程序控制的固相合成仪上进行。采用这种方法，梅里菲尔德于 1969 年合成了世界上第一个人工合成酶——由 124 个氨基酸组成的牛胰核糖核酸酶，他因此荣获 1984 年诺贝尔化学奖。

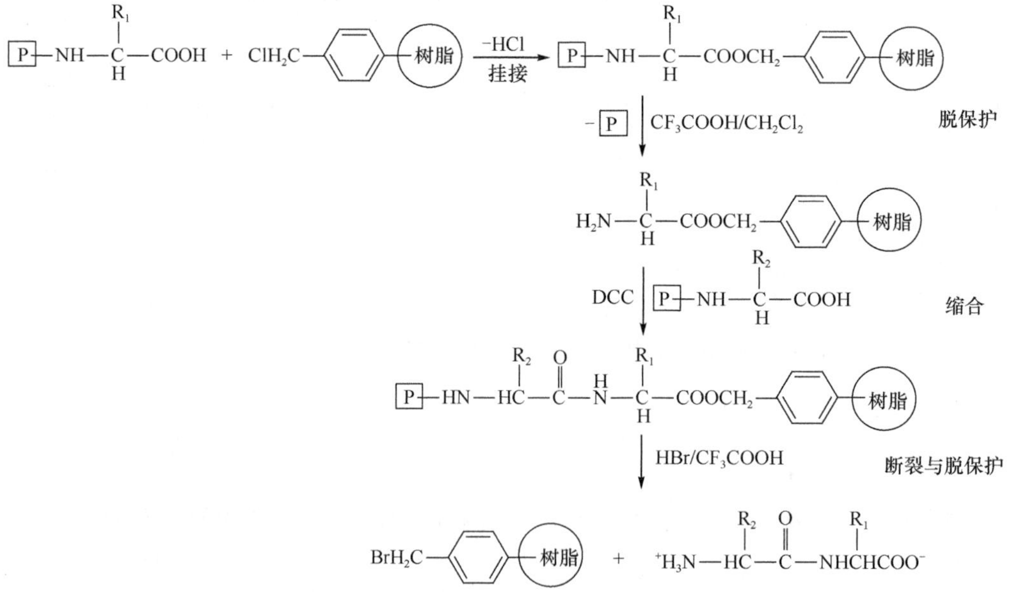

图 17-3 肽的固相合成简图

固相合成法的优点是：可使用过量的反应试剂使反应更快而有效地进行，每步产率可达 99%

以上；过量的试剂、副产物和溶剂可通过简单的过滤和洗涤除去，只有产物固定在树脂上，使产物容易分离，易于实现多肽的自动化合成。

五、生物活性肽

生物体内具有生物活性的多肽称为生物活性肽（active peptide），它们在体内一般含量较少，却具有重要的生物学功能，尤其在生物的生长、发育、细胞分化、肿瘤发生、生殖控制等方面起着重要的作用。以下介绍几种重要的生物活性肽。

1. 谷胱甘肽 谷胱甘肽是由谷氨酸、半胱氨酸和甘氨酸通过肽键缩合而成的三肽。由于分子中含有—SH，又称还原型谷胱甘肽，用 GSH 表示。在氧化反应中—SH 易被氧化成二硫键（—S—S—），GSH 转变成氧化型谷胱甘肽，用 GSSG 表示。

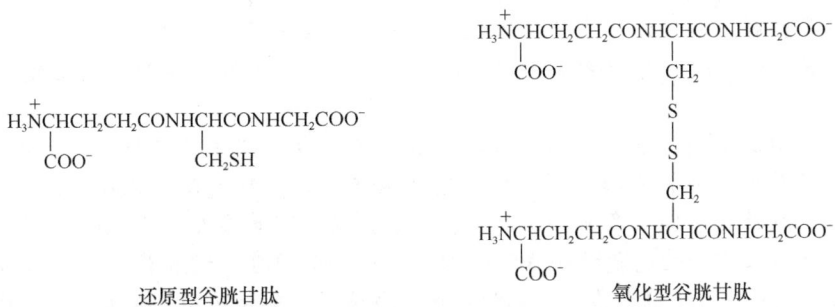

还原型谷胱甘肽　　　　　　　　　氧化型谷胱甘肽

GSSG 也可被还原成 GSH，GSH 和 GSSG 之间的转变是可逆的。

$$2\,\text{GSH} \underset{[H]}{\overset{[O]}{\rightleftharpoons}} \text{GSSG}$$

还原型　　氧化型

GSH 广泛存在于生物细胞中，参与细胞的氧化还原过程，是生物体内主要的自由基清除剂。GSH 保护体内含—SH 的蛋白质不被氧化而失去生物活性，还可与某些毒物或药物反应，避免它们对 DNA、RNA 或蛋白质造成毒害。

2. 催产素和加压素 催产素和加压素都在下丘脑的神经细胞中形成，然后顺着神经纤维运送并储存在神经垂体，在受到刺激时，分泌入血液。二者均为含分子内二硫键的九肽，它们除 3 位和 8 位残基外，其余氨基酸残基的种类和顺序都相同。催产素能促使子宫及乳腺平滑肌收缩，具有催产及排乳作用；加压素能使毛细血管收缩，升高血压，并能降低肾小球的滤过率，增强水和钠离子吸收和抗利尿作用。

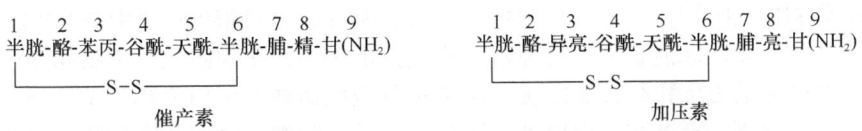

3. 脑啡肽 1975 年，苏格兰科学家 John Hughes 及 Hans Kosterlitz 首次从猪脑中分离提取出两种内源性阿片样活性物质——蛋氨酸脑啡肽和亮氨酸脑啡肽，称为脑啡肽。这两种脑啡肽均为五肽，两者仅 C 端的氨基酸残基不同，蛋氨酸脑啡肽的 C 端氨基酸残基是蛋氨酸；亮氨酸脑啡肽的 C 端氨基酸残基是亮氨酸。

　　　　　Tyr-Gly-Gly-Phe-Met　　　　　　　Tyr-Gly-Gly-Phe-Leu
　　　　　　蛋氨酸脑啡肽　　　　　　　　　　　亮氨酸脑啡肽

脑啡肽易被氨肽酶和脑肽酶所降解，在体内稳定性较差，当用 D-型氨基酸取代第二位的 Gly 时，可降低其酶解作用，成为有效的镇痛药。

4. 多肽类抗生素 多肽类抗生素是具有多肽结构特征的一类抗生素，包括多黏菌素类（多黏菌素 B、多黏菌素 E）、杆菌肽类（杆菌肽、短杆菌肽）和万古霉素等。它们多数是开链肽，少量是环肽。多肽类抗生素具有抗菌、抗肿瘤、促进创伤面愈合等多种生物学特性，可作为广谱高效抗菌药。

视窗 17-2　　　　　　　　　多肽类药物

随着科学技术的飞速发展，特别是化学、医学、生物学、高分子材料和制剂技术之间的交叉融合有力地推动了多肽类药物的发展。

自 1953 年人工合成第一个有生物活性的催产素以来，20 世纪 50 年代主要集中在脑垂体分泌的各种多肽激素的研究，并取得了很大的进展。60～70 年代神经肽及胃肠激素的研究，为脑-肠肽一类新型的多肽药物的应用开辟了广阔的前景。常见的用于人类疾病治疗的多肽类药物包括：治疗骨质疏松的降钙素、刺激生长的生长激素、抗利尿和升高血压的加压素、用于增强和调节机体免疫功能的胸腺素、促性腺激素的绒促性素等。与小分子药物相比，多肽类药物具有活性高、特异性强、毒性低、生物功能明确等特点。缺点是药物稳定性差、易被酶降解、生物半衰期短；其扩散性差、分配系数小，又难于通过生物屏障及脂质膜，因而极大地限制了其临床应用。

近年来，随着人类对多肽、蛋白质和核酸等生物大分子认识的不断加深，在化学生物学、生物技术、药物传递释放技术和计算化学发展的依托下，多肽类药物正在被广泛研究，例如，治疗肿瘤多肽、抗病毒多肽、多肽导向药物、多肽疫苗、营养多肽、模拟肽、抗菌活性肽、诊断用多肽等。对多肽化合物进行结构修饰而增加其生物利用度，增加药物与受体的选择性和亲和力、稳定性，发挥多肽类药物在人体内的功能已成为科学家和药物开发者重点解决的问题。

第三节　蛋　白　质

蛋白质（protein）和多肽之间无严格的区别，都是由氨基酸残基通过肽键相互连接而形成的大分子化合物，一般把相对分子质量超过 10000 的多肽称为蛋白质。从结构上讲，蛋白质分子的结构更复杂，除了有一定的氨基酸组成和排列顺序以外，还有特殊的空间结构。蛋白质的空间结构对其生物学功能有着非常重要的作用。

一、组成与分类

蛋白质是生物体组织的物质基础。人体内约有 10 万种以上的蛋白质，其质量约占人体干重的 45%。组成蛋白质主要元素有碳、氢、氮、氧、硫等，有些蛋白质还含有磷、铁、镁、碘、铜、锌等。大多数蛋白质的含氮量约为 16%，即每克氮相当于 6.25g 的蛋白质。由于生物组织中的绝大多数氮都来自蛋白质，因此只要测定出生物试样中氮的质量，就可得到试样中蛋白质的近似含量。

蛋白质的种类繁多，功能各异，目前，一般根据蛋白质的化学组成、形状和功能等分类。根据化学组成分为单纯蛋白质和结合蛋白质，仅含 α-氨基酸组成的蛋白质称为单纯蛋白质，如清蛋白、组蛋白、精蛋白等。除单纯蛋白质外，还含有糖类、脂类、磷酸和有色物质等辅基一类蛋白质称为结合蛋白质。根据辅基，结合蛋白质分为色蛋白类（如血红蛋白、肌红蛋白等）、脂蛋白类（如 α-脂蛋白、β-脂蛋白等）、糖蛋白类（如 γ-球蛋白等）、核蛋白类（如核蛋白体、烟草花叶病毒等）、磷蛋白类（如酪蛋白）等。根据形状和溶解度，蛋白质可分为可溶性球状蛋白质和不溶性纤维状蛋白质。例如，肌红蛋白、血红蛋白是球状蛋白质；角蛋白和胶原蛋白是纤维状蛋白质。根据功能分为活性蛋白质和非活性蛋白质。活性蛋白质是指在生命活动中具有生理活性的蛋白质，包括酶、激素及抗体等。非活性蛋白质是起到生物保护或支持作用的蛋白质，包括角蛋白和胶原蛋白等。

二、蛋白质的结构

蛋白质的结构十分复杂，如前所述，它是由许多氨基酸通过肽键缩合而成的。其结构除了涉及各种氨基酸的排列顺序外，还存在肽链的空间排布、构象和肽链段之间的相互作用。常将蛋白质的结构分为一级、二级、三级和四级结构。蛋白质的一级结构又称为初级结构或基本结构，二级以上的结构属于构象范畴，称为高级结构。随着科学的发展，近年来又在四级结构的基础上提出超二级结构和结构域等新的结构层次。蛋白质的生物学功能主要与它们的高级结构有关。

1. 一级结构　蛋白质的一级结构（primary structure）是指多肽链中氨基酸的种类、数目和排列顺序，一般认为它决定了蛋白质的性质和高级结构。多肽链中，连接氨基酸残基的主要化学键是肽键，也称主键；两条肽链之间或一条肽链的不同部位间相互结合时，存在着其他类型的作用力，称为副键，如氢键、盐键、二硫键、酯键、疏水作用力、范德瓦耳斯力等。蛋白质分子可以包含一条多肽链，也可以包含两条或多条多肽链。任何蛋白质都有其特定的一级结构。例如，牛胰岛素分子的一级结构（图17-4）含51个氨基酸残基组成的A、B两条多肽链，A链含21个氨基酸残基，B链含30个氨基酸残基。A链第7位、第20位氨基酸残基分别与B链第7位、第19位氨基酸残基通过两个二硫键连接在一起。A链第6位和第11位的两个氨基酸残基之间还有一个二硫键。

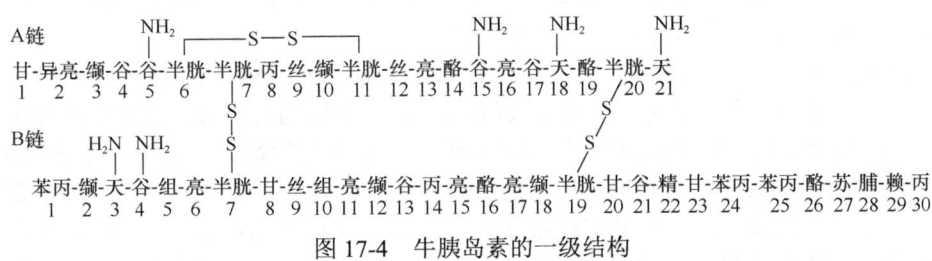

图17-4　牛胰岛素的一级结构

2. 二级结构　蛋白质的二级结构（secondary structure）是指多肽链中局部肽段的构象。肽键平面中的 >C=O 和另一肽键平面中的 —NH— 之间通过氢键维系，肽段间氢键越多，形成的二级结构就越稳定。二级结构包括 α-螺旋（图17-5）、β-折叠（图17-6）、β-转角和无规卷曲等类型。α-螺旋是多肽链中各肽键平面通过 α-碳的旋转，以螺旋方式按顺时针方向盘旋延伸形成的盘曲构象，螺旋之间靠氨基酸残基的羰基氧和它之后第5个氨基酸残基氮上的氢形成的氢键维系。螺旋每圈平均含3.6个氨基酸残基，螺距540pm，螺旋直径1000～1100pm。β-折叠又称 β-片层结构，它是指多肽链呈一种铺开的折扇形状，几条肽链或一条肽链的若干肽段平行排列，β-折叠依靠相邻肽链亚氨基上的氢和羰基氧原子之间形成的氢键维系。氢键是维持二级结构稳定的主要作用力。

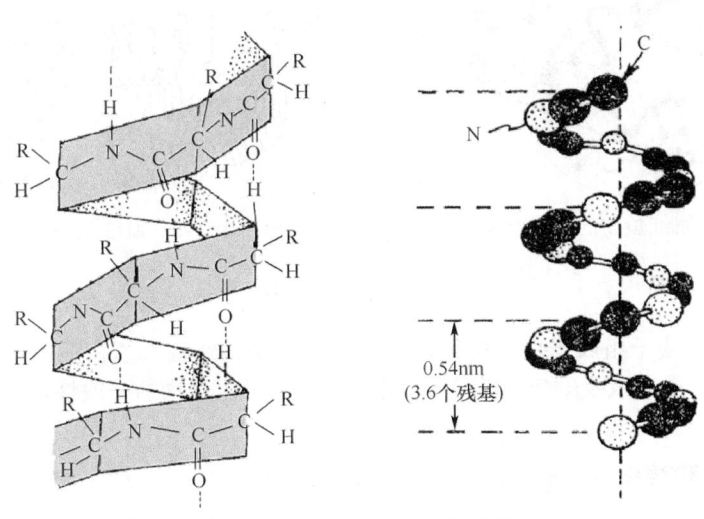

图17-5　蛋白质的 α-螺旋结构

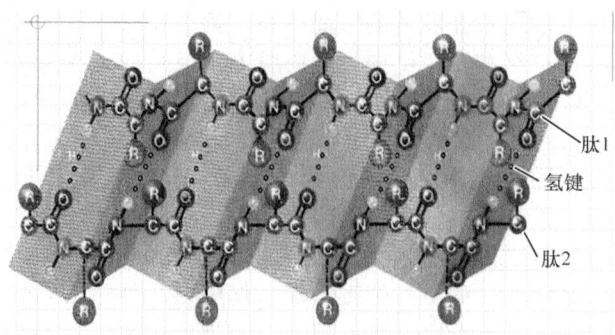

图 17-6 蛋白质 β-折叠结构

3. 三级结构 蛋白质的三级结构（tertiary structure）是指在二级结构的基础上蛋白质更广泛范围的扭曲折叠。三级结构的形成和稳定除氢键维系外，还包括其他副键，副键的键能较小，但数量多，所以对维持蛋白质空间构象的稳定性起着一定作用。肌红蛋白是由一条肽链和一个血红素辅基组成的具有三级结构的典型实例（图 17-7）。

4. 四级结构 蛋白质的四级结构（quaternary structure）由两条或两条以上具有三级结构的多肽链集合而成。其中每一条多肽链又称亚基（subunit），亚基间通过氢键、疏水作用力或静电作用等副键缔合而成为蛋白质的四级结构。四级结构涉及包括亚基的数目、类型，亚基的立体排布，亚基间的相互作用与接触部位的布局。不同的蛋白质分子亚基数目不同。例如，具有输氧功能的血红蛋白由 4 个亚基组成，其中一对多肽链（α-链）各含 141 个氨基酸，一对 β-链各含 146 个氨基酸。每条肽链都卷曲成球状，都有一空穴容纳 1 个血红素。整个分子中四条链（4 个亚基）紧密连接在一起，呈近似椭球形（图 17-8）。

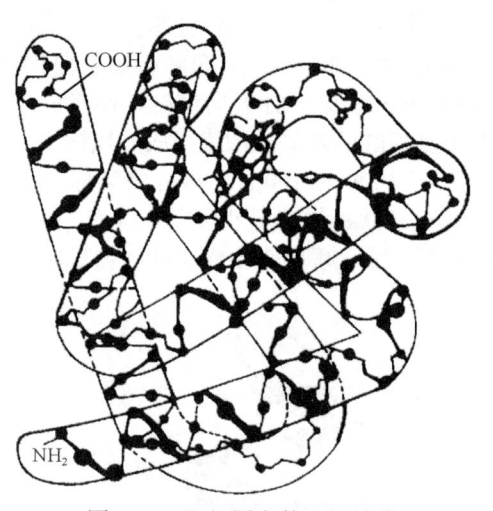

图 17-7 肌红蛋白的三级结构

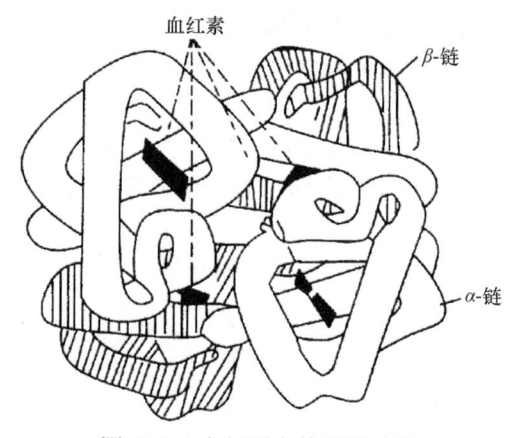

图 17-8 血红蛋白的四级结构

三、性　质

蛋白质的性质取决于组成蛋白质的氨基酸类型及其结构特征。蛋白质既具有与氨基酸相似的性质（如两性电离、等电点及颜色反应等），又具有高分子化合物的一般性质，如胶体性质、沉淀反应及变性等。

（一）两性电离和等电点

蛋白质分子肽键的 C 端有—COO^-，N 端有—NH_3^+，侧链上有游离羧基和氨基，与氨基酸一样，蛋白质属两性物质。它与强酸或强碱都可以成盐。蛋白质在水溶液中的两性电离及平衡移动情况除与组成蛋白质的氨基酸残基的结构有关外，还与蛋白质所处溶液的 pH 有关。

蛋白质分子的两性电离及平衡移动可用下式表示，其中的 P 代表蛋白质分子。

$$\underset{\text{阴离子}}{P\!\!<\!\!\!\begin{array}{l}COO^-\\NH_2\end{array}} \underset{OH^-}{\overset{H^+}{\rightleftharpoons}} \underset{\text{两性离子}}{P\!\!<\!\!\!\begin{array}{l}COO^-\\NH_3^+\end{array}} \underset{OH^-}{\overset{H^+}{\rightleftharpoons}} \underset{\text{阳离子}}{P\!\!<\!\!\!\begin{array}{l}COOH\\NH_3^+\end{array}}$$

$$\text{pH}>\text{pI} \qquad\qquad \text{pH}=\text{pI} \qquad\qquad \text{pH}<\text{pI}$$

在蛋白质溶液中加入强酸，蛋白质带正电荷，主要以阳离子形式存在；当加入强碱时，蛋白质带负电荷，主要以阴离子形式存在。若加入适量的酸或碱，调节溶液的 pH，使蛋白质分子所带的正、负电荷相等，即净电荷为零，此时，蛋白质分子主要以等电状态的两性离子存在，该溶液的 pH 称为该蛋白质的等电点（pI）。不同种类的蛋白质的等电点不同，例如：酪蛋白的等电点为 4.6，胰岛素为 5.3，胃蛋白酶为 1.0，大多数蛋白质的等电点接近 5。人体血液的 pH 为 7.35~7.45，故蛋白质在血液中多以阴离子形式存在，并与 Na^+、K^+、Ca^{2+} 等结合成盐。在等电点时，蛋白质颗粒不带电，蛋白质的溶解度最小，易积聚沉淀析出。蛋白质与氨基酸一样也可采用电泳技术分离。

（二）胶体性质

蛋白质在溶液中形成的颗粒直径一般为 1~100nm，属于胶体分散系，所以蛋白质具有胶体溶液的性质，如丁铎尔现象，布朗运动，不能透过半透膜及较强的吸附作用等。利用蛋白质不能透过半透膜的性质，可以用透析法分离提纯蛋白质（除去小分子杂质）。

（三）蛋白质的沉淀

蛋白质溶液的稳定性是有条件的、相对的。若破坏蛋白质表层的水化膜和消除蛋白质所带电荷，蛋白质在溶液中就会凝集而以沉淀析出来。沉淀蛋白质的常用方法有下面几种。

1. 盐析　向蛋白质溶液中加入无机盐（如硫酸铵、硫酸镁、氯化钠等）溶液后，使之析出沉淀的现象称为盐析（salting out）。根据蛋白质的等电点不同，盐析时先调节溶液的 pH 至蛋白质等电点附近，盐析效果更好。盐析一般不会破坏蛋白质的结构和生物活性，当加水或透析时，沉淀又能重新溶解。

2. 有机溶剂沉淀法　向蛋白质溶液中加入适量的水溶性有机溶剂如乙醇、丙酮等，由于它们对水的亲和力大于蛋白质，蛋白质分子的水化膜被破坏而使之沉淀。在中草药有效成分提取分离过程中，常加入乙醇以沉淀蛋白质。

3. 有机酸或重金属离子沉淀法　当溶液 pH<pI 时，三氯乙酸、磺基水杨酸、苦味酸、鞣酸、磷钨酸、磷钼酸等生物沉淀剂，可与蛋白质分子中的阳离子结合生成沉淀。当溶液 pH>pI 时，氯化汞、硝酸银、乙酸铅和硫酸铜等重金属盐的阳离子，可与蛋白质分子的负羧基离子结合生成沉淀。

（四）蛋白质的变性

由于物理因素（如加热、加压、搅拌、紫外线或 X 射线等）或化学因素（如强酸、强碱、有机溶剂、重金属等）的影响，蛋白质分子的二、三级空间结构发生改变，导致其理化性质改变、生理活性丧失的现象，称为蛋白质的变性（denaturation）。蛋白质的变性一方面是破坏了维系和固定蛋白质空间结构的副键，使蛋白质由原来有序的紧密空间结构变为无序的、松散的伸展状结构（但一级结构并未改变），使原来处于分子内部的疏水基团大量伸向分子表面，使蛋白质分子颗粒失去水化膜，溶解度下降；另一方面，蛋白质分子中的某些极性基团也发生改变，影响蛋白质的带电状态，结果使蛋白质容易沉淀或凝固。

蛋白质的变性可根据空间结构被破坏的程度分为可逆变性和不可逆变性两种。若仅改变了蛋白质的三级结构，在除去导致变性的因素后，蛋白质分子的空间结构和性质还可恢复，称为可逆变性。若破坏了二级结构，在除去变性的因素后，蛋白质分子的空间结构和性质不能恢复，称为不可逆变性。蛋白质对热的变性是不可逆变性。

（五）颜色反应

蛋白质中含有不同的氨基酸，可以与不同的试剂发生特殊的颜色变化，利用这些反应可以鉴别蛋白质。

（1）缩二脲反应。蛋白质与硫酸铜的碱性溶液反应，呈紫色或紫红色。生成的颜色与蛋白质的种类有关。

（2）茚三酮反应。蛋白质与水合茚三酮一起加热呈现蓝紫色，此反应可用于蛋白质的定性和定量分析。

（3）蛋黄白反应。含有芳环的蛋白质，与浓硝酸反应呈黄色。皮肤上溅上硝酸后变黄就是发生此反应。

（六）紫外吸收性质

酪氨酸和苯丙氨酸等芳香族氨基酸在 280nm 处有最大的吸收峰，由于大多数蛋白质都含有这些氨基酸残基，所以也会有相应的紫外吸收特性。通过对 280nm 处蛋白质溶液的吸光度测量即可对蛋白质溶液进行定量分析。

（七）水解作用

酸、碱或酶能促进蛋白质的水解。蛋白质经过一系列中间产物，最终生成 α-氨基酸的水解过程如下：蛋白质 → 蛋白胨 → 蛋白胨 → 多肽 → 寡肽 → 二肽 → α-氨基酸。蛋白质的水解反应，对研究蛋白质及其在生物体中的代谢具有重要的意义。

第四节　酶　化　学

一、酶的概念

酶（enzyme）是一类由生物细胞产生的、具有催化活性的生物大分子。其化学本质主要是蛋白质，极少数是 RNA。酶是生物体系的催化剂，几乎参与了所有的生命活动过程，生物体中的各种化学变化都是在酶催化下进行的。由酶催化的化学反应称为酶促反应，被酶催化并发生反应的物质称为底物。

二、酶的分类和命名

（一）分类

酶按其催化反应的类型可分为 6 种：氧化还原酶、转移酶、水解酶、裂解酶、异构酶、连接酶。氧化还原酶催化氧化反应和还原反应；转移酶催化某基团从一个底物传送到另一个底物的反应；水解酶催化水解反应；裂解酶催化底物裂解为一些小分子；异构酶催化异构化反应；连接酶在 ATP 的参与下，使两个分子成键连接。

酶按化学组成又可分为单纯酶和结合酶两类。单纯酶仅由蛋白质组成，如淀粉酶、胃蛋白酶等。结合酶由酶蛋白（蛋白质部分）和辅助因子（非蛋白质部分）组成。酶蛋白决定酶促反应的专一性，辅助因子决定反应的性质。两者结合后形成的复合物，称为全酶（holoenzyme），只有全酶才具有酶的催化活性。与酶蛋白松弛结合的辅助因子称为辅酶（coenzyme），与酶蛋白较牢固结合的辅助因子称为辅基（prosthetic group）。

（二）命名

酶有习惯名称和系统名称两种命名体系。习惯名称有的根据底物，有的根据反应性质，有的将两者结合起来，还有的根据来源等命名，如蛋白酶、脱羧酶、氨基酸氧化酶、唾液淀粉酶。系统名称要求标明酶的底物及催化反应的性质，因此它由底物名称和反应类型组成。在双分子反应中，在两种底物的名称之间加"："。例如，乳酸脱氢酶的反应为

$$L\text{-乳酸} + NAD^+ \rightleftharpoons 丙酮酸 + NADH + H^+$$

底物是 L-乳酸和 NAD^+，反应类型是氧化还原，因此这个酶的系统命名为 L-乳酸：NAD^+ 氧化还原酶。

（三）酶催化特点

与化学催化剂一样，酶只能催化热力学允许的反应，不影响反应的平衡常数。酶通过降低反应的活化能，使反应加速。但酶作为生物催化剂，又具有一些特殊性质。由于酶的催化作用，机体中多数化学反应在十分温和的条件（37℃，常压和接近中性）下进行。酶催化反应速率是非催化反应速率的 $10^8 \sim 10^{22}$ 倍，是一般化学催化剂的 $10^6 \sim 10^{13}$ 倍。例如，糖苷酶催化多糖水解，使其反应速率增加 10^{17} 倍，使反应时间由数百万年缩短到几毫秒。酶通常对其所催化的底物具有高度的专一性。一种酶通常只催化一个特定的反应，或只作用于一个特定的底物，对底物的立体构型有高度的选择性。例如，α-糖苷酶只水解 α-糖苷键，而不能水解 β-糖苷键；精氨酸酶只催化含 L-精氨酸的肽链水解，对含 D-精氨酸的肽链则无作用。也有的酶对多种底物起作用。例如，从木瓜果实中分离得到的木瓜蛋白酶能催化多种肽键的水解，可以用于清洁眼镜和嫩化肉质。

（四）酶的活性中心

酶的催化作用与酶的活性部位有关。在酶分子中与酶活性密切相关的化学基团称为酶的必需基团。酶的必需基团在空间结构上相互靠近，组成具有特定空间结构的区域，并能与底物特异地结合而将底物转化为产物的区域，称为活性中心。

酶的活性中心一般是位于酶表面的、具有三维结构的呈裂缝状的小区域。它可深入酶分子内部，且多为氨基酸残基疏水基团组成的疏水环境，裂缝的非极性促进了与底物的结合。酶活性中心外的一些必需基团虽不参与酶活性中心的组成，但可维系酶活性中心三维结构的特定空间构象。该构象具有柔性。酶和底物作用的锁-钥匙模型（图 17-9），虽然可较好地解释酶对底物的专一性，但研究结果表明，酶的活性部位并不是刚性的，在底物与酶接近时，酶受到底物分子的诱导，其构象发生适合与底物结合的变化，最终导致酶与底物之间的契合，被称为诱导契合模型（图 17-10）。

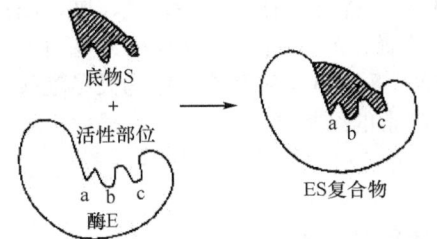

图 17-9 酶和底物相互作用的锁-钥匙模型

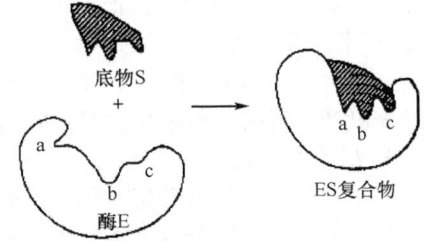

图 17-10 酶和底物相互作用的诱导契合模型

习　题

1. 写出下列化合物的结构式或系统命名。
   （1）缬氨酸　　　　（2）苯丙氨酸　　　　（3）异亮氨酸
   （4）天冬氨酸　　　（5）甘氨酰亮氨酸　　（6）蛋氨酰谷氨酸

(7)
$$\text{C}_6\text{H}_5\text{CH}_2\overset{\underset{\displaystyle\text{NH}_3^+}{|}}{\text{CH}}-\overset{\displaystyle\text{O}}{\overset{\|}{\text{C}}}-\text{NH}-\overset{\underset{\displaystyle\text{CH}_2\text{SH}}{|}}{\underset{}{\text{CH}}}-\overset{\displaystyle\text{O}}{\overset{\|}{\text{C}}}-\text{NH}-\overset{\underset{\displaystyle\text{CH}_2\text{CH(CH}_3)_2}{|}}{\underset{}{\text{CH}}}-\text{COO}^-$$

(8)
$$\text{H}_2\text{NCCH}_2\overset{\underset{\displaystyle\text{NH}_3^+}{|}}{\text{CH}}\overset{\displaystyle\text{O}}{\overset{\|}{\text{C}}}\text{NHCH}\overset{\displaystyle\text{O}}{\overset{\|}{\text{C}}}\text{NHCHCOO}^-$$
      (with side chains CH$_2$OH and CH$_3$)

2. 完成下列反应式。

(1) $H_3N^+CH_2COO^- + HCl \longrightarrow$

(2) $H_3N^+CH_2COO^- + NaOH \longrightarrow$

(3) $\underset{\text{OH NH}_3^+}{\text{CH}_2\text{CHCOO}^-}$ + $\underset{}{\text{CH}_3\overset{\displaystyle\text{O}}{\overset{\|}{\text{C}}}\text{COOH}}$ $\xrightarrow{\text{转氨酶}}$

(4) (吲哚-3-基)$-\text{CH}_2\text{CHCOO}^-$ (带 $^+\text{NH}_3$) + HO-(苯环)$-\text{CH}_2\text{CHCOO}^-$ (带 $^+\text{NH}_3$) $\xrightarrow{\Delta}$

(5) 组氨酰丙氨酰苏氨酸的酸水解反应

3. 写出下列氨基酸在不同 pH 溶液中其主要存在形式。

(1) 谷氨酸、丝氨酸在 pH=2 的溶液中；

(2) 缬氨酸、赖氨酸在 pH=11 的溶液中。

4. 将酪氨酸、甘氨酸、赖氨酸和天冬氨酸混合物在 pH=6 溶液中进行电泳，试推测它们的泳动方向。

5. 写出下列各肽中氨基酸的顺序。

(1) 某五肽由缬氨酸、苯丙氨酸、组氨酸、谷氨酸、天冬氨酸组成，部分水解可得到两种四肽：缬-天冬-谷-组、苯丙-缬-天冬-谷，试推测该肽的氨基酸顺序。

(2) 催产素是一个九肽激素，由脑垂体分泌，主要功能是在分娩时刺激子宫的收缩以及乳汁的分泌。通过以下事实确定序列：①催产素是一个环肽，包含一个由两个半胱氨酸残基组成的二硫键；②当二硫键被还原时，催产素的组成为天胺、半胱、谷酰、甘、异亮、亮、脯、酪；③还原后的催产素经部分水解后得到以下 7 个片段：天-半胱、异亮-谷、半胱-酪、亮-甘、酪-异亮-谷、谷-天-半胱、半胱-脯-亮；④甘是 C 端基团；⑤谷氨酸和天冬氨酸是作为天冬酰胺和谷酰胺的侧链酰氧基出现的，而不是游离的酸侧链。写出催产素的结构式。

6. 制备 L-苯丙氨酸。

7. 由所组成的氨基酸制备亮-丙-缬三肽。

8. 蛋白质分子结构可分为几级？维系各级结构的化学键是什么？

9. 酶催化作用的特点是什么？

10. 某化合物 A（$C_5H_9O_4N$）具有旋光性，与 $NaHCO_3$ 反应放出 CO_2，与 HNO_2 反应放出 N_2 并转变为 B（$C_5H_8O_5$）。B 仍具有旋光性，被氧化可得到 C（$C_5H_6O_5$）。C 无旋光性，但可与 2,4-二硝基苯肼反应生成黄色沉淀，C 在稀 H_2SO_4 存在下加热放出 CO_2 并生成化合物 D（$C_4H_6O_3$），在加热条件下，D 能与托伦试剂反应，其氧化产物为 E（$C_4H_6O_4$），1mol 的 E 能与足量的 $NaHCO_3$ 反应放出 2mol CO_2。试写出 A、B、C、D、E 的结构式。

（大连医科大学　李发胜）

第十八章 糖

学习目标

掌握 糖的定义，单糖的费歇尔投影式、哈武斯式、构象式，单糖的化学性质，糖苷的结构和性质，差向异构、端基异构的概念，双糖的结构，淀粉、糖原、纤维素的结构。

熟悉 糖的分类，低聚糖的结构特点，还原性及非还原性的概念，糖苷键的酶水解。

了解 端基异构效应，环糊精的结构及其用途，多糖生理功能及其应用，常见的活性糖苷。

糖类（saccharide）化合物也称碳水化合物（carbohydrate），是自然界中分布很广，与人类生活关系密切的一类有机化合物。早在18世纪，人们就发现葡萄糖（$C_6H_{12}O_6$）、果糖（$C_6H_{12}O_6$）等糖类物质由C、H、O三种元素组成，符合$C_n(H_2O)_m$结构通式，形式上好像是碳和水组成的化合物，因此，将此类化合物称为碳水化合物。但是，随着对糖类化合物认识的深入，人们发现不少糖不符合$C_n(H_2O)_m$的通式［如脱氧核糖（$C_5H_{10}O_4$）、鼠李糖（$C_6H_{12}O_5$）］，有些糖（如血型物质中的氨基糖等）结构中还有氮、硫、磷等元素，还有些化合物［如甲醛（CH_2O）、乙酸（$C_2H_4O_2$）、乳酸（$C_3H_6O_3$）等］虽然组成满足$C_n(H_2O)_m$的通式，但其结构和性质与糖完全不同。因此，称糖类化合物为碳水化合物并不十分确切，但由于历史习惯原因，该名称一直沿用至今。

从化学结构特征看，糖是多羟基醛（酮）或经简单水解能转化为多羟基醛（酮）的化合物。

按结构单元分类，糖类化合物可以分为单糖（monosaccharide）、低聚糖（oligosaccharide）和多糖（polysaccharide）。单糖为多羟基醛（酮），是最简单的糖类化合物，不能再被简单地水解为更小结构单位的糖。葡萄糖、果糖、半乳糖、甘露糖、核糖等为典型的单糖。低聚糖又称寡糖，是由2~10个单糖分子脱水缩合而成的化合物，其中以双糖（disaccharide）最为常见。麦芽糖、乳糖、蔗糖等为典型的双糖。多糖又称高聚糖，是由10个以上单糖分子脱水缩合而成的化合物。常见的淀粉、糖原、纤维素等均为多糖。天然的多糖一般由100~3000个单糖分子缩合而成。

单糖和低聚糖一般是可溶于水的有甜味的结晶型物质；多糖是无甜味的非结晶型粉末。糖类一般使用与其来源有关的俗名，例如蔗糖来自甘蔗，果糖来自水果，核糖来自核酸。

第一节 单 糖

根据分子中羰基的类型，单糖可分为醛糖和酮糖，符合糖性质的多羟基醛称为醛糖（aldose），符合糖性质的多羟基酮称为酮糖（ketose），它们的羰基通常在1位或2位。

按照分子中主碳链含有的碳原子数目，单糖又可分为丙糖、丁糖、戊糖、己糖等。通常将这两种单糖分类方法结合起来运用，如葡萄糖为己醛糖，果糖为己酮糖，核糖为戊醛糖。

$$\begin{array}{cccc}
\text{CHO} & \text{CH}_2\text{OH} & \text{CHO} & \text{CH}_2\text{OH} \\
| & | & | & | \\
(\text{CHOH})_n & \text{C}=\text{O} & \text{CHOH} & \text{C}=\text{O} \\
| & | & | & | \\
\text{CH}_2\text{OH} & (\text{CHOH})_n & \text{CHOH} & \text{CHOH} \\
& | & | & | \\
& \text{CH}_2\text{OH} & \text{CHOH} & \text{CHOH} \\
& & | & | \\
& & \text{CH}_2\text{OH} & \text{CH}_2\text{OH} \\
\text{醛糖} & \text{酮糖} & \text{戊醛糖} & \text{己酮糖}
\end{array}$$

最简单的天然单糖为甘油醛和甘油酮，它们分别属于丙醛糖和丙酮糖。自然界广泛分布的单糖为戊糖和己糖。

```
      CHO                CH₂OH
      |                   |
     CHOH                C=O
      |                   |
     CH₂OH               CH₂OH
     甘油醛               甘油酮
```

单糖难溶于有机溶剂，在水中有较大的溶解度，易形成过饱和糖浆。由于存在分子间氢键，液态糖的沸点很高。

一、单糖的开链结构及构型

单糖（除丙酮糖外）均含有不同数目的手性碳原子，都有立体异构体。例如，丙醛糖有一个手性碳原子，有 2 个立体异构体，组成一对对映体；丁醛糖有 4 个立体异构体，组成两对对映体；己醛糖则有 16 个立体异构体，组成 8 对对映体。酮糖比相应的醛糖少一个手性碳原子，因此酮糖比相应的醛糖少一对光学异构体，如丁酮糖只有一对对映体。立体异构体中的非对映异构体有不同名称，一对对映异构体则有相同名称。

如何区分具有相同名称的一对对映异构体的糖呢？可以用 R、S 标记法，但对于含多个手性碳原子的化合物来说比较麻烦。由于传统的原因，糖的开链结构通常用费歇尔投影式表示，目前人们仍习惯用 D、L 标记法来表述其对映体。具体规则为：将糖的碳链从上往下垂直延伸，氧化态高的基团（甲酰基或酮羰基）位于碳链上方，碳原子的编号自碳链上端开始。编号最大的手性碳的构型与 D-甘油醛的构型相同，为 D 构型，反之，则为 L 构型。自然界中天然存在的糖类化合物绝大多数为 D 构型，因此，用 D、L 标记法非常便利。为了书写简便，糖的费歇尔投影式也可以用简写式，用横线表示羟基，氢可省略。

```
        CHO              CHO
     H——OH            H——OH
        CH₂OH         HO——H          CHO
                     H——OH       H——OH
                     H——OH       H——OH
                        CH₂OH    H——OH
                                    CH₂OH
      D-(+)-甘油醛        D-(+)-葡萄糖
```

甘油醛为最简单的醛糖。由 D-(+)-甘油醛或 L-(−)-甘油醛经过碳链增长反应转变的醛糖分别为 D-型糖和 L-型糖。采用 Kiliani-Fischer 合成法可以甘油醛为原料，通过逐步增长碳链合成多种相同构型的单糖。例如，从 D-(+)-甘油醛出发，经 HCN 加成等步骤可得到两个 D-丁醛糖。其产物中编号最大的手性碳原子的构型与 D-甘油醛的手性碳的构型一致，所以产物为 D 构型。

```
                     CN            COOH         C=O           CHO
                  H——OH         H——OH        H——OH  \      H——OH
                  H——OH   H₂O  H——OH  -H₂O  H——OH   O Na-Hg H——OH
                     CH₂OH         CH₂OH        CH₂  /         CH₂OH
     CHO                                                      D-(−)-赤藓糖
  H——OH + HCN
     CH₂OH                CN           COOH         C=O           CHO
  D-(+)-甘油醛          HO——H         HO——H       HO——H \       HO——H
                       H——OH   H₂O  H——OH  -H₂O  H——OH  O Na-Hg H——OH
                          CH₂OH         CH₂OH        CH₂ /         CH₂OH
                                                              D-(−)-苏阿糖
```

同样，以 D-(−)-赤藓糖或 D-(−)-苏阿糖为原料，用上述增长碳链的方法，可分别制备两个 D-戊醛糖。反复采用类似的方法，可以制备八个己醛糖。图 18-1 列出了丙糖至己糖的一系列 D-醛糖的费歇尔投影式。

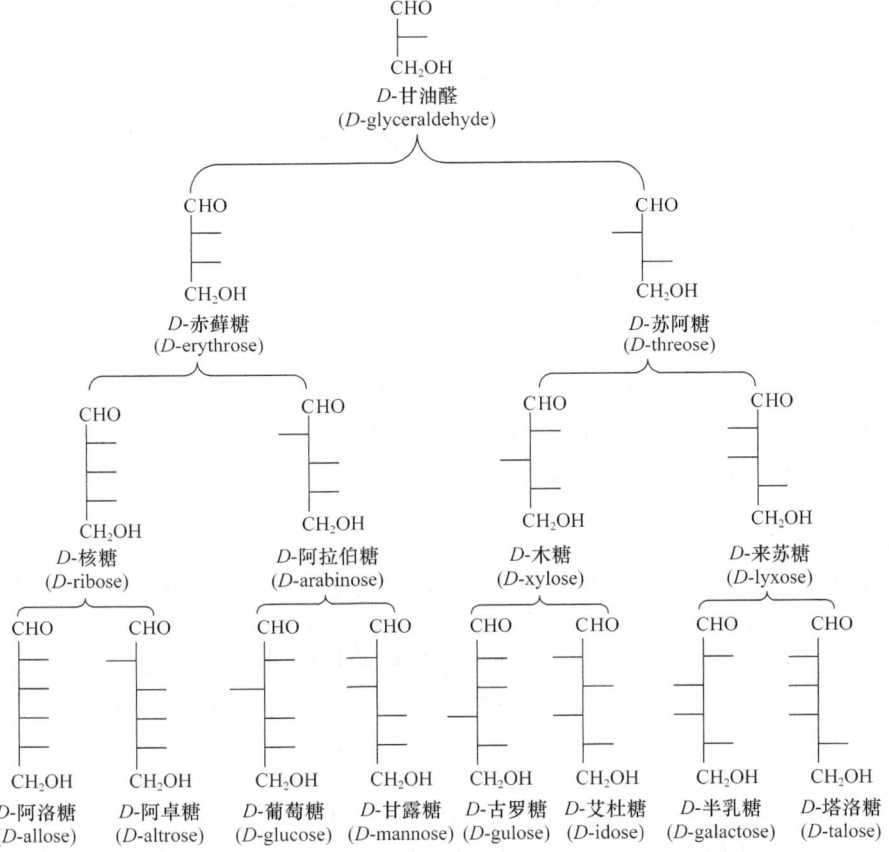

图 18-1　D-醛糖的结构

> **案例 18-1**
>
> 通过元素分析和相对分子质量测定证实葡萄糖的化学式为 $C_6H_{12}O_6$。葡萄糖能被弱氧化剂氧化，能与羟胺缩合成肟，还能发生以下化学反应。
>
> $$\begin{array}{c}\text{CHO}\\|\\(\text{CHOH})_4\\|\\\text{CH}_2\text{OH}\end{array} \begin{cases} \xrightarrow[\text{过量}]{(\text{CH}_3\text{CO})_2\text{O}} C_6H_7O(OCOCH_3)_5 + 5CH_3COOH \\[1em] \xrightarrow{\text{HCN}} \begin{array}{c}\text{HO}\quad\text{CN}\\\diagdown\diagup\\\text{CH}\\|\\(\text{CHOH})_4\\|\\\text{CH}_2\text{OH}\end{array} \xrightarrow{H_2O} \begin{array}{c}\text{COOH}\\|\\(\text{CHOH})_5\\|\\\text{CH}_2\text{OH}\end{array} \xrightarrow{\text{HI/P(氢碘酸/红磷)}} CH_3(CH_2)_6COOH \\[1em] \xrightarrow{\text{Na-Hg}} \begin{array}{c}\text{CH}_2\text{OH}\\|\\(\text{CHOH})_4\\|\\\text{CH}_2\text{OH}\end{array} \xrightarrow{\text{HI+P}} \begin{array}{c}\text{CH}_3\\|\\(\text{CH}_2)_4\\|\\\text{CH}_3\end{array} \end{cases}$$
>
> **问题**　试分析通过以上化学实验可以得到哪些有助于推导葡萄糖结构的信息。
>
> **案例分析**　①用过量的乙酸酐处理葡萄糖得到五乙酰葡萄糖，说明葡萄糖含有五个羟基；由于偕二醇不稳定，所以这五个羟基应分别与五个碳原子相连。②葡萄糖与羟胺缩合成肟并能与 HCN 加成，说明存在羰基；葡萄糖能被弱氧化剂氧化说明其分子中的羰基是醛基而不是酮基；与 HCN 加成产物水解得到六羟基酸，再经 HI 和红磷还原得到正庚酸，证明葡萄糖是一醛糖。③还原葡萄糖得到己六醇；进一步还原则得到正己烷。这说明葡萄糖的六个碳原子为直链排列。由上述反应可推测葡萄糖是直链五羟基醛，即葡萄糖是己醛糖。

葡萄糖是己醛糖，天然(+)-葡萄糖是一对葡萄糖中的一个异构体。1891年，费歇尔（E. Fischer）通过化学关联法确定了天然(+)-葡萄糖为 D 构型，他也因此出色的研究成果获得1902年的诺贝尔化学奖。现代技术已确定 D-(+)-葡萄糖的结构为 $2R,3S,4R,5R$-2,3,4,5,6-五羟基己醛。

二、单糖的环状结构及哈武斯式

表示单糖结构的费歇尔投影式又称单糖的开链结构。人们在研究单糖的性质时，却发现了一些开链结构所不能解释的实验现象，例如：①醛在干燥 HCl 存在下可与两分子醇反应生成缩醛，而葡萄糖却只能与一分子醇反应生成稳定化合物。②葡萄糖虽然能与托伦试剂、费林试剂反应，却不能与亚硫酸氢钠形成加成产物。③在冷乙醇中结晶，可得到熔点为146℃、比旋光度为+112°的葡萄糖晶体；在热吡啶中结晶，可得到熔点为150℃、比旋光度为+18.7°的葡萄糖晶体。④上述两种葡萄糖晶体的水溶液，随着放置时间的延长，比旋光度会发生变化，在达到+52.7°后稳定不变。人们将这种单糖水溶液自行改变比旋光度，最后达到定值的现象称为变旋作用（mutarotation）。⑤葡萄糖的 IR 光谱中没有羰基的伸缩振动峰，核磁共振谱中也没有醛基质子的特征峰。

葡萄糖上述"异常现象"用开链结构均无法解释。人们从醛和醇作用生成半缩醛的反应得到启示：葡萄糖开链结构中同时存在羰基和羟基，理论上可以发生分子内反应形成环状半缩醛，这种环状结构已经被 X 射线衍射结果所证实。原则上，糖分子中任何一个羟基均能与羰基发生分子内反应形成环状半缩醛，但是由于三元环和四元环的环张力较大，环不稳定，因此主要以五元环或六元环形式存在。形成五元环的糖类化合物称为呋喃糖（furanose）；形成六元环的糖类化合物称为吡喃糖（pyranose）。

D-葡萄糖分子中 C5-羟基与醛基相互作用形成六元环状的半缩醛。因为羰基是平面结构，C5-羟基可从羰基平面的两侧向其进攻，所以形成环状结构后，C1 变成了手性碳原子，产生一个新的手性中心，出现两种不同的异构体，C1 上半缩醛羟基与 C5-羟基处于同侧者称为 α 型，处于异侧者称为 β 型。α-D-葡萄糖和 β-D-葡萄糖除 C1 外，其他手性碳的构型完全相同，它们是非对映体。它们的区别仅在于 C1 构型不同，这种异构体称为异头物（anomer）或端基异构体。α-D-葡萄糖或 β-D-葡萄糖溶于水后，可以通过开链结构互变，最终形成一个 α-D-葡萄糖、β-D-葡萄糖和开链结构三种形式共存的动态平衡体系。

β-D-葡萄糖 (63.6%) ⇌ 开链结构 (0.0026%) ⇌ α-D-葡萄糖 (36.4%)

从冷乙醇中结晶 D-葡萄糖得到 α-D-葡萄糖。将 α-D-葡萄糖配制成水溶液，在放置过程中，α-D-葡萄糖通过开链结构建立平衡，部分转化为 β-D-葡萄糖。由于 β-D-葡萄糖的比旋光度比 α-D-葡萄糖的低，因此，随着时间的推移，溶液的比旋光度逐渐降低。同样，β-D-葡萄糖在溶液中也可以通过开链结构转化为 α-D-葡萄糖，此时，溶液的比旋光度会随着时间的推移逐渐增大。最终，二者达到平衡，平衡体系中 β-D-葡萄糖的含量约占63.6%，α-D-葡萄糖约占36.4%，开链结构约占0.0026%，混合物的比旋光度为+52.7°（图18-2）。这种变旋作用是糖类化合物中普遍存在的现象。糖的环状结构和开链结构在溶液中的动态平衡很好地解释了糖的变旋作用，基本上所有能以环状半缩醛或半缩酮结构稳定存在的单糖都有变旋作用。

依据单糖环状结构的理论，葡萄糖主要以环状半缩醛结构存在，开链结构的含量极低。葡萄糖环状结构中只有一个半缩醛羟基，所以在干燥 HCl 存在下只能与一分子醇作用，生成缩醛；正是由于葡萄糖主要以环状半缩醛结构存在，开链醛式结构含量极低，IR 光谱仪和核磁共振仪无法检测出来，所以 IR 光谱中没有羰基的伸缩振动峰，核磁共振谱中没有醛基质子的特征峰，同理，葡萄糖也不能与亚硫酸氢钠形成加成产物。

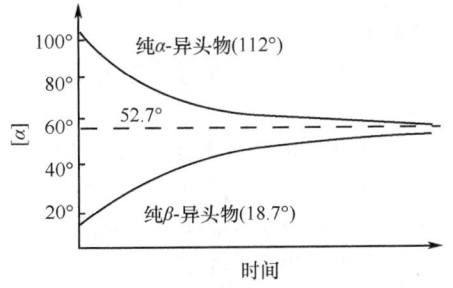

图 18-2　D-葡萄糖在溶液中的变旋作用

1930 年，英国化学家哈武斯（W. N. Haworth）提出将葡萄糖环状半缩醛结构用一平面的六元环氧透视式表示，该透视式被称为哈武斯式。在己醛糖的哈武斯式中，C1-羟基与 C5-羟甲基处于环平面同侧的己醛糖称为 β 构型，而 C1-羟基与 C5-羟甲基处于环平面异侧的己醛糖称为 α 构型。其他糖构型可采用类似的原则命名。

通过如下变化可以将葡萄糖的费歇尔投影式转变为哈武斯式。首先将碳链如下图横置，然后将碳链左端羟甲基按顺时针方向弯折，接下来将 C5 绕键轴在空间旋转 109.5°，使 C1-醛基与 C5-羟基彼此靠近成环，最后得到葡萄糖的两个端基异构体。

书写哈武斯式时应注意以下规则：费歇尔投影式主碳链右边的羟基写在哈武斯式环平面下方，左侧的羟基写在环平面上方；D 构型糖的 C6-羟甲基在环平面上方。当糖以两种端基异构体的混合物的形式存在时，可用波纹线或虚线表示连接半缩醛（酮）羟基的共价键。

α-D-葡萄糖和 β-D-葡萄糖的哈武斯式与葡萄糖开链结构的互变平衡见下式。由于葡萄糖平面含氧环与六元杂环-吡喃结构相似，因此称为吡喃糖（glycopyranose）；其他糖形成的五元含氧环与五元杂环-呋喃结构相似，则称为呋喃糖（glycofuranose）。X 射线衍射分析证明了 D-(+)-葡萄糖具有六元环的结构。葡萄糖哈武斯式的环平面垂直于纸平面，为了方便书写，环上的氢原子可省略。

β-D-吡喃葡萄糖　　　　　　　　　　　　　　　　　α-D-吡喃葡萄糖

案例 18-2

D-甘油醛和 D-葡萄糖都属于单糖，研究发现：D-葡萄糖有变旋作用，D-甘油醛无变旋作用。

问题　试分析哪些单糖有变旋作用。

案例分析　若单糖分子中的羟基与羰基发生分子内亲核加成反应能形成稳定的环状半缩醛，形成两种不同的端基异构体，这两种端基异构体与开链结构之间处于动态平衡，此时单糖就有变旋作用。D-甘油醛分子中的羟基与羰基不能形成稳定的半缩醛，所以无变旋作用。

三、单糖的构象式

哈武斯式是把环当作平面，把原子和原子团垂直排布在环的上下方，仍然不能准确地反映糖的立体结构，也难以说明不同单糖异构体间的某些差异（如为什么 D-葡萄糖水溶液中 β-D-吡喃葡萄糖和 α-D-吡喃葡萄糖的含量比约 64∶36）。X 射线衍射结果表明：以六元环氧结构存在的单糖，如葡萄糖等，具有类似环己烷的基本骨架，主要以椅式构象存在。

β-D-吡喃葡萄糖　　　α-D-吡喃葡萄糖

β-D-吡喃葡萄糖的椅式构象中，大基团（—OH 和—CH$_2$OH）都位于 e 键，而 α-D-吡喃葡萄糖的椅式构象中，除 C1-羟基位于 a 键外，其余取代基构型与 β-D-吡喃葡萄糖相同。通常，β-D-吡喃葡萄糖要比 α-D-吡喃葡萄糖稳定，在互变平衡的水溶液中 β-D-吡喃葡萄糖的含量比 α-D-吡喃葡萄糖高。自然界中，葡萄糖广泛存在的原因与其优势构象中所有大基团都处于 e 键有关。

一般来说，稳定的优势构象中大基团多处于 e 键。当吡喃糖 C1 连有吸电子基团时，此基团更倾向于形成 a 键，这个现象称为端基异构效应（anomeric effect）。如 C1 位羟基被—OCH$_3$、CH$_3$COO$^-$、X$^-$ 或芳氧基取代后，则其优势构象由于偶极-偶极作用的影响，情况变得复杂。其一，静电因素有利于形成 a 键。由 C5—O、C1—O 两个偶极加和形成的由于环上氧的偶极作用可分解为垂直和水平方向的分量。其垂直方向的分量与带电负性基团 a 键的偶极方向相反，彼此相互削弱，因此使取代在 a 键的结构较稳定。而带电负性基团取代在 e 键时，其偶极方向与环上氧原子偶极的水平及垂直方向的分量方向相同，彼此互相排斥，使 e 键取代反不如 a 键取代的结构稳定。其二，溶剂也影响端基效应。在极性溶剂中 a 键的倾向少，而随着基团电负性的增加，a 键的倾向增加。这是由于环上氧原子的孤对电子与 C1 取代基相互影响导致环上氧与端基碳键缩短，且相对于 C1 取代的 a 键比 e 键更长。显然，介电常数高的溶剂将削弱端基异构效应，所以在极性溶剂中 a 键的倾向减少。如水的介电常数大，在水溶液中，游离糖以 β-构型为主；而随着基团电负性的增加，a 键的倾向性也增加。当 C1 位羟基被甲基化或酰化，则其脂溶性加大，易溶于介电常数小的有机溶剂，因此端基效应的影响相对增强，则 α-构型在平衡体系中比例增大。

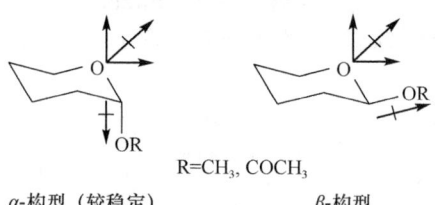

α-构型（较稳定）　　　β-构型

R=CH$_3$、COCH$_3$

案例 18-3

在 D-葡萄糖水溶液中，β-D-葡萄糖的含量约占 63.6%，α-D-葡萄糖约占 36.4%，β-D-葡萄

糖的含量高于 α-D-葡萄糖。

问题 试分析 β-D-葡萄糖和 α-D-葡萄糖含量不相等的原因。

案例分析 首先，虽然羰基是平面结构，但由于 D-葡萄糖分子中有多个手性中心，羰基平面两侧的化学环境、位阻不同，亲核试剂——羟基从平面两侧进攻的速率不同。其次，β-D-葡萄糖分子中所有的取代基（包括半缩醛羟基）全部在 e 键，α-D-葡萄糖的不同之处在于半缩醛羟基位于 a 键，由于 e 键和 a 键的能量差异，β-D-葡萄糖的稳定性高于 α-D-葡萄糖。因此，在 D-葡萄糖水溶液中，β-D-葡萄糖的含量高于 α-D-葡萄糖。

四、果糖的结构

果糖（fructose）是己酮糖，与葡萄糖互为同分异构体。己酮糖有三个手性碳原子，8 个光学异构体。自然界中，D-果糖既存在六元环的吡喃糖，也存在五元环的呋喃糖。因此，D-果糖在溶液中可有五种互变异构体。

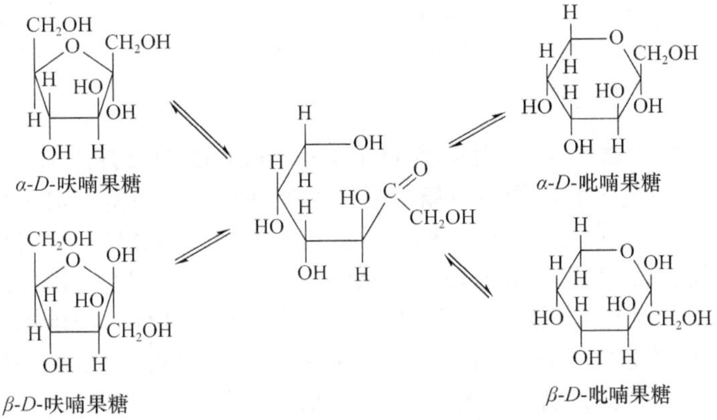

α-D-呋喃果糖　　　　　　　　　　　　　　　　　　α-D-吡喃果糖

β-D-呋喃果糖　　　　　　　　　　　　　　　　　　β-D-吡喃果糖

五、单糖的化学性质

单糖是多羟基醛（酮），分子中含有羟基和羰基，因此单糖具有一般醇和醛酮的性质。但由于羟基和羰基处于同一分子内相互影响，单糖又表现一些特殊性质。

（一）碱性条件下的差向异构化

在吡啶、氢氧化钡等碱性物质的溶液中，D-葡萄糖可通过烯二醇中间体转变为 D-葡萄糖、D-果糖、D-甘露糖三种糖的平衡混合物，这个现象称为单糖的差向异构化（epimerization）。

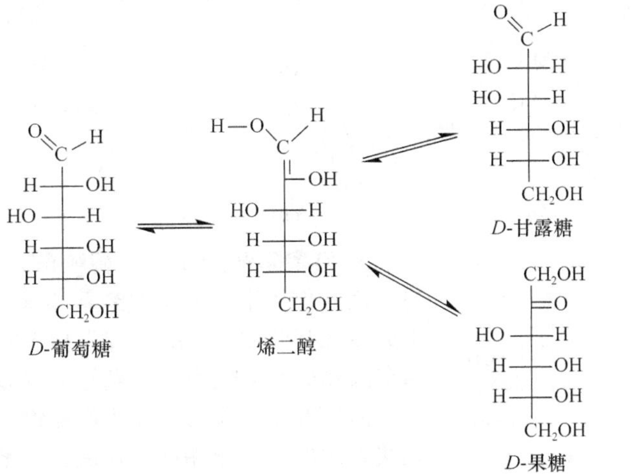

D-葡萄糖　　　烯二醇　　　D-甘露糖

D-果糖

受羰基吸电子效应的影响，与羰基相邻的 α-氢在弱碱环境中以质子形式转移至羰基氧上，形成烯二醇。烯二醇羟基有明显的酸性，在碱性条件下羟基上的氢可在 C1、C2 之间发生可逆性重排。由于双键碳是平面结构，烯醇羟基上的氢可从正反两个方向进攻双键碳。当 C1 烯醇羟基上的氢重排到 C2 时可分别得到 D-葡萄糖及其 2 位差向异构体 D-甘露糖；C2 烯醇羟基上的氢重排到 C1 时则得到 D-果糖。

D-葡萄糖与 D-甘露糖之间除 C2 的构型不同外，其他手性碳的结构完全相同。像这种仅有一个手性碳原子构型不同的非对映异构体，互称为差向异构体（epimer）。D-葡萄糖与 D-甘露糖互为 C2 的差向异构体；D-葡萄糖与 D-半乳糖互为 C4 的差向异构体。通过差向异构化可制备难以得到的天然糖，如从易得到的阿拉伯糖酸可制备难以得到的核糖。

（二）氧化反应

1. 与托伦试剂、费林试剂或贝内迪克特（Benedict）试剂反应 托伦试剂、费林试剂和 Benedict 试剂均为碱性弱氧化剂，能将单糖中醛糖的醛基氧化为羧基。对于单糖中的酮糖，在碱性条件下可通过烯二醇中间体发生差向异构化反应转变为相应的醛糖，也可以被托伦试剂、费林试剂和 Benedict 试剂氧化。因此，单糖均为还原糖。单糖与托伦试剂反应，产生银镜；单糖与费林试剂、Benedict 试剂反应生成砖红色的氧化亚铜沉淀。上述试剂仅与单糖的开链结构反应。尽管单糖开链结构在平衡体系中所占比例很少，但随着反应的进行，开链结构被氧化，可使环状结构和开链结构的平衡不断地向开链结构方向移动，从而使反应进行完全。

$$单糖 + [Ag(NH_3)_2]^+ \longrightarrow Ag\downarrow + 复杂的氧化产物$$
$$单糖 + Cu^{2+} \longrightarrow Cu_2O\downarrow + 复杂的氧化产物$$

Benedict 试剂是改良的费林试剂，Benedict 试剂氧化单糖也得到砖红色的氧化亚铜沉淀。用托伦试剂、费林试剂或 Benedict 试剂氧化反应在碱性条件下进行，会产生异构化作用和碳链断裂等副反应，产物很复杂，所以上述反应在制备上并无价值，也不能区别醛糖和酮糖，但可用其鉴别还原糖与非还原糖。

2. 与溴水的反应 溴水为弱氧化剂，可选择性地将醛糖氧化成相应的糖酸。由于在弱酸性（溴水 pH=6.0）条件下，糖不会发生差向异构化，因此溴水不氧化酮糖，所以用此反应可鉴别醛糖与酮糖。

3. 与稀硝酸的反应 稀硝酸是较强的氧化剂。在温热的稀硝酸作用下，醛糖的醛基和末端的 —CH₂OH 都被氧化，生成多羟基的二元羧酸，成为相应的糖二酸。例如，D-葡萄糖在温热的稀硝酸作用下氧化形成 D-葡萄糖二酸。

酮糖在上述条件下发生碳碳键的断裂，生成小分子的二元酸。例如，D-果糖被氧化成乙醇酸和三羟基丁酸。

4. 与高碘酸的反应　像多元醇以及 α-羟基醛酮一样，糖被高碘酸氧化，相邻羟基间的碳碳键发生断裂得到羧酸和/或羰基化合物。例如，D-葡萄糖可与五分子的高碘酸反应生成五分子甲酸和一分子甲醛。

$$\begin{array}{c}\text{CHO}\\|\\\text{H—C—OH}\\|\\\text{HO—C—H}\\|\\\text{H—C—OH}\\|\\\text{H—C—OH}\\|\\\text{CH}_2\text{OH}\end{array} \xrightarrow{5\text{HIO}_4} 5\text{HCOOH} + \text{HCHO} + 5\text{HIO}_3$$

糖被高碘酸氧化是研究糖结构的有效手段。例如，α-D-葡萄糖甲苷用两分子的高碘酸作用，产生一分子甲酸和一分子二醛，说明其为六元环及存在三个相邻羟基；而 α-D-阿拉伯糖甲苷如消耗一分子高碘酸则说明其为五元环，消耗两分子高碘酸则说明其为六元环。

（三）成苷反应

糖苷（glycoside）类化合物广泛存在于自然界中，具有较强的生物活性。单糖的半缩醛（酮）的羟基与其他含羟基或活泼氢（如氨基、巯基等）的化合物脱水，生成糖苷，此反应称为成苷反应。将 D-葡萄糖在 HCl 的存在下与甲醇加热回流，得到 α-D-吡喃葡萄糖甲苷和 β-D-吡喃葡萄糖甲苷的混合物。

成苷反应的机制相当于缩醛生成。反应历程如下：

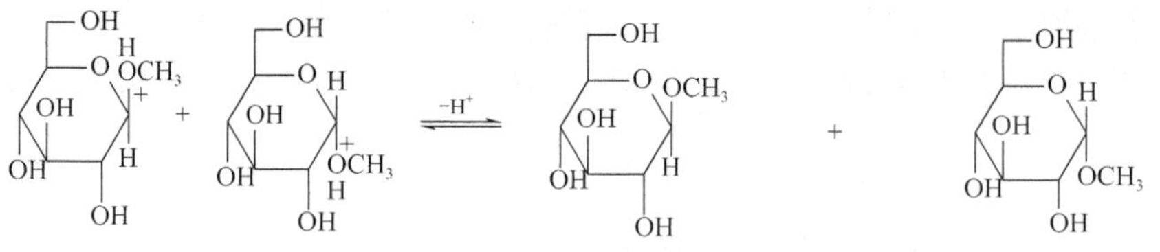

β-D-吡喃葡萄糖甲苷   α-D-吡喃葡萄糖甲苷

案例 18-4   **中药黄芩炮制的机制**

    黄芩是常用的中药，具有降压、解热、利尿、抑菌作用。如果常温下黄芩长期放置或浸渍在水溶液中，黄芩转变为绿色，其药效降低。通过对药材采用烫、煮 10～40min 的方法炮制，可提高黄芩药材的品质。一般认为加热蒸煮的黄芩药材以色黄为佳。

    问题   不同温度下，黄芩为什么会改变颜色，颜色与其有效成分有何关系？何种方法可有效地保证黄芩药材的质量？

    案例分析   黄芩苷易被药材中共存的黄芩酶催化水解，生成葡萄糖醛酸与黄芩素，后者易被氧化为醌类。黄芩苷和黄芩素显黄色，为黄芩的活性成分；而黄芩素氧化产物醌类显绿色，无相应的活性。黄芩在储存过程中由黄变绿，是由于其中的黄芩苷被酶催化水解，转变为黄芩素，再被氧化为绿色的醌类。黄芩由黄变绿的现象提示其中有效成分受到破坏、药材品质降低的事实。中药黄芩炮制的目的是通过高温蒸煮破坏黄芩酶，阻断黄芩苷的水解。由于黄芩苷不易被氧化，因此对中药黄芩的炮制可有效地保护黄芩药材中的有效成分，即起到保护其药效的作用。

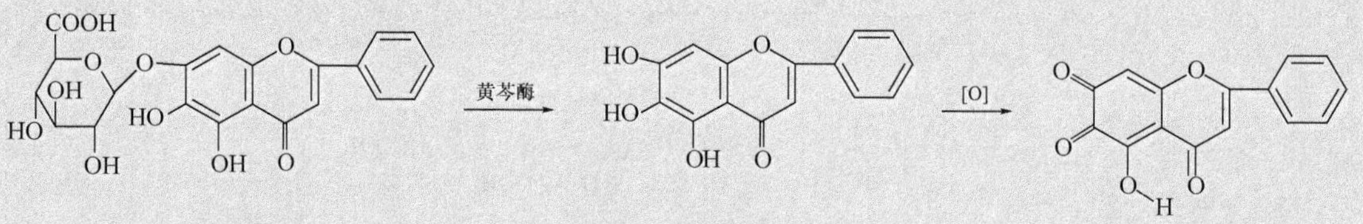

黄芩苷 →(黄芩酶) 黄芩素(黄色) →[O] 醌类衍生物(绿色)

    糖苷由糖和非糖部分组成，其中糖部分称为糖苷基，非糖部分称为配基。糖苷中连接糖与非糖部分的键称为苷键，上述各种糖苷中连接糖与苷元的原子是氧原子，故称为氧苷键。自然界中的糖苷键除有氧苷键外，还存在氮苷键、硫苷键、碳苷键等。例如，重要的天然单糖——核糖可与多种碱基以氮苷键形式结合构成核苷，核苷通过磷酯键相互连接构成生命的信息载体——核酸。

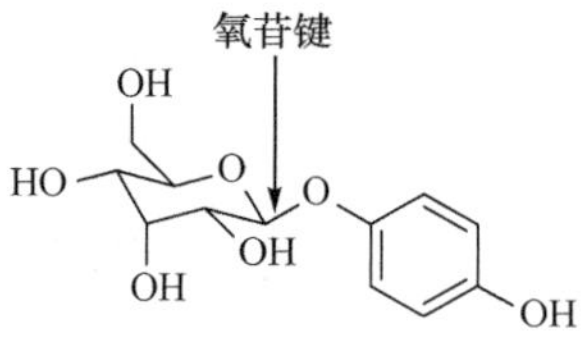

杨梅苷（氧苷键）   苦杏仁苷（氧苷键）

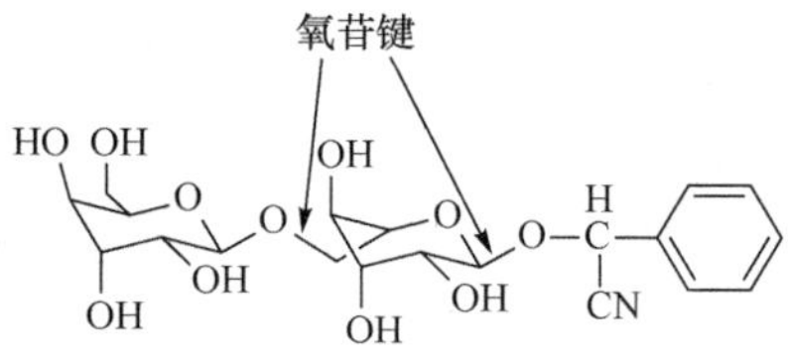

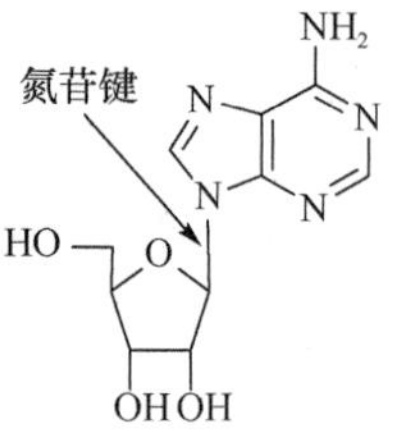

腺苷（氮苷键）   伪尿嘧啶核苷（碳苷键）   黑芥子苷（硫苷键）

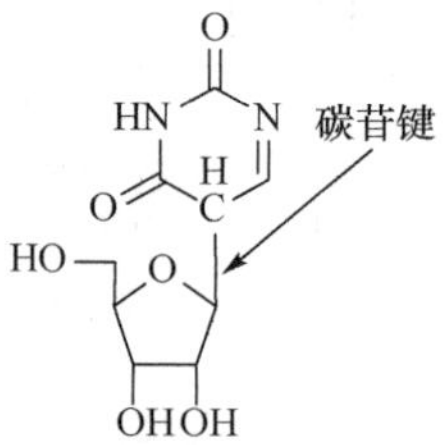

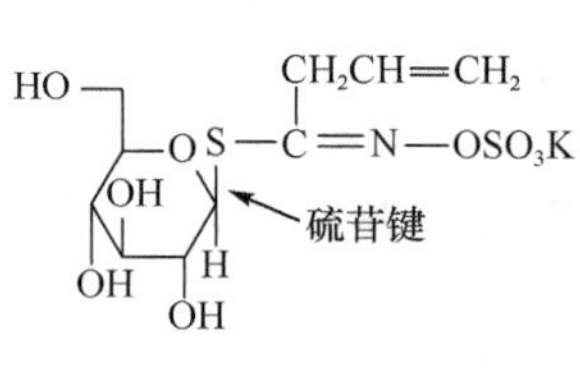

苷的结构和性质与缩醛相似。在碱性条件下稳定，在酸性条件或酶存在下苷键可以水解，转变为原来的糖和苷元。苷的结构中不存在半缩醛（酮）羟基，因此苷既无还原性，也无变旋作用。当苷水解后，糖的半缩醛羟基游离出来，则又具有还原性。

苷键与醚键的化学性质不同，利用此性质差异可以分析糖的结构。用硫酸二甲酯将糖完全甲基化，然后用稀盐酸水解时，只有苷元的甲基被水解，其他醚键形式的甲基稳定，被保留下来，再经氧化可以判断环的大小。例如，D-葡萄糖完全甲基化后，水解得到2,3,4,6-四甲氧基-D-葡萄糖，这是个环状的半缩醛。小心氧化这个四甲氧基葡萄糖，生成三甲氧基戊二酸和二甲氧基丁二酸的混合物。这一系列的反应结果表明葡萄糖的醛基是和C5上的羟基形成六元环的半缩醛结构。

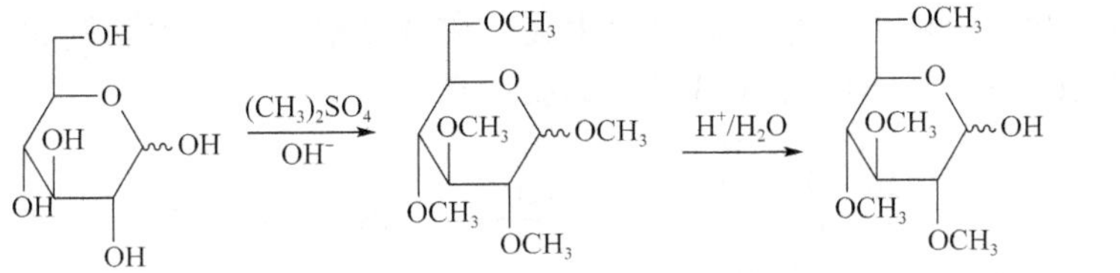

1,2,3,4,6-五甲氧基-D-葡萄糖　　2,3,4,6-四甲氧基-D-葡萄糖

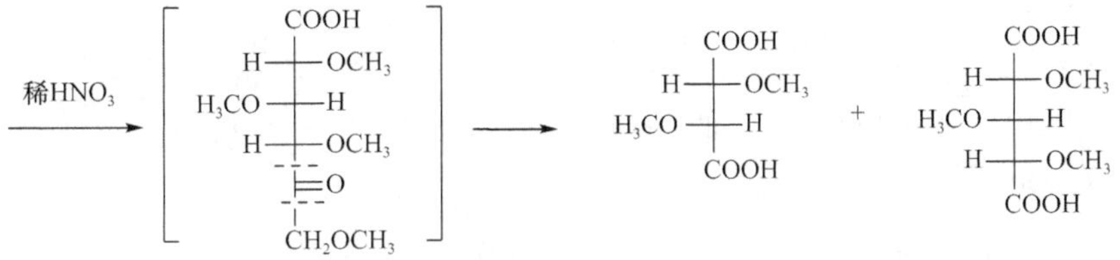

（四）成脎反应

糖在水溶液中有过饱和的倾向，很难形成良好的结晶。但糖与羰基试剂（如苯肼）形成的二苯腙则易析出，糖的二苯腙是黄色晶体，称为脎（osazone），成脎反应可用来鉴别糖。成脎反应首先是羰基和一分子苯肼反应脱水形成苯腙，然后苯腙中与原羰基相邻的碳（醛糖为C2，酮糖为C1）上的羟基可转化为羰基，然后与另一分子苯肼作用生成脎。

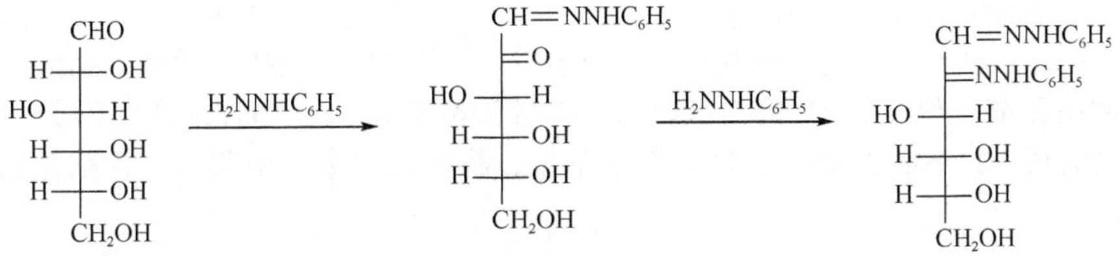

葡萄糖苯腙　　　　　　　　　　葡萄糖脎

糖成脎反应只涉及糖的C1、C2两个原子，不涉及其他碳原子。因此，凡是碳原子数相同的单糖，除C1、C2外其他部分结构完全相同时，可以生成相同的糖脎。例如，D-葡萄糖、D-甘露糖和D-果糖都生成同一糖脎。只要确定这三个化合物中任何一个，根据它们具有相同结晶的脎可推测其他两个糖C3~C6的结构。

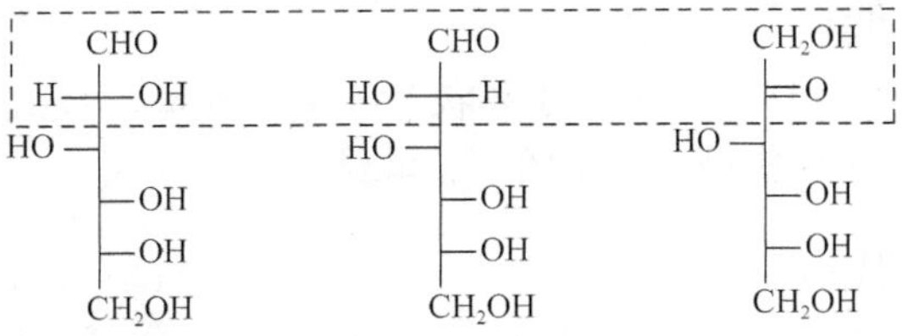

D-葡萄糖　　　D-甘露糖　　　D-果糖

成脎反应只涉及C1、C2两个原子，一般认为这与糖脎分子内通过氢键而形成稳定的螯合环

有关，由于糖二苯腙形成的螯合环很稳定从而使反应终止。

（五）酸性条件下的脱水

在强酸性条件下加热，单糖发生分子内脱水生成糠醛或糠醛的衍生物。例如，己醛糖生成 5-羟甲基糠醛，戊糖则生成糠醛。酮糖也形成类似的脱水产物。

糠醛和糠醛衍生物与酚类缩合发生的颜色反应可用于鉴别糖。常见的颜色反应包括：Molish 反应（含糖溶液与 α-萘酚在浓硫酸的存在下可出现紫色环的反应）和 Seliwanoff 反应（酮糖与间苯二酚在浓盐酸存在下加热能生成红色物质的反应）。

（六）还原反应

醛糖和酮糖的羰基都可以通过催化加氢或 $NaBH_4$ 还原为相应的醇，通称为糖醇。例如，D-核糖的还原产物核糖醇是维生素 B_2 的组成部分；D-甘油醛的还原产物甘油是脂肪和油类的主要成分。D-葡萄糖的还原产物山梨醇丰富地存在于苹果、桃等水果中。山梨醇作为蔗糖的替代品可增加食品的甜度。

（七）环状缩醛（酮）的生成

糖分子中顺式邻二醇结构可与醛酮形成环状的缩醛或缩酮，反式不能形成环状的缩醛或缩酮。利用缩酮或缩醛的性质可保护糖分子中的邻二醇结构。

在制备维生素 C 的过程中，需氧化 L-山梨糖的 C1 为羧基，为了避免分子中其他四个羟基受影响，可采取上述保护羟基的方法。

第二节　低聚糖和多糖

一、低　聚　糖

(一) 双糖

低聚糖（寡糖）水解后可得到 2～10 个单糖分子。双糖是由两个相同或不相同的单糖脱水后，通过苷键相互连接的低聚糖。在酸或酶的作用下，双糖水解可得到两分子单糖。双糖可分成还原糖和非还原糖。一分子单糖的半缩醛羟基（苷羟基）与另一分子糖的醇羟基脱水形成的双糖，由于其中一个糖还保留半缩醛羟基，所以水溶液中环状结构与开链结构可处于动态平衡。此类糖可以被托伦试剂、费林试剂和 Benedict 试剂氧化，有还原性和变旋作用，称为还原糖。由两分子单糖的半缩醛（酮）羟基间脱水形成的双糖分子不存在半缩醛羟基，这类糖没有还原性和变旋作用，称为非还原糖。

1. (+)-麦芽糖　麦芽中的淀粉在共存的淀粉糖化酶催化下或在稀酸催化下，发生部分水解，得到 (+)-麦芽糖（maltose）。麦芽糖是一分子葡萄糖 C1 的 α-半缩醛羟基与另一葡萄糖 C4 的醇羟基相互脱水以苷键相连的双糖，其苷键称为 α-1,4-苷键（表示为 α-1→4）。由于麦芽糖分子中保留一个半缩醛羟基，所以麦芽糖为还原糖，有变旋作用，其化学名称为：4-O-(α-D-吡喃葡萄糖基)-D-吡喃葡萄糖。

2. (+)-乳糖　乳糖（lactose）存在于哺乳动物的乳汁中。乳糖是由一分子 β-D-半乳糖的半缩醛羟基与一分子 D-葡萄糖 C4 的醇羟基脱水后，通过 β-1,4-苷键相结合而成的双糖。乳糖有变旋作用，是还原糖。(+)-乳糖的化学名称为：4-O-(β-D-吡喃半乳糖基)-D-吡喃葡萄糖。

(+)-麦芽糖　　　　　　　　　　　(+)-乳糖

3. (+)-纤维二糖　(+)-纤维二糖（cellobiose）无甜味，由纤维素部分水解获得。纤维二糖的结构与麦芽糖相似，也是由两分子的 D-葡萄糖组成。纤维二糖是一分子葡萄糖 C1 的 β-半缩醛羟基与另一葡萄糖 C4 的醇羟基相互脱水以苷键相连的双糖，其苷键称为 β-1,4-苷键。(+)-纤维二糖为还原糖，有变旋作用，(+)-纤维二糖的化学名称为：4-O-(β-D-吡喃葡萄糖基)-D-吡喃葡萄糖。

(+)-纤维二糖

由于食草的牛、马等反刍动物体内存在可水解β-糖苷键的酶，因此反刍动物可以将纤维素转变为葡萄糖，为机体提供营养；人类消化液中不存在β-糖苷键水解酶，所以纤维二糖不能被人类消化吸收。

4. (+)-蔗糖　(+)-蔗糖（sucrose）是自然界中分布最广的双糖。蔗糖的主要来源是甘蔗和甜菜。(+)-蔗糖的苷键由一分子 D-吡喃葡萄糖的 α-半缩醛羟基与一分子 D-呋喃果糖的 β-半缩酮羟基失水形成。蔗糖不能被托伦试剂、费林试剂和 Benedict 试剂氧化，是非还原糖，也无变旋作用。(+)-蔗糖既可以被稀酸水解，也可以被麦芽糖酶和 D-果糖 β-苷键的专一酶催化水解，生成等量 D-吡喃葡萄糖和 D-呋喃果糖，这提示蔗糖分子的葡萄糖部分是通过 α-糖苷键，它的果糖部分是通过 β-糖苷键彼此缩合生成二糖。因此，(+)-蔗糖既是 α-D-葡萄糖苷，也是 β-D-果糖苷。

(+)-蔗糖

蔗糖是右旋糖，比旋光度为+66.7°，水解后得到等量 D-葡萄糖和 D-果糖的混合物，其比旋光度为-19.7°，与水解前的旋光方向相反，因此把蔗糖的水解反应称为转化反应。水解后的混合物称为转化糖（invert sugar）。催化蔗糖水解的酶称为转化酶。

$$C_{12}H_{22}O_{11} + H_2O \xrightarrow[\text{或转化酶}]{H^+} C_6H_{12}O_6 + C_6H_{12}O_6$$

蔗糖　　　　　　　　　　　葡萄糖　　果糖
$[\alpha]_D +66.5°$　　　　　　$[\alpha]_D +52.7°$　$[\alpha]_D -92°$

（二）环糊精

淀粉与杆菌共同发酵可得到一组由 α-D-吡喃葡萄糖组成的环状低聚糖，称为环糊精（cyclodextrin，CD）。环糊精是重要的寡糖，常见的环糊精是分别含有 6 个、7 个和 8 个葡萄糖单元的 α-、β-、γ-环糊精。环糊精的形状像无底的水桶，上端大，下端小（图 18-3）。

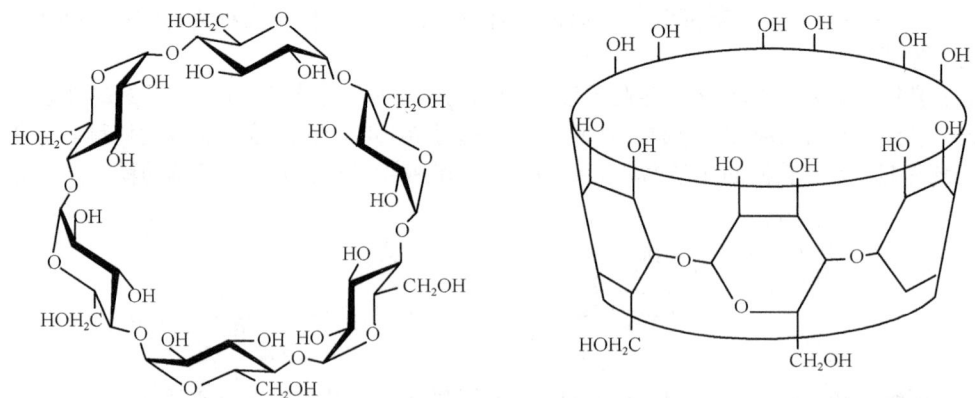

图 18-3　α-环糊精的结构和形状

环糊精中，葡萄糖 C2、C3 上的两个羟基位于一端，羟甲基位于另一端。环糊精具有双面的结构，亲水基在向外的一面，而 C5、C3 上的氢及氧苷键的氧伸向内侧，从而构成疏水部分。由于环糊精中间有一空穴，因此它可以如同冠醚一样可选择性地与一些适当大小的化合物形成主-客体关系的包合物。一些非极性的有机分子或有机分子的非极性端可与环糊精内侧的疏水部分结合，形成可溶于极性溶剂的包合物。包合物可用作相转移催化剂，起到相转移作用。此外，环糊精具有手性，对客体化合物能起一定的手性识别作用，使客体分子在进行反应时具备立体选择性，因此环糊精可用于立体选择性反应；也可利用环糊精与某些 D,L-构型异构体发生选择性沉淀，达到分离 D,L-构型异构体的目的；环糊精还可包含客体分子的一部分使另一部分暴露于反应环境中，从而实现反应的区域选择性，如甲氧基苯的氯代反应。

$$\text{甲氧基苯} \xrightarrow[\text{H}_2\text{O}]{\text{HOCl}} \text{邻氯甲氧基苯 (67\%, }\alpha\text{-环糊精 0)} + \text{对氯甲氧基苯 (33\%, 100\%)}$$

核苷 2,3-环状的磷酸酯在 α-环糊精的存在下，得到 3-单磷酸酯；而在 β-或 γ-环糊精的存在下，得到 2-单磷酸酯。

$$\text{3-单磷酸酯} \xleftarrow{\alpha\text{-环糊精}} \text{2,3-环状的磷酸酯} \xrightarrow{\beta\text{-或}\gamma\text{-环糊精}} \text{2-单磷酸酯}$$

α-环糊精广泛用于医药、食品等的研究和生产。α-环糊精可增加药物的溶解度，从而达到提高生物利用度的目的。环糊精还用作研究酶作用的模型。

二、多　　糖

多糖（polysaccharides）是由大量单糖通过苷键彼此连接而成的高聚体。天然多糖通常含 80～100 个单糖单元。多糖分为均多糖与杂多糖，前者水解后只得到一种单糖；后者水解后得到多种单糖。多糖大多是不溶于水的非晶型固体，无甜味，无还原性，也无变旋作用。多糖是生物能量储备形式之一，几乎所有的生物体内均含有多糖（如淀粉、糖原、纤维素等）。

1. 淀粉　淀粉（starch）是人类食物中糖的主要来源，广泛存在于植物的种子、茎和果实中。淀粉是由葡萄糖分子通过 α-1,4-苷键和 α-1,6-苷键形成的高聚体。天然淀粉是多种多糖的混合物，淀粉有两种类型：在热水中有一定溶解度的淀粉为直链淀粉；在热水中膨胀糊化的淀粉为支链淀粉。

直链淀粉是由葡萄糖分子通过 α-1,4-苷键构成的直链分子。在自然条件下，其构象为螺圈状，直链淀粉与环糊精相似，也可与其他分子形成包合物。每个螺圈约有 6 个葡萄糖单元，中间的空腔恰好可容纳碘分子（实际上碘以 I_3^- 离子存在），从而形成蓝色的包合物，也称配合物，该现象可用于鉴别淀粉或作为分析化学中碘量法的终点指示。

直链淀粉

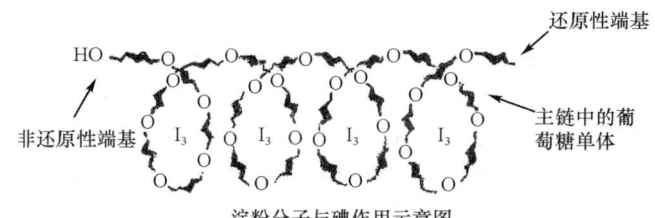

淀粉分子与碘作用示意图

支链淀粉中除了有 α-1,4-苷键外,还有 α-1,6-苷键,其主链由 α-1,4-苷键连接,隔 20~25 个葡萄糖单元就有一个由 α-1,6-苷键形成的支链。支链淀粉平均相对分子质量为 100 万~600 万。不同来源的淀粉中所含直链与支链淀粉的比例不同。支链淀粉遇碘显示暗红色,表明其结构中分支链不能有效地形成螺旋结构与碘的配合物。

支链淀粉　　　　　　　　　　　支链淀粉结构示意图

淀粉分子中,虽然末端葡萄糖单元保留一个半缩醛羟基,但是相对于整个分子而言,所占的比例极少,因此淀粉不具有还原性,也没有变旋作用。

2. 糖原　糖原(glycogen)常称为动物淀粉,像淀粉是植物体储备的多糖一样,它是动物体储备的多糖。储存于肝脏和肌肉的糖原分别称为肝糖原和肌糖原。当血糖水平低于正常值时,糖原可分解成葡萄糖以保持血糖的正常水平,满足正常的生命活动。

糖原的结构与支链淀粉相似,只是更加高度分支化,约隔 8~10 个由 α-1,4-苷键连接的葡萄糖单元就有一个由 α-1,6-苷键形成的支链,形成树枝状的复杂分子。高度支化产生大量的非还原性末端,而这些部位恰是酶作用糖原合成与降解的部位。

3. 纤维素　纤维素(cellulose)作为植物细胞壁的主要成分,是自然界分布最广的多糖。木材中纤维素含量为 50%,而棉花中纤维素含量高达 90%。

纤维素是葡萄糖通过 β-1,4-苷键相连形成的高聚体,完全水解产物仅有 D-(+)-葡萄糖,部分水解则可得到纤维双糖。纤维素是链状分子,链之间可通过众多的羟基形成的氢键结合成束。每束有 100 多条纤维素链,几个纤维素束相互缠绕成绳索状,因此纤维素有很高的机械强度和化学稳定性。

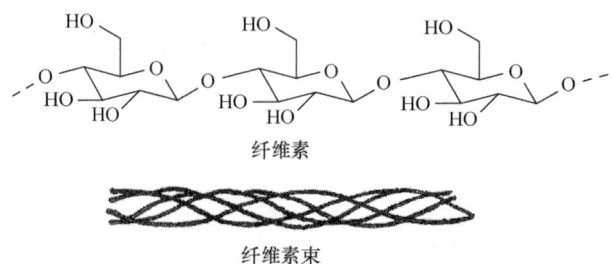

纤维素

纤维素束

纤维素是造纸业、纺织业等的重要工业原料。实验室中使用的滤纸是纯纤维素。纤维素的衍生物硝酸纤维素酯具有爆炸性,是制造无烟火药的原料;纤维素的衍生物醋酸纤维素酯是制造人造丝及电影胶片的原料;而纤维素的衍生物羧甲基纤维素可用于蛋白质、核酸等生物大分子的分离。

第三节　生物活性多糖及糖苷

　　糖是绝大多数天然产物生物合成的原料。在植物体内，糖还作为细胞骨架成分。有些糖在抗肿瘤、抗肝炎、抗心血管疾病、抗衰老等方面具有独特的生物活性，是植物药的有效成分。糖在植物药中分布十分广泛，常常占植物干重的 80%～90%。一些具有营养、强壮作用的药物，如人参、灵芝、黄芪、枸杞子、香菇、刺五加等都含有大量的糖，这些糖也是它们的活性成分。由于在细胞间的识别，受精卵、胚胎的形成，神经细胞的发育，激素激活，细胞增殖，病毒和细菌感染，肿瘤细胞转移等许多基本生命过程中的重要作用，对糖的研究一直很活跃。以糖苷形式存在的天然生物活性物质非常多。几乎所有类型的天然产物（如黄酮、蒽醌、苯丙素、萜类、生物碱等）均可与糖或糖的衍生物成苷。

　　糖类研究的难点在于糖结构的多样性和复杂性。例如，三种单核苷酸或氨基酸可以组成 6 种不同的寡核苷酸三聚体或三聚寡肽，但三种己糖构成的寡糖却可达 1056 种。有许多决定糖类结构的因素，如糖有 α,β-两种异头物，有不同的构象，有多个可供取代的羟基使其糖链常有分支且分支种类多样。糖的结构分析不仅要弄清楚其糖残基的组成及各种功能团在糖链中的取代位置、比例及连接顺序，还要知道糖苷基的连接部位、糖苷键的构型和各种糖的构型构象等。

　　很多中药有效成分为多糖类。免疫调节作用是多糖类物质最基本的作用，多糖的生物活性还包括抗肿瘤、抗病毒、降血糖、降血脂等。茯苓多糖、香菇多糖、灵芝多糖、冬虫夏草多糖现已在临床作为抗肿瘤的辅助用药，它们均可激活免疫细胞并提高机体免疫功能。茯苓多糖是不含有 β-(1,6)-葡聚糖支链的 β-(1,3)-D-葡聚糖，香菇多糖大多为具有分支的以 β-(1,3)-糖苷键连接的吡喃葡聚糖；灵芝多糖都是以 β-(1,3)-糖苷键为主的杂多糖（含 D-葡萄糖、D-半乳糖、D-甘露糖、D-木糖、L-岩藻糖、L-鼠李糖等）。

　　20 世纪 70 年代中期，研究人员发现了一类新型降糖药物 α-葡萄糖苷酶抑制剂，如阿卡波糖。α-葡萄糖苷酶抑制剂能抑制蔗糖与蔗糖酶的结合，从而延缓蔗糖的葡萄糖和果糖的转化，降低餐后血糖水平。

阿卡波糖（acarbose）

　　传统中药中很多有效成分为糖苷类。例如，芦丁为一种多羟基黄酮芸香糖苷，水解后可得到苷元和葡萄糖、鼠李糖。芦丁可治疗脆性增加的毛细血管出血症。临床上用于治疗高血压，以预防脑溢血；也可用于防治血管性紫癜症、急性出血性肾炎、糖尿病、视网膜出血等。中药黄芩则主要含黄芩苷、黄芩素、次黄芩素等，具有解热、利尿、利胆、抑菌等作用。

　　远古时期就有古埃及人应用强心苷的记载。目前在临床上使用的强心苷包括洋地黄毒苷、G-毒毛旋花子苷、地高辛等。上述强心苷均含有作为苷元的甾体及特殊的单糖或低聚糖。例如，洋地黄毒苷由三分子洋地黄毒糖通过苷键与甾体部分 C3 的羟基相连；强心苷铃兰毒苷则由铃兰毒苷元与一分子单糖构成；G-毒毛旋花子苷

（G-strophanthanthin）也是单糖苷，为速效强心苷，临床上将其作为强心苷生物效价的标准。

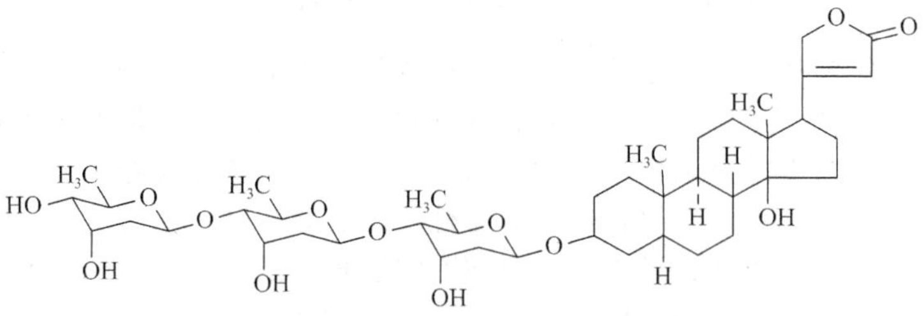

洋地黄毒苷

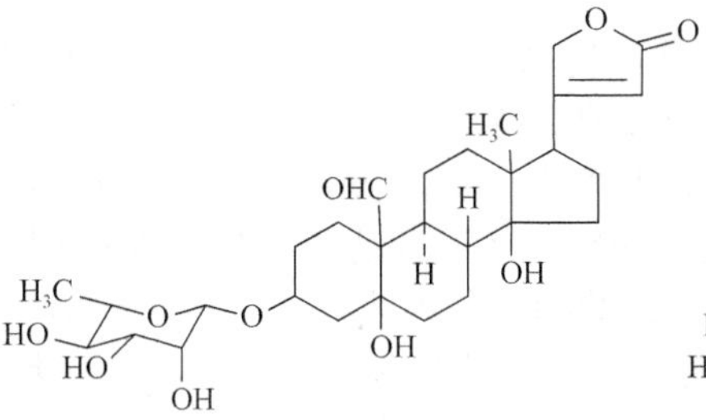

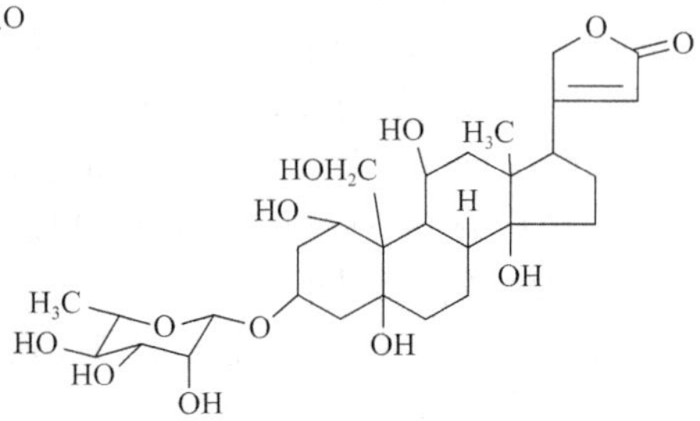

铃兰毒苷　　　　　　　　G-毒毛旋花子苷

目前使用的含糖药物包括各种氨基糖苷类、大环内酯类抗生素、多糖、糖脂、核苷等。肝素是一种含氨基、硫酸盐和羧基的多糖，在体内外均有抗凝作用。它与抗凝血因子Ⅲ有特殊的亲和性，广泛用于防止各种栓塞症，如血栓性静脉炎、肺动脉栓塞、心脏冠状血管血栓等，也可用于弥漫性血管内凝血的治疗。肝素的结构复杂，主要是由 *L*-糖醛酸双糖的重复单元构成。肝素也可导致大出血等副作用，20 世纪 80 年代发现具有凝血作用而不会引起大出血等副作用的抗凝血肝素五糖。

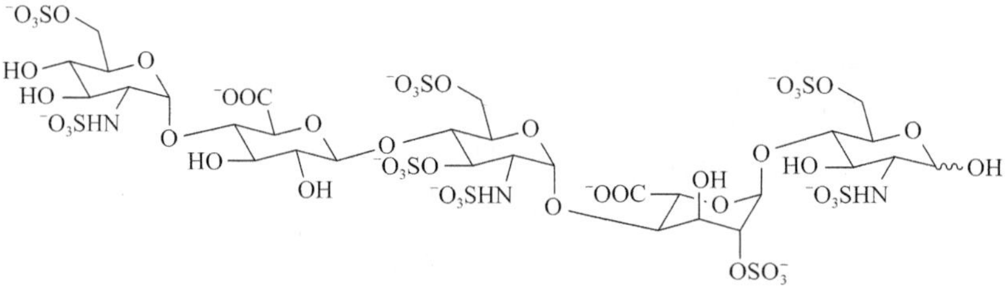

抗凝血肝素五糖

链霉素、庆大霉素、卡那霉素等氨基糖苷类及大环内酯类抗生素均是含有糖的抗生素。在红霉素基础上修饰改造得到的大环内酯类抗生素如罗红霉素、琥乙酰红霉素等，对化脓性链球菌引起的咽炎、扁桃体炎、敏感菌所致的鼻窦炎、急性支气管炎等感染性疾病有很好的疗效。

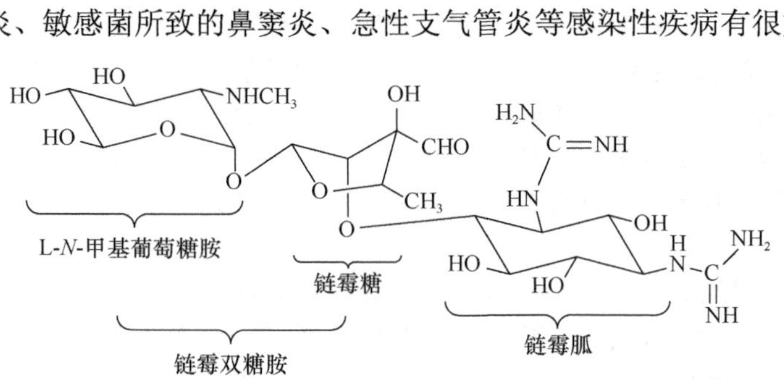

L-*N*-甲基葡萄糖胺　　链霉糖　　链霉胍
　　　链霉双糖胺
链霉素

罗红霉素（R=H）
琥乙酰红霉素[R=CO(CH₂)₂OCOCH₂CH₃]

习　题

1. 解释下列各名词。
（1）差向异构体　　　　　（2）端基异构效应　　　　（3）还原糖
（4）变旋作用　　　　　　（5）苷键

2. 写出 *D*-核糖与下列试剂的反应式。
（1）CH₃OH（HCl）　　　（2）苯肼　　　　　　　　（3）溴水
（4）稀 HNO₃　　　　　　（5）HIO₄　　　　　　　　（6）NaBH₄

3. 写出下列各 *D*-型六碳糖的吡喃哈武斯式与开链式的互变平衡体系。
（1）甘露糖　　　　　　　（2）半乳糖

4. 用简单的化学方法鉴别下列各组化合物。
（1）葡萄糖和蔗糖
（2）葡萄糖与果糖
（3）麦芽糖、淀粉和纤维素
（4）*D*-葡萄糖与 *D*-葡萄糖苷

5. *D*-半乳糖在碱性条件下发生差向异构化，所生成的混合物能用成脎反应予以分离吗？

6. 下列几个化合物中哪些（个）能和费林试剂作用？

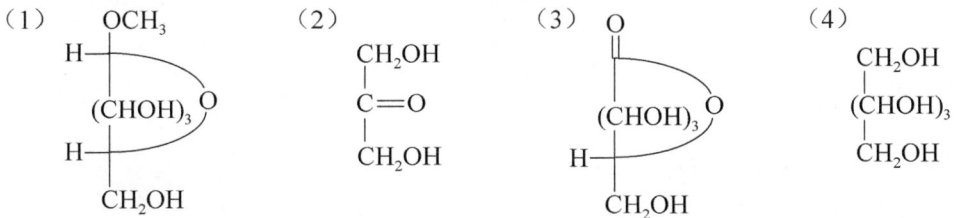

7. 某 *D*-己醛糖（A），氧化后生成有旋光活性的二酸（B）；与 A 能生成同种糖脎的另一 *D*-己醛糖（C）氧化后得到没有光学活性的二酸（D）。试写出 A、B、C、D 的结构式，并给出上述反应的过程。

8. α-*D*-吡喃半乳糖的 $[\alpha]_D$ 为+150.7°，β-*D*-吡喃半乳糖的 $[\alpha]_D$ 为+52.8°，将 α-或 β-半乳糖中的任何一种溶于水中放置到平衡时测得的 $[\alpha]_D$ 均为+80.2°，此时的 α-与 β-异头物的组分各为多少？

9. 海藻糖是一个非还原性糖，酸性水解生成两分子的 *D*-葡萄糖，甲基化反应后再水解生成两分子 2,3,4,6-四-*O*-甲基葡萄糖，它只能被 α-糖苷酶水解，试给出它的结构式，并写出它的化学名称。异海藻糖和新海藻糖与海藻糖有相同的化学构造，但新海藻糖只能被 β-糖苷酶水解而异海藻糖能被 α-糖苷酶或 β-糖苷酶水解，试给出它们的结构式。

10. 棉子糖部分水解后得到的双糖称为蜜二糖。蜜二糖是一种还原性双糖，是 (+)-乳糖的异构体，能被麦芽糖酶水解但不能被苦杏仁酶水解。蜜二糖经溴水氧化后彻底甲基化再酸催化水解得到 2,3,4,5-四-O-甲基-D-葡萄糖酸和 2,3,4,6-四-O-甲基-D-半乳糖。写出此二糖的结构式、化学名称及发生的反应。

11. 以 D-甘油醛可合成哪种四碳醛糖？它们是何种关系？有无旋光性？

12. 为什么糖苷在中性或碱性水溶液中无变旋作用，而在酸性水溶液中有变旋作用？解释之。

（重庆医科大学　梁国娟）

第十九章 核酸和辅酶

学习目标

掌握 核酸的化学组成及结构单元的分子结构。
熟悉 胞嘧啶、尿嘧啶、胸腺嘧啶、腺嘌呤及鸟嘌呤的结构式。
了解 核酸的理化性质，辅酶的结构和功能。

核酸（nucleic acid）是存在于生物体内的一类重要的生物大分子，是生命遗传信息的携带者和传递者。核酸在细胞内主要与蛋白质结合，以核蛋白的形式存在。生物体的生长、发育、遗传、变异以及蛋白质的合成等无不与核酸密切相关。要了解核酸在生命活动中的作用，首先需掌握核酸的化学组成和分子结构。

> **视窗 19-1　　　　　　　　　　核酸的发现和研究**
>
> 1869 年瑞士科学家米舍（Miescher）在测定淋巴细胞蛋白质组成时，发现了不溶于稀酸和盐溶液的一种含磷的酸性物质，当时称为"核质"。20 年后，阿尔特曼（Altmann）认识到"核质"乃"核酸"与蛋白质的复合体，将其更名为核酸。到 20 世纪 30 年代，科学家们对核酸的化学成分已有基本的了解。1944 年埃弗里（Avery）证实了 DNA 是携带遗传信息的物质。随着 X 射线衍射法应用于晶体结构的分析，威尔金斯（Wilkins）和富兰克林（Franklin）先后获得 DNA 的 X 射线衍射照片。1953 年，沃森（Watson）和克里克（Crick）提出了 DNA 双螺旋（double helix）结构，将遗传学的研究从宏观的观察进入分子水平，奠定了分子生物学发展的基础。双螺旋模型的意义，不仅在于探明了 DNA 分子结构，更重要的是它还提示了 DNA 的复制机制。DNA 双螺旋结构的发现，是 20 世纪最重大的科学成就之一。为此，Watson、Crick 和 Wilkins 三人获得 1962 年的诺贝尔生理学或医学奖。1958 年，Crick 总结了当时分子生物学的成果，提出了"中心法则"（central dogma of molecular genetics）。1961 年，法国分子生物学家莫诺（Monod）和雅各布（Jacob）合作提出了"信使核糖核酸"（mRNA）的概念。20 世纪中期，在人们掌握了 DNA 切割技术、分子克隆技术和快速测序的基础上，诞生了 DNA 重组技术。DNA 重组技术极大地推动了 DNA 和 RNA 的研究。1981 年，切赫（Cech）发现了 rRNA 的催化功能。此后科学家们又发现了 RNA 具有调节、编译等功能。1986 年，吉尔伯特（Gilbert）提出"RNA 世界"的假说。1987 年，韦斯（Weiss）论述了核糖体移码，表明遗传信息的解码是可以改变的。至此，许多基因的传统观念被打破，RNA 进入了新的研究领域。随着 DNA 重组技术和分子生物学新技术在各领域的应用及 21 世纪人类基因组计划的创建，基因的研究已经进入后基因组时代，并由此产生了功能基因组和结构基因组学这一新的研究领域，开辟了生命科学的新纪元。

第一节　核　　酸

一、分　　类

根据核酸中含有的不同戊糖，核酸可分为核糖核酸（ribonucleic acid，RNA）和脱氧核糖核酸（deoxyribonucleic acid，DNA）。DNA 为双链结构，主要存在于细胞核内，少量存在于细胞质中，其携带遗传信息，是遗传的物质基础；RNA 为单链结构，主要存在于细胞质内，少量存在于细胞核中，它主要参与遗传信息的传递和表达，在蛋白质生物合成中起重要作用。DNA 的相对分子质量一般比 RNA 大，大约为 $10^6 \sim 10^9$。

根据化学结构和在蛋白质合成中所起的作用，RNA 主要可分为三类：①核糖体 RNA（ribosomel RNA，rRNA），约占细胞中 RNA 总量的 80%，rRNA 与蛋白质结合形成核糖体，发挥装配作用，即构成蛋白质生物合成的场所；②信使 RNA（messenger RNA，mRNA），约占细胞中 RNA 总量的 3%，mRNA 接受 DNA 的遗传信息，成为蛋白质生物合成的模板；③转移 RNA（transfer RNA，tRNA），细胞中含量约为 15%，是识别和搬运氨基酸的工具，不同的 tRNA 可以专一地携带不同的氨基酸至核糖体上，参与蛋白质的生物合成。

除以上三种主要 RNA 外，还存在其他类型的 RNA。这些 RNA 有的以在细胞中的位置分类，如存在于胞核内的核小 RNA（small nuclear RNA，snRNA），存在于胞质中的胞质小 RNA（small cytosol RNA，scRNA）等；有的以其功能命名或分类，如反义 RNA（antisense RNA）、小分子干扰 RNA（small interfering RNA，siRNA）、指导 RNA（guide RNA，gRNA）和催化性小 RNA（small catalytic RNA）等。

二、化学组成

（一）元素组成

核酸由 C、H、O、N、P 等元素组成，各种核酸中磷含量较恒定，为 9%～10%，可通过检测样品中磷的含量进行核酸的定量分析。

（二）基本化学组成

核酸的基本构成单元为核苷酸。核苷酸经水解后可得到核苷（nucleoside）和磷酸，核苷进一步水解可得到戊糖（核糖或脱氧核糖）及有机碱（嘌呤碱或嘧啶碱）。

$$\text{核酸} \longrightarrow \text{核苷酸} \begin{cases} \text{磷酸} \\ \text{核苷} \begin{cases} \text{戊糖（核糖或脱氧核糖）} \\ \text{有机碱（嘌呤碱或嘧啶碱）} \end{cases} \end{cases}$$

1. 戊糖 核酸中的戊糖包括 D-核糖和 D-2-脱氧核糖，两种戊糖分子在核酸中均以 β-呋喃型的环状结构存在。RNA 含 D-核糖，DNA 含 D-2-脱氧核糖。其结构和编号如下：

β-D-核糖　　　　β-D-2-脱氧核糖

2. 有机碱 核酸中的有机碱（简称碱基）包括嘌呤和嘧啶的衍生物。常见的嘌呤碱有腺嘌呤（adenine，A）和鸟嘌呤（guanine，G）；常见的嘧啶碱有胞嘧啶（cytosine，C）、尿嘧啶（uracil，U）和胸腺嘧啶（thymine，T）。

嘌呤　　　　腺嘌呤(A)　　　　鸟嘌呤(G)

嘧啶　　　　胞嘧啶(C)　　　　尿嘧啶(U)　　　　胸腺嘧啶(T)

两类碱基均可发生酮式-烯醇式或氨式-亚胺式的互变异构。在含氧碱基中，由于多数情况下酰胺的共振能超过芳香环的共振能，氧原子以酮式为主；在含氨基的碱基中，则以氨基为主要存在形式。通常在生理条件下（pH=7.35～7.45）或者酸性和中性介质中，99.99% 的碱基以酮式和氨式存在。

鸟嘌呤 烯醇式 ⇌ 酮式

胞嘧啶 烯醇式 ⇌ 酮式

DNA 和 RNA 除了所含戊糖不同外，碱基种类也有区别，DNA 和 RNA 中所含嘌呤碱相同，但所含嘧啶碱不同，组成 DNA 的嘧啶碱为胞嘧啶（C）和胸腺嘧啶（T），而组成 RNA 的嘧啶碱为胞嘧啶（C）和尿嘧啶（U）（表 19-1）。但偶有例外，酵母及一些细菌的 RNA 中含有胸腺嘧啶；极少数菌体的 DNA 中含有尿嘧啶。

表 19-1　核酸的化学组成

	RNA	DNA
酸	磷酸	磷酸
戊糖	D-核糖	D-2-脱氧核糖
嘌呤碱	腺嘌呤（A）、鸟嘌呤（G）	腺嘌呤（A）、鸟嘌呤（G）
嘧啶碱	胞嘧啶（C）、尿嘧啶（U）	胞嘧啶（C）、胸腺嘧啶（T）

除表 19-1 中常见的碱基外，核酸中还存在一些含量很少的其他碱基，称为稀有碱基（rare base）。它们大部分是上述含氮碱基的甲基化衍生物，如 5,6-二氢尿嘧啶（5,6-dihydrouracil）、次黄嘌呤（hypoxanthine，HX）和甲基嘌呤（mG、mA）等。

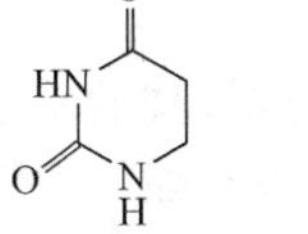

5,6-二氢尿嘧啶 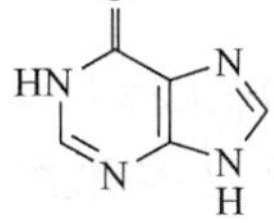　　次黄嘌呤 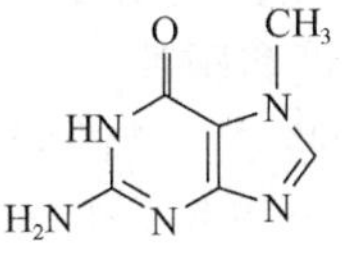　　N^7-甲基鸟嘌呤

3. 核苷　核苷是由戊糖 C1 的半缩醛羟基与嘧啶碱 1 位（N-1）或嘌呤碱 9 位（N-9）的氢脱水缩合而成的氮苷。核酸中的氮苷键均为 β 型。为避免糖与碱基中原子编号的混淆，糖环上的原子编号数字右上角加一撇以示区别。核苷命名时，先冠以碱基的名称，如鸟嘌呤核苷（鸟苷）和脱氧胞嘧啶核苷（脱氧胞苷）等，DNA 中常见的四种脱氧核苷结构和名称如下：

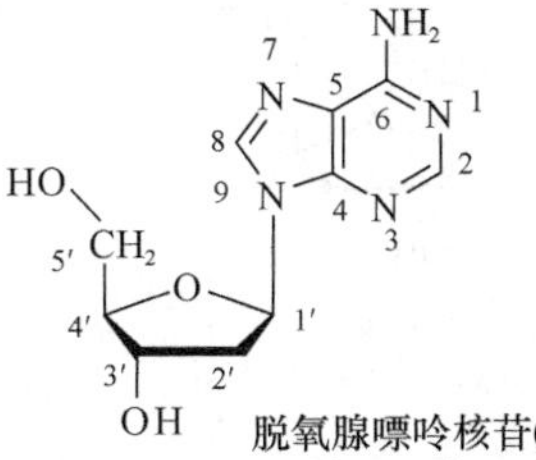

脱氧腺嘌呤核苷(脱氧腺苷)
(deoxyadenosine, dA)

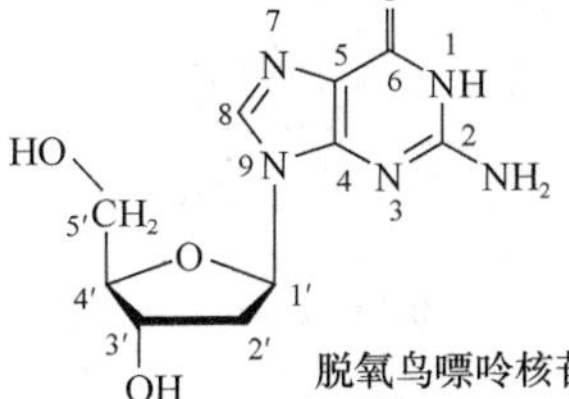

脱氧鸟嘌呤核苷(脱氧鸟苷)
(deoxyguanosine, dG)

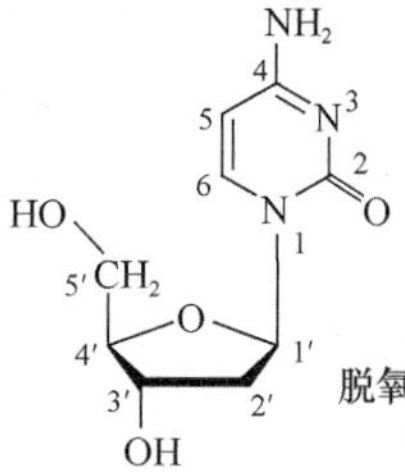

脱氧胞嘧啶核苷(脱氧胞苷)
(deoxycytidine, dC)

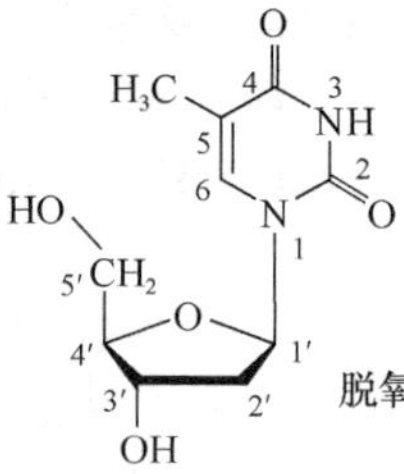

脱氧胸腺嘧啶核苷(脱氧胸苷)
(deoxythymidine, dT)

RNA 中常见的四种核苷的结构及名称如下：

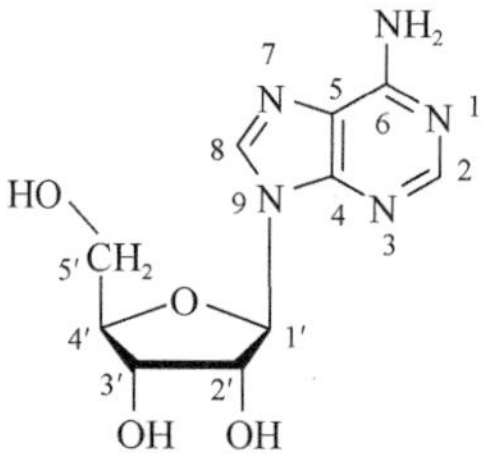

腺嘌呤核苷(腺苷)
(adenosine)

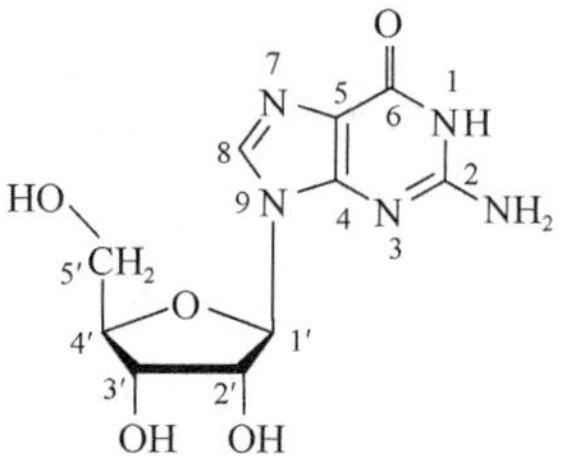

鸟嘌呤核苷(鸟苷)
(guanosine)

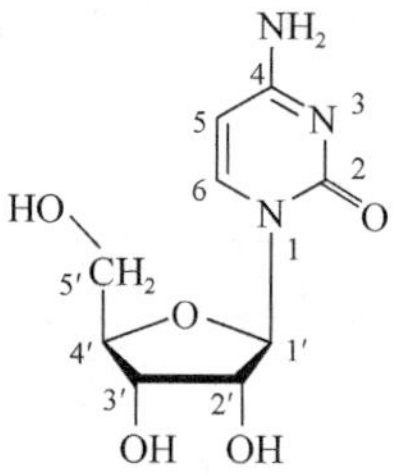

胞嘧啶核苷(胞苷)
(cytidine)

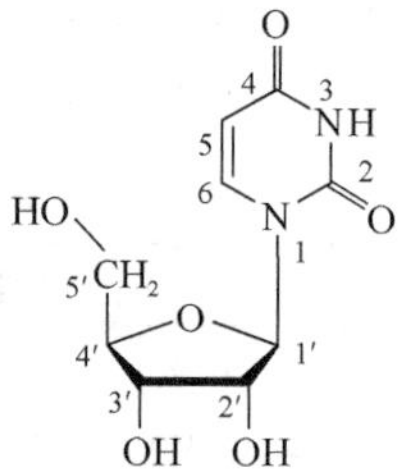

尿嘧啶核苷(尿苷)
(uridine)

核苷中的碱基近似垂直于戊糖的环平面。由于空间位阻效应，碱基和戊糖间存在顺式（syn-）和反式（anti-）两种构象。当嘌呤环 C8 上的氢原子或嘧啶环 C6 上的氢原子处于戊糖环上方时为反式构象（如前所示结构式）；当嘌呤环 N3 和嘧啶环 C2 上的氧原子处于戊糖环上方时则为顺式。在生理条件下，与细胞中 DNA 结构最接近的 B 型 DNA（B-DNA）中常采用反式构象，而在鸟嘌呤单核苷酸和 Z 型 DNA（Z-DNA）中是以顺式为主。氮苷与氧苷一样，对碱稳定，在强酸溶液中能水解成相应的戊糖和碱基。

4. 核苷酸　核苷酸是核苷的磷酸酯，又称单核苷酸，是组成核酸的基本单位。核苷中的核糖或脱氧核糖分别有三个和两个未结合的羟基可与磷酸酯化生成核苷酸。生物体内游离存在的核苷酸主要是 5′-核苷酸。在生理 pH 条件下，核苷酸上磷酸酯以负氧离子形式存在。

腺苷酸（adenosine-5′-monophosphate，5′-AMP）和脱氧胞苷酸（2′-deoxycytidine 5′-monophosphate，d-CMP）的结构如下：

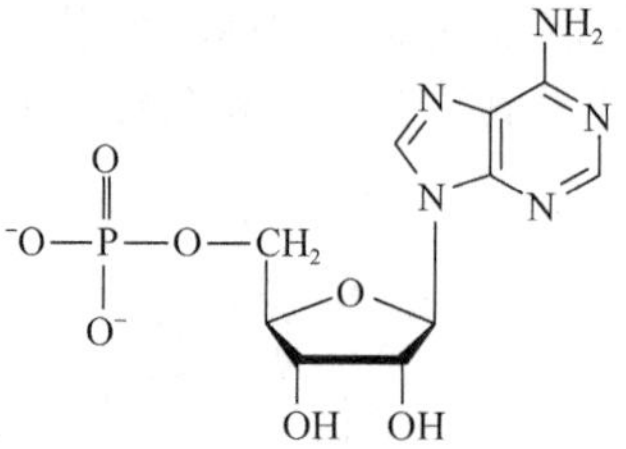

腺苷酸
(adenylic acid)

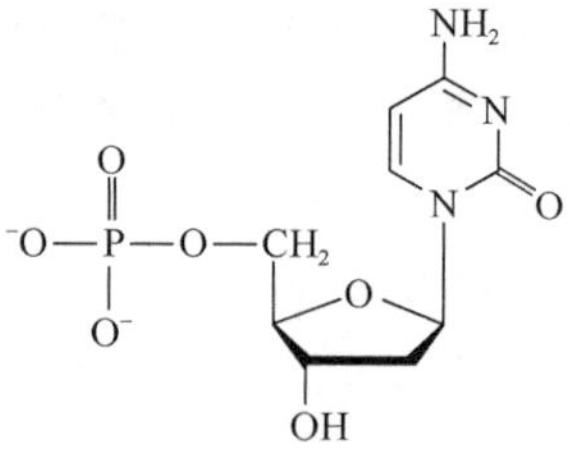

脱氧胞苷酸
(deoxycytidylic acid)

由于组成 RNA 和 DNA 的核苷各具有四种，因此其相应核苷酸也有四种，其名称和英文缩写见表 19-2。

表 19-2　核苷酸的类别

RNA	DNA
腺嘌呤核苷酸（AMP）	脱氧腺嘌呤核苷酸（d-AMP）
鸟嘌呤核苷酸（GMP）	脱氧鸟嘌呤核苷酸（d-GMP）
胞嘧啶核苷酸（CMP）	脱氧胞嘧啶核苷酸（d-CMP）
尿嘧啶核苷酸（UMP）	脱氧胸腺嘧啶核苷酸（d-TMP）

单核苷酸除组成核酸外，也可以游离形式存在于生物体内，作为能量的载体、辅酶因子的成分等，在物质代谢的过程中承担着重要的生理功能，例如腺苷酸（AMP）在体内能进一步磷酸化生成腺苷二磷酸（ADP）或腺苷三磷酸（ATP）。

在 ADP 和 ATP 分子中，磷酸与磷酸之间的磷酸酐键具有较高的能量，称为高能磷酸酐键，用"～"表示，高能磷酸酐键水解时释放出约 30.7kJ/mol 热量，所以 ATP 和 ADP 又称为高能磷酸化合物，其中尤以 ATP 最为重要。一般 ATP 只水解末端的一个高能磷酸酐键变成 ADP，第二个高能磷酸基很少被利用，另一个与核苷相连的磷酸酐键水解时只释放出 18kJ/mol 热量，称为低能磷酸酐键。高能磷酸化合物是生物体内能量的储藏、转移和利用的主要形式，ATP 与 ADP 的相互转化是生命体内最主要的能量循环形式。

在生理 pH 条件下，ATP 的三个磷酸基团均以阴离子形式存在，因此能与体内 Mg^{2+} 结合形成配合物，由于 Mg^{2+} 的引入，磷酰基上磷的正电性提高，有利于亲核试剂的进攻。

生化反应中，ATP 通过磷酰化活化代谢物，从而加速反应。例如，在肽键的生物合成中，tRNA 与氨基酸生成氨酰基-tRNA 是一步重要的反应。

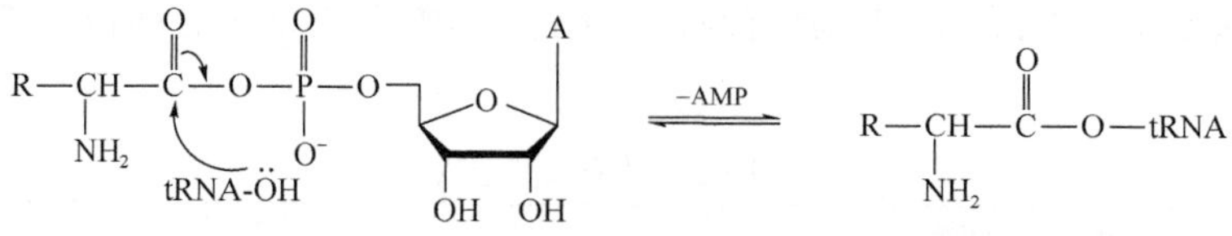

$$\text{混合酸酐} \xrightleftharpoons{-AMP} \text{氨酰基-tRNA}$$

三、分子结构

（一）3',5'-磷酸二酯键与多核苷酸链

核酸的一级结构是核酸中各核苷酸的排列顺序。核酸中的各核苷酸是通过一个核苷酸戊糖上 3'-位的羟基与另一个核苷酸戊糖 5' 位的磷酸基脱水缩合形成 3',5'-磷酸二酯键。所形成的二核苷酸分子又以戊糖的 3'-羟基以酯键与另一核苷酸分子中戊糖的 5'-磷酸基脱水相连形成三核苷酸；如此连续将若干个核苷酸由 3',5'-磷酸二酯键连接成多核苷酸链（图 19-1）。

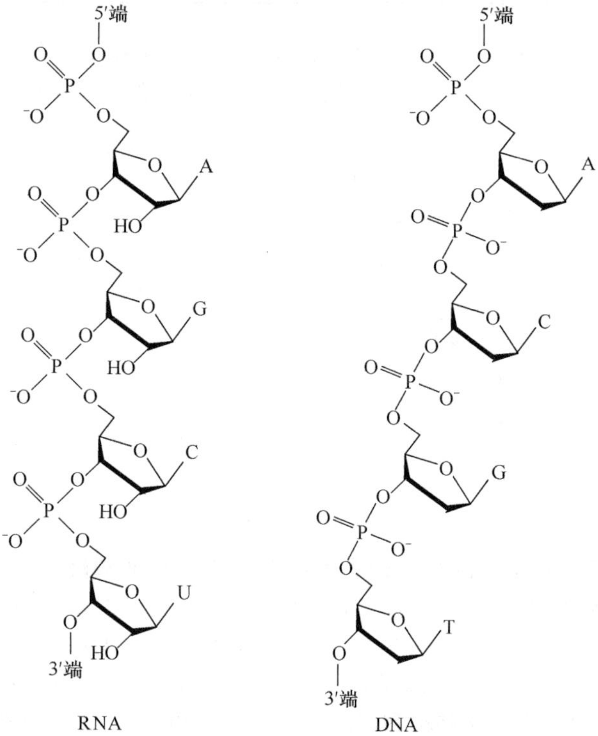

在多核苷酸的长链中，主链骨架由磷酸和戊糖组成，而每个核苷酸单位上嘧啶碱和嘌呤碱则不参加主链的结构。主链的一端为 5'，常含游离磷酸基；另一端为 3'，常含戊糖。多聚核苷酸链具有方向性，书写方向规定为 5'→3' 端。

图 19-1 多核苷酸链

（二）核酸的表示法

DNA 和 RNA 的部分多核苷酸链常采用简式表示，有短线式和字母式表示法。

1. 短线式表示法 在短线式中，A、G、C、U 等表示碱基，P 表示磷酸基，竖线表示戊糖基，斜线表示戊糖基 C3' 和 C5' 之间的磷酸二酯键。

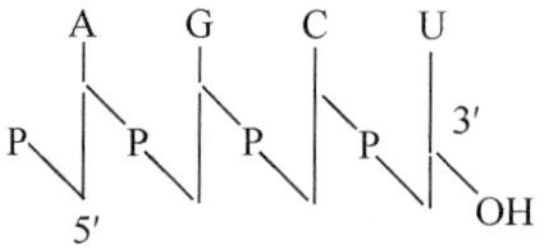

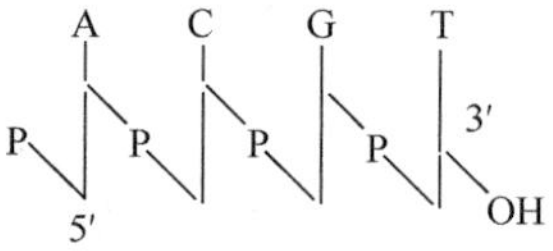

2. 字母式表示法 如果无明确指明，一般 5' 端在左侧，3' 端在右侧，如上面 RNA 和 DNA 的片段可表示为

RNA　5'-pApGpCpU-OH-3'

DNA　5'-pApCpGpT-OH-3'

更为简便的写法分别是 5'-AGCU-3' 和 5'-ACGT-3'。

案例 19-1

叠氮胸苷（azidothymidine，Zidovudine，AZT）是第一个用于抗人类免疫缺陷病毒（HIV）

的核苷类药物。化学名称为3'-叠氮-2'-脱氧胸腺嘧啶核苷。实验表明AZT具有抑制端粒酶活性的作用。虽然AZT不能治愈感染HIV的艾滋病患者，但可与其他抗病毒药物联合组成治疗艾滋病的"鸡尾酒"疗法药物。

问题　根据AZT的结构推测其药理作用。

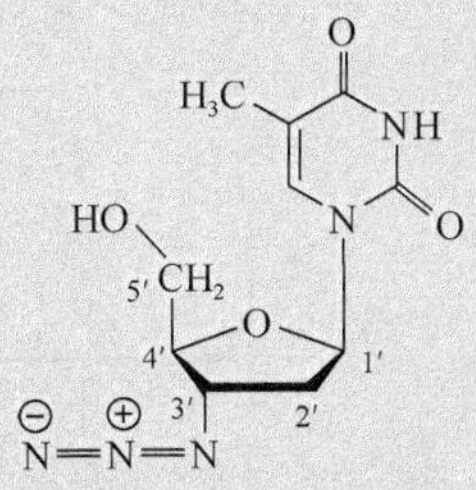

案例分析　AZT与脱氧胸苷的结构相似，但其3'位具有叠氮基而非羟基。AZT经5'-磷酸化后生成相应的三磷酸核苷酸化合物（AZTTP），因其结构类似于脱氧胸苷酸，可作为脱氧胸苷酸参与病毒DNA的合成。因AZT 3'位的叠氮基不能形成核酸链所需的3',5'-磷酸二酯键，可以竞争性地抑制病毒逆转录酶，从而干扰病毒DNA的复制。实验表明，当使用AZT后，病毒DNA不能正常复制，从而阻止病毒的增殖。

（三）核酸分子的空间结构

与蛋白质一样，核酸的一级结构是由核苷酸的排列顺序决定的。核酸的多核苷酸链经次级键的维系可进一步形成更复杂的二级结构。

1. DNA的双螺旋结构和三级结构　1953年，沃斯顿（Waston）和克里克（Crick）根据X射线衍射谱图的研究，提出DNA具有右旋的螺旋结构。天然的DNA能以B-DNA、A-DNA和Z-DNA三种不同的螺旋形式存在。B-DNA和A-DNA为右手螺旋，而Z-DNA为左手螺旋。Waston和Crick的DNA右手螺旋是最典型的B-DNA构象。生命中存在的DNA主要以B-DNA形式存在，其特征如下：

（1）DNA分子是由两条以脱氧核糖-磷酸作骨架的双链以相反的走向（一条以3'→5'走向；另一条则以5'→3'走向）平行地围绕着同一个中心轴盘成右手双螺旋，螺旋直径为2000pm，并形成两条沟，一条较浅，一条较深，分别称为大沟（major groove）和小沟（minor groove）。大沟约1200pm宽，小沟约600pm宽。

（2）主链中亲水的磷酸和脱氧核糖彼此通过3',5'-磷酸二酯键相连形成的骨架均位于外侧，碱基则垂直于螺旋轴而居于内侧，每一碱基均与其相对应的链上的碱基共处一个平面，同一平面上的碱基通过氢键结合成对，相邻碱基对平面间距离为340pm，双螺旋每旋转一圈包含10个核苷酸，其螺距为3400pm。

（3）两条核苷酸链之间的碱基互相形成氢键时具有一定规律。碱基间形成氢键时，只能是A与T相配对，其间形成2个氢键，G与C相配对，其间形成3个氢键，如图19-2所示。这种碱基之间相配对的规律，称为碱基配对或碱基互补。

根据碱基互补规律，当一条多核苷酸链中的碱基确定后，另一条核苷酸链中的碱基排列顺序也就随之确定。这种互补关系对DNA复制和信息的传递具有极其重要的意义。

维系DNA双螺旋结构的稳定性除氢键外，还依靠碱基之间的堆积作用，这种作用的产生是由于杂环碱基的π电子相互作用形成的作用力。这种力使堆积在一起的碱基隐藏于螺旋内部形成疏水核心，减少与水的接触，高度极化的糖-磷酸骨架位于外部与水分子紧密接触。

B-DNA构象在生理pH条件下最稳定。研究发现在不同的条件（如改变离子强度、相对湿度等）下DNA还存在其他的双螺旋构象，如A-DNA、D-DNA、E-DNA、Z-DNA、C-DNA等，甚至在某些条件下，存在DNA三螺旋（H-DNA）和四螺旋等结构。A-DNA、B-DNA、Z-DNA的三种模型见图 19-3。

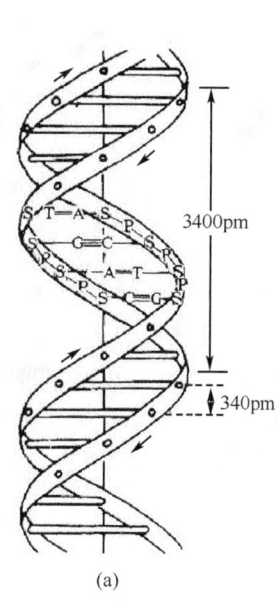
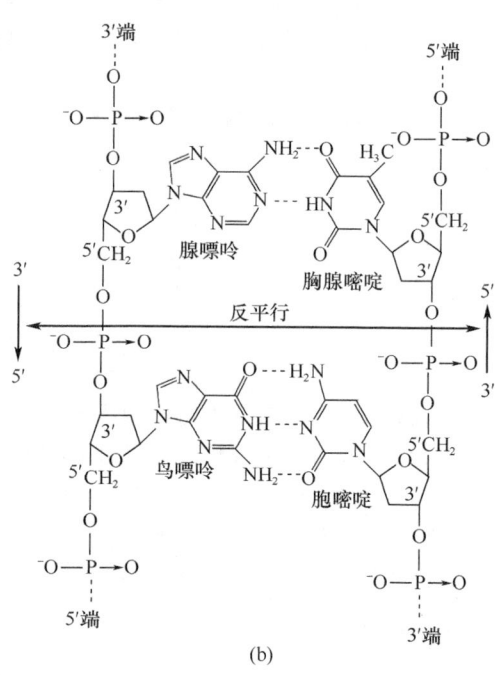

图 19-2 （a）DNA 双螺旋结构示意图；（b）DNA 的反平行双链及碱基配对

在二级结构基础上，双螺旋在空间上可进一步盘曲折叠构成 DNA 的三级结构。当 DNA 双螺旋结构分子在溶液中以一定构象自由存在时，分子处于能量最低的状态，称为松弛态。这种正常的 DNA 若增加或减少其旋转圈数，均会使双螺旋产生张力。若双螺旋分子末端是开放的，这种张力可通过链的转动而释放。若 DNA 分子两端是固定的，或者是环状分子，当双螺旋缠绕过分或缠绕不足时，双螺旋旋转产生的额外张力不能释放，就会使 DNA 分子进一步扭曲或经螺旋旋转形成扭曲环状的超螺旋（supercoil）结构。如图 19-4 所示，根据螺旋的方向可有正超螺旋和负超螺旋两种结构。正超螺旋的盘绕方向与 DNA 双螺旋方向相同，这种过度盘绕导致双螺旋圈数增加，双螺旋结构更紧密；负超螺旋的盘绕方向与 DNA 双螺旋方向相反，可减少双螺旋的圈数，使 DNA 容易解链，有利于 DNA 的复制、转录。天然 DNA 几乎都存在负超螺旋结构。从大肠杆菌的完整染色体和真核细胞的线粒体及叶绿体中能分离出双股环状 DNA。

DNA 与蛋白质的复合物属于四级结构，更高层次的组织结构则涉及超分子结构和亚细胞结构。如真核染色体（chromosome）是 DNA-蛋白质超分子复合体，虽然其中包含有 DNA 三级结构的超螺旋，

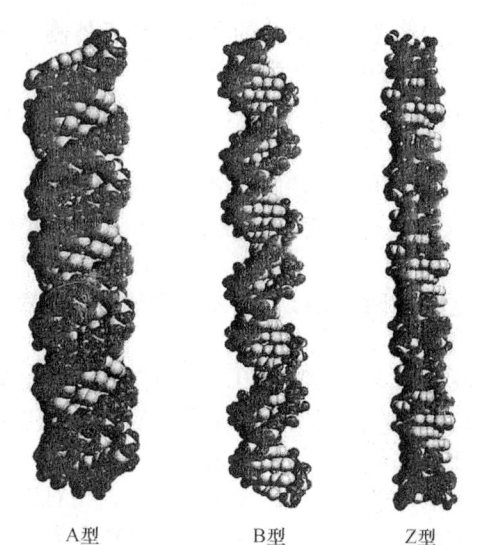

图 19-3 A-DNA、B-DNA、Z-DNA 的结构模型

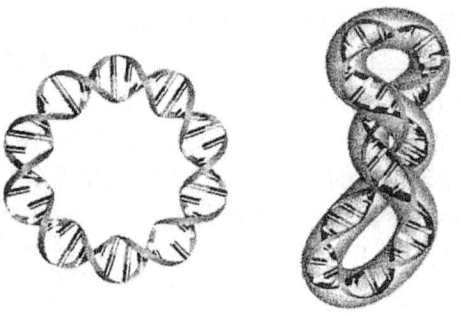

图 19-4 DNA 的超螺旋结构

但已属 DNA 四级结构的范畴。其线形 DNA 双链可与组蛋白结合成核小体（nucleosome）。核小体是真核生物染色体的基本结构单元。许多核小体可呈串珠状排列，再经过反复缠绕最后形成具有生物活性的染色质单体。

2. RNA 的空间结构　大多数 RNA 分子是由数十至数千个核苷酸组成的，比 DNA 分子小得多。细胞内 RNA 的种类、大小和结构都比 DNA 更具多样化，因此其二级结构也不如 DNA 分子那样有严格的规律性。

RNA 分子是由核苷酸通过 3′,5′-磷酸二酯键形成的多聚核糖核酸链。根据 X 射线实验数据分析，大多数 RNA 都是以单一多核苷酸链组成，因此并不遵守嘧啶或嘌呤碱基种类的比例关系。其中有些 RNA 链段为单股非螺旋结构，有些多核苷酸链因自身回折而形成与 DNA 相似的双螺旋结构［图 19-5（a）］。在双螺旋区，A 与 U、G 与 C 之间按碱基配对规律形成氢键加以稳定，A 与 U 之间形成 2 个氢键，G 与 C 之间形成 3 个氢键，并形成短的且不规则的双螺旋结构。一般约有 40%～70% 的核苷酸参与这种螺旋区的形成，其余的核苷酸则形成非螺旋区，包括一些突环（loop），形象地称为"发夹型"结构（hairpin）。这些突环也可通过"碱基堆积作用"成为趋于稳定的配对区域从而形成茎环结构。

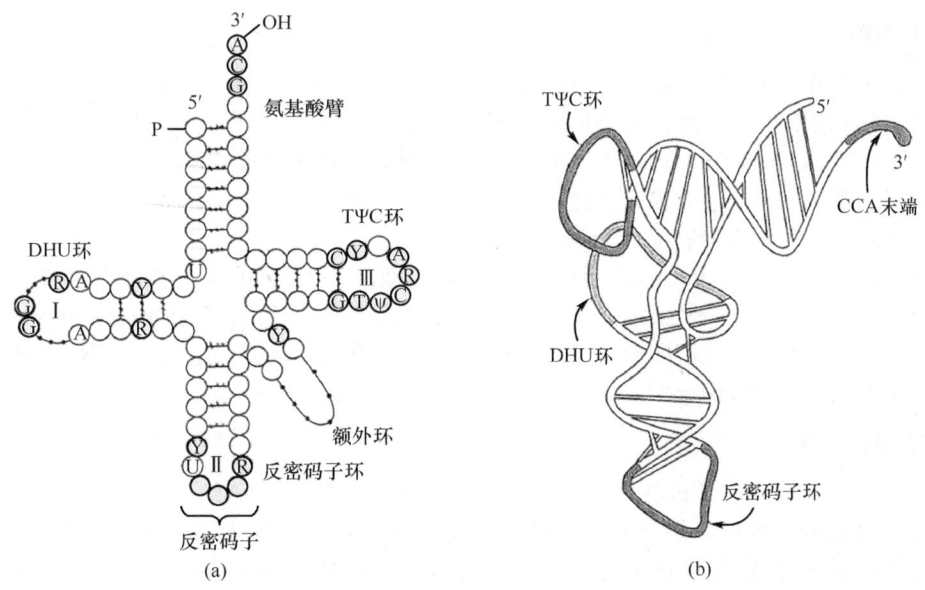

图 19-5　（a）tRNA 的二级结构；（b）tRNA 的倒 L 型三级结构

在 RNA 的二级结构中，转运 RNA（tRNA）研究得较为清楚。1965 年，R. W. Hofley 等完成了酵母丙氨酸转移核糖核酸的二级结构顺序测定，这是首个阐明顺序结构的核酸。根据碱基配对原则以及该 tRNA 的序列特点，提出了酵母丙氨酸 tRNA 的二级结构为"三叶草模型"。现已发现的 tRNA 的二级结构均符合图 19-5（a）中所示的"三叶草模型"。

在所有 tRNA 三叶草茎环结构中都有四个螺旋区构成叶茎，3 个突环犹如三叶草的三片小叶，并有一个额外环。突环 I 含有 5,6-二氢脲嘧啶称为二氢脲嘧啶环（DHU）；突环 II 含有三个相邻碱基组成的"反密码子"称为反密码子环；突环 III 含有核糖胸苷（T）、假尿苷（Ψ）和胞苷称为 TΨC 环；在环 II 与环 III 之间还有一个额外环，因其碱基变动较大（3～18 个碱基），形成的环大小不等，称为可变环。可变环中稀有碱基较多，往往作为 tRNA 的重要标志。所有 tRNA 3′-末端都含有—CCA—OH 序列，这是接受氨基酸的特定部位，称为"氨基酸臂"。在转运氨基酸时都是由其中腺苷酸的 3′-羟基与某一特定氨基酸发生酯化反应，从而生成相应的氨酰基-tRNA。

具有二级结构的三叶草型 tRNA 多核苷酸链中，由于整个分子的扭曲，突环上的未配对碱基与另一环上的互补碱基配对形成氢键，使分子呈倒 L 型，形成 tRNA 的三级结构［图 19-5（b）］。

各种 tRNA 分子的三级结构相似，说明 tRNA 的构象与其功能密切相关。

mRNA 和 rRNA 的二级结构也可有多处折叠，形成局部的小双螺旋区或茎环结构，与 tRNA 不同的是，除 tRNA 外，几乎全部细胞中的 RNA 都与蛋白质形成核蛋白复合物（四级结构）。RNA 与 RNP（RNA 与蛋白质的复合物）担负着细胞内的各种功能。

四、理化性质

（一）一般物理性质

无水 DNA 为白色纤维状固体，无水 RNA 为白色粉末或结晶。它们都微溶于水，易溶于稀碱，其钠盐在水中溶解度较大。核酸不溶于乙醇、乙醚、氯仿等有机溶剂，但易溶于 2-甲氧基乙醇中。DNA 大多数为线形分子，分子形状不规则，其长度有的达几厘米，而直径仅 2nm，所以其溶液的黏度极高，但 RNA 溶液的黏度小得多。

核酸分子多为右旋。核酸分子中存在的嘌呤碱和嘧啶碱对 260nm 的紫外光有强烈吸收，该性质常用于核酸、核苷酸、核苷及碱基的定量分析。蛋白质中的芳香氨基酸在 280nm 处有最大吸收。可利用核酸与蛋白质在紫外吸收上的差别，鉴定核酸样品中的杂蛋白。

（二）酸碱性

核酸分子中不仅含有磷酸基，且含有嘧啶、嘌呤等碱性基团，为两性化合物，但酸性大于碱性。在不同 pH 的溶液中，核酸带有不同的电荷，并可在电场中泳动。核酸也有等电点，RNA 的 pI 在 2.0~2.5，DNA 的 pI 在 4.0~4.5。当 pH 大于 4 时，磷酸基团全部解离呈阴离子状态，因此也可将核酸视为多元酸，具有较强的酸性，可与碱性蛋白质或 Na^+、K^+、Mg^{2+} 等结合成盐，也易与甲苯胺蓝和派罗红等碱性染料结合呈现各种颜色。

溴乙锭（ethidium bromide，EB）为荧光材料，与双链的 DNA 和双链螺旋区的 RNA 有特异的结合能力，可插入核酸碱基之间，EB-核酸配合物的荧光强度比游离的 EB 大 80~100 倍。一定浓度 EB 溶液的荧光增量与核酸双链区的浓度成正比，通过测定荧光增量可知双链核酸的浓度，这一测定方法灵敏度高达 0.01g/mL。

（三）核酸的水解

核酸可被酸、碱或酶水解成各种组分。核酸在中性溶液中可稳定存在；核酸在酸性溶液中易水解，水解产物因酸的浓度、温度及时间的不同而不同；DNA 在碱性溶液中较稳定，而 RNA 在碱性溶液中易水解成 2′-核苷酸和 3′-核苷酸。这是因为在碱性条件下磷酸二酯键中的磷酸根负离子和 OH^- 之间电性相斥，不易再水解成磷酸单酯，而 RNA 中由于 2′-羟基的存在，水解时先形成不稳定五元环磷酸酯中间体，然后在 OH^- 作用下开环，生成 2′-核苷酸和 3′-核苷酸混合物（图 19-6）。利用这一性质，可测定 RNA 的碱基组成或除去溶液中的少量 RNA。

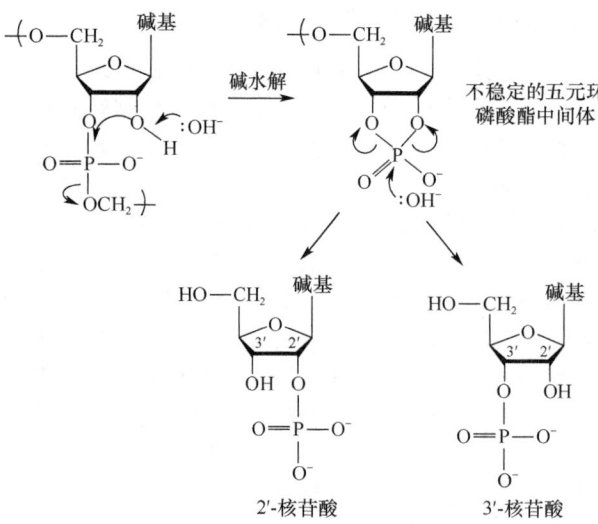

图 19-6 RNA 在碱性溶液中的水解

（四）变性、复性和杂交

核酸和蛋白质相似，也会发生变性。在加热、辐射、改变酸碱度或有机溶剂存在下，核酸分子中双螺旋区的氢键遭受破坏并断裂，变成松散单链结构的过程称为变性。变性破坏维持双螺旋稳定性的氢键和碱基间堆积力，但并不涉及磷酸二酯键，所以核酸的一级结构仍保持不变。变性后 DNA 分子的理化性质改变，如在 260nm 处紫外吸收增加、溶液黏度下降、比旋光度降低等，并将失去其部分或全部生物活性。RNA 本身只有局部的螺旋区，所以变性引起的性质变化不及 DNA 明显。

由加热引起的变性称为热变性，DNA 的热变性通常是可逆的，去除变性因素后，若条件适宜，则可恢复其双螺旋结构，这一过程称为复性（renaturation），也称退火（annealing）。热变性的 DNA 一般经缓慢冷却后即可复性。热变性后形成的 DNA 在复性时，各片段之间只要有大致相同的碱基彼此互补，即可重新形成双螺旋结构，若将不同来源的 DNA 单链片段放在同一溶液中，或者将单链 DNA 和 RNA 分子放在一起，双螺旋分子结构的再形成既可产生于序列完全互补的核酸分子间，也可产生于那些碱基序列部分互补不同的 DNA 之间或 DNA 与 RNA 之间，这个过程称为核酸分子杂交（图 19-7）。核酸分子杂交过程是高度特异性的，可以根据所使用的探针已知序列进行特异性的靶序列检测。

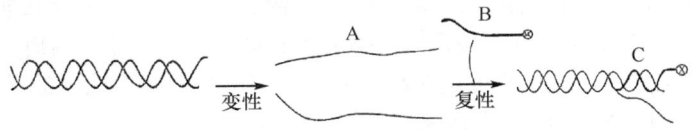

图 19-7　核酸分子杂交示意图

五、核酸的功能简介

核酸是生物遗传的物质基础。DNA 分子以基因为单位储存着生物体所有的遗传信息，基因是 DNA 分子上携带着遗传信息的碱基片段，而基因组（genome）就是细胞或生物体的一套完整基因。基因的遗传主要通过 DNA 分子的自我复制，以确保亲代细胞所含的遗传信息忠实地传递给子代细胞。基因的表达是指 DNA 通过转录将遗传信息传递给 RNA，再由 mRNA 翻译成蛋白质，由蛋白质表现出各种遗传性状。

（一）DNA 是主要的遗传物质

由于 DNA 双螺旋中的两条链都携带相同的信息，走向相反，它们的碱基序列是互补的，在复制过程中亲代的 DNA 双螺旋链解开分为两条单链，互补碱基之间的氢键断裂并解旋，然后各以一条单链为模板，遵循碱基配对原则（A 与 T，G 与 C），各自合成出与亲代 DNA 分子相同的两条双链。两条新生双链在细胞分裂时分别进入两个子代细胞，这样每个子代 DNA 分子中的一条链来自亲代 DNA，另一条则是新合成的链，这种复制方式称为半保留复制（图 19-8）。可以看出，DNA 生物合成的方向是 $5'\rightarrow 3'$。子细胞中的新生 DNA 双螺旋与亲代 DNA 分子的碱基序列完全一致，从而使遗传信息代代相传。

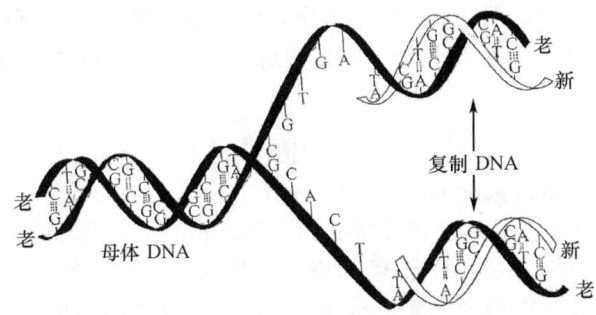

图 19-8　DNA 的半保留复制示意图

（二）RNA 的转录和蛋白质的生物合成

DNA 通过复制，将生物体的遗传信息传给子代，并可通过转录（transcription）和翻译

(translation)，将遗传信息传给 RNA 并指导蛋白质的合成，以体现其生物学功能。转录是蛋白质生物合成的第一步，也是 tRNA 和 rRNA 的合成步骤。

储存遗传信息的 DNA 主要位于细胞核内，要指导合成蛋白质，首先需将其碱基序列抄录成 RNA 碱基序列，生物体以 DNA 为模板合成 RNA 的过程称为转录，其复制方式与 DNA 复制相仿。在细胞核中转录生成的 mRNA 即与 DNA 模板分开，经加工修饰和跨膜运输，到达细胞质中，将基因储存的信息携带出来。

在细胞的核蛋白体上，以 RNA 为模板，以氨基酸为原料，按照遗传密码合成蛋白质的过程称为翻译。蛋白质的生物合成是一个信息传递过程，要将核苷酸的 4 个符号信息转化为 20 个氨基酸的符号，tRNA 起着重要作用。当 mRNA 与核糖体结合，核糖体开始读译 mRNA 上密码的信息时，参与蛋白质合成的氨基酸在特定的氨酰基-tRNA 合成酶催化下，由 ATP 供能，与其相应的 tRNA 结合，生成氨酰基-tRNA，再由氨酰基-tRNA 分子上的反密码子与 mRNA 分子上相对应的密码子按碱基互补原则配对，开始按序转运与 mRNA 密码信息相对应的氨基酸，保证氨基酸进入多肽链的正确位置。在 rRNA、tRNA 蛋白质（酶）的共同参与下完成蛋白质多肽链的合成。在蛋白质生物合成过程中，tRNA 选择各种氨基酸，各种 tRNA 的顺序排列是通过 mRNA"翻译"过来，而 mRNA 又是通过 DNA"转录"而来。

综上所述，DNA 序列是遗传信息的储存者，它通过自主复制得到永存，并通过转录生成 mRNA 翻译生成蛋白质的过程来控制生命现象。

（三）基因的遗传和生物变异

DNA 可通过复制和基因表达这两种功能，将亲代基因的遗传信息传递给子代基因，并通过 DNA 修复机制保持基因特定的结构和功能，这一过程决定了生物的特性和类型。自然界还存在普遍的变异现象，可通过改变 DNA 碱基序列或重排，导致生物的变异。

碱基序列发生变化的过程，称为突变。突变形式有多种，例如，碱基对的颠倒，如 G、C 被颠倒为 C、G；碱基对的错配，如由 T-A 变为 C-A；还可发生 DNA 的缺失、插入和重排。基因在遗传过程中发生突变的可能性很小，却不可逆，这将导致某些子代细胞发生变异，若这种变异的结果能使子代得到更好的适应能力来执行生物功能，它就能生长发育并进行繁衍；反之，若子代不能适应新的环境，便将不能继续生存下去。

除内在因素外，生活环境中物理和化学因素也会引起 DNA 序列的改变。基因病理性突变也会引起许多疾病的发生，如遗传性疾病镰刀型贫血病等。现已发现大多数常见疾病如高血压、糖尿病、精神病和肿瘤也与基因异常有关。随着分子生物学研究手段的改进，DNA 测序技术、克隆技术、转基因技术及基因编辑等先进技术的出现，基因已成为人类可利用的对象。人们已可将不同来源的基因在体外人工剪切、组合，并形成了一整套关于基因结构、功能研究的理论和技术，"基因工程"应运而生。目前科学家们不仅能确定基因突变带来的 DNA 分子结构的改变，还能对生物进行有目的的定向诱变。这使现代分子生物学进入一个全新的时代，并将对 21 世纪生物医学的发展产生巨大推动作用。

视窗 19-2　　　　　　　　　　人类基因组计划

人类基因组计划（human genome project，HGP）由美国科学家于 1985 年率先提出，并于 1990 年正式启动。基因组是生物体内遗传信息的集合，是某个特定物种细胞内全部 DNA 分子的总和。人类基因组包括 23 对染色体，含有 30 亿对核苷酸，编码 2 万～3 万个基因，携带了有关人类个体生长发育、生老病死的全部遗传信息。我国也参与了该计划，负责测定人类基因组全部序列的 1%，即 3 号染色体上约 3000 万个碱基对测序和初步组装工作。

基因组研究包括两方面内容，其一是全基因组测序，即基因图谱的绘制；其二是利用基因图谱提供的信息阐明其功能及调控机制。

视窗 19-3 **CRISPR 基因编辑技术**

CRISPR 基因编辑是一种新型强大的基因编辑技术。CRISPR，是 clustered regularly interspaced short palindromic repeats（成簇的规律间隔的短回文重复序列）的首字母缩写，是细菌用于抵御外源遗传物质的"基因武器"。2012 年 Jennifer Doudna 和 Emmanuelle Charpentier 在 *Science* 上发表论文首次表明了 CRISPR 系统可以作为基因编辑工具进行 DNA 切割。随后该新技术吸引了学术界与工业界的广泛关注及应用，并于 2020 年荣获诺贝尔化学奖。

2019 年，CRISPR 第一次在成人体内被用于治疗镰刀型贫血病以及 β-地中海贫血。科学家们通过移除患者体内造血干细胞并在体外进行基因编辑可以修正致病基因突变。

第二节 辅 酶

辅酶是一类具有特殊化学结构和功能的化合物。因它们具有转移电子、原子或化学基团的能力，在酶促反应中主要起氧化还原和基团转移的作用。

生物体内酶的种类繁多，但辅酶的种类却较少，同一种辅酶往往能与多种不同的酶蛋白结合，组成催化功能不同的多种全酶；而每一种酶蛋白却只能与特定的辅酶结合成全酶。一般认为，在酶促反应中，酶蛋白部分决定了酶的专一性，而辅酶则主要决定反应的种类和性质。

一、烟酰胺辅酶 NAD 和 NADP

烟酰胺（尼克酰胺）核苷酸为维生素 PP 的衍生物，是生物系统中大多数脱氢酶的辅酶，有烟酰胺腺嘌呤二核苷酸 NAD（nicotinamide adenine dinucleotide，辅酶Ⅰ）和烟酰胺腺嘌呤二核苷酸磷酸酯 NADP（nicotinamide adenine dinucleotide phosphate，辅酶Ⅱ）两种。通常以 NAD^+、$NADP^+$ 表示它们的氧化型；NADH 和 NADPH 表示它们的还原型。结构式如下：

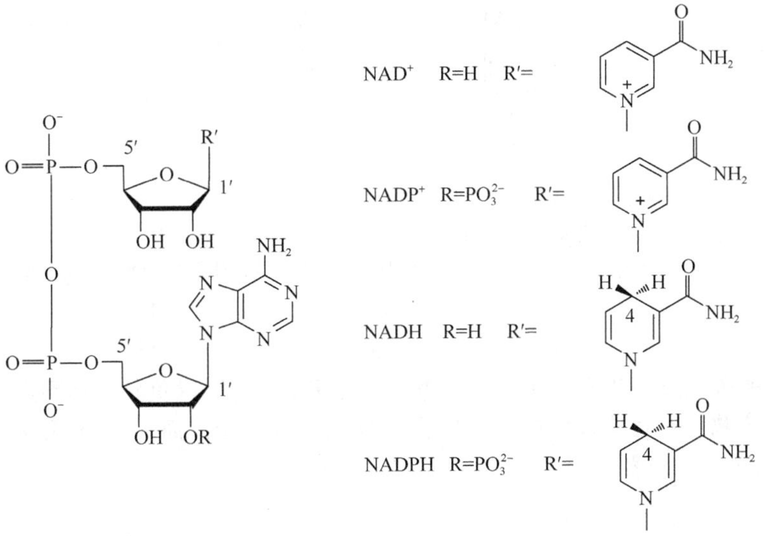

NAD^+ 和 $NADP^+$ 由烟酰胺和腺嘌呤分别与两个核糖通过糖苷键结合成核苷，再经焦磷酸酯键将两个核苷连接成二核苷酸。NADP 是 NAD 核糖 C2′ 位的磷酸酯，氧化型 NAD 和 NADP 结构中吡啶环中的氮带有正电荷，所以写成 NAD^+ 和 $NADP^+$，还原型 NADH 和 NADPH 的吡啶环上的氮不带电荷，且 C4 位为饱和碳。

NAD^+ 或 NADH 和 $NADP^+$ 或 NADPH 各自组成氧化还原体系，是酶促反应中不可缺少的电子和质子的载体。反应中 NADH（NADPH）起电子供体的作用，生成 NAD^+（$NADP^+$），同样 NAD^+（$NADP^+$）起电子受体的作用。烟酰胺吡啶环上的 C4 位是 NAD 和 NADP 的反应中心，能接纳或提供氢负离子（一个 H^+ 和两个电子），而分子中的其余部分只起与酶蛋白结合时的识别作

用。反应通式可表示为

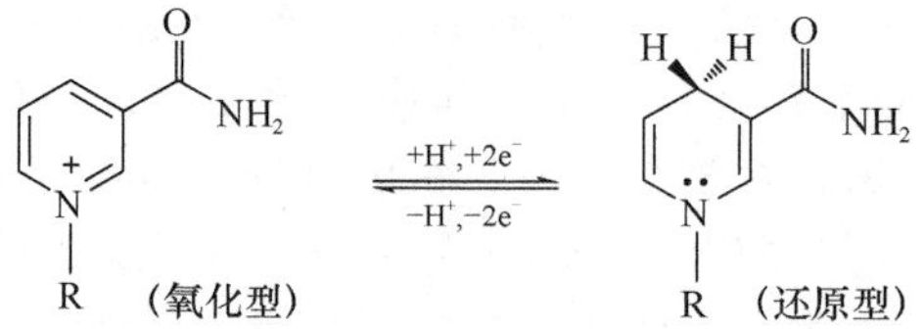

$$\text{(氧化型)} \xrightleftharpoons[-H^+, -2e^-]{+H^+, +2e^-} \text{(还原型)}$$

NAD⁺将醇氧化成醛、酮的反应：

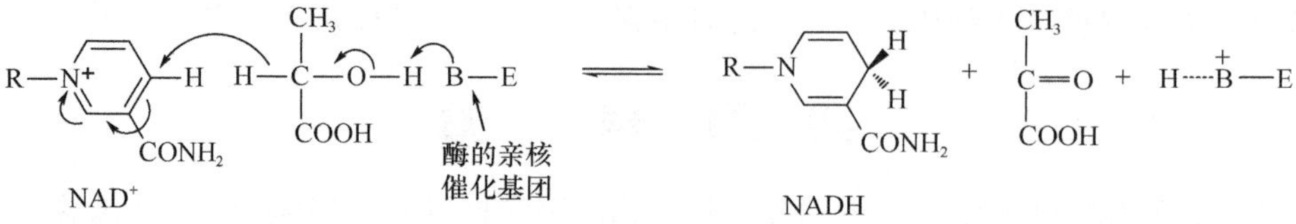

在脱氢酶存在下，NAD⁺与醇作用，从底物中脱除两个氢原子，反应中带两个电子的氢负离子（H⁻）与NAD⁺结合生成NADH，而另一氢则以H⁺形式进入溶液。底物醇转化为醛、酮；逆反应中，NADH失去氢负离子，醛、酮还原成醇。

NAD和NADP参与的氧化还原反应，都具有严格的立体专一性。在NAD⁺和NADP⁺中，C4位的两个氢原子与酶结合时，会处于不同状态，一个是前手性R氢（pro-HR），另一个是前手性S氢（pro-HS），不同的脱氢酶与NAD⁺（NADP⁺）结合的面可以不同。A型脱氢酶专门作用于H_R；B型脱氢酶专门作用于H_S。例如，以D作为还原剂，酵母醇脱氢酶（yeast alcohol dehydrogenase，YADH）是将D⁻结合至NAD⁺的Re面得到NADD（A）式；而甘油醛-3-磷酸脱氢酶则是D⁻结合至NAD⁺的Si面，得到NADD（B）式。还原反应时，NADD也是从原来D⁻进入的方向脱去D。例如，若用酵母醇脱氢酶和NADD（A）还原乙醛时，产物是CH₃CHDOH，而不是CH₃CH₂OH。

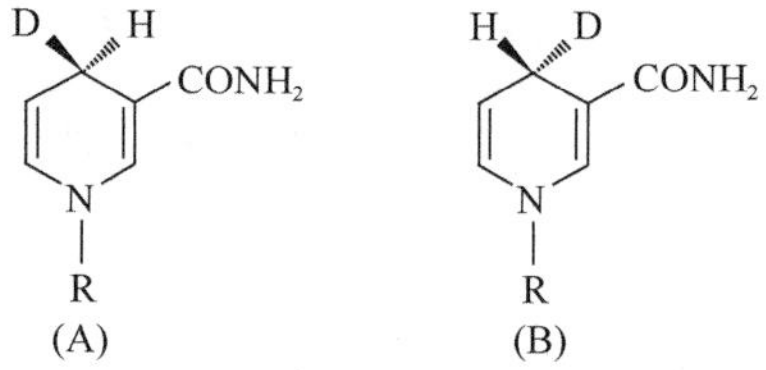

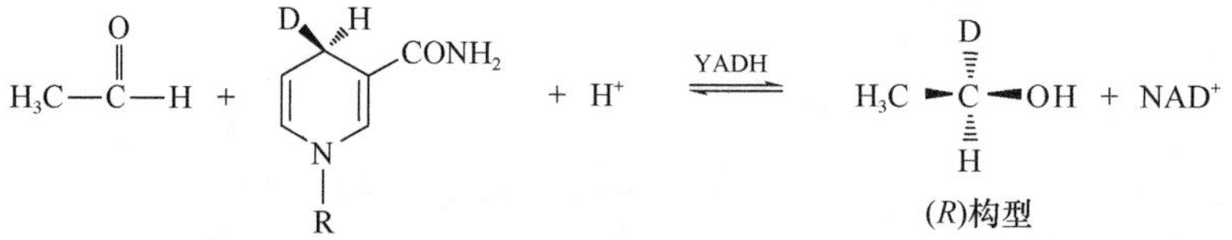

又如，L-乳酸脱氢酶催化α-酮酸时，烟酰胺环上C4位的氢以负离子加到羰基的Re面上形成特定构型的还原产物。在还原过程中，α-酮酸的Si面与酶结合，而Re面接受来自NADH的氢负离子，生成产物(S)-α-羟基酸。

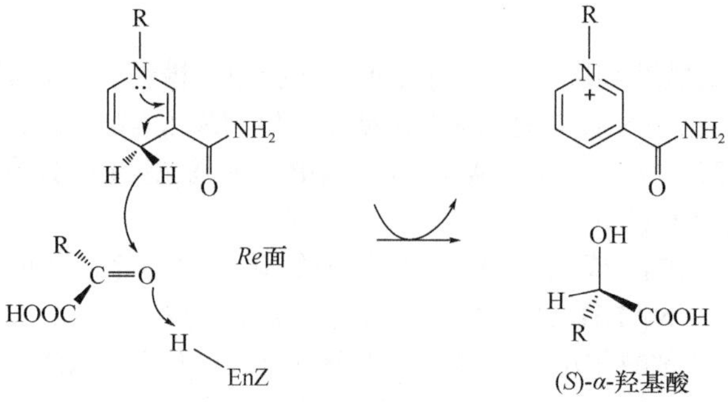

二、黄素辅酶 FAD 和 FMN

黄素腺嘌呤二核苷酸（flavin adenine dinucleotide，FAD）和黄素单核苷酸（flavin mononucleotide，FMN，又称核黄素-5-磷酸）是维生素 B_2（核黄素）的衍生物，结构式如图 19-9 所示。

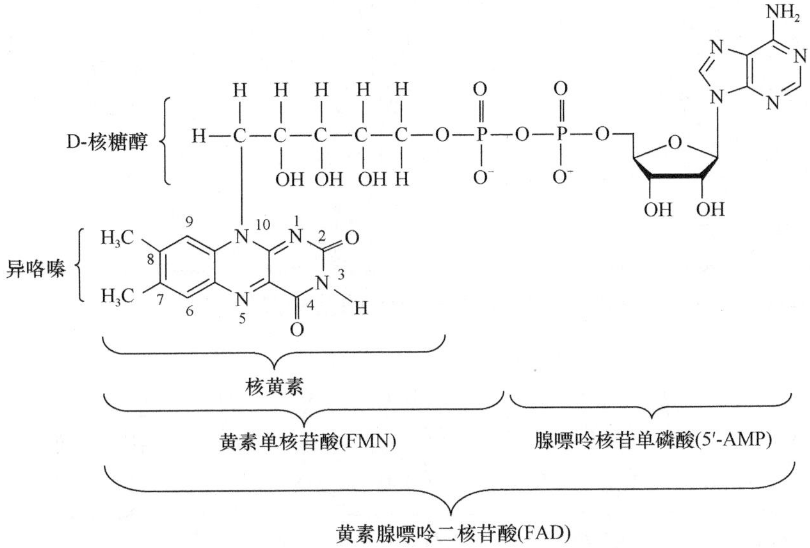

图 19-9 核黄素和黄素辅酶的化学结构

FAD 和 FMN 通常以共价键与酶蛋白结合，广泛参与体内各种氧化还原反应。FAD 和 FMN 参与催化的功能部分是异咯嗪环。在脱氢酶催化的氧化还原反应中，起传递电子和质子的作用。例如，琥珀酸脱氢酶催化琥珀酸脱氢，生成延胡索酸，FAD 被还原成 $FADH_2$。

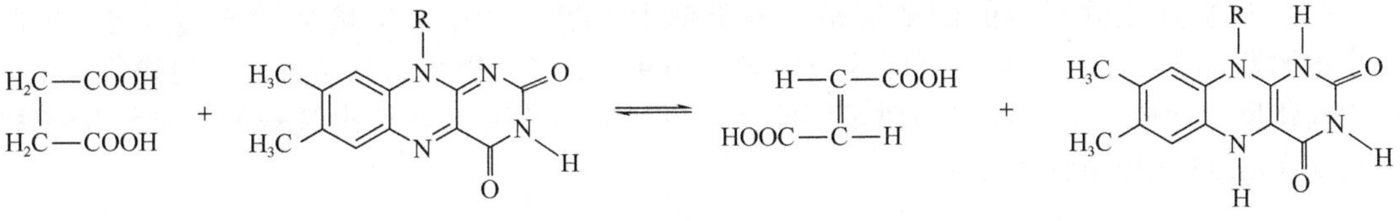

琥珀酸　　　　FAD　　　　　　延胡索酸　　　　$FADH_2$

三、辅酶 A

案例 19-2

硫辛酸（dihydrolipoic acid 或 thioctic acid）的化学名称为 1,2-二硫戊环-3-戊酸，是含有二硫键的八碳羧酸，是氧化脱羧酶复合体中的一种辅酶，存在于线粒体中。1951 年，Lester Reed 等首先从牛肝脏中纯化出硫辛酸。硫辛酸分子五元环上相邻两个硫原子上的电子对因相互排斥而产生张力，易开环形成二氢硫辛酸，后者在空气中易氧化，生成有色的杂质。

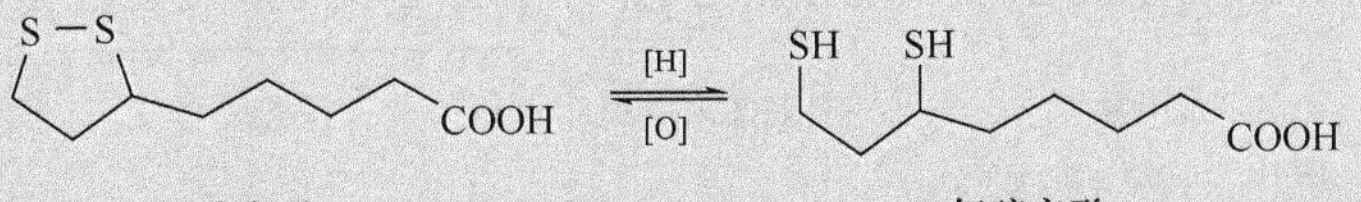

硫辛酸　　　　　　　　　　　二氢硫辛酸

二氢硫辛酸在很温和的条件下，特别是在脱氢酶（FAD 为辅酶）作用下脱氢得到硫辛酸。

问题　写出二氢硫辛酸氧化的反应机制（提示二氢硫辛酸的硫醇负离子对 FAD 黄素环的 4α-位碳进攻）。

案例分析 这个反应一般是酸催化，首先二氢硫辛酸的硫醇负离子对黄素环的 4α-位碳亲核进攻，同时 N5 获得一个质子，然后另一个负离子进攻与黄素环结合的二氢硫辛酸，碳硫键断裂，同时 N1 获得质子，生成氧化产物和 $FADH_2$。

辅酶 A（coenzyme A，简写为 CoA 或 HSCoA）的结构式如下：

β-巯基乙胺　　β-丙氨酸　　泛解酸

辅酶 A 通常作为酰基的载体参与代谢中的反应。辅酶 A 的主要功能是传递酰基。末端巯基是它的活性部位。例如，乙酸与辅酶 A 的巯基结合形成乙酰辅酶 A。

$$CH_3COOH + HSCoA + ATP \xrightarrow{\text{硫激酶}} CH_3CO\sim S—CoA + ADP + Pi$$

酰基与辅酶 A 之间形成的硫酯键是一种类似于 ATP 分子中高能磷酸键的高能键，即酰基 CoA 中的酰基非常活泼，一旦打开即放出能量（36.9kJ/mol），提供给代谢反应。生物化学中的大多数酰基化反应均通过辅酶 A 形成酰基辅酶 A，再从酰基辅酶 A 转移出酰基至参与反应的底物，以此完成代谢过程中的酰基化反应。

四、四氢叶酸

四氢叶酸（tetrahydrofolate，THF 或 FH_4）也称辅酶 F，常写作 THFA 以区别于四氢呋喃（THF）。其前体是叶酸（folic acid），即维生素 B_9，也称蝶酰谷氨酸（pteroylglutamic acid），是在 20 世纪 40 年代初从酵母以及肝脏和植物的绿叶中分离出来的一种水溶性维生素。叶酸是由 6-甲基-2-氨基-4-羟基蝶啶、对氨基苯甲酸和谷氨酸三部分构成。其结构式如下：

6-甲基蝶呤　　对氨基苯甲酸　　谷氨酸
(6-甲基-2-氨基-4-羟基蝶啶)　　(PABA)

蝶酸

叶酸只有在体内还原成四氢叶酸后，才能发挥其辅酶功能。当叶酸分子中蝶呤环上 N5 与 C6 之间和 C7 与 N8 之间的两个 C=N 双键经叶酸还原酶催化还原后，叶酸就转变为四氢叶酸。四氢叶酸是体内一碳基团（如—CH$_2$、—CH—、—CHO 等）转移酶的辅酶，起一碳基团载体的作用。这些一碳基团主要连接于四氢叶酸的 N5 和 N10 位上。四氢叶酸接受一碳基团后形成带有一碳基团的辅酶，参与嘌呤、脱氧胸苷酸和蛋氨酸的生物合成。

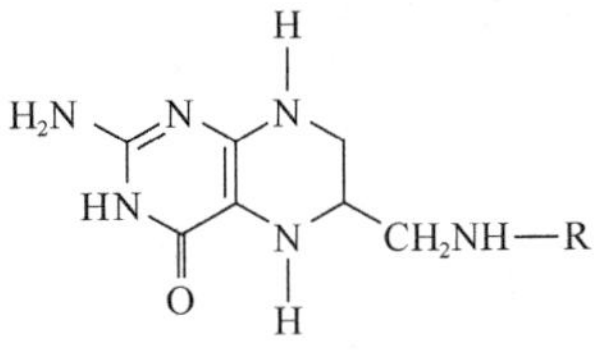

5,6,7,8-四氢叶酸

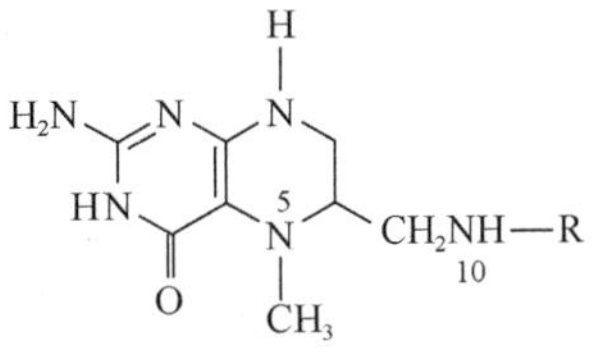

N^5-甲基-THFA

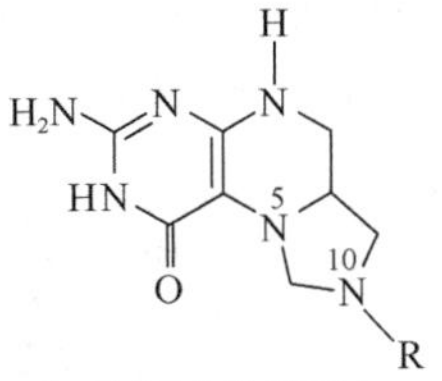

N^5,N^{10}-甲叉基-THFA

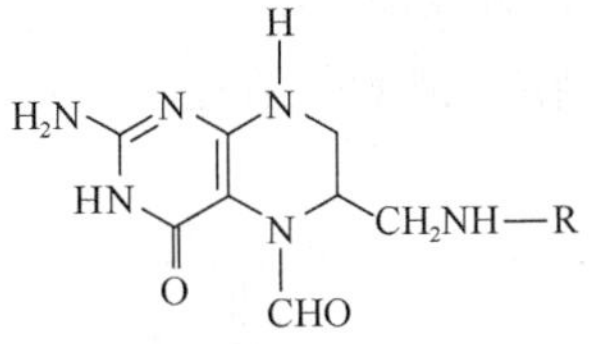

N^5-甲酰基-THFA

在半胱氨酸甲基转移酶的作用下，由 N^5-甲基-FH$_4$ 提供甲基，半胱氨酸经甲基化可以转化为蛋氨酸。

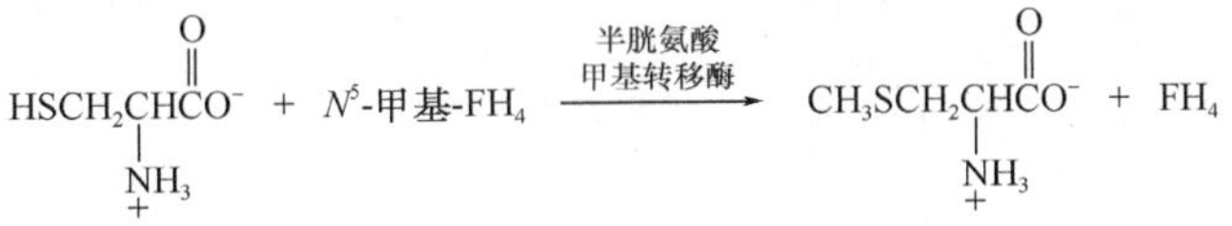

$$\text{HSCH}_2\text{CHCOO}^- + N^5\text{-甲基-FH}_4 \xrightarrow{\text{半胱氨酸甲基转移酶}} \text{CH}_3\text{SCH}_2\text{CHCOO}^- + \text{FH}_4$$

五、硫胺素焦磷酸

硫胺素焦磷酸（thiamine pyrophosphate，TPP）是脱羧酶的辅酶，它的前体是硫胺素（thiamine），又称维生素 B$_1$。

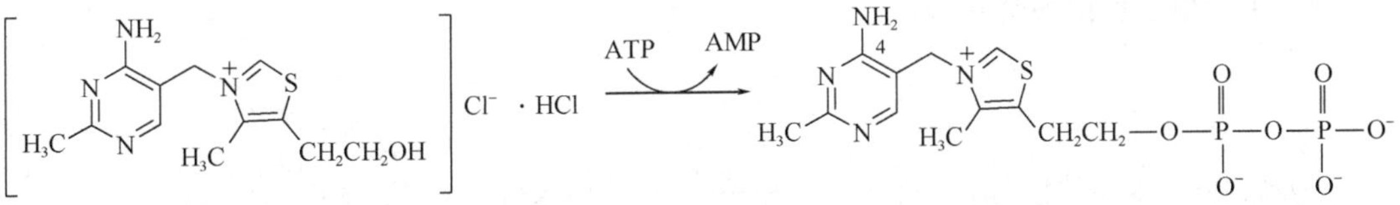

硫胺素 → 硫胺素焦磷酸

TPP 结构中的噻唑环是反应的活性部位。由于噻唑环上的氮原子和硫原子的吸电子作用，C4 位上的氨基具弱碱性，这有助于 C2 位失去质子而成为碳负离子。C2 位的碳负离子可作为亲核试剂，与 α-酮酸的羰基碳发生加成反应而脱羧。

α-酮戊二酸脱羧成琥珀酸半醛-TPP 的反应中，TPP 分子的噻唑环上 C2 位上的碳负离子很容易进攻 α-酮戊二酸的羰基碳原子，发生亲核加成反应，加成产物在 α-酮戊二酸脱羧酶的催化下脱羧，生成琥珀酸半醛-TPP。

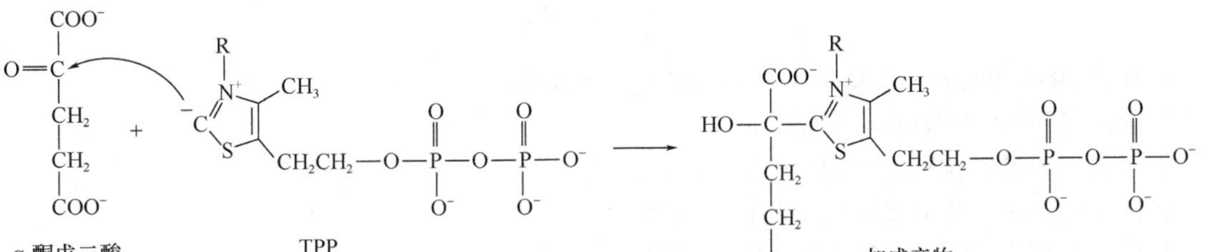

α-酮戊二酸 + TPP → 加成产物

六、磷酸吡哆醛

磷酸吡哆醛（pyridoxal phosphate，PLP）是体内多种酶的辅酶，其前体是维生素 B_6。维生素 B_6 有三种存在形式：吡哆醇（pyridoxine）、吡哆醛（pyridoxal）和吡哆胺（pyridoxamine），在体内它们都能转变为磷酸吡哆醛。在生理条件下，PLP 存在两种互变异构体。

磷酸吡哆醛是起氨基酸转氨作用、脱羧作用和消旋作用的辅酶。转氨酶通过磷酸吡哆醛和磷酸吡哆胺的互相转换，起转移氨基的作用。例如，丙氨酸的转氨基反应中，关键一步是氨基酸中的氨基对醛基进行亲核加成生成亚胺的过程。α-位失去质子后进行键的重排生成不同的亚胺，亚胺再水解产生丙酮酸和磷酸吡哆胺。

习 题

1. 写出 DNA 和 RNA 水解最终产物的结构式及名称。
2. 试描述 DNA 的双螺旋结构特征。
3. 何谓高能键？试写出 ADP 和 ATP 的结构式。
4. 什么是辅酶？在酶促反应中起何种作用？
5. 请写出 2′-脱氧胞苷酸-3′-单磷酸的结构。
6. 一段 mRNA 的碱基序列为 AUUCCGGCAC，给出转录这个 mRNA 序列的 DNA 序列。

7. 用结构式说明为什么在正常的 DNA 中没有发现胸腺嘧啶和鸟嘌呤、胞嘧啶和腺嘌呤碱基对？（提示：碱基对数目）

8. 请写出尿嘧啶与腺嘌呤的酮式-烯醇式互变异构体。

9. 当腺苷和 HNO_2 反应后，得到肌苷，试用反应式表示此反应过程。

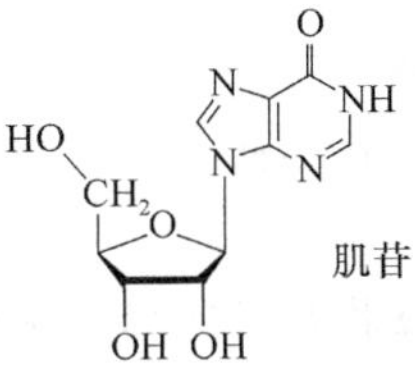

肌苷

10. 完成下列反应方程式。

(1) 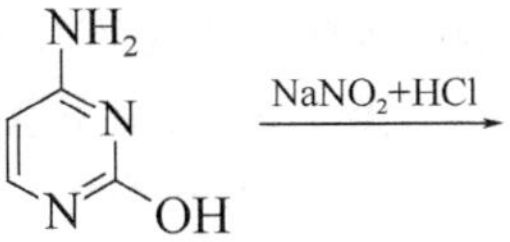 $\xrightarrow{NaNO_2+HCl}$

(2) $\xrightarrow{NaNO_2+HCl}$

(3) $\xrightarrow[(CH_3)_2CO]{干燥HCl}$

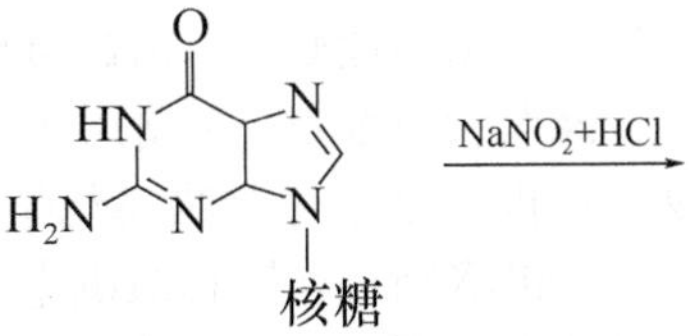

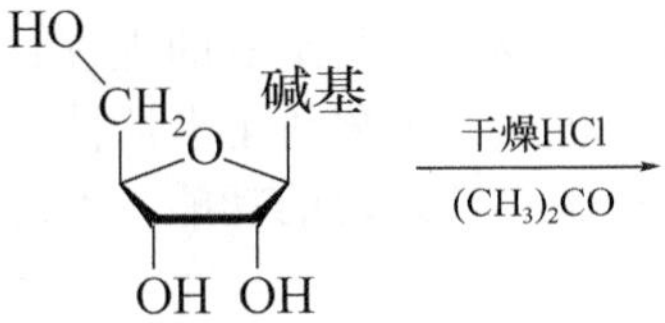

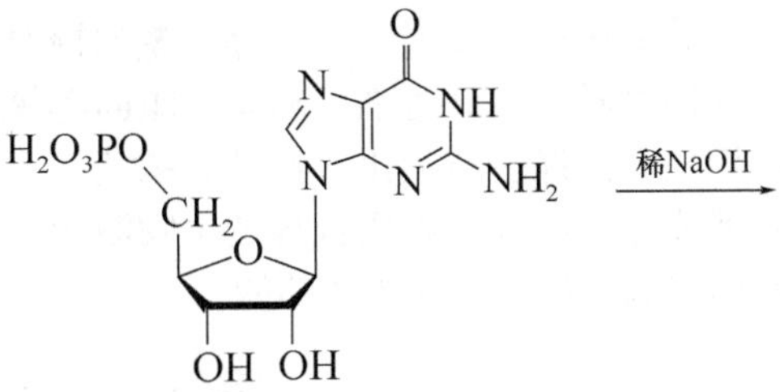

(4) $\xrightarrow{稀NaOH}$

(5) $\xrightarrow{H_2O/H^+}$

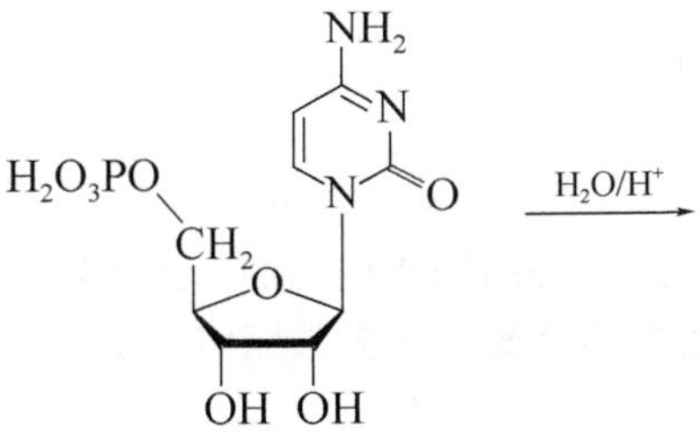

11. 5-氟尿嘧啶（5-FU）和 6-巯基嘌呤（6-MP）作为药物广泛应用于癌症的治疗中。这类有机化合物需在体内转变为相应的核苷酸后才能发挥出疗效。试写出 5-氟尿嘧啶和 6-巯基嘌呤的结构式，并解释其药理作用。

12. 在酶促反应中，酶的蛋白部分与辅酶各自主要起什么作用？

（清华大学　饶燏）

第二十章 脂 类

学习目标

掌握 油脂、磷脂、萜类和甾族化合物的结构特点。
熟悉 油脂的化学性质。
了解 油脂、磷脂、萜类和甾族化合物在医药领域中的应用。

脂（lipid）是一类用非极性的有机溶剂从细胞或者组织中萃取得到的天然存在的有机分子。值得注意的是脂类是按物理性质——溶解度而非结构来定义。按是否可水解，脂类可分成两大类，例如，油脂、蜡、磷脂含有酯键，在水中可水解，而萜类和甾类不含酯键，在水中不水解。脂类广泛存在于生物组织内，这些化合物在化学组成、结构和生理功能上具有很大的差异。通常可用乙醚、氯仿和苯等有机溶剂从动植物组织中提取脂类。

脂类在生物体内具有重要的生物学功能。例如，脂肪是动物能量长期储存的主要物质，与糖相比，其氧化程度较低，与相等重量的糖原相比，脂肪能释放 6 倍的能量。油脂还是许多脂溶性生物活性物质的良好溶剂；磷脂、胆固醇等是构成生物膜的重要物质，与细胞的生理和代谢活动有密切关系；许多萜类化合物具有祛痰、止咳、驱风、发汗、驱虫、镇痛等生理活性，是中草药的有效成分；部分甾族化合物是生物激素，具有调节代谢、控制生长发育的功能。本章主要学习脂类的组成、结构、性质和功能。

第一节 油脂、蜡和磷脂

一、油 脂

（一）组成、结构和命名

油脂是油（oil）和脂肪（fat）的总称。通常室温下呈液态的油脂称为油，大多数油来源于植物，如玉米油、花生油；室温下呈固态和半固态的油脂称为脂肪，大多数脂肪来源于动物，如猪油、黄油。

尽管它们的形态不同，但在化学结构上，油脂都是由一分子甘油与三分子高级脂肪酸生成的酯，称为三酰甘油（triacylglycerol），医学上称为甘油三酯（triglyceride）。

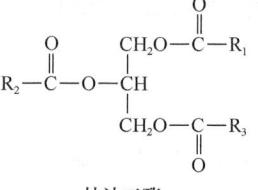

甘油三酯

R_1、R_2、R_3 相同的称为单三酰甘油（simple triacylglycerol）；R_1、R_2、R_3 不相同的称为混三酰甘油（mixed triacylglycerol）。天然三酰甘油为混三酰甘油，均为 L 构型，即在费歇尔投影式中 C2 上的脂酰基出现在甘油碳链的左侧。天然油脂是许多混三酰甘油的混合物。组成油脂的常见脂肪酸见表 20-1。

表 20-1 油脂中常见的脂肪酸

习惯名称	系统名称	结构式
月桂酸 （dauric acid）	十二烷酸 （dodecanoic acid）	$CH_3(CH_2)_{10}COOH$
肉豆蔻酸 （myristic acid）	十四烷酸 （tetradecanoic acid）	$CH_3(CH_2)_{12}COOH$

习惯名称	系统名称	结构式
软脂酸 (palmitic acid)	十六烷酸 (hexadecanoic acid)	$CH_3(CH_2)_{14}COOH$
硬脂酸 (stearic acid)	十八烷酸 (octadecanoic acid)	$CH_3(CH_2)_{16}COOH$
油酸 (oleic acid)	顺-十八碳-9-烯酸 (cis-octadeca-9-enoic acid)	$CH_3(CH_2)_7CH=CH(CH_2)_7COOH$
亚油酸 (linolenic acid)	顺,顺-十八碳-9,12-二烯酸 (cis,cis-octadeca-9,12-dienoic acid)	$CH_3(CH_2)_4(CH=CHCH_2)_3(CH_2)_6COOH$
α-亚麻酸 (α-linolenic acid)	顺,顺,顺-十八碳-9,12,15-三烯酸 (cis,cis,cis-octadeca-9,12,15-trienoic acid)	$CH_3CH_2(CH=CHCH_2)_3(CH_2)_6COOH$
γ-亚麻酸 (γ-linolenic acid)	顺,顺,顺-十八碳-6,9,12-三烯酸 (cis,cis,cis-octadeca-6,9,12-trienoic acid)	$CH_3(CH_2)_4(CH=CHCH_2)_3(CH_2)_3COOH$
花生四烯酸 (arachidonic acid)	顺,顺,顺,顺-二十碳-5,8,11,14-四烯酸 (cis,cis,cis,cis-icosa-5,8,11,14-tetraenoic acid)	$CH_3(CH_2)_4(CH=CHCH_2)_4(CH_2)_2COOH$
EPA	顺,顺,顺,顺,顺-二十碳-5,8,11,14,17-五烯酸 (cis,cis,cis,cis,cis-icosa-5,8,11,14,17-pentaenoic acid)	$CH_3CH_2(CH=CHCH_2)_5(CH_2)_2COOH$
DHA	顺,顺,顺,顺,顺,顺-二十二碳-4,7,10,13,16,19-六烯酸 (cis,cis,cis,cis,cis,cis-docosa-4,7,10,13,16,19-hexaenoic acid)	$CH_3CH_2(CH=CHCH_2)_6CH_2COOH$

混三酰甘油用 α、β 和 α′ 标明脂肪酰基的位次。例如：

三硬脂酰甘油（甘油三硬脂酸酯）(tristearoylglycerol)

α-硬脂酰-β-硬脂酰-α′-油酰甘油（甘油-α-硬脂酸-β-硬脂酸-α′-油酸酯）
(α-stearoyl-β-stearoyl-α′-oleoylglycerol)

  油脂中的脂肪酸一般是含偶数碳原子的直链饱和及不饱和脂肪酸，其碳原子数目常为12～20个。绝大多数天然不饱和脂肪酸中的双键为顺式结构，含有多个不饱和键的脂肪酸，其不饱和键间是非共轭的。在动物、植物和微生物油脂中已发现一百多种脂肪酸，其中40多种广泛存在。软脂酸和硬脂酸是含量最多的饱和脂肪酸，油酸和亚油酸是含量最多的不饱和脂肪酸。高等植物中不饱和脂肪酸含量高于饱和脂肪酸。人体可以合成大多数脂肪酸，但少数不饱和脂肪酸如亚油酸、α-亚麻酸，人体自身不能合成；另一些脂肪酸如花生四烯酸，虽然人体能自身合成，但自身合成的量不能满足人体生命活动的需求。这些人体生命活动需要，但机体不能合成或合成量不足，必须通过从食物中摄取补足的不饱和脂肪酸称为必需脂肪酸（essential fatty acid）。人体从食物中获得这些必需脂肪酸后，就能合成同族的其他不饱和脂肪酸，所以必需脂肪酸对人体健康必不可少。

例如，奶油中含亚油酸和亚麻酸，如果长期喂食脱脂牛奶，会导致婴儿发育不良和皮肤损伤。

脂肪酸的名称常用俗名，如硬脂酸、油酸、花生四烯酸等。脂肪酸的系统命名法与一元酸的系统命名法基本相同，不同之处是脂肪酸有 Δ、ω 和希腊字母三种编码体系。Δ 编码体系是从脂肪酸羧基端的羧基碳原子开始计数编号；ω 编码体系是从脂肪酸的甲基端的甲基碳原子开始计数编号；希腊字母编号规则与羧酸相同，即与羧基相邻的碳原子为 α-碳原子，离羧基最远的甲基碳原子称为 ω-碳原子。

例如，结构式为 $CH_3(CH_2)_5CH=CH(CH_2)_7COOH$ 的不饱和脂肪酸，Δ 编码体系的系统名称为 Δ^9-十六碳烯酸，上角标 9 表示双键出现的位置。亚油酸的结构式为 $CH_3(CH_2)_4CH=CHCH_2CH=CH(CH_2)_7COOH$，$\Delta$ 编码体系的系统名称为 $\Delta^{9,12}$-十八碳二烯酸。脂肪酸的系统名称通常用 Δ 编码体系。

人体内的不饱和脂肪酸按 ω 编码体系主要分为 ω-3 族（如 α-亚麻酸）、ω-6 族（亚油酸）、ω-9 族（如油酸）等。族内的不饱和脂肪酸均可以本族的母体脂肪酸为原料在体内衍生而成，而不同族的脂肪酸不能在体内相互转化。

α-亚麻酸是 ω-3 族多烯脂肪酸的母体，人体只要从食物中获得 α-亚麻酸就可以转化成 ω-3 族多烯脂肪酸 EPA 和 DHA。ω-6 族多烯脂肪酸可由 ω-6 族的母体亚油酸衍生，在体内亚油酸可以转化成 γ-亚麻酸，进而转化成花生四烯酸。在不同动物体内，不同的多烯脂肪酸分布是不同的，植物油中的多烯脂肪酸主要是 ω-6 族多烯脂肪酸，海生动物及鱼油的油脂中主要含 ω-3 族多烯脂肪酸。

案例 20-1　　　　　　　脂肪酸碳链的偶数问题

问题　如表 20-1 所示，油脂中脂肪酸的一个显著特点是常见的脂肪酸都含偶数碳原子。为什么油脂中的脂肪酸碳原子是偶数的？

案例分析　脂肪酸所含碳原子数是偶数的，这与脂肪酸的生物合成途径有关。在生物体中，脂肪酸是通过二碳前体——乙酰辅酶 A（acetyl CoA）合成得到的。脂肪酸生物合成过程简单表示如下：

$$CH_3\overset{O}{\underset{\|}{C}}SCoA \longrightarrow CH_3\overset{O}{\underset{\|}{C}}S\text{-Synthase}$$
乙酰辅酶A　　　　丙二酰辅酶A

$$\downarrow HCO_3^-$$

$$^-O\overset{O}{\underset{\|}{O}}CCH_2\overset{O}{\underset{\|}{C}}SCoA \longrightarrow {}^-O\overset{O}{\underset{\|}{O}}CCH_2\overset{O}{\underset{\|}{C}}SACP$$
丙二酰辅酶A　　　　ACP蛋白

$$\xrightarrow{-CO_2} CH_3\overset{O}{\underset{\|}{C}}CH_2\overset{O}{\underset{\|}{C}}SACP \xrightarrow{NADPH} CH_3\overset{OH}{\underset{|}{C}}HCH_2\overset{O}{\underset{\|}{C}}SACP$$
乙酰乙酰ACP　　　　β-hydroxybutyryl ACP

$$\xrightarrow{-H_2O} CH_3CH=CH\overset{O}{\underset{\|}{C}}SACP \xrightarrow{NADPH} CH_3CH_2CH_2\overset{O}{\underset{\|}{C}}SACP$$
Crotonyl ACP　　　　丁酰基ACP

乙酰辅酶 A 通过酶促反应将酰基转移到合成酶上，另外，乙酰辅酶 A 在酶促下和二氧化碳反应生成丙二酰辅酶 A（malonyl CoA），之后转酰基到 ACP 蛋白（malonyl ACP）。丙二酰辅酶 A 催化和 ACP 蛋白反应生成乙酰乙酰 ACP（acetoacetyl ACP），之后通过还原、脱水、再还原，生成碳链延长的丁酰基 ACP（butyryl ACP）。丁酰基 ACP 再和 ACP 蛋白通过克莱森酯缩合反应，实现再次两个碳单位的碳链延长。

联合国粮食及农业组织有关必需脂肪酸摄入的建议是：饮食中 ω-6 和 ω-3 的比例应该为 5∶1 或 10∶1，许多研究显示食用具有长链 ω-3 脂肪酸 EPA 和 DHA 的食物（如海鱼、花生等）与减少冠心病的风险有关。

(二)物理性质

纯净的油脂无色、无味。大多数天然油脂含有少量色素、维生素、游离脂肪酸和磷脂等物质而呈现颜色。天然油脂中含有一些挥发性物质，所以一般都有些气味，如芝麻油有香味，而鱼油有腥味。油脂密度小于水，不溶于水，易溶于氯仿、丙酮、苯和乙醚等有机溶剂。

天然油脂是多种成分的混合物，所以无恒定的熔点和沸点。油脂的熔点高低取决于所含不饱和脂肪酸的比例，含有不饱和脂肪酸多的油脂有较高的流动性和较低的熔点，这是因为油脂中的不饱和脂肪酸的碳碳双键大多数是顺式构型，这种构型使脂肪酸的碳链弯曲，分子内羧酸脂肪链之间不能紧密排列，分子间作用力减小，熔点降低。例如，花生油、豆油、菜籽油、葵花油等植物油含有较高比例的不饱和脂肪酸，所以常温下呈液态；而动物脂肪如牛油、羊油等含饱和脂肪酸较多，所以常温下呈固态或半固态。

(三)化学性质

油脂的化学性质主要表现在其酯基官能团和双键上。

1. 水解和皂化 一分子三酰甘油在酸、碱或酶的作用下，可水解生成一分子甘油和三分子脂肪酸。油脂在碱性条件下水解，得到甘油和高级脂肪酸盐。高级脂肪酸的钠盐或钾盐可用于制作肥皂，所以油脂在碱性溶液中的水解又称皂化反应（saponification reaction）。

$$\begin{array}{c} O \\ \| \\ CH_2O-C-R_1 \\ O \\ \| \\ R_2-C-O-CH \\ | \\ CH_2O-C-R_3 \\ \| \\ O \end{array} + 3NaOH \xrightarrow{\triangle} \begin{array}{c} CH_2OH \\ | \\ CHOH \\ | \\ CH_2OH \end{array} + \begin{array}{c} R_1-COONa \\ R_2-COONa \\ R_3-COONa \end{array}$$

油脂　　　　　　　　　　　　　　　　甘油　　　脂肪酸钠

1g 油脂完全皂化时所需氢氧化钾的毫克数称为皂化值（saponification number），皂化值是衡量油脂质量的指标之一。根据皂化值，可以判断油脂中三酰甘油的平均相对分子质量。油脂皂化时所需碱的用量越多，皂化值越大，说明油脂的平均相对分子质量越小。不同油脂所含脂肪酸不同而具有不同的皂化值（表20-2）。

表 20-2　常见油脂中脂肪酸的含量、皂化值和碘值

油脂名称	软脂酸含量/%	硬脂酸含量/%	油酸含量/%	亚油酸含量/%	皂化值/mg	碘值/g
牛油	24～32	14～32	35～48	2～4	190～200	30～48
猪油	28～30	12～18	41～48	3～8	195～208	46～70
花生油	6～9	2～6	50～57	13～26	185～195	83～105
大豆油	6～10	2～4	21～29	50～59	189～194	127～138
棉籽油	19～24	1～2	23～32	40～48	191～196	103～115

2. 加成反应 含有不饱和脂肪酸的油脂，可与氢、卤素等发生加成反应。

（1）加氢：催化加氢可使不饱和脂肪酸的碳碳双键氢化，使油转化成饱和脂肪酸含量较多的油脂。这一过程可使油发生物态的变化，液态的油可变成半固态或固态的脂肪，所以油脂的氢化又称油脂的"硬化"。油脂的硬化可提高油脂的熔点，便于其储存和运输。氢化后的油脂可用作人造奶油的原料。

视窗 20-1

油脂的硬化反应可用来制造人造奶油，俗称麦淇淋（饱和脂肪酸为主的油脂）。人造奶油的味道、口感好，但过多食用人造奶油对人体健康不利。含较多不饱和脂肪酸的油脂如红花油、玉米油、棉籽油等可以降低人体血液中的胆固醇水平，但当它们被氢化为饱和脂肪酸后，却有升高 LDL（即低密度脂蛋白胆固醇，其水平升高可增加患冠心病的危险），降低 HDL（即高密度脂蛋白胆固醇，其水平升高可降低患冠心病的危险）的作用，因而增加了患冠心病的危险性。

（2）加碘：油脂的不饱和程度可用碘值来衡量。100g 油脂所能吸收碘的克数称为碘值（iodine number）。碘值与油脂不饱和程度成正比，碘值越大，油脂中所含的双键数目越多，油脂的不饱和程度也越大（表 20-2）。由于碘与碳碳双键加成的反应速率很慢，所以实际测定碘值常用氯化碘或溴化碘的冰醋酸溶液，以加速碘与油脂的反应。

3. 酸败　在一定温度下，含油脂的食品在空气中放置过久会发生变质，产生难闻的气味，这种现象称为酸败（rancidity）。酸败是一个复杂的化学变化过程，其实质是，在空气中的氧、水分和微生物的作用下，油脂中的碳碳双键被氧化生成过氧化物，再进一步分解或氧化生成小分子醛、酮和羧酸等。这些小分子醛、酮和羧酸中的一些化合物具有毒性，另一些具有挥发性，由此导致酸败食品特殊的气味和对人体不利的作用。光、热或潮气可加速油脂的酸败过程。

酸败的油脂具有毒性和刺激性，不宜食用。油脂的酸败过程可用酸值来表示。中和 1g 油脂中的游离脂肪酸所需氢氧化钾的毫克数称为油脂的酸值（acid number）。酸值大说明油脂中游离脂肪酸的含量较高，通常酸值大于 6.0 的油脂不宜食用。为防止油脂酸败，油脂应储存于密闭容器中，放置在阴凉处，也可添加少量适当的抗氧化剂（如维生素 E 等）。油脂硬化也可以避免其酸败。药典对药用油脂的皂化值、碘值和酸值都有严格的规定。

二、蜡

蜡（wax）是高级脂肪酸和高级一元醇所形成的酯，天然蜡中除了含有酯的成分外，还常含有少量游离的高级脂肪酸、高级一元醇、高级烷烃等成分。组成蜡的脂肪酸和醇多具有偶数碳原子，例如，从抹香鲸头部提取的鲸蜡的主要成分是软脂酸十六醇酯，存在于蜂巢中的蜂蜡的主要成分是软脂酸和三十碳醇形成的酯。

蜡的性质稳定，不溶于水，易溶于有机溶剂。常温下蜡为固体，温度稍高时变软，温度下降又变硬。蜡的凝固点在 38～90℃。蜡的碘值较低（1～15），其不饱和度低于中性脂肪。

在海洋浮游生物中，蜡是其能量的主要储存形式。许多动物的皮肤、毛皮和羽毛，植物的茎叶、枝干和果皮上也存在蜡，形成保护层，这些蜡具有抑制蒸发、防止水浸、抵制细菌侵入的功能。蜡可用于制作蜡纸、润滑油、防水剂以及药用基质，也可用作上光剂、鞋油及地板蜡等。天然蜡羊毛脂、鲸蜡等还广泛用于化妆品配制。

三、磷　　脂

磷脂（phospholipid）是含有磷酯键结构的脂类。根据与磷酸成酯的组分，磷脂可分为甘油磷脂（glycerphosphatide）和鞘磷脂（sphingomyelin）两种。磷脂是构成细胞膜的基本成分，广泛存在于动植物体内。动物的肝、脑、神经细胞以及植物种子中磷脂的含量较高。

（一）甘油磷脂

1. 组成和结构　由甘油构成的磷脂称为甘油磷脂，甘油磷脂也可看作磷脂酸（phosphatidic acid）的衍生物。磷脂酸中甘油的 C2 是手性碳原子，天然磷脂酸都属于 R 构型。

磷脂酸　　　　　　　　　甘油磷脂

磷脂命名的一般原则为：在费歇尔投影式中，碳原子的编号从上至下，C2 的取代基写在碳链的左侧，磷酰基连在 C3 位置上，上述原则称为立体专一编号，用 Sn（stereospecific numbering）表示，写在化合物名称的前面。例如：

$$\text{CH}_3(\text{CH}_2)_7\text{CH}=\text{CH}(\text{CH}_2)_7-\overset{O}{\underset{}{C}}-O-\overset{\text{CH}_2O-\overset{O}{\underset{}{C}}-(\text{CH}_2)_{16}\text{CH}_3}{\underset{\text{CH}_2O-\overset{O}{\underset{OH}{P}}-OH}{\text{CH}}}$$

Sn-甘油-1-硬脂酸-2-油酸-3-磷酸酯

磷脂酸的磷酸部分与其他醇成酯即转变为甘油磷脂，与磷脂酸构成甘油磷脂的常见化合物有胆碱、乙醇胺、丝氨酸等。最重要的甘油磷脂是卵磷脂和脑磷脂。

2. 卵磷脂　卵磷脂（lecithin）是由磷脂酸与胆碱的羟基酯化生成的产物，又称为磷脂酰胆碱。卵磷脂分子中的 R 为饱和脂肪酸的烃基链，R′ 为不饱和脂肪酸的烃基链，卵磷脂中的饱和脂肪酸通常是硬脂酸和软脂酸，不饱和脂肪酸为油酸、亚油酸、亚麻酸和花生四烯酸等。卵磷脂完全水解后可得到甘油、脂肪酸、磷酸和胆碱。

$$\text{R}'-\overset{O}{\underset{}{C}}-O-\overset{\text{CH}_2O-\overset{O}{\underset{}{C}}-\text{R}}{\underset{\text{CH}_2O-\overset{O}{\underset{O^-}{P}}-O(\text{CH}_2)_2\overset{+}{N}(\text{CH}_3)_3}{\text{CH}}}$$

卵磷脂

卵磷脂存在于脑组织、大豆中，尤其在禽卵卵黄中最为丰富。新鲜的卵磷脂呈白色蜡状，在空气中易被氧化变成黄色或棕色，不溶于水及丙酮，溶于乙醇、乙醚及氯仿中。

3. 脑磷脂　脑磷脂（cephalin）是由磷脂酸与乙醇胺（或称胆胺）的羟基酯化生成的产物，又称磷脂酰乙醇胺。脑磷脂完全水解可得到甘油、脂肪酸、磷酸和乙醇胺。

$$\text{R}'-\overset{O}{\underset{}{C}}-O-\overset{\text{CH}_2O-\overset{O}{\underset{}{C}}-\text{R}}{\underset{\text{CH}_2O-\overset{O}{\underset{O^-}{P}}-O(\text{CH}_2)_2\overset{+}{N}\text{H}_3}{\text{CH}}}$$

脑磷脂

脑磷脂存在于脑等神经组织及大豆中，通常与卵磷脂共存。脑磷脂在空气中也易被氧化成棕黑色，能溶于乙醚，不溶于丙酮，难溶于冷乙醇，利用这一溶解性质，可将卵磷脂与脑磷脂分离开。

甘油磷脂分子以偶极离子形式存在，在生理 pH 环境中，甘油磷脂中的磷酸残基带负电荷，胆碱或乙醇胺的氮原子带正电荷。偶极离子具有亲水性，羧酸的长链烃基具有疏水性，甘油磷脂具有乳化作用。

（二）鞘磷脂

鞘磷脂（sphingolipid）又称神经磷脂，以鞘氨醇（sphingosine）为分子骨架，是由神经酰胺（ceramide）的伯醇羟基与磷酰胆碱（或磷酰乙醇胺）酯化而成的化合物。神经酰胺是鞘氨醇的氨基酰化后的产物，鞘氨醇是含长链碳（有一个反式双键）的氨基二醇。天然的鞘磷脂分子中，鞘氨醇残基中的碳碳双键以反式构型存在。

$$\underset{\text{鞘氨醇}}{\begin{array}{c}CH_2OH\\|\\CHNH_2\\|\\CHOH\\|\\CH=CH(CH_2)_{12}CH_3\end{array}} \qquad \underset{\text{神经酰胺}}{\begin{array}{c}CH_2OH\\|\\CHNHCO(CH_2)_{16-24}CH_3\\|\\CHOH\\|\\CH=CH(CH_2)_{12}CH_3\end{array}} \qquad \underset{\text{鞘磷脂}}{\begin{array}{c}CH_2O-\overset{\overset{O}{\|}}{\underset{\underset{O^-}{|}}{P}}-OCH_2CH_2\overset{+}{N}(CH_3)_3\\|\\CHNHCO(CH_2)_{16-24}CH_3\\|\\CHOH\\|\\CH=CH(CH_2)_{12}CH_3\end{array}}$$

鞘磷脂有两条分别由鞘氨醇残基和脂肪酸酰基构成的疏水性长碳氢链，鞘磷脂极性头部分是磷脂酰胆碱或磷脂酰乙醇胺，结构与甘油磷脂类似，因此其性质也与甘油磷脂基本相同。鞘磷脂是白色结晶，熔点为196～198℃，是动植物细胞膜的重要组成成分，特别在脑及神经组织中含量丰富，是神经纤维髓鞘的重要成分。鞘磷脂在空气中不易被氧化，不溶于丙酮及乙醚，而溶于热乙醇中，这是鞘磷脂与卵磷脂和脑磷脂的不同之处。

视窗 20-2

鞘磷脂累积病（sphingomyelinosis）是一种罕见的全身代谢病。特点是网状内皮系细胞和脑细胞中有鞘磷脂的累积，临床表现为肝脾肿大、营养不良和精神发育迟滞等。其病因是鞘磷脂酶活性缺乏。人体内含量最多的鞘磷脂是由鞘氨醇、脂肪酸和磷酸胆碱构成的。鞘磷脂也是构成生物膜的重要组分，与卵磷脂并存于细胞膜外侧。细胞膜中中性鞘磷脂酶能催化鞘磷脂水解成神经酰胺和磷酸胆碱。鞘磷脂的代谢失常，会使鞘磷脂在细胞内积存，引起肝脾肿大及痴呆等鞘磷脂沉积病状。

四、磷脂与细胞膜

细胞膜（cell membrane）是相隔细胞质和外界的一层薄膜，又称质膜。它将具有生命力的活细胞与外界环境分割开来。其主要功能包括物质的跨膜运输、电子传递、信号转导等。

细胞膜适宜的流动性对维持膜的功能极为重要，如红细胞膜具有相当大的流动性才能使红细胞有变形能力，从而可穿过毛细血管运输氧。影响细胞膜流动性的因素主要有膜本身的组成、遗传因子及环境因素（如温度、pH、离子强度、药物等）。

膜的组成成分会影响细胞膜的流动性。

（1）磷脂分子中脂肪酸链的不饱和程度和长度是影响细胞膜流动性的重要因素。不饱和脂肪酸的碳链在碳碳双键处发生弯曲，分子链呈弯曲形，磷脂分子中两条脂肪碳链尾部不易相互靠拢，彼此排列较疏松，脂膜分子间排列的有序性降低，从而增加了膜的流动性。饱和脂肪酸链呈直线形，链间排列紧密，膜的流动性小。此外，脂肪酸链的长度也与流动性有关，短链能降低脂肪酸链尾部彼此相互作用，而使膜的流动性较长链脂肪酸大。因此，细胞膜磷脂中脂肪酸碳链的饱和度越大或碳链越长，膜的流动性越小。

（2）膜的流动性与卵磷脂和鞘磷脂在膜中含量的比例有关。鞘磷脂的黏度比卵磷脂大5～6倍，因此鞘磷脂含量越高，流动性越小。

（3）膜的流动性也与胆固醇有关，胆固醇在生理条件下可对细胞膜的流动性有一定的调节作用。细胞必须随环境的温度变化，通过代谢改变细胞膜中的脂类组分来维持膜流动性的相对恒定。

视窗 20-3

1895 年，Charles Overton 发现，溶于脂类的物质比不溶于脂类的物质更容易进入细胞。于是，他提出了细胞膜是由脂类构成的假说。20 年后，科学家们第一次将膜从红细胞中分离出来。分析表明，膜的主要组成成分包括脂类、蛋白质、糖、水及金属离子等，其中以脂类（约占膜总含量的 30%～80%）和蛋白质为主。构成膜的脂类以磷脂最为丰富，其次是胆固醇和糖脂。

磷脂有一亲水的偶极离子头部和两条疏水的脂肪酸长链尾部。磷脂分子在水环境中能自发形成双层结构，并且具有自组装、自封合的特性和流动性。磷脂双分子层极性的头部伸向水中，而疏水性的尾部则互相聚集，尽量避免与水接触，以双分子层形式排列。

科学家们提出膜的"流动镶嵌模型"（fluid mosaic model）认为，细胞膜是由磷脂双分子层和镶嵌、贯穿在其中及吸附在其表面的蛋白质组成的（图20-1）。

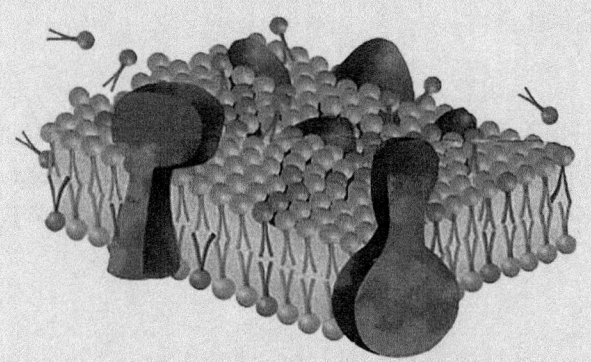

图 20-1　细胞膜的磷脂双分子层

构成膜的磷脂双分子层是轻油般的液体，具有流动性。蛋白质分子有的镶在磷脂分子层表面，有的部分或全部嵌入磷脂双分子层中，有的横跨整个磷脂双分子层。大多数蛋白质分子也是可以运动的。

该模型的主要特点是：①膜结构的有序性；②磷脂双分子层使膜具有流动性；③蛋白质镶嵌在脂类中表现出分布具有不对称性，有的球蛋白镶在脂双分子层的表面，有的则部分或全部嵌入，有的横跨整个脂双分子层。这对保证膜功能的方向性，使膜两侧具有不同功能有重要意义。

案例 20-2

细胞生物学研究中，常采用测定丙二醛（MDA）的含量间接反映组织过氧化损伤的程度。在酸性和加热（95℃）条件下，生物材料提取液中的丙二醛与硫代巴比妥酸（TBA）反应，生成红色的 MDA-TBA 缩合物，其最大吸收波长为 532nm。通过比色法测定 MDA 的含量，间接判断组织过氧化损伤的程度。

问题　试从细胞膜的基本构成说明以上测试的原理。

案例分析　细胞膜的主要成分之一是磷脂，磷脂中含有多不饱和脂肪酰基结构

$$-CO(CH_2)_m-CH=CHCH_2CH=CH-(CH_2)_nCH_3$$

多不饱和脂肪酰基的粗体部分在生物体内自由基的作用下，发生过氧化反应，双键部位断裂生成 MDA。MDA 的含量与磷脂的过氧化程度、细胞膜的破坏程度或组织损伤正相关。脂质过氧化是氧化应激的重要标记。脂质过氧化影响许多疾病的病理，包括动脉粥样硬化、糖尿病和阿尔茨海默病等。

通过以上方法，可测定生物组织中的 MDA 含量，了解多不饱和脂肪酰基（或细胞膜）的过氧化程度，间接评价细胞膜系统的受损程度。

第二节 萜 类

萜类化合物（terpenoid）广泛分布于自然界，包括异戊二烯（isoprene）的聚合物及其衍生物。除萜烃外，萜类化合物也可形成数目众多的含氧衍生物。这些含氧衍生物可以是醇、醛、酮、羧酸、酯等。萜类化合物是构成某些植物的香精、树脂、色素等的主要成分。另外，某些动物的激素、维生素等也属于萜类化合物。

一、结 构

萜类化合物可看作是由若干个异戊二烯单位按不同方式首尾连接而成的一类天然化合物，此结构规律称为"异戊二烯规则"（isoprene rule）。例如，月桂烯（myrcene）可看作是两个异戊二烯单位结合而成的开链化合物，柠檬烯（limonene）可看作是两个异戊二烯单位结合成具有一个六元碳环的化合物。绝大多数萜类分子中的碳原子数目是 5 的倍数。

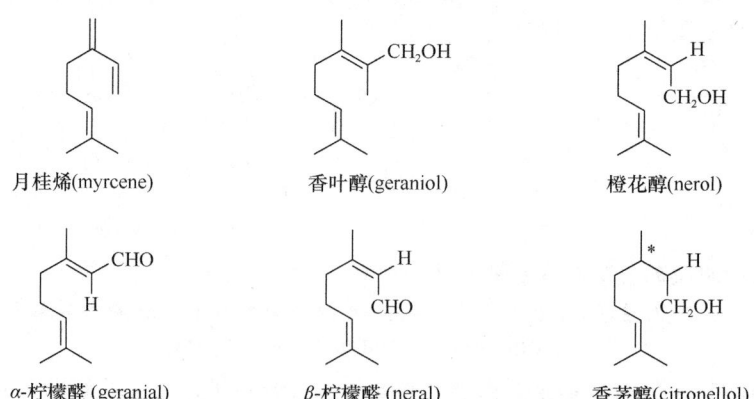

二、分类及代表性化合物

根据分子中所含异戊二烯单位的数目，萜类化合物可以分为：含 10 个碳原子即 2 个异戊二烯单位的单萜，含 15 个碳原子即 3 个异戊二烯单位的倍半萜，含 20 个碳原子即 4 个异戊二烯单位的二萜，含 30 个碳原子即 6 个异戊二烯单位的三萜。

（一）单萜类

单萜类化合物又可分为链状单萜、单环单萜和双环单萜三类。

1. 链状单萜 链状单萜是由两个异戊二烯单位首尾相连而成的含 10 个碳原子的开链化合物。很多链状单萜是植物香精油的主要成分，从其俗名可反映出其来源。

月桂烯(myrcene)　　香叶醇(geraniol)　　橙花醇(nerol)

α-柠檬醛 (geranial)　　β-柠檬醛 (neral)　　香茅醇(citronellol)

2. 单环单萜 单环单萜是由两个异戊二烯结构单位形成的含 10 个碳原子的单环化合物，如萜烷。萜烷的 C3 羟基衍生物称为 3-萜醇。由于分子中有三个不同的手性碳原子，所以有四对对映异构体，其中自然界存在的是 (−)-薄荷醇。(−)-薄荷醇的甲基、羟基和异丙基都处于 e 键，因此薄荷醇（无论是左旋体还是右旋体）比其他非对映体稳定。

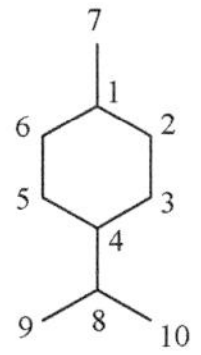

萜烷 (terpane)　　3-萜醇 (menthol)　　(−)-薄荷醇 [(−)-menthol]

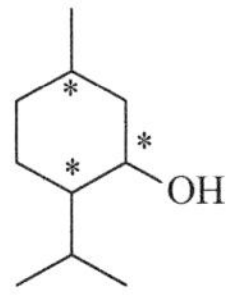

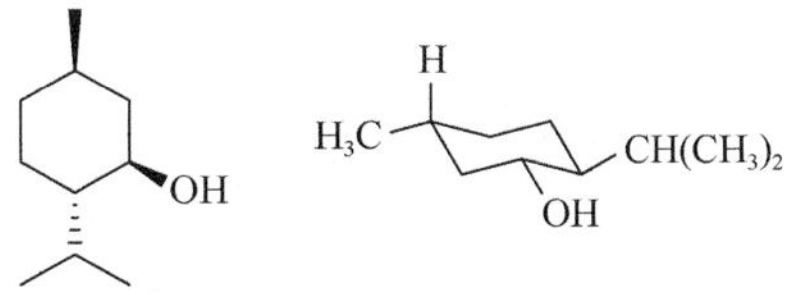

薄荷醇是薄荷油的主要成分，有强烈的穿透性香味，具有局部止痛和消炎的功效，内服有安抚胃部及止吐解热的功效，医疗上用作清凉剂和祛风剂。

案例 20-3　　萜类的生物合成

问题　柠檬烯是单环单萜，含有两个异戊二烯单位。柠檬烯在生物体内是如何合成的？

案例分析　从结构上看，萜类可以认为是异戊二烯的聚合物及其衍生物，但在生物合成中，异戊烯基焦磷酸酯和二甲基烯丙基焦磷酸酯才是萜类化合物合成的前体。生成合成过程如下：

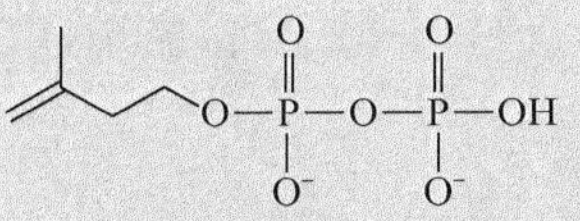

异戊烯焦磷酸酯 (isopentenyl pyrophosphate)　　二甲基烯丙基焦磷酸酯 (dimethylallyl pyrophosphate)

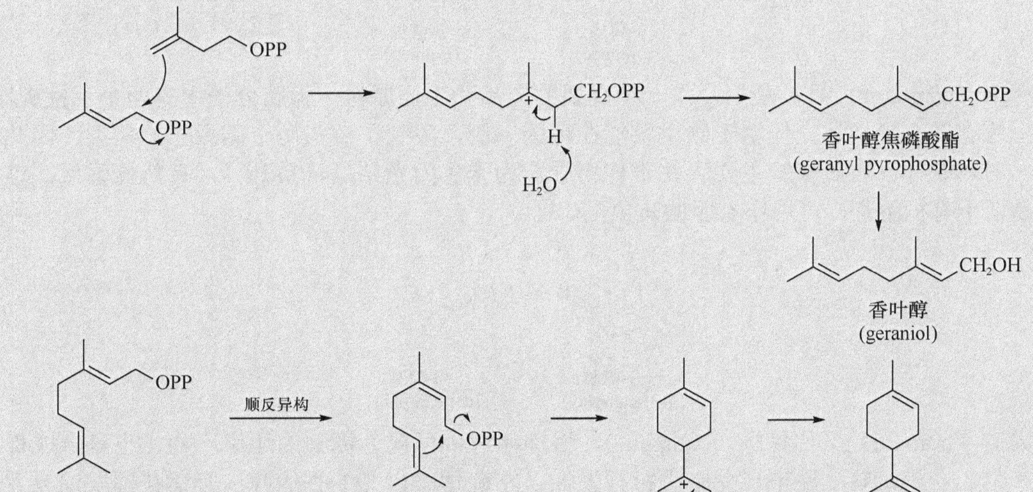

香叶醇焦磷酸酯 (geranyl pyrophosphate)

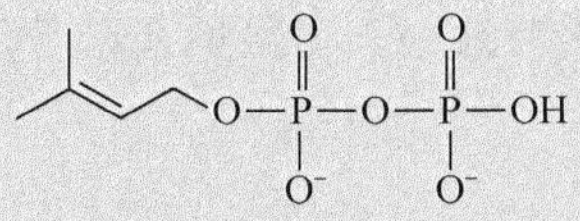

香叶醇 (geraniol)

香叶醇焦磷酸酯 (geranyl pyrophosphate)　　橙花醇焦磷酸酯 (neryl pyrophosphate)　　柠檬烯 (limonene)

二甲基烯丙基焦磷酸酯中的焦磷酸基团（简写为 OPP）类似磺酸基团，是较好的离去基团。它和异戊烯焦磷酸酯反应，生成香叶醇焦磷酸酯，水解后生成香叶醇。香叶醇焦磷酸酯是所有单萜的前体。例如，香叶醇焦磷酸酯通过双键的顺反异构变成橙花醇焦磷酸酯，之后通过分子内的亲核取代反应再脱氢生成柠檬烯。

---

3. 双环单萜　萜烷的异丙基碳原子如与不同的环碳原子相连，则可形成桥环化合物，它们是莰烷、守烷、蒈烷和侧柏烷。它们的基本骨架是由 1 个六元环分别和三元环、四元环或五元环共用 2 个或 2 个以上碳原子。

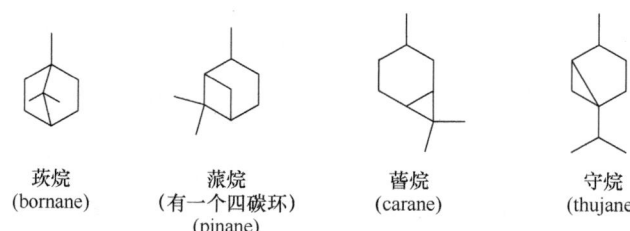

莰烷 (bornane)　　蒎烷 (有一个四碳环) (pinane)　　蒈烷 (carane)　　守烷 (thujane)

由于桥的限制，莰烷的优势构象式为船式。其他双环单萜的六元环的优势构象均为椅式。在自然界，四种双环单萜烷以它们的不饱和衍生物或含氧衍生物形式分布于植物中，如蒎烷和莰烷的衍生物蒎烯和樟脑。

莰烷　　蒎烷　　蒈烷　　守烷

蒎烯是含一个双键的蒎烷衍生物。根据双键位置不同，有 α-蒎烯和 β-蒎烯两种异构体。两者均为不溶于水的油状液体，共存于松节油中。α-蒎烯在松节油中含量达 80%。α-蒎烯是合成冰片、樟脑及其他萜类化合物的重要原料。

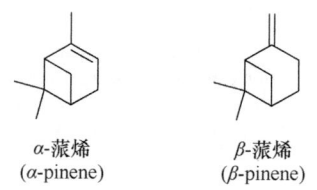

α-蒎烯 (α-pinene)　　β-蒎烯 (β-pinene)

樟脑（camphor）即 α-莰酮，是一种重要的药品和工业原料。樟脑分子中有两个手性碳原子，理论上应有四个异构体，但由于碳桥只能在环的一侧，限制了桥头两个碳原子的构型，因此樟脑只有一对对映体。右旋樟脑主要存在于樟树中，为无色闪光结晶，易升华，有特殊香气，难溶于水而易溶于有机溶剂，可用作衣服的防虫剂。

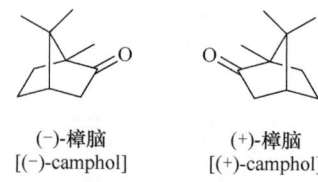

(−)-樟脑 [(−)-camphol]　　(+)-樟脑 [(+)-camphol]

龙脑（borneol）又称樟醇（camphol），俗称冰片，可视为樟脑的还原产物，也是合成樟脑的中间产物。右旋龙脑主要来自龙脑香树挥发油，左旋体来自艾纳香的叶。野菊花挥发油以龙脑和樟脑为主要成分。异龙脑（isoborneol）是龙脑的差向异构体。

(−)-莰烷 [(−)-borneol]　　(+)-莰烷 [(+)-borneol]　　异龙脑 (isoborneol)

龙脑具有类似胡椒及薄荷的香气，能升华，但挥发性较樟脑小。龙脑为无色片状结晶，有清凉气味，难溶于水，具有发汗、兴奋、镇痉、驱虫、神经保护等作用。

（二）倍半萜和二萜

倍半萜类是含有三个异戊二烯单位的萜类化合物，有链状、环状等结构，常含有各种官能团。倍半萜类多数是液体，广泛存在于挥发油中。例如：

α-麝子油烯 没药醇
(α-famesene) (bisabolol)

由四个异戊二烯单位构成的萜类化合物称为二萜，主要是二环和三环二萜。多数二萜不能随水蒸气蒸发，因此是构成树脂类的主要成分，只有极少数存在于某些挥发油的高沸点部分。植物醇（phytol）为二萜醇，是构成叶绿素的一部分，具有四个异戊二烯首尾相连的碳架。维生素 A（vitamin A）属单环二萜类的萜醇。维生素 A 是重要的脂溶性维生素，一般指维生素 A_1。维生素 A_2 比维生素 A_1 多一个双键。

植物醇　　　　　　维生素A_1　　　　　　　　　维生素A_2
(phytol)　　　　(vitamin A_1, retinol)　　　(vitamin A_2)

维生素 A_1 为不饱和一元醇，称为视黄醇（retinol），为淡黄色片状结晶，不溶于水，易溶于有机溶剂，与三氯化锑反应呈现深蓝色，此反应可用于其定量分析。维生素 A_1 性质不稳定，在空气中易被氧化，受紫外光照射或高温易被破坏。

维生素 A_1 有五个双键，均为反式结构，这与其生理活性有密切关系，维生素 A_1 的活性比 A_2 强得多。如制剂储存过久，会因构型转化为 13-(Z)-维生素 A，活性降低，若转化为 11-(Z)-维生素 A，则失去活性。

维生素 A 只存在于动物性食物中，维生素 A_1 存在于哺乳动物及咸水鱼的肝脏中，而维生素 A_2 存在于淡水鱼的肝脏中。植物组织中还未发现维生素 A。人体缺乏维生素 A，影响暗适应能力，可导致儿童发育不良、皮肤干燥、干眼症及夜盲症等。

（三）三萜和四萜

三萜类由六个异戊二烯单位聚合而成。三萜类在植物界中分布很广，多数是含氧衍生物，为树脂的主要组成部分之一。三萜类可以游离状态或结合为酯类或苷类存在。例如，角鲨烯（squalene）存在于鲨鱼的鱼肝油、橄榄油、菜籽油、麦芽与酵母中，它是由一对三个异戊二烯单位头尾连接后的片段相互对称相连而成。甘草次酸（glycyrrhetinic acid）是五环三萜，与糖成苷后生成甘草酸。

角鲨烯　　　　　　甘草次酸
(squalene)　　　(glycyrrhetinic acid)

四萜类衍生物在植物界分布很广，大多结构复杂，其中比较重要而又研究较详尽的是类胡萝卜烃类（carotenoid）色素，如胡萝卜素（carotene）及番茄红素（又称番茄烯，lycopene）。番茄红素是番茄和西瓜汁的红色素，它还存在于柿子、橘皮中，可用作食品色素。

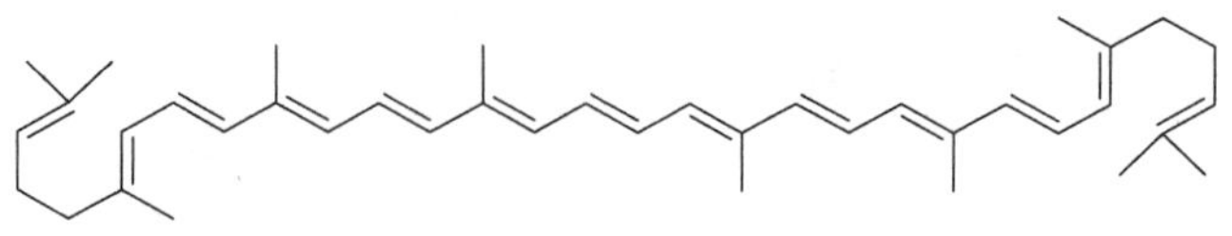

番茄红素

胡萝卜素不仅存在于胡萝卜中，也广泛存在于植物的叶、果实以及动物的乳汁、脂肪中。它有 α、β、γ 三种异构体，其中 β-胡萝卜素是胡萝卜所含的色素中的主要成分，是黄色素，可用作食品色素。因其在动物和人体内经酶催化可氧化成两分子维生素 A，故称为维生素 A 原（provitamin A）。

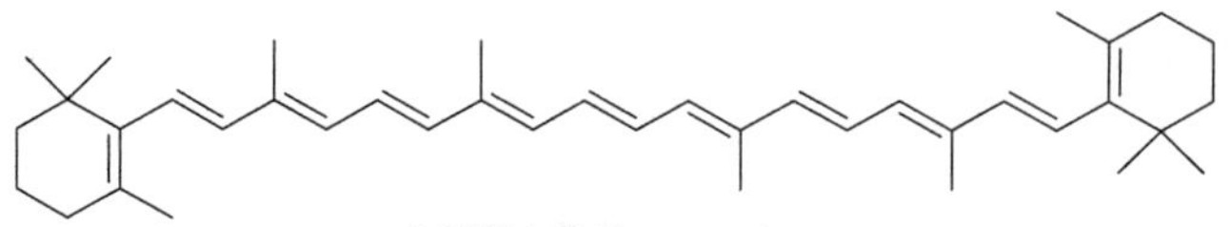

β-胡萝卜素(β-carotene)

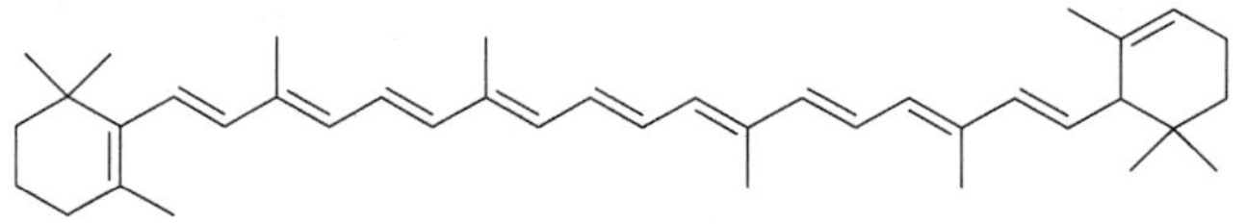

α-胡萝卜素 (α-carotene)

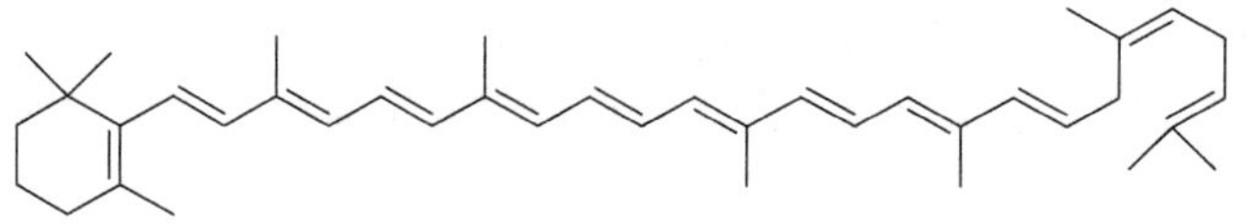

γ-胡萝卜素 (γ-carotene)

近年来的研究表明，胡萝卜素有防止皮肤干燥、粗糙，有效促进健康及细胞发育，预防先天不足的功效，它可以提高人体免疫力、预防感冒、促进骨骼及牙齿健康成长。它还可以改善生殖功能，并且有助于改善视觉功能以及预防胃、食管、肺、肝等癌症，预防心血管疾病。

第三节　甾族化合物

甾族化合物（steroid）又称甾体化合物，是广泛存在于动植物体的具有重要生理活性的天然产物，它主要包括甾醇、胆甾醇和甾体激素等。

一、甾族化合物的骨架和编号

甾族化合物都含有一个由环戊烷与氢化菲稠合的骨架，四个环分别以 A、B、C、D 表示，环上的碳原子有固定的编号顺序。

甾族化合物的基本结构（环戊烷并多氢菲）

中文"甾"字形象地表示甾族化合物基本结构的特点，甾字中的"田"表示四个环，"〈〈〈"表示 C_{10}、C_{13}、C_{17} 上的三个取代基。

二、甾族化合物的命名

甾族化合物命名常采用俗名，如胆固醇、黄体酮、睾酮等。若按系统命名法，需先确定所选用的甾体母核，然后在其前后标明各取代基的名称、数量、位置与构型。不同甾体母核的结构如下：

甾体母核	R	R_1	R_2
甾烷（gonane）	—H	—H	—H
雌甾烷（estrane）	—H	—CH_3	—H
雄甾烷（androstane）	—CH_3	—CH_3	—H
孕甾烷（pregnane）	—CH_3	—CH_3	—CH_2—CH_3
胆烷（cholane）	—CH_3	—CH_3	
胆甾烷（cholestane）	—CH_3	—CH_3	

甾体化合物可以看作有关甾体母核的衍生物，含有碳碳双键时需将母核名称的"烷"改成相应的"烯""二烯""三烯"等，并表示出其位置。取代基的名称、位置与构型放在母核名前，若用作母体（如羰基、羧基），则表示在母核之后。与角甲基在环平面同侧的基团为 β 构型，用实线表示，与角甲基在环平面异侧的基团为 α 构型，用虚线表示。例如：

3-羟基-雌甾-1,3,5(10)-三烯-17-酮
（雌酚酮）
[3-hydroxylestran-1,3,5(10)-trien-17-one]

17β-羟基-17α-甲基-雄甾-4-烯-3-酮
（甲基睾丸素）
(17β-hydroxyl-17α-methylandrost-4-en-3-one)

5（10）表示双键出现在 5、10 位碳原子之间。命名差向异构体在习惯名称前加"表"（epi）字。例如：

雄甾酮(androsterone)   表雄（甾）酮(epiandroesterone)

角甲基去除的甾醇，加词首 nor-，译称"去甲基"，并在其前标明所失去甲基的位置。如果同时失去两个角甲基，可用 18,19-dinor 表示，或称 18,19-双去甲基（或 18,19-双失碳），例如：

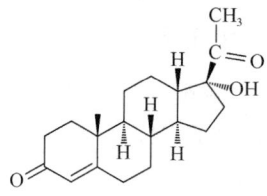

18-去甲基孕甾-4-烯-3,20-二酮　　　　18,19-双去甲基-5α-孕甾烷
(18-norprgn-4-en-3,20-dione)　　　　(18,19-dinor-5α-prgnane)

三、甾族化合物的构型和构象

在胆甾烷分子中，有八个手性碳原子，理论上应该有 256（2^8）个光学异构体。但由于稠环的存在以及由其引起的空间位阻，实际存在的异构体数目大为减少。

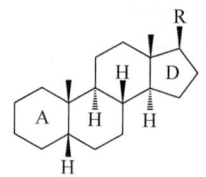

绝大多数天然甾族化合物的 B 环、C 环及 C 环、D 环之间为反式稠合，而 A 环、B 环之间存在顺式和反式两种构型。由于 C5 上 H 的构型不同，甾族化合物分为正系（5β 型）和别系（5α 型）两大类，5β 型氢原子与角甲基在环平面同侧，用实线表示，A 环和 B 环为顺式稠合。5α 型氢原子与角甲基在环平面异侧，用虚线表示，A 环和 B 环为反式稠合。绝大多数天然或人工合成的甾族化合物，其基本母核的构型分别属于正系或别系。

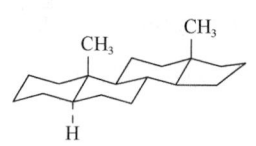

正系（5β型）A/B 顺　　　　别系（5α 型）A/B 反

一般情况下，正系和别系甾体碳架中的环己烷均取椅式构象，按顺式或反式十氢化萘构象的方式稠合。D 环为五元环，它具有半椅式构象，D 环取何种构象，取决于环上的取代基和位置。正系和别系化合物构象如下：

别系甾体碳架构象　　　　正系甾体碳架构象

四、重要的甾族化合物

（一）胆甾醇（胆固醇）

甾醇（sterol）是最早发现的一类甾族化合物。甾醇常以游离状态或以苷的形式存在于动植物体内，依照来源可分为动物甾醇和植物甾醇两大类。天然的甾醇 C3 上有一个 β 构型的羟基。

胆甾醇（cholesterol）又称胆固醇、5-胆甾烯-3β-醇，是一种动物甾醇，最初是在胆结石中发现的固体状醇，因而得名。胆固醇 C3 上有一个 β-羟基，C5 与 C6 之间为双键，C17 上连有一个 8 个碳原子的烷基侧链。

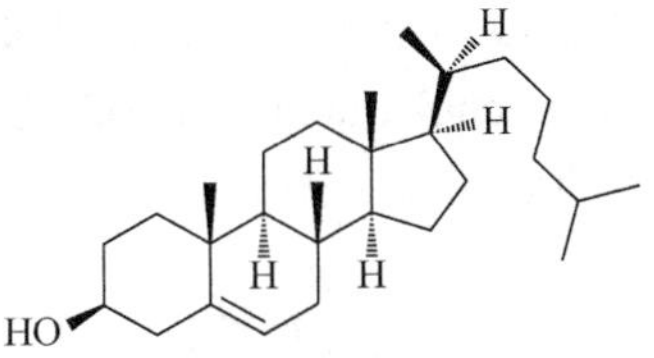

胆固醇

胆固醇为无色或微黄色的固体，熔点为 148.5℃，难溶于水，易溶于有机溶剂。其氯仿溶液中加入乙酸酐和浓硫酸后，颜色由浅红变为深蓝，最后转为绿色，此反应称为李伯曼-布查（Lieberman-Burchard）反应，常用于胆固醇定性、定量分析。临床上常用此反应做血清中胆固醇的定量测定。

胆固醇多以脂肪酸酯的形式存在于动物和人体中，在植物体内常以糖苷形式存在。胆固醇是真核生物细胞膜的重要组分，与生物膜的流动性密切相关。胆固醇还是生物合成胆甾酸和甾体激素等的前体，在体内有重要作用。正常人每 100mL 血液中含总胆固醇 110～220mg。胆固醇摄入过多或人体内的胆固醇代谢发生障碍时，胆固醇就会从血清中沉积在动脉血管壁上，导致冠心病和动脉粥样硬化。体内长期胆固醇偏低也会诱发疾病，所以，既要给机体提供足够的胆固醇来维持机体的正常生理功能，又要避免摄入过量。实验证明，胆固醇与萜类有相同的生源，是由鱼鲨烯生物合成的。

胆甾醇在酶催化下被氧化生成 7-脱氢胆固醇（7-dehydrocholesterol）。7-脱氢胆固醇与胆固醇在结构上的差异是 C_7 和 C_8 之间为双键。7-脱氢胆固醇存在于人体皮肤中，经紫外线照射，其 B 环开环，转变为维生素 D_3。因此，日光浴是获得维生素 D_3 的最简单方法。维生素 D_3 是机体从小肠中吸收 Ca^{2+} 过程中的关键化合物。体内维生素 D_3 的浓度太低，会引起 Ca^{2+} 缺乏，不足以维持骨骼的正常生成而产生软骨病。

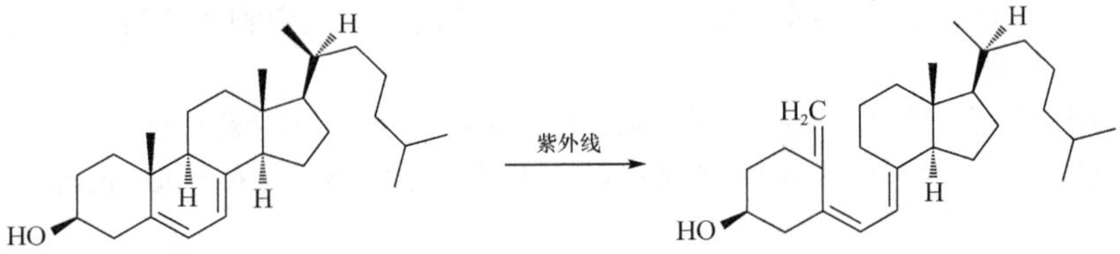

7-脱氢胆固醇 —紫外线→ 维生素D_3

视窗 20-4

麦角固醇（ergosterol）是一种植物甾醇，存在于酵母和某些植物中。其结构与 7-脱氢胆固醇相似，在 $C24$ 上多了一个甲基，在 $C22$ 和 $C23$ 上多了一个双键，在紫外线照射下，B 环也能打开，生成维生素 D_2。

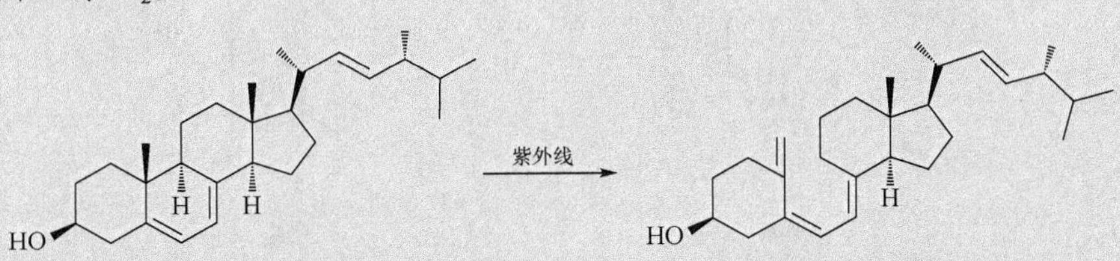

麦角甾醇 —紫外线→ 维生素D_2

维生素 D_2、维生素 D_3 都属于 D 族维生素，是脂溶性维生素，具有抗佝偻病作用，为了防止儿童患佝偻病、软骨病，应经常晒太阳，食用鱼肝油、牛奶及蛋黄等含维生素 D 的食品。

（二）胆甾酸

胆酸、脱氧胆酸、鹅脱氧胆酸和石胆酸等存在于动物胆汁中，总称为胆甾酸。胆甾酸在人体内可以以胆固醇为原料直接进行生物合成。至今发现的胆甾酸已有 100 多种，其中人体内重要的是胆酸（cholic acid）和脱氧胆酸（deoxycholic acid）。胆酸的结构特点是：母核无双键，C3、C7、C12 上连有 α-羟基，C17 上有含羧基的五碳原子侧链。

胆酸

胆汁中的胆酸常与甘氨酸（H_2NCH_2COOH）和牛黄酸（$H_2NCH_2CH_2SO_3H$）结合成甘氨胆酸（glycocholic acid）和牛黄胆酸（taurocholic acid），这种结合胆酸总称为胆汁酸（bile acid）。

甘氨胆酸　　　　　牛黄胆酸

胆汁酸在碱性胆汁中常以钠盐或钾盐的形式存在，称为胆汁酸盐。胆汁酸盐分子中，既有亲水的羟基和羧基（或磺酸基），又有疏水的甾环，因此是一种表面活性剂。胆汁酸盐可使油脂在肠中乳化成微粒，增加消化酶对油脂的接触而促使其水解，有利于油脂的消化和吸收。

（三）甾体激素

激素（hormone）是由人体各分泌腺所分泌的一类具有调节身体各组织和器官功能的微量化学信息分子。它们具有重要的生理作用，可控制生长、发育、代谢和生殖等。激素分泌不足或过剩会引起机能代谢障碍。

激素按化学结构可分为含氮激素（如胰岛素、促肾上腺皮质激素和催产素）、甾体激素（如黄体酮、皮质酮）、结构为不饱和酸的前列腺素三大类。甾体激素（steroid hormone）根据来源可分为性激素和肾上腺皮质激素。

性激素（sex hormone）是性腺所分泌的甾体激素，对生育功能及第二性征发育有着决定性的作用。性激素有雄性激素和雌性激素两类。

雄性激素（male hormone）是由雄性动物睾丸分泌的一类激素。重要的雄性激素有雄酮（androsterone）、睾酮（testosterone）等，其中睾酮的活性高。天然雄性激素结构为 19-碳甾族化合物，C17 上无侧链，连有羟基或酮基。

雄酮　　　　　睾酮

雌性激素（female hormone）主要有两类，一类由成熟的卵泡产生，称为雌激素（estrogen），如雌二醇（estradiol）；另一类由卵泡排卵后形成的黄体所产生的，称为孕激素（progestogen），又称黄体激素，如黄体酮（progesterone），也称孕二酮。天然雌激素雌二醇为 18-碳甾族化合物，A 环为苯环，C10 上无角甲基，C3 连有酚羟基，所以有酸性，C17 侧位有羟基。黄体酮为 21-碳甾族化合物，C3 为酮基，C4 和 C5 间有双键，C10 上有角甲基，C17 位上有 β-乙酰基。

雌二醇　　　　　　　　　　炔雌醇　　　　　　　　　　黄体酮

雌二醇的主要生理功能是促进子宫、输卵管和第二性征的发育，临床用于治疗卵巢机能不全所引起的病症（如子宫发育不全、月经失调、更年期障碍等）。雌二醇还具有促进钙和磷沉积的作用，可用于防治骨质疏松。人工合成的炔雌醇为口服高效、长效的雌激素，活性比雌二醇高，临床上用于月经紊乱、子宫发育不全等疾病的治疗。其主要生理作用是抑制排卵，维持妊娠，有助于胎儿的生长发育。黄体酮的构效关系表明：如17位引入α-羟基，孕激素活性下降，但羟基成酯作用增强，在C6位上引入碳碳双键、甲基或氯原子都使活性增强。制药工业上，以黄体酮为先导化合物，对其进行结构改造，先后合成了一系列具有孕激素活性的黄体酮衍生物。

肾上腺皮质激素（adrenal cortical hormone）是肾上腺皮质分泌产生的一大类甾族激素，它分泌的激素种类很多，按生理功能可分为两类：一类是影响糖、蛋白质、脂质代谢的糖皮质激素（glucocorticoid），如皮质酮（corticosterone）、可的松（cortisone）、氢化可的松（hydrocortisone）等；另一类是主要影响组织中电解质的转运和水的分布的盐皮质激素（mineralocorticoid），如11-脱氢皮质酮。

皮质酮　　　　　　可的松　　　　　11-脱氢皮质酮　　　　氢化可的松

糖皮质激素是具有重要生理和药理作用的甾体激素，它能够促使红细胞、血小板增生，对脂肪和蛋白质的代谢也具有调节作用，并有抗炎症、抗过敏的作用。盐皮质激素能够促进体内钠离子的保留和钾离子的排出，维持体内电解质平衡和体液容量。

五、甾类化合物的生物合成

甾类化合物是高度修饰的三萜类化合物，由非环的角鲨烯在生物体内合成。康拉德·布洛赫（Konrad Bloch）和费奥多尔·吕南（Feodor Lynen）因脂肪酸及甾类生物合成的发现，在1964年获诺贝尔生理学或医学奖。

甾类化合物的生物合成从角鲨烯酶催化的环氧化出发，经酸催化环化，后经一系列的碳正离子的重排反应，得到羊毛甾醇（lanosterol）。羊毛甾醇经其他酶催化降解得到胆固醇，胆固醇再经各种酶催化反应得到一系列不同的甾类化合物。

从角鲨烯出发合成羊毛甾醇的生物合成过程如下：

角鲨烯(squalene)　　　　　　　　　　环氧角鲨烯(squalene oxide)

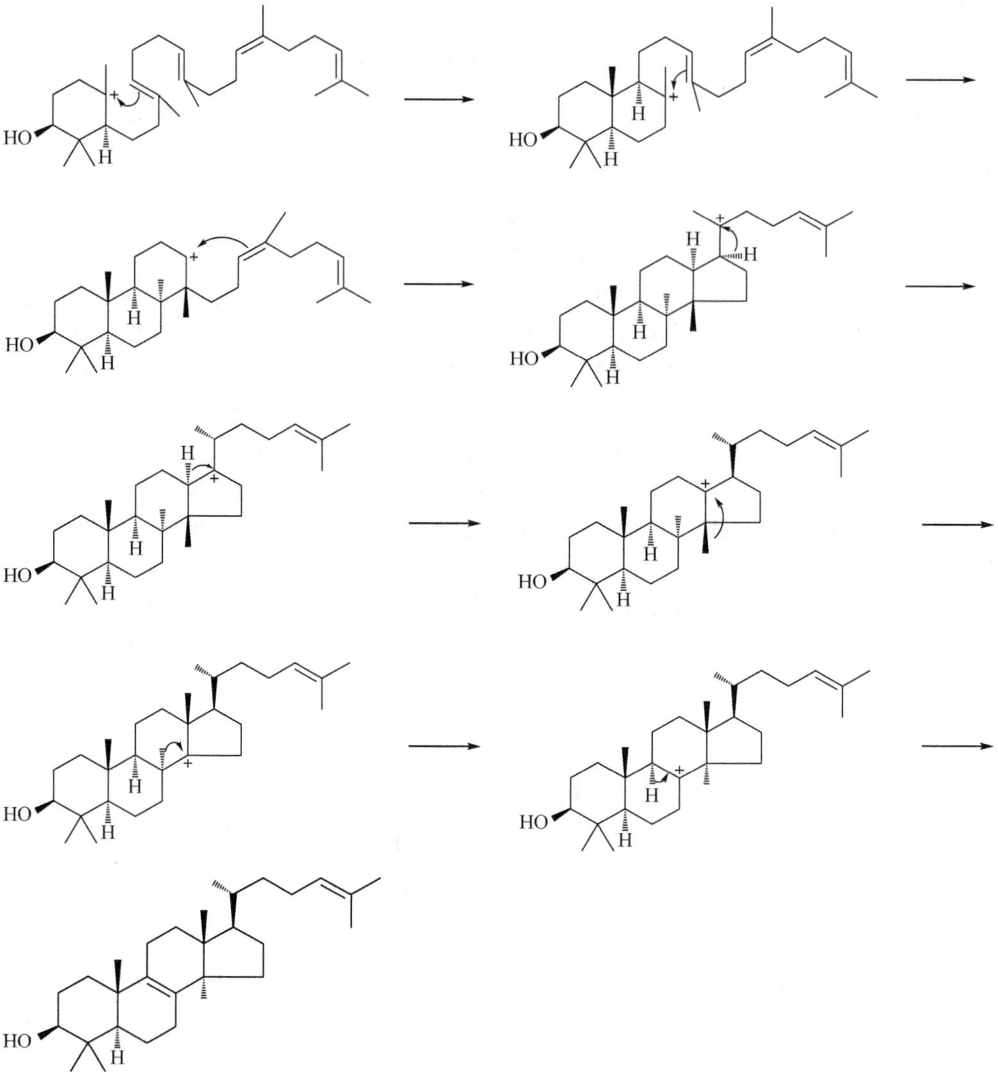

羊毛甾醇(lanosterol)

习 题

1. α-蒎烯在盐酸中重排成氯化莰的反应机理。
2. 油脂中脂肪酸的结构有哪些特点？
3. 什么是必需脂肪酸？常见的必需脂肪酸有哪些？
4. 什么是皂化值、碘值？它们说明哪些问题？
5. 写出卵磷脂和脑磷脂的水解产物，如何将两者分离？
6. 说明甾族化合物中正系、别系、α、β 的含义。
7. 写出从香叶醇焦磷酸酯出发合成 α-萜品醇（松油醇）的生源合成机制。
8. 写出案例 20-1 中，乙酰合成酶和丙二酰 ACP 反应生成乙酰乙酰 ACP 的反应过程。

（南京医科大学　厉廷有）

附录一 常见符号和缩写

（括号内为章号）

A
A 吸收度（9）
A 腺嘌呤（19）
AMP 腺嘌呤核苷酸（19）
Ar— 芳基（5）
Arg 精氨酸（17）
Asn 天冬酰胺（17）
Asp 天冬氨酸（17）
ATP 三磷酸腺苷（19）
AZT 叠氮胸苷（19）

B
BBD 宽带去偶（9）
BHA 叔丁基羟基苯甲醚（11）
BHT 2,6-二叔丁基-4-甲基苯酚（11）
BINOL 1,1'-联-2-萘酚（6）
bp 沸点（9）
br 宽（峰形）（9）
Bz— 苄基（5）

C
C 胞嘧啶（19）
C 物质的量浓度（9）
C_{60} 富勒烯（1）
cis- 双键（环）顺式构型（2, 3）
CMP 胞嘧啶核苷酸（19）
CMR 碳磁共振（9）
CoA 辅酶 A（19）
COSY 相关谱（9）
CT X射线计算机断层扫描（9）
Cys 半胱氨酸（17）

D
D 手性化合物的一种构型（6, 18）
d 右旋（物质）（6）
d-AMP 脱氧腺嘌呤核苷酸（19）
DBE 不饱和数（9）
DCC 二环己基碳二亚胺（17）
d-CMP 脱氧胞嘧啶核苷酸（19）
d-GMP 脱氧鸟嘌呤核苷酸（19）
DIR 差示光谱（9）
dl 外消旋体（6）
DNA 脱氧核糖核酸（19）
DNFB 2,4-二硝基氟苯（17）
d-TMP 脱氧胸腺嘧啶核苷酸（19）

E
$E^{1\%}_{1cm}$ 百分吸收系数（9）
E 双键构型之一（3）
E 消除反应（7）
e （键）横键（2）
e.e. 对映体过量（6）
E^+ 亲电试剂（5）
E1 单分子消除反应（7）
E2 双分子消除反应（7）
E_a 活化能（2）
EB 溴乙锭（19）
EI 电子轰击（9）

F
FAD 黄素腺嘌呤二核苷酸（19）
FMN 黄素单核苷酸（19）
FMO 前线轨道（16）
FT-IR 傅里叶变换红外光谱（9）

G
GABA γ-氨基丁酸（17）
GC 气相色谱（9）
GC-MS 气相色谱-质谱联用（9）
Gln 谷氨酰胺（17）
Glu 谷氨酸（17）
Gly 甘氨酸（17）
GMP 鸟嘌呤核苷酸（19）
G 鸟嘌呤（19）

H
h 普朗克常量（9）
H 磁场强度（9）
His 组氨酸（17）
HOMO 最高占据分子轨道（16）
HPLC 高效液相色谱（9）
HR-MS 高分辨质谱（9）

I
Ile 异亮氨酸（17）
IR 红外光谱（9）
IUPAC 国际纯粹与应用化学联合会（2）

J
J 偶合常数（9）

K
K_a 酸离解常数（1）

L
L 手性化合物的构型（6, 18）
l 左旋（物质）（6）
LC 液相色谱（9）
LC-MS 液相色谱-质谱联用（9）
Leu 亮氨酸（17）
LUMO 最低未占分子轨道（16）
Lys 赖氨酸（17）

M
m- (meta-) 取代苯的间位（5）
m/z 质荷比（9）
MALDI 基质辅助激光解吸电离（9）

meso- 内消旋体（6）
mp 熔点（9）
MRI 磁共振成像（9）
MS 质谱（9）
MS/MS 串联质谱（9）
m 中等（峰形）（9）

N

NADP 烟酰胺腺嘌呤二核苷酸磷酸酯（19）
NAD 烟酰胺腺嘌呤二核苷酸（15，19）
NBS N-溴代丁二酰亚胺（3）
NMR 核磁共振（9）
Nu⁻ 亲核试剂（7）
n 折射率（9）

O

o-（ortho-） 取代苯的邻位（5）
OP 光学纯度（6）

P

p-（para-） 取代苯的对位（5）
PAG 聚丙烯酰胺凝胶（13）
PC 纸色谱（9）
Ph— 苯基（5）
Phe 苯丙氨酸（17）
pI 等电点（17）
pK_a 酸离解常数的负对数（1）
PLA 聚乳酸（12）
PLP 磷酸吡哆醛（19）
PMR 质子磁共振（9）
Pro 前"手性"（6）
Pro 脯氨酸（17）
PTC 相转移催化剂（8）

R

R 手性化合物的一种构型（6）
R 烷基（2）
RNA 核糖核酸（19）

S

s 强（峰形）（9）
Ser 丝氨酸（17）
sh 尖（峰形）（9）
sh 肩峰（峰形）（9）
S_N1 单分子亲核取代反应历程（7）
S_N2 双分子亲核取代反应历程（7）
sp s 轨道与 p 轨道的混合杂化（1，4）
sp^2 s 轨道与 2 个 p 轨道的混合杂化（1，3）
sp^3 s 轨道与 3 个 p 轨道的混合杂化（1，2）
SPPS 固相合成肽（17）
S 手性化合物的一种构型（6）

T

T 透光率（9）
T 胸腺嘧啶（19）
THF 四氢呋喃（8）
THF 四氢叶酸（19）
Thr 苏氨酸（17）
TLC 薄层色谱（9）
TMS 四甲基硅烷（9）

TNT 2,4,6-三硝基甲苯（14）
TOF 飞行时间（9）
TP 茶多酚（11）
TPP 硫胺素焦磷酸（19）
trans- 双键（环）反式构型（2，3）
Trp 色氨酸（17）
Tyr 酪氨酸（17）

U

U 尿嘧啶（19）
UMP 尿嘧啶核苷酸（19）
UV 紫外光谱（9）

V

v 可变（峰形）（9）
Val 缬氨酸（17）
VIS 可见光谱（9）
vs 很强（峰形）（9）
vw 很弱（峰形）（9）

W

w 弱（峰形）（9）

Z

Z 双键构型（3）

其他

（-） 左旋物质（6）
（+） 右旋物质（6）
（±） 外消旋体（6）
[α] 比旋光度（6）
+I 斥电子诱导效应（7）
ν 电磁波频率（9）
ν 伸缩振动（9）
α 旋光度（6）
α（键） 直立键（2）
α- 羧酸取代基的编号之一（12）
α- 糖的一种构型（18）
α- 烯键邻位的编号（3）
α- 杂环编号之一（15）
α- 甾类取代基的一种构型（20）
β- 羧酸取代基的编号之一（12）
β- 糖的一种构型（18）
β- 杂环编号之一（15）
β- 甾类取代基的一种构型（20）
γ- 羧酸取代基的编号之一（12）
γ- 杂环编号之一（15）
δ^- 部分负电荷（1）
δ^+ 部分正电荷（1）
δ- 羧酸取代基的编号之一（12）
δ 化学位移值（9）
δ 弯曲振动（9）
ε 摩尔吸光系数（9）
λ 波长（9）
λ_{max} 最大吸收值（9）
μ 偶极矩（1，7）
π（键） 不饱和共价键（3，4）
π-π 不饱和共轭体系（4）
σ（键） 饱和共价键（2）

附录二　重要元素的电负性[*]

元素名	符号	电负性
铝	Al	1.61
硼	B	2.04
溴	Br	2.96
碳	C	2.55
钙	Ca	1.00
镉	Cd	1.69
氯	Cl	3.16
氟	F	3.96
氢	H	2.20
碘	I	2.66
钾	K	0.82
锂	Li	0.98
镁	Mg	1.25
氮	N	3.04
氧	O	3.44
磷	P	2.19
铅	Pb	1.85
硫	S	2.58
硅	Si	1.90
锌	Zn	1.65

[*] 本表电负性选取的是鲍林电负性值。

附录三 重要的鉴别反应

序号	试剂	现象	可鉴别的化合物
1	2,4-二硝基苯肼	橙黄色沉淀或橙红色沉淀	醛、酮
2	$AgNO_3$ 氨溶液或 $CuCl_2$ 氨溶液	白色炔化银或砖红色炔化亚铜沉淀	$RC{\equiv}CH$ 型炔烃
3	$AgNO_3$ 醇溶液	卤化银沉淀	卤代烃
4	Benedict 试剂	砖红色 Cu_2O 沉淀	脂肪醛、还原糖
5	Br_2 四氯化碳溶液	褪色	烯、炔
6	Fehling 试剂	砖红色 Cu_2O 沉淀	脂肪醛、还原糖
7	$HIO_4/AgNO_3$	白色的 $AgIO_3$ 沉淀	邻二醇
8	$KMnO_4$ 溶液	褪色	不饱和烃、乙二酸、某些烃基苯、伯醇和仲醇
9	Tollens 试剂	银镜	多数醛、还原糖、α-羟基酸
10	乙酸酐-浓硫酸	红色→紫色→褐色→绿色	胆固醇和某些甾族化合物
11	碘	蓝紫色、红色	淀粉、糖原
12	碘的碱溶液	淡黄色晶体	乙醛和甲基酮,$CH_3CH(OH)-R(H)$
13	磺酰氯	沉淀及在碱液中溶解与否	伯、仲、叔胺
14	碱性硫酸铜溶液	紫红色或紫色	含两个或两个以上肽键的化合物
15	碱性稀硫酸铜溶液	绛蓝色的铜盐	邻二醇
16	$FeCl_3$ 水溶液	呈色	酚、烯醇
17	溴水	褪色	醛糖和酮糖
18	溴水	白色沉淀	苯酚等酚类
19	亚硝酸	黄色油状物或固体	仲胺
20	亚硝酸	放出氮气	脂肪族伯胺、脲
21	茚三酮溶液(加热)	蓝紫色或黄色	氨基酸、肽和蛋白质
22	重氮盐	有色的偶氮化合物	酚或芳香胺